国外电子与通信教材系列

半导体器件基础

Semiconductor Device Fundamentals

[美] Robert F. Pierret 著

黄 如　王 漪
王金延　金海岩　等译

韩汝琦 审校

电子工业出版社
Publishing House of Electronics Industry
北京·BEIJING

内 容 简 介

本书是一本微电子技术方面的入门书籍，全面介绍了半导体器件的基础知识。全书分为三个部分共 19 章，首先介绍了半导体基础，讲解了半导体物理方面的相关知识及半导体制备工艺方面的基本概念。书中阐述了 pn 结、双极结型晶体管(BJT)和其他结型器件的基本物理特性，并给出了相关特性的定性与定量分析。最后讨论了场效应器件，除了讲解基础知识，还分析了小尺寸器件相关的物理问题，并介绍了一些新型场效应器件。全书内容丰富、层次分明，兼顾了相关知识的深度与广度，系统讲解了解决实际器件问题所必需的分析工具，并且提供了大量利用计算机实现的练习与习题。

本书可作为微电子专业本科生及研究生的教材或参考书，也是该领域工程技术人员的宝贵参考资料。

Authorized Translation from English language edition, entitled Semiconductor Device Fundamentals by Robert F. Pierret, published by Pearson Education, Inc., Copyright © 1996 by Pearson Education, Inc.

All rights reserved. This edition is authorized for sale and distribution in the People's Republic of China(excluding Hong Kong SAR, Macao SAR and Taiwan). No part of this book may be reproduced or transmitted in any form or by any means, electronic or mechanical, including photocopying, recording or by any information storage retrieval system, without permission from Pearson Education, Inc.

CHINESE SIMPLIFIED language edition published by PUBLISHING HOUSE OF ELECTRONICS INDUSTRY CO., LTD., Copyright © 2025.

本书中文简体字版专有出版权由 Pearson Education(培生教育出版集团)授予电子工业出版社在中国大陆地区(不包括中国香港、澳门特别行政区和台湾地区)独家出版发行。未经出版者预先书面许可，不得以任何方式复制或抄袭本书的任何部分。

本书贴有 Pearson Education(培生教育出版集团)激光防伪标签，无标签者不得销售。

版权贸易合同登记号　图字：01-2002-5701

图书在版编目(CIP)数据

半导体器件基础 ／（美）罗伯特·F. 皮埃雷(Robert F. Pierret) 著 ；黄如等译. -- 北京 ：电子工业出版社，2025. 3. -- (国外电子与通信教材系列).
ISBN 978-7-121-49968-5

Ⅰ. TN303

中国国家版本馆 CIP 数据核字第 20258G2N93 号

责任编辑：冯小贝

印　　刷：三河市鑫金马印装有限公司
装　　订：三河市鑫金马印装有限公司
出版发行：电子工业出版社
　　　　　北京市海淀区万寿路 173 信箱　邮编：100036
开　　本：787×1092　1/16　印张：34.5　字数：972 千字
版　　次：2025 年 3 月第 1 版
印　　次：2025 年 3 月第 1 次印刷
定　　价：139.00 元

凡所购买电子工业出版社图书有缺损问题，请向购买书店调换。若书店售缺，请与本社发行部联系，联系及邮购电话：(010) 88254888，88258888。

质量投诉请发邮件至 zlts@phei.com.cn，盗版侵权举报请发邮件至 dbqq@phei.com.cn。

本书咨询联系方式：fengxiaobei@phei.com.cn。

序

20世纪40年代，世界上第一个晶体管在贝尔实验室诞生，从此拉开了人类社会步入电子时代的序幕。在发明晶体管之后，随着硅平面工艺的进步和集成电路的发明，从小规模、中规模集成电路到大规模、超大规模、甚大规模集成电路不断发展，出现了今天这样的以微电子技术为基础的电子信息技术与产业。

作为电子信息产业的强大基础，微电子技术水平是一个国家综合实力的重要标志。在全球信息产业飞速发展、网络经济迅速兴起、知识经济初见端倪、现代国防和未来战争中尖端技术不断涌现的今天，微电子技术比以往任何时候都更显示出其重要的战略地位。随着国内一批投资在百亿元量级的集成电路大规模生产线的相继投产，我国微电子产业进入了高速发展时期，国内的集成电路设计产业每年正以70%的增长率而迅速发展。可以期望，再过一些时间，我国不仅将成为世界微电子产业中心之一，而且将是微电子强国之一。

在高科技时代，科学技术与经济的竞争归根到底是对人才的竞争。人才是社会经济发展最主要的制约因素，得人才者得天下。目前，集成电路方面的专业人才变得越来越紧缺。半导体器件的相关知识作为微电子技术的基础，对于了解和掌握微电子技术有着重要的作用。为此，北京大学微电子学研究院的黄如、王漪、王金延、金海岩几位教授，共同翻译了 Robert F. Pierret 教授的 *Semiconductor Device Fundamentals* 一书。这是一本微电子技术方面的入门书籍，不仅可以作为微电子专业大学本科生的理想教材，也可以作为电子技术相关学科的学生和研究人员的重要参考书。

Robert F. Pierret 教授在美国普度大学电子与计算机工程学院执教多年，由他撰写的这本关于半导体器件的著作受到了广泛的欢迎，被列为美国加州大学伯克利分校、南加州大学等多所大学相关课程的教材和主要教学参考书。全书分为三个部分共19章，兼顾了相关知识的深度与广度。其中第一部分介绍了半导体基础，讲解了半导体物理方面的相关知识及半导体制备工艺方面的基本概念；第二部分阐述了pn结、双极结型晶体管和其他结型器件的基本物理特性，并给出了相关特性的定性与定量分析；第三部分讨论了场效应器件，除了讲解基础知识，还分析了小尺寸器件相关的物理问题，并介绍了一些新型场效应器件。书中每一章的最后都对本章的内容进行了总结，便于读者掌握有关的重点和思路。此外，在每一部分的最后提供了一定量的补充读物，有兴趣的读者可以根据具体情况选择阅读。

本书的翻译工作是在黄如教授的组织下完成的，她翻译了书中的第16章～第19章及第三部分补充读物和复习，并对全书的内容进行了初步统稿；王漪翻译了第1章～第4章、附录A及第一部分补充读物和复习；王金延翻译了第5章～第7章、第15章及附录B～附录D；金海岩翻译了第 8 章～第 14 章及第二部分补充读物和复习。倪学文教授、关旭东教授、赵宝瑛教授、甘学温教授、刘晓彦教授等审阅了部分译稿，参加本书翻译工作的还有卜伟海、张慧邈、王文平、王懿、王成刚。最后，全书译稿又由理论功底深厚的韩汝琦教授审校，因此质量有了较好的保证。由于翻译工作的时间所限，因此不妥之处在所难免，还望读者不吝赐教。

  我仅以此短序祝贺他们取得的成果。

王阳元
于北京大学

前　言[①]

关于固态器件的大学教材在过去的十年里至少已经出版了 14 本,为什么还要再写一本呢？尽管原因很多,但最重要的是,我们希望写出一本能结合计算机辅助学习的、适用于 21 世纪的教材。在最近的一次调查中,普度大学电子与计算机工程学院的大学课程委员会的成员们提出,应该把计算机实践融入学习过程中。目前在美国范围内,已经建立了强调计算机辅助学习的大学联盟。1992 年 1 月,*Student Edition of MATLAB* 一书开始发行,这本书实际上就是一个原始的 MATLAB 用户手册,并且配备了廉价版本的数学工具软件。第一年,这本书及相应的软件就售出了 37 000 多套。相继又有几个出版社出版了一系列关于 MATLAB 的参考书和教材,其中主要讲解了有关 MATLAB 软件的使用。进入 21 世纪以后,计算机辅助学习将会变得越来越普遍,这一发展方向已非常明确。在分析固态器件时,利用计算机能够处理更为实际的问题,可以通过"假设分析"更容易地完成实验,而且可以方便地获得图形化的输出结果。利用计算机,可以在比手工计算单个点的值少很多的时间内轻松获得完整的器件特性。

需要说明的是,本书有一部分的内容取材自 Addison-Wesley 出版的固态器件系列丛书(Modular Series on Solid State Devices)的卷 I～卷 IV。但是,本书并不是将各卷的内容简单地组合在一起,而是修改并重写了其中的大部分内容,并且在这些内容的基础上又新增了两章及一些补充小节。本书还包含了基于计算机的一部分练习及大量的习题,同时新增了一些在"序言"中详细介绍的特点。

如同所有的工程开发一样,器件设计中处处包含了各种折中情况。本书在内容的设计上也进行了权衡考虑。例如,可以对几个主题进行详细的描述(深度),也可以对较多主题进行概述性的介绍(广度)。同样,可以强调对概念的理解,也可以介绍一些实际应用的有关知识。Addison-Wesley 出版的固态器件系列丛书的卷 I～卷 IV 就因其强调概念的深度而得到了广泛关注。本书既保留了原内容的深度,又增加了以扩展广度和扩充实际应用知识为目标的四章选读内容。在这些章节里,主要介绍了正在蓬勃发展的现代器件和化合物半导体器件,另外也考虑了学生的定性分析和定量分析能力的折中培养。由于使用了计算机,大大提高了定量分析能力,因此特别要注意不能忽视"直观分析"能力的培养。当然,我们并没有刻意兼顾内容的深度和广度,而是将许多内容留待以后阐述(利用另一门课程或其他教材)。我们希望,本书在内容上已经达到了合理的折中,读者可以通过本书对固态器件的相关内容获得较为深入的理解,并且适当熟悉固态器件的分析过程。

本书适合至少学过一门电场理论相关课程的大学三、四年级的学生使用。全书分为三个主要部分。在普度大学电子与计算机工程学院三、四年级的一学期课程(3 学分时)中,本书这三部分的内容经过少许删减后,每个部分可用五周的时间进行授课。如果课时有限,那么作为阅读材料的选读部分——第 4 章、第 9 章、第 13 章和第 19 章可以不作为课程讲解的内容。(教师可以指定这些章节作为自主阅读内容,并且采用出题考试的形式,学习过相关内容的学生可

[①] 中文翻译版的一些字体、正斜体、图示、参考文献等沿用英文原版的写作风格。

以获得附加分，以示奖励。)除了 15.1 节有关场效应的概述性介绍，第 12 章、第 14 章和第 15 章可以不纳入授课的内容，这并不会影响课程的连续性。

虽然在"序言"中完整列出了本书的特点，但是教师还应特别注意每章习题前面的习题信息表。这些表格对给学生布置练习及进行作业评分很有帮助。本书每个部分最后一章中的复习题可作为教师制定测验题时的参考，这些复习题都出自本门课程的开卷和闭卷考试的试题。对于书中提供的计算机相关练习与习题，推荐读者使用 MATLAB 学生版或专业版来完成，不规定具体版本。本书还为教师提供相关的练习和习题答案(也是用 MATLAB 生成的)[①]。尽管 MATLAB 软件对学习很有帮助，但在开始学习本书时，并不要求读者熟练掌握 MATLAB。随着课程内容的不断深入，有关 MATLAB 方面的习题会越来越复杂，读者对 MATLAB 的掌握程度也会越来越深入。也就是说，一开始的练习和习题只是让读者通过使用 MATLAB 来学习 MATLAB，但完成前三章中的大部分计算机练习和习题是十分重要的。这样，读者不仅可以自如地使用 MATLAB 来完成后面章节中的练习和习题，而且可以利用前几章得到的结果。

---

① 相关资料的获取方式请参见书末的教辅申请表。

序　言

与本书的写作目的一致，大量媒体都在讨论有关"信息高速公路"的问题。目前可以预想的高速公路，即维持信息流点到点之间传输的物理链路是光纤电缆。与本书内容相关的是，在高速公路中嵌入和提取信息的导通与关断过程是通过半导体(固态)器件实现的；信息流的控制，或者说信息处理及与人类接口的转换是由计算机完成的，而中央处理单元(CPU)、存储器和计算机中的其他主要部件又都是半导体器件。在当今世界里，半导体器件已经进入从汽车到洗衣机等几乎每一个主要系统中。

尽管有关半导体器件的研究已经开展了半个多世纪，但是这一领域一直充满着生机与活力；而且令人欣喜的是，新器件和改进型器件正在快速地发展。当在复杂的集成电路中的器件数增加到百万量级、芯片边长以厘米为单位进行计算时，从概念上来说独立的器件已被缩小到原子尺度。对于给定的但实际无法得到的器件结构，正在人工生成其所希望的半导体性质。实际上，人们正在利用工程方法获得半导体特性，从而达到所需的器件指标。

本书可作为读者进入半导体器件这一诱人领域的入门教材，可供至少已学习过电场理论的大学三、四年级的学生使用。本书涵盖了大量具有代表性的器件的相关内容，但是主要强调对基础器件结构内部工作机制的基本认识。下面将详细描述本书的一些特点，以帮助读者掌握相关知识。尤其在学习起步阶段，读者可以根据下面列出的特点进行学习。

- **基于计算机的练习和每章后面的习题(课后作业)**。大多数章节包含一个或多个需要利用计算机的、基于 MATLAB 的练习。MATLAB 是一种数学工具软件，可以在大多数计算机平台上运行。MATLAB 学生版可用于运行所有与本书相关的文件，同样也可以在 IBM 兼容机及 Macintosh 计算机上实现。在书中给出了作为练习答案的 MATLAB 程序，也可以获得相应的电子版本[①]。在习题号前用符号"●"标识的计算机习题大约占习题总量的 25%，在解答计算机习题时虽然也可以使用其他的数学工具软件来完成，但推荐使用 MATLAB。由于在开始几章特别设计了一些基于计算机的练习和习题来逐渐提高读者使用 MATLAB 的熟练程度，因此读者在开始学习本书时并不需要十分熟悉 MATLAB。但是完成前三章中的大部分计算机练习和习题是十分重要的，这样读者不仅可以自如地使用 MATLAB 来完成后面章节中的练习和习题，而且可以利用前几章得到的结果。
- **补充读物和复习章节**。本书可分为三个部分，每一部分的最后给出了补充读物和复习章节，其中包含可选择的/补充的阅读资料列表、前面几章引用的参考文献、术语复习一览表及复习题和答案，复习题都出自我们的闭卷和开卷考试的试题。
- **选读章节**。第 4 章、第 9 章、第 13 章和第 19 章被分类为选读部分，这些选读章节主要包含一些补充的定性分析内容，其中的两章讨论了一些常见的器件结构。为了让读者能够对这些内容产生兴趣，我们将选读章节有目的地安排在不同位置，主要是为了在内容

---
① 可登录华信教育资源网(www.hxedu.com.cn)下载相关资源。

讲解的节奏上有所变化。这几章仅包含少量的公式，没有练习，仅在部分章的末尾安排了一些习题。从考试的角度来看，这几章可以略过，基本上不会影响整本书内容的连续性，也可以安排为自主阅读章节。

- **习题信息表**。在每章习题前面插入了一个简洁的习题信息表，提供的信息包括：(i) 习题应该在哪一节后完成；(ii) 估计的习题难度，用 1～5 表示，其中 1 表示很容易，5 表示很难或很花时间；(iii) 建议的分值或分值分配；(iv) 简短的习题描述。在习题号前面的符号"●"表明该题是基于计算机的习题，符号"*"表明习题的一部分解题过程要使用计算机。
- **公式总结**。第 2 章的基本载流子模型公式、第 3 章的载流子运动方程及书中涉及的公式分别在表 2.4 和表 3.3 中再次给出。这些表涵盖了第一部分的主要内容，对于闭卷考试，可以将其看成本书第一部分内容的复习总结。
- **测试及数据**。在介绍性的内容中有时会给出草图和理想图，但是器件特性曲线一般是在实验室实际测量得到的，很少是完全符合理想情况的。书中包括了来自作者管理的实验室的详细测试结果，可以从中总结出实际情况的一些特有性质。对于测试中的一些细节信息及其他相关的一些测试，读者可以参考 Addison-Wesley 出版的 *Semiconductor Measurement Laboratory Operations Manual* 一书。
- **补充内容**。2.1 节给出了对于原子系统中能量量子化知识所需掌握的最少内容。附录 A 包含了更深入的有关量子化概念和其他内容的介绍，可以提供给那些希望在这方面了解更多补充内容的读者。2.1 节可以由附录 A 代替，这不会影响整本书内容的连续性。

目　　录

第一部分　　半导体基础

第1章　半导体概要 ·· 2
1.1　半导体材料的特性 ·· 2
1.1.1　材料的原子构成 ·· 2
1.1.2　纯度 ·· 3
1.1.3　结构 ·· 4
1.2　晶体结构 ·· 5
1.2.1　单胞的概念 ·· 5
1.2.2　三维立方单胞 ·· 5
1.2.3　半导体晶格 ·· 7
1.2.4　密勒指数 ·· 8
1.3　晶体的生长 ·· 11
1.3.1　超纯硅的获取 ·· 11
1.3.2　单晶硅的形成 ·· 12
1.4　小结 ·· 13
习题 ·· 13

第2章　载流子模型 ·· 17
2.1　量子化概念 ·· 17
2.2　半导体模型 ·· 18
2.2.1　价键模型 ·· 18
2.2.2　能带模型 ·· 19
2.2.3　载流子 ·· 21
2.2.4　带隙和材料分类 ·· 22
2.3　载流子的特性 ·· 22
2.3.1　电荷 ·· 22
2.3.2　有效质量 ·· 23
2.3.3　本征材料内的载流子数 ·· 24
2.3.4　载流子数的控制——掺杂 ·· 24
2.3.5　与载流子相关的术语 ·· 28
2.4　状态和载流子分布 ·· 28
2.4.1　态密度 ·· 28
2.4.2　费米分布函数 ·· 29
2.4.3　平衡载流子分布 ·· 32
2.5　平衡载流子浓度 ·· 33

  2.5.1 n 型和 p 型的公式 ⋯⋯ 33
  2.5.2 n 型和 p 型表达式的变换 ⋯⋯ 35
  2.5.3 n_i 和载流子浓度乘积 np ⋯⋯ 36
  2.5.4 电中性关系 ⋯⋯ 39
  2.5.5 载流子浓度的计算 ⋯⋯ 40
  2.5.6 费米能级 E_F 的确定 ⋯⋯ 41
  2.5.7 载流子浓度与温度的关系 ⋯⋯ 43
 2.6 小结 ⋯⋯ 45
 习题 ⋯⋯ 46

第 3 章 载流子输运 ⋯⋯ 51
 3.1 漂移 ⋯⋯ 51
  3.1.1 漂移的定义与图像 ⋯⋯ 51
  3.1.2 漂移电流 ⋯⋯ 52
  3.1.3 迁移率 ⋯⋯ 53
  3.1.4 电阻率 ⋯⋯ 58
  3.1.5 能带弯曲 ⋯⋯ 61
 3.2 扩散 ⋯⋯ 64
  3.2.1 扩散的定义与可视化 ⋯⋯ 64
  3.2.2 热探针测量法 ⋯⋯ 66
  3.2.3 扩散和总电流 ⋯⋯ 67
  3.2.4 扩散系数与迁移率的关系 ⋯⋯ 68
 3.3 复合-产生 ⋯⋯ 71
  3.3.1 复合-产生的定义与可视化 ⋯⋯ 71
  3.3.2 动量分析 ⋯⋯ 73
  3.3.3 R-G 统计 ⋯⋯ 74
  3.3.4 少子寿命 ⋯⋯ 78
 3.4 状态方程 ⋯⋯ 81
  3.4.1 连续性方程 ⋯⋯ 81
  3.4.2 少子扩散方程 ⋯⋯ 82
  3.4.3 问题的简化和求解 ⋯⋯ 83
  3.4.4 解答问题 ⋯⋯ 84
 3.5 补充的概念 ⋯⋯ 88
  3.5.1 扩散长度 ⋯⋯ 88
  3.5.2 准费米能级 ⋯⋯ 89
 3.6 小结 ⋯⋯ 91
 习题 ⋯⋯ 93

第 4 章 器件制备基础 ⋯⋯ 101
 4.1 制备过程 ⋯⋯ 101
  4.1.1 氧化 ⋯⋯ 101

4.1.2　扩散 104
　　　4.1.3　离子注入 106
　　　4.1.4　光刻 108
　　　4.1.5　薄膜淀积 109
　　　4.1.6　外延 111
　4.2　器件制备实例 112
　　　4.2.1　pn 结二极管的制备 112
　　　4.2.2　计算机 CPU 的工艺流程 113
　4.3　小结 117

第一部分补充读物和复习 118
　可选择的/补充的阅读资料列表 118
　图的出处/引用的参考文献 119
　术语复习一览表 119
　第一部分复习题和答案 121

第二部分 A　pn 结二极管

第 5 章　pn 结的静电特性 132
　5.1　引言 132
　　　5.1.1　结的相关术语/理想杂质分布 132
　　　5.1.2　泊松方程 133
　　　5.1.3　定性解 134
　　　5.1.4　内建电势(V_{bi}) 136
　　　5.1.5　耗尽近似 139
　5.2　定量的静电关系式 140
　　　5.2.1　假设和定义 140
　　　5.2.2　$V_A = 0$ 条件下的突变结 141
　　　5.2.3　$V_A \neq 0$ 条件下的突变结 144
　　　5.2.4　结果分析 147
　　　5.2.5　线性缓变结 150
　5.3　小结 152
　习题 152

第 6 章　pn 结二极管：$I\text{-}V$ 特性 158
　6.1　理想二极管方程 158
　　　6.1.1　定性推导 158
　　　6.1.2　定量求解方案 161
　　　6.1.3　严格推导 165
　　　6.1.4　结果分析 166
　6.2　与理想情况的偏差 173
　　　6.2.1　理论与实验的比较 173

		6.2.2	反向偏置的击穿	175
		6.2.3	复合-产生电流	181
		6.2.4	$V_A \to V_{bi}$时的大电流现象	186
	6.3	一些需要特别考虑的因素		189
		6.3.1	电荷控制方法	189
		6.3.2	窄基区二极管	190
	6.4	小结		193
	习题			194

第7章 pn结二极管：小信号导纳 … 201
- 7.1 引言 … 201
- 7.2 反向偏置结电容 … 202
  - 7.2.1 基本信息 … 202
  - 7.2.2 C-V关系 … 203
  - 7.2.3 参数提取和杂质分布 … 206
  - 7.2.4 反向偏置电导 … 209
- 7.3 正向偏置扩散导纳 … 210
  - 7.3.1 基本信息 … 210
  - 7.3.2 导纳关系式 … 212
- 7.4 小结 … 216
- 习题 … 217

第8章 pn结二极管：瞬态响应 … 219
- 8.1 瞬态关断特性 … 219
  - 8.1.1 引言 … 219
  - 8.1.2 定性分析 … 220
  - 8.1.3 存贮延迟时间 … 223
  - 8.1.4 总结 … 224
- 8.2 瞬态开启特性 … 227
- 8.3 小结 … 230
- 习题 … 231

第9章 光电二极管 … 234
- 9.1 引言 … 234
- 9.2 光电探测器 … 235
  - 9.2.1 pn结光电二极管 … 235
  - 9.2.2 p-i-n和雪崩光电二极管 … 237
- 9.3 太阳能电池 … 240
  - 9.3.1 太阳能电池基础 … 240
  - 9.3.2 效率研究 … 240
  - 9.3.3 太阳能电池工艺 … 242
- 9.4 LED … 243

9.4.1 概述	243
9.4.2 商用 LED	245
9.4.3 LED 封装和光输出	248

第二部分 B BJT 和其他结型器件

第10章 BJT 基础知识 — 251
10.1 基本概念	251
10.2 制备工艺	254
10.3 静电特性	255
10.4 工作原理简介	257
10.5 特性参数	259
10.6 小结	260
习题	261

第11章 BJT 静态特性 — 264
11.1 理想晶体管模型	264
11.1.1 求解方法	264
11.1.2 通用解（W 为任意值）	267
11.1.3 简化关系式（$W \ll L_B$）	270
11.1.4 埃伯斯-莫尔方程和模型	274
11.2 理论和实验的偏差	276
11.2.1 理想特性与实验特性的比较	277
11.2.2 基区宽度调制	279
11.2.3 穿通	280
11.2.4 雪崩倍增和击穿	281
11.2.5 几何效应	285
11.2.6 复合-产生电流	287
11.2.7 缓变基区	288
11.2.8 品质因素	289
11.3 现代 BJT 结构	290
11.3.1 多晶硅发射极 BJT	290
11.3.2 异质结双极晶体管（HBT）	292
11.4 小结	294
习题	295

第12章 BJT 动态响应模型 — 302
12.1 小信号等效电路	302
12.1.1 通用的双端口模型	302
12.1.2 混合π模型	304
12.2 瞬态（开关）响应	306
12.2.1 定性研究	306

12.2.2　电荷控制关系式 308
　　　12.2.3　定量分析 309
　　　12.2.4　实际的瞬态过程 311
　12.3　小结 312
　习题 313

第13章　PNPN器件 315
　13.1　可控硅整流器(SCR) 315
　13.2　SCR工作原理 316
　13.3　实际的开/关研究 320
　　　13.3.1　电路工作 320
　　　13.3.2　附加触发机制 320
　　　13.3.3　短路阴极结构 321
　　　13.3.4　di/dt 和 dv/dt 效应 321
　　　13.3.5　触发时间 322
　　　13.3.6　开关的优点/缺点 322
　13.4　其他的PNPN器件 322

第14章　MS接触和肖特基二极管 325
　14.1　理想的MS接触 325
　14.2　肖特基二极管 329
　　　14.2.1　静电特性 329
　　　14.2.2　I-V 特性 331
　　　14.2.3　交流响应 335
　　　14.2.4　瞬态响应 337
　14.3　实际的MS接触 337
　　　14.3.1　整流接触 337
　　　14.3.2　欧姆接触 338
　14.4　小结 339
　习题 340

第二部分补充读物和复习 343
　可选择的/补充的阅读资料列表 343
　图的出处/引用的参考文献 343
　术语复习一览表 344
　第二部分复习题和答案 346

第三部分　场效应器件

第15章　场效应导言——J-FET和MESFET 358
　15.1　引言 358
　15.2　J-FET 362

   15.2.1 简介 362
   15.2.2 器件工作的定性理论 362
   15.2.3 定量的 I_D-V_D 关系 365
   15.2.4 交流响应 372
  15.3 MESFET 375
   15.3.1 基础知识 375
   15.3.2 短沟道效应 376
  15.4 小结 379
  习题 380

第 16 章 MOS 结构基础 384
  16.1 理想 MOS 结构的定义 384
  16.2 静电特性——定性描述 385
   16.2.1 图示化辅助描述 385
   16.2.2 外加偏置的影响 386
  16.3 静电特性——定量公式 389
   16.3.1 半导体静电特性的定量描述 389
   16.3.2 栅电压关系 395
  16.4 电容-电压特性 397
   16.4.1 理论和分析 398
   16.4.2 计算和测试 402
  16.5 小结 407
  习题 408

第 17 章 MOSFET 器件基础 415
  17.1 工作原理的定性分析 415
  17.2 I_D-V_D 特性的定量分析 418
   17.2.1 预备知识 418
   17.2.2 平方律理论 420
   17.2.3 体电荷理论 423
   17.2.4 薄层电荷和精确电荷理论 425
  17.3 交流响应 427
   17.3.1 小信号等效电路 427
   17.3.2 截止频率 428
   17.3.3 小信号特性 429
  17.4 小结 430
  习题 431

第 18 章 非理想 MOS 436
  18.1 金属-半导体功函数差 436
  18.2 氧化层电荷 439

- 18.2.1 引言 439
- 18.2.2 可动离子 440
- 18.2.3 固定电荷 444
- 18.2.4 界面陷阱 446
- 18.2.5 诱导的电荷 450
- 18.2.6 ΔV_G 总结 451
- 18.3 MOSFET 的阈值设计 453
  - 18.3.1 V_T 表达式 454
  - 18.3.2 阈值、术语和工艺 455
  - 18.3.3 阈值调整 456
  - 18.3.4 背偏置效应 457
  - 18.3.5 阈值总结 458
- 习题 460

第 19 章 现代 FET 结构 465
- 19.1 小尺寸效应 465
  - 19.1.1 引言 465
  - 19.1.2 阈值电压改变 467
  - 19.1.3 寄生 BJT 效应 470
  - 19.1.4 热载流子效应 471
- 19.2 精选的器件结构概况 472
  - 19.2.1 MOSFET 结构 472
  - 19.2.2 MODFET（HEMT） 476
- 习题 478

第三部分补充读物和复习 480
- 可选择的/补充的阅读资料列表 480
- 图的出处/引用的参考文献 480
- 术语复习一览表 483
- 第三部分复习题和答案 484

附录 A 量子力学基础 496

附录 B MOS 半导体静电特性——精确解 507

附录 C MOS C-V 补充 510

附录 D MOS I-V 补充 512

附录 E 符号表 514

附录 F MATLAB 程序源代码 524

物理常数与换算关系 533

第一部分

半导体基础

第1章　半导体概要
第2章　载流子模型
第3章　载流子输运
第4章　器件制备基础

第1章 半导体概要

1.1 半导体材料的特性

迄今为止，固态器件有着巨大的市场，而这些器件可以使用各种材料来制作，半导体就是其中之一。因此，我们首先学习和讨论半导体材料的一些基本性质。

1.1.1 材料的原子构成

表 1.1 列出了一些文献中所能遇到的常用半导体材料的原子构成。在半导体材料家族中有单原子组成的元素半导体硅(Si)和锗(Ge)，化合物半导体如砷化镓(GaAs)和硒化锌(ZnSe)，以及合金如铝镓砷($Al_xGa_{1-x}As$)[①]。由于目前硅有着先进的制作工艺和巨大的商业市场，无疑它是最重要的半导体材料。绝大多数的分立器件和集成电路(IC)，包括微型计算机的中央处理单元(CPU)和现代汽车中的点火模块，都是利用半导体硅材料做成的。化合物半导体 GaAs 具有优越的电子输运性质和特殊的光学性质，被广泛地应用于激光二极管和高速集成电路等重要领域。而对于其余的半导体，人们或是利用它特殊的光电性质，或是将其应用在一些高温高速的地方。在本书中，将集中讨论目前在半导体材料中处于主导地位的硅。另外，对 GaAs 和其他的半导体也会进行适当的讨论和定性说明。

表 1.1 半导体材料

一般分类	符 号	半导体名称
(1)元素	Si	硅
	Ge	锗
(2)化合物		
(a) IV-IV	SiC	碳化硅
(b) III-V	AlP	磷化铝
	AlAs	砷化铝
	AlSb	锑化铝
	GaN	氮化镓
	GaP	磷化镓
	GaAs	砷化镓
	GaSb	锑化镓
	InP	磷化铟
	InAs	砷化铟
	InSb	锑化铟

[①] x(或 y)的取值范围在 0 和 1 之间。如 $Al_{0.3}Ga_{0.7}As$ 所表示的一种材料内每 10 个 As 原子对应有 3 个 Al 原子和 7 个 Ga 原子，组成半导体合金铝镓砷。

续表

一般分类	符 号	半导体名称
(c) II-VI	ZnO	氧化锌
	ZnS	硫化锌
	ZnSe	硒化锌
	ZnTe	碲化锌
	CdS	硫化镉
	CdSe	硒化镉
	CdTe	碲化镉
	HgS	硫化汞
(d) IV-VI	PbS	硫化铅
	PbSe	硒化铅
	PbTe	碲化铅
(3) 合金		
(a) 二元合金	$Si_{1-x}Ge_x$	
(b) 三元合金	$Al_xGa_{1-x}As$	(或 $Ga_{1-x}Al_xAs$)
	$Al_xIn_{1-x}As$	(或 $In_{1-x}Al_xAs$)
	$Cd_{1-x}Mn_xTe$	
	$GaAs_{1-x}P_x$	
	$Ga_xIn_{1-x}As$	(或 $In_{1-x}Ga_xAs$)
	$Ga_xIn_{1-x}P$	(或 $In_{1-x}Ga_xP$)
	$Hg_{1-x}Cd_xTe$	
(c) 四元合金	$Al_xGa_{1-x}As_ySb_{1-y}$	
	$Ga_xIn_{1-x}As_{1-y}P_y$	

半导体材料的种类非常之多，在表 1.1 中尽可能地列出了元素半导体及由元素所组成的化合物半导体与合金半导体。表 1.2 是从元素周期表中摘录出的一些元素，之所以摘录这些内容，原因在于这些元素结合后可以构成典型的半导体材料。除了 IV-VI 族化合物，表 1.1 列出了元素周期表中的 IV 族元素和由 IV 族元素所组成的化合物半导体。III 族元素镓(Ga)与 V 族元素砷(As)相结合可得到 III-V 族化合物半导体 GaAs；II 族元素锌(Zn)与 VI 族元素硒(Se)相结合可得到 II-VI 族化合物 ZnSe；III 族元素铝(Al)和少量 Ga 的组合再与 V 族元素 As 可形成 $Al_xGa_{1-x}As$ 合金半导体。这种一般性质与半导体中所涉及的化学键有关，其中每个原子平均有 4 个价电子。

1.1.2 纯度

在第 2 章中，将会对"掺杂"加以说明，即某些微量杂质原子，可以对半导体电学特性有很大影响。正因为此，必须严格控制半导体材料的纯度。实际上，现代半导体就是一些目前具有很高纯度的固体材料。例如：在 Si 晶体中，每 10^9 个硅原子中所含杂质原子不到 1 个。为了帮助读者更好地理解这一令人难以置信的纯度级别，我们假设：整个美国从东海岸到西海岸及由南向北包括阿拉斯加(Alaska)在内的 50 个州全部被枫树林所覆盖。那么，每 10^9 个硅原子中有一个杂质原子就相当于全部被枫树林覆盖的美国大陆中可以找出大约 25 棵野苹果树。尽管在高纯度材料中总是含有一些不希望存在的杂质，但是，为了对半导体的电学特性进行有效的控制，特意将一些杂质原子掺入半导体内，杂质的浓度范围是在 10^8 到 10^3 个原子中有 1 个杂质原子。

表 1.2 元素周期表的部分摘录

II	III	IV	V	VI
4 铍 Be	5 硼 B	6 碳 C	7 氮 N	8 氧 O
12 镁 Mg	13 铝 Al	14 硅 Si	15 磷 P	16 硫 S
30 锌 Zn	31 镓 Ga	32 锗 Ge	33 砷 As	34 硒 Se
48 镉 Cd	49 铟 In	50 锡 Sn	51 锑 Sb	52 碲 Te
80 汞 Hg	81 铊 Tl	82 铅 Pb	83 铋 Bi	84 钋 Po

1.1.3 结构

材料内部原子的空间排列在决定材料特性上起着重要的作用。根据在固体内部原子排列的不同，可以把固体分为三类，即无定形(非晶)、多晶和单晶。图 1.1 给出了这三种类型的固体。无定形固体是原子的排列不存在长程有序。无定形固体中存在许多小区域，每个小区域内的原子排列不同于其他小区域内的原子排列。在单晶固体中，原子在三维空间有规律地排列着，形成一种周期性结构。单晶固体的任何一部分都完全可以由其他部分的原子排列所代替。在多晶固体中，存在许多小区域，每个小区域都具有完好的结构，而且又不同于与其相邻的区域。

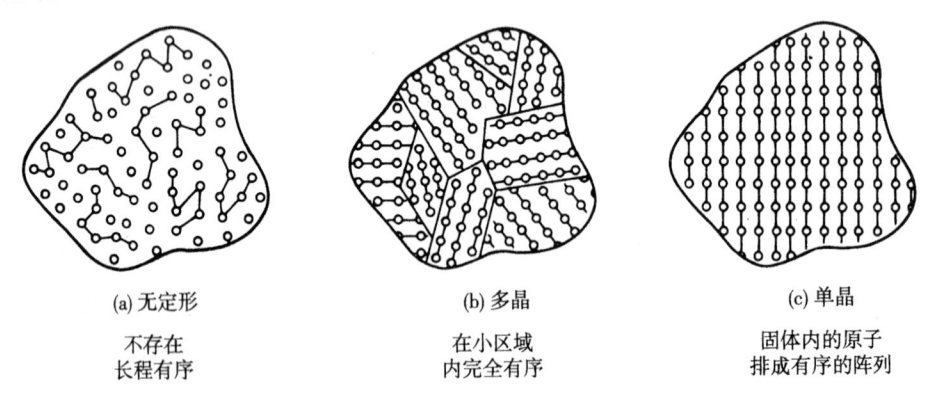

(a) 无定形
不存在长程有序

(b) 多晶
在小区域内完全有序

(c) 单晶
固体内的原子排成有序的阵列

图 1.1 基于原子在固体内的有序排列程度对固体进行分类。(a)无定形；(b)多晶；(c)单晶

上述三种类型的固体结构，在现有的许多固态器件的研究中都可以应用。无定形(非晶)硅的薄膜晶体管被用作液晶显示器(LCD)的开关元件；多晶硅栅则用来制作金属-氧化物-半导体场效应晶体管(MOSFET)。不过，器件的大部分(如源、漏等部分)仍然要用单晶半导体来制作。因此，目前绝大多数半导体器件的制造依然使用单晶半导体。

1.2 晶体结构

本节将详细讨论在上一节所涉及晶体的结构。既然目前使用的半导体大部分是典型的单晶半导体，那么就应该了解更多的与晶态相关的知识。其中，学习的主要目的是了解半导体内原子排列的结构。为了达到这个目的，首先需要研究如何描述原子在晶体内的空间位置。其次，用一些简单的三维空间格子（原子排列）来解释已经研究过的半导体结构。在本节的结尾，将介绍与密勒（Miller）指数有关的内容，密勒指数可用于确定晶体中的特殊晶面与晶向。

1.2.1 单胞的概念

简而言之，单胞是对于任何给定的晶体，可以用来形成其晶体结构的最小单元。为了有助于了解单胞的概念，考虑图 1.2(a) 中的二维格子。描述这个格子或完整地叙述格子的物理特性，只需考虑图 1.2(b) 中的单胞。如图 1.2(c) 所示，只要把单胞有规律地、彼此相邻地堆积，就可以形成原二维格子的形状。

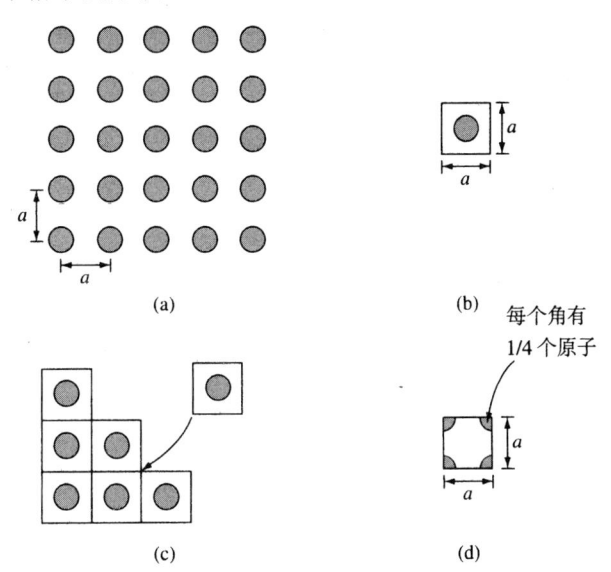

图 1.2　晶体内原子排列单胞的介绍。(a) 二维格子的例子；(b) 与 (a) 部分格子一致的单胞；(c) 二维格子的可重组性；(d) 另一种可选的单胞

在处理单胞时，有两点经常会引起人们的误解。一是单胞无须是唯一的。图 1.2(d) 所显示的单胞同样可以像图 1.2(b) 一样用来描述图 1.2(a) 的二维格子。二是单胞无须是基本单元（可能是最小的单胞）。事实上，可选取一些有较大直角边的单胞来取代那些有非直角边的基本单元。在三维空间里最简便的描述方法是使用立方单元。

1.2.2 三维立方单胞

由于半导体晶体是三维晶体，因此要用三维立方单胞来描述它。图 1.3(a) 是所有基本立方晶体晶格中最简单的，称为简单立方单胞。简单立方单胞是一个等边的立方体，它的每个顶点上有一个原子。简单立方单胞是由平行的二维格子所构成的。每个顶点的原子为邻近的 8 个晶格所共有，因此每个晶格只占有 1/8 个顶点原子，如图 1.3(b)所示。可以把图 1.3(b)所示的晶格像堆积木那样堆成一个简单立方单胞。立方晶格所形成的原子平面与上一节图 1.2(a)所示的原子平面一致。从基平面到与其平行的原子平面之间的距离称为单胞边长或晶格常数 a。基平面通常是指可作为平行地向下排列的原子平面之起点的那个平面。

(a) 简单立方单胞　　(b) 等价简单立方单胞

(c) 体心立方单胞　　(d) 面心立方单胞

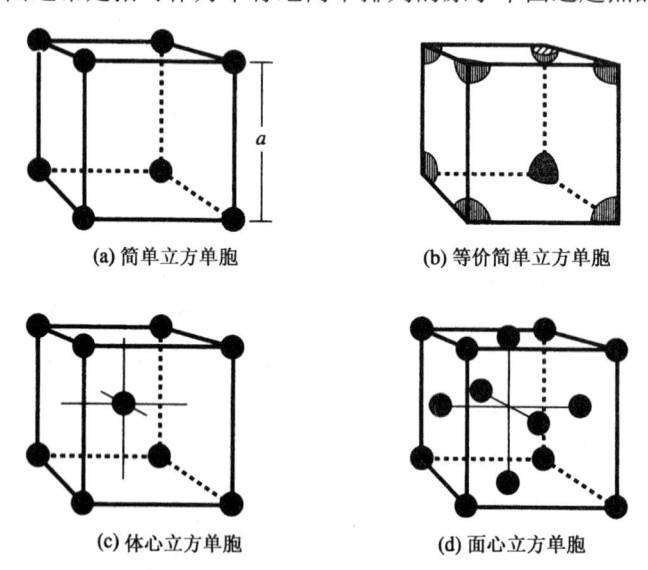

图 1.3　简单的三维立方单胞。(a)简单立方单胞；(b)等价简单立方单胞，每个顶点的原子在立方晶格内只有 1/8 个原子；(c)体心立方单胞；(d)面心立方单胞

图 1.3(c)与图 1.3(d)所示的两种常用三维立方单胞虽然复杂一些，但还是与简单立方单胞有着相似之处。图 1.3(c)的单胞在立方体中心有一个原子，这种结构称之为体心立方(bcc)单胞。图 1.3(d)中的面心立方(fcc)单胞，则是由立方体每个顶角上的原子和每个面内的原子组成的。(注意，面心立方单胞每个面内的原子实际上只相当于有半个原子。)简单立方单胞含有一个原子(立方体八个顶角的每个顶角只含有 1/8 个原子)，而较复杂的体心立方和面心立方单胞各包含两个和 4 个原子。读者应该了解这些事实，并且把它们与体心立方和面心立方单胞的空间结构联系在一起来理解。

(C) 练习 1.1

可以从 Internet 上下载或用硬盘安装版权属于 Arizona 大学的 MacMolecule 程序，该程序对学校和学校的用户免费。如果使用隐含文件名，则该程序只能在 Macintosh 计算机上运行。不过，对于 IBM 兼容机的用户，它还提供了公共存取的转换文件。

MacMolecule 程序用彩色的球和棒在三维立体空间中显示分子、单胞、晶格的透视图。该程序提供了可视化的简单立方、体心立方、面心立方单胞及金刚石和闪锌矿结构的输入文件。关于 MacMolecule 程序及如何使用和产生/修改输入文件等详细信息，读者可阅读相关的 MacMolecule 文件。

读者在使用 MacMolecule 程序时，最初总是显示一个沿着 z 方向的赝二维图像。转动这个模型可以看到更多的立体信息。转动的最好方法是选定并拖动模型的边缘。更高级的方法是修改已存在的输入文件或是修改新产生的输入文件。

1.2.3 半导体晶格

现在,我们将对典型半导体内与原子排列位置有关的问题进行研究。元素半导体 Si(Ge) 的晶格结构如图 1.4(a) 的单胞所示。图 1.4(a) 的原子排列是金刚石晶格单胞,由于它与碳同属 IV 族,因此具有金刚石的特征。金刚石晶格单胞是立方体,并且在立方体的每个顶角和每个面上有一个原子,它与 fcc 单胞相似。在图 1.4(a) 的内部有 4 个添加的原子。其中的一个正好位于立方体左前顶点对角线的四分之一处,另外 3 个内部原子分别位于对角线的四分之一处。虽然这从图 1.4(a) 很难看出,但可以把金刚石晶格单胞看成由两个 fcc 晶格相互嵌套而成。金刚石晶格单胞的顶角和面上的原子可看成第一个 fcc 晶格,体内的原子可看成第二个 fcc 晶格,第二个 fcc 晶格位于第一个 fcc 晶格体内对角线方向的四分之一处。

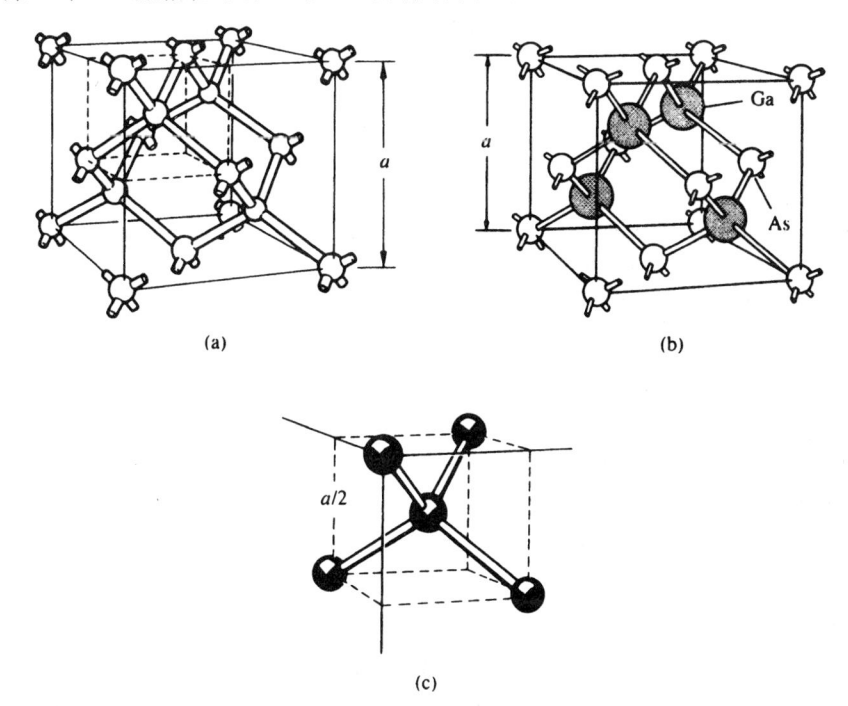

图 1.4 (a) 金刚石晶格单胞;(b) 闪锌矿晶格单胞(例如 GaAs);(c) 为 (a) 图中金刚石晶格单胞的顶角处虚线部分以层状结构与 4 个最近邻原子形成的成键图。立方体的边长为 a,温度为 300 K 时硅的 a 为 5.43 Å,砷化镓的 a 为 5.65 Å[(a) 引自 Shockley[1],(b) 引自 Sze[2],John Wiley & Sons 公司授权使用,©1981]

包括 GaAs 在内的大多数 III-V 族半导体晶体结构是闪锌矿结构。图 1.4(b) 所示的 GaAs 晶格单胞属于闪锌矿结构,它和金刚石结构类似,只是晶格点分别被两种不同的原子所占据。镓原子处在两个嵌套 fcc 子格子的一个 fcc 晶格上,而砷原子处在另一个 fcc 晶格上。

在了解了原子在典型半导体内如何排列的规律之后,问题是如何行之有效地运用所学到的这些知识。晶格结构虽然可以用一些应用程序来计算,但几何式的计算对单胞结构的理解和应用也是非常有益的。例如,硅在室温下的晶格边长 a 等于 5.43 Å($1Å = 10^{-8}$ cm),每个单胞内有 8 个硅原子,它的体积为 a^3,所以每立方厘米体积内有 $5×10^{22}$ 个硅原子或等于 $8/a^3$ 个硅原子。类似的计算还可以用来确定原子的半径、原子面间的距离等。学习这些知识的目的是为了进一步讨论半导体的晶格结构,建立如图 1.4(c) 所示的由 4 个最近邻原子构成的金刚石和闪锌矿晶格。典型半导体内部的化学键是由 4 个最近邻原子及它们之间的相互吸引所决定的。应该记住这一非常有用的重要事实。

练习 1.2

问：已知硅的晶格常数或单胞的边长 $a = 5.43 \times 10^{-8}$ cm，求两个相邻硅原子之间的中心距离 d。

答：参考图 1.4 的说明，硅单胞前顶点的原子与位于它下方立方体对角线四分之一处的原子为最近邻原子，因为立方体的对角线是边长的 $\sqrt{3}$ 倍，所以 $d = (1/4) \times \sqrt{3}\, a = (\sqrt{3}/4) \times (5.43 \times 10^{-8}) = \boxed{2.35 \times 10^{-8} \text{ cm}}$。

(C) **练习 1.3**

问：使用 MATLAB 软件计算立方晶体中单位立方厘米内的原子数。使用 MATLAB 的 input 函数，输入晶体的单胞内的原子数和单胞的边长 (a)。当需要计算硅元素时，运行程序可以得到相应的结果。

答：MATLAB 程序清单…

```
%Exercise 1.3
%Computation of the number of atoms/cm3 in a cubic lattice
N=input('input number of atoms/unit cell, N = ');
a=input('lattice constant in angstrom, a = ');
atmden=N*(1.0e24)/(a^3)    %number of atoms/cm3
```

元素硅的输出结果…

```
input number of atoms/unit cell, N = 8
lattice constant in angstrom, a = 5.43
atmden =
    4.9968e+22
```

1.2.4 密勒指数

制作半导体器件所使用的单晶硅通常会被处理成如图 1.5 所示的薄的圆盘形状。形成圆盘形状的单晶，通常称为硅片(Si wafer)，用来制作衬底。硅片是主要半导体器件厂商目前所使用的典型基片。这些单晶硅片的表面是经过仔细的前期定向处理的特殊结晶学平面。此外，沿着硅片的边缘在表平面上有"平口"或"凹口"，这些是用来识别晶向的一个参照方向。精密的表面定向对器件的加工过程具有非常关键的作用，并对器件的性能亦有直接影响。平口和凹口通常用于在大规模流水线上整齐地排列硅片和分装器件。密勒指数通常是用来确定晶体内晶面和晶向的取向的，如图 1.5 所示的 (100) 晶面和 [011] 晶向。下面将对重要的晶向和晶面加以说明。

晶体内部任意原子面所给出的密勒指数，可由以下简单的 4 个步骤来确定。以图 1.6(a) 为例，密勒指数的详细确定过程如下。

确定过程	示 例
沿着晶格边设立坐标轴后，注意晶面应与坐标轴相交	
确定晶格的边长在各坐标轴上的截距值，以晶格常数为单位，记录 x、y、z 的数值	1, 2, 3

续表

确定过程	示 例
取截距值的倒数,即[1/截距]	1,$\frac{1}{2}$,$\frac{1}{3}$
按相同的比例换算为 3 个最小整数值	6,3,2
把结果用圆括号括起来,这就是该面的密勒指数	(632)

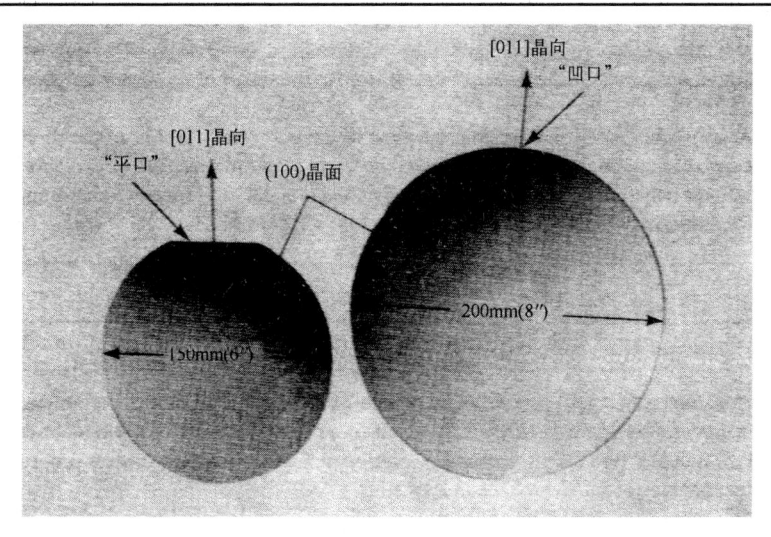

图 1.5 主要半导体器件厂商所使用的典型单晶硅片。150 mm(6″)和 200 mm(8″)基片,其厚度分别为 0.625 mm 和 0.725 mm,它们经过腐蚀和抛光等加工过程后最终被制成表面如镜子般的基片。图中标出的常用密勒指数的表示法有(100)晶面和[011]晶向(图片由 Intel 公司提供)

为了全面了解晶面指数确定过程,我们还应该学习下面的内容。

(i) 如果晶面与坐标轴平行,那么坐标轴的截距为无限大。如图 1.6(b)所示的晶面,它的截距分别为∞、∞、1,这个晶面可表示为(001)晶面。

(ii) 如果晶面与坐标轴的截距是负数,那么此时在这个数的上面加一个负号来表示负截距。如图 1.6(c)所示的晶面可表示为($2\bar{2}1$)晶面。

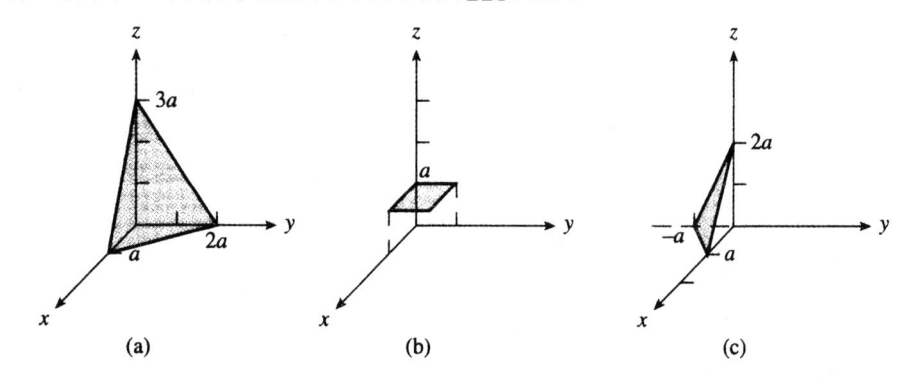

图 1.6 简单立方晶面。(a)(632)晶面;(b)(001)晶面;(c)($2\bar{2}1$)晶面

(iii) 如图 1.4(a)所示的金刚石立方体的六个立方平面有相同的原子配置;也就是说,因为晶体的对称性,这是不可能有区别的,即(100)、(010)、(001)、($\bar{1}00$)、($0\bar{1}0$)和($00\bar{1}$)晶面是"等价"的;或表示为{100}晶面,{100}晶面彼此之间是不可区分

的。{ }表示相互等价的一组晶面。

（iv）密勒指数不能确定晶面与坐标原点的关系。坐标原点应该与晶格的点有关，而与晶面是无关的。因此，平行于一个晶面的所有晶面都是等价的。

以简单立方单胞为例，立方晶格中三个最基本晶面的密勒指数如图1.7(a)所示。

晶向密勒指数是以著名的矢量分量分析法为基础而建立的。首先，在某一方向上建立一个任意长度的矢量；其次，对矢量进行分解，即确定矢量沿坐标轴的投影的大小，按相同比例换算为最小整数值。这种变换只改变初始矢量的大小而并不改变它的方向。最后，用方括号将得到的整数值括起来。方括号"[ ]"所标明的是晶体内特定的晶向；尖括号"〈 〉"所标明的是一组等价晶向。常用的方向矢量和它们所对应的密勒指数如图1.7(b)所示。表1.3给出了晶面和晶向的密勒指数表示规则一览表。

表1.3 密勒指数表示规则一览表

规 则	解 释
(hkl)	晶面
$\{hkl\}$	等价晶面
$[hkl]$	晶向
$\langle hkl \rangle$	等价晶向

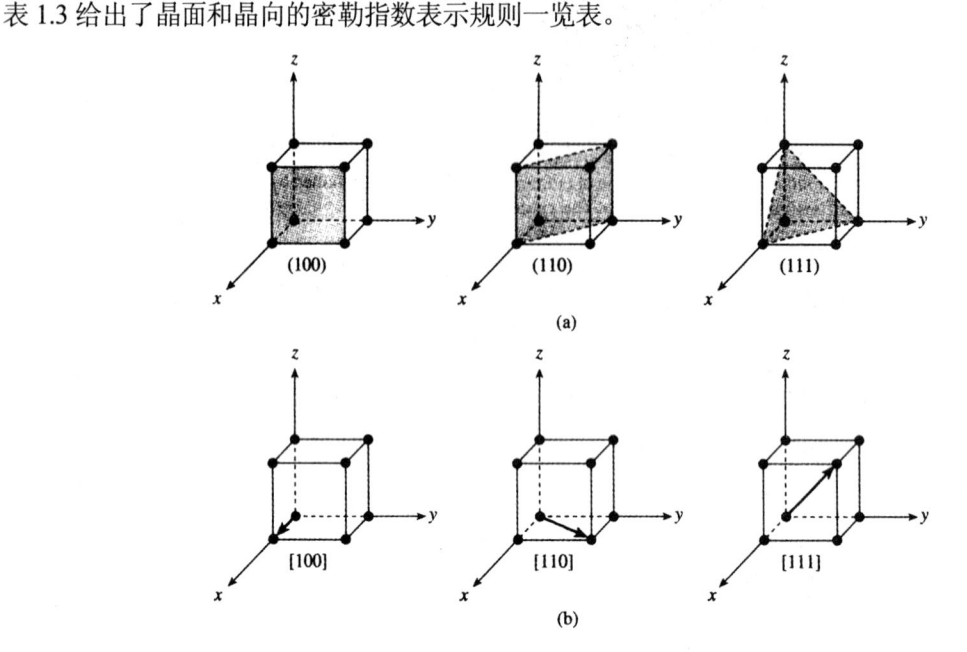

图1.7 常用的密勒指数示意图。(a)晶面；(b)晶向

通过前面的讨论，我们了解了如何从已知晶体的晶面和晶向出发来求出所对应的密勒指数。不过，更常用的却是求密勒指数的逆过程，即已知密勒指数，画出与此密勒指数对应的晶体的晶面和晶向。常用的晶面和晶向密勒指数有(111)、(110)、[001]。要想熟练地掌握求密勒指数的逆过程，可以简要地记住与小数值密勒指数相关的晶面和晶向的方位。对于立方晶格，晶面和晶向的垂直面密勒指数相同。例如[110]晶向是垂直于(110)晶面的，这是很好的例子。当然，任何晶面或晶向都能从求密勒指数的逆过程中推导出。

练习1.4

问：对于一个立方晶格：

(a)晶面和方向矢量如图E1.4(a)所示，求其密勒指数。

(b)画出晶面为(011)、晶向为[011]的晶面和方向矢量。

答：
(a) 如图所示，晶面沿 x、y、z 轴的截距分别为 -1、1、2。取截距的倒数可得 -1、1、$1/2$。用 2 乘以截距的倒数，得到最小的整数值，用圆括号括起，即得到了此晶面的密勒指数 $(\overline{2}21)$。方向矢量在 x、y、z 轴上的投影分别为 $2a$、a、0。所以此方向的密勒指数是 $[210]$。

(b) 对于 (011) 晶面，截距的倒数为 $0, 1, 1$。此面与 x、y、z 轴的截距分别为 ∞、1、1；即此面在 a 点与 y 轴相交，在 a 点与 z 轴相交，与 x 轴平行。在立方晶格中，$[011]$ 晶向的垂直面是 (011) 晶面。由此可得出如图 E1.4(b) 所示的晶面和晶向示意图。

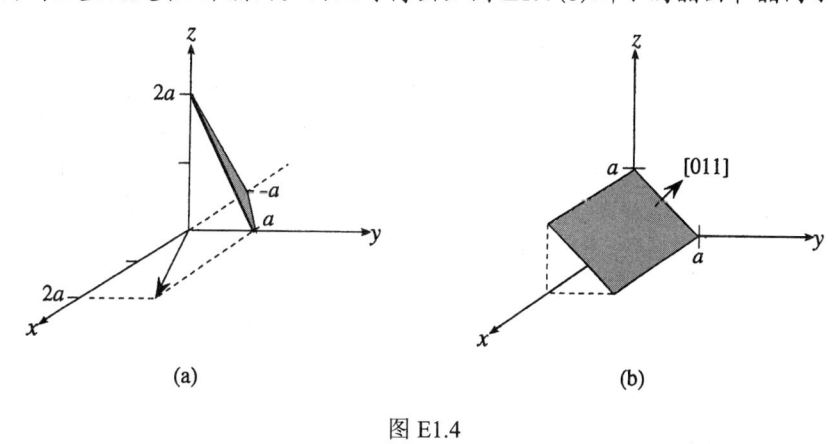

图 E1.4

1.3 晶体的生长

1.3.1 超纯硅的获取

在现代半导体器件制造中，人们巧妙而有效地使用了单晶硅，使得硅这一半导体材料获得了极高的利用率和广泛的使用范围。硅到底是什么？是沙子中可用的沉积物？并不是。单晶硅是不是来自南非钻石矿的一种副产品？也不是。在最近的一部科幻电影中提到，或许硅是从海底用特殊的潜水艇挖出来的？对不起，还是不对。虽然硅在地壳中是第二多的元素，但它是由多种化合物组成的，主要有不纯的二氧化硅(SiO_2)和硅酸盐(Si+O+其他元素)，在自然界中没有单独的硅元素。半导体器件制造中使用的单晶硅是一种人造材料的产品。

如前所述，硅是一种人造材料。在硅的制造过程中必须从硅的化合物中分离出硅，并从分离后的硅中进一步提纯硅。图 1.8 给出了设计精巧的分离和提纯硅的工艺流程。低品质的硅或硅铁合金首先在电炉里与碳一起加热，通过碳对不纯的 SiO_2 进行还原(减少 SiO_2)，得到不纯的元素硅。硅铁合金是一种氯化物，如四氯化硅($SiCl_4$)或三氯氢硅($SiHCl_3$)，这两种化合物在室温下为液体。液体化合物让人觉得有点奇怪，但事实证明液化过程是行之有效的方法。鉴于固体提纯的困难性，许多提纯的标准工艺都是利用液体来提纯的。通过多重蒸馏和其他液体提纯之后，可以得到超纯的 $SiCl_4$ 或 $SiHCl_3$。最后，用化学方法对高纯度的氯化物进行还原，可以得到所期望的超纯元素硅。例如，$SiCl_4$ 在氢气氛中加热可生成 HCl 和 Si，即 $[SiCl_4+2H_2 \rightarrow 4HCl+Si]$。

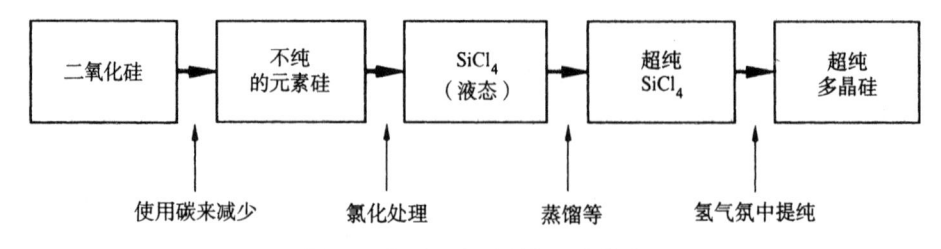

图 1.8 超纯元素硅制作工艺简介

1.3.2 单晶硅的形成

虽然超纯元素硅是通过分离和提纯等工艺获取的，但它并不是单晶硅而是多晶硅。器件生产所需的大尺寸单晶硅，则需要用另外的工艺来制造。制造大尺寸单晶硅最普通的方法是 Czochralski 法。这种方法是将超纯多晶硅放入一石英坩埚中，并在惰性气氛中加热使之熔化，实验装置如图 1.9 所示。把一小块取向符合要求的(如〈111〉或〈100〉晶向)、称为籽晶的单晶硅夹在一个金属棒的前端浸入熔融硅中，由于物体的热平衡，籽晶周围的熔化温度降低，熔融硅开始在籽晶周围发生固化，生长出与籽晶结构完全相同的晶体。然后，缓慢地旋转籽晶并从熔融硅中将其拉起，这时越来越多的单晶硅不断地在籽晶底部固化。从熔融硅拉成晶体硅的工艺过程如图 1.9(c)所示。大尺寸圆柱形单晶硅也称硅锭，通常直径为 200 mm（8″），长 1～2 m。如图 1.5 所示，用金刚石锯把单晶锭切成薄片，这种薄片称为硅片，硅片即可用于制造器件。

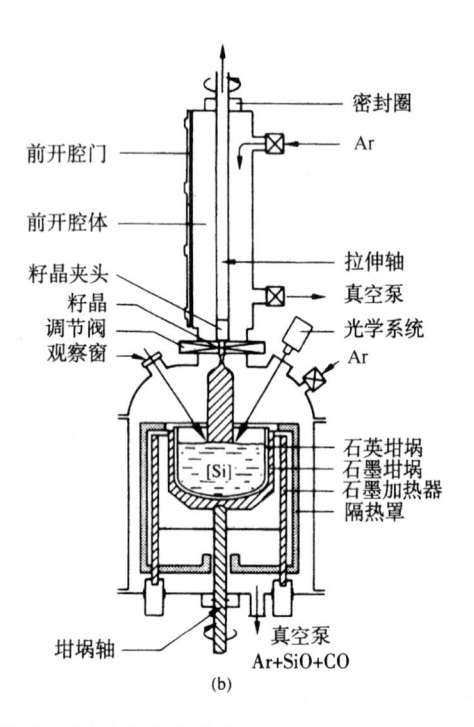

图 1.9 硅锭拉出设备和生产出的单晶硅。(a)由计算机控制的 Czochralski 单晶炉的全景照片；(b)单晶炉示意图；(c)拉出的硅锭[(a)和(c)由 Wacker Siltronic 提供；(b)由 Zuhlehner and Huber[3]授权使用]

(c)

图 1.9（续） 硅锭拉出设备和生产出的单晶硅。(a)由计算机控制的 Czochralski 单晶炉的全景照片；(b)单晶炉示意图；(c)拉出的硅锭[(a)和(c)由 Wacker Siltronic 提供；(b)由 Zuhlehner and Huber[3]授权使用]

1.4 小结

本章简要地介绍了半导体的基本概念和硅的制作过程。通过学习，我们了解了半导体元素的组成规律，在金刚石晶格中每个原子有 4 个最近邻原子，每个原子的最外层轨道有 4 个价电子。并且，单晶硅纯度的高低决定了半导体器件特性的优劣。硅结晶是金刚石晶格，GaAs 结晶是闪锌矿晶格，对于这两种结构，每个晶格原子都有 4 个最近邻原子。为了理解和讨论晶格结构，本章介绍并引入了在晶体内识别晶面和晶向的密勒指数。最后，我们讲解了制造大尺寸单晶硅常用的 Czochralski 法。

习题

习 题	在以下小节后完成	难度水平	建议分值	简短描述
1.1	1.4	1	10(a::h-1, i-2)	简单复习回答
1.2	1.2.3	1	8	合金的单胞
●1.3	"	1	10(每问 5 分)	锗的原子密度
1.4	"	1	8(每问 4 分)	最近邻距离
●1.5	1.2.4	2～3	15(a-2, b-2,c-3,d-3,e-5)	平面上的原子数
1.6	"	1	8(每问 2 分)	求密勒指数
1.7	"	1	16(每问 2 分)	已知(hkl)，画出平面
1.8	"	1	16(每问 2 分)	已知[hkl]，画出方向
1.9	"	1	8(每问 4 分)	垂直方向

第 1 章 习题信息表

续表

习 题	在以下小节后完成	难度水平	建议分值	简短描述
1.10	〃	2	10	硅片表面的方向
1.11	〃	2	10(a-3,b-2, c-3, d-2)	综合问题
1.12	〃	2	12(每问 2 分)	等价晶面与晶向
1.13	1.2.3	3	20(每问 5 分)	占有体积百分比

1.1 快速测验。尽可能简洁地回答下列问题。
 (i)晶面的密勒指数是多少?
 (ii)与晶面垂直的晶向密勒指数是多少?
 (a)(i)给出一种半导体元素的名称；(ii)给出一种 III-V 族化合物半导体的名称。
 (b)单晶与多晶结构有哪些不同。
 (c)给出单胞的定义。
 (d)简单立方单胞中有多少个原子?体心立方单胞中有多少个原子?面心立方单胞中有多少个原子?金刚石结构的单胞中有多少个原子?
 (e)1 Å 等于多少厘米?
 (f)若晶格常数为 a，则在简单立方单胞内最近邻原子距离是多少?
 (g)在金刚石和闪锌矿晶格中的原子有多少个最近邻原子?
 (h)括号( )、[ ]、{ }和〈 〉在密勒指数方案中分别表示什么?
 (i)简述 Czochralski 法获取大尺寸单晶硅的过程。

1.2 GaAs 单胞如图 1.4(b)所示，描述(或画出)铝镓砷 $Al_{0.5}Ga_{0.5}As$ 单胞。

1.3 (a)在室温下锗的晶格常数 $a = 5.65 \times 10^{-8}$ cm。计算单位立方厘米内锗的原子数。
 ●(b)将练习 1.3 的 MATLAB 程序复制到硬盘上，并在计算机上运行此程序来验证(a)的结果。

1.4 若晶格常数为 a，求下列情形的最近邻原子距离。
 (a)体心立方单胞?
 (b)面心立方单胞?

1.5 若硅片表面为(100)晶面，
 (a)画出在硅片表面上硅原子的位置。
 (b)求硅片表面单位平方厘米内的原子数。
 (c)/(d)若硅片表面为(110)晶面，给出(a)和(b)的结果。
 ●(e)利用 MATLAB 程序，计算在立方晶格(100)晶面上原子的面密度。单胞(100)晶面的中心有一个原子，晶格常数的单位为 Å，请输入这些变量。将得到的结果与(b)进行比较，确认结果是否正确。

1.6 回答下列问题时注意所有的解题过程。
 (a)如图 P1.6(a)所示，晶面与 x、y、z 轴的截距分别为 $1a$、$3a$、$1a$。a 是立方晶格的边长。
  (i)晶面的密勒指数是多少?
  (ii)与晶面垂直的晶向密勒指数是多少?
 (b)假设晶格结构为立方体，(i)求如图 P1.6(b)所示的晶面的密勒指数；(ii)方向矢量所示的晶向密勒指数。

1.7 假设有一立方晶格系统，画出以下各晶面。

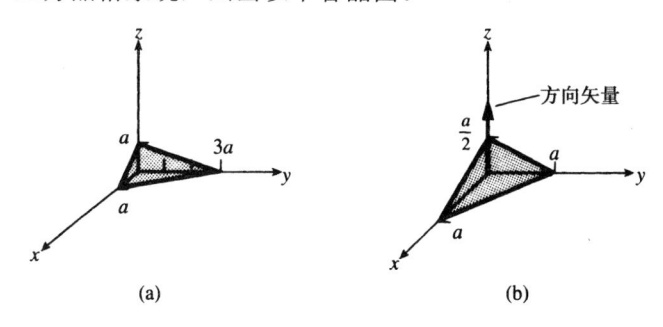

图 P1.6

(a) (001)　(b) (111)　(c) (123)　(d) ($\bar{1}$10)
(e) (010)　(f) ($\bar{1}\bar{1}\bar{1}$)　(g) (221)　(h) (0$\bar{1}$0)

1.8 假设有一立方晶格系统，使用适当的方向标识分别表示下列晶向。
(a) [010]　(b) [101]　(c) [00$\bar{1}$]　(d) [111]
(e) [001]　(f) [110]　(g) [0$\bar{1}$0]　(h) [123]

1.9 在立方晶格中找出与下列晶向垂直的晶向。
(a) [100]晶向
(b) [111]晶向

注释：在立方晶格中两个任意方向$[h_1k_1l_1]$和$[h_2k_2l_2]$之间夹角的余弦为

$$\cos(\theta) = \frac{h_1h_2 + k_1k_2 + l_1l_2}{[(h_1^2 + k_1^2 + l_1^2)(h_2^2 + k_2^2 + l_2^2)]^{1/2}}$$

所以，两个方向互相垂直，$\cos(\theta) = 0$，即 $h_1h_2 + k_1k_2 + l_1l_2 = 0$。

1.10 如图1.5所示，当硅片的表面为(100)晶面时，与此晶面垂直的主截面的方向是[011]晶向。对于特殊的器件结构，需要在(100)晶面上沿[010]晶向刻蚀一系列的平行凹槽。请给出在硅片表面形成凹槽的示意图，并简要说明理由。

1.11 晶体的晶格如图P1.11所示，为一个立方单胞。在立方体的中心有一个原子。
(a) 它所生成的单胞为哪种单胞(单胞的名字)。
(b) 求晶体的单位体积内的原子数。(设晶格常数为 a。)
(c) 设晶体有(110)晶面。求中心位于(110)晶面的单位面积内的原子数。
(d) 画出单胞内通过原子中心的方向矢量。详细说明方向矢量的密勒指数。

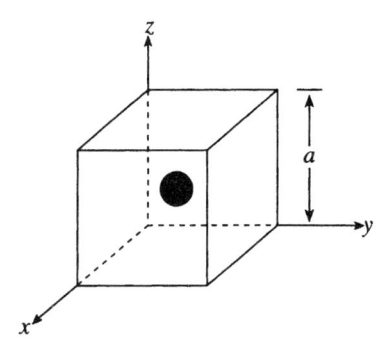

图 P1.11

1.12 有一立方晶格，从以下给出的两组数值中指出从(a)到(c)有多少个等价晶面，从(d)到(f)有多少个等价晶向。

(a) {100}　　(b) {110}　　(c) {111}

(d) ⟨100⟩　　(e) ⟨110⟩　　(f) ⟨111⟩

1.13 若将原子看成硬球，其半径为最近邻原子距离的一半，请解释不同晶体结构中原子所占体积与单胞体积之比即原子的占有率如下：

(a) 简单立方单胞为 $\pi/6$ 或 52%。

(b) 体心立方单胞为 $\sqrt{3}\pi/8$ 或 68%。

(c) 面心立方单胞为 $\sqrt{2}\pi/6$ 或 74%。

(d) 金刚石晶格单胞为 $\sqrt{3}\pi/16$ 或 34%。

第 2 章 载流子模型

载流子是在材料空间中输运电荷而形成电流的粒子。日常生活中经常遇到的载流子是电子。亚原子粒子承载了在金属线内电荷的迁移。半导体中还有一种与电子类似且非常重要的载流子，它就是空穴。本章重点研究电子和空穴这两种载流子；而在以后的章节中，我们将介绍与载流子相关的基本概念、模型、性质和术语。

本章将始终假设在半导体内存在着平衡条件。所谓的"平衡"是指系统处在无外界扰动的状态。在平衡状态下，半导体上没有外加电压、磁场、应力及其他人为影响。这时，所有的直观物理量与时间无关。"静态条件"能提供一种很好的参照系。在平衡状态下的半导体上加入微扰后，原有半导体的某些性质就能够得到确定和推广。

尽管本章对一些物理概念和物理事实未予以详尽的阐述，而且也不可能对所遇到的每一个概念和公式进行解释，但我们还是运用了一些基本的原理和结论对其现象进行说明。如果读者还想深入学习，可参阅第一部分末尾所列出的参考文献。

最后，对于在附录 A 中所涉及的并重点予以介绍的量子力学的概念和在 2.1 节讨论的相关主题，读者应加以关注。2.1 节与附录 A 中的内容虽然有所雷同，却有其内在的连续性。

2.1 量子化概念

在晶体硅中，每一个原子有 14 个电子，每立方厘米体积内有 5×10^{22} 个原子。要想研究硅中的电子，就必须找出更接近实际、更为简单的原子系统。单独的氢原子是所有原子系统中最简单的，在现代物理教材中可以看到一些相关的介绍。对氢原子进行深入研究是从 20 世纪初开始的，那时的科学家已经知道氢原子由带负电的电子围绕实心带正电原子核的轨道旋转而组成，但他们却不能解释为什么当氢原子被加热到一个激发温度时，系统具有发光性。确切地说，所发出的光是在分立的不连续的波长上观察到的。按照当时的理论，科学家认为光波波长应该具有连续性。

1913 年，波尔(Niels Bohr)提出了一种解决问题的方法，他首先假定氢原子的电子要保持在一特定的轨道中运动，而绕轨道运行的电子的角动量取某一固定数值，然后发现电子的角动量"量子化"导致非连续的允许能级，直接使体系的能量量子化。如果电子的角动量被假定为 $\mathbf{n}\hbar$，则可以得到

$$E_H = -\frac{m_0 q^4}{2(4\pi\varepsilon_0 \hbar \mathbf{n})^2} = -\frac{13.6}{\mathbf{n}^2} \text{ eV}, \quad \mathbf{n} = 1, 2, 3, \cdots \tag{2.1}$$

式中(参考图 2.1)，E_H 是氢原子内电子的约束能量，m_0 是自由电子的质量，q 是电子的电荷量，ε_0 是真空中的介电常数，$\hbar$ 是普朗克(Planck)常数，$\hbar = h/2\pi$，$\mathbf{n}$ 是能量量子数或轨道数。一个电子伏(eV)是能量的单位，它等于 1.6×10^{-19} 焦耳(J)。由于氢原子内的能量被限制在某确定能量级，因此从波尔模型可知，电子从一个比较高的轨道到一个比较低的轨道跃迁，光的能量就是量子化能量。可见，氢原子所发出的光波波长是不连续的。

我们从波尔模型得到了一个非常重要的概念，即在原子系统中，电子的能量是不连续的有限值[①]。相对于氢原子，多电子原子硅的能级图的直观感觉很复杂，但描述一个硅原子与能量相关的特征却是相对容易的事情。如图 2.2 所示，14 个硅原子电子中的 10 个电子占据着非常深的能级，并且被紧紧地束缚在原子核的周围。事实上，这种束缚是很强的束缚，在化学反应或正常原子与原子间的相互作用中，这 10 个电子始终保持稳定的状态。这 10 个电子与原子核一起构成原子实。剩余的 4 个硅原子，其电子的束缚较弱，但它们参与化学反应的能力却很强。所以，这 4 个硅原子电子称为价电子。如图 2.2 所示，如果未受到扰动，则 4 个价电子就会占据允许的 8 个状态中的 4 个状态，这是在原子实能级之上的次高能级。另外，有 32 个电子的锗原子(锗是另一种元素半导体)中的电子配置本质上与硅的相同，只是锗的原子实有 28 个电子。

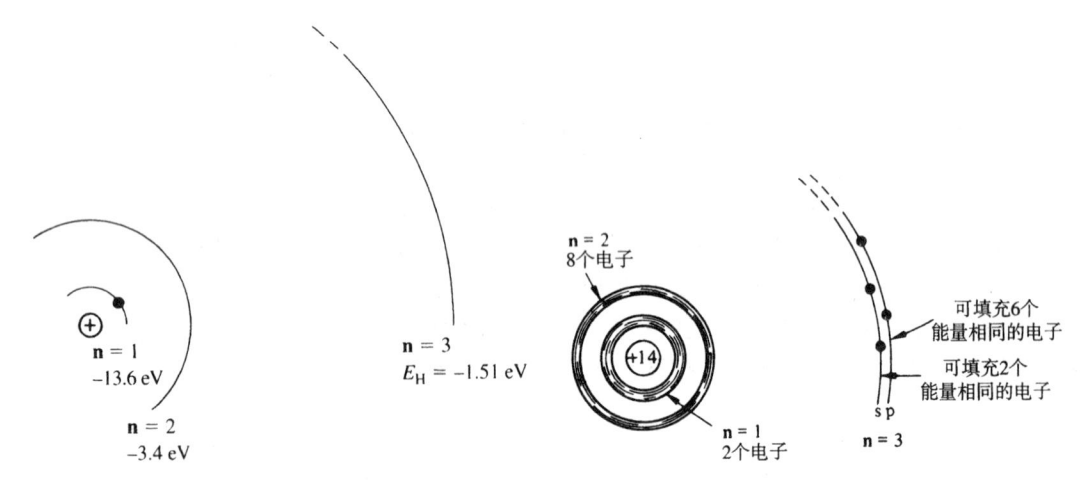

图 2.1 理想化的氢原子模型。图中表示的是最初 3 个允许的电子轨道，以及与之对应的量子化能量

图 2.2 硅原子的电子结构示意图

2.2 半导体模型

在前面的章节里，我们已了解了一些与半导体相关的知识，本节将介绍和描述两种非常重要的直观模型。这两种模型在分析半导体器件时得到了广泛的应用。这一章也适当包含了一些半导体模型，但主要还是以介绍和建立载流子模型为主。

2.2.1 价键模型

孤立硅原子或没有与其他原子结合的一个硅原子，它们都含有 4 个价电子。在金刚石晶格中[如图 1.4(c)所示]，硅原子的每个原子与其 4 个最近邻原子相互吸引，形成共价结合。这意味着从孤立原子到晶体状态，硅原子要与 4 个近邻共享它们的价电子。金刚石结构的原子与它周围的 4 个最近邻原子共有这些价电子，半导体四面体键合的二维简化价键模型如图 2.3 所示。在价键模型中，每个圆表示半导体原子实，而每条线表示一个共价键的价电子。（每一个原子都有 8 条线与之连接，不仅贡献出 4 个共享的电子，而且需要接收 4 个从其他原子共享的电

[①] 实际上，不只是能量，与原子尺度相关的粒子的许多物理量都是量子化的。量子力学对这一领域有着全面的研究，对与原子尺度相关的粒子及其系统的性质和作用都有深入的描述。

子。)当然这样的二维模型对于理解和研究原子的结合是一种理想的模型。

虽然价键模型在后续问题的讨论中将会大量地用到,但必须指出,价键模型是一种理想的模型,它有一定的应用范围。有两个实例表示在图 2.4 中,图 2.4(a) 给出了在晶格结构中的点缺陷,即少一个原子的价键模型;图 2.4(b) 给出了在晶格结构中原子与原子之间的价键断裂且释放出自由电子。(在温度 $T > 0\,K$ 时价键断裂,点缺陷在所有的半导体中都存在。然而在温度接近 0 K、在半导体中没有缺陷和杂质原子时,图 2.3 所示的模型对半导体的描述确实是有效的。)

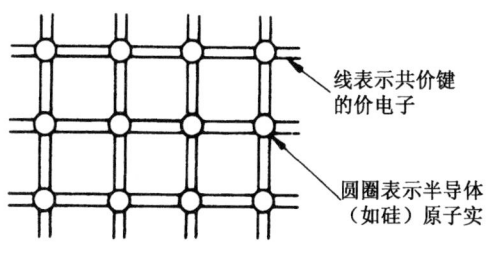

图 2.3 价键模型

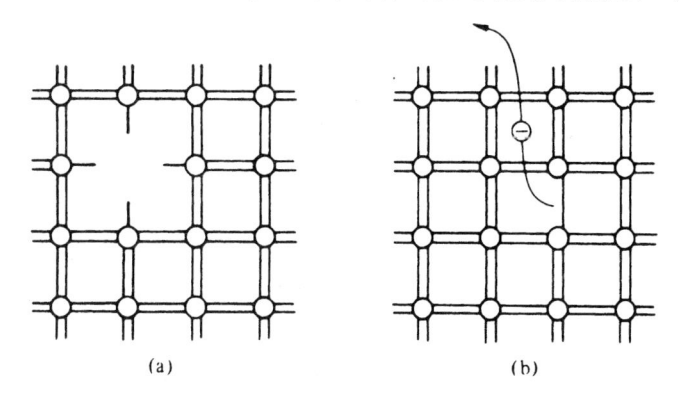

图 2.4 价键模型的应用示例。(a)点缺陷或缺少原子;(b)原子间的价键断裂且释放出自由电子

2.2.2 能带模型

如果读者只对半导体内与空间有关的描述感兴趣,则价键模型就能够满足这一要求。不过,与能量有关的物理量也是非常重要的。一些电子能量很小的数值,对于价键模型来说是无关紧要的,但对于能带模型来说则变得非常重要。

以孤立硅原子的内部结构为例,我们来讨论能带模型。从 2.1 节的讨论中得知,孤立硅原子内 14 个电子中的 10 个电子核心被紧紧地束缚在其周围,而且不被通常的原子间的相互作用所干扰。剩余的 4 个电子有较弱的束缚,如果未受到干扰,则它们占据了原子实之上 8 个允许的电子能态中的 4 个。可以把有 N 个硅原子的原子群内电子的能态近似地看成是相同的,即原子是独立的。也就是说,原子之间的距离足够大,原子之间没有相互作用。

通过前面的学习,我们已经了解了孤立原子的状况。但问题是如何使用和拓展这些知识,从而了解晶体的状态。由于原子实中的电子不会被正常的原子间的相互作用所干扰,因此姑且省略,只考虑价电子。如果 N 个原子非常接近(如晶体硅中),则价电子的能态就应该有适当的修正。

在图 2.5 中概述了价电子能态修正的过程。其中有 N 个孤立硅原子,随着原子间距的减小,原子间的相互作用力使各个简并的能级分裂。能级的分裂形成十分接近的允许态,即能带。当原子间的相互作用距离进一步缩小到硅的晶格大小时,能级分裂为由能隙分割开来的两个能带。上面的允许态能带称为导带,下面的允许态能带称为价带,导带和价带之间的能隙称为禁带或带隙。在允许态能带的填充上,电子总是倾向于到最低的可能的能级上。由于泡利(Pauli)不相容原理的限制,在允许态上,只能由一个电子所占有。$4N$ 个价带状态能容纳 $4N$ 个价电子。所以价带全部被电子填满，导带内没有电子，是空的。换而言之，在温度趋向于 0 K 时，价带完全被填满，导带则为全空。

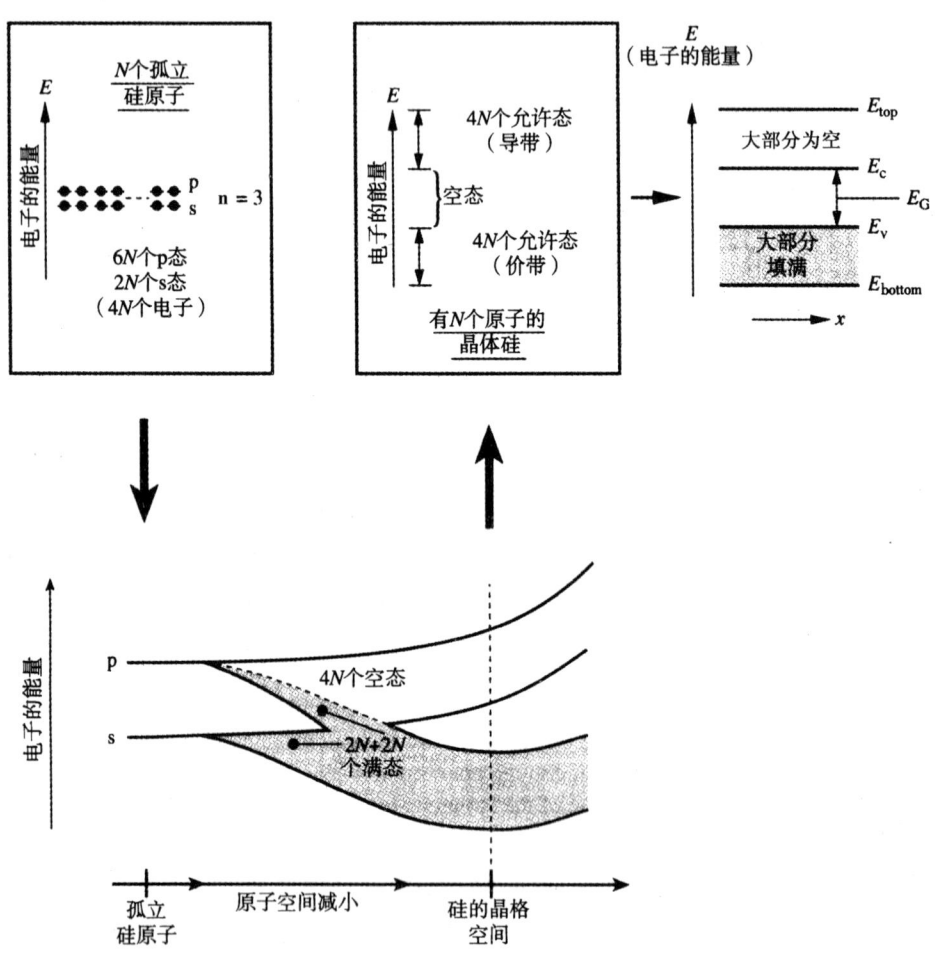

图 2.5　能带模型的示意图。左上图表示 N 个孤立硅原子的状态，右上图表示能带模型的结论

为了完善能带模型，我们将介绍并利用原子的另外一个与孤立原子的价电子不同的事实，即晶体硅中的价带电子并不属于或局限于任何一个原子。在价键模型中，每一个硅原子都与其周围的 4 个最近邻硅原子共享 4 个电子。然而，电子在晶体内从一点移动到另一点时，这些共享电子的状态变为时间的函数。也就是说，允许的电子状态不是原子的状态，而是与整个晶体有关。在整个晶体中考察无关的点，可以看到同一允许态的组态。我们可以得到整个晶体在平衡状态下，允许的电子能量沿任何晶体方向（称为 x 方向）随间距的变化情况，这表示在图 2.5 的右侧。允许的电子能态随间距的变化图是研究能带模型的基础。图 2.5 中引入的 E_c 是最低可能的导带能量，E_v 是最高可能的价带能量，$E_G = E_c - E_v$，E_G 是带隙能量。

最后，图 2.6 给出了实际使用的基本能带模型图。书中普遍使用了简化描述，用一条线表示导带中的最低能量，用另一条线表示价带顶的能量。填充模式画在价带中，并且要注意填充状态，y 方向表示电子的能量轴，x 方向表示位置轴。在了解了它们的意义之后，后续我们一般不再注明。

图 2.6　基本能带模型图，通常使用能带模型的简化形式

2.2.3 载流子

在半导体模型建立起来之后,我们介绍半导体内电流传输的性质,请参见图2.7(a)。如果价键模型中没有断裂的键,那么半导体内没有载流子或电流流动。这等价于在能带模型中,价带被电子填满而导带是空的,此时没有载流子或电流流动。在价键模型中,利用共享电子被紧密地束缚在原子核周围来解释载流子的多少与电流流动之间的关系是比较容易理解的。在能带模型中已经描述了价带电子在晶体内运动的方式。这些电子不能形成电流的原因究竟是什么?实际上,电子的动量与能量一样也是量子化的。而且,在能带内,每个可能的动量状态,都会有一个大小相等、方向相反的动量状态。因此,如果一个能带完全被电子填满,那么电子的净动量在能带中总是恒等于零。这就是电子填满能带时,电子不产生电流的原因。

图2.7(b)给出了电子所产生的电荷输运的示意图。当硅与硅的键断裂时,与之对应的价电子变成一个可以在晶体中游动的自由电子,这个释放的电子是一个载流子。对于能带模型来说,价带电子受到激发进入导带就产生了载流子,即载流子就是指在导带中的电子。在价键模型中,键的断裂需要能量,而在能带模型中这对应的就是带隙能量 E_G。同样,价键模型中释放的电子与导带中的电子是同一电子,只是有着不同的名字。在以后的讨论中,凡遇到电子一词,如果没有特别强调,则指的是导带中的电子。

当硅与硅的键断裂时,除了释放电子,在共价键结构中还会产生一个缺键或空位。从价键模型的角度来看,邻近的束缚电子进入空位[如图2.7(c)所示],形成晶格内缺键的移动。从能带模型的角度来看,如果从价带上去掉一个电子,就会在巨大的被填充状态内产生一个空状态。这个空状态就像液体中的气泡,在晶格内通过价带电子的整体运动而自由地移动。我们曾经描述过,价键系统的缺键或价带中的空状态,就是在半导体内发现的第二种载流子——空穴。

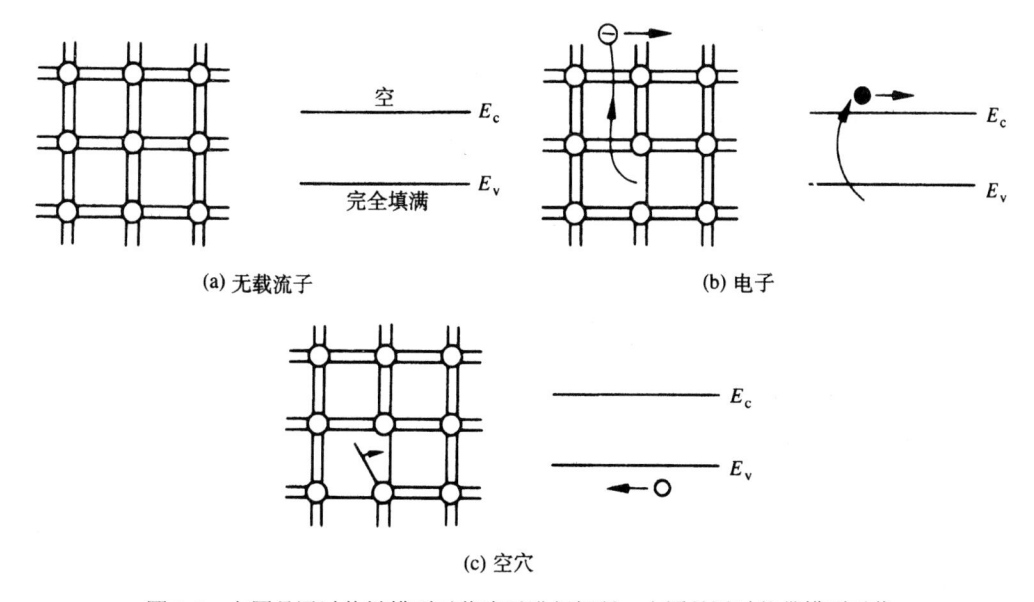

图 2.7 左图是通过价键模型对载流子进行解释,右图是通过能带模型对载流子进行解释。(a) 无载流子状态;(b) 有一个电子;(c) 有一个空穴

虽然前面并没对空穴进行较多的介绍和描述,但事实上价带空穴和导带电子的基础是相同的。电子和空穴都参与大多数半导体器件的运作。在一些器件中,空穴甚至是主要的载流子。

在建立载流子模型的过程中，电子与空穴的可比性越来越明显。另外，还可以把空穴看成与亚原子粒子类似的一种粒子。

2.2.4 带隙和材料分类

本节将着重探讨材料带隙与材料内有效载流子数的关系及材料的性质。我们已经明确地为半导体建立了如图 2.6 所示的能带模型，对能带模型稍做修改后，即可在全部的材料上应用。材料的主要不同之处并不是能带的性质，而是两个能带之间带隙的大小。

绝缘体如图 2.8(a)所示，它的特点是带隙 E_G 很宽，如绝缘材料金刚石和二氧化硅的带隙分别 ≈ 5 eV 和 ≈ 8 eV。在室温下，对于宽带隙材料，热能只可将很少的电子从价带激发到导带，在材料内载流子很少，所以材料是不良导体。带隙在金属中是很小的，或者价带与导带相互重叠而没有带隙，如图 2.8(c)所示。在金属中总是有大量的载流子，因此金属是良导体。半导体介于绝缘体和金属之间。在室温 $T = 300$ K 下，砷化镓的 $E_G = 1.42$ eV，硅的 $E_G = 1.12$ eV，锗的 $E_G = 0.66$ eV。在室温下，价带中的一些电子受到激发即可得到足够的热能，使其越过带隙到达导带，因而在这些半导体材料内便会产生一定数量的载流子。电流的传输能力则在不良和很好之间。

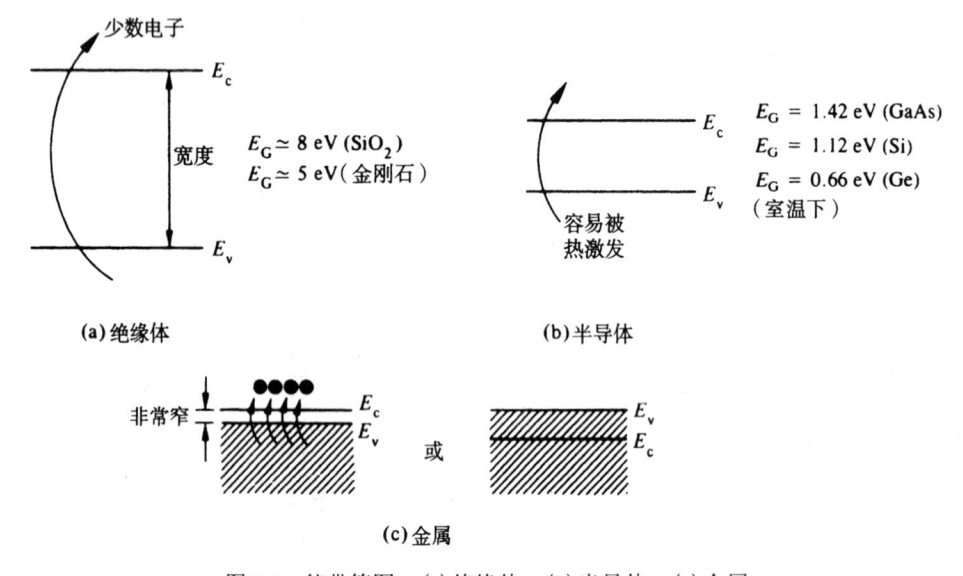

图 2.8 能带简图。(a)绝缘体；(b)半导体；(c)金属

2.3 载流子的特性

我们已对电子和空穴进行了介绍，下面主要学习与载流子有关的知识，其中包括一些基本实验、特性及相关术语。

2.3.1 电荷

导电电子和空穴是电荷粒子。导电电子带负电荷，空穴带正电荷，载流子电荷的大小是 q，两种类型载流子的 q 是相同的。在国际单位制(MKS)中精确地取三位数时，$q = 1.60 \times 10^{-19}$ 库仑(C)。通常用 $-q$ 表示电子电荷，用 $+q$ 表示空穴电荷，即电荷的符号可以明确地表示出来。

2.3.2 有效质量

质量如同电荷一样，是电子和空穴具有的另一基本属性。不过，与电荷不同，载流子的质量不是简单的属性，并且不能简单地作为一个数来处理。实际上晶体中电子的有效质量是与半导体材料(如硅、锗等)相关的，它不同于真空中电子的质量。

为了更好地理解有效质量这个概念，先来思考一下电子在真空中的运动。如图 2.9(a)所示，有一个静止质量为 m_0 的电子，在真空中受电场 $\mathscr{E}$ 的作用，在两个平行面之间运动。依照牛顿第二定律，电子所受力 $\mathbf{F}$ 为

$$\mathbf{F} = -q\mathscr{E} = m_0 \frac{\mathrm{d}\boldsymbol{v}}{\mathrm{d}t} \tag{2.2}$$

上式中，$\boldsymbol{v}$ 是电子的速度，t 是时间。电子(导带中的电子)在外加电场的作用下，在半导体晶体的两个平行面之间运动，如图 2.9(b)所示。式(2.2)能描述半导体晶体内电子的运动吗？回答是"不能"。电子在半导体晶体内运动，将会与半导体的原子发生碰撞，使载流子周期性地减速。那么，式(2.2)是不是可以对与原子发生碰撞之间的那部分电子运动进行描述？也不是。除了外电场，电子在晶体内还受到复杂的晶格势场的影响。式(2.2)并没有把这些特殊因素都计算进去。

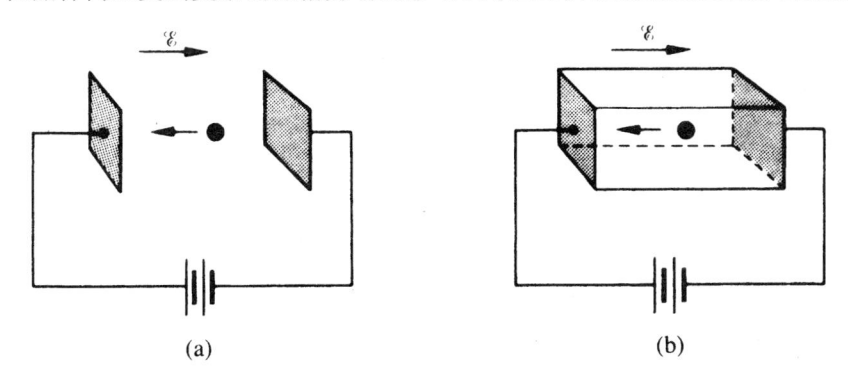

图 2.9 在外电场中电子的运动情况。(a)真空中；(b)半导体晶体中

前面尽管讨论了电子在真空和晶体中运动的不同之处，但留下了一个无法解决的重要问题，即如何适当地描述载流子在晶体中的运动。严格来说，对于原子尺度的系统，如晶体中载流子的运动，只能用量子力学来描述。幸运的是，如果晶体的尺度与原子的尺度相比非常大，那么对于载流子运动来说，复杂的量子力学方程可简化为与式(2.2)大致相同的粒子运动方程。只要将式(2.2)中的 m_0 换成载流子的有效质量即可。对于图 2.9(b)中的电子，其运动方程为

$$\mathbf{F} = -q\mathscr{E} = m_\mathrm{n}^* \frac{\mathrm{d}\boldsymbol{v}}{\mathrm{d}t} \tag{2.3}$$

式中的 m_n^* 是电子的有效质量。将 $-q$ 换为 q、m_n^* 换为 m_p^*，可以写出与电子运动方程类似的空穴运动方程。晶体内部势场和量子力学的效应都由有效质量来表示，这是非常重要的结果。它可以将电子和空穴看成半经典的粒子，并用经典粒子的关系式来分析很多的器件。

有效质量的表述简单而有效，但是应该注意：在晶体中，载流子加速度随运动方向而改变，也就是有效质量有多重分量，这依赖于不同的测量方法。不同的质量分量的组合可导致不同的 m^*；例如，利用回旋共振测量有效质量，利用传导率测量有效质量，利用状态密度测量有效质量，

等等。有效质量也随温度的不同而有轻微的变化。后面给出了直接利用能态密度测得的有效质量(参见 2.4.1 节)。表 2.1 中列出了在室温下硅、锗、砷化镓的电子和空穴的有效质量。

表 2.1 在温度为 300 K 时的有效质量

材 料	m_n^*/m_0	m_p^*/m_0
Si	1.18	0.81
Ge	0.55	0.36
GaAs	0.066	0.52

2.3.3 本征材料内的载流子数

本征半导体通常是指这样一种半导体材料,即它的杂质含量小于热激发的电子数和空穴数,或者本征半导体是没有添加其他杂质的纯净材料。本征半导体内的载流子数对于确认材料的本征特性是很重要的参数。

通常的定义为

$$n = \text{导电电子数/cm}^3$$

$$p = \text{空穴数/cm}^3$$

在热平衡条件下,半导体内部的本征半导体有

$$n = p = n_i \tag{2.4}$$

以及

$$n_i \simeq 2 \times 10^6/\text{cm}^3 \quad \text{砷化镓}$$
$$\simeq 1 \times 10^{10}/\text{cm}^3 \quad \text{硅} \quad \Bigg\} \text{在室温下}$$
$$\simeq 2 \times 10^{13}/\text{cm}^3 \quad \text{锗}$$

由于在非常纯的材料中,载流子只能成对地出现,因此在本征半导体内,电子和空穴的浓度是相等的。如图 2.7 所示,如果一个半导体的键断裂,则会同时产生一个自由电子和一个缺键(空穴)。同样,从价带到导带,电子的激发会自动地产生一个导带电子,同时也产生一个价带空穴。与半导体内断裂键的数量相比,虽然本征载流子浓度比较小,但感觉上它本身的数值却很大。例如硅元素,其每立方厘米内有 5×10^{22} 个原子,每个原子有 4 个键,即每立方厘米内共有 2×10^{23} 个键或价键原子。在室温下,硅元素的 $n_i \simeq 10^{10}/\text{cm}^3$,即在 10^{13} 个键里找不到一个断裂的键。为了精确地描述室温下本征硅的这一特点,我们打个比方:假设全世界大学里的黑板都是价键模型的键,那么全部黑板中可能只有一块是破的,即只有一个断裂键。

2.3.4 载流子数的控制——掺杂

半导体术语中的掺杂是指控制特殊杂质原子的数量,从而有目的地增加电子或空穴的浓度。几乎在所有半导体器件的制作中都会控制半导体材料中的掺入杂质数量。表 2.2 列出了普通硅的掺杂情况。为了增加电子的浓度,把磷、砷或锑原子加入硅晶体中,磷与砷在 V 族元素中很接近,它们是最常见的施主(增加电子)杂质。为了增加空穴浓度,把硼、铟或铝原子加入硅晶体中,硼是最常见的受主(增加空穴)杂质。

表 2.2　普通硅的掺杂。箭头所指的元素是使用最广的掺杂物

施主(增加电子)		受主(增加空穴)	
P ← As ← Sb	V 族元素	B ← Ga In Al	III 族元素

为了理解杂质原子的掺入机制，从而控制载流子数，最重要的是注意表 2.2 中的施主元素都是元素周期表中的 V 族元素，而受主元素全部是元素周期表中的 III 族元素。我们使用价键模型对其进行直观说明，参见图 2.10(a)。V 族元素有 5 个价电子来取代半导体晶格中的硅原子，其中 4 个价电子与周围的 4 个硅原子形成共价键。还剩一个施主电子，它不能进入共价键结构，并在施主电子周围形成较弱束缚。在室温下，施主电子很容易挣脱晶格的束缚，在晶格中自由运动，成为载流子。注意这类杂质提供载流电子(因此称为施主)，但不增加空穴的浓度。这时 V 族原子就成为少了一个价电子的施主离子，它是一个不能移动的正电中心，原子与原子的价键完好，但伴随有电子的释放。

下面通过类似的解释来说明受主的作用。III 族受主元素有 3 个价电子来取代半导体晶格中的硅原子[参见图 2.10(b)]。当它与周围的 4 个硅原子形成共价键时，还缺少一个电子，必须从邻近的硅原子中夺取一个价电子(因此称为受主)，于是在硅晶体的共价键中产生了一个空穴。在这里，也只是增加了一种类型的载流子。带负电的受主离子(受主原子加接收的电子)是不能移动的，在空穴产生的过程中不释放电子。

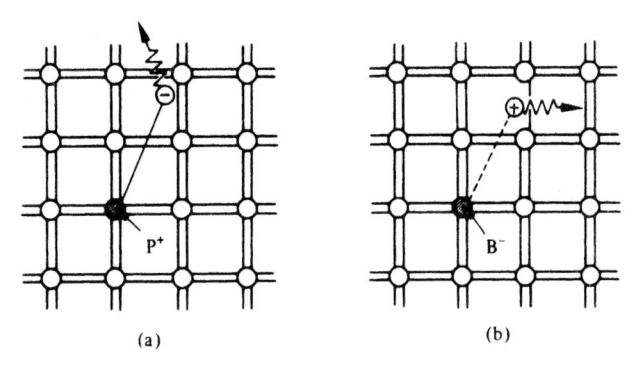

图 2.10　使用价键模型对施主(a)和受主(b)的解释。(a)中 V 族元素磷替换硅原子；(b)中 III 族元素硼替换硅原子

如上所述，以价键模型为基础来解释掺杂的作用是比较容易理解的。不过，还存在一些问题。首先，我们指出第 5 个电子的束缚是比较弱的，在室温下实际上可以自由运动的。如何对"弱束缚"做一个解释？使用大约 1 eV 的能量可使硅与硅的价键断裂。在室温下，只有少量硅与硅的价键是断裂的。或许"弱束缚"的意思是结合能 ≈ 0.1 eV 或更小？这个问题实际是如何用能带模型来解释掺杂作用，有两点需要考虑，即实际能量与相关的电离能。

首先要注意第 5 个施主电子的结合能。粗略来看，带正电的施主离子加第 5 个电子(如图 2.11 所示)与氢原子类似。施主离子代替了氢原子的原子核，而第 5 个施主电子代替了氢原子的电子。在真正的氢原子中，电子在真空中绕原子核运动，参考式(2.1)，其质量为自由电子的质量，氢原子基态的结合能为-13.6 eV。其次，在类氢原子中，电子的运动处于硅原子的背

景之中，电子的质量是有效质量。因此，在施主或类氢原子的情况下，硅的介电常数代替了自由空间的介电常数，有效质量 m_n^* 代替了自由电子的质量 m_0。施主电子的结合能 (E_B) 近似为

$$E_B \simeq -\frac{m_n^* q^4}{2(4\pi K_S \varepsilon_0 \hbar)^2} = \frac{m_n^*}{m_0} \frac{1}{K_S^2} E_{H|n=1} \simeq -0.1 \text{ eV} \tag{2.5}$$

式中，K_S 是硅的介电常数 ($K_S = 11.8$)。硅晶体中的施主结合能在表 2.3 中列出。对于结合能的估算，观测的结果与式 (2.5) 计算的结果是一致的，与早期估算 (大约是硅的带隙宽的二十分之一) 的结果也是一致的。

由于我们已经了解了掺杂束缚的强度，因此现在通过能带模型来形象化地解释掺杂的作用。一个电子从施主中释放出来，会变成导带电子。如果电子从施主所吸收的能量正好等于电子的结合能，则被释放的电子在导带中可能会有最低的能量，这一能量称为 E_c。换而言之，给束缚电子一个 $|E_B|$ 的能量，即将电子的能量增加到 E_c。因此，束缚电子占据的电子能级应低于导带底能量 $|E_B|$，或如图 2.12 所示，在能带图中 $E_D = E_c - |E_B|$ 处引入一个电子能级表示施主态。施主能级表示为虚线，而不是连续的直线，因为被施主杂质束缚的电子是局域化的，也就是束缚电子不能离开距施主 Δx 的范围。E_D 与 E_c 十分接近，表示 $E_c - E_D = |E_B| \simeq (1/20) E_G(\text{Si})$ 的事实。

表 2.3 不同杂质类型的结合能

施主	$|E_B|$	受主	$|E_B|$
Sb	0.039 eV	B	0.045 eV
P	0.045 eV	Al	0.067 eV
As	0.054 eV	Ga	0.072 eV
In	0.16 eV		

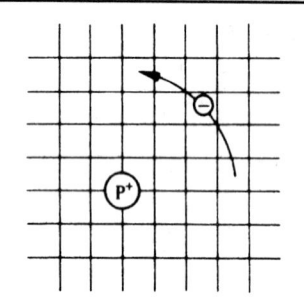

图 2.11 施主的类氢原子模型

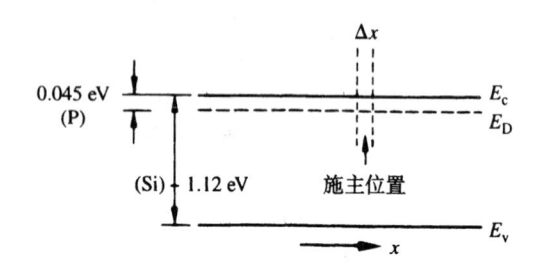

图 2.12 含施主能级 $E = E_D$ 的能带图。虚线宽度 Δx 表示束缚施主态的局域性质

利用能带模型解释掺杂作用如图 2.13 所示。图 2.13(a) 的左图表示当温度 $T \to 0$ K 时，所有施主都被束缚电子填满。这是因为在温度很低时，非常小的热能就可以激发电子从施主跃迁到导带。当然，随着温度的升高，情况会发生变化，弱束缚电子越来越多地进入导带。在室温下，几乎所有的施主杂质被电离，如图 2.13(a) 的右图所示。对于受主也有类似的情形，如图 2.13(b) 所示，禁带中的受主能级在价带顶之上。所以，在低温时，所有的能级都是空的。这是因为当温度 $T \to 0$ K 时，价带电子没有足够的能量向受主能级跃迁。随着温度的升高，热能不断地增加，促使电子从价带跃迁到受主能级。由于价带电子的移出，使得价带中产生空穴。在室温下，基本上所有受主能级都被电子所填充。同样，由于空穴浓度的增加，增强了半导体材料的导电能力。

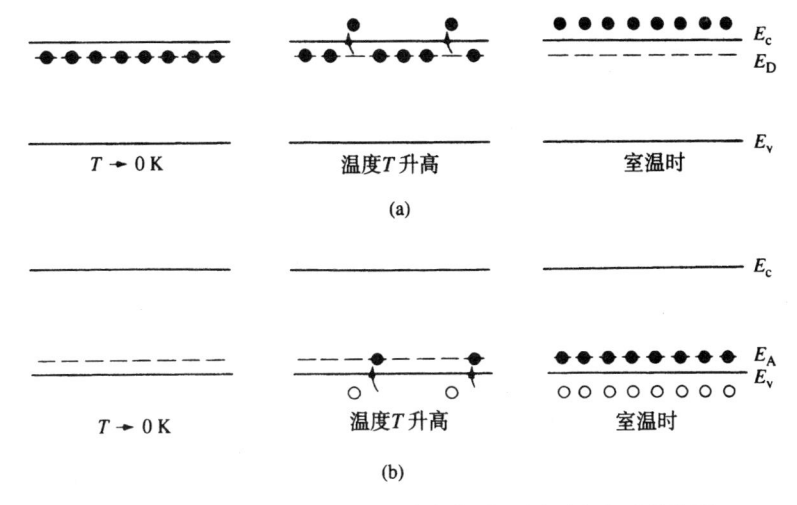

图 2.13 使用能带模型解释(a)施主杂质和(b)受主杂质的作用

最后，我们简单地介绍一下非元素半导体的掺杂，如砷化镓。虽然在砷化镓中掺杂作用遵循同样的原则，但由于砷化镓由两种不同晶格原子组成，因此砷化镓中的掺杂略为复杂。与硅中的掺杂类似，VI 族元素硫、硒、碲替代砷化镓中的砷，它的作用就像施主。同样，II 族元素铍、镁、锌替换 III 族元素镓，它的作用就像受主。当 IV 族元素如硅和锗掺入砷化镓中时，会产生一种新的情形。在砷化镓晶格中，比较典型的是硅替换镓，这就是通常所说的 n 型掺杂。不过在某种条件下，在砷化镓晶格中，硅同样能替换砷，因此具有受主的作用。实际上，砷化镓 pn 结就可以用硅的 p 区和 n 区掺杂而制作。如果杂质既有施主的作用又有受主的作用，则这种杂质称为两性(amphoteric)杂质。

练习 2.1
能量测验

问：
(a) 1 eV 等于多少焦耳？
(b) 在 300 K 时，kT 等于多少电子伏？
(c) 在硅中施主和受主的电离能大约是多少？
(d) 硅的 E_G = ?
(e) 二氧化硅的 E_G = ?
(f) 电离氢原子 **n** = 1 的初始状态，需要多少能量？

答：
(a) 1 eV = 1.60×10^{-19} J。
(b) $kT = (8.617 \times 10^{-5}) \times (300) = 0.0259$ eV。
(c) $|E_B| \cong 0.1$ eV，参考 2.3.4 节。
(d) $E_G(\text{Si}) = 1.12$ eV (在 300 K 时)，参考 2.2.4 节。
(e) $E_G(\text{SiO}_2) \cong 8$ eV，参考 2.2.4 节。
(f) $|E_{H|\mathbf{n}=1}| = 13.6$ eV，参考 2.1 节的式(2.1)。

2.3.5 与载流子相关的术语

专业术语的使用常常会影响人们对问题的理解,所以本节列出了与载流子相关的术语。下面列出的术语,有一半以上在前面章节中已经讲解并给出了定义,其余的则是首次介绍。这些术语有着广泛的应用,因而应该记住它们的定义。

掺杂 —— 为了增加半导体内电子或空穴的浓度,将一定数量的特殊杂质原子渗入半导体的体内。
本征半导体 —— 无掺杂半导体;非常纯净的半导体(样品内的杂质原子数量可以忽略不计);具有材料固有性质的半导体。
非本征半导体 —— 掺杂半导体;加入的杂质原子控制半导体性质的半导体。
施主 —— 能增加电子浓度的杂质原子;n 型掺杂。
受主 —— 能增加空穴浓度的杂质原子;p 型掺杂。
n 型材料 —— 掺有施主的材料;半导体内的电子浓度大于空穴浓度。
p 型材料 —— 掺有受主的材料;半导体内的空穴浓度大于电子浓度。
多数载流子 —— 在所给定的半导体内,有相对数量最多的载流子;n 型材料内是电子,p 型材料内是空穴。
少数载流子 —— 在所给定的半导体内,有相对数量最少的载流子;n 型材料内是空穴,p 型材料内是电子。

2.4 状态和载流子分布

在建立载流子模型的过程中,我们把注意力集中在定性或是半定量地分析与介绍载流子的特性及其概念上。为了进一步深入地学习,还需要更多、更详细的信息。例如,大多数半导体是掺杂的,通常人们关注的是掺杂半导体内载流子浓度的精确数值;其次是掺杂半导体内的载流子分布,这种分布在不同的能带上为能量的函数。这一节将对载流子的密度进行详细的描述和介绍,以导出平衡条件下半导体内载流子分布和浓度的关系式。

2.4.1 态密度

在 2.2 节中引入了能带模型的概念,并指出在晶体中每个能带上允许态的总数是晶体中原子数的四倍。不过,我们并没有讨论允许态能量是如何分布的,也就是在导带和价带任意给定的能级有多少种状态。现在,我们主要对状态的能量分布或态密度(density of states)加以研究。一般来说,状态的能量分布对确定载流子分布和浓度是很重要的。

为了确定态密度,需要使用量子力学来分析,这里只对分析的结果进行简要说明。当电子能量为 E、距离带边不远时,有 $g_c(E)$ 和 $g_v(E)$ 分别表示在能量 E 下导带和价带的态密度。

$$g_c(E) = \frac{m_n^* \sqrt{2m_n^*(E - E_c)}}{\pi^2 \hbar^3}, \quad E \geq E_c \qquad (2.6a)$$

$$g_v(E) = \frac{m_p^* \sqrt{2m_p^*(E_v - E)}}{\pi^2 \hbar^3}, \quad E \leq E_v \qquad (2.6b)$$

学习和掌握有关态密度的知识，其原因在于：第一，掌握态密度的概念是很重要的，可以把态密度比作足球场看台上的座位，座位数与态密度对应，给定与足球场中心的某一距离，即给定能量 E 与 E_c 或 E_v 的能级差；第二，如图 2.14 所示，从态密度的一般表达式即式(2.6)可知，$g_c(E)$ 在 E_c 处为零，随着 E 的向上增加进入导带，$g_c(E)$ 按能量的抛物线关系而增大。而 $g_v(E)$ 在 E_v 处为零，$g_v(E)$ 按能量向下进入价带，它也按抛物线关系增大。由于载流子的有效质量不同，因此 $g_c(E)$ 和 $g_v(E)$ 是不同的。如果 m_n^* 与 m_p^* 相等，则带隙两边(足球场边)的态密度(座位)相互对称。在各自能带中能量 E 到 $E+dE$ 之间的量子态数为

$g_c(E)dE$ 描述能量 E 到 $E+dE$ 之间每立方厘米内导带的状态数(如果 $E \geq E_c$)

$g_v(E)dE$ 描述能量 E 到 $E+dE$ 之间每立方厘米内价带的状态数(如果 $E \leq E_v$)

图 2.14 靠近能带边缘时 $g_c(E)$ 和 $g_v(E)$ 对能量的依从关系。$g_c(E)$ 和 $g_v(E)$ 分别是导带和价带上的态密度

因此 $g_c(E)$ 和 $g_v(E)$ 本身是单位体积-单位能量间隔内的量子态数，例如量子态数/(cm³·eV)。

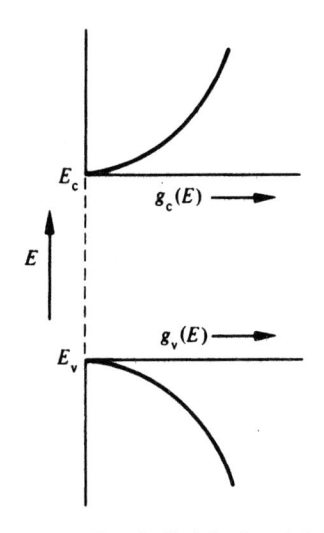

2.4.2 费米分布函数

从态密度可求得已知能量 E 内的状态数，而从费米(Fermi)分布函数 $f(E)$ 可求得能量为 E 的状态内有多少状态被电子占据。

$f(E)$ 表示热平衡条件下，能量为 E 的有效状态被电子占据的概率。

从数学的观点来描述，费米分布函数是简单的概率分布函数，用数学公式可表示为

$$f(E) = \frac{1}{1 + e^{(E-E_F)/kT}} \tag{2.7}$$

E_F = 费米能级或费米能量

k = 玻尔兹曼(Boltzmann)常数 ($k = 8.617 \times 10^{-5}$ eV/K)

T = 热力学温度(K)

下面研究费米分布函数与能量间的依存关系。当温度 T 趋向于绝对零度时($T \to 0$ K)，若 $E < E_F$，则 $(E-E_F)/kT \to -\infty$；若 $E > E_F$，则 $(E-E_F)/kT \to +\infty$。所以 $f(E<E_F) \to 1/[1+\exp(+\infty)] = 1$，而 $f(E>E_F) \to 1/[1+\exp(+\infty)] = 0$。这个结果由图 2.15(a)给出。可见，在绝对零度时，能量比 E_F 小的量子态全被电子占据，而能量比 E_F 大的量子态全部是空的。也就是说，系统温度接近绝对零度时，在费米能级 E_F 处电子的填充有一个很陡的边界。

当温度大于绝对零度($T > 0$ K)时，分以下四种情况讨论：

(i) 若 $E = E_F$，则 $f(E_F) = 1/2$。

(ii) 若 $E \geq E_F + 3kT$，$\exp[(E-E_F)/kT] \gg 1$，则 $f(E) \simeq \exp[-(E-E_F)/kT]$。因此，对于 E 大于 $E_F + 3kT$ 的费米分布函数或填充态的概率，随能量的增加而呈指数形式衰减为零。能量在费米能级之上 $3kT$ 或更多的量子态几乎是空的。

(iii) 若 $E \leq E_F - 3kT$，$\exp[(E-E_F)/kT] \ll 1$，则 $f(E) \simeq 1 - \exp[(E-E_F)/kT]$。因此，对于 E 小于 $E_F - 3kT$ 的 $[1-f(E)]$ 的概率，随能量的减少呈指数形式衰减为零。能量比费米能级低 $3kT$ 或更多的量子态几乎是满的。

(iv) 在室温 $(T = 300\ \text{K})$ 时，$kT = 0.0259\ \text{eV}$，$3kT = 0.0777\ \text{eV} \ll E_G(\text{Si})$。突出的一点是与硅的禁带宽度相比，$3kT$ 的能量值在 $T > 0\ \text{K}$ 的任何情况下都是非常小的。

图 2.15(b) 给出了温度大于绝对零度时 $(T > 0\ \text{K})$ 费米分布函数随能量变化的特性。

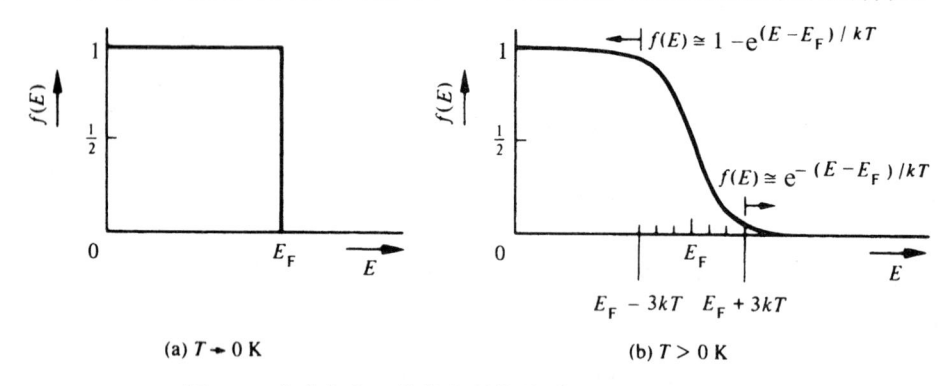

图 2.15　费米分布函数与能量的关系曲线。(a) $T \rightarrow 0\ \text{K}$；(b) 在 $T > 0\ \text{K}$ 时的曲线图，能量坐标轴的单位是 kT

在结束本小节的讨论之前，再次强调一下费米分布函数的使用条件——它只能应用于热平衡条件下。费米分布函数有着很广泛的使用范围，它可等效地应用于所有的材料，如绝缘体、半导体和金属。本章虽然只介绍了费米分布函数与半导体相关的内容，但费米分布函数并非只与半导体的特殊性质有关。通常，费米分布函数是表示电子的统计函数。费米能级 E_F 与 E_c（或 E_v）的相对位置也是一个非常重要的问题，在后面的小节中将会对其加以讨论。

练习 2.2

问：导带边缘 (E_c) 被填满的状态概率正好等于价带边缘 (E_v) 空态的概率。此时费米能级在哪里？

答：对于能量为 E，电子占据的状态概率为费米分布函数 $f(E)$，而不被电子占据的空态概率等于 $1 - f(E)$。由题意可得

$$f(E_c) = 1 - f(E_v)$$

由于

$$f(E_c) = \frac{1}{1 + e^{(E_c - E_F)/kT}}$$

$$1 - f(E_v) = 1 - \frac{1}{1 + e^{(E_v - E_F)/kT}} = \frac{1}{1 + e^{(E_F - E_v)/kT}}$$

得出

$$\frac{E_c - E_F}{kT} = \frac{E_F - E_v}{kT}$$

或

$$E_F = \frac{E_c + E_v}{2}$$

费米能级正好在禁带的中间。

练习 2.3

这个练习旨在更详细地了解费米分布函数与温度的关系。

问：在温度 T 分别为 $T = 100$ K、200 K、300 K 和 400 K 时，计算并画出费米分布函数 $f(E)$ 随 $\Delta E = E - E_F$(-0.2 eV$\leq \Delta E \leq 0.2$ eV) 的变化曲线。所有的 $f(E)$ 随 ΔE 的变化曲线都画在同一个坐标系内。

答：MATLAB 程序清单...

```
%Fermi Function Calculation, f(ΔE,T)
% Constant
k=8.617e-5;
%Computation proper
for ii=1:4;
   T=100*ii;
   kT=k*T;
   dE(ii,1)=-5*kT;
   for jj=1:101
        f(ii,jj)=1/(1+exp(dE(ii,jj)/kT));
        dE(ii,jj+1)=dE(ii,jj)+0.1*kT;
   end
end
dE=dE(:,1:jj);   %This step strips the extra dE value
%Plotting result
close
plot(dE',f'); grid;   %Note the transpose (') to form data columns
xlabel('E-EF(eV)');   ylabel('f(E)');
text(.05,.2,'T=400K');   text(-.03,.1,'T=100K');
```

程序输出...

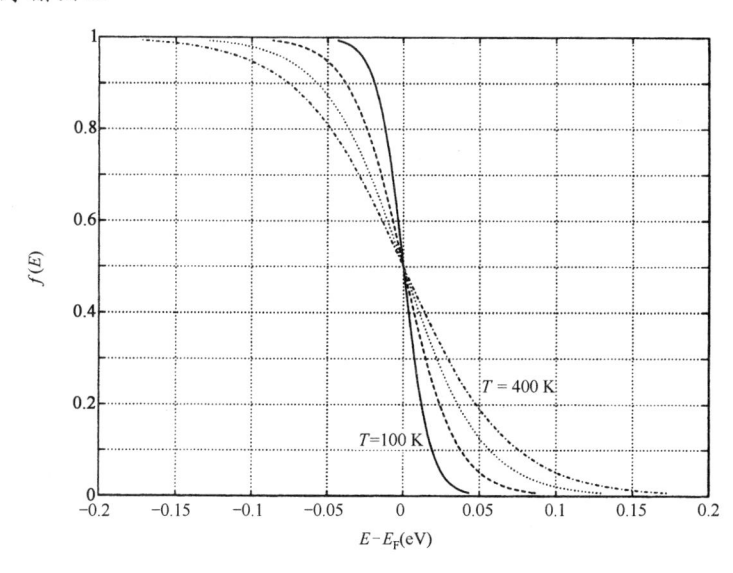

2.4.3 平衡载流子分布

由于在前面的学习中已经建立了平衡条件下有效能态的分布及其电子占有的概率，因此很容易分析出不同能带中的载流子分布。如在导带中电子的分布，可由导带的态密度乘以它的占有因子而得，即 $g_c(E)f(E)$。而在价带中的空穴（空态）的分布可由 $g_v(E)[1-f(E)]$ 得到。假定在能带中费米能级有三种不同的位置，载流子分布如图 2.16 所示。

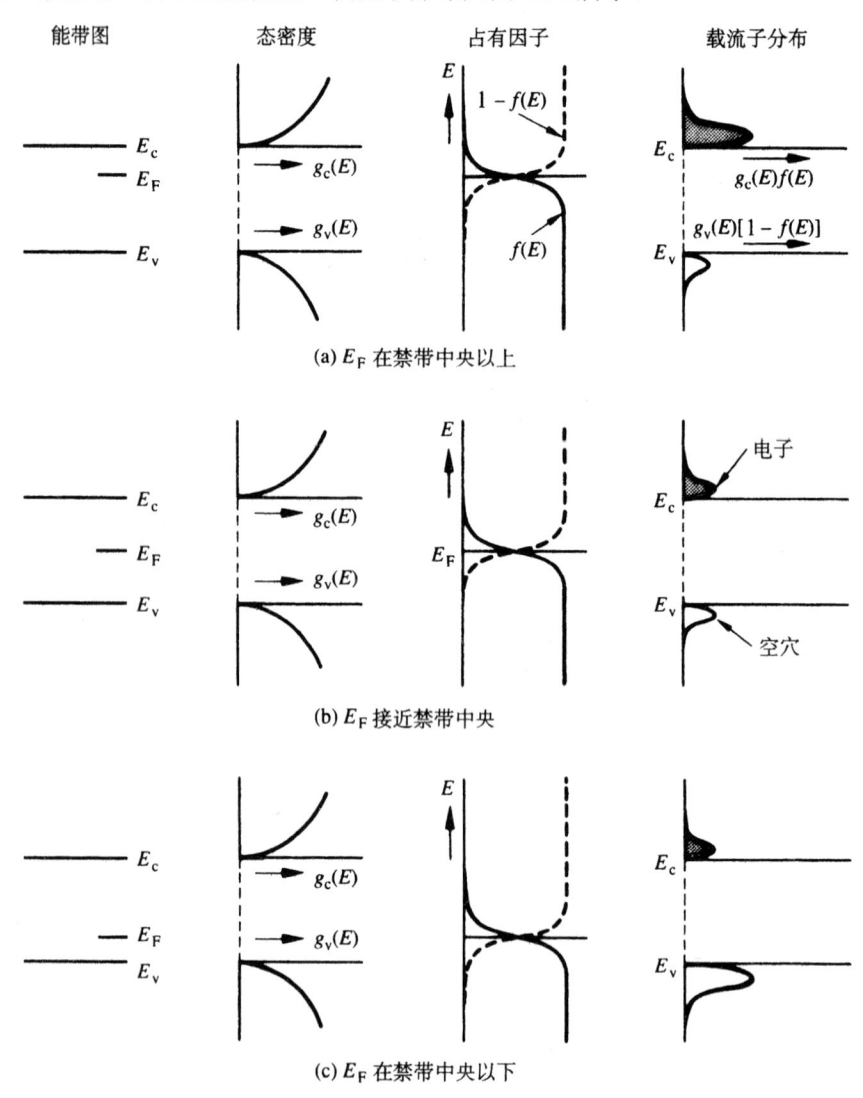

图 2.16 在能带中费米能级有不同的位置时，载流子分布的情况。(a)禁带中央以上；(b)接近禁带中央；(c)禁带中央以下。对于每一种情况，能带图、态密度和占有因子（费米分布函数和1减去费米分布函数）的示意图是等同的

仔细观察图 2.16 会发现，在能带的边缘，所有载流子分布为零，峰值非常靠近 E_c 或 E_v，然后，向上进入导带或向下进入价带且迅速衰减为零。也就是说，大部分载流子集中在能带边缘的附近。另一方面，费米能级的位置影响着载流子分布的相对数量。当 E_F 的位置在禁带中央的上半部时，电子的分布概率大于空穴的分布概率。虽然被填充态的占有率 $f(E)$ 和空态的占有

率$[1-f(E)]$从能带的边缘分别进入导带和价带中,开始都以指数衰减,但E_F必须位于禁带上半部时$[1-f(E)]$远小于$f(E)$。E_F降低可以使电子的占有率下降,当E_F的位置在禁带中央时,电子和空穴载流子的数量是相等的。同理可得,当E_F位于禁带下半部时,空穴的分布概率大于电子的分布概率。只是在这里假设了$g_c(E)$和$g_v(E)$对应于能量E有相同的数量级。正如前面指出的,在$E_c-3kT \geqslant E_F \geqslant E_v+3kT$的范围内,各能量的占有率都是呈指数形式衰减的。

虽然我们已经介绍了载流子分布及与载流子数有关的用法,不过经常使用的是一种简化方式。图 2.17 是表示载流子能量分布的一种方式。在靠近E_c和E_v处圆点和圆圈的数量较多,这表明在靠近能带边缘处载流子浓度最大。越往上圆点的数量越少,即随能量的增加进入导带的电子的密度迅速减小。图 2.18 所示的方法通常是用来描述载流子数量级大小的。在接近禁带宽度的中间位置画一条虚线并用符号E_i表示,它表示的是一种本征材料。E_i的位置接近带隙中央,即表示本征费米能级。正如前面所述,当E_F接近带隙中央时,电子和空穴的数量是相等的。同样,用实线表示的E_F在带隙中央以上时,一看就知道为 n 型半导体;用实线表示的E_F在带隙中央以下时,所表示的是 p 型半导体。能带图中经常出现的虚线E_i也表示非本征半导体。如果是本征材料,E_i线与费米能级E_F的位置重合。E_i线还提供了一个很直观的参考能级,以区分带隙的上半部和下半部。

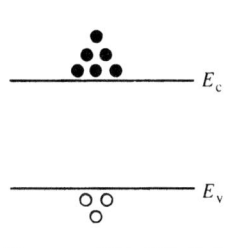

图 2.17 载流子能量分布的示意图

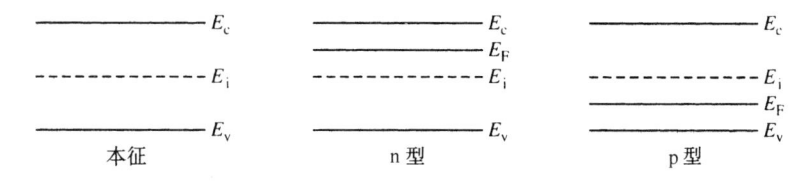

图 2.18 半导体材料使用的能带图。表示本征半导体(左图)、n 型半导体(中图)、p 型半导体(右图)

2.5 平衡载流子浓度

在载流子模型的建立过程中,我们已经了解了载流子的重要特性。本节只是对建模工作进行总结,利用平衡载流子浓度对前面所学的载流子的定性知识进行补充说明,并用数学公式具体表述。需要强调的是,在载流子建模的最终阶段,虽然难以进行严密的数学推导(也可能是令人厌烦的),但还是要关注这一问题,因为它可以解释不同载流子之间的转换关系。这种转换关系如同修理汽车,可以使用不同类型的扳手,即使用开口扳手、一套组合扳手或棘轮扳手都可以完成相同的任务。在某些情况下可以使用任何一种扳手;而在一些特殊情况下,需限制使用扳手的类型或只允许使用某种扳手。这一原则同样适用于不同载流子的关系转换。总之,不同载流子间的相互转换关系对载流子在半导体中的应用是非常重要的。

2.5.1 n 型和 p 型的公式

因为$g_c(E)dE$表示在能量E到$E+dE$间单位体积内导带状态的数目,而电子占据能量为E的允许态的概率是$f(E)$,所以在E到$E+dE$间单位体积导带内有$g_c(E)f(E)dE$个电子。实际上在全部导带能量内对$g_c(E)f(E)dE$进行积分,就得到了导带中的电子总数。换而言之,对导带中的电子平衡分布进行积分,就得到了导带中平衡电子的浓度。利用类似的方法可得到相关的

空穴浓度。因此，

$$n = \int_{E_c}^{E_{top}} g_c(E)f(E)dE \tag{2.8a}$$

$$p = \int_{E_{bottom}}^{E_v} g_v(E)[1 - f(E)]dE \tag{2.8b}$$

n 型载流子浓度的表达式如式(2.8a)所示。下面来计算式(2.8a)的积分(类似的 p 型载流子浓度的积分的计算，则作为练习留给读者)。将 $g_c(E)$ 的表达式(2.6a)和 $f(E)$ 的表达式(2.7)代入式 (2.8a)，可得

$$n = \frac{m_n^* \sqrt{2m_n^*}}{\pi^2 \hbar^3} \int_{E_c}^{E_{top}} \frac{\sqrt{E - E_c}}{1 + e^{(E - E_F)/kT}} dE \tag{2.9}$$

如果令

$$\eta = \frac{(E - E_c)}{kT} \tag{2.10a}$$

$$\eta_c = \frac{(E_F - E_c)}{kT} \tag{2.10b}$$

$$E_{top} \to \infty \tag{2.10c}$$

则

$$n = \frac{m_n^* \sqrt{2m_n^*} (kT)^{3/2}}{\pi^2 \hbar^3} \int_0^\infty \frac{\eta^{1/2} d\eta}{1 + e^{\eta - \eta_c}} \tag{2.11}$$

式(2.10c)中的积分上限取无穷大。实际能带宽度都是有限的，但 $f(E)$ 随能量 E 的衰减十分迅速，通常能量 E 仅仅高于 E_c 若干 kT 时便趋向于零。因此，把积分上限取为 ∞ 不会对积分的结果有显著影响。

式(2.11)积分的被积函数不能由简单函数组成。此函数的积分值可在数学参考手册中查到。函数定义为

$$F_{1/2}(\eta_c) \equiv \int_0^\infty \frac{\eta^{1/2} d\eta}{1 + e^{\eta - \eta_c}}, \quad 1/2 \text{ 次的费米 - 狄拉克 (Dirac) 积分} \tag{2.12}$$

如果令

$$N_C = 2\left[\frac{m_n^* kT}{2\pi \hbar^2}\right]^{3/2}, \quad \text{导带的有效态密度} \tag{2.13a}$$

$$N_V = 2\left[\frac{m_p^* kT}{2\pi \hbar^2}\right]^{3/2}, \quad \text{价带的有效态密度} \tag{2.13b}$$

则可得到

$$\boxed{n = N_C \frac{2}{\sqrt{\pi}} F_{1/2}(\eta_c)} \tag{2.14a}$$

类似可得

$$\boxed{p = N_V \frac{2}{\sqrt{\pi}} F_{1/2}(\eta_v)} \tag{2.14b}$$

式中 $\eta_v \equiv (E_v - E_F)/kT$。

式(2.14)是最一般的结果，对于费米能级任何可能的位置来说，它都是正确的。常数 N_C 和 N_V 在 300 K 时，$\boxed{N_{C,V} = (2.510\times10^{19}/\text{cm}^3)(m^*_{n,p}/m^*_0)^{3/2}}$。费米积分的值可从数学手册、图解或直接计算积分得到。然而，使用一般方法计算基本关系式(2.14)是比较烦琐的。幸运的是，在许多实际问题中可以应用简单的近似表达式。例如，如果 E_F 的取值为 $E_F \leqslant E_c - 3kT$，则对于所有 $E \geqslant E_c(\eta \geqslant 0)$，$1/[1+\exp(\eta-\eta_c)] \simeq \exp[-(\eta-\eta_c)]$，且

$$F_{1/2}(\eta_c) = \frac{\sqrt{\pi}}{2} e^{(E_F-E_c)/kT} \tag{2.15a}$$

如果 $E_F \geqslant E_v + 3kT$，则

$$F_{1/2}(\eta_v) = \frac{\sqrt{\pi}}{2} e^{(E_v-E_F)/kT} \tag{2.15b}$$

因此，如果 $E_v + 3kT \leqslant E_F \leqslant E_c - 3kT$，

$$\boxed{n = N_C e^{(E_F-E_c)/kT}} \tag{2.16a}$$

$$\boxed{p = N_V e^{(E_v-E_F)/kT}} \tag{2.16b}$$

式(2.16)在数学上的相似，来源于占有因子 $f(E)$ 和 $1-f(E)$ 的相似。E_F 在带隙内且距带边的距离大于 $3kT$ 时，占有因子都可近似成简单的指数函数。当 E_F 位于边界内时，即 $E_v + 3kT \leqslant E_F \leqslant E_c - 3kT$，半导体被称为非简并的(nondegenerate)。当 E_F 位于带隙边缘且间距小于 $3kT$ 或进入任一能带时，半导体被称为简并的(degenerate)。图 2.19 中已经直观地指出上述的重要结论。

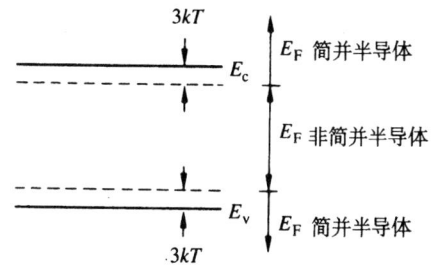

图 2.19 简并半导体和非简并半导体的定义

2.5.2 n 型和 p 型表达式的变换

虽然式(2.16)不是最简单的可能形式，但在进行器件分析时，往往从已有的各种关系式中选择较为简便的形式加以使用。使用靠近带隙的中央本征半导体的费米能级 E_i，式(2.16)可以有不同的表示方法。对于本征半导体的特殊情况，设 $n = p = n_i$，$E_i = E_F$，则

$$n_i = N_C e^{(E_i-E_c)/kT} \tag{2.17a}$$

$$n_i = N_V e^{(E_v-E_i)/kT} \tag{2.17b}$$

从式(2.17)可求出 N_C 和 N_V，

$$N_C = n_i e^{(E_c-E_i)/kT} \tag{2.18a}$$

$$N_V = n_i e^{(E_i-E_v)/kT} \tag{2.18b}$$

最后，使用式(2.18)消去式(2.16)中的 N_C 和 N_V，可得

$$\boxed{n = n_i e^{(E_F-E_i)/kT}} \tag{2.19a}$$

$$\boxed{p = n_i e^{(E_i-E_F)/kT}} \tag{2.19b}$$

式(2.16)与式(2.19)一样，适用于平衡状态下的半导体。在任何情况下，半导体的掺杂能

够引起非简并费米能级位置的变化，式(2.16)有两个常数和三个能级，而式(2.19)只有一个常数和两个能级。因为式(2.19)具有对称性，所以很容易将其记住。对于 n 型和 p 型半导体的表达式，只要将 E_F 和 E_i 调换即可得出。

2.5.3 n_i 和载流子浓度乘积 np

从式(2.19)中可以看出，本征载流子浓度在对载流子浓度进行定量计算时具有重要意义。建立与载流子浓度有关的关系式，可以得到半导体材料的这一重要参数。

如果将式(2.17a)和式(2.17b)两边相乘，可得

$$n_i^2 = N_C N_V e^{-(E_c - E_v)/kT} = N_C N_V e^{-E_G/kT} \tag{2.20}$$

或

$$\boxed{n_i = \sqrt{N_C N_V} e^{-E_G/2kT}} \tag{2.21}$$

式(2.21)所表示的 n_i 是已知量的函数，给定温度可以计算出 n_i 或者给出其温度的函数。室温下硅和锗的本征载流子浓度的数值之前已有答案。图 2.20 中给出了硅、锗和砷化镓的本征载流子浓度 n_i 随温度变化的函数关系。

从式(2.19)可以直接得到有关 n_i 的另一重要的关系式，将式(2.19)两边相乘，有

$$\boxed{np = n_i^2} \tag{2.22}$$

np 乘积的关系式[即式(2.22)]在实际的计算中是非常有用的。如果已知某种载流子浓度，则使用式(2.22)可以得到另一种载流子浓度。式(2.22)说明，在一定的温度下，任何非简并半导体的平衡载流子浓度的乘积 np 等于该温度时本征载流子浓度 n_i 的平方，与所含杂质无关。因此式(2.22)不仅适用于本征半导体材料，而且也适用于非简并的杂质半导体材料。

(C) **练习 2.4**

将式(2.13)定义的 N_C 和 N_V 代入式(2.21)，经整理后可得

$$n_i = (2.510 \times 10^{19}) \left(\frac{m_n^*}{m_0} \frac{m_p^*}{m_0} \right)^{3/4} \left(\frac{T}{300} \right)^{3/2} e^{-E_G/2kT}$$

E_G 和有效质量表现出较弱的特性，但不能忽略温度依赖性。E_G 随温度 T 的变化关系，可参考习题 2.1(a)中所描述的关系式。根据 Barber 的分析可得[Solid State Electronics, **10**, 1039(1967)]，温度在 200 K≤T≤700 K 时，有效质量与温度的依赖关系可近似地表示为

$$\frac{m_n^*}{m_0} = 1.028 + (6.11 \times 10^{-4})T - (3.09 \times 10^{-7})T^2$$

$$\frac{m_p^*}{m_0} = 0.610 + (7.83 \times 10^{-4})T - (4.46 \times 10^{-7})T^2$$

问：

(a) 确认图 2.20 中硅的载流子浓度 n_i 随温度 T 的变化曲线，在 n_i 的表达式里，用 $E_G - E_{ex}$ 代替 E_G，$E_{ex} = 0.0074$ eV（在前面的参考文献里，Barber 建议受激修正因子 $E_{ex} = 0.007$ eV。在图 2.20 的计算中使用较大的数值，在室温 $T = 300$ K 时，$n_i = 10^{10}$/cm^3）。

第 2 章 载流子模型

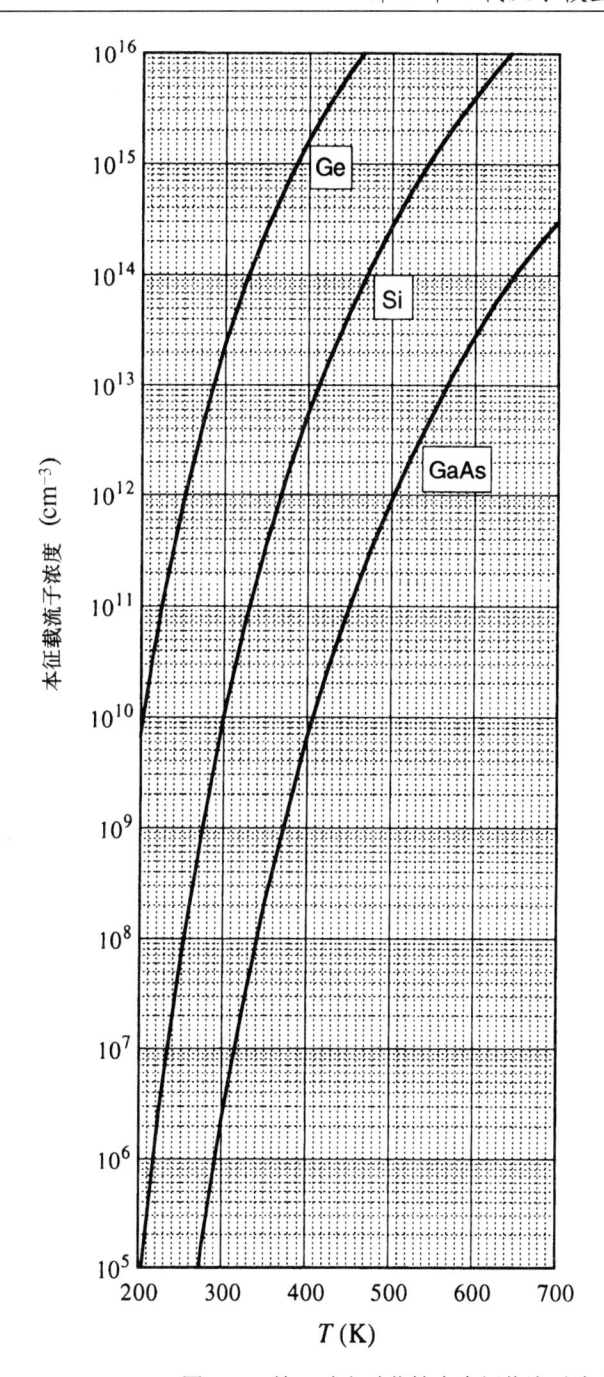

Si	
$T(\degree C)$	$n_i(\text{cm}^{-3})$
0	8.86×10^8
5	1.44×10^9
10	2.30×10^9
15	3.62×10^9
20	5.62×10^9
25	8.60×10^9
30	1.30×10^{10}
35	1.93×10^{10}
40	2.85×10^{10}
45	4.15×10^{10}
50	5.97×10^{10}
300 K	1.00×10^{10}

GaAs	
$T(\degree C)$	$n_i(\text{cm}^{-3})$
0	1.02×10^5
5	1.89×10^5
10	3.45×10^5
15	6.15×10^5
20	1.08×10^6
25	1.85×10^6
30	3.13×10^6
35	5.20×10^6
40	8.51×10^6
45	1.37×10^7
50	2.18×10^7
300 K	2.25×10^6

图 2.20　锗、硅和砷化镓中本征载流子浓度与温度的函数关系

(b) 一般认为在温度 $T = 300\text{ K}$ 时, 硅中载流子浓度 n_i 的值是根据 Sproul 和 Green 从实验获取的 n_i 与 T 的关系式计算得来的[Journal of Applied Physics, **70**, 846 (July 1991)], 即硅在温度 $T = 300\text{ K}$ 时, $n_i = (1.00 \pm 0.03) \times 10^{10}/\text{cm}^3$, 在温度为 $275\text{ K} \leqslant T \leqslant 375\text{ K}$ 的范围内, 由实验数据得到了经验公式:

$$n_i = (9.15 \times 10^{19}) \left(\frac{T}{300}\right)^2 e^{-0.5928/kT}$$

在温度为 275 K≤T≤375 K 的范围内，通过对 n_i 的计算，比较经验公式与(a)所得结果间的精度。

答：

(a) MATLAB 程序清单…

```
%ni vs. T calculation for Si (200K - 700K) used in Fig. 2.20

%Initialization
format short e

%Constants and T-range
k=8.617e-5;
A=2.510e19;
Eex=0.0074;    %Value was adjusted to match S&G ni(300K) value
T=200:25:700;

%Band Gap vs. T
EG0=1.17;
a=4.730e-4;
b=636;
EG=EG0-a.*(T.^2)./(T+b);

%Effective mass ratio (mnr=mn*/m0, mpr=mp*/m0)
mnr=1.028 + (6.11e-4).*T - (3.09e-7).*T.^2;
mpr=0.610 + (7.83e-4).*T - (4.46e-7).*T.^2;

%Computation of ni
ni=A.*((T./300).^(1.5)).*((mnr.*mpr).^(0.75)).*exp(-(EG-Eex)./(2 .*k.*T));
%Display output on screen
j=length(T);
fprintf('\n \n T          ni\n');   %There are ten spaces between T and ni.
for ii=1:j,
fprintf('%-10.f%-10.3e\n',T(ii),ni(ii));
end
```

(b) MATLAB 程序清单…

```
%Experimental fit of Sproul-Green ni data (275K - 375K)

%ni calculation
T=275:25:375;
k=8.617e-5;
ni=(9.15e19).*(T./300).^2 .*exp(-0.5928./(k*T));

%Display result on screen
j=length(T);
fprintf('\n\n T          ni\n');   %There are ten spaces between T and ni.
for ii=1:j,
fprintf('%-10.f%-10.3e\n',T(ii),ni(ii));
end
```

以上两个程序的输出结果分别列在下面，在所给出的温度范围内计算的结果是很精确的(误差在 2%以内)。

T(K)	(a) n_i(cm^{-3})	(b) n_i(cm^{-3})
200	5.246×10^4	—
275	1.059×10^9	1.051×10^9
300	1.000×10^{10}	1.006×10^{10}
325	6.798×10^{10}	6.887×10^{10}
350	3.565×10^{11}	3.623×10^{11}
375	1.518×10^{12}	1.542×10^{12}
400	5.449×10^{12}	—
500	2.716×10^{14}	—
600	3.988×10^{15}	—
700	2.865×10^{16}	—

2.5.4 电中性关系

对半导体内掺杂浓度和载流子浓度间的关系，我们尚未进行详细阐述，因此要引入电中性关系以说明二者间的关系。

首先来考虑均匀掺杂半导体材料的电中性关系。均匀掺杂即半导体内杂质原子的体密度在任何地方都是相同的。假定半导体的区域远离任何表面且热平衡条件成立，则电荷应是中性的，也就是说没有净电荷。如果不是这种情况，则半导体内存在电场。由于电场的存在，在半导体内依次会有载流子的运动和电流的产生，这与热平衡条件的假定不符。然而，在半导体内有带电粒子，如电子、空穴、电离施主杂质(为导带提供电子后杂质原子变为正离子)和带负电的电离受主同时存在于所有的半导体内。均匀掺杂半导体材料的内部电中性条件如下：

$$\frac{电荷}{cm^3} = qp - qn + qN_D^+ - qN_A^- = 0 \tag{2.23}$$

或

$$\boxed{p - n + N_D^+ - N_A^- = 0} \tag{2.24}$$

N_D^+ 和 N_A^- 的定义如下：

N_D^+：单位体积内电离施主(正电荷)数

N_A^-：单位体积内电离受主(负电荷)数

设在室温下，半导体可获得充分的热能，使浅能级受主和施主全部电离，定义为

N_D^+：单位体积内施主的总数

N_A^+：单位体积内受主的总数

并设

$$N_D^+ = N_D$$
$$N_A^- = N_A$$

可得

$$\boxed{p - n + N_D - N_A = 0} \quad 假设杂质原子全部电离 \tag{2.25}$$

式(2.25)是电中性关系式的典型形式。

2.5.5 载流子浓度的计算

下面计算在平衡条件下均匀掺杂半导体中的载流子浓度。在计算中，假定半导体中的杂质原子是**非简并的**(允许使用 np 乘积关系式)和杂质原子**全部电离**。在 np 乘积关系式中，n_i 作为已知量。由于在电中性关系式中，N_A 和 N_D 是由实验进行控制和确定的，因此也把它们作为已知量。在 np 乘积和电中性两个关系式中，只有 n 和 p 这两个未知数。因此，在假设掺杂是非简并的和杂质原子全部电离的条件下，可以使用 np 乘积和电中性两个关系式来求解 n 和 p 这两个未知数。

由 np 乘积关系式可得

$$p = \frac{n_i^2}{n} \tag{2.26}$$

使用式(2.26)消去式(2.25)中的 p，可得

$$\frac{n_i^2}{n} - n + N_D - N_A = 0 \tag{2.27}$$

或

$$n^2 - n(N_D - N_A) - n_i^2 = 0 \tag{2.28}$$

对 n 解一元二次方程，可得

$$\boxed{n = \frac{N_D - N_A}{2} + \left[\left(\frac{N_D - N_A}{2}\right)^2 + n_i^2\right]^{1/2}} \tag{2.29a}$$

和

$$\boxed{p = \frac{n_i^2}{n} = \frac{N_A - N_D}{2} + \left[\left(\frac{N_A - N_D}{2}\right)^2 + n_i^2\right]^{1/2}} \tag{2.29b}$$

在式(2.29)中只保留了正根，因为在物理上载流子浓度必须大于或等于 0。

式(2.29)是一般情况的解。在实际计算中，大多数情况下是根据 N_D、N_A 和 n_i 的数值将方程尽可能地简化。下面考虑一些经常使用的特殊情况。

(1) **本征半导体** ($N_A = 0$, $N_D = 0$)。由于 $N_A = 0$ 和 $N_D = 0$，因此式(2.29)可以简化为 $\boxed{n = n_i}$ 和 $\boxed{p = n_i}$。$n = p = n_i$ 是本征半导体内对平衡载流子浓度的预期结果。

(2) $N_D - N_A \approx N_D \gg n_i$ 或 $N_A - N_D \approx N_A \gg n_i$ 时的**掺杂半导体**。这是最常见的特殊情况。在硅中的均匀掺杂浓度，通常用于控制杂质数量，使得 $N_D \gg N_A$ 或 $N_A \gg N_D$。而且，在室温时硅的本征载流子浓度大约是 $10^{10}/\text{cm}^3$，而占主导地位的掺杂浓度(N_A 或 N_D)很少小于 $10^{14}/\text{cm}^3$。这里所考虑的特殊情况在实际情况中也是经常会遇到的。若 $N_D - N_A \approx N_D \gg n_i$，式(2.29a)的平方根项可简化为 $N_D/2$，且

$$\boxed{\begin{aligned} n &\approx N_D \\ p &\approx n_i^2/N_D \end{aligned}} \qquad \begin{aligned} &N_D \gg N_A, \quad N_D \gg n_i \\ &\text{（非简并，全部电离）} \end{aligned} \tag{2.30a}$$
$$\tag{2.30b}$$

类似可得

$$\boxed{\begin{array}{l} p \simeq N_A \\ n \simeq n_i^2/N_A \end{array}} \quad N_A \gg N_D, \quad N_A \gg n_i \quad \text{（非简并，全部电离）} \tag{2.31a, 2.31b}$$

例如在室温时，假设硅样品中均匀掺入的受主杂质浓度为 $N_D = 10^{15}/\text{cm}^3$。使用式(2.30)可迅速地算出 $n \simeq 10^{15}/\text{cm}^3$, $p \simeq 10^5/\text{cm}^3$。

(3) $n_i \simeq |N_D - N_A|$ 时的掺杂半导体。随着温度的升高，本征载流子浓度迅速增加（如图 2.20 所示）。当温度升到足够高时，最终 n_i 将等于且随后大于净掺杂浓度，本征激发占主导地位。如果 $n_i \gg |N_D - N_A|$，则式(2.29)的平方根项可简化为 n_i 和 $\boxed{n \simeq p \simeq n_i}$。换而言之，在温度足够高、$n_i \gg |N_D - N_A|$ 时，所有的半导体都成为本征半导体。

(4) **补偿半导体**。式(2.29)中，很明显施主和受主作用是相互抵消的。如果有 $N_D - N_A = 0$，可以得到类似本征半导体的材料。对于某些材料如砷化镓，在生长晶体中，N_A 和 N_D 是可比的。当 N_A 和 N_D 是可比的但不相等时，这种材料称为补偿半导体。如果半导体是补偿的，则在全部载流子浓度的表达式中，N_A 和 N_D 必须保留，不能舍去。

总之，如果半导体是非简并的且杂质原子全部电离，则可以用式(2.29)来计算载流子浓度。不过，在许多实际情况下，在进行具体数值计算之前，需要根据具体问题的物理意义将这些等式尽可能地简化。只有在 $|N_D - N_A| \simeq n_i$ 这一特殊情况下，才必须用式(2.29)来计算载流子浓度。而在绝大多数情况下则使用简化关系式(2.30)和式(2.31)。

练习 2.5

问：每立方厘米的硅样品中掺有 10^{14} 个硼原子。
(a) 在温度 $T = 300\text{ K}$ 时，硅样品中的载流子浓度是多少？
(b) 在温度 $T = 470\text{ K}$ 时，硅样品中的载流子浓度是多少？

答：
(a) 硼原子在硅中是受主杂质（参见表 2.2），因此 $N_A = 10^{14}/\text{cm}^3$。在温度 $T = 300\text{ K}$ 时，$n_i = 1.00 \times 10^{10}/\text{cm}^3$，所给出的 N_A 远远大于 n_i。而且，N_D 掺杂可从问题中略去，所以可认为 $N_D \ll N_A$。对于 $N_A \gg n_i$ 和 $N_A \gg N_D$，使用式(2.31)可计算出载流子浓度为 $p = N_A = 10^{14}/\text{cm}^3$, $n = n_i^2/N_A = 10^6/\text{cm}^3$。

(b) 由图 2.20 可得，在温度为 470 K 时，$n_i \simeq 10^{14}/\text{cm}^3$，因为 n_i 与 N_A 大小相近，所以载流子浓度必须使用式(2.29)来计算（当一种载流子浓度为已知时，就应该使用 np 乘积关系式来计算另一种载流子浓度）。通过计算可得结果：

$$p = N_A/2 + [(N_A/2)^2 + n_i^2]^{1/2} = 1.62 \times 10^{14}/\text{cm}^3 \quad n = n_i^2/p = 6.18 \times 10^{13}/\text{cm}^3$$

2.5.6 费米能级 E_F 的确定

有关费米能级在能带图中位置的计算是很重要的。例如，在讨论本征费米能级时，我们已经知道，E_i 在带隙正中央附近。了解 E_i 在带隙中的精确位置是很有用的。此外，我们还得到了非简并半导体 n 和 p 的计算公式。当然，掺杂半导体是非简并的还是简并的，取决于 E_F 的位置。在几种特殊情况下具体计算费米能级之前，先给出一般性的描述是很有必要的，式(2.19)

或式(2.16)甚至更通常的式(2.14)，它们只提供了费米能级和载流子浓度间的一一对应关系。因此，要计算三个变量 n、p 或 E_F 中的任意一个时，必须先在平衡条件下计算剩余的两个变量。

(1) **E_i 的精确位置**。在本征材料中：

$$n = p \tag{2.32}$$

在式(2.32)中使用式(2.16)代替 n 和 p，并设 $E_F = E_i$，得

$$N_C e^{(E_i - E_c)/kT} = N_V e^{(E_v - E_i)/kT} \tag{2.33}$$

解出 E_i，可得

$$E_i = \frac{E_c + E_v}{2} + \frac{kT}{2} \ln\left(\frac{N_V}{N_C}\right) \tag{2.34}$$

然而

$$\frac{N_V}{N_C} = \left(\frac{m_p^*}{m_n^*}\right)^{3/2} \tag{2.35}$$

因此

$$\boxed{E_i = \frac{E_c + E_v}{2} + \frac{3}{4} kT \ln\left(\frac{m_p^*}{m_n^*}\right)} \tag{2.36}$$

依照式(2.36)，如果 $m_p^* = m_n^*$ 或 $T = 0\,\text{K}$，则 E_i 正好位于带隙中央。在室温下，硅有一种更实际的情况，表 2.1 给出了 $m_p^*/m_n^* = 0.69$，$(3/4)kT \ln(m_p^*/m_n^*) = -0.0073\,\text{eV}$，$E_i$ 位于带隙中央下 $0.0073\,\text{eV}$ 的位置。虽然 E_i 在某些问题中可能是重要的，但它距带隙中央的偏差很小，在画出的能带图中是可以忽略的。

(2) **掺杂半导体**(非简并，杂质全部电离)。在平衡状态，有足够的温度使得杂质全部电离。在非简并情况下，施主和受主杂质半导体内费米能级的位置可由式(2.19)简单求出。从式(2.19)解出 $E_F - E_i$，可得

$$E_F - E_i = kT \ln(n/n_i) = -kT \ln(p/n_i) \tag{2.37}$$

在一些特殊情况下，将已知载流子浓度的适当解[式(2.29)~式(2.31)]代入式(2.37)可确定 E_F 的位置。例如：在有足够的温度或接近室温时，式(2.30a)和式(2.31a)表示，在施主型掺杂半导体中，$n \approx N_D$；在受主型掺杂半导体中，$p \approx N_A$。代入式(2.37)可得

$$\boxed{\begin{aligned} E_F - E_i &= kT \ln(N_D/n_i) \\ E_i - E_F &= kT \ln(N_A/n_i) \end{aligned}} \quad \begin{aligned} &\ldots N_D \gg N_A,\ N_D \gg n_i \\ &\ldots N_A \gg N_D,\ N_A \gg n_i \end{aligned} \tag{2.38a} \tag{2.38b}$$

从式(2.38)得到以下结果：随着施主杂质的增加，费米能级从 E_i 能量有规律地向上移动；随着受主杂质的增加，费米能级从 E_i 能量有规律地向下移动。在室温下，硅中费米能级的精确位置如图 2.21 所示(图 2.21 是对前面有关硅费米能级叙述的一个补充)。需要指出的是，对于给定的半导体材料和环境温度，当掺杂浓度大于非简并施主和受主掺杂浓度的最大值时，半导体材料变成简并半导体。在室温下，硅的非简并掺杂浓度为 $N_D \approx 1.6 \times 10^{18}/\text{cm}^3$ 和 $N_A \approx 9.1 \times 10^{17}/\text{cm}^3$。简并半导体硅中的掺杂浓度是很高的，通常使用"重掺杂"(或 n$^+$ 材料/p$^+$ 材料)和"简并"等术语来描述。

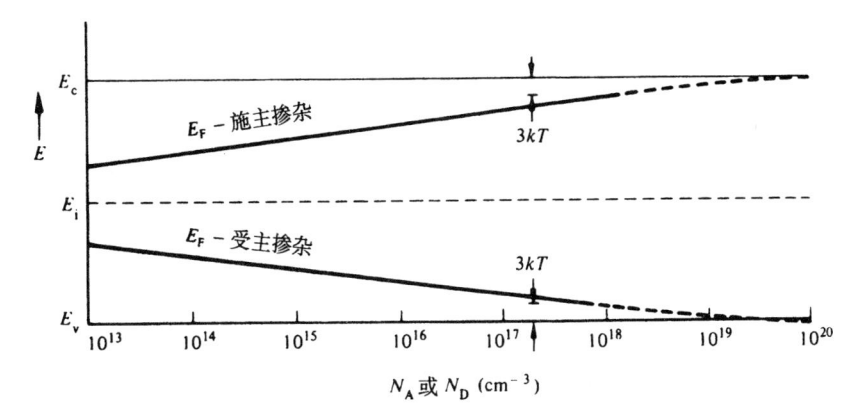

图 2.21 在温度为 300 K 时，硅材料中费米能级位置与掺杂浓度的关系。实线表示对施主掺杂材料使用式(2.38a)得到的费米能级 E_F 和对受主掺杂材料使用式(2.38b)得到的费米能级 E_F（$kT = 0.0259$ eV，$n_i = 10^{10}/\text{cm}^3$）

最后，还有一个问题，当不能确定一个材料是非简并或简并的时，用什么办法计算费米能级 E_F？除非已知材料是简并的，通常总是假定它是非简并的，并且使用了相应的非简并计算公式。当然，如果使用非简并计算公式得到的费米能级 E_F 位于简并区域内，那么就必须重新使用适合于简并材料的更为复杂的公式，以重新计算费米能级 E_F。

练习 2.6

问：在练习 2.5 所给出的条件下，决定硅样品中 E_i 的位置并计算 $E_F - E_i$，在能带图中仔细画出 E_i 和 E_F 的位置。[在 470 K 时，$E_G(\text{Si}) = 1.08$ eV，$m_p^*/m_n^* = 0.71$。]

答：

(a) 在练习 2.5 的 (a) 部分，保持温度为 300 K 时，得到 $N_A = 10^{14}/\text{cm}^3$。使用式(2.36)可得 E_i 位于带隙中央以下 0.0073 eV 的位置。再由式(2.38b)可得

$$E_i - E_F = kT \ln(N_A/n_i)$$
$$= 0.0259 \ln(10^{14}/10^{10})$$
$$= 0.239 \text{ eV}$$

能带图所画的是 E_i 和 E_F 的相对位置，由图 E2.6(a) 给出。

(b) 在练习 2.5 的 (b) 部分，温度为 470 K 时，$m_p^*/m_n^* = 0.71$，$kT = 0.0405$ eV，$(3/4)kT \ln(m_p^*/m_n^*) = -0.0104$ eV，所以 E_i 位于带隙中央以下 0.0104 eV 的位置。因为温度为 470 K 时，n_i 与 N_A 大小近似，E_F 位置的计算必须采用式(2.37)。在 $n_i = 10^{14}/\text{cm}^3$ 和 $p = 1.62 \times 10^{14}/\text{cm}^3$ 时，可得

$$E_i - E_F = kT \ln(p/n_i)$$
$$= 0.0405 \ln(1.62 \times 10^{14}/10^{14})$$
$$= 0.0195 \text{ eV}$$

这里的 E_F 只是从 E_i 处略微下移，如图 E2.6(b) 所示。

2.5.7 载流子浓度与温度的关系

本章中，已经通过各种方式阐述了载流子浓度与温度间的依赖关系。例如，在 2.3 节讨论有关杂质的作用时，论述了当半导体的温度从接近 $T = 0$ K 逐渐升高至室温时，掺杂的电离过

程及伴随的多数载流子浓度的增加。在前面的图 2.20 中,给出了本征载流子浓度与温度的关系,并对温度足够高时所有半导体变为本征半导体($n \to n_i$, $p \to n_i$)的条件进行了计算。本节将对载流子浓度及载流子浓度与温度间的相关问题进行全面深入的讨论。

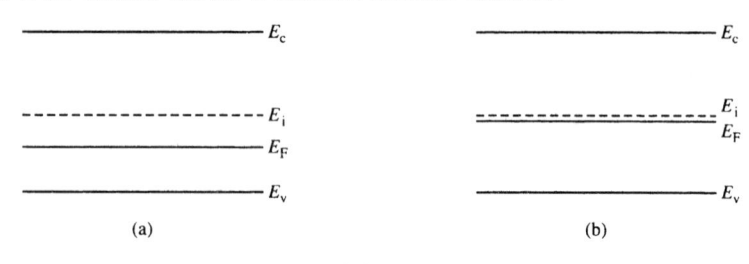

图 E2.6 (a)、(b)

图 2.22(a) 表示了在样品硅中掺磷($N_D = 10^{15}/\text{cm}^3$)时,多数载流子浓度与温度的关系。图中很好地说明了载流子浓度与温度间的依赖关系的一般特征。在图 2.22(a)中,可以看到在一个很宽的温度范围内(大约从 150 K 到 450 K 之间),样品硅中多数载流子浓度 n 保持不变,近似地等于 N_D。绝大多数固态器件都在 $n \approx N_D$ 或"非本征温度区"内工作。温度低于 100 K 左右是"冻结温度区",在这个范围内 n 小于 N_D,当温度 $T \to 0$ K 时,n 近似为零。对应温度坐标轴的另一端为"本征温度区",在此 n 大于 N_D。随着温度 T 的升高,n 逐渐近似等于本征载流子浓度 n_i。

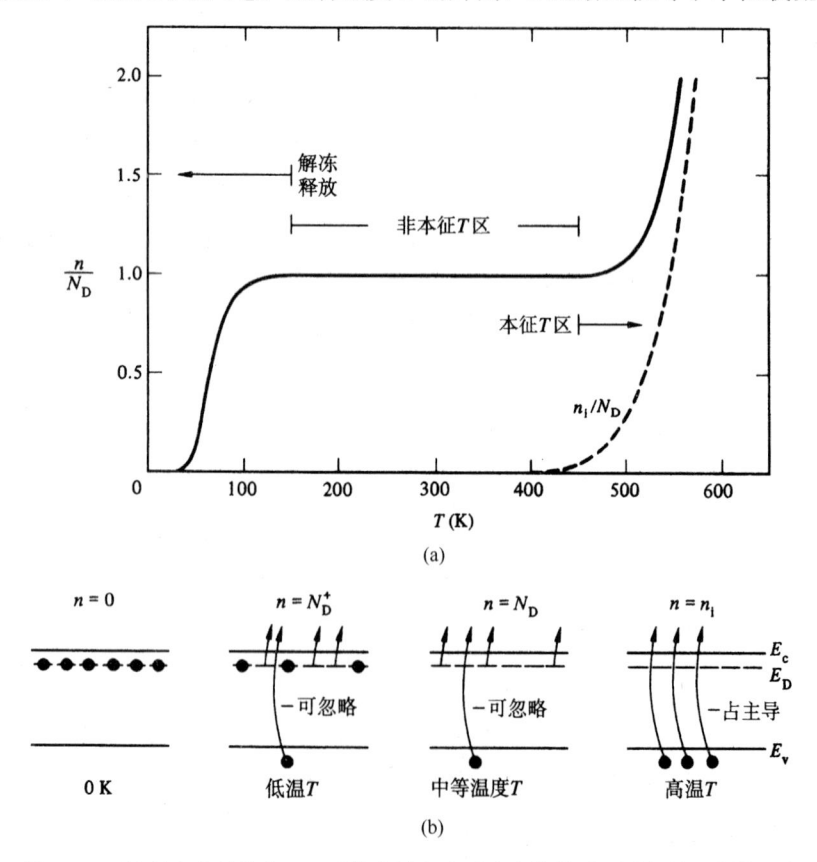

图 2.22 (a)掺杂半导体内,温度与多数载流子浓度的关系,图中所示为样品硅中掺磷($N_D = 10^{15}/\text{cm}^3$)时的结果,图中虚线表示 n_i/N_D 与温度 T 的关系;(b)对应于(a)图的部分,给出载流子浓度与温度的关系的定性解释

半导体材料内有两种机制影响着平衡载流子数,这对载流子浓度与温度关系的定性解释颇为重要。在施主掺杂半导体材料内,导带中的电子来自施主原子和价带电子,价带电子受到激发后穿越带隙而进入导带(硅与硅键断裂),二者共同确立了多数载流子的电子浓度。在温度 $T \to 0$ K 时,系统的热能不足以释放施主状态弱束缚的第五电子,更不足以激发电子穿越带隙。因此,在 $T = 0$ K 时 $n = 0$,如图 2.22(b)最左边的图所示。半导体材料的温度比 $T = 0$ K 时稍微增加一点,从施主状态的弱束缚内"解冻"或释放一些电子。然而,能带间的激发是一种极端情况,要一直保持这种极端情况是不可能的。所以在冻结温度区内观测的电子数等于电离施主的数量,即 $n = N_D^+$。随着系统温度的升高,施主状态弱束缚内的全部电子都被释放,此时 $n \approx N_D$ 且进入非本征温度区。在通过非本征温度区的过程中,越来越多的电子被激发穿过带隙,但是所提供的电子数小于 N_D。当然,最终电子被激发穿过带隙的数量将等于且随后大于 N_D,如图 2.22(b)最右边的图所示。来自施主的电子数基本固定等于杂质的浓度。

应该指出的是,在实际应用时,对于较宽的带隙,激发电子从价带进入导带需要更高的能量,本征温度区的起始温度也更高。因为绝大多数固态器件的工作温度上限是本征温度区的起始温度,砷化镓器件的固有工作温度大于掺杂硅器件的最高工作温度,而掺杂硅器件的工作温度大于掺杂锗器件的最高工作温度。例如,临界掺杂浓度为 $N_D = 10^{15}/\text{cm}^3$,本征温度区的起始温度大约等于 $n_i = N_D$ 时的温度。从图 2.20 可知,锗、硅和砷化镓的最高工作温度分别为 385 K、540 K 和大于 700 K。当前,对于在高温环境下使用的砷化镓和碳化硅($E_G > 2$ eV)器件还有待于继续研制和开发。

2.6 小结

首先,在本章开始给出的载流子建模过程中,对"静止"或平衡条件下半导体内的载流子进行了详细的叙述,同样阐明了其特性和实验方法。其次,对半导体的许多重要问题进行了介绍,例如两种"唯象"的模型:价键模型和能带模型。能带模型在半导体中是最重要、最有用的模型,它相当于十分复杂的手语系统,给出一个在不使用语言的情况下就能相互沟通的简洁方法。关于载流子本身,读者现在马上会想到电子和空穴,就像经典的球形"粒子"一样,电子上的电荷是$-q$,空穴上的电荷是$+q$,而且粒子的有效质量分别是 m_n^* 和 m_p^*。同时还应该了解,在本征半导体材料中,载流子的数量是很少的。要想增加载流子浓度,可以选择把一些特殊的杂质原子加入半导体内部(或称掺杂)。

此外,当阐述掺杂半导体载流子浓度的计算等问题时,我们推出并得到了许多有用的数学关系式,如态密度函数式(2.6),费米分布函数式(2.7),n 和 p 的对称非简并关系式(2.19),np 乘积式(2.22),电中性关系式(2.25),以及在室温下对于一些特殊情况的典型半导体 n 和 p 的近似简化表达式,即式(2.30)和式(2.31)。这些关系式和其他一些常用关系式在表 2.4 中列出,读者在使用这些关系式时应特别注意关系式的使用条件。在实际半导体内,例外、特殊情况和非理想状态非常多,所以在使用这些公式分析和计算问题时,一定要掌握所使用公式的假设条件和有效极限。除了定量的载流子关系式,还必须对掺杂半导体内不同能带的载流子分布、本征浓度与温度及多数载流子浓度与特征温度的关系有个定量的认识。

最后,还要格外注意本章所学到的一些专业术语和主要参数值。非本征半导体、施主、受主、非简并半导体、费米能级等术语在今后半导体器件的讨论中将会不断出现。同样还要掌握关键参数的数值，例如硅在室温时的 $E_G = 1.12$ eV，$n_i = 10^{10}/\text{cm}^3$，这些对今后进行半导体快速估算和计算机辅助计算是非常有用的。利用关键参数的数值，还可对新遇到的半导体参量的相对大小进行比较。

表 2.4　载流子建模公式总结

态密度和费米分布函数

$$g_c(E) = \frac{m_n^* \sqrt{2m_n^*(E - E_c)}}{\pi^2 \hbar^3}, \quad E \geq E_c$$

$$g_v(E) = \frac{m_p^* \sqrt{2m_p^*(E_v - E)}}{\pi^2 \hbar^3}, \quad E \leq E_v$$

$$f(E) = \frac{1}{1 + e^{(E-E_F)/kT}}$$

载流子浓度的关系式

$$n = N_C \frac{2}{\sqrt{\pi}} F_{1/2}(\eta_c)$$

$$p = N_V \frac{2}{\sqrt{\pi}} F_{1/2}(\eta_v)$$

$$N_C = 2\left[\frac{m_n^* kT}{2\pi \hbar^2}\right]^{3/2}$$

$$N_V = 2\left[\frac{m_p^* kT}{2\pi \hbar^2}\right]^{3/2}$$

$$n = N_C e^{(E_F - E_c)/kT}$$
$$p = N_V e^{(E_v - E_F)/kT}$$
$$n = n_i e^{(E_F - E_i)/kT}$$
$$p = n_i e^{(E_i - E_F)/kT}$$

n_i、np 乘积和电中性条件

$$n_i = \sqrt{N_C N_V} e^{-E_G/2kT} \quad np = n_i^2 \quad p - n + N_D - N_A = 0$$

n、p 和费米能级的计算关系式

$$n = \frac{N_D - N_A}{2} + \left[\left(\frac{N_D - N_A}{2}\right)^2 + n_i^2\right]^{1/2}$$

$$n \simeq N_D \qquad N_D \gg N_A, N_D \gg n_i$$

$$p \simeq n_i^2/N_D$$

$$p \simeq N_A \qquad N_A \gg N_D, N_A \gg n_i$$

$$n \simeq n_i^2/N_A$$

$$E_i = \frac{E_c + E_v}{2} + \frac{3}{4} kT \ln\left(\frac{m_p^*}{m_n^*}\right)$$

$$E_F - E_i = kT \ln(n/n_i) = -kT \ln(p/n_i)$$

$$E_F - E_i = kT \ln(N_D/n_i) \quad N_D \gg N_A, N_D \gg n_i$$

$$E_i - E_F = kT \ln(N_A/n_i) \quad N_A \gg N_D, N_A \gg n_i$$

习题

\			第 2 章　习题信息表	
习　题	在以下小节后完成	难度水平	建议分值	简短描述
●2.1	2.2.4	2	10(每问 5 分)	E_G 和温度 T 的计算
2.2	2.3.4	1	10(每问 2 分)	价键模型的应用
2.3	2.3.4(a~d) 2.5.7 全部	1	24(每问 2 分)	能带模型的应用
2.4	2.3.4	2	10(每问 2 分)	硅掺杂，砷化镓
2.5	2.4.1	2	5	ΔE 内单位体积中的状态数
2.6	2.4.2	2	8(a-2, b-3, c-3)	费米函数的问题
2.7	2.5.1	2~3	10	找出分布的峰值
2.8	〃	2	5	在 $E_C + \Delta E$ 内的总数
●2.9	〃	2	15	画出带内的分布
●2.10	〃	3	20(a-3, b-17, 讨论-2)	温度 T 为变量的分布
2.11	〃	2	10	导出式(2.14b)和式(2.16b)
2.12	〃	3	15(a-3, b-12)	理想的 $g_c =$ 常数
2.13	〃	2	10(a-7, b-3)	计算 N_C 和 N_V

续表

习 题	在以下小节后完成	难度水平	建议分值	简短描述
2.14	2.5.3	1	8(每问 4 分)	n_i 的比较
●2.15	"	1	5	画出锗的 n_i 与 T 的关系
2.16	2.5.5	2	12(a::d-2, e-4)	有关浓度的难题
2.17	"	1~2	10(每问 2 分)	计算 n 和 p
2.18	2.5.6	2	15(每问 3 分)	计算 E_i、$E_F - E_i$ 等
●2.19	"	2	15(a-12, b-3)	计算并检查习题 2.17 和习题 2.18
2.20	"	2	8	证明非简并极限
●2.21	"	2	10	画出 $E_F - E_i$ 与 N_A、N_D 的关系
2.22	"	2~3	12(a-3, b-3, c-2, d-4)	与砷化镓相关的问题
●2.23	2.5.7	4	25(a-8, b-10, c-2, d-3, e-2)	E_F 与 T 的关系

●2.1 E_G 随温度 T 的变化关系的计算。

随着温度的升高,晶格的膨胀通常导致原子间的结合变弱和带隙能量减少。参考许多半导体带隙能量与温度的变化规律,可得到以下的经验公式:

$$E_G(T) = E_G(0) - \frac{\alpha T^2}{(T + \beta)}$$

式中的 α 和 β 是由实验数据得到的优化常数,$E_G(0)$ 是温度为 0 K 时带隙的极限值。与硅有关的常数如下:

$$E_G(0) = 1.170 \text{ eV}$$
$$\alpha = 4.730 \times 10^{-4} \text{ eV/K}$$
$$\beta = 636 \text{ K}$$
$$T \text{ 为绝对温标}$$

(a) 对于硅画出 E_G 随温度 T 的变化曲线,温度的取值范围为 $T = 0$ K 到 $T = 600$ K。并注意温度在 300 K 时 E_G 的数值。

(b) 在温度 $T > 300$ K 时,E_G 随温度 T 的变化近似为线性。对于这一事实,有一些学者得到以下近似公式:

$$E_G(T) = 1.205 - 2.8 \times 10^{-4} T \quad \cdots T > 300 \text{ K}$$

在有效的温度范围内比较简化公式与精确关系式的近似程度如何?

2.2 使用价键模型,形象而简要地说明半导体:(a) 失去原子、(b) 电子、(c) 空穴、(d) 施主、(e) 受主等模型。

2.3 使用能带模型,形象而简要地说明半导体:(a) 电子、(b) 空穴、(c) 施主、(d) 受主、(e) 温度趋向于 0 K 时,施主对多数载流子电子的冻结,(f) 温度趋向于 0 K 时,受主对多数载流子空穴的冻结,(g) 在不同能带上载流子的能量分布,(h) 本征半导体,(i) n 型半导体, (j) p 型半导体, (k) 非简并半导体, (l) 简并半导体。

2.4 砷化镓的价键模型如图 P2.4 所示。

(a) 图 P2.4 描述了砷化镓中 Ga 和 As 原子移动的价键模型,图中灰色的镓和砷原子表示要移动的原子。提示:当把镓和砷原子从晶格上移开时,它们将带走其成键电子。也可以参考图 2.4(a),表示出从硅晶格中移开一个原子的结果。

(b) 重新画出砷化镓的价键模型图，在图中由硅原子代替镓和砷原子的空位。
(c) 当硅原子代替镓原子时，砷化镓的掺杂为 p 型还是 n 型？为什么？
(d) 当硅原子代替砷原子时，砷化镓的掺杂为 p 型还是 n 型？为什么？
(e) 画出掺杂砷化镓的能带图，(i) 镓原子的位置由硅原子所代替；(ii) 砷原子的位置由硅原子所代替。

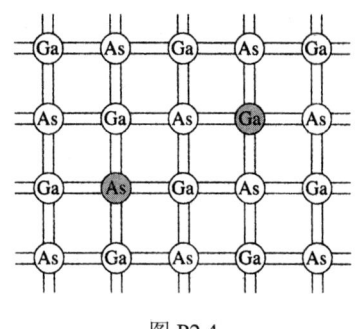

图 P2.4

2.5 导出能量在 E_c 和 $E_c + \gamma kT$ 之间时，导带上的有效状态总数(状态数/cm³)的表达式。γ 是任意常数。

2.6 (a) 在热平衡条件下，温度 T 大于 0 K，电子能量位于费米能级时，电子态的占有概率是多少？
(b) 若 E_F 位于 E_c，试计算状态在 $E_c + kT$ 时发现电子的概率。
(c) 在 $E_c + kT$ 时，若状态被占有的概率等于状态未被占有的概率。此时费米能级位于何处？

2.7 在导带或价带中，载流子分布或载流子数是能量的函数，并且在靠近能带边缘时，载流子分布有最大值(参考图 2.16 的载流子分布)。取一种半导体，它是非简并半导体，对于导带和价带，当其载流子分布的最大值分别对应的能量为 $E_c + kT/2$ 和 $E_v - kT/2$ 时，能量取多大？

2.8 对于一个非简并半导体，导带内电子分布的峰值对应的能量为 $E_c + kT/2$，如图 2.16 所示。推导出这个非简并半导体内的能量为 $E_c + 5kT$ 时，电子的密度与峰值电子密度之比。

●2.9 在室温 ($T = 300$ K) 下的硅样品中，费米能级位于 $E_c - E_G/4$ 处。分别计算并画出在导带和价带中，电子和空穴随能量变化的分布[数目/(cm³·eV)]。

●2.10 研究导带中电子的能量分布随温度变化的函数关系。
(a) 对于非简并半导体，利用式(2.16a)计算电子浓度 n，确认下式表示了由总电子浓度归一化的导带中的电子分布：
$$\frac{g_c(E)f(E)}{n} = \frac{2\sqrt{E - E_c}}{\sqrt{\pi}\ (kT)^{3/2}} e^{-(E-E_c)/kT}$$
(b) 计算并画出温度分别为 300 K、600 K 和 1200 K 时，导带中归一化电子分布与能量差 $E - E_c$ 的关系曲线。x 轴表示分布的值 ($0 \leq g_c(E)f(E)/n \leq 20$ eV⁻¹)，y 轴表示能量差 $E - E_c$ ($0 \leq E - E_c \leq 0.4$ eV)。并讨论所得到的结果。

2.11 由式(2.8b)出发，简要说明导出式(2.14b)和式(2.16b)的过程。

2.12 假设一理想半导体导带中的态密度为
$$g_c(E) = 常数 = N_C/kT \quad \cdots E \geq E_c$$
(a) 假设 $E_F < E_c - 3kT$，画出理想半导体导带中的电子分布。
(b) 参考书中的推导过程，对理想半导体中的电子浓度，建立类似于式(2.14a)和式(2.16a)的关系式。

第 2 章 载流子模型

2.13 (a) 证明温度为 300 K 时，2.5.1 节所述的
$$N_{C,V} = (2.510 \times 10^{19}/\text{cm}^3)(m^*/m_0)^{3/2}$$
式中，在计算 N_C 时设 $m^* = m_n^*$，在计算 N_V 时设 $m^* = m_p^*$。$m_0 = 9.109 \times 10^{-31}$ kg; $h = 6.625 \times 10^{-34}$ J·s; $q = 1.602 \times 10^{-19}$ C。

(b) 使用表 2.1 中有效质量的数值，对硅、锗和砷化镓，在温度为 300 K 时计算 N_C 和 N_V 并画出表格。

2.14 (a) 若(i) 硅的本征载流子浓度和(ii) 砷化镓的本征载流子浓度等于在室温(300 K)下锗的本征载流子浓度，求所对应的硅和砷化镓的温度。

(b) 半导体 A 的带隙为 1 eV，而半导体 B 的带隙为 2 eV。在室温(300 K)时，两种材料的本征载流子浓度之比(n_{iA}/n_{iB})是多少？假定载流子有效质量的差可以忽略不计。

●2.15 确认图 2.20 中锗的 n_i 与 T 的关系曲线能满足下面的经验公式：
$$n_i(\text{Ge}) = (1.76 \times 10^{16})T^{3/2}e^{-0.392/kT}$$

2.16 与浓度相关的问题：

(a) 均匀掺杂 $N_A = 10^{15}/\text{cm}^3$ 的 p 型硅片，在温度 $T \approx 0$ K 时，平衡状态的空穴和电子浓度是多少？

(b) 掺入杂质浓度为 N 的半导体，$N \gg n_i$，并且所有的杂质全部被电离，$n = N$ 和 $p = n_i^2/N$。请判断杂质是施主还是受主？并说明其理由。

(c) 一块硅片在平衡条件下保持 300 K 的温度时，其电子的浓度是 $10^5/\text{cm}^3$，空穴的浓度是多少？

(d) 在温度 $T = 300$ K 时，样品硅的费米能级位于本征费米能级之上 0.259 eV 处，空穴和电子的浓度是多少？

(e) 对于非简并锗样品，在平衡条件下温度保持在接近室温时，已知 $n_i = 10^{13}/\text{cm}^3$，$n = 2p$ 和 $N_A = 0$，求 n 和 N_D。

2.17 求在下列条件下，均匀掺杂硅样品中平衡状态的空穴和电子浓度：

$T = 300$ K, $N_A \ll N_D$, $N_D = 10^{15}/\text{cm}^3$

$T = 300$ K, $N_A = 10^{16}/\text{cm}^3$, $N_D \ll N_A$

$T = 300$ K, $N_A = 9 \times 10^{15}/\text{cm}^3$, $N_D = 10^{16}/\text{cm}^3$

$T = 450$ K, $N_A = 0$, $N_D = 10^{14}/\text{cm}^3$

$T = 650$ K, $N_A = 0$, $N_D = 10^{14}/\text{cm}^3$

2.18 对于习题 2.17 的每一种情况，求 E_i 的位置，计算 $E_F - E_i$ 并在硅样品的能带图中仔细标出它们的位置。注意：在 450 K 时，$E_G(\text{Si}) = 1.08$ eV；在 650 K 时，$E_G(\text{Si}) = 1.015$ eV。

●2.19 (a) 若有非简并样品硅，并且所有的杂质原子都是电离的。编写 MATLAB 程序，计算 n、p 和 $E_F - E_i$。温度 T(绝对温标)、$N_D(\text{cm}^{-3})$ 和 $N_A(\text{cm}^{-3})$ 为已知初始条件。结合练习 2.4(a) 已知 T 计算 n_i 的程序。使用 MATLAB 的 input 函数，从命令窗口输入变量。

(b) 使用已编写好的程序，检查习题 2.17 和习题 2.18 的相关答案。

2.20 根据书中所述，在室温时硅中的最大非简并施主和受主掺杂浓度分别为 $N_D \approx 1.6 \times 10^{18}/cm^3$ 和 $N_A \approx 9.1 \times 10^{17}/cm^3$。请验证。

●2.21 编写计算机程序，画出类似图 2.21 的 $E_F - E_i$ 与 N_A 或 N_D 的变量关系。使用编写的程序，验证图 2.21 的精确性(在程序的结构中使用 MATLAB 的 logspace 函数，会使程序变得更简便)。

2.22 与砷化镓有关的问题。

(a) 对于砷化镓，画出类似于图 2.14 的态密度函数图。在砷化镓中必须要考虑 $m_n^* \ll m_p^*$。

(b) 基于(a)的答案，砷化镓中的 E_i 位于带隙中央之上还是之下？并说明理由。

(c) 在室温(300 K)下，确定砷化镓本征费米能级的精确位置。

(d) 在室温(300 K)下，确定砷化镓的最大非简并施主和受主掺杂浓度。

2.23 已知硅样品的掺杂浓度为 $N_A = 10^{14}/cm^3$：

(a) 定性地说明温度 $T \to 0$ K 时，材料中费米能级的大约位置在何处？

●(b) 编写 MATLAB 程序，计算并画出温度在 200 K $\leq T \leq$ 500 K 范围内，硅材料中的 $E_F - E_i$ 与温度的函数关系。

(c) 如何确定费米能级位置的一般性质，如一个温度的函数？

(d) 若 N_A 是以 10 为步长，从 $N_A = 10^{14}/cm^3$ 逐渐增加到 $N_A = 10^{18}/cm^3$。运行(b)的程序，将会出现什么结果？简述得到的结果。

(e) 若硅样品的掺杂由施主来代替受主，前面的各项结果有哪些变化？

第3章 载流子输运

在第 2 章中所讨论的热平衡条件载流子模型是很重要的,因为一些标准器件结构都是在这种条件下建立的。不过,从器件的角度来考虑,在热平衡条件下器件内测得电流为零,这对于器件的应用是没有意义的。只有当半导体系统受到微扰时,才可以引起载流子输运或净载流子的响应,在半导体系统的内部和外部才会有电流流过。本章的主题是讨论载流子输运。

在一般的工作条件下,半导体内的载流子输运有三种基本形式:漂移、扩散和产生-复合。在本章中,首先对每种载流子输运的基本形式进行定性的描述,并对半导体内与电流作用相关的物理量进行定量的计算。我们着重强调与每种输运有关的"运动常数"的特征,以及与其相关的各种问题的性质。虽然我们对不同的载流子输运形式分别进行了介绍,但它们同时存在于任何半导体内。人们使用数学工具得到了一组解决器件电学性质问题的基本方程,并且对不同载流子输运的研究获得了极大的成功。最后,本章给出一些简单的例子来具体说明解题的步骤并补充介绍一些相关概念。

3.1 漂移

3.1.1 漂移的定义与图像

带电粒子在外电场作用下的运动定义为漂移。在半导体内载流子的漂移运动从微观上可描述为:如图 3.1(a)所示,在一块均匀半导体的两端加电压,则半导体内部就形成电场($\mathscr{E}$)。带正电的空穴载流子受电场力的作用,按照电场的方向进行加速运动;而带负电的电子的运动方向与电场的方向相反。由于电离的杂质原子和热运动的晶格原子不断地与载流子发生碰撞,因此碰撞后载流子的加速度不断改变(也可称为载流子的散射)。图 3.1(b)给出了净结果,载流子的运动通常沿着电场的方向,它包括了周期重复的加速及其因散射引起的不连续的速度变化。

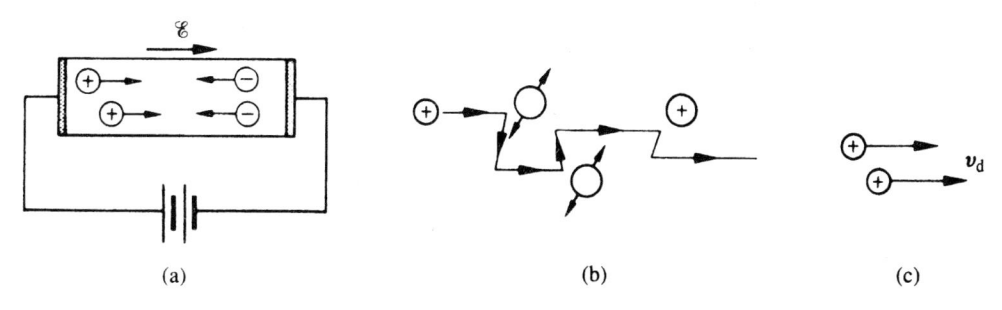

图 3.1 载流子漂移的示意图。(a)半导体棒内载流子的运动;(b)微观或原子尺度的空穴漂移;(c)宏观尺度的载流子漂移

从微观上仔细分析单个载流子的漂移运动是非常复杂和相当烦琐的。幸运的是，可测量的量是宏观可观测的，它们反映了载流子平均或整体的运动情况。在任意给定的时间间隔内所有电子或空穴的平均，对于每种载流子运动所产生的结果，可表示为固定的漂移速度项，即 v_d。换句话说，在宏观尺度上，漂移只不过可视为所有类型的载流子沿着电场方向平行或反平行地以固定的速度运动而已[如图 3.1(c)所示]。

必须特别指出的是，外加电场所引起载流子的漂移运动，实际上还应该再叠加上载流子的热运动。在热平衡条件下，导带上的电子和价带上的空穴与半导体的晶格不断碰撞而得到或损失能量。事实上，在热平衡条件下，温度为室温时，与热有关的载流子平均速度大约是光速的千分之一。但在无外电场时(如图 3.2 所示)，载流子的热运动完全是随机的，宏观上它们的平均值为零，所以不构成传导电流，理论上可以忽略不计。

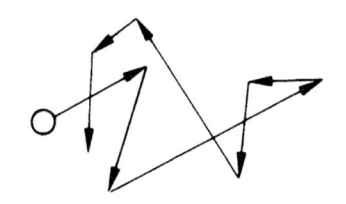

图 3.2 载流子的热运动示意图

3.1.2 漂移电流

载流子漂移的结果是在半导体内部产生电流的流动。分析其数学表达式，电流可定义如下：

$$I(电流) = 单位时间内流过垂直于电流流动方向任意平面上的电荷数$$

考虑图 3.3 所示的 p 型半导体棒的有效横截面积 A，对于棒内任意选择的 v_d 垂直平面可证明：

$v_d t$ 在 t 时间内，全部空穴将从 v_d 垂直平面的相反方向流过平面 A

$v_d t A$ 在 t 时间内，流过平面 A 的半导体棒内的全部空穴

$p v_d t A$ 在 t 时间内，流过平面 A 的空穴

$q p v_d t A$ 在 t 时间内，流过平面 A 的电荷

$q p v_d A$ 单位时间内，流过平面 A 的电荷

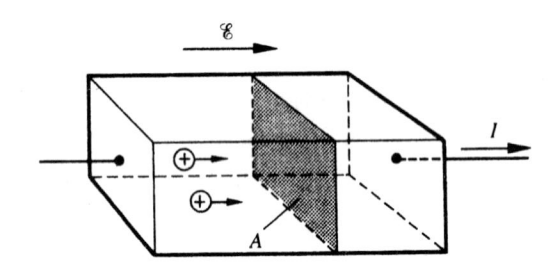

图 3.3 电流定义的示意图，以 p 型半导体棒为例，A 为有效横截面积

物理量的文字定义与正式电流的定义是相同的。因此，空穴的漂移电流为

$$I_{P|drift} = qpv_d A \quad 空穴的漂移电流 \tag{3.1}$$

式(3.1)的有效横截面积 A 与电流公式的计算，对于实际问题常常是很麻烦的。电流通常表示为标量，而事实上电流很明显是矢量。本书不在这方面做过多的介绍，我们只讲解一个有用的相关参数——电流密度 $\mathbf{J}$。$\mathbf{J}$ 的方向与电流的方向一致，并且与单位面积上电流的大小相等(或 $\mathbf{J} = I/A$)。空穴的漂移电流密度可表示为

$$\mathbf{J}_{P|drift} = qpv_d \tag{3.2}$$

既然漂移电流的产生是由外加电场所引起的，接下来便对 $\mathbf{J}_{P|drift}$ 与外电场的关系加以说明。漂移速度与外电场的依赖关系如图 3.4 所示。注意，在低电场的情况下，v_d 与 $\mathscr{E}$ 成比例。在高

电场时，v_d 趋于饱和，不依赖于 $\mathscr{E}$。严格的函数关系可表示为

$$v_\mathrm{d} = \frac{\mu_0 \mathscr{E}}{\left[1+\left(\dfrac{\mu_0 \mathscr{E}}{v_\mathrm{sat}}\right)^\beta\right]^{1/\beta}} = \begin{cases} \mu_0 \mathscr{E} & \cdots \mathscr{E} \to 0 \\ v_\mathrm{sat} & \cdots \mathscr{E} \to \infty \end{cases} \tag{3.3}$$

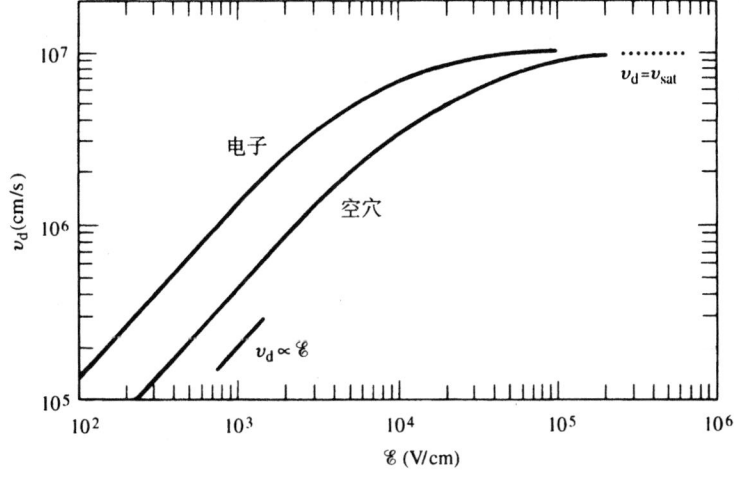

图 3.4 在室温下，超纯净硅内载流子的漂移速度与外电场的函数关系。数据分别引自 Jacoboni et al.[4] 和 Smith et al.[5]

在硅中，对于空穴，$\beta \cong 1$；对于电子，$\beta \cong 2$。在低电场下，μ_0 是 v_d 与 $\mathscr{E}$ 的比例常数；在很高的电场下，v_d 接近极限或饱和速度 v_sat。很显然，在高电场极限时，式(3.2)中的 v_d 简单地替换为 v_sat，$\mathbf{J}_{\mathrm{P|drift}}$ 并不显示出对电场的依赖性。而在低电场极限时的情况是最重要的，若 $v_\mathrm{d} = \mu_\mathrm{p} \mathscr{E}$（对于空穴，$\mu_0 \to \mu_\mathrm{p}$），代入式(3.2)中可得

$$\mathbf{J}_{\mathrm{P|drift}} = q\mu_\mathrm{p} p\mathscr{E} \tag{3.4a}$$

对于电子，类似地可得

$$\mathbf{J}_{\mathrm{N|drift}} = q\mu_\mathrm{n} n\mathscr{E} \tag{3.4b}$$

电子的迁移率和空穴的迁移率分别为 μ_n 和 μ_p，它们总是正的。要注意的是，虽然电子漂移的方向与外电场的方向是相反的（$v_\mathrm{d} = -\mu_\mathrm{n} \mathscr{E}$），但电流的传输由负的带电粒子所决定，它的方向与漂移方向相反（$\mathbf{J}_{\mathrm{N|drift}} = -qnv_\mathrm{d}$）。最后，电流的方向与外电场的方向相同，如式(3.4b)所表示的方向。

3.1.3 迁移率

迁移率是表示由漂移引起的电子和空穴传输性质的重要参数之一。通过后续的学习可知，载流子迁移率对许多器件特性具有明显的影响。因此，应该认真仔细地研究 μ_n 和 μ_p。进一步熟悉这两个重要参数，是为了今后更有效地在器件中应用它们，并且了解更多的信息。

迁移率的标准单位：$\mathrm{cm}^2/(\mathrm{V \cdot s})$ 或 $\mathrm{m}^2/(\mathrm{V \cdot s})$ [本书采用 $\mathrm{cm}^2/(\mathrm{V \cdot s})$]。

示例数值：当温度为 300 K 时，$N_\mathrm{D} = 10^{14}/\mathrm{cm}^3$、$N_\mathrm{A} = 10^{14}/\mathrm{cm}^3$ 的掺杂硅有 $\mu_\mathrm{n} \simeq 1360\ \mathrm{cm}^2/(\mathrm{V \cdot s})$，

$\mu_p \cong 460 \text{ cm}^2/(\text{V}\cdot\text{s})$。未补偿的高纯净砷化镓材料($N_D$ 或 $N_A \leqslant 10^{15}/\text{cm}^3$)在室温下的迁移率分别为：$\mu_n \cong 8000 \text{ cm}^2/(\text{V}\cdot\text{s})$，$\mu_p \cong 400 \text{ cm}^2/(\text{V}\cdot\text{s})$。这些数值对于数值的比较和计算结果的数量级验证是很有用的。对于硅和砷化镓，$\mu_n > \mu_p$。在常用半导体中，对于给定掺杂浓度和系统温度，μ_n 总是大于 μ_p。

与散射的关系：通常所使用的迁移率一般是指移动的自由度。在半导体中所使用的迁移率参数表示测量晶体内载流子运动的容易程度。在晶体内阻碍运动的碰撞增加，载流子迁移率减小。也就是说，载流子迁移率的变化与半导体内发生散射的数量成反比。如图 3.1(b) 所示，非简并掺杂材料器件的散射机制主要有以下特点：(i) 晶格散射，包括与热扰动晶格原子的碰撞；(ii) 电离杂质(如施主位置或受主位置)散射。与晶格散射相关，应该强调的是热运动，晶格原子从它们所处晶格位置的移动导致载流子的散射。在晶体中与原子固定排列有关的内部场已在有效质量中考虑了。

根据迁移率和散射的数量关系式，很容易得到 $\mu = q\langle\tau\rangle/m^*$，$\langle\tau\rangle$ 表示两次碰撞的平均自由时间，m^* 是载流子的有效质量。由于阻碍运动的碰撞增加，碰撞之间的平均自由时间减少，因此 μ 的变化与散射的数量成反比，但是 μ 的变化也与载流子的有效质量成反比(光子更容易运动)。砷化镓的有效质量 m_n^* 的有效值比硅的 m_n^* 小，因此可以说砷化镓电子的迁移率较高。

与掺杂相关的曲线：图 3.5 给出了在室温下硅、锗和砷化镓实测的电子和空穴的迁移率与掺杂浓度的关系曲线。所有的半导体都有相同的依赖关系。硅的掺杂浓度低于 $10^{15}/\text{cm}^3$，在低掺杂浓度的情况下，载流子迁移率基本上与掺杂浓度无关。当掺杂浓度超过 $10^{15}/\text{cm}^3$ 时，迁移率随 N_A 和 N_D 的增加而单调地减小。

N_A 或 N_D (cm^{-3})	μ_n [cm^2/(V·s)]	μ_p [cm^2/(V·s)]
1×10^{14}	1358	461
2	1357	460
5	1352	459
1×10^{15}	1345	458
2	1332	455
5	1298	448
1×10^{16}	1248	437
2	1165	419
5	986	378
1×10^{17}	801	331

(a)

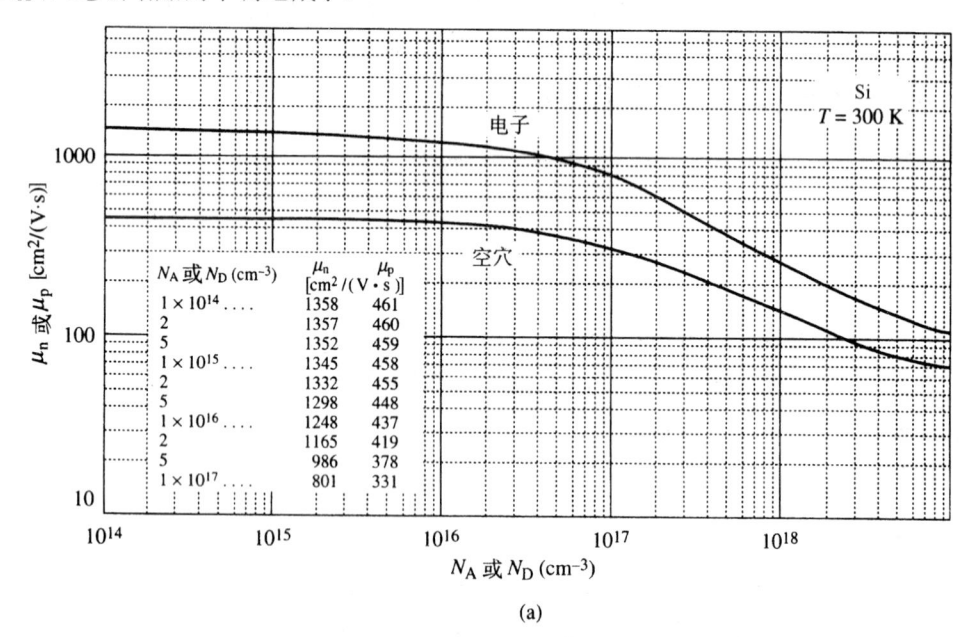

图 3.5 在室温下载流子迁移率与掺杂浓度的关系曲线。(a)硅；(b)锗和砷化镓。μ_n 是电子的迁移率；μ_p 是空穴的迁移率

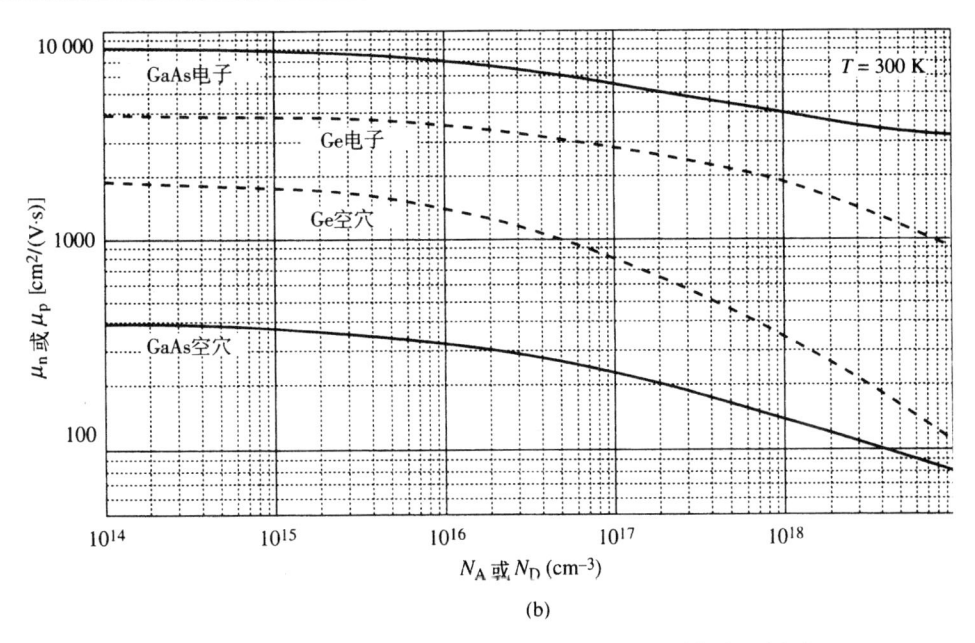

图 3.5(续)　在室温下载流子迁移率与掺杂浓度的关系曲线。(a)硅；(b)锗和砷化镓。μ_n 是电子的迁移率；μ_p 是空穴的迁移率

图 3.6 简要地解释了所观测到的掺杂的各种依赖关系。使用电子模拟，可以把运动阻抗与各种散射机制联系起来，而且这些电阻是串联的。在掺杂非常低的情况下，与晶格散射相比，电离杂质散射可以忽略不计。在电子模拟中，$R_{TOTAL} = R_L + R_I \cong R_L$。对于晶格散射，散射与 N_A 或 N_D 无关，当晶格散射成为主要的散射机制时，这样可以自然地认为载流子迁移率与 N_A 或 N_D 无关。在硅中掺杂浓度超过 $10^{15}/cm^3$ 时，电离杂质散射和相关的运动阻抗不再被忽略。由于越来越多的施主或受主增加，散射中心数增加，电离杂质散射逐渐增加而载流子迁移率则有规律地减少。

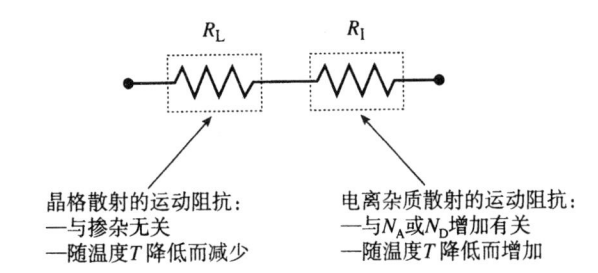

图 3.6　半导体散射的电子模拟。R_L 和 R_I 分别表示晶格散射和电离杂质散射的运动阻抗

与温度相关的曲线：如图 3.7 所示，硅中电子和空穴迁移率的温度依赖关系与掺杂浓度有关。对于掺杂浓度 N_A 或 $N_D \leq 10^{14}/cm^3$ 时，数据趋向于形成单一曲线，对于不同的载流子迁移率，则随温度的幂律升高而减少。一般来说，$\mu_n \propto T^{-2.3\pm0.1}$，$\mu_p \propto T^{-2.2\pm0.1}$。对于较高的掺杂，载流子迁移率仍然随温度的降低而增加，但是按一定的比例有规律地减少增加量。事实上，一些 $N_D \geq 10^{18}/cm^3$ 的实验数据表明，在温度低于 200 K 时，温度 T 降低，μ_n 也随之减少。

通常，在轻掺杂极限下，比较容易解释载流子迁移率的温度依赖关系。在讨论掺杂关系时应注意，对于轻掺杂样品，晶格散射是主要的散射机制($R_{TOTAL} \cong R_L$)。随着系统温度的降低，

引起半导体原子的热激发不断减少，导致晶格散射减弱。散射的减小粗略地遵从简单的幂律关系。晶格散射的数量与温度成反比，所以，轻掺杂样品的迁移率随温度降低而增加，其变化可粗略地指定为温度的负指数。

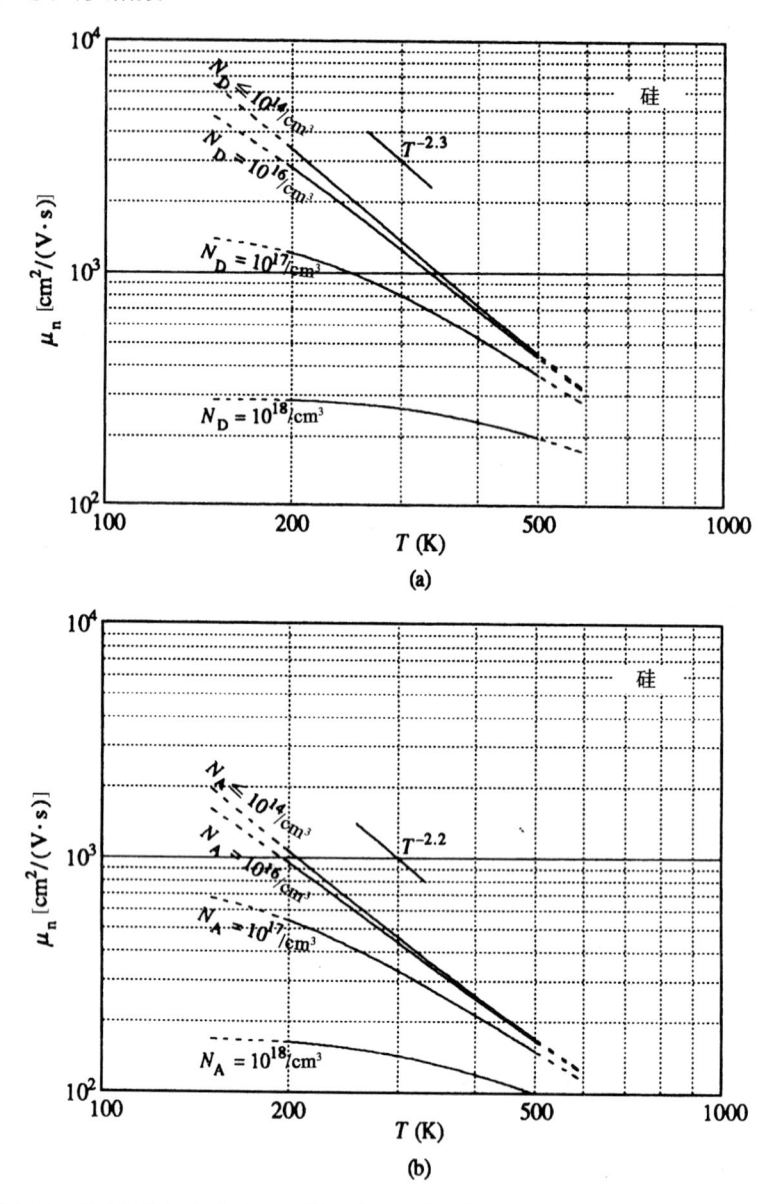

图3.7 硅中掺杂浓度在小于 $10^{14}/cm^3$ 至 $10^{18}/cm^3$ 之间的(a)电子和(b)空穴迁移率与温度的关系。图中曲线所使用的经验公式和参数在练习 3.1 中给出。曲线的虚线部分是温度 200 K≤T≤500 K 的有效范围数值的扩展

重掺杂样品的依赖关系是很复杂的，这反映在电离杂质散射的附加效应上。在电子模拟中，R_I 不能再被忽略。而且，晶格散射(R_L)随温度 T 降低而减弱，电离杂质散射(R_I)随温度 T 降低而增强。由于带电载流子的方向变化和载流子速度的减小，因此使得电离杂质散射变得越来越显著。当温度降低时，电离杂质散射在全部散射中所占的百分比变得越来越大($R_{TOTAL} \rightarrow R_I$)。很明显，这可以解释在重掺杂样品中所显示的迁移率与温度的依赖关系的斜率减小。

(C) 练习 3.1

下面介绍在已知掺杂浓度和温度的情况下，广泛用来计算载流子迁移率的、精度很高的经验公式。图 3.5 和图 3.7 都是使用这些公式得到的。经验公式是依据基本实验数据，由理论的函数推论和实验的观测计算建立的。关系式中的参数都是经过与精确的实验数据进行拟合而得到的。

在室温下，多数载流子迁移率与掺杂浓度的关系通常使用下式计算：

$$\mu = \mu_{\min} + \frac{\mu_0}{1 + (N/N_{\mathrm{ref}})^\alpha}$$

式中 μ 为载流子迁移率（μ_n 或 μ_p），N 为掺杂浓度（N_A 或 N_D），其他的量都是拟合参数。对与温度相关的模型，可使用：

$$A = A_{300}\left(\frac{T}{300}\right)^\eta$$

上式中的 A 可表示 $\mu_{\min}$、μ_0、N_{ref} 或 α；A_{300} 是在 300 K 时的参数值，T 为热力学温度，η 为温度指数。对于硅，所适合的参数列于下表中：

参 数	300 K 时的值 电子	300 K 时的值 空穴	温度指数（η）
$N_{\mathrm{ref}}(\mathrm{cm}^{-3})$	1.3×10^{17}	2.35×10^{17}	2.4
$\mu_{\min}[\mathrm{cm}^2/(\mathrm{V}\cdot\mathrm{s})]$	92	54.3	-0.57
$\mu_0[\mathrm{cm}^2/(\mathrm{V}\cdot\mathrm{s})]$	1268	406.9	-2.33 电子
			-2.23 空穴
α	0.91	0.88	-0.146

问：

(a) 根据给出的经验公式和表中的参数，使用对数坐标画出 μ_n 和 μ_p 与 N_A 或 N_D 的变化关系图，其中 $N_A \geqslant 10^{14}/\mathrm{cm}^3$ 或 $N_D \leqslant 10^{19}/\mathrm{cm}^3$。并将其结果与图 3.5(a) 进行比较。

(b) 使用对数坐标画出 μ_n 与 T 和 μ_p 与 T 的变化关系图，温度范围取 200 K $\leqslant T \leqslant$ 500 K，N_D 或 N_A 的范围为 $10^{14}/\mathrm{cm}^3$ 到 $10^{18}/\mathrm{cm}^3$，每隔 10 进位取一个值。并将其结果分别与图 3.7(a) 和图 3.7(b) 进行比较。

答：

(a) MATLAB 程序清单…

```
%Mobility versus Dopant Concentration (Si,300K)

%Fit Parameters
NDref=1.3e17; NAref=2.35e17;
μnmin=92; μpmin=54.3;
μn0=1268; μp0=406.9;
an=0.91; ap=0.88

%Mobility Calculation
N=logspace(14,19);
μn=μnmin+μn0./(1+(N/NDref).^an);
μp=μpmin+μp0./(1+(N/NAref).^ap);
```

```
%Plotting results
close
loglog(N,μn,N,μp); grid;
axis([1.0e14 1.0e19 1.0e1 1.0e4]);
xlabel('NA or ND (cm-3)');
ylabel('Mobility (cm2/V-sec)');
text(1.0e15,1500,'Electrons');
text(1.0e15,500,'Holes');
text(1.0e18,2000,'Si,300K');
```

运行本程序，可得到与图 3.5(a)相同的数值。

(b)与图 3.7 完全一致。

3.1.4 电阻率

电阻率是重要的材料参数，它与载流子漂移密切相关。可将电阻率定性地解释为与材料的物理维数无关，它是电流流过归一化电阻时，对材料固有电阻的量度。对其定量地计算，则是在均匀材料上加一外电场，测得材料内每一单位面积上流过的总粒子电流，两者之比定义为电阻率(ρ)，电阻率为一比例常数，即

$$\mathscr{E} = \rho \mathbf{J} \tag{3.5a}$$

或

$$\mathbf{J} = \sigma \mathscr{E} = \frac{1}{\rho}\mathscr{E} \tag{3.5b}$$

式中 $\sigma = 1/\rho$ 是材料的电导率。在均匀材料内，$\mathbf{J} = \mathbf{J}_{drift}$，利用式(3.4)可得

$$\mathbf{J}_{drift} = \mathbf{J}_{N|drift} + \mathbf{J}_{P|drift} = q(\mu_n n + \mu_p p)\mathscr{E} \tag{3.6}$$

因此可得

$$\boxed{\rho = \frac{1}{q(\mu_n n + \mu_p p)}} \tag{3.7}$$

在非简并施主掺杂半导体内，保持非本征温度区域有 $N_D \gg n_i$、$n \simeq N_D$ 和 $p \simeq n_i^2/N_D \ll 0$。这一结果已在 2.5.5 节中给出。对于典型的 n 型半导体掺杂和迁移率有 $\mu_n n + \mu_p p \simeq \mu_n N_D$。类似地，对于 p 型半导体可得 $\mu_n n + \mu_p p \simeq \mu_p N_A$。在正常条件下保持或接近室温时，对于硅样品，式(3.7)可简化为

$$\boxed{\rho = \frac{1}{q\mu_n N_D}} \quad \cdots \text{n 型半导体} \tag{3.8a}$$

$$\boxed{\rho = \frac{1}{q\mu_p N_A}} \quad \cdots \text{p 型半导体} \tag{3.8b}$$

当迁移率与掺杂浓度数据结合时，由式(3.8)可知，在半导体内可直接测量的电阻率和掺杂浓度之间是一一对应的。电阻率 ρ 随掺杂浓度的变化曲线如图 3.8 所示。事实上，测量的电阻率通常用于确定 N_A 或 N_D。

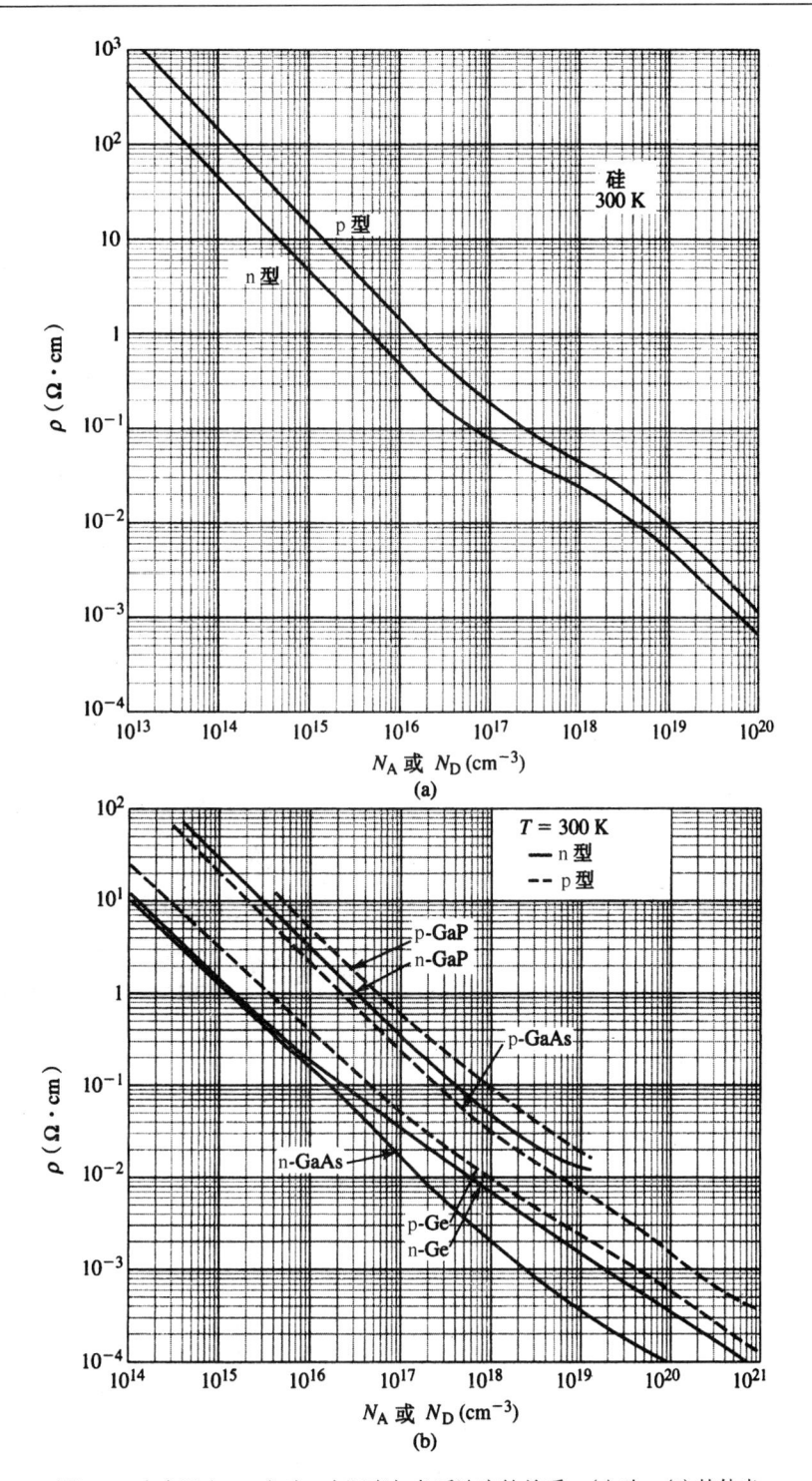

图 3.8 在室温(300 K)时,电阻率与杂质浓度的关系。(a)硅;(b)其他半导体[(b)引自 Sze[2],John Wiley & Sons 公司授权使用,©1981]

根据半导体电阻率可以确定掺杂浓度。测量电阻率有许多种方法,据我们所知,直接的方法是利用如图 3.1(a)所示的半导体棒来测量。利用加在半导体棒两端的偏压 V,测量流过电路的电流 I,从测得的电阻导出电阻率 ρ。[R(电阻)$= V/I = \rho l/A$,式中 l 为半导体棒的长度,A 为截面积。]遗憾的是，直接测量得到的半导体电阻率结果并不是准确的，这对半导体具有破坏性（浪费半导体材料），而且不适用于半导体工艺中的硅片测量。

在实践中，测量电阻率最常用的方法是四探针技术(四探针法)。在标准的四探针法中，如图 3.9(a)所示，四个探针等间隔地排列在同一直线上，探针针尖接触到半导体的表面。已知电流 I 通过外部的两个探针，电压 V 的变化通过内部的两个探针来测量。半导体电阻率可以使用下式计算：

$$\rho = 2\pi s \frac{V}{I} \varGamma \qquad (3.9)$$

式中，s 为探针之间的距离，$\varGamma$ 为校正因子。校正因子形式上依赖于样品的厚度和半导体底部与绝缘体或金属的接触。商业仪器可以由操作人员输入样品的厚度，并以此厚度为基础而有效地自动计算出适当的校正因子。与半导体棒的测量不同，四探针技术是最常用的方法，是理想的适合于硅片的测量方法。因为它只在探针接触的附近造成轻微的表面损伤。硅片表面的损伤尽管很轻微，但这项技术依然不能用于大规模的器件生产和集成电路工艺。

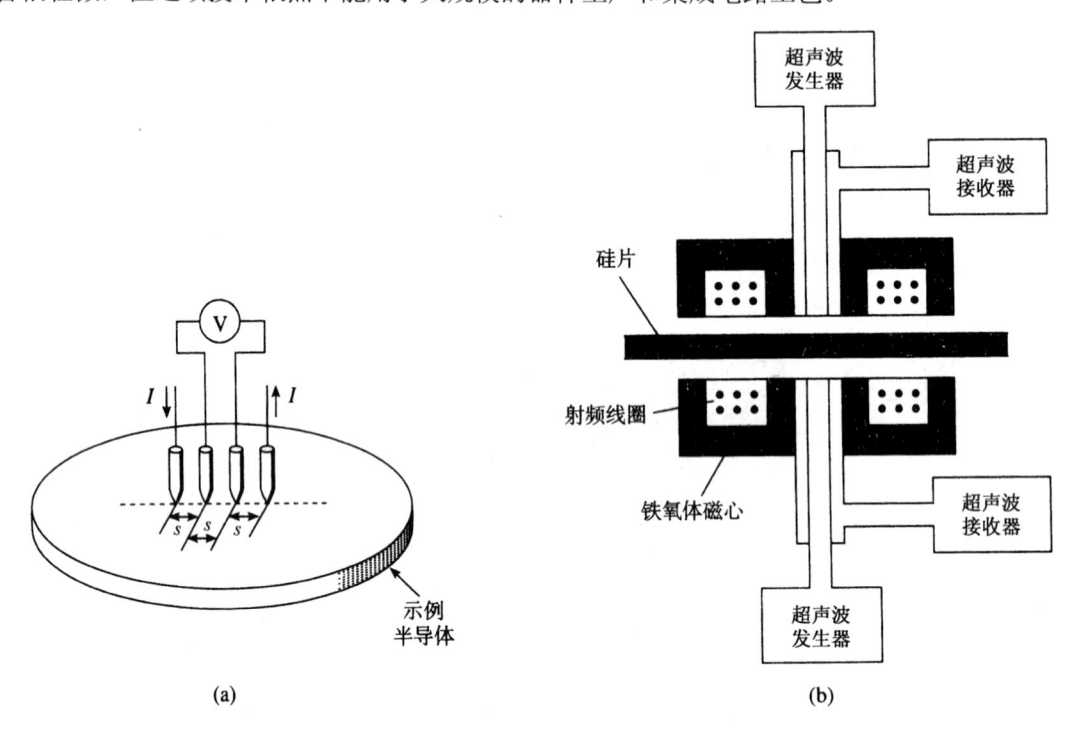

图 3.9　电阻率测量技术。(a)探针位置、放置方式及四探针测量偏压的示意图；(b)商用涡旋电流测试设备的示意图，显示了设备内的射频线圈和超声波元件[(b)引自 Schroder[6]，John Wiley & Sons 公司授权使用，©1990]

第二个值得注意的技术是，利用非接触涡旋电流法测量电阻率。商用涡旋电流测试设备的示意图如图 3.9(b)所示。铁氧体磁心周围的边缘场可激励射频线圈。若将导电材料如半导体硅片放置在铁氧体磁心的附近，则由于边缘场的作用，在导电材料上有局域(涡旋)电流流过，电流流动又吸收了一些射频能量。导电材料的薄层电阻率是通过在已校准的系统中检测系统的功耗而推测出的。安装在商用设备内的超声波发生器和接收器用于测量硅片的厚度。超声波在硅片两面之间的反射，引起超声波相位的变化。根据这些数据，测试仪可以计算出硅片的厚度。硅片电阻率等于薄层电阻率乘以硅片的厚度。

3.1.5 能带弯曲

在前面介绍的能带图中，我们一直认为所画出的 E_c 和 E_v 的能量是与位置轴 x 无关的。当材料中存在电场（$\mathscr{E}$）时，能带能量变成位置的函数。图 3.10(a) 画出了在能带图中 E_c 和 E_v 随位置变化的结果，一般称为"能带弯曲"。

为了在半导体内的电场和导致的能带弯曲两者之间建立精确的关系，让我们再来仔细地研究一下能带图。如图 3.10(a) 所强调的，能带图本身标出了在半导体中允许的电子能量是位置的函数，纵坐标 E 被认为是总电子能量。另外，根据前面的讨论可知，若禁带能量 E_G 是原子与原子的键破裂增加的能量，则所产生的电子和空穴能量分别为 E_c 和 E_v，这些载流子实际上是静止的。另一方面，若吸收的能量超过 E_G，则很可能出现电子的能量大于 E_c 而空穴的能量小于 E_v 的情况，两种载流子在晶格内部快速地移动。因此，$E - E_c$ 可解释为电子的动能（K.E.），而 $E_v - E$ 可解释为空穴的动能，请参见图 3.10(b)。因为总的能量等于动能和势能（P.E.）之和，E_c 减去参考能量 E_{ref} 一定等于电子的势能，如图 3.10(c) 所示。（注意，势能的参考能量 E_{ref} 是任意的一个常数，参考能量 E_{ref} 是与位置无关的，可以选择任意的数值。）

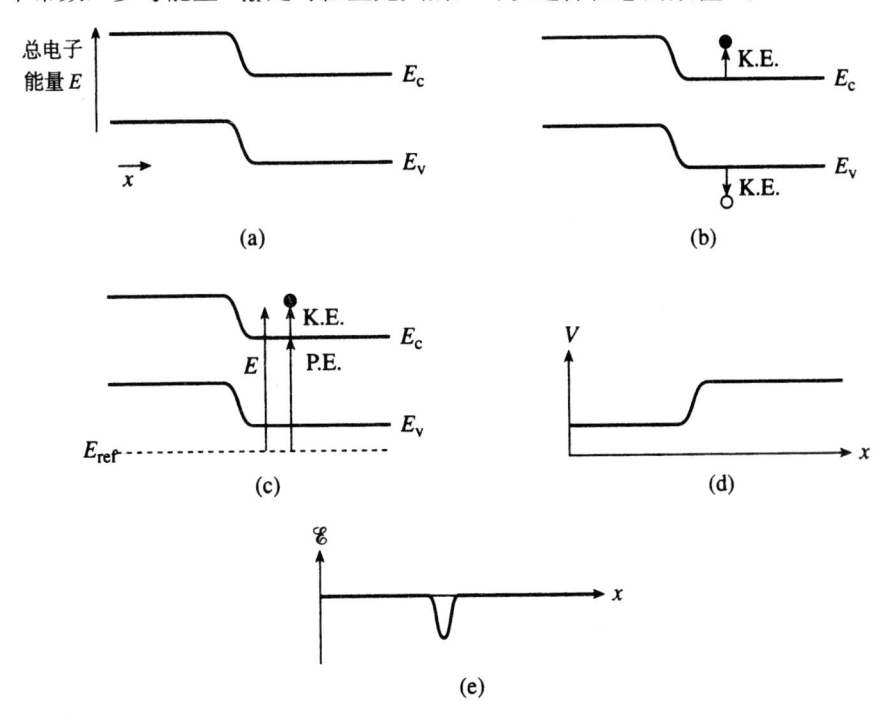

图 3.10 半导体内能带弯曲和静电变量之间的关系。(a) 能带图中显示的能带弯曲；(b) 载流子动能的说明；(c) 电子势能的说明；(d) 静电势；(e) 电场与位置的依赖关系的推论和能带图(a)的部分联系

半导体内与电场相关的势能是很重要的，势能在能带中是随位置变化的。假定通常条件下，在温度梯度和磁场中应力感应效应可以忽略时，只有已知电场的力可以引起载流子势能的变化。事实上，从普通的物理知识可知，$-q$ 带电粒子在真空中任意一点的势能与静电势 V 的关系如下：

$$\text{P.E.} = -qV \tag{3.10}$$

与前面的结论：

$$\text{P.E.} = E_c - E_{ref} \tag{3.11}$$

相比，可得

$$V = -\frac{1}{q}(E_c - E_{\text{ref}}) \tag{3.12}$$

此外，由场强定义：

$$\mathscr{E} = -\nabla V \tag{3.13}$$

或在一维空间时可得

$$\mathscr{E} = -\frac{dV}{dx} \tag{3.14}$$

所以，

$$\mathscr{E} = \frac{1}{q}\frac{dE_c}{dx} = \frac{1}{q}\frac{dE_v}{dx} = \frac{1}{q}\frac{dE_i}{dx} \tag{3.15}$$

事实上，在式(3.15)之后的 E_c、E_v 和 E_i 只相差一个积分常数。

从前面的公式可以很容易地得出静电势的一般形式是与图 3.10(a)所示的能带弯曲及其他一些能带图相关的。使用式(3.12)或将图 3.10(a)所示的 $E_c(x)$ 图简单"颠倒"，即可得到如图 3.10(d)所示的静电势 V 与位置 x 的函数关系。（注意：静电势像势能一样是一任意常数，如图 3.10(d)所示，它可以沿电压轴向上或向下平移，在半导体中它与物理位置的改变无关。）最后，如式(3.15)所描述的 E_c 与位置的斜率关系，在图 3.10(e)中由 $\mathscr{E}$ 与位置 x 的函数关系给出。

综上所述，能带图中所包含的信息与半导体内的静电势和电场有关。而且，半导体中的 V 和 $\mathscr{E}$ 的一般依赖关系式总是可以验证的。只需将 E_c（或 E_v 或 E_i）与 x 的函数关系图"颠倒"，即可推出 V 与 x 的函数关系；注意 E_c（或 E_v 或 E_i）与位置的斜率关系，可决定 $\mathscr{E}$ 与位置 x 的函数关系。

练习 3.2

问：考虑下面的能带图，温度保持 300 K 时，硅中的能带有 $E_i - E_F = E_G/4$，$x = \pm L$；在 $x = 0$ 处有 $E_F - E_i = E_G/4$。注意，在能带图中的不同点，E_F 的选择与能量参考面和载流子的识别有关。

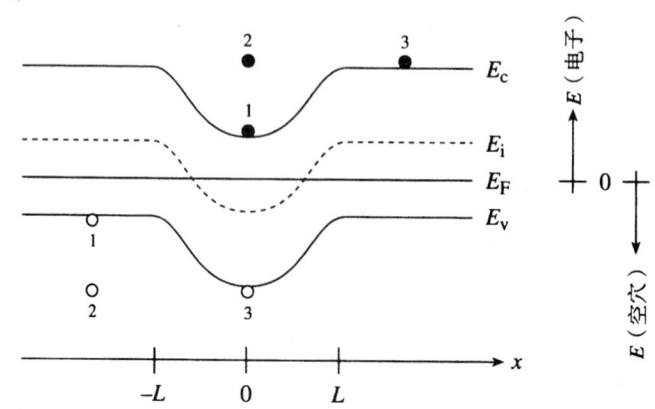

(a) 在半导体中，画出静电势 V 与坐标 x 的函数关系。

(b) 在半导体中，画出电场 $\mathscr{E}$ 与坐标 x 的函数关系。
(c) 在能带图中，确定电子和空穴的动能(K.E.)和势能(P.E.)。
(d) 确定在 $x>L$ 部分的半导体电阻率。

答：

(a) V 与 x 的函数关系图一定是 E_c（或 E_v 或 E_i）与 x 的函数关系图"颠倒"后的形式。

若在 $x=L$ 处，电压的任意参考点取 $V=0$，则 V 与 x 的函数关系可绘成如下草图：

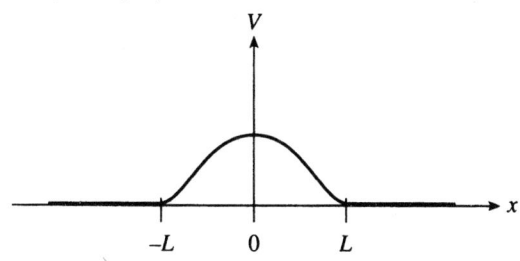

(b) 电场 $\mathscr{E}$ 与能带的斜率是成比例的，所以有

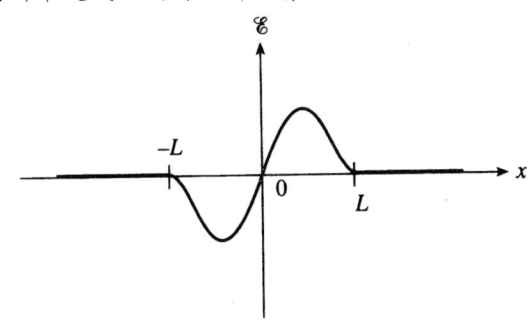

(c) 对于电子的动能有 K.E. $= E - E_c$，对于势能有 P.E. $= E_c - E_{\text{ref}} = E_c - E_F$。因为在能带图上，总的空穴能量的增加是减缓的，所以对于空穴的动能有 K.E. $= E_v - E$，对于势能有 P.E. $= E_{\text{ref}} - E_v = E_F - E_v$。在相同的 x 处计算能量的差。对于 K.E. 和 P.E. 的计算数值在下表中给出：

载 流 子	K.E.(eV)	P.E.(eV)
电子 1	0	0.28
电子 2	0.56	0.28
电子 3	0	0.84
空穴 1	0	0.28
空穴 2	0.56	0.28
空穴 3	0	0.84

(d) 在 $x>L$ 的区域，$E_i - E_F = E_G/4 = 0.28$ eV 且

$$N_A = p = n_i e^{(E_i - E_F)/kT} = 10^{10} e^{0.28/0.0259} = 4.96 \times 10^{14}/\text{cm}^3$$

从图 3.5(a) 可得 $\mu_p = 459 \text{ cm}^2/(\text{V·s})$，所以，

$$\rho = \frac{1}{q\mu_p N_A} = \frac{1}{(1.6 \times 10^{-19})(459)(4.96 \times 10^{14})} = \boxed{27.5 \ \Omega \cdot \text{cm}}$$

使用图 3.8(a) 的硅电阻率的关系图也可类似得到：$\rho \cong 25 \ \Omega\cdot\text{cm}$。

3.2 扩散

3.2.1 扩散的定义与可视化

扩散是粒子有趋向地扩展的过程，即由于粒子的无规则热运动，可以引起粒子从浓度高的区域向浓度低的区域在宏观尺度上移动，其结果使得粒子重新分布。若允许这个过程不衰减，扩散进程将产生粒子均匀分布的作用。扩散的本质是在扩散过程之后所产生的效果，它与粒子电荷的变化、热运动及粒子间的排斥力无关。

下面用一简单的例子来说明，假设在房间的一角放着一瓶打开盖的香水。即使没有空气的流动，分子无规则热运动也会在较短的时间内使房间里到处充满了香水分子。由于分子间的相互碰撞，有助于香水分子在房间的任何地方均匀地重新分布。

为了更详细地理解扩散过程，我们用"监视器"的概念来观测，在微观尺度上可简单地假定系统有一可观测过程。所检测的系统是一维方框，可分为四个部分，共有 1024 个流动粒子(如图 3.11 所示)。粒子在一维方框内必须严格地遵守一些规则。明确地说，由于热运动所引起的所有粒子在每隔 τ 时刻，从所给定的区间内"跳入"其相邻的区间里。与无规则自然运动一致，每个粒子跳到左边和跳到右边的概率是相等的。与"外壁"碰撞，反射回来的粒子在原来的位置跳出，所以粒子可以从左边或右边跳出。最后，在时间 $t = 0$ 时，所有的粒子都假定被限制在最左边的区间内。

图 3.11 记录了有 1024 个粒子的系统随时间变化的过程。在时间 $t = \tau$ 时，1024 个粒子中的 512 个粒子由最初的 1 区跳入右边，并进入静止的 2 区。剩余的 512 个粒子向左跳入与外壁碰撞，返回最左边的区间。即在 τ 时间后的结果是 1 区与 2 区分别有 512 个粒子。在 $t = 2\tau$ 时，2 区内的 256 个粒子跳入 3 区，剩余的跳回到 1 区。在平均时间内，从 1 区有 256 个粒子跳入 2 区，并有 256 个粒子由左壁反弹回 1 区。所以在 2τ 时间后，最终的结果是 1 区内有 512 个粒子，2 区和 3 区内分别有 256 个粒子。利用类似的方法可以推出 3τ 和 6τ 时间后系统的状态(在图 3.11 中也可看到)。由 $t = 6\tau$ 可知，粒子(包括最左边区间内的粒子)在全部区间内的分布已变得几乎一致，所以没有必要考虑再往后的状态。从这个例子可以清楚地理解扩散过程的基本性质。

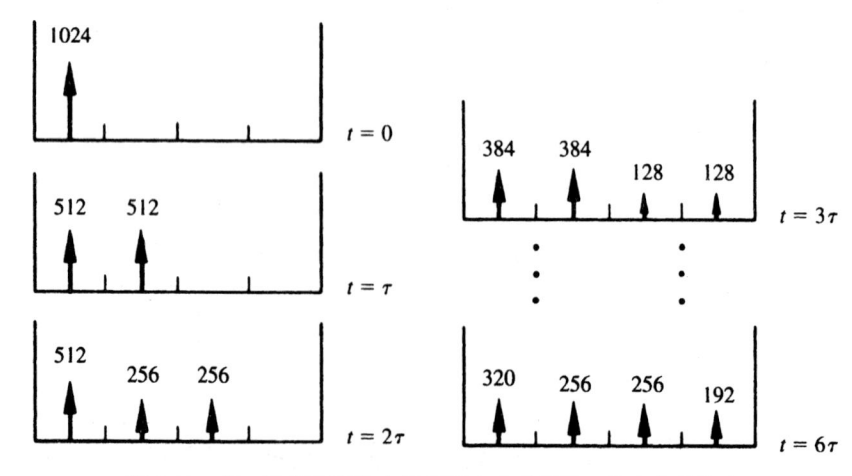

图 3.11 在一维假定系统中微观尺度上的扩散。箭头上的数表示在所画区间内的粒子数；观测的时间在最右边列出

第 3 章 载流子输运 65

半导体内的扩散过程在微观尺度上是类似的，当然，粒子扩散的无规则运动是三维空间的而不是划分区间的。在宏观尺度上，扩散的净效应在假设系统和半导体内是相同的，全部的粒子都从浓度高的区域向浓度低的区域移动。在半导体内的流动粒子有带电的电子和空穴，与扩散有关的载流子输运是由图 3.12 的粒子电流引起的。

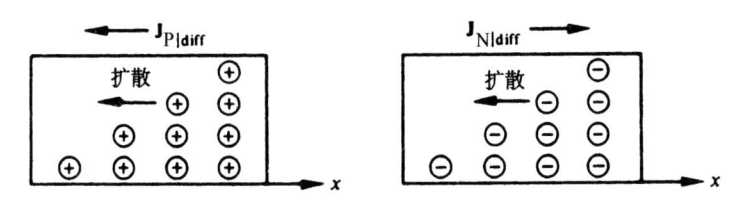

图 3.12 微观尺度上的电子和空穴扩散示意图

练习 3.3

下面所列的名为"DiffDemo"的 MATLAB 文件可以帮助读者形象化地理解扩散过程。程序提供的一维粒子系统的动画模拟与前面所描述的类似。语句 y = [ ]在程序中用来控制初始条件，N 表示所显示的"跳跃"的最大数，而两次跳跃之间的时间由 pause 语句来控制。

```
%Simulation of Diffusion (DiffDemo)
%One-dimensional system, right and left jumps equally probable

%Initialization
close
x=[0.5 1.5 2.5 3.5 4.5];
y=[1.0e6 0 0 0 0];    %NOTE: initial position can be changed
[xp,yp]=bar(x,y);
plot(xp,yp); text (0.5,1.1e6,'t = 0');
axis([0,5,0,1.2e6]);
pause (0.5)
N=15;              %NOTE: increase N for extended run

%Computations and Plotting
for ii=1:N,
    %Diffusion step calculation
    bin(1)=round(y(1)/2 + y(2)/2);
    bin(2)=round(y(1)/2 + y(3)/2);
    bin(3)=round(y(2)/2 + y(4)/2);
    bin(4)=round(y(3)/2 + y(5)/2);
    bin(5)=round(y(4)/2 + y(5)/2);
    y=bin;
    %Plotting the result
    [xp,yp]=bar(x,y);
    axis(axis);
    plot(xp,yp); text(0.5,1.1e6,['t = ',num2str(ii)]);
    axis([0,5,0,1.2e6]);
    pause (0.5)
end
```

问：
(a)将程序输入计算机或从所其他磁盘复制到计算机里，并运行此程序。(Macintosh

计算机上的 period 命令或 IBM 兼容机上的 break 命令可能使程序过早地结束。)
(b) 改变初始条件,让全部的载流子在 $t=0$ 时都位于区间的中央,再运行此程序。
(c) 粒子初始位置的实验,增加区间的数目,改变 pause 语句中的数据。也可增加区间内的粒子数。

答:
(b) 的结果如图 E3.3 所示。

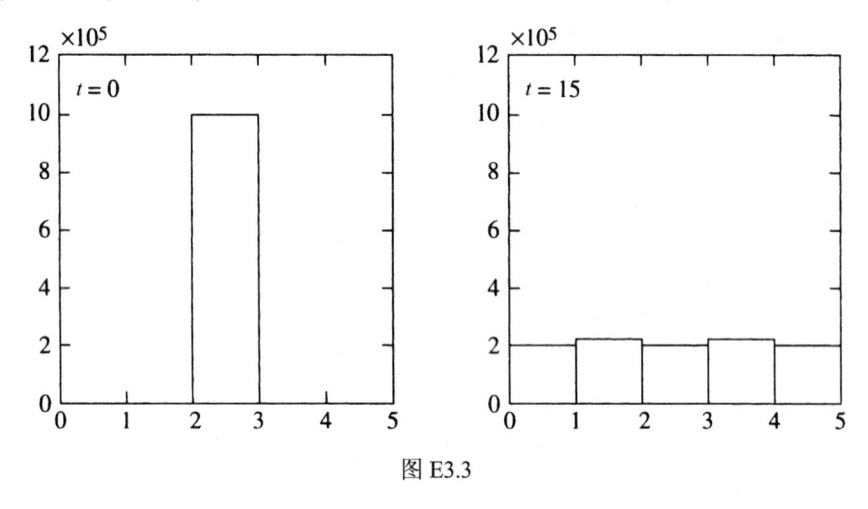

图 E3.3

3.2.2 热探针测量法

在建立电流与扩散的关系之前,首先简要讨论一下热探针测量法。热探针测量法是一种快速确定半导体是 n 型还是 p 型的普通技术。从实用的角度来看,在器件制造过程中知道半导体的类型是很重要的;根据电阻率的测量结果确定掺杂浓度之前,也必须知道半导体的类型(参见图 3.8)。热探针"定型"实验在实验的同时也提供了一个很好的扩散过程的实例。

分析图 3.13(a),可以发现这种热探针测试设备只有一个热探针、一个冷探针和一个零位在中心的毫安计。热探针有时可源自烙铁或像在野外拨火用的铁钎子,而冷探针一般是选用类似常用万用表的电探针。此外再没有其他特殊的设备,只需将两个探针与零位在中心的毫安计相连即可。这个设备的测量过程本身也是非常简单:半导体样品原本与两个探针接触着,在热探针被加热之后,可以使毫安计向右或向左偏转,由此可指示半导体的类型。可以发现,由于探针之间的距离能任意地改变,因此可使毫安计的偏转发生变化。

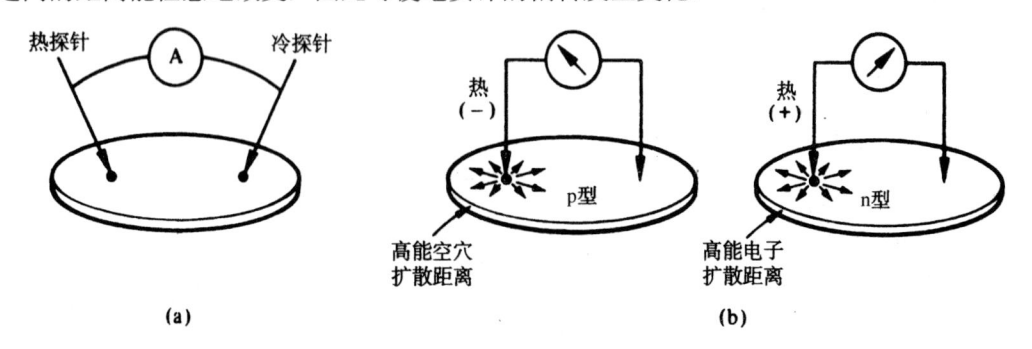

图 3.13 热探针测量法。(a) 必要的设备;(b) 设备工作方法的简单解释

图3.13(b)简单解释了热探针的工作方法。在被加热探针的触点附近，会产生大量的高能载流子。对于这些高能载流子，在使用p型材料时空穴占有优势，而在使用n型材料时电子占有优势。由于靠近热探针的高能载流子比其他的地方都多，扩散所产生的效果使得高能载流子向半导体硅片内的各处扩散。对于p型材料，热探针周围的实际结果是空穴的缺乏或净的负电荷聚集；对于n型材料，热探针的周围则为正电荷聚集。因此，零位在中心的毫安计对p型和n型材料有不同的偏转方向。

3.2.3 扩散和总电流

扩散电流

在定义扩散过程和应用扩散实例时，我们已经特别强调了扩散与粒子数空间变化的直接关系。由于扩散的发生，一定存在着一个点比其他点的扩散粒子都多，对应的数学术语可表示为，一定存在不为零的浓度梯度(对于空穴有$\nabla p \neq 0$，对于电子有$\nabla n \neq 0$)。而且，在浓度梯度较大时，粒子的预期流量也较大。扩散过程的定量分析可由前面的知识和著名的菲克(Fick)定理给出：

$$\mathscr{F} = -D\nabla\eta \tag{3.16}$$

式中的$\mathscr{F}$是流量或单位时间内通过垂直于粒子流的单位面积的粒子数，η是粒子的浓度，而D是扩散系数(diffusion coefficient)，它是一个正的比例因子。电子和空穴的扩散电流密度可由载流子的流量乘以载流子的电荷得到：

$$\mathbf{J}_{\text{P|diff}} = -qD_P\nabla p \tag{3.17a}$$

$$\mathbf{J}_{\text{N|diff}} = qD_N\nabla n \tag{3.17b}$$

式中的D_P和D_N是比例常数，它们的单位是cm^2/s，分别称为空穴和电子的扩散系数。

分析式(3.17)可知，电流的方向可由方程得知，它与图3.12所示的宏观扩散电流的图示是一致的。正的浓度梯度如图3.12所示(图中标出了一维的情况：$dp/dx > 0$和$dn/dx > 0$)，空穴和电子朝着$-x$轴方向扩散。因此，$J_{\text{P|diff}}$是负的或其方向是$-x$轴方向，而$J_{\text{N|diff}}$的方向是$+x$轴方向。

总电流

半导体中产生的总电流或净载流子电流是漂移或扩散这两种电流的总和。即式(3.4)和式(3.17)的n和p部分相加可得

$$\mathbf{J}_P = \mathbf{J}_{\text{P|drift}} + \mathbf{J}_{\text{P|diff}} = q\mu_p p\mathscr{E} - qD_P\nabla p \tag{3.18a}$$
$$\qquad\qquad\qquad\qquad\quad \updownarrow\text{漂移} \quad \updownarrow\text{扩散}$$

$$\mathbf{J}_N = \mathbf{J}_{\text{N|drift}} + \mathbf{J}_{\text{N|diff}} = q\mu_n n\mathscr{E} + qD_N\nabla n \tag{3.18b}$$

半导体中所流过的总的粒子电流可由下式计算：

$$\mathbf{J} = \mathbf{J}_N + \mathbf{J}_P \tag{3.19}$$

这里的双框是强调总电流关系式的重要性，在直接或间接地对器件进行分析时经常要使用它们。

3.2.4 扩散系数与迁移率的关系

扩散系数，即与扩散相关的运动常数，是由扩散引起载流子输运特性的重要参数。知道了扩散系数的重要性后，我们期望从与 3.1.3 节介绍的迁移率实验类似的扩充实验可以得到有关的性质。幸运的是，这个扩充实验是没有必要的，因为扩散系数 D 与迁移率 μ 是相关的，只需建立相关的关系式即可，这就是著名的爱因斯坦(Einstein)关系式。

在推导爱因斯坦关系式的过程中，我们考虑在平衡条件下保持一个非均匀掺杂半导体。与非均匀掺杂相关的特殊事实和平衡状态将在推导中引用。这些事实是非常重要的，有必要对其进行适当的讨论。

费米能级的稳定性(不变性)

考虑非均匀掺杂的 n 型非简并半导体样品，样品的掺杂浓度是随位置变化的。一个具体的实例如图 3.14(a) 所示。假设平衡条件成立，样品的特性在能带图 3.14(b) 中给出。在第 2 章中，对于均匀掺杂的 n 型半导体，在施主杂质有规律地增加时，可发现费米能级的移动越来越靠近 E_c(参见图 2.21)。与这个事实一致，在图 3.14(b) 中，从 $x=0$ 到 $x=L$，E_c 逐步向 E_F 靠近。然而，在制作能带图时，如果不使用重要的新信息，那么是不可能完成的。很显然，

在平衡条件下，在半导体材料或紧密接触的一组半导体材料内，费米能级是与位置无关的不变量，即 $dE_F/dx = dE_F/dy = dE_F/dz = 0$。

费米能级的恒定不变意味着 E_F 在能带图中是一条水平直线。

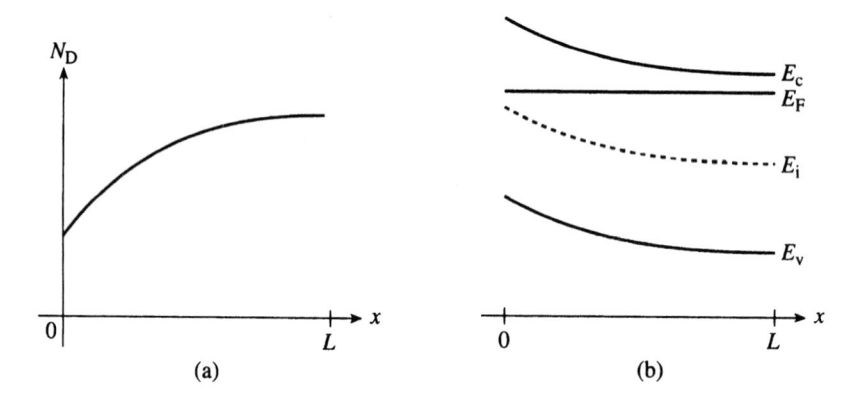

图 3.14 非均匀掺杂半导体。(a)假设掺杂随位置变化；(b)对应的能带图

费米能级的位置独立性是建立在位于相同能量的允许态之间的载流子迁移，而不是能带中相邻位置之间的载流子迁移。可以得到这样的结论，在平衡条件下，已知能量的填充态概率 $f(E)$ 在样本内的任何地方一定是相同的。若不是这种情况，则载流子将会优先在状态之间迁移，由此产生净电流。净电流的存在与所叙述的平衡条件并不一致。参考 $f(E)$ 的表达式(2.7)，会发现费米分布函数的不变性反过来需要费米能级与位置无关。

平衡条件下的电流流动

在平衡条件下的总电流自然为零。这是因为在平衡条件下，电子和空穴的作用完全抵消，电子和空穴电流密度，即 $\mathbf{J}_N$ 和 $\mathbf{J}_P$ 必须独立地变为零。在式(3.18)中设 $\mathbf{J}_N = \mathbf{J}_P = 0$，可得到以下

结果：与已知载流子相关的漂移和扩散电流必须是大小相等、极性相反的。事实上，在平衡条件下，只有在 $\mathscr{E}=0$ 和 $\nabla n=\nabla p=0$ 时，漂移和扩散电流的分量为零。

让我们回到涉及非均匀掺杂半导体样品特性实验的图 3.14，它提供了一个平衡电流分量不为零的具体例证。从图 3.14(a)中可以清楚地看到引起有效电子浓度梯度变化的掺杂变量。在样品内一定存在着+x 方向的电子扩散电流。而且，在图 3.14(b)的能带图中所显示的能带弯曲，意味着在-x 方向存在"自建"电场。这也使得在-x 方向产生了漂移电流。要注意漂移和扩散电流分量的极性相反。既然假定平衡条件成立，各分量也必须是大小相等的量。事实上，在半导体内的电场抵消了由于非均匀掺杂引起的载流子扩散的趋势。这主要是因为在平衡条件下，非均匀掺杂会引起载流子浓度梯度的变化，从而产生自建电场和不为零的电流分量。

爱因斯坦关系式

在前面学习的基础上，现在来导出扩散系数 D 与迁移率 μ 之间的相关公式，即著名的爱因斯坦关系式。为了简化推导过程，我们只考虑一维情况。样品的分析是在非简并情况下、保持平衡条件的非均匀掺杂半导体中进行的。在平衡条件下，净载流子电流必须恒等于零，只考虑电子，可得

$$J_{\text{N|drift}} + J_{\text{N|diff}} = q\mu_{\text{n}} n\mathscr{E} + qD_{\text{N}}\frac{\text{d}n}{\text{d}x} = 0 \tag{3.20}$$

然而，

$$\mathscr{E} = \frac{1}{q}\frac{\text{d}E_{\text{i}}}{\text{d}x} \tag{3.21}$$

[同式(3.15)]

$$n = n_{\text{i}}\text{e}^{(E_{\text{F}}-E_{\text{i}})/kT} \tag{3.22}$$

而且，$\text{d}E_{\text{F}}/\text{d}x = 0$（在平衡条件下，费米能级与位置无关），所以，

$$\frac{\text{d}n}{\text{d}x} = -\frac{n_{\text{i}}}{kT}\text{e}^{(E_{\text{F}}-E_{\text{i}})/kT}\frac{\text{d}E_{\text{i}}}{\text{d}x} = -\frac{q}{kT}n\mathscr{E} \tag{3.23}$$

将式(3.23)代入式(3.20)，取代 $\text{d}n/\text{d}x$ 并对结果重新排列，可得

$$(qn\mathscr{E})\mu_{\text{n}} - (qn\mathscr{E})\frac{q}{kT}D_{\text{N}} = 0 \tag{3.24}$$

因为 $\mathscr{E} \neq 0$（非均匀掺杂的结果），从式(3.24)可得

$$\boxed{\frac{D_{\text{N}}}{\mu_{\text{n}}} = \frac{kT}{q}} \quad \text{对于电子的爱因斯坦关系式} \tag{3.25a}$$

对于空穴用类似的方法可得

$$\boxed{\frac{D_{\text{P}}}{\mu_{\text{p}}} = \frac{kT}{q}} \quad \text{对于空穴的爱因斯坦关系式} \tag{3.25b}$$

尽管爱因斯坦关系式是在平衡条件下推导出来的，但通过进一步的精确推理可知，爱因斯坦关系式在非平衡条件下也是有效的。对于非简并的限制，可将式(3.25)的结果稍加修正，即

可扩展到简并材料。在此，再次强调一些基本的结果，如平衡费米能级的位置不变性及在平衡条件下非简并半导体内部的情况等，都是重要的结果。注意一些基本的数值关系，kT/q 的单位是伏特（V），在室温（300 K）时等于 0.0259 V[①]。对于保持室温的硅样品，在 $N_D=10^{14}/cm^3$ 时，$D_N = (kT/q)\mu_n = (0.0259)[1358 \, cm^2/(V \cdot s)] = 35.2 \, cm^2/s$。爱因斯坦关系式是最容易记忆的等式之一，因为 D 除以 μ 等于 kT 除以 q，在本质上存在着有规律的关系；若将等式颠倒，则仍然保持这种关系，即 μ 除以 D 等于 q 除以 kT。

练习 3.4

这个练习将继续使用能带图对练习 3.2 中的半导体样品进行研究。

问：

(a) 是否是在平衡条件下的半导体？如何从已知的能带图中得出这个结论。

(b) 在 $x = \pm L/2$ 处，电子电流密度（J_N）和空穴电流密度（J_P）是多大？

(c) 粗略地画出样品内 n 和 p 随 x 的变化规律。

(d) 在 $x = \pm L/2$ 处，有电子扩散电流吗？如果在某点有扩散电流，指出该电流的方向。

(e) 注意练习 3.2 中有电场时的解，在 $x = \pm L/2$ 处，有电子漂移电流吗？如果在某点有漂移电流，指出该电流的方向。

(f) 在半导体的 $x > L$ 的范围内，空穴扩散系数（D_P）是多大？

答：

(a) 因为费米能级是与位置无关的不变量，所以可推出半导体是在平衡条件下的。

(b) 在 $x = -L/2$ 和 $x = +L/2$ 处，有 $\boxed{J_N = 0}$ 和 $\boxed{J_P = 0}$。在平衡条件下，半导体内总的电子和空穴电流总是恒等于零。

(c) 因为 $n = n_i \exp[(E_F - E_i)/kT]$ 和 $p = n_i \exp[(E_i - E_F)/kT]$，可以得出

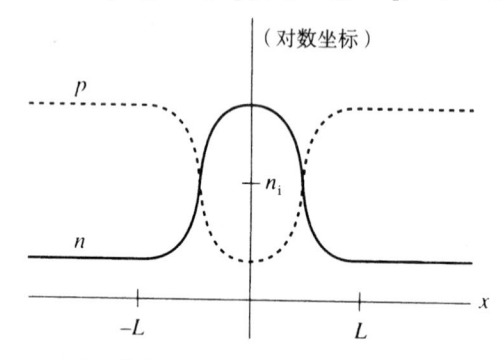

（对数坐标）

(d) 在 $x = -L/2$ 和 $x = +L/2$ 处，有电子扩散电流。参考前面问题的答案可知，$dn/dx \neq 0$。对于 $dn/dx > 0$，在 $x = -L/2$ 处，$J_{N|diff}$ 的流动方向为 $+x$ 的方向。相反地，$dn/dx < 0$，在 $x = L/2$ 处，$J_{N|diff}$ 在这一点的流动方向为 $-x$ 的方向。

(e) 在 $x = -L/2$ 和 $x = +L/2$ 处，有电子漂移电流。因为 n 和 $\mathscr{E}$ 在 $x = \pm L/2$ 处不为零，所以有 $J_{N|drift} = q\mu_n n\mathscr{E} \neq 0$。电流的漂移分量总是与电场的方向相同；$J_{N|drift}$ 在 $x = -L/2$ 处是 $-x$ 方向，而在 $x = +L/2$ 处为 $+x$ 方向。因为在平衡条件下，电流的漂移分量必须与电流的扩散分量相抵消，即 $J_N = J_{N|drift} + J_{N|diff} = 0$。概括 (d) 和 (e) 的部分答案，

---

① 在室温时 $kT = 0.0259$ eV $= (1.6 \times 10^{-19})(0.0259)$ J。因而 $kT/q = (1.6 \times 10^{-19})(0.0259)/(1.6 \times 10^{-19})$ J/C $= 0.0259$ V。

可得到与方向有关的下表：

	$x = -L/2$	$x = +L/2$
$J_{\text{N|diff}}$	→	←
$J_{\text{N|drift}}$	←	→

(f) 由练习 3.2(d)可知，对于室温(300 K)时的硅，在 $x > L$ 的范围内，掺杂浓度 $N_A \cong 5 \times 10^{14}/\text{cm}^3$，以及与之对应的空穴迁移率 $\mu_p = 459 \text{ cm}^2/(\text{V·s})$。因此，使用爱因斯坦关系式可得 $D_p = (kT/q)\mu_p = (0.0259)(459) = \boxed{11.9 \text{ cm}^2/\text{s}}$。

3.3 复合-产生

3.3.1 复合-产生的定义与可视化

虽然与载流子浓度相关的平衡数值是恒定的，但是当半导体的平衡状态受到微扰时，半导体内部的载流子浓度会产生涨落。复合-产生(R-G)是一种自然的有序恢复机制，它意味着载流子的过剩或欠缺，在半导体内载流子会保持稳定(如果微扰是持续的)或是减少(如果微扰是被撤去的)的过程。因为器件在工作时是非平衡的，所以复合-产生在分析器件的特性时起主要的作用。下面分别定义复合和产生：

复合——电子和空穴(载流子)被湮灭或消失的过程。
产生——电子和空穴(载流子)被创建的过程。

与漂移和扩散不同，复合和产生项所涉及的不是单一过程。它们是一组相关的过程，因而使用集合名称。在半导体内载流子的产生和湮灭有许多种方法。最普通的 R-G 过程如图 3.15 所示。下面对特殊的 R-G 过程进行描述和讨论。

能带到能带复合(直接复合)
能带到能带复合是所有复合过程中最简单的。如图 3.15(a)所示，它只包括导带电子和价带空穴的直接湮灭。电子和空穴在半导体晶格内运动，它们漂移进入到相同的空间，彼此靠近并相互碰撞，从而形成电子和空穴的湮灭。这一过程中会发生过剩的能量的释放，如产生光子(发光)。

R-G 中心复合(间接复合)
如图 3.15(b)所示的通过"第三部分"或中介物进行的复合过程，它只在半导体内 R-G 中心的特殊位置发生。在物理上，R-G 中心是晶格缺陷或特殊的杂质原子，例如硅中的金原子。目前在高纯度的半导体中也存在有晶格缺陷和杂质原子。与器件材料中的受主和施主浓度相比，R-G 中心浓度通常是很低的。R-G 中心最重要的性质是在靠近带隙中心引入了允许电子能级。这个能级如图 3.15(b)所示，用 E_T 来表示。为了区分 R-G 中心来自施主还是受主，确定 E_T 能级靠近带隙中心的位置是非常重要的。图 3.16 简要介绍了硅中一些 R-G 中心杂质在带隙中心附近形成的能级。

如图 3.15(b)所示，R-G 中心复合是一个两步过程。首先，由一种类型的载流子(如电子)

漂移进入R-G中心附近，被与R-G中心相关的势阱所俘获，失去能量，且被俘获于中心内。随后，出现空穴，被俘获的电子吸引，失去能量，并在中心内与电子一同湮灭。换句话说，当图3.15(b)中的电子失去能量后，它将在价带中与空穴一起湮灭。R-G中心复合也称为间接复合，其特点是在复合过程中释放热能(热量)，或者相当于产生晶格振动。

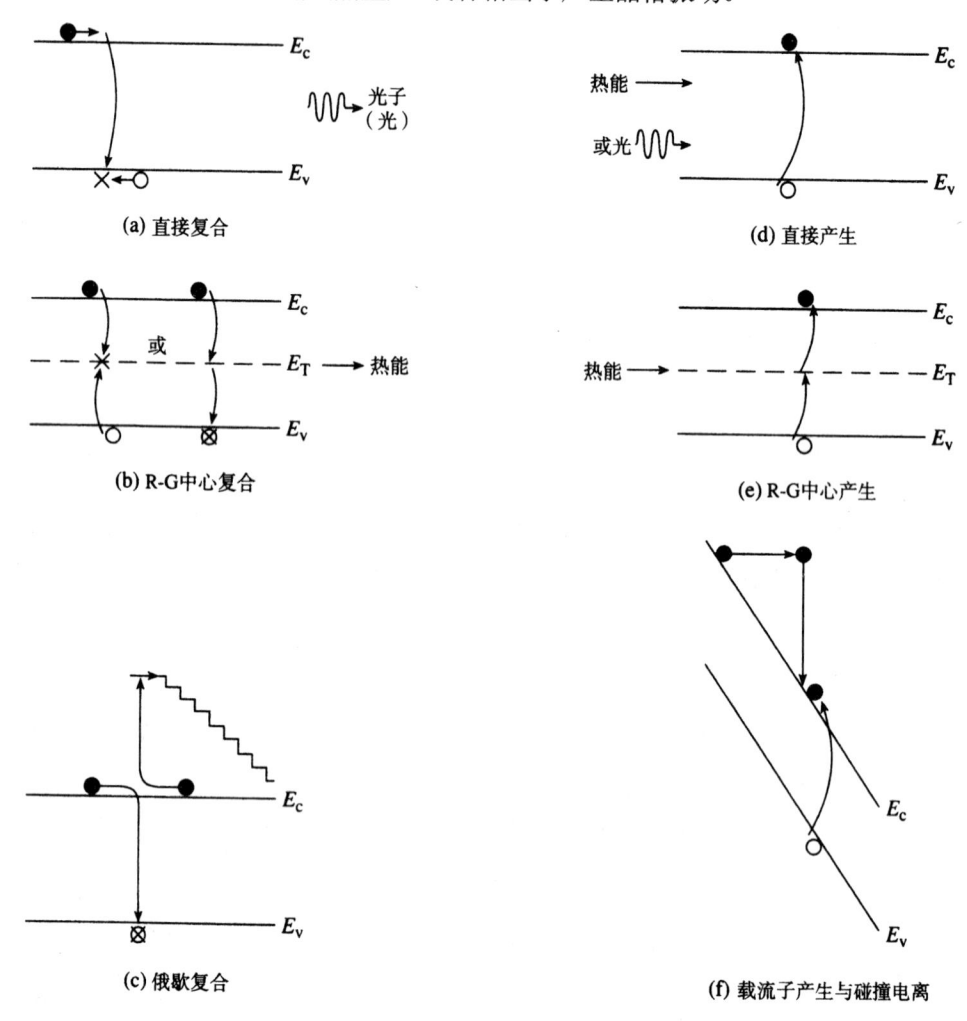

图 3.15 复合与产生过程的能带示意图

俄歇复合

俄歇(Auger，发音是 Oh-jay)复合过程如图3.15(c)所示，两个同类型的载流子发生碰撞，从而发生直接复合。复合所释放的能量传递给经过碰撞保存下来的载流子。然后这个高能载流子与晶格碰撞产生热量，从而失去能量。图3.15(c)中的阶梯反映了这个能量损失的理想过程。

产生过程

任何一个前面所描述的复合过程都存在逆过程来产生载流子。如图3.15(d)所示，当电子被激发后，直接从价带进入导带，这就是能带到能带产生(直接产生)过程。需要指明的是，热能或光能所提供的能量必须满足能带间的跃迁。若热能被吸收，则这个过程就称为直接热产生；若外部输入的光被吸收，则这个过程就称为光产生。如图3.15(e)所示，热能如同中间媒介，它可以帮助在 R-G 中心产生载流子。与俄歇复合相反的碰撞电离如图 3.15(f)所示。这个过程的产生是由于高能载流子与晶格发生碰撞，能量释放的结果产生一对电子和空穴。通过碰撞电离产生的载流子通常出现在器件的高$\mathcal{E}$电场区域。相关的详细说明将在 pn 结的击穿中阐述。

图 3.16 显示了硅中常用杂质在带隙附近的能级。

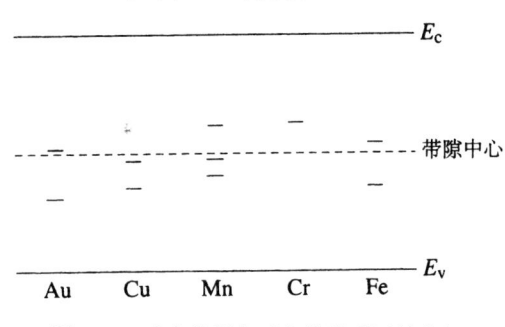

图 3.16　硅中常用杂质在带隙附近的能级

3.3.2　动量分析

在所有半导体中，无时无刻不在出现各种不同的复合-产生过程，即使是在平衡条件下。关键的问题不是各种过程是否发生，而是各种过程发生的概率。一般而言，只需关注起主导作用的过程，即发生概率最高的过程。一些过程只有在特殊的条件下才显得比较重要；或者与其他过程相比发生概率很小，基本不大可能发生。关于这些情况，俄歇复合提供了很好的佐证。由于载流子与载流子的碰撞数随载流子浓度的增加而增加，因此俄歇复合的频率同样随载流子浓度的增加而增加。例如，在处于器件结构的重掺杂区域，必须考虑俄歇复合，但是它通常是可以忽略的。同样，重要的碰撞电离只发生在器件的高$\mathcal{E}$电场区域。在室温下的光产生，只有当半导体受到外部照射时才变成重要的过程。为什么要特别关注 R-G 过程对？因为 R-G 过程对在室温下非简并掺杂半导体的低$\mathcal{E}$电场区域内起着主要的支配作用。从以上所提供的信息中，可以明显地区分出直接复合和通过 R-G 中心的复合-产生。

仅从能带的解释可以推测，在所引用的"标准"条件下，直接复合起主导作用。然而，仅使用能带图来解释 R-G 过程会产生误解。能量与位置的图（E-x 图）只表示能量在实验中变化，除了能量，晶体的动量在任何 R-G 过程中必须守恒。动量守恒的必要条件，对所有 R-G 过程的研究起到了重要作用。

正如 2.2.3 节中所述，能带中电子的动量像电子的能量一样只能假定为确定的量子化数值。借助在导带和价带中的允许电子能量与允许动量之间的关系曲线，可以很容易地讨论与动量相关的 R-G 过程。在 E-k 图中，k 是与电子动量成比例的参数。与半导体相关的 E-k 图可分为两类。第一类如图 3.17(a)所示，导带能量的最小值和价带能量的最大值都处于 $k=0$ 处。第二类如图 3.17(b)所示，导带能量的最小值移至 $k\neq 0$ 处。第一种情况的半导体称为直接半导体，而另一种称为间接半导体。砷化镓是直接半导体中值得关注的半导体材料，锗和硅是间接半导体。

应用 E-k 图来说明 R-G 过程，必须了解与光子（光）有关的吸收或发射，以及声子晶格振动量子的跃迁性质。光子没有质量，带有很少的动量，光助跃迁在 E-k 图中基本上是垂直的。相反，与晶格振动（声子）有关的热能是非常小的（范围在 10～50 meV），然而声子动量却相当大。声助跃迁在 E-k 图中基本上是水平的。如图 3.18 所示，电子和空穴通常只占有很接近 E_c 最小值和 E_v 最大值的状态。当然，这与前面所讨论的能带中的载流子分布是一致的。

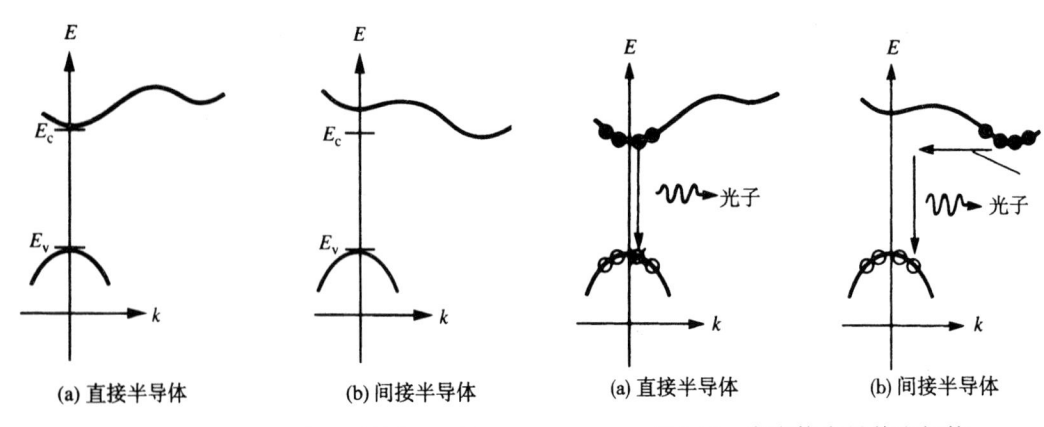

图 3.17 直接半导体和间接半导体的 E-k 图

图 3.18 在直接半导体和间接半导体内复合的 E-k 图

在直接半导体内，电子和空穴的 k 值都集中在 $k = 0$ 附近，复合过程的发生需要动量有很小的变化。通常在光子的发射中，能量和动量是守恒的[参见图 3.18(a)]。另一方面，在间接半导体中，与复合过程相关的动量有很大的变化。光子的发射在能量守恒的同时，其动量是不守恒的。因而，在间接半导体中直接复合的发生即光子的发射必须伴随声子的吸收和发射[参见图 3.18(b)]。

在间接半导体内，与直接复合过程相关的性质，可以理解为与复合率的大量减少有关。事实上，在硅和其他间接半导体中，与 R-G 中心复合相比，直接复合是完全可以忽略的。在直接半导体中，直接复合以很快的速度发生，这个复合过程所产生的光可以从发光二极管(LED)和结型激光器的发光中观测到。在间接半导体中，R-G 中心复合是主要的复合过程。由于绝大多数的器件都是使用间接半导体材料硅制造的，所以在下面的小节中，主要介绍 R-G 中心复合过程的一般特性及主要的 R-G 中心复合机制的定量计算。同时也会适当考虑其他的相关过程。

3.3.3　R-G 统计

R-G 统计是对 R-G 过程的数学描述。关于 R-G 过程的"数学描述"并不是推导电流与载流子浓度的关系。R-G 过程发生在晶体中的某一确定位置，因此 R-G 作用本身不导致电荷的传输，但会改变载流子浓度，因而间接地影响了电流的流动。为了获得所需的数学描述，必须确定载流子浓度随时间的变化率($\partial n/\partial t$，$\partial p/\partial t$)。考虑到光产生的描述相对简便，而且在很多器件中包含光产生过程，因此我们首先讨论光产生。这一节主要讨论和关注通过 R-G 中心的复合-产生，同时也简要阐述间接热复合-产生。

光产生

如图 3.19 所示，光照射到半导体表面，一部分会被反射，而另一部分会在半导体内传输。假设使用波长为 λ、频率为 ν 的单色光。如果光子的能量($h\nu$)大于带隙能量，那么光将被吸收，并且会在光经过的半导体内产生电子-空穴对。单色光通过半导体材料时强度的减弱可表示为

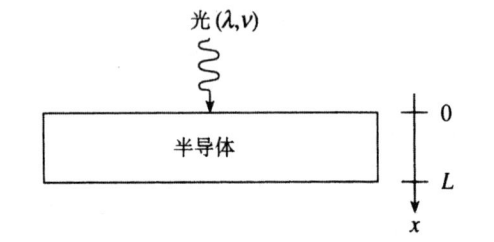

图 3.19　在光产生分析中半导体、光的传播及坐标方向选取的示意图。假设半导体足够厚($L \gg 1/\alpha$)，则底面的反射可以忽略

$$I = I_0 e^{-\alpha x} \tag{3.26}$$

式中 I_0 是半导体材料内 $x = 0^+$ 处的光强度，α 是吸收系数。从图 3.20 可知，吸收系数 α 与材料和波长 λ 有关。因为光子的吸收和电子-空穴对的产生有一一对应关系，所以载流子产生率也应该表示为依赖于 $\exp(-\alpha x)$。参考图 3.15(d)，光产生过程使得所产生的电子和空穴的数目相等，所以有

$$\left.\frac{\partial n}{\partial t}\right|_{\text{light}} = \left.\frac{\partial p}{\partial t}\right|_{\text{light}} = G_L(x,\lambda) \tag{3.27}$$

由分析可得

$$G_L(x,\lambda) = G_{L0} e^{-\alpha x} \tag{3.28}$$

G_L 是光产生率 [1 个/(cm^3·s)] 的简化符号，而 G_{L0} 是 $x = 0$ 处的光产生率。|$_{\text{light}}$ 表示"与光有关"，还应注意到 n 和 p 对光复合过程会产生影响。

下面介绍两类与样品或器件照射有关的简单假设：(i) 光照在样品内的任何地方是相同的（无衰减）；(ii) 光在靠近半导体表面极微小的薄层中被吸收。当假设的条件应用于实际问题时，首先要注意 $1/\alpha$，它有长度的量纲，表示在材料中光穿透的平均深度。在波长满足 $h\nu \approx E_G$ 时，吸收系数很小，而 $1/\alpha$ 却是很大的。在硅中，$1/\alpha$ 大约等于 1 cm。这样处理对于所有的实际深度可得 $\exp(-\alpha x) \cong 1$。$G_L \cong$ 常数，并且光为均匀地吸收，这是一个很好的近似。在另一方面，若 $\lambda = 0.4\ \mu\text{m}$，由图 3.20 可知 $\alpha(\text{Si}) \cong 10^5\ \text{cm}^{-1}$。在这个波长的情况下，光的穿透深度只有数千埃，这与表面吸收的假设非常接近。

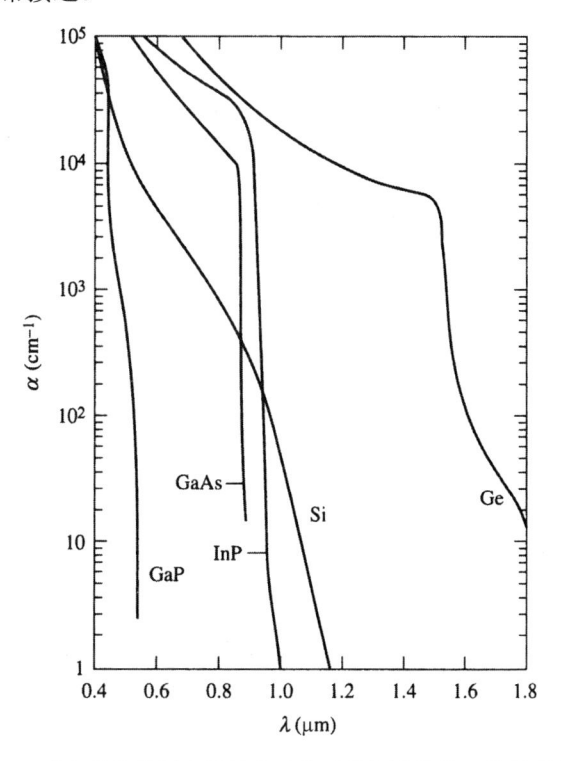

图 3.20　硅和其他常用半导体中吸收系数与波长的函数关系（引自 Schroder[6]，John Wiley & Sons 公司授权使用，©1990）

间接热复合-产生

虽然一般情况下 R-G 中心统计的处理已经超出了本书的讨论范围，但特殊情况下的一些公式可以在许多实际问题中应用。因此，下面将着重分析各种不同的载流子和 R-G 中心浓度。

n_0, p_0 当平衡条件成立时，材料内的载流子浓度。

n, p 任意条件下，材料内的载流子浓度。

$\Delta n \equiv n - n_0$ 载流子浓度与其平衡值的偏差。

$\Delta p \equiv p - p_0$ Δn 和 Δp 可有正值和负值，正偏差相当于载流子过剩，而负偏差相当于载流子欠缺。

N_T 单位体积内 R-G 中心的数。

在特殊情况发生时，来自载流子浓度平衡处的微扰必须是小注入(low-level injection)。换而言之，微扰必须相对较小。更加精确的有

$$
\begin{array}{ll}
\text{小注入意味着:} & \\
\Delta p \ll n_0, \quad n \simeq n_0 & \text{n 型材料内} \\
\Delta n \ll p_0, \quad p \simeq p_0 & \text{p 型材料内}
\end{array}
$$

考虑在室温下受到微扰的具体掺杂硅的例子，其中 $N_D = 10^{14}/\text{cm}^3$，$\Delta p = \Delta n = 10^9/\text{cm}^3$。已知材料的 $n_0 \simeq N_D = 10^{14}/\text{cm}^3$，$p_0 \simeq n_i^2/N_D \simeq 10^6/\text{cm}^3$。因此，$n = n_0 + \Delta n \simeq n_0$，$\Delta p = 10^9/\text{cm}^3 \ll n_0 = 10^{14}/\text{cm}^3$。这明显是小注入的情况。不过，可以观察到 $\Delta p \gg p_0$。虽然多数载流子浓度在小注入下基本保持未受微扰时的情形，但少数载流子浓度常常会增加几个数量级。

现在来分析图 3.21 所给出的具体情况。在 n 型半导体样品中，微扰引起空穴的过剩，即 $\Delta p \ll n_0$。若系统由如图所示的微扰状态经由 R-G 中心相互作用的中间弛豫过程回到平衡状态，则此时对 $\partial p/\partial t|_R$ 影响最大的因子和空穴复合率是多少？以空穴为例，要消去一个空穴，这个空穴必须从价带跃迁到充满电子的 R-G 中心。理论上，充满电子的 R-G 中心的数量越多，空穴湮灭跃迁的概率越大，复合率也越大。在平衡条件下，平衡费米能级一定在 E_T 位置之上，所以全部的 R-G 中心基本上都被电子填满。由于 $\Delta p \ll n_0$，电子在数量上总是远远大于空穴且迅速地填充失去电子的 R-G 能级。在保持充满电子的 R-G 中心数量不变的弛豫过程中，R-G 中心数量近似等于 N_T。于是，$\partial p/\partial t|_R$ 与 N_T 近似地成比例。正如理论描述的那样，空穴湮灭跃迁数随空穴数是线性增加的。湮灭所用的空穴越多，单位时间内从价带上移的空穴数也越多。因此，$\partial p/\partial t|_R$ 与 p 也近似地成比例。考虑到增加因子没有依赖性，所以引入正的比例常数 c_p，并且因为 p 是减小的，实现的 $\partial p/\partial t|_R$ 是负的，最终可得

$$\left.\frac{\partial p}{\partial t}\right|_R = -c_p N_T p \tag{3.29}$$

对空穴的产生过程使用相同的分析过程可知，$\partial p/\partial t|_G$ 只依赖于空 R-G 中心的数量。这个数量在一般情况下很小，在空穴产生形成微扰时，可以近似认为是常数，此常数可取为其平均值。这意味着 $\partial p/\partial t|_G$ 可以由 $\partial p/\partial t|_{G\text{-equilibrium}}$ 所代替。并且，在平衡条件下的复合率与产生率正好相等[①]，即 $\partial p/\partial t|_G = \partial p/\partial t|_{G\text{-equilibrium}} = -\partial p/\partial t|_{R\text{-equilibrium}}$。使用式(3.29)，可得

---

① 平衡条件下，材料内部所发生的每个基本过程与其反过程必须自平衡，而与其他任何过程无关。这称为细致平衡原理。

$$\left.\frac{\partial p}{\partial t}\right|_G = c_p N_T p_0 \tag{3.30}$$

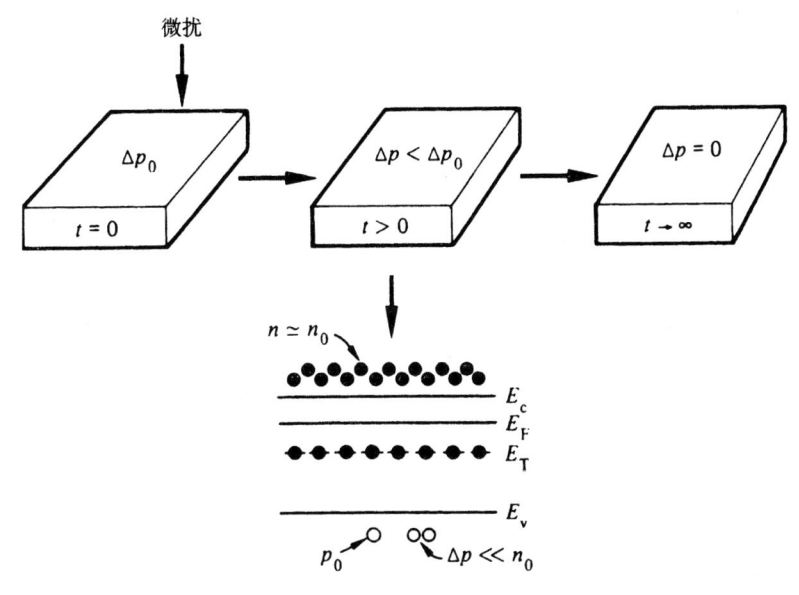

图 3.21 微扰引起过剩空穴的小注入之后，n 型半导体的内部状态

由于 R-G 中心注入，空穴浓度的变化率为

$$\left.\frac{\partial p}{\partial t}\right|_{\substack{\text{i-thermal}\\ \text{R-G}}} = \left.\frac{\partial p}{\partial t}\right|_R + \left.\frac{\partial p}{\partial t}\right|_G = -c_p N_T (p - p_0) \tag{3.31}$$

或

$$\left.\frac{\partial p}{\partial t}\right|_{\substack{\text{i-thermal}\\ \text{R-G}}} = -c_p N_T \Delta p \quad \text{n 型材料中的空穴} \tag{3.32a}$$

同理，对于电子可得

$$\left.\frac{\partial n}{\partial t}\right|_{\substack{\text{i-thermal}\\ \text{R-G}}} = -c_n N_T \Delta n \quad \text{p 型材料中的电子} \tag{3.32b}$$

c_n 与 c_p 一样是正的比例常数。c_n 与 c_p 分别称为电子和空穴的俘获系数。

利用式(3.32)还可以得到另外一些令人满意的结论。式(3.32)的左边表示维度单位为浓度除以时间。而式(3.32)右边的 Δp 和 Δn 的单位都与浓度的相同，常数 $c_p N_T$ 和 $c_n N_T$ 的单位必须是时间分之一(1/时间)。因此，可引入一个适当的时间常数：

$$\boxed{\tau_p = \frac{1}{c_p N_T} \tag{3.33a}}$$

$$\boxed{\tau_n = \frac{1}{c_n N_T} \tag{3.33b}}$$

将它们代入式(3.32)，可得

$$\left.\frac{\partial p}{\partial t}\right|_{\substack{\text{i-thermal}\\ \text{R-G}}} = -\frac{\Delta p}{\tau_p} \qquad \text{n 型材料中的空穴} \tag{3.34a}$$

$$\left.\frac{\partial n}{\partial t}\right|_{\substack{\text{i-thermal}\\ \text{R-G}}} = -\frac{\Delta n}{\tau_n} \qquad \text{p 型材料中的电子} \tag{3.34b}$$

式(3.34)是对特殊情况的 R-G 中心(间接热)复合-产生进行描述所得到的最终结果。虽然稳定状态或变化缓慢条件的假设隐含在式(3.34)的推导中,但将这些关系式应用于大多数瞬态问题时,只会产生很小的误差。由于 Δp 可能小于 0,这将会引起 $\partial p/\partial t|_{\text{i-thermal R-G}} > 0$。正的 $\partial p/\partial t|_{\text{i-thermal R-G}}$ 仅表示半导体内载流子欠缺且产生率远大于复合率。$\partial p/\partial t|_{\text{i-thermal R-G}}$ 和 $\partial n/\partial t|_{\text{i-thermal R-G}}$ 表示热复合和热产生过程的净效应。

应该强调的是,式(3.34)只能应用于少数载流子(少子)和小注入情况。考虑一般的稳态结果[7],对于任意浓度的注入和非简并半导体内两种类型载流子的一般公式,有

$$\left.\frac{\partial p}{\partial t}\right|_{\substack{\text{i-thermal}\\ \text{R-G}}} = \left.\frac{\partial n}{\partial t}\right|_{\substack{\text{i-thermal}\\ \text{R-G}}} = \frac{n_i^2 - np}{\tau_p(n + n_1) + \tau_n(p + p_1)} \tag{3.35}$$

其中

$$n_1 \equiv n_i \mathrm{e}^{(E_T - E_i)/kT} \tag{3.36a}$$

$$p_1 \equiv n_i \mathrm{e}^{(E_i - E_T)/kT} \tag{3.36b}$$

根据课后习题可知,在一般情况下,式(3.35)经过简化可得到在特殊假设情况下的式(3.34)。

3.3.4 少子寿命

概述

在式(3.34)中没有介绍时间常数 τ_n 和 τ_p,这里可以把它们看成与复合-产生相关的"作用常数"。为了寻求与 τ 的命名和标准解释有关的信息,重新考虑图 3.21 所示的情况。考察空穴浓度随时间的变化关系,可以认为过剩的空穴不会在同一时刻全部消失。不过,在 $t = 0$ 时空穴过剩,被系统地湮灭,并且只在短周期内存在一些空穴而其他一些则在相对长的周期内"存活"。若热复合-产生是作用在半导体内唯一的衰减过程上,则过剩空穴的平均寿命 $\langle t \rangle$ 可以通过相关的直接方式来计算。这里不再赘述,平均寿命可由 $\langle t \rangle = \tau_n$(或 τ_p)计算。在物理上,τ_n 和 τ_p 被认为是多数载流子(多子)内过剩少子存活的平均时间。为了便于识别,τ_n 和 τ_p 称为少子寿命。

与迁移率 μ 和扩散系数 D 一样,τ 也是器件建模过程中必须考虑的重要材料参数。但与 μ 和 D 不同的是,已知器件中 τ 的数值可以作图表示。事实上,辅助实验设备(参考下一节)可以用来确定已知半导体样品中的少子寿命。对变化急剧的参数 τ_n 和 τ_p,可由示波器来监测这些信息。参考式(3.33),可知载流子寿命常常依赖于难以控制的 R-G 中心浓度(N_T),而不依赖于实际可控的掺杂参数(N_A 和 N_D)。并且在已知样品内,占有支配地位的 R-G 中心浓度的物理性质在器件制造过程中是变化的。器件制造工艺过程称为掺杂法,这种方法可使 R-G 中心浓度减少至很低的水平,并可导致硅中的 $\tau_n(\tau_p)$ 大约在 1 ms。另一方面,将金元素掺入硅中可控制 R-G 中心浓度,并使得 $\tau_n(\tau_p)$ 大约在 1 ns 左右。所有硅器件的少子寿命大约趋向于上述两个极限值的中间值。

寿命的测量

测量载流子的寿命可以使用多种方法。常用的方法是将实验测得的器件特性与理论计算结果进行比较,从而提取出 τ_n 和 τ_p。测量所使用的样品是两端为欧姆接触的半导体,实际应用中称其为光致导体。测量的过程是在半导体内形成如图 3.21 所示的情况。光脉冲形式的微扰可以在半导体内产生过剩载流子,从而可以检测到电导率的变化。撤掉光脉冲之后,过剩载流子被复合掉,测得的电导率回到初始值。所以载流子的寿命可以通过检测电导率而计算得到。

实验的示意图如图 3.22 所示。R_S 是样品的电阻,R_L 是负载电阻,V_A 是外加直流电压,v_L 是测量的负载或输出电压。很明显,R_S 和 v_L 是时间的函数,v_L 还反映出半导体样品内电导率的变化。

在撤去光脉冲以后,我们特别关注 v_L 是如何随时间变化的。v_L 与电导率有关,也与过剩载流子浓度有关。已知样品是 n 型半导体,并假定通过半导体的光产生是均匀的,这一点将在本章(参见 3.5 节)予以说明,而过剩少子空穴浓度(Δp)的衰减可描述为

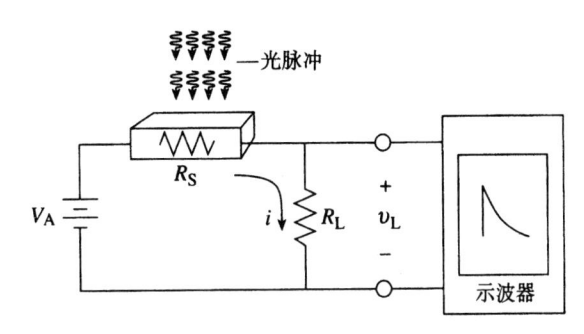

图 3.22 光电导率衰变测量的示意图

$$\Delta p(t) = \Delta p_0 \mathrm{e}^{-t/\tau_p} \tag{3.37}$$

Δp_0 是在 $t = 0$ 即撤去光脉冲时过剩空穴的浓度。考虑电导率可得

$$\sigma = 1/\rho = q(\mu_n n + \mu_p p) \tag{3.38a}$$

$$= q[\mu_n(n_0 + \Delta n) + \mu_p(p_0 + \Delta p)] \tag{3.38b}$$

$$= \underbrace{q\mu_n N_D}_{\sigma_{\text{dark}}} + \underbrace{q(\mu_n + \mu_p)\Delta p}_{\Delta\sigma(t)} \tag{3.39}$$

在式(3.39)的推导中,使用了 n 型半导体内 $n_0 \approx N_D \gg p_0$ 及 Δn 等于 Δp 的假设。σ_{dark} 是在没有光照时未受微扰样品的电导率,$\Delta\sigma(t) \propto \Delta p$ 表示电导率随时间衰减的分量。

最终可得出 v_L 与 $\Delta\sigma$ 的关系式。由图 3.22 的电路可得

$$v_L = iR_L = V_A \frac{R_L}{R_L + R_S} \tag{3.40}$$

而

$$R_S = \frac{\rho l}{A} = \frac{l}{\sigma A} = \frac{l}{(\sigma_{\text{dark}} + \Delta\sigma)A} = R_{Sd}\left(\frac{\sigma_{\text{dark}}}{\sigma_{\text{dark}} + \Delta\sigma}\right) \tag{3.41}$$

式中,l 是长度,A 是横截面积,$R_{Sd} = l/\sigma_{\text{dark}}A$ 是样品无光照时的电阻。将式(3.41)代入式(3.40)并整理可得

$$v_L = \frac{V_A}{1 + \dfrac{R_{Sd}/R_L}{1 + \Delta\sigma/\sigma_{\text{dark}}}} \tag{3.42}$$

如果 R_L 与 R_{Sd} 是相匹配的且光强度限制在 $\Delta\sigma/\sigma_{\text{dark}} \ll 1$(等价于小注入条件的描述),可得

$$v_{\text{L}} \cong \frac{V_{\text{A}}}{2}\left(1 + \underbrace{\frac{\Delta\sigma}{\sigma_{\text{dark}}}}_{\text{d.c.}}\right) = V_{\text{L}} + \underbrace{v_0 \text{e}^{-t/\tau_{\text{p}}}}_{\text{瞬态衰减}} \tag{3.43}$$

在指数衰减中 τ_{p} 是衰减常数。

  实际测量设备的示意图如图 3.23 所示[①]。所需的电压 V_{A} 可由 Tektronix PS5004 电源(任何电源都可以)提供，而 Tektronix 11401 数字示波器用来记录光电导衰减。硅棒测试结构与负载电阻($R_{\text{L}} \cong R_{\text{Sd}}$)一起被装入特殊的测试盒内。测试盒可以简单地对样品进行操作，并且样品之间的切换也是很方便的。测试所需的光脉冲可由普通的无线电 1531-AB 频闪仪提供。普通的无线电频闪仪可以输出从 2.5 ms 至 0.5 s 连续可调的、脉宽近似为 1 μs 的高强度光脉冲。首先，频闪仪的光脉冲穿过小直径的硅片，在样品中可以实现均匀的光产生。硅片的作用如同滤光器，在测试中只允许接近带隙的辐射能到达样品。虽然 Tektronix 11401 数字示波器具有数据处理功能，但将计算机接入示波器可增加数据的处理能力和灵活性。

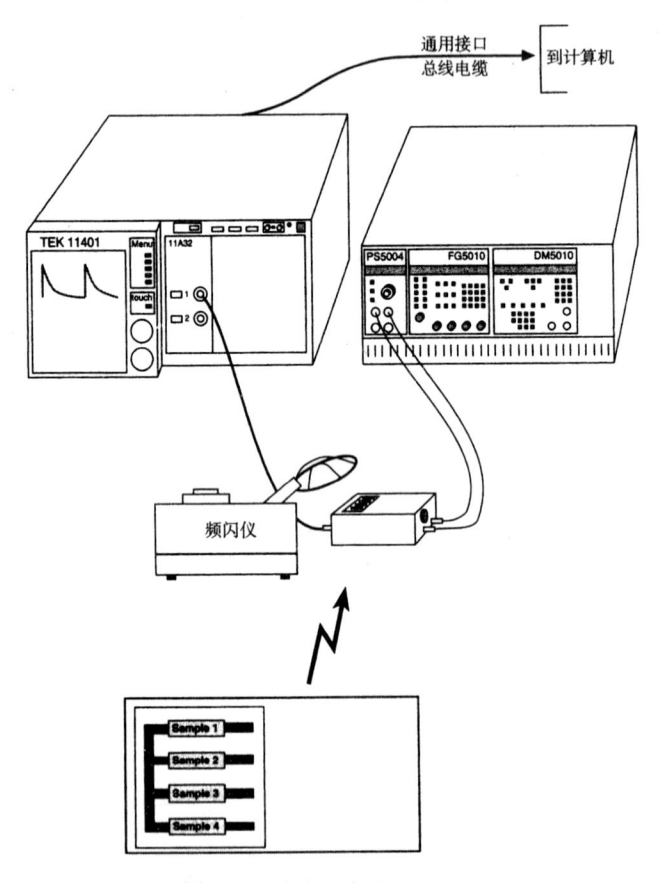

图 3.23 光电导衰减测试系统

[①] 引自 *Semiconductor Measurements Laboratory Operations Manual* (the Modular Series on Solid State Devices, Addison-Wesley Publishing Co., Reading MA, © 1991)。作者 R. F. Pierret 是大学电气工程实验室的管理者。此书的引言部分介绍了测量特性及各种不同的观点。这些信息都来自大学实验室的实验者。在该书的附录 A 中，作者对理论背景、测试系统进行了广泛的讨论，还给出了一些测试程序。

图 3.24 所示的是计算机屏幕显示的光电导衰减,以毫伏量级的 v_L 瞬态分量为 y 轴、以毫秒量级的时间为 x 轴作图。图 3.24(a) 中的线性坐标图很好地展示了常见的函数关系。图 3.24(b) 中的半对数坐标图验证了衰减的简单指数性质(时间的范围至少在 $0.1\ \text{ms} \leqslant t \leqslant 0.6\ \text{ms}$) 对少子寿命的提取也是很有用的。根据图 3.24(b) 中直线区域的斜率,可以计算出样品的少子寿命 $\tau_p \cong 150\ \mu\text{s}$。

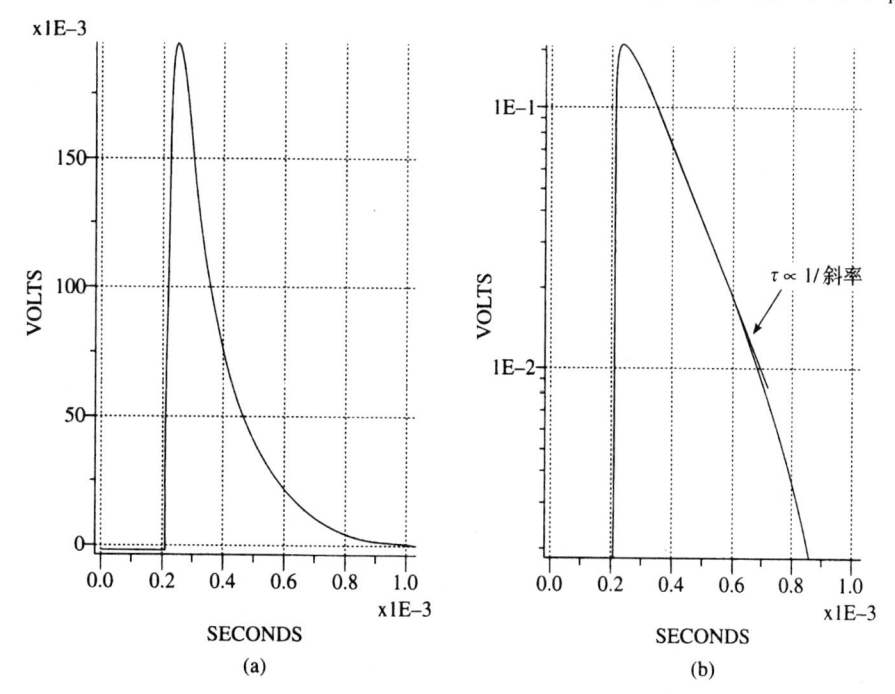

图 3.24 光电导率的瞬态响应。以毫伏量级的 v_L 瞬态分量为 y 轴、以毫秒量级的时间为 x 轴作图。(a)线性坐标图;(b)半对数坐标图

3.4 状态方程

本章的前三节分别对半导体内的载流子输运进行了分析。实际上,半导体内两种类型的载流子输运是同时发生的,所以需要同时考虑这两种载流子输运的效果,才可以确定半导体所处的状态。本节首先介绍了状态方程及基本概念,然后给出了简要的总结、特殊情况的解及一些实例。

3.4.1 连续性方程

所有类型的载流子输运,不管它是漂移、扩散,间接或直接热复合,间接或直接产生,还是其他类型的载流子输运,它们都会使载流子浓度随时间而变化。因而,可以把所有类型载流子输运的总效果看成是相同的,也就是单位时间内载流子浓度的总变化($\partial n/\partial t$ 或 $\partial p/\partial t$)等于与电子的 $\partial n/\partial t$ 相关的各个过程或与空穴的 $\partial p/\partial t$ 相关的各个过程的总和,即

$$\frac{\partial n}{\partial t} = \frac{\partial n}{\partial t}\bigg|_{\text{drift}} + \frac{\partial n}{\partial t}\bigg|_{\text{diff}} + \frac{\partial n}{\partial t}\bigg|_{\substack{\text{thermal}\\ \text{R-G}}} + \frac{\partial n}{\partial t}\bigg|_{\substack{\text{other processes}\\ \text{(light, etc.)}}} \tag{3.44a}$$

$$\frac{\partial p}{\partial t} = \frac{\partial p}{\partial t}\bigg|_{\text{drift}} + \frac{\partial p}{\partial t}\bigg|_{\text{diff}} + \frac{\partial p}{\partial t}\bigg|_{\substack{\text{thermal}\\R-G}} + \frac{\partial p}{\partial t}\bigg|_{\substack{\text{other processes}\\(\text{light, etc.})}} \qquad (3.44b)$$

从本质上讲，这些过程需要满足载流子守恒的条件。在已知各点上，电子和空穴不会凭空出现或消失，其变化是由载流子输运和产生-复合等过程所导致的。载流子浓度需要保持空间和时间连续性。式(3.44)是著名的连续性方程。

可以把连续性方程改写成下面更简洁的形式：

$$\frac{\partial n}{\partial t}\bigg|_{\text{drift}} + \frac{\partial n}{\partial t}\bigg|_{\text{diff}} = \frac{1}{q}\left(\frac{\partial J_{Nx}}{\partial x} + \frac{\partial J_{Ny}}{\partial y} + \frac{\partial J_{Nz}}{\partial z}\right) = \frac{1}{q}\nabla \cdot \mathbf{J}_N \qquad (3.45a)$$

$$\frac{\partial p}{\partial t}\bigg|_{\text{drift}} + \frac{\partial p}{\partial t}\bigg|_{\text{diff}} = -\frac{1}{q}\left(\frac{\partial J_{Px}}{\partial x} + \frac{\partial J_{Py}}{\partial y} + \frac{\partial J_{Pz}}{\partial z}\right) = -\frac{1}{q}\nabla \cdot \mathbf{J}_P \qquad (3.45b)$$

式(3.45)也可以直接使用数学方法来建立，如果存在不平衡，那么总的载流子电流将流进和流出这个区域。在已知半导体的很小区域内，只有状态即载流子浓度发生变化，利用式(3.45)，可得

$$\frac{\partial n}{\partial t} = \frac{1}{q}\nabla \cdot \mathbf{J}_N + \frac{\partial n}{\partial t}\bigg|_{\substack{\text{thermal}\\R-G}} + \frac{\partial n}{\partial t}\bigg|_{\substack{\text{other}\\\text{processes}}} \qquad (3.46a)$$

$$\frac{\partial p}{\partial t} = -\frac{1}{q}\nabla \cdot \mathbf{J}_P + \frac{\partial p}{\partial t}\bigg|_{\substack{\text{thermal}\\R-G}} + \frac{\partial p}{\partial t}\bigg|_{\substack{\text{other}\\\text{processes}}} \qquad (3.46b)$$

式(3.46)的连续性方程反映了载流子输运的普遍规律，其直接或间接的应用是大多数器件分析的基本出发点。在进行计算机模拟时，经常直接使用连续性方程。将适合于$\partial n/\partial t|_{\text{thermal R-G}}$和$\partial p/\partial t|_{\text{thermal R-G}}$的关系式[特殊情况下的关系式由式(3.34)给出]及由"其他过程"引起的浓度变化代入式(3.46)后，即可进行数值解，找出$n(x,y,z,t)$和$p(x,y,z,t)$。如果希望问题的解是解析解，则连续性方程只能在简化后间接使用。对于实际问题的分析及连续性方程简化形式的建立，将在下面的小节中介绍。

3.4.2 少子扩散方程

在输运理论中起主要作用的少子扩散方程是在使用了以下的简单假设后由连续性方程得到的。

(1) 分析所使用的系统是一维的，即所有变量只是一维坐标(x坐标)的函数。
(2) 分析仅限于少子。
(3) 在半导体或半导体的某一区域内，分析是在$\mathscr{E} \approx 0$的条件下进行的。
(4) 平衡少子浓度不是位置的函数，即$n_0 \neq n_0(x)$，$p_0 \neq p_0(x)$。
(5) 小注入条件成立。
(6) 间接热复合-产生是主要的热 R-G 机制。
(7) 在系统内没有"其他过程"发生，这可能排除了光产生。

如果系统是一维的，那么对于电子的连续性方程，可得

$$\frac{1}{q} \nabla \cdot \mathbf{J}_N \to \frac{1}{q} \frac{\partial J_N}{\partial x} \tag{3.47}$$

此外，当 $\mathscr{E} \simeq 0$ 且少子只与它有关[简化条件(2)和(3)]时，有

$$J_N = q\mu_n n\mathscr{E} + qD_N \frac{\partial n}{\partial x} \simeq qD_N \frac{\partial n}{\partial x} \tag{3.48}$$

在电流密度表达式中，可以忽略漂移分量，这是因为假定 $\mathscr{E}$ 很小，所以少子浓度也很小，$n\mathscr{E}$ 乘积也非常小。(注意，相同的论点不能应用于多子的情况。) 由于假设 $n_0 \neq n_0(x)$，若定义 $n = n_0 + \Delta n$，可得

$$\frac{\partial n}{\partial x} = \frac{\partial n_0}{\partial x} + \frac{\partial \Delta n}{\partial x} = \frac{\partial \Delta n}{\partial x} \tag{3.49}$$

结合式(3.47)至式(3.49)，可得

$$\frac{1}{q} \nabla \cdot \mathbf{J}_N \to D_N \frac{\partial^2 \Delta n}{\partial x^2} \tag{3.50}$$

下面考虑电子的连续性方程中其他的项，假定复合-产生的控制通过 R-G 中心，结合小注入和少子约束，用特殊情况表达式(3.34)替换热 R-G 项，即

$$\left.\frac{\partial n}{\partial t}\right|_{\substack{\text{thermal}\\ \text{R-G}}} = -\frac{\Delta n}{\tau_n} \tag{3.51}$$

另外，应用简化条件(7)，可得

$$\left.\frac{\partial n}{\partial t}\right|_{\substack{\text{other}\\ \text{processes}}} = G_L \tag{3.52}$$

如果半导体没有受到光照，则可以理解为 $G_L = 0$。最后，平衡电子浓度肯定不是时间的函数，$n_0 \neq n_0(t)$，可得

$$\frac{\partial n}{\partial t} = \frac{\partial n_0}{\partial t} + \frac{\partial \Delta n}{\partial t} = \frac{\partial \Delta n}{\partial t} \tag{3.53}$$

将式(3.50)至式(3.53)代入连续性方程(3.46a)，对于空穴有类似的结果：

$$\boxed{\begin{aligned}\frac{\partial \Delta n_p}{\partial t} &= D_N \frac{\partial^2 \Delta n_p}{\partial x^2} - \frac{\Delta n_p}{\tau_n} + G_L \\ \frac{\partial \Delta p_n}{\partial t} &= D_P \frac{\partial^2 \Delta p_n}{\partial x^2} - \frac{\Delta p_n}{\tau_p} + G_L\end{aligned}}\quad\text{少子扩散方程}\tag{3.54a}\tag{3.54b}$$

在式(3.54)中对载流子浓度添加下标是为了提醒读者注意，该方程只能在少子情况下使用，电子适用于 p 型材料，而空穴则适用于 n 型材料。

3.4.3 问题的简化和求解

在对器件进行分析时，常常允许对问题附加一些简化条件，以便降低少子扩散方程的复杂程度。表 3.1 中概述了少子扩散方程的简化及其结果。为了便于参考，表 3.2 中收集了许多少子扩散方程的简化形式，以及针对不同问题的解。

表 3.1　常见的扩散方程的简化

简 化	结 果
稳态时	$\frac{\partial \Delta n_p}{\partial t} \to 0$　$\left(\frac{\partial \Delta p_n}{\partial t} \to 0\right)$
无浓度梯度或无扩散电流时	$D_N \frac{\partial^2 \Delta n_p}{\partial x^2} \to 0$　$\left(D_P \frac{\partial^2 \Delta p_n}{\partial x^2} \to 0\right)$
无漂移电流或 $\mathscr{E} = 0$ 时	没有更进一步的简化(在很远处假定 $\mathscr{E} \approx 0$)
无热 R-G 时	$\frac{\Delta n_p}{\tau_n} \to 0$　$\left(\frac{\Delta p_n}{\tau_p} \to 0\right)$
无光照时	$G_L \to 0$

表 3.2　常见的特殊条件下扩散方程的解

问题 1 的解

已知：稳态，无光照

简化的扩散方程：
$$0 = D_N \frac{d^2 \Delta n_p}{dx^2} - \frac{\Delta n_p}{\tau_n}$$

解：$\Delta n_p(x) = A e^{-x/L_N} + B e^{x/L_N}$，其中 $L_N \equiv \sqrt{D_n \tau_n}$，$A$、$B$ 是解的常数

问题 2 的解

已知：无浓度梯度，无光照

简化的扩散方程：
$$\frac{d \Delta n_p}{dt} = -\frac{\Delta n_p}{\tau_n}$$

解：$\Delta n_p(t) = \Delta n_p(0) e^{-t/\tau_n}$

问题 3 的解

已知：稳态，无浓度梯度

简化的扩散方程：
$$0 = -\frac{\Delta n_p}{\tau_n} + G_L$$

解：$\Delta n_p = G_L \tau_n$

问题 4 的解

已知：稳态，无 R-G，也无光照

简化的扩散方程：
$$0 = D_N \frac{d^2 \Delta n_p}{dx^2} \quad \text{或} \quad 0 = \frac{d^2 \Delta n_p}{dx^2}$$

解：$\Delta n_p(x) = A + Bx$

3.4.4　解答问题

虽然我们已经介绍了所有必要的信息，但是并不十分清楚如何从扩散方程得到载流子浓度的解。器件分析提供的"问题"解的例子，在后续的内容中将予以介绍。在此，有必要举例说明一些解答简单问题的具体过程，并补充介绍两个基本概念。

实例 1

问：室温下，均匀施主掺杂的硅片在 $t = 0$ 时突然受到光照。假设 $N_D = 10^{15}/\text{cm}^3$，$\tau_p = 10^{-6}$ s，在半导体中，单位体积、单位时间内光诱导产生的电子和空穴个数为 10^{17} 个 $[10^{17}/(\text{cm}^3 \cdot \text{s})]$。在 $t > 0$ 时，求 $\Delta p_n(t)$。

解：

第一步，认真阅读问题叙述中已知和隐含的信息。

半导体是硅材料，在 $T = 300$ K 时，半导体内任何位置的施主掺杂是相同的，并且 $N_D = 10^{15}/\text{cm}^3$，$G_L = 10^{17}/(\text{cm}^3 \cdot \text{s})$。问题的叙述中隐含了在 $t < 0$ 时存在着平衡条件。

第二步，在平衡条件下系统的特点。

在室温下硅的 $n_i = 10^{10}/\text{cm}^3$。由于 $N_D \gg n_i$，因此 $n_0 = N_D = 10^{15}/\text{cm}^3$，$p_0 = n_i^2/N_D = 10^5/\text{cm}^3$。因为开始的掺杂都是均匀的，所以平衡的 n_0 和 p_0 的值在半导体内各处都是相同的。

第三步，对问题做定性的分析。

在 $t = 0$ 之前，平衡条件成立且 $\Delta p_n = 0$。在 $t = 0$ 时，光照所产生的附加电子、空穴和 Δp_n 将开始增加。增长的过剩载流子数引起与 Δp_n 成比例的间接热复合率的增加。因此，如同光产生的结果使 Δp_n 增长一样，越来越多的过剩空穴在单位时间内通过 R-G 中心复合而被消除。最终，在半导体内的某一点，单位时间内由间接热复合所湮灭的载流子等于由光照所产生的载流子，并且达到稳定状态。

小结一下，在 $t = 0$ 时，$\Delta p_n(t)$ 从零开始增加，复合率也逐渐增加，最后 $\Delta p_n(t)$ 变为常数。因为在稳态条件下，光致产生率必须等于热复合率。若低浓度注入成立，则状态的 $G_L = \Delta p_n(t \to \infty)/\tau_p$ 或 $\Delta p_n(t \to \infty) = \Delta p_{n|\max} = G_L \tau_p$。

第四步，做定量的分析。

少子扩散方程是大部分一阶定向分析的起点。考虑扩散方程不成立的显式条件之后，可以得到正确的少子扩散方程。方程经过简化后，其解依赖于边界条件。

对于目前考虑的问题，由上述分析可知，全部简化的假设包括得到的扩散方程都是成立的。特别值得注意的只有少子浓度；平衡载流子浓度不是位置的函数，在硅中主要是间接热复合-产生，并且除光产生外没有"其他过程"。因为光产生在半导体内是均匀的，所以在有微扰的系统中，微扰载流子浓度是与位置无关的量，并且电场 $\mathscr{E}$ 必须完全等于零。最终，$\Delta p_{n|\max} = G_L \tau_p = 10^{11}/\text{cm}^3 \ll n_0 = 10^{15}/\text{cm}^3$ 与小注入条件是一致的。

我们对于使用扩散方程已没有了疑义，现在可以解方程来得到定量解：

$$\frac{\partial \Delta p_n}{\partial t} = D_p \frac{\partial^2 \Delta p_n}{\partial x^2} - \frac{\Delta p_n}{\tau_p} + G_L \quad (3.55)$$

边界条件为

$$\Delta p_n(t)|_{t=0} = 0 \quad (3.56)$$

因为 Δp_n 不是位置的函数，所以扩散方程变为普通的微分方程并可简化为

$$\frac{d\Delta p_n}{dt} + \frac{\Delta p_n}{\tau_p} = G_L \quad (3.57)$$

方程 (3.57) 的一般解为

$$\Delta p_n(t) = G_L \tau_p + A e^{-t/\tau_p} \quad (3.58)$$

利用边界条件可得

$$A = -G_L \tau_p \quad (3.59)$$

和

$$\Delta p_n(t) = G_L \tau_p (1 - e^{-t/\tau_p}) \quad \Leftarrow \text{方程解} \quad (3.60)$$

第五步，方程解的验证。

对于本问题，数学上的解是无法验证的。对于式 (3.60) 的结果，$G_L\tau_p$ 有浓度的量纲（数目/cm^3），这个解至少在量纲上是正确的。图 3.25 所示的是式(3.60)的结果。注意，它与定性的预测是一致的，在 $t=0$ 时，$\Delta p_n(t)$ 从零开始，经过不多的 τ_p 之后，最终饱和至 $G_L\tau_p$。

总结：在这里没有直接指出刚刚求出的问题的解与 3.3.4 节所描述的光电导衰减测试系统的关系。在测试中所使用的由频闪仪产生的一阶光脉冲输出信号如图 3.26(a)所示。在一个光脉冲持续的过程中，载流子的增加可近似由式(3.60)来描述。频闪仪产生光脉冲的脉冲宽度 $t_{on} \cong 1\ \mu s$，少子寿命 $\tau_p \cong 150\ \mu s$，两者之比可知 $t_{on}/\tau_p \ll 1$，在光脉冲关断之前，恰好只在图 3.25 的最初部分是瞬变过程，经过衰减，半导体又回到平衡状态。

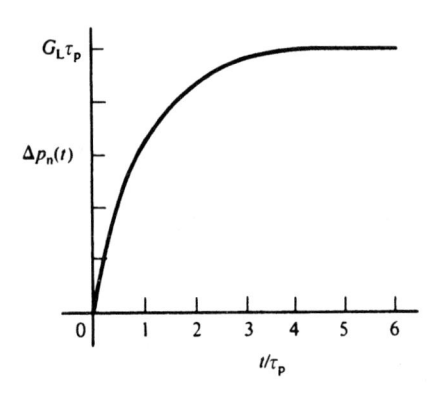

图 3.25 实例 1 的解。光产生导致的过剩空穴浓度增加与时间的函数关系

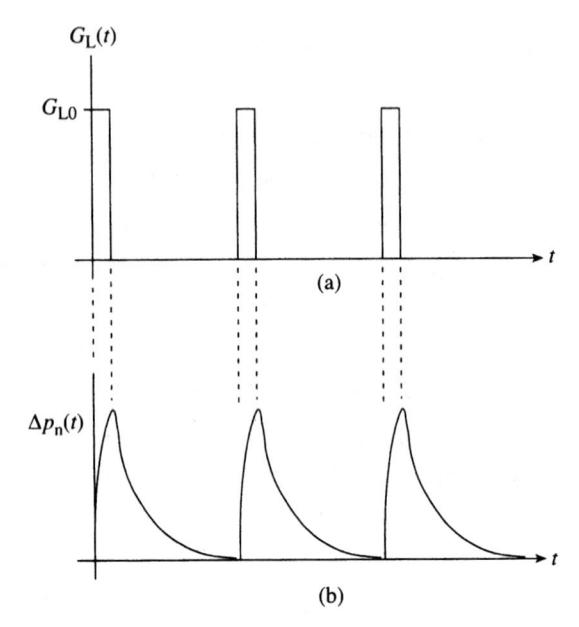

图 3.26 (a)在光电导衰减测试中，由频闪仪产生的光脉冲输出信号的近似形状；(b)对于过剩少子浓度同时显示光脉冲开/关的结果示意图

在光电导衰减分析中，验证光脉冲关断时 $\Delta p(t)$ 表达式的正确性也是很重要的。光脉冲关断时表达式的推导过程与有光脉冲照射时问题的求解非常相似，除了光脉冲关断瞬态开始时的 Δp_n 等于光脉冲照射瞬态结束时的 Δp_n，并且在式(3.55)和式(3.57)中将 G_L 设为零。对于 $G_L = 0$，式(3.57)的解与表 3.2 中问题 2 的解是相同的。即

$$\Delta p_n(t) = \Delta p_n(0) e^{-t/\tau_p} \tag{3.61}$$

上式在 $t=0$ 时，重新设定符合光脉冲关断瞬态的开始状态。在测试分析中的式(3.37)和式(3.61)是相同的。考虑到分析的完整性，可以综合光脉冲的开/关态 $\Delta p_n(t)$ 的解，如图 3.26(b)所示。

实例 2

问：如图 3.27(a) 所示，在施主浓度 $N_D = 10^{15}/\text{cm}^3$ 的均匀掺杂半无限长硅棒($x=0$) 的一端，由于受到光照，在 $x=0$ 处产生 $\Delta p_{n0} = 10^{10}/\text{cm}^3$ 的过剩空穴。光照只在表面，没有光进入硅棒的内部($x>0$)。确定此时的 $\Delta p_n(x)$。

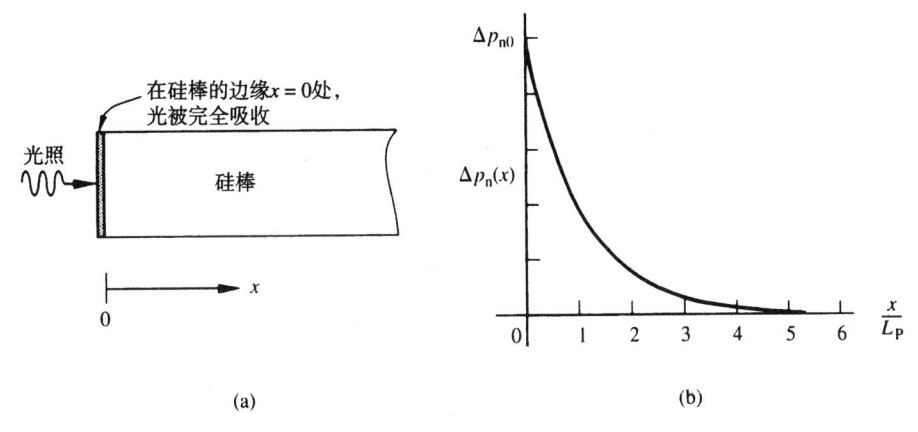

图 3.27 (a) 实例 2 的示意图；(b) 实例 2 的解的过剩空穴浓度在硅棒内随位置变化的示意图

解：再次强调半导体硅为施主浓度 $N_D = 10^{15}/\text{cm}^3$ 的均匀掺杂。因为我们要求 $\Delta p_n(x)$ 而不是 $\Delta p_n(x,t)$，所以可以推断出半导体处于稳态条件中。而且，在 $x=0$ 处，$\Delta p_n(0) = \Delta p_{n0} = 10^{10}/\text{cm}^3$；当 $x \to \infty$ 时，$\Delta p_n \to 0$。$x \to \infty$ 时的边界条件源自硅棒的半无限长性质。由于非穿透光，在 Δp_n 上的微扰不可能延伸至 $x = \infty$。光的非穿透特性使得 $x > 0$ 时，$G_L = 0$。最后要注意的是，没有指出此项操作的温度，合理的假设温度为室温 $T = 300$ K。

若将光照移去，温度保持在 300 K，实例 2 的硅棒将恢复到与实例 1 所描述的平衡条件相同的状态。在平衡条件下，$n_0 = 10^{15}/\text{cm}^3$，$p_0 = 10^5/\text{cm}^3$，硅棒中的载流子浓度是均匀的。

定性地讲，除了硅棒中非穿透光的效果，其他情形的结果都是比较简单的。首先，光照在硅棒 $x=0$ 处的右边产生过剩载流子。由于这一点的载流子多于半导体硅棒内的任何一点，因此接着开始扩散过程，过剩载流子向半导体内扩散。与此同时，在半导体硅棒内的过剩空穴浓度使得热复合率增加。因此，作为进入半导体硅棒的扩散空穴，它们的数量由于复合而减少。另外，有限周期内少子空穴的寿命是时间 τ_p 的平均，随着扩散深度变得越来越大，半导体硅棒内存活的过剩空穴越来越少。所以，在稳态条件下，可以认为靠近 $x=0$ 处空穴的分布是过剩的，$\Delta p_n(x)$ 是单调衰减的，在 $x=0$ 时为 Δp_{n0}，而在 $x \to \infty$ 时，$\Delta p_n = 0$。

下面为获得定量的解做一些准备，我们考虑的系统是一维系统，分析仅限于少子空穴，平衡载流子浓度与位置无关，在 $x>0$ 时，没有"其他过程"存在，只有间接热复合-产生，并且低浓度注入条件明显成立($\Delta p_{n|\text{max}} = \Delta p_{n0} = 10^{10}/\text{cm}^3 \ll n_0 = 10^{15}/\text{cm}^3$)。使用扩散方程作为问题定量分析的出发点，唯一可能的问题是外电场 $\mathscr{E}$ 是否为零($\mathscr{E} \simeq 0$)。对于有光照的情况，空穴的非均匀分布和已知正电荷的分布将出现在 $x=0$ 附近的表面。然而，过剩空穴的积累非常小($\Delta p_{n|\text{max}} \simeq n_i$)，而且希望已知电场相当小。在这种情况下可以发现多子是带负电的电子，通过重新分布这样的方式可以消去部分少子电荷。这说明外电场 $\mathscr{E} \simeq 0$ 的假设是合理的，少子扩散方程的使用也是正确的。

在稳态条件下，$x>0$ 时 $G_L = 0$，空穴扩散方程可简化为

$$D_P \frac{d^2 \Delta p_n}{dx^2} - \frac{\Delta p_n}{\tau_p} = 0, \qquad x > 0 \tag{3.62}$$

这里解的边界条件为

$$\Delta p_n|_{x=0^+} = \Delta p_n|_{x=0} = \Delta p_{n0} \tag{3.63}$$

和

$$\Delta p_n|_{x \to \infty} = 0 \tag{3.64}$$

式(3.62)是一种简单的扩散方程，其一般解参考表 3.2 可得

$$\Delta p_n(x) = A e^{-x/L_P} + B e^{x/L_P} \tag{3.65}$$

其中

$$L_P \equiv \sqrt{D_P \tau_p} \tag{3.66}$$

因为在 $x \to \infty$ 时，$\exp(x/L_P) \to \infty$，满足边界条件式(3.64)的唯一方式是 B 必须等于零。由于 $B = 0$，应用边界条件式(3.63)可得

$$A = \Delta p_{n0} \tag{3.67}$$

和

$$\Delta p_n(x) = \Delta p_{n0} e^{-x/L_P} \quad \leftarrow 解 \tag{3.68}$$

式(3.68)的结果如图 3.27(b)所示。这与定性的结论是一致的，非穿透光只能引起 $\Delta p_n(x)$ 从 $\Delta p_{n0}(x = 0$ 时)开始单调衰减至零($x \to \infty$ 时)。注意过剩载流子浓度衰减的函数形式是特征衰减长度等于 L_P 的指数衰减。

3.5 补充的概念

3.5.1 扩散长度

这种情况只在实例 2 中可以遇到，即少子的过剩产生(或出现)于半导体内的特定平面，从某一点注入的过剩少子将不断地扩散，并且过剩载流子浓度以指数形式衰减，其衰减长度为 L_P。经常以这个长度为特征长度对半导体内所发生的情况进行分析，这个特征长度即扩散长度。特别是

$$L_P \equiv \sqrt{D_P \tau_p} \quad \text{n 型材料的少子空穴} \tag{3.69a}$$

和

$$L_N \equiv \sqrt{D_N \tau_n} \quad \text{p 型材料的少子电子} \tag{3.69b}$$

这就是少子扩散长度公式。

在物理概念上，L_P 和 L_N 表示少子在被湮灭之前能够在大量多子内扩散的平均距离。显然，这种解释与实例 2 的是一致的。在半导体硅棒内，过剩少子的平均位置是

$$\langle x \rangle = \int_0^\infty x \Delta p_n(x) dx \bigg/ \int_0^\infty \Delta p_n(x) dx = L_P \tag{3.70}$$

可以这样理解上式的含义：少子扩散进入大量多子的环境内如同一小群动物试图穿越食人鱼

大批出没的 Amazon 河段。类似地，L_P 和 L_N 相应是这群动物被食人鱼吃掉之前进入河段的平均距离。

对于温度为 300 K、$N_D = 10^{15}/\text{cm}^3$ 的掺杂硅半导体样品，$\tau_p = 10^{-6}$ s 时扩散长度的大小为

$$L_P = \sqrt{D_P \tau_p} = \sqrt{(kT/q)\mu_p \tau_p} = [(0.0259)(458)(10^{-6})]^{1/2}$$
$$= 3.44 \times 10^{-3} \text{ cm}$$

尽管这个计算数值还算具有代表性，但是应该注意扩散长度的范围有几个数量级，因为载流子寿命的变化范围是很大的。

3.5.2 准费米能级

准费米能级是在非平衡条件下用来描述载流子浓度的能级。

下面介绍准费米能级。首先，参考实例 1，在 $t = 0$ 之前平衡条件成立，$n_0 = N_D = 10^{15}/\text{cm}^3$，$p_0 = 10^5/\text{cm}^3$。平衡状态的能带图如图 3.28(a) 所示。对能带图和图中费米能级所处位置进行观察，可知它们表示的是平衡载流子的浓度分布，因此，

$$n_0 = n_i e^{(E_F - E_i)/kT} \tag{3.71a}$$

$$p_0 = n_i e^{(E_i - E_F)/kT} \tag{3.71b}$$

需要强调的是，在平衡条件下，费米能级和载流子浓度之间有一一对应的关系。由 E_F 可以得到 n_0 和 p_0，反之由 n_0 和 p_0 也可以得到 E_F。

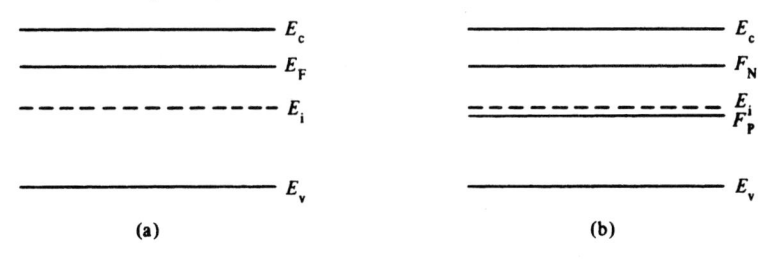

图 3.28 准费米能级的示例。能带所描述的状态是实例 1 中半导体内 (a) 平衡状态下与 (b) 非平衡状态下 ($t \gg \tau_p$) 的能带图

在实例 1 中，当 $t \gg \tau_p$ 时，半导体处在非平衡（稳态）状态。因为 $t \gg \tau_p$，所以 $\Delta p_n = G_L \tau_p = 10^{11}/\text{cm}^3$，$p = p_0 + \Delta p \cong 10^{11}/\text{cm}^3$，$n \approx n_0 = 10^{15}/\text{cm}^3$。虽然 n 基本上保持未受扰动，但是 p 增加了许多个数量级；显然，图 3.28(a) 所示的图不再能描述这个系统的状态。事实上，费米能级的定义只在平衡条件下成立，而且不能用来推导在非平衡状态下系统内的载流子浓度分布情况。

通过使用准费米能级，可以将能带图推广到非平衡状态，这便于推导和验证载流子浓度。分别引入电子和空穴的准费米能级 F_N 和 F_P 来完成与非平衡载流子浓度相关的定义，该定义中的 E_F 与平衡载流子浓度中的 E_F 是相同的。在非平衡状态下，若半导体是非简并的，则有

$$n \equiv n_i e^{(F_N - E_i)/kT} \quad \text{或} \quad F_N \equiv E_i + kT \ln\left(\frac{n}{n_i}\right) \tag{3.72a}$$

和

$$p \equiv n_i e^{(E_i - F_P)/kT} \quad \text{或} \quad F_P \equiv E_i - kT \ln\left(\frac{p}{n_i}\right) \tag{3.72b}$$

注意 F_N 和 F_P 是与能级结构有关的概念，F_N 和 F_P 的大小完全通过已知的 n 和 p 的数值来决定。

准费米能级需要满足在系统受到微扰经过衰减回到平衡状态的过程中,可以有 $F_N \to E_F$, $F_P \to E_F$, 以及式(3.72)→式(3.71)。

为了应用准费米能级,重新考虑实例1中当 $t \gg \tau_p$ 时半导体的状态。首先,因为 $n \simeq n_0$, $F_N \simeq E_F$。其次,将 $p = 10^{11}/\text{cm}^3$ ($n_i = 10^{10}/\text{cm}^3$, $kT = 0.0259 \text{ eV}$)代入式(3.72b),可得 $F_P = E_i - 0.06 \text{ eV}$。从能带图中消去 E_F,并且画出适当的能量直线分别表示 F_N 和 F_P,其结果如图 3.28(b)所示。图 3.28(b)清楚地显示出系统在非平衡状态下;与图 3.28(a)相比,图 3.28(b)说明在半导体内发生了小注入,少子空穴的浓度大于 n_i。第二个使用准费米能级的例子以实例 2 和准费米能级与位置的依赖关系为基础,在练习 3.5 中将予以介绍。

最后,使用准费米能级的形式将载流子输运的关系式重新改写为更简洁的形式。例如,对于总的空穴电流,标准形式的方程如下:

$$\mathbf{J}_P = q\mu_p p \mathscr{E} - qD_P \nabla p \tag{3.73}$$

[同式(3.18a)]

式(3.72b)的两边对位置求微分,可得

$$\nabla p = \left(\frac{n_i}{kT}\right) e^{(E_i - F_P)/kT}(\nabla E_i - \nabla F_P) \tag{3.74a}$$

$$= \left(\frac{qp}{kT}\right)\mathscr{E} - \left(\frac{p}{kT}\right)\nabla F_P \tag{3.74b}$$

从式(3.74a)得到式(3.74b)时使用了恒等式 $\mathscr{E} = \nabla E_i/q$ [这是式(3.15)的三维形式]。下面使用式(3.74b)消去式(3.73)中的 ∇p,可得

$$\mathbf{J}_P = q\left(\mu_p - \frac{qD_P}{kT}\right)p\mathscr{E} + \left(\frac{qD_P}{kT}\right)p\nabla F_P \tag{3.75}$$

然而,由爱因斯坦关系式,$qD_P/kT = \mu_p$,可得出结论:

$$\mathbf{J}_P = \mu_p p \nabla F_P \tag{3.76a}$$

同理,

$$\mathbf{J}_N = \mu_n n \nabla F_N \tag{3.76b}$$

因为在式(3.76)中 $\mathbf{J}_P \propto \nabla F_P$ 且 $\mathbf{J}_N \propto \nabla F_N$,这使得包括准费米能级的能带图的一般解释非常有趣。即准费米能级是随位置变化的($dF_P/dx \neq 0$ 或 $dF_N/dx \neq 0$),它表示在半导体中有电流流动。

练习 3.5

问:在实例 2 中,半导体硅棒受到光照而形成了稳态,过剩空穴浓度为 $\Delta p_n(x) = \Delta p_{n0} \exp(-x/L_P)$。已知小注入条件成立,并注意 $p = p_0 + \Delta p$,所以对于光照的半导体样品有

$$n \simeq n_0$$

$$p = p_0 + \Delta p_{n0} e^{-x/L_P}$$

(a) 在光照的半导体硅棒内,使用式(3.72)建立 F_N 和 F_P 的关系式。

(b) 说明当 $\Delta p_n(x) \gg p_0$ 时,F_P 是 x 的线性函数。

(c) 使用(a)和(b)部分的结果,分别画出在平衡和光照稳态条件下实例 2 的半导体硅棒能带图。(假设在光照半导体硅棒中 $\mathscr{E} = 0$。)

(d) 在稳态条件下的光照半导体硅棒内,有空穴电流吗?说明理由。

(e) 在稳态条件下的光照半导体硅棒内，有电子电流吗？说明理由。

答：

(a) 由于 $n \cong n_0$，所以由式 (3.72a) 可知 $F_N \cong E_F$。另外，将 p 的表达式代入式 (3.72b) 可得

$$F_P = E_i - kT \ln(p/n_i) = E_i - kT \ln[p_0/n_i + (\Delta p_{n0}/n_i)e^{-x/L_P}]$$

(b) 如果 $\Delta p_n(x) \gg p_0$，则 $(\Delta p_{n0}/n_i)\exp(-x/L_P) \gg p_0/n_i$ 且

$$F_P \simeq E_i - kT \ln[(\Delta p_{n0}/n_i)e^{-x/L_P}]$$

或

$$F_P = E_i - kT \ln(\Delta p_{n0}/n_i) + kT(x/L_P)$$

(c) 由实例 2 可知，$\Delta p_{n0} = 10^{10}/\text{cm}^3$，$n_i = 10^{10}/\text{cm}^3$，$p_0 = n_i^2/N_D = 10^5/\text{cm}^3$。因此

(i) 在 $x = 0$ 附近，$\Delta p_n(x) \gg p_0$，F_P 是 x 的线性函数。
(ii) 在 $x = 0$ 时，$\Delta p_{n0} = n_i$，由 (b) 部分的结果可知 $F_P = E_i$。
(iii) 在 x 较大时，F_P 最终趋近于 $F_N = E_F$。
(iv) $F_N - E_i \simeq E_F - E_i = kT \ln(N_D/n_i) = 0.30$ eV。

利用前面的结果可得到下图：

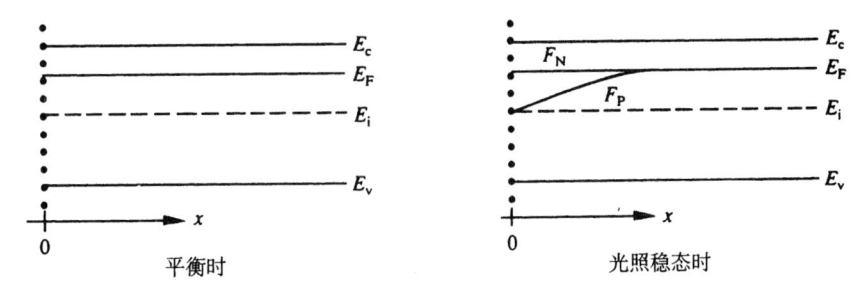

平衡时　　　　　　　光照稳态时

(d) 假设 $p \neq 0$，因为 $dF_P/dx \neq 0$，由式 (3.76a) 可知有空穴电流存在。显然，在 $x = 0$ 附近光照硅棒内有空穴电流。

(e) 一些表面现象有时会产生误导，如在 $x = 0$ 附近 $J_N \neq 0$。但由 (c) 部分的结果可知 $dF_N/dx = 0$，所以 $J_N = 0$。在稳态条件下，硅棒内所有点的电流一定等于常数，即 J（总电流）$= J_N + J_P = $ 常数。由于在 $x = 0$ 处没有电流流出硅棒，因此在 $x = 0$ 处电流 J 必须为零。因此，$J_N(x) = -J_P(x)$，所以在 $x = 0$ 附近 $J_P \neq 0$。J_N 与 n 和 ∇F_N 成比例的事实，使得两种电流有明显的差别。因为多子电子的浓度远大于少子空穴的浓度，所以相应地 dF_N/dx 一定小于 dF_P/dx。F_N 的斜率不可能从能带图中反映出来。

3.6 小结

本章着重讨论了发生在半导体内的三种基本的载流子输运类型：漂移、扩散和复合-产生。首先，对于每种情况的载流子输运，我们给出了定义和物理图示。其中漂移是带电粒子在外电场作用下的运动。扩散是由于载流子的无规则热运动引起的从高粒子浓度区向低粒子浓度区的移动。复合与产生分别是载流子的湮灭和创建。其次，本章定量分析了每种载流子输运的结果。

漂移和扩散引起的粒子电流由式(3.4)和式(3.17)~式(3.19)给出；复合-产生对载流子浓度的变化所产生的影响，如浓度变化是时间的函数，则由式(3.34)表示。与每种载流子输运有关的定量分析可产生一个"运动常数"，这个与材料相关的重要参数表示了半导体样品中载流子输运的重要特性，如载流子的迁移率、扩散系数和少子寿命是分别与漂移、扩散和复合-产生有关的参数。在大多数半导体中，载流子迁移率是掺杂和温度的函数。选择图 3.5 和图 3.7 中曲线的迁移率数据，练习 3.1 中还给出了硅的载流子迁移率的经验公式。非简并半导体内的扩散系数是利用爱因斯坦关系式[参见式(3.25)]用载流子迁移率计算得到的。此外，实验设备通常用来测试半导体样品中载流子的寿命。

除了对半导体内同时发生的各种类型的载流子输运分别进行了介绍和分析，本章还在数学上结合了各种载流子输运特性，得到了载流子的连续性方程(3.46)。连续性方程在一定的条件下，经过简化后得到了少子扩散方程(3.54)，在许多实际问题中将会遇到该方程。表 3.1 中记录了少子扩散方程的简化过程及其结果，表 3.2 中列出了被广泛应用的方程简化形式的解。本章还使用了连续性方程和少子扩散方程，并将其与另一个关系式相结合，得到了施加了微扰的半导体的解。表 3.3 中对重要的常用关系式进行了重新组织并在表中列出。

表 3.3　载流子输运方程总结

状态方程

$$\frac{\partial n}{\partial t} = \frac{1}{q}\nabla \cdot \mathbf{J}_N + \left.\frac{\partial n}{\partial t}\right|_{\text{thermal R-G}} + \left.\frac{\partial n}{\partial t}\right|_{\text{other processes}} \qquad \frac{\partial \Delta n_p}{\partial t} = D_N \frac{\partial^2 \Delta n_p}{\partial x^2} - \frac{\Delta n_p}{\tau_n} + G_L$$

$$\frac{\partial p}{\partial t} = -\frac{1}{q}\nabla \cdot \mathbf{J}_P + \left.\frac{\partial p}{\partial t}\right|_{\text{thermal R-G}} + \left.\frac{\partial p}{\partial t}\right|_{\text{other processes}} \qquad \frac{\partial \Delta p_n}{\partial t} = D_P \frac{\partial^2 \Delta p_n}{\partial x^2} - \frac{\Delta p_n}{\tau_p} + G_L$$

电流和 R-G 的关系

$$\mathbf{J}_N = \mathbf{J}_{N|\text{drift}} + \mathbf{J}_{N|\text{diff}} = q\mu_n n\mathscr{E} + qD_N \nabla n \qquad \left.\frac{\partial n}{\partial t}\right|_{\text{i-thermal R-G}} = -\frac{\Delta n}{\tau_n}$$

$$\Updownarrow 漂移 \qquad \Updownarrow 扩散$$

$$\mathbf{J}_P = \mathbf{J}_{P|\text{drift}} + \mathbf{J}_{P|\text{diff}} = q\mu_p p\mathscr{E} - qD_P \nabla p \qquad \left.\frac{\partial p}{\partial t}\right|_{\text{i-thermal R-G}} = -\frac{\Delta p}{\tau_p}$$

$$\mathbf{J} = \mathbf{J}_N + \mathbf{J}_P$$

关键的参数关系

$$L_N \equiv \sqrt{D_N \tau_n} \qquad \frac{D_N}{\mu_n} = \frac{kT}{q} \qquad \tau_n = \frac{1}{c_n N_T}$$

$$L_P \equiv \sqrt{D_P \tau_p} \qquad \frac{D_P}{\mu_p} = \frac{kT}{q} \qquad \tau_p = \frac{1}{c_p N_T}$$

电阻和静电的关系

$$\rho = \frac{1}{q(\mu_n n + \mu_p p)} \qquad \rho = \frac{1}{q\mu_n N_D} \quad \cdots\text{n 型半导体}$$

$$\rho = \frac{1}{q\mu_p N_A} \quad \cdots\text{p 型半导体}$$

$$\mathscr{E} = \frac{1}{q}\frac{dE_c}{dx} = \frac{1}{q}\frac{dE_v}{dx} = \frac{1}{q}\frac{dE_i}{dx} \qquad V = -\frac{1}{q}(E_c - E_{\text{ref}})$$

准费米能级的关系

$$F_N \equiv E_i + kT \ln\left(\frac{n}{n_i}\right) \qquad \mathbf{J}_N = \mu_n n \nabla F_N$$

$$F_P \equiv E_i - kT \ln\left(\frac{p}{n_i}\right) \qquad \mathbf{J}_P = \mu_p p \nabla F_P$$

本章还论述了许多与载流子输运有关的问题：包括电阻率和电阻率的测量方法，热探针测量方法，平衡费米能级的不变性，非均匀掺杂和与之相关的内建电场，E-k图，少子寿命的测量，以及扩散长度等。虽然能带图不容易识别，但其对于半导体是很重要的。应该指出的是，在半导体内存在电场时会引起能带的弯曲或能带随位置的变化。使用能带图可以简单地确定材料中存在的电位和电场的一般函数关系。讨论复合-产生时，在靠近禁带中央处增加一个能级，这个能级由 R-G 中心产生，在能带间的热交换中起着重要作用。最后，作者对非平衡条件下的准费米能级进行了介绍。

习题

第 3 章 习题信息表				
习 题	在以下小节后完成	难度水平	建议分值	简短描述
3.1	3.3.1	1	16(每问 2 分)	能带的图示
3.2	3.1.4(a~d) 3.3.4(e~h)	1~2	16(每问 2 分)	简要回答
●3.3	3.1.3	3	25	μ 与 T 的曲线
●3.4	"	3	18(b-15, c-3)	μ_n 与 T 的研究数据
3.5	3.1.4	a-1, b-3	12(a-6, b-6)	本征/最大 ρ
3.6	"	2	15(每问 3 分)	电阻率问题
●3.7	"	2	15	ρ 与 N_A、N_D 的曲线
●3.8	"	3~4	20(每问 10 分)	电阻中 $N_D(x)$ 的变化
●3.9	"	3	18(a-12, b-6)	ρ 与 T 的曲线
●3.10	"	4	20(每问 5 分)	温度传感器
3.11	3.1.5	2	5	计算电子的热速度
3.12	3.1.5(a~d) 3.2.4(e, f)	2, e-3	16/示意图 (ax:c-2, d-4, e-2, f-4)	用能带图说明
3.13	3.2.4	3	15(a-10, b-3, c-2)	自建电场
●3.14	"	2	15(a-3, b-10, c-2)	D 与 N_A、N_D 的计算
3.15	3.3.3	3	10	式(3.35)→式(3.34)
3.16	3.4.2	1	6(每问 2 分)	简单的扩散方程问题
3.17	3.4.4	1	6	非 R-G 区域的扩散方程
3.18	"	2	12(a::c-2, d-6)	扩散方程，神秘的光线
3.19	"	2	8	扩散方程，$G_L \to G_L/2$
3.20	"	2~3	10	扩散方程，光照+边缘 R
3.21	"	3	15(a::d-2, e-7)	扩散方程，双边照射
3.22	"	3~4	15(a::c-2, d-9)	扩散方程，半照射
3.23	"	2	8(a-2, b-4, c-2)	硫化镉(CdS)光产生
3.24	3.5.2	2	12(a-2, b-4, c::e-2)	准费米能级
3.25	"	3~4	15	准费米能级
●3.26	"	3~4	15(a-13, b-2)	准费米能级曲线

3.1 使用能带图，简要说明下列情况。

(a)在半导体内存在电场。

(b) 电子的动能为零，即 K.E. = 0。
(c) 空穴的动能为零，即 K.E. = $E_G/4$。
(d) 光产生。
(e) 直接热产生。
(f) 直接复合。
(g) 经由 R-G 中心的复合。
(h) 经由 R-G 中心的产生。

3.2 简要回答：

(a) 当 2 V 的电压加在 1 cm 长的半导体硅棒的两端时，空穴的平均漂移速度为 10^3 cm/s。半导体硅棒内的空穴迁移率是多少？

(b) 影响非简并掺杂半导体器件性能的两种主要载流子散射机制的名称是什么？

(c) 在已知本征半导体材料中的载流子迁移率与那些重掺杂材料相比，结果为(选择其一：较高，较低，相同)。简要说明为什么与那些重掺杂材料相比，在本征材料中的迁移率是(所选的答案)。

(d) n 型和 p 型两片砷化镓晶片是均匀掺杂的，即 N_D(晶片 1) = N_A(晶片 2) ≫ n_i。哪一个晶片的电阻率较大？说明理由。

(e) 在室温下硅样品中测得电子的迁移率是 1300 $cm^2/(V·s)$，求电子的扩散系数。

(f) 低浓度注入的代数表述是什么？

(g) 在硅样品中使用光照来产生过剩载流子。这些过剩载流子将会通过(选择其一：直接，R-G 中心，光照)复合形式而被复合。

(h) 在处理之前，硅样品中含有 $N_D = 10^{14}/cm^3$ 的施主和 $N_T = 10^{11}/cm^3$ 的 R-G 中心。处理之后(器件制造中的说法)，样品含有 $N_D = 10^{17}/cm^3$ 的施主和 $N_T = 10^{10}/cm^3$ 的 R-G 中心。在处理的过程中少子的寿命增加了还是减少了？说明理由。

●3.3 完成练习 3.1 的(b)部分。

●3.4 (a) (可选) 阅读 R. F. Pierret 的 *Semiconductor Measurement Laboratory Operations Manual* 一书中的 Experiment No. 7 Introduction and Measurement System。Supplement A, in the Modular Series on Solid State Devices, Addison-Wesley Publishing Co., Reading, MA, © 1991.

(b) 硅样品在 $N_D < 10^{14}/cm^3$ 时，从室温至 T = 150 K，其迁移率是温度的函数，参考(a)部分的测量描述，求迁移率。表示 μ_n 与 $T(K)$ 关系的数据出自学生自己测得的结果(参见下表)。若 $\mu_n \propto T^{-b}$ [或 $\ln(\mu_n)$ = 常数 – **b** $\ln(T)$]，可使用 MATLAB 的 polyfit 函数或等价的最小二乘拟合①来确定指数因子 **b** 的最佳拟合值。在数据的对数坐标图中画出拟合曲线，求出 **b** 的最佳拟合值。

(c) 将(b)部分的结果与图 3.7(a)进行比较。由轻掺杂样品得到的实验数据重要吗？由

---

① 已知有 N 个数据点 (x_i, y_i) 且 $i = 1, \cdots, N$，直线 $y = a + bx$ 是它的最佳拟合数据，直线对于 y 轴截距和斜率分别为

$$a = \frac{\Sigma y_i \Sigma x_i^2 - \Sigma x_i \Sigma x_i y_i}{N \Sigma x_i^2 - (\Sigma x_i)^2} \quad \text{和} \quad b = \frac{N \Sigma x_i y_i - \Sigma x_i \Sigma y_i}{N \Sigma x_i^2 - (\Sigma x_i)^2}$$

所有的求和为 $i = 1$ 至 $i = N$。最佳拟合的标准是对于 a 和 b 的直线表达式，拟合曲线与已知数据之间差的平方最小，称之为最小二乘拟合。

实验得到的 b 值与下表所得的 b 值一致吗？测量到的迁移率的数量级是多大？

T(K)	μ_n[cm^2/(V·s)]	T(K)	μ_n[cm^2/(V·s)]	T(K)	μ_n[cm^2/(V·s)]
290	1501	240	2415	190	4209
280	1646	230	2675	180	4619
270	1805	220	2978	170	5216
260	1985	210	3306	160	5910
250	2185	200	3743	150	6757

3.5 本征和最大电阻率：
(a) 温度在 300 K 时，求 Ge、Si 及 GaAs 的本征电阻率。
(b) 温度在 300 K 时，求 Ge、Si 及 GaAs 可能的最大电阻率。

3.6 更多有关电阻率的问题：
(a) 在室温下，硅样品内均匀地掺入 $N_D = 10^{16}$/cm^3 的施主杂质。使用式(3.8a)计算样品的电阻率。并将其结果与图 3.8(a) 所得到的结果 ρ 进行比较。
(b) 对于(a)样品的一种"补偿"是加入 $N_A = 10^{16}$/cm^3 的受主杂质。计算补偿样品的电阻率。(要注意问题中对迁移率大小的选择。)
(c) 在室温下，计算本征硅($N_D = 0$，$N_A = 0$)的电阻率。将其结果与(b)进行比较会得到怎样的结果。
(d) 使用 n 型硅片制成一个棒状 500 Ω 的电阻。电阻的横截面积为 10^{-2} cm^2，载流长度为 1 cm。求所需的掺杂浓度为多少？
(e) 轻掺杂($N_D < 10^{14}$/cm^3)的硅样品由室温加热到100℃。在室温和100℃时，$N_D \gg n_i$。样品的电阻率是增加了还是减少了？说明其原因。

●3.7 使用适当的迁移率关系式和练习 3.1 中所提供的参数，做出在温度 T = 300 K 时硅的电阻率与掺杂浓度的关系曲线。对于 n 型和 p 型硅，曲线取值范围为 10^{13}/cm^3 ≤ N_A 或 N_D ≤ 10^{20}/cm^3。将得到的结果与图 3.8(a) 进行比较。

3.8 集成电路中的电阻有时是由靠近硅片表面的半导体薄层构成的。但扩散或粒子注入的形成层(将在第 4 章中讨论)会引起掺杂浓度随层深变化。当掺杂浓度随层深变化时，计算电阻是如何变化的。
(a) 已知棒状电阻的层宽为 W，长为 L，深为 d，并且假定 $N_D(x)$ 随深度 x 而变化，x 从硅片表面开始，层电阻的计算由以下公式得到：

$$R = \frac{L}{W}\left[\frac{1}{q\int_0^d \mu_n(x)N_D(x)dx}\right]$$

● (b) 若 $N_D(x) = N_{D0}\exp(-\alpha x) + N_{DB}$，当 10^{14}/cm^3 ≤ N_{D0} ≤ 10^{18}/cm^3、L = W、$N_{DB} = 10^{14}$/cm^3、d = 5 μm、1/α = 1 μm 时，计算并画出 R 与 N_{D0} 的关系曲线。

●3.9 (a) 修改习题 3.3 中 μ 与 T 的程序，计算并画出 ρ (为对数坐标)与 T 的关系曲线，其中 200 K ≤ T ≤ 500 K，N_D 或 N_A 从 10^{14}/cm^3 至 10^{18}/cm^3 以十为基数增加。注意：若使用式(3.8)计算 ρ，则在高温时轻掺杂曲线是错误的。解释其原因？假定用式(3.8)来计算，如何修改 ρ 与 T 的程序才可纠正错误？
(b) 将得到的 n 型结果与文献中的 Fig.7[见 Li and Thurber Solid-State Electronics, 20,

609(1977)]进行比较。将 p 型结果与文献中的 Fig.7[见 Li Solid-State Electronics, 21, 1109(1978)]进行比较。讨论比较的结果。

3.10 自己制作一个温度传感器,用来测量 W. Lafayette IN 周围的户外温度($-30\,℃ \leqslant T \leqslant 40\,℃$)。温度传感器的工作原理是改变已知棒状硅片的电阻来实现对温度的测量。

(a) 限定掺杂为非简并掺杂,器件有合适尺寸,其电阻可用手持万用表来测量(阻值的范围为 $1\,\Omega \leqslant R \leqslant 1000\,\Omega$),说明传感器的掺杂和尺寸的大小。

(b) 求在工作温度范围以外传感器灵敏度(dR/dT,单位为 $\Omega/℃$)的表达式。与灵敏度有关的掺杂是使用轻掺杂合适还是重掺杂合适?说明理由。

(c) 温度传感器的高温和低温工作极限大约是多少?说明理由。

● (d) 画出传感器工作温度范围以外 R 与 T 的关系曲线。

3.11 在半导体内,热能只对高能载流子速度起作用。考虑在室温下的非简并半导体,计算在导带中与电子分布的峰值所对应的动能的热速度。在计算时设定 $m^* = m_0$。(此问题的假设可参考习题 2.7 或习题 2.8。)

3.12 用能带图来解释图 P3.12 中六种不同的硅样品在温度保持 300 K 时的特性。回答问题时尽量选择特殊的图进行分析。也许会重复使用其他的能带图。

(a) 平衡条件成立吗?你是如何得知的?

(b) 画出在半导体内静电势(V)与 x 的关系曲线。

(c) 画出在半导体内电场($\mathscr{E}$)与 x 的关系曲线。

(d) 载流子在所标的图中从 $x = 0$ 至 $x = L$ 之间来回地移动,其总能量不变。画出在半导体内载流子的动能和势能与位置的关系曲线。E_F 为能量的参考能级。

(e) 简要地画出 n 和 p 与 x 的关系曲线。

(f) 在同一坐标系内简要地画出硅样品中电子的漂移电流密度($J_{N|drift}$)和电子的扩散电流密度($J_{N|diff}$)与位置的关系曲线。标出图中所有点上电流密度的正确方向,并清楚地识别两种电流的分量。简要说明画图过程。

3.13 在非均匀掺杂双极结型晶体管的中央区域可产生内建场,它有助于少子穿越中央区域且增加器件的最大操作速率。假设双极结型晶体管是在室温下保持平衡状态的、中央区域长度为 L 的硅器件。而且,非均匀受主掺杂如下:

$$p(x) \cong N_A(x) = n_i e^{(a-x)/b} \quad \cdots \quad 0 \leqslant x \leqslant L$$

上式中 $a = 1.8\,\mu m$,$b = 0.1\,\mu m$,$L = 0.8\,\mu m$。

(a) 对于 $0 \leqslant x \leqslant L$ 的区域画出能带图,并在能带图中标出 E_c、E_F、E_i 和 E_v。说明画图过程。

(b) 画出 $0 \leqslant x \leqslant L$ 的区域内电场 $\mathscr{E}$ 与位置的关系曲线,并计算 $x = L/2$ 处电场的大小。

(c) 内建场是帮助少子电子从 $x = 0$ 到 $x = L$ 的范围内运动吗?说明理由。

3.14 (a) 依照本章所叙述的内容,对于温度保持 300 K 的掺杂硅,若 $10^{14}/cm^3 \leqslant N_A$ 或 $N_D \leqslant 10^{18}/cm^3$,画出 D_N 和 D_P 的预期变化与掺杂的关系曲线。说明是如何得到这一结果的。

● (b) 使用适当的关系式和练习 3.1 中的参数,对于温度保持 300 K 的掺杂硅,若 $10^{14}/cm^3 \leqslant N_A$ 或 $N_D \leqslant 10^{18}/cm^3$,画出 D_N 和 D_P 与 N_A 或 N_D 的关系曲线。

(c) 为什么在(b)的计算中掺杂的上限为 $10^{18}/cm^3$？

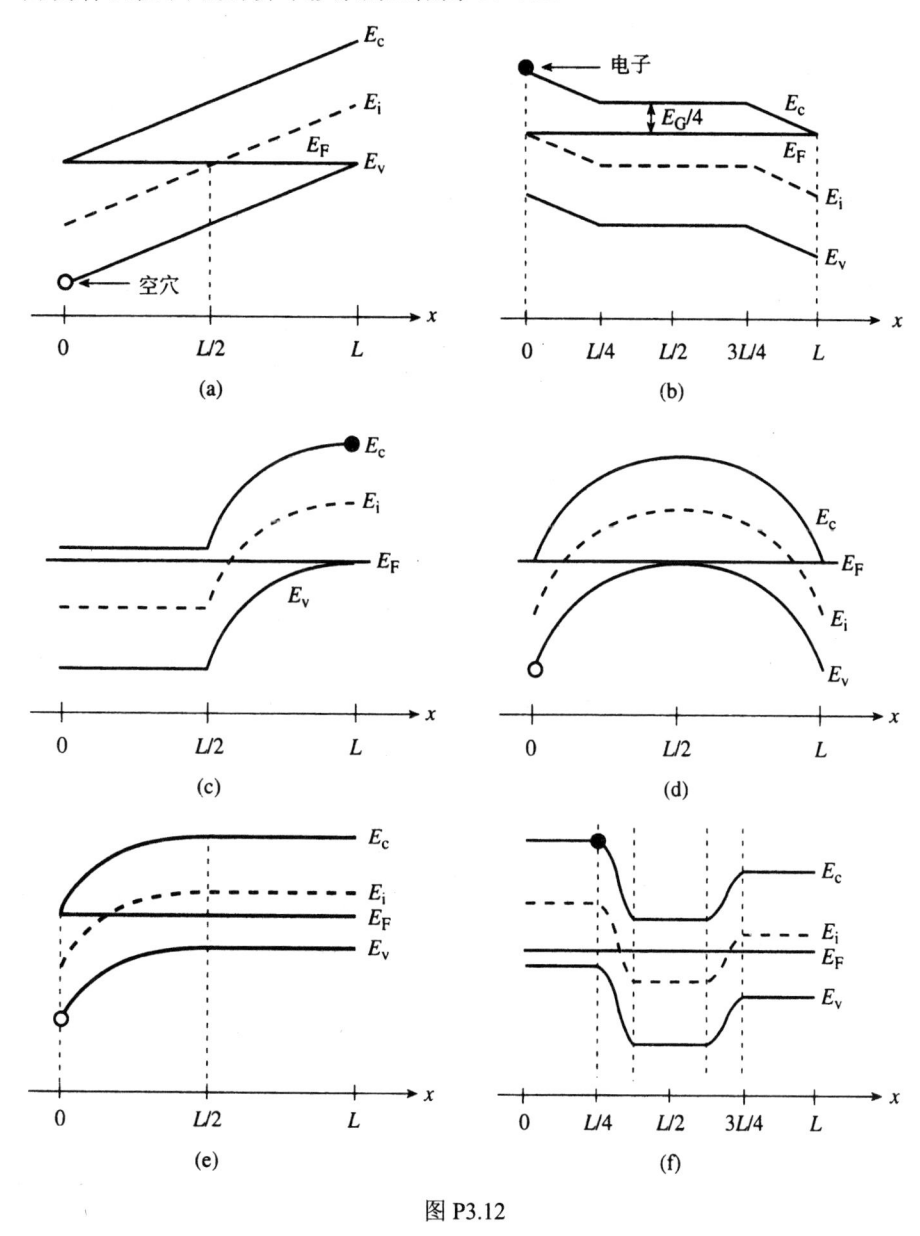

图 P3.12

3.15 设 $\Delta n = \Delta p$，并假设 τ_n 与 τ_p 是可比的（数量级相当），可得 $E_T \simeq E_i$，所以 $n_1 \cong p_1 \cong n_i$，当在哪种类型的特殊材料中低浓度注入时，一般情况的 R-G 关系式(3.35)能变为特殊情况的关系式(3.34)？

3.16 已知 $\partial \Delta n_p/\partial t = D_N \partial^2 \Delta n_p/\partial x^2 - \Delta n_p/\tau_n + G_L$ 是电子少子扩散方程。
   (a) 该方程为什么称为扩散方程？
   (b) 该方程为什么称为少子方程？
   (c) 为什么此方程只在低浓度注入的条件下成立？

3.17 在稳态条件下，下式：

$$\Delta p_n(x) = \Delta p_{n0}(1 - x/L) \quad \cdots 0 \leq x \leq L$$

是少子扩散方程的特殊解，如果(1)假定在长为 L 的 n 型半导体内，所有的复合-产生过程都是可以忽略的，(2)使用的边界条件为 $\Delta p_n(0) = \Delta p_{n0}$ 和 $\Delta p_n(L) = 0$，那么将得到什么结果？[当 L 远小于少子扩散长度时，忽略复合-产生过程是非常好的近似。$\Delta p(x)$ 所表示的上述类型的解经常会在实际问题中遇到。]

3.18 假设地球受到神秘光线的影响，所有的少子立刻消失，而多子未受影响。最初在平衡状态下的房间没有受到神秘光线的影响，书桌上放有一块均匀掺杂的硅片，在时间 $t = 0$ 时受到这束神秘光线的影响。硅片的掺杂 $N_A = 10^{16}/\text{cm}^3$，$\tau_n = 10^{-6}$ s，温度 $T = 300$ K。

(a) 在 $t = 0^+$ 时，Δn 是什么？($t = 0^+$ 是 $t = 0$ 之后的极小的时间。)
(b) 在 $t = 0^+$ 时，产生占优势还是复合占优势？说明原因。
(c) 在 $t = 0^+$ 时，硅片内存在低浓度注入的条件吗？说明原因。
(d) 从适当的微分方程出发，求 $t > 0$ 时的 $\Delta n_p(t)$。

3.19 对于时间 $t \gg \tau_n$ 的情况，硅片 ($N_A = 10^{14}/\text{cm}^3$，$\tau_n = 1$ μs，温度为室温 $T = 300$ K) 受到光照，在硅体积内均匀地产生 $G_{L0} = 10^{16}/(\text{cm}^3 \cdot \text{s})$ 的电子-空穴对。在 $t = 0$ 时刻的光强度是减弱的，当 $t \geq 0$ 时，$G_L = G_{L0}/2$。求 $t \geq 0$ 时的 $\Delta n_p(t)$。

3.20 如图 P3.20 所示的半无限 p 型硅棒受到光照，在半导体内均匀地产生 G_L 的电子-空穴对。载流子在 $x = 0$ 处溢出，并使得此处的 $\Delta n_p = 0$。假设稳态条件已成立，并对所有的 x 有 $\Delta n_p(x) \ll p_0$，求 $\Delta n_p(x)$。

3.21 如图 P3.21 所示，长为 L、均匀掺杂的 n 型硅棒的两端同时受到光照，硅棒的两端 $x = 0$ 和 $x = L$ 处会产生 γN_D 的过剩空穴。光的波长和强度不能穿透进入硅棒的内部 ($0 < x < L$) 且 $\gamma = 10^{-3}$。此外，稳态条件成立，温度 $T = 300$ K，$N_D \gg n_i$。

(a) 根据定性的理由，简要地画出 $\Delta p_n(x)$ 一般形式解的曲线。
(b) 光照硅棒内低浓度注入条件成立吗？说明原因。
(c) 写出硅棒内有确定解 $\Delta p_n(x)$ 的微分方程(尽可能是最简单的)。
(d) 考虑这个特殊问题适当的边界条件，写出 $\Delta p_n(x)$ 的一般形式解。
(e) 求出在 $x = 0$ 处光照硅棒内空穴电流 J_P 的表达式。[答案应该是在 $\Delta p_n(x)$ 的一般形式解里留下任意常数项。]

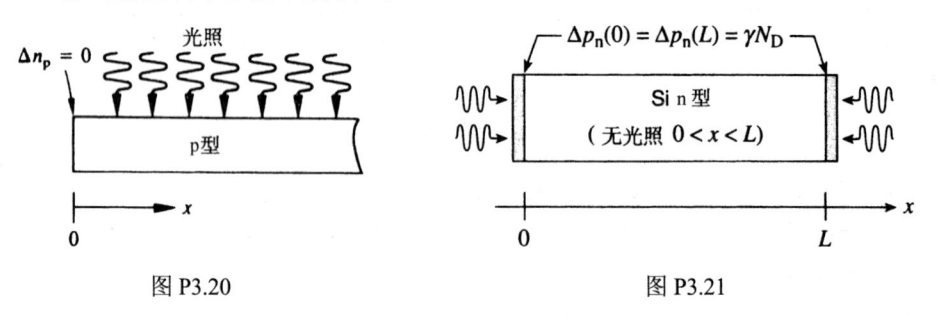

图 P3.20

图 P3.21

3.22 如图 P3.22 所示，无限长半导体硅棒 $x > 0$ 的部分受到光照。在硅棒 $x > 0$ 的区域内均匀地产生 $G_L = 10^{15}/(\text{cm}^3 \cdot \text{s})$ 的电子-空穴对。在 $x < 0$ 的区域内 $G_L = 0$，稳态条件成立，半导体为硅材料，硅棒内均匀掺杂 $N_D = 10^{18}/\text{cm}^3$，$\tau_p = 10^{-6}$ s，温度为 $T = 300$ K。

(a) 在 $x = -\infty$ 时，空穴的浓度是多少？说明原因。
(b) 在 $x = +\infty$ 时，空穴的浓度是多少？说明原因。
(c) 低浓度注入的条件成立吗？说明原因。
(d) 对于所有的 x，求 $\Delta p_n(x)$。
注意：(1) 对 $x > 0$ 和 $x < 0$ 的情况分别使用 $\Delta p_n(x)$ 的表达式。
(2) Δp_n 和 $d\Delta p_n/dx$ 必须在 $x = 0$ 处连续。

3.23 对于商用光电导元件在光谱的可见光部分进行控制，硫化镉(CdS)是一种使用范围很广的材料。硫化镉光电导元件有很高的灵敏度，并具有与人眼类似的光谱响应。图 P3.23 所示为 VT333 型硫化镉光电导元件。
(a) 分析一下为什么导电薄膜的形状是弯曲的。
(b) VT333 电阻器大约为 0.3 mm 宽、3 cm 长。硫化镉薄膜的厚度约为 5 μm，$N_D = 10^{13}/cm^3 \gg n_i$，$\mu_n = 100$ cm^2/(V·s)，计算器件的暗电阻(无光照情况下的电阻)。
(c) 当 VT333 电阻器被显微镜光照射时，有 250 Ω 的电阻。能否使用一般的关系式来确定 G_L，一定会产生这个电阻吗？请说明原因。

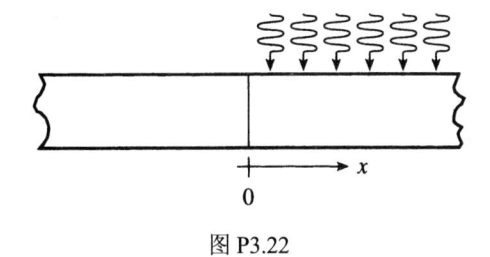

图 P3.22   图 P3.23

3.24 在平衡和稳态条件下，半导体光照前和光照后的特性由能带图 P3.24 给出。其中温度 $T = 300$ K，$n_i = 10^{10}/cm^3$，$\mu_n = 1345$ cm^2/(V·s)，$\mu_p = 458$ cm^2/(V·s)。根据这些已知条件求：
(a) 平衡载流子浓度 n_0 和 p_0。
(b) 在稳态条件下的 n 和 p。
(c) N_D。
(d) 当半导体受到光照时，有"低浓度注入"吗？说明原因。
(e) 在光照前和光照后，半导体的电阻率是多少？

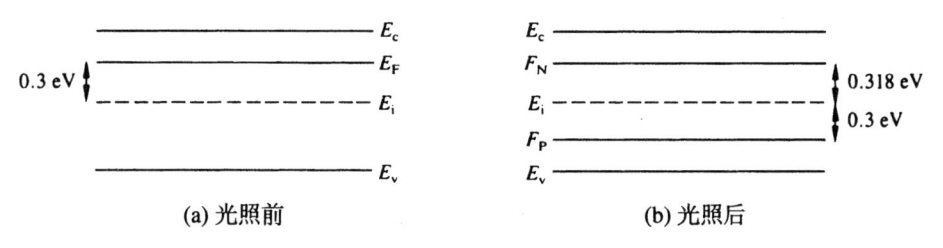

(a) 光照前   (b) 光照后
图 P3.24

3.25 在室温下，$N_D = 10^{15}/cm^3$ 的均匀掺杂施主硅样品的部分($0 \leq x \leq L$)是稳态微扰状态，即
$$n \simeq N_D$$
$$p = n_i(1 - x/L) + n_i^2/N_D \quad \cdots 0 \leq x \leq L$$

由于 $n \simeq N_D$，因此在 $0 \leq x \leq L$ 区域内合理地假设外场 $\mathscr{E} \simeq 0$。已知外场 $\mathscr{E} \simeq 0$，画出有微扰区域的能带图，图中应注明 E_c、E_i、E_v、F_N、F_P。

●3.26 (a) 已知在室温下 ($T = 300$ K) 硅样品的 $\tau_p = 10^{-6}$ s。首先参考实例 2 和练习 3.5 的分析结果，编写 MATLAB 计算程序，能自动生成 F_N、F_P 与 x 的关系曲线。在程序中 N_D 和 Δp_{n0} 为输入变量。x 轴以 L_P 为单位，$(x/L_P)_{max} = \ln[100 \Delta p_{n0}/p_0]$。$y$ 轴以 kT 为单位，并画出 $(F_N - E_v)/kT$ 和 $(F_P - E_v)/kT$，设 $y_{min} = -5$ 且 $y_{max} = 45$。在图中明确地标出 E_v 和 E_c 的位置。

(b) 当 $N_D = 10^{15}/\text{cm}^3$、$\Delta p_{n0} = 10^{10}/\text{cm}^3$ 时，运行计算程序。将其结果与练习 3.5 的能带图进行比较。

(c) 对于低浓度注入的假设 $\Delta p_{n0} \ll N_D$，分别使用不同的 N_D 和 Δp_{n0}，再运行计算程序。

第 4 章　器件制备基础[①]

本章简要叙述了硅器件的制备工艺。在考虑和分析具体器件之前，为了掌握器件结构的物理特性，必须对器件制备工艺有一定的了解。另外，器件的制备方法会影响器件的关键参数，而利用这些参数分析器件时会影响对其进行的简化和假设。从纯理论的角度来看，对于制备工艺和步骤的了解也是必要的。

我们首先介绍常用的"模块化"过程。在生产现代器件和集成电路时，这些过程是相互组合且多次重复使用的。其次，本章介绍制备 pn 结二极管的工艺流程，pn 结二极管将在本书的第二部分进行详细的分析。为了更好地说明集成电路(IC)的制备工艺，本章用一小节来介绍中央处理单元(CPU)的制备工艺流程。为了获得其他资料，读者可以阅读"第一部分补充读物和复习"一章中提供的一些器件制备方面的参考书。

最后需要说明的是，本章是选读的。我们在前言中已经说明，选读章节的设计是专门介绍一些读者普遍感兴趣的知识，仅包括少量的方程，并且没有练习，如果需要会给出少量的章后问题。此外，选读章节的内容没有参考书目，一些相关习题都放在前三章的最后部分。

4.1　制备过程

4.1.1　氧化

硅易于氧化生成高质量的氧化物，这促成了硅材料在商用器件中占有较大的优势。二氧化硅(SiO_2)既可用作很多器件结构中的绝缘材料，也可用作器件制备过程中的扩散掩蔽层(参见 4.1.2 节)。硅比较容易发生氧化反应，在室温下只要把纯硅暴露在大气中，硅表面就会快速反应生长一层薄的氧化层。在器件制备过程中，硅在高温下与氧气或水蒸气等氧化剂反应，可以生成厚度可控的 SiO_2 层。氧化剂以扩散方式通过已经形成的氧化物，在 $Si\text{-}SiO_2$ 界面发生反应而形成新的二氧化硅。总的反应方程式为

$$Si + O_2 \rightarrow SiO_2 \tag{4.1a}$$

$$Si + 2H_2O \rightarrow SiO_2 + 2H_2 \tag{4.1b}$$

氧气或水蒸气与硅反应生长 SiO_2 的过程分别称为干法氧化和湿法氧化。干法氧化主要用于形成器件结构中关键性的绝缘区域，如 MOSFET 的栅氧化层，原因在于干法氧化可以得到理想的 $Si\text{-}SiO_2$ 界面特性。而湿法氧化速度快，因此用于形成厚的氧化层。

图 4.1 是生产线上氧化/扩散炉的照片。在图 4.2 中画出了氧化炉和输入系统及氧化过程的示意图。通过加热电阻可以提供 800℃至 1200℃的标准氧化温度，通常由三个分立的螺旋状的加热单元控制。外圈采用更高的加热功率，以便补偿氧化炉的热量损失，因此可以得到一个距

[①] 选读章节。

离较长的中央区域,其温度差在±1℃以内。尽管也可以使用碳化硅(SiC)或多晶硅管,但氧化炉管通常是洁净的石英管。需要氧化的硅片垂直放在石英舟的狭槽中,并将其推入氧化炉的中央区域进行氧化。干法氧化过程中的氧气被直接送入炉内。在进行湿法氧化时,载气(氩,Ar;或氮,N$_2$)通过加热的水容器带着水蒸气进入炉内,或者在炉管的输送口燃烧 O$_2$ 和 H$_2$ 以产生水蒸气,后者称为氢氧合成氧化(pyrogenic wet oxidation)。在炉内氧化的时间由炉温、所需的氧化层厚度和硅表面的晶向决定(在特定情况下需要考虑其他因素)。典型的干法和湿法氧化生长曲线如图 4.3 所示。需要说明的是,在商用系统中,硅片的装载、向炉中的输运、炉温的升降及气体的控制等都是自动进行的。

图 4.1 生产线(Intel Fab-9)上典型的氧化/扩散炉。在图中可以看到三个横向炉管。在图中标准的超净间里,一个工艺师坐在靠近炉子的控制台旁边(图片由 Intel 公司提供)

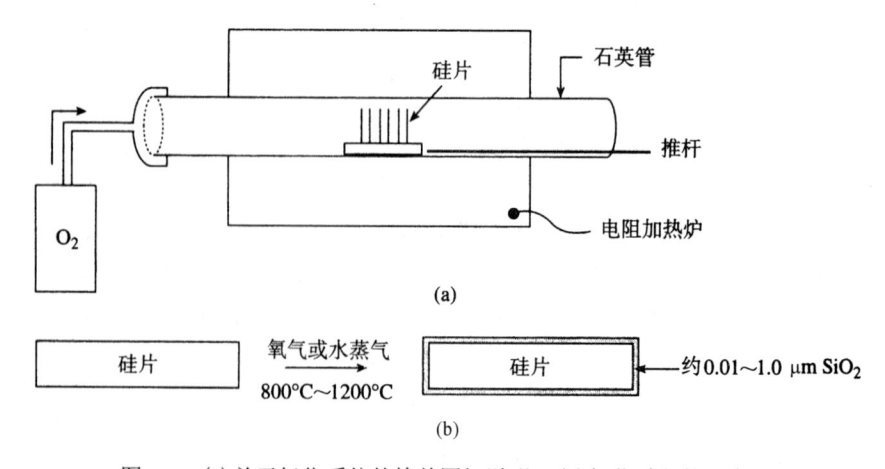

图 4.2 (a)关于氧化系统的简单图解说明;(b)氧化过程的示意图

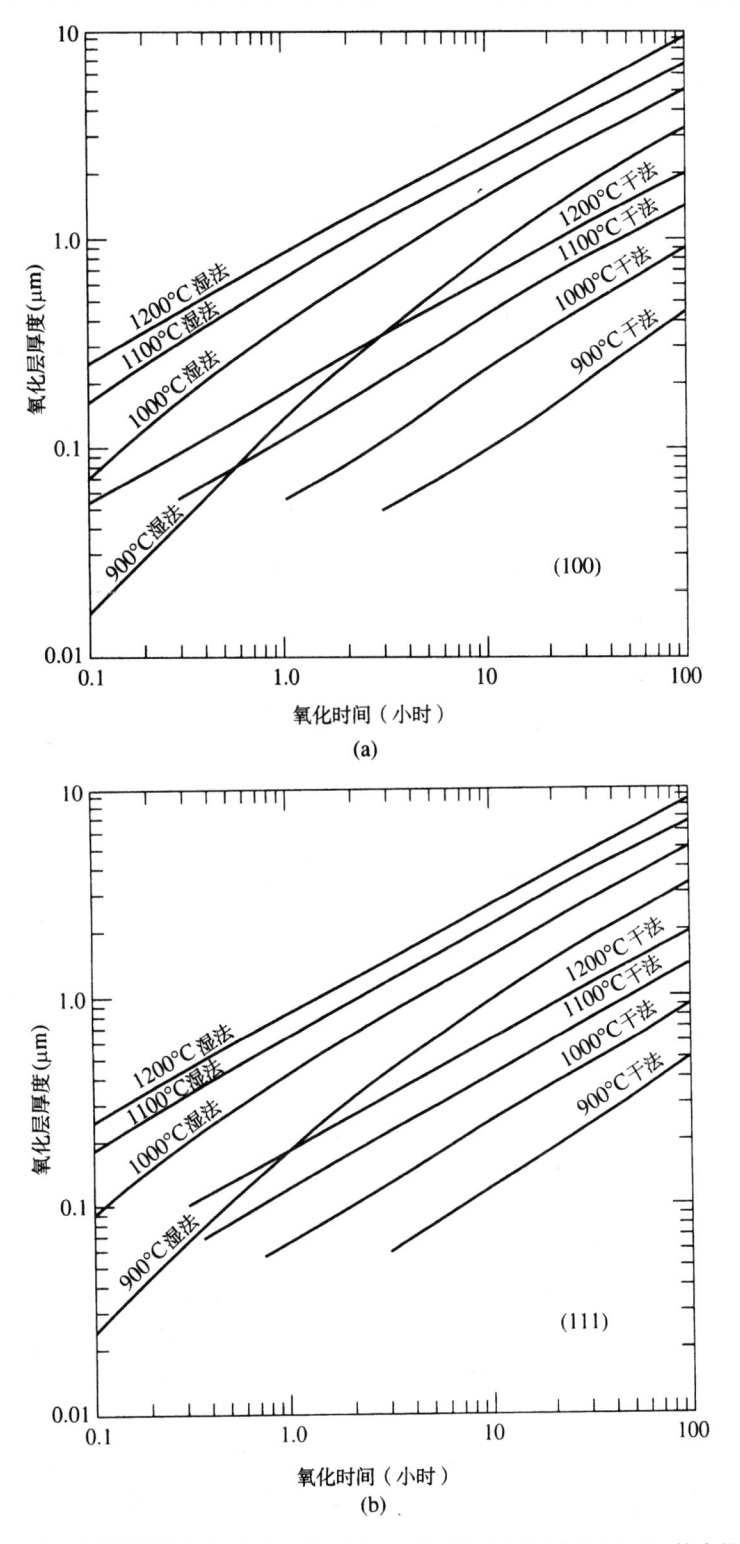

图 4.3 干法和湿法氧化生长曲线。在(a)(100)晶面和(b)(111)晶面 SiO_2 的生长厚度与时间的关系曲线(引自 Jaeger[8],Addison-Wesley 出版公司授权使用,©1988)

4.1.2 扩散

固态扩散是一种应用较早且现在仍被广泛采用的对半导体进行掺杂的重要方法，其基本的工艺流程如图 4.4 所示。图 4.4 中的半导体(如硅片)暴露在含有掺杂杂质的固态、液态或气态源中。在硅片表面发生反应并提供向半导体晶体掺杂的杂质原子，在高温下杂质通过没有被氧化物保护的区域扩散进入半导体中。发生扩散的原因在于晶体表面的杂质原子浓度大于晶体内部的浓度。这种方法产生的表面杂质浓度可以达到很高(高达 $10^{21}/cm^3$)，表面区域因杂质原子类型的不同而呈现为 n 型或 p 型特性。需要注意是，在 SiO_2 中也会发生扩散，只是对于一般杂质而言其扩散速度相对缓慢。这说明 SiO_2 只能在有限的时间内保护位于其下方的硅。对于一定的杂质来说，氧化层提供掩蔽的时间依赖于氧化层厚度、扩散的温度和衬底的掺杂等情况。

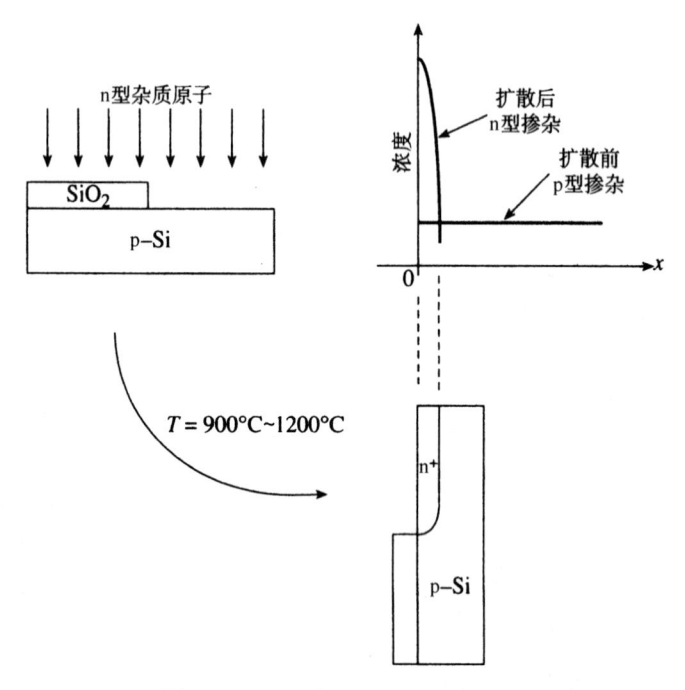

图 4.4 固态扩散的基本的工艺流程

与氧化系统类似，扩散通常是在开管系统中进行的。扩散与氧化的温度也基本相同，约为 900℃～1200℃。主要的差异在于掺杂源替换了氧化气氛。采用液态源进行磷扩散的实例如图 4.5 所示。图中的载气 N_2 通过室温下为液态的三氯氧磷($POCl_3$)的源瓶。N_2 气携带液态源的蒸气进入炉管中。同时通入少量的氧气与 $POCl_3$ 反应，在硅片表面淀积形成五氧化二磷(P_2O_5)，然后硅与 P_2O_5 反应，释放出向硅中扩散的 P 原子。因为不希望在高温下的表面形成化合物，通常先关断杂质源，然后再升高炉温，接着将杂质以更快的速度扩散到半导体体内。在这种两步扩散工艺中，通有杂质源的过程称为预淀积(predeposition)，切断杂质源后升高炉温的过程称为再分布(drive-in)。

在一阶近似下，可以计算出经过预淀积和再分布后杂质在半导体中的浓度分布：

$$N_1(x,t_1) = N_0 \text{erfc}(x/2\sqrt{D_1 t_1}) \quad \cdots \text{预淀积后} \quad (4.2a)$$

$$N_2(x,t_2) = N_0 \left(\frac{2}{\pi}\sqrt{D_1 t_1 / D_2 t_2}\right) e^{-(x/2\sqrt{D_2 t_2})^2} \quad \text{再分布后} \quad (4.2b)$$
$$\cdots D_2 t_2 \gg D_1 t_1$$

下标 1 和 2 分别表示预淀积和再分布，x 是指从半导体表面到内部的深度，$N(x, t)$ 是指经过时间 t 后深度为 x 处的杂质浓度，N_0 是预淀积过程中 $x = 0$ 处的浓度，D 是扩散杂质在扩散温度下的扩散系数，t 是扩散时间。erfc 是余误差函数，可以在很多数学工具书中查到。磷在 1000℃ 预淀积 10 分钟，接着在 1200℃ 再扩散 30 分钟后，计算得到的结果如图 4.6 所示。

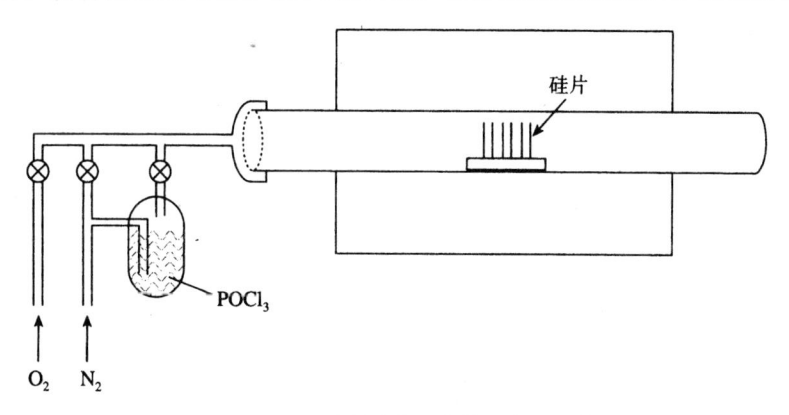

图 4.5 磷的液态源扩散示意图

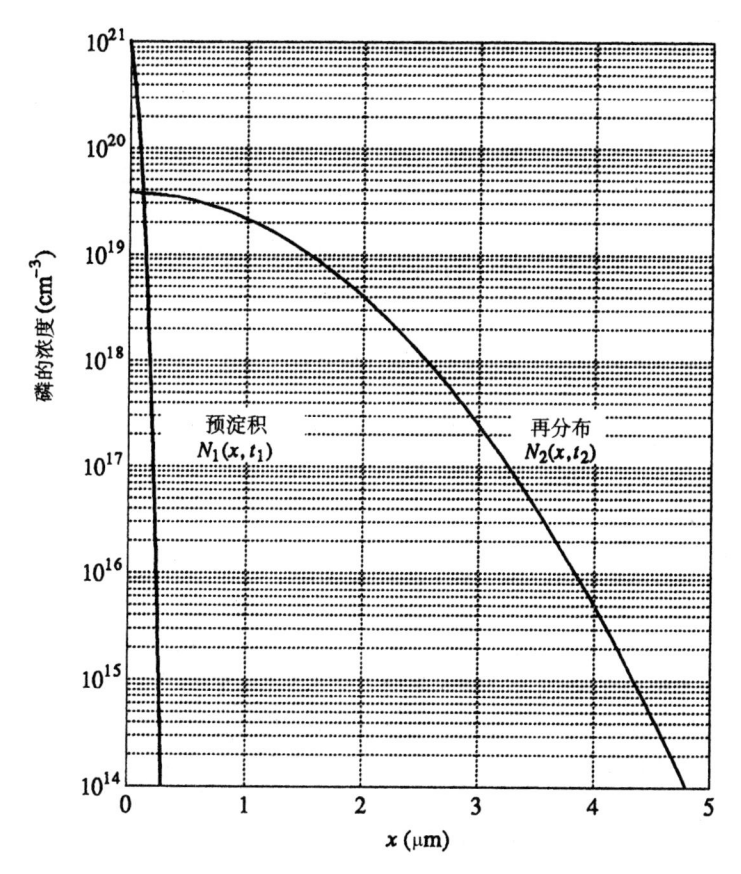

图 4.6 计算得到的磷扩散分布图（$N_0 = 10^{21}$/cm^3，$D_1 = 2.58 \times 10^{-14}$ cm^2/s，$t_1 = 600$ s，$D_2 = 2.49 \times 10^{-12}$ cm^2/s，$t_2 = 1800$ s）

4.1.3 离子注入

离子注入是对半导体表面附近区域进行掺杂的另一种方法。离子注入可以满足浅结、低温和精确控制的要求，这种方法已经成为重要的制备工艺。在离子注入的过程中，首先产生杂质离子，然后将这些离子加速到 5 keV～1 MeV 的高能状态，接着把离子注入半导体内。注入离子会使注入路径上的半导体原子移位，而这些离子不一定稳定在被移原子的晶格位置上。接下来进行的退火(加热半导体)是总体工艺流程中的一部分，可以消除晶格损伤并且激活掺杂杂质。

图 4.7 和图 4.8 分别为离子注入系统的简单示意图和一个商用离子注入终端台的照片。图 4.7 中最左端的离子源产生所需的杂质离子。然后被加速的离子进入质谱仪中，在这里过滤掉离子源产生的其他不需要的离子。最终形成的离子束被加速到预先设置的能量状态，经过聚焦之后，在晶片表面进行扫描。离子束扫描可以通过静电方式或者机械移动硅片来完成，这两种方式相结合也可以完成扫描。与硅片相连的电极可以提供与注入离子电中和的电子。经过精确测量的每平方厘米内的注入离子总数称为剂量(dose)，用符号 ϕ 表示。它可以由注入电流对注入时间的积分求得。

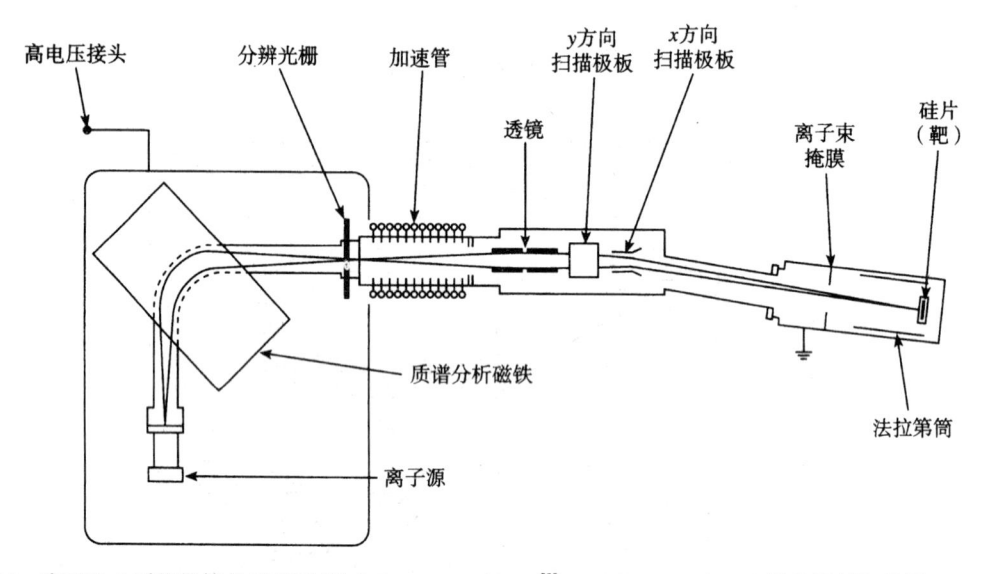

图 4.7 离子注入系统的简单示意图(引自 Runyan and Bean[9]，Addison-Wesley 出版公司授权使用，©1990)

注入离子的浓度分布形式一般为高斯分布函数，其数学表达式为

$$N(x) = \frac{\phi}{\sqrt{2\pi}(\Delta R_p)} e^{-(1/2)[(x-R_p)/\Delta R_p]^2} \quad (4.3)$$

与统计概念相对应，R_p 是平均值，ΔR_p 是分布函数的标准偏差。在关于离子注入的文章中，R_p 和 ΔR_p 分别称为注入离子的投影射程和标准偏差。这些参数随注入离子和衬底材料的不同而改变，大致正比于离子的能量。通过计算得到的在各种能量下磷离子注入硅中的分布情况如图 4.9 所示。

与扩散的情况类似，在离子注入的过程中，硅片表面上的 SiO_2、Si_3N_4 薄膜及不常使用的光刻胶和铝膜都可以作为掩蔽层。注入离子停留在掩蔽材料中，不能进入掩蔽层下方的硅中。

图 4.8 Intel Fab-9 离子注入终端台的照片。从左图中可以看到两个舱门在工作台上相连。左边舱门打开着，等待在片子传送带上装载片子，离子注入就在靠近右边舱门的地方进行。右图是一个放大的片子传送带镜头和机械臂，机械臂可以自动加载和卸载传送带（图片由 Intel 公司提供）

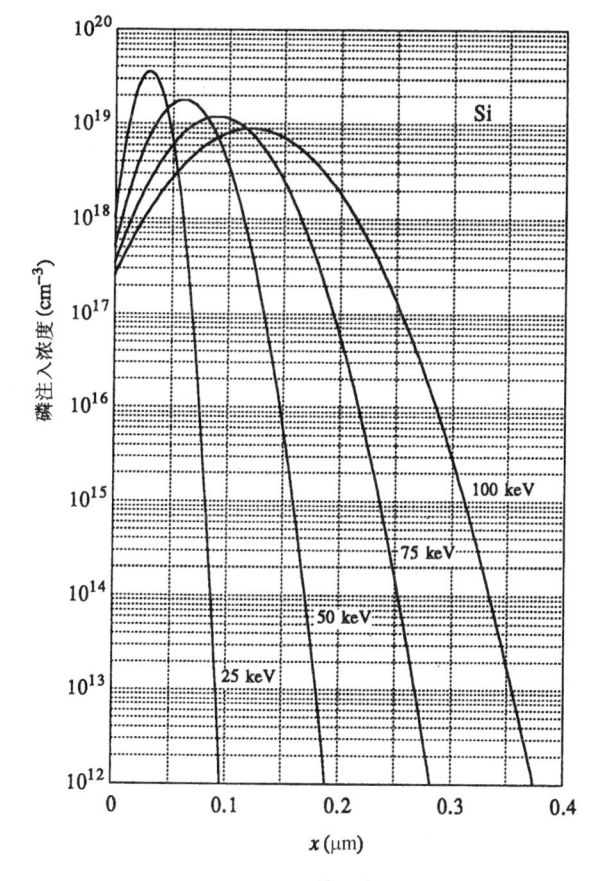

图 4.9 计算得到的剂量为 $10^{14}/cm^2$ 的磷注入浓度分布图

与扩散相比，离子注入具有很多优点。最主要的优点是离子注入属于低温工艺，通常情况可在室温下进行。而退火可以通过其后的 IC 制备中其他的一些高温过程来实现，例如之后进行的氧化。如果需要一个单独的退火过程，则为实现最佳效果，可以在 600℃ 的相对低温下进行。在各种情况下，采用离子注入都可以使杂质浓度的横向扩散程度达到最小。离子注入还可以精确地控制杂质浓度，实际上任何离子都可以注入任何给定的衬底材料中。近年来，一个人们关注的热点是把大剂量的氧注入硅中，在衬底表面区域的下方形成 SiO_2 层，从而形成 SOI 结构。最后，由图 4.9 可以看出，离子注入可以形成非常浅的浓度分布。离子注入正在替代扩散工艺中的预淀积，而且适用于许多需要超浅结的新型器件结构。

4.1.4 光刻

在讨论扩散和离子注入的过程中，涉及采用 SiO_2 或者其他的一些掩膜材料来覆盖硅片表面的部分区域。通过光刻而有选择性地去除硅片表面限定区域的掩膜，就可以形成集成电路所需的绝缘层或者金属层的图形。工艺流水线中光刻机的照片如图 4.10 所示。

图 4.10 生产线上的光刻机，包括一个 SSI 150 涂胶和显影系统（左图的中间偏左部分）及一个 Nikon stepper（左图的中间偏右部分）。右图是 SSI 150 系统的上部放大图。SSI 150 系统自动实现涂胶、前烘、显影和坚膜操作。中间光刻部分由 Nikon stepper 来完成。它不需要人为的干预，硅片沿着 SSI 150 的输入路径进入 Nikon stepper，再从 Nikon stepper 出来，并沿 SSI 150 的两条输出路径之一返回（图片由 Intel 公司提供）

图 4.11 中以在 SiO_2 薄膜上形成图形为例，描述了光刻工艺的主要步骤。首先在有 SiO_2 覆盖的硅片表面涂布一层对紫外（UV）光敏感的材料，这种材料是一种液态的物质，称为光刻胶。将少量的液态光刻胶滴在硅片上，经过高速旋转之后在硅片表面形成一层均匀的光刻胶薄膜。甩胶之后，在较低的温度（80℃~100℃）下进行一定时间的烘焙，目的是使光刻胶中的溶剂挥发，从而改善光刻胶与表面的黏附性。硬化后的光刻胶与照相所使用的感光胶类似。

接下来用 UV 光通过掩膜版的透光区使光刻胶曝光，如图 4.11(b) 所示。掩膜版是预先制备的玻璃或石英版，其上复制有需要转移到 SiO_2 薄膜上的图形。掩膜版的暗区可以阻挡 UV 光线通过。曝光区域中的光刻胶会发生化学反应，反应的类型与光刻胶的种类有关。对于负性光刻胶，在经过光照的区域会发生聚合反应，变得难以去除。浸入显影剂之后，曝光区域发生聚合反应的负胶保留下来，而没有曝光的区域的负胶被分解掉，溶于显影液中。经过显影之后的负胶图形如图 4.11(c) 的右图所示。正性的光刻胶中含有大量的感光剂，可以显著地抑制正胶在碱性显影液中的溶解速度。经过曝光之后，感光剂发生分解，使得曝光区域的正胶被优先除去，其效果如图 4.11(c) 的左图所示。从应用的过程来看，负胶在早期的 IC 工艺中广泛应用。现在正胶的应用已经成为主流，因为正胶可以更好地控制图形。

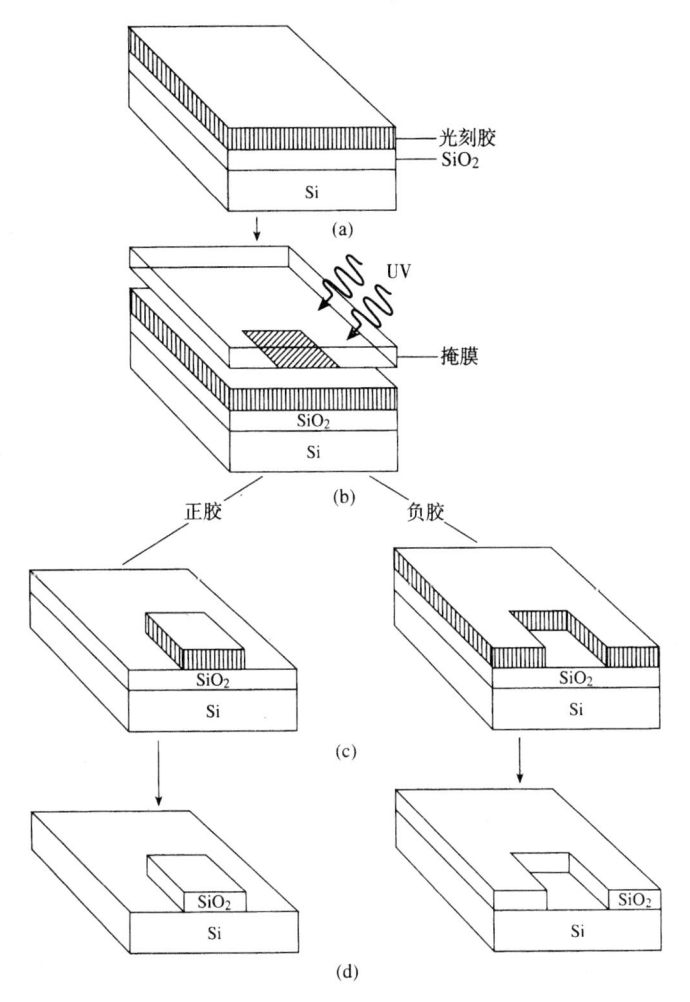

图 4.11 光刻工艺的主要步骤。(a)涂胶；(b)光刻胶通过掩膜曝光；(c)显影后的图形；(d)刻蚀氧化层和去胶(引自 Jaeger[8], Addison-Wesley 出版公司授权使用,©1988)

最后的步骤包括把图形转移到 SiO_2 薄膜上。经过曝光和显影之后，立即将光刻胶在 120℃～180℃温度下进行 20～30 分钟的加热，称为坚膜。坚膜可以增强光刻胶与硅片之间的附着力，并且提高光刻胶在后续的刻蚀过程中的抗蚀性。采用酸(对 SiO_2 使用缓冲氢氟酸)腐蚀掉光刻胶未保护区域的硅片表面上的材料。然后，将剩余的光刻胶去掉。去胶过程可以采用化学溶剂使光刻胶先膨胀再除去；或者通过氧等离子来氧化掉光刻胶，后者也称为灰化。

在现代器件尺寸不断缩小的情况下，上面介绍的以紫外光为基础的光学光刻已达到极限尺寸。再使用更短的波长和一些特殊的补偿技术，采用紫外光源进行光刻的极限尺寸可以进一步缩小。目前，应用 X 射线的光刻系统已经发展起来，并且有可能在不久的将来进入产业化阶段。

4.1.5 薄膜淀积

为了使器件与外部相连，需要淀积金属层且进行图形化。实际上，复杂的 IC 包含三层，有时是四层相互电学隔离的金属层。在金属层之间需要淀积介质层以便实现电学隔离。在金属层之间淀积薄膜还可以阻止金属间的互扩散，保护器件和电路免受污染。下面我们将介绍一些目前使用的薄膜淀积方法。

蒸发

蒸发是一种应用较早而且简单直观的薄膜淀积方法。如图 4.12 所示，需要蒸发的材料被放在真空腔内，由电阻丝加热。以蒸发 Al 为例，一小段 Al 线被放在钨灯丝或蒸发舟上。将需要淀积的薄膜的衬底放在真空腔内正对蒸发源的位置上。在真空条件下，对蒸发源加热，使蒸发材料蒸发。由于是在真空下，气压很低，蒸发的分子或原子可以不受阻碍地到达衬底表面并淀积成薄膜。

一般来说，热电阻丝蒸发会产生严重的污染。电子束蒸发采用电子束来加热蒸发源，可以降低污染，但是产生的 X 射线会导致器件的退化。因此，在现代 IC 制备工艺线上很少采用蒸发来进行淀积，只有在对上述问题要求不高的简单器件制备中采用蒸发技术。

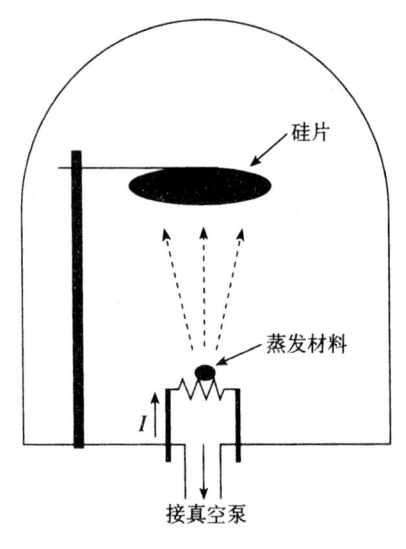

图 4.12 热电阻丝蒸发

溅射

溅射与蒸发相同，也是在真空室内进行的。如图 4.13 所示，将材料源和衬底(硅片)相对平行地放在与高压源相连的极板上。在淀积过程中，先对淀积室进行抽真空，然后向淀积室内通入低压的溅射气体，例如氩(Ar)。加在极板间的电压使氩气电离，从而在两个极板间产生等离子体。覆盖原材料的极板相对于衬底处于负电位，Ar^+ 离子向覆盖原材料的极板加速运动，Ar^+ 离子撞击的结果使原材料的原子或分子被溅射出来。被溅射出来的中性原子或分子运动到衬底表面，就可以在表面上淀积成所需的薄膜。直流源可以用来淀积金属，射频电源可以用来淀积绝缘薄膜。当溅射化合物时，可以通过控制生成该种化合物的反应气体的比例来得到接近理想配比的薄膜。由于溅射可以有效地在低温下淀积低污染的薄膜，因此它已经成为淀积 Al 和其他金属的主要工业用方法。

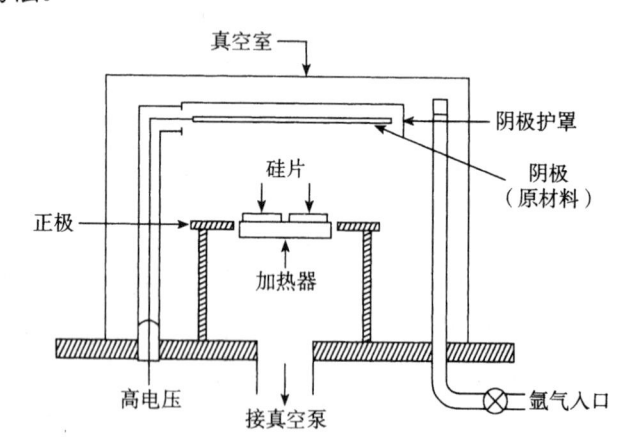

图 4.13 直流溅射图。原材料覆盖在阴极上，而硅片固定在系统阳极上
(引自 Jaeger[8]，Addison-Wesley 出版公司授权使用，©1988)

化学气相淀积(CVD)

化学气相淀积的薄膜是由一种或多种气体反应形成的。薄膜可以由化合物分解形成，或者由气态物质之间的反应形成。CVD 反应属于表面过程，反应气体优先在硅片表面发生反应。常

用的化学气相淀积有三种类型，分别是常压 CVD(APCVD 或简单 CVD)、低压 CVD(LPCVD) 和等离子增强 CVD(PECVD)。常压 CVD 系统相对简单；低压 CVD 可以得到具有良好的均匀性和力学性质的薄膜，同时减少气体的消耗；在等离子增强 CVD 中，等离子中的电子把能量传递给反应气体，这样可以增强反应，并且可以在很低的温度下实现淀积。

CVD 系统有多种形状和结构，APCVD/LPCVD 系统的示意图如图 4.14 所示。CVD 工艺一般用来形成复杂 IC 中的掩膜和金属间的介质膜，经过重掺杂作为准金属使用的多晶硅可以用 APCVD 和 LPCVD 进行淀积。APCVD、LPCVD、PECVD 都是 IC 工艺流程中的典型工艺。

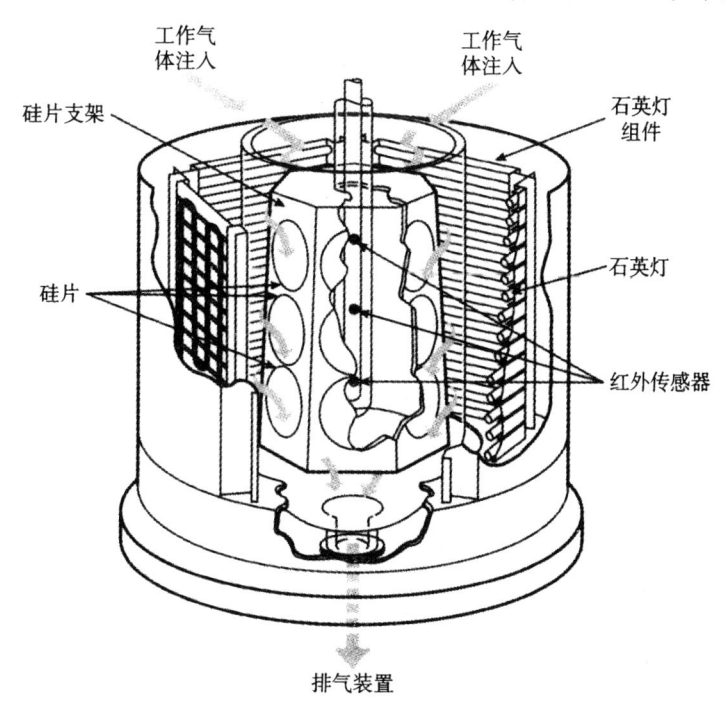

图 4.14　用于 CVD 工艺和硅外延工艺中的圆桶型热辐射反应器的横截面图。硅片垂直地固定在中心基座上，由周围的石英灯照射。工作气体从上部进入，流过硅片，从底部轴心排出（引自 Deacon[10]，Lake 出版公司授权使用，©1984）

4.1.6　外延

外延是薄膜淀积的一种特殊类型。前面介绍的淀积方法形成的是无定形或者多晶的薄膜，但外延是在半导体晶体上外延生长一层单晶层。外延(epitaxy)这个词源于希腊语，意思是"在上方排列"。通常外延层是由四氯化硅($SiCl_4$)或者由硅烷化合物(SiH_4，SiH_2Cl_2，$SiHCl_3$)分解而生成的，这与在 CVD 中发生的反应类似。硅的外延层是沿衬底硅的晶向生长的。外延层的掺杂与衬底掺杂不同，在外延的过程中通入磷烷(PH_3)、乙硼烷(B_2H_6)或砷烷(AsH_3)可以控制外延层的掺杂。标准的整个硅片的外延必须在工艺流程开始之前进行，即在生长或淀积其他需要保留的表面薄膜之前完成。还要说明的一点是，硅片供应商提供的一些硅片已经生长了外延层。

4.2 器件制备实例

本节旨在将各个单项工艺结合起来，以给出生产固态器件的工艺流程。这里提供两个实例：首先介绍简单 pn 结二极管的制备过程，其次简要介绍制备复杂 IC 的工艺流程。这两个例子实际上只是定性的描述，只包括主要的工艺步骤和少量的工艺细节。

4.2.1 pn 结二极管的制备

图 4.15 给出了制作 pn 结二极管的主要工艺步骤。首先需要一个平整、无缺陷的单晶硅片。假定预先的清洗已经去除了硅片表面上所沾污的微粒、有机物和吸附的金属离子。为了便于说明，我们进一步假定硅片是 p 型的，在形成单晶的过程中已经进行了均匀的硼掺杂。

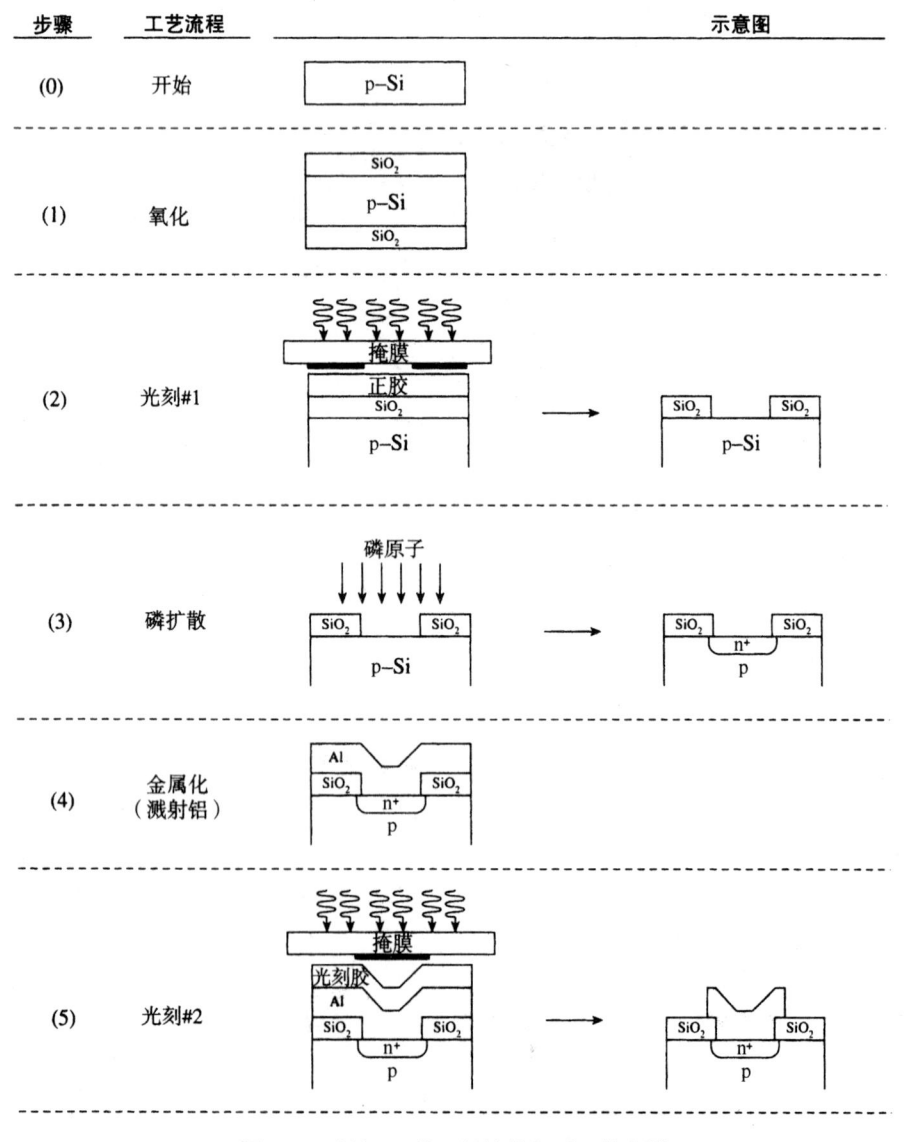

图 4.15 制备 pn 结二极管的主要工艺步骤

工艺的起始步骤是为后续的磷扩散做准备。首先，热生长一层氧化层作为扩散的掩蔽膜。氧化层的厚度需要大于设计的厚度。第二步进行光刻，以便在氧化层上刻出扩散窗口，这个窗口最终也将成为 pn 结二极管的位置。需要特别说明的是，图 4.15 中的第二步使用的是正胶。

硅片经过适当的清洗后，依次进行磷的预淀积和磷的再分布。在未被氧化层保护的区域形成了 n$^+$-p 结，如图 4.15 的第三步所示。n$^+$ 中的"+"号表示重掺杂，在有关扩散的讨论中已经提到。为了减小磷源对硅片表面的不良影响，在磷预淀积的过程中需要通入少量的氧气。另外，再分布过程应该在氧化气氛下进行，以便减少外扩散。之后为了重新对氧化层刻出窗口，需要在扩散之后再进行一次光刻，这次光刻没有在图 4.15 的简单工艺流程中画出。

最后的步骤是将器件与外部连接起来。如图 4.15 中第四步所示，反应溅射或者蒸发 Al 都可以在整个硅片表面上形成很薄的金属膜。通过图 4.15 中第五步的光刻，去除扩散结区域之外多余的金属薄膜。通常还需要在低温下（低于或等于500℃）的退火来改善金属层与硅之间的欧姆接触。

完成金属化接触之后，硅片上的二极管就可以工作了。在商业化的生产中，使用金刚石刀锯将硅片分割成包含单个器件的小片。（包含有单个器件或 IC 的小片称为芯片。）在芯片的背面进行大面积的金属接触，然后从上表面的金属接触区域引出引线，最后对器件进行塑封或者将其密封在金属管壳内。

4.2.2 计算机 CPU 的工艺流程

本节，我们讲述 Intel 公司制备计算机 CPU 和其他 IC 所采用的工艺流程。各步工艺的内容和相关的图形均引自 *Components Quality and Reliability 1991/1992* (Intel Corporation, © 1990)。除编号和图例外，未做任何改动。由引用文献复制而来的图 4.16 给出了整个工艺流程的简单示意图。图 4.17 与文中介绍的工艺流程有关，显示了在制备的各个阶段 IC 结构的横截面图。

读者虽然已经熟悉了本节将要介绍的大部分工艺，但对某些情况还需要加以阐明。例如，该工艺流程是针对单层多晶硅单层金属 CHMOS 工艺。CHMOS 是指互补高密度金属氧化物半导体（该工艺是一种用于生产 MOS 晶体管的典型制备工艺）。"单层多晶硅单层金属"（single poly, single metal）是指在 MOS 器件的接触和互连中使用单层重掺杂多晶硅和单层金属。上述文献中也提及了"干法"和"湿法"刻蚀。湿法刻蚀是常见的使用液态化学水浴分解材料的办法，例如将 SiO_2 浸泡在化学溶剂中进行分解。干法刻蚀是用等离子增强气相反应来去除材料。

最后要说明的是，下面所给出的对工艺流程的描述仅限于介绍而不要求完全掌握。由于工艺技术总是不断地发展，从这样的意义上来看，并不要求读者对所描述的工艺流程和 IC 结构的细节进行详尽了解。

1. **材料准备和阱区定义**［参见图 4.17(a)］。为了生产 CHMOS 器件，需要使用 150 mm(6″)、高可靠性、〈100〉晶向、单晶、p 型（硼掺杂）硅片。p 型硅片用来形成 n 沟道晶体管。为了形成 p 沟道晶体管，需要对 CHMOS 器件进行注入以便形成 n 区（砷或磷掺杂）。硅片经过掩膜之后，通过离子注入，在同一硅片上形成 p 区和 n 区。n 阱为 p 沟道晶体管提供衬底，同时初始硅片的 p 区（由非曝光区的光刻胶保护而未被注入）用来形成 n 沟道晶体管的衬底。然后进行高温再分布过程，杂质在该过程中进行热迁移，最终实现了阱区的结构。

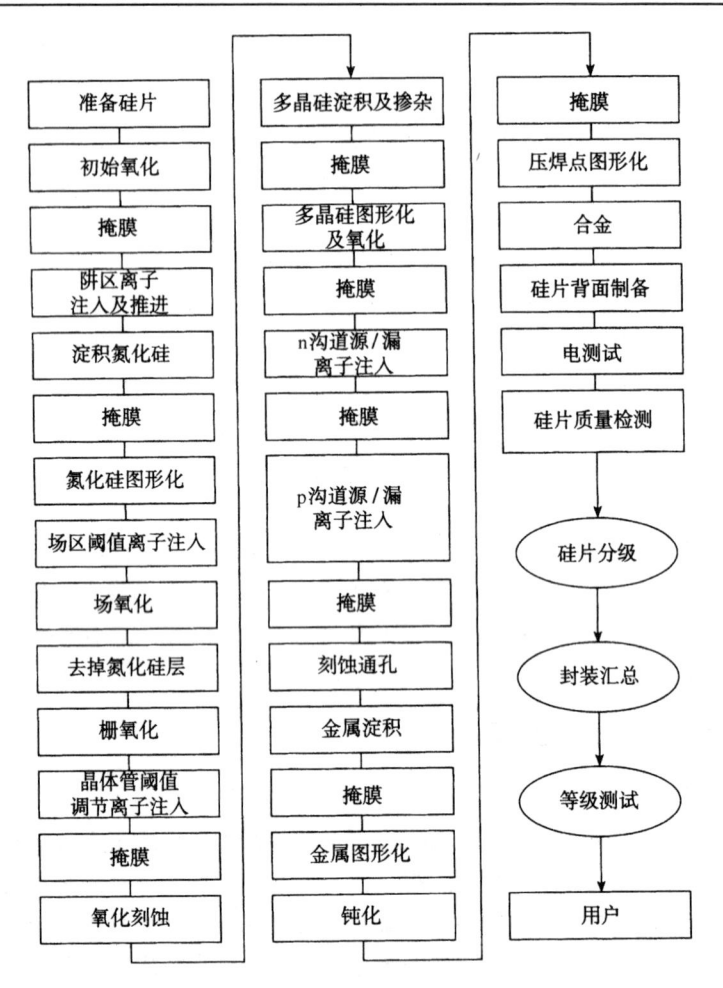

图 4.16　单层多晶硅单层金属 CHMOS 工艺的简要流程图

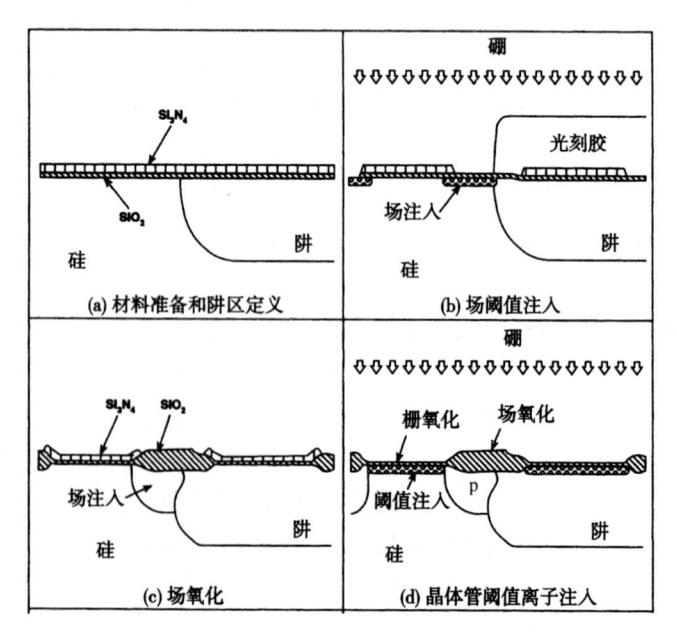

图 4.17　工艺流程中不同步骤的 CHMOS 结构的横截面图

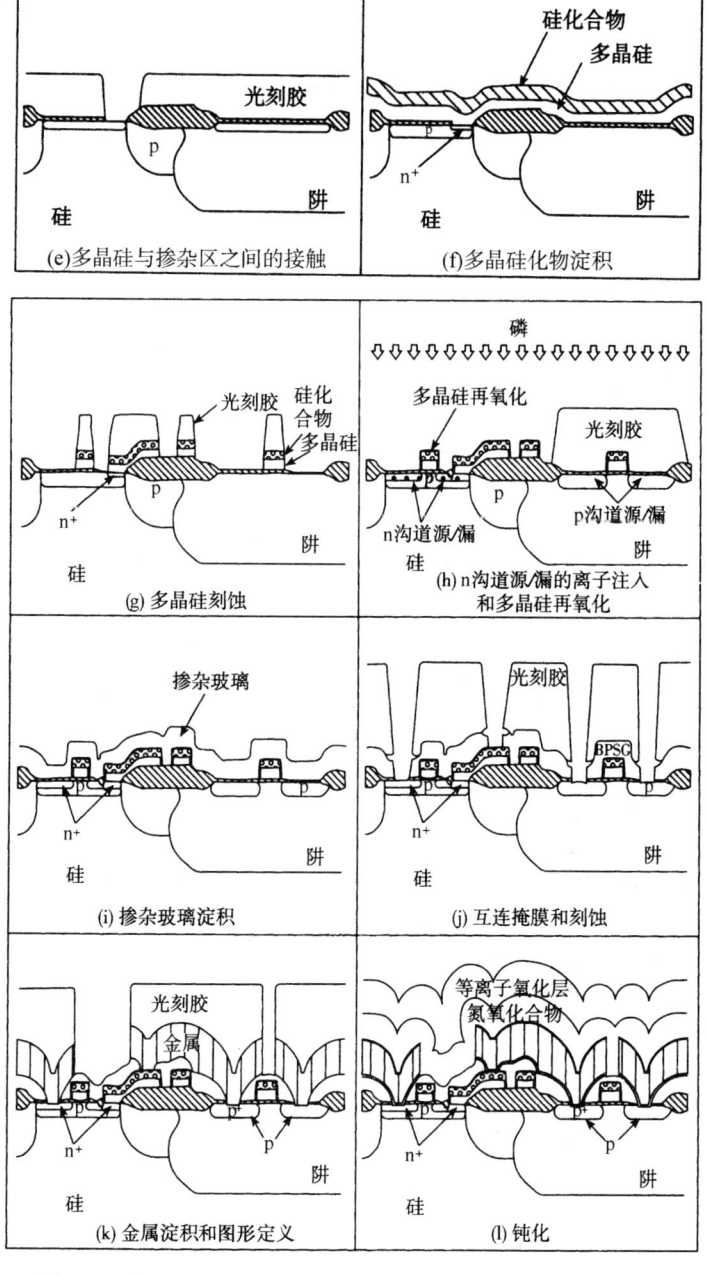

图 4.17(续)　工艺流程中不同步骤的 CHMOS 结构的横截面图

2. **场阈值注入和场氧化**。先淀积氮化物(Si_3N_4)，经过掩膜之后进行刻蚀。氮化物被刻蚀过的区域定义了场阈值离子注入的区域[参见图 4.17(b)]和在场氧化的过程中生长SiO_2的区域[参见图 4.17(c)]。而在氮化物没有被刻蚀掉的区域将会阻止氧化物的生长。晶体管将会在这些区域形成。厚的氧化层(大约 6000 Å)用来阻止寄生晶体管之间的电互连，从而在相邻的晶体管之间实现隔离。经过场氧化之后，去掉了氮化物掩蔽层。

3. **栅氧化**[参见图 4.17(d)]。在硅片上生长一层薄的热氧化层。经过后续的工艺保留下来的氧化层将成为 MOS 晶体管的栅氧化层。器件性能与致密高质量栅氧化层的生长密切相关。

4. **晶体管阈值离子注入**[参见图 4.17(d)]。硼注入可以调节 p 沟道和 n 沟道器件阈值电压(V_t)的大小。厚的场氧化层可以阻止硼离子穿透到隔离区域。

5. **多晶硅与掺杂区之间的接触**[参见图 4.17(e)]。在薄栅氧化层上开出窗口，以便在多晶硅导线与硅衬底的掺杂区域(埋接触)之间形成接触。

6. **多晶硅化物淀积，杂质掺杂，形成图形并氧化**[参见图 4.17(f)]。利用 CVD 技术在整个硅片上淀积大约 1500 Å 厚的多晶硅层。接下来，利用气态源扩散技术对多晶硅进行磷掺杂以满足良好的导电性。磷可以通过多晶硅扩散到衬底中，从而减少埋层的接触电阻。在掺杂的多晶硅上淀积大约 1500 Å 厚的硅化物。硅化物用于小尺寸的晶体管制备，以便提高器件的速度。使用光刻胶作为掩膜，利用等离子干法刻蚀技术对多晶硅化物进行图形化[参见图 4.17(g)]。多晶硅化物经过氧化可用于保护晶体管的栅极。

7. **源/漏注入和多晶硅再氧化**[参见图 4.17(h)]。在多晶硅上方保留下来的多晶硅化物层、薄氧化层、场氧化层和光刻胶层为 p 沟道和 n 沟道源/漏注入提供了掩膜。(这一技术通常称为"自对准源/漏"工艺，由于源/漏直接与栅对准，可以根据沟道确定源/漏。)除去所有余下的多晶硅化物之后进行多晶硅的再氧化。再氧化步骤是高温热氧化过程，可以使源/漏区域向硅内推进，从而在多晶硅上提供一个具有高完整性的电介质(在双多晶硅栅工艺中是基本的)。在暴露的源/漏区域生长的氧化层可以在随后的磷硅玻璃淀积和其他工艺流程中防止掺杂的外扩散。

8. **掺杂玻璃淀积**[参见图 4.17(i)]。通过低温 CVD 技术淀积掺杂(硼、磷或两者都有)的玻璃层，厚度为 5000 Å 到 10 000 Å。这个玻璃层可以在后续的金属化引线与下层的多晶硅化物栅极和器件的工作区之间实现电学隔离。这层玻璃为后续的掩膜工艺做准备。

9. **互连掩膜和刻蚀**[参见图 4.17(j)]。经过曝光在光刻胶层上开出窗口，以便定义金属与多晶硅化物及金属与硅之间的接触孔。接触孔可以通过湿法、干法或干法与湿法结合的工艺刻蚀得到。在干法与湿法结合的工艺中，湿法刻蚀可以在孔的顶端形成一个浅的斜坡。这可以改善金属的台阶覆盖。然后剩余的掺杂硅玻璃用各向同性的干法刻蚀去掉，这样做使接触孔的侧墙很陡直。

10. **金属淀积和图形定义**[参见图 4.17(k)]。通过溅射在硅片上淀积金属连线层，然后进行图形定义。金属使晶体管与外界互连。加在金属线上的电压实现了晶体管的开与关。

11. **钝化**[参见图 4.17(l)]。使用等离子增强 CVD 技术在整个硅片的表面淀积双层钝化层。这个双层钝化层分别是氮氧化合物层和位于其上的等离子氧化层。氮氧化合物层可成为污染物和潮气的隔离层，可以提供长期的场可靠性。如果将芯片打包在塑料封装内，由于塑料本身对潮气的隔离性不是很好，那么氮氧化物层的隔潮作用就显得很重要。等离子氧化层将在封装过程中对芯片和单个器件起到保护作用。

在图 4.16 的流程图中，大部分其他的生产线和测试步骤是为最终 IC 芯片的分割和封装做准备的。图 4.18 是一个 CPU 芯片的样图，同时标明了各功能单元。采用前述工艺进行改进的技术所制备的 Pentium 处理器芯片占用了 $1.5\ cm^2$ 的面积，其中包含 310 万个晶体管。

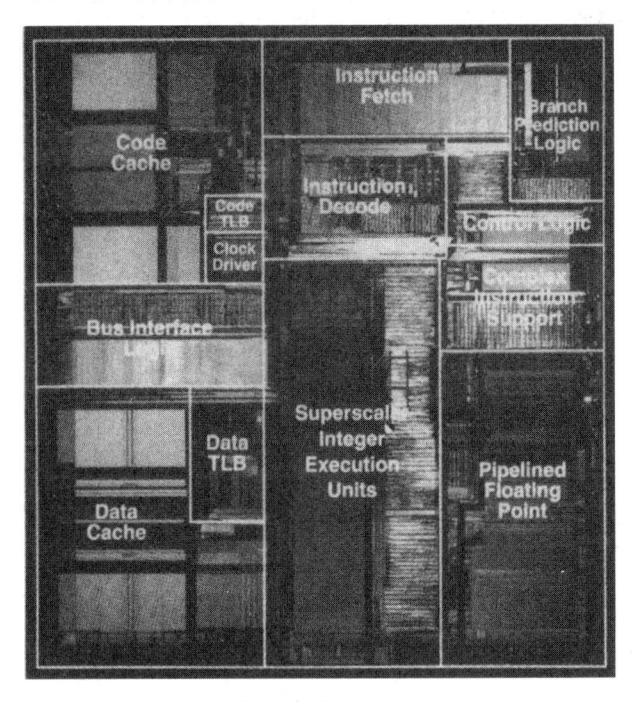

图 4.18　Intel 奔腾处理器及其功能单元(图片及功能单元标注由 Intel 公司提供)

4.3　小结

本章综述了硅器件的制备工艺，希望读者能对器件结构的制作和物理特性有所了解。首先，我们研究了包括氧化、扩散、离子注入、光刻、蒸发、溅射、化学气相淀积和外延等常见的工艺步骤。其次，本章介绍了简单 pn 结二极管的制备工艺和现代复杂的 IC 工艺流程，以便说明单步工艺如何组合起来并完成实际的器件结构的制备。

第一部分 补充读物和复习

可选择的/补充的阅读资料列表

推荐读物

作 者	类型(A=可选择的，S=补充的)	级 别	相 关 章
有关半导体物理			
Ferendeci	A/S	高年级本科生/低年级研究生	1~6
Neamen	A	本科生	1~6
Pierret	S	低年级研究生	1~6
Streetman	A	本科生	1~4
Tyagi	A/S	高年级本科生/低年级研究生	1~5
有关器件制造			
Jaeger	S	本科生	全部
Runyan and Bean	S	专业人员	全部
Sze (editor)	S	专业人员	全部

(1) A. M. Ferendeci, *Physical Foundations of Solid State and Electron Devices,* McGraw-Hill, New York, © 1991.

(2) R. C. Jaeger, *Introduction to Microelectronic Fabrication,* Vol. V in the Modular Series on Solid State Devices edited by G. W. Neudeck and R. F. Pierret, Addison-Wesley, Reading, MA, © 1988.

(3) D. A. Neamen, *Semiconductor Physics and Devices, Basic Principles,* Irwin, Homewood, IL, © 1992.

(4) R. F. Pierret, *Advanced Semiconductor Fundamentals,* Vol. VI in the Modular Series on Solid State Devices edited by G. W. Neudeck and R. F. Pierret, Addison-Wesley, Reading, MA, © 1987.

(5) W. R. Runyan and K. E. Bean, *Semiconductor Integrated Circuit Processing Technology,* Addison-Wesley, Reading, MA, © 1990.

(6) B. G. Streetman, *Solid State Electronic Devices,* 4th edition, Prentice Hall, Englewood Cliffs, NJ, © 1995.

(7) S. M. Sze (editor), *VSLI Technology,* 2nd edition, McGraw Hill, New York, © 1988.

(8) M. S. Tyagi, *Introduction to Semiconductor Materials and Devices,* John Wiley & Sons, New York, © 1991.

其他读物

(1) A. Bar-Lev, *Semiconductors and Electronic Devices,* 3rd edition, Prentice Hall, Inc., New York, © 1993.

(2) D. H. Navon, *Semiconductor Microdevices and Materials,* Holt, Rinehart and Winston, New York, © 1986.

(3) D. L. Pulfrey and N. G. Tarr, *Introduction to Microelectronic Devices,* Prentice Hall, Englewood Cliffs, NJ, © 1989.

(4) C. T. Sah, *Fundamentals of Solid-State Electronics,* World Scientific, Singapore, © 1991.

(5) J. Singh, *Semiconductor Devices, an Introduction,* McGraw-Hill, New York, © 1994.

(6) S. M. Sze, *Semiconductor Devices, Physics and Technology,* John Wiley & Sons, New York, © 1985.

(7) E. S. Yang, *Microelectronic Devices,* McGraw Hill, New York, © 1988.

(8) M. Zambuto, *Semiconductor Devices,* McGraw Hill, New York, © 1989.

图的出处/引用的参考文献

(1) W. Shockley, *Electrons and Holes in Semiconductors,* Litton Educational Publishing, Inc., © 1950.

(2) S. M. Sze, *Physics of Semiconductor Devices,* 2nd edition, John Wiley & Sons, New York, © 1981.

(3) W. Zuhlehner and D. Huber, "Czochralski Grown Silicon," *Crystals* **8,** Springer-Verlag, Berlin, © 1982.

(4) C. Jacoboni, C. Canali, G. Ottaviani, and A. A. Quaranta, "A Review of Some Charge Transport Properties of Silicon," Solid-State Electronics, **20,** 77 (1977).

(5) P. M. Smith, J. Frey, and P. Chatterjee, "High-Field Transport of Holes in Silicon," Applied Physics Letters, **39,** 332 (Aug. 1981).

(6) D. K. Schroder, *Semiconductor Material and Device Characterization,* John Wiley & Sons, New York, © 1990.

(7) R. F. Pierret, *Advanced Semiconductor Fundamentals,* Vol. VI in the Modular Series on Solid State Devices edited by G. W. Neudeck and R. F. Pierret, Addison-Wesley, Reading, MA, © 1987.

(8) R. C. Jaeger, *Introduction to Microelectronic Fabrication,* Vol. V in the Modular Series on Solid State Devices edited by G. W. Neudeck and R. F. Pierret, Addison-Wesley, Reading, MA, © 1988.

(9) W. R. Runyan and K. E. Bean, *Semiconductor Integrated Circuit Processing Technology,* Addison-Wesley, Reading, MA, © 1990.

(10) T. Deacon, "Silicon Epitaxy: An Overview," Microelectronic Manufacturing and Testing, September 1984.

术语复习一览表

用自己的语言定义下列术语，以便对第一部分的内容进行快速复习。

(1) 非晶
(2) 多晶
(3) 单晶
(4) 晶格
(5) 单胞
(6) 硅锭
(7) 载流子
(8) 电子
(9) 空穴
(10) 导带
(11) 价带
(12) 带隙
(13) 有效质量
(14) 本征半导体
(15) 非本征半导体
(16) 掺杂
(17) 施主
(18) 受主
(19) n 型材料
(20) p 型材料
(21) n^+(或 p^+)材料
(22) 多数载流子(或多子)
(23) 少数载流子(或少子)
(24) 状态密度
(25) 费米函数
(26) 费米能级
(27) 非简并半导体
(28) 简并半导体
(29) 电中性
(30) 非本征温区
(31) 本征温区
(32) 冻结
(33) 漂移
(34) 散射
(35) 热运动
(36) 源移速度
(37) 饱和速度
(38) 电流密度
(39) 迁移率
(40) 电阻率
(41) 导电率
(42) 能带弯曲
(43) 扩散
(44) 扩散系数
(45) 复合
(46) 产生
(47) 直接产生-复合(R-G)
(48) R-G 中心
(49) E-k 图
(50) 直接半导体
(51) 间接半导体
(52) 光产生
(53) 吸收系数
(54) 小注入
(55) 平衡
(56) 微扰
(57) 稳态
(58) 少子寿命
(59) 少子扩散长度
(60) 准费米能级
(61) 干法氧化
(62) 湿法氧化
(63) 预淀积
(64) 推进扩散
(65) 扩散掩膜
(66) 离子注入
(67) 剂量
(68) 投影区域
(69) 光刻胶
(70) 负胶
(71) 正胶
(72) 溅射
(73) 化学气相淀积(CVD)
(74) 低压化学气相淀积(LPCVD)
(75) 等离子增强化学气相淀积(PECVD)
(76) 外延
(77) 芯片
(78) 多晶硅
(79) 湿法刻蚀
(80) 干法刻蚀

第一部分复习题和答案

下面几套试卷是根据第一部分第 1 章~第 3 章的主要内容而设计的，这组试卷可以作为复习参考，也可以测验读者对这部分内容的掌握情况。试卷 A 适合一个小时的"开卷"考试，试卷 B 适合一个小时的"闭卷"考试。在题目最后给出了答案。

试卷 A

特别说明：
(1) 试卷 A 的问题可以参考相关章节。
(2) 除非另有说明，否则参数取三位有效数字进行计算。

问题 A1
使用下图所给出的硅晶格单胞，回答下列问题：

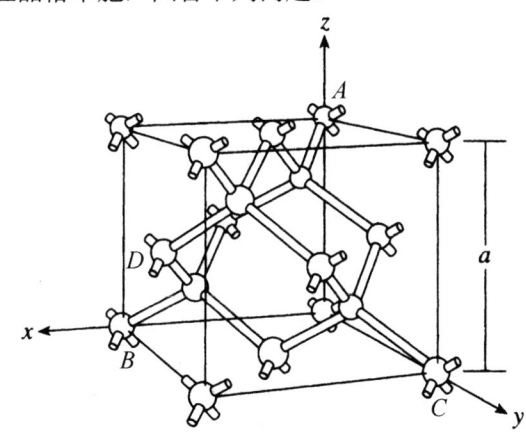

(a) 如上图所示，单胞的坐标原点在立方体的后下方，通过平面 ABC 的密勒指数是多少？
(b) 由原点通过点 D 的方向矢量的密勒指数是多少？
(c) 晶格常数为 a，硅晶格中最近邻原子的距离是多少？
(d) 修改硅的单胞图，使之显示出施主性质。

问题 A2
硅片中均匀掺入 $N_D = 10^{17}/cm^3$ 的施主杂质，在温度 $T = 300\ K$ 时保持热平衡条件不变，$\tau_p = 10^{-6}\ s$。计算下表中硅片的特性。

参 数	数 值	单 位	解 释
E_G			—
n_i	10^{10}	cm^{-3}	—
n_0			
p_0			
$E_F - E_i$			
ρ(电荷密度)			
μ_n			
ρ(电阻率)			
L_P			
D_P			

问题 A3

(a) 在给出的能带图中，标出下列能级的常见位置。

(i) E_i 本征费米能级

(ii) E_D 施主能级

(iii) E_A 受主能级

(iv) E_T 产生-复合能级

(v) E_F 对应于简并掺杂的 p 型材料

为避免出现错误，可添加必要的说明。

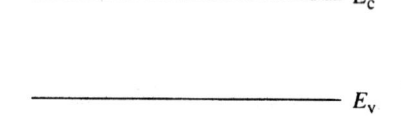

———————————— E_c

———————————— E_v

(b) 温度 T = 300 K 时，硅器件保持平衡条件。在如下图所示的外电场中，当 $0 \leq x \leq x_a$ 时，$N_A = 10^{16}/cm^3$，其中当 $x_b \leq x \leq x_c$ 时 $N_D = 10^{16}/cm^3$，画出器件的能带图。标出 E_c、E_v、E_i 和 E_F 的位置并进行简要说明。

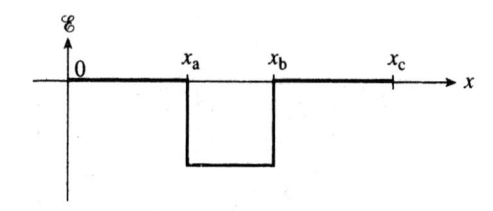

(c) 在(b)中描述的条件下，器件上的电势差 $\Delta V = V(x=x_c) - V(x=0)$ 是多少？

问题 A4

在室温下，$N_D = 10^{15}/cm^3$ 的硅样品受到来自频闪仪的两次瞬间光照。每次都在硅样品中均匀地产生 $\Delta p_f = 10^{10}/cm^3$ 的空穴。第一次在 $t = 0$ 时开始照射，第二次在 $t = t_f$ 时开始照射，t_f 与 τ_p 大小相当。瞬间光照的周期是非常短的，它的大小与 τ_p 相当。

(a) 定性地画出 $\Delta p(t)$ 随时间的变化曲线。

(b) 在硅样品中，所有时间内低浓度注入条件成立吗？说明原因。

(c) 列出适当的微分方程并对所有时间 $t \geq 0$ 求解 $\Delta p(t)$。

(d) 若硅样品中 $\Delta n(t) = \Delta p(t)$，计算在第一次瞬间光照完成后瞬间硅样品的电导率。给出 $[\sigma(0^+) - \sigma(0^-)]/\sigma(0^-)$ 相应的公式和数值。0^+、0^- 分别是第一次光照前和光照后的瞬时时间。

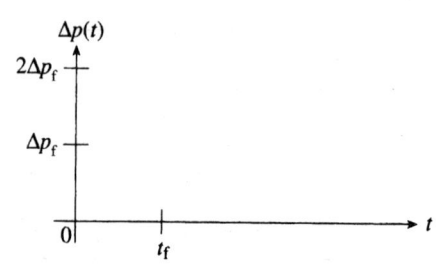

试卷 B

特别说明：

(a) 回答试卷 B 的问题时请不要参考相关内容。

(b) 回答选择题时，请选择最适合的答案。每个问题只有一个答案。

(c) 温度保持 $T=300\text{K}$ 时，包括硅样品在内的数值计算可使用以下常数进行计算：$n_i = 10^{10}/\text{cm}^3$，$kT = 0.0259 \text{ eV}$。

I. 概要

(1) 如下图所示，单位立方晶格四条垂直边的中点和上下底面的面心分别有一个原子，在这个立方单元内有几个原子？

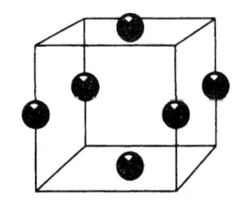

    (a) 4
    (b) 2
    (c) 1
    (d) 1/2

(2) 对于问题(1)的立方单元，使用哪个名称可表现该单元的特性？
    (a) 简单立方
    (b) 体心立方
    (c) 面心立方
    (d) 金刚石结构

(3) 求下图中所示平面的密勒指数。

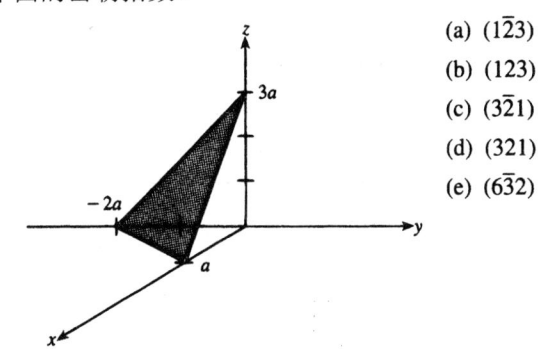

    (a) $(1\bar{2}3)$
    (b) (123)
    (c) $(3\bar{2}1)$
    (d) (321)
    (e) $(6\bar{3}2)$

(4) 下列晶向中哪一个晶向不与[100]晶向垂直？
    (a) $[0\bar{1}1]$
    (b) $[032]$
    (c) $[001]$
    (d) $[\bar{1}00]$

(5) 在特殊半导体导带底之上，电子状态所占有的概率是 e^{-10}。求在已知材料内费米能级的位置。
    (a) $E_F = E_c$
    (b) $E_c - E_F = 9kT$

(c) $E_c - E_F = 10kT$

(d) $E_F = E_c + kT$

(6) 在室温下，轻掺杂硅的载流子散射机制主要是

(a) 载流子-载流子散射

(b) 晶格散射

(c) 电离杂质散射

(d) 压电散射

(7) 在室温下，硅中电子 D_N 与 N_D 有下列哪幅图所示的最恰当的关系曲线？

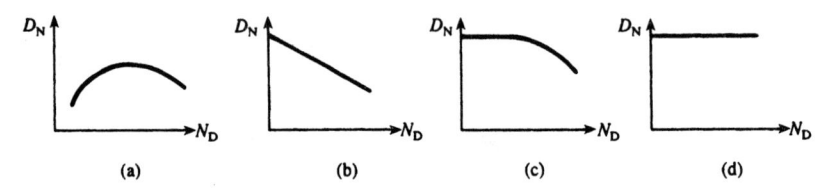

(8) 使用价键模型，描述（画出）施主的图示。

(9) 使用能带图，描述（画出）温度 $T \rightarrow 0\ K$ 时，施主上电子冻结的图示。

(10) 说明为什么 n 型材料的电阻率比同样掺杂的 p 型材料的电阻率要小很多。

(11) 使用能带图，描述（画出）通过 R-G 中心复合的图示。

(12) 详细说明漂移速度的定义。

II. 能带图的判断

在保持温度 300 K 时，硅器件显示出如下的能带图。使用该能带图回答问题(13)～(20)。

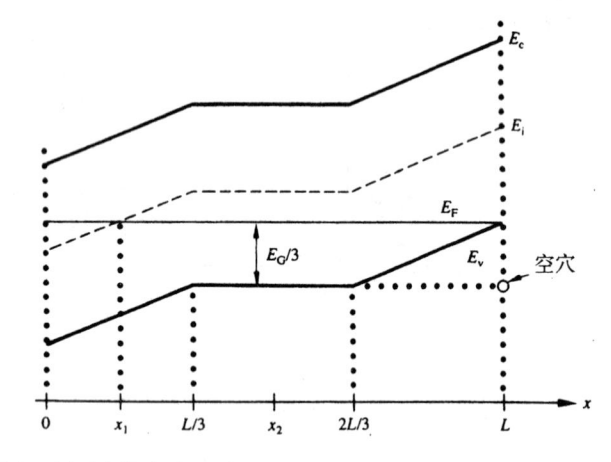

(13) 下列哪幅图表示半导体内电子的势能 (V)？

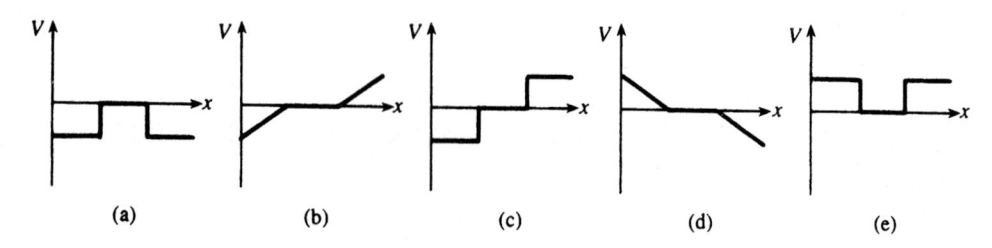

(14) 下列哪幅图表示电场 ($\mathscr{E}$)？

| (a) | (b) | (c) | (d) | (e) |

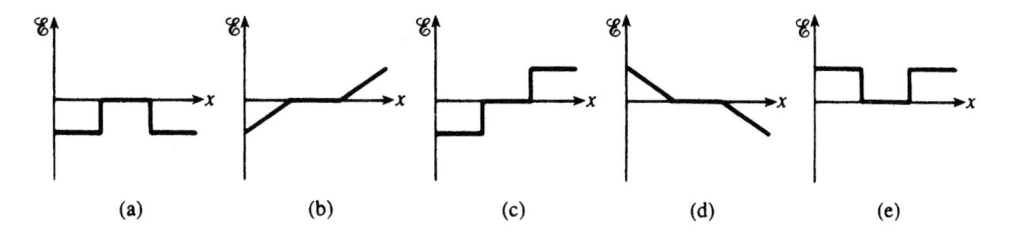

(15) 平衡条件成立吗?
 (a) 成立
 (b) 不成立
 (c) 不能确定

(16) 下列哪种情况下，半导体是简并的?
 (a) 在靠近 $x=0$ 处
 (b) 在 $L/3 \leq x \leq 2L/3$ 时
 (c) 在靠近 $x=L$ 处
 (d) 任何地方都不是

(17) 在 $x = x_2$ 处, $p = ?$
 (a) $7.63 \times 10^6/\text{cm}^3$
 (b) $1.35 \times 10^{13}/\text{cm}^3$
 (c) $10^{10}/\text{cm}^3$
 (d) $1.72 \times 10^{16}/\text{cm}^3$

(18) 在 $x = x_1$ 处，电子的电流密度 (J_N) 为
 (a) 0
 (b) $\mu_n n_i E_G / L$
 (c) $-\mu_n n_i E_G / L$
 (d) $D_N [n(x_2) - n(0)]/L$

(19) 在 $x = x_1$ 处，空穴的漂移电流密度 $(J_{P|\text{drift}})$ 为
 (a) 0
 (b) $\mu_p n_i E_G / L$
 (c) $-\mu_p n_i E_G / L$
 (d) $q\mu_p N_D (kT/q)/L$

(20) 能带图中显示的空穴动能是
 (a) E_v
 (b) $-E_G/3$
 (c) $E_G/3$
 (d) 0

III. 问题求解

在稳态条件下，保持室温不变时，有一长为 L、均匀掺杂的 n 型硅棒，并有 $\Delta p_n(0) = \Delta p_{n0} > 0$，$\Delta p_n(L) = 0$。其中 $N_D = 10^{15}/\text{cm}^3$，$\Delta p_{n0} \ll n_0$。在硅棒的侧面没有出现其他过程(包括光产生)。

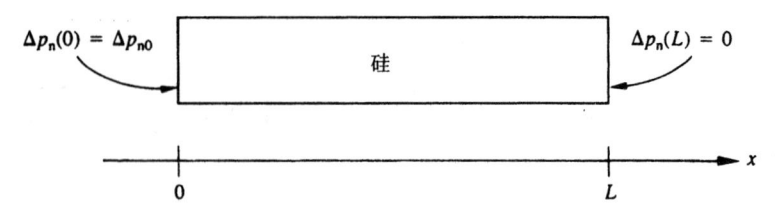

(21) 确定平衡时空穴的浓度 p_0。

(a) $p_0 \approx 10^{10}/\text{cm}^3$

(b) $p_0 \approx 10^{15}/\text{cm}^3$

(c) $p_0 \approx 10^{5}/\text{cm}^3$

(d) 没有给出

(22) 稳态条件下，存在低浓度注入吗？

(a) 有

(b) 没有

(c) 不能确定

(23) 确定 $\Delta p_n(x)$ 必须解方程

(a) $0 = D_P \dfrac{d^2 \Delta p_n}{dx^2}$

(b) $\dfrac{d \Delta p_n}{dt} = \dfrac{\Delta p_n}{\tau_p}$

(c) $\dfrac{\partial \Delta p_n}{\partial t} = D_P \dfrac{\partial^2 \Delta p_n}{\partial x^2} - \dfrac{\Delta p_n}{\tau_p}$

(d) $\dfrac{\partial p_n}{\partial t} = D_P \dfrac{\partial^2 \Delta p_n}{\partial x^2}$

(e) $0 = D_P \dfrac{d^2 \Delta p_n}{dx^2} - \dfrac{\Delta p_n}{\tau_p}$

(24) $\Delta p_n(x)$ 的一般解（令 $L_P^2 \equiv D_P \tau_p$）为

(a) $A \exp(-x/L_p) + B \exp(x/L_p)$

(b) $A \exp(-t/\tau_p)$

(c) $A + Bx$

(d) $A \exp(-x/L_p)$

(25) 用于 $\Delta p_n(x)$ 解的边界条件是

(a) $\Delta p_n(0) = \Delta p_{n0}$, $\Delta p_n(\infty) = 0$

(b) $\Delta p_n(0) = 10^{15}/\text{cm}^3$, $\Delta p_n(\infty) = 0$

(c) $\Delta p_n(0) = \Delta p_{n0}$, $\Delta p_n(L) = 0$

(d) $\Delta p_n(0) = 10^{15}/\text{cm}^3$, $\Delta p_n(L) = 0$

答案——试卷 A

问题 A1

(a) (111)

(b) [211]

(c) $(\sqrt{3}/4) a$

(d) 在单胞内硅原子中的任意一个被非硅原子所替换,表现出额外的键(对第五个价电子显示出较弱的束缚)。

问题 A2

参 数	数 值	单 位	解 释
E_G	1.12	eV	—
n_i	10^{10}	cm^{-3}	—
n_0	10^{17}	cm^{-3}	$n_0 = N_D (N_D \gg n_i)$
p_0	10^3	cm^{-3}	$p_0 = n_i^2/N_D$
$E_F - E_i$	0.417	eV	$E_F - E_i = kT\ln(N_D/n_i) = (0.0259)\ln(10^{17}/10^{10})$
ρ (电荷密度)	0	C/cm^3	在确定的条件下电中性成立
μ_n	801	$cm^2/(V \cdot s)$	由图 3.5 可知
ρ (电阻率)	0.078	$\Omega \cdot cm$	$\rho = \dfrac{1}{q\mu_n N_D} = \dfrac{1}{(1.6\times 10^{-19})(801)(10^{17})}$
L_P	2.93×10^{-3}	cm	$L_P = \sqrt{D_P \tau_P} = \sqrt{(8.57)(10^{-6})}$
D_P	8.57	cm^2/s	$D_P = (kT/q)\mu_p = (0.0259)(331)$

问题 A3

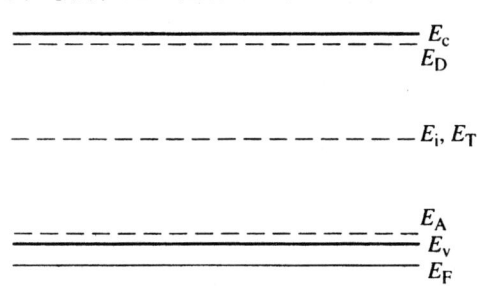

(a) E_T 位于禁带中央,而 E_F 的位置一定低于 $E_V + 3kT$。

```
═══════════════════════════  E_c
                             E_D

-----------------------------  E_i, E_T


═══════════════════════════  E_A
═══════════════════════════  E_v
═══════════════════════════  E_F
```

(b) 在平衡条件下,E_F 与位置无关。因为 $\mathscr{E} = (1/q)(dE_c/dx) = (1/q)(dE_i/dx) = (1/q)(dE_v/dx)$,从 $\mathscr{E}$ 与 x 的关系图中可知,能带在 $0 \leq x \leq x_a$ 和 $x_b \leq x \leq x_c$ 的范围内是平直的。而在 $x_a \leq x \leq x_b$ 的范围内,能带应该具有斜率为负常数的性质。在 $0 \leq x \leq x_a$ 的范围内,$E_i - E_F = kT\ln(N_A/n_i) = (0.0259)\ln(10^{16}/10^{10}) = 0.358$ eV;在 $x_b \leq x \leq x_c$ 的范围内,$E_F - E_i = kT\ln(N_D/n_i) = 0.358$ eV。综合上述分析,可得到以下的能带图。

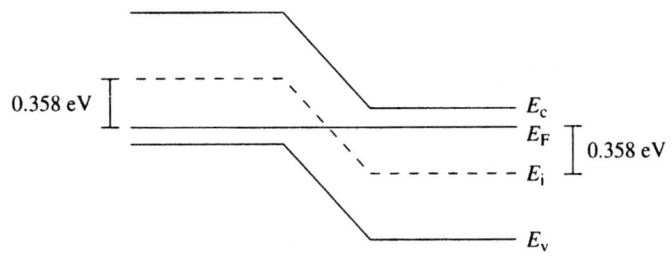

(c) $\Delta V = -\dfrac{1}{q}\Delta E_c = \dfrac{1}{q}[E_c(0) - E_c(x_c)] = \dfrac{1}{q}[E_i(0) - E_i(x_c)] = 0.716$ V

问题 A4

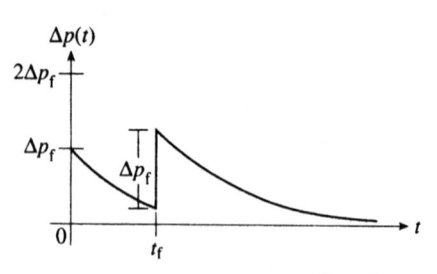

(a)

(b) 成立。低浓度注入需要满足 $\Delta p_{max} \leqslant 2\Delta p_f = 2 \times 10^{10}/cm^3 \ll n_0 = N_D = 10^{15}/cm^3$。因此 $\Delta p \ll n_0$ 是必要的条件。

(c) 对于已知问题的少子扩散方程为

$$\frac{d\Delta p_n}{dt} + \frac{\Delta p_n}{\tau_p} = 0$$

对于 $0 \leqslant t \leqslant t_f$,

$$\Delta p(0) = \Delta p_f \quad \cdots 边界条件$$

$$\Delta p(t) = Ae^{-t/\tau_p} \quad \cdots 一般解$$

$$A = \Delta p_f$$

$$\Delta p(t) = \Delta p_f e^{-t/\tau_p} \quad \Leftarrow 满足边界条件的解$$

对于 $t \geqslant t_f$,

$$\Delta p(t_f) = \Delta p_f + \Delta p_f e^{-t_f/\tau_p} = \Delta p_f(1 + e^{-t_f/\tau_p}) \quad \cdots 边界条件$$

$$\Delta p(t) = Ae^{-(t-t_f)/\tau_p} \quad \cdots 一般解$$

$$A = \Delta p_f(1 + e^{-t_f/\tau_p})$$

$$\Delta p(t) = \Delta p_f(1 + e^{-t_f/\tau_p})e^{-(t-t_f)/\tau_p} \quad \Leftarrow 满足边界条件的解$$

(d)

$$\sigma = 1/\rho = q(\mu_n n + \mu_p p)$$

$$\sigma(0^-) \cong q\mu_n N_D \quad \cdots n_0 \cong N_D \text{ 和 } n_0 \gg p_0$$

$$\sigma(0^+) = q[\mu_n(n_0 + \Delta n) + \mu_p(p_0 + \Delta p)] \cong q\mu_n N_D + q(\mu_n + \mu_p)\Delta p_f$$

$$\frac{\Delta \sigma}{\sigma(0^-)} = \frac{q(\mu_n + \mu_p)\Delta p_f}{q\mu_n N_D} = \left(1 + \frac{\mu_p}{\mu_n}\right)\frac{\Delta p_f}{N_D} \quad \Leftarrow 以符号表示的答案$$

$$= \left(1 + \frac{458}{1345}\right)\frac{10^{10}}{10^{15}} = 1.34 \times 10^{-5} \quad \Leftarrow 以数值表示的答案$$

答案——试卷 B

(1) b $1/2 \times (2 \text{ 面上的原子}) + 1/4 \times (4 \text{ 角上的原子}) = 2$

(2) b

(3) e   1, −2, 3 ——截距

1，-1/2，1/3 —1/截距

(6$\bar{3}$2) —晶面指数

(4) d 任何晶向的第一个整数不为零时，将不与[100]晶向垂直。

(5) b 由问题中的叙述可知：

$$f(E_c + kT) = \frac{1}{1 + e^{(E_c + kT - E_F)/kT}} = e^{-10}$$

$$E_c - E_F = kT[\ln(e^{10} - 1) - 1] \simeq 9kT$$

(6) b

(7) c 非简并掺杂时有 $D_N = (kT/q)\mu_n$，μ_n 与 N_D 的关系曲线参考图 3.5 可得。

(8)

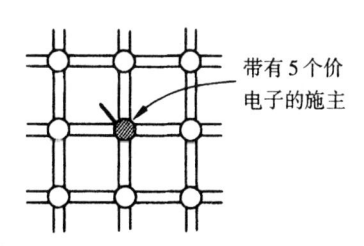

带有 5 个价电子的施主

(9)

E_c
E_D

E_v

(10)

$$\rho = \frac{1}{q\mu_n N_D} \quad \cdots \text{n 型}$$

$$\rho = \frac{1}{q\mu_p N_A} \quad \cdots \text{p 型}$$

对于给定的温度和已知半导体，$\mu_p < \mu_n$，所以在 $N_D = N_A$ 时，ρ (p 型) 大于 ρ (n 型)。

(11)

E_c

E_T

E_v

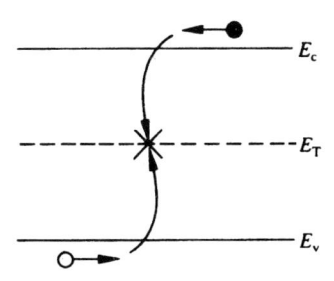

(12) 漂移速度是在外电场的作用下，电子或空穴速度的平均值。(在弱电场时，$v_d = \mu \mathcal{E}$，μ 为载流子的迁移率。)

(13) d V 与倒置的能带有相同的形状。

(14) e $\mathcal{E}$ 与能带的斜率成比例。

(15) a E_F 的位置是不变的。

(16) c 在接近 $x = L$ 时,E_F 靠近 E_v。

(17) b
$$E_i - E_F = E_G/2 - E_G/3 = E_G/6$$
$$p = n_i e^{(E_i - E_F)/kT} = 10^{10} e^{1.12/(6 \times 0.0259)} = 1.35 \times 10^{13}/cm^3$$

(18) a 在平衡条件下,$J_N = 0$。

(19) b
$$J_{P|drift} = q\mu_p p \mathscr{E}$$
当 $x = x_1$ 时,
$$p = n_i \quad (E_i = E_F)$$
$$\mathscr{E} = \frac{1}{q}\frac{dE_i}{dx} = \frac{1}{q}\frac{\Delta E_i}{\Delta x} = \frac{1}{q}\frac{(E_G/3)}{(L/3)} = \frac{E_G}{qL}$$
$$J_{P|drift} = \mu_p n_i E_G/L$$

(20) c K. E. $= E_v(L) - E_{hole} = E_G/3$

(21) c $n_0 \simeq N_D = 10^{15}/cm^3$
$p_0 \simeq n_i^2/n_0 \simeq 10^{20}/10^{15} = 10^5/cm^3$

(22) a $\Delta p_{n|max} = \Delta p_{n0} \ll n_0$

(23) e 在稳态条件和没有光产生时,少子扩散方程[参见式(3.54b)]中的 $\partial/\partial t$ 和 G_L 项应该消去。

(24) a 这是 3.4.3 节问题 1 的解。

(25) c

第二部分A

pn结二极管

第5章　pn结的静电特性
第6章　pn结二极管：$I\text{-}V$特性
第7章　pn结二极管：小信号导纳
第8章　pn结二极管：瞬态响应
第9章　光电二极管

第 5 章　pn 结的静电特性

第二部分将主要讨论具有一个或多个 pn 结结构的器件，它们内部的工作过程与 pn 结密切相关。首先，本部分将用相当多的篇幅介绍一种基本器件——pn 结二极管。第二部分前半部分的二极管分析非常重要，因为该部分给出了器件的基本概念和分析过程，这些都是以后分析的基础。前半部分最后的选读章节中将介绍一种特殊的 pn 结二极管——光电二极管。第二部分后半部分利用了上面提到的基本概念和思路，并且加以推广来探讨这个家族中另外一个重要的成员——有两个结、三个端的双极结型晶体管(BJT)。在介绍 PNPN 器件的章节中主要讨论了包含两个以上 pn 结的器件。后半部分的最后章节将讨论金属-半导体接触和肖特基(Schottky)二极管，二者是 pn 结二极管的扩展。

可以将一个完整、系统的器件分析分为四个具有代表性的部分。首先，讨论电荷密度、电场和静电势(大体上被归为静电学)，它们存在于热平衡和稳态条件下的器件中，并且是整个 pn 结二极管分析的基础。随后将依次针对器件的稳态(d.c.)响应、小信号(a.c.)响应和瞬态(脉冲)响应进行分析，并建立相应的模型。以下给出的 pn 结二极管的分析遵循众所周知的四步推演方法。本章首先讨论与 pn 结相关的静电特性。

5.1　引言

5.1.1　结的相关术语/理想杂质分布

为了方便讨论，假设 pn 结是在均匀的 n 型掺杂硅片上扩散 p 型杂质形成的。图 5.1(a) 显示了这种情况下器件的结构示意图。在表面附近的扩散区内，$N_A > N_D$，半导体显然为 p 型。在更深的区域，$N_A < N_D$，半导体为 n 型。显然，这两个区域的分界线出现在半导体内的某个平面位置，$N_D - N_A = 0$，该分界线的正式名称为冶金结(metallurgical junction)。

实际上冶金结位置的确定只依赖于净掺杂浓度。同样，静电变量的确定也仅需要净掺杂浓度。因此，实际采用的做法是将 N_A 和 N_D 合并为一条曲线——N_A-N_D 随 x 的变化曲线，如图 5.1(b) 所示；而不是分别给出 N_A 和 N_D 随 x 的变化曲线，如图 5.1(a) 所示。净杂质浓度随位置变化的关系曲线表示杂质分布。

实际的杂质分布是通过平面扩散和离子注入工艺来产生的，它会大大增加分析过程中数学计算的复杂度，而且很难计算和理解由此得出的结果。幸运的是，只有冶金结附近的杂质分布才是特别重要的。因此，可以利用一些理想化的杂质分布来获得准确的结果。两个最常用的理想化分布是突变结分布和线性缓变结分布，如图 5.2 所示。这两种理想分布的选择取决于冶金结处杂质分布的斜率和原始硅片的初始掺杂浓度。对于离子注入或在轻掺杂的原始硅片上进行浅结扩散的情况，突变结是一个可接受的近似；而在中等掺杂到重掺杂的原始硅片上进行深结扩散的情况，采用线性缓变结将更合适一些。在本书的大多数 pn 结分析中，我们会有意地选择理想化的突变结分布以减少数学分析的复杂度。

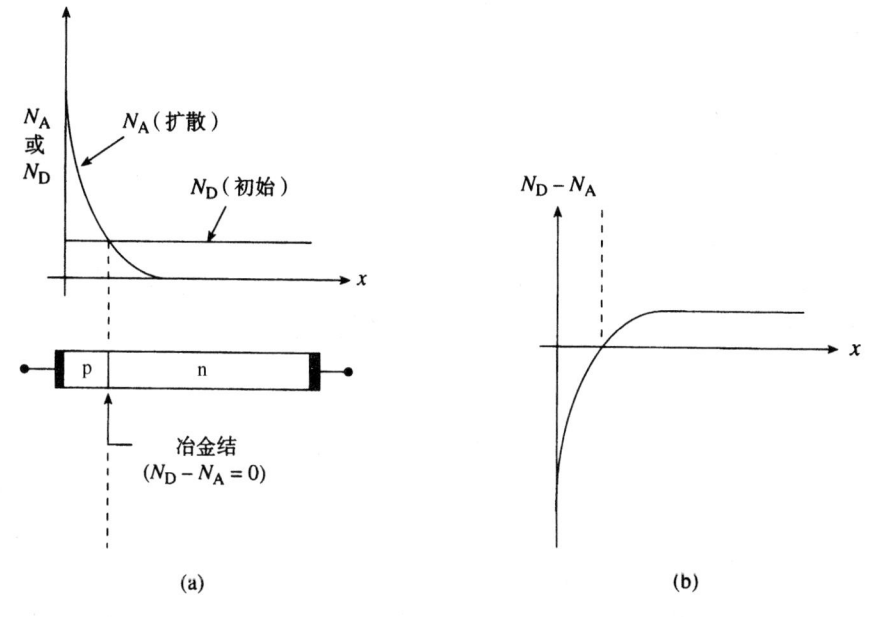

图 5.1 结的定义。(a)冶金结的位置；(b)杂质分布——净杂质浓度随位置的变化曲线

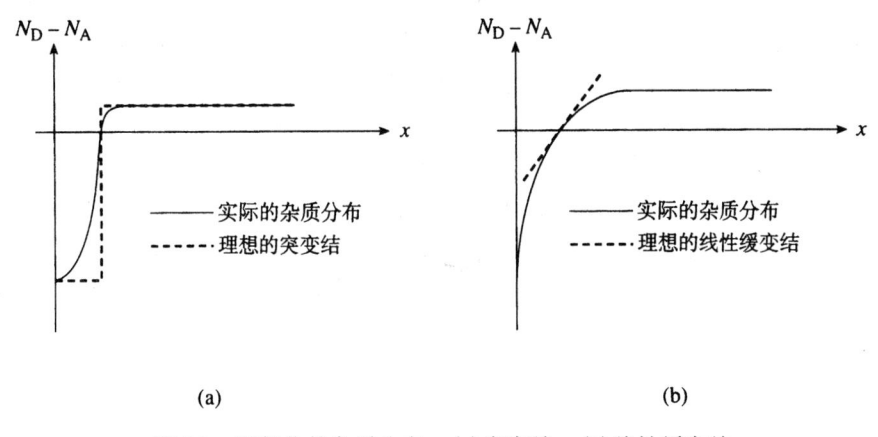

图 5.2 理想化的杂质分布。(a)突变结；(b)线性缓变结

5.1.2 泊松方程

在电磁学领域中，泊松(Poisson)方程是一个众所周知的关系式。在半导体分析工作中，为了获得静电变量的定量解，经常采用它作为分析的出发点。适用于半导体分析的三维公式为

$$\nabla \cdot \mathscr{E} = \frac{\rho}{K_S \varepsilon_0} \tag{5.1}$$

在解一维问题时，$\mathscr{E} = \mathscr{E}_x$，泊松方程可以化简为

$$\boxed{\frac{d\mathscr{E}}{dx} = \frac{\rho}{K_S \varepsilon_0}} \tag{5.2}$$

K_S 是半导体的介电常数，而 ε_0 是真空介电系数。在前面章节中 ρ 指电阻率，而在静电变量的

分析里 ρ 表示电荷密度（电荷/cm³）。假设杂质全部被电离，半导体内的电荷密度为

$$\rho = q(p - n + N_D - N_A) \tag{5.3}$$

式(5.3)最初出现在式(2.23)的第一部分，用来推导出电荷的电中性关系。对于处于热平衡状态下的杂质均匀分布的半导体，在远离表面的内部，电荷密度处处为零。但是在不太严格的条件下，ρ 经常是非零的，并且是位置的函数。

最后，从式(5.2)可以得出，在一维情况下 ρ 正比于 $d\mathscr{E}/dx$。因此在 $\mathscr{E}$-x 图中，只要记录曲线斜率与位置的函数关系，就可以推导出 ρ 与 x 的通用函数形式。

5.1.3 定性解

在定量分析前，有必要对最终解的形式进行一些了解。根据 3.2.4 节（推导出爱因斯坦关系式），已经知道 pn 结中存在着能带弯曲和一个内建电场，这与 pn 结二极管固有的非均匀掺杂有关。假设有一个一维突变结且该结处于热平衡条件下，下面我们来确定二极管的内部电势、电场和电荷密度的通用函数形式。

我们采用的方法是首先构造出处于热平衡条件下的 pn 结二极管的能带图，然后利用前面章节建立的方法，进而推导出这些静电变量的函数关系。假设一个突变结的情况，即远离冶金结的区域在特性上与孤立的、均匀掺杂的半导体是完全一样的，这个结论是合理的。因此，将远离结部分的能带图设定为简单的形状，如图 5.3(a)所示。而且已知在热平衡条件下，费米能级与位置无关，保持恒定值。为了满足费米能级恒定的条件，将图 5.3(a)中的能带正确排列，得到了图 5.3(b)。而图 5.3(c)补齐了图 5.3(b)中缺少的结附近部分的能级，即分别将结两边的 E_c、E_i 和 E_v 端点连接起来。虽然在冶金结分界附近，并不知道能带弯曲的准确形状，但是可以给出一个合理的假设——能带的变化实际上是单调的，并且在中心区域外两个端点处曲线变化的斜率为零。当然图 5.3(c)就是满足要求的 pn 结二极管的热平衡能带图。

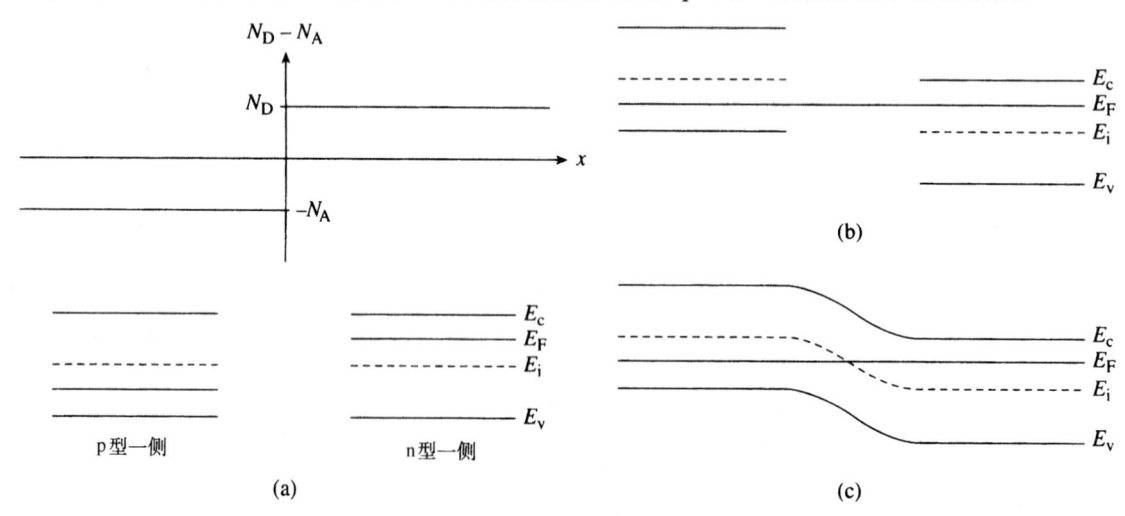

图 5.3 pn 结二极管的热平衡能带图的分步构造。(a)假设的突变结杂质分布和远离冶金结的半导体区域的能带图；(b)修改(a)中图形以满足费米能级保持恒定的条件；(c)完整的能带图

现在，推导静电变量的函数形式就变成了一个相对简单的问题。首先，参考 3.1.5 节中关于能带弯曲的部分。已知 V 和 x 的关系一定与"上下颠倒"的 E_c（或 E_i 或 E_v）存在着同样的

函数形式，这导致图 5.4(b) 中 V 与 x 的变化关系，其中远离结的 p 型一边的 V 被设置为零。其次，通过计算图中 E_c 与位置曲线的导数，可以获得 $\mathscr{E}$ 与 x 的变化关系[①]，参见图 5.4(c)。最后，ρ 与 x 的通用函数形式 [参见图 5.4(d)] 可以从 $\mathscr{E}$-x 曲线的斜率推导出来。

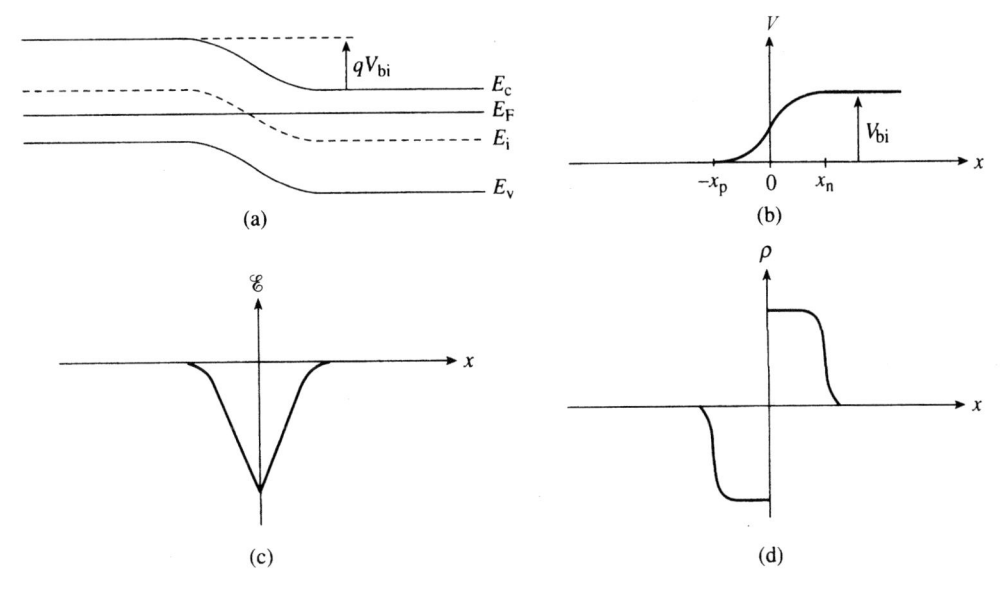

图 5.4 热平衡条件下 pn 结中静电变量的函数形式。(a) 热平衡能带图；(b) 静电势；(c) 电场；(d) 电荷密度随位置的变化关系

也许在图 5.4 的解决办法中，值得注意的是热平衡条件下结上压降和冶金结分界附近出现的电荷。在下一节中将单独考虑这个"内建"电压 [内建电势(V_{bi})]，目前关注的问题是结附近的电荷区域 [参见图 5.4(d)]。现在出现了一个问题，这些电荷来自何处？对这个问题的回答将给读者提供一次在物理上深入理解的机会。

假设 p 区和 n 区初始时是分离的 [参见图 5.5(a)]，同时假定这些孤立的、均匀掺杂的半导体保持电中性。在 p 型材料中，正的空穴电荷(图 5.5 中的符号 ⊕)抵消了固定的受主空间电荷(图 5.5 中的符号 ⊟)。同样，在整个 n 型材料中，电子电荷(⊖)抵消了电离施主的固定电荷(⊞)。下面再假设 p 型和 n 型材料之间存在着一种理想的连接结构 [参见图 5.5(b)]。显而易见，因为 p 型一边的空穴比 n 型一边的多，所以连接后的瞬间，空穴开始从 p 型向 n 型扩散。同样，电子也开始从 n 型向 p 型扩散。虽然电子和空穴分别向结的相反方向运动，但施主和受主离子在空间位置上却是固定不变的。因此，载流子从结附近区域的扩散会留下未被抵消的固定杂质空间电荷 [参见图 5.5(c)]。这就是导致冶金结附近出现电荷的原因，也可以关联到以前导出的 ρ 与 x 的变化关系 [重画于图 5.5(d)]。将冶金结附近出现明显电荷的区域称为空间电荷区或耗尽区。后一个取名是根据该区域的载流子浓度已经大大下降或耗尽的事实。也应该注意到积累的电荷和相应的电场将一直增加，直到流过结的扩散载流子与漂移载流子正好相抵消。在热平衡条件下 J_N 和 J_P 分别为零，当然载流子的扩散和漂移分量也必须互相抵消。

[①] 实际上，从图 5.4(a) 的能带图中可以得出结论：$\mathscr{E}$ 的大小先在结的 p 型一侧从零增加，在冶金边界处达到最大值，然后在结的 n 型一侧再次下降到零。准线性关系 [参见图 5.4(c)] 反映出定量解的信息。

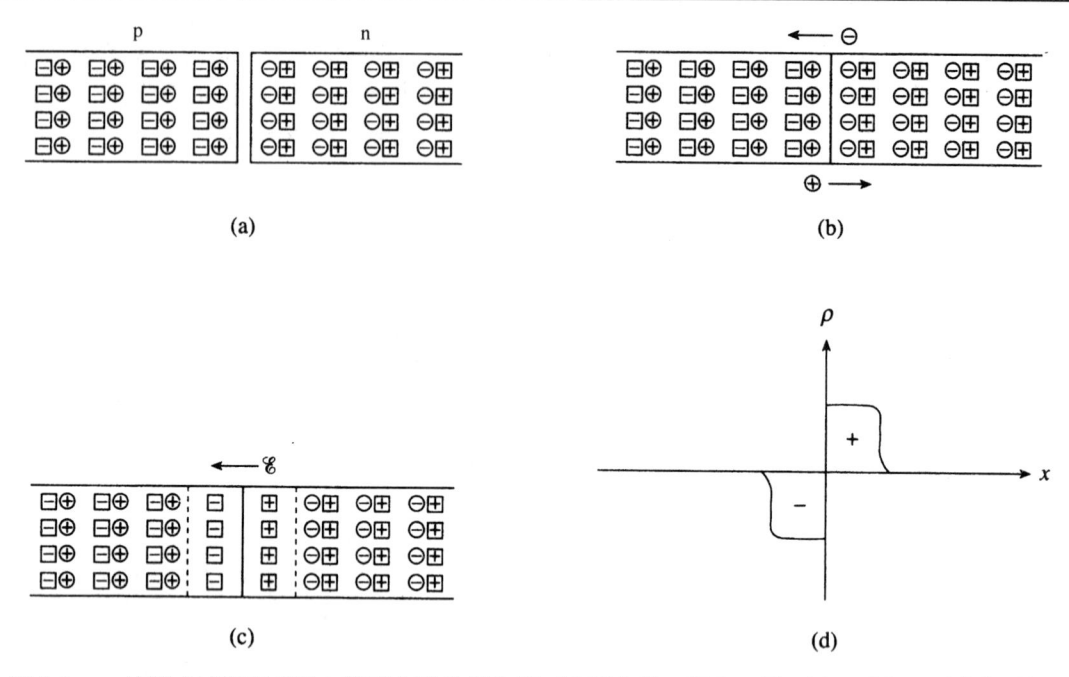

图 5.5 pn 结形成过程和相应电荷再分配的概念图。(a)孤立的 p 区和 n 区;(b)p 区和 n 区连接瞬间,电子和空穴分别向结的相反方向扩散;(c)电荷再分配完成,重新达到热平衡状态;(d)以前导出的电荷密度与位置的变化曲线(⊕ — 空穴,⊟ — 受主离子,⊖ — 电子,⊞ — 施主离子)

5.1.4 内建电势(V_{bi})

热平衡条件下的耗尽区电压称为内建电势(V_{bi}),这是一个非常重要的结参数,需要进一步讨论。而且更令人感兴趣的是给 V_{bi} 建立一个计算关系式。为了上面这个目标,考虑一个非简并掺杂的 pn 结,该结处于热平衡条件且将冶金结分界位置定义为 $x=0$ 处。在结的 n 型和 p 型两侧,将热平衡耗尽区的边界分别取为 $-x_p$ 和 x_n[参见图 5.4(b)]。

经过推导,有

$$\mathscr{E} = -\frac{dV}{dx} \tag{5.4}$$

在耗尽区内积分,得到

$$-\int_{-x_p}^{x_n} \mathscr{E}\, dx = \int_{V(-x_p)}^{V(x_n)} dV = V(x_n) - V(-x_p) = V_{bi} \tag{5.5}$$

另外,在热平衡条件下,

$$J_N = q\mu_N n\mathscr{E} + qD_N \frac{dn}{dx} = 0 \tag{5.6}$$

解方程(5.6),并利用爱因斯坦关系式得到 $\mathscr{E}$,即

$$\mathscr{E} = -\frac{D_N}{\mu_N}\frac{dn/dx}{n} = -\frac{kT}{q}\frac{dn/dx}{n} \tag{5.7}$$

将式(5.7)代入式(5.5),并进行积分,得到

$$V_{bi} = -\int_{-x_p}^{x_n} \mathscr{E}\, dx = \frac{kT}{q}\int_{n(-x_p)}^{n(x_n)} \frac{dn}{n} = \frac{kT}{q}\ln\left[\frac{n(x_n)}{n(-x_p)}\right] \tag{5.8}$$

对于非简并掺杂突变结的特定情况，其中 N_D 和 N_A 分别为 n 型和 p 型两侧的杂质浓度，可以确定：

$$n(x_n) = N_D \tag{5.9a}$$

$$n(-x_p) = \frac{n_i^2}{N_A} \tag{5.9b}$$

因此，

$$\boxed{V_{bi} = \frac{kT}{q} \ln\left(\frac{N_A N_D}{n_i^2}\right)} \tag{5.10}$$

有必要举例来估算一下内建电势的相对大小。取 $N_A = N_D = 10^{15}/\text{cm}^3$ 且 Si 二极管温度为 300 K，计算得到 $V_{bi} = (0.0259)\ln(10^{30}/10^{20}) \cong 0.6 \text{ V}$，这是一个典型值。在非简并掺杂二极管中，$V_{bi} < E_G/q$，即 V_{bi} 小于禁带宽度对应的电压值。因此，对于非简并掺杂的 Ge、Si 和 GaAs 二极管，室温下的 V_{bi} 分别小于 0.66 V、1.12 V 和 1.42 V。

通过能带图导出的 V_{bi} 可以很好地解释前面章节中提及的 V_{bi} 和 E_G 的关系式。参考图 5.4(a) 和图 5.4(b)，可以写出

$$V_{bi} = V(x_n) - V(-x_p) \tag{5.11a}$$

$$= \frac{1}{q}[E_c(-x_p) - E_c(x_n)] = \frac{1}{q}[E_i(-x_p) - E_i(x_n)] \tag{5.11b}$$

或者

$$V_{bi} = \frac{1}{q}[(E_i - E_F)_{\text{p-side}} + (E_F - E_i)_{\text{n-side}}] \tag{5.12}$$

显然，对于非简并掺杂的二极管，$(E_i - E_F)_{\text{p-side}}$ 和 $(E_F - E_i)_{\text{n-side}}$ 都小于 $E_G/2$，那么 $V_{bi} < E_G/q$。而且在一个非简并突变结中，在热平衡条件下，

$$(E_i - E_F)_{\text{p-side}} = kT \ln(N_A/n_i) \tag{5.13a}$$

$$(E_F - E_i)_{\text{n-side}} = kT \ln(N_D/n_i) \tag{5.13b}$$

将式(5.13)代入式(5.12)中，简化后的结果就得到了式(5.10)。注意式(5.13)，也包括式(5.10)，只有在非简并掺杂的条件下才是合理的，但式(5.12)却没有这种与浓度相关的限制。

(C) 练习 5.1

问：绝大多数二极管中总有结的一侧是重掺杂的。计算这些 p^+-n 和 n^+-p 突变结的 V_{bi}，通常的做法是假设重掺杂一侧的费米能级位于能带边界，即 p^+ 材料中 $E_F = E_v$ 而 n^+ 材料中 $E_F = E_c$。在温度 300 K 下，采用上面的假设，对 Si 的 p^+-n 和 n^+-p 突变结，以轻掺杂一侧的杂质浓度(N_A 或 N_D)为变量，计算并且画出 V_{bi}。图中坐标范围为 $10^{14}/\text{cm}^3 \leq N_A$ 或 $N_D \leq 10^{17}/\text{cm}^3$。

答：先考虑 p^+-n 突变结，可以写出

$$\text{假设 } (E_i - E_F)_{\text{p-side}} = E_i - E_v = E_G/2$$

$$(E_F - E_i)_{\text{n-side}} = kT \ln(N_D/n_i)$$

代入式(5.12)中，这适用于任何掺杂浓度，则得到

$$V_{bi} = \frac{E_G}{2q} + \frac{kT}{q}\ln\left(\frac{N_D}{n_i}\right)$$

对于 n$^+$-p 结，只要将上面公式中的 N_D 换为 N_A，就可以得到相应的计算结果。V_{bi} 的计算程序和画图结果(参见图 E5.1)如下所示。

MATLAB 程序清单…

```
%Vbi Computation (p+/n and n+/p junctions)

%Constants
EG=1.12;
kT=0.0259;
ni=1.0e10;

%Computation
ND=logspace(14,17);
Vbi=EG/2+kT.*log(ND./ni);

%Plotting
close
semilogx(ND,Vbi); grid
axis([1.0e14 1.0e17 0.75 1])
xlabel('NA or ND (cm-3)'); ylabel('Vbi (volts)')
text(1e16,0.8,'Si, 300K')
text(1e16,0.78,'p+/n and n+/p diodes')
```

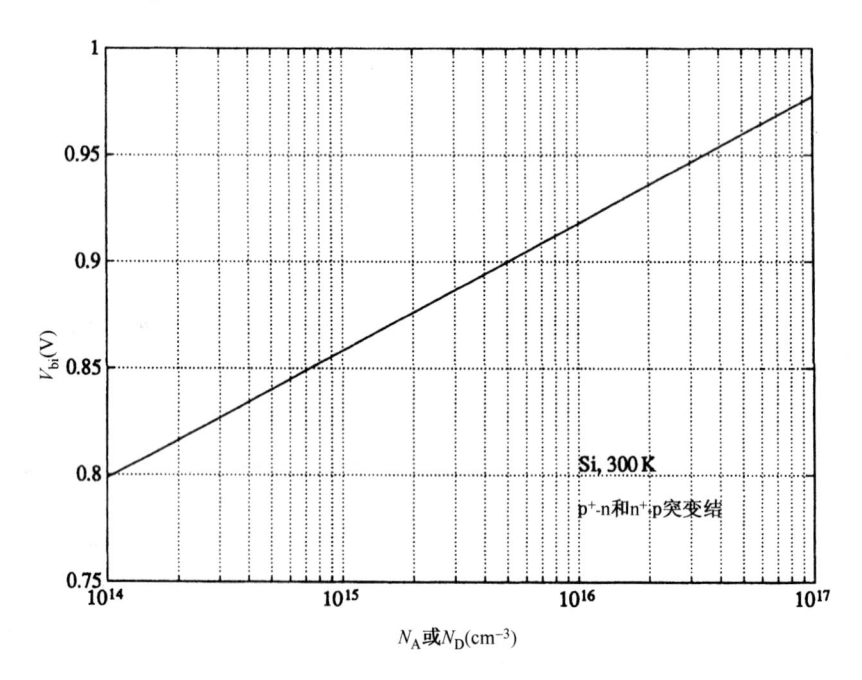

图 E5.1　温度 300 K 下，Si 的 p$^+$-n 和 n$^+$-p 突变结二极管中的 V_{bi}

5.1.5 耗尽近似

为了获得静电变量的定量解,需要求解泊松方程。耗尽近似有助于得到该方程的闭合形式(closed-form)解。各种器件分析都涉及耗尽近似,该近似无疑是最重要的,而且在器件建模中是最常见的简化近似。

为了理解为什么要引入耗尽近似,考虑一维泊松方程,重新写出式(5.14)。假设方程中的杂质分布、N_D-N_A 是已知的:

$$\frac{d\mathcal{E}}{dx} = \frac{\rho}{K_S \varepsilon_0} = \frac{q}{K_S \varepsilon_0}(p - n + N_D - N_A) \tag{5.14}$$

这里 ρ 是 x 的函数,该微分方程需要求解 $\mathcal{E}$ 与 x 的关系,最终获得 V 与 x 的关系,那么需要已知载流子浓度与 x 的函数的显式表达式。遗憾的是,在 $\mathcal{E} \neq 0$ 区域内的载流子浓度,如同在 pn 结耗尽区内的情况,在方程求解前是无法确定出该显式表达式的。耗尽区内的 p 和 n 当然也是电势的函数,从图 5.4(a) 的能带图中可以很明显地看出这种关系。虽然在某种条件下,确实存在精确的闭合形式解(通常比较复杂),但是采用耗尽近似可以提供一种简单的、近乎通用的方法,以获得近似解而无须事先知道载流子浓度。

至此,我们对耗尽近似已有了一些基本了解。下面的定性解给出一个明显的结论,即冶金结两边存在着非零的电荷密度。这些电荷的出现是由于载流子越过结,导致流出区域的载流子数量减少。载流子的"耗尽"在邻近冶金结分界处趋向最大,并且随着离开结分界处的距离增加而减弱。耗尽近似是对实际电荷分布的理想化近似。这个近似有两个含义:(1)在冶金结附近区域,$-x_p \leq x \leq x_n$,与净杂质浓度相比,载流子浓度可近似忽略不计。(2)耗尽区以外的电荷密度则处处为零。可用图来解释耗尽近似[参见图 5.6(a)],图 5.6(b) 假设了一个突变结的例子。当引入耗尽近似后,一维泊松方程可简化为

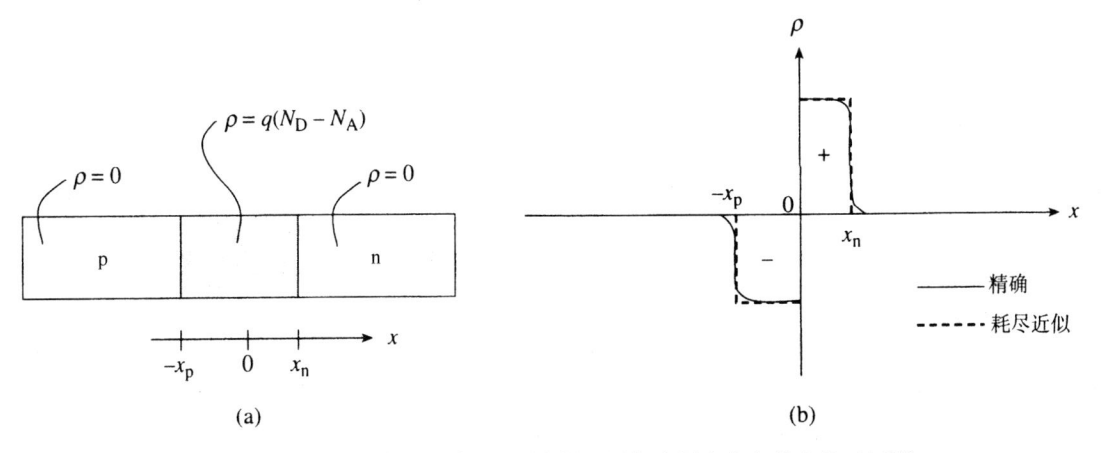

$$\frac{d\mathcal{E}}{dx} \cong \begin{cases} \dfrac{q}{K_S \varepsilon_0}(N_D - N_A) & \cdots -x_p \leq x \leq x_n & (5.15a) \\ 0 & \cdots x \leq -x_p, \quad x \geq x_n & (5.15b) \end{cases}$$

图 5.6 (a) 耗尽近似的示意图;(b) 耗尽近似应用在突变结上的示例图

注意,除了 $-x_p$ 和 x_n 值的大小,通过引入耗尽近似假设,就可以确定出电荷密度。另外,

在耗尽层内部，电荷密度与 N_D-N_A 有恰好相同的函数形式。图 5.7 强调了最后一点，ρ 与 x 的关系曲线对应的样品具有相对复杂的杂质分布。

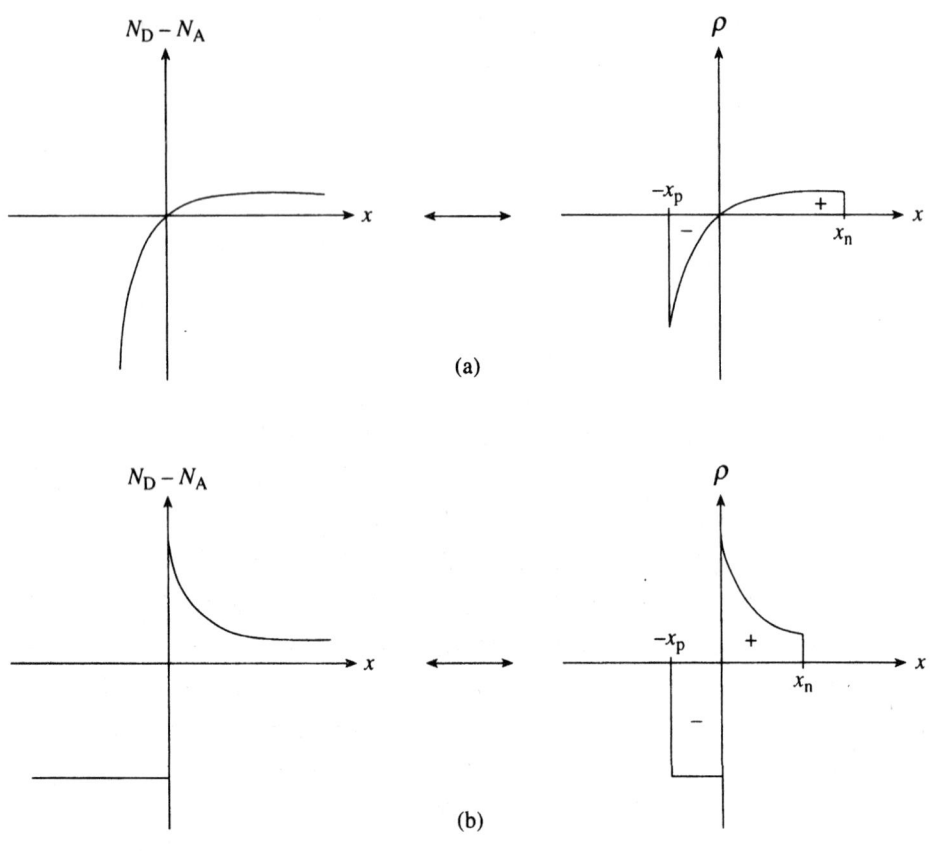

图 5.7 基于耗尽近似得到的杂质分布与电荷密度之间的关系。(a) 和 (b) 对应两个不同样品的杂质分布

5.2 定量的静电关系式

在以上预备知识的基础上，需要继续进行的主要工作是：推导静电变量的定量关系式。这个推导过程主要针对突变结，另外它不仅详细给出了期望的关系式，而且也建立起适用于其他杂质分布的推导过程。首先，需要仔细描述出待分析的系统，主要针对热平衡条件下的突变结，然后考虑偏置下需要做的修正。本节的最后将给出线性缓变结的静电关系式的简要推导和分析。

5.2.1 假设和定义

图 5.8 标出了要分析的 pn 结二极管的主要特征。设所有的变量都只是 x 的函数，x 是垂直于半导体表面的坐标轴。因此该器件被认为是"一维"的；显然实际器件中在平行器件表面的横向边界处会存在一些二维效应，但假设这些效应可忽略不计。在静电学分析中，定义冶金结分界位于 $x = 0$ 处。另外，认为二极管两端的外部接触实际上具有"欧姆"特性，该定义表明外加电压在欧姆接触上的压降可忽略不计。注意，采用符号 V_A 来表示外加电压，

这里用下标 A 来区分外加电压和内部结的电压。在推导过程中，开始设定 V_A 为零，或者等效地假定器件处于热平衡状态。

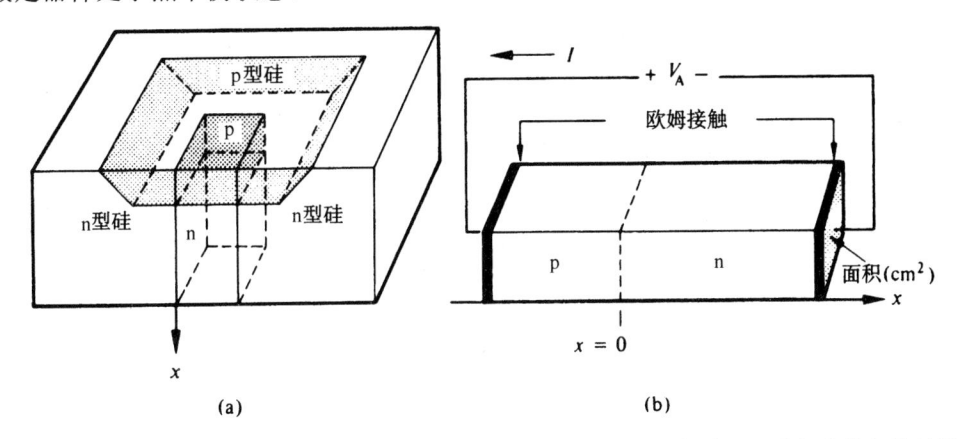

图 5.8 (a)实际二极管的示意图；(b)所分析的一维二极管，包括外加电压、坐标和外部接触说明

5.2.2 $V_A = 0$ 条件下的突变结

ρ 的解

考虑热平衡条件下的突变结。为了便于说明，图 5.9(a)的杂质分布中 N_A 大于 N_D。正如图 5.9(b)所示，通过引入耗尽近似，电荷密度为

$$\rho = \begin{cases} -qN_A & \cdots -x_p \leq x \leq 0 & (5.16a) \\ qN_D & \cdots 0 \leq x \leq x_n & (5.16b) \\ 0 & \cdots x \leq -x_p \text{ 和 } x \geq x_n & (5.16c) \end{cases}$$

x_n 和 x_p 的值目前还是未知的，但在以后的分析中会导出二者的求解关系式。

$\mathscr{E}$ 的解

将电荷密度的解代入泊松方程，用得到的表达式求出电场的解。

$$\frac{d\mathscr{E}}{dx} = \begin{cases} -qN_A/K_S\varepsilon_0 & \cdots -x_p \leq x \leq 0 & (5.17a) \\ qN_D/K_S\varepsilon_0 & \cdots 0 \leq x \leq x_n & (5.17b) \\ 0 & \cdots x \leq -x_p \text{ 和 } x \geq x_n & (5.17c) \end{cases}$$

远离冶金结分界处的 $\mathscr{E}=0$，因此在耗尽层以外区域有 $\mathscr{E}=0$。由于耗尽层边界处 $\mathscr{E}$ 也应该为零，因此 $x=-x_p$ 处 $\mathscr{E}=0$ 且 $x=x_n$ 处 $\mathscr{E}=0$，二者分别是微分方程(5.17a)和微分方程(5.17b)的边界条件。通过分离变量，并沿耗尽层边界到任意一点 x 处进行积分，得到耗尽区 p 型一侧的解：

$$\int_0^{\mathscr{E}(x)} d\mathscr{E}' = -\int_{-x_p}^{x} \frac{qN_A}{K_S\varepsilon_0} dx' \tag{5.18}$$

或

$$\mathscr{E}(x) = -\frac{qN_A}{K_S\varepsilon_0}(x_p + x) \quad \cdots -x_p \leq x \leq 0 \tag{5.19}$$

同样，在 n 型一侧：

$$\int_{\mathscr{E}(x)}^{0} d\mathscr{E}' = \int_{x}^{x_n} \frac{qN_D}{K_S\varepsilon_0} dx' \tag{5.20}$$

或

$$\mathscr{E}(x) = -\frac{qN_D}{K_S\varepsilon_0}(x_n - x) \quad \cdots 0 \leq x \leq x_n \tag{5.21}$$

图 5.9(c) 画出了电场的解，当然该解与示意图 5.4(c) 中画出的定性解一致。在耗尽层内部，电场总是负的，并且随其位置的变化为线性关系。值得注意的是，图 5.9(c) 的电场在 $x = 0$ 处是连续的；p 型和 n 型两侧的解在冶金结分界处正好相等。利用电磁学原理，我们知道只要两个区域间的界面处不存在薄层电荷，那么电场在边界处将是连续的。如果利用式(5.19)和式(5.21)给出 $x = 0$ 处的电场且令二者相等，那么为了满足电场连续条件，有

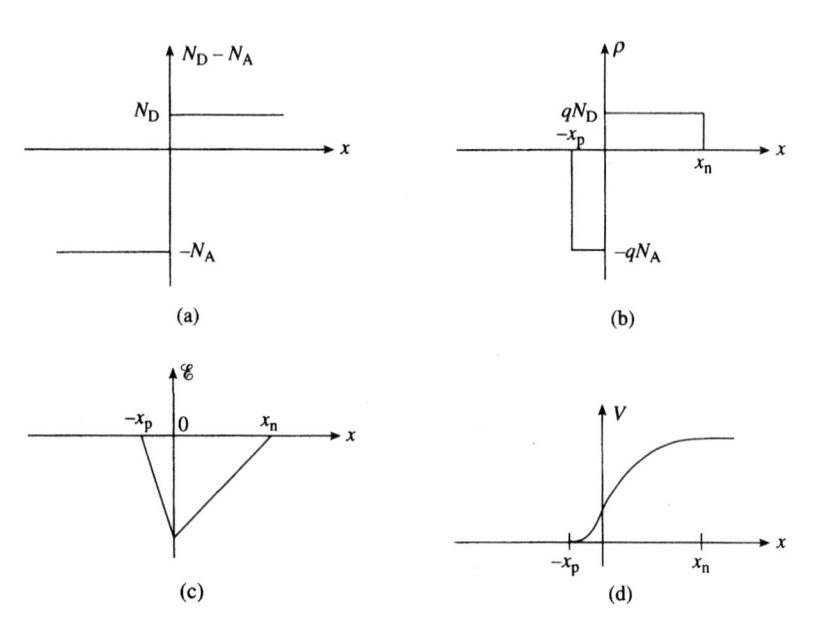

$$N_A x_p = N_D x_n \tag{5.22}$$

图 5.9 突变结的解。基于耗尽近似，热平衡条件下突变 pn 结中静电变量的定量解 ($V_A = 0$)。
(a) 突变结杂质分布；(b) 电荷密度；(c) 电场；(d) 静电势与位置的变化关系

对于熟悉高斯定律的人来说，耗尽层以外 $\mathscr{E} = 0$ 意味着耗尽层内部所有电荷的和必须为零，或者说结的 p 型一侧的负电荷必须抵消掉结的 n 型一侧的正电荷。以前画出的电荷密度图(参见图 5.4～图 5.7)已经考虑了上述因素。针对图 5.9(b) 中突变结的 ρ 与 x 的关系曲线，满足电荷相等的条件是结的 p 型一侧和 n 型一侧的矩形面积必须相等，或者说 $qN_Ax_p = qN_Dx_n$。因此，式(5.22)可看成另一种表达方式，它反映出耗尽层内所有电荷的和必须为零的事实。

V 的解

由于 $\mathscr{E} = -dV/dx$，可通过解以下方程获得静电势：

第 5 章　pn 结的静电特性

$$\frac{dV}{dx} = \begin{cases} \dfrac{qN_A}{K_S\varepsilon_0}(x_p + x) & \cdots -x_p \le x \le 0 & (5.23a) \\ \dfrac{qN_D}{K_S\varepsilon_0}(x_n - x) & \cdots 0 \le x \le x_n & (5.23b) \end{cases}$$

设定参考电势位于 $x = -x_p$ 处且为零，注意热平衡条件下耗尽层上的压降为 V_{bi}，则式(5.23a)和式(5.23b)分别具有边界条件：

$$V = 0, \quad x = -x_p \tag{5.24a}$$

$$V = V_{bi}, \quad x = x_n \tag{5.24b}$$

分离变量且沿耗尽层边界到任意一点 x 处进行积分，在耗尽区 p 型一侧，得到

$$\int_0^{V(x)} dV' = \int_{-x_p}^{x} \frac{qN_A}{K_S\varepsilon_0}(x_p + x')dx' \tag{5.25}$$

或

$$V(x) = \frac{qN_A}{2K_S\varepsilon_0}(x_p + x)^2 \quad \cdots x_p \le x \le 0 \tag{5.26}$$

同样，在结的 n 型一侧，得到

$$\int_{V(x)}^{V_{bi}} dV' = \int_x^{x_n} \frac{qN_D}{K_S\varepsilon_0}(x_n - x')dx' \tag{5.27}$$

或

$$V(x) = V_{bi} - \frac{qN_D}{2K_S\varepsilon_0}(x_n - x)^2 \quad \cdots 0 \le x \le x_n \tag{5.28}$$

图 5.9(d) 画出了式(5.26)和式(5.28)给出的静电势的解。V 与 x 的关系实际上是二次函数关系，结的 p 型一侧为凹形曲线，而结的 n 型一侧为凸形曲线。类似于电场 $\mathscr{E}$ 的推导过程，只需令 p 型一侧和 n 型一侧的解在 $x = 0$ 处相等，即可画出图 5.9(d)中的曲线。可以证明 $x = 0$ 处静电势是连续的，因为沿着冶金结边界不存在偶极层(空间上接近的正、负电荷层)。注意，如果式(5.26)和式(5.28)的表达式在 $x = 0$ 处可以计算出电势，则令二者相等，得到

$$\frac{qN_A}{2K_S\varepsilon_0}x_p^2 = V_{bi} - \frac{qN_D}{2K_S\varepsilon_0}x_n^2 \tag{5.29}$$

x_n 和 x_p 的解

只有确定 x_n 和 x_p 的值，求解静态变量的过程才算完整。在推导的过程中，已经为计算 n 型和 p 型一侧的耗尽层宽度打下了基础。显然，在式(5.22)式(5.29)中 x_n 和 x_p 是未知的。利用式(5.22)消除式(5.29)中的 x_p，立刻得到 x_n 的解：

$$x_n = \left[\frac{2K_S\varepsilon_0}{q}\frac{N_A}{N_D(N_A + N_D)}V_{bi}\right]^{1/2} \tag{5.30a}$$

和

$$x_p = \frac{N_D x_n}{N_A} = \left[\frac{2K_S\varepsilon_0}{q}\frac{N_D}{N_A(N_A + N_D)}V_{bi}\right]^{1/2} \tag{5.30b}$$

则有

$$W \equiv x_n + x_p = \left[\frac{2K_S\varepsilon_0}{q}\left(\frac{N_A + N_D}{N_A N_D}\right)V_{bi}\right]^{1/2} \tag{5.31}$$

W 是耗尽层的总宽度，更加为人所熟知的简称是耗尽层宽度，在实际的器件计算中会经常用到。

练习 5.2

问：完成一个实例计算，估算一下热平衡条件下 W 和 $|\mathscr{E}|_{max}$ 的值。假定温度 300 K 下，有一个 Si 突变结且 $N_A = 10^{17}/cm^3$、$N_D = 10^{14}/cm^3$。

答：对于给定的结，

$$V_{bi} = \frac{kT}{q}\ln\left(\frac{N_A N_D}{n_i^2}\right) = (0.0259)\ln\left[\frac{(10^{17})(10^{14})}{(10^{20})}\right] = 0.656 \text{ V}$$

利用式(5.30)，计算得到

$$x_n \cong \left[\frac{2K_S\varepsilon_0}{qN_D}V_{bi}\right]^{1/2} = \left[\frac{(2)(11.8)(8.85 \times 10^{-14})(0.656)}{(1.6 \times 10^{-19})(10^{14})}\right]^{1/2}$$

$$= 2.93 \times 10^{-4} \text{ cm} = 2.93 \text{ μm}$$

$$x_p = \left(\frac{N_D}{N_A}\right)x_n = (10^{-3})x_n = 2.93 \times 10^{-7} \text{ cm}$$

且

$$W = x_n + x_p \cong x_n = \boxed{2.93 \text{ μm}}$$

同样有

$$|\mathscr{E}|_{max} = |\mathscr{E}(0)| = \frac{qN_D}{K_S\varepsilon_0}x_n = \frac{(1.6 \times 10^{-19})(10^{14})(2.93 \times 10^{-4})}{(11.8)(8.85 \times 10^{-14})}$$

$$= \boxed{4.49 \times 10^3 \text{ V/cm}}$$

本来可以利用式(5.31)直接得到 W。但是，这里希望得到一个额外的结论，在一个非对称掺杂的结中($N_A \gg N_D$ 或 $N_D \gg N_A$)，耗尽层几乎全部位于冶金结的轻掺杂一侧。

5.2.3　$V_A \neq 0$ 条件下的突变结

为了满足实际的应用，静电变量的解必须适用于 $V_A \neq 0$ 的工作条件下。一种解决的途径是考虑 $V_A \neq 0$ 且重复上面各小节的推导。幸运的是，存在着另一种更简便的途径。

考虑图 5.10 中的二极管，加在二极管两端的电压 $V_A \neq 0$，则电压一定会降在二极管内部的某处。然而，对于一个性能良好的器件来说，器件两端接触上的压降可忽略不计。另外，在小电流注入(通常工作情况下的电流水平)条件下，位于接触电极到耗尽层边界的中性 p 区和 n 区上的电阻压降也可忽略不计。因此，外加电压一定加在耗尽层上。$V_A > 0$ 时，外加电压使结的 n 型一侧的电势相对 p 型一侧下降。相反，$V_A < 0$ 时，n 型一侧的电势相对于 p 型一侧升高。换句话说，耗尽层电压，也就是 $x = x_n$ 处的电压为 $V_{bi} - V_A$。

由于这种情况所需的修正只是改变了一个边界条件，因此将 $V_A = 0$ 静电关系式中出现的

V_{bi} 直接用 $V_{bi}-V_A$ 来代替,这样就可以推导出 $V_A \neq 0$ 的关系式。采用该替换得到的静电变量的解请参见式(5.32)~式(5.38)。

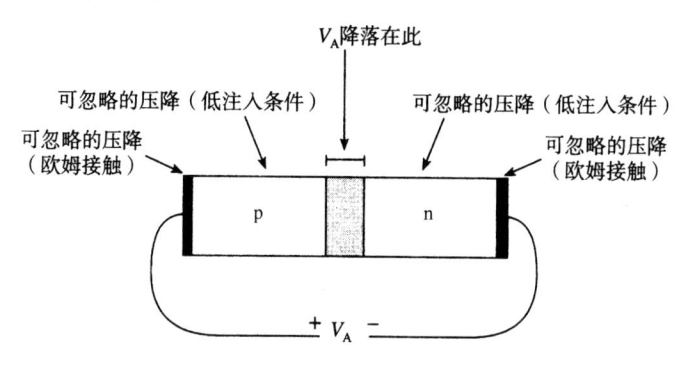

图 5.10 外加电压下二极管内部压降的示意图

对于 $-x_p \leq x \leq 0$,

$$\mathscr{E}(x) = -\frac{qN_A}{K_S\varepsilon_0}(x_p + x) \tag{5.32}$$

$$V(x) = \frac{qN_A}{2K_S\varepsilon_0}(x_p + x)^2 \tag{5.33}$$

$$x_p = \left[\frac{2K_S\varepsilon_0}{q}\frac{N_D}{N_A(N_A + N_D)}(V_{bi} - V_A)\right]^{1/2} \tag{5.34}$$

对于 $0 \leq x \leq x_n$,

$$\mathscr{E}(x) = -\frac{qN_D}{K_S\varepsilon_0}(x_n - x) \tag{5.35}$$

$$V(x) = V_{bi} - V_A - \frac{qN_D}{2K_S\varepsilon_0}(x_n - x)^2 \tag{5.36}$$

$$x_n = \left[\frac{2K_S\varepsilon_0}{q}\frac{N_A}{N_D(N_A + N_D)}(V_{bi} - V_A)\right]^{1/2} \tag{5.37}$$

和

$$\boxed{W = \left[\frac{2K_S\varepsilon_0}{q}\left(\frac{N_A + N_D}{N_A N_D}\right)(V_{bi} - V_A)\right]^{1/2}} \tag{5.38}$$

为了防止出现虚数结果,显然需要将式(5.34)、式(5.37)和式(5.38)中的 V_A 限定为 $V_A \leq V_{bi}$。当 V_A 趋近 V_{bi} 时,会出现大电流的情况,那么就不能忽略准中性区域上的压降,因此这些方程都将失效。

(C) 练习 5.3

问:温度 300 K 下,给定 Si 的 p^+-n 和 n^+-p 突变结,请画出耗尽层宽度与轻掺杂一侧的杂质浓度的对数图。曲线分别对应 $V_A = 0.5\,\text{V}$、$0\,\text{V}$ 和 $-10\,\text{V}$,坐标范围为 $10^{14}/\text{cm}^3 \leq N_A$ 或 $N_D \leq 10^{17}/\text{cm}^3$。

答： 采用练习 5.1 建立的关系式，可以计算出 p^+-n 和 n^+-p 突变结的 V_{bi}。而且由于结的非对称掺杂，式(5.38)中 W 的掺杂系数可简化为

$$\frac{N_A + N_D}{N_A N_D} \cong \frac{1}{N_B}$$

这里的 N_B 是结的轻掺杂一侧的杂质浓度。计算 W 与杂质浓度关系的 MATLAB 程序和其运行结果（参见图 E5.3）如下。

MATLAB 程序清单...

```
% This program calculates and plots the depletion width vs impurity
% concentration in Silicon p+/n and n+/p step junctions at 300K.
%
% Three plots are generated corresponding to VA = 0.5V, 0.0V, and -10V
%
%   The Vbi relationship employed is Vbi=(EG/2q)+(kT/q)ln(NB/ni)
%   where NB is the impurity concentration on the lightly doped side.

%Constants and Parameters
T=300;              % Temperature in Kelvin
k=8.617e-5;         % Boltzmann constant (eV/K)
e0=8.85e-14;        % permittivity of free space (F/cm)
q=1.602e-19;        % charge on an electron (coul)
KS=11.8;            % dielectric constant of Si at 300K
ni=1e10;            % intrinsic carrier conc. in Silicon at 300K (cm^-3)
EG=1.12;            % band gap of Silicon (eV)

%Choose variable values
NB=logspace(14,17);     % doping ranges from 1e14 to 1e17
VA=[0.5 0 -10];         % VA values set

%Depletion width calculation
Vbi=EG/2+k*T.*log(NB./ni);
W(1,:)=1.0e4*sqrt(2*KS*e0/q.*(Vbi-VA(1))./NB);
W(2,:)=1.0e4*sqrt(2*KS*e0/q.*(Vbi-VA(2))./NB);
W(3,:)=1.0e4*sqrt(2*KS*e0/q.*(Vbi-VA(3))./NB);
%Plot
close
loglog(NB, W,'-'); grid
axis([1.0e14 1.0e17 1.0e-1 1.0e1])
xlabel('NA or ND (cm^-3)')
ylabel('W (micrometers)')
set(gca,'DefaultTextUnits','normalized')
text(.38,.26,'VA=0.5V')
text(.38,.50,'VA=0')
text(.38,.76,'VA=-10V')
text(.77,.82,'Si,300K')
text(.77,.79,'p+/n and n+/p')
set(gca,'DefaultTextUnits','data')
```

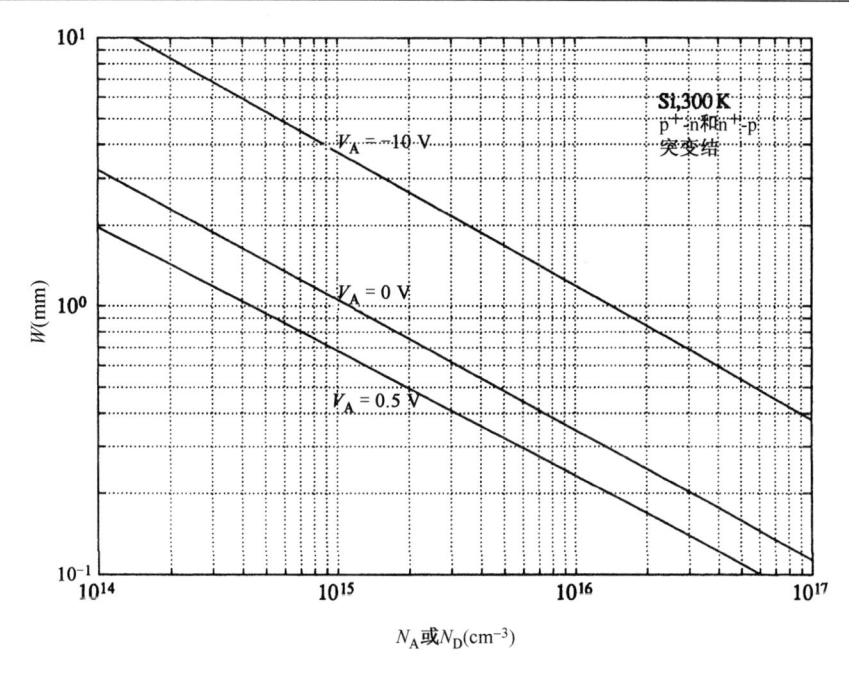

图 E5.3　给定偏置下耗尽层宽度与掺杂浓度的关系曲线（300 K，Si 的 p$^+$-n 和 n$^+$-p 突变结）

5.2.4　结果分析

我们已经使用了相当多的篇幅来推导所需的结果，现在有必要花些时间来分析一下这些结果。让人特别感兴趣的是静电变量如何随外加电压而变化。分析式(5.34)和式(5.37)中 x_p 和 x_n 的表达式，推断出在正偏条件下($V_\text{A}>0$)这些宽度将会减小，而在反偏条件下($V_\text{A}<0$)则增大。这个结论与练习5.3的计算结果相一致，该练习的结果指出 $V_\text{A}>0$ 时耗尽层宽度减小，而 $V_\text{A}<0$ 时耗尽层宽度增大。x_p 和 x_n 的改变同样可以理解为电场的变化。利用式(5.32)和式(5.35)可以推导出，正偏条件下 x_p 和 x_n 的减少会引起耗尽层内部各处电场$\mathscr{E}$的降低，而反偏条件下 x_p 和 x_n 的增加会导致电场$\mathscr{E}$的增加。这个结论从物理角度来分析也是合理的。当 $V_\text{A}>0$ 时耗尽层宽度的减小意味着结内电荷的减少，则电场$\mathscr{E}$也随之降低；另一方面，$V_\text{A}<0$ 时空间电荷区变宽，电场从而增大。同样，从式(5.33)和式(5.36)可以得出 $V_\text{A}>0$ 时所有位置处的电势都减小，而 $V_\text{A}<0$ 时电势则增加。正向偏置下势垒的高度和宽度都会下降，而反向偏置导致势垒更宽、更高。以上讨论在图 5.11 中以图形的方式给出了形象的说明。

在 3.1.5 节中，已经建立了一种推导过程，可以从给定的能带图中得到静电势的形状。这个过程被用在5.1.3 节，以得到热平衡条件下pn结内静电势的定性解。我们已经在图 5.11(d) 描述出电势如何随偏置变化，那么应该能够反过来利用上面引入的推导过程，得到正向和反向偏置下 pn 结的能带图。我们已经了解了热平衡条件下的能带图[重画于图 5.12(a)]。理论上将电势图上下翻转并对热平衡条件下的能带图进行适当的修正——正向偏置时耗尽层宽度和势垒高度减小，反向偏置时耗尽层宽度和势垒高度增大，即可分别得到正向偏置和反向偏置下的能带图，如图 5.12(b)和图 5.12(c)所示。

需要对 $V_\text{A}\neq 0$ 的图进行一些说明。由于器件不再处于热平衡状态，需删除耗尽层中的费米能级，在该区域内不能只用单一的能级来描述载流子浓度。标注为 E_Fn 和 E_Fp 的能级在准中性区域内与以前的费米能级的位置相同，实际上为多数载流子的准费米能级。一般来说，二极管非耗尽部分与热平衡状态的偏离程度通常是很小的，特别是在远离结的区域，因此允许继续使用符号 E_F。最后，通过仔细分析该图，可以很容易地建立如下的关系：

$$E_{Fp} - E_{Fn} = -qV_A \tag{5.39}$$

式(5.39)意味着可以认为二极管端处的能级为 p 型和 n 型两端的热平衡费米能级。从概念上来讲，为了确定两端的热平衡费米能级，可以利用热平衡图得到正向偏置下的能带图，只需将 n 型一侧上移 qV_A 而保持 p 型一侧不变即可。同样，为了获得反向偏置下的能带图，只需将热平衡图中 n 型一侧的费米能级下移即可。

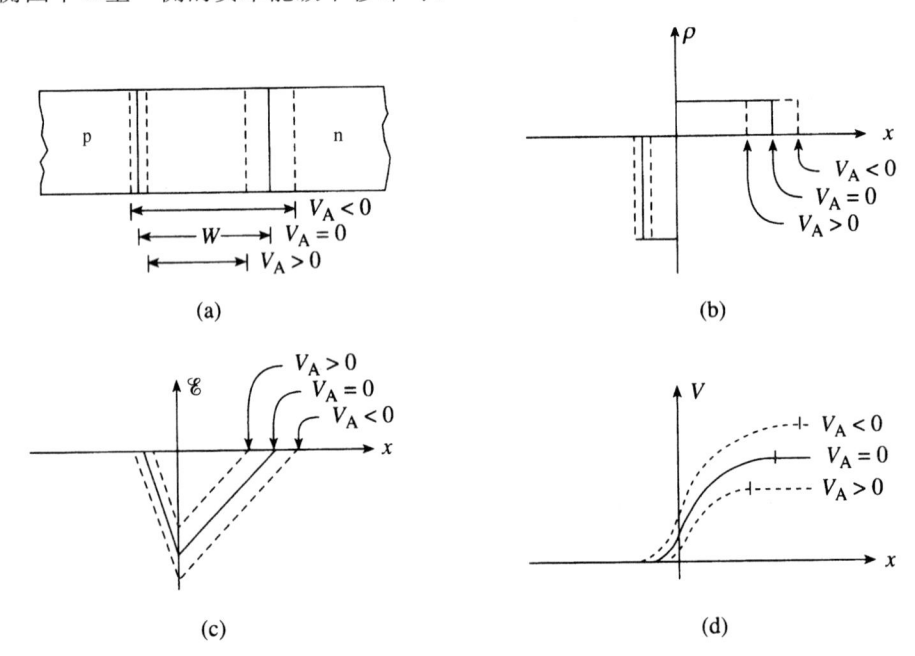

图 5.11 正向偏置和反向偏置对 pn 结二极管内的 (a) 耗尽层宽度、(b) 电荷密度、(c) 电场和 (d) 静电势的影响

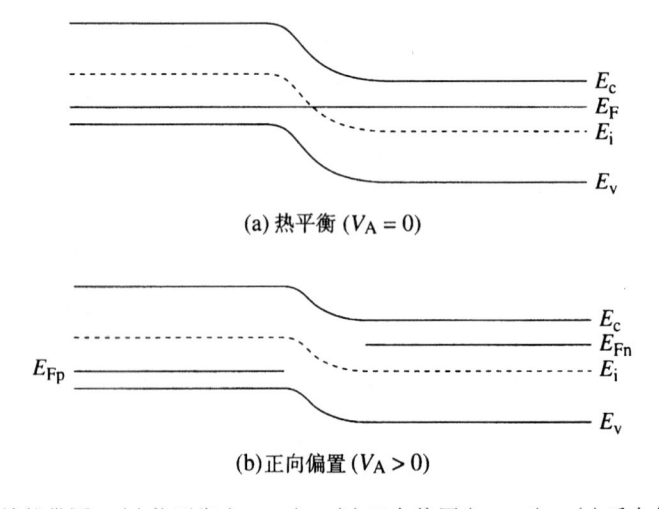

图 5.12 pn 结能带图。(a) 热平衡 ($V_A = 0$)；(b) 正向偏置 ($V_A > 0$)；(c) 反向偏置 ($V_A < 0$)

(c) 反向偏置($V_A < 0$)

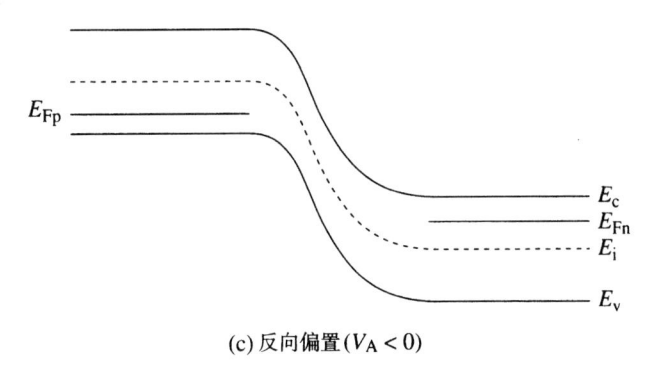

图 5.12（续） pn 结能带图。(a) 热平衡($V_A = 0$)；(b) 正向偏置($V_A > 0$)；(c) 反向偏置($V_A < 0$)

(C) 练习 5.4

一旦建立了静电势的定量关系式，就有可能得出各种条件下的能带图。以下的"图生成器"程序画出了室温下非简并掺杂的 Si 突变结的能带图。用户可以按提示输入 p 型和 n 型的掺杂浓度。请采用不同的 N_A 和 N_D 组合运行该程序，分别针对 $N_A \gg N_D$、$N_A \cong N_D$ 和 $N_A \ll N_D$ 情况，每种情况下至少应该有一种组合。这有助于增加对问题的理解。特别应该关心的是非对称结，因为得到的"单边"图不同于那些教材中通常提供的图。用户也可以考虑修改程序以画出各种偏置下的能带图。

MATLAB 程序清单…

```
% Equilibrium Energy Band Diagram Generator
%(Si, 300K, nondegenerately doped step junction)

%Constants
T=300;              % Temperature in Kelvin
k=8.617e-5;         % Boltzmann constant (eV/K)
e0=8.85e-14;        % permittivity of free space (F/cm)
q=1.602e-19;        % charge on an electron (coul)
KS=11.8;            % Dielectric constant of Si
ni=1.0e10;          % intrinsic carrier conc. in Silicon at 300K (cm^-3)
EG=1.12;            % Silicon band gap (eV)

%Control constants
xleft = -3.5e-4;    % Leftmost x position
xright = -xleft;    % Rightmost x position
NA=input ('Please enter p-side doping (cm^-3), NA = ');
ND=input ('Please enter n-side doping (cm^-3), ND = ');

%Computations
Vbi=k*T*log((NA*ND)/ni^2);
xN=sqrt(2*KS*e0/q*NA*Vbi/(ND*(NA+ND)));    % Depletion width n-side
xP=sqrt(2*KS*e0/q*ND*Vbi/(NA*(NA+ND)));    % Depletion width p-side
x = linspace(xleft, xright, 200);
Vx1=(Vbi-q*ND.*(xN-x).^2/(2*KS*e0).*(x<=xN)).*(x>=0);
Vx2=0.5*q*NA.*(xP+x).^2/(KS*e0).*(x>=-xP & x<0);
Vx=Vx1+Vx2;                                % V as a function of x
VMAX = 3;                                  % Maximum Plot Voltage
EF=Vx(1)+VMAX/2-k*T*log(NA/ni);            % Fermi level
```

```
%Plot Diagram
close
plot (x, -Vx+EG/2+VMAX/2);
axis ([xleft xright 0 VMAX]);
axis ('off'); hold on
plot (x, -Vx-EG/2+VMAX/2);

plot (x, -Vx+VMAX/2,'w:');
plot ([xleft xright], [EF EF], 'w')
plot ([0 0], [0.15 VMAX-0.5], 'w--');
text(xleft*1.08,(-Vx(1)+EG/2+VMAX/2-.05),'Ec');
text(xright*1.02,(-Vx(200)+EG/2+VMAX/2-.05),'Ec');
text(xleft*1.08,(-Vx(1)-EG/2+VMAX/2-.05),'Ev');
text(xright*1.02,(-Vx(200)-EG/2+VMAX/2-.05),'Ev');
text(xleft*1.08,(-Vx(1)+VMAX/2-.05),'Ei');
text(xright*1.02, EF-.05,'EF');
set(gca,'DefaultTextUnits','normalized')
text(.18, 0,'p-side');
text(.47, 0, 'x=0');
text(.75, 0,'n-side');
set(gca,'DefaultTextUnits','data')
hold off
```

5.2.5 线性缓变结

在准备讨论之前，需要说明的是，对于在中等或重掺杂硅片上通过深扩散所形成的结来说，线性缓变结近似更接近于实际的情况。线性缓变杂质分布重画在图 5.13(a) 中，其数学表达式为

$$N_D - N_A = ax \tag{5.40}$$

这里 a 的单位为 cm^{-4}，称为缓变系数。

既然主要目的是为了寻求线性缓变结中静电变量的定量解，那么本节可以作为没有编号的练习——示范如何将突变结分析中建立的推导过程用在另一种杂质分布上。当然，线性缓变结具有完全不同的特点，需要一些特别的考虑。首先，式 (5.40) 的分布在 $x = 0$ 处是连续的。这实际上简化了数学推导。不必对耗尽层的 p 型和 n 型两侧分别进行处理，也不需维持两边解在 $x = 0$ 处相等。在整个耗尽层内，ρ、$\mathscr{E}$ 和 V 只有一个解。其次，由于杂质分布关于 $x = 0$ 对称，因此同样所有的静电变量关于 $x = 0$ 表现出对称的特性。有点麻烦的是，耗尽层外的掺杂是非均匀的。从之前的工作中可以知道，非均匀掺杂意味着中心耗尽区以外存在着残余的 ρ、电场和压降。在以下的推导过程中，我们忽略上述情况，令耗尽层以外的 $\rho = 0$、$\mathscr{E} = 0$ 和 $V = $ 常数。最后，虽然耗尽层以外的 V 取为常数，但是有必要修正式 (5.10) 中 V_{bi} 的表达式，我们将在下面分析的最后部分给出修正关系式。

开始分析时，先引入耗尽近似，有

$$\rho(x) = \begin{cases} qax & \cdots \ -W/2 \leqslant x \leqslant W/2 & (5.41a) \\ 0 & \cdots \ x \leqslant -W/2 \ \text{和} \ x \geqslant W/2 & (5.41b) \end{cases}$$

从图 5.13(b) 中，注意到电荷密度关于 $x = 0$ 对称，则一定有

$$x_p = x_n = \frac{W}{2} \tag{5.42}$$

代入泊松方程，分离变量并沿耗尽层 p 型一侧边界（$\mathscr{E} = 0$）处到耗尽层内部任意一点进行积分，得到

$$\mathscr{E}(x) = \frac{qa}{2K_S\varepsilon_0}\left[x^2 - \left(\frac{W}{2}\right)^2\right] \quad \cdots \quad -\frac{W}{2} \leq x \leq \frac{W}{2} \tag{5.43}$$

ρ 与 x 的线性关系必然导致 $\mathscr{E}$ 与 x 的二次函数关系。

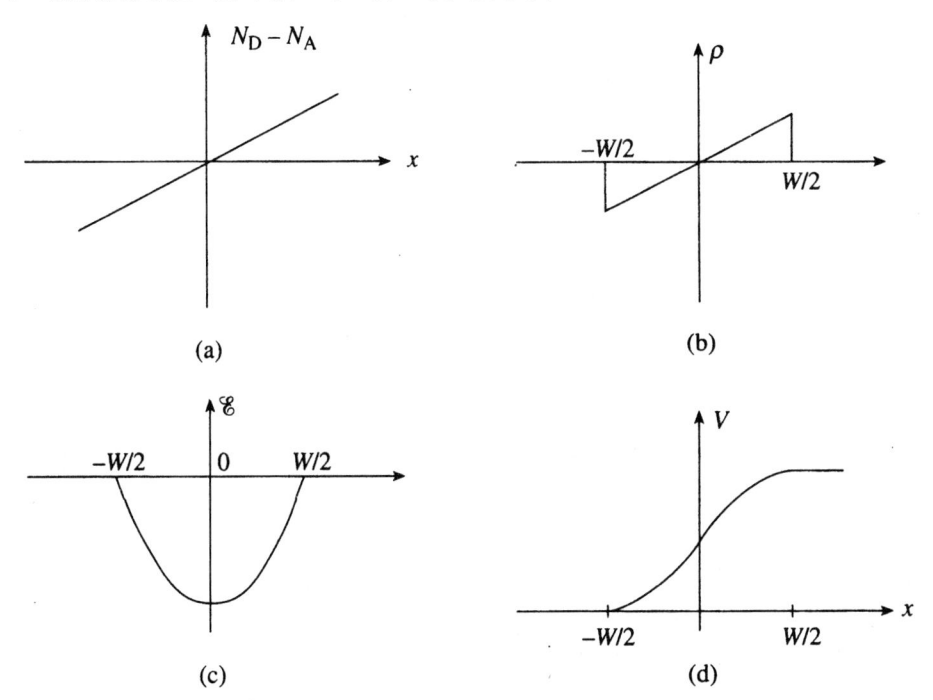

图 5.13 在线性缓变结中，基于耗尽近似的静电变量的定量解。(a)线性缓变杂质分布；(b)电荷密度；(c)电场；(d)静电势随位置的关系

接着设定 $\mathscr{E}(x) = -dV/dx$，分离变量并再一次沿 p 型一侧的耗尽层边界（$V = 0$）到任意一点的方向进行积分，得到一个三次关系式：

$$V(x) = \frac{qa}{6K_S\varepsilon_0}\left[2\left(\frac{W}{2}\right)^3 + 3\left(\frac{W}{2}\right)^2 x - x^3\right] \quad \cdots \quad -\frac{W}{2} \leq x \leq \frac{W}{2} \tag{5.44}$$

为了得到一个完整的解答，需要确定 W。注意到耗尽层上的压降一定等于 $V_{bi} - V_A$，或者在 $x = W/2$ 处 $V(x) = V_{bi} - V_A$。将以上条件代入式(5.44)中，解出 W，有

$$\boxed{W = \left[\frac{12K_S\varepsilon_0}{qa}(V_{bi} - V_A)\right]^{1/3}} \tag{5.45}$$

该结果可为以后的分析提供参考，记住线性缓变结的耗尽层宽度与 $V_{bi} - V_A$ 成立方根关系，而突变结的耗尽层宽度与 $V_{bi} - V_A$ 成平方根关系。

对线性缓变结的 ρ、$\mathscr{E}$ 及 V 与 x 的关系进行数值计算时，需要一个 V_{bi} 的表达式。因为式(5.10)的 V_{bi} 表达式是在假设特定突变结的条件下建立起来的，所以这里不能采用该公式。

但是根据式(5.8)的 V_{bi} 推导过程，没有对杂质分布有特定的限制，其前提条件只需满足掺杂是非简并的要求。因此，对于非突变结来说，需要重新计算式(5.8)中的 $n(x_n)$ 和 $n(-x_p)$，即热平衡条件下耗尽层边界的电子浓度。对于线性缓变结，

$$n(x_n)_{\text{equilibrium}} \cong (N_D - N_A)|_{W_0/2} = aW_0/2 \tag{5.46a}$$

$$n(-x_p)_{\text{equilibrium}} = \frac{n_i^2}{p(-x_p)_{\text{equilibrium}}} \cong \frac{n_i^2}{-(N_D - N_A)|_{-W_0/2}} = \frac{n_i^2}{aW_0/2} \tag{5.46b}$$

其中 $W_0 \equiv W|_{V_A=0}$。将式(5.46)代入式(5.8)中，则有

$$V_{bi} = \frac{kT}{q} \ln\left(\frac{aW_0}{2n_i}\right)^2 = \frac{2kT}{q} \ln\left(\frac{aW_0}{2n_i}\right) \tag{5.47}$$

或者，利用式(5.45)，

$$V_{bi} = \frac{2kT}{q} \ln\left[\frac{a}{2n_i}\left(\frac{12K_S\varepsilon_0}{qa}V_{bi}\right)^{1/3}\right] \tag{5.48}$$

式(5.48)不能得出 V_{bi} 的显式解，但是对于给定的缓变系数，一定可以用数值迭代方法确定 V_{bi}。

5.3 小结

本章介绍的 pn 结静电学内容可以为 pn 结二极管和包含 pn 结的其他器件的建模工作奠定基础。在早期的推导中，我们定义了一些术语，如杂质分布和冶金结边界，并引入了广泛适用于器件分析的理想化突变结和线性缓变结杂质分布，以及相关的泊松方程求解过程。这些内容通常构成了求解静电变量的定性解的出发点。其他考虑包括基于能带图的静电变量的定性解，以及内建电势计算关系式的推导过程。本章还引入了耗尽近似，这是器件建模中最主要和广泛用到的简化近似，并且采用实例加以说明。

这些推导出的公式首先用来获得热平衡($V_A = 0$)条件下突变结内部的电荷密度、电场和静电势的定量解。随后的分析扩展到 $V_A \neq 0$ 的范围内，通过仔细分析外加电压对静电变量的影响，可以推导出正向偏置、反向偏置条件下 pn 结的能带图。最后给出了线性缓变 pn 结内静电变量的定量解。

希望读者对 pn 结内的静电情况有一些定性的认识。如果读者有兴趣，可以利用已有的信息来获得其他掺杂分布下静电变量的定量解。

习题

第 5 章 习题信息表					
习 题	在以下小节后完成	难度水平	建议分值	简短描述
5.1	5.2.5	1	10(每问 1 分)	判断正误
5.2	5.1.4	1	5 (a-2, b-3)	利用能带确定 V_{bi}
5.3	5.1.4	2	13 (a-2, b-3, c-3, d-2, e-3)	同型掺杂突变结
5.4	5.2.2	2	12 (a-2, b-3, c-2, d-2, e-3)	突变结计算，$N_A \sim N_D$
5.5	5.2.2	2	12 (a-2, b-3, c-2, d-2, e-3)	突变结计算，$N_A \gg N_D$

续表

习 题	在以下小节后完成	难度水平	建议分值	简短描述
●5.6	5.2.3	2	9 (a-2, b-3, c-2, d-2)	用 diary 函数计算
●5.7	5.2.4	3	25 (a-15, b-5, c-5)	突变结的计算程序
5.8	5.2.5	2	9 (每个图 3 分)	不同分布组合
5.9	"	2	9 (a-2, b-2, c-5)	指数分布
5.10	"	2~3	10 (a-3, b-2, c-5)	改进的突变分布
5.11	"	3~4	18 (a-8, b-2, c-8)	PIN 二极管
5.12	"	2~3	12 (每问 4 分)	给定 V，求 $\mathscr{E}$、ρ、$N_D - N_A$
●5.13	"	3~4	25 (a-15, b-5, c-5)	线性缓变结计算程序
●5.14	"	5	35 (a-30, b-5)	精确求解

5.1 判断正误：
(a) 突变结是一种理想化的杂质分布，用于 p^+-n 和 n^+-p 结的建模工作。
(b) 泊松方程中出现的 ρ 是电荷密度，其单位为 C/cm^3。
(c) 冶金结附近的空间电荷是由 p 型一侧电子和 n 型一侧空穴的积累引起的。
(d) 通常的内建电势小于禁带宽度对应的电压值。
(e) 通过引入耗尽近似，耗尽层内部的电荷密度完全正比于净杂质浓度。
(f) 欧姆接触降低了结的内建电压。
(g) 在根据耗尽近似得到的解中，电场强度正好在冶金结分界处达到最大值。
(h) 假设一个 p^+-n 突变结，且 N_A (p 型一侧) $\gg N_D$ (n 型一侧)，则有 $x_p \ll x_n$。
(i) 结的 p 型和 n 型之间的势垒随正向偏置而升高。
(j) 线性缓变结的耗尽层宽度正比于 $(V_{bi} - V_A)^{1/3}$。

5.2 室温下，对于一个硅的掺杂突变结，已知 p 型一侧 $E_F = E_v - 2kT$，而 n 型一侧 $E_F = E_c - E_G/4$。
(a) 画出结的热平衡能带图。
(b) 确定内建电势 (V_{bi})，列出表达式并给出计算值。

5.3 考虑 $p1$-$p2$ "同型掺杂" 的突变结，参见图 P5.3。
(a) 画出结的热平衡能带图，设掺杂是非简并的且 $N_{A1} > N_{A2}$。
(b) 推导出热平衡条件下结的内建电势 (V_{bi}) 表达式。
(c) 画出结内的电势、电场和电荷的示意图。
(d) 简要地描述一下耗尽近似。
(e) $p1$-$p2$ 结中的静电变量是否可以采用耗尽近似来解出？并解释。

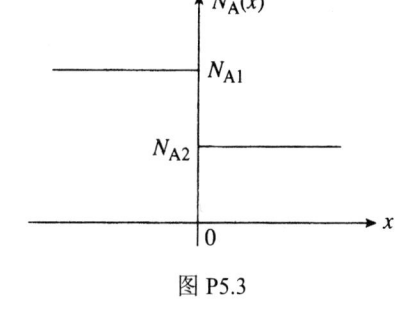

图 P5.3

5.4 室温下，处于热平衡条件下的 Si 突变结，其 p 型掺杂的 $N_A = 2 \times 10^{15}$/cm^3，而 n 型掺杂的 $N_D = 10^{15}$/cm^3。计算
(a) V_{bi}。
(b) x_p、x_n 和 W。
(c) $x = 0$ 处的 $\mathscr{E}$。

(d) $x = 0$ 处的 V。

(e) 画出电荷密度、电场和静电势随位置变化的草图，并标出大概的比例。

5.5 同习题 5.4，设 p 型掺杂的 $N_A = 10^{17}/cm^3$，计算同类的结果，并与习题 5.4 的结果相比较。

●5.6 室温下，Si 突变结 p 型掺杂的 N_A=(用户输入的值)，而 n 型掺杂类的 N_D=(用户输入的值)。外加电压 V_A=(用户输入的值)。在命令窗口(command window)中，用 MATLAB 的 diary 函数记录下你的执行过程，计算

(a) V_{bi}。

(b) x_p、x_n 和 W。

(c) $x = 0$ 处的 $\mathscr{E}$。

(d) $x = 0$ 处的 V。

●5.7 室温下，给定非简并掺杂的 Si pn 突变结：

(a) 计算并画出结内电场($\mathscr{E}$)和静电势(V)与位置(x)的关系曲线。假定 $N_A = 10^{15}/cm^3$，$N_D = 2 \times 10^{14}/cm^3$，$V_A = -20$ V。建议：

(i) 利用 MATLAB 中的 subplot 函数并画出电场和静电势图。

(ii) 电场和静电势图中的 y 轴坐标范围分别为($\mathscr{E}_{min}$, 0)和(0, V_{max})，其中 $\mathscr{E}_{min} = 1.1 \mathscr{E}|_{x=0}$，$V_{max} = 1.1(V_{bi}-V_A)$。同样，令 $x_{max} \equiv 2.5\max(x_n, x_p)$，max 是 MATLAB 函数，将($-x_{max}$, x_{max})作为 x 轴的坐标范围。

(b) 修改(a)中的程序以满足同时计算多个 V_A 值的要求，令 $V_A = V_{A0}/2^n$，V_{A0} 为输入值，整数 $n = 0 \cdots 3$，请显示结果。

(c) 修改(b)中的程序以便不仅绘制图形，而且输出相关参数和计算常数的列表。该列表包括以下变量：N_A, N_D, V_A, V_{bi}, x_n, x_p, W, $x = 0$ 处的 $\mathscr{E}$ 及 $x = 0$ 处的 V。请显示所有结果。

(d) 利用你的程序分析 $\mathscr{E}$ 与 x 及 V 与 x 是如何随结两边掺杂浓度的相对大小而变化的。例如，试用以下掺杂组合(N_A, N_D)：($10^{17}/cm^3$, $10^{15}/cm^3$)，($10^{16}/cm^3$, $10^{15}/cm^3$)，($10^{15}/cm^3$, $10^{15}/cm^3$)，($10^{15}/cm^3$, $10^{16}/cm^3$)，($10^{15}/cm^3$, $10^{17}/cm^3$)，($10^{18}/cm^3$, $10^{16}/cm^3$)，($10^{16}/cm^3$, $10^{14}/cm^3$)。当 $N_A \geq 100N_D$ 或者 $N_D \geq 100N_A$ 时，请给出你的计算结果。

(e) 用你的程序给出习题 5.4 和习题 5.5 的答案。核对计算机得到的结果与手算结果。

5.8 给定二极管冶金结附近的掺杂分布，请参见图 P5.8。根据耗尽近似，画出预期的二极管内的电荷密度、电场和静电势图。正确画出刻度范围并标出相关长度，加上一些必要注释以避免对图产生错误理解。

5.9 有一个 pn 结二极管，其掺杂分布参见图 P5.9，并且满足公式 $N_D - N_A = N_0[1-\exp(-\alpha x)]$，其中 N_0 和 α 为常数。

(a) 简要描述耗尽近似。

(b) 根据耗尽近似，画出二极管内的电荷密度示意图。

(c) 建立耗尽层内电场 $\mathscr{E}(x)$ 的表达式。

注意：有兴趣的读者可以推导出 $V(x)$、x_p、x_n 和 V_{bi} 的表达式或计算关系式，以获得完整的静电解。但是需要提醒读者，这里会涉及大量的数学变换。

5.10 图 P5.10 中画出了一个 pn 结二极管的掺杂分布。假设在关注的偏置范围内，$x_n > x_0$。

(a) 结的内建电势是多少？并证明。
(b) 根据耗尽近似，画出二极管内电荷密度 ρ 与 x 的关系曲线。
(c) 给出耗尽层内电场 $\mathscr{E}(x)$ 的解析表达式。

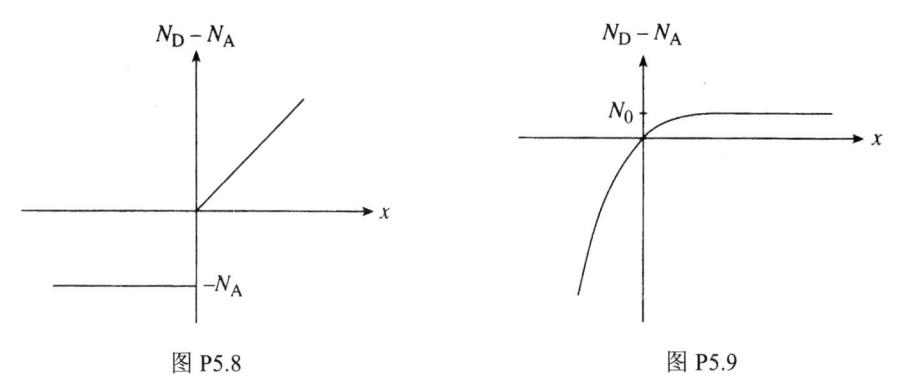

图 P5.8

图 P5.9

5.11 p-i-n 二极管示于图 P5.11，它是一个三层器件，其中间层为本征材料(实际为轻掺杂)且相对较窄。假设 p 区和 n 区为均匀掺杂，而 i 层中 $N_D - N_A = 0$。
(a) 简要画出器件中的电荷密度、电场和静电势图。同时画出热平衡条件下器件的能带图。
(b) p 区和 n 区之间的内建电势是多少？并证明你的答案。
(c) 建立电荷密度、电场、静电势及 p 区、n 区耗尽层宽度的定量表达式。

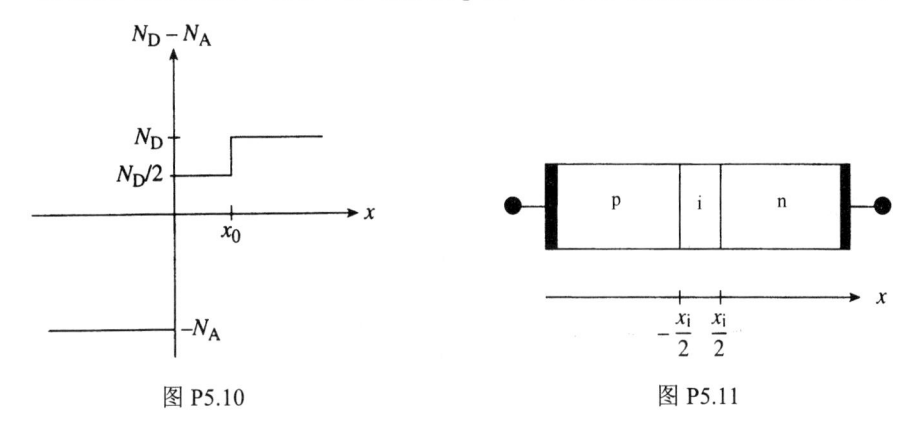

图 P5.10

图 P5.11

5.12 热平衡条件下 pn 结二极管内耗尽层中的静电势确定为

$$V(x) = \frac{V_{bi}}{2}\left[1 + \sin\left(\frac{\pi x}{W}\right)\right] \quad \cdots \quad -W/2 \leqslant x \leqslant W/2$$

(a) 推导出耗尽层 $(-W/2 \leqslant x \leqslant W/2)$ 内电场随位置的表达式，并画出 $\mathscr{E}(x)$ 与 x 的关系曲线。
(b) 推导出耗尽层内电荷密度随位置的表达式，并画出 $\rho(x)$ 与 x 的关系曲线。
(c) 根据耗尽近似，确定并画出耗尽层内 $N_D - N_A$ 与 x 的关系曲线。

●5.13 温度 $T = 300$ K 时，给定一个非简并掺杂、硅的线性缓变结：
(a) 计算并画出结的电场 $(\mathscr{E})$ 和静电势 (V) 随位置 (x) 的曲线图。设定掺杂缓变系数 $\alpha = 10^{20}/\text{cm}^4$，外加电压 $V_A = -20$ V。注意对于给定的缓变系数，需要迭代计算式(5.48)来确定 V_{bi}。

(b) 修改(a)的程序，以便得到多个 V_A 下的结果，如 $V_A = V_{A0}/2^n$，$n = 0\cdots3$，并且做到能够同时显示。显示出你的结果。

(c) 改变(b)的程序，以便不仅绘制图形，还能输出相关参数和计算常数的列表。该列表将包括以下变量：α，V_A，V_{bi}，W，$x = 0$ 处的 $\mathscr{E}$，以及 $x = 0$ 处的 V。显示出完整的结果。

(d) 用你的程序分析 $\mathscr{E}$ 与 x 及 V 与 x 是如何随缓变系数变化的，缓变系数变化范围为 $10^{18}/\text{cm}^4 \leq \alpha \leq 10^{23}/\text{cm}^4$。

(e) 将本题的结果与习题 5.7 中突变结的结果做比较。

●5.14 如果热平衡条件成立，无须耗尽近似，那么有可能得出 pn 突变结内静电变量的闭合形式解。该"精确"解只在热平衡条件下成立，其详细推导如下：

p 型一侧($x \leq 0$)的解：

$$\int_{U_0}^{U} \frac{dU'}{F(U', U_{FP})} = \frac{x}{L_D}$$

$$\mathscr{E} = -\frac{kT}{q}\frac{1}{L_D}F(U, U_{FP})$$

$$\rho = qn_i(e^{U_{FP}-U} - e^{U-U_{FP}} + e^{-U_{FP}} - e^{U_{FP}})$$

n 型一侧($x \geq 0$)的解：

$$\int_{U_0}^{U} \frac{dU'}{F(U' - U_{BI}, U_{FN})} = \frac{x}{L_D}$$

$$\mathscr{E} = -\frac{kT}{q}\frac{1}{L_D}F(U - U_{BI}, U_{FN})$$

$$\rho = qn_i(e^{U_{FN}-U+U_{BI}} - e^{U-U_{BI}-U_{FN}} + e^{-U_{FN}} - e^{U_{FN}})$$

其中

$$L_D = \left[\frac{K_S\varepsilon_0 kT}{2q^2 n_i}\right]^{1/2}$$

$F(U1, U2) = [e^{U2}(e^{-U1} + U1 - 1) + e^{-U2}(e^{U1} - U1 - 1)]^{1/2}$ $\cdots$ "F" 函数

$U_{FP} = \ln(N_A/n_i)$ $\cdots$ N_A 是 p 型一侧的掺杂浓度

$U_{FN} = -\ln(N_D/n_i)$ $\cdots$ N_D 是 n 型一侧的掺杂浓度

$$U_{BI} = U_{FP} - U_{FN} = \frac{V_{bi}}{kT/q}$$

$$U = \frac{V}{kT/q}$$

U_0 为 $x = 0$ 处的归一化电势(U)。求解 U_0 需要解如下的超越方程：$F(U_0, U_{FP}) = F(U_0 - U_{BI}, U_{FN})$。该关系式来自 $x = 0$ 处电场的连续性条件。

(a) 利用以上关系式，画出 pn 结内部电场和静电势 $V = (kT/q)U$ 随位置变化的图。假设 $N_A = 10^{15}/\text{cm}^3$，$N_D = 2 \times 10^{14}/\text{cm}^3$。如果可以，利用同样的参数运行习题 5.7(a) 中的程序，并比较和讨论两组 $\mathscr{E}$、V 与 x 的关系曲线。

建议：
- (i) 首先采用 MATLAB 函数 fzero 确定 U_0，其初始值为 $U_0 = U_{BI}/2$。
- (ii) U 从 0.1 到 U_0 变化并利用积分关系式，计算结的 p 型一侧 $U = V/(kT/q)$ 与 x 的关系。对 n 型一侧重复以上过程，而 U 的变化范围是从 U_0 到 $U_{BI} - 0.1$。
- (iii) 对步骤(ii)中 U 的每个值，同样计算出 $\mathscr{E}$。已知 $\mathscr{E}$ 与 U 及 U 与 x 的关系，由此可以画出 $\mathscr{E}$ 与 x 的关系曲线。
- (iv) 画出 $\mathscr{E}$ 和 V 的图，应满足习题 5.7(a) 中的要求。

(b) 扩展(a)的计算以得到归一化的电荷密度 (ρ/q) 与 x 的关系。在同一组坐标轴中，画出 ρ/q 与 x 的精确关系曲线，以及根据耗尽近似得到的关系曲线。讨论画出的图。

第 6 章　pn 结二极管：I-V 特性

本章主要讨论对 pn 结稳态响应的建模工作。流过二极管的电流是外加直流(d.c.)电压的函数，即 I-V 特性，本章将在二极管电流和器件内部工作原理、器件参数之间建立起定性和定量的关系。最初的推导主要针对的是"理想二极管"，致力于推导出理想的二极管公式——一个简单而众所周知的 I-V 关系式。虽然在实际器件中不存在理想二极管中的理想化假设，但对理想二极管的研究为我们提供了一次能够直接、深入地了解器件内部工作原理的机会，并且为进行更精确的分析提供了一个相对简单的出发点。随后我们将理论与实验相比较，着重修正理论，以便消除二者之间存在的明显差异。本章将逐步揭示实验与理论出现的几个偏差，并对这些偏差加以分析，然后引入恰当的理论修正。最后，针对常用的分析过程，我们补充了一些解析方法，在随后的章节中这些方法将特别有用。

6.1　理想二极管方程

正如本章引言所述，理想二极管非常有助于深入理解器件的工作原理，并使基本的器件分析变得更加容易。理想二极管方程可以模拟出理想二极管的 I-V 特性。表面上看推导公式是本节的任务，但是应该认识到，这里的分析过程、补充结果和处理方法中的深入探讨实际上才是最重要的。利用第 5 章给出的 pn 结能带图，首先可以定性地推导出理想二极管方程，同时这也举例说明了能带图的作用和实用性，它直接给出了预期结果的一般形式，而其中无须任何数学推导。为了给定量化推导过程做准备，下面首先详细地描述出定性的推导过程，随后的数学推导将给出理想二极管方程。本节的最后部分将深入分析最终的和补充的推导结果。

6.1.1　定性推导

为了给下面的分析做准备，首先考虑一个 pn 结的热平衡能带图，如图 6.1(a)所示。图中不同组的圆点(●)和圆圈(○)代表着结两边大致的载流子分布。在结的 n 型一侧的中心区域内，存在着大量的电子和少许空穴。圆点金字塔形状的排列示意地表示出导带电子数随能级升高而大致呈指数关系下降的规律。反过来，结的 p 型一侧的中性区域内，存在着高浓度的空穴和少量的电子。价带中空穴数量随能级下降而粗略地呈指数规律下降。

设想这些电子和空穴具有热动能，当然它们也能在半导体中来回移动。首先重点分析一下 n 型一侧的电子，我们发现这些载流子中的绝大部分都没有足够的能量"爬过"这个势垒。载流子扩散进入耗尽层，只能导致低能量的载流子被反射回到 n 型中性区域，但一些高能量的电子能够克服势垒，进入结的 p 型一侧。应该认识到上面描述的情况是电子从结的 n 型高密度电子一侧向结的 p 型低密度电子一侧进行扩散。

尽管 n 型一侧的电子面对的是势垒，但 p 型一侧的电子却没有任何势垒限制。如果 p 型一侧少量电子中的个别电子偶尔进入了耗尽层，那么电场将很快地将它扫到结的另一边。

第 6 章　pn 结二极管：I-V 特性

显然在热平衡条件下，从 p 型到 n 型的漂移电流正好抵消了从 n 型到 p 型的扩散电流。空穴的情况与此类似。p 型的少部分空穴获得了足够高的能量，越过势垒并进入结的 n 型一侧，而从 n 型一侧进入耗尽层的空穴将被扫到结的 p 型一侧，同样两个电流也互相抵消。

我们已经了解了结附近的多数载流子的运动规律，现在来考虑外加正向偏置的情况，如图 6.1(b) 所示。相对于零偏置情况，最大的变化是结的 p 型和 n 型之间的势垒出现下降。相同数目的少数载流子依然会进入耗尽层并被扫到结的另一侧。但是，由于势垒高度的下降，n 型一侧会有更多的电子且 p 型一侧更多的空穴现在可以越过势垒，然后进入结的相对一侧。这导致了一个电子电流 (I_N) 和一个空穴电流 (I_P)，二者都是从结的 p 型一侧流入 n 型一侧。相应的电路图示于图 6.1(b) 能带图的下方，从图中可以看出，对于正偏二极管来说，以上推断出的电流 ($I = I_N + I_P$) 流动方向是正确的。此外，由于势垒随外加电压而出现线性下降，并且载流子浓度会随能级位置呈指数变化，因此具有足够能量越过势垒的电子数目会随 V_A 呈指数关系增加。因此，正如图 6.1(d) 所示，正向电流会随外加电压而呈指数关系增大。

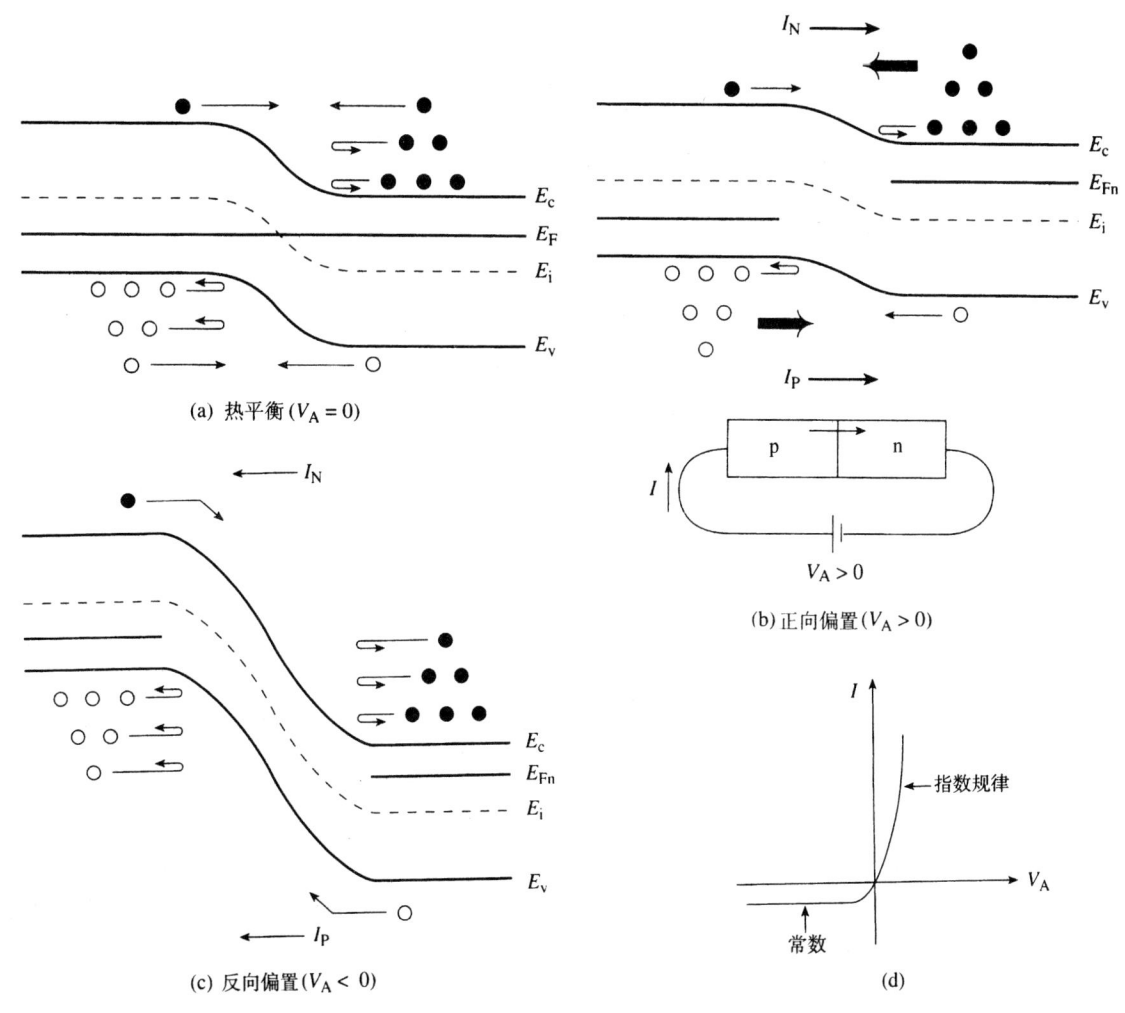

图 6.1　pn 结能带图，载流子分布和耗尽区附近的载流子的运动情况，分别在(a)热平衡($V_A = 0$)、(b)正向偏置和(c)反向偏置条件下，(d)推导出的 I-V 特性曲线

图 6.1(c) 示出了反向偏置情况下的能带图。相对于热平衡条件，偏置的主要作用是提高

了结的p区和n区之间的势垒高度。在热平衡条件下，一些n区电子和p区空穴依然能够越过势垒；那么在反向偏置下，即使非常小的电压值(大于几个 kT/q)也会使穿过结的多数载流子的扩散降低到可忽略不计的程度。另一方面，p区的电子和n区的空穴依然能够进入耗尽层并被扫到结的另一侧。因此反向偏置引起了一个从n区到p区的电流。反向偏置电流与少数载流子相关，电流值也非常小。另外需要注意的是，少数载流子的漂移电流不受势垒高度的影响，确定电流大小的是每秒进入耗尽层的少数载流子数目。(这种情况类似于瀑布，流过瀑布的水量与瀑布的高度无关。)因此，正如图6.1(d)画出的一样，一旦在一个反向小偏置下，多数载流子的扩散电流下降到一个可忽略不计的程度，预计反向电流将会出现饱和——其数值与外加偏置无关。如果将这个反向偏置下的饱和电流定义为 $-I_0$，则推断出整个 I-V 关系有一个通用形式：

$$I = I_0(e^{V_A/V_{ref}} - 1) \tag{6.1}$$

如果令 V_{ref} 为 kT/q，则式(6.1)将等同于理想二极管公式。

除了推导出了理想二极管公式，前述的分析过程也非常好地解释了固态二极管是如何整流一个信号的；例如，正向偏置时二极管如何提供了一个大电流，而反向偏置下只有很小的电流通过。正向偏置降低了结两边的势垒，允许大量多数载流子的注入；反向偏置提高了势垒，切断了多数载流子的注入而只留下少量的少数载流子电流。

一旦完成了定性分析且进行了较深入的分析，依然会出现一个问题："上面分析得不错，但是，正向偏置引起了多数载流子的注入而反向偏置引起了少数载流子的抽取，两个偏置是否会导致电荷在器件内出现积累？"直接的回答是：以上分析采用了稳态条件的假设，而在稳态条件下是不会出现电荷的积累或电性的改变的。但是，这个问题有着更深层的含义，上面的分析只考虑了紧靠耗尽区附近的载流子运动，还没有提供器件内载流子运动的整体图像。这个整体图像就是已经注入和抽取的载流子如何重新得到了补充，而器件状态是如何得到保持的。

在描绘这个"整体图像"时，将采用反向偏置二极管为例子进行说明，同时参考图 6.2 中能带/电流的复合图。能带图外侧类似电容的极板代表器件的欧姆接触的示意符号。图中示出在反向偏置条件下紧靠耗尽层附近存在的主要载流子活动，少数载流子进入耗尽层然后被扫到结的另一边。图中也标出与复合-产生(R-G)中心对应的 E_T 能级。无论何时当一个电子从p型一侧移动到n型一侧时，借助复合-产生中心产生出来的电子会替代离开的电子。正像图 6.2 中耗尽层左侧所说明的，一个电子从价带跃入复合-产生中心，随后进入导带。同样，只要少数载流子空穴从n型一侧被扫到p型一侧，那么就会通过载流子产生过程来补充一个空穴，同时产生的电子和从p型一侧落下势垒进入n型一侧的电子，一起在结的n型一侧导致多数载流子电子出现过剩现象。(两个多余的电子出现在结的n型一侧紧靠耗尽层的地方，参见图 6.2。)这些过剩的多数载流子电子会导致一个局部电场，将邻近的电子推向接触电极。这种置换现象传播得非常迅速，n型一侧整个串联链中的电子都会向接触电极方向略微移动。在紧靠接触电极的附近，与过剩电子数目相同的电子会被推入接触电极里，然后进入外部电路[①]。而在结的p型一侧，空穴的行为与此类似，耗尽层边界出现的多余载流子会引起p型准中性区域内的一连串空穴都略微移动，同样与过剩载流子数目相同的空穴被推入接触电极

[①] 可以将上面描述的现象类比为现实生活中的一种情况，假设参加一个聚会的晚来者进入一个完全塞满人的房间，如果这个房间只有前后两个门，新来的人从一个门挤入，那么一定会有同样数目的人从另一个门被挤出。

内，并与来自金属的电子相复合。这种复合也将消除从结的 n 型一侧流出的过剩电子，从而完成了一次循环。

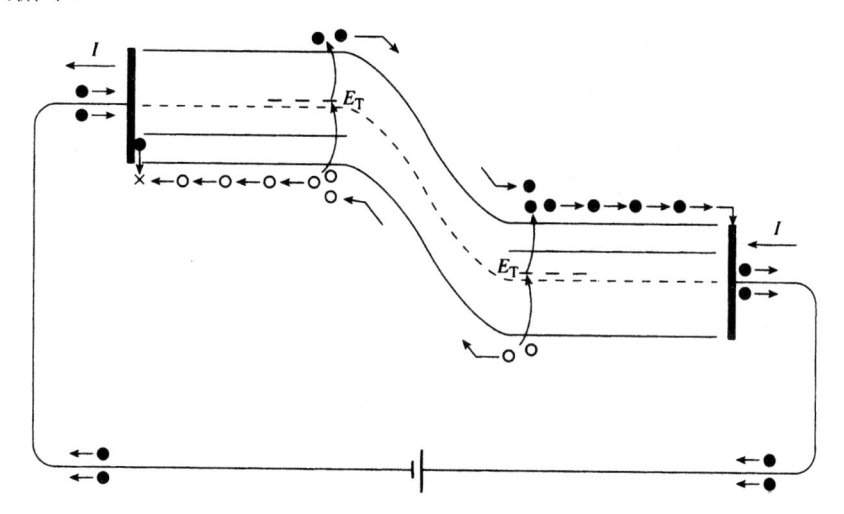

图 6.2 能带/电路的混合图，总体上描述了反偏 pn 结二极管内载流子的行为。能带图外侧类似电容的板片为二极管欧姆接触的示意符号

在图 6.2 中，应该注意一个与上面讨论不太相关的现象，即电子和空穴都对流过耗尽层的电流有贡献。在器件中，p 型一侧远离结的区域中空穴电流占优势，而 n 型一侧远离结的区域中电子电流占优势。由于流过二极管的总电流一定是恒定的，因此电流中的电子和空穴分量显然在二极管内会随位置的变化而改变。

6.1.2 定量求解方案

在开始一场足球比赛时，教练总要制定出一个比赛方案，即一个赢得比赛的策略。这里将描述并解释定量推导理想二极管公式的策略。虽然推导中的数学步骤相对较少且非常易懂，但是依然应该重视并清楚地理解存在于这些步骤中的分析方法，以便将这些分析方法应用到其他问题和将来对理论的修正工作中。

通常需要考虑的因素
首先列出分析中用到的基本假设。（下面的展开过程还会需要一些额外假设。）

(1) 二极管工作在稳态条件下。
(2) 杂质分布为非简并掺杂的突变结。
(3) 二极管是一维的。
(4) 准中性区域中以小电流注入为主。
(5) 二极管内除了漂移、扩散和热复合-产生过程，没有其他过程。具体地讲 $G_L = 0$。

从感觉上来讲，上述假设是合理的，因为在建立 pn 结的静电特性过程中，都明确地或隐含地涉及这些假设。

下面考虑计算电流的通用关系式，它们是

$$I = AJ \quad (A = 横截面积) \tag{6.2}$$

$$J = J_N(x) + J_P(x) \tag{6.3}$$

$$J_N = q\mu_n n\mathscr{E} + qD_N \frac{dn}{dx} \tag{6.4a}$$

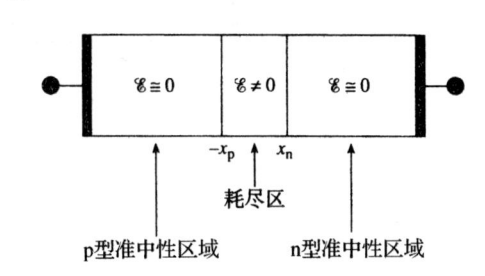

$$J_P = q\mu_p p\mathscr{E} - qD_P \frac{dp}{dx} \tag{6.4b}$$

式(6.3)反映了一个事实，二极管中的总电流密度为常数，但是电子和空穴的电流分量随位置的变化而改变。式(6.4)是式(3.18)的一维形式。显然，如果 $\mathscr{E}$、n 和 p 与 x 之间存在着严格的解析关系，那么就没必要继续进行推导，但是这里只有三个区域的静电学近似解，如图6.3所示。需要指出的是，二极管中的准中性区域满足少数载流子扩散方程的假设条件，包括 $\mathscr{E} \cong 0$ 和小电流注入。

图 6.3　二极管中不同的静电区间

准中性区域的考虑因素

在假设的稳态条件下，$G_L = 0$，则 p 型和 n 型准中性区域中的少数载流子扩散方程是

$$0 = D_N \frac{d^2 \Delta n_p}{dx^2} - \frac{\Delta n_p}{\tau_n} \quad \cdots x \leq -x_p \tag{6.5a}$$

$$0 = D_P \frac{d^2 \Delta p_n}{dx^2} - \frac{\Delta p_n}{\tau_p} \quad \cdots x \geq x_n \tag{6.5b}$$

另外，由于 $\mathscr{E} \cong 0$ 和 $dn_0/dx = dp_0/dx = 0$，式(6.4)在准中性区域的载流子电流密度可化简为

$$J_N = qD_N \frac{d\Delta n_p}{dx} \quad \cdots x \leq -x_p \tag{6.6a}$$

$$J_P = -qD_P \frac{d\Delta p_n}{dx} \quad \cdots x \geq x_n \tag{6.6b}$$

如果知道了式(6.5)的一般解，那么式(6.6)中载流子电流密度的计算就变得非常容易。但由此得到的电流密度解将限制在二极管的非交叠区域。这些公式仅仅能够确定 p 型准中性区域的 $J_N(x)$ 和 n 型准中性区域的 $J_P(x)$。为了求出式(6.3)中的 J，在二极管内至少有一个点处的 $J_N(x)$ 和 $J_P(x)$ 都必须是已知的。由于位于中心区域，因此耗尽层就是一个理想的地方，可以求出相互交叠的 J_N 和 J_P 的解，而且也可以从准中性区域的电流方程外推得到这些解。

耗尽层的考虑因素

需要利用通用的连续性方程，即式(3.46)，从而求出 $\mathscr{E} \neq 0$ 条件下耗尽区内载流子的电流解。根据前面所列的假设，连续性方程可简化为

$$0 = \frac{1}{q} \frac{dJ_N}{dx} + \left. \frac{\partial n}{\partial t} \right|_{\substack{\text{thermal}\\ \text{R-G}}} \tag{6.7a}$$

$$0 = -\frac{1}{q} \frac{dJ_P}{dx} + \left. \frac{\partial p}{\partial t} \right|_{\substack{\text{thermal}\\ \text{R-G}}} \tag{6.7b}$$

现在增加一个额外假设，忽略耗尽层内的热复合-产生过程，即将式(6.7)中$\partial n/\partial t|_{\text{thermal R-G}}$和$\partial p/\partial t|_{\text{thermal R-G}}$直接设为零。消除了式(6.7)中复合-产生所对应的项，则$dJ_N/dx = 0$和$dJ_P/dx = 0$。因此在已有的假设条件下，确定J_N和J_P为常数，其在耗尽层内与位置无关。由于耗尽层内载流子电流是恒定不变的，从而得出

$$J_N(-x_p \le x \le x_n) = J_N(-x_p) \tag{6.8a}$$

$$J_P(-x_p \le x \le x_n) = J_P(x_n) \tag{6.8b}$$

当然也可利用准耗尽区内得到的解在耗尽层边界处的值来推导出$J_N(-x_p)$和$J_P(x_n)$。那么耗尽层内J_N和J_P的解为

$$\boxed{J = J_N(-x_p) + J_P(x_n)} \tag{6.9}$$

显然求解过程已变得非常明确：求出准中性区域内的少数载流子的电流密度，再来确定出耗尽层边界处的电流密度值，将两个边界处的电流密度值相加，最后乘以面积A就可以得出总电流。

这里有一个非常关键的假设，耗尽层内热复合-产生过程可以忽略不计，这是理想二极管的一个基本特性。在逻辑上引入这个假设，是因为针对求解流过二极管总电流的问题，它能导出一个简单解。对于实际的二极管来说，后面章节将通过理论计算和实验结果之间的比较来详细分析该假设的合理性。

边界条件

有一点需要说明，在方程(6.5a)和方程(6.5b)中，p型和n型准中性区域内的Δn_p和Δp_n的求解过程需要两个边界条件。具体地讲，如图6.4(a)中所描述的，必须明确欧姆接触和耗尽层边界处的Δn_p和Δp_n。

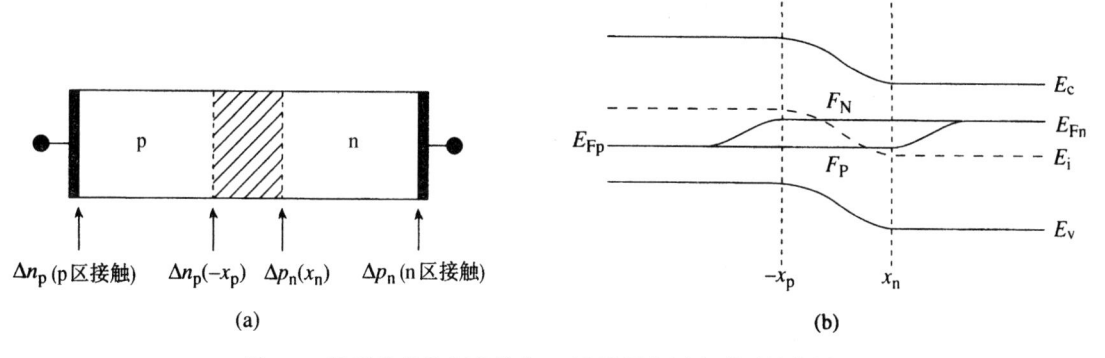

图 6.4 边界条件的相关信息。(a)边界位置和所需的变量；(b)正偏二极管内准费米能级与位置的近似变化关系

欧姆接触边界

通常认为理想二极管是一个"宽基区"二极管，也就是说，二极管的接触电极与耗尽层边界之间的距离是少数载流子扩散长度的几倍或者更多。在一个宽基区二极管中，耗尽层边界处载流子浓度的任何波动在达到接触电极以前都会衰减为零。实际上，可以将接触电极看成位于$x = \pm\infty$处。因此，在数学推导过程中，采用该边界条件，得到

$$\Delta n_p(x \to -\infty) = 0 \tag{6.10a}$$

$$\Delta p_n(x \to +\infty) = 0 \tag{6.10b}$$

耗尽层边界

为了建立耗尽层边界处的边界条件，需要借助准费米能级。式(3.72)是电子准费米能级 F_N 和空穴准费米能级 F_P 的定义公式。如果将指数式(3.72a)和式(3.72b)的左右两边分别乘在一起，可以得到

$$np = n_i^2 e^{(F_N - F_P)/kT} \tag{6.11}$$

在任何工作条件下，在二极管内式(6.11)都一直成立。一般而言，在求解二极管内的载流子浓度以前，并不知道准费米能级与位置的变化关系。但是，如图6.4(b)所示，可以合理地假设能级 F_N 和 F_P 会单调地变化，从远离结的 p 区内的 E_{Fp} 过渡到远离结的 n 区内的 E_{Fn}。反过来从图6.4(b)可以看出，能级的单调变化会使二极管内各处有 $F_N - F_P \leqslant E_{Fn} - E_{Fp} = qV_A$。如果假设在耗尽层内上面的 $F_N - F_P$ 表达式中等号成立，可以推断出

$$np = n_i^2 e^{qV_A/kT} \quad \cdots \quad -x_p \leqslant x \leqslant x_n \tag{6.12}$$

将式(6.12)称为"pn结定律"。在耗尽层边界处求解式(6.12)会很快地给出期望的边界条件。具体地讲，在 p 型一侧耗尽层边界处求解式(6.12)可以得到

$$n(-x_p)p(-x_p) = n(-x_p)N_A = n_i^2 e^{qV_A/kT} \tag{6.13}$$

或

$$n(-x_p) = \frac{n_i^2}{N_A} e^{qV_A/kT} \tag{6.14}$$

和

$$\Delta n_p(-x_p) = \frac{n_i^2}{N_A}(e^{qV_A/kT} - 1) \tag{6.15}$$

同样，

$$n(x_n)p(x_n) = p(x_n)N_D = n_i^2 e^{qV_A/kT} \tag{6.16}$$

或

$$p(x_n) = \frac{n_i^2}{N_D} e^{qV_A/kT} \tag{6.17}$$

和

$$\Delta p_n(x_n) = \frac{n_i^2}{N_D}(e^{qV_A/kT} - 1) \tag{6.18}$$

假设耗尽层内 $F_N - F_P = qV_A$，或者说耗尽层内准费米能级保持恒定，$F_N = E_{Fn}$ 和 $F_P = E_{Fp}$，显然对于获取耗尽层边界处的边界条件来说，该假设是非常重要的，而且对整个分析来说它也是非常关键的。通过大量的辅助分析和实验比较，证明了在通常的情况下该假设是合理的[①]。

[①] F_N 和 F_P 在耗尽层内近似为常数的假设可以等效为假设耗尽层内 $J_N \cong 0$ 和 $J_P \cong 0$(参见图3.76)。一些作者采用 $J_N = 0$ 和 $J_P = 0$ 的假设另外推导出了耗尽层边界条件，该推导非常类似于5.1.4节中 V_{bi} 的推导。与一些教材中的论述相反，正如恒定准费米能级的假设一样，引入 $J_N = 0$ 和 $J_P = 0$ 的假设在逻辑上缺乏一个基本的理论依据。

求解方案的总结

为了获得一个理想二极管的电流随外加电压变化的解析解，需要进行如下的处理过程：

(1) 利用式(6.10)和式(6.15)/式(6.18)的边界条件，求解少数载流子的扩散方程(6.5)，得到准中性区域的 Δn_p 和 Δp_n。

(2) 利用方程(6.6)计算出准中性区域内少数载流子的电流密度。

(3) 由式(6.9)求出准中性区域 $J_\mathrm{N}(x)$ 和 $J_\mathrm{P}(x)$ 在耗尽层边界处的值，然后得到二者之和。最后将结果乘以二极管的横截面积。

6.1.3 严格推导

在推导过程中，首先计算出结的 n 型准中性区域内的空穴。为了简化式(6.5b)中的数学计算，将坐标原点移到耗尽层 n 型一侧的边界处，如图 6.5(a)所示。

按照转换后的 x' 坐标轴，可以求得

$$0 = D_\mathrm{P} \frac{\mathrm{d}^2 \Delta p_\mathrm{n}}{\mathrm{d}x'^2} - \frac{\Delta p_\mathrm{n}}{\tau_\mathrm{p}} \quad \cdots x' \geq 0 \tag{6.19}$$

且服从下述的边界条件：

$$\Delta p_\mathrm{n}(x' \to \infty) = 0 \tag{6.20a}$$

$$\Delta p_\mathrm{n}(x' = 0) = \frac{n_\mathrm{i}^2}{N_\mathrm{D}}(\mathrm{e}^{qV_\mathrm{A}/kT} - 1) \tag{6.20b}$$

式(6.19)是表 3.2 列出的特殊情况扩散方程中的一个。其一般解(表 3.2 中的第一个解)为

$$\Delta p_\mathrm{n}(x') = A_1 \mathrm{e}^{-x'/L_\mathrm{P}} + A_2 \mathrm{e}^{x'/L_\mathrm{P}} \quad \cdots x' \geq 0 \tag{6.21}$$

其中

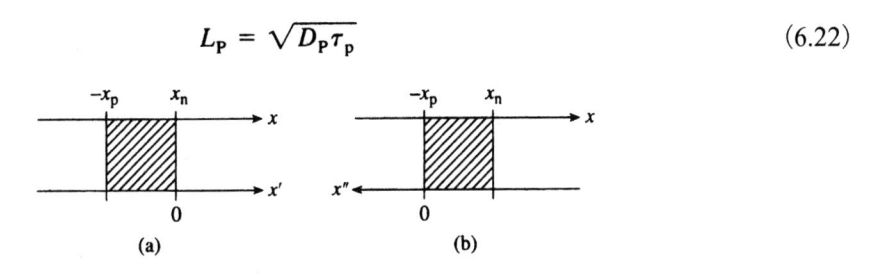

$$L_\mathrm{P} = \sqrt{D_\mathrm{P} \tau_\mathrm{p}} \tag{6.22}$$

图 6.5 (a) x' 和 (b) x'' 坐标系的图形定义

由于 $x' \to \infty$ 时 $\exp(x'/L_\mathrm{P}) \to \infty$，因此满足式(6.20a)中边界条件的唯一方法是使 A_2 恒等于零。令 $A_2 = 0$，再利用式(6.20b)的边界条件，得到 $A_1 = \Delta p_\mathrm{n}(x' = 0)$。因此得出

$$\boxed{\Delta p_\mathrm{n}(x') = \frac{n_\mathrm{i}^2}{N_\mathrm{D}}(\mathrm{e}^{qV_\mathrm{A}/kT} - 1)\mathrm{e}^{-x'/L_\mathrm{P}} \quad \cdots x' \geq 0} \tag{6.23}$$

和

$$\boxed{J_\mathrm{P}(x') = -qD_\mathrm{P}\frac{\mathrm{d}\Delta p_\mathrm{n}}{\mathrm{d}x'} = q\frac{D_\mathrm{P}}{L_\mathrm{P}}\frac{n_\mathrm{i}^2}{N_\mathrm{D}}(\mathrm{e}^{qV_\mathrm{A}/kT} - 1)\mathrm{e}^{-x'/L_\mathrm{P}}} \quad \cdots x' \geq 0 \tag{6.24}$$

在结的 p 型准中性区域，采用图 6.5(b) 定义的 x'' 坐标，得到一个类似的解：

$$\boxed{\Delta n_p(x'') = \frac{n_i^2}{N_A}(e^{qV_A/kT} - 1)e^{-x''/L_N}} \quad \cdots x'' \geq 0 \qquad (6.25)$$

和

$$\boxed{J_N(x'') = -qD_N\frac{d\Delta n_p}{dx''} = q\frac{D_N}{L_N}\frac{n_i^2}{N_A}(e^{qV_A/kT} - 1)e^{-x''/L_N}} \quad \cdots x'' \geq 0 \qquad (6.26)$$

剩下的计算是求出式(6.24)和式(6.26)在耗尽层边界处的值，然后对二者求和并乘以面积 A。则有

$$J_N(x=-x_p) = J_N(x''=0) = q\frac{D_N}{L_N}\frac{n_i^2}{N_A}(e^{qV_A/kT} - 1) \qquad (6.27a)$$

$$J_P(x=x_n) = J_P(x'=0) = q\frac{D_P}{L_P}\frac{n_i^2}{N_D}(e^{qV_A/kT} - 1) \qquad (6.27b)$$

和

$$I = AJ = qA\left(\frac{D_N}{L_N}\frac{n_i^2}{N_A} + \frac{D_P}{L_P}\frac{n_i^2}{N_D}\right)(e^{qV_A/kT} - 1) \qquad (6.28)$$

或

$$\boxed{\begin{aligned}I &= I_0(e^{qV_A/kT} - 1) \\ I_0 &\equiv qA\left(\frac{D_N}{L_N}\frac{n_i^2}{N_A} + \frac{D_P}{L_P}\frac{n_i^2}{N_D}\right)\end{aligned}} \qquad \begin{aligned}(6.29)\\(6.30)\end{aligned}$$

式(6.29)就是理想二极管方程。有时也将其称为肖克利(Shockley)方程。

6.1.4 结果分析

我们有必要先停下来，分析一下推导过程中给出的最后和中间结果。希望读者对这些结果加深认识，同时能对 pn 结二极管的工作原理有更深入的了解。回顾以上的推导过程，首先分析一下理想二极管方程和相关的饱和电流，然后研究二极管内的载流子电流和载流子浓度。同时我们给出了几个练习，以补充下面的讨论。

理想 I-V

从图 6.6 中可以看出计算得到的 I-V 特性的几个主要特点。室温下，对于反向偏置条件(大于几个 kT/q，即十分之几伏特)，理想二极管公式中的电压指数项可以忽略不计，即 $I \to -I_0$。根据理想二极管理论，在反向电压无穷大时饱和电流依然会存在。对于正向偏置条件(大于几个 kT/q)，指数项占优势，则 $I \to I_0 \exp(qV_A/kT)$。为了反映出预期的指数依赖关系，正向偏置特性通常采用半对数坐标，如图 6.6(b) 所示。因此

$$\ln(I) = \ln(I_0) + \frac{q}{kT}V_A \quad \cdots V_A > 少数几个 kT/q \qquad (6.31)$$

在由理想理论预测的 $V_A > 0$ 时的半对数坐标图中,线性区域的直线斜率为 q/kT 而外推截距为 $\ln(I_0)$。

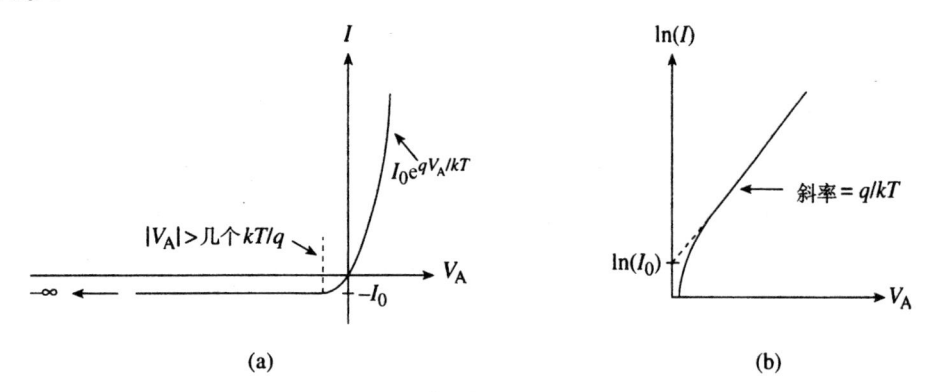

图 6.6 理想二极管的 I-V 特性。(a)显示出主要特性的线性坐标图;(b)正向偏置的半对数坐标图

饱和电流

可以观察到饱和电流具有如下两个重要特性。首先,如果制造二极管的半导体材料不同,其对应的 I_0 大小会有好几个数量级的变化。I_0 对材料表现出很强的依赖关系,是因为表达式中存在着 n_i^2 项。室温下,Si 的 $n_i = 10^{10}/\text{cm}^3$,而 Ge 的 $n_i \cong 10^{13}/\text{cm}^3$。因此,Ge 二极管中期望的反向饱和电流比同等 Si 二极管的约大 10^6 倍。

观察到的第二个特性与非对称掺杂结有关。I_0 表达式有两个项,二者分别反比于结的 p 型和 n 型的掺杂浓度。根据上述导出的杂质浓度依赖关系,与 p^+-n 结和 n^+-p 结的重掺杂一侧相联系的一项可忽略不计;例如:

$$I_0 \cong qA \frac{D_P}{L_P} \frac{n_i^2}{N_D} \quad \cdots \text{p}^+\text{-n 结二极管} \quad (6.32a)$$

和

$$I_0 \cong qA \frac{D_P}{L_P} \frac{n_i^2}{N_D} \quad \cdots \text{p}^+\text{-n 结二极管} \quad (6.32b)$$

实际上,对于这种结来说,在计算二极管的 I-V 特性时,只需考虑结的轻掺杂一侧。在计算耗尽层宽度和其他静态变量的值时,也发现非对称结中重掺杂一侧的影响几乎可以忽略不计。这些相似的结论间接地表明,作为一般规律,在确定结的电学特性时,可以忽略非对称结的重掺杂一侧的影响。如果在问题的描述中或者分析的开始时明确指定了一个非对称结,这意味着在回答或者分析问题的过程中可以忽略重掺杂一侧的影响。

应该注意的是,可以非常幸运地忽略掉来自非对称结重掺杂一侧的电流分量,因为在实际的二极管中,p^+ 和 n^+ 一侧的掺杂往往是简并的。如果来自重掺杂一侧的电流分量变得明显起来,那么就有必要根据实验结果来修正理想二极管理论以考虑到简并掺杂的影响。

练习 6.1

问:室温下,两个理想 p^+-n 突变结二极管除杂质浓度外都完全相同,其中杂质浓度 $N_{D1} = 10^{15}/\text{cm}^3$ 和 $N_{D2} = 10^{16}/\text{cm}^3$。比较两个二极管的 I-V 特性,在同一个坐标系中画出二者的特性。

答：对于 p$^+$-n 结二极管，

$$I_0 \cong qA \frac{D_P}{L_P} \frac{n_i^2}{N_D}$$

而

$$\frac{D_P}{L_P} = \sqrt{\frac{D_P}{\tau_p}} = \sqrt{\frac{(kT/q)\mu_p}{\tau_p}}$$

$\tau_{p1} = \tau_{p2}$，即认为两个二极管中复合-产生中心的浓度是相同的。此外，虽然问题描述中没有明确指定半导体的材料，但是在绝大部分材料中，$N_D = 10^{15}/\text{cm}^3$ 和 $N_D = 10^{16}/\text{cm}^3$ 对应的迁移率之间的差别很小（参见图 3.5）。则

$$\frac{I_{01}}{I_{02}} = \frac{N_{D2}}{N_{D1}} \sqrt{\frac{\mu_{p1}}{\mu_{p2}}} \cong 10$$

在所有外加电压下，二极管 1 的电流比二极管 2 的电流约大 10 倍（参见图 E6.1）。

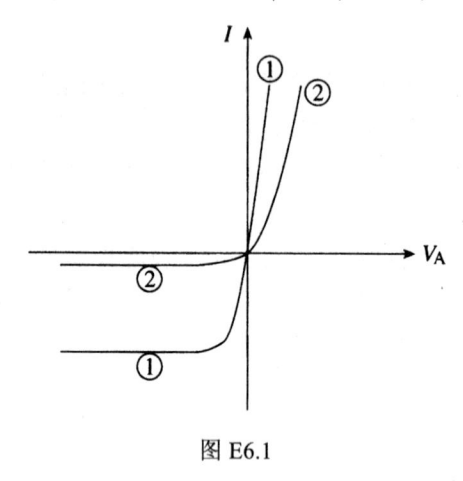

图 E6.1

(C) 练习 6.2

问：室温下，有一个理想 Si p$^+$-n 突变结二极管。该二极管的横截面积 $A = 10^{-4} \text{ cm}^2$ 且 $\tau_p = 10^{-6}$ s。利用练习 3.1 中实验拟合出的空穴迁移率关系式，编写 MATLAB 程序，计算并画出理想二极管的 I-V 特性，其中将 n 型施主杂质作为一个输入变量。请采用线性坐标图并利用 MATLAB 的 axis 函数，其坐标范围设为[-1, 0.2, -2*I_0, 5*I_0]，I_0 是反向偏置的饱和电流。主要利用编写的程序研究一下理想二极管特性是如何随半导体杂质浓度变化的。

答：以下写出的程序允许输入多个杂质浓度。将输入值写在括号内，不同掺杂浓度值之间以空格分开，并在 "N_D=" 提示后输入。示例图（参见图 E6.2）显示出一个与练习 6.1 大体相同的杂质依赖关系。然而，当分析命令窗口中的 I_0 数值时，发现由于指定了更高的掺杂浓度，存在着一个明显的迁移率依赖关系。另外读者也应该注意到计算出的饱和电流值非常小。

第6章 pn结二极管：I-V 特性

MATLAB 程序清单...

```
%Variation of Ideal-Diode I-V with semiconductor doping.
%Si step junction, T = 300K.
%In response to the "ND=" prompt type [ND1 ND2 ...] to input
%multiple doping values.

%Initialization and Universal Constants
clear

k=8.617e-5;
q=1.6e-19;

%Device, Material, and System Parameters
A=1.0e-4;
ni=1.0e10;
taup=1.0e-6;
ND=input('Input the n-side doping concentration, ND=');
T=300;

%Hole Mobility Calculation
NAref=2.35e17;
μpmin=54.3;
μp0=406.9;
ap=0.88;
μp=μpmin+μp0./(1+(ND./NAref).^ap);
%The mobility calculation here assumes the hole minority carrier
   %mobility is equal to the hole majority carrier mobility.

%I-V Calculation
VA=linspace(-1,0.2);
DP=k.*T.*μp;
LP=sqrt(DP.*taup);
I0=q.*A.*(DP./LP).*(ni^2 ./ND)
I=I0.'*(exp(VA./(k.*T))-1);

%Plotting Result
close
plot(VA,I); grid;
ymin=-2*I0(1); ymax=5*I0(1);
axis([-1,0.2,ymin,ymax]);
xlabel('VA (volts)'); ylabel('I (amps)');

%Adding axes,key
xx=[-1 0.2]; yx=[0 0];
xy=[0 0]; yy=[ymin,ymax];
hold on
plot(xx,yx,'-w',xy,yy,'-w');
j=length(ND);
for i=1:j;
```

图 E6.2

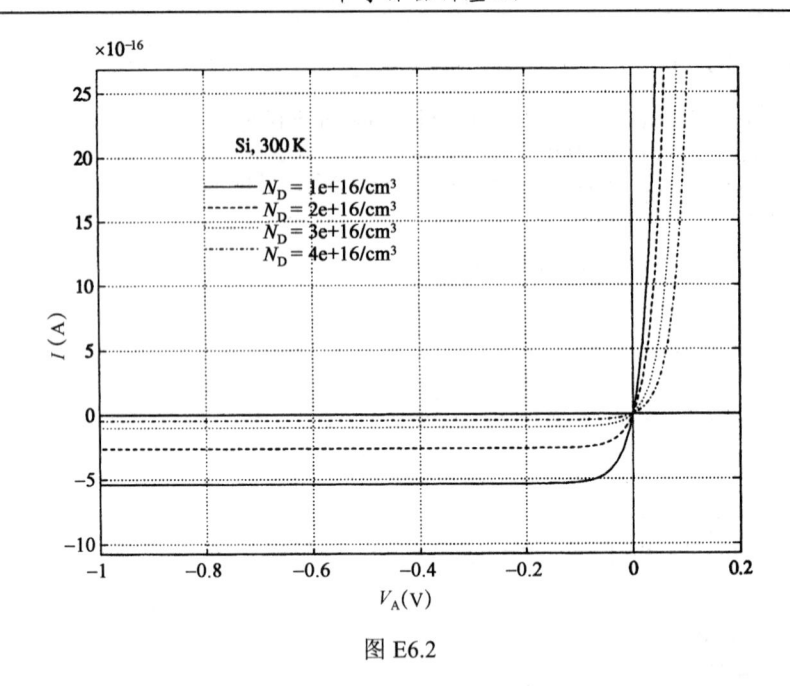

载流子电流

图 6.7 给出了在一个正向偏置的二极管内载流子和总电流密度随位置变化的例子。而对于反向偏置情况下的图来说，除了所有电流密度为负，实际上也与此相同。图 6.7 的构造过程如下：分析式(6.24)和式(6.26)，推断出在准中性区域内随着离耗尽层边界处的距离加大，少数载流子的电流密度呈指数形式衰减。在耗尽层内，由式(6.8)画出的 J_N 和 J_P 为常数，二者的值分别等于它们在耗尽层边界处的值。那么在图形中耗尽层内的总电流密度正好等于 J_N 和 J_P 的和。由于总电流密度在二极管内处处相等，因此可以将耗尽层中得出的电流值推广到整个二极管中。最后，图中的总电流密度减去少数载流子的电流密度，可得出准中性区域内多数载流子的电流密度。

图 6.7 的构造过程显示出存在着足够的可用信息来得到二极管内每处的电流密度。另外，该图有助于对 $J_N(x)$ 和 $J_P(x)$ 的解有一个形象化的认识。注意，这些解的常规形式与定性推导部分给出的最后结果相一致。尽管电子和空穴都对流过耗尽层的电流有贡献，但是在器件的 p 型一侧远离结的区域内空穴电流起主导作用，而在器件的 n 型一侧远离结的区域内电子电流起主导作用。

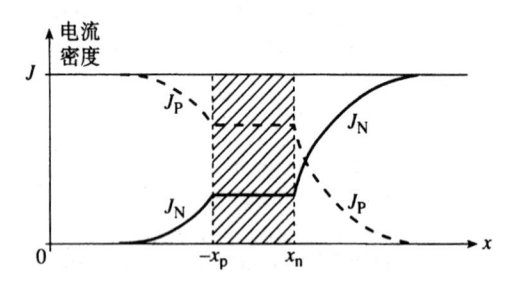

图 6.7 正向偏置 pn 结二极管内载流子和总电流密度随位置的变化关系

载流子浓度

式(6.23)和式(6.25)表明在准中性区域内少数载流子浓度会偏离其热平衡值，而且从这些解可以得出结论：正向偏置下载流子浓度高于其对应的热平衡值，而反向偏置下载流子浓度低于其热平衡值。在任何一种情况下，随着与耗尽层边界的距离增加，这种非平衡载流子浓度将呈指数形式衰减。此外，经过几个扩散长度后，这种非平衡现象将消失且少数载流子浓度会接近其热平衡值；例如，当 $x \to -\infty$ 时，$n_p \to n_{p0} = n_i^2/N_A$，而当 $x \to +\infty$ 时，$p_n \to p_{n0} = n_i^2/N_D$，它们都独立于外加电压值。根据准中性区域内小电流注入的假设，也可以断定这些区域内各处的多数载流子浓度近似等于其热平衡值，同时也独立于外加电压值。综合以上的信息，正向和反向偏置的载流子浓度如图 6.8 所示。注意，在正向偏置图中，Δn_p 和 Δp_n 的指数衰减规律为直线关系，这是因为图中的载流子浓度为对数坐标轴。

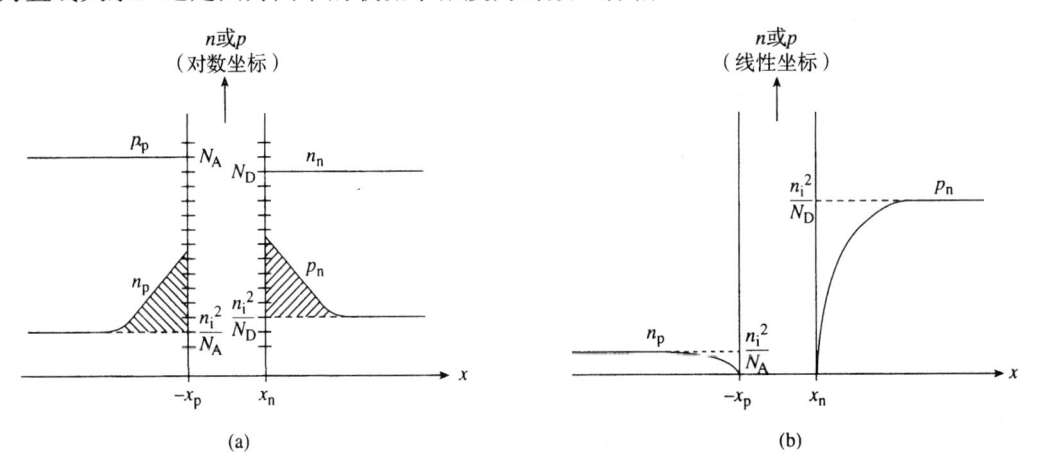

图 6.8 pn 结二极管内的载流子浓度分布情况对应于(a)正向偏置和(b)反向偏置。阴影线部分代表过剩的少数载流子。注意(a)是半对数坐标图而(b)是线性坐标图。图中假设 $N_A > N_D$

在正向偏置下，有大量的多数载流子被注入、随后越过势垒进入结的另一侧。一旦进入结的另一侧，注入的载流子就变成了少数载流子，并且随着扩散距离的增加，注入的载流子将通过复合效应逐渐消失。（该现象和其解释与第 3 章中的实例 2 的论述几乎完全相同）。图 6.8(a)显示出在准中性区域内紧靠耗尽层边界处少数载流子形成了积累。这种过剩的少数载流子在紧靠耗尽层处的积累是正向偏置的结果，随后的分析将证明这种现象的重要性。

在反向偏置下，耗尽层的作用像一个少数载流子的"抽取器"，从附近的准中性区域吸取载流子，如图 6.8(b)所示。一个反向偏置仅有几个 kT/q，就可以有效地将耗尽层边界处的少数载流子浓度降到零，但更大的反向偏置却对这个载流子分布几乎没有影响。（这与如下事实相一致，反向电流直接与耗尽层边界处载流子分布的斜率有关，在大于几个 kT/q 的偏置下，该反向电流达到饱和。）一般情况下，在耗尽层附近的区域内，反向偏置引起的少数载流子数目下降的幅度相对较小。

练习 6.3

问：图 E6.3 是室温下一个 pn 结二极管内的稳态载流子浓度图，图上标出了刻度。

(a) 二极管是正向还是反向偏置的？并加以解释。
(b) 二极管准中性区域是否满足小电流注入条件？请解释你是如何得到答案的。
(c) 确定外加电压 V_A。
(d) 确定空穴扩散长度 L_P。

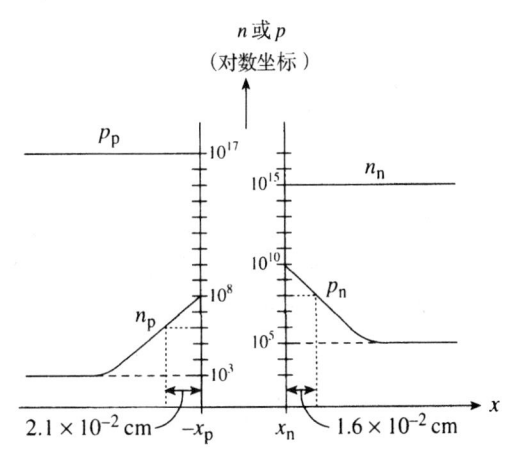

图 E6.3

答:
(a) 二极管为正向偏置。因为在耗尽层边界处存在着积累,或者说少数载流子存在着过剩现象($\Delta n_p > 0$ 和 $\Delta p_n > 0$)。

(b) 满足小电流注入条件。准中性区域内都存在着 $\Delta p_n \ll n_n$ 和 $\Delta n_p \ll p_p$。

(c) 可以利用耗尽层边界条件或者"pn结定律"来确定 V_A。具体来说,可以求解式(6.12),得到 V_A 为

$$V_A = \frac{kT}{q} \ln\left(\frac{np}{n_i^2}\right) \quad \cdots -x_p \leqslant x \leqslant x_n$$

求出耗尽层n型一侧边界处 V_A 表达式的值,并且已知 $x \to \pm\infty$ 时 $np \to n_i^2$,计算得到

$$V_A = \frac{kT}{q} \ln\left[\frac{n_n(x_n)p_n(x_n)}{n_n(\infty)p_n(\infty)}\right] = (0.0259)\ln\left(\frac{10^{25}}{10^{20}}\right) \cong \mathbf{0.3\ V}$$

(d) 可将式(6.23)重写为

$$\Delta p_n(x') = \Delta p_n(x'=0)e^{-x'/L_P}$$

在接近耗尽层边界的区域,$\Delta p_n \cong p_n$,有

$$p_n(x') = p_n(0)e^{-x'/L_P}$$

或

$$\ln\left[\frac{p_n(x')}{p_n(0)}\right] = -\frac{x'}{L_P}$$

和

$$L_P = \frac{x'}{\ln\left[\frac{p_n(0)}{p_n(x')}\right]} = \frac{1.6 \times 10^{-2}}{\ln\left(\frac{10^{10}}{10^8}\right)} = \mathbf{3.47 \times 10^{-3}\ cm}$$

练习 6.4

当反向偏置大于几个 kT/q 时,流过二极管的电流等于 q 乘以每秒进入耗尽层并被扫到结的另一侧的少数载流子数目。在稳态条件下,从结的 p 型和 n 型一侧每秒抽取的少数载流子数目必须正好等于准中性区域每秒产生的少数载流子数目。换句话说,反向饱和电流也可以看作来自准中性区域内少数载流子的产生过程,同时 I_0 等于 q 乘以每秒产生的少数载流子数目。

问: 假设准中性区域内实际的反偏少数载流子分布近似为方形分布,如图 E6.4 所示。在离耗尽层任一侧的一个少数载流子扩散长度内,所有的少数载流子都会耗尽。记住在准中性区域内小电流注入的假设成立,请参考本问题的介绍部分,推导出基于上述近似分布的反向饱和电流的表达式。

答: 基于这个近似分布,单位时间、单位体积内载流子的产生是

$$\left.\frac{\partial n}{\partial t}\right|_{\substack{\text{thermal}\\ \text{R-G}}} = -\frac{\Delta n_p}{\tau_n} = \frac{n_i^2/N_A}{\tau_n} \quad \cdots -L_N - x_p \leqslant x \leqslant -x_p$$

图 E6.4

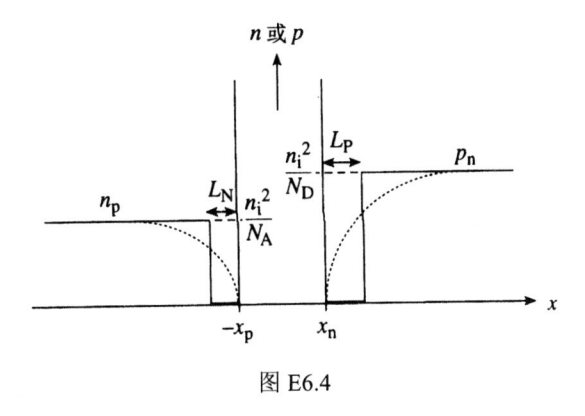

和

$$\left.\frac{\partial p}{\partial t}\right|_{\substack{\text{thermal}\\ \text{R-G}}} = -\frac{\Delta p_n}{\tau_p} = \frac{n_i^2/N_D}{\tau_p} \quad \cdots \quad x_n \leq x \leq x_n + L_p$$

载流子的产生分别发生在结的 p 型和 n 型一侧的 AL_N 和 AL_P 体积内。因此

$$I_0 = q(AL_N)\left(\frac{n_i^2/N_A}{\tau_n}\right) + q(AL_P)\left(\frac{n_i^2/N_D}{\tau_p}\right)$$

$$= qA\left(\frac{D_N}{L_N}\frac{n_i^2}{N_A} + \frac{D_P}{L_P}\frac{n_i^2}{N_D}\right)$$

从而得到了常用的 I_0 表达式。

在该问题中引入的近似，即在一个衰减长度范围内用方形分布代替了指数分布（两种分布的积分面积相同），通常是一种非常有用的分析方法。

6.2 与理想情况的偏差

理想二极管方程的推导过程涉及了相当多的假设。有些假设的提出没有经过任何逻辑证明。因此有理由认为通过仔细地观察实验 I-V 特性，就可以发现其与理论结果出现的偏差。本节首先将实验和理论结果相比较，指出实验与理论结果出现的主要偏差。随后，分别针对不同的偏差，明确其潜在的因素并对理论结果进行相应的修正。表面上本节采用了能带辅助的方法对二极管的 I-V 特性给出了一个可接受的理论描述，但读者不应该对此感到失望。这种逐步深入的方法——将一个简单理论公式化，通过理论与实验的比较，对理论进行修正，修正好的理论再与实验进行比较，如此往复——在处理实际复杂问题中，是一种普遍运用的工程和科学实践方法。

6.2.1 理论与实验的比较

图 6.9 重画出室温下一个 Si 二极管的 I-V 特性，该图为线性坐标且每格为 0.1 μA。在绝大部分电压范围内，特性曲线与理论结果相吻合。正向偏置电流随外加电压迅速上升，而反向偏置电流在大部分测量电压范围内都保持很小且几乎为零。但是，却存在一个理论中没有考虑到的明显特性：当反向电压超过某个特定电压值后，会出现一个非常大的反向电流。我们将这种现象称为击穿。虽然击穿对应的电压可以有几个数量级的变化，但是对于所有的

pn 结二极管来说，该现象都是普遍存在的。击穿导致了实验与理论结果之间出现了显著偏差，6.2.2 节将主要讨论该现象。

为了确定是否存在着其他偏差，需要仔细地观察一下 I-V 数据。图 6.10(a) 以半对数坐标显示出图 6.9 中器件的正向偏置数据。该器件的反向偏置数据显示在图 6.10(b) 中，采用了放大的电流刻度(50 pA/格)。两个图中的数据都是利用 HP4145B 半导体参数分析仪测量得到的。反向偏置电流中存在的明显微小波动是由器件和测量系统中的固有噪声引起的。

分析图 6.10(a) 的正向偏置数据，注意到大约在 0.35 V 和 0.7 V 范围内曲线斜率为理论期望值，即 q/kT。然而上述范围以外的数据与理论结果之间却存在着明显的偏差。在大于 0.7 V 的正向电压范围内，斜率逐渐下降，或者说特性曲线"变缓"。当 $V_A \to V_{bi}$ 时，与理论预测值的偏差程度和流过器件的电流大小有关，6.2.4 节将讨论这一现象。

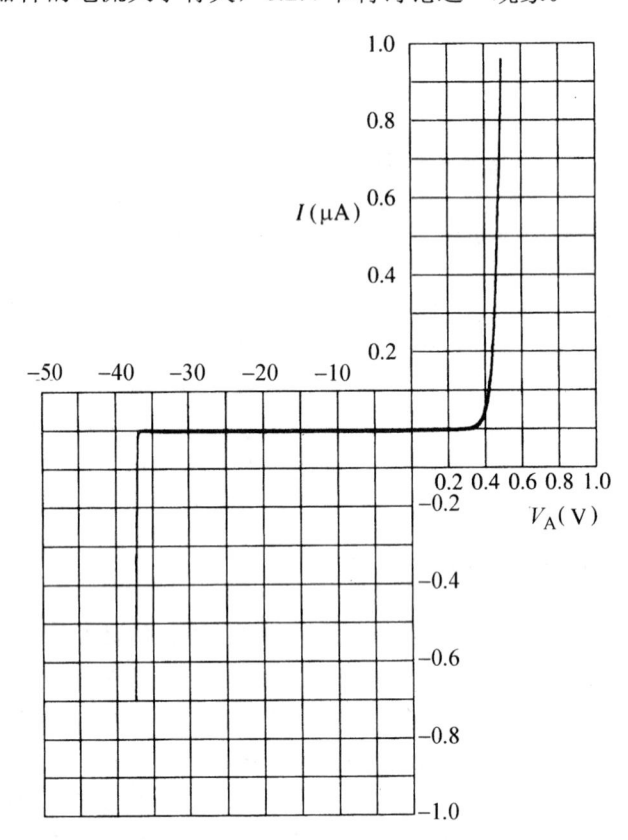

图 6.9 室温下一个商用 Si pn 结二极管的 I-V 特性的线性坐标图。根据该图可以粗略地估计二极管的特性。注意从正向到反向偏置电压，坐标刻度是不同的

电压低于 0.35 V 时，电流的数量级变得非常小，而且该范围内引起的偏差明显是由不同因素导致的。观察到的电流值远大于理论预测值，特性曲线斜率也难以理解地趋向 $q/2kT$。这些事实说明，在理想二极管方程的推导过程中，可能忽视或略掉了一些实验中观察到的电流分量。通过分析反向偏置数据，这个猜测得到了进一步的证实。首先，$V_A = -5$ V 时器件反向电流的估算值 $I_0 \cong 10^{-14}$ A，比实测值约小了三个数量级。而且，图 6.10(b) 中的特性并不像理论预测的那样出现了饱和，却随反向偏置的增加而不断增大。正如 6.2.3 节验证的一样，这里提到的反向偏置和正向小偏置下引起的偏差是由于耗尽层中载流子复合-产生

(R-G)效应导致的额外电流。而在理想二极管方程的推导过程中，忽略了耗尽层内的载流子 R-G 效应。

虽然不同器件的细节特征会有所不同，并且也许还会遇到其他的非理想化因素，不过图 6.9 和图 6.10 基本给出了室温下商用 Si pn 结二极管的 I-V 特性的典型代表数据，GaAs 也具有与此相似的特性。另一方面，经常会发现室温下的 Ge 二极管和高温下的 Si 二极管比较接近理想器件，具体来说它们在反向偏置下都表现出饱和特性。在 R-G 电流的讨论中，我们将解释这些电学行为的差异。

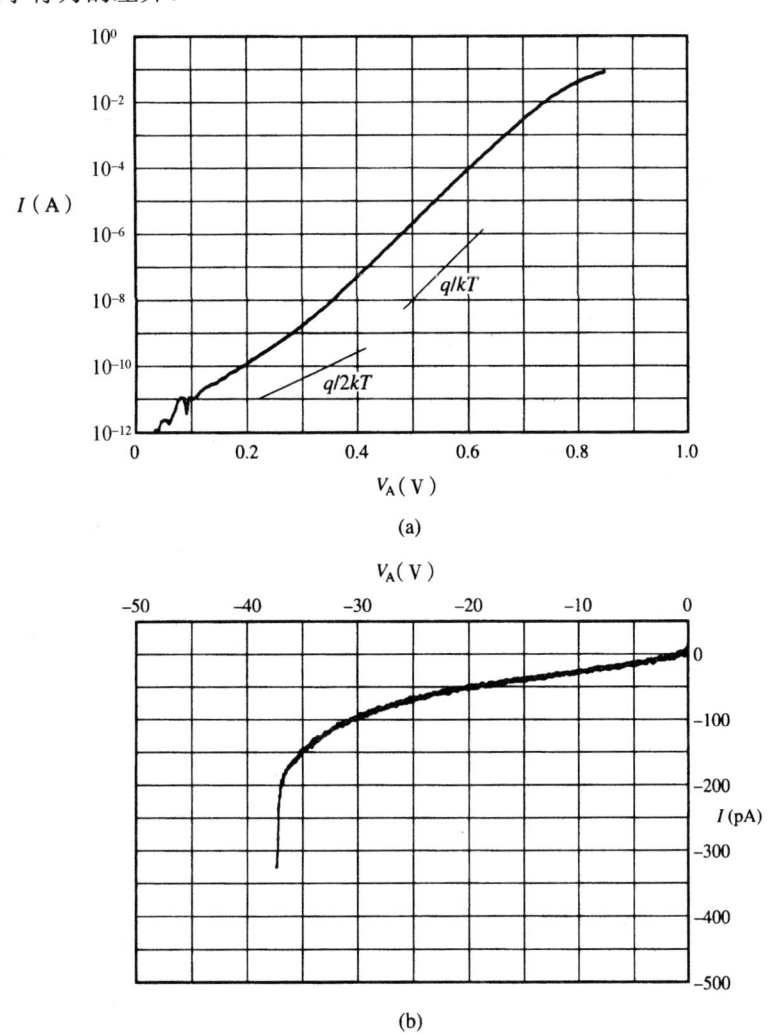

图 6.10 室温下商用 Si pn 结二极管的 I-V 特性。与图 6.9 一样，图 6.10 的特性来自同一个器件。(a) 正向偏置电流与电压的半对数坐标图；(b) 反向偏置电流与电压的线性坐标图，刻度经过了放大

6.2.2 反向偏置的击穿

虽然称为"击穿"，即反向电压超过某个特定值后出现一个非常大的电流，但该过程完全是一个可逆过程。也就是说，击穿对二极管没有产生任何损害。当然电流必须是有限值以避

免加热过度。将电流变为无穷大时对应的反向电压绝对值称为击穿电压，其符号为 V_{BR}。在 V_{BR} 的实际测量中，需要事先定义一个电流值，如 1 μA 或 1 mA，电流超过该值时的电压即为击穿电压。在平面（一维）p^+-n 和 n^+-p 突变结二极管中，估计的击穿电压随非简并掺杂一侧的杂质浓度的变化关系如图 6.11 所示，其中不同曲线对应于不同的半导体材料。对于给定的掺杂浓度，V_{BR} 随二极管中半导体的禁带宽度的增加而增加。这里非常重要的一点是，结轻掺杂一侧的杂质浓度会引起 V_{BR} 从几个伏特到上千伏特的改变。注意图 6.11 中虚线以上部分与杂质浓度的依赖关系可粗略地表示为

$$V_{BR} \propto \frac{1}{N_B^{0.75}} \tag{6.33}$$

这里，N_B 是结轻掺杂一侧的杂质浓度。

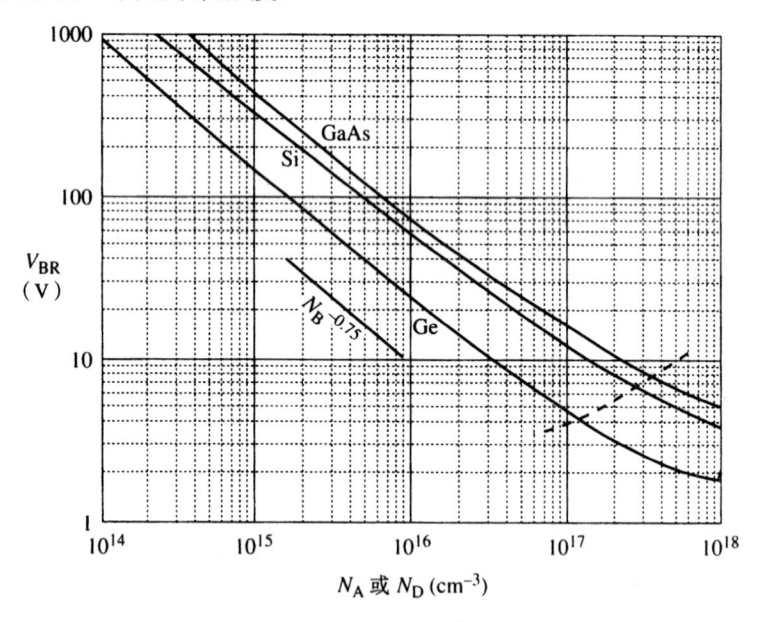

图 6.11 平面 p^+-n 和 n^+-p 突变结 Ge、Si 和 GaAs 二极管中，击穿电压随非简并掺杂一侧杂质浓度的变化关系图。在虚线以上的杂质浓度范围内，雪崩倍增是主要的击穿过程，T = 300 K（引自 Sze[1]，John Wiley & Sons 公司授权使用，©1981）

理想二极管公式中有"排除其他过程"的假设，从理论的角度来看，击穿直接与该假设的失效有关。实际上，有两种"其他过程"——雪崩倍增和齐纳（Zener）过程——能够引起击穿电流。雪崩倍增是一个典型的起主要作用的过程，而齐纳过程只在结两边均为重掺杂时才会变得重要起来。在以下内容中，我们将深入地研究两种过程的物理机制，并且给出存在于两个过程中的相关信息。

雪崩倍增

为了从物理上逐步描述出雪崩倍增现象，首先考虑一个反向偏置的二极管，其 V_A 相对较小且远低于击穿电压。理想情况下，流过二极管的反向电流的形成是因为少数载流子随机进入耗尽层并被该区域的电场扫到结的另一边。在穿过耗尽层的过程中，载流子的加速不是持续的，而是在与半导体晶格的碰撞中不断出现中断，并且伴随着能量的损失，如图 6.12(a) 所示。由于碰撞间的平均自由程约为 10^{-6} cm，而一个中等耗尽层的宽度约为 10^{-4} cm，则一

个载流子在穿过耗尽层的过程中可能会经历几十至上千次的碰撞。因此在外加小偏置下，载流子每次碰撞所损失的能量相对来说都比较小。传递给晶格的能量仅仅引起晶格的振动——只能导致晶格的局部加热，而且热量很容易就会消散掉。

随着反向偏置的增加，每次碰撞传递给半导体晶格的能量会整体增加。接近击穿电压时，每次碰撞传递的能量足够使一个半导体原子电离化。"电离化"意味着碰撞可以使原子释放出一个价带电子，或者说引起一个电子从价带跃迁到导带中，从而产生一个电子-空穴对。这种现象称为碰撞电离，已经示于图 3.15(f) 中。碰撞电离产生的额外载流子在耗尽层的电场中立刻得到加速，随后它们和原来的载流子一起继续碰撞晶格而产生出更多的载流子，如图 6.12(b) 所示。结果是载流子滚雪球般地增加，非常类似于山坡上的雪崩现象。达到击穿电压时，产生的载流子和反向电流会急剧增加到无穷大。

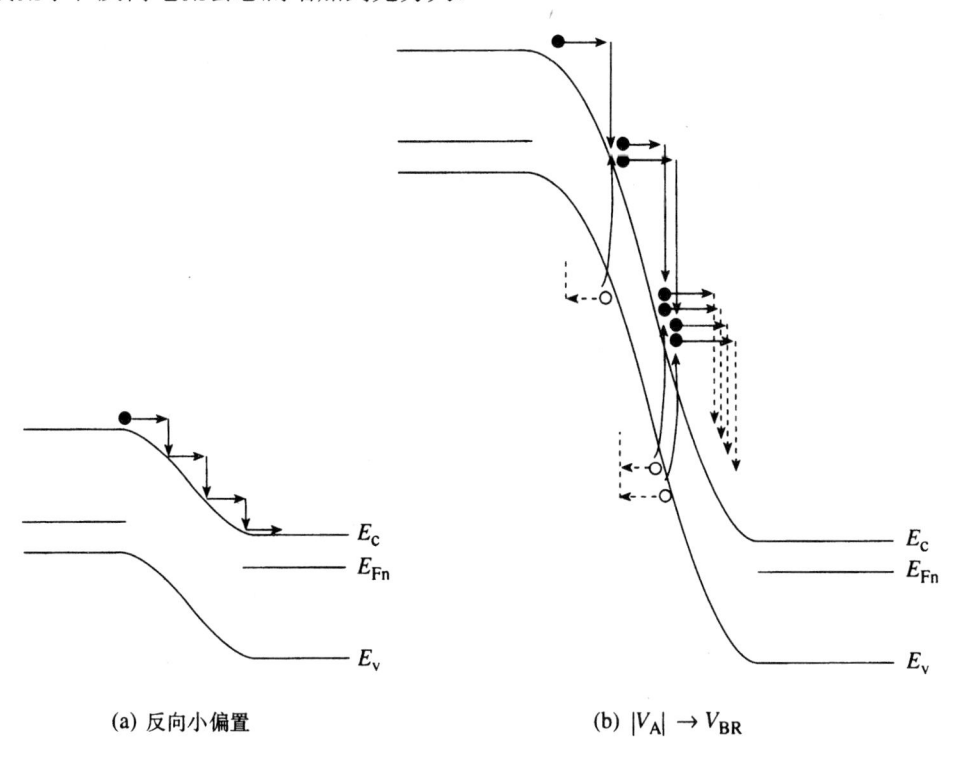

(a) 反向小偏置 (b) $|V_A| \to V_{BR}$

图 6.12 当 (a) $|V_A| \ll V_{BR}$ 和 (b) $|V_A| \to V_{BR}$ 时，一个反向偏置的 pn 结二极管中耗尽层内载流子的运动情况。电离碰撞产生的载流子倍增和最终导致的雪崩倍增现象如 (b) 所示

关于前面的讨论和雪崩倍增，有两点需要说明。首先，图 6.12(b) 中的能带图不是且实际上也是不能按比例画出的。举个例子，如果击穿电压是 100 V，那么 p 区和 n 区的费米能级之间的距离将不得不是 E_c 减 E_v 的禁带宽度的大约 100 倍。其次，注意在 $V_A = -V_{BR}$ 处并不会突然出现雪崩击穿，这一点是很重要的。当仔细分析图 6.10(b) 中的反向偏置特性时，发现它们以一定的斜率趋近于击穿。这表明在到达击穿前的几个伏特处，就存在着明显的载流子倍增现象，而且甚至在远低于击穿时就存在一些载流子倍增现象。这是由于碰撞间的距离服从一个统计分布，该距离是在平均自由程附近分布的一个随机变量。因此当电压远低于击穿电压时，部分载流子能够有机会获得足够的能量来产生碰撞电离。在比击穿电压低几个伏特时，拥有足够高的能量进行电离碰撞的载流子数目会变得非常大。通过引入倍增系数 M，可以表

征载流子倍增效应导致的电流增加现象。如果将 I_0 认为是无任何载流子倍增时的电流，那么

$$M \equiv \frac{|I|}{I_0} \tag{6.34}$$

利用实验数据进行经验拟合，有

$$M = \frac{1}{1 - \left[\frac{|V_A|}{V_{BR}}\right]^m} \tag{6.35}$$

其中 m 取值在 3 至 6 之间，这依赖于制造二极管的半导体材料的性质。请注意可以通过倍增因子来修正理想二极管方程，以使该方程可以考虑到载流子倍增和雪崩效应。

下面试图解释之前讨论的击穿中提到的 V_{BR} 的依赖关系。从雪崩倍增的定性描述中可以得出如下结论，在晶格散射的平均自由程内，当载流子获得了碰撞电离所需的能量时，就会出现击穿现象。确切地讲，这应该依赖于结的杂质浓度。然而，在给定距离内获得的具体能量是由该处的电场大小决定的。换句话说，当耗尽层内电场达到某个关键值 $\mathscr{E}_{CR}$ 时，将导致击穿，其中这个关键电场实际上独立于结的杂质浓度。

考虑一个突变结，采用式(5.35)和式(5.37)，求出 $x = 0$ 处的电场值，有

$$\mathscr{E}(0) = -\frac{qN_D}{K_S\varepsilon_0}x_n = -\left[\frac{2q}{K_S\varepsilon_0}\left(\frac{N_AN_D}{N_A + N_D}\right)(V_{bi} - V_A)\right]^{1/2} \tag{6.36}$$

随后，将上面表达式的两边进行平方，并利用如下关系，$V_{bi} - V_A \to V_{bi} + V_{BR} \cong V_{BR}$ 时，$\mathscr{E}(0) \to \mathscr{E}_{CR}$，得到

$$\mathscr{E}_{CR}^2 = \frac{2q}{K_S\varepsilon_0}\left(\frac{N_AN_D}{N_A + N_D}\right)V_{BR} \tag{6.37}$$

由于 $\mathscr{E}_{CR}$ 独立于杂质浓度，因此式(6.37)的右边也一定独立于杂质浓度。而满足式(6.37)右边独立于杂质浓度的条件为

$$V_{BR} \propto \frac{N_A + N_D}{N_AN_D} \tag{6.38}$$

或者对于非对称掺杂结，

$$V_{BR} \propto \frac{1}{N_B} \tag{6.39}$$

式(6.39)的结果与实验观察到的不完全一致，但它是一个可接受的简化近似的判断依据。

关于 V_{BR} 对禁带宽度(或者半导体)的依赖关系，需要再次明确的是，在载流子穿过一个散射平均自由程的过程中，当其获得电离碰撞所需的能量时，击穿就会出现。所需的电离能量明显随 E_G 的增大而增加，而对于图 6.11 中所列的不同半导体材料来说，发现平均自由程只有少许的变化。因此，预测的击穿电压从 Ge 到 Si 再到 GaAs 将逐渐增加，这与图 6.11 中的结果相一致。

有必要提及另一种依赖关系，雪崩倍增效应导致的 V_{BR} 会随温度的上升而增加。在 3.1.3 节的迁移率讨论中曾经提到过一个结论，温度增加会导致晶格散射的作用增强。而晶格散射的增强意味着平均自由程的减少，为了满足雪崩击穿的条件则需要一个更大的临界电场，因此会有一个更高的击穿电压。

最后，上面的讨论主要集中于平面突变结二极管，其中的个别击穿曲线也适用于线性缓

第 6 章 pn 结二极管：I-V 特性

变结二极管。但是，通过掩膜扩散或离子注入形成的突变结二极管总会存在着弯曲的、非平面的横向边界。在给定外加电压下，器件非平面区域的电场往往大于平面区域的电场。因此非平面区域会更早地出现击穿，这降低了二极管的击穿电压 V_{BR}。随着结深度的增加，这个"曲率"效应会变得更加明显。针对这种边界效应，已经提出了许多具体的改进方法，可以将该效应的影响降到最小。

(C) 练习 6.5

问：计算和画出倍增因子 (M) 与 $|V_A|/V_{BR}$ 的关系图，分别取 $m=3$ 和 $m=6$。调整坐标，使画出的图能够类似于反向偏置电流图；例如，画出的 M 向下增加而 $|V_A|/V_{BR}$ 向左增大。讨论画出的结果。

答：计算机程序清单和最终结果图(参见图 E6.5)如下所示。在 MATLAB 中，为了满足对坐标系的要求，只能画出 $-M$ 对 $-|V_A|/V_{BR}$ 的关系曲线。注意该图非常类似于图 6.10(b) 的左侧部分。外加电压小于 V_{BR} 的 80% 和 90% 时，$m=3$ 和 $m=6$ 分别对应的电流大约相差了两倍。对于载流子增加约 10% ($M=1.1$) 条件下对应的电压，当 $m=3$ 时为 $0.45\ V_{BR}$，而当 $m=6$ 时为 $0.65\ V_{BR}$。

MATLAB 程序清单...

```
%Exercise 6.5...Multiplication factor

%Initialization
close
clear

%M calculation
x=linspace(0,.99);          %x=|VA|/VBR
M3=1 ./(1-x.^3);            %M when m=3
M6=1 ./(1-x.^6);            %M when m=6

%Plotting result
plot(-x,-M3,-x,-M6); grid
axis([-1 0 -10 0])
xlabel('-|VA|/VBR')
ylabel('-Multiplication factor')
text(-0.8,-2.5,'m = 3')
text(-0.95,-1.5,'m = 6')
```

齐纳过程

齐纳过程的命名是指反向偏置二极管中出现了隧穿现象。隧穿是本书中首次遇到的一种现象，属于一种量子效应，它没有经典的对照物。我们借助图 6.13 来理解一下隧穿的一般规律和基本特点。图中画出的粒子放在一个电势势垒的左侧。假定势垒高度大于该粒子的动能。在经典理论中，该粒子(如电子)能够移动到势垒的另一侧的唯一方法就是获得额外的能量，然后越过势垒的顶端。而用量子理论来分析，该粒子还有另外一种途径可以到达势垒的另一侧：直接穿过势垒。隧穿就是指穿过一个电势势垒。应该强调的是，在该过程中粒子能量保持恒定，同时(从经典角度思考)该粒子和势垒没有任何的损坏。

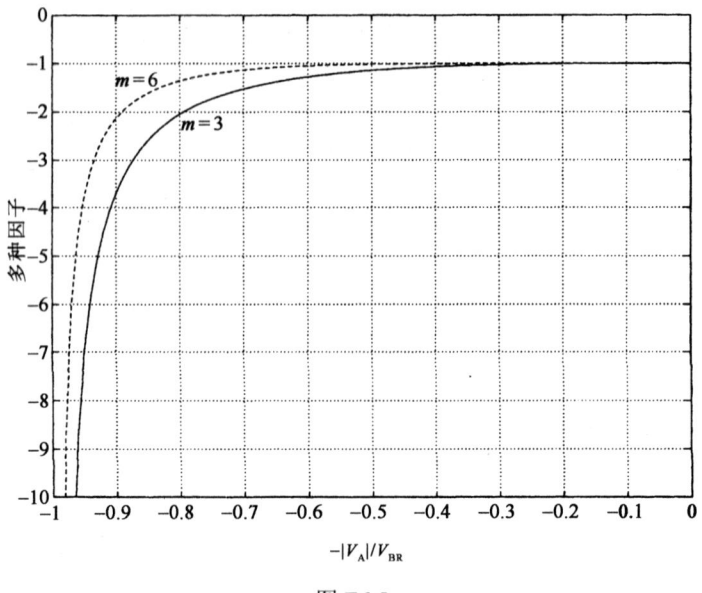

图 E6.5

出现明显隧穿时有两个主要条件：

(1) 势垒一侧有填充态，而势垒另一侧同样能级位置处存在着空态。如果要进入的区域没有允许态存在，则不会出现隧穿。

(2) 电势势垒的宽度，即图 6.13 中的 d 必须很薄。只有 $d < 100$ Å $= 10^{-6}$ cm 时，量子机制的隧穿效应才会比较明显。

齐纳过程——反向偏置 pn 结二极管的隧穿过程如图 6.14 所示。隧穿粒子是结的 p 区的价带电子。这里依然存在着经典理论中出现的将电子限制在结的 p 区的电势势垒，图中画出了其轮廓图。当电子穿过势垒进入结的 n 区的导带中位于同样能级位置的空态时，就出现了隧穿现象。反向偏置越高，与 n 型一侧导带中空态相对应的 p 型一侧价带中填充态的数量就越多，那么反向偏置的隧穿电流也就越大。

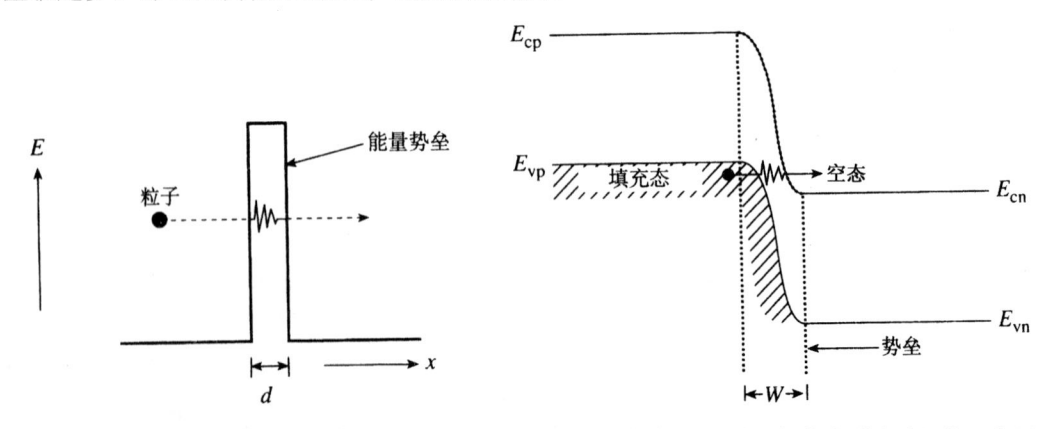

图 6.13 隧穿过程的示意图

图 6.14 反向偏置 pn 结二极管中隧穿过程的示意图

为了出现明显的隧穿现象，势垒厚度(对于 pn 结二极管的情况大概是一个耗尽层宽度)必须小于 10^{-6} cm。参考图 E5.3，发现如果 Si 二极管耗尽层宽度小于 10^{-6} cm，则结轻掺杂一侧的杂质浓度应该高于$10^{17}/cm^3$。因此在结两侧都是重掺杂的二极管中，齐纳过程才会变得比较显著。而在这种情况下，对应的二极管击穿电压也会比较小。当$V_{BR} < 6E_G/q$（~6.7 V，对应300 K下的Si）时，齐纳过程就对二极管的击穿电流有明显的贡献，而当$V_{BR} < 4E_G/q$（~4.5 V，对应300 K下的Si）时，齐纳过程起主导作用。

有两个实验现象可以用来区别雪崩和齐纳击穿。首先，雪崩击穿电压V_{BR}随温度上升而增加，而齐纳过程占主导时的击穿电压V_{BR}随温度上升而降低。其次，与齐纳过程相联系的击穿特性表现得非常"软"，即使在一个相对大尺度的刻度下观察时，电流仍会很慢地趋向于无穷大。

历史上，首先提出了齐纳过程，用来解释反向偏置下的击穿。利用该击穿特性专门制造的所有二极管逐渐都被命名为熟知的齐纳二极管。这个名称继续用来命名所有利用击穿特性的二极管，即使是那些击穿电压大于$6E_G/q$的管子（实际上对应雪崩效应）。

6.2.3 复合-产生电流

比较实验和理论结果发现，在室温下的Si二极管中，正向小偏置和全部反向偏置下的电流都远大于理想二极管理论的预测值。观察到的"额外"电流都来自耗尽层中载流子的热复合-产生(R-G)过程，而理想二极管公式的推导将该过程忽略了。图6.15可以帮助理解耗尽层内热复合-产生过程是如何导致额外的电流分量的。首先考虑图6.15(a)描述的反向偏置的情况。迄今为止，在所有的定量分析中，甚至理想二极管公式的定性推导中，都认为反向电流是由于结两边的少数载流子进入耗尽层而形成的。但是，当二极管处于反向偏置时，耗尽层中载流子浓度将会下降并低于其热平衡条件下的值，这导致了耗尽层内电子和空穴的产生[①]。耗尽层内巨大的电场很快会将产生的载流子扫到准中性区域，因此增大了反向电流。正向偏置增加了耗尽层内的载流子浓度且高于其热平衡值，这导致了该区域内载流子出现复合。如图6.15(b)所示，能够明显看出导致的额外正向电流来自耗尽层中一部分无法越过势垒的载流子，这部分载流子将通过复合-产生中心相互复合而消失。

额外电流I_{R-G}来自耗尽层内的热复合-产生过程，当建立其表达式时，注意稳态条件下电子和空穴的净产生-复合率是相同的。另外，对于耗尽层内每秒钟产生和湮灭的每个电子-空穴对来说，相应地每秒钟也会有一个电子从接触电极处流入或流出。对耗尽层内每秒钟产生/消失的电子或空穴求和并乘以q，则应该得到流过该器件的额外电流值。按以上方法处理并考虑电流的极性，有

$$I_{R-G} = -qA \int_{-x_p}^{x_n} \left.\frac{\partial n}{\partial t}\right|_{\substack{\text{thermal} \\ R-G}} dx \tag{6.40}$$

应该注意到，针对耗尽层内所对应的情况，原来所熟悉的特殊情况下的复合-产生关系式$\partial n/\partial t|_{\text{thermal R-G}} = -\Delta n/\tau_n$已不再适用。更确切地说，必须采用最初在式(3.35)中给出的一个普遍情况下的结果：

$$\left.\frac{\partial n}{\partial t}\right|_{\substack{\text{thermal} \\ R-G}} = -\frac{np - n_i^2}{\tau_p(n + n_1) + \tau_n(p + p_1)} \tag{6.41}$$

[①] 正文中使用的耗尽层这一术语，有时会导致混淆。必须记住耗尽层内的载流子浓度不是零或者说不会自动地小于其热平衡值，而只是相比于衬底杂质浓度而言它比较小。

和

$$I_{\text{R-G}} = qA \int_{-x_p}^{x_n} \frac{np - n_i^2}{\tau_p(n + n_1) + \tau_n(p + p_1)} dx \tag{6.42}$$

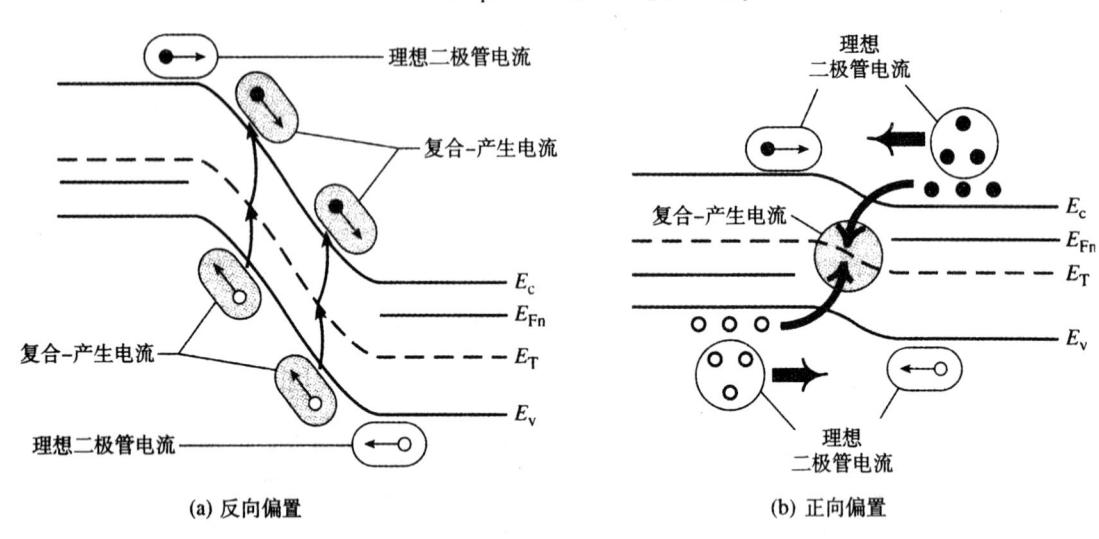

(a) 反向偏置

(b) 正向偏置

图 6.15 复合-产生电流。额外电流示意图，分别对应耗尽层内
(a)反向偏置下的产生和(b)正向偏置下的复合情况

当反向偏置大于几个 kT/q 时，绝大部分耗尽区内的载流子浓度都会变得很小。当载流子浓度变得可忽略不计($n→0$，$p→0$)时，对式(6.42)的积分计算也会变得非常容易，得到

$$I_{\text{R-G}} = -\frac{qAn_i}{2\tau_0}W \quad \cdots \text{反向偏置} > \text{几个 } kT/q \tag{6.43}$$

其中

$$\tau_0 \equiv \frac{1}{2}\left(\tau_p \frac{n_1}{n_i} + \tau_n \frac{p_1}{n_i}\right) = \frac{1}{2}\left(\tau_p e^{(E_T - E_i)/kT} + \tau_n e^{(E_i - E_T)/kT}\right) \tag{6.44}$$

对于正向偏置，载流子浓度不能忽略不计，这使得对式(6.42)进行积分的近似计算变得有点困难。这里只能指出在正向偏置(大于几个 kT/q)下，预测 $I_{\text{R-G}}$ 粗略地按照 $\exp(qV_A/\eta kT)$ 而变化[2]，其中 $1<\eta≤2$。估算出 η 的典型值接近 2，而且正向和反向偏置下统一的依赖关系可近似表达为

$$I_{\text{R-G}} = \frac{qAn_i}{2\tau_0}W \frac{(e^{qV_A/kT} - 1)}{\left(1 + \frac{V_{\text{bi}} - V_A}{kT/q}\frac{\sqrt{\tau_n\tau_p}}{2\tau_0}e^{qV_A/2kT}\right)} \tag{6.45}$$

为了引入第二个电流分量，通常的做法是将理想二极管方程给出的电流称为扩散电流 I_{DIFF}。这里重新写出了扩散电流的表达式，以便将这两个电流分量进行比较：

$$I_{\text{DIFF}} = qA\left(\frac{D_N}{L_N}\frac{n_i^2}{N_A} + \frac{D_P}{L_P}\frac{n_i^2}{N_D}\right)(e^{qV_A/kT} - 1) \tag{6.46}$$

当然流过二极管的总电流应该是扩散电流和复合-产生电流之和：

$$I = I_{\text{DIFF}} + I_{\text{R-G}} \tag{6.47}$$

现在应该能够解释前面观察到的实验现象。在室温下的 Si 二极管中，$qAn_iW/2\tau_0 \gg I_0$ 且反向偏置和正向小偏置下 $I_{\text{R-G}}$ 电流占优势。既然反向偏置下 $I_{\text{R-G}}$ 正比于 W，那么反向电流不会出现饱和，而是随着反向偏置而持续增加。在正向偏置下，V_A 大于几个 kT/q，$I_{\text{R-G}}$ 的变化关系为 $\exp(qV_A/2kT)$，这与正向小偏置下观察到的实验结果相一致。随着正向偏置的增加，I_{DIFF} 分量随电压增加得很快，最终大过 $I_{\text{R-G}}$ 分量，并在正向偏置特性的半对数坐标图中形成 q/kT 区域。因为 $I_{\text{DIFF}} \propto n_i^2$ 而 $I_{\text{R-G}} \propto n_i$，所以两个分量的相对比例随不同的半导体材料会有明显的改变。尽管在室温下 Si 和 GaAs 二极管中 $qAn_iW/2\tau_0 \gg I_0$，但在室温下 Ge 二极管中 n_i 较大，通常有 $I_0 > qAn_iW/2\tau_0$。而且由于 $I_0 \propto n_i^2$ 而反向偏置下 $I_{\text{R-G}} \propto n_i$，那么反向偏置下扩散电流分量随温度升高会增加得更快。在足够高的温度下扩散电流分量最终会占主导地位。对 n_i 的依赖关系解释了如下观察到的实验现象：经常发现室温下 Ge 二极管和高温下 Si 二极管的特性都更接近于理想特性，具体表现为存在着饱和的反向偏置特性。

(C) **练习 6.6**

$I_{\text{R-G}}$ 表达式中与指数相乘的系数对电压存在着弱的依赖关系，如果忽略该依赖关系，那么正向偏置 (大于几个 kT/q) 下，pn 结二极管的总电流近似可表达为

$$I = I_{01} e^{qV_A/kT} + I_{02} e^{qV_A/2kT}$$
$$ \uparrow \phantom{e^{qV_A/kT} + } \uparrow$$
$$ I_{\text{DIFF}} \phantom{e^{qV_A/kT} + } I_{\text{R-G}}$$

其中认为 I_{01} 和 I_{02} 都是常数，与电压无关。

问：

(a) 对于 300 K 的 Si p^+-n 突变结二极管，计算 I_{01} 和 I_{02}，并且令 $A = 10^{-4}$ cm^2，$N_D = 10^{16}$/cm^3，$\tau_n = \tau_p = \tau_0 = 10^{-6}$ s。在 I_{02} 的计算中，假设在 $I_{\text{R-G}}$ 表达式的分母中 $\exp(qV_A/2kT)$ 一项远大于 1，而且在计算依赖电压的系数时设 $V_A = V_{\text{bi}}/4$。正如以前的练习一样，可以用 $V_{\text{bi}} = (E_G/2q) + (kT/q)\ln(N_D/n_i)$ 计算 V_{bi}。

(b) 对于 300 K 的 Ge p^+-n 突变结二极管，重复 (a) 的计算。假设除了 $\mu_p = 1500$ cm^2/(V·s)、$n_i = 2.5 \times 10^{13}$/cm^3 和 $K_S = 16$，其他参数与 (a) 的相同。

(c) 利用本问题引入的简化电流表达式，绘出 I 与 V_A 的半对数坐标图，同时显示上面描述的 Si 和 Ge 二极管的正向偏置特性。将坐标轴限制为 0 V $\leq V_A \leq$ 1 V 和 10^{-12} A $\leq I \leq 10^{-3}$ A。从 $V_A = 0.1$ V 处开始计算，并讨论得到的结果。

答：下表列出了两个二极管分别计算出的 I_{01} 和 I_{02}。表后为 (c) 的计算机程序和绘图 (参见图 E6.6)。运行下面给出的计算机程序后将 I_{01} 和 I_{02} 的值存入内存中，从 MATLAB 的命令窗口访问两个变量的值。

	硅 (Si)	锗 (Ge)
I_{01}	5.38×10^{-16} A	6.23×10^{-9} A
I_{02}	2.08×10^{-13} A	8.34×10^{-10} A

正如期望的结果一样,对于 Si 二极管,$I_{02} \gg I_{01}$,而对于 Ge 二极管,$I_{01} > I_{02}$。因为 Ge 的禁带宽度较小且对应的 n_i 较大,所以在相对较小的电压下,流过 Ge 二极管的正向电流会很大,这导致几乎不可能观察到 I_{R-G} 分量。相反,在 Si 二极管的图中,I_{DIFF} 和 I_{R-G} 分量可以很明显地看出来。

MATLAB 程序清单…

```
%   Comparison of forward bias I-VA for Si and Ge diodes at 300K.
%   This program uses a simplified formula for the current:
%      I = I01*exp(qVA/(kT)) + I02*exp(qVA/(2kT)).
%   Also, Vbi=EG/2q+(kT/q)ln(ND/ni).

%Initialization
close
clear

% Constants
T=300;                  % Temperature in Kelvin
k=8.617e-5;             % Boltzmann constant eV/K
e0=8.85e-14;            % permittivity of free space (F/cm)
q=1.602e-19;            % charge on an electron (coul)
KS=[11.8 16];           % Dielectric constant [Si Ge]
ni=[1.0e10 2.5e13];     % intrinsic carrier conc. at 300K [Si Ge]
μp=[437 1500];          % hole mobility [Si Ge]
EG=[1.12 0.66];         % band gap [Si Ge]

% Given Constants
 A=1.0e-4;        % cm^2
ND=1.0e16;        % cm^(-3)
taun=1.0e-6;      % seconds
taup=1.0e-6;      % seconds

% I01
DP=k*T.*μp;
LP=sqrt(DP.*taup);
I01=q*A.*(DP./LP.*ni.^2./ND);

% I02
Vbi=EG/2+k*T.*log(ND./ni);
W=sqrt(2.*KS*e0/(q*ND).*Vbi);
I02=q*A.*ni/sqrt(taun*taup).*W.*(k*T)./(3 .*Vbi./4);

% Currents for both Silicon (ISi) and Germanium (IGe)
VA=linspace(0.1,1);
ISi=I01(1).*exp(VA./(k*T))+I02(1).*exp(VA./(2*k*T));
IGe=I01(2).*exp(VA./(k*T))+I02(2).*exp(VA./(2*k*T));

% Plot
semilogy(VA,ISi,VA,IGe,'-'); grid
axis([0 1 1.0e-12 1.0e-3]);
xlabel('VA(volts)');
ylabel('I(A)');
text(.7, 1.4e-9,'T = 300K');
```

```
text(.7, 4.0e-10,'ND = 1.0e16 /cm^3');
text(.25, 1.4e-5,'Ge');
text(.48, 1.4e-8,'Si');
```

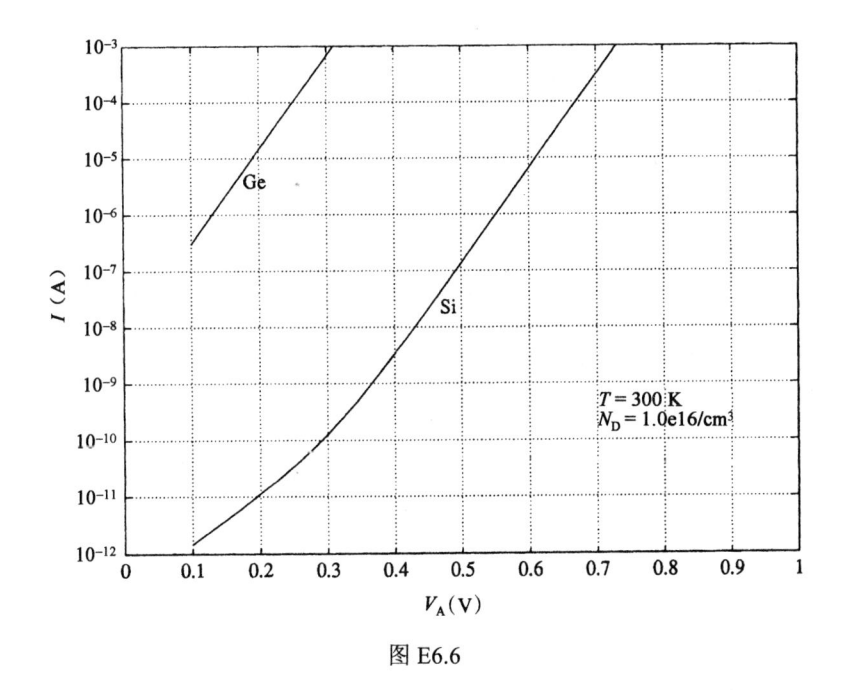

图 E6.6

练习 6.7

练习 6.6 概括地介绍了正向偏置条件下的一个模型表达式，并用该方法来分析实验数据。具体地讲，采用

$$I = \underbrace{I_{01}e^{qV_A/n_1kT}}_{I_{DIFF}} + \underbrace{I_{02}e^{qV_A/n_2kT}}_{I_{R-G}}$$

其中 n_1 和 n_2 为任意常数，分别通过正向偏置特性中接近理想和复合-产生电流相关区域的曲线拟合来确定两个常数。

问：图 6.10(a) 给出了正向偏置下的 I-V 数据，请确定 I_{01}、I_{02}、n_1 和 n_2 的最佳拟合参数值。

答：将图 6.10(a) 在图 E6.7 中重新画出，所画出的直线分别对应于图中的两个线性区。基于通用的模型表达式 [类似式 (6.31)]，直线的数学描述为

$$\ln(I) = \ln(I_{0j}) + \frac{q}{n_j kT}V_A \quad \cdots j = 1, 2$$

因此，通过 $V_A = 0$ 时的截距得到 I_{0j} 的值，而利用下式计算出 n_j 的值：

$$n_j = \frac{V_{A2} - V_{A1}}{(kT/q)\ln(I_2/I_1)}$$

其中下标 1 和 2 表示直线中的任意两点。结果为

$I_{01} \cong 10^{-14}$ A	$n_1 = 1.01$
$I_{02} \cong 10^{-12}$ A	$n_2 = 1.56$

有点意外的是 I_DIFF 分量几乎与理想特性相吻合。我们观察到的 $I_{R\text{-}G}$ 的 n 因子较小,但位于通常的观察范围内。$I_{02} \gg I_{01}$ 和预料的结果一致。

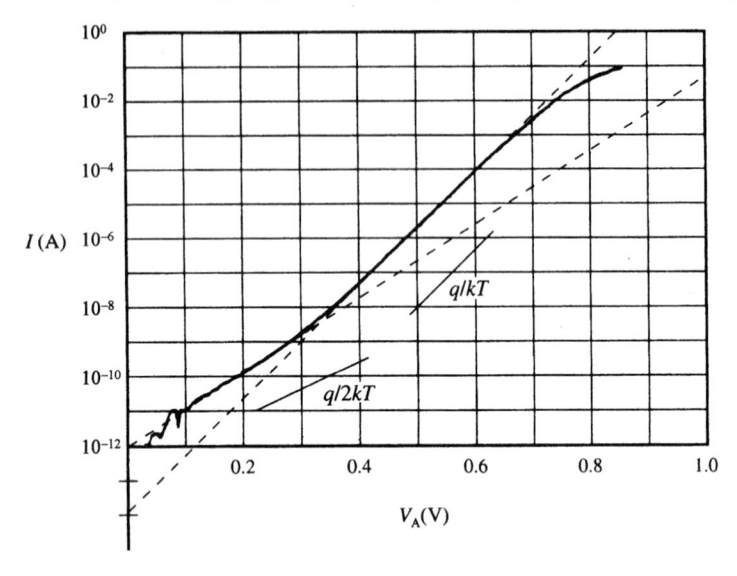

图 E6.7

6.2.4 $V_A \to V_\text{bi}$ 时的大电流现象

当外加正向偏置趋向于 V_bi 时,流过二极管的电流将显著增大。反过来,这个大电流导致的器件状态会与理想二极管的假设和近似条件不一致。首先,外加电压全部加在耗尽层上的假设变得有点不可靠。例如,设 $I = 0.1$ A,那么耗尽层外存在的仅仅 1 Ω 的电阻将引起一个显著的压降,即 0.1 V。另外大电流也会导致大电流注入。下面将考虑这些偏差的影响,并对其建立模型。

串联电阻

在准中性区域内存在着一个内在电阻,其大小由该区域的杂质浓度和尺寸决定。在完整的器件中还存在着一个与二极管接触电极相关的微小残余电阻。这些加在一起组成了串联电阻 R_S,如图 6.16(a) 所示。在小电流情况下,串联电阻上的压降 IR_S 与耗尽层上的压降相比可以完全忽略不计,耗尽层上的压降就是熟知的"结"电压 V_J。在上述情况中,$V_J = V_A$,正如静电学和理想二极管推导中的一样。然而,当电流足够大以至于 IR_S 与 V_A 可比时,耗尽层上的压降将减少为

$$V_J = V_A - IR_S \tag{6.48}$$

实际上等于消耗掉了部分外加电压,为达到与理想二极管相同的电流,实际器件需要更大的外加电压,因此其特性斜率会变缓,如图 6.10(a) 所示。

为了修正串联电阻的影响,只需在以前推导出的 I-V_A 关系式中用 $V_J = V_A - IR_S$ 代替 V_A 即可。当 IR_S 的作用变得显著时,由于扩散电流一般起主导作用,因此可以得出

$$I = I_0 e^{qV_J/kT} = I_0 e^{q(V_A - IR_S)/kT} \quad \cdots V_A \to V_\text{bi} \tag{6.49}$$

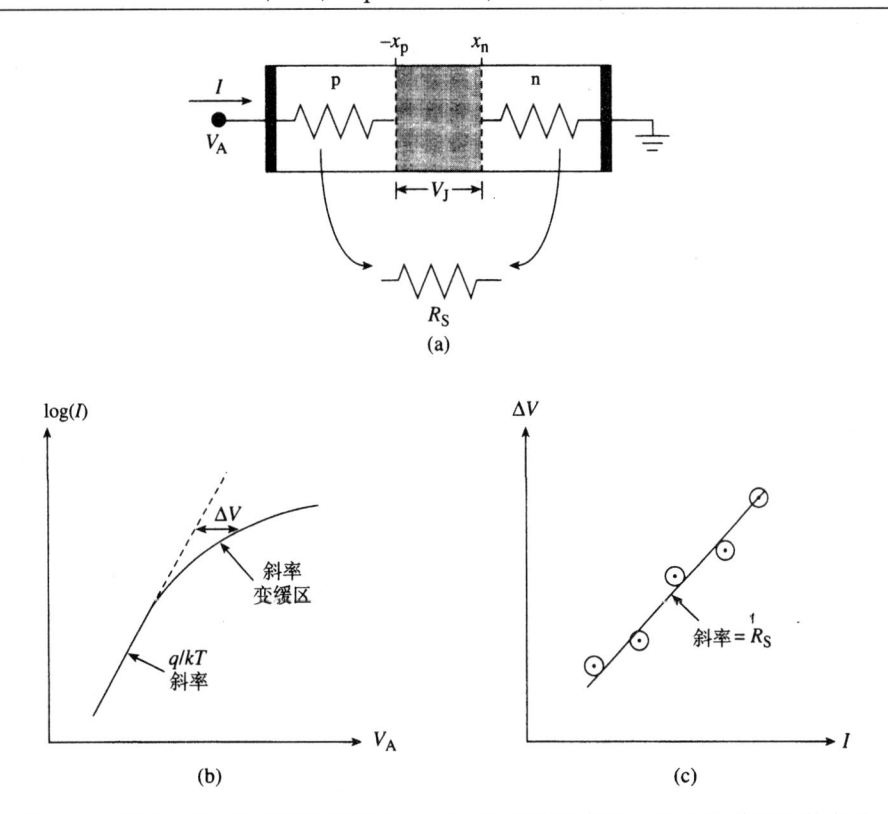

图 6.16 串联电阻的示意图和测定方法。(a) R_S 的物理来源；(b) 正向偏置下的半对数坐标图，可得到 ΔV 与 I 的关系曲线；(c) 利用 ΔV 与 I 的图求出 R_S

从数学角度来看，式(6.49)是一个超越方程，不能直接解出 I 与 V_A 的解析关系式。然而，通过给定的 V_J 值，可以很容易地分别确定 I 与 V_A 的值，利用式(6.49)计算出 I，然后利用式(6.48)得到 V_A 的值。当然该计算需要已知 R_S 的值。也可以从实验数据中确定 R_S 的值，如图 6.16 中的(b)和(c)所示。画出与图 6.10(a)类似的正向偏置下的半对数坐标图，将图中理想二极管相关范围内的直线外延到斜率变缓区域，并记下两个曲线之间的电压差与 I 的对应关系。因为 $\Delta V = V_A - V_J = IR_S$，可以利用 ΔV 与 I 的关系曲线中的直线斜率得到 R_S。

练习 6.8

问：粗略地估算出二极管的串联电阻，二极管的 I-V 特性曲线如图 6.10(a)所示。

答：需要放大图中的斜率下降部分，以便得到大致准确的 ΔV 与 I 的图。然后给定 I，能够利用 ΔV 计算出 R_S。在图 6.10(a)的 I-V 特性曲线中，电流终止于大约 80 mA 处，对应的 V_A = 0.85 V。参考图 E6.7，发现图中 q/kT 部分延伸到 80 mA 处的电压约为 0.78 V。因此 $\Delta V \cong 0.07$ V，由此得到 $R_S = \Delta V/I$，约为 $0.07/0.08 \sim 1\ \Omega$。

大电流注入

在轻掺杂一侧的耗尽层边界处，当结的少数载流子的浓度接近于杂质浓度时，理想二极管公式的推导过程采用的小电流注入假设开始失效。在室温下的 Si 中，当外加电压低于 V_{bi} 零点几个伏特时，通常会出现这种情况。随着外加电压进一步地增加，将会导致大电流注入。在大电流注入条件下，邻近耗尽层处的少数载流子和多数载流子浓度都会出现波动，如

图 6.17(a) 所示。多数载流子浓度必须增加，以维持准中性区域保持近似中性。从对大电流注入的分析中可以得出电流大致正比于 $\exp(q/2kT)$。也就是说，在正向偏置 I-V 特性的半对数坐标图中，预计大电流注入出现在 $q/2kT$ 区域内，如图 6.17(b) 所示。但是，很难观察到预测的大电流注入对应的 $q/2kT$ 区域，因为与串联电阻相关的斜率下降效应会掩盖这种关系。尽管如此，也应该注意到大电流注入引起了载流子浓度的增大，这会导致观测到的串联电阻值开始下降。将大电流注入导致的电阻率下降现象称为电导调制（conductivity modulation）。

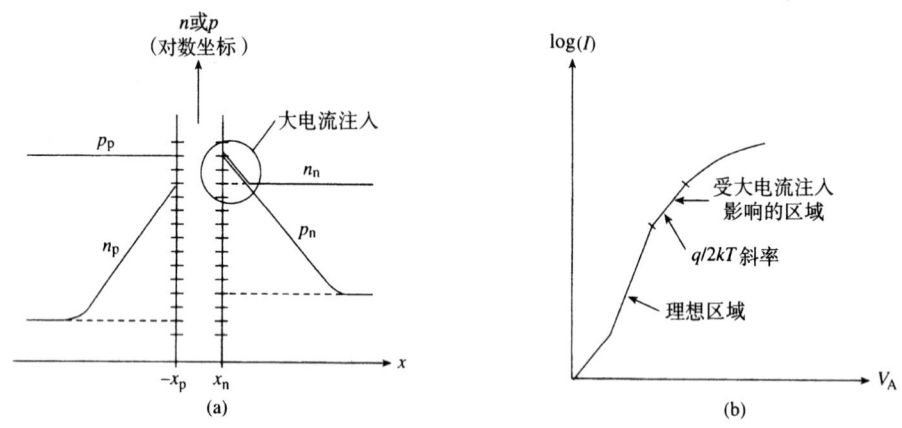

图 6.17 大电流注入。(a) 大电流注入条件下的载流子浓度；(b) 对测量特性的影响

练习 6.9

问：假设在室温下的 Si 二极管中，测量出的 I-V 特性粗略地显示在图 E6.9 中。注意电流刻度在正偏下是对数的而在反偏下为线性的。特性中的非理想部分由大写字母标出。与理想特性出现偏差的各种可能原因列在图的右侧。请标出产生每种非理想 I-V 特性的原因，将正确原因对应的数字写在图中字母的旁边。

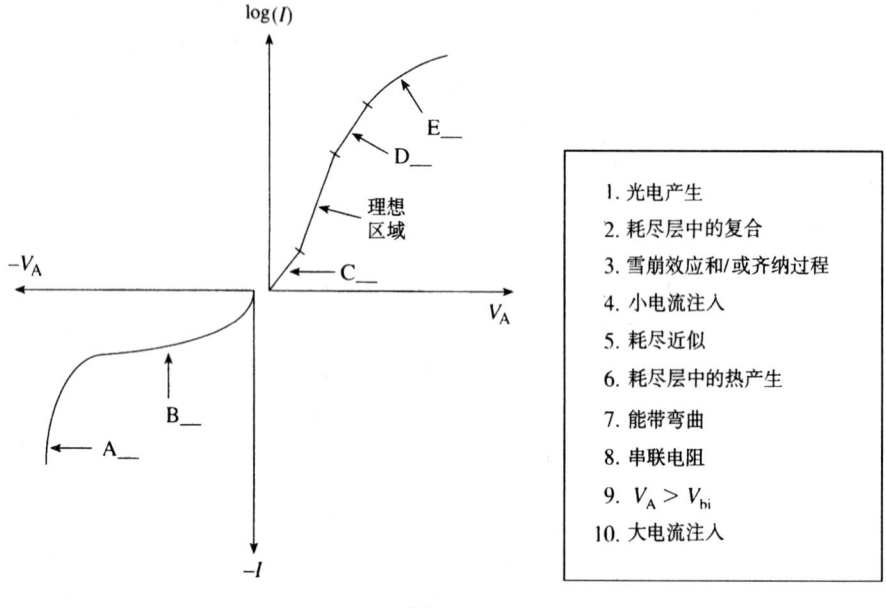

1. 光电产生
2. 耗尽层中的复合
3. 雪崩效应和/或齐纳过程
4. 小电流注入
5. 耗尽近似
6. 耗尽层中的热产生
7. 能带弯曲
8. 串联电阻
9. $V_A > V_{hi}$
10. 大电流注入

图 E6.9

答：A<u>3</u>，B<u>6</u>，C<u>2</u>，D<u>10</u>，E<u>8</u>。

6.3 一些需要特别考虑的因素

就基本的 pn 结二极管直流响应而言，本节涉及的两个主题基本上都属于补充内容。这两个主题所需考虑的问题可以推迟到本书后面的相关章节中，但是这会使它们淹没在长长的篇幅中，从而降低其重要性。而且这使得在观点、概念和深入理解之间建立联系变得更加困难。首先，我们会讨论电荷控制方法，这是一种"全局图像"的分析方法，该方法一般只需很少的数学处理就可以给出一个相当准确的近似解。随后将要讨论的窄基区二极管与理想二极管有特定偏差，同时也从概念上与双极晶体管维持着联系。

6.3.1 电荷控制方法

在电荷控制方法中，基本的变量是整个准中性区域内过剩（或不足）的少数载流子电荷。具体地讲，考虑正向偏置的 p^+-n 结二极管，在给定时间 t 和位置 x 处，$x_n \leq x \leq \infty$，令 $\Delta p_n(x, t)$ 为 n 型准中性区域内的过剩少数载流子。那么该区域内总的过剩空穴电荷 Q_P 为

$$\boxed{Q_P = qA \int_{x_n}^{\infty} \Delta p_n(x, t)\, dx} \tag{6.50}$$

只要在 Q_P 前加个负号，式(6.50)也适用于反向偏置的情况，负的 Q_P 可理解为载流子不足。当然 Q_P 独立于 x，它是时间的隐性函数。

仍然考虑一个 p^+-n 结二极管，下面寻求描述 n 型准中性区域内，这种混合有少数载流子电荷的整体行为表达式。一个合理的出发点是少数载流子扩散方程，即式(3.54b)，该式描述了在给定位置处少数载流子空穴密度的整体行为。令 $G_L = 0$，

$$\frac{\partial \Delta p_n}{\partial t} = D_P \frac{\partial^2 \Delta p_n}{\partial x^2} - \frac{\Delta p_n}{\tau_p} \tag{6.51}$$

由于在 $\mathscr{E} \cong 0$ 的区域，

$$J_P = -qD_P \frac{\partial \Delta p_n}{\partial x} \tag{6.52}$$

可以写为

$$\frac{\partial (q\Delta p_n)}{\partial t} = -\frac{\partial J_P}{\partial x} - \frac{q\Delta p_n}{\tau_p} \tag{6.53}$$

由于我们对 $q\Delta p_n(x, t)$ 的整体行为感兴趣，因此在 n 型准中性区域内（$= A\int dx$）对式(6.53)中的所有项进行积分。经过一些重新排列后，得到

$$\frac{d}{dt}\left[qA \int_{x_n}^{\infty} \Delta p_n\, dx\right] = -A \int_{J_P(x_n)}^{J_P(\infty)} dJ_P - \frac{1}{\tau_p}\left[qA \int_{x_n}^{\infty} \Delta p_n\, dx\right] \tag{6.54}$$

可看出方括号内的项为 Q_P，而且

$$-A \int_{J_P(x_n)}^{J_P(\infty)} dJ_P = -AJ_P(\infty) + AJ_P(x_n) = AJ_P(x_n) \cong AJ_{\text{DIFF}} = i_{\text{DIFF}} \tag{6.55}$$

在结 n 区的纵深处空穴电流变为零，即 $J_P(\infty) = 0$。由于讨论的是 p^+-n 结，因此 $J_{\text{DIFF}} = J_N(-x_p) + J_P(x_n) \cong J_P(x_n)$。小写 i 用于式(6.55)的最终结果中，因为通常允许电流为时间的函数。将上

述假设用于式(6.54)中，有

$$\frac{dQ_P}{dt} = i_{DIFF} - \frac{Q_P}{\tau_p} \quad (6.56)$$

对于上面的推导结果，式(6.56)可以有一个非常简单的解释，它表明有两种方式可以改变某个区域的过剩空穴电荷：空穴流入或流出该区域(I_{DIFF})，另外过剩电荷的改变受到该区域内的复合-产生机制($-Q_P/\tau_p$)的影响。式(6.56)实际上是过剩空穴电荷的连续性方程。

电荷控制方法在稳态和瞬态分析中都得到了应用。为了举例说明它的用处，考虑稳态条件下的一个 p^+-n 结二极管。在稳态下，$dQ_P/dt=0$，$i_{DIFF}=I_{DIFF}$，则式(6.56)化简为

$$I_{DIFF} = \frac{Q_P}{\tau_p} \quad (6.57)$$

现在假定 $\Delta p_n(x)$ 还没有一个合适的解。已知的条件是位于 $x=x_n(x'=0)$ 处的 Δp_n 值，即式(6.18)的边界条件。先来猜测这个解，如果存在这样的解，它应该是指数形式的，其指数的衰减常数为扩散长度。这些都意味着存在一个类似练习6.4的解的近似解。令 Q_P 为服从一个方形分布的过剩空穴电荷，该分布延伸到 n 型一侧一个扩散长度，并且在耗尽层边界处等于 Δp_n。因此，不用实际解出 $\Delta p_n(x)$，可以估算出

$$Q_P \cong q(AL_P)\Delta p_n(x'=0) = qAL_P \frac{n_i^2}{N_D}(e^{qV_A/kT} - 1) \quad (6.58)$$

得

$$I_{DIFF} = \frac{Q_P}{\tau_p} = qA\frac{L_P}{\tau_p}\frac{n_i^2}{N_D}(e^{qV_A/kT} - 1) \quad (6.59)$$

由于 $L_P/\tau_p = D_P/L_P$，认为式(6.59)是 p^+-n 结二极管扩散电流的通用解。

6.3.2 窄基区二极管

电流公式推导

在理想二极管的推导过程中，二极管接触电极与耗尽层边界之间的距离有几个少数载流子扩散长度或更长。由此导出了边界条件，即 $\Delta n_p(-\infty)=0$ 和 $\Delta p_n(\infty)=0$。对于轻掺杂区域的宽度等于衬底或硅片厚度的二极管，这个宽基区二极管的假设通常需要得到修正。举个例子，如果将二极管制于一个很薄的外延层上，那么这个假设就会出现问题。当结的轻掺杂一侧准中性区域宽度与扩散长度同数量级或者更小时，则称这个二极管为窄基区二极管。

为了确定流过窄基区二极管的扩散电流，有必要对理想二极管方程的推导进行修正。所分析的二极管是 p^+-n 突变结二极管，除了 n 型准中性区域宽度可能相当于或小于一个少数载流子扩散长度，该二极管与理想二极管几乎完全相同。正如图 6.18 中所定义的一样。x_c 是冶金结到 n 型一侧接触电极的距离，而 $x_c' = x_c - x_n$ 为 n 型一侧的耗尽层边界到 n 型一侧接触电极的距离。假设 n 型一侧的接触为欧姆接触，可令 $x' = x_c'$ 处的 $\Delta p_n = 0$。通常，接触电极与耗尽层边界之间的距离是有限的，该接触电极处的少数载流子浓

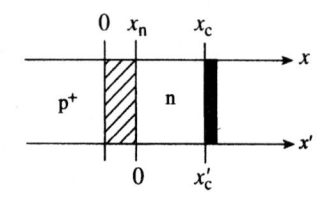

图 6.18 在一个窄基区二极管中 n 型一侧接触电极的位置说明图。假设 x_c' 相当于或小于 L_P

度的大小依赖于接触电极处的载流子复合-产生率。在一个合格的或者是一个欧姆接触电极上，复合-产生率是很高的且少数载流子浓度保持在其热平衡值附近。

类似于理想二极管方程的推导，必须求解：

$$0 = D_P \frac{d^2 \Delta p_n}{dx'^2} - \frac{\Delta p_n}{\tau_p} \quad \cdots 0 \leq x' \leq x'_c \tag{6.60}$$

引入边界条件：

$$\Delta p_n(x'=0) = \frac{n_i^2}{N_D}(e^{qV_A/kT} - 1) \tag{6.61a}$$

$$\Delta p_n(x' = x'_c) = 0 \tag{6.61b}$$

正如理想二极管的推导，其一般解为

$$\Delta p_n(x') = A_1 e^{-x'/L_P} + A_2 e^{x'/L_P} \quad \cdots 0 \leq x' \leq x'_c \tag{6.62}$$

但是这里不要求 A_2 为零。当然代入边界条件，有

$$\Delta p_n(0) = A_1 + A_2 \tag{6.63a}$$

$$0 = A_1 e^{-x'_c/L_P} + A_2 e^{x'_c/L_P} \tag{6.63b}$$

解出式(6.63)中的 A_1 和 A_2，并将其代回一般解中，得到

$$\Delta p_n(x') = \Delta p_n(0)\left(\frac{e^{(x'_c-x')/L_P} - e^{-(x'_c-x')/L_P}}{e^{x'_c/L_P} - e^{-x'_c/L_P}}\right) \quad \cdots 0 \leq x' \leq x'_c \tag{6.64}$$

或者采用 sinh 函数得到更简洁的形式：

$$\boxed{\Delta p_n(x') = \Delta p_n(0)\frac{\sinh[(x'_c - x')/L_P]}{\sinh[x'_c/L_P]} \quad \cdots 0 \leq x' \leq x'_c} \tag{6.65}$$

其中

$$\sinh(\xi) \equiv \frac{e^\xi - e^{-\xi}}{2} \tag{6.66}$$

最后，

$$I_{\text{DIFF}} \cong AJ_P(x'=0) = -qAD_P \frac{d\Delta p_n}{dx'}\bigg|_{x'=0} \tag{6.67}$$

导出

$$\boxed{I_{\text{DIFF}} = I'_0(e^{qV_A/kT} - 1)} \tag{6.68}$$

$$\boxed{I'_0 \equiv qA\frac{D_P}{L_P}\frac{n_i^2}{N_D}\frac{\cosh(x'_c/L_P)}{\sinh(x'_c/L_P)}} \tag{6.69}$$

其中

$$\cosh(\xi) \equiv \frac{e^\xi + e^{-\xi}}{2} \tag{6.70}$$

极限情况和穿通

为了帮助分析和理解结果,有必要列出下列公式:

$$\sinh(\xi) \to \begin{cases} \xi & \cdots \xi \to 0 \\ \dfrac{e^{\xi}}{2} & \cdots \xi \to \infty \end{cases} \quad (6.71\text{a})\ (6.71\text{b})$$

$$\cosh(\xi) \to \begin{cases} 1 + \dfrac{\xi^2}{2} & \cdots \xi \to 0 \\ \dfrac{e^{\xi}}{2} & \cdots \xi \to \infty \end{cases} \quad (6.72\text{a})\ (6.72\text{b})$$

首先考虑 $x'_c \to \infty$ 时的极限。如果 $x'_c \to \infty$ 或者 $x'_c/L_P \gg 1$,那么式(6.65)中 sinh 项的比值可化简为 $\exp(-x'_c/L_P)$,而式(6.65)化简为理想二极管推导出的式(6.23)。类似地,$\cosh(x'_c/L_P)/\sinh(x'_c/L_P) \to 1$,则式(6.69)可以化简为理想 p$^+$-n 突变结二极管对应的标准结果。本质上,可以将窄基区二极管的分析看作理想二极管公式的通用表达式,并且对于任意厚度的准中性区域都适用。

宽基区的极限虽然在数学上得到了证明,但并没有导出新的结果。而更令人感兴趣的是当 $x'_c \to 0$ 时存在的相反极限。首先,如果 $x'_c/L_P \ll 1$,则式(6.65)中的 sinh 项可以用其变量来代替,显然可以将 $\Delta p_n(x')$ 化简为

$$\Delta p_n(x') = \Delta p_n(0)\left(1 - \frac{x'}{x'_c}\right) \quad (6.73)$$

非平衡载流子浓度成为位置的线性函数,就像用一条直线将边界条件设定的两个端点直接连起来一样。在宽度小于一个扩散长度的区域内,忽略热复合-产生效应是合理的,这就直接导致了这个线性依赖关系。实际上,只要在原来少数载流子扩散方程中忽略复合-产生项 $(-\Delta p_n/\tau_p)$,就可以很容易地得到式(6.73)的结果。以上分析提供了一个依据:以后当准中性区域的宽度和扩散长度相比很小时,少数载流子扩散方程中的热复合-产生项可以忽略不计。

窄宽度效应的第二个观察结果涉及反向偏置电流。对于 $x'_c/L_P \ll 1$ 的极限,$\cosh(x'_c/L_P)/\sinh(x'_c/L_P) \to L_P/x'_c$,而且 $I'_0 \to qA(n_i^2/N_D)(D_P/x'_c)$。随着反向偏置的升高,耗尽层宽度将随之增加,则准中性区域的宽度 $x'_c = x_c - x_n$ 将减小。因此得出 $I_{\text{DIFF}}(V_A < 0) \cong -I'_0 \propto 1/x'_c$ 不会出现饱和,但该电流会随着外加反向偏置而整体增大。如果 x'_c 充分地小,则可能有 $x'_c \to 0$。在这种情况下,器件的整个区域都将耗尽,称其为穿通(punch-through)。基于式(6.68)/式(6.69)的结果,如果 $x'_c \to 0$,那么 $I_{\text{DIFF}}(V_A < 0) \to -\infty$。但是,因为耗尽近似是用来确定准中性区域的宽度和特性的,因此在极端情况 $x'_c \to 0$ 下,理论公式将变得无效。在更精确的理论公式中,当窄基区二极管处于穿通电压条件时,如果器件内的电场不足以产生雪崩击穿,则扩散电流依然保持为有限值。

练习 6.10

问:室温下,平面 Si p$^+$-n 突变结二极管的 n 型杂质的 $N_D = 10^{16}/\text{cm}^3$,并且 n 区宽度 $x_c = 2\ \mu\text{m}$。采用耗尽近似,确定穿通电压;即确定出二极管的 n 型一侧完全耗尽时所需的电压值。

答:在穿通电压下,$x_n = x_c$,利用式(5.37)得到

$$x_\mathrm{n} \cong \left[\frac{2K_\mathrm{S}\varepsilon_0}{qN_\mathrm{D}}(V_\mathrm{bi} - V_\mathrm{A})\right]^{1/2}$$

因此

$$x_\mathrm{n}^2 = x_\mathrm{c}^2 = \frac{2K_\mathrm{S}\varepsilon_0}{qN_\mathrm{D}}(V_\mathrm{bi} - V_\mathrm{A})$$

$$V_\mathrm{A} = V_\mathrm{bi} - \frac{qN_\mathrm{D}}{2K_\mathrm{S}\varepsilon_0}x_\mathrm{c}^2$$

$$= 0.92 - \frac{(1.6\times 10^{-19})(10^{16})(2\times 10^{-4})^2}{(2)(11.8)(8.85\times 10^{-14})} = \mathbf{-29.7\ V}$$

V_bi 可从 5.1.4 节的图 E5.1 中得出。

观察图 6.11，注意到在一个相对宽的基区二极管中，雪崩击穿出现在 $V_\mathrm{BR} \cong 55$ V 时。因此，在窄基区二极管中，穿通将早于击穿而出现。

6.4 小结

本章主要介绍 pn 结二极管稳态响应的建模。首先利用能带图（作为图像化工具）定性地描述出二极管的工作原理。我们将一个理想二极管的反向偏置电流描述为：少数载流子进入耗尽层并被电场加速到结的相反一侧的准中性区域。正向偏置电压降低了二极管两边的势垒高度，促进更多的多数载流子注入结中，并流入结的相反一侧的准中性区域。当然在稳态条件下，器件任何地方的载流子都不会出现积累现象。复合-产生过程起到了稳定少数载流子浓度的作用，同时载流子快速的重新排列和与接触电极的电荷交换维持了多数载流子浓度的恒定不变。

随后相当多的工作都集中在理想二极管理论的公式化、推导和分析上。虽然经过与实验的仔细比较，理想二极管理论预测的 I-V 特性依然存在着严重的偏差，但是该理论的推导过程能够让读者深入地了解二极管的内部工作原理，并且为推导更精确公式提供了分析基础。即使存在着局限性，该理论和其扩展理论已广泛地应用到二极管和其他器件的分析中，并给出了实用的一阶计算值。应该注意的是，理想二极管公式仅仅是理想二极管理论中很小的一部分。该理论包括对推导方案和近似条件清晰的理解，建立定量结果所需的数学步骤，以及对载流子浓度、载流子电流、材料的依赖关系和杂质浓度依赖关系等的预测能力。

正如前面所讲，通过仔细比较理想二极管和实验的 I-V 特性，显示出相对于理想特性而言，实验结果存在着一些偏差。针对室温下的 Si 二极管来说，这些偏差包括反向击穿，正向小偏置和所有反向偏置下的额外电流，以及正向偏置接近 V_bi 时存在的 I-V 斜率下降或者斜率变缓现象。击穿与雪崩效应和齐纳过程有关，额外电流是由耗尽层内热复合-产生过程导致的，正像大电流时电流曲线斜率的下降是由于内部串联电阻上的压降或者是由大电流注入效应导致的一样。每个偏差引起的现象在物理上都得到了描述，而且利用解析公式对相对重要的现象建立了模型。需要特别注意的情况有：雪崩击穿电压 V_BR 正比于结轻掺杂一侧的杂质浓度的倒数；在远低于击穿电压的情况下，载流子倍增效应会导致电流增强；复合-产生电流表现出的预期关系在正向偏置下接近 $\exp(qV_\mathrm{A}/2kT)$，而在反向偏置下正比于 W；复合-产生电流正比于 n_i，而扩散电流正比于 n_i^2；内部串联电阻的压降减少了结上的电压，$V_\mathrm{J} = V_\mathrm{A} - IR_\mathrm{S}$；

大电流注入会导致一个预期的大电流 $\exp(qV_A/2kT)$ 工作区间，但通常该区间会被串联电阻导致的斜率下降效应所掩盖。应该注意到这些推导都集中于突变结上，处理其他杂质分布需要进行一些分析上的修正。

在"一些需要特别考虑的因素"一节中，介绍了一个解析方法，称为电荷控制方法，并且可使理想二极管的分析通用化，以适用于任意的基区宽度。当准中性区域的宽度与扩散长度相比很小时，可认为载流子分布是线性的。对于特别小的基区宽度，在反向偏置小于 V_{BR} 时存在着窄基区穿通或全耗尽的可能性。

虽然在小结中已经讨论到了最重要的部分，但是依然有一些重要信息——术语、技术、近似、公式需要了解。第二部分补充读物和复习包含了涉及本章的术语复习一览表。有些公式还要重点学习，包括理想二极管方程[参见式(6.29)/式(6.30)]，结定律[参见式(6.12)]，耗尽层边界条件[参见式(6.15)/式(6.18)]，以及反向偏置的复合-产生电流表达式[参见式(6.43)]。

习题

第 6 章　习题信息表					
习题	在以下小节后完成	难度水平	建议分值		简短描述
6.1	6.1.4	1	10（每问 1 分）		理想二极管的简答题
6.2	6.2.4	1	10		实际和理想 I-V 特性曲线的比较
6.3	6.1.1	1	9（每问 3 分）		绘制能带图
6.4	〃	2	8		正向偏置下的全局图
6.5	6.1.2	2~3	10		当 $J_N=0$ 时推导式(6.15)
●6.6	6.1.3	2	10（每问 5 分）		用 diary 函数计算 I 的典型值
●6.7	〃	2	16 (a-10, b-5,c-1)		理想 I-V 随温度的变化关系
6.8	〃	3	16 (a-3, b-10, c-3)		光电二极管的 I-V 推导
●6.9	〃	1	5		光电二极管的 I-V 图
6.10	6.1.4	2	10 (a::c-2, d-4)		利用浓度图来推导
6.11	〃	3	12		推导，画出载流子浓度
●6.12	〃	3	12 (a-9,b-3)		pn 结二极管温度传感器
6.13	6.2.2	2	6（每问 2 分）		V_{BR} 的相关计算
●6.14	〃	2	10 (a-8, b-2)		击穿 I-V(MI_0)
●6.15	6.2.3	3	12		击穿 I-V(MI_{R-G})
6.16	〃	3	8		确定升高的温度点
6.17	〃	3	10		改进的 I_{R-G}
6.18	6.2.4	3	9 (a-6, b-3)		R_S 的相关计算
6.19	〃	3	20 (10-直线拟合，8-最小方差拟合，2-讨论)		从 I-V 推导出 I_{0j}、n_j
6.20	〃	2~3	15		从 I-V 推导出 R_S
●6.21	〃	4	40 (a-2, b- 10, c::e-8, f-4)		多个非理想 I-V 特性
6.22	6.3.2	3	10		假窄基区二极管
6.23	〃	3	15		窄/宽二极管混合体
6.24	〃	4	34 (a-2, b-2,c-4, d-2, e-12, f-12)		多个需要考虑的问题

第 6 章 pn 结二极管：*I-V* 特性

6.1 理想二极管的简答题。
尽可能简洁地回答下列问题。假设以下问题都针对一个理想二极管。
(a) 正向偏置电流与哪种载流子运动有关？
(b) 反向偏置电流与哪种载流子运动有关？
(c) 反向偏置电流为什么值比较小且在小的反向电压下达到饱和？
(d) 在反向偏置下，靠近耗尽层边界的准中性区域内会发生什么过程？它是漂移和扩散，扩散和复合，产生和扩散，还是产生和漂移？
(e) 为什么不能用少数载流子扩散方程确定一个二极管耗尽层内的少数载流子浓度和电流的大小？
(f) 假设可以忽略耗尽层内的复合-产生效应，其前提条件是什么？
(g) 严格地讲什么是"宽基区"二极管？
(h) 什么是"pn 结定律"？
(i) 给出正向偏置下的 *I-V* 特性半对数坐标图，如何确定 I_0？
(j) 判断：可以将反向偏置饱和电流看成由准中性区域内少数载流子的产生而导致的。

6.2 比较（最好借助于示意图）室温下一个实际 Si pn 结二极管的特性和理想二极管的特性之间的差别。为了使比较更有效，请详细写出所有与理论特性有偏差的地方。最后，简要说出偏离理论的各种原因。每个偏差原因的说明请尽量简短。

6.3 对于一个理想 p^+-n 突变结二极管，画出能带图并显示出耗尽层内和附近的载流子运动情况，分别对应如下条件：
(a) $V_A = 0$。
(b) $V_A > 0$。
(c) $V_A < 0$。

6.4 构造类似于图 6.2 的能带/电路混合图，显示一个正向偏置的 pn 结二极管内载流子的整体运动情况（"全局图像"）。

6.5 参考 5.1.4 节中 V_{bi} 的推导，说明当 $V_A \neq 0$ 时继续假设 $J_N = 0$，能够推导出式(6.15)的边界条件。并用式(5.10)的结果消除 $n(-x_p)$ 表达式中的 V_{bi}。

●6.6 考虑一个 Si n^+-p 突变结（$N_A = 10^{15}/cm^3$，$\tau_n = 10^{-6}$ s，$A = 10^{-3}$ cm^2），并且它是一个理想化的 pn 结，计算出在给定的不同温度和偏置条件下器件电流典型值的大小。调用 MATLAB 的 diary 函数记录你的计算过程。
(a) 在 $T = 300$ K 下计算理想二极管电流，分别对应 (i) $V_A = -50$ V，(ii) $V_A = -0.1$ V，(iii) $V_A = 0.1$ V，(iv) $V_A = 0.5$ V。
(b) 假设 τ_n 不随温度明显地变化，重复 (a) 的计算且 $T = 500$ K。

●6.7 在本习题中，希望研究理想二极管 *I-V* 特性如何随温度而变化。考虑一个理想 Si p^+-n 突变结二极管，并且面积 $A = 10^{-4}$ cm^2，$N_D = 1.0 \times 10^{16}/cm^3$ 和室温下 $\tau_n = 10^{-6}$ s。
(a) 采用练习 3.1 中列出的空穴迁移率的经验拟合表达式及练习 2.4(b) 引用的 n_i 拟合关系式，并假设 τ_p 与温度无关，请写出一个 MATLAB 程序，计算和绘制二极管的理想 *I-V* 特性，其中将温度 T（单位为 K）作为输入变量。显示出示例图，同时给出 $T = 295$ K、300 K 和 305 K 下的特性曲线。（为了清楚地显示出反向和正向特性，将坐标轴限制为 -1 V $\leq V_A \leq 0.2$ V 和 $-2I_0 \leq I \leq 5I_0$。当在同一个坐标轴中显示出多条 *I-V* 特性曲线时，将最大的 I_0 值设置为坐标边界。）

(b) 适当地修改(a)中的程序,以得到 I_0 与 T 的半对数坐标图,其中 300 K≤T≤400 K。
(c) 讨论(a)和(b)的结果。

6.8 光电二极管/太阳能电池。一个 pn 结光电二极管与普通 pn 结二极管几乎完全相同,只是它采用了特殊的制造和封装技术,以保证光能够穿透到冶金结附近。商用化的太阳能电池实际上是个大面积的 pn 结光电二极管,并采用一些特殊设计,以满足能量损失最小的要求。光电二极管和太阳能电池具有相似的 I-V 特性,直接修改理想二极管方程,可以很容易地为二者的特性建立起一般表达式。

考虑一个理想 p^+-n 突变结二极管,并且入射光在器件内被均匀地吸收。存在一个光生率 G_L,定义为每 $cm^3 \cdot s$ 产生的电子-空穴对数目。假设器件满足小注入条件。
(a) 离冶金结很大距离处($x \to \infty$) n 型一侧的过剩少数载流子的浓度是多少?[注意:$\Delta p_n(x \to \infty) \neq 0$。]
(b) 通常的理想二极管边界条件[参见式(6.15)和式(6.18)]在耗尽层边界处依然成立。采用(a)和式(6.18)给出的修正边界条件,推导在稳态光照下 p^+-n 结二极管的 I-V 特性表达式。与理想二极管公式的推导过程一样,忽略所有的复合-产生效应,包括耗尽层的光电产生效应。
(c) 画图显示出光电二极管的 I-V 特性的一般表达式,其中依次取 $G_L = 0$,$G_L = G_{L0}$,$G_L = 2G_{L0}$,$G_L = 4G_{L0}$。假设当 $G_L = G_{L0}$ 时光密度足够大,以至于能够明显地影响器件的特性。(注意:习题 6.9 可以代替这部分问题。)

●6.9 一个太阳能电池的 I-V 特性可用以下关系式近似地表达,
$$I = I_0(e^{qV_A/kT} - 1) + I_L$$
其中 I_L 是光生电流。在给定的照射强度下,I_L 总为负值,并且是一个独立于电压的常数。画图显示太阳能电池的一般特性。设 T = 300 K,同时画出 I/I_0 与 V_A 的关系曲线,假定 $I_L/I_0 = 0, -1, -2, -4$。限定 V_A 的范围为−0.5 V≤V_A≤0.1 V。

6.10 对于室温下的一个 pn 突变结二极管,图 P6.10 是其稳态载流子浓度的带刻度坐标图。
(a) 二极管是正向偏置还是反向偏置?请解释你是如何得出该结论的。
(b) 二极管准中性区域是否满足小注入条件?请解释你的结论。
(c) p 型和 n 型一侧杂质浓度是多少?
(d) 确定外加电压 V_A。

6.11 将电压 $V_A = 23.03(kT/q)$ 加在一个突变结二极管上,并且二极管 n 区和 p 区杂质浓度为 $N_A = 10^{17}/cm^3$ 和 $N_D = 10^{16}/cm^3$,$n_i = 10^{10}/cm^3$。画出器件准中性区域内的多数和少数载流子浓度的 p 和 n 与 x 的对数关系图。在你的图中确定离耗尽层边界 10 倍和 20 倍扩散长度的位置。

●6.12 正如习题 6.7 中指出的,pn 结二极管的 I-V 特性对温度非常敏感。当看到商用 Si 二极管用作温度传感器时,大家不用感到奇怪。为了利用二极管来测量温度,需要外接一个恒定电流源以保持二极管正偏,监测 V_A 随温度 T 的变化关系,如图 P6.12 所示。假设二极管工作在正向偏置范围,$I \cong I_0 \exp(qV_A/kT)$,并且设定预期的工作范围为 0≤$T(℃)$≤100℃。

图 P6.10

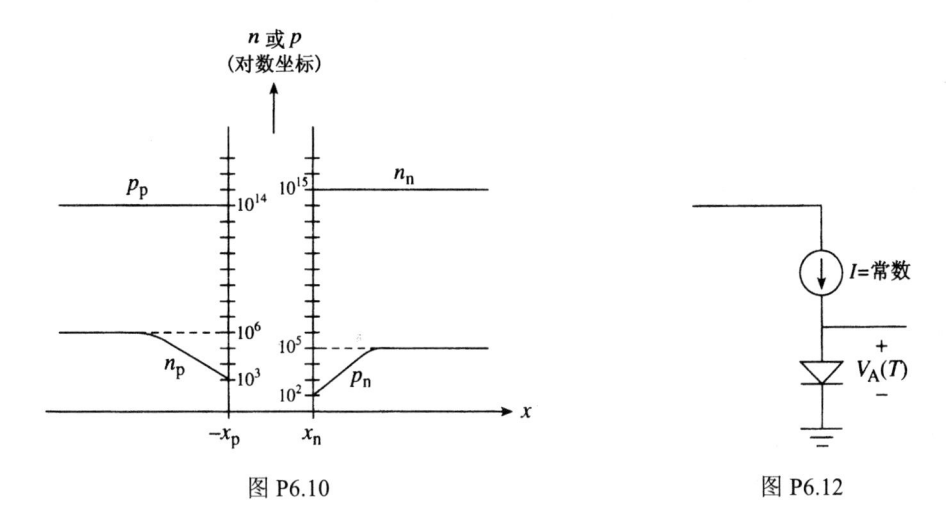

图 P6.12

(a) 将 I 作为输入变量，修改习题 6.7(b) 的程序，计算和画出 V_A 与 T 的关系曲线，并且 $0 \leq T(\text{℃}) \leq 100\text{℃}$。给出 $I = 10^{-4}$ A 对应的示例图。

(b) 考查该传感器的灵敏度 (dV_A/dT，单位为 mV/℃)，分别用 $I = 10^{-4}$ A 或 $I = 10^{-3}$ A 来监测温度，哪一个更好？证明你的答案。

6.13 给定一个平面 Si p^+-n 突变结二极管，n 型杂质浓度 $N_D = 10^{15}/\text{cm}^3$ 且 $T = 300$ K，确定

(a) 二极管 V_{BR} 的近似值。

(b) 击穿电压下的耗尽层宽度。

(c) 击穿电压下耗尽层内电场的最大值。

●6.14 对另外一种不同的理想二极管的载流子倍增和雪崩击穿效应建立模型。正如正文所指出的，式(6.35)可用来修正理想公式并近似地考虑载流子的倍增效应。I_0 简单地用 MI_0 来代替，而且预期雪崩电压 V_{BR} 的大致函数关系为 $N_B^{-0.75}$。对于 Si 二极管，对图 6.11 的合理拟合是

$$V_{BR} \cong 60(N_B/10^{16})^{-0.75}$$

这里 N_B 的单位为 cm^{-3}，而 V_{BR} 的单位为伏特。设定分析中的 Si 二极管是近似理想的 p^+-n 突变结二极管，温度为 300 K。

(a) 编写一个 MATLAB 程序，计算 I-V 特性且能够考虑到载流子倍增和雪崩击穿效应。具体地讲，计算和画出改进的反向偏置下 I/I_0 与 V_A 的特性图，V_A 坐标范围从 $-V_{BR}$ 到 0。(记住用 I_0 进行归一化。) 在你的计算中采用 $m = 6$ 并设 axis 函数的参数为 $[-1.1*V_{BR}, 0, -5, 0]$。显示出 $N_D = 2 \times 10^{16}/\text{cm}^3$ 对应的特性图。你的图形与图 6.10(b) 和练习 6.5 中击穿附近的曲线相一致吗？

(b) 利用程序分析二极管特性如何随 m 和结的轻掺杂一侧的杂质浓度的变化而变化？

●6.15 将 I_0 用反向偏置下的 I_{R-G} 来代替，重复习题 6.14 的问题。用 $V_A = -V_{BR}/2$ 处的电流值来归一化电流坐标。设定 $N_D = 2 \times 10^{16}/\text{cm}^3$，运行你的程序。将结果和图 6.10(b) 相比较。

6.16 对于 Si 二极管，在足够高的温度下，预测电流中的扩散分量将占主导。这个足够高的温度是多少？为了回答这个问题，假设有一个 Si p^+-n 突变结二极管，其 $N_D = 10^{16}/\text{cm}^3$，$\tau_0 = \tau_p$，$L_p \cong 10^{-2}$ cm，且 300 K $\leq T \leq$ 500 K。在反向偏置 $V_{bi} - V_A = V_{BR}/2$

下，确定 $I_{DIFF} = I_{R-G}$ 时对应的温度。

6.17 在 300 K 的 Si 二极管内，宽度为 d 的一个区域内包含了比邻近区域多出 3 倍的复合-产生中心。当二极管为零偏置时，这个特殊的区域如图 P6.17 所示，完全位于耗尽层内。推导出当该二极管反向偏置大于几个 kT/q 时，二极管复合-产生电流(I_{R-G})的表达式。写下所有的推导步骤。

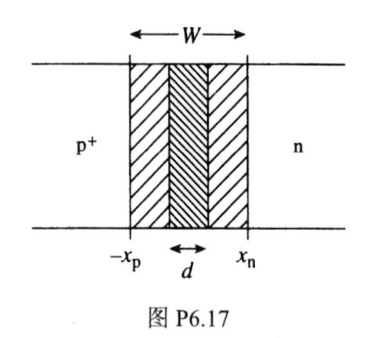

图 P6.17

6.18 假设一个二极管内 $I_0 = 10^{-14}$ A 和 $R_S = 2\ \Omega$ 且忽略大电流注入效应。$T = 300$ K。
(a) 确定一正向偏置电流，其所对应的外加电压偏离理想值的 10%。
(b) $R_S = 20\ \Omega$ 时，重复(a)的计算。

6.19 室温下，一个 1N757 Si pn 结二极管的点对点正向偏置 I-V 数据列于表 P6.19 中且如图 P6.19 所示。按照练习 6.7 概括出的过程，确定 I_{01}、I_{02}、n_1 和 n_2。由于绘制直线的方法多少包含主观因素，因此对数据的适当线段进行最小方差拟合（MATLAB 中有相应函数），确定出这些拟合参数。对你的结果进行讨论。

表 P6.19

V_A	I	V_A	I	V_A	I
0.02	6.070×10^{-10}	0.32	2.305×10^{-7}	0.62	7.587×10^{-5}
0.04	1.203×10^{-9}	0.34	3.201×10^{-7}	0.64	1.359×10^{-4}
0.06	2.165×10^{-9}	0.36	4.462×10^{-7}	0.66	2.531×10^{-4}
0.08	3.508×10^{-9}	0.38	6.285×10^{-7}	0.68	4.852×10^{-4}
0.10	5.417×10^{-9}	0.40	8.845×10^{-7}	0.70	9.444×10^{-4}
0.12	8.210×10^{-9}	0.42	1.249×10^{-6}	0.72	1.841×10^{-3}
0.14	1.183×10^{-8}	0.44	1.776×10^{-6}	0.74	3.518×10^{-3}
0.16	1.730×10^{-8}	0.46	2.527×10^{-6}	0.76	6.433×10^{-3}
0.18	2.449×10^{-8}	0.48	3.615×10^{-6}	0.78	1.103×10^{-2}
0.20	3.416×10^{-8}	0.50	5.200×10^{-6}	0.80	1.752×10^{-2}
0.22	4.764×10^{-8}	0.52	7.576×10^{-6}	0.82	2.585×10^{-2}
0.24	6.501×10^{-8}	0.54	1.122×10^{-5}	0.84	3.579×10^{-2}
0.26	8.866×10^{-8}	0.56	1.711×10^{-5}	0.86	4.706×10^{-2}
0.28	1.209×10^{-7}	0.58	2.694×10^{-5}	0.88	5.941×10^{-2}
0.30	1.666×10^{-7}	0.60	4.426×10^{-5}	0.90	7.264×10^{-2}

6.20 按照图 6.16 概括出的过程，确定 1N757 二极管的 R_S 值，该二极管的室温特性数据列于表 P6.19 中且如图 P6.19 所示。

●6.21 有时将图 P6.21 显示的模型当作实际的 pn 结二极管的通用表达模型。二极管符号代表了标准的器件模型，并且该模型包括结电流的扩散分量和复合-产生电流分量。串联电阻(R_S)考虑了大电流条件下准中性区域和接触电极上无法忽略的压降。这个分流电阻(R_{SH})考虑到存在于 pn 结外可能的半导体漏电流。注意将穿过 pn 结的电流和结上压降分别重新定义为 I_J 和 V_J。

图 P6.19

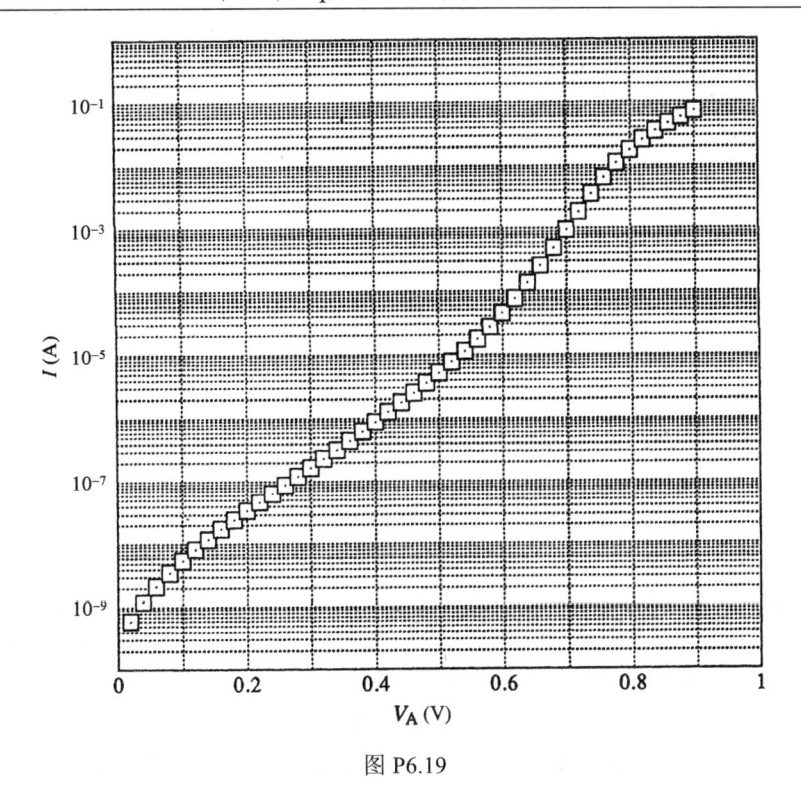

(a) 如果穿过结的电流完全用如下关系式来描述，

$$I_J = I_{01}(e^{qV_J/n_1kT} - 1) + I_{02}(e^{qV_J/n_2kT} - 1)$$

其中 I_{01} 和 I_{02} 为常数，并且其典型参数值 $n_1 \cong 1$ 和 $n_2 \cong 2$，确认二极管的总电流可描述为

$$I = I_{01}(e^{qV_J/n_1kT} - 1) + I_{02}(e^{qV_J/n_2kT} - 1) + \frac{V_J}{R_{SH}}$$

其中 $\qquad V_A = V_J + IR_S$

(b) 编写一个计算机程序，研究 R_S、R_{SH} 和电流表达式的因子 I_{01} 和 I_{02} 对观察到的正向偏置 I-V_A 特性曲线形状的影响规律。在执行计算的过程中，最好获得等步长递增的 V_J 值对应的 I-V_A 数据组。将画出的 $\log(I)$ 与 V_A 的坐标限制为 $0 \leq V_A \leq 1$ V 和 10^{-10} A $\leq I \leq 10^{-2}$ A。在初始化计算中，采用 $I_{01} = 10^{-13}$ A，$I_{02} = 10^{-9}$ A，$n_1 = 1$，$n_2 = 2$，$R_S = 1$ Ω，$R_{SH} = 10^{12}$ Ω，$T = 300$ K。

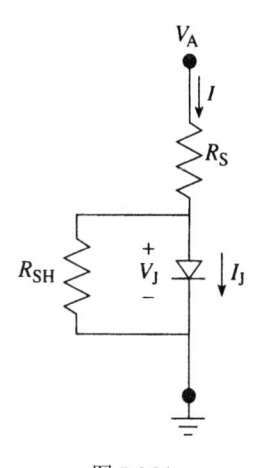

图 P6.21

(c) 采用一个人工控制的计算开关，修改你的程序，以便计算和同时显示出四条 I-V_A 特性曲线，分别对应如下某个变量的四个不同值，即 R_{SH}、R_S、I_{01} 或 I_{02}。同样，利用 (b) 提供的基本参数集，采用如下不同组的参数值，计算和记录 I-V_A 特性。

(i) $R_{SH} = 10^{12}$ Ω，10^9 Ω，10^6 Ω，10^3 Ω ($I_{01} = 10^{-13}$ A，$I_{02} = 10^{-9}$ A，$R_S = 1$ Ω)；

(ii) $R_S = 1$ Ω，10 Ω，10^2 Ω，10^3 Ω ($I_{01} = 10^{-13}$ A，$I_{02} = 10^{-9}$ A，$R_{SH} = 10^{12}$ Ω)；

(iii) $I_{02} = 10^{-9}$ A，10^{-10} A，10^{-11} A，10^{-12} A ($I_{01} = 10^{-13}$ A，$R_S = 1$ Ω，$R_{SH} = 10^{12}$ Ω)；

(iv) $I_{01} = 10^{-13}$，10^{-12}，10^{-11}，10^{-10} A ($I_{02} = 10^{-9}$ A，$R_S = 1\ \Omega$，$R_{SH} = 10^{12}\ \Omega$)。

(d) 按照练习 6.6 建立的过程，编写一个辅助程序，能够利用第一个关系式计算出 I_{01} 和 I_{02}。具体假设一个 n$^+$-p 突变结。将该辅助程序加入主程序中，采用 $A = 10^{-2}$ cm^2、$N_A = 10^{15}$/cm^3 和 $\tau_n = \tau_p = \tau_0 = 10^{-6}$ s 计算实例结果。当然其余的参数应该适用于 $T = 300$ K 下的 Si。

(e) 编写(c)程序的改进版本，在线性 I-V_A 图中显示出计算结果。将线性电流坐标轴限制在 $0 \leqslant I \leqslant 10^{-2}$ A 的范围内。计算并显示 I-V_A 特性的线性坐标图，其中曲线分别对应(c)给出的不同的参数值组。将这些结果与(c)的结果进行比较。

(f) 讨论本习题得到的结果。

6.22 考虑这个特殊 Si p$^+$-n 突变结二极管，如图 P6.22 所示。注意当 $0 \leqslant x \leqslant x_b$ 时 $\tau_p = \infty$ 且 $x_b \leqslant x \leqslant x_c$ 时 $\tau_p = 0$。排除将引起大注入或击穿的偏置条件，推导出该二极管室温下的 I-V 特性表达式。假设在所有感兴趣的偏置范围内耗尽层宽度(W)都不超过 x_b。

6.23 重新考虑图 P6.22 画出的特殊 Si p$^+$-n 突变结二极管。替换 $x_b \leqslant x \leqslant x_c$ 区域内 $\tau_p = 0$ 的条件，取 τ_p 为非零值但维持其足够小，以保持 $L_p \ll x_c - x_b$。假设在所有感兴趣的偏置范围内耗尽层宽度(W)不超过 x_b，并且排除将引起大注入或击穿的偏置条件，推导出室温下二极管的 I-V 特性表达式。

6.24 在现代器件处理工艺中，一个称为剥蚀的过程用来降低器件近表面区域的复合-产生中心浓度。温度 300 K 下，一个平面 Si p$^+$-n 突变结二极管的 n 型杂质浓度 $N_D = 10^{16}$/cm^3。如图 P6.24 所示，在 n 区从 $x = 0$ 到 $x = x_b = 2$ μm，剥蚀技术将复合-产生中心浓度减少到 N_{T1}。在 $x > x_b$ 的 n 区内，复合-产生中心浓度为 $N_{T2} = 100 N_{T1}$。

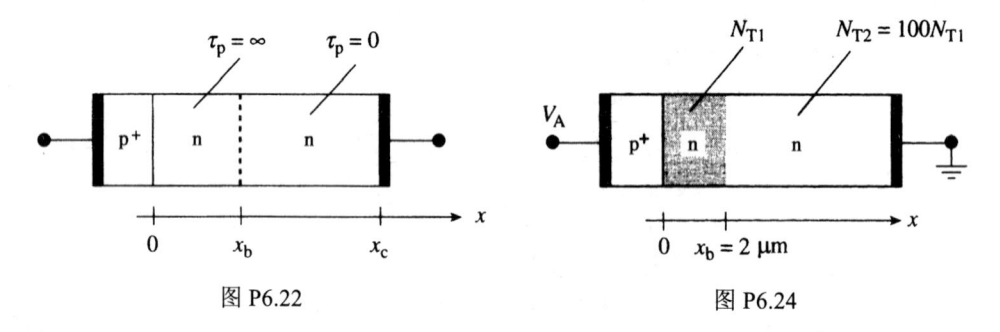

图 P6.22

图 P6.24

(a) 结的内建电压(V_{bi})是多少？
(b) 二极管击穿电压(V_{BR})是多少？
(c) 将 n 型一侧耗尽层边界扩展到 $x = x_b$ 需要多大的外加电压？
(d) 如果靠近结附近和 $x > x_b$ 区域内的少数载流子寿命分别为 τ_{p1} 和 τ_{p2}，则比值 τ_{p1}/τ_{p2} 是多少？
(e) 建立流过结的扩散电流(I_{DIFF})与外加电压关系的一个或多个表达式。为了简化推导，假设 $L_{p1} \gg x_b$ 且设 n 型一侧的接触电极与耗尽层边界之间的距离是几个 L_{p2} 扩散长度。当二极管反向偏置时，画出预期的 I_{DIFF} 和 V_A 的特性图。
(f) 设当 $0 \leqslant x \leqslant x_b$ 时有 $\tau_{01} \cong \tau_{p1}$，而当 $x > x_b$ 时有 $\tau_{02} \cong \tau_{p2}$，当二极管反向偏置大于几个 kT/q 时，建立复合-产生电流(I_{R-G})随外加电压关系的一个或多个表达式。画出预期的反向偏置 I_{R-G} 与 V_A 的特性图。

第7章 pn结二极管：小信号导纳

7.1 引言

本章将分析 pn 结二极管的小信号响应并对其建立模型。一个小正弦电压(v_a)叠加在外加直流(d.c.)偏置上，这导致了一个流过二极管的交流(a.c.)电流(i)，如图 7.1 所示。指定一个小信号导纳 $Y = i/v_a$ 来表征一个无源器件(如二极管)的交流响应。也可以利用一个小信号等效电路来表示响应情况。pn 结二极管结区的响应包括电容(C)和电导(G)分量，通常其导纳形式为

$$Y = G + j\omega C \tag{7.1}$$

其中 $j = \sqrt{-1}$，ω 为交流信号的角频率，单位为弧度/秒。相应的等效电路可模拟出整个二极管特性，并且适用于任意的直流偏置条件，如图 7.2 所示。图中电容和电导符号上横穿的箭头表示 C 和 G 是外加直流电压的函数。R_S 是第 6 章引入的串联电阻，代表结区以外二极管部分的电阻。在某些特定的应用中，R_S 能够限制二极管的性能，但是除了大的正向偏置条件，它与结的阻抗相比通常会非常小。除非有特殊说明，今后都将假设 R_S 是可忽略不计的。

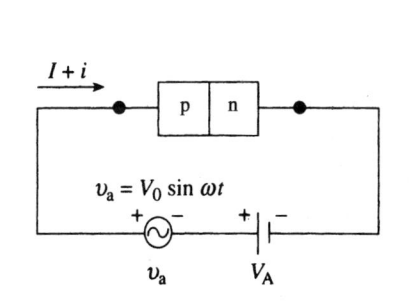

图 7.1 二极管的偏置电路。v_a 是外加小信号电压；i 是产生的交流电流

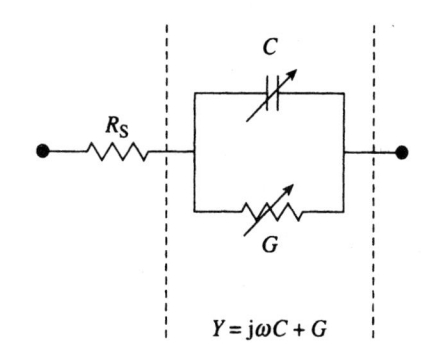

图 7.2 通常情况下，一个 pn 结二极管的小信号等效电路。$Y = j\omega C + G$ 是结区的导纳；R_S 代表接触电极和准中性区域的串联电阻

以下将建立结区导纳的显式表达式，为了方便，将讨论分为两个部分。在第一部分中，假设二极管为反向偏置。在反向偏置下，二极管电导会很小，$Y \cong j\omega C$。另外，反向偏置电容只与器件内的多数载流子振荡有关。第二部分讨论正向偏置条件，其中不能忽略电导，并且少数载流子对整个响应有贡献。

7.2 反向偏置结电容

7.2.1 基本信息

这里重申一下引言中的描述。当反向偏置时，pn 结二极管在功能上等效为一个电容。IC 和其他电路中的许多"电容"实际上就是反向偏置 pn 结二极管。而 pn 结二极管确实不同于标准的电容，因为二极管电容随反向偏置的升高而单调下降。图 7.3 是根据实际的 $C\text{-}V$ 数据画出的曲线，可以看到电容与电压的依赖关系。

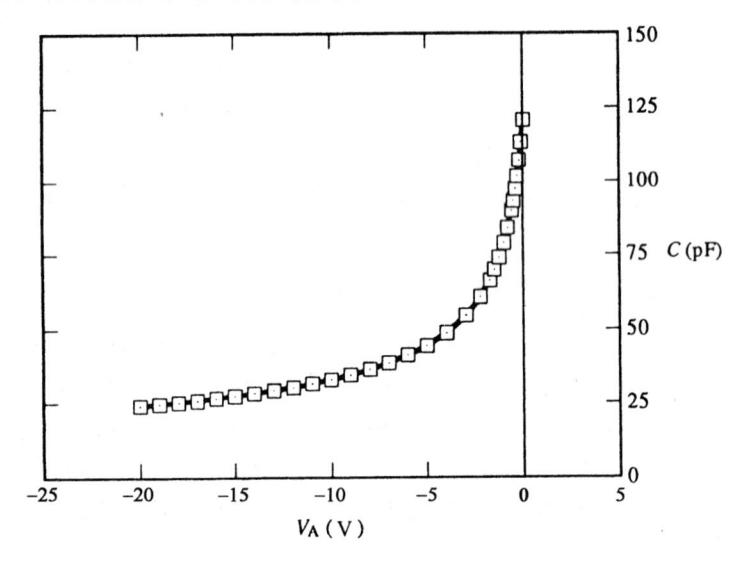

图 7.3 随着反向偏置的增加，二极管电容会单调地降低。$C\text{-}V$ 的采样数据来自一个 1N5472A 突变结二极管

为了解释反向偏置下 pn 结二极管的一般交流行为，需要分析在一个偏置周期内，二极管内是如何随着交流信号而变化的。当交流信号叠加在直流偏置上时，结上总压降为 $V_A + v_a$。当周期电压 v_a 处于正电压期间时，交流信号会略微减小结上的反向偏置，则耗尽层宽度会缩小一点，如图 7.4(a) 所示。假设有一个突变结，图 7.4(b) 画出了电荷密度 (ρ) 分布图，注意耗尽区两边的电荷会相应地减少。当该交流信号反向变化且为负时，v_a 立刻增大了结上的总反偏电压(大于 V_A)，则耗尽层宽度会比其稳态值略微增大一点。比稳态值略大的耗尽层宽度反过来会引起结两边耗尽电荷的增多。因此，可将交流信号的整体效果看作耗尽层宽度在其稳态值附近进行小幅的摆动，即出现 $\Delta\rho$ 电荷密度的来回波动，如图 7.4(c) 和图 7.4(d) 所示。从 $V_A \pm v_a$ 对应的总电荷密度分布中减去图 7.4(b) 中的直流电荷密度分布，可以得到 $\Delta\rho$ 的图。

v_a 的幅度很小，通常只有零点几个毫伏或更小，意味着 $\Delta\rho$ 电荷离开稳态耗尽层边界的最大位移会非常小。也就是说，这就像在二极管内两个相隔 W 的平面位置处正电荷和负电荷交替地增加与减少。这里描述的交流情况在物理上等同于平板电容器内发生的过程，众所周知，平板电容器的电容等于平板之间材料的介电常数乘以平板面积再除以平板之间的距离。同样，对于二极管电容，也可得出类似的结果：

$$C_J = \frac{K_S \varepsilon_0 A}{W} \tag{7.2}$$

和耗尽层宽度摆动相关的电容称为结电容或耗尽层电容,并且用下标 J 来表示。如果二极管处于反向偏置,因为没有其他明显的电荷波动,则 $C = C_J$。同样,因为知道 W 随反向偏置升高而增加,而且 C_J 正比于 $1/W$,所以电容会随反向偏置的升高而降低,这与实验观察到的现象相一致(参见图 7.3)。

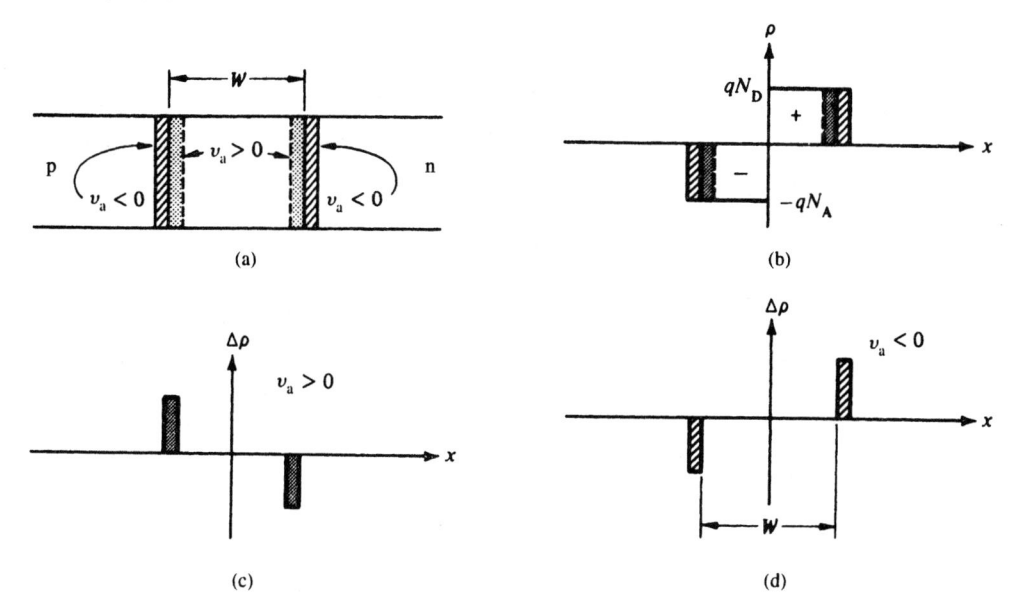

图 7.4 耗尽层电荷的描述。(a)耗尽层宽度和(b)随外加交流信号的变化,总电荷密度出现摆动;(c)$v_a > 0$ 和(d)$v_a < 0$ 时的交流电荷密度

关于耗尽层宽度在其稳态值附近出现的摆动,需要说明一个前提条件:为了满足摆动的要求,多数载流子必须快速地流入和流出这个受影响的区域,而且需要和交流信号保持同步。换句话说,假定载流子能够对交流信号做出及时响应,如同该信号为直流偏置的情况。在这种情况下,称该器件随交流信号而准静态地变化。在直流响应的讨论中,注意到在准中性区域内的多数载流子能够快速地重新排列,而且多数载流子在接触电极处得到补充或被排除。Si 中多数载流子的典型响应时间约为 10^{-10} 秒或更小,那么在通常情况下,这里提出的准静态假设可以适用于非常高的信号频率。

7.2.2 C-V 关系

对于给定的二极管,用外加电压下 W 的表达式代替式(7.2)中的 W,就可以得到电容与电压的精确依赖关系。在第 5 章的结静电学的分析过程中,发现 W 与 V_A 的依赖关系随杂质分布而变化,并且第 5 章的分析具体给出

$$W = \left[\frac{2K_S \varepsilon_0}{q N_B}(V_{bi} - V_A)\right]^{1/2} \quad \cdots \text{非对称突变结} \tag{7.3}$$

和

$$W = \left[\frac{12K_S\varepsilon_0}{qa}(V_{bi} - V_A)\right]^{1/3} \quad \cdots \text{线性缓变结} \tag{7.4}$$

其中 N_B 是非对称掺杂突变结轻掺杂一侧的杂质浓度（N_A 或 N_D），而 a 是线性缓变常数。

虽然可以将式(7.3)和式(7.4)分别代入式(7.2)中，但是一种更实用的做法是对各种杂质分布导出一个单一的、通用的表达式。为了推出一个通用的 W 与 V_A 的表达式，考虑一种分布，一侧重掺杂($x<0$)而轻掺杂一侧的杂质浓度服从指数关系：

$$N_B(x) = bx^m \quad \cdots x > 0 \tag{7.5}$$

其中在给定的分布下 $b > 0$ 且 m 为常数。图7.5显示了选择不同 m 值时对应的单边指数分布的例子。注意 $m = 0$ 和 $m = 1$ 分别对应非对称突变结和单边线性缓变结。而且注意到允许出现负的 m 值。$m < 0$ 的分布，即离结越远杂质浓度越低，称为超突变(hyperabrupt)分布，可以通过离子注入和外延形成超突变结。

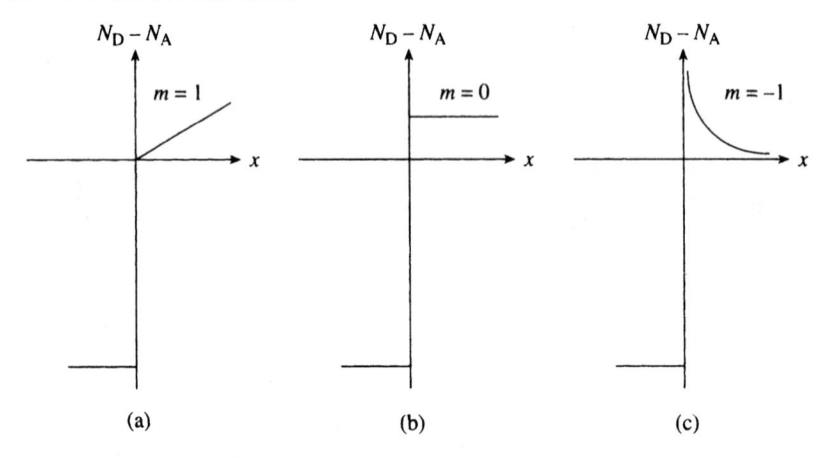

图 7.5 单边指数分布的实例。(a)线性缓变；(b)突变和(c) $m = -1$ 对应的超突变

在一个单边指数分布的 pn 结二极管中，$m > -2$ 时的耗尽层宽度关系式为

$$W = \left[\frac{(m+2)K_S\varepsilon_0}{qb}(V_{bi} - V_A)\right]^{1/(m+2)} \tag{7.6}$$

将式(7.6)的推导留作练习。取 $m = 0$，$b = N_B$，其中的 N_B 不带后缀变量(x)，将其理解为独立于位置的常数，则式(7.6)可化简为式(7.3)。在式(7.6)中设 $m = 1$ 和 $b = a/4$，可导出式(7.4)[①]。令人满意的是，式(7.6)导出的结果是可接受的，将式(7.6)代入式(7.2)中，得到

$$\boxed{C_J = \frac{K_S\varepsilon_0 A}{\left[\frac{(m+2)K_S\varepsilon_0}{qb}(V_{bi} - V_A)\right]^{1/(m+2)}}} \tag{7.7}$$

还有另外一种处理方法，下面的关系式有时用起来会更方便：

$$C_{J0} \equiv C_J|_{V_A=0} = \frac{K_S\varepsilon_0 A}{\left[\frac{(m+2)K_S\varepsilon_0}{qb}V_{bi}\right]^{1/(m+2)}} \tag{7.8}$$

---

① 式(7.4)也适用于双边线性缓变结。考虑分布函数的差异，必须设 b 等于 $a/4$ 来代替 a。

其中，引入 $V_A = 0$ 时的电容，有

$$C_J = \frac{C_{J0}}{\left(1 - \dfrac{V_A}{V_{bi}}\right)^{1/(m+2)}} \tag{7.9}$$

一个采用式(7.7)/式(7.9)描述的电容-电压变化关系的 pn 结二极管称为变容二极管(varactor)。varactor 是单词可变(variable)和电抗器(reactor)的组合，其中电抗器暗指器件的电抗=$1/j\omega C$。变容二极管广泛应用于参数放大、谐波发生、混频、检波和电压可变调制中。在这些应用中，通常期望在给定的电压范围内二极管表现出最大的电容比，这个优值指标称为调制率(TR)。分析式(7.9)，在反向偏置下$-V_A/V_{bi} \gg 1$，得到

$$\text{TR} \equiv \frac{C_J(V_{A1})}{C_J(V_{A2})} \cong \left(\frac{V_{A2}}{V_{A1}}\right)^{1/(m+2)} \tag{7.10}$$

从式(7.10)可以很明显地看出，最大调制率对应于 m 值最小的器件——从线性缓变($m = 1$)结到突变($m = 0$)结，再到超突变($m < 0$)结，TR 逐渐增大。这就解释了为什么大家对超突变分布和超突变掺杂变容二极管的商业应用感兴趣。

(C) **练习 7.1**

问：利用式(7.7)计算和画出全尺寸的电容-电压($C-V$)特性图，可以很容易地利用式(7.9)得到"统一的"归一化 $C-V$ 曲线。为了分析预测出的 $C-V$ 特性的基本性质，对线性缓变、突变和 $m = -1$ 的超突变结二极管，计算和画出线性归一化的 $\underline{C_J/C_{J0}}$ 与 V_A/V_{bi} 的曲线。将电压坐标范围限制为 $-25 \leq V_A/V_{bi} \leq 0$。讨论得到的结果。

答：利用式(7.9)计算出归一化的特性。随后列出了 MATLAB 程序代码和输出图形(参见图 E7.1)。注意突变结曲线与图 7.3 中的实验数据吻合得非常好，其中设 $V_{bi} \sim 1 \text{ V}$。而且，如果用 $V_A = 0$ 代替 V_{A1}，而且假设类似的 V_{bi} 值，那么任意 V_{A2} 下超突变结二极管的调制率 $[C_J(V_{A1})/C_J(V_{A2})]$ 最大，而线性缓变结二极管的 TR 最小，这与正文中的讨论相一致。

MATLAB 程序清单...

```
%Exercise 7.1...Normalized C-V curves

%Computation
clear
m=[1 0 -1];
s=1 ./(m+2);
x=linspace(-25,0);      %x=VA/Vbi
y=[];                   %y=CJ/CJ0
for i=1:3,
y=[y;1 ./(1-x).^s(i)];
end

%Plot
close
```

```
plot(x,y,'-'); grid
axis([-25 0 0 1])
xlabel('VA/Vbi'); ylabel('CJ/CJ0')
text(-20,.42,'linear (m=1)')
text(-20,.27,'step (m=0)')
text(-20,.10,'hyperabrupt (m=-1)')
```

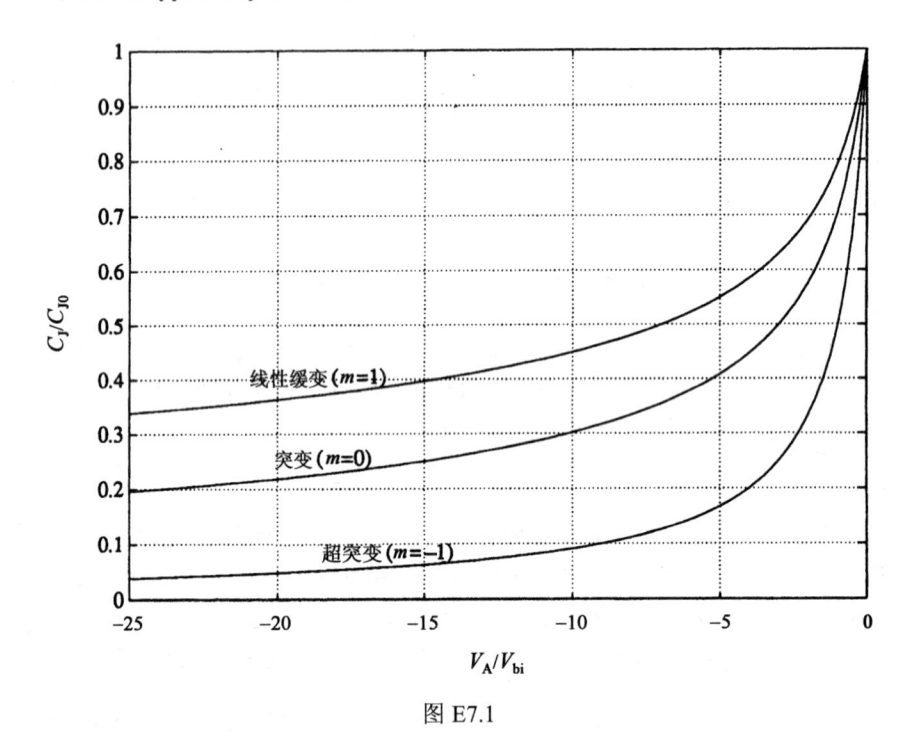

图 E7.1

7.2.3 参数提取和杂质分布

通常用 pn 结二极管和其他器件的 C-V 数据来确定器件的参数，特别是结轻掺杂一侧的平均杂质浓度和杂质分布。C-V 测量在器件表征和测试中已经成为常规的手段，一些测量系统已经能够自动获取并分析 C-V 数据。由于测量是参数提取的必要组成部分，因此这里首先简要描述一下 C-V 自动测量系统。

作者所在测试实验室中的 C-V 测量系统的示意图如图 7.6 所示。MSI C-V 仪是系统的核心，采用一个 15 mV rms 交流信号且探测频率为 1 MHz。在前面板上有四个量程范围可供选择，每个范围的最大值分别为 2 pF、20 pF、200 pF 和 2000 pF。该仪器中的直流偏置电压源有两个量程，分别为±9.999 V（程控步长为 0.001 V）和±99.99 V（程控步长为 0.01 V）。偏置电压的设置、数据显示、数据处理和打印机或绘图仪的硬拷贝输出都是由个人计算机中的软件来完成的，请参见图 7.6 中 C-V 仪的左侧。如果晶片上有一个或多个测试器件，那么需要使用仪器右侧的测试盒。测试盒中的圆形卡盘提供电极，连到晶片背面，而金属探针连到硅片上面的器件结构上。可以加热卡盘并由 832 温度控制器进行本地控制。探针接触后，通常关闭测试盒，以防止室内光线干扰电容测量。如果测试器件是封装好的，则移开连接测试盒的导线，将测试器件插入一个适配器中，再连到仪器的输入端。应该注意的是，该仪器可以自动地测量和补偿系统中的杂散电容，这些电容来自导线、测试盒和封装器件的适配器。

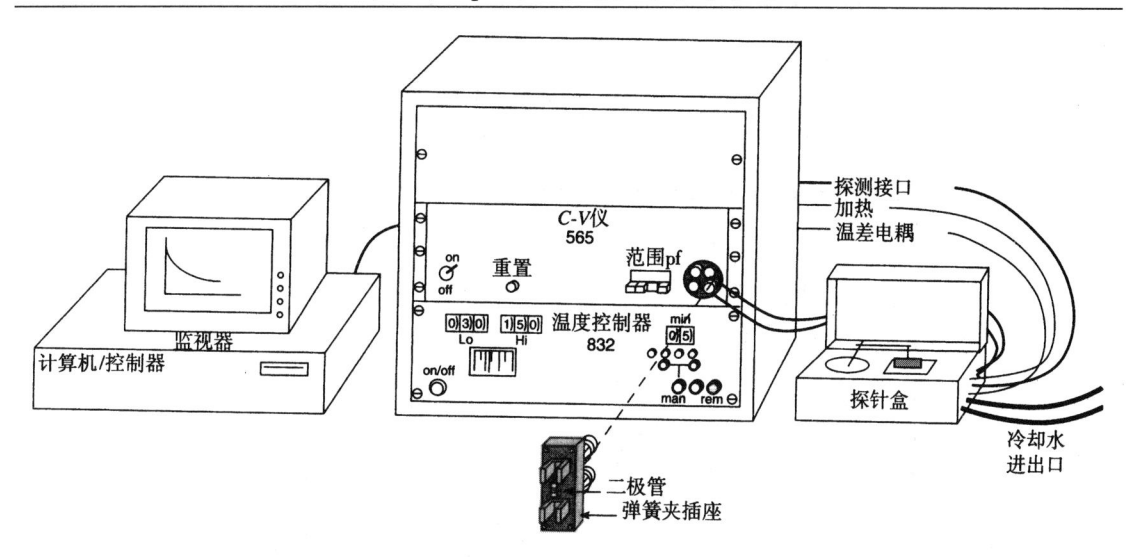

图 7.6 电容-电压(C-V)测量系统示意图

现在分析 C-V 数据，假设测试器件是一个非对称掺杂的突变结。(经常用突变这个词来描述实际的杂质分布，即近似为理想突变结。)对于假定的结分布，可采用式(7.7)并设 $m \to 0$ 和 $b \to N_B$。另外，如果将式(7.7)两边求倒数，再求平方，得到

$$\frac{1}{C_J^2} = \frac{2}{qN_B K_S \varepsilon_0 A^2}(V_{bi} - V_A) \tag{7.11}$$

式(7.11)表明 $1/C_J^2$ 与 V_A 的关系应该是一条直线，斜率的倒数正比于 N_B，而且外推到 $1/C_J^2 = 0$ 处的截距等于 V_{bi}。因此，假设二极管的面积 A 是已知的，利用该图的斜率可以很容易地推导出 N_B。显然 $1/C_J^2$ 与 V_A 的直线图也验证了可以用突变结来模拟该二极管。基于 $1/C_J^2$ 与 V_A 的图，练习 7.2 给出了一个分析 C-V 数据的实例。

练习 7.2

问：根据制造厂商的说明，1N5472A 是一个 n^+-p 突变结二极管，其面积 $A = 3.72 \times 10^{-3}$ cm^2。注意封装通常会引入一个与结电容并联的 2 pF 杂散电容。利用测量出的 1N5472A C-V 数据，如图 7.3 所示，应用 $1/C_J^2$ 与 V_A 的直线图方法，验证该结的突变性质并确定 p 型杂质的浓度，而且标明推导出的 V_{bi} 值。

答：图 E7.2 画出了 1N5472A C-V 数据的 $1/C_J^2$ 与 V_A 的图。在绘图之前，从测量的所有电容值中减去 2 pF，以去除封装引入的并联电容($C_J = C - 2$ pF)。从图 E7.2 可以看出，数据点几乎完全落在一条直线上，因此结是突变的。对数据进行最小方差拟合，有

$$\frac{1}{C_J^2} = (6.89 \times 10^{19}) - (9.78 \times 10^{19})V_A$$

其中 C_J 单位为法拉(F)而 V_A 单位为伏特(V)。参考式(7.11)，得出

$$N_A = \frac{2}{qK_S\varepsilon_0 A^2 |斜率|}$$

$$= \frac{2}{(1.6 \times 10^{-19})(11.8)(8.85 \times 10^{-14})(3.72 \times 10^{-3})^2(9.78 \times 10^{19})}$$

$$= \mathbf{8.84 \times 10^{15}/cm^3}$$

和

$$V_{bi} = V_A|_{1/C_J^2=0} = \frac{6.89 \times 10^{19}}{9.78 \times 10^{19}} = \mathbf{0.70 \text{ V}}$$

图 E7.2

注意图中导出的 V_{bi} 低于用 p 型杂质浓度 $N_A \cong 9 \times 10^{15}/\text{cm}^3$ 计算出的数值。C-V 数据导出的 V_{bi} 值存在着严重的外推误差,并且它对接近冶金结附近的杂质浓度涨落很敏感。

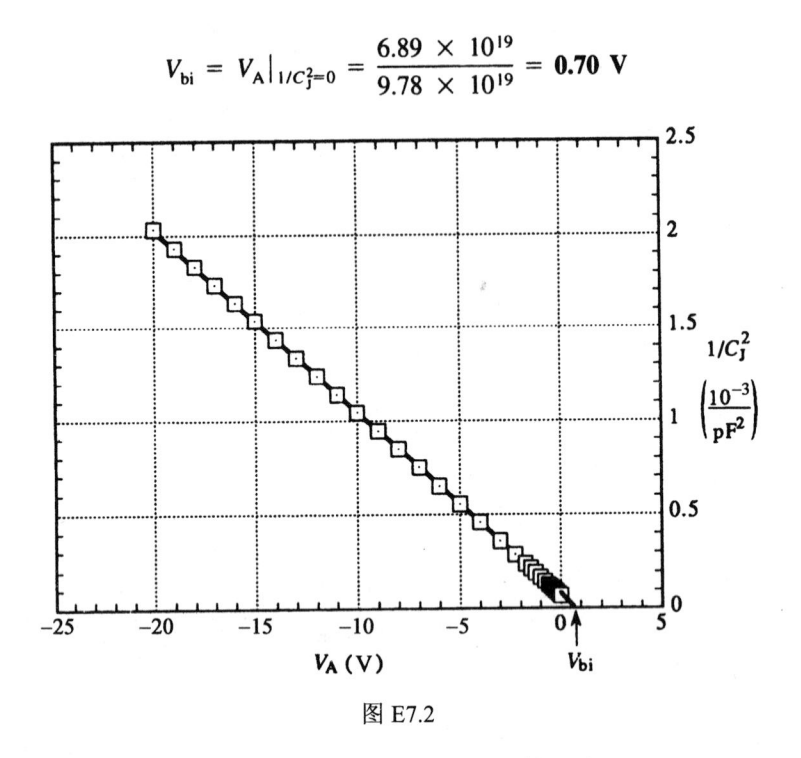

显然,可以将前面的图形方法扩展到线性缓变和其他杂质分布上,但人们却很少这么做。正如该方法所显示出的,事先无须知道杂质分布的性质,就可以利用 C-V 数据直接推导出结轻掺杂一侧的杂质浓度随位置的变化关系。省略推导细节,只需要记住杂质浓度随位置的变化关系为[3]

$$N_B(x) = \frac{2}{qK_S\varepsilon_0 A^2 |d(1/C_J^2)/dV_A|} \tag{7.12}$$

$$x = \frac{K_S\varepsilon_0 A}{C_J} \tag{7.13}$$

其中 x 是结轻掺杂一侧离开冶金结的距离。注意,可将式 (7.11) 突变结关系式代入式 (7.12),得到的结果将与位置无关,这与预期的结果相一致。

确定杂质浓度与位置关系的过程称为杂质分布测定 (profiling)。如果杂质分布随位置变化得太快,那么式 (7.12)/式 (7.13) 确定的分布会变得不准确,而且只能扫描到结的有限部分。此外,由于需要用到 C-V 数据的斜率和导数,因此结果容易受到噪声的影响。尽管如此,利用 C-V 确定杂质分布的方法实现起来相对简单,通常能得出有用的结果,因而得到了广泛的应用。C-V 自动测量系统中提供的软件甚至可以执行式 (7.12)/式 (7.13) 的计算,并能以图形方式显示出结果。对于一个超突变结二极管,经过图 7.6 中 C-V 测量系统自动处理得到的结果,其杂质分布重画于图 7.7 中。

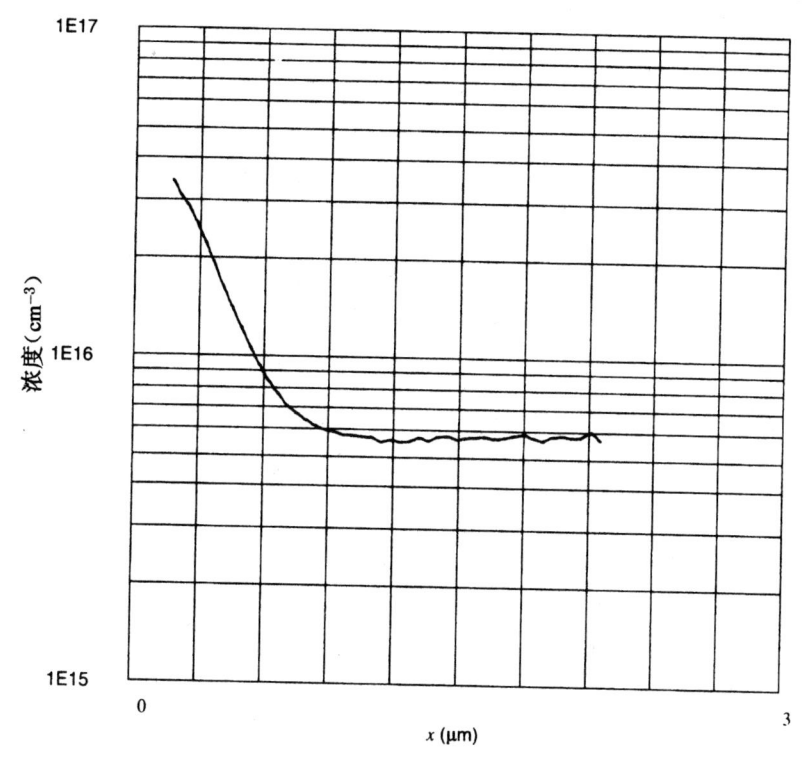

图 7.7 超突变结调制二极管(ZC809)的杂质分布。即图 7.6 中 C-V 测量系统的输出结果。x 是轻掺杂一侧距冶金结的距离

7.2.4 反向偏置电导

所有标准电容都存在着一定量的电导。pn 结二极管也存在着同样的情况。虽然电容性占主导作用,但反向偏置导纳确实存在着一个很小的电导分量。关于反向偏置电导,只有很少几点需要说明。

从定义上来看,一个二极管的微分直流电导应是一个直流工作点上 I-V 特性曲线的斜率,即 dI/dV。如果假设二极管准静态地响应一个交流信号,那么交流电导 $= \Delta I/\Delta V = dI/dV =$ 微分直流电导。将讨论限制在一定的频率范围内,在该范围内二极管可以随交流信号准静态地变化,并引入符号 G_0 表示低频电导,则可以写出

$$\boxed{G_0 = \frac{dI}{dV_A}} \tag{7.14}$$

对于一个理想二极管且 $I = I_0[\exp(qV_A/kT)-1]$,

$$G_0 = \frac{q}{kT}I_0 e^{qV_A/kT} = \frac{q}{kT}(I + I_0) \quad \cdots \text{理想二极管} \tag{7.15}$$

当一个理想二极管中反向偏置超过几个 kT/q 时,$I \to -I_0$,并且从式(7.15)可以看出 $G_0 \to 0$。这符合以下事实,反向偏置 I-V 特性出现饱和,并且理想 I-V 特性曲线的斜率变为零。在给定的二极管中,如果直流复合-产生电流占主导地位,那么当反向偏置等于几个 kT/q 时,

$$G_0 = \frac{d}{dV_A}\left(-\frac{qAn_i}{2\tau_0}W\right) = \frac{qAn_iW/2\tau_0}{(m+2)(V_{bi}-V_A)} \quad \cdots I_{\text{R-G}} \text{占主导} \tag{7.16}$$

其中已经用到了式(7.6)中 W 的表达式。当复合-产生电流占主导时，式(7.16)表明在所有的反向偏置下存在着一个寄生电导，该电导对电压的依赖关系随结的杂质分布而变化。

应该强调的是，不管结的类型和主导电流分量是什么，式(7.14)总能应用到 I-V 特性测量中，从而确定 G_0。

练习 7.3

问：图 6.10(b)显示出二极管的反向偏置 I-V 特性，其中在 $V_A = -10$ V 时，测量的结电容 $C_J = 63$ pF。结的串联电阻约为 1 Ω，请参见练习 6.8。设直流工作点为 $V_A = -10$ V 且交流频率 $f = 100$ kHz，验证在器件导纳的建模工作中，R_S 和 $G = G_0$ 可完全忽略不计。

答：图 6.10(b)可用来估算出低频电导。得到

$$G_0 = \left.\frac{dI}{dV_A}\right|_{V_A = -10\text{V}} \cong \frac{40 \text{ pA}}{18 \text{ V}} = 2.22 \times 10^{-12} \text{ S}$$

通过比较，在工作偏置和工作频率下，

$$\omega C_J = (2\pi)(10^5)(6.3 \times 10^{-11}) = 3.96 \times 10^{-5} \text{ S}$$

很明显电容分量远大于电导分量，则 $Y \cong j\omega C_J$。

下面，考虑串联电阻。由于 R_S 与 Y 串联，需要将 $|Z| = 1/|Y|$ 与 R_S 相比较。得到

$$R_S \cong 1 \text{ Ω}$$

和

$$\frac{1}{\omega C_J} = 2.52 \times 10^4 \text{ Ω}$$

结的电抗远大于串联电阻。在给定的工作条件下，实际上可以将二极管看作一个纯电容。

7.3 正向偏置扩散导纳

7.3.1 基本信息

在一个器件结构中，电荷的涨落导致了电容的产生。在反向偏置导纳分析中引入的结电容是由多数载流子进入和离开稳态耗尽层所导致的。少数载流子浓度也会响应交流信号，在耗尽层边界附近出现涨落。但是在反向偏置条件下，少数载流子数目太少，其对导纳的贡献可忽略不计。正向偏置下，对于多数载流子来说没有出现什么新的机制，这些载流子仍然在耗尽层边界处移进和移出，从而引起结电容。实际上，前面推导出的 C_J 关系式可以不做任何修改，直接应用到正向偏置的情况。正向偏置下出现的新现象是，交流信号引起的少数载流子电荷的涨落会对结电容有明显的贡献。

正如 6.1.4 节对理想二极管的分析一样，二极管正向偏置会在邻近耗尽层的准中性区域内引起少数载流子的堆积。随着正向偏置的增加，该载流子的堆积会变得越来越明显。为了响应一个交流信号，结上压降变为 $V_A + v_a$，而过剩少数载流子在其直流值附近的分布涨落情况如图 7.8(a)所示，这导致出现一个额外电容。如果少数载流子能够跟随信号准静态地变化，那么图中的载流子可以在两条直线之间上下变化。但是，少数载流子的补充和抽取并不像多

数载流子变化得那样快,在角频率接近少数载流子寿命的倒数时,少数载流子电荷的涨落将很难与交流信号保持同步,结果是空间电荷表现为异步地变化,就像图 7.8(a)中画出的波浪分布。这个电荷异步涨落会增加测量电导而减小测量电容,也就是说,少数载流子电荷的涨落会导致电容和电导的数值依赖于频率。

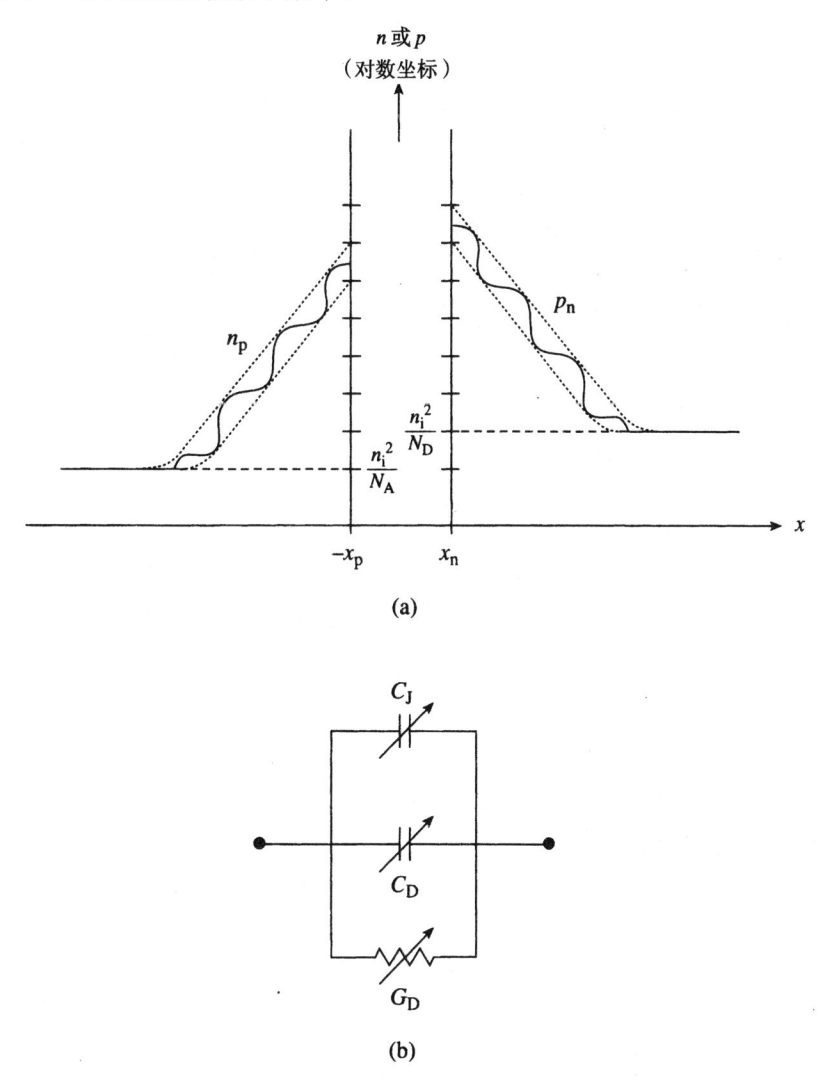

图 7.8 扩散导纳。(a)少数载流子电荷的涨落(坐标明显放大)导致了扩散导纳;(b)正向偏置下 pn 结二极管的小信号等效电路(假设串联电阻可忽略不计)

因为少数载流子在耗尽层边界的积累是由扩散电流引起的,所以将少数载流子电荷的涨落导致的导纳称为扩散导纳 Y_D。通常给出

$$Y_D = G_D + j\omega C_D \tag{7.17}$$

其中 C_D 和 G_D 分别是扩散电容和扩散电导。当然正向偏置下总的导纳是结电容和扩散导纳的并联值,如图 7.8(b)所示。

和反向偏置电容的测量相比,正向偏置导纳的测量更具挑战性。二极管正向偏置时会流过较大的电流,这使得几乎所有的商用 C-V 测量系统中的测量和偏置电路出现了过载问题。

室温下对 Si 二极管进行测量,仅仅零点几个伏特的正向偏置经常会导致一个不可靠的结果或者是测量过程的中断。一个能够用于正向偏置测试的仪器是 HP4284A LCR 仪,如图 7.9 所示。配置 001 选项的 HP4284A 包含一个特殊的隔离电路,能够最大程度地解决直流过载问题,最大电流可达 0.1 A。HP4284A 是一种通用的设备,可以同时进行电容和电导的测量,测量频率可从 20 Hz 到 1 MHz,交流信号幅度从 5 mV 到 20 V rms,直流偏置可以设置在±40 V,并且可测量的电容范围从 0.01 fF 到 10 F。该仪器可以执行基本的单点测量,但也能按照用户设置的 10 个频率、直流偏置或交流信号幅度值自动地进行循环测量。

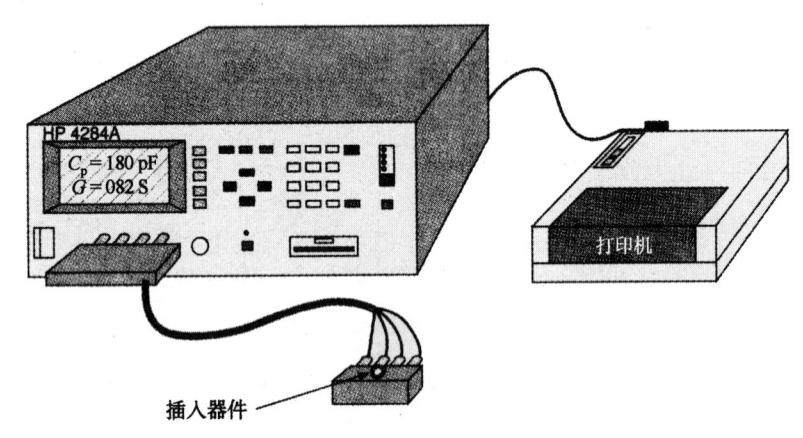

图 7.9 用于正向偏置测量的 HP 4284A LCR 仪。连接的打印机可以方便地以硬拷贝方式记录显示屏上的数据

7.3.2 导纳关系式

获得扩散导纳的显式关系式并不困难,但数学处理却非常烦琐。一种直接的、模式化的处理方法,即简单地重复理想二极管的推导过程,并将所有的直流变量用直流加交流变量之和来代替,然后从不同的解中找出交流分量。一旦获得了交流电流与交流电压的关系,就可以通过 $Y = i/v_a$ 计算出导纳。另一种可选择的方法是,利用两个等效方程从直流电流解中得到交流电流解。这里将采用后一种方法。

假设用来分析的器件是一个 p$^+$-n 结二极管。对于交流信号叠加在直流信号上的偏置条件,得到的 n 侧少数载流子扩散方程是

$$\frac{\partial \Delta p_\mathrm{n}(x,t)}{\partial t} = D_\mathrm{P} \frac{\partial^2 \Delta p_\mathrm{n}(x,t)}{\partial x^2} - \frac{\Delta p_\mathrm{n}(x,t)}{\tau_\mathrm{p}} \tag{7.18}$$

假设交流信号是一个正弦或余弦函数,可写出

$$\Delta p_\mathrm{n}(x,t) = \overline{\Delta p_\mathrm{n}}(x) + \tilde{p}_\mathrm{n}(x,\omega)\mathrm{e}^{j\omega t} \tag{7.19}$$

其中 $\overline{\Delta p_\mathrm{n}}$ 是 $\Delta p_\mathrm{n}(x,t)$ 的非时变(直流)部分,而 $\tilde{p}_\mathrm{n}$ 是交流分量的幅度大小。将式(7.19)中 $\Delta p_\mathrm{n}(x,t)$ 的表达式代入式(7.18)且对时间进行微分,有

$$j\omega \tilde{p}_\mathrm{n} \mathrm{e}^{j\omega t} = D_\mathrm{P} \frac{\mathrm{d}^2 \overline{\Delta p_\mathrm{n}}}{\mathrm{d}x^2} + D_\mathrm{P} \frac{\mathrm{d}^2 \tilde{p}_\mathrm{n}}{\mathrm{d}x^2} \mathrm{e}^{j\omega t} - \frac{\overline{\Delta p_\mathrm{n}}}{\tau_\mathrm{p}} - \frac{\tilde{p}_\mathrm{n}}{\tau_\mathrm{p}} \mathrm{e}^{j\omega t} \tag{7.20}$$

必须分别计算式(7.20)的直流和交流项。因此,合并同类项并简化交流结果,得到

$$0 = D_P \frac{d^2\overline{\Delta p_n}}{dx^2} - \frac{\overline{\Delta p_n}}{\tau_p} \tag{7.21a}$$

$$0 = D_P \frac{d^2\tilde{p}_n}{dx^2} - \frac{\tilde{p}_n}{\tau_p/(1+j\omega\tau_p)} \tag{7.21b}$$

通常认为式(7.21a)为少数载流子的稳态扩散方程。注意扩散方程的交流形式，除了以 $\tau_p/(1+j\omega_p)$ 代替 τ_p，式(7.21b)与直流形式完全相同。

求解式(7.21)的过程中，常用的边界条件位于 $x=\infty$ 处，如 $\overline{\Delta p_n}(\infty)=\tilde{p}_n(\infty)=0$。而 $x=x_n$ 处的边界条件为

$$\Delta p_n(x=x_n) = \overline{\Delta p_n}(x_n) + \tilde{p}_n(x_n) = \frac{n_i^2}{N_D}(e^{q(V_A+v_a)/kT} - 1) \tag{7.22}$$

或

$$\overline{\Delta p_n}(x_n) = \frac{n_i^2}{N_D}(e^{qV_A/kT} - 1) \tag{7.23}$$

$$\tilde{p}_n(x_n) = \frac{n_i^2}{N_D} e^{qV_A/kT}(e^{qv_a/kT} - 1) \tag{7.24a}$$

$$\cong \frac{n_i^2}{N_D}\left(\frac{qv_a}{kT} e^{qV_A/kT}\right) \quad \cdots v_a \ll kT/q \tag{7.24b}$$

前面提到的 v_a 表示交流信号的幅度大小。

现在开始求解。我们已经建立了求解交流变量和电流的方程与边界条件，然而继续得到目标解并不是一件简单的事情。由于交流少数载流子扩散方程除 $\tau_p \to \tau_p/(1+j\omega\tau_p)$ 外在形式上与直流方程完全一致，而且二者的边界条件除 $[\exp(qV_A/kT)-1] \to [(qv_a/kT)\exp(qV_A/kT)]$ 外也是一致的，因此除了提到的对 τ_p 的修正和电压因子，交流和直流电流解也一定相同。对于一个 p^+-n 结二极管，我们知道：

$$I_{\text{DIFF}} = qA\frac{D_P}{L_P}\frac{n_i^2}{N_D}(e^{qV_A/kT} - 1) = qA\sqrt{\frac{D_P}{\tau_p}}\frac{n_i^2}{N_D}(e^{qV_A/kT} - 1) \tag{7.25}$$

因此，对 τ_p 和电压因子进行修正，得到

$$i_{\text{diff}} = qA\sqrt{\frac{D_P}{\tau_p}}\sqrt{1+j\omega\tau_p}\frac{n_i^2}{N_D}\left(\frac{qv_a}{kT}e^{qV_A/kT}\right) = \left(\frac{qv_a}{kT}I_0 e^{qV_A/kT}\right)\sqrt{1+j\omega\tau_p} \tag{7.26}$$

或者用理想二极管低频电导形式[参见式(7.15)]表示为

$$i_{\text{diff}} = G_0\sqrt{1+j\omega\tau_p}\, v_a \tag{7.27}$$

和

$$\boxed{Y_D = \frac{i_{\text{diff}}}{v_a} = G_0\sqrt{1+j\omega\tau_p}} \quad \cdots p^+\text{-n 结二极管} \tag{7.28}$$

对于一个 n^+-p 结二极管，只需将式(7.28)中的 τ_p 换为 τ_n。如果给定一个双边结，则 G_0 必须分为 n 型和 p 型分量，并且每个分量要乘以恰当的 $\sqrt{1+j\omega\tau}$ 因子。

对于一个 p^+-n 结二极管，如果将方程(7.28)的扩散导纳分为实部和虚部两个部分，再与

式(7.17)相比较，则可得出

$$G_D = \frac{G_0}{\sqrt{2}}\left(\sqrt{1+\omega^2\tau_p^2}+1\right)^{1/2} \quad (7.29a)$$

$$C_D = \frac{G_0}{\omega\sqrt{2}}\left(\sqrt{1+\omega^2\tau_p^2}-1\right)^{1/2} \quad (7.29b)$$

注意，G_D 和 C_D 为直流偏置(通过 G_0)和信号频率的函数。由于 G_0 的函数关系为 $\exp(qV_A/kT)$，则扩散分量随正向偏置升高而急剧增加。尽管在正向小偏置下 C_J 占优势，但随着正向偏置的逐渐升高，扩散电容将超过并最终掩盖结电容。相对于频率的依赖关系，在低频时 $\omega\tau_p \ll 1$，$\sqrt{1+\omega^2\tau_p^2} \cong 1+\omega^2\tau_p^2/2$ 且

$$G_D \Rightarrow G_0 \quad \cdots \omega\tau_p \ll 1 \quad (7.30a)$$

$$C_D \Rightarrow G_0\frac{\tau_p}{2} \quad \cdots \omega\tau_p \ll 1 \quad (7.30b)$$

例如，如果 $\tau_p = 10^{-6}$ s，对于 $f \leq 1/(20\pi\tau_p) \cong 16$ kHz，式(7.30)给出了一个独立于频率的响应。当 $\omega\tau_p \gtrsim 1$ 时，在对应的信号频率范围内，随着频率增加，电导将会增大而电容将会下降。图 7.10 画出了 G_D 和 C_D 与其低频值的相对变化随 $\omega\tau_p$ 的变化关系。

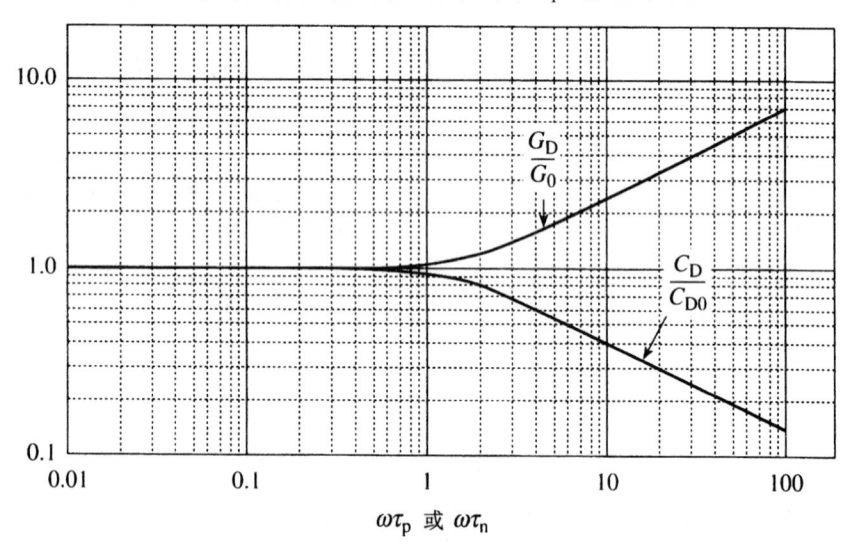

图 7.10 归一化到低频值的扩散电容和扩散电导随 $\omega\tau_p$ (p^+-n 结二极管)或 $\omega\tau_n$ (n^+-p 结二极管)的变化情况 ($C_{D0} = G_0\tau/2$)

(C) 练习 7.4

问：对于一个 1N5472A n^+-p 突变结二极管，图 7.3 画出了其反向偏置 C-V 数据，而且练习 7.2 已经给出了对它的分析，其零偏置时的结电容 $C_{J0} = 120$ pF。已经确定对结电容数据拟合得最好的 V_{bi} 值为 0.7 V，参见练习 7.2。利用练习 6.7 描述的过程来处理 I-V 数据，得到 $I_0 = 8 \times 10^{-13}$ A 和 $n_1 = 1.22$。p 区少数载流子寿命近似为 $\tau_n = 5 \times 10^{-7}$ s。

(a) 假设 $\omega\tau_n = 0.01$，采用对任意 $\omega\tau_n$ 都适用的表达式，对于给定的二极管，计算和画出 C_J、C_D 和 $C_J + C_D$ 与 V_A 的关系曲线。将 V_A 限制为 $0 \leq V_A \leq 0.65$ V。需要特别注意 $C_D = C_J$ 时对应的电压值。

(b) 设 $\omega\tau_n = 0.1, 1, 10, 100$，重复(a)的问题。请讨论得到的结果。

答： 采用的基本计算关系式为

$$C_J = \frac{C_{J0}}{\left(1 - \frac{V_A}{V_{bi}}\right)^{1/2}}$$

$$C_D = \frac{\tau_n G_0}{\omega\tau_n \sqrt{2}}\left(\sqrt{1 + \omega^2\tau_n^2} - 1\right)^{1/2}$$

和

$$G_0 = \frac{q}{kT}I_0 e^{qV_A/n_1 kT}$$

C_J 的表达式为 $m = 0$ 时的式(7.9)。用 τ_n 代替 τ_p 并在平方根外引入 τ_n，式(7.29b)给出了 C_D 的表达式。G_0 是式(7.15)的低频电导且在指数项中插入 n_1 以考虑二极管的非理想因素。

下面给出了 MATLAB 程序代码和(a)的计算结果(参见图 E7.4)。利用 HP4284A LCR 仪(参见图 7.9)测量 1N5472A，得到的实际正向偏置 C-V 数据如图中所示。可以看出，在正向小偏置下结电容占主导，而扩散电容达到 $C_D = C_J$ 时对应的电压 $V_A \cong 0.545$ V。对于所有的 $\omega\tau_n < 1$，得到了同样的计算结果。当 $\omega\tau_n$ 大于 1 时，随着 $\omega\tau_n$ 的增加，在所有偏置下 C_D 逐渐减小，而且 $C_D = C_J$ 对应的点向越来越高的电压方向偏移。当 $\omega\tau_n$ 分别等于 10 和 100 时，$C_D = C_J$ 对应的电压 $V_A \cong 0.575$ V 和 0.62 V。

MATLAB 程序清单…

```
%Exercise 7.4...Forward-Bias Capacitance
%Computational constants
clear
CJ0=120e-12;      %farads
Vbi=0.7;          %volts
Vth=0.0259;       %Vth=kT/q in volts
taun=5.0e-7;      %seconds
I0=8.0e-13;       %amps
n1=1.22;          %ideality factor
wt=input('input the angular-frequency*lifetime product--');
VA=linspace(0,0.65);
%CJ Computation
CJ=CJ0./sqrt(1-VA./Vbi);
%CD Computation
G0=I0/Vth*exp(VA./(n1*Vth));
CD=taun.*G0./(sqrt(2)*wt)*sqrt(sqrt(1+(wt)^2)-1);
%Measured CD Data
VAm=[0.1 0.2 0.3 0.4 0.42 0.44 0.46 0.48 0.50 0.52 0.54 0.56 0.58];
```

```
CDm=[1.31e-10 1.43e-10 1.61e-10 1.88e-10 1.97e-10 2.08e-10 ...
2.23e-10 2.46e-10 2.76e-10 3.46e-10 4.40e-10 6.54e-10 9.38e-10];

%Plot
close
semilogy(VA,CJ,'--r'); axis([0 0.7 1.0e-10 1.0e-9]); grid
hold on; semilogy(VA,CD,'--g'); semilogy(VA,CJ+CD)
semilogy(VAm,CDm-2e-12,'o')
xlabel('VA (volts)'); ylabel('C (farads)')

%Key
semilogy(0.12,7e-10,'o'); text(0.125,7e-10,'...C-V Data')
x=[0.1 0.2];
y1=[6.1e-10 6.1e-10]; semilogy(x,y1,'-y'); text(0.21,6.1e-10,'CJ+CD')
y2=[5.2e-10 5.2e-10]; semilogy(x,y2,'--r'); text(0.21,5.2e-10,'CJ')
y3=[4.3e-10 4.3e-10]; semilogy(x,y3,'-.g'); text (0.21,4.3e-10,'CD')
hold off
```

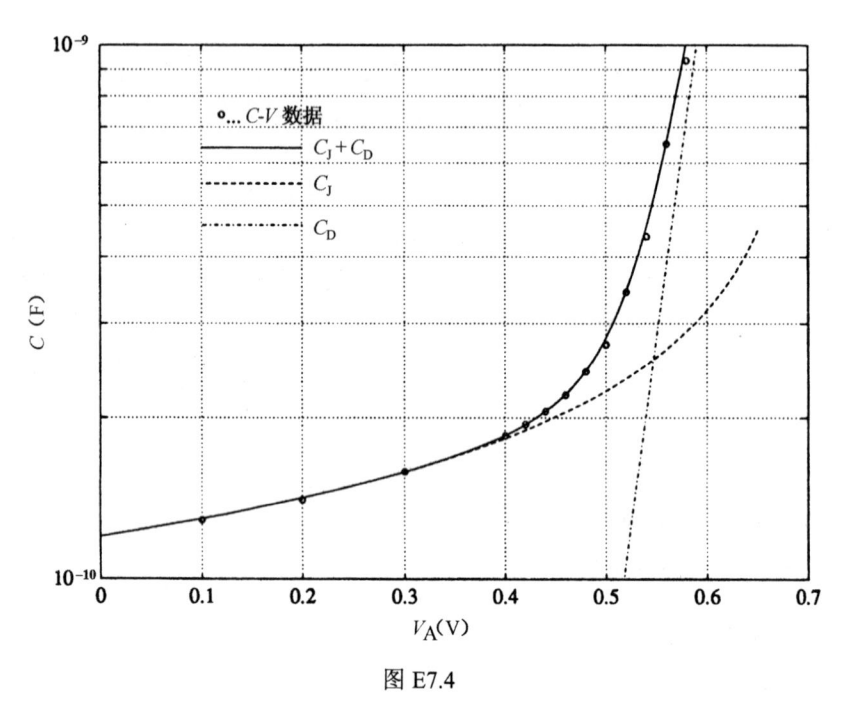

图 E7.4

7.4 小结

本章主要对 pn 结二极管的小信号响应进行了分析和建模。讨论分为两个部分，分别对应于二极管的反向偏置和正向偏置条件。当反向偏置时，pn 结二极管在功能上等效为一个电容。该二极管的电容实际上可以利用众所周知的平板电容器公式[参见式(7.2)]计算出来。该 pn 结二极管不同于标准电容器的地方，在于二极管电容会随反向偏置的增加而单调减小。从物理上来讲，随着交流信号的变化，多数载流子移进和移出耗尽层，从而导致出现反向偏置结电容。在许多电路应用中，将反向偏置二极管当作电容和可变电容(变容二极管)。在器件表征和测试工作中也广泛地应用了电容测量技术，特别是用来确定结轻掺杂一侧的平均杂质或杂质分布。在讨论的过程中，没有特别涉及当二极管作为变容二极管时的杂质分布与参数/分布提取之间的相互联系。

当二极管处于正向偏置时，在邻近耗尽层的准中性区域内出现了明显的少数载流子积累现象。随着交流信号的变化，少数载流子电荷的涨落引起了一个额外的导纳分量，即扩散导纳。通过适当地修改理想二极管方程，可以建立扩散导纳的表达式。扩散导纳分量与直流偏置强相关，并随着正向偏置的增加而逐渐增大，在测量的导纳中该分量最终将起主导作用。在 $\omega\tau \geq 1$ 的频率下，少数载流子跟随交流信号会变得越发困难，并且出现的非同步波动会增加扩散电导而减小扩散电容。

习题

习 题	在以下小节后完成	难度水平	建议分值	简短描述
7.1	7.4	1	16（每问 2 分）	快速测验
7.2	7.2.2	2	10	推导式 (7.6)
●7.3	"	2	12 (a/b-10, c-2)	带刻度的 C-V 图
*7.4	7.2.3	2	15（图-5, i-5, ii-5）	从 C-V 数据推导出 N_B、V_{bi}
7.5	"	3	10	推导式 (7.12)/式 (7.13)
●7.6	"	3	15	$N_B(x)$ 与 x 的关系曲线
●7.7	7.3.2	1	5	验证图 7.10 的准确性
●7.8	"	2	10（编程-8, 问题-2）	ωC_D、G_D 的相对大小
7.9	"	2	10	τ 的测量

7.1 快速测验。尽可能简洁地回答下列问题：
(a) 结电容的物理来源是什么？
(b) 画出一个 n^+-p 结中，$m = -1$ 时对应的超突变结的杂质分布。
(c) 准静态的定义。
(d) 变容二极管的定义。
(e) 杂质分布提取的定义。
(f) 画出一个理想二极管在正向和反向偏置下的低频电导。做出必要的注释以避免对画出的图产生误解。
(g) 扩散导纳的物理来源是什么？
(h) 当 $\omega\tau_p \geq 1$ 时，为什么扩散电导随 $\omega\tau_p$ 的增加而增大？

7.2 给定单边指数分布，参见式 (7.5) 的描述，主要按照第 5 章给出的步骤，推导式 (7.6)。假设有一个 p^+-n 结且 $N_B(x) = N_D(x)$。为什么要强调 $m > -2$？

●7.3 (a) 编写一个计算机程序，画出完整的反向偏置 C-V 曲线，可以直接与实验数据相比较。该程序中用来比较的样品是 300 K 下 Si p^+-n 突变结二极管。将二极管面积 (A)、轻掺杂一侧的杂质浓度 (N_B) 和最大反向偏置电压 ($|V_A|_{max}$) 作为输入变量。
(b) 取 $A = 3.72 \times 10^{-3}$ cm^2 和 $N_B = 8.84 \times 10^{15}$/cm^3，将程序的输出与图 7.3 中的实验结果相比较。练习 7.2 引用的 V_{bi} 结果是否影响实验和理论的一致性？请加以解释。

(c) 轻掺杂一侧的杂质浓度是如何影响结电容的？证明你的回答。注意：有兴趣的读者也许可以考虑将本习题中的计算机程序通用化，以便能够处理任意的单边指数分布。

*7.4 1N4002 是流行的 4000 系列通用二极管中的一种，用于汽车和其他设备中。表 P7.4 列出了 1N4002 p$^+$-n 结二极管的 C-V 数据。在分析数据以前，考虑到封装二极管存在的寄生杂散电容，需要从每个电容值中减去 3 pF。假设二极管杂质分布是突变的且 $A = 6 \times 10^{-3}$ cm^2。采用正文描述的绘图法，确定轻掺杂一侧的杂质浓度和"最佳拟合"的 V_{bi}。分别用以下方法获得所需结果：(i)"手工"画出穿过数据的直线；(ii) 对数据进行最小方差拟合。(注意：与练习 7.2 中的 1N5472A 不一样，1N4002 不是理想突变结。图中的数据点有些偏离直线是正常的。)

表 P7.4 1N4002 反向偏置 C-V 数据

V_A(V)	C(pF)	V_A(V)	C(pF)	V_A(V)	C(pF)	V_A(V)	C(pF)
0.0	38.709	−1.4	23.060	−5.0	15.548	−11.0	11.746
−0.2	33.717	−1.8	21.490	−6.0	14.599	−12.0	11.373
−0.4	30.567	−2.2	20.254	−7.0	13.834	−13.0	11.037
−0.6	28.319	−2.6	19.248	−8.0	13.189	−14.0	10.734
−0.8	26.598	−3.0	18.405	−9.0	12.639	−15.0	10.458
−1.0	25.170	−4.0	16.762	−10.0	12.163		

7.5 推导式(7.12)和式(7.13)。提示：可参见文献[3]的第 43 页。

●7.6 编写一个计算机程序，可以将 C-V 数据作为输入，并且输出采用式(7.12)和式(7.13)计算出的 $N_B(x)$ 与 x 杂质分布图。采用表 P7.4 中 1N4002 的数据试运行你的程序。

●7.7 验证图 7.10 的准确性。计算并同时画出对其低频值归一化的扩散电容和扩散电导与 $\omega\tau_p$ 的关系曲线。将计算范围限制为 $0.01 \leq \omega\tau_p \leq 100$。

●7.8 在给定直流偏置和信号频率下，扩散导纳的电容和电导分量的相对大小是多少？为了回答这个问题，首先分析式(7.29)和式(7.30)以确定当 $\omega\tau_p \ll 1$ 和 $\omega\tau_p \gg 1$ 时 $\omega C_D/G_D$ 的极限值。其次，计算和画出 $0.01 \leq \omega\tau_p \leq 100$ 时 $\omega C_D/G_D$ 与 $\omega\tau_p$ 的关系曲线。画出的图是否接近合理的极限值？简而言之，请回答本习题开始提出的问题。

7.9 正向偏置导纳的测量可以用来确定出结轻掺杂一侧的少数载流子寿命。从式(7.30)中可以看出，对于给定的一个 p$^+$-n 结二极管，当 $\omega\tau_p \ll 1$ 时，$C_D/G_D = \tau_p/2$。练习 7.4 给出了 1N5472A 二极管的正向偏置 C-V 数据。下表列出了相应的正向偏置 G_D-V_A 数据，其中电压在 0.50 V 和 0.58 V 之间。假设 $\omega\tau_n \ll 1$，请确定表中每个电压下 1N5472A n$^+$-p 结二极管对应的 τ_n 值。并且给出从数据中推导出的平均 τ_n 值。

V_A(V)	G_D(S)
0.50	2.00×10^{-4}
0.52	3.90×10^{-4}
0.54	7.15×10^{-4}
0.56	1.33×10^{-3}
0.58	2.28×10^{-3}

第8章 pn结二极管：瞬态响应

通常一个完整的、系统的器件分析可分为四个主要部分：内部静电模型、稳态响应、小信号响应和瞬态响应。本章重点研究最后一个部分——pn结二极管的瞬态响应或开关响应。在许多应用领域中是将pn结二极管当作电学开关来使用的，通常用电流脉冲或电压脉冲将二极管从正向偏置(也称"开态")转换到反向偏置(也称"关态")，反之亦然。电路和器件工程师最关心的是pn结二极管在开关转换过程中能达到的速度。一般来说，在瞬态关断过程(也就是从开态到关态的切换过程)中，速度受限最为显著，因此下面将集中讨论关断的瞬态过程。此外，假定分析的二极管是理想的，这样在表达瞬态过程的基本概念和基本原理时省去了复杂的数学运算。

8.1 瞬态关断特性

8.1.1 引言

图8.1(a)给出了理想的开关电路。$t=0$之前在二极管两端加上正向偏置，有稳态正向电流I_F流过二极管；在$t=0$时刻电路中的开关快速移到右边。对于开关应用，希望二极管电流从I_F立刻下降到与所加反向偏置对应的小的稳态反偏电流上。而实际上观测到的结果如图8.1(b)所示，如果V_R/R_R和V_F/R_F二者相当，则在开关转换后的瞬间，反向电流的大小就与正向电流的相当，而不是一个逐渐减少的电流。随后，在电流最终衰减到稳态值之前的有限时间内，流经二极管的电流基本上保持常数，大小为$-I_R$。反向电流保持为常数的这段时间称为存贮时间或存贮延迟时间(t_s)。当反向电流衰减到其最大数值的10%时所需的总时间定义为反向恢复时间(t_{rr})，并且恢复时间(t_r)是t_{rr}和t_s之差。图8.1(b)对这些表征瞬态关断特性的时间都给予了明确的表示。

图8.1(c)显示了与i-t瞬态相对应的二极管瞬时电压(v_A)的变化。从图中可以看出：(i)在$0<t<t_s$时，结保持正偏，即使外加电压达到使二极管反偏的程度也仍然如此；(ii)在$t=t_s$时，$v_A=0$。

在分析瞬态响应的过程中，假设与二极管的最大正向压降(V_{ON})相比，电源电压(V_F和V_R)足够大。在这一假设下有

$$I_F = \frac{V_F - V_{ON}}{R_F} \cong \frac{V_F}{R_F} \tag{8.1a}$$

和

$$I_R = \frac{V_R + v_A|_{0<t\leq t_s}}{R_R} \cong \frac{V_R}{R_R} \tag{8.1b}$$

下面的定性和定量分析将把重点集中在瞬态关断过程的存贮延迟上。因为电流衰减的时间t_r容易受测量电路寄生电容的干扰而失真，所以通常把t_s作为主要的品质因素来表征瞬态关断过程。

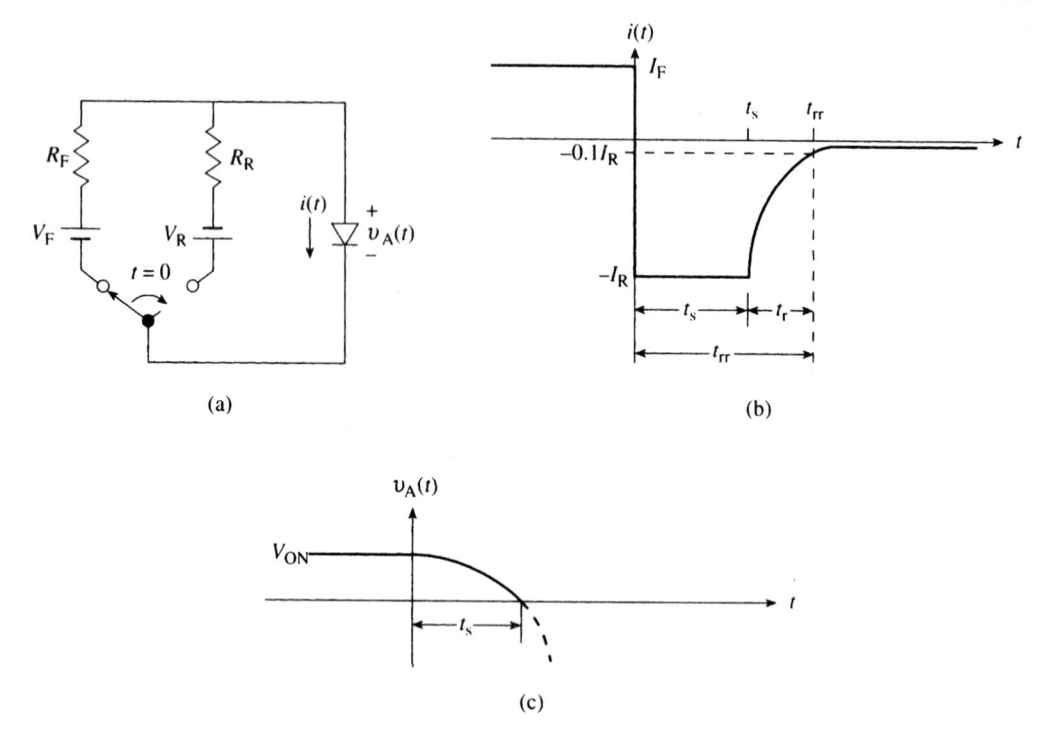

图 8.1　瞬态关断过程。(a)理想的开关电路；(b)电流-时间(i-t)瞬态关断特性的简图及说明；(c)电压-时间(v-t)瞬态关断特性

8.1.2　定性分析

初次接触瞬态关断过程的读者可能会有许多疑问，例如，为什么从开态到关态的转变中会有延迟呢？或者说，造成延迟的物理机制是什么？瞬态过程中二极管内部到底发生了什么变化？在外加电压达到使二极管反偏的程度时，为什么二极管还能在 $0 < t < t_s$ 时间内保持正向偏置？

前面曾多次提到，当二极管正向偏置时会在紧邻耗尽区的准中性区域内产生过剩少数载流子的积累或存贮；反之，当二极管反偏时，紧邻耗尽区的少数载流子显著减少，这就是开关转换延迟的根本原因。简而言之，为了从开态转换到关态，图 8.2 所示的过剩少数载流子必须从结的两侧移走。在瞬态过程的 t_s 时间内，大部分存贮电荷会从二极管中移走，存贮延迟时间就是因这一事实而得名。

在 6.3.1 节的电荷控制分析中指出，可采用两种方法把准中性区域内过剩少数载流子的电荷移走：第一种方法是通过复合作用在原来位置处消除载流子。显然，复合过程不可能立刻完成，如果复合是移走载流子的唯一方式，那么从开态转换到关态所持续的时间与少数载流子寿命相同。第二种消除过剩载流子的方法是通过净载流子漂移完成的。一旦撤除外部的维持偏置，这些少数载流子会流回结的另一边，也就是它们变成多数载流子的地方。可以想象，这种反向注入能以非常快的速度发生。穿过耗尽区漂移回去所需的时间仅为 $W/\bar{v}_d \sim 10^{-10}$ s，其中 $\bar{v}_d$ 是载流子在耗尽区的平均漂移速度。然而，每秒钟能移走的少数载流子数量受到开关电路的限制，能够流过二极管的最大反向电流近似为 $V_R/R_R = I_R$。I_R 越小，则载流子的消减速率就越慢。如果把二极管短路，则可以实现非常快的瞬态过程，但这一方法很可能导致电流超出器件的容限，从而损坏二极管。总之，有复合和反向电流两种机制来完成对过剩存贮电荷的消除，在不损坏器件的前提下，两种机制中没有一种能以足够快的速率把电荷完全消除，因此在从开态到关态的转换中会观察到存贮延迟时间。

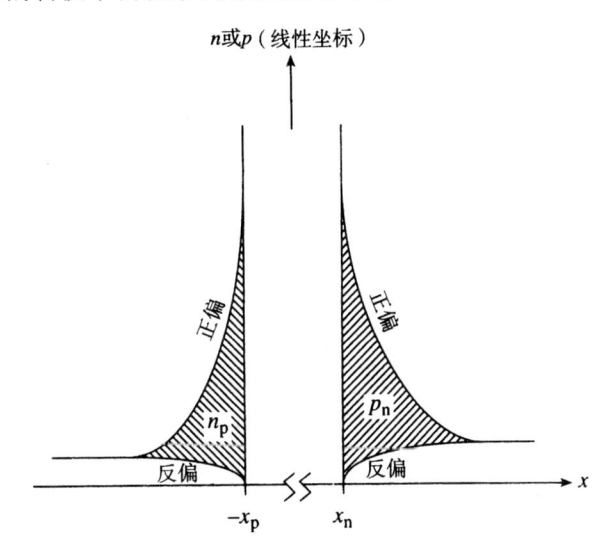

图 8.2 存贮少数载流子电荷导致的开关态转换延迟。反偏和正偏的少数载流子浓度同时绘于线性坐标中，其中 x 轴上标示出耗尽区边界，在耗尽区内部中断的 x 轴表示正偏和反偏耗尽区宽度不同。斜线阴影部分的面积为完成转换过程必须要移走的少数载流子数目

下面还需要回答这样一个问题，即在瞬态过程的 $0 < t < t_s$ 时间内二极管是如何保持正偏的。要回答这个问题，先考虑一下图 8.3 展示的 p^+-n 结一侧 n 区中过剩空穴电荷逐渐消除的过程。从图中可以看出，在延迟的 $t < t_s$ 阶段，耗尽区边界 ($x = x_n$) 的少数载流子浓度比平衡值要大。在第 6 章中已经建立了表示耗尽区边界少数载流子浓度和外加电压关系的耗尽区边界条件，通过用 v_A 代替 V_A，这些边界条件可适用于瞬态条件下。因此，当 $v_A > 0$ 时意味着在紧邻耗尽区边界处有过剩少数载流子；反过来说也是对的，即在耗尽区边界的少数载流子浓度超过平衡值时，意味着结处于正向偏置状态。换一个角度来讲，正是由于耗尽区边界和耗尽区内部过剩载流子的存在，才使得整个结保持正偏。只有当 $x = x_n$ 处的空穴浓度下降到平衡值以下时，二极管才会变成反偏。

下面对图 8.3 中 $x = x_n$ 处的曲线斜率做些说明。在理想 p^+-n 突变结二极管中，$i = AJ_P(x_n) = -qAD_P d\Delta p_n/dx|_{x=x_n}$，或者

$$\left.\frac{d\Delta p_n}{dx}\right|_{x=x_n} = \left\{\begin{array}{l}\text{在}\Delta p_n(x)\text{或}\Delta p_n(x)\text{与}x\text{的关系}\\\text{曲线上位于}x=x_n\text{处的斜率}\end{array}\right\} = -\frac{i}{qAD_P} \tag{8.2}$$

由于 $i < 0$，因此在 $x = x_n$ 处所有 $t > 0$ 的浓度曲线斜率必定是正值。此外，因为在瞬态的 $0 < t \leqslant t_s$ 部分，$i = -I_R =$ 常数，所以对于图 8.3 中所有 $t > 0$ 的曲线，它们在 $x = x_n$ 处的斜率必定是相同的。

练习 8.1

问：在我们对二极管响应有了透彻的理解之后，下面来定性地预测 I_F、I_R 和 τ_P 等主要因素是如何影响所观察的 i-t 瞬态关断特性的，在学习完定量理论后再检查结果的准确性。

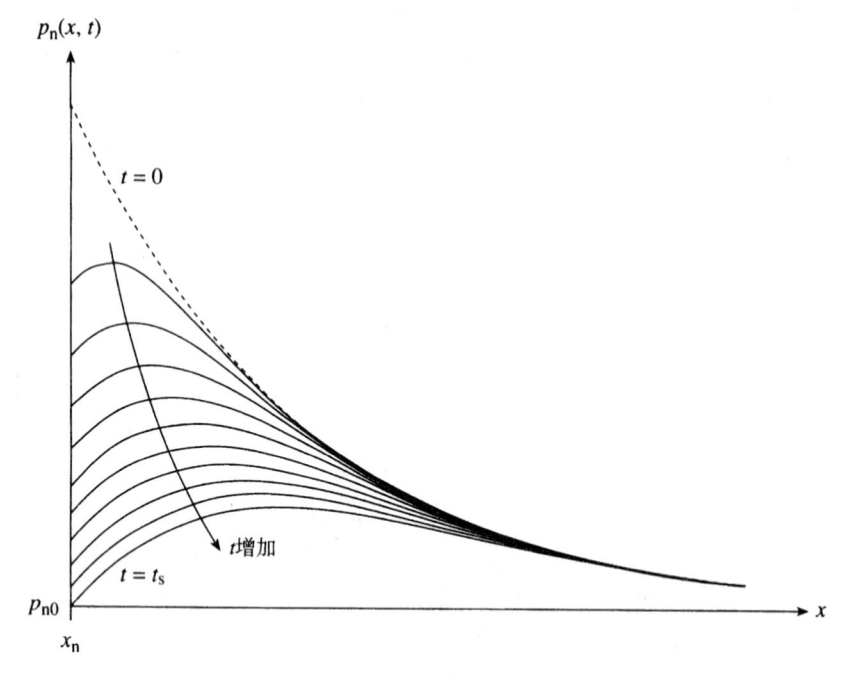

图 8.3 在 $0 \leq t \leq t_s$ 时 p^+-n 结二极管中存贮空穴电荷随时间的衰减

下图为 i-t 瞬态关断特性的示意图，请用虚线画出在下列情况下图中所示的瞬态关断特性如何变化。

(a) I_F 增加到 I_F'。
(b) I_R 增加到 I_R'。
(c) τ_p 下降（变得更短）。

请解释你是如何获得变化后的 i-t 示意图的。

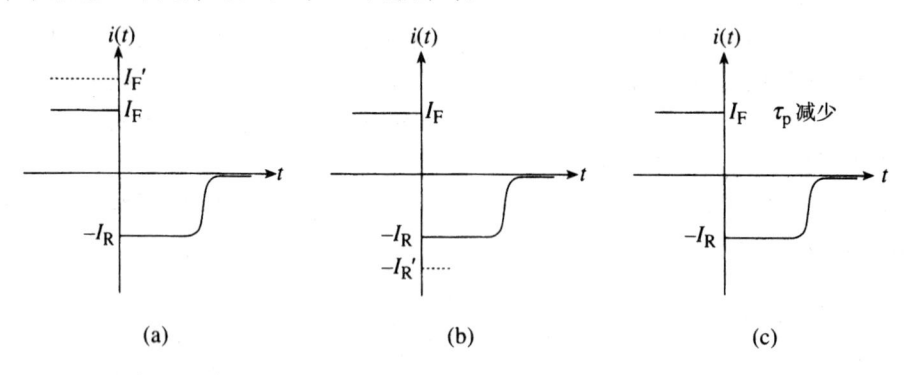

(a)　(b)　(c)

答：图示结果参见图 E8.1。

(a) I_F 变大会使二极管的存贮电荷增加，由于电荷消减速率保持不变，这就需要使用更长的时间来移走存贮电荷，所以 t_s 会增加。

(b) I_R 变大意味着反向电流移走存贮电荷的速率增加，因此在这种情况下存贮延迟时间会减少。

(c) 少数载流子寿命减少，则载流子的复合速率增加，因此 t_s 会减少。

图 E8.1

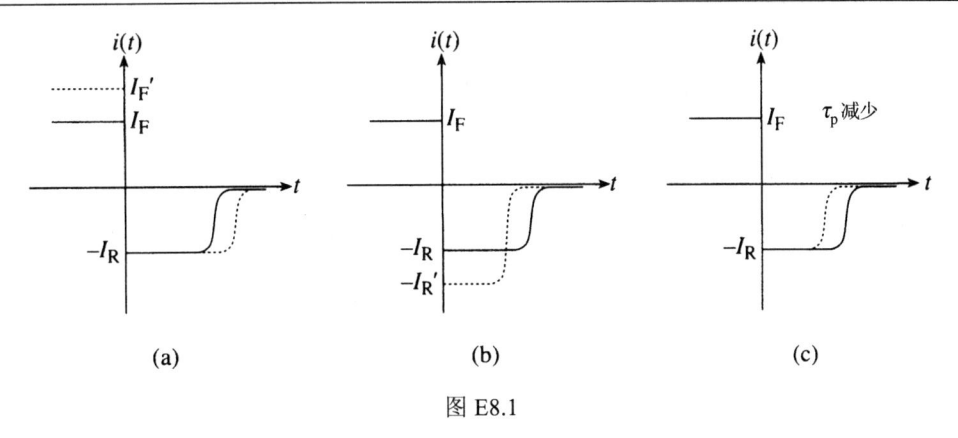

8.1.3 存贮延迟时间

定量分析

接下来需要找到一种能够用来预测和计算存贮延迟时间 t_s 的定量关系式。为了简化分析,我们讨论理想 p^+-n 突变结二极管,并且使用电荷控制方法。相比于 p^+-n 突变结中 n 型一侧的空穴存贮电荷(Q_P)来说,存贮于 p 型一侧的电子电荷完全可以忽略。对于理想二极管,$i = i_{DIFF}$,并且参考 6.3.1 节中的式(6.56),可得

$$\frac{dQ_P}{dt} = i - \frac{Q_P}{\tau_p} \tag{8.3}$$

为求解上述方程,注意到在时间段 $0^+ \leq t \leq t_s$ 中 $i = -I_R =$ 常数,其中 $t = 0^+$ 是关断后的瞬间。因此式(8.3)可简化为

$$\frac{dQ_P}{dt} = -\left(I_R + \frac{Q_P}{\tau_p}\right) \quad \cdots 0^+ \leq t \leq t_s \tag{8.4}$$

分离式(8.4)中的变量 Q_P 和 t,并从 $t = 0^+$ 到 $t = t_s$ 积分,有

$$\int_{Q_P(0^+)}^{Q_P(t_s)} \frac{dQ_P}{I_R + Q_P/\tau_p} = -\int_{0^+}^{t_s} dt = -t_s \tag{8.5}$$

得到

$$t_s = -\tau_p \ln\left(I_R + \frac{Q_P}{\tau_p}\right)\Bigg|_{Q_P(0^+)}^{Q_P(t_s)} = \tau_p \ln\left[\frac{I_R + Q_P(0^+)/\tau_p}{I_R + Q_P(t_s)/\tau_p}\right] \tag{8.6}$$

为了完成推导,必须给出式(8.6)中出现的 $Q_P(0^+)$ 和 $Q_P(t_s)$ 的表达式。可以证明 $Q_P(0^+)$ 很容易用已知参数表示。因为电荷不可能在瞬间消除,所以 $Q_P(0^+) = Q_P(0^-)$,此外,在关断之前 $dQ_P/dt = 0$ 且 $i = I_F$。因此根据式(8.3)有

$$I_F = \frac{Q_P(0^-)}{\tau_p} = \frac{Q_P(0^+)}{\tau_p} \tag{8.7}$$

$Q_P(t_s)$ 是在 $t = t_s$ 时剩余的存贮电荷,精确地获得这一数值是很困难的(因为很难获得准确的 t_s 值)。这里做一个大胆的近似,即将 $Q_P(t_s)$ 近似为零。用式(8.7)消除式(8.6)中的 $Q_P(0^+)$ 项,并把 $Q_P(t_s)$ 设为 0,得到以下结果:

$$t_s = \tau_p \ln\left(1 + \frac{I_F}{I_R}\right) \tag{8.8}$$

注意式(8.8)与练习8.1中定性的预测完全一致。t_s 随着 I_F 的增加而增加，随着 I_R 的增加而减少，并且与 τ_p 成正比。在采用 $\Delta p_n(x,t)$ 的精确解和严格计算 $t = t_s$ 时的剩余存贮电荷的基础上，可以得到更精确的理论结果[4]：

$$\mathrm{erf}\left(\sqrt{\frac{t_s}{\tau_p}}\right) = \frac{1}{1 + \frac{I_R}{I_F}} \tag{8.9}$$

尽管看起来不太相同，但式(8.9)的解与练习8.1中的定性预测完全一致。

- **测量**

在式(8.8)和式(8.9)中，t_s 都与 τ_p 成正比。此外，其他影响 t_s 的参数仅有电流 I_F 和 I_R，它们都受开关电路的控制，因此可以很容易获得非对称结中轻掺杂一侧的少数载流子寿命。首先需要测量 i-t 瞬态关断过程，然后记录存贮延迟时间，这样就可以从式(8.8)或式(8.9)中计算出 τ_p。

图8.4显示了可以观察到微秒级二极管瞬态响应时间的测量系统。这一测量电路包括Tektronix PS5004直流电源和模拟图8.1(a)开关电路的FG5010信号发生器。在一阶近似下，电源节点上的直流偏置决定了 I_F 的大小。加在测试二极管两端快速切换的电压由负方向的方波脉冲来提供，这一方波由信号发生器产生。因为在电容极板上的电量不会瞬间改变，所以当信号发生器的输出从0 V跳向预定的负值时，电容两端的压降必然保持常数，这迫使电容与二极管相连一端的电压下降，下降的数值与方波脉冲的峰-峰值是一样的。随后电容开始放电，但电路中的 RC 时间常数为 10^{-2} 秒，或者更大，这使得在一个典型的脉冲周期内电容的放电量可以忽略。因此可以认为电容将方波信号完整地耦合给测试二极管。由于测试二极管的瞬态电流与电压成正比，因此可用电压随时间的变化来表示 i-t 瞬态关断特性，而电压的变化可以用 Tektronix 11401 数字示波器来观察。在该示波器上显示的波形可进行实时分析，或者打印出来以供进一步研究。

图8.5是测试样品的 i-t 瞬态关断特性，从响应曲线中可以得出 $I_R/I_F \cong 1.0$ 和 $t_s \cong 5.0~\mu s$。根据式(8.8)，可推断出 $\tau_p = t_s/\ln(1+I_F/I_R) = 7.2~\mu s$，而利用式(8.9)得到 $\tau_p = 22~\mu s$。还有一种更准确的确定寿命的方法，它通过改变 I_R/I_F 比率并选择不同的 τ_p 以实现对图8.6归一化的 t_s/τ_p 与 I_R/I_F 关系曲线的最佳拟合，这也是一种考察理论模型能否对测试二极管进行准确模拟的检验方法。图8.6中的虚线和实线分别是式(8.8)和式(8.9)的计算结果，图中也包含了 1N91 Ge 二极管和 1N4002 Si 二极管的实验数据。如果采用 $\tau_p = 14.5~\mu s$，那么更精确的理论结果与 Ge 二极管的数据匹配得很好。然而 Si 二极管的数据与预测的关系曲线不一致，找不出一个合适的 τ_p 值在拟合后与曲线的高端和低端同时匹配得很好。对于 Si 二极管来说，像推导式(8.8)和式(8.9)时所假设的那种理想二极管是很少见的，这一点必须牢记。

8.1.4 总结

下面对实际观察到的瞬态关断特性做一个总结。首先，一般来说 t_s 接近 τ_p(或者 τ_n)，增

加 I_R/I_F 比率会使 t_s 降到 τ_p 以下，从图 8.6 中可以明显看到这一点，但通常会有一些因素限制了 I_R/I_F 比率的大小。另外一个实现快速开关响应的方法是制作少数载流子寿命短的二极管。因为 τ_n 和 τ_p 与 $1/N_T$ 成正比，其中 N_T 是复合-产生(R-G)中心浓度。所以通过在二极管的工艺制作过程中有意地引入 R-G 中心，就能够降低少数载流子寿命。通常，硅器件中少数载流子寿命的降低是通过在硅中扩散金而实现的。然而，对于能够加到二极管中的 R-G 中心浓度是有限制的，设计一个少数载流子寿命更短的器件虽然能获得更快的开关速度，但也相应地增加了 R-G 电流($I_{R-G} \propto 1/\tau_0$)，而高的 R-G 中心浓度可以使关断电流增加到无法接受的范围。当 R-G 中心浓度接近施主或受主浓度时也会影响二极管的静电特性。总之，对于 pn 结二极管，不能有极高的 R-G 中心浓度，在需要亚纳秒开关时间的领域，可以采用其他具有更少存贮载流子的器件，例如双极晶体管和金属-半导体二极管(在以后的章节中介绍)。

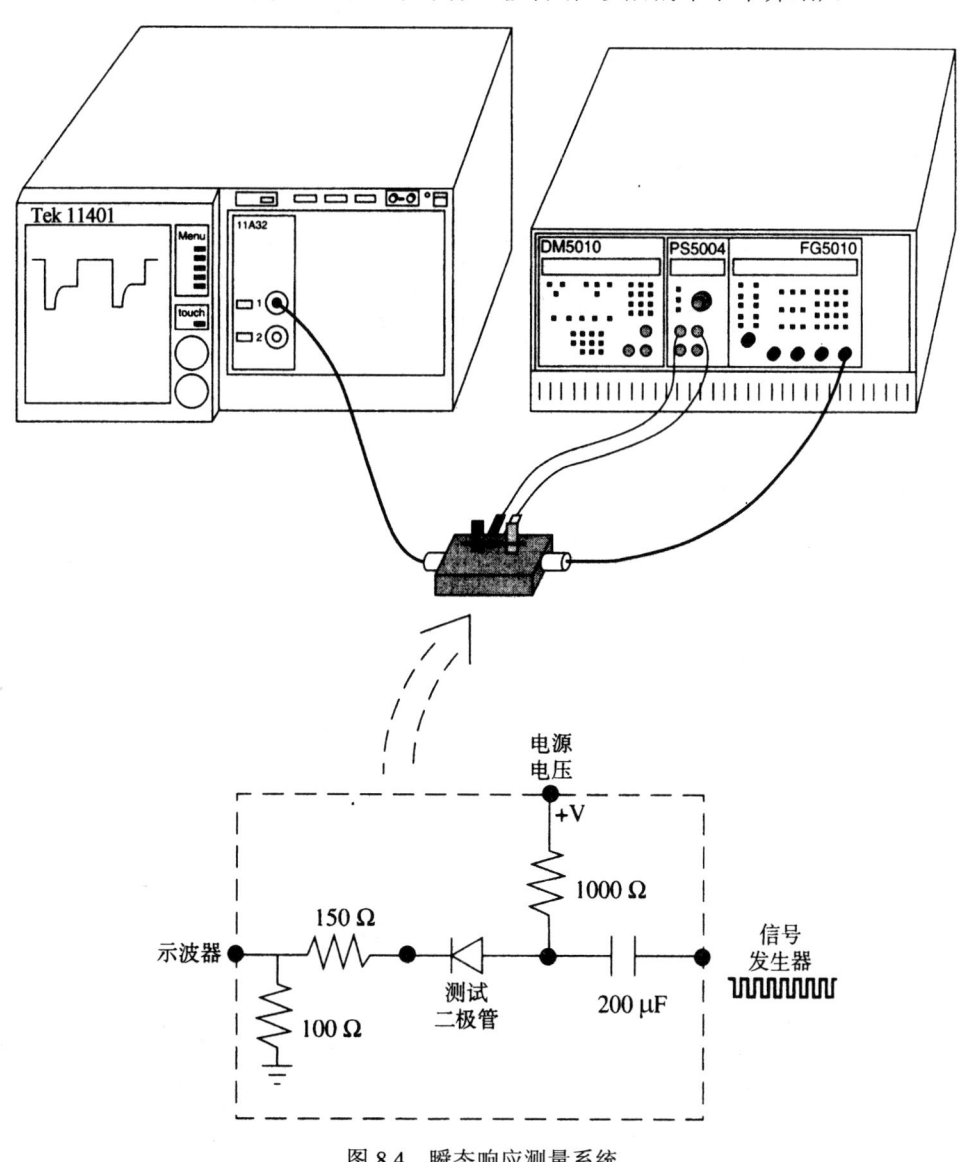

图 8.4　瞬态响应测量系统

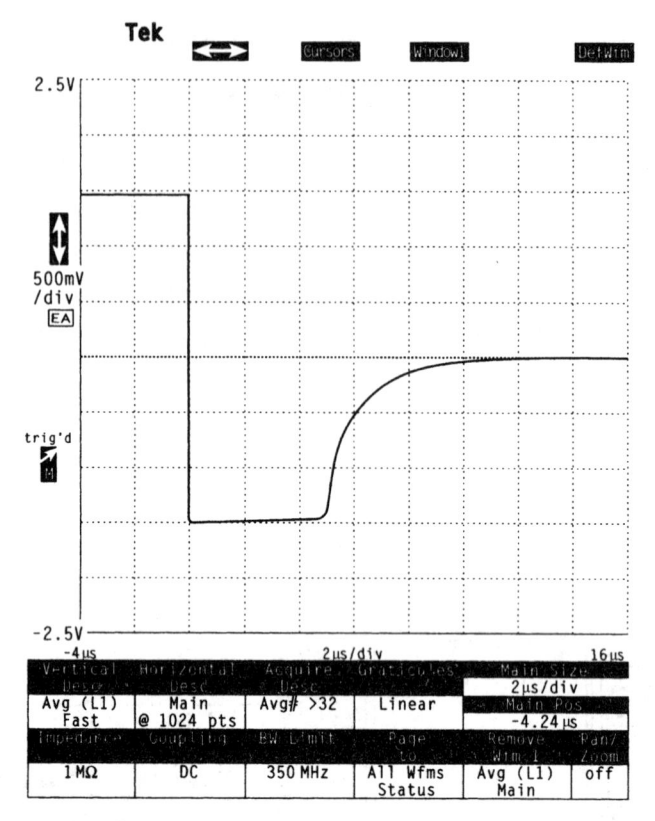

图 8.5 样品的 i-t 瞬态关断特性。输出结果由图 8.4 的测量系统获得(y 轴为电压，它与通过二极管的瞬时电流成正比)

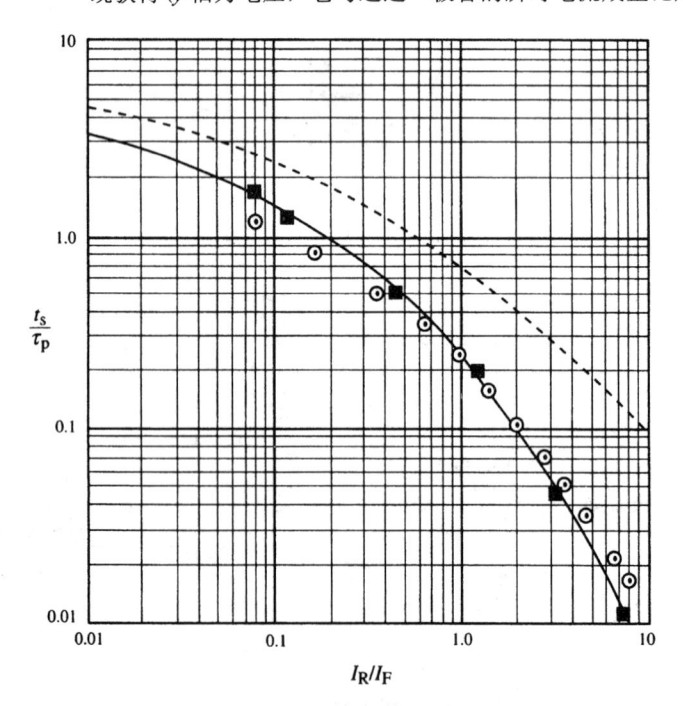

图 8.6 用 τ_p 归一化的存贮延迟时间与反偏电流和正偏电流比率(I_R/I_F)之间的理论关系曲线及测量关系曲线。虚线是式(8.8)的计算结果，而实线是式(8.9)的计算结果。实验数据通过测试 1N91 Ge 二极管(■)和 1N4002 Si 二极管(⊙)而获得

最后，有必要介绍一下阶跃恢复二极管（或者称为快恢复二极管）。这种阶跃恢复二极管的响应很特殊，它瞬态的 t_r 部分非常短，大约只有 1 ns。$i\text{-}t$ 瞬态的存贮延迟时间大约为 1 μs，反向电流在到达 $t = t_s$ 后快速地返回到稳态值，看起来像一个台阶。基于这一特点，阶跃-恢复二极管可用于脉冲信号发生器和高次、单级的谐波发生器中。在制作二极管的过程中，狭窄的轻掺杂区夹在重掺杂的 p 区和 n 区之间，而且 p-i-n 构造中的结需要非常陡直，一般是通过外延技术形成的。这种特殊掺杂的横截面使存贮的少子电荷非常靠近耗尽区边界，从而在存贮延迟时间结束前可以更容易地把全部电荷移走。当到达 $t = t_s$ 之后不需要再移走多余的电荷，因此电流陡直地下降到稳态值。

8.2 瞬态开启特性

瞬态开启过程发生在当二极管从反偏的关态切换到正偏的开态的时候，这一转换可以通过电流脉冲、电压脉冲或者两种脉冲的组合来完成。为了简化及在实际电路中应用方便，这里只考虑用电流脉冲将二极管切换到开态这种情况。

当二极管电流从占主导地位的反偏值瞬间改变到一个常数值即正偏电流 I_F 时，二极管两端的压降 $v_A(t)$ 从 $t = 0$ 时的 V_{OFF} 单调上升到 $t = \infty$ 时的 V_{ON}。在响应的第一阶段，即从 $t = 0$ 到 $v_A = 0$ 的过程极其短暂，用来把结电压提高到 0 V 的几个少数载流子迅速注入耗尽区，多数载流子也迅速再分布，以使耗尽区缩小到零偏置下的宽度。从图 8.7(a)中也可以看出，瞬态过程的第一部分非常短暂，以至于好像二极管是在 $t = 0$ 时从 $i = 0$ 触发到 $i = I_F$ 的。图 8.7(b)显示了相应的电压响应，假设从 $v_A = 0$ 开始。

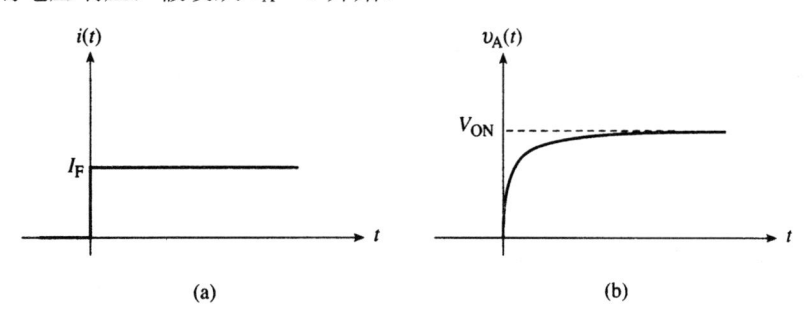

图 8.7 假定从 $i = 0$ 开始的瞬态开启。(a)电流脉冲；(b)电压-时间响应

为了获得 $v_A(t) \geqslant 0$ 的定量解，仍然对器件进行同样的分析处理：认为它是理想 $p^+\text{-}n$ 突变结二极管，并且采用电荷控制方法。图 8.8 显示了预测的 n 型一侧空穴存贮电荷随时间的增加，从图中注意到 $t = 0$ 时 $Q_P = 0$，这与瞬态开始时 $v_A = 0$ 相一致。因为整个瞬态开启过程中 $i = I_F$，所以关于空穴存贮电荷的式(8.3)简化为

$$\frac{dQ_P}{dt} = I_F - \frac{Q_P}{\tau_p} \tag{8.10}$$

分离变量并从 $t = 0$（当 $Q_P = 0$ 时）积分到任意时间 t，得到

$$\int_0^{Q_P(t)} \frac{dQ_P}{I_F - Q_P/\tau_p} = \int_0^t dt' = t \tag{8.11}$$

或者计算 Q_P 的积分：

$$t = -\tau_p \ln\left(I_F - \frac{Q_P}{\tau_p}\right)\Big|_0^{Q_P(t)} = -\tau_p \ln\left[1 - \frac{Q_P(t)}{I_F \tau_p}\right] \tag{8.12}$$

求解式(8.12)中的 $Q_P(t)$，给出

$$Q_P(t) = I_F \tau_p (1 - e^{-t/\tau_p}) \tag{8.13}$$

在稳态条件下理想二极管中的空穴存贮电荷为

$$Q_P = I_{DIFF}\tau_p = I_0 \tau_p (e^{qV_A/kT} - 1) \quad \cdots 稳态 \tag{8.14}$$

采用一阶近似，假设在式(8.14)所描述的瞬态开启过程中可用 v_A 取代 V_A 来表示 $Q_P(t)$，这等同于假设存贮电荷准静态地积累，于是可以写成

$$Q_P(t) = I_0 \tau_p (e^{qv_A(t)/kT} - 1) \tag{8.15}$$

联立 $Q_P(t)$ 的表达式(8.13)和式(8.15)，解出 $v_A(t)$，得到

$$\boxed{v_A(t) = \frac{kT}{q}\ln\left[1 + \frac{I_F}{I_0}(1 - e^{-t/\tau_p})\right]} \tag{8.16}$$

由式(8.16)所建立的开态响应模型与关态响应模型相类似，因为总的瞬态开启时间也随着 I_F 和 τ_p 的增加而增加。这一点是可以想象到的，因为达到稳态所需的电荷与 I_F 和 τ_p 成正比，即从式(8.10)或式(8.13)中的任何一个都可以推导出 $Q_P(\infty) = I_F \tau_p$。在瞬态开启中最有意思的特征是在开始阶段 $v_A(t)$ 有一个快速的上升，也就是说，$v_A(t)$ 在非常短的时间内就增加到接近 V_{ON} 的数值。例如，如果 $T = 300$ K、$V_{ON} = 0.75$ V 及 $I_F/I_0 = 3.77 \times 10^{12}$，那么 $v_A(t)$ 仅在 $t = 0.01\tau_p$ 之后就增加到 $(0.84)V_{ON}$。相反，最终达到稳态值是相当慢的，需要好几个 τ_p 的时间。

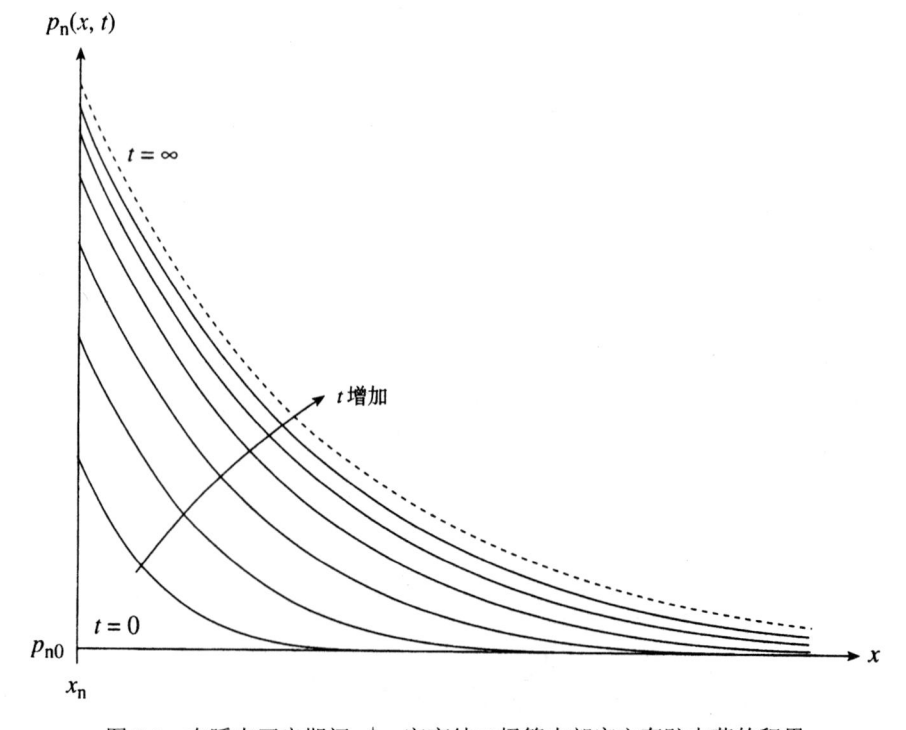

图 8.8　在瞬态开启期间 p$^+$-n 突变结二极管内部空穴存贮电荷的积累

(C) 练习 8.2

下面的 CPG(绘制浓度曲线)程序是一个显示图形和辅助学习的工具, 图 8.3 和图 8.8 就是由这一程序画出的。在选择了 t/τ_p 后,该程序可以画出瞬态关断和瞬态开启的 $\Delta p_n(x',t)/\Delta p_{n\max}$ 与 $x'/L_p = (x-x_n)/L_p$ 的关系曲线,它根据理想 pn 突变结中少子扩散方程关于时间的解[4]来完成相关的计算。菜单中显示了供用户选择的曲线类型,包括瞬态关断过程中浓度的线性坐标或半对数坐标曲线,以及瞬态开启过程中浓度的线性坐标或半对数坐标曲线。在开态曲线中 t 从 $0.1\tau_p$ 递增到 $2\tau_p$,增量为 $0.1\tau_p$。当需要关态曲线时,用户必须确定 I_R/I_F 比率(参见图 8.3 和图 8.8)。利用这一程序来研究下面的问题:

(1) 显示存贮电荷在关断过程中的衰减。
(2) 显示存贮电荷在开启过程中的积累。
(3) 对比线性坐标和半对数坐标中的曲线。
(4) 进一步证实在 $0<t\leq t_s$ 时间内,线性坐标中的关态曲线在 $x=x_n$ 处的斜率都是一样的。(在相应的半对数坐标中,曲线上的这些斜率是一样的吗?半对数坐标中的曲线或 $x=x_n$ 处的斜率与电流有关系吗?)
(5) 分析 I_R/I_F 对存贮电荷衰减的影响。
(6) 请解释为什么当 I_R/I_F 增加时,式(8.8)给出的 t_s 的近似结果越来越不准确。(看一下在 $t=t_s$ 时剩余存贮电荷与 I_R/I_F 的函数关系。)
(7) 检查在推导式(8.16)中使用的准静态近似的准确性。(在半对数曲线上如果积累过程是准静态地进行下去,那么开态曲线应该会与 $t=\infty$ 时的曲线平行。)
(8) 比较使用式(8.16)计算得到的开态 $v_A(t)$ 与从开态曲线中推算出的 $v_A(t)$ 值。

希望用户不要被上面给出的内容所限制,而是能够按自己的需要自由地进行实验。用户也可以考虑修改程序来更好地显示输出结果,并能扩展计算,或者使之能获得特殊的输出,例如 $v_A(t)$ 与 t 的关系曲线。

MATLAB 程序清单...

```
%Exercise 8.2--Turn-off/Turn-on Concentration Plot Generator

%Determine type of desired plot
clear
close
s=menu('Choose the desired plot','OFF-Linear','OFF-Semilog',...
   'ON-Linear','ON-Semilog');

%Compute ts/taup if turn-off plot is desired
if s<=2,
   %Let Iratio=IR/IF and TS=ts/taup
   Iratio=input('Please input the IR/IF ratio: IR/IF= ');
   if Iratio==0, %Catch if IR=0
      TS=1;
   else
      TS=(erfinv(1./(1+Iratio)))^2;
   end
```

```
     else
     end

%Set values of X and T to be computed for desired plot
%X=x'/LP and T=t/taup
if s==1 | s==2,
   X=0:0.03:3;
   T=TS/10:TS/10:TS;
else
   X=0:0.03:3;
   T=[0.1:0.1:2];
end

%Plot steady-state curve, set axes-labels
y0=exp(-X);
if s==1 | s==3,
   plot(X,y0,'g')
   axis([0 3 0 1])
else
   semilogy(X,y0,'g')
   axis([0 3 1.0e-3 1])
end
xlabel('x`/LP'); ylabel('Δpn(x`,t)/Δpnmax')
grid; hold on

%Primary computations and time-dependent plots
j=length(T);
for i=1:j,
   A=exp(-X).*(1-erf(X./(2*sqrt(T(i)))-sqrt(T(i))));
   B=exp(X).*(1-erf(X./(2*sqrt(T(i)))+sqrt(T(i))));
   yon=(A-B)/2;    %yon=Δpn(x',t)/Δpnmax during turn-on
   if s==3,
      plot(X,yon);
   elseif s==1,
      yoff=exp(-X)-(1+Iratio).*yon;   %yoff=Δpn(x',t)/Δpnmax during turn-off
      plot(X,yoff);
   else
   end
   if s==4,
      semilogy(X,yon);
   elseif s==2,
      yoff=exp(-X)-(1+Iratio).*yon;
      semilogy(X,yoff);
   else
   end
end; hold off
```

8.3 小结

本章探讨了在大的外加电压或外加电流的快速变换下(这一变换是为了使二极管从正偏开态切换到反偏关态,或者从反偏关态切换到正偏开态),pn 结二极管的电学响应和内部载流子的响应情况。在关断瞬态，必须消除存贮于准中性区域的过剩少数载流子，才能重新建立起稳态条件。开始时二极管保持正向偏置，然后一个大的、恒定的反向电流流过二极管，直到耗尽区边界的载流子浓度降低到平衡值，这一切发生在称为存贮延迟时间 t_s 的阶段内。t_s 是表征 pn 结二极管瞬态响应的主要品质因素，存贮延迟时间随初始存贮载流子的增加而增加，随着由反向电流引起的载流子消减速率的增加而降低，并且与少数载流子寿命成正比。在器件制作过程中向半导体内加入 R-G 中心会使存贮时间下降，通过适当地设计掺杂，在横截面上可制作出阶跃-恢复二极管。通常，对关断瞬态的测量可以用来确定非对称结中轻掺杂一侧的少数载流子寿命。总之，本章的重点在于使读者对瞬态过程有一个基本的了解，同时介绍了相关的基础知识，这些在处理作为优良开关器件之一的双极晶体管时是非常有用的。

习题

习 题	在以下小节后完成	难度水平	建议分值	简短描述
8.1	8.3	1～2	15(a::c-2, d::h-1, i::j-2)	快速测验
8.2	8.1.2	1	6(每问 2 分)	解释 $p_n(x, t)$ 曲线
●8.3	8.1.3	2	8	改善的 $Q_P(t_s)$ 近似
8.4	8.2	2～3	10(a::c-3, d-1)	开路电压衰减
8.5	"	2	6	计算开启时间
8.6	"	2	10(a-3, b-7)	使 I_{F1} 跳变到 $I_{F2} > I_{F1}$
8.7	"	2～3	10(a-6, b-4)	关断/开启综合问题
●8.8	"	3	15(a-10, b-5)	比较开启的 $v_A(t)$

8.1 快速测验。尽可能简洁地回答下面的问题：
(a) 定义存贮延迟时间。
(b) 定义恢复时间 (t_r)。
(c) 对于 pn 结，有没有可能即使在 $v_A > 0$ 时仍然维持一个反偏电流？请解释。
(d) 在从开态到关态的切换过程中造成延迟的根本原因是什么？
(e) 指出在瞬态关断过程中移走过剩存贮电荷的两种机制。
(f) 判断对错：如果 $\Delta p_n(x, t) > 0$，则 $v_A > 0$。
(g) 判断对错：如果 $i > 0$，则线性坐标中 $p_n(x, t)$ 与 x 的关系曲线在 $x = x_n$ 处的斜率必定是正的（即 p_n 随 x 的增加而增加）。
(h) 阶跃-恢复二极管的电学性质和物理结构有什么特殊之处？
(i) 判断对错：I_F 和 I_R 都增加两倍，不会影响存贮延迟时间。请解释你的答案。
(j) 判断对错：在瞬态开启过程中，复合实际上起到了延缓存贮载流子积累的作用。请解释你的答案。

8.2 图 P8.2 显示了在给定时刻 pn 突变结二极管 n 区的空穴浓度。
(a) 结处于正偏还是反偏？请解释你的答案。
(b) 如果 $p_{n0} = 10^4/\text{cm}^3$ 且 $T = 300$ K，求 v_A。

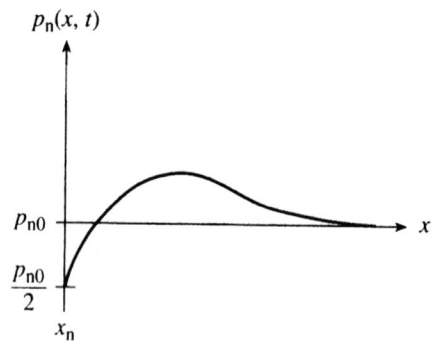

图 P8.2

(c) 二极管中是否有正向或反向电流？解释你的答案。

●8.3 在推导式(8.8)时用到了近似 $Q_P(t_s)=0$。此外，研究者们还提出了另一种近似方法[5]，

$$Q_P(t_s) = \frac{I_F \tau_p}{1 + I_F/I_R}$$

相应地，电荷控制表达式变为

$$t_s = \tau_p \ln\left[\frac{(1 + I_F/I_R)^2}{1 + 2I_F/I_R}\right]$$

请说明改动后的 t_s 表达式是否是一个有意义的改善。用改动后的电荷控制表达式代替式(8.8)，画出类似于图 8.6 的 t_s/τ_p 与 I_R/I_F 的关系曲线。简单解释一下结果。

8.4 理想 p^+-n 突变结二极管中有正向电流 I_F 流过，之后在 $t = 0$ 时突然开启。

(a) 画出二极管关断之后随着时间的增加 $p_n(x, t)$ 与 x 的关系曲线。（使用练习 8.2 中的 CPG 程序检查你的答案。）

(b) 推导 $t > 0$ 时二极管内部空穴存贮电荷 $Q_P(t)$ 的表达式，必须要用已知的参数来表示 $Q_P(0)$。

(c) 假设空穴电荷准静态地衰减，推导 $v_A(t)$ 的表达式。设所关心的电压 v_A 远大于 kT/q，即 $\exp(qv_A/kT) \gg 1$，同时利用 $I_F/I_0 = \exp(qV_{ON}/kT) - 1 \cong \exp(qV_{ON}/kT)$ 来简化你的结果。

(d) (c) 的结果说明了什么问题？请解释。（相关的知识请参见 Schroder[3] 的 8.5.2 节。）

8.5 理想 p^+-n 突变结二极管在 $t = 0$ 时由 $I = 0$ 到 $I_F = 1$ mA 的电流脉冲进行切换。计算二极管电压达到最终值的 90% 和 95% 所花费的时间。令 $\tau_p = 1$ μs 和 $I_0 = 10^{-15}$ A。

8.6 理想 p^+-n 突变结二极管开始时为正向偏置，电流为 I_{F1}，在 $t = 0$ 时跳变到恒定电流 I_{F2}，其中 $I_{F2} > I_{F1}$。

(a) 画出从 $t = 0$ 开始随时间的逐渐增加，$p_n(x, t)$ 与 x 的关系曲线。

(b) 假定存贮电荷准静态地积累，推导 $v_A(t)$ 的表达式。

8.7 在 $t = 0$ 时流过 p^+-n 突变结二极管的电流从 $I_F = 1$ mA 切换到 $i = -I_R = -1$ mA。1 μs 之后又加上一个电流脉冲，把二极管切换回 $I_F = 1$ mA 的状态。假定二极管是理想的且 $\tau_p = 1$ μs。

(a) 画出流过二极管的电流 $i(t)$ 与时间的关系曲线。

(b) 建立 $t > 1$ μs 时的 $v_A(t)$ 表达式。

●8.8 (a) 在练习 8.2 中由 CPG 程序画出的瞬态开启特性曲线所对应的 t/τ_p 值从 0.1 递增到 2，

增量为 0.1。注意

$$\frac{\Delta p_n(0,t)}{\Delta p_{nmax}} = \frac{e^{qv_A(t)/kT} - 1}{e^{qV_{ON}/kT} - 1}$$

适当地修改程序，使它在 t/τ_p 步进中能获得 v_A/V_{ON} 的值。为了完成实例计算，令 $V_{ON} = 0.5\,\text{V}$，$T = 300\,\text{K}$。

(b) 比较通过(a)精确计算得出的 $v_A(t)$ 与通过假定开启过程准静态地进行而获得的式(8.16)的解。无论是比较曲线还是逐点进行对比都假定 $V_{ON} = 0.5\,\text{V}$ 和 $T = 300\,\text{K}$。注意 $I_F/I_0 = \exp(qV_{ON}/kT) - 1$。

第 9 章　光电二极管[①]

9.1　引言

为了使 pn 结二极管的讨论更加全面，我们在这一章中研究为光学应用而设计和制作的特殊的二极管结构。本章将讨论包括半导体或非硅半导体在内的许多类型的二极管，读者从中可以看到一个广阔的半导体发展前景，有更多的材料用来制作复杂的具有特殊目的的器件。半导体光电器件一般可分为三种类型，其中的两种光电器件把光子能量转换成电能。如果光电转换的目的是用来探测或获取光能的信息，那么这种器件就称为光电探测器。如果光电能量转换的目的是用来产生电能，那么这种器件就称为太阳能电池。第三种类型的光电器件是把电能转换成光能，包括发光二极管(LED)和激光二极管。在这里分别讲解属于上面三种类型的光电器件：pn 结光电二极管和相关的属于光电探测器家族的光电二极管、pn 结太阳能电池和 LED。

在近几年的商业市场中，光电二极管的应用迅速增加。现在，在柜台结账中常用的条形编码读卡机，在音频系统中用到的数字光盘读取器，以及在办公室中用到的激光打印机都是利用 LED 或激光二极管作为光源的。光电探测器与 LED 或激光二极管结合在一起，可用于电路隔离器、入侵报警和遥控中。此外，在使用光纤的现代化电信网络系统中，用激光二极管来产生光信号，用光电二极管来探测光信号。太阳能电池广泛用于便携式计算器电源、充电器和通信卫星中，尽管要想在大规模电力生产中发现有意义的应用还需要较长时间，但美国国家光伏项目(U.S. National Photovoltaics Program)已经要求在 2000 年前建立容量为 200～1000 MW 的太阳能电池，在 2010～2030 年要达到 10 000～50 000 MW。显而易见，光电二极管应用的领域和范围将随时间的推移而不断增加。

图 9.1 显示了光谱中可见光和邻近的波长区域。图中上部的人眼相对响应覆盖了大部分的彩色范围，这一范围涵盖了光谱中大约 0.4 μm 到 0.7 μm 的可见光部分。注意到光的波长(λ)和相应的光子能量($E_\text{ph} = h\nu$)之间的关系可由下式给出：

$$\lambda = \frac{c}{\nu} = \frac{hc}{h\nu} = \frac{hc}{E_\text{ph}} \quad \cdots \quad c = 光速 \tag{9.1}$$

如果 λ 用 μm 作为单位，E_ph 用 eV 作为单位，则有

$$\boxed{\lambda = \frac{1.24}{E_\text{ph}}} \tag{9.2}$$

图 9.1 也显示了光子能量等于半导体能带宽度的光波长(能带波长)，即 $\lambda_G = 1.24/E_G$，这些半导体包括一些重要的光电材料。

[①] 选读章节。

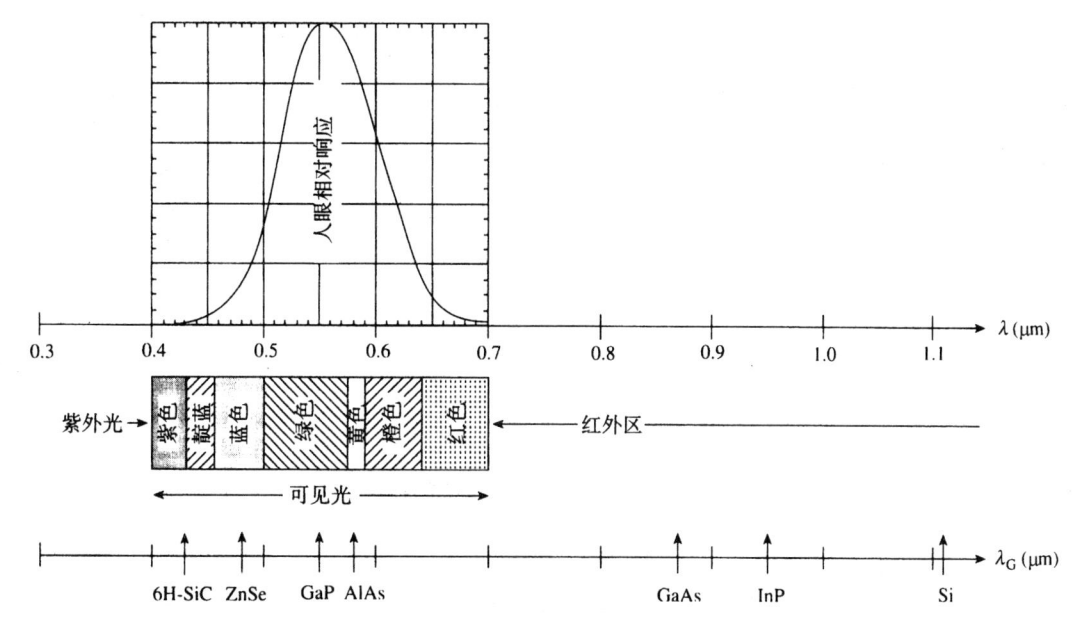

图 9.1 光谱中的可见光部分和邻近区域(中间);正常白昼视觉的人眼相对响应(顶部);300 K 下一些半导体的能带波长(底部)

9.2 光电探测器

9.2.1 pn 结光电二极管

pn 结光电二极管其实就是经过特殊的制作和封装,使得光可以穿透冶金结邻近区域的 pn 结二极管。在该二极管中因吸收光子而产生出电子-空穴对,如图 9.2 所示。

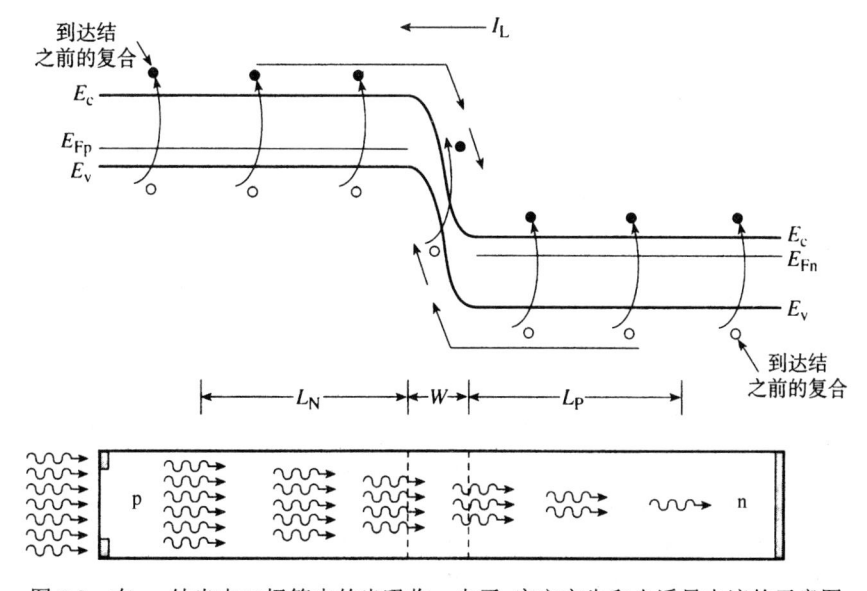

图 9.2 在 pn 结光电二极管中的光吸收、电子-空穴产生和光诱导电流的示意图

平均而言，在距 $x = -x_p$（p 型一侧）或者 $x = x_n$（n 型一侧）不超过一个扩散长度的准中性区域中，产生的少数载流子可在足够长的存在时间内扩散到耗尽区。随后，这些载流子和在耗尽区内由光产生的载流子被电场 $\mathscr{E}$ 扫到结的另一边，因此为二极管电流贡献了一个附加的反向成分。如果假定在整个二极管中光产生率 (G_L) 都是一致的，则由于光照导致的电流增加量 (I_L) 应该等于 $-q$ 乘以每秒在体积为 $A(L_N + W + L_p)$ 的空间内由光产生的电子-空穴对，即

$$I = I_{\text{dark}} + I_L \tag{9.3}$$

和

$$I_L = -qA(L_N + W + L_p)G_L \tag{9.4}$$

修正的理想二极管方程导出形式及 $G_L \neq 0$ 的复合-产生(R-G)电流关系式可证实上述结果（参见习题 6.8）。

考察式(9.4)，注意 pn 结二极管中耗尽区宽度 W 一般要比 $L_N + L_p$ 小，如果 W 可以忽略，则 I_L 变成与外加偏置无关的量，因此光照下的 I-V 特性基本上与无光照的 I-V 特性一样，不同的只是有光照的曲线沿着电流轴线整体地向下移动，即向 $-I$ 方向移动。此外，因为 $I_L \propto G_L$，特性曲线整体向下移动的大小应该与入射光的强度成比例。上述有关光电二极管的 I-V 特性如图 9.3 所示。

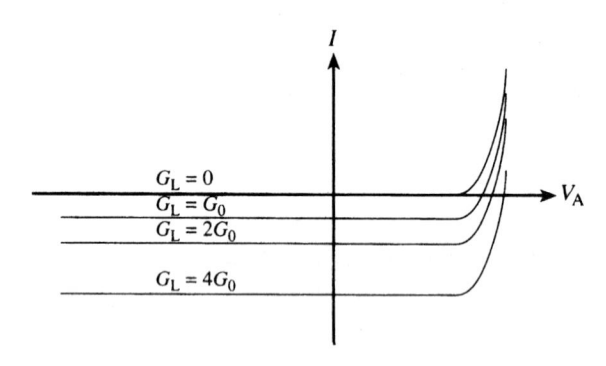

图 9.3 光电二极管的 I-V 特性

光谱响应或波长响应（例如观察到的 I_L 随入射光的波长如何变化）是所有光电探测器的一个重要特征。图 9.4 中显示了 Si pn 结光电二极管的光谱响应曲线。和所有的光电探测器一样，图中的光电二极管响应仅仅覆盖了有限的波长范围。在大多数光电探测器中，波长的上限直接由半导体能带宽度决定，在半导体中，如果 $E_{ph} > E_G$，则吸收光子且产生电子-空穴对；相反，当 $E_{ph} < E_G$ 时，半导体对于光几乎是透明的，因此半导体的光谱响应基本上截止在 $\lambda_G = 1.24/E_G$ 处。对于 Si，在 300 K 下 $E_G = 1.12$ eV，并且与图 9.4 相一致，在波长大于 $\lambda_G \cong 1.1$ μm 时响应趋于最小。

在短波长范围内光谱响应下降的原因主要有两个。第一个原因，通常情况下，在对图 9.4 的数据进行记录的过程中光功率保持不变。因为光子的能量随着波长的降低而增加，所以照在半导体上的光通量随波长的减少而相应地下降，以保证光功率不变。因此在更短波长处，响应下降可以简单地归结为单位时间吸收的光子数减少这一事实。

第二个原因，光谱响应的持续下降与二极管中不同位置光吸收的不一致有关。在 3.3.3 节关于光产生的讨论中，注意光强从半导体的表面开始随距离呈指数形式衰减。衰减常数对应

光吸收系数倒数($1/\alpha$)，表示光穿透材料的平均深度。当λ降低到λ_G以下时，α迅速增加(参见图 3.20)，因此光的吸收越来越接近半导体表面，最终导致产生的大部分载流子位于靠近表面的结的一边。在靠近表面处载流子复合也相应地变多，因此在扩散到耗尽区之前很多光生载流子都复合掉了。总的结果就是随着λ的降低，响应不断地下降。

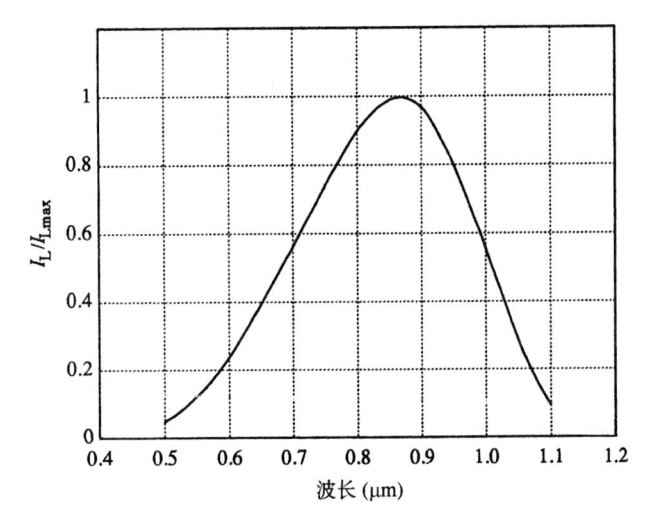

图 9.4 Si pn 结光电二极管的光谱响应。入射到光电二极管上的光功率对于所有波长来说都是相同的。典型特征：响应随二极管制作的不同而稍有些变化

在光电探测器中用到的另一个性能是频率响应(探测器对随时间变化的光信号响应的快慢)。对于这一点，一般的 pn 结光电二极管所展示的能力很有限。光生少数载流子必须扩散到耗尽区，然后才能从外部观察到持续的电流，而扩散却是一个相对较慢的过程。因此 pn 结光电二极管最大的频率响应也就在几十 MHz 的范围内，与下面讨论的光电二极管所能达到的频率响应相比，这个响应是相当落后的。

9.2.2 p-i-n 和雪崩光电二极管

p-i-n 光电二极管

p-i-n 二极管是由一层"本征"(实际上是轻掺杂)i 层夹在重掺杂的 p 区和 n 区之间所组成的三层结构器件。在图 9.5(a)所示的 p-i-n 光电二极管中，在金属化表面打开了一个窗口以接收光线，顶部的半导体区域非常薄，使这一层的光吸收减至最小，而 i 层的宽度是经过特殊设计的，以获得所需的特征响应。

由于是轻掺杂，因此在零偏置下 i 层是全耗尽的，或者在小的反向偏置下变为耗尽的。而外部 p 区和 n 区的重掺杂导致这些区域的耗尽区宽度非常窄。因此如图 9.5(b)所示，在器件内的耗尽区宽度实际上等于与外加反向偏置无关的 i 层宽度。从图 9.5(b)也可以看出能带是位置的线性函数，并且由于 i 区中的半导体掺杂低，电场$\mathcal{E}$近似为常数。也应该注意到，外部 p 区和 n 区的重掺杂意味着在这些区域的少数载流子扩散长度相对要小，因此，p-i-n 光电二极管中大部分的光电流由中间耗尽区产生的载流子组成。

p-i-n 光电二极管是使用最广泛的光电探测器之一，它的显著优点在于 i 层的存在和设计巧妙。例如，通过使 i 层的制作宽度等于待测波长的吸收系数倒数($1/\alpha$)，二极管就能够在这一波长下获得最大响应。此外，由于大部分的光电流在 i 层中产生，因此它的频率响应比

pn 结光电二极管的要大得多。在耗尽的 i 层中，强大的电源电场 $\mathcal{E}$ 使光生载流子迅速被收集并获得最大的频率响应，大小为

$$f_{\max} \cong \left(\cfrac{1}{\substack{\text{通过 } W_\text{I} \text{ 的}\\ \text{载流子传输时间}}}\right) \cong \cfrac{1}{W_\text{I}/v_\text{sat}} \tag{9.5}$$

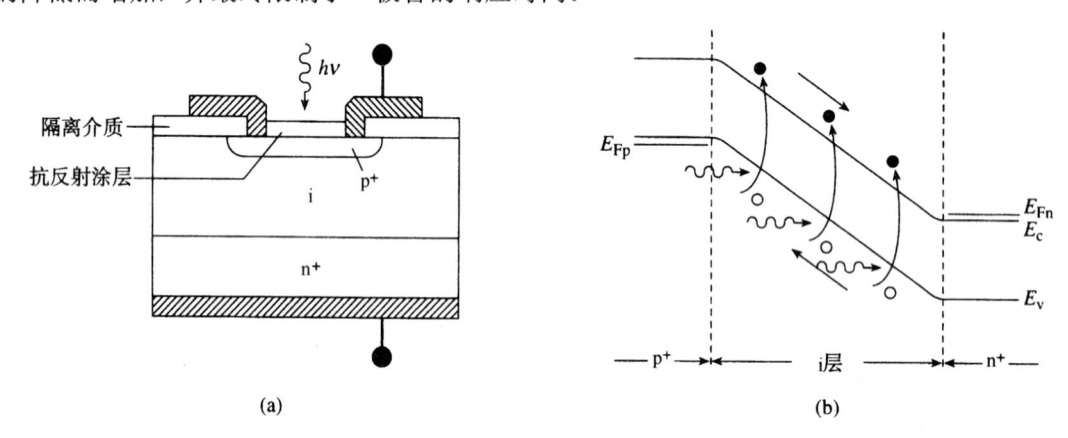

其中 W_I 是 i 层的宽度，v_sat 是饱和漂移速度(参见 3.1.2 节)。一般 $v_\text{sat} \cong 10^7$ cm/s。i 层的宽度越小，则频率越高。例如，如果 $W_\text{I} = 5$ μm，则 $f_\max \cong 20$ GHz。但不能为了改善频率响应而使 W_I 任意小，因为与内部串联电阻 (R_S) 和结电容 $(C_\text{J} = K_\text{S}\varepsilon_0 A/W_\text{I})$ 相关的 RC 时间常数随着 W_I 的降低而增加，并最终限制了二极管的响应时间。

图 9.5　p-i-n 光电二极管。(a)横截面；(b)反偏下的能带图(强调了 i 层)和光产生过程

p-i-n 光电二极管优良的频率响应使它成为光纤通信领域中光电探测器的首选。一般来说，1990 年前建立的石英玻璃基的光纤系统工作在 1.3 μm 波长下，在这一波长下光在光纤中有最小的色散值[①]。此外，更先进的高比特速率系统使用单波长光源，并且工作在光纤损耗最小的 1.55 μm 波长下。在这两种情况下，工作波长都超过了 1.1 μm 的硅响应截止波长，因此必须使用一些其他的半导体材料，其中淀积在 InP 衬底上的 In₀.₅₃Ga₀.₄₇As 合金是适合光纤应用的材料系统。在图 9.6 所显示的常见的 III-V 族合金系统的能带宽度曲线中，In₀.₅₃Ga₀.₄₇As 的能带宽度为 $E_G \cong 0.75$ eV $(\lambda_G = 1.65$ μm$)$，并且与 InP 的晶格常数相匹配。这种具有相同晶格常数的晶格匹配，使得在商用的 InP 衬底上淀积优质的 In₀.₅₃Ga₀.₄₇As 层变得更加容易。

图 9.7 给出了 InGaAs p-i-n 光电二极管的横截面。$\lambda_G = 0.95$ μm 的宽能带 InP 扮演着窗口的角色，波长为 1.3 μm 或 1.55 μm 的光很容易通过它透射到 In₀.₅₃Ga₀.₄₇As 的 i 层的吸收区。首先生长 InP 缓冲层，它的作用是使 In₀.₅₃Ga₀.₄₇As 层中的缺陷减至最少。上层为宽能带的 InGaAsP 盖帽层，它用来降低表面引起的暗电流。最后，广泛使用的氮化硅隔离介质层用来保护表面，并把表面复合降至最少。

雪崩光电二极管

雪崩光电二极管是工作在接近雪崩击穿点的特殊的 p-i-n 光电二极管、pn 结光电二极管

[①] 色散是不同波长的光以微小的速度差异传播所造成的光脉冲的发散。使用多波长光源时要求工作的色散达到最小。

或金属-半导体(参见第 14 章)光电二极管。图 9.8 中展示了标准的硅雪崩光电二极管的结构，它的显著特点是在结的周围制作了保护环。在第 6 章曾经讨论过，结的弯曲会导致结的周围过早地出现击穿，而保护环可以把边缘击穿问题减至最小。为了使结表面各处的击穿电压一致，需要采用均匀掺杂的低缺陷材料，并在器件制作过程中把缺陷的产生减至最低。

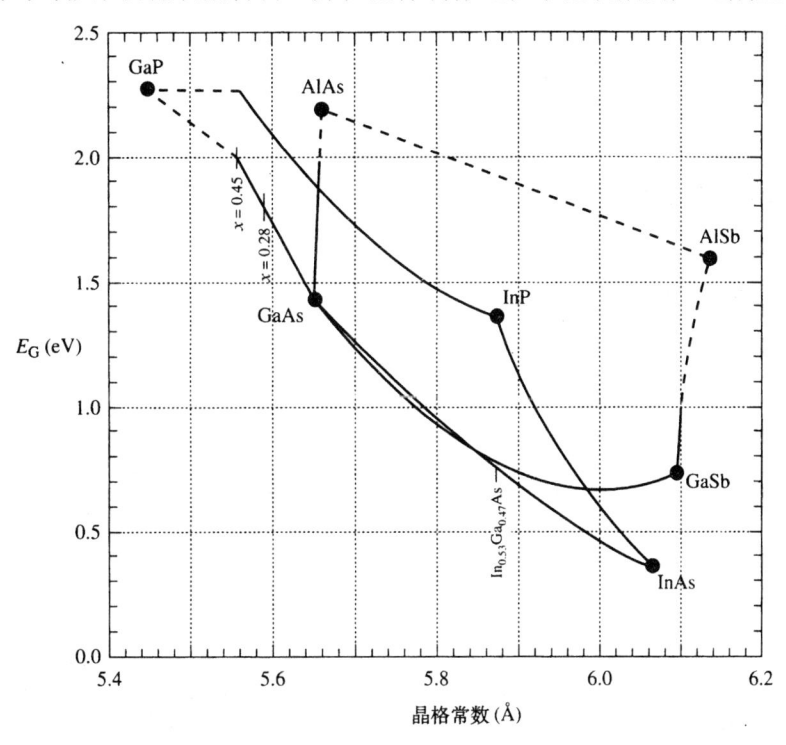

图 9.6 III-V 族化合物和合金的能带宽度与晶格常数的关系图。连接两个化合物的线表示由这两个化合物形成的合金的晶格常数与这一合金 E_G 之间的关系。在大多数情况下，晶格常数是 x 值的线性函数，x 表示从化合物 A 变化到化合物 B 的程度。例如 $In_{0.8}Ga_{0.2}P$ 的晶格常数为 5.87 Å$-0.2 \times$ (5.87 Å-5.45 Å)$= 5.79$ Å，同时可以从连接 InP 和 GaP 的线上推断出 $E_G \cong 1.5$ eV。实线和虚线分别表示合金是直接或间接带隙半导体

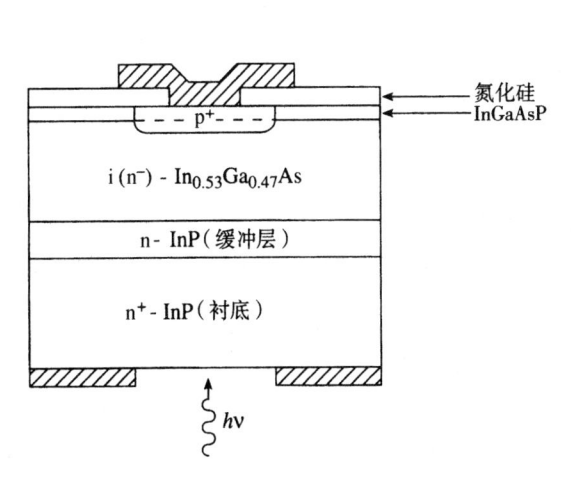

图 9.7 InGaAs p-i-n 光电二极管的横截面

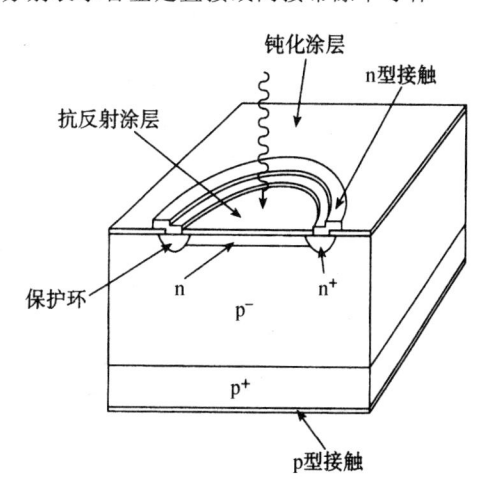

图 9.8 Si 雪崩光电二极管(引自 Yang[6]，由 McGraw-Hill 公司授权使用，©1988)

雪崩光电二极管的主要优点是在光信号的放大中使信噪比(S/N)得到了改善。一般来说，在信号放大过程中总伴随着对噪声的放大，而且放大器产生的噪声也会加到信号中，因此信号放大一般会导致 S/N 比率降低。而在雪崩光电二极管中，雪崩放大使光信号得到增强，但没有放大接收器的电路噪声，因此在 S/N 比率上会有所改善，直到增加的雪崩噪声变得与电路噪声可比拟时为止。

生长在 InP 上的 InGaAs 雪崩光电二极管或由 Ge 制作的雪崩光电二极管为用在光纤通信中的 p-i-n 光电二极管提供了更多的选择。

9.3 太阳能电池

9.3.1 太阳能电池基础

太阳能电池的器件结构是多种多样的，而实际上最普通的太阳能电池就是大面积的 pn 结光电二极管。光电二极管的设计通常用来实现特定的光谱响应或者快速响应，而太阳能电池的设计却要最大限度地减少能量损失。尽管在设计上有差别，但太阳能电池的 $I\text{-}V$ 特性与图 9.3 所示的光电二极管特性在形式上是相同的。注意到如果直流工作点位于 I 为负值、V 是正值的第四象限，则电能就由光子产生。在第四象限工作是能够实现的，例如，通过把一个电阻与受光照的太阳能电池串联在一起就能实现这一点。

第四象限的特性是在太阳能电池的实际应用中最令人感兴趣的，因此一般只显示特性中的第四象限部分，如图 9.9 所示，其中 $-I$ 轴方向是向上的。图 9.9 还定义了以下感兴趣的太阳能电池参数：

V_{oc}　开路电压
I_{sc}　短路电流
V_m, I_m　产生最大输出功率的电压和电流工作点

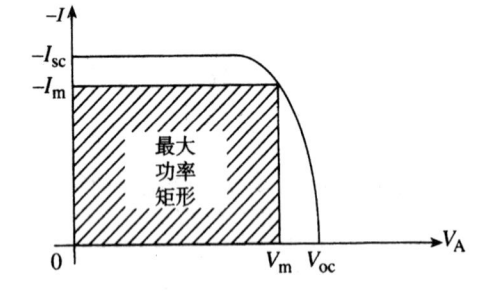

图 9.9　光照射的太阳能电池倒置的第四象限 $I\text{-}V$ 特性，在坐标轴上标明了关键的太阳能电池参数

V_{oc} 是在给定的光输入下太阳能电池所能提供的最大电压，I_{sc} 是太阳能电池的最大电流。由此得出 $P_{max} = I_m V_m < I_{sc} V_{oc}$。为评估太阳能电池的性能，经常使用以下参数：

$$\text{FF} \equiv \frac{P_{max}}{I_{sc} V_{oc}} = \frac{I_m V_m}{I_{sc} V_{oc}} \tag{9.6}$$

FF 为占空因子，其值小于 1。最主要的测量太阳能电池性能的指标是能量转换效率(η)，它由电流-电压参数确定，

$$\eta \equiv \frac{P_{max}}{P_{in}} = \frac{I_m V_m}{P_{in}} = \frac{\text{FF} I_{sc} V_{oc}}{P_{in}} \tag{9.7}$$

其中 P_{in} 是每秒入射的光子能量或输入功率。

9.3.2 效率研究

太阳能电池的一个重要指标是转换效率(把可利用的太阳能最大限度地转换为电能)。太

阳能电池的效率越高,成本就越低,并且获得相同电输出所需的收集面积就越小。太阳能电池所展示的综合效率涉及许多内容,主要包含材料上和设计上两方面的考虑。

任何有关转换效率的讨论一般都从太阳光的输出开始。图 9.10 表示了到达地球的太阳光的光谱分布。AM0(大气质量为零)曲线是刚好在地球的大气层外测量的辐射能量,这是在沿轨道运行的卫星应用中所要关注的。AM1.5 是按总的光谱能量密度为 100 mW/cm² 来归一化的曲线,它表示美国平均地表的辐射。在两种情况下,大多数光谱能量都在可见光范围,并且拖着一个长长的尾巴扩展到红外区。接下来考虑用于太阳能电池的材料。光谱曲线下部超出半导体的能带波长 λ_G 的那部分面积,它所包含的入射光因为不能被吸收而损失或浪费掉了。Si 因为具有稍大的截止波长,所以在这方面与 GaAs 相比更有优势,在 Si 和 GaAs 中分别有约 20%和约 35%的入射能量不能吸收。然而,由此就做出总的转换效率随能带宽度的下降而上升的结论是不正确的。考虑波长 $\lambda < \lambda_G$ 的光子吸收过程,发现光子能量中仅有 E_G 部分用来产生电子-空穴对,$E_{ph} > E_G$ 的部分增加到光生载流子的动能上,并且最终耗散为热能。在 Si 中,计算结果显示约 40%吸收的光子能量被浪费,并耗散为热能,而在 GaAs 中相应的损失只有约 30%,因为它具有更大的能带宽度。很明显,在提到的两种损耗机制之间存在着折中,这说明存在一个最佳的能带宽度,使能量转换达到最大值。有趣的是,具有最先进工艺技术的半导体 Si 和 GaAs 的能带宽度都非常接近理论的最佳值。

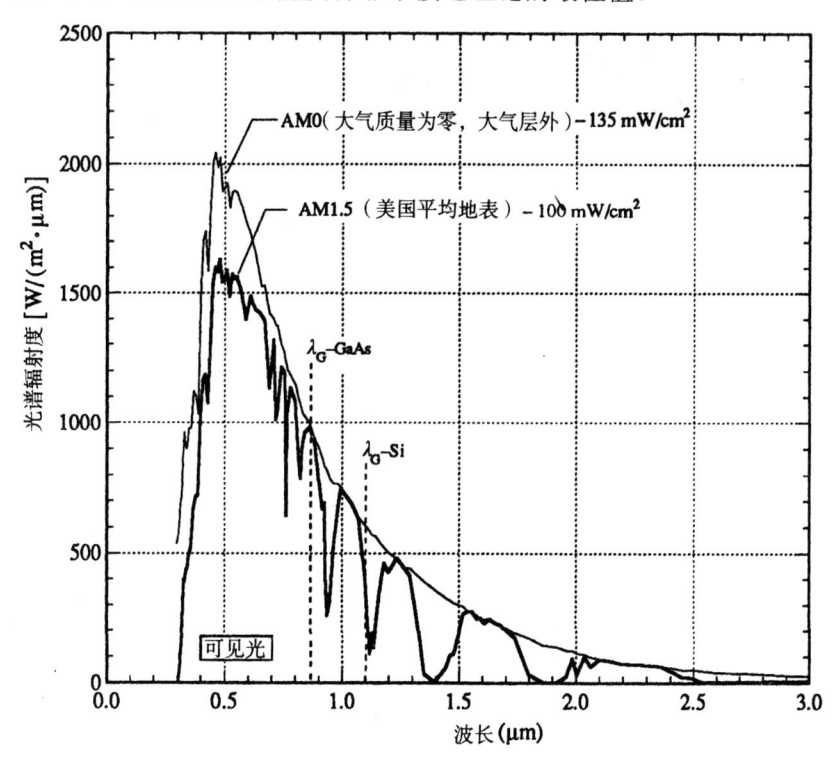

图 9.10 太阳光的光谱分布

在选定一个具体的半导体材料后,下一步的任务是设计和制作太阳能电池并进一步使能量损耗降至最小。下面借助图 9.11 所示的高效硅太阳能电池来讨论器件的损耗机制。首先注意到电池顶部(光入射面)的电极接触是通过狭窄的"指条"而制成的。这些沿着电池的一个边全部连接在一起的指状物是一个折中的设计方案。零宽度的指状物或只沿着电池边分布的指状物使光可以最大限度地穿透底层的硅，但指状电极相距得越远，电流流过电池顶部狭窄 n 区所需的路径就越长，串联电阻也就越大。然而，仅仅几欧姆的串联电阻就可能严重降低太阳能电池的效率。此外，如果指状物太窄，金属化和接触电阻就变得非常重要。通过计算，选择适当的指条尺寸和间距可以在电池串联电阻与"阴影"（光受到电极阻挡不能照射到电池上而形成的暗区）之间获得最佳的折中。

光在硅表面的反射是另一个重要的能量损失因素。当光垂直入射时，裸露的硅平面会把照射到它表面上约 30%的光反射掉。为了把反射造成的损耗降低到最小限度，太阳能电池的上表面一般都是"网织结构"，并且覆盖了一层抗反射涂层。在图 9.11 中给出了"倒置"金字塔形的网织状表面，这种结构迫使光在逃逸之前两次或多次照射硅表面，从而降低了光反射。各向异性腐蚀是一种沿着确定的晶面优先去除硅原子的腐蚀方法，通过把硅放置到各向异性的腐蚀液中，可以获得网织结构。此外，由于在空气和硅之间、空气与电池顶端的二氧化硅层之间（例如图中的电池结构）或者在空气与淀积形成的具有最佳参数的抗反射涂层之间存在着折射率差，因此进一步降低了光反射。按上述方法制造的太阳能电池所获得的净反射小于 1%。

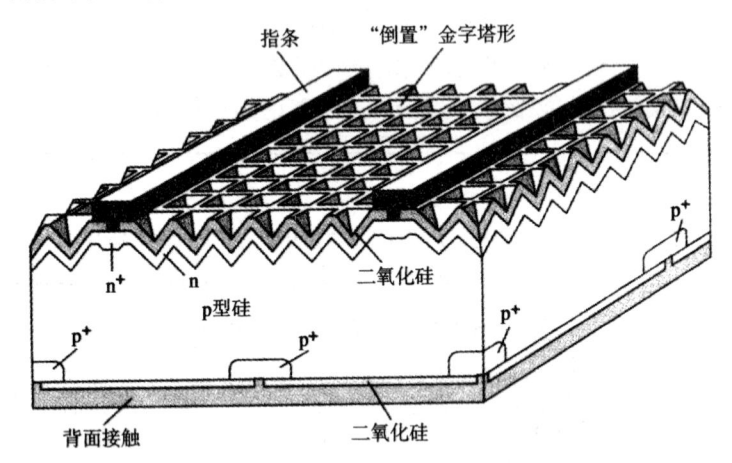

图 9.11　高效的硅单晶太阳能电池示意图（引自 Green et al.[7]，© 1990 IEEE）

一旦光线进入半导体后，关注点开始转移到如何最大限度地提高光的吸收上。在图 9.11 的太阳能电池中，底部的氧化层和金属化有效地形成一个能把光再一次反射回硅内的镜面，使得长波长的光不断地在电池的上表面和下表面之间来回反射。这种"光捕获"显著增加了长波长（$\lambda \sim \lambda_G$）光子的吸收。

最后，在电池的设计和制造中应使其能最大限度地收集光生少数载流子，要达到这一点就必须使器件内部的载流子复合减少到最小限度。在现代的单晶硅电池中，少数载流子寿命非常长，它能产生大于电池宽度的扩散长度，再加上为了最大限度地减少表面复合，把顶部和底部的表面都进行了细致的氧化，这些措施使得几乎在电池内任何地方产生的载流子都有很高的概率扩散到耗尽区，并在它们复合之前扫到结的对面。

9.3.3　太阳能电池工艺

概括地讲，太阳能电池可分为三种类型：薄膜电池、单晶电池和集光器。在薄膜电池中，常使用淀积的非晶硅（a-Si）膜或多晶硅膜作为光吸收的半导体材料。薄膜 a-Si 电池在市场上已有销售，而 CdTe 和 CuInSe$_2$ 电池还在研制之中。单晶电池几乎都是由 Si 或者 GaAs 制作而成的，前面介绍的太阳能电池就是单晶硅电池。制作单晶 GaAs 电池的方法是在 GaAs、Ge 或者 Si 衬底上外延生长有效的 GaAs 层，它通常还包含 AlGaAs 或其他合金层。集光器电池工作在光强等于或大于100倍太阳光强度的条件下，尽管已经开始采用 InGaAsP 和 InP/InGaAs 来制作高效集光器电池，但现在仍然主要使用 Si 或者 GaAs。图 9.12 总结了近些年来在改进太阳能电池效率方面所获得的重大进展，并给出了迄今为止每一种类型的器件所获得的最大的太阳能电池效率。

用淀积方法制作的薄膜太阳能电池价格便宜，而且能制成大面积的外形（目前商用 a-Si 电池基本单元的面积达到 1.2 m^2），所以引起了人们的广泛兴趣。制作 a-Si 电池首先要在氧化锡覆盖的玻璃衬底上气相淀积 Si，其中氧化锡是一种在正面或受光照面起接触作用的透明的导电材料，然后在 a-Si 上覆盖一层铝或银以形成背面接触。此外，在淀积约 1 μm 厚的 a-Si 的过程中，通过适当的掺杂可以实现 p-i-n 型结构。在实验室中获得的 a-Si 电池的最大效率约为 13%，而商用电池的效率通常不到它的一半，而且，在使用一年后 a-Si 电池的输出降低了 10%~15%，这是由于电池暴露在光照下使钝化键合受到破坏，导致附加的陷阱从而增加了复合。尽管如此，在全球范围的太阳能电池产品中，a-Si 电池已成为一个重要的组成部分，其中大部分的 a-Si 电池用在指定的消费产品中。CdTe 薄膜电池最近在实验室中获得了16%的效率，其商用电池能获得 11%的效率，它很有可能在不远的将来对其他产品形成一定的竞争。

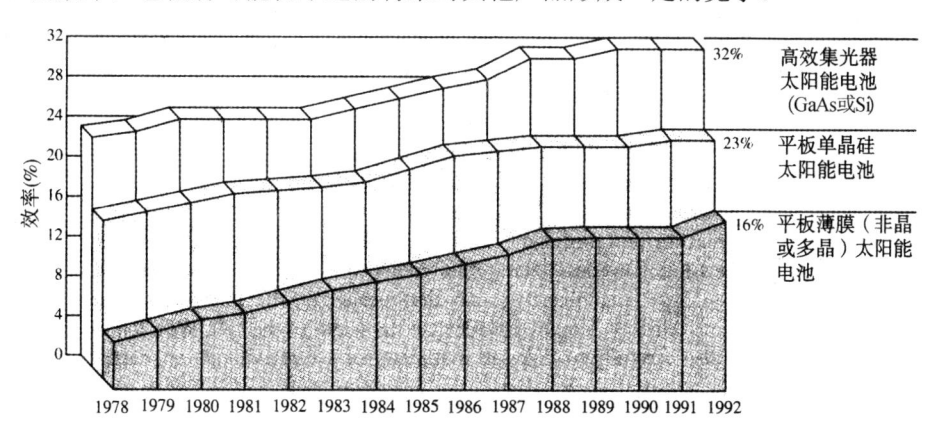

图 9.12　实验室太阳能电池最大效率的发展变化[8]

很明显，集光器电池的设计是用来实现高功率应用的。推动这种电池发展的基本前提是反光镜或者聚光透镜系统不能比同等面积的太阳能电池昂贵。另外，从图 9.12 中可以明显看到，集光器电池有更高的工作效率，这与电池中的电流和电压较大有关。堆垛集光器电池[例如在 GaAs 电池下面放置 Si 电池或者 GaSb（λ_G = 1.7 μm）电池，以吸收 GaAs 没吸收的波长]有可能最终产生超过 35%的效率。此外，在集光器电池的设计和应用中要特别关心包括热散失、升高的器件温度和高电流密度在内的一些参数。

9.4　LED

9.4.1　概述

利用前面章节介绍的关于半导体和二极管的工作原理，可以相对容易地解释 LED 的基本工作机制。pn结二极管的正向偏置会导致n型一侧大量的多数载流子电子跨过降低的势垒，并注入p型一侧的准中性区域中。同样，在p型一侧的空穴也注入n型一侧的准中性区域内。随后这些注入的载流子便被复合掉。在3.3.2节中我们讲过，由E-k图可知，在像Si这样的间接带隙半导体中，电子和空穴的晶体动量显然是不同的，这使得在带间跃迁过程中难以保持动量的守衡。因此在间接带隙半导体中的复合主要通过R-G中心发生，在复合过程中释放的能量转化为热能而耗散掉。另一方面，在像GaAs这样的直接带隙半导体中，电子和空穴的晶体动量几乎相等，这使注入的大部分载流子借助于带间复合而消除。在图9.13中直观地显示了这一点，在带间复合过程中，能量以光子的形式释放出去，这些光子一旦从二极管中逃逸，就成为LED所产生的光。

从导带和价带载流子分布的讨论中（参见2.4.3节），可以看出分布的最大值非常接近带边。事实上在非简并的半导体中，很容易证明分布的最大值位于带边$kT/2$处。因此导带电子和价带空穴复合所产生的光子能量的离散值约为kT数量级，而最大能量稍大于E_G。在某些情况下，光子实际上是通过一个电子从能带中稍低于导带边缘的位置降落而产生的，有时会在复合前形成激子。（一个电子和一个空穴通过静电耦合形成一个激子，它起着一个单元的作用。）当这种情况发生时，最大的光子能量会稍微小于E_G。总之，最大的光子能量一般都接近E_G，输出波长的峰值大约为$\lambda_G = 1.24/E_G$。要产生可见光，输出波长λ_G必须处于$0.4\ \mu m < \lambda_G < 0.7\ \mu m$的范围内，这也意味着$1.77\ eV < E_G < 3.10\ eV$。

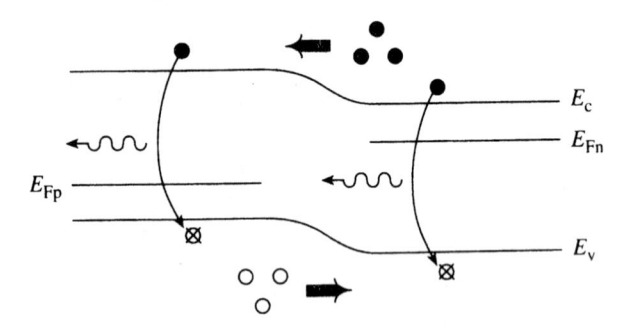

图9.13 LED中正偏pn结二极管的载流子注入及随后由带间复合所产生的光

考虑到LED的工作状态和可见光的能量/波长，可以推断用来制作可见光LED的半导体必须同时满足三个要求。第一，半导体应该是直接带隙半导体；第二，应具有在1.77 eV和3.10 eV之间的能带宽度；第三，要容易形成pn结二极管。令人意想不到的是，几乎没有半导体能同时满足这三个要求。间接带隙半导体中的Si和Ge首先就排除在外。如果不是因为能带宽度太小，GaAs是理想的候选。分析图9.1或图9.6，可以推断III-V族化合物中的GaP和AlAs具有在所需范围内的能带宽度，但是GaP和AlAs都是间接带隙半导体。图9.1中也显示出IV-IV族化合物SiC有大小合适的能带宽度，可惜SiC也是间接带隙半导体。包括图9.1中提到的ZnSe在内的许多II-VI族化合物半导体既是直接带隙半导体又具有合适的能带宽度。然而，直到最近才发现在大多数II-VI族化合物中是不可能形成pn结的，因为在II-VI族化合物中存在着天然的缺陷，它会把为形成结而引入的n型或p型掺杂杂质补偿掉。由于没有元素或化合物半导体同时满足这三个要求，因此就可以理解为什么市场上供应的LED使用了半导体合金和特殊的"光增强"中心，下面将要详细介绍这一内容。

9.4.2 商用 LED

表 9.1 中列出的内容概括了市场上销售的 LED 的相关信息。下面简要地讨论表中的各种半导体材料。

表 9.1 商用 LED 的性能(引自 Craford [9])

半 导 体	发光颜色	λ峰值(μm)	发射效率 η(%)	性能(流明/瓦特)*
已形成的材料				
$GaAs_{0.6}P_{0.4}$	红光	0.650	0.2	0.15
$GaAs_{0.35}P_{0.65}$:N	橙光	0.630	0.7	1
$GaAs_{0.14}P_{0.86}$:N	黄光	0.585	0.2	1
GaP:N	绿光	0.565	0.4	2.5
GaP:Zn-O	红光	0.700	2	0.40
最近的补充				
AlGaAs	红光	0.650	4~16	2~8
AlInGaP	橙光	0.620	6	20
AlInGaP	黄光	0.585	5	20
AlInGaP	绿光	0.570	1	6
SiC	蓝光	0.470	0.02	0.04
GaN	蓝光	0.450	2	0.6

* 可见光源的发光特性是用每瓦特电功率输入可以从器件中获得的流明量来表示。其中流明是发光输出(瓦特)与人眼相对响应(参见图 9.1)的乘积。

$GaAs_{0.6}P_{0.4}$

GaAs 是一种直接带隙半导体,但是它的带宽太窄,以至于不能产生可见光。GaP 具有在可见光范围内的 λ_G,但它是间接带隙半导体。这两种化合物都不满足 LED 材料的需求。然而,参考图 9.6,这两种化合物相结合的产物 $GaAs_{1-x}P_x$ 合金,当 x 在 $0.28 \leq x \leq 0.45$ 范围内取值时,既是直接带隙半导体,同时又具有能产生可见光的 E_G。其中,$x = 0.4$ 的 $GaAs_{0.6}P_{0.4}$ 专门用来制作光发射材料,因为对于人的肉眼来说它产生的光输出看起来最明亮。当 x 从 $x = 0.28$ 增加到直接-间接带隙半导体转变点的 $x = 0.45$ 处时,$GaAs_{1-x}P_x$ LED 的发射效率($\eta \equiv$ 光输出功率/电输入功率)大约降为原来的十分之一。然而,随着 x 增加到 0.45,输出波长减小,人眼相对响应增加约 50 倍。LED 的效率和人眼相对响应的乘积在 $x = 0.4$ 时出现了一个最大值,这一数值便被采用以制作商用 LED 器件。

由 $GaAs_{0.6}P_{0.4}$ 制作的价格低廉的红光 LED 是第一个成功地在市场上大量销售的固态光源,它们被用于 20 世纪 70 年代早期生产的手表显示器和便携式计算器中。不久,更省电的液晶显示代替了它们。由于 $GaAs_{0.6}P_{0.4}$ 二极管发出的亮度相当低,因此它主要用于室内的指示灯。

图 9.14(a) 显示了 $GaAs_{0.6}P_{0.4}$ LED 的横截面。从 GaAs 衬底开始,首先淀积一层缓变层,其 x 值有序地从 $x = 0$ 增加或"缓变"到 $x = 0.4$,以最大限度地减少晶格失配问题。因为在 GaAs 和 $GaAs_{0.6}P_{0.4}$ 的晶格常数之间存在很大的差异,直接在 GaAs 上淀积 $GaAs_{0.6}P_{0.4}$ 会使材料产生大量缺陷。在这之后,先生长 $GaAs_{0.6}P_{0.4}$ 层,然后再生长一层 x 值从 $x = 0.4$ 增加到 $x = 0.6$

的缓变层。最后，将 Zn 扩散到顶层以形成结的 p 型一侧。顶层材料较大的 x 提供了更宽的能带，因此使 $GaAs_{0.6}P_{0.4}$ 材料中产生的光可以被最少地再吸收而透过顶端。

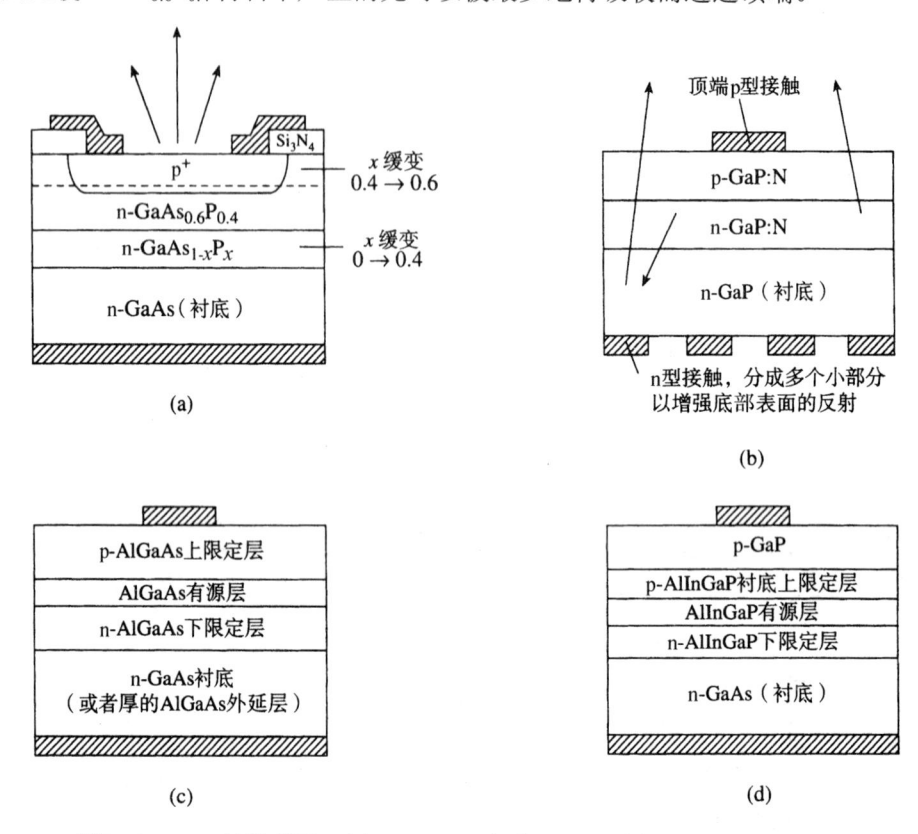

图 9.14 LED 的横截面。(a) $GaAs_{0.6}P_{0.4}$ 红光 LED；(b) GaP:N 绿光 LED；(c) AlGaAs "高亮度" 红光 LED；(d) AlInGaP LED（引自 Craford[9, 10]）

$GaAs_{0.35}P_{0.65}$:N, $GaAs_{0.14}P_{0.86}$:N, GaP:N

从表 9.1 可以看出，发光颜色为橙色、黄色和绿色的 LED 是由其 x 值在 $x = 0.65$ 到 $x = 1$ 范围内变化的 $GaAs_{1-x}P_x$ 材料制作的。所有这些材料本身都是间接带隙半导体，然而，氮掺杂(用 ":N" 符号来表示)的引入使这些材料成为假直接带隙半导体。氮是像 As 和 P 一样的 V 族元素，当把氮加入 $GaAs_{1-x}P_x$ 晶格中时，因为它代替了另一个 V 族元素，所以表现得不像一个标准的掺杂剂，没有附加的电子或空穴产生。更确切地说，氮掺杂引入了一个电子能级，或者称电子陷阱能级，位于导带边以下约 0.1 eV 处。因为这一能级是通过一个和所替换原子有着相等原子价的元素形成的，所以这个特殊的中心称为等电子陷阱 (isoelectronic trap)。由于吸引到陷阱中的电子在空间上的高度限定在某一区域，这相应地导致受陷电子的动量在允许范围内有更大的展宽(由测不准关系造成的)，从而可以与价带中的空穴动量相匹配。因此，一个受陷电子与一个空穴发生湮灭的概率会显著增强，而发生湮灭的结果就是产生一个光子。上述特点在 LED 工作过程中是非常重要的。实质上，等电子陷阱在电子和空穴的复合辐射中起着桥梁的作用，它提高了这一转变过程的效率。

$GaAs_{0.35}P_{0.65}$:N 和 $GaAs_{0.14}P_{0.86}$:N LED 器件在构造上与 $GaAs_{0.6}P_{0.4}$ LED 类似，所不同的只是它们需要制作在 GaP 衬底上。而图 9.14(b) 所示的 GaP:N 结构是不同的，它不需要衬底

缓变层，而是直接在 GaP 衬底上外延形成二极管有效的 n 区和 p 区。因为在 n 区和 p 区结构中，由 N 中心跃迁产生的光都有 $\lambda_{peak} > \lambda_G (E_{ph} < E_G)$，所以在外延层中几乎没有光的再吸收，而且 GaP 衬底对于 LED 光也是透明的。因此，向下发射的光也可能会在反射之后没被再吸收而逃逸了。这一特点导致了更高的发射效率，使制作更明亮的器件成为可能。这里介绍的发光颜色为橙红色、黄色和绿色的 LED，以及下面要描述的 GaP:Zn-O 红光 LED，它们目前占据了 LED 市场的最大份额。

GaP:Zn-O

Zn 在 GaP 中单独存在时扮演着受主角色，而 O 单独存在时会扮演施主角色。但是当加入大约相同量的 Zn 和 O 并适当激活之后，代替 Ga 的 Zn 和代替 P 的 O 倾向于形成邻近的晶格点阵位，并且共同起着等电子陷阱的作用。Zn-O 陷阱复合体不同于 N，因为这种陷阱能级位于 GaP 能带宽度中更深的位置上，大约在导带边缘以下 0.3 eV 处。通过复合体跃迁而产生的光是红光，$\lambda_{peak} = 0.700\ \mu m$。GaP:Zn-O LED 的制造工艺与图 9.14(b) 中所示的 GaP:N LED 的类似。

AlGaAs

20 世纪 80 年代后半期出现的 AlGaAs LED 在商业市场上还是个新产品。它是一种"高亮度"的红光 LED，可以实现超出普通 GaAsP:N 和 GaP:Zn-O 红光 LED 20 倍以上的亮度。AlGaAs 红光 LED 已经赢得了大约 10% 的市场，它主要用在汽车偏导器或汽车第三刹车灯上，以及用作运动鞋后跟上的灯。图 9.14(c) 中显示了 AlGaAs LED 的横截面。在能带宽度为 $E_G \cong 1.9\ eV$ 的狭窄有源区中，电子-空穴通过复合产生光子。紧邻有源区的限定层具有一个稍宽的能带宽度，使产生的光子的再吸收减少到最小限度，并且最大限度地从这一结构中提取出漫射光。在最亮的 AlGaAs 器件中，在下限定层下面生长一层厚的 (100~200 μm) AlGaAs 外延层，并且去除了 $E_G < E_{ph}$ 的 GaAs 衬底。通过图 9.6 可以知道，$E_G < 2\ eV$ 的 AlGaAs 合金是直接带隙半导体。此外，所有的 AlGaAs 合金都具有几乎完全相同的晶格常数，并且与 GaAs 是晶格匹配的。完整晶格匹配层具有最小的非辐射复合，再加上通过直接复合产生光的效率大约比通过等电子陷阱复合产生光的效率高出一个数量级，所以这种器件具有高效率和高亮度的特点。

AlInGaP

AlInGaP 第一次作为产品出售是在 1992 年，那时 AlInGaP 技术还处于它的萌芽阶段。这种合金是由 3 个 III 族元素和一个 V 族元素组成的，在当时这种结构是相当普遍的。尽管如此，AlInGaP LED 的工作性能已经显著地优于成熟的橙光、黄光和绿光器件。从长远观点来看，AlInGaP 最终可能成为覆盖从红光到绿光所有颜色范围的占有统治地位的高性能 LED 技术。图 9.14(d) 中显示了 AlInGaP LED 的横截面。如同 AlGaAs LED 一样，限定层和有源层与 GaAs 衬底是晶格匹配的，而且在有源工作区内是直接复合的。通过改变有源层的组分，就会产生不同的颜色。此外，因为 GaP 的电导率比 p 型 AlInGaP 还要高得多，所以将其用作顶端接触或窗口层。

SiC

SiC 的研究历史是相当有意思的。在 1907 年首次报道的电致发光就是由一个具有内建 pn 结的 SiC 样品产生的。在 20 世纪 60 年代曾经对 SiC LED 进行过集中的研究，并且在

20世纪70年代早期出售过一段时间。这些早期的 SiC 提供的效率非常低($\eta \sim 0.001\%$),而且光输出之弱令人无法接受。随着在高质量 SiC 衬底制作方面取得突破,以及对蓝光 LED 不断产生的需求,SiC LED 在 1990 年又重新开始出售。尽管效率显著地改善到 0.02%,但因为这种 LED 的工作方式仍然依靠在间接带隙半导体材料中的低概率辐射复合来实现,所以新产品的发射效率还处于较低的水平。

GaN

GaN 是一种直接带隙 III-V 族半导体,能带宽度为 $E_G = 3.36$ eV。在 1994 年 4 月首次开始出售 GaN 蓝光 LED。随着在 GaN 和 GaN 合金中形成 pn 结这一关键技术的突破,GaN LED 以惊人的速度发展起来,而这竟是由一个在生产半导体器件方面没有专业知识和技术的化学公司完成的。复合导致的辐射发光实际上发生在 $E_G = 2.75$ eV 的 InGaN 薄膜中,这一薄膜夹在能带宽度更大的 AlGaN 层之间。预计更高效率的 GaN LED 在销售上将迅速胜过 SiC LED 并成为蓝光 LED 的首选。由于补充了缺少的彩色成分,GaN 蓝光 LED 使得可工作在合理电源电压下基于 LED 的全色室外电视显示成为可能。

9.4.3 LED 封装和光输出

图 9.15 给出了标准的 LED 封装的横截面示意图。这个 LED 芯片的边长近似为 250 μm,放置在一个反射杯中。使用这一反射杯是因为会有一部分光(在某些情况下是一大部分光)实际上从芯片的侧面逃逸了。二极管中的一个电极直接连接到反射杯的底部,而另一电极则通过金属丝压焊条与芯片上的顶端接触相连。芯片和电极支架一同嵌入在起支撑作用的环氧树脂中,使得从芯片中提取光子更为方便(下面将要对这一点进行解释)。钟罩形状的环氧树脂密封剂使光最大限度地从封装的顶部透射出去。

从 LED 芯片上获取光子比预想的要复杂得多。前面已经介绍了在 GaAs$_{0.6}$P$_{0.4}$、AlGaAs 和 AlInGaP LED 中都有一层能带更宽的材料罩在光发射层上,这些具有更大的能带宽度的材料就像一个窗口一样,使光到达二极管表面之前不会被再吸收。而在 N 或 Zn-O 掺杂的 LED 中,因为发射的光子能量比工作区材料的能带宽度能量至少低 0.1 eV,所以窗口材料不是必需的。理想情况下在光发射层下面也需要有一层 $E_G > E_{ph}$ 的材料,因为有半数产生的光子开始时是向下直射的,其中一些光子在反射之后又从上表面逃逸出。如果在光产生层之下有 $E_G > E_{ph}$ 的材料,那么光子在整个结构中不断反射时就具有最小的再吸收概率,因此显著增加了射向半导体表面的光子百分比。

然而,光到达了半导体表面并不意味着它就可以离开 LED 芯片。首先回顾一下一些基本的光学知识。当在折射率为 n_1 的介质中传播的光照射到这一介质与折射率为 n_2 的第二个介质的分界面上时,一部分光会反射,同时另一部分光会透射,如图 9.16 所示。当光垂直入射($\theta = 0$)时,透射系数 T_N 由下式给出:

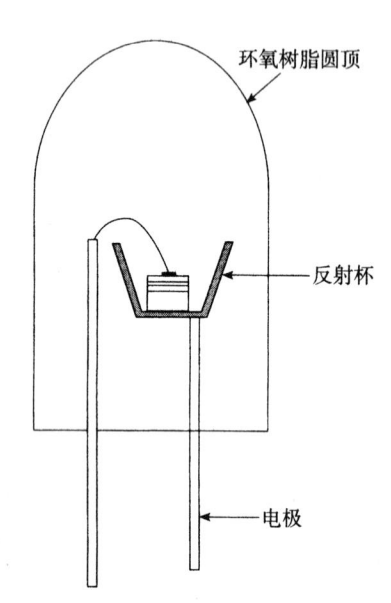

图 9.15 标准的 LED 封装的横截面

$$T_N = \frac{4n_r}{(1+n_r)^2} \tag{9.8}$$

其中 $n_r \equiv n_1/n_2$，为折射率之比。当光从半导体中透射到另一个介质中时，n_r 必然是大于 1 的（$n_1 > n_2$）。在任何情况下只要 $n_1 > n_2$，那么当光的入射角大于临界角 θ_c 时，就会导致光的全反射（即 $T = 0$）。临界角的大小可通过下式计算：

$$\sin\theta_c = \frac{n_2}{n_1} \tag{9.9}$$

考虑了全反射之后，再假设入射光在空间各个角度上均匀分布且随机地偏振，对所有的角度进行累加，所得到的 LED 上表面总的光透射系数 $\bar{T}$ 可表示为

$$\bar{T} \cong \frac{(\sin\theta_c)^2}{2} T_N = \frac{2}{n_r(1+n_r)^2} \tag{9.10}$$

举例来说，考虑光在 GaP - 空气界面的透射情况。在 LED 使用的半导体材料中，折射率为 3.4 的 GaP 是相当具有代表性的。通过取 n_1(GaP) = 3.4 和 n_2(空气) = 1，可计算出 T_N = 70%。然而，由 θ_c = 17.1° 得出 $\bar{T}$ = 3.0%。大部分的光因为全反射而不能透射。环氧树脂的折射率介于空气和半导体之间，采用这种材料封装，可使大部分光从 LED 芯片中输出，然后进入环氧树脂中。接下来，LED 封装的锥形圆顶可使大部分光以小于临界角的角度入射到环氧树脂-空气界面上，从而减少了全反射，并且提高了透射率。

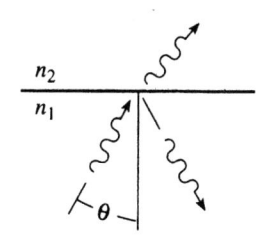

图 9.16　光在两个介质的分界面处的反射和透射。图中显示光在 1 号材料内沿着与法线呈 θ 角的方向入射

第二部分 B

BJT和其他结型器件

第 10 章　BJT 基础知识
第 11 章　BJT 静态特性
第 12 章　BJT 动态响应模型
第 13 章　PNPN 器件
第 14 章　MS 接触和肖特基二极管

第10章 BJT 基础知识

在第 5 章～第 8 章中，我们对 pn 结二极管的工作原理进行了详细的分析。下面对二极管分析进行合理的拓宽，即从单结/两端二极管发展到双结/三端晶体管。在这一章中首先讨论双极结型晶体管(BJT)。本章介绍一些初步的 BJT 知识，包括基本概念和符号的定义、工作原理的定性分析及关键的关系表达式等。这些基础知识是为后面详细的器件分析做准备的。

10.1 基本概念

BJT 是包含二个紧邻区域且相邻区域掺杂类型不同的半导体器件，其中间区域与那里的少数载流子的扩散长度相比非常窄。pnp 和 npn BJT 器件的结构如图 10.1 所示。其中较窄的中间区域为基区，外层的两个区域为发射区和集电区。从图 10.1 中很容易看出两个外层区域是可以互换的。然而，在实际器件中发射区具有不同的几何尺寸，并且一般比集电区的掺杂浓度要高，因此交换这两端会使器件特性发生显著的改变。

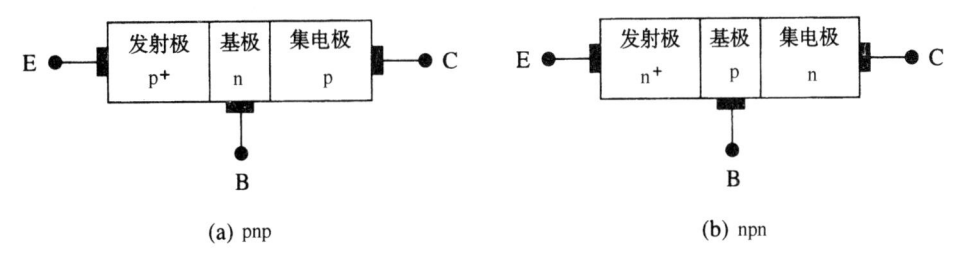

图 10.1 (a) pnp 和 (b) npn BJT 器件的结构示意图

图 10.2 中给出了 pnp 和 npn BJT 标准的电路符号、直流端电流和电压的符号，并在图中标出了电流、电压的极性。为了直观地表示电压极性，在图 10.2 中采用了"+"号和"-"号。因为在电压符号中的双下标同样也指示了电压的极性，所以"+"号和"-"号可以省略。在双下标中的第一个字母等同于(+)极，第二个字母等同于(-)极。例如，V_{EB} 就是降落在发射极(+)和基极(-)之间的直流电压。图 10.2 中表示的正电流方向在某些情况下与 IEEE 规则相反，在 IEEE 规则中总是把流进终端的电流看作正值，而按照图中所规定的极性，当晶体管工作在标准的放大模式时，所有的端电流都是正值。这样规定极性可以避免不必要的复杂性，而且在研究晶体管的物理机制时更为方便。

尽管图 10.2 中显示的三个电流和三个电压都可以用来确定晶体管特性，但只有两个电流和两个电压是独立的。首先，流进器件的电流和流出器件的电流必须相等。其次，围绕一个闭合回路的压降必须等于零。因此，通过分析图 10.2(a) 或图 10.2(b)，得到

$$I_E = I_B + I_C \tag{10.1}$$

以及

$$V_{EB} + V_{BC} + V_{CE} = 0 \qquad (V_{CE} = -V_{EC}) \tag{10.2}$$

如果晶体管中的两个电流或两个电压是已知的，则通过式(10.1)或式(10.2)就能确定第三个端电流或端电压。

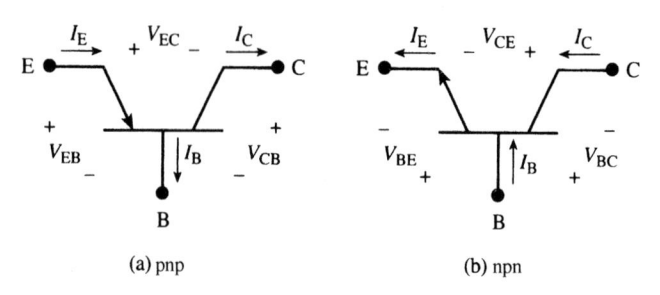

图 10.2 (a) pnp 和 (b) npn BJT 的电路符号。图中也指出了直流端电流、电压和参考极性

因为 BJT 在工作时通常不只包含一个电流和电压，所以器件的特性实质上是多种多样的。为了更方便地描述器件特性，人们规定了基本的电路接法（即器件的连接方法）和偏置模式，这样可以把研究重点集中在一些特殊应用的电流、电压和极性上。

在大多数应用中，信号是通过 BJT 的两个电极输入的，而输出信号通过另一对电极提取出来。因为 BJT 只有三个电极，所以其中一个电极必须同时作为输入和输出端。共基极、共发射极和共集电极分别用来表示输入和输出的共用电极，同时表示相对应的电路接法，如图 10.3 所示。其中共发射极是使用最广泛的线路接法，共基极只是偶尔使用，而共集电极使用得更少，今后将把它忽略。图 10.3 简要地给出了各种线路接法所关心的电流和电压，例如，在共发射极接法中，I_C 和 V_{EC} 是输出变量。为了今后便于参考，图 10.4 给出了共基极和共发射极理想输出特性的简图。

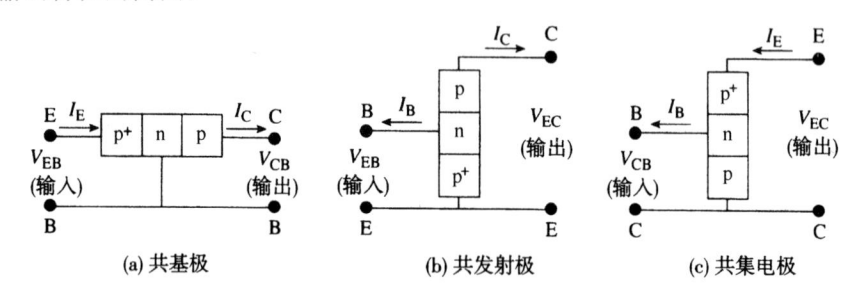

图 10.3 电路接法。(a) 共基极；(b) 共发射极；(c) 共集电极

因为偏置模式可以给出某些人们最关心的电压极性，所以它有助于进一步确定晶体管在给定应用条件下的运行方式。具体地讲，偏置模式给出了加在晶体管两个结上的偏置的极性（正偏或反偏）。如同在表 10.1 和图 10.5 中所总结的，总共有四种极性的组合。放大模式或正向放大模式是最常见的，其中 E-B 结为正偏、C-B 结为反偏。几乎所有的线性信号放大器，例如运算放大器，都为正向放大模式偏置。在放大模式下晶体管具有最大的信号增益和最小的信号失真。当两个结都处于正偏时为饱和状态，当两个结都处于反偏时为截止状态，它们分别对应作为开关使用的晶体管工作状态中的开态（大电流，低电压）和关态（小电流，高电压），在数字电路中，这些低电压和高电压状态分别相当于逻辑电位"0"和"1"。最后，在

倒置或倒置放大模式中，C-B 结为正偏同时 E-B 结为反偏。实际上，相对于放大模式，在倒置模式中发射极和集电极彼此交换了位置。

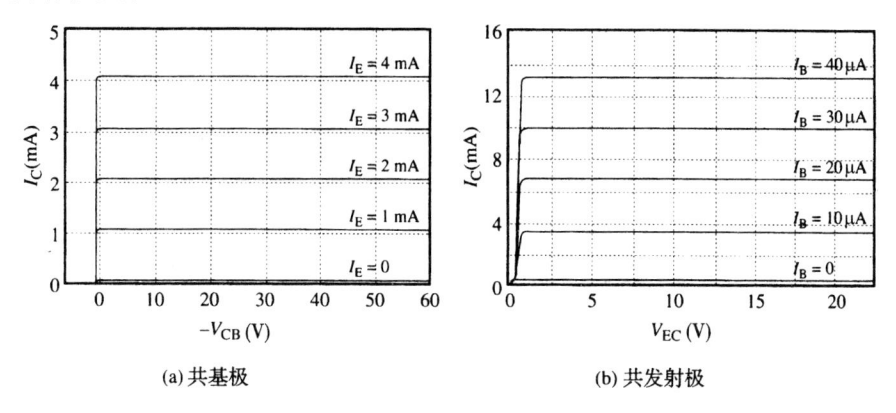

(a) 共基极

(b) 共发射极

图 10.4 pnp BJT 的(a)共基极和(b)共发射极理想输出特性的简图

表 10.1 偏置模式

偏置模式	偏置极性 E-B 结	偏置极性 C-B 结
饱和	正偏	正偏
放大	正偏	反偏
倒置	反偏	正偏
截止	反偏	反偏

在下面要讨论的大部分内容中，所要分析的器件都采用 pnp BJT。尽管在更多的电路应用和集成电路设计中都采用 npn BJT，但通过 pnp BJT 来引入工作原理和概念则更为方便。读者可以修改 pnp BJT 的推导和结果以使它们能适用于 npn BJT。

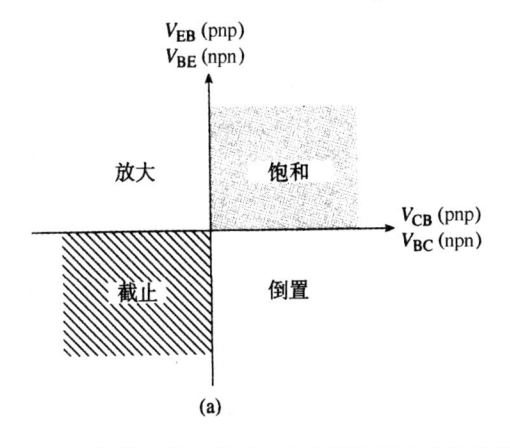

图 10.5 (a) BJT 的四个偏置模式与输入和输出电压的关系；(b) 四个偏置模式在 BJT 共发射极输出特性中对应的区域

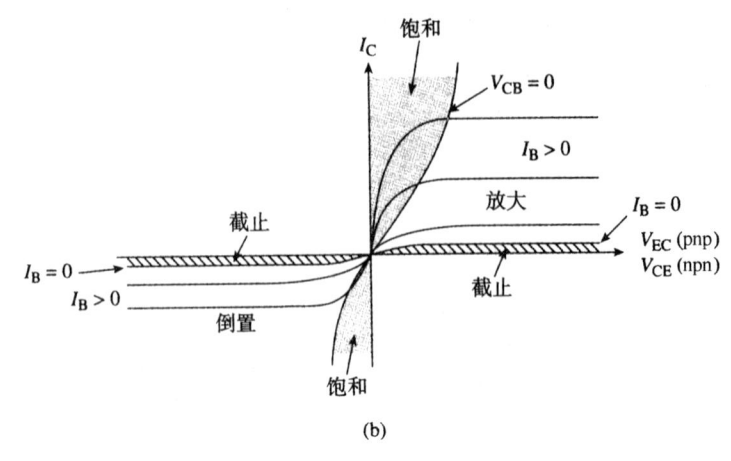

图 10.5(续) (a) BJT 的四个偏置模式与输入和输出电压的关系；(b) 四个偏置模式在 BJT 共发射极输出特性中对应的区域

10.2 制备工艺

为了进行定性讨论并获得一阶近似的定量结果，需要采用类似于图 10.1 中 BJT 的理想准一维模型。为说明相应的一维模型并对实际器件结构的物理性质有深入的领会，这里简要地描述一下 BJT 工艺。在许多情况下，双极晶体管的制作就是对第 4 章中所介绍的二极管工艺进行拓宽。当然，主要的不同在于两个 pn 结必须紧挨着形成。

图 10.6(a) 显示了分立的标准双扩散 pnp 晶体管的横截面，图 10.6(b) 为 IC 中 npn 晶体管的横截面。从重掺杂的 p^+-Si 晶片开始，形成分立 pnp 晶体管的第一步是生长一层高电阻率(轻掺杂)的 p 型 Si 外延层。这一层一般为 5~10 μm 厚，最终的晶体管结构都在这一层中形成。开始的重掺杂晶片仅仅提供机械支撑，并在外延层与晶片底部的集电极接触之间构成低电阻通路。在生长一层氧化硅并开出氧化硅窗口之后，进行磷扩散或砷扩散以产生 n 型基区。下一步是重复的扩散工艺，用 p 型杂质硼代替磷或砷进行扩散以形成 p^+ 发射区。最后，在晶片顶端生长一层金属铝，并光刻出图形以形成发射极和基极接触。图 10.6 中的结构不是按比例绘制的，把图形沿水平方向扩大约 50 倍，就可以获得与真实结构成比例的图形。

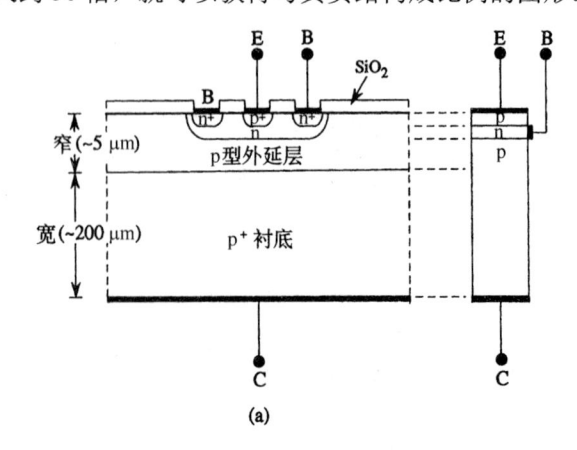

图 10.6 BJT 的横截面和简化模型。(a) 分立的标准双扩散 pnp BJT 和 (b) 集成电路中的 npn BJT

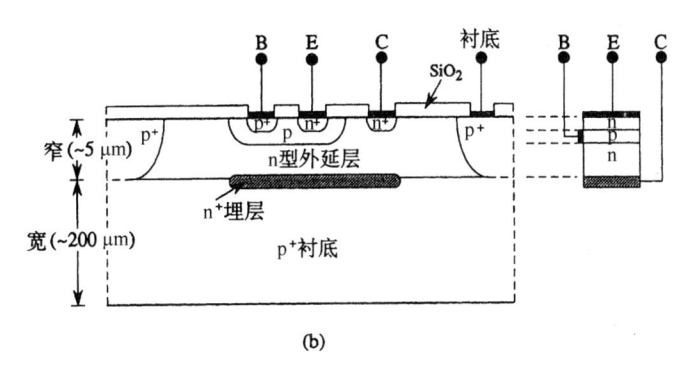

图 10.6(续)　BJT 的横截面和简化模型。(a)分立的标准双扩散 pnp BJT 和(b)集成电路中的 npn BJT

图 10.6(b)所示的 npn 集成电路晶体管具有类似的工艺：先在高电阻率的 n 型外延层中形成 p 型扩散，然后再进行 n 型扩散。不同的是，在集成电路中外延层的掺杂类型与衬底的掺杂类型相反，并且 npn 晶体管的隔离是通过在晶体管周边深扩散 p 型掺杂而完成的。在电路中最大的负电位加在 p 型衬底上，由于 n 型外延区处于更高的电位，因此通过一个反偏的 pn 结使晶体管与集成电路芯片上的其他器件实现了电隔离。在更先进的设计中，二氧化硅隔离代替了横向的 pn 结。图 10.6(b)显示的 n$^+$ 埋层是在生长外延层之前通过扩散形成的，埋层的作用是在晶体管有效的集电区和上端的集电极接触之间形成低电阻通道。

10.3　静电特性

与 pn 结二极管的分析类似，在 BJT 分析中首先考虑晶体管的静电特性。在平衡态和标准工作条件下，可以将 BJT 看作由两个独立的 pn 结构成，所以在第 5 章建立的 pn 结静电公式(关于内建电势、电荷密度、电场大小、静电势和耗尽区宽度的关系式)可以不用修改地分别应用到 E-B 结和 C-B 结上。例如，假定晶体管各区域是均匀掺杂的，取 N_{AE}(发射区掺杂浓度)≫N_{DB}(基区掺杂浓度)>N_{AC}(集电区掺杂浓度)(通常情况下在标准 pnp 晶体管中的掺杂条件)，它的平衡态能带图和基于耗尽近似的电学变量都总结在图 10.7 中。

根据对图 10.7 的分析，注意耗尽区宽度与假定的 N_{AE}≫N_{DB}>N_{AC} 掺杂横截面相一致。具体来说，几乎所有的 E-B 耗尽区宽度(W_{EB})都位于基区内，而大多数 C-B 耗尽区宽度(W_{CB})位于集电区内。因为 C-B 结轻掺杂一侧的掺杂浓度比 E-B 结轻掺杂一侧的低，所以 W_{CB} > W_{EB}。另外，注意 W_B 是总的基区宽度，W 是基区中没耗尽部分的宽度；也就是说，对于 pnp 晶体管，有

$$W = W_B - x_{nEB} - x_{nCB} \tag{10.3}$$

其中 x_{nEB} 和 x_{nCB} 分别是位于 n 型基区内的 E-B 和 C-B 耗尽区宽度。在 BJT 分析中，W 指的就是基区的准中性宽度，不要把它同前面章节中二极管耗尽区宽度的符号 W 相混淆。

练习 10.1

问：画出能带图来表征：(a)在平衡条件下的 npn 晶体管；(b)在放大模式偏置下的 pnp 晶体管。假设晶体管各区域是均匀掺杂的，并且具有标准的掺杂横截面，即发射区掺杂浓度≫基区掺杂浓度>集电区掺杂浓度。

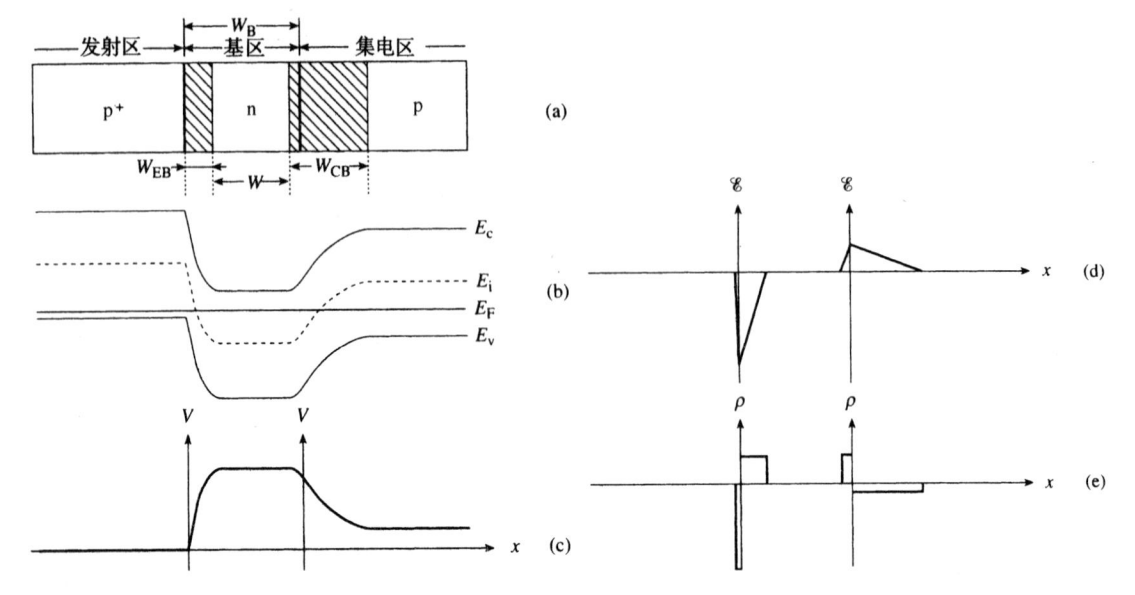

图 10.7 平衡条件下 pnp BJT 中电学变量的示意图。(a)耗尽区；(b)能带图；(c)电势；(d)电场；(e)电荷密度。假定晶体管的各个区域是均匀掺杂的，并且 $N_{AE} \gg N_{DB} > N_{AC}$

答：

(a) 如果 npn 和 pnp 晶体管的特性是互补的，那么只要把 pnp 图颠倒过来，就能等效地得到 npn 晶体管的能带图。因此，无论是颠倒图 10.7(b)或者是恰当地把一个 np 结和一个 pn 结的平衡态能带图合并起来，都可以得到 npn 晶体管的平衡态能带图，如图 E10.1(a)所示。

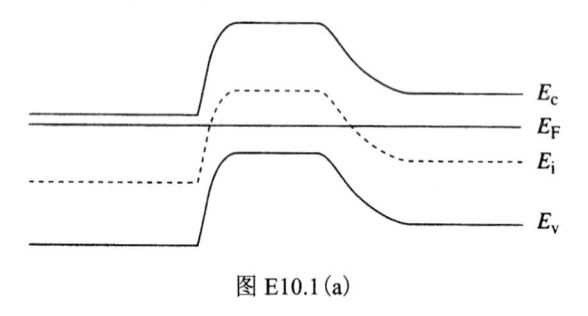

图 E10.1(a)

(b) 在放大模式偏置下 E-B 结是正偏的，C-B 结是反偏的。因此，参考图 10.7(b)，在 E-B 结中基区边的费米能级相对于发射区边的费米能级上升了，而 E-B 耗尽区宽度和势垒都减少了。相反，相对于集电区的费米能级，C-B 结的反偏降低了 pn 结基区边的费米能级，同时 C-B 耗尽区宽度和势垒都增加了。最终获得的能带图画在图 E10.1(b)中。

(C) 练习 10.2

问： 类似于练习 5.4，编写 MATLAB 程序以画出非简并掺杂的硅 pnp 或 npn BJT 的平衡态能带图。假定晶体管各区是均匀掺杂的，并且 BJT 保持在室温。

答： BJT "图表生成程序" 以文件名 BJT_Eband 存储。在附录 F 中列出了这一程序的学生编程代码。该程序可以画出 pnp BJT 的平衡态能带图，其中 $N_{AE} = 10^{18}/cm^3$，$N_{DB} = 10^{16}/cm^3$，$N_{AC} = 10^{15}/cm^3$，以及 $W_B = 1\ \mu m$。掺杂的参数和总的基区宽度可以通过改变程序第 5 行和第 6 行的 DOPING 和 WIDTH 指令进行调节，其中 n 型掺杂用负值输入。

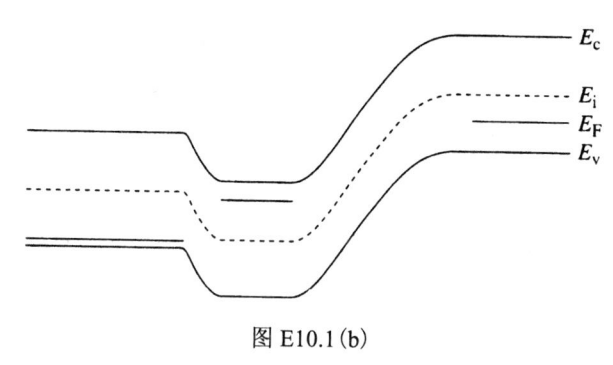

图 E10.1(b)

10.4 工作原理简介

为了对双极晶体管的工作原理有一个透彻的理解，考虑处于放大模式偏置下的 pnp 晶体管，首先重点分析在基区内和基区邻近范围的空穴作用。如图 10.8 所示，在正偏 E-B 结附近载流子主要的运动表现为多数载流子穿过结注入另一边的准中性区域内。很显然，p^+-n 结的特性决定了从发射区注入基区的空穴比从基区注入发射区的电子要多得多，而注入基区的载流子的运动是晶体管工作的关键。如果基区的准中性宽度远远大于基区中少数载流子的扩散长度，那么注入的空穴将在 n 型基区中完全复合掉，两个结之间没有相互的联系和影响，这种结构与两个背靠背拼接的 pn 结完全一样。然而，根据定义，BJT 是基区宽度比少数载流子扩散长度要小得多的器件。因此，大多数的注入空穴完全可以通过扩散穿越准中性基区且进入 C-B 耗尽区，然后 C-B 耗尽区内的加速电场迅速把这些载流子扫进集电区。因此，这一宽度狭窄的基区把 E-B 结和 C-B 结电流联系起来。毫无疑问，此时的载流子行为与两个背靠背拼接的 pn 结是不相同的。

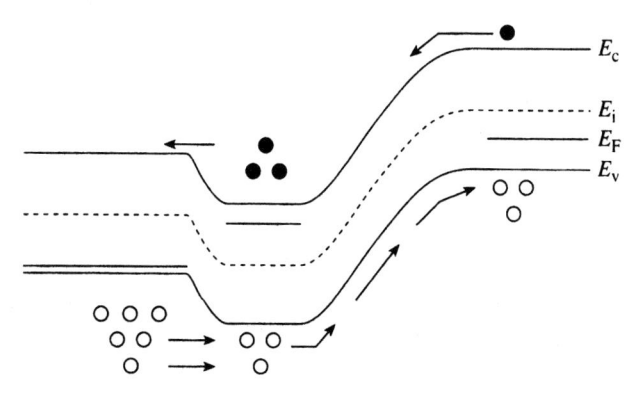

图 10.8 处于放大模式偏置下的 pnp BJT 中载流子的活动

上面介绍的内容有助于更好地理解晶体管的工作原理，此外，我们还解释了晶体管各区命名的由来。当处于放大模式偏置时，发射区相当于一个发射载流子进入基区的载流子源。

相反，反偏 C-B 结的集电区部分的作用就像一个漏，把通过控制区或基区的载流子收集起来。

为了获得更完整的物理图像，借助图 10.8 和图 10.9 来深入讨论把 BJT 中的所有扩散电流都考虑在内的情况。(类似于二极管分析，首先可以忽略耗尽区内的 R-G 电流。)在图 10.9 中流过 E-B 结的空穴扩散电流(由注入基区的空穴产生)用 I_{Ep} 表示。同样，流过 C-B 结的空穴扩散电流(几乎只来自成功穿过基区的注入空穴)用 I_{Cp} 表示。前面已经指出，在制作优良的晶体管基区中因复合而损失的注入空穴几乎可以忽略，因此 $I_{Cp} \cong I_{Ep}$，总的发射区和集电区电流显然可以写成

$$I_E = I_{Ep} + I_{En} \tag{10.4}$$

和

$$I_C = I_{Cp} + I_{Cn} \tag{10.5}$$

其中 I_{En} 是从基区注入发射区的电子电流，与 pn 结重掺杂一侧的扩散电流相比，$I_{En} \ll I_{Ep}$。集电区中的少数载流子进入 C-B 耗尽区并被扫进基区而形成的电子电流用 I_{Cn} 表示，因为它是反偏电流，所以 $I_{Cn} \ll I_{Cp}$。可见发射区和集电区的电子成分与各自的空穴成分相比都是很小的，又由于 $I_{Cp} \cong I_{Ep}$，所以得出 $I_C \cong I_E$，这是一个众所周知的晶体管端电流特性。另一方面，在放大模式偏置下，一般 I_B 比 I_E 和 I_C 小很多，这一点符合 $I_B = I_E - I_C$ 的事实。直接观察图 10.9 也可得出 I_B 相对较小的结论。在基区电流的三种成分中，$I_{B1} = I_{En}$、$I_{B3} = I_{Cn}$、I_{B2} 是流入基区与发射区注入的空穴复合而损失的电子电流，它们都是很小的。

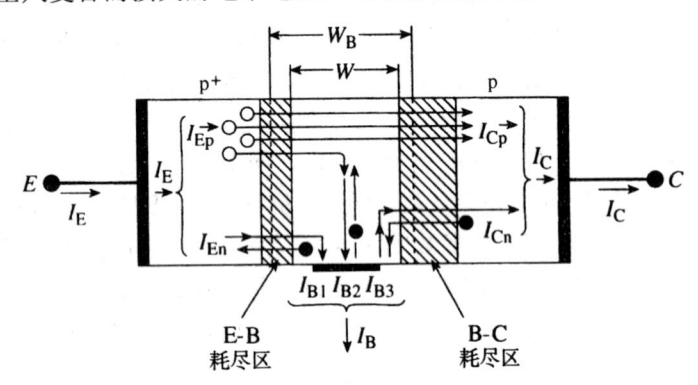

图 10.9 放大模式偏置下 pnp BJT 中的扩散电流

最后，有必要简单介绍一下 BJT 是如何进行信号放大的。当采用共发射极接法时，输出电流是 I_C，输入电流是 I_B，直流电流增益是 I_C/I_B。在 pnp BJT 中 I_B 是电子电流，I_C 主要是空穴电流，它们通过 E-B 结的作用而结合在一起；也就是说，增加 I_B 会成比例地增加 I_C。双结耦合在物理上把流过 E-B 结的小的电子电流和大的空穴电流分成两个独立的电流环路(参见图 10.10)，从而使通过小的 I_B 控制大的 I_C 成为可能。

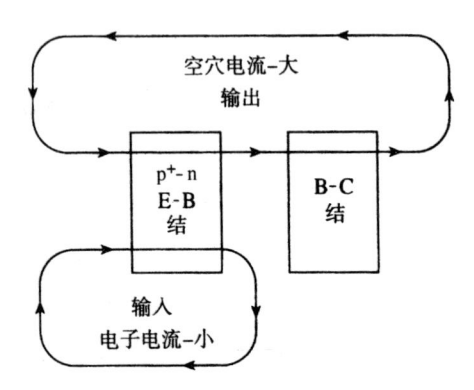

图 10.10 放大模式偏置下 pnp BJT 放大原理的示意图

10.5 特性参数

下面介绍一些常用的参数，它们用来表征BJT放大器的性能，包括与器件内部工作相关的发射效率和基区输运系数，以及与外部工作相关的直流电流增益。本节概括介绍了这些重要的特性参数并研究它们之间的相互关系，从而为第11章要介绍的定量分析做准备。

发射效率

在图10.10中，当总的发射极电流保持为常数时，如果穿过 E-B 结的空穴注入电流增加，那么会显著降低电子电流，并使总的电流增益增加。因此，把 I_E 看成发射极输入电流，I_{Ep} 是有用的发射极输出电流，发射效率可以定义为

$$\boxed{\gamma = \frac{I_{Ep}}{I_E} = \frac{I_{Ep}}{I_{Ep} + I_{En}}} \quad \cdots \text{pnp BJT} \tag{10.6}$$

很明显 $0 \leq \gamma \leq 1$，通过使 γ 尽可能地接近 1，可以获得最大的 BJT 电流增益。

基区输运系数

注入基区并成功通过扩散穿越准中性基区、进入到集电区的那一部分少数载流子在注入基区的少数载流子中所占的比例，称为基区输运系数（α_T）。在 pnp BJT 中，从发射区注入基区的载流子数与 I_{Ep} 成正比，进入集电区的剩余载流子数与 I_{Cp} 成正比，因此穿过基区的载流子比例可表示为

$$\boxed{\alpha_T = \frac{I_{Cp}}{I_{Ep}}} \quad \cdots \text{pnp BJT} \tag{10.7}$$

可以看出 $0 \leq \alpha_T \leq 1$。在准中性基区中，注入载流子由复合造成的损失越小，BJT 的特性退化就越少，α_T 就越大。当特性参数 α_T 尽可能地接近 1 时，能获得最大的增益。

共基极直流电流增益

当采用共基极连接时，图 10.4(a) 中放大模式（$-V_{CB} > 0$）的部分输出特性可精确地用关系式表示为

$$I_C = \alpha_{dc} I_E + I_{CB0} \tag{10.8}$$

其中 α_{dc} 是共基极直流电流增益，I_{CB0} 是当 $I_E = 0$ 时的集电极电流。利用式(10.6)和式(10.7)，能够写出

$$I_{Cp} = \alpha_T I_{Ep} = \gamma \alpha_T I_E \tag{10.9}$$

和

$$I_C = I_{Cp} + I_{Cn} = \gamma \alpha_T I_E + I_{Cn} \tag{10.10}$$

对比式(10.8)和式(10.10)，得出

$$\boxed{\alpha_{dc} = \gamma \alpha_T} \tag{10.11}$$

和

$$I_{\mathrm{CB0}} = I_{\mathrm{Cn}} \tag{10.12}$$

式(10.11)是非常有意义的，因为它把 BJT 的外部增益和内部特性参数联系起来。式(10.11)中也表明 $0 \leqslant \alpha_{\mathrm{dc}} \leqslant 1$。

共发射极直流电流增益

当采用共发射极连接时，放大模式的部分输出特性[参见图 10.4(b)和图 10.5(b)]可近似写成

$$I_{\mathrm{C}} = \beta_{\mathrm{dc}} I_{\mathrm{B}} + I_{\mathrm{CE0}} \tag{10.13}$$

其中 β_{dc} 是共发射极直流电流增益，I_{CE0} 是当 $I_{\mathrm{B}} = 0$ 时的集电极电流。把 $I_{\mathrm{E}} = I_{\mathrm{C}} + I_{\mathrm{B}}$ 代入式(10.8)可以建立 I_{C} 和 I_{B} 之间的第二个关系式，即

$$I_{\mathrm{C}} = \alpha_{\mathrm{dc}}(I_{\mathrm{C}} + I_{\mathrm{B}}) + I_{\mathrm{CB0}} \tag{10.14}$$

整理之后解出 I_{C}，得到

$$I_{\mathrm{C}} = \frac{\alpha_{\mathrm{dc}}}{1 - \alpha_{\mathrm{dc}}} I_{\mathrm{B}} + \frac{I_{\mathrm{CB0}}}{1 - \alpha_{\mathrm{dc}}} \tag{10.15}$$

对比式(10.13)和式(10.15)，得到

$$\boxed{\beta_{\mathrm{dc}} = \frac{\alpha_{\mathrm{dc}}}{1 - \alpha_{\mathrm{dc}}}} \tag{10.16}$$

和

$$I_{\mathrm{CE0}} = \frac{I_{\mathrm{CB0}}}{1 - \alpha_{\mathrm{dc}}} \tag{10.17}$$

另外也注意到，在确定的工作点下，与 I_{C} 相比 I_{CE0} 通常是可以忽略的，所以从式(10.13)中可得出

$$\boxed{\beta_{\mathrm{dc}} = \frac{I_{\mathrm{C}}}{I_{\mathrm{B}}}} \tag{10.18}$$

式(10.16)是非常有意义的，它表明一旦 α_{dc} 已知，总能把 β_{dc} 推导出来。因为 α_{dc} 一般接近于1，而且 $I_{\mathrm{C}} \gg I_{\mathrm{B}}$，根据式(10.16)或式(10.18)可以预测 $\beta_{\mathrm{dc}} \gg 1$。

10.6 小结

本章讨论了双极结型晶体管(BJT)的一些基础知识，其中大部分与电路有关的知识已为人熟知了。首先，我们介绍了端电流和电压的符号、极性及它们的相互关系，讲解了 BJT 电路接线方式和偏置模式，并给出了输出特性的一般形式。然后简要描述了晶体管的制作工艺，这是为了深入理解实际器件的物理性能，便于领会后面分析中用到的一维模型。接下来建立了一个相当完整的器件静电学图像。在平衡态和标准工作条件下，可以将 BJT 看成两个彼此独立的 pn 结。在放大模式偏置下，通过研究器件中的电流和载流子运动，我们给出了器件工

作的大致机制。最后，本章定义了发射效率、基区输运系数和直流电流增益这些表征 BJT 放大器性能的参数，并把它们相互联系起来。

习题

第 10 章 习题信息表

习 题	在以下小节后完成	难度水平	建议分值	简短描述
10.1	10.6	1	10(每问 1 分)	快速测验
10.2	10.1	1	4(每问 2 分)	偏置模式表
10.3	10.3	2~3	22 (a-4, b-6, c::e-4)	pnp 平衡条件下的静电特性
10.4	"	2~3	22 (a-4, b-6, c::e-4)	npn 平衡条件下的静电特性
10.5	"	2~3	10 (a-4, b-6)	pnp 放大模式静电特性
10.6	"	2	8(每图 2 分)	npn 放大模式静电特性
10.7	10.4	3	12(每图 6 分)	pnp 载流子运动/电流
10.8	"	3	12(每图 6 分)	npn 载流子运动/电流
10.9	10.5	2	11 (a-1, b-1, c-3, d-2, e-2, f-1, g-1)	pnp 参数计算
10.10	"	2	11 (a-1, b-1, c-3, d-2, e-2, f-1, g-1)	npn 参数计算
10.11	"	3	10	关于 I_{CB0} 的习题

10.1 快速测验。尽可能简要地回答下列问题：
(a) I_E 为输入电流、I_C 为输出电流时的电路接法叫什么？
(b) I_C 为输出电流、V_{EC} 为输出电压时的电路接法叫什么？
(c) 给出四种偏置模式的名称。
(d) 在集成电路 BJT 中的"埋层"有什么作用？
(e) 在标准的 pnp BJT 中，N_{AE}、N_{DB} 和 N_{AC} 之间的大小关系是怎样的？
(f) 在 pn 结二极管中，耗尽区宽度的标准符号是什么？在 BJT 中准中性基区宽度的标准符号是什么？
(g) 在 BJT 中基区的宽度是狭窄的，对"狭窄"是如何精确定义的？
(h) 在 BJT 中为什么基区必须要狭窄？
(i) 详细说明(不用公式)"发射效率"是什么意思。
(j) 详细说明"基区输运系数"是什么意思。

10.2 通过写出与四个偏置模式相关的输入和输出电压极性(+或-)来完成下表。

(a) pnp

模式	V_{EB}	V_{CB}
放大		
倒置		
饱和		
截止		

(b) npn

模式	V_{BE}	V_{BC}
放大		
倒置		
饱和		
截止		

10.3 室温下硅 pnp BJT 处于平衡条件，其中 $N_{AE} = 5 \times 10^{17}/\text{cm}^3$、$N_{DB} = 10^{15}/\text{cm}^3$、$N_{AC} = 10^{14}/\text{cm}^3$ 及 $W_B = 3~\mu\text{m}$。

(a) 画出器件的能带图，在器件的各区中恰当地定位费米能级。(可以使用练习 10.2 中的 BJT_Eband 程序来检查你的答案。)

(b) 画出 BJT 中随位置变化的 (i) 静电势 (在发射区中令 $V = 0$)、(ii) 电场和 (iii) 电荷密度。

(c) 计算集电区和发射区之间的净势垒差。

(d) 确定基区的准中性宽度。

(e) 计算 E-B 和 C-B 耗尽区内的最大电场强度。

10.4 $N_{DE} = 10^{18}/cm^3$、$N_{AB} = 10^{16}/cm^3$、$N_{DC} = 10^{15}/cm^3$ 及 $W_B = 2\ \mu m$ 的硅 npn BJT 保持在室温平衡条件下。

(a) 画出器件的能带图，恰当地定位出器件三个区的费米能级。(可以使用练习 10.2 中的 BJT_Eband 程序来检查你的答案。)

(b) 画出 BJT 中随位置变化的 (i) 静电势 (在发射区中令 $V = 0$)、(ii) 电场和 (iii) 电荷密度。

(c) 计算集电区和发射区之间的净势垒差。

(d) 确定基区的准中性宽度。

(e) 计算 E-B 和 C-B 耗尽区内的最大电场强度。

10.5 把偏压 $V_{EB} = 0.5\ V$ 和 $V_{CB} = -2\ V$ 加在习题 10.3 的 BJT 中。

(a) 画出器件的能带图，在器件的三个区中恰当地定位费米能级。

(b) 在已完成的习题 10.3 的答案中稍做修改，画出静电势、电场和电荷密度在上述偏置条件下关于 BJT 中位置的变化。

10.6 标准掺杂的硅 npn 晶体管处于放大模式偏置下，绘出器件中的能带图、静电势、电场和电荷密度与位置的函数关系。

10.7 pnp BJT 处于饱和偏置，$I_C > 0$。画出类似于图 10.8 和图 10.9 的图示，以显示在晶体管中的载流子运动和扩散电流。

10.8 npn BJT 偏置到截止状态。画出类似于图 10.8 和图 10.9 的图示，以显示晶体管中的载流子运动和扩散电流。

10.9 在 pnp BJT 中已知 $I_{Ep} = 1\ mA$、$I_{En} = 0.01\ mA$、$I_{Cp} = 0.98\ mA$ 及 $I_{Cn} = 0.1\ \mu A$，计算：

(a) α_T

(b) γ

(c) I_E、I_C 和 I_B

(d) α_{dc} 和 β_{dc}

(e) I_{CB0} 和 I_{CE0}

(f) I_{Cp} 增加到接近 1 mA 的数值，而所有的其他电流分量保持不变，I_{Cp} 的增加对 β_{dc} 有什么影响？请解释。

(g) I_{En} 增加而所有其他电流分量保持不变，I_{En} 的增加对 β_{dc} 有什么影响？请解释。

10.10 在 npn BJT 中，已知 $I_{En} = 100\ \mu A$、$I_{Ep} = 1\ \mu A$、$I_{Cn} = 99\ \mu A$ 及 $I_{Cp} = 0.1\ \mu A$，计算：

(a) α_T

(b) γ

(c) I_E、I_C 和 I_B

(d) α_{dc} 和 β_{dc}

(e) I_{CB0} 和 I_{CE0}

(f) I_{Cn} 增加到接近100 μA 的数值，而所有的其他电流分量保持不变，I_{Cn} 的增加对 β_{dc} 有什么影响？请解释。

(g) I_{Ep} 增加而所有其他电流分量保持不变，I_{Ep} 的增加对 β_{dc} 有什么影响？请解释。

10.11 解释为什么式(10.12)给出的 I_{CB0} 没有空穴电流成分，难道基区本身没有少数载流子空穴进入 C-B 耗尽区并被扫进集电区吗？

第 11 章 BJT 静态特性

这一章主要建立双极结型晶体管(BJT)的稳态响应模型,整章分为三个主要部分。在前面章节所介绍的知识的基础上,首先使用类似于理想二极管分析的模型,建立理想晶体管的基本关系式,以计算 BJT 特性参数和给出 BJT 的静态性能。第二部分比较了理想特性和实验结果,并系统分析了与理论值的显著偏差。某些偏差可以通过二极管分析而预测出来,但其他的偏差结果是晶体管所特有的。第三部分介绍了一些关于多晶硅发射极 BJT 和异质结双极晶体管(HBT)的知识,这些器件是近来发展的特殊晶体管,它们和传统的 BJT 相比在性能上有了很大的改善。

11.1 理想晶体管模型

11.1.1 求解方法

BJT 特性参数和端电流的一阶表达式的推导包括假设和求解过程两个部分,它们和理想二极管方程的推导非常类似。当然,由于存在一个有限长度的准中性基区,并需要同时处理三个(E, B, C)区域的电流-电压表达式,这显然增加了求解的复杂性。在这里归纳出了一般的求解方法,它们包括下面列出的基本假设、在推导中使用的材料参数、需要求解的微分方程和相关区域的边界条件,以及所关心的电流与参数的计算关系式。

基本假设
(1) 所分析的器件采用 pnp BJT,具有非简并、均匀掺杂的发射区、基区和集电区(E-B 结和 C-B 结采用突变结模型)。
(2) 晶体管在稳态条件下工作。
(3) 晶体管为一维的。
(4) 在准中性区域中满足小注入水平。
(5) 除了漂移、扩散和热复合-产生,在晶体管内部没有其他过程发生。设 $G_L = 0$。
(6) 在整个 E-B 和 C-B 耗尽区内热复合-产生是可以忽略的。
(7) 发射区和集电区的准中性宽度远大于这些区域的少数载流子扩散长度。(实际上认为发射区和集电区的宽度是半无限大的。)

注意,在开始的推导过程中先不限制基区的宽度,即没有忽略准中性基区中的热复合-产生。

符号说明
在分析中使用的材料参数的符号按不同的区域分别列在图 11.1 中。注意这里用脚标(E, B, C)来标记各区域的少数载流子参数,代替了前面使用的表示载流子类型的下标(n, p),因为晶体管中有两个区域具有相同的掺杂类型,所以这种标记是必要的。此外,为了使符号标记保持一致，用单下标代替双下标来标记掺杂浓度。$n_{E0} = n_i^2/N_E$、$p_{B0} = n_i^2/N_B$ 及 $n_{C0} = n_i^2/N_C$ 分别是发射区、基区和集电区内平衡态少数载流子浓度的简化符号。

扩散方程/边界条件

在上述基本假设的基础上，通过求解少数载流子扩散方程，就能获得晶体管准中性区域的少数载流子浓度。求解中使用的边界条件在形式上类似于理想二极管推导中用到的那些条件，具体来讲，因为发射区和集电区的准中性宽度远大于这些区域的少数载流子扩散长度，所以在发射区中离 E-B 结较远的位置或在集电区中离 C-B 结较远的位置载流子浓度的涨落（Δn_E 和 Δn_C）一定趋于零。同样，可以援引"pn 结定律"[参见式(6.12)]，以给出在 E-B 和 C-B 耗尽区边界的边界条件。按照图 11.1 确定的坐标系统，下面概括地介绍了不同区域需求解的方程和相应的边界条件。

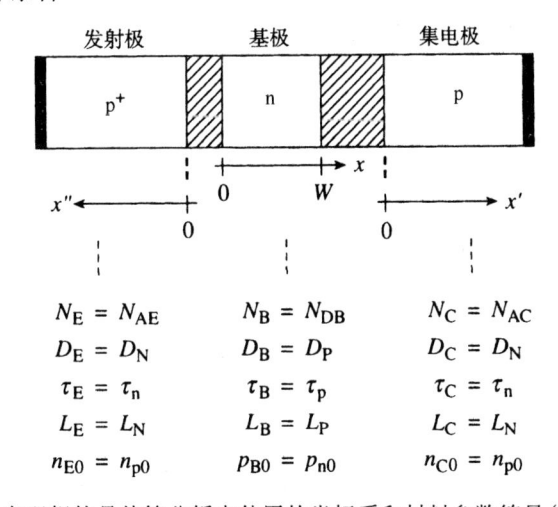

图 11.1 在理想的晶体管分析中使用的坐标系和材料参数符号（粗体表示）

发射区

需求解的扩散方程为

$$0 = D_E \frac{d^2 \Delta n_E}{dx''^2} - \frac{\Delta n_E}{\tau_E} \tag{11.1}$$

服从边界条件：

$$\Delta n_E(x'' \to \infty) = 0 \tag{11.2a}$$

$$\Delta n_E(x'' = 0) = n_{E0}(e^{qV_{EB}/kT} - 1) \tag{11.2b}$$

基区

需求解的扩散方程为

$$0 = D_B \frac{d^2 \Delta p_B}{dx^2} - \frac{\Delta p_B}{\tau_B} \tag{11.3}$$

服从边界条件：

$$\Delta p_B(0) = p_{B0}(e^{qV_{EB}/kT} - 1) \tag{11.4a}$$

$$\Delta p_B(W) = p_{B0}(e^{qV_{CB}/kT} - 1) \tag{11.4b}$$

集电区

需求解的扩散方程为

$$0 = D_C \frac{d^2 \Delta n_C}{dx'^2} - \frac{\Delta n_C}{\tau_C} \tag{11.5}$$

服从边界条件:

$$\Delta n_C(x' \to \infty) = 0 \tag{11.6a}$$

$$\Delta n_C(x' = 0) = n_{C0}(e^{qV_{CB}/kT} - 1) \tag{11.6b}$$

计算关系式

一旦获得 Δn_E、Δp_B 和 Δn_C 的解,流过 E-B 结和 C-B 结的电子和空穴电流成分(在第 10 章中介绍的 I_{En}、I_{Ep}、I_{Cn} 和 I_{Cp})就很容易计算了。例如,假设 E-B 耗尽区内的复合-产生可以忽略,那么 pnp 晶体管中的 I_{En} 就等同于发射区中 $x'' = 0$ 处少数载流子的扩散电流,即

$$I_{En} = -qAD_E \frac{d\Delta n_E}{dx''}\bigg|_{x''=0} \tag{11.7}$$

同样,

$$I_{Ep} = -qAD_B \frac{d\Delta p_B}{dx}\bigg|_{x=0} \tag{11.8}$$

$$I_{Cp} = -qAD_B \frac{d\Delta p_B}{dx}\bigg|_{x=W} \tag{11.9}$$

和

$$I_{Cn} = qAD_C \frac{d\Delta n_C}{dx'}\bigg|_{x'=0} \tag{11.10}$$

最后,通过将上述内部电流的解代入下面的关系式中,就可以建立特性因子和端电流的表达式:

$$\gamma = \frac{I_{Ep}}{I_{Ep} + I_{En}} \tag{11.11}$$

[同式(10.6)]

$$\alpha_T = \frac{I_{Cp}}{I_{Ep}} \tag{11.12}$$

[同式(10.7)]

$$\alpha_{dc} = \gamma \alpha_T \tag{11.13}$$

[同式(10.11)]

$$\beta_{dc} = \frac{\alpha_{dc}}{1 - \alpha_{dc}} \tag{11.14}$$

[同式(10.16)]

$$I_E = I_{Ep} + I_{En} \tag{11.15}$$

[同式(10.4)]

第 11 章　BJT 静态特性

$$I_C = I_{Cp} + I_{Cn} \tag{11.16}$$

[同式(10.5)]

$$I_B = I_E - I_C \tag{11.17}$$

[同式(10.1)]

11.1.2　通用解(W 为任意值)

下面通过相应的数学运算对前面的扩散方程进行求解，以给出特性参数和端电流的表达式。在此之前，首先希望读者能复习 6.1.3 节中理想二极管方程的求解过程，以及 6.3.2 节的窄基区二极管的处理方法，这对理解下面的内容是十分有帮助的。

发射区/集电区的解

在发射区准中性区域内少数载流子扩散方程[参见式(11.1)]的通解是

$$\Delta n_E(x'') = A_1 e^{-x''/L_E} + A_2 e^{x''/L_E} \tag{11.18}$$

因为当 $x'' \to \infty$ 时，$\exp(x''/L_E) \to \infty$，所以只有在 A_2 恒等于零时才能满足边界条件式(11.2a)。在 $A_2 = 0$ 的条件下，应用边界条件式(11.2b)得出 $A_1 = \Delta n_E(x'' = 0)$。因此

$$\Delta n_E(x'') = n_{E0}(e^{qV_{EB}/kT} - 1)e^{-x''/L_E} \tag{11.19}$$

把结果代入式(11.7)中，得出

$$\boxed{I_{En} = qA \frac{D_E}{L_E} n_{E0}(e^{qV_{EB}/kT} - 1)} \tag{11.20}$$

同样，在集电区准中性区域内，式(11.5)的解满足边界条件式(11.6)，得到

$$\Delta n_C(x') = n_{C0}(e^{qV_{CB}/kT} - 1)e^{-x'/L_C} \tag{11.21}$$

利用式(11.10)，然后可得出

$$\boxed{I_{Cn} = -qA \frac{D_C}{L_C} n_{C0}(e^{qV_{CB}/kT} - 1)} \tag{11.22}$$

正如预计的那样，除了符号的差异和式(11.22)中的负号，这里电流的解与理想二极管 p 型一侧方程的解一样。因为把从 n 型基区流到 p 型集电区的集电极电流定义为正的，所以在式(11.22)中出现了负号；也就是正电流方向的定义与二极管内部的电流方向定义正好相反。

基区解

尽管发射区和集电区的解无非是单边的理想二极管的解，但是基区扩散方程的解和相应的电流与前面的结果会有所不同。因为从数学角度来看，基区的宽度是有限的，所以微扰载流子浓度在 $x = 0$ 和 $x = W$ 处不会为零。

基区扩散方程[参见式(11.3)]通解的一般形式为

$$\Delta p_B(x) = A_1 e^{-x/L_B} + A_2 e^{x/L_B} \tag{11.23}$$

应用边界条件式(11.4)，给出

$$\Delta p_B(0) = p_{B0}(e^{qV_{EB}/kT} - 1) = A_1 + A_2 \tag{11.24a}$$

$$\Delta p_{\mathrm{B}}(W) = p_{\mathrm{B}0}(\mathrm{e}^{qV_{\mathrm{CB}}/kT} - 1) = A_1 \mathrm{e}^{-W/L_{\mathrm{B}}} + A_2 \mathrm{e}^{W/L_{\mathrm{B}}} \tag{11.24b}$$

根据式(11.24)可以解出 A_1 和 A_2，并将其代入通解中，得到

$$\Delta p_{\mathrm{B}}(x) = \Delta p_{\mathrm{B}}(0) \left(\frac{\mathrm{e}^{(W-x)/L_{\mathrm{B}}} - \mathrm{e}^{-(W-x)/L_{\mathrm{B}}}}{\mathrm{e}^{W/L_{\mathrm{B}}} - \mathrm{e}^{-W/L_{\mathrm{B}}}} \right) + \Delta p_{\mathrm{B}}(W) \left(\frac{\mathrm{e}^{x/L_{\mathrm{B}}} - \mathrm{e}^{-x/L_{\mathrm{B}}}}{\mathrm{e}^{W/L_{\mathrm{B}}} - \mathrm{e}^{-W/L_{\mathrm{B}}}} \right) \tag{11.25}$$

也可以通过双曲正弦函数得到更简单的表达式：

$$\boxed{\Delta p_{\mathrm{B}}(x) = \Delta p_{\mathrm{B}}(0) \frac{\sinh[(W-x)/L_{\mathrm{B}}]}{\sinh(W/L_{\mathrm{B}})} + \Delta p_{\mathrm{B}}(W) \frac{\sinh(x/L_{\mathrm{B}})}{\sinh(W/L_{\mathrm{B}})}} \tag{11.26}$$

其中

$$\sinh(\xi) \equiv \frac{\mathrm{e}^{\xi} - \mathrm{e}^{-\xi}}{2} \tag{11.27}$$

请注意，如果 $V_{\mathrm{CB}} = 0$，则 $\Delta p_{\mathrm{B}}(W) = 0$，那么式(11.26)就简化为窄基区二极管的解，即式(6.65)。当然，这种结果是必然的，因为当 $\Delta p_{\mathrm{B}}(W) = 0$ 时这两种情况是相同的。

知道了 $\Delta p_{\mathrm{B}}(x)$ 的解答，立刻就能计算出流过 E-B 结和 C-B 结的空穴电流。把解代入式(11.8)和式(11.9)，其中 $\Delta p_{\mathrm{B}}(0)$ 和 $\Delta p_{\mathrm{B}}(W)$ 用依赖于电压形式的式(11.24)代入，得到

$$\boxed{I_{\mathrm{Ep}} = qA \frac{D_{\mathrm{B}}}{L_{\mathrm{B}}} p_{\mathrm{B}0} \left[\frac{\cosh(W/L_{\mathrm{B}})}{\sinh(W/L_{\mathrm{B}})} (\mathrm{e}^{qV_{\mathrm{EB}}/kT} - 1) - \frac{1}{\sinh(W/L_{\mathrm{B}})} (\mathrm{e}^{qV_{\mathrm{CB}}/kT} - 1) \right]} \tag{11.28}$$

$$\boxed{I_{\mathrm{Cp}} = qA \frac{D_{\mathrm{B}}}{L_{\mathrm{B}}} p_{\mathrm{B}0} \left[\frac{1}{\sinh(W/L_{\mathrm{B}})} (\mathrm{e}^{qV_{\mathrm{EB}}/kT} - 1) - \frac{\cosh(W/L_{\mathrm{B}})}{\sinh(W/L_{\mathrm{B}})} (\mathrm{e}^{qV_{\mathrm{CB}}/kT} - 1) \right]} \tag{11.29}$$

其中

$$\cosh(\xi) \equiv \frac{\mathrm{e}^{\xi} + \mathrm{e}^{-\xi}}{2} \tag{11.30}$$

特性参数/端电流

下面建立特性参数的表达式，假定晶体管处于放大模式偏置状态。在放大模式偏置下，pnp 晶体管满足 $V_{\mathrm{EB}} > 0$ 和 $V_{\mathrm{CB}} < 0$。这种偏置方式使得式(11.28)和式(11.29)中的 $[\exp(qV_{\mathrm{CB}}/kT) - 1]$ 项与 $[\exp(qV_{\mathrm{EB}}/kT) - 1]$ 项相比要小得多，因此，可以忽略 I_{Ep} 和 I_{Cp} 表达式中的 $[\exp(qV_{\mathrm{CB}}/kT) - 1]$ 项，之后将电流表达式代入式(11.11)和式(11.12)中，注意 $n_{\mathrm{E}0}/p_{\mathrm{B}0} = N_{\mathrm{B}}/N_{\mathrm{E}}$，得到

$$\gamma = \frac{1}{1 + \left(\dfrac{D_{\mathrm{E}}}{D_{\mathrm{B}}} \dfrac{L_{\mathrm{B}}}{L_{\mathrm{E}}} \dfrac{N_{\mathrm{B}}}{N_{\mathrm{E}}} \right) \dfrac{\sinh(W/L_{\mathrm{B}})}{\cosh(W/L_{\mathrm{B}})}} \tag{11.31}$$

$$\alpha_{\mathrm{T}} = \frac{1}{\cosh(W/L_{\mathrm{B}})} \tag{11.32}$$

以及

$$\alpha_{dc} = \gamma \alpha_T = \frac{1}{\cosh(W/L_B) + \left(\frac{D_E}{D_B}\frac{L_B}{L_E}\frac{N_B}{N_E}\right)\sinh(W/L_B)} \tag{11.33}$$

和

$$\beta_{dc} = \frac{1}{\frac{1}{\alpha_{dc}} - 1} = \frac{1}{\cosh(W/L_B) + \left(\frac{D_E}{D_B}\frac{L_B}{L_E}\frac{N_B}{N_E}\right)\sinh(W/L_B) - 1} \tag{11.34}$$

总的发射区和集电区电流表达式是通过把它们各自的电子电流和空穴电流成分加在一起而得到的,即

$$I_E = qA\left[\left(\frac{D_E}{L_E}n_{E0} + \frac{D_B}{L_B}p_{B0}\frac{\cosh(W/L_B)}{\sinh(W/L_B)}\right)(e^{qV_{EB}/kT} - 1) \\ - \left(\frac{D_B}{L_B}p_{B0}\frac{1}{\sinh(W/L_B)}\right)(e^{qV_{CB}/kT} - 1)\right] \tag{11.35}$$

$$I_C = qA\left[\left(\frac{D_B}{L_B}p_{B0}\frac{1}{\sinh(W/L_B)}\right)(e^{qV_{EB}/kT} - 1) \\ - \left(\frac{D_C}{L_C}n_{C0} + \frac{D_B}{L_B}p_{B0}\frac{\cosh(W/L_B)}{\sinh(W/L_B)}\right)(e^{qV_{CB}/kT} - 1)\right] \tag{11.36}$$

最后,基区的电流表达式可以通过 $I_B = I_E - I_C$ 而得到。

练习 11.1

问:

(a) 证明发射区和集电区端电流在 $W \gg L_B$ 的极限条件下退化为理想二极管方程的表达式。

(b) 证明式(11.35)的发射区电流表达式中若 $V_{CB} = 0$,器件即退化为窄基区二极管的 I-V 关系式。

答:

(a) 在 $W \gg L_B$ 或 $W/L_B \to \infty$ 的极限情况下,有

$$\frac{\cosh(W/L_B)}{\sinh(W/L_B)} = \frac{e^{W/L_B} + e^{-W/L_B}}{e^{W/L_B} - e^{-W/L_B}} \to 1$$

和

$$\frac{1}{\sinh(W/L_B)} = \frac{2}{e^{W/L_B} - e^{-W/L_B}} \to 0$$

把上面的双曲函数极限值代入式(11.35)和式(11.36)中,得到

$$I_E = qA\left(\frac{D_E}{L_E}n_{E0} + \frac{D_B}{L_B}p_{B0}\right)(e^{qV_{EB}/kT} - 1)$$

$$I_C = -qA\left(\frac{D_C}{L_C}n_{C0} + \frac{D_B}{L_B}p_{B0}\right)(e^{qV_{CB}/kT} - 1)$$

显然,除了符号上的差异和 I_C 关系式中的负号,上述结果就是理想二极管的方

程。前面已经解释了在 C-B 结中把正电流方向定义为从 n 到 p，所以会出现一个负号。这里的推导进一步证实了开始的论点，即 $W \gg L_B$ 的晶体管结构其实就相当于两个背靠背的二极管。

(b) 如果 $V_{CB} = 0$，那么 $[\exp(qV_{CB}/kT) - 1]$ 项变为零，式(11.35)简化为

$$I_E = qA\left(\frac{D_E}{L_E}n_{E0} + \frac{D_B}{L_B}p_{B0}\frac{\cosh(W/L_B)}{\sinh(W/L_B)}\right)(e^{qV_{EB}/kT} - 1)$$

根据 p^+-n 型 E-B 结的特性，包含 n_{E0} 的项（即含有 I_{En} 的项）可以忽略。可以看出，除了符号上的差别，上面的方程与窄基区的结果[参见式(6.68)和式(6.69)]是一样的。总体来说，把集电区和基区连接在一起或在 $V_{CB}=0$ 的条件下，理想晶体管在功能上等效于前面分析的窄基区二极管。

11.1.3 简化关系式($W \ll L_B$)

前面推导出的关系式构成了晶体管参数和电流的完整解，可以直接用它们来计算和描述特性。然而，解的简化形式或变换形式更容易被人理解且容易进行计算。基于在一般的晶体管中 $W \ll L_B$ 这一事实，本小节中研究如何对关系式进行简化。

本来可以在推导过程的开始阶段就使用窄基区宽度条件，以简化准中性基区内少数载流子分布的解的形式，这样处理就自动地简化了后来所有的表达式。但是，在开始时应用窄基区宽度条件就不能考虑其他极限情况的解，也不能探讨特殊情况($W \sim L_B$)的解，而且更重要的是，这会损失表达式中一些有意义的项。此外，通过使用类似于 $\coth(\xi) = \cosh(\xi)/\sinh(\xi)$ 的其他双曲函数，可以推导出更简洁的关系式，但是处理 sinh 和 cosh 函数则更为方便。为了方便读者，下面再介绍一下自变量较小时 sinh 和 cosh 的极限结果，这些内容最初在窄基区二极管的讨论中已经介绍过。

$$\sinh(\xi) \rightarrow \xi \qquad \cdots \xi \ll 1 \qquad (11.37)$$

和

$$\cosh(\xi) \rightarrow 1 + \frac{\xi^2}{2} \qquad \cdots \xi \ll 1 \qquad (11.38)$$

基区中的 $\Delta p_B(x)$

因为 $0 \leq x \leq W$，所以如果 $W/L_B \ll 1$，则对于所有的 x 值，式(11.26)中的自变量 $(W-x)/L_B$ 和 x/L_B 都远小于 1，因此在这一极限条件下式(11.26)中所有的 $\sinh(\xi)$ 函数都可以用它们的自变量代替，得到

$$\Delta p_B(x) \cong \Delta p_B(0)\left(1 - \frac{x}{W}\right) + \Delta p_B(W)\frac{x}{W} \qquad (11.39)$$

或者

$$\boxed{\Delta p_B(x) = \Delta p_B(0) + [\Delta p_B(W) - \Delta p_B(0)]\frac{x}{W}} \qquad (11.40)$$

式(11.40)表明在 $W \ll L_B$ 的极限条件下，准中性基区中载流子浓度的微扰是位置的线性函数。如图 11.2 所示，直线的分布从 E-B 耗尽区中基区边的 $\Delta p_B(0) = p_{B0}[\exp(qV_{EB}/kT) - 1]$ 延伸

到 C-B 耗尽区中基区边的 $\Delta p_B(W) = p_{B0}[\exp(qV_{CB}/kT) - 1]$。这里留给读者一个问题：证明即使 W/L_B 等于 1，分布仍然非常接近线性。

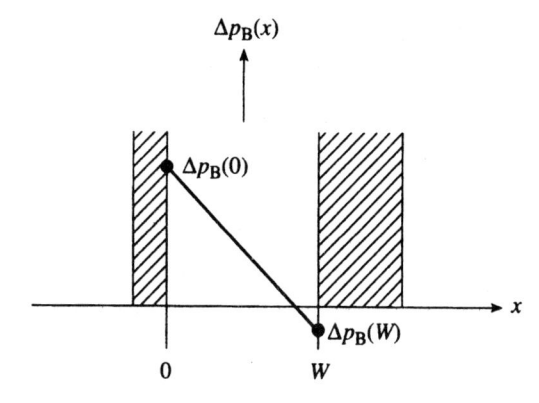

图 11.2 在 pnp BJT 基区中载流子浓度的微扰 $(p_B - p_{B0})$。所画出的分布为放大模式偏置 $(V_{EB} > 0, V_{CB} < 0)$ 下的结果

特性参数

当使用 $W/L_B \ll 1$ 的极限条件时，如果 W/L_B 最多保留到二阶项，特性参数的通用解[参见式(11.31)~式(11.34)]可简化为

$$\gamma = \frac{1}{1 + \dfrac{D_E}{D_B}\dfrac{N_B}{N_E}\dfrac{W}{L_E}} \tag{11.41}$$

$$\alpha_T = \frac{1}{1 + \dfrac{1}{2}\left(\dfrac{W}{L_B}\right)^2} \tag{11.42}$$

$$\alpha_{dc} = \frac{1}{1 + \dfrac{D_E}{D_B}\dfrac{N_B}{N_E}\dfrac{W}{L_E} + \dfrac{1}{2}\left(\dfrac{W}{L_B}\right)^2} \tag{11.43}$$

$$\beta_{dc} = \frac{1}{\dfrac{D_E}{D_B}\dfrac{N_B}{N_E}\dfrac{W}{L_E} + \dfrac{1}{2}\left(\dfrac{W}{L_B}\right)^2} \tag{11.44}$$

从式(11.41)可以看出，$N_E \gg N_B$ 导致发射效率接近 1，这同前面的定性讨论相一致。同样，与前面对晶体管工作原理的理解相符，式(11.42)表明为获得接近于 1 的基区输运系数，需要使 $W \ll L_B$。

式(11.41)~式(11.44)的结果是非常简单的，能够很容易完成实例计算。假定 pnp BJT 工作在 300 K 下，它的材料参数如表 11.1 所示，同时 $W \cong W_B$。把列出的材料参数代入特性关系式中，得出

$$\frac{D_E}{D_B}\frac{N_B}{N_E}\frac{W}{L_E} = 1.46 \times 10^{-3}$$

$$\frac{1}{2}\left(\frac{W}{L_B}\right)^2 = 1.77 \times 10^{-3}$$

和

$$\gamma = 0.9985$$
$$\alpha_T = 0.9982$$
$$\alpha_{dc} = 0.9968$$
$$\beta_{dc} = 310$$

尽管发射区掺杂浓度一般要大于假定的 $10^{18}/cm^3$（这一浓度是由非简并条件所限定的近似理论上限），但计算结果能反映实际晶体管的特性。然而在现代高性能的晶体管中，α_T 可以更接近 1，增益主要受限于发射效率。

表 11.1 工作在 300 K 下的 pnp BJT 材料参数（数据是假定的，仅用于计算）

发 射 区	基 区	集 电 区
$N_E = 10^{18}/cm^3$	$N_B = 10^{16}/cm^3$	$N_C = 10^{15}/cm^3$
$\mu_E = 263\ cm^2/(V\cdot s)$	$\mu_B = 437\ cm^2/(V\cdot s)$	$\mu_C = 1345\ cm^2/(V\cdot s)$
$D_E = 6.81\ cm^2/s$	$D_B = 11.3\ cm^2/s$	$D_C = 34.8\ cm^2/s$
$\tau_E = 10^{-7}\ s$	$\tau_E = 10^{-6}\ s$	$\tau_C = 10^{-6}\ s$
$L_E = 8.25 \times 10^{-4}\ cm$	$L_B = 3.36 \times 10^{-3}\ cm$	$L_C = 5.90 \times 10^{-3}\ cm$
	$W_B = 2 \times 10^{-4}\ cm$	

练习 11.2

问：在 $W \ll L_B$ 的极限条件下，式(11.40)中 $\Delta p_B(x)$ 与 x 呈线性依赖关系，这一结果是很显然的。如同在习题 3.17 和窄基区二极管的分析中遇到的，在远小于扩散长度的区域内忽略热复合-产生将自动导致线性的依赖关系。请具体证明，如果认为在 pnp 晶体管准中性基区内的热复合-产生是可以忽略的，则式(11.40)就是少数载流子扩散方程的解。

答：如果假定热复合-产生可以忽略，则式(11.3)（即基区扩散方程）退化为

$$0 = \frac{d^2 \Delta p_B}{dx^2}$$

它具有通解：

$$\Delta p_B(x) = A_1 + A_2 x$$

应用边界条件式(11.4)，得出

$$\Delta p_B(0) = A_1$$

和

$$\Delta p_B(W) = A_1 + A_2 W = \Delta p_B(0) + A_2 W$$

或者

$$A_2 = [\Delta p_B(W) - \Delta p_B(0)]/W$$

最后，把导出的 A_1 和 A_2 代回通解中，就得到

$$\Delta p_B(x) = \Delta p_B(0) + [\Delta p_B(W) - \Delta p_B(0)]\frac{x}{W}$$

练习 11.3

问：考虑处于饱和偏置的 pnp 晶体管($W \ll L_B$)，在线性坐标系中画出用平衡态载流子浓度归一化的发射区、基区和集电区准中性区域内微扰少数载流子的分布($\Delta n/n_0$ 或 $\Delta p/p_0$)。

答：由式(11.19)和式(11.21)可写出

$$\Delta n_E(x'')/n_{E0} = (e^{qV_{EB}/kT} - 1)\, e^{-x''/L_E}$$

$$\Delta n_C(x')/n_{C0} = (e^{qV_{CB}/kT} - 1)\, e^{-x'/L_C}$$

当处于饱和偏置时，$V_{EB} > 0$ 并且 $V_{CB} > 0$，因此在发射区和集电区的载流子分布是类似的，并且与正偏 pn 结二极管中过剩载流子的分布具有相同的一般形式。在紧邻耗尽区边界有载流子的积累，而且载流子浓度随进入准中性区域的深度呈指数衰减。

在准中性基区边缘，由边界条件式(11.4)可推导出

$$\Delta p_B(0)/p_{B0} = (e^{qV_{EB}/kT} - 1)$$

$$\Delta p_B(W)/p_{B0} = (e^{qV_{CB}/kT} - 1)$$

在 $V_{EB} > 0$ 和 $V_{CB} > 0$ 的条件下，在准中性基区的两边都有过剩载流子。此外，在 E-B 耗尽区的基区边缘和发射区边缘两处归一化的过剩载流子浓度正好相等。类似地，在 B-C 耗尽区的基区边缘和集电区边缘有 $\Delta p_B(W)/p_{B0} = \Delta n_C(x' = 0)/n_{C0}$。最后，因为 $W \ll L_B$，所以在基区的载流子分布一定是近似线性的。

根据以上讨论，下面画出了所需的示意图。

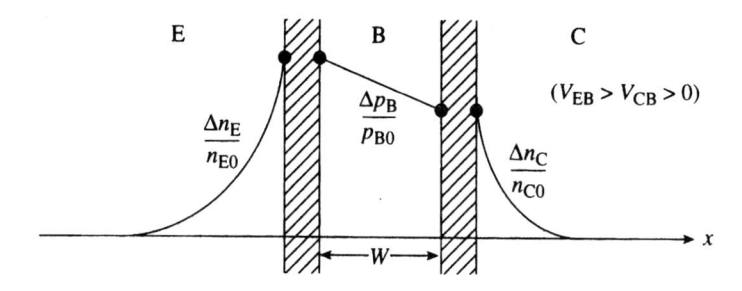

练习 11.4

问：用式(11.40)中 $\Delta p_B(x)$ 的近似关系式来求出基区输运系数的表达式，并对结论加以讨论。

答：因为 $\Delta p_B(x)$ 的近似解是 x 的线性函数，所以在准中性基区中，无论 x 取何值 $d\Delta p_B(x)/dx$ 都是相同的，由式(11.8)和式(11.9)可得出 $I_{Cp} = I_{Ep}$ 和

$$\alpha_T = \frac{I_{Cp}}{I_{Ep}} = 1$$

$\alpha_T = 1$ 意味着注入载流子在穿过准中性基区的过程中没有通过复合而损失，这个结果与假定基区内的复合-产生可以忽略相一致，在练习 11.2 推导式(11.40)时使用了

这一关键的假定。显然，在用 $\Delta p_B(x)$ 线性关系式计算特性参数时忽略了 $(W/L_B)^2$ 阶这一项。

11.1.4 埃伯斯-莫尔方程和模型

在这一小节中，我们把重点从特性参数转移到端电流上。首先研究式(11.35)和式(11.36)。在式(11.35)中，如果把 V_{CB} 设置为零，那么方程中余下的部分就与 E-B 结理想二极管方程的一般形式相同。同样，如果把式(11.36)中的 V_{EB} 设置为零，那么方程中余下的部分就具有 C-B 结理想二极管方程的一般形式。因此把式(11.35)中 $[\exp(qV_{EB}/kT)-1]$ 前面的因子和式(11.36)中 $[\exp(qV_{CB}/kT)-1]$ 前面的因子当作实际二极管的饱和电流是比较合理的，得出

$$I_{F0} \equiv qA\left(\frac{D_E}{L_E}n_{E0} + \frac{D_B}{L_B}p_{B0}\frac{\cosh(W/L_B)}{\sinh(W/L_B)}\right) \tag{11.45a}$$

$$I_{R0} \equiv qA\left(\frac{D_C}{L_C}n_{C0} + \frac{D_B}{L_B}p_{B0}\frac{\cosh(W/L_B)}{\sinh(W/L_B)}\right) \tag{11.45b}$$

下面比较在 I_E 和 I_C 方程中的 V_{CB} 项。因为式(11.35)中 $[\exp(qV_{CB}/kT)-1]$ 前面的因子比式(11.36)中 $[\exp(qV_{CB}/kT)-1]$ 前面的因子 I_{R0} 要小，所以可以把式(11.35)中的 V_{CB} 项看作 C-B 结的 $I_{R0}[\exp(qV_{CB}/kT)-1]$ 电流的一部分，即集电结的结电流通过基区传输到发射极的电流成分。类似地，在式(11.36)中的 V_{EB} 项可以看作来自 E-B 结的 $I_{F0}[\exp(qV_{EB}/kT)-1]$ 电流的一部分，即发射结注入电流传输到集电极的电流成分。因此有

$$\alpha_F I_{F0} = \alpha_R I_{R0} \equiv qA\frac{D_B}{L_B}\frac{p_{B0}}{\sinh(W/L_B)} \tag{11.46}$$

其中 α_F 和 α_R 分别是正偏和反偏的"增益"。把 $\alpha_R I_{R0}$ 应用于式(11.35)中，同时把 $\alpha_F I_{F0}$ 应用于式(11.36)中。把刚才给出的参数直接替换进去，得到式(11.35)和式(11.36)的变换形式：

$$I_E = I_{F0}(e^{qV_{EB}/kT} - 1) - \alpha_R I_{R0}(e^{qV_{CB}/kT} - 1) \tag{11.47a}$$

$$I_C = \alpha_F I_{F0}(e^{qV_{EB}/kT} - 1) - I_{R0}(e^{qV_{CB}/kT} - 1) \tag{11.47b}$$

式(11.47)通称为埃伯斯-莫尔(Ebers-Moll)方程。计算机辅助电路分析程序，例如 SPICE，通常都采用这些方程或方程的变换形式来对直流工作点的变量进行求解，并建立 BJT 器件特性。尽管在这里埃伯斯-莫尔方程是根据基本原理建立起来的，但另一方面也可以将其看成经验关系式，其中的四个参数可以通过与实验数据相比较而推算出来。实际上，只需确定其中的三个参数，第四个参数总能通过式(11.46)中的 $\alpha_F I_{F0} = \alpha_R I_{R0}$ 计算出来。

从电路的角度来看，埃伯斯-莫尔方程和 $I_B = I_E - I_C$ 不过是 BJT 三个端的节点方程。把埃伯斯-莫尔方程中的各项用电路符号表示就得到了大信号等效电路，请参见图 11.3。(读者应该可以理解埃伯斯-莫尔方程和图 11.3 的电路确实是等效的。)这一等效电路在电路分析中及在处理像 PNPN 器件系列这样更复杂的器件结构中往往是很有用的。

练习 11.5

问：证明在埃伯斯-莫尔方程中的正偏电流增益等于共基极电流增益，即 $\alpha_F = \alpha_{dc}$。

答：把式(11.45a)代入式(11.46)中，得出

$$\alpha_{\mathrm{F}} = \cfrac{qA\cfrac{D_{\mathrm{B}}}{L_{\mathrm{B}}}\cfrac{p_{\mathrm{B0}}}{\sinh(W/L_{\mathrm{B}})}}{qA\left(\cfrac{D_{\mathrm{E}}}{L_{\mathrm{E}}}n_{\mathrm{E0}} + \cfrac{D_{\mathrm{B}}}{L_{\mathrm{B}}}p_{\mathrm{B0}}\cfrac{\cosh(W/L_{\mathrm{B}})}{\sinh(W/L_{\mathrm{B}})}\right)}$$

$$= \cfrac{1}{\cosh(W/L_{\mathrm{B}}) + \left(\cfrac{D_{\mathrm{E}}}{D_{\mathrm{B}}}\cfrac{L_{\mathrm{B}}}{L_{\mathrm{E}}}\cfrac{n_{\mathrm{E0}}}{p_{\mathrm{B0}}}\right)\sinh(W/L_{\mathrm{B}})}$$

因为 $n_{\mathrm{E0}}/p_{\mathrm{B0}} = N_{\mathrm{B}}/N_{\mathrm{E}}$，可以看出上面 α_{F} 方程的结果与式(11.33)中 α_{dc} 的表达式是一样的。

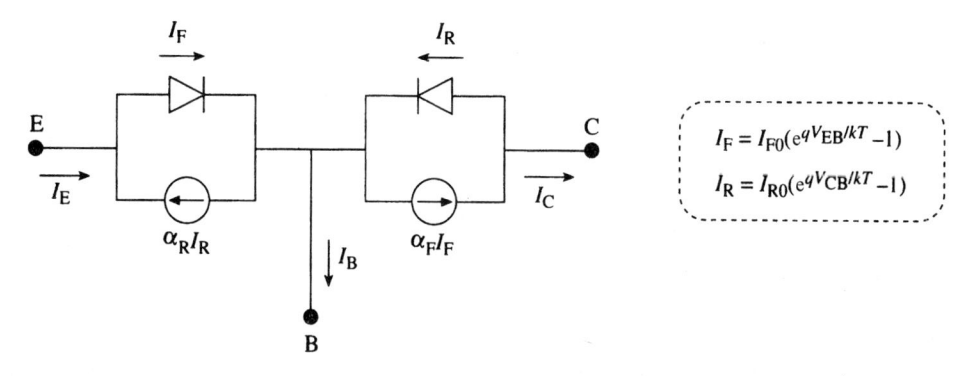

图 11.3　基于埃伯斯-莫尔方程的 pnp BJT 大信号等效电路

练习 11.6

问：在第 10 章中指出共基极接法放大模式部分的输出特性可由下面的关系式准确地表达：

$$I_{\mathrm{C}} = \alpha_{\mathrm{dc}}I_{\mathrm{E}} + I_{\mathrm{CB0}} \qquad [同式(10.8)]$$

证明通过变换埃伯斯-莫尔方程也能获得相同的表达式。

答：在放大模式偏置下 ($V_{\mathrm{EB}} > 0$，$V_{\mathrm{CB}} < 0$)，有 $\exp(qV_{\mathrm{CB}}/kT) \ll 1$，所以埃伯斯-莫尔方程可简化为

$$I_{\mathrm{E}} = I_{\mathrm{F0}}(\mathrm{e}^{qV_{\mathrm{EB}}/kT} - 1) + \alpha_{\mathrm{R}}I_{\mathrm{R0}}$$

$$I_{\mathrm{C}} = \alpha_{\mathrm{F}}I_{\mathrm{F0}}(\mathrm{e}^{qV_{\mathrm{EB}}/kT} - 1) + I_{\mathrm{R0}}$$

解出关于电压的 I_{E} 方程，得到

$$(\mathrm{e}^{qV_{\mathrm{EB}}/kT} - 1) = \cfrac{I_{\mathrm{E}} - \alpha_{\mathrm{R}}I_{\mathrm{R0}}}{I_{\mathrm{F0}}}$$

把它代入 I_{C} 方程，导出

$$I_{\mathrm{C}} = \alpha_{\mathrm{F}}I_{\mathrm{E}} + (1 - \alpha_{\mathrm{F}}\alpha_{\mathrm{R}})I_{\mathrm{R0}}$$

因为 $\alpha_{\mathrm{F}} = \alpha_{\mathrm{dc}}$，如果认为 $I_{\mathrm{CB0}} = (1 - \alpha_{\mathrm{F}}\alpha_{\mathrm{R}})I_{\mathrm{R0}}$，可以看出上面的方程和开始时列出的方程是一样的。

(C) 练习 11.7

问：利用埃伯斯-莫尔方程及附属的关系式，编写 MATLAB 程序，以计算并画出共基极和共发射极接法的 pnp BJT 的输入与输出特性。在具体的实例计算中，假定器件工作在室温条件下，器件面积为 $A = 10^{-4}\text{ cm}^2$，$W = W_B$，材料的参数与表 11.1 中列出的一样。

答：共基极输入特性用 I_E 与 V_{EB} 的关系曲线来表示，其中输出电压 V_{CB} 采用选择的步进值。为便于程序编写，需要使用的方程形式应该是：I_E 为 V_{EB} 和 V_{CB} 的函数，或者说 $I_E = I_E(V_{EB}, V_{CB})$。埃伯斯-莫尔方程中的 I_E 表达式，即式(11.47a)正好是这样的形式，可以直接用来计算共基极输入特性。但如果编写程序计算其他任何特性，必须首先组合和/或重新整理埃伯斯-莫尔方程，以获得具有适当形式的计算方程。通过代数运算给出了下面一系列计算关系式，运算过程类似于练习 11.6，但实际上更为复杂一些。

(1) 共基极输入 $[I_E = I_E(V_{EB}, V_{CB})]$

$$I_E = I_{F0}(e^{qV_{EB}/kT} - 1) - \alpha_R I_{R0}(e^{qV_{CB}/kT} - 1)$$

(2) 共基极输出 $[I_C = I_C(V_{CB}, I_E)]$

$$I_C = \alpha_F I_E - (1 - \alpha_F \alpha_R)I_{R0}(e^{qV_{CB}/kT} - 1)$$

(3) 共发射极输入 $[I_B = I_B(V_{EB}, V_{EC})]$

$$I_B = [(1 - \alpha_F)I_{F0} + (1 - \alpha_R)I_{R0}e^{-qV_{EC}/kT}]\,e^{qV_{EB}/kT}$$
$$- [(1 - \alpha_F)I_{F0} + (1 - \alpha_R)I_{R0}]$$

(4) 共发射极输出 $[I_C = I_C(V_{EC}, I_B)]$

$$I_C = \frac{(\alpha_F I_{F0} - I_{R0}e^{-qV_{EC}/kT})[I_B + (1 - \alpha_F)I_{F0} + (1 - \alpha_R)I_{R0}]}{(1 - \alpha_F)I_{F0} + (1 - \alpha_R)I_{R0}e^{-qV_{EC}/kT}} + I_{R0} - \alpha_F I_{F0}$$

通过使用上述关系式，MATLAB 程序"BJT"可计算 BJT 的特性(该程序列在附录 F 中)。使用时，可以从打开的菜单中选择想要的特性。在运行包含实例参数的 BJT 程序之后，用户可能希望研究改变器件参数所带来的影响。常数、材料参数和 $W = W_B$ 的埃伯斯-莫尔参数的确定或计算都在辅助程序"BJT0"中实现。修改相关的"BJT0"程序行就可以改变掺杂、寿命、基区宽度和/或器件面积。在输入掺杂和寿命之后，"BJT0"程序可自动地计算迁移率、扩散系数和扩散长度。如果把 $W_B = 2.5\text{ μm}$、$N_B = 1.5 \times 10^{16}/\text{cm}^3$ 及 $N_C = 1.5 \times 10^{15}/\text{cm}^3$(取值稍微不同于表 11.1 所给出的值)这些数据输入给出的程序中，可以获得比后面提出的实验特性更接近的结果。应该注意到坐标轴的范围已经根据样品参数的设置进行了优化，如果这些参数设置有所改动，那么就需要修改坐标的取值范围。

11.2　理论和实验的偏差

通过练习 11.7 可以看出，在前面建立的理想晶体管关系式能导出所期望的 BJT 静态特性形式。在这一节我们将对器件理想特性和测量特性进行对比，并且分析造成测量结果与理想结果出现显著偏差的原因。首先重点介绍导致理想特性和实验特性有差别的基本现象,然后具体研究这些基本现象,例如基区电阻和耗尽区内的复合-产生等,它们是造成计算值和观察值之间偏差的根本原因。

11.2.1 理想特性与实验特性的比较

图 11.4 和图 11.5 给出了 BJT 的理想特性与实验特性的对比结果。图 11.4 显示了共基极输入和输出特性,图 11.5 展示了共发射极输入和输出特性。实验特性是在室温下对 2N2605 pnp BJT 进行测试而得来的。在获得理论曲线的过程中假定了 $W = W_B$,并使用了在练习 11.7 中描述的现成的 BJT 程序。

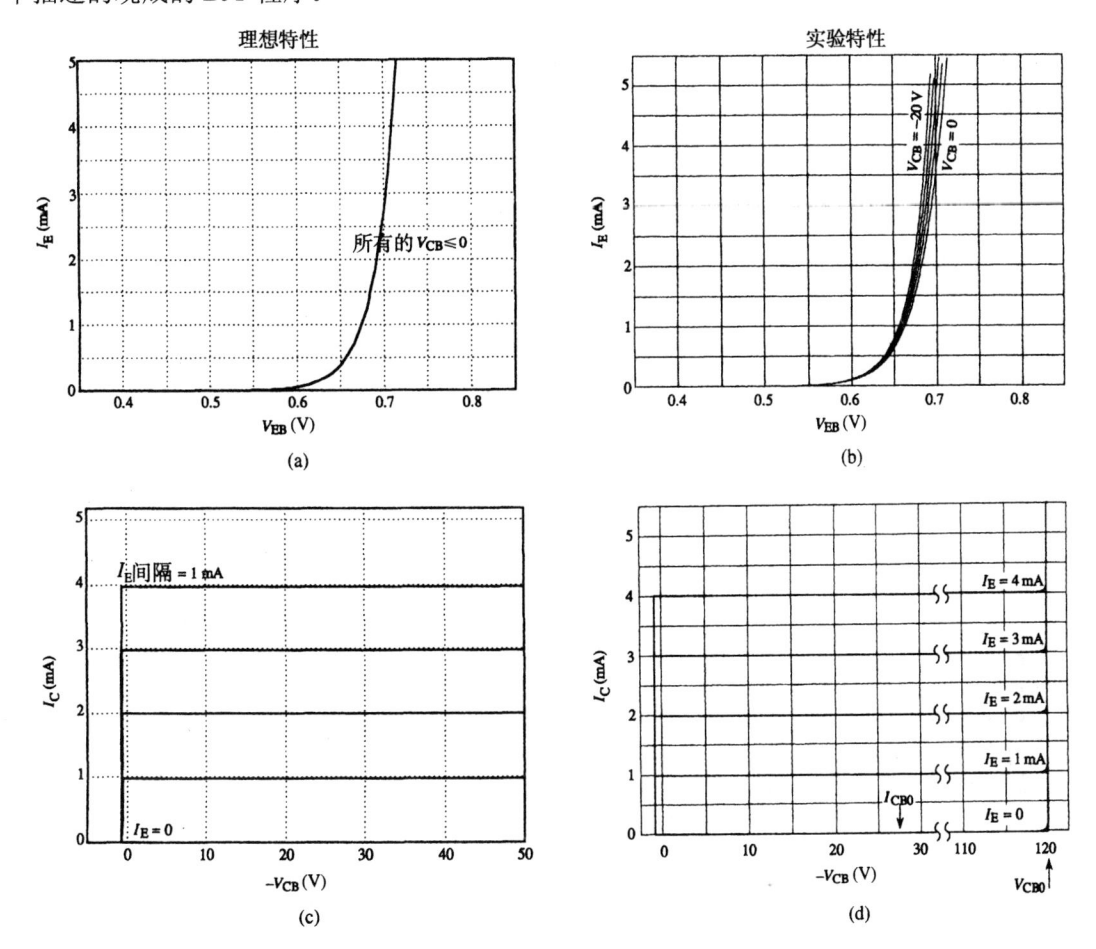

图 11.4 共基极 pnp BJT 特性。(a)理想输入特性和(b)实验输入特性;(c)理想输出特性和(d)实验输出特性。数据是在室温下对 2N2605 pnp BJT 进行测试而获得的,使用 Hewlett-Packard 4145B 半导体参数分析仪进行记录;(d)中$-V_{CB} \geqslant 110$ V 的部分是在绘图器上观察到的理想特性简图。理论曲线是通过假定 $W = W_B$ 并使用为练习 11.7 编写的计算机程序而产生的

图 11.4(a)和图 11.4(b)中理论上的和观察到的共基极输入特性看起来很相似,表现为输入电流(I_E)都随着输入电压(V_{EB})的增加而呈指数形式上升。但两者也存在差别,理想特性实际上不依赖于所加的输出电压(V_{CB});而实验结果是:在给定的输入电压下,输入电流随着 V_{CB} 负值的增加而显著地增加。

下面分析一下在图 11.4(c) 和图 11.4(d) 中展示的共基极输出特性。可以看出，在理论和实验之间普遍具有很好的一致性。在两种情况下输出电流(I_C)从很小的负值$-V_{CB}$开始都有一个快速的增加，而在$-V_{CB} > 0$时都具有一个接近恒定值的输出电流。理论上，对于能加在晶体管上的电压值$-V_{CB}$没有限制，但实际上，和二极管理论分析预计的一样，实际的器件输出电压因受到一些击穿现象的限制而只能达到V_{CB0}的最大值。

图 11.5(a) 和图 11.5(b) 所示的共发射极输入特性大部分是非常一致的。$V_{EC} = 0$ 的特性曲线在理论图和实验图中都能分别区分开来，输出电压 V_{EC} 只要稍微大于 kT/q，特性曲线就会沿着输入电压(V_{EB})轴正向移动，并且都聚集在一起。

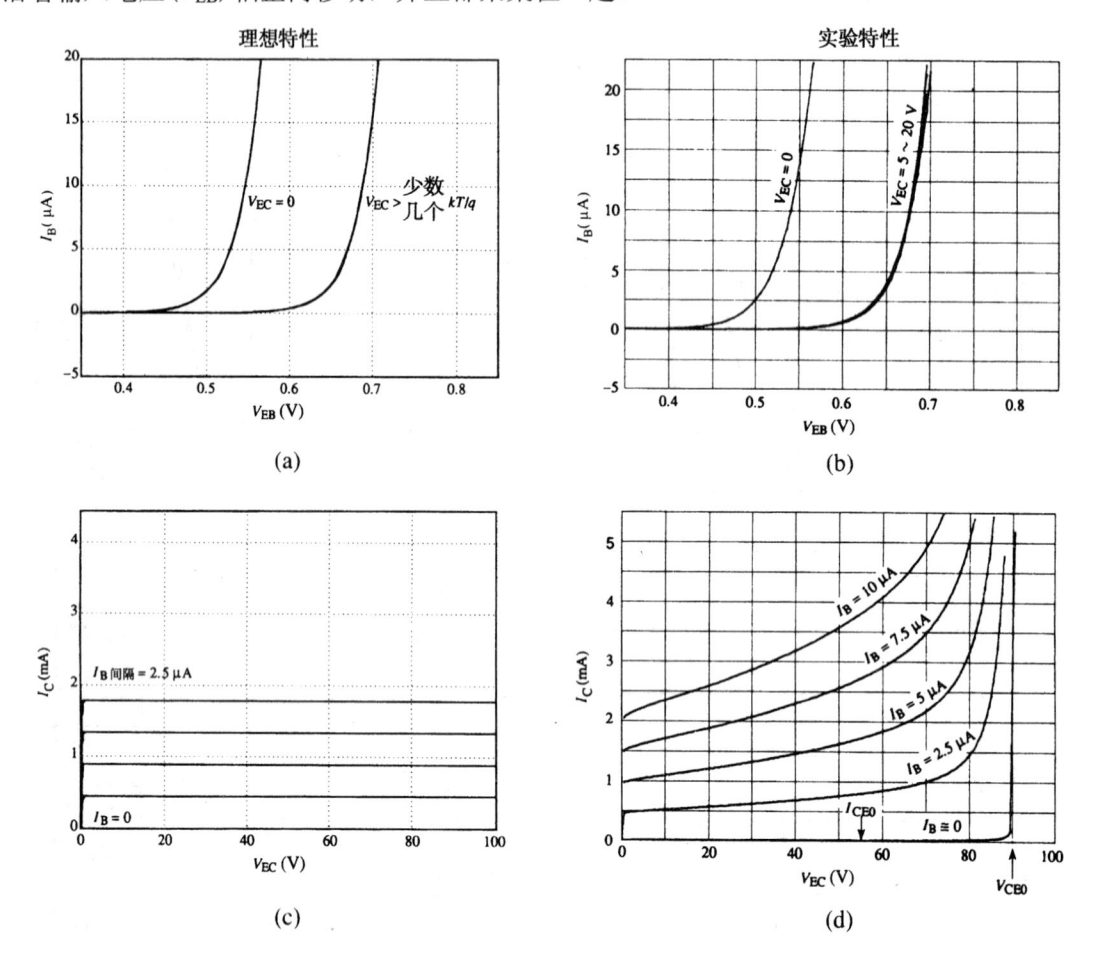

图 11.5 共发射极 pnp BJT 特性。(a) 理想输入特性和(b) 实验输入特性；(c) 理想输出特性和(d) 实验输出特性。数据是在室温下对 2N2605 pnp BJT 进行测试而得到的，同时使用 Hewlett-Packard 4145B 半导体参数分析仪记录。理论曲线是通过假定 $W = W_B$ 并使用为练习 11.7 编写的计算机程序而产生的

理论和实验之间最大的偏差出现在共发射极输出特性中，如图 11.5(c) 和图 11.5(d) 所示。首先，在放大模式偏置下的理想特性完全是水平的(不随 V_{EC} 变化)，但对于实验曲线来说，在相对低的输出电压下就有非常明显的向上倾斜现象，在大的输出电压下实验特性急剧上升。最后，一些击穿现象无疑限制了能加在晶体管上的最大的低电流输出电压 V_{CE0}。

总体来说，理论和实验之间具有非常好的一致性，与理论的偏差主要包括共基极输入特

性对输出电压的强依赖关系、共发射极输出特性中初始的准线性倾斜和随后的向上弯曲,以及由击穿现象所造成的对 V_{CB0} 和 V_{CE0} 的限制[①],这些将在下面的内容中给予解释。

11.2.2 基区宽度调制

图 11.4 和图 11.5 中的理想特性曲线是通过令 $W = W_B$ 而得到的,其中在计算过程中隐含了假定 W 是与外加电压无关的常数。实际上,基区的准中性宽度并不是与外加偏压无关的常数,改变 V_{EB} 和/或 V_{CB} 会改变 E-B 结和/或 C-B 结的耗尽区宽度,因此使 W 减少或扩展,如图 11.6 所示。因为基区的物理宽度很窄,所以耗尽区宽度只要有一个小的变化就可能造成显著的影响。这种 W 随外加电压而变化的现象称为基区宽度调制或厄利效应(以第一个发现这种现象的 J. Early 的名字命名)。通过参考式(11.41)~式(11.46),可以更好地理解基区宽度调制的重要性。这些方程所描述的特性和埃伯斯-莫尔参数都是 W 的函数,因此它们也随外加电压而变化。在前面提到的两种偏差正是这种对偏置的依赖的直接结果。

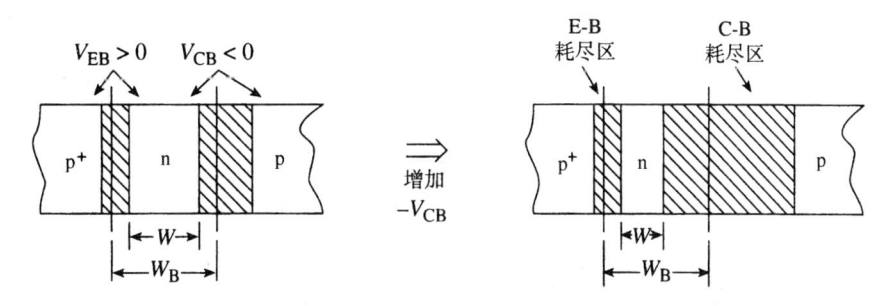

图 11.6 基区宽度调制。加在 C-B 结上的反偏电压增加使 W 降低

下面重新分析描述共基极输入特性的方程,假设 $-V_{CB}$ 大于几个 kT/q,可写出

$$I_E = qA\left[\left(\frac{D_E}{L_E}n_{E0} + \frac{D_B}{L_B}p_{B0}\frac{\cosh(W/L_B)}{\sinh(W/L_B)}\right)(e^{qV_{EB}/kT} - 1) + \left(\frac{D_B}{L_B}\frac{p_{B0}}{\sinh(W/L_B)}\right)\right] \quad (11.48)$$

此外,在 $W/L_B \ll 1$ 的双曲函数的级数展开中,如果只保留最低阶项,并忽略一般较小的 $D_E n_{E0}/L_E$ 项,则共基极输入特性的方程可简化为

$$I_E \cong qA\frac{D_B}{W}p_{B0}e^{qV_{EB}/kT} \quad (11.49)$$

当加在 C-B 结上的反偏电压增加时,C-B 耗尽区宽度增加,而 W 减小。因此,根据式(11.49),给定 V_{EB} 下的 I_E 将会随着 $-V_{CB}$ 的增加而增加。这一特点由图 11.4(b)给出的实验特性准确地展示出来。

基区宽度调制也是造成图 11.5(d)所示的共发射极输出电流准线性增加的主要原因。在放大模式偏置下,练习 11.7 中用于描述共发射极理想输出特性的方程可简化为

$$I_C = \beta_{dc}I_B + I_{CE0} \quad (11.50)$$

[同式(10.13)]

其中,根据式(11.44)可知:

[①] V_{CB0} 和 V_{CE0} 是在晶体管特性参数表中经常使用的 $V_{(BR)CB0}$ 和 $V_{(BR)CE0}$ 符号的缩写形式,以标明零输入电流下的击穿电压。在早期有关器件方面的文献中使用的 BV_{CB0} 和 BV_{CE0} 后来被这一符号所取代。

$$\beta_{dc} = \cfrac{1}{\cfrac{D_E}{D_B}\cfrac{N_B}{N_E}\cfrac{W}{L_E} + \cfrac{1}{2}\left(\cfrac{W}{L_B}\right)^2}$$

因为 W 随着 C-B 结间反偏电压的增加而降低，所以 β_{dc} 随 V_{EC} 的增加而增加。因此，若把基区宽度调制考虑在内，则在放大模式偏置下，当给定 I_B 后 I_C 同样会随着 V_{EC} 的增加而增加。应该注意到，基区宽度调制不能解释当输出电压接近 V_{CE0} 时 I_C 的急剧上升。

对于共基极输出特性和共发射极输入特性，可以看出它们与假定 $W = W_B$ 所建立的理想特性之间的一致性相当好。为什么共基极输出特性和共发射极输入特性对基区宽度调制相对来说不敏感呢？为了回答这个问题，首先注意到共基极输出特性的放大模式部分可以准确地由下式描述(参见练习 11.6)：

$$I_C = \alpha_{dc} I_E + I_{CB0} \tag{11.51}$$

[同式(10.8)]

其中，根据式(11.43)可知：

$$\alpha_{dc} = \cfrac{1}{1 + \cfrac{D_E}{D_B}\cfrac{N_B}{N_E}\cfrac{W}{L_E} + \cfrac{1}{2}\left(\cfrac{W}{L_B}\right)^2}$$

对于一个性能良好的晶体管，在 α_{dc} 表达式的分母中和 W 相关的项与 1 相比非常小，结果造成大的 W 变化也几乎不会导致 α_{dc} 明显的变化。此外，在式(11.51)中出现的 I_{CB0} 实际上可以看作是与 W 无关的(在大多数情况下可以忽略)。因此可以认为，基区宽度调制对共基极输出特性没有影响。留给大家一个练习，请使用类似的方法讨论共发射极输入特性的情况。

下面讨论晶体管的掺杂和偏置模式如何影响基区宽度调制的灵敏性。在标准的晶体管中有 $N_E \gg N_B > N_C$，因此几乎所有的 E-B 耗尽区都位于基区内，而大多数 C-B 耗尽区位于集电区内。在放大模式偏置下，E-B 结只加上一个小的正偏电压，因此在基区的准中性宽度调制中所起的作用可以忽略。另一方面，C-B 结通常处于较大的反偏电压下，但因为大部分 C-B 耗尽区位于集电区内，所以它对基区宽度调制的影响将减至最小。如果同一个晶体管工作在倒置模式中，那么也可做类似的讨论：在倒置模式的 E-B 结上加一个反偏电压，其耗尽区宽度几乎扩展到整个基区，这时晶体管对基区宽度调制就十分敏感。

11.2.3 穿通

穿通可以看成基区宽度调制的承受能力达到了极限。确切地说，它指的是因为基区宽度调制效应最终导致的 $W \to 0$ 的物理状态。也就是说，一般认为当 E-B 和 C-B 耗尽区在基区内接触在一起时就穿通了，如图 11.7 所示。一旦发生穿通，E-B 结和 C-B 结就静电地联结在一起。如图 11.8 所示，超出穿通点后 $-V_{CB}$ 的继续增加将降低 E-B 势垒，从而导致大量的(呈指数形式增加)载流子从发射区直接注入集电区，$-V_{CB}$ 稍微增加一点就会导致 I_C 大幅度地增加。如果这一现象发生，那么穿通就限制了能加在晶体管上的最大电压(V_{CB0} 或 V_{CE0})。如果击穿发生在输出电压接近 V_{CB0} 或 V_{CE0} 时，那么输出电流的快速增加有可能是由它们当中先发生的那种雪崩倍增造成的。简单地说，首先发生的击穿现象决定了"击穿"电压的大小。

图 11.7 穿通($W \to 0$)示意图

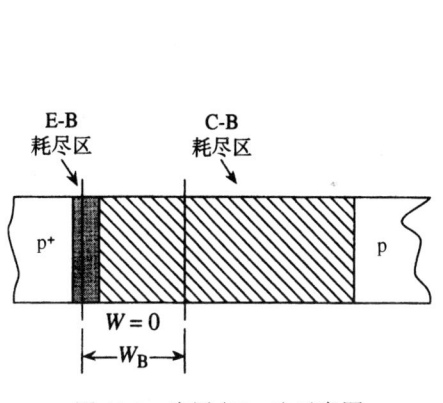

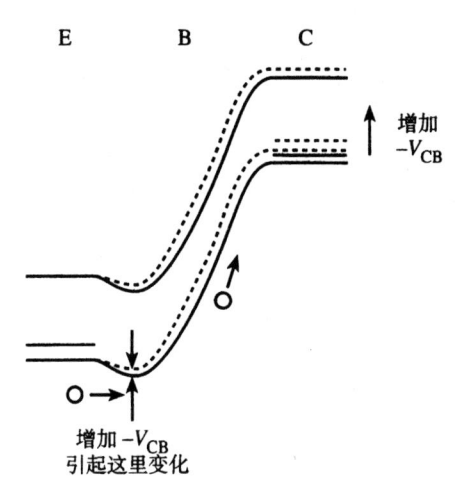

图 11.8 通过能带图说明在穿通后输出电压的增加会造成输出（集电极）电流急剧增加

练习 11.8

问：考虑 pnp BJT，它的材料参数列于表 11.1 中。如果 $V_{EB} = 0$ 和 $T = 300$ K，确定导致穿通的 C-B 结电压。

答：通常，列出式(10.3)：

$$W = W_B - x_{nEB} - x_{nCB}$$

对于突变结可由式(5.37)写出

$$x_{nEB} = \left[\frac{2K_S\varepsilon_0}{q} \frac{N_E}{N_B(N_E + N_B)} (V_{bi(EB)} - V_{EB}) \right]^{1/2}; \quad V_{bi(EB)} = \frac{kT}{q} \ln\left(\frac{N_E N_B}{n_i^2} \right)$$

$$x_{nCB} = \left[\frac{2K_S\varepsilon_0}{q} \frac{N_C}{N_B(N_C + N_B)} (V_{bi(CB)} - V_{CB}) \right]^{1/2}; \quad V_{bi(CB)} = \frac{kT}{q} \ln\left(\frac{N_C N_B}{n_i^2} \right)$$

穿通时 $W = 0$，可以写出

$$0 = W_B - x_{nEB} - \left[\frac{2K_S\varepsilon_0}{q} \frac{N_C}{N_B(N_C + N_B)} (V_{bi(CB)} - V_{CB}) \right]^{1/2}$$

求解 V_{CB} 得出

$$V_{CB} = V_{bi(CB)} - \frac{(W_B - x_{nEB})^2}{\frac{2K_S\varepsilon_0}{q} \frac{N_C}{N_B(N_C + N_B)}} \quad \cdots \text{穿通时}$$

使用表 11.1 中的参数，计算出 $V_{bi(EB)} = 0.835$ V、$V_{bi(CB)} = 0.656$ V、$x_{nEB} = 3.29 \times 10^{-5}$ cm 及穿通电压 $\boxed{V_{CB} \cong -235 \text{ V}}$。

11.2.4 雪崩倍增和击穿

共基极

如果 BJT 采用共基极连接，在放大模式偏置下的 $-V_{CB}$ 不断增大，那么此时 BJT C-B 耗尽区内的载流子运动与简单的 pn 结二极管中的情况非常类似。穿过 C-B 耗尽区的载流子数量不断增加，并获得足够的能量，通过和半导体原子碰撞电离产生出更多的载流子，最终达到使载流子发生雪崩的条件，同时集电区电流迅速增加并趋于无穷大。根据载流子倍增条件，在击穿点 $M \to \infty$，其中 M 是在 6.2.2 节中引入的倍增因子。假定雪崩击穿在穿通之前发生，则能加到共基极 BJT 输出端上最大的电压值显然就是 C-B 结的击穿电压 V_{CB0}。

共发射极

共发射极的情况就更有意思了。加在共发射极连接的晶体管上的输出电压为 $V_{EC} = V_{EB} - V_{CB}$，处于放大模式偏置下，E-B 结为正偏，一般来说 V_{EB} 相当小，在 Si BJT 中要小于 1 V。因此对于大于几个伏特的输出电压，$V_{EC} \cong -V_{CB}$。由于 $V_{EC} \cong -V_{CB}$，我们认为 $V_{CE0} \cong V_{CB0}$ 也是合理的。然而，考虑图 11.4(d) 和图 11.5(d) 所展示的同一器件的实验特性，可以发现 V_{CE0} 远远小于 V_{CB0}；$V_{CE0} \cong 90$ V，而 $V_{CB0} \cong 120$ V。

这一意想不到的结果可以在图 11.9 的帮助下来定性地解释。最初注入基区的空穴在图中用 ⓪ 表示，它导致用 ① 表示的空穴进入 C-B 耗尽区的基区边。尽管 C-B 结的偏压远低于击穿值，但这些空穴中有几个会获得足够大的能量来碰撞半导体原子并使其离化，从而产生额外的空穴和电子 ②。增加的空穴随着注入空穴一起漂移进入集电区，而增加的电子被扫进基区 ③。基区中额外的电子导致多数载流子失衡，这一失衡必须消除，消除过剩电子最有效的方法是使电子流出基极电极。当 BJT 处于共基极接法时正好可以通过这样的方法来消除过剩电子，然而当晶体管连接方式为共发射极接法时，在共发射极输出特性的测量过程中基区电流保持不变，即额外的电子不能流出基极电极。因此，基区中的载流子失衡只能通过电子从基区中注入发射区 ④ 而得以缓和。在前面晶体管工作原理的讨论中强调过，穿过 E-B 结的电子和空穴注入紧密地束缚在一起，每个从基区注入发射区的电子都伴随着 I_{Ep}/I_{En} 个附加的空穴从发射区注入基区 ⑤。因此，对于在 C-B 耗尽区通过碰撞电离产生的每个附加的电子-空穴对，都会导致 $I_{Ep}/I_{En} + 1 = 1/(1-\gamma) \geqslant \beta_{dc} + 1$ 个附加的空穴流进集电区。

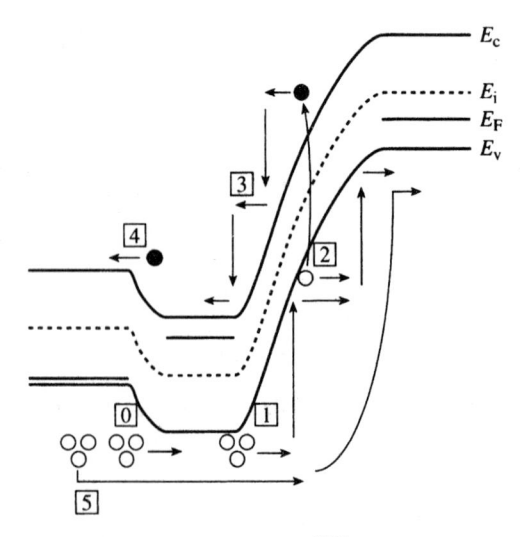

图 11.9 对载流子倍增和反馈机制进行逐步解释：⓪ 初始的空穴注入；① 进入 C-B 耗尽区的注入空穴；② 通过碰撞电离产生的电子-空穴对；③ 产生的电子被扫进基区；④ 过剩的基区电子注入发射区；⑤ 与第 4 步的电子注入相对应，空穴从发射区注入基区

实际上，在共发射极工作下 C-B 耗尽区的载流子倍增在内部得到了放大。此外，刚才描述的过程还可以再生，也就是可以自反馈。随着附加空穴的注入，在 C-B 耗尽区会有一个附加的载流子倍增，导致更大的集电区电流。（换句话说，可以认为晶体管的 β_{dc} 通过这一过程而增大。）上述现象中导致使 $I_C \to \infty$ 的 V_{EC} 远远小于 C-B 结雪崩击穿电压。

下面定量地描述这一过程。注意若把 C-B 耗尽区的载流子倍增考虑在内，则在 pnp BJT 集电区电流中的注入电流将增加到 $I_{Cp} = M\alpha_T I_{Ep}$，或者将用 $M\alpha_T$ 代替 α_T 和用 $M\alpha_{dc}$ 代替 α_{dc}。换句话说，通过用 $M\alpha_{dc}$ 和 $M\alpha_F$ 分别代替 α_{dc} 和 $\alpha_F(=\alpha_{dc})$，前面的关系式也能用于解释载流子倍增。

参考式(10.15)，在放大模式偏置下的共发射极输出特性的简化表达式可变换成

$$I_C = \frac{M\alpha_{dc}}{1 - M\alpha_{dc}} I_B + \frac{I_{CB0}}{1 - M\alpha_{dc}} \quad (11.52)$$

从式(11.52)中注意到，对于任意大小的输入电流（甚至 $I_B = 0$），当 $M \to 1/\alpha_{dc}$ 时，$I_C \to \infty$。一般 α_{dc} 只比 1 稍微小一点，因此 M 只需增加到稍大于 1 就能接近 $M = 1/\alpha_{dc}$ 的击穿点，所以可预计在输出电压远低于 $M \to \infty$ 的 C-B 结击穿电压时，这种击穿现象就可能发生。具体来说，利用式(6.35)和 $V_{BR} = V_{CB0}$，有

$$M|_{V_{CE0}} = \frac{1}{1 - \left(\dfrac{V_{CE0}}{V_{CB0}}\right)^m} = \frac{1}{\alpha_{dc}} \quad (11.53)$$

或者

$$V_{CE0} = V_{CB0}(1 - \alpha_{dc})^{1/m} = \frac{V_{CB0}}{(\beta_{dc} + 1)^{1/m}} \quad (11.54)$$

其中如前所述，$3 \leqslant m \leqslant 6$。显然，从式(11.54)立刻就可以看出 $V_{CE0} < V_{CB0}$。

在 BJT 工作过程中，刚才描述和模拟的机制必定是有害的。由于载流子的倍增和反馈，能加在晶体管上的最大电压降低了。然而对于其他器件，这一机制虽说不起关键的作用，但至少起着正面的作用。例如，如同在第 13 章中将要解释的，在偏压下载流子倍增和反馈的增加有助于可控硅整流器(SCR)和其他 PNPN 器件完成从关态到开态的触发切换。这一机制也用来在光电晶体管中放大光信号。光电晶体管（或光电BJT）是一种特殊制作的、使入射光能穿过 C-B 结的 BJT。当作为光电探测器使用时，光电 BJT 一般处于放大模式偏置，其中基极浮置或者基区电流保持为常数。（对于一些光电晶体管，甚至不制作基极电极。）如图 11.10 所示的那样，对于每一个在 C-B 耗尽区因吸收光子而产生的电子-空穴对，大约会导致 $\beta_{dc} + 1$ 个载流子进入集电区。

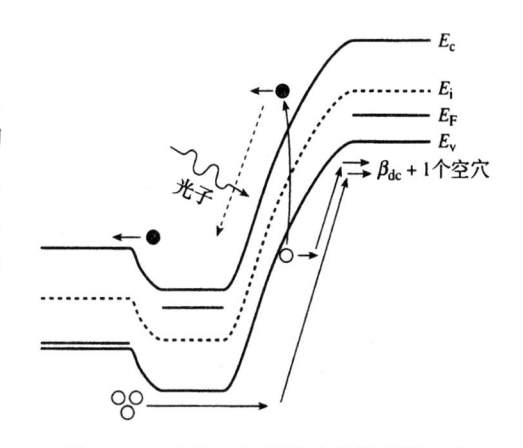

图 11.10　在光电晶体管中光信号的放大

练习 11.9

问：在晶体管 A 中 $N_B \gg N_C$，而在晶体管 B 中 $N_B \ll N_C$。除此之外，这两个 pnp BJT 是类似的。两个晶体管的掺杂横截面见下图所示。

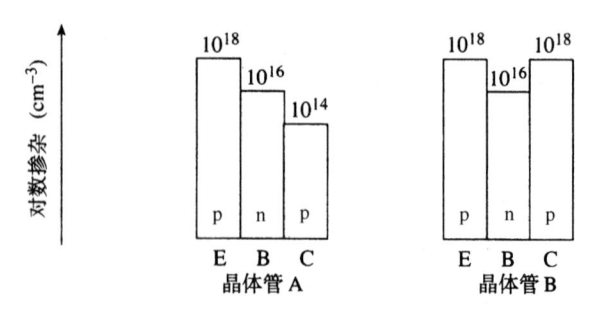

(a) 在放大模式偏置下，哪个晶体管会有更大的穿通电压？请解释。

(b) 如果受到 C-B 结雪崩击穿的限制，哪一个晶体管会有更大的 V_{CB0}？请解释。

答：

(a) 晶体管 A 在放大模式偏置下会有更大的穿通电压。在 $V_{EB} > 0$ 时，紧邻 E-B 结的基区耗尽部分 (x_{nEB}) 在两个晶体管中完全相同。在另一方面，与反偏 C-B 结相关的耗尽区宽度[参见式 (5.37)]为

$$x_{nCB} \cong \left[\frac{2K_S\varepsilon_0}{qN_B} \left(\frac{N_C}{N_B} \right) (V_{bi(CB)} - V_{CB}) \right]^{1/2} \quad \cdots 在晶体管 A 中$$

和

$$x_{nCB} \cong \left[\frac{2K_S\varepsilon_0}{qN_B} (V_{bi(CB)} - V_{CB}) \right]^{1/2} \quad \cdots 在晶体管 B 中$$

因为 $(N_C/N_B)|_{\text{Transistor A}} = 1/100$ 和 $V_{bi(CB)}|_A < V_{bi(CB)}|_B$，在外加相同的 $-V_{CB}$ 电压下，晶体管 A 中的 $x_{nCB} \leq$ 晶体管 B 中的 $x_{nCB}/10$。假定在两个晶体管中的基区宽度 (W_B) 是相同的，显然需要更大的 $-V_{CB}$ 来完全耗尽晶体管 A 的基区。

(b) 如果 C-B 结的雪崩击穿是电压限制因素，则 晶体管 A 会展现更大的 V_{CB0}。不对称掺杂的 pn 结雪崩击穿电压由结的轻掺杂一侧的掺杂浓度决定，这意味着 $N_C = 10^{14}/\text{cm}^3$ 和 $N_B = 10^{16}/\text{cm}^3$ 分别是在晶体管 A 和晶体管 B 中影响击穿的掺杂浓度，而且注意到 V_{BR} 的大小近似与 pn 结轻掺杂一侧的掺杂浓度成反比[参见图 6.11 或式 (6.33)]，可以断定晶体管 A 会有更大的 V_{CB0}。

(C) **练习 11.10**

问： 修改练习 11.7 的计算机程序，使基区宽度调制和由于碰撞电离造成的载流子倍增可以包含在 BJT 特性的计算中。使用练习 11.7 中列出的一套参数进行实例计算，对比下列条件下获得的共发射极输出特性：(i) 当基区宽度调制和载流子倍增都忽略时；(ii) 当只考虑基区宽度调制时；以及 (iii) 当基区宽度调制和载流子倍增都考虑在内时。

答： MATLAB 程序 BJTplus 列在附录 F 中。当计算 BJT 特性时，允许选取包括基区宽度调制和碰撞电离造成的载流子倍增在内的选项。输入常数和材料参数的子程序 BJT0 及完成基区宽度调制计算的子程序 BJTmod 都需要一定的运行时间。所需的计算结果，即依次显示受基区宽度调制和载流子倍增影响的共发射极输出特性请参见下图。从图中可以看到，基区宽度调制导致输出电流随输出电压的增加而缓慢地准线性增加。此外，同正文中讨论的相一致，附加的载流子倍增导致在输出电压接近

V_{CE0} 时输出电流急剧地增加。同时考虑两种效应所计算出的特性与图 11.5(d) 提供的实验特性非常相似。

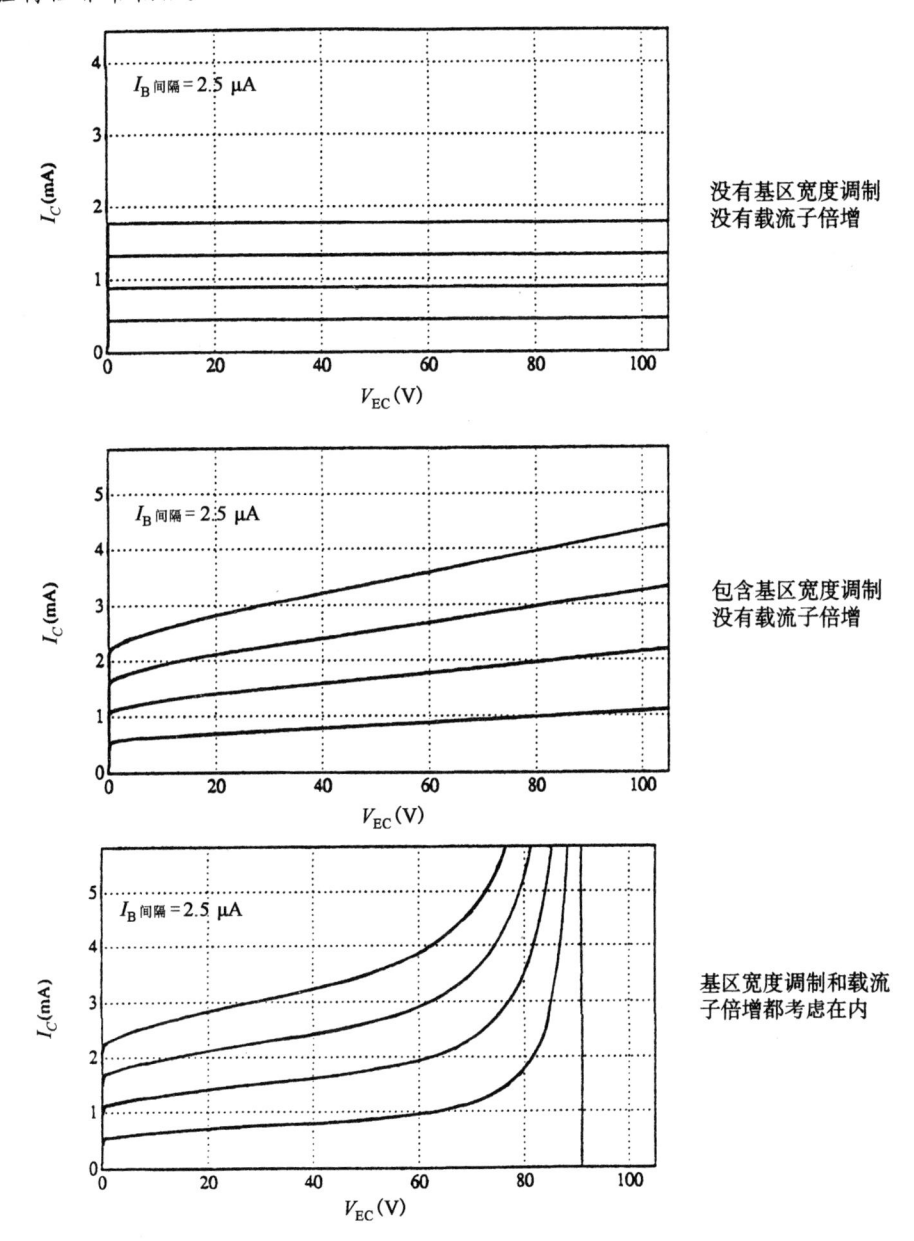

没有基区宽度调制
没有载流子倍增

包含基区宽度调制
没有载流子倍增

基区宽度调制和载流子倍增都考虑在内

11.2.5 几何效应

到目前为止的分析中都假定双极晶体管是一维的，所有的电流主要限制在一个方向上流动。从图 10.6 给出的实际 BJT 的横截面上可以看出，电流的模式毫无疑问应该更为复杂，这使得由理想结构给出的结果与实际情况存在一些偏差。"几何效应"主要指的是与电流三维分布直接相关的内部压降所导致的偏差。

发射区面积 ≠ 集电区面积

在理想模型中，假定从发射区注入基区的载流子是直线移动到集电区的，而在实际的晶体管中，电流路线有一个显著的横向分量，这一点在图 11.11(a)中用分立的平面型晶体管的横截面给予了说明。一般来说，可以通过使用不同的发射区和集电区有效面积来对电流的展宽进行近似处理。

串联电阻

在基区接触和晶体管"核心"[图 11.11(b)的虚线区域]之间的基区电流必须通过一个体电阻区域，同时也存在一个与基区接触本身相关的小的电阻，这意味着穿过 E-B 结的压降稍微小于端电压 V_{EB}。尽管一般来说这一电压差相当小，但通常有较大影响，因为 E-B 结在放大模式下处于正置，发射区电流是结电压的指数函数。为了计算电压差，需引入一个基区串联电阻 r_B，它等于体电阻和接触电阻之和。如果 r_B 是唯一重要的串联电阻，那么对于前面的理论关系式，只需简单地用 V'_{EB} 代替 V_{EB} 就可以加以应用，其中 V'_{EB} 通过 $V'_{EB} = V_{EB} - I_B r_B$ 来计算。

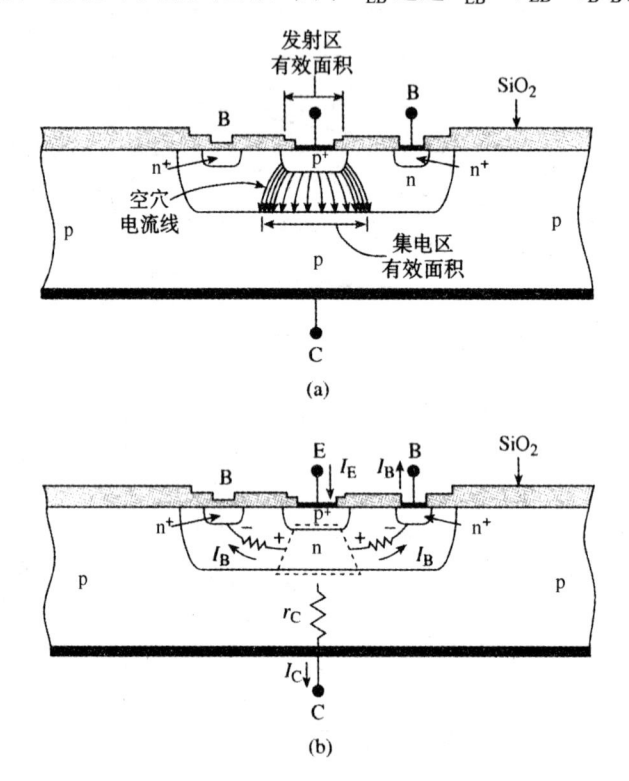

图 11.11 在分立的平面晶体管中的几何效应。(a)电流展宽和集边；(b)基极和集电极串联电阻。图(b)中的虚线区域表示"本征晶体管"，即器件的"核心"

总体来说，可以把前面推导的关系式看成只是应用于晶体管的"核心"或中心部分，通常称为"本征晶体管"。如图 11.12 所示，分立的串联电阻把本征晶体管概念上的内部终端和实际晶体管的外部终端连接起来。在所有情况下串联电阻都等于体电阻和接触电阻之和。本征晶体管终端的电压可通过计算串联电阻的压降 I_r 而从外加电压中推算出来，串联电阻的阻值通常可以采用辅助的测量方法得出。

电流集边效应

前面已经介绍了基极电流从晶体管的"核心"横着流向基区接触的情况,这意味着有电流从发射区正下方横向流过,这样基区内将产生一个从发射区中心位置到发射区边缘处的压降。因此,加在 E-B 结上的电压和相应的从发射区注入集电区的电流在发射区的边缘位置是最大的。从图 11.11(a)中可以看出,在发射区边缘分布着密度更高的电流线,形象地说明了这一效应。这种现象,即环绕发射区周边有更大的电流,称为电流集边效应。在大电流水平下,电流集边和因此导致的局域过热的危害变大。为使这一效应减少到最低限度,功率 BJT 的发射极结构都具有较大的周长-面积比,这可以通过把许多窄而长的发射区接触连接成梳状结构,并把发射区接触与基区接触按梳状叉指型排列而实现,如图 11.13 所示。

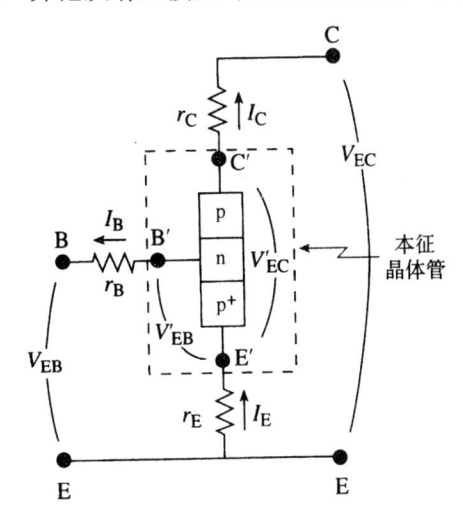

图 11.12 包括发射极串联电阻(r_E)、基极串联电阻(r_B)和集电极串联电阻(r_C)的 BJT 等效电路

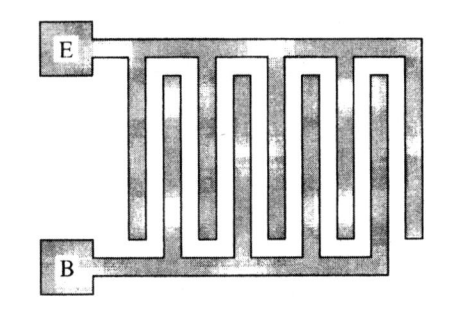

图 11.13 在功率晶体管中使用的梳状叉指型接触结构最大限度地减少了集边效应(晶体管的俯视图)

11.2.6 复合-产生电流

在理想的晶体管分析中,假定在整个 E-B 和 C-B 耗尽区内的热复合-产生(R-G)可以忽略。与此相反,类似于二极管,预计也可以在室温下的 Si BJT 中发现显著的 R-G 电流成分。实际上,在放大模式下,当小的正偏电压加在 E-B 结上时,E-B 结的 R-G 电流很可能成为基区电流中的主要成分,这会导致更低的发射效率和在小电流水平(小的 V_{EB})下增益的下降[①]。而且当输入端为开路时,C-B 结的反偏 R-G 电流会使观察到的输出漏电流(I_{CB0} 或 I_{CE0})增加,并且很可能在其中起主导作用。然而不同于二极管的是,当考虑 R-G 电流时,理想晶体管特性仅仅是稍微受到影响。在大多数放大模式下,输入偏置和电流(I_B 或 I_E)并不小,因此输入电流中都是扩散成分占主导。此外,除小注入条件外,从反偏 C-B 结获取的输出电流主要由从发射区注入的电流(扩散占主导)组成。

---

① 当包含 R-G 电流时,pnp BJT 中的发射效率变为 $\gamma = I_{Ep}/(I_{Ep} + I_{En} + I_{R-G})$。

11.2.7 缓变基区

在 10.2 节中简要介绍了一种通过两次扩散以形成基区和发射区的晶体管制作工艺。每一种扩散的杂质分布大约都随扩散深度的增加而呈指数形式下降。图 11.14 近似地显示了在双扩散完成之后最终的发射区和基区掺杂分布的示意图。需要指出的是，基区内的掺杂不像在理想晶体管模型中假定的那样是一个常数。相反，一般来说基区掺杂随位置变化显著，它从 E-B 结处的最大值降低到 C-B 结处的最小值。通常把基区说成是"缓变的"，或者说具有一个缓变的(非常数)掺杂分布。

根据半导体的基本原理可知，随位置变化的掺杂会导致一个内建电场，因此在双扩散晶体管缓变基区的整个准中性宽度中必定存在一个内建电场。为进一步研究内建电场，令 $N_B(x)$ 为 pnp BJT 基区中的施主杂质浓度；在基区的准中性区域内($0 \leq x \leq W$)，因 $\rho = q(p - n + N_B) \cong 0$，则 $n(x) \cong N_B(x)$。此外，在平衡条件下：

$$J_N = q\mu_n n \mathscr{E} + qD_N \frac{dn}{dx} = 0 \tag{11.55}$$

求解 $\mathscr{E}$，得出

$$\mathscr{E}(x) = -\frac{D_N}{\mu_n} \frac{dn/dx}{n} \cong -\frac{kT}{q} \frac{dN_B(x)/dx}{N_B(x)} \quad \cdots \quad 0 \leq x \leq W \tag{11.56}$$

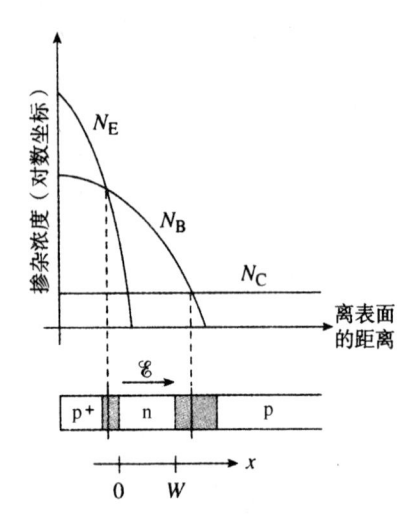

图 11.14 在双扩散晶体管中掺杂横截面的示意图

假定掺杂分布可以近似地用简单的指数关系来表示，可写成

$$N_B(x) = N_B(0)e^{-x/x_{\text{diff}}} \tag{11.57}$$

和

$$\frac{dN_B(x)}{dx} = -\frac{N_B(0)}{x_{\text{diff}}} e^{-x/x_{\text{diff}}} = -\frac{N_B(x)}{x_{\text{diff}}} \tag{11.58}$$

最后，代入式(11.56)中，获得的结果为

$$\mathscr{E} = \frac{kT/q}{x_{\text{diff}}} \quad \cdots \quad 0 \leq x \leq W \tag{11.59}$$

掺杂的指数形式变化在准中性区域内形成了一个恒定的电场，内建电场的数值可以相当大。例如，如果在跨度为 $W_B = 2\ \mu m$ 的基区宽度内掺杂浓度降低 2 个数量级，那么在室温下 $x_{\text{diff}} = 4.34 \times 10^{-5}$ cm，得出 $\mathscr{E} \cong 600$ V/cm。然而更重要的是，电场帮助少数载流子以更快的速度穿过基区的准中性宽度，即加快了少数载流子的输运。这一效应同时适用于 pnp 晶体管中的发射区注入空穴和 npn 晶体管中的发射区注入电子(在 npn 晶体管中 $\mathscr{E} < 0$)。基区内载流子的漂移-增强输运降低了渡越时间，并因此减少了基区内的复合，复合减少本身又增加了输运系数和电流增益，使它们大于理想的计算值。内建电场和由此产生的载流子渡越时间的减少也导致了高频响应的改善。总之，基区的缓变掺杂虽然与理论结果不符，但其结果明显是有利的。

11.2.8 品质因素

下面简要分析一些特定的"品质因素"(figures of merit)。借助这些用图形显示的"品质因素",可以迅速了解实验结果与理论结果的偏差程度,同时掌握被测晶体管的其他信息。在新的或改进的 BJT 结构的研究论文中,总是包含一到两个这样的图形来评价其特性。

第一个称为 Gummel 图,如图 11.15 所示,是同时记录 I_B 和 I_C 随输入电压 V_{EB} 变化的半对数曲线。在测量过程中把输出电压设置成一些方便的数值,一般是几个伏特。理想情况下无论是 I_B 还是 I_C 曲线,都应该是一条直线,而且具有相同的斜率 q/kT。然而实际上,如同在 11.2.6 节中讨论的那样,在小的 V_{EB} 偏压下,R-G 电流一般使所观察到的基极电流明显增大。在大的 V_{EB} 偏压下集电极电流曲线开始向水平方向倾斜并趋于饱和(斜率变小),倾斜-饱和现象最有可能是大注入水平造成的,并很可能由于电流集边而变得更加严重。类似于二极管,如果倾斜-饱和同时发生在 I_B 和 I_C 曲线中,那么串联电阻也是一个可能的贡献因素。应该注意到,如果假定 I_{CE0} 可以忽略,那么在给定 V_{EB} 下的 I_C 和 I_B 的比值就是所选工作点下的 β_{dc}。所得的 β_{dc} 在理论上为一与 V_{EB} 无关的常数,然而由于非理想性,I_C 和 I_B 的比值在 V_{EB} 的低端和高端显然都会降低。

第二个品质因素是当输出电压保持为常数时 β_{dc} 与 I_C 的对数-对数关系曲线。图 11.16 给出了根据实验数据画出的样品曲线。实际上,这一曲线仅仅是对 β_{dc} 数据的连续记录,这些数据可以采用逐点计算的方法从 Gummel 图中得出。可以看出,因为在低的 I_C(小的 V_{EB})处 I_{R-G} 成分在基极电流中的比例增加,所以 β_{dc} 下降。而在大的 I_C 电流(大的 V_{EB})时,电流增益的下降是由大注入、电流集边或串联电阻造成的,也可能是由上述效应共同造成的。

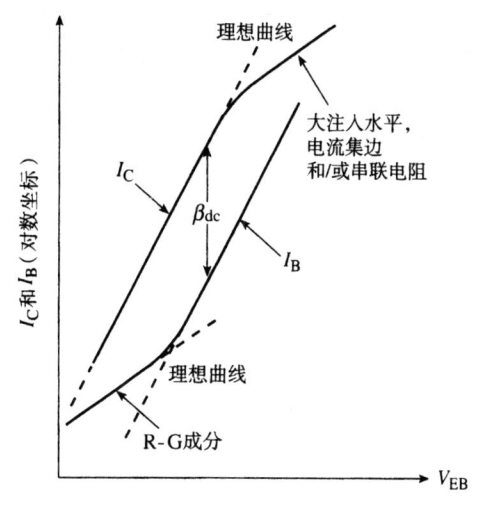

图 11.15 Gummel 曲线的一般形式及说明

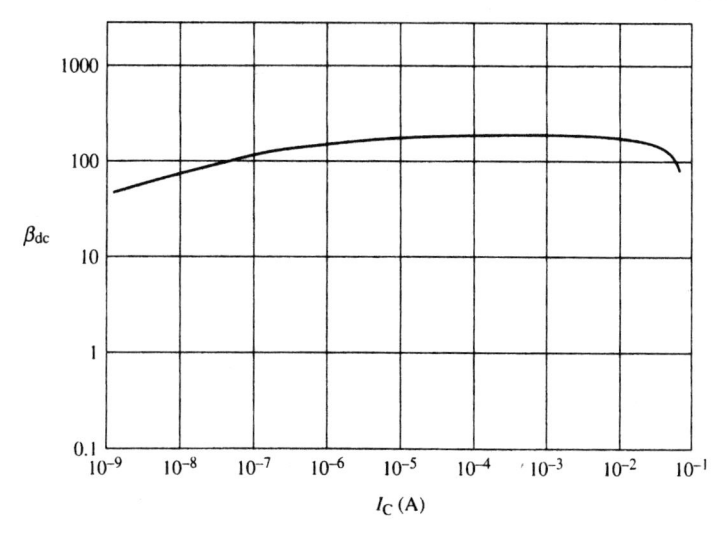

图 11.16 共发射极直流电流增益与输出电流函数关系的测量结果。数据通过测量 2N2605 pnp BJT 而获得。$V_{EC} = 5\ \text{V}$

11.3 现代 BJT 结构

这一节主要向读者介绍双极结型晶体管(BJT)结构。对"现代"BJT 结构的讨论将给前面建立的概念和知识提供一个应用的机会,尤其是与非理想特性相关的那些效应。下面所要探讨的结构是多晶硅发射极 BJT 和异质结双极晶体管(HBT)。前一种结构目前在许多集成电路中都有使用,例如最新型的个人计算机的 CPU[11];而后一种结构——化合物半导体 HBT 主要是为满足高频/高速应用的需要而设计的[12]。

11.3.1 多晶硅发射极 BJT

因为互补 MOS 或 CMOS 具有低功耗和高封装密度等特点,所以是现在优先选用的大规模 IC 技术。[第 16 章到第 18 章将介绍 MOS(金属-氧化物-半导体)的基本原理和器件。]然而,BJT 能够提供几倍于相同尺寸 MOS 晶体管的驱动电流,而更大的驱动电流意味着能为大容量负载提供更快的开关转换。为利用这一优点,引入了改进的 IC 设计,即把双极晶体管加到先进的 CMOS 电路系统中的高负荷、高灵敏部分,这一混合的双极-CMOS 技术称为 BiCMOS。图 11.17 为 npn BJT 的理想横截面,这一 npn BJT 是由 Intel 0.8 μm 的 BiCMOS 工艺制作的。

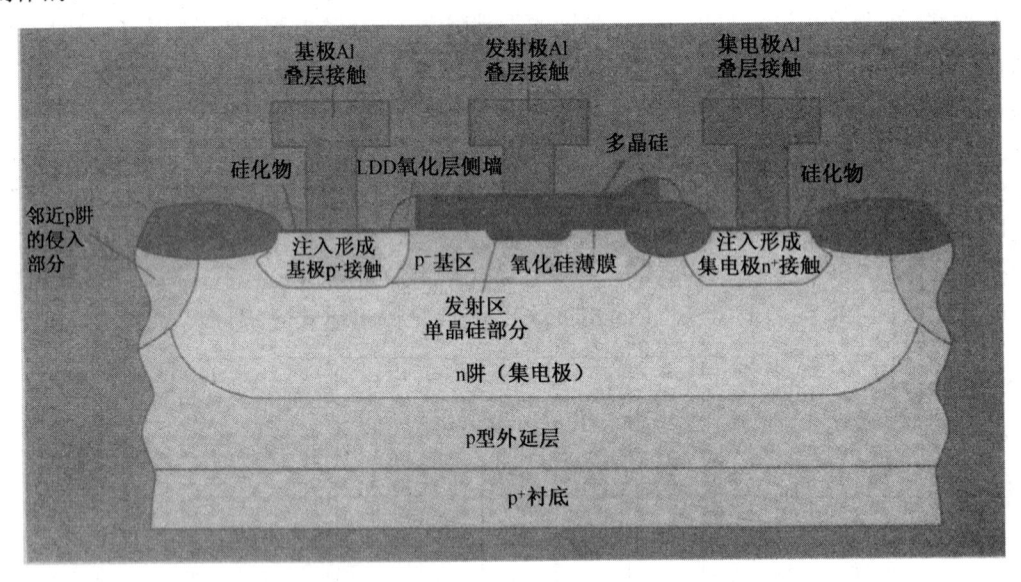

图 11.17 三次扩散形成的 npn 多晶硅发射极 BJT 的理想横截面。器件由 Intel 0.8 μm 的 BiCMOS 工艺制作(引自 Gupta and Bohr[11],授权使用)

仔细分析图 11.17,不难发现,在金属发射极接触和单晶硅之间存在一层多晶硅薄膜。为了形成发射极,首先要在发射区表面淀积一层多晶硅薄膜,掺砷使薄膜形成 n^+ 掺杂,然后通过扩散使杂质中的一部分从薄膜中驱入下面的单晶硅中,并分布在较浅的区域内。由此得到的发射极结构,即单晶硅中浅的掺杂层与同等掺杂的多晶硅薄膜接触的结构,命名为多晶硅发射极。

多晶硅发射极比采用传统方法形成的发射极具有更大的优势。从制作角度上来看,多晶硅发射极接触特别适合制作现代 IC 所需的浅发射区/基区结。此外，这一技术与最大限度减少 BJT 寄生电阻和寄生电容的自对准工艺技术相兼容。特别要介绍的是，该技术在晶体管工作时也具有一个显著的优点。具体来讲，多晶硅发射极 BJT 的共发射极电流增益要比具有相同单晶硅厚度且发射极纯粹由单晶硅组成的浅发射区 BJT 的增益大许多。

在探讨多晶硅发射极电流增益提高的原因之前，首先要解释一下，按常规现代 BJT 发射区一般都制作得非常薄，以达到更高的工作速度。遗憾的是，降低发射区厚度最终将导致电流增益的下降。在高性能的 BJT 中，发射区的准中性宽度(W_E)能达到小于少数载流子的扩散长度(L_E)。如果在标准的纯单晶硅发射极中 $W_E/L_E \ll 1$，那么在发射区内的复合就可以忽略。同时，如同在基区的情况一样，少数载流子分布成为位置的线性函数，如图 11.18(a) 所示。伴随着发射区内少数载流子分布的改变，在放大模式偏置下从基区到发射区的注入电流会有一个显著的增加，因此发射效率下降，同样电流增益也减少。至于定量计算，可参考习题 11.11 的结果，当 $W_E \ll L_E$ 时，只需用 W_E 取代式(11.41)~式(11.44)的性能参数关系式中的 L_E 就可以完成数值计算。

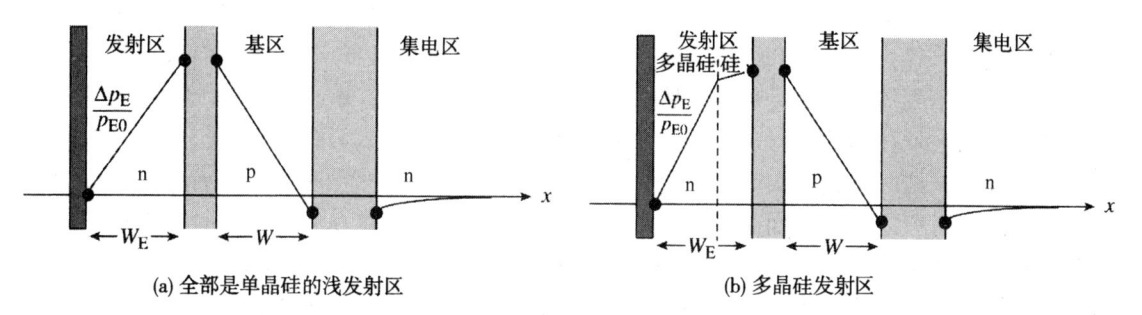

图 11.18 放大模式偏置下在(a)、(b)两种不同发射极中归一化的少数载流子分布。假定在基区和发射区中的准中性宽度远小于各自的少数载流子扩散长度

使用多晶硅发射极部分补偿了因浅发射区性质造成的电流增益下降。尽管实际的情况相当复杂，比如依据多晶硅/硅界面[13]的性质，出现了不同的理论模型，但在一阶近似下，发射极的多晶硅部分可以仅采用低迁移率模型。多晶硅中的迁移率比单晶硅的低，这是可以理解的，因为可以想到通过晶粒边界（晶粒边界是在多晶硅膜中小的单晶或"晶粒"之间的无序区域）会有一个额外的载流子散射。假定发射极中的多晶硅部分和单晶硅部分的准中性宽度都远小于各自的少数载流子扩散长度，那么在整个发射极中的复合就可以忽略，而且在发射极的多晶硅和单晶硅中少数载流子分布都是位置的线性函数。在 npn BJT 的多晶硅/硅界面位置，少数载流子空穴的浓度(或者相当于 Δp_E)和空穴电流必定是连续的。由于在两个区域中具有不同的迁移率，根据空穴电流的连续性可写出

$$qD_{E1} \frac{d\Delta p_{E1}}{dx} = qD_{E2} \frac{d\Delta p_{E2}}{dx} \quad \cdots \text{1-多晶硅；2-单晶硅} \tag{11.60}$$

或者

$$\frac{d\Delta p_{E1}}{dx} = \frac{D_{E2}}{D_{E1}} \frac{d\Delta p_{E2}}{dx} = \frac{\mu_{E2}}{\mu_{E1}} \frac{d\Delta p_{E2}}{dx} \tag{11.61}$$

式(11.61)表明在发射极中多晶硅部分的少数载流子浓度分布的直线斜率必定更大，如图 11.18(b)所示。比较图 11.18(a)和图 11.18(b)，注意到使用多晶硅发射极，总的结果是降

低了在 E-B 耗尽区发射区边的 Δp_E 的斜率，因此从基区到发射区的反向注入电流更小，而更小的基极电流意味着发射效率的改善和电流增益的增加。

11.3.2 异质结双极晶体管(HBT)

在 11.2 节中介绍的导致实验结果与理论结果偏离的一些因素中，有许多与基区掺杂有关。具体来说，基区宽度调制、外基区电阻(r_B)和造成电流集边的沿发射区下面横向分布的压降，它们都会因基区掺杂的增加而降低。但是，增加基区掺杂会降低发射效率，并降低标准晶体管的电流增益。所以在设计标准双极晶体管时，在电流增益和所提到的与理论结果的偏离之间存在着不可避免的折中。

在异质结双极晶体管(HBT)中的情况就不同了，一般来说在 HBT 中基区是掺杂最浓的区域。"异质结"通常是指在两种不同材料之间形成的结；然而，当应用到 HBT 时，则理解为在两种不同半导体之间形成的结。HBT 中的发射区是由比基区能带宽度更宽的半导体材料制成的，按这一方式组合的半导体大多数都可以形成一个内建势垒，以阻止从基区向发射区的正偏注入，并导致更高的注入效率，甚至在 $N_E \ll N_B$ 的条件下也是如此。尽管在这里把异质结的想法说成"现代的"BJT 结构，而实际上 1948 年 W. Shockley 在申请的有关双极结型晶体管的专利中早就描述了这种想法。然而，直到最近，随着诸如分子束外延(MBE)[14]等复杂的半导体薄膜生长技术的进一步发展，成功制作 HBT 结构才成为可能。

在研究异质结时遇到的关键问题是能带调整。能带调整是指两种半导体各自的导带边和价带边在两种材料之间的界面处是如何互相调整的。尽管有可能从理论上进行合理的估算，但对于所关心体系的更准确的能带调整，通常要由实验观测来确定。在图 11.19 中给出了一些研究最广泛的体系的能带调整例子。应该强调的是，图11.19 的内容不是真实的异质结能带图，而仅仅是在假定整个半导体普遍处于电中性条件下所画出的示意图。从图中可以看出，在组合材料中紧邻着实际异质结的位置存在着能带弯曲。此外，所画的每一种类型的组合半导体实质上都具有相同的晶格常数，使用具有相同晶格常数的两种半导体可以使形成的异质结具有最小的界面缺陷和体缺陷，所以几乎所有制作的 HBT 都采用了晶格匹配系统①。

AlGaAs/GaAs 是研究最广泛、工艺最先进的异质结系统。图 11.20 显示了 Al$_{0.3}$Ga$_{0.7}$As/GaAs Npn HBT 理想化的横截面。(按照惯例，在 Npn 中的大写字母 N 用来标记异质结中具有更宽能带宽度的半导体材料。)在半绝缘(S.I.)的 GaAs 衬底上连续地生长所需的 n$^+$-GaAs 下集电区、n-GaAs 集电区、p$^+$-GaAs 基区和 N-Al$_{0.3}$Ga$_{0.7}$As 发射区薄膜。通过半绝缘 GaAs 衬底和半绝缘侧墙(后者是通过把质子注入生长的各层薄膜中而形成的，注入时要保证有较大的注入深度)把 HBT 与硅片上的其他器件实现介电隔离。最后，通过对各层进行适当的腐蚀并形成金属接触，使图 11.20 的结构得以完成。

如果假定 E-B 异质结是突变的，则 Al$_{0.3}$Ga$_{0.7}$As/GaAs Npn HBT 可以用图 11.21(a)中的平衡态能带图来一阶近似地描述。除了更宽的发射区能带宽度和在 E-B 界面处能带的不连续，突变结的 HBT 能带图与同等掺杂的 BJT 能带图几乎是相同的。当然，因为 $N_E \ll N_B \gg N_C$，所以 E-B 和 C-B 耗尽区几乎只分别位于发射区和集电区内。尽管现代的生长技术有能力生长在

---

① 一个重要的例外是采用 Si$_{1-x}$Ge$_x$ 假晶层作为基区的 Si/Si$_{1-x}$Ge$_x$/Si HBT。假晶层是按照下面衬底材料的晶格结构生长的不同的薄膜材料(一般小于 1000 Å)。这层膜必须保持很薄，因为如果生长的厚度超过一个确定的临界值，应力膜会驰豫，产生大量缺陷并导致晶格常数与衬底的不再相同。有关 Si/SiGe HBT 现状和最新应用的信息，请参见 D. L. Harame et al., "Si/SiGe Epitaxial-Base Transistors," *IEEE Trans. on Electron Devices*, **42**, 455-482 (March 1995)。

原子尺度上突变的异质结,但为了提高器件性能,常常有意地生长组分缓变结,也就是组分在几百埃的宽度范围内缓慢地从 GaAs 变化到 $Al_{0.3}Ga_{0.7}As$,这样会消除明显的能带不连续现象,从而使能带图中的不连续现象得到了改善,如图 11.21(b)所示。

(a) $Al_{0.3}Ga_{0.7}As/GaAs$

(b) GaAs/Ge

(c) $InP/In_{0.53}Ga_{0.47}As$

(d) $Al_{0.48}In_{0.52}As/InP$

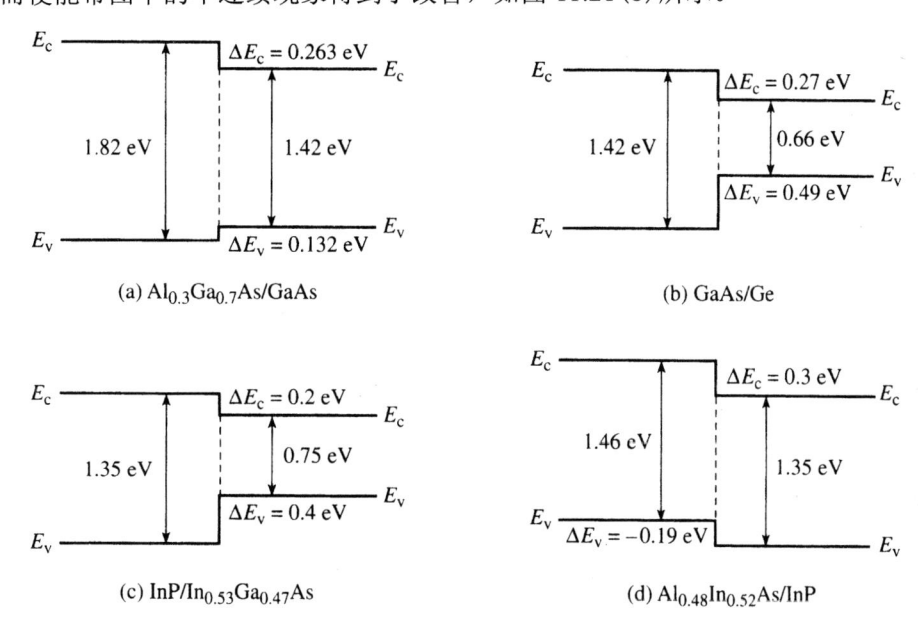

图 11.19 关于(a)$Al_{0.3}Ga_{0.7}As/GaAs$、(b)GaAs/Ge、(c)$InP/In_{0.53}Ga_{0.47}As$ 和 (d)$Al_{0.48}In_{0.52}As/InP$ 晶格匹配系统的异质结能带调整(数据来自 Tiwari and Frank[15])

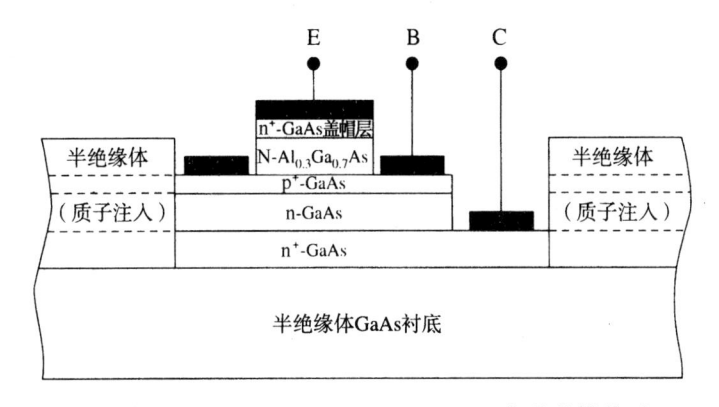

图 11.20 $Al_{0.3}Ga_{0.7}As/GaAs$ Npn HBT 理想化的横截面

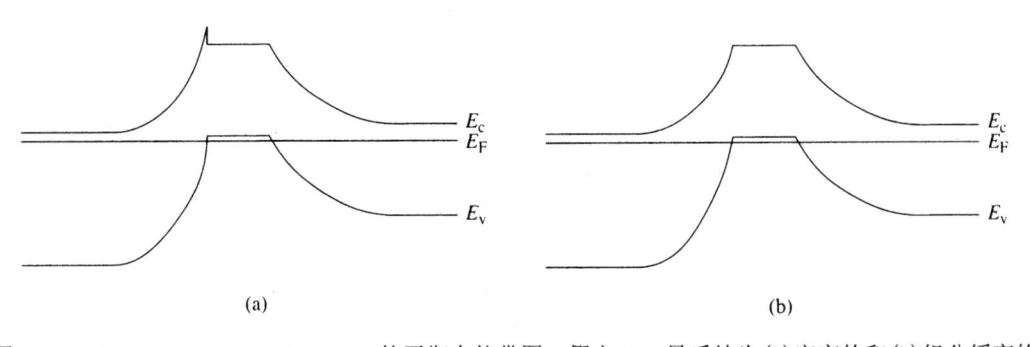

图 11.21 $Al_{0.3}Ga_{0.7}As/GaAs$ Npn HBT 的平衡态能带图,假定 E-B 异质结为(a)突变的和(b)组分缓变的

具有组分缓变 E-B 结的 HBT 的基本分析与标准 BJT 的分析是一样的。实际上，如果考虑 HBT 发射区和基区具有不同的 n_i 值，并进行适当的修改，BJT 的分析结果可以直接拿来使用。在标准 BJT 中，$n_{E0}/p_{B0} = N_B/N_E$，可以获得简化关系式(11.31)，而在 HBT 中，$n_{E0}/p_{B0} = (n_{iE}^2/N_E)/(n_{iB}^2/N_B)$，所以 BJT 关系式中的 N_B/N_E 必须用 $(N_B/N_E)(n_{iE}^2/n_{iB}^2)$ 取代。假设 $W \ll L_B$，那么缓变 HBT 的发射效率变为

$$\gamma = \frac{1}{1 + \frac{D_E}{D_B}\frac{W}{L_E}\frac{N_B}{N_E}\frac{n_{iE}^2}{n_{iB}^2}} \tag{11.62}$$

在 HBT 中窄能带基区的 n_{iB} 远远大于宽能带发射区中的 n_{iE}，这一事实抵消了 $N_E \ll N_B$ 产生的影响。例如，在标准的 $Al_{0.3}Ga_{0.7}As/GaAs$ HBT 中，n_{iE}^2/n_{iB}^2 约为 10^{-5}，即使 N_B/N_E 约为 100，也能产生在理论上非常接近于 1 的发射效率。

应该注意到，在实际情况下，一个具体 HBT 中的发射效率往往会低于式(11.62)的计算值。发射效率的降低是由 E-B 耗尽区中较大的 I_{R-G} 成分造成的，在 E-B 结周边暴露的表面区域所产生的 I_{R-G} 成分尤其显著。所以在 GaAs 器件中合适的表面钝化要比在硅器件中面临更多的问题。尽管如此，目前制作的 HBT 仍具有相当大的电流增益和理想的高频特性。

11.4 小结

在这一章中建立了双极结型晶体管的稳态响应模型。首先考虑基区的准中性宽度为任意值，建立类似于理想二极管分析的模型，以获得基区内少数载流子分布的一般表达式[参见式(11.26)]、特性参数[参见式(11.31)～式(11.34)]和端电流[参见式(11.35)和式(11.36)]。接下来利用在优良晶体管中基区的准中性宽度通常远小于少数载流子扩散长度这一事实，简化了一般的关系式，最后得到基区内少数载流子浓度是位置的线性函数的分布表达式[参见式(11.40)]，而简化后得到的用于优良晶体管的特性参数关系式由式(11.41)～式(11.44)表示。最后，通过引入埃伯斯-莫尔模型(参见图 11.3)和式(11.47)，完成了对端电流表达式的简化处理。

在对理论和实验进行比较时提出了实验值与理想值的一些偏差。基区的准中性宽度的变化依赖于偏压，称为基区宽度调制，它导致了包括共发射极输出特性中偏离准线性向上倾斜在内的许多与理论上的偏离。穿通(基区的全耗尽)或 C-B 结的雪崩击穿，无论哪个先发生，都限制了能加在处于共基极连接放大模式下的晶体管上的最大输出电压。此外，就共发射极连接放大模式偏置来说，载流子倍增和内部反馈机制的共同作用使得 $V_{CE0} < V_{CB0}$。其他提到的导致与理论有偏差的现象包括"本征"晶体管外部的串联电阻，因发射区以下的基区内存在着压降而导致的电流集边，在 E-B 和 C-B 耗尽区内的复合-产生，以及基区的缓变掺杂。本章也特别提及了在表征晶体管特性中经常使用的 Gummel 图及 β_{dc} 与 I_C 的关系曲线。

最后，"现代 BJT 结构"这一节有着双重的目的，首先介绍了特殊的晶体管结构，包括多晶硅发射极 BJT 和 HBT；其次，使前面建立的概念和知识在实际器件上得到了应用。

第 11 章　BJT 静态特性

习题

习　题	在以下小节后完成	难度水平	建议分值	简短描述
11.1	11.4	1	20（除了 b-2、c-3、j-2、l-2，每问 1 分）	快速测验
11.2	11.1.1	2	10（每问 2 分）	根据给出的电流曲线计算一些参数
11.3	11.1.2	3	18（每个方程 1/2 分）	适用于 npn BJT 时原方程所做的修改
●11.4	11.1.3	3	17（每个答案 1 分）	电流和参数的计算
●11.5	〃	2	10	$\Delta p_B(x)$ 曲线，W/L_B 为变化量
●11.6	〃	2	10	四种模式下的 $\Delta p_B(x)$ 曲线
11.7	〃	1	12（每问 3 分）	画出载流子分布简图
11.8	〃	2	10(a-1, b-1, c-2, d-1, e-5)	根据分布曲线回答问题
11.9	〃	2～3	12(γ-5, α_T-5, β_{dc}-2)	参数改变所造成的影响
●11.10	〃	3	12（每个图 3 分）	β_{dc} 与 τ_B、N_B、τ_E、N_E 的关系曲线
11.11	〃	3	12(a-4, b::e-2)	浅发射区
11.12	11.1.4	3～4	14/"二极管"(a-6, b::e-2)	"二极管"
11.13	〃	3	10（每问 5 分）	应用埃伯斯-莫尔电路
11.14	〃	3～4	25(a-5, b-10, c-10)	推导计算方程
11.15	11.2.2	3～4	15(a-10, b-5)	发射极输入特性对 W 的敏感性
11.16	11.2.3	2	8	穿通计算
11.17	11.2.4	2	8(a-3, b-3, c-2)	对比两种晶体管
11.18	〃	2	10	确定厄利电压
●11.19	〃	3～4	20/"二极管"(a-10, b-10)	画出"二极管"的 I-V_A 图
●11.20	11.2.8	2	12(a-10, b-2)	Gummel 图和电流增益曲线
11.21	〃	3	10	电流增益曲线对 V_{BC} 的依赖关系

11.1 快速测验。

(a) 在理想晶体管的分析中，对各区域(E, B, C)中的掺杂浓度和准中性宽度需要做什么假设？

(b) 近似画出当 $W/L_B \ll 1$ 和 $W/L_B \gg 1$ 两种情况下处于放大模式偏置的 pnp BJT 基区中的少数载流子分布。

(c) $W/L_B \gg 1$ 的 pnp BJT 处于放大模式偏置，已知 $\Delta p_{Bmax} = 10 p_{B0}$，画出基区中 $\Delta p_B(x)$、$\Delta p_B(x)/p_{B0}$ 和 $p_B(x)$ 的分布图。

(d) γ、α_T、α_{dc} 和 β_{dc} 一般为多大？

(e) 根据埃伯斯-莫尔参数建立 $I_B = I_B(V_{EB}, V_{CB})$ 的一般表达式。

(f) 已知 $\alpha_F = 0.9944$、$\alpha_R = 0.4286$ 和 $I_{F0} = 4.749 \times 10^{-15}$ A，计算 I_{R0}。

(g) 参考图 11.5(d)，在较低的 V_{EC} 值下造成特性曲线准线性倾斜的原因是什么？当 $V_{EC} \to V_{CE0}$ 时特性曲线急剧向上弯曲的原因是什么？

(h) 假设已经证实在 BJT 中的 V_{CB0} 受到穿通的限制，尽管如此，一个同学宣称在这一器件中 $V_{CE0} < V_{CB0}$，这有可能吗？请解释。

(i) 造成"电流集边"的原因是什么?
(j) 列举出缓变基区导致的有益的效应。
(k) 什么是 Gummel 图?
(l) 如图 11.16 所示,在低的 I_C 值和高的 I_C 值下 β_{dc} 降低的原因是什么?
(m) 制造一个整个发射极都是由多晶硅组成的硅 BJT,它的性能会很好吗?请解释。
(n) 什么是"异质结"?
(o) BJT 与 HBT 之间的差别是什么?

11.2 pnp BJT 处于放大模式偏置下,它内部的电子和空穴电流画在图 P11.2 中,所有的电流都用注入基区内的空穴电流 I_I 表示。求出:
(a) 发射效率 (γ);
(b) 基区输运系数 (α_T);
(c) 共发射极直流电流增益 (β_{dc});
(d) 基区电流 (I_B);
(e) 在这一晶体管中,由耗尽区产生的复合-产生电流可以像在理想晶体管模型中假定的那样将其忽略吗?请解释。

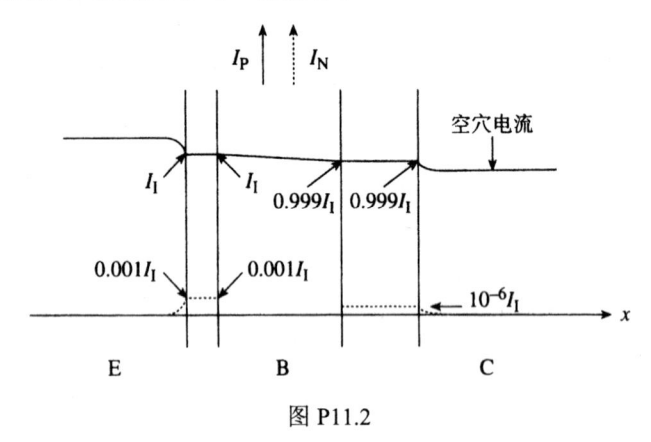

图 P11.2

11.3 如果分析的器件为 npn BJT,那么在 11.1.1 节和 11.1.2 节中的方程需做哪些改动?请简要说明。

●11.4 完成实例计算(最好用计算机辅助),以精确给出 BJT 电流成分的数值和特征参数的大小。假定在室温下工作,pnp BJT 处于 $V_{EB} = 0.7$ V 和 $V_{CB} = -5$ V 的放大模式偏置下,$W \cong W_B$,$A = 10^{-4}$ cm^2,材料参数采用 11.1.3 节中表 11.1 列出的数据。使用在理想晶体管模型(11.1.1 节和 11.1.2 节)中推导出的关系式计算:
(a) $\cosh(W/L_B)$、$\sinh(W/L_B)$ 和 W/L_B (所有的结果都保留 5 位有效数字);
(b) I_{Ep}、I_{En}、I_{Cp} 和 I_{Cn};
(c) I_E、I_C 和 I_B;
(d) 10.4 节中定义的 I_{B1}、I_{B2} 和 I_{B3};
(e) γ、α_T、α_{dc} 和 β_{dc}。

●11.5 分析 pnp BJT 基区中的少数载流子分布随 W/L_B 比值如何变化。令 $V_{CB} = 0$,以使 $\Delta p_B(W) = 0$,当 W/L_B 取 10、5、1、0.5 和 0.1 等不同值时,在同一坐标中分别画

出 $\Delta p_B(x)/\Delta p_B(0)$ 与 x/W 的关系曲线。注意 $0 \leq \Delta p_B(x)/\Delta p_B(0) \leq 1$ 及 $0 \leq x/W \leq 1$。对最后的图示给予说明。

●11.6 用图示说明 BJT 基区的少数载流子分布随偏置模式如何变化。画出四个分别对应于四种偏置模式的 $\Delta p_B(x)/p_{B0}$ 与 x/W 的关系曲线。为了便于说明，假定 $W/L_B \ll 1$ 并限制 $\Delta p_B(0)/p_{B0} \leq 10$ 和 $\Delta p_B(W)/p_{B0} \leq 10$。为使坐标轴比例适当，令 $x_{\min} = 0$、$x_{\max} = 1$、$y_{\min} = -2$ 及 $y_{\max} = 10$。适当地标明这四种曲线。

11.7 图 P11.7(a) 和图 P11.7(b) 中的虚线分别表示 BJT 准中性区域中的平衡态多数载流子浓度和少数载流子浓度，这些分布都是直线。此外，在 x 轴耗尽区内有间断区，这是为了调节不同的耗尽区宽度，而耗尽区宽度的大小与不同的偏置模式相关。在晶体管三个区中的载流子浓度没有按实际的比例绘制，而仅仅是定性地反映了 $N_E \gg N_B > N_C$ 这一事实。在图中直线分布的基础上，使用实线画出在以下的偏置模式中 $W \ll L_B$ 的晶体管各个准中性区域内的多数载流子和少数载流子分布。

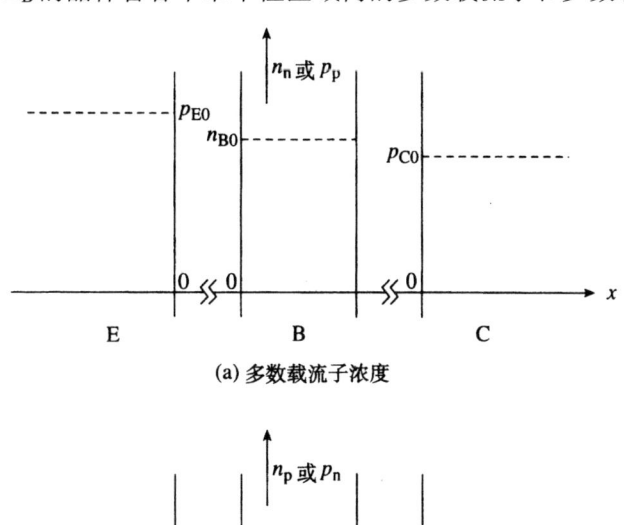

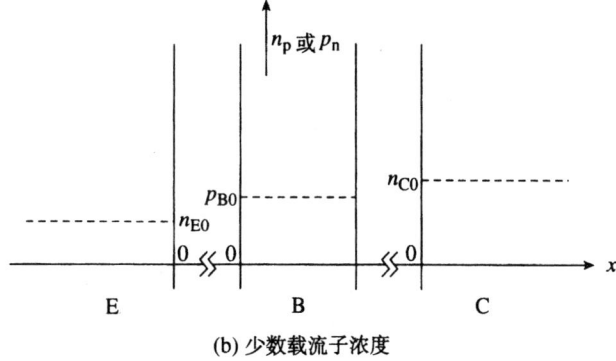

图 P11.7

(a) 放大模式偏置；
(b) 倒置模式偏置；
(c) 饱和偏置；
(d) 截止偏置。

11.8 pnp BJT 准中性区域中的 $\Delta n_E/n_{E0}$、$\Delta p_B/p_{B0}$ 和 $\Delta n_C/n_{C0}$ 分布分别画在图 P11.8 中。确定：

(a) V_{EB} 的极性；

(b) V_{CB} 的极性；

(c) V_{CB} 的大小；

(d) 偏置模式；

(e) 如果器件是 npn BJT，重复回答(a)～(d)。

图 P11.8

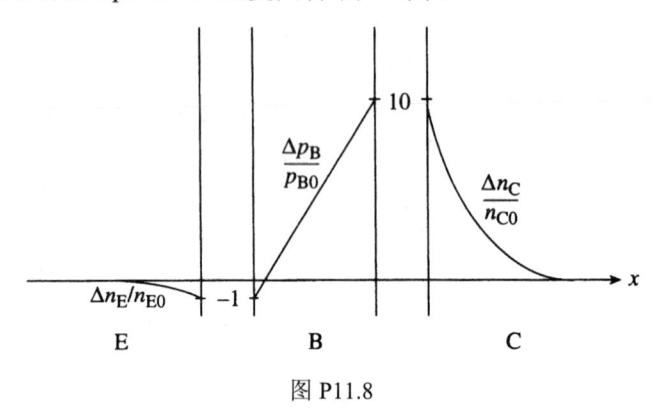

11.9 通过说明 BJT 器件参数的显著改变是否会使列出的特征参数增加、降低或对它们没有影响来完成下表。

变化量	对 γ 的影响	对 α_T 的影响	对 β_{dc} 的影响
增加 W_B			
增加 τ_B			
增加 N_B			
增加 τ_E			
增加 N_E			

●11.10 令表 11.1 中给出的寿命和掺杂等为参照值 τ_{B0}、N_{B0} 等。利用练习 3.1 中引证的迁移率拟合关系式，分别画出 β_{dc} 与 τ_B/τ_{B0}、N_B/N_{B0}、τ_E/τ_{E0} 和 N_E/n_{E0} 的对数-对数关系曲线，在每种情况下都令独立变量从 0.1 变化到 10。假定在所有的计算中 $T = 300$ K，$W = W_B = 2$ μm，忽略在一些设定的范围内发射区为简并掺杂的事实。你在这里得到的结果与习题 11.9 中的答案一致吗？

11.11 在现代 BJT 中的发射区通常制作得非常薄，以获得较高的工作速度，研究当使用"浅"发射区时对特征参数造成的影响。考虑图 P11.11 中所示的 pnp BJT，其中发射区类似于基区，也具有有限的宽度。令 W_E 为发射区的准中性宽度，并假定在发射极金属接触处 $(x'' = W_E)$ $\Delta n_E = 0$。

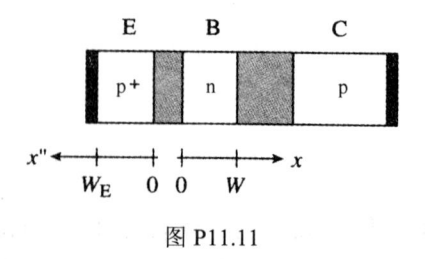

图 P11.11

(a) 类似于理想晶体管的分析，给出 Δn_E 和 I_{En} 的表达式。

(b) 建立类似于式(11.31)～式(11.34)的特征参数表达式。
(c) 当 $W/L_B \ll 1$ 和 $W_E/L_E \ll 1$ 时，建立特征参数表达式。
(d) 参照(b)和(c)的答案，说明 W_E 的降低是如何影响 γ 和 β_{dc} 的。
(e) 画出类似于图 11.2 的示意图，以显示处于放大模式偏置下的浅发射区($W_E/L_E \ll 1$)中的少数载流子分布。

11.12 当晶体管中的一端浮置或两端连在一起时，这一晶体管就变成了一个类二极管的两端器件。图 P11.12 给出了六种可能的"二极管"连接方法。在选择了一个用于分析的具体连接之后回答下列问题。建议至少分析一个开路连接(a、c 或 e)和一个短路连接(b、d 或 f)。

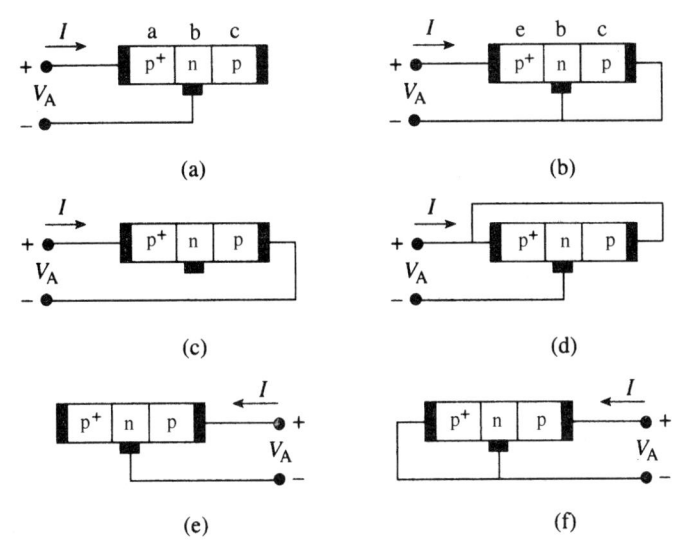

图 P11.12

(a) 通过恰当地变换和合并埃伯斯-莫尔方程来推导"二极管"的 I-V_A 关系式。I 应该只用 V_A 和埃伯斯-莫尔参数表示。
(b) 根据 V_A 和埃伯斯-莫尔参数推导 $\Delta p_B(0)/p_{B0}$ 和 $\Delta p_B(W)/p_{B0}$ 的表达式。
(c) 通过设置 $\alpha_F = \alpha_R = \alpha$ 和 $I_{F0} = I_{R0} = I_0$ 来简化(b)的结果。(这里所做的简化适用于发射极和集电极材料参数相同的晶体管。)
(d) 利用(c)中的关系式并假定 $W \ll L_B$，画出在 $V_A \gg kT/q$ 条件下晶体管基区中的少数载流子分布。
(e) 在 $-V_A \gg kT/q$ 的反向偏置条件下，重复回答(d)。

11.13 图 P11.13 显示了 V_{EC} 较小时 pnp BJT 的共发射极输出特性。如图所示，晶体管直流工作点位于放大模式偏置和饱和模式偏置之间的边界处。
(a) 参考 11.1.4 节中的图 11.3，画出在这一工作点下简化的晶体管大信号等效电路。
(b) 使用(a)中简化的等效电路，或者直接处理埃伯斯-莫尔方程，给出在这一工作点下关于 V_{EC} 的表达式。你的答案应该用 I_B 和埃伯斯-莫尔参数来表示。

11.14 在练习 11.7 中给出的 BJT 特性计算方程是通过恰当地合并和/或重新整理埃伯斯-莫尔方程而建立的。完成必要的代数运算以推导出下面的各种导出方程。
(a) 共基极输出 $[I_C = I_C(V_{CB}, I_E)]$；

(b) 共发射极输入 $[I_B = I_B(V_{EB}, I_{EC})]$;
(c) 共发射极输出 $[I_C = I_C(V_{EC}, I_B)]$。

11.15 在现代高性能晶体管中，电流增益通常受到发射效率的限制，这意味着 $D_E N_B W/D_B N_E L_E \geqslant (1/2)(W/L_B)^2$。
(a) 证明这种器件的共发射极输入特性对基区宽度调制不太敏感。
(b) 如果晶体管的电流增益不受发射效率的限制，也就是 $D_E N_B W/D_B N_E L_E \sim (1/2)(W/L_B)^2$，画出共发射极输入特性的形状。

11.16 如果 $V_{EB} = 0.7\,\text{V}$，练习 11.8 中的结果如何变化？

11.17 两个 pnp BJT 除发射区和集电区的掺杂浓度进行了对换外其他都是相同的，如图 P11.17 所示。
(a) 哪种晶体管具有更大的发射效率？请解释。
(b) 在放大模式偏置下，哪种晶体管对基区宽度调制有更大的敏感性？请解释。
(c) 如果受到 C-B 结雪崩击穿的限制，哪种晶体管有更大的 V_{CB0}？请解释。

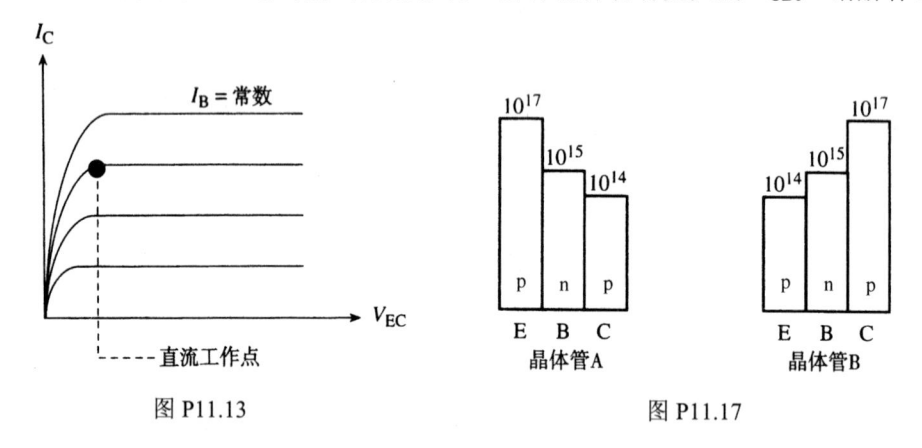

图 P11.13

图 P11.17

11.18 当 $V_{EC} \geqslant 20\,\text{V}$ 时，练习 11.10 中的中间图所显示的特性可以近似地用 $I_C = B(V_{EC} - V_{\varepsilon})I_B$ 形式的线性关系式来描述，其中 B 和 V_{ε} 为常数。根据中间图（即"包含基区宽度调制"的图），或者最好根据 BJTplus 程序本身计算出的数值来确定 B 和 V_{ε} 的值，这一结果要分别和四条 $I_B > 0$ 的特性曲线拟合得很好。注意称为"厄利电压"的 V_{ε} 一般是通过把特性曲线的线性区域外推到 V_{EC} 轴上由电压截距获得的。对你的数值结果给予说明。

●11.19 在回答习题 11.12(a) 时建立了一个或更多的类二极管工作的晶体管 I-V_A 关系式。修改练习 11.10 中的 BJTplus 程序和辅助程序以产生上述的 I-V_A 特性曲线。为练习 11.10 提供的子程序 BJT0 可以不用修改地加以使用，通过输入器件参数就能完成实例计算。如果有必要，可以在图中标出特性的正偏和反偏部分以使结果更加清楚。
(a) 首先编写 I-V_A 程序，假定 $W = W_B$ 并忽略基区宽度调制和载流子倍增。把最终的特性保存在硬盘上。
(b) 同时考虑基区宽度调制和载流子倍增。当大的反偏电压加在 E-B 结上时必须要考虑 E-B 耗尽区的载流子倍增。把实例计算结果保存在硬盘上，对比 (a) 和 (b) 的结果。

- 11.20 Gummel 图和增益曲线。

  (a) 使用练习 11.10 中的子程序 BJT0 所给出的器件参数,画出类似于图 11.15 的理论 Gummel 图。(子程序 BJT0 中的参数所提供的结果与图 11.4 和图 11.5 中的 2N2605 pnp BJT 特性之间的一致性较好。)假定器件处于放大模式偏置,$V_{CB} < 0$,这使得式(11.47)中的 V_{CB} 项可以忽略。把根据式(11.47)计算出的 I_C 与 V_{EB} 关系曲线和 $I_B = I_E - I_C$ 与 V_{EB} 关系曲线称为器件理想特性。在实际的器件中,E-B 耗尽区的复合-产生电流可近似表示为

  $$I_{R-G} = I_{02}(e^{qV_{EB}/n_2kT} - 1)$$

  通过把上式补充到理想器件的基区电流中,就可以获得考虑复合-产生后的基极电流。为计算这一修正的基区电流,在上式中取 $I_{02} = 10^{-14}$ A 和 $n_2 = 1.5$。当近似计算大注入情况下和其他非理想情况下的集电极电流时,需要把理想器件集电极电流乘以修正因子:

  $$\Gamma = \frac{1}{1 + e^{q(V_{EB} - 0.75)/2kT}}$$

  也就是通过使用 $I_C = \Gamma I_C$(理想)来计算修正的 I_C。在你的 Gummel 图中分别用虚线和实线近似地显示出理想特性和修正的特性。把曲线输出图限制在 10^{-9} A ≤ I ≤ 10^{-1} A 和 0.3 V ≤ V_{EB} ≤ 0.8 V 的范围内。

  (b) 推广(a)中的程序,使之还能画出 β_{dc} 与 I_C 的关系曲线或类似于图 11.16 的电流增益曲线。在两个图之间可通过 MATLAB 的 pause 操作来中断程序的执行。此外,需要对坐标轴的设置加以限制,以获得在 10^{-1} ≤ β_{dc} ≤ 10^3 和 10^{-9} A ≤ I_C ≤ 10^{-1} A 范围内的关系曲线。

11.21 从 β_{dc} 与 I_C 关系曲线数据中发现,在 I_C 的大部分取值范围内,V_{EC} 值的增加必然会导致 β_{dc} 有一个小的但可观察到的增量。图 P11.21 中提供了样品的实验数据。请对观察到的 β_{dc} 依赖于 V_{EC} 的原因给予详细的解释。

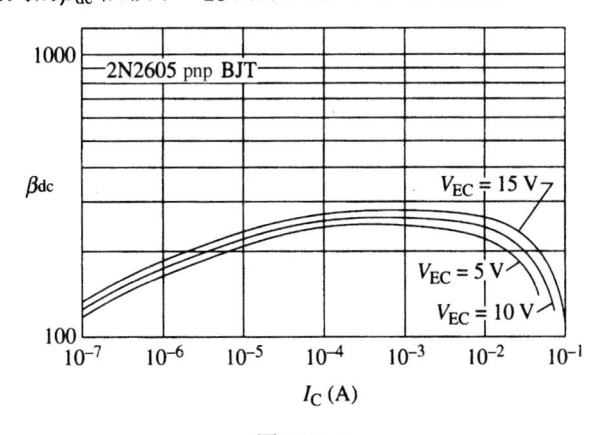

图 P11.21

第 12 章 BJT 动态响应模型

BJT 主要用作宽带电路或调谐电路中的小信号放大器及用作数字逻辑电路中的开关,因此在这一章中研究晶体管小信号响应和瞬态(开关)响应的一阶模型。在本章的 12.1 节中介绍了小信号等效电路。按常规,小信号响应的描述或建模需要使用小信号等效电路,例如,使用小信号等效电路来计算放大器的信号增益、输入阻抗和输出阻抗。在现代应用中对高增益和宽带的需求导致对 BJT 的使用几乎都是采取共发射极接法,因此,在这里所涉及的内容重点是研究适用于共发射极接法的等效电路。此外,在数字电子仪器和其他开关应用中,需要 BJT 能在截止的"关态"和饱和的"开态"之间快速地切换,这方面的内容与瞬态响应相关。在本章的 12.1 节中分析了晶体管的开关响应,并对观察到的时间延迟做了简要分析。

12.1 小信号等效电路

12.1.1 通用的双端口模型

考虑图 12.1(a) 所示的双端口网络,其中 BJT 处于共发射极连接。注意按照目前的分析(与第 11 章中的 pnp BJT 分析相反),把所有流进器件终端的电流定义为正。同样,为输入端和输出端所共用的端电压是所有电压的参照点。在假定 BJT 为共发射极连接的条件下,直流输入电流、直流输出电流、直流输入电压和直流输出电压分别为 I_B、I_C、V_{BE} 和 V_{CE}。相应的交流数值为 i_b、i_c、v_{be} 和 v_{ce}。在前一章中,建立了 I_B 仅由所加直流电压表示的函数形式,也就是 $I_B = I_B(V_{BE}, V_{CE})$。当交流电压 v_{be} 和 v_{ce} 叠加在直流电压上时,输入电流相应地变成 $i_B(V_{BE} + v_{be}, V_{CE} + v_{ce}) = I_B(V_{BE}, V_{CE}) + i_b$。同样,直流输出电流也能表达为仅仅是直流输入和输出电压的函数,也就是 $I_C = I_C(V_{BE}, V_{CE})$。因此,当 v_{be} 和 v_{ce} 分别加到 V_{BE} 和 V_{CE} 上时,总的输出电流相应地变为 $i_C(V_{BE} + v_{be}, V_{CE} + v_{ce}) = I_C(V_{BE}, V_{CE}) + i_c$。

上面的内容主要是对具体情况的陈述,在此基础上,需要做出一个关键的假设,即假定晶体管能准静态地随着电压而变化,以使 $i_B(V_{BE} + v_{be}, V_{CE} + v_{ce}) = I_B(V_{BE} + v_{be}, V_{CE} + v_{ce})$ 及 $i_C(V_{BE} + v_{be}, V_{CE} + v_{ce}) = I_C(V_{BE} + v_{be}, V_{CE} + v_{ce})$。因此可以写出

$$I_B(V_{BE} + v_{be}, V_{CE} + v_{ce}) = I_B(V_{BE}, V_{CE}) + i_b \tag{12.1a}$$

$$I_C(V_{BE} + v_{be}, V_{CE} + v_{ce}) = I_C(V_{BE}, V_{CE}) + i_c \tag{12.1b}$$

或者

$$i_b = I_B(V_{BE} + v_{be}, V_{CE} + v_{ce}) - I_B(V_{BE}, V_{CE}) \tag{12.2a}$$

$$i_c = I_C(V_{BE} + v_{be}, V_{CE} + v_{ce}) - I_C(V_{BE}, V_{CE}) \tag{12.2b}$$

在直流工作点附近把式(12.2)右边的第一项按泰勒(Taylor)级数展开,只保留展开式中的一阶项(假定更高阶的 v_{be} 和 v_{ce} 项可以忽略),得到

第 12 章 BJT 动态响应模型

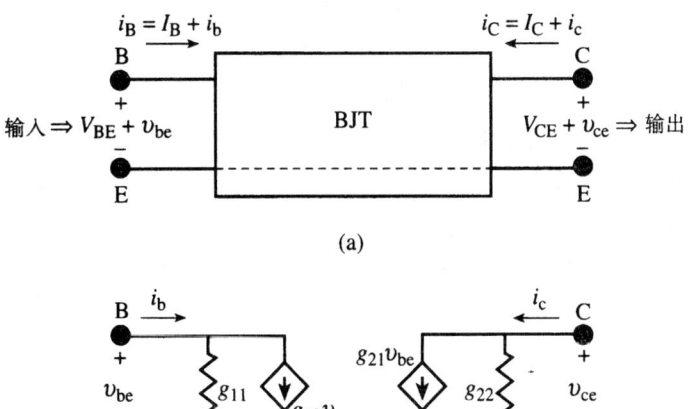

图 12.1 (a) 把 BJT 看成一个双端口网络并按共发射极连接；
(b) 表征 BJT 交流响应的低频小信号等效电路

$$I_B(V_{BE}+v_{be}, V_{CE}+v_{ce}) = I_B(V_{BE}, V_{CE}) + \left.\frac{\partial I_B}{\partial V_{BE}}\right|_{V_{CE}} v_{be} + \left.\frac{\partial I_B}{\partial V_{CE}}\right|_{V_{BE}} v_{ce} \quad (12.3a)$$

$$I_C(V_{BE}+v_{be}, V_{CE}+v_{ce}) = I_C(V_{BE}, V_{CE}) + \left.\frac{\partial I_C}{\partial V_{BE}}\right|_{V_{CE}} v_{be} + \left.\frac{\partial I_C}{\partial V_{CE}}\right|_{V_{BE}} v_{ce} \quad (12.3b)$$

把它们代入式(12.2)中，得到

$$i_b = \left.\frac{\partial I_B}{\partial V_{BE}}\right|_{V_{CE}} v_{be} + \left.\frac{\partial I_B}{\partial V_{CE}}\right|_{V_{BE}} v_{ce} \quad (12.4a)$$

$$i_c = \left.\frac{\partial I_C}{\partial V_{BE}}\right|_{V_{CE}} v_{be} + \left.\frac{\partial I_C}{\partial V_{CE}}\right|_{V_{BE}} v_{ce} \quad (12.4b)$$

式(12.4)中的偏导数在量纲上为电导，因此引入

$$g_{11} \equiv \left.\frac{\partial I_B}{\partial V_{BE}}\right|_{V_{CE}} = \left.\frac{\partial I_B}{\partial V_{EB}}\right|_{V_{EC}} ; \quad g_{12} \equiv \left.\frac{\partial I_B}{\partial V_{CE}}\right|_{V_{BE}} = \left.\frac{\partial I_B}{\partial V_{EC}}\right|_{V_{EB}}$$
$$\Uparrow \qquad \Uparrow \qquad \qquad \Uparrow \qquad \Uparrow$$
$$\text{npn} \quad \text{pnp} \qquad \text{npn} \quad \text{pnp}$$
$$+I_B 输入 \quad +I_B 输出 \qquad +I_B 输入 \quad +I_B 输出 \quad (12.5a, b)$$

$$g_{21} \equiv \left.\frac{\partial I_C}{\partial V_{BE}}\right|_{V_{CE}} = \left.\frac{\partial I_C}{\partial V_{EB}}\right|_{V_{EC}} ; \quad g_{22} \equiv \left.\frac{\partial I_C}{\partial V_{CE}}\right|_{V_{BE}} = \left.\frac{\partial I_C}{\partial V_{EC}}\right|_{V_{EB}}$$
$$\Uparrow \qquad \Uparrow \qquad \qquad \Uparrow \qquad \Uparrow$$
$$\text{npn} \quad \text{pnp} \qquad \text{npn} \quad \text{pnp}$$
$$+I_C 输入 \quad +I_C 输出 \qquad +I_C 输入 \quad +I_C 输出 \quad (12.5c, d)$$

然后得出

$$i_b = g_{11}v_{be} + g_{12}v_{ce} \tag{12.6a}$$

$$i_c = g_{21}v_{be} + g_{22}v_{ce} \tag{12.6b}$$

式(12.6a)和式(12.6b)可以分别看作基极端和集电极端的交流电流节点方程。这些方程表明流入端口的 i_b 和 i_c 电流可分为两部分，其中一个电流成分(输入端的 $g_{11}v_{be}$ 和输出端的 $g_{22}v_{ce}$)就是通过电导性连接而流过端口的电流。第二个电流成分(输入端的 $g_{12}v_{ce}$ 和输出端的 $g_{21}v_{be}$)分别由对面端口的电压控制，在逻辑上相当于一个电流源。因此，可以获得与导出的方程一致的小信号等效电路，如图 12.1(b)所示。请读者自己证明在图 12.1(b)中 B 端和 C 端的节点方程实际上分别就是式(12.6a)和式(12.6b)。

下面对图 12.1(b)的结果做一些说明。首先，小信号等效电路可以理解为适用在低的工作频率中，其中晶体管的结电容可以忽略。其次，尽管这是一个可行的等效电路，但在 12.1.2 节中将建立另一种电路形式，通常是在实际的计算中优先选用的。最后，应该注意到图 12.1(b)的推导过程纯粹是数学的运算，只需改变两端口的一致性，图 12.1(b)的结果就能很容易地加以修改而应用到其他 BJT 接法中，甚至应用于其他三端器件中。对于具体器件或线路接法，唯一的难点是电导的定义，如果需要，可以使用式(12.5)和第 11 章中建立的直流电流关系式来获得小信号电导的明确关系式。

12.1.2 混合 π 模型

在小信号分析中，混合 π (Hybrid-Pi)等效电路是最常用的模型。这一模型具有许多优势，如很容易建立直流工作点变量与模型参数间的联系、容易推导参数随温度的变化等，因此它对电路设计工程师尤其具有吸引力。简化的和完整的混合 π 等效电路的基本形式分别显示在图 12.2(a)和图 12.2(b)中。这一低频等效电路适用于放大模式运作下的"本征晶体管"。因为图 12.2(b)的电路中具有"混合"(电导和电阻的组合)的单元，而且电路元件按 π 形排列，所以称之为混合 π 模型。其中 g_m 为跨导，为测量的正向电压增益，r_o 是输出电阻，r_π 是输入电阻，r_μ 是反馈电阻。

图 12.2(a)是在一阶分析中具有广泛用途的简化模型，它可以直接从常见的双端口模型中推导出来。在放大模式偏置下，pnp BJT 的埃伯斯-莫尔关系式，即式(11.47)简化为

$$I_E \cong I_{F0} e^{qV_{EB}/kT} \qquad \cdots V_{EB} > 0, V_{CB} < 0 \tag{12.7a}$$

$$I_C \cong \alpha_F I_{F0} e^{qV_{EB}/kT} \qquad \cdots V_{EB} > 0, V_{CB} < 0 \tag{12.7b}$$

和

$$I_B = I_E - I_C \cong (1 - \alpha_F) I_{F0} e^{qV_{EB}/kT} \tag{12.7c}$$

如果假定基区宽度调制可以忽略，那么 α_F 和 I_{F0} 为与偏压无关的常数，则

$$g_{12} \equiv \left.\frac{\partial I_B}{\partial V_{EC}}\right|_{V_{EB}} \cong 0 \tag{12.8a}$$

$$g_{22} \equiv \left.\frac{\partial I_C}{\partial V_{EC}}\right|_{V_{EB}} \cong 0 \tag{12.8b}$$

在 $g_{12} = g_{22} = 0$ 下可得到所需的结果，即图 12.1(b)可以准确地简化为与图 12.2(a)相同的形式。可以断定 $g_m \cong g_{21}$ 和 $r_\pi \cong 1/g_{11}$。使用式(12.7)具体计算 g_m 和 r_π，得出

$$g_m \cong \left.\frac{\partial I_C}{\partial V_{EB}}\right|_{V_{EC}} \cong \frac{qI_C}{kT} \qquad (12.9\text{a})$$

$$r_\pi \cong \frac{1}{(\partial I_B/\partial V_{EB})|_{V_{EC}}} \cong \frac{1}{qI_B/kT} \cong \frac{I_C}{I_B}\frac{1}{g_m} = \frac{\beta_{dc}}{g_m} \qquad (12.9\text{b})$$

在已知的直流工作点下很容易计算出 g_m 和 r_π。

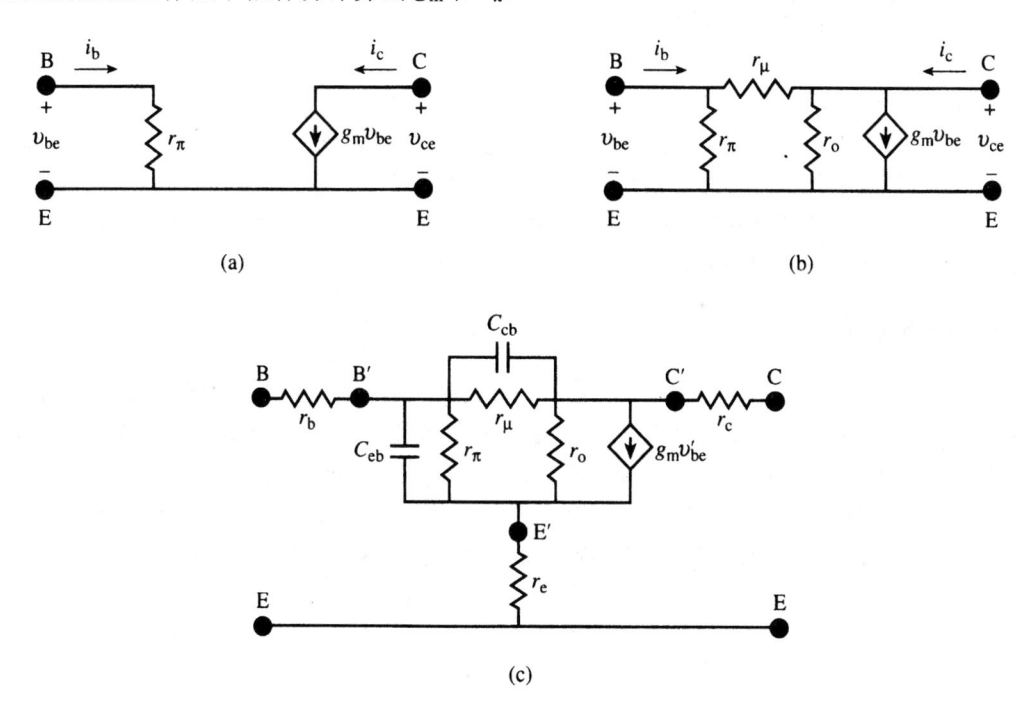

图 12.2 混合 π 等效电路。(a)简化的和(b)完整的模拟放大模式下共发射极连接的本征晶体管的低频混合 π 等效电路;(c)包含寄生串联电阻的高频等效电路

当基区宽度调制不能忽略或需要完成更精确的分析时,通常采用图 12.2(b)的四单元低频率模型。尽管比简化模型的推导更复杂一些,但是图 12.2(b)的电路参数能同双端口模型参数直接联系在一起。下面留给大家一个练习,证明在通常情况下,

$$g_m = g_{21} - g_{12} \qquad (12.10\text{a})$$

$$r_o = 1/(g_{22} + g_{12}) \qquad (12.10\text{b})$$

$$r_\pi = 1/(g_{11} + g_{12}) \qquad (12.10\text{c})$$

$$r_\mu = -1/g_{12} \qquad (12.10\text{d})$$

一般来说,双端口模型中的 g_{12} 比其他电导小几个数量级,因此在计算 g_m、r_o 和 r_π 时可以忽略。如果 g_{12} 远小于 g_{21} 和 g_{11},那么显然可以用式(12.9)来计算 g_m 和 r_π。

最后,图12.2(c)所示的模型适合在更高频率中使用,模型中包括寄生的串联电阻(r_b、r_c 和 r_e),它们把本征晶体管与外部的器件终端连接在一起(参见 11.2.5 节)。C_{cb} 和 C_{eb} 分别是集电极-基极和发射极-基极的 pn 结电容。在放大模式偏置下,与反偏 C-B 结相关的 C_{cb} 主要

是结电容，而与正偏 E-B 结相关的 C_{eb} 包括结电容和扩散电容两部分。第 7 章介绍的结电容关系式可以不用修改地加以使用，以计算出 C_{cb} 和 C_{eb} 的结电容成分。然而，C_{eb} 的扩散成分必须按习题 12.7 的结果来计算。为准确地建立 IC 中的晶体管模型，有必要考虑在 C 端和 B 端之间的附加电容和从 C′ 端到衬底一端的电容。总之，图 12.2(c) 中的模型在大约 500 MHz 以下的频率范围内一般都是正确的，但因为没有考虑信号在器件的不同区域中的传播延迟，所以当频率大于 500 MHz 后，这一模型变得越来越不准确。

12.2 瞬态（开关）响应

当 BJT 作为电子开关使用时，从简单的分立器件电路直至复杂的 IC 逻辑电路领域，它都获得了广泛的应用。与 pn 结二极管相比，BJT 提供了更快的开关速度及第三个电极的优势，即大大方便了开关步骤。类似于 pn 结二极管，在"开态"和"关态"转换过程中的时间延迟主要归结为过剩少数载流子电荷的积累或者消耗。在许多应用中，开关速度是首要关心的问题，因此需要对开关过程进行详细的研究。

12.2.1 定性研究

首先分析如图 12.3(a) 所示的开关电路。V_{CC} 提供发射极-集电极间的直流偏压，R_L 是输出负载电阻。开关的转换是靠输入电源在正电压和负电压之间的脉冲跳变来完成的。当处于 $v_s < 0$ 的稳态条件时，BJT 被偏置到截止模式，使得 $I_C \cong 0$。此时晶体管处于"关态"，它的工作点位于叠加在图 12.3(b) 特性曲线上的负载线的底部。相反，当处于 $v_s > 0$ 的稳态条件时，所加电压一般能使两个结都处于正向偏置，即工作在饱和模式下，晶体管处于"开态"，有 $I_C \cong V_{CC}/R_L$。

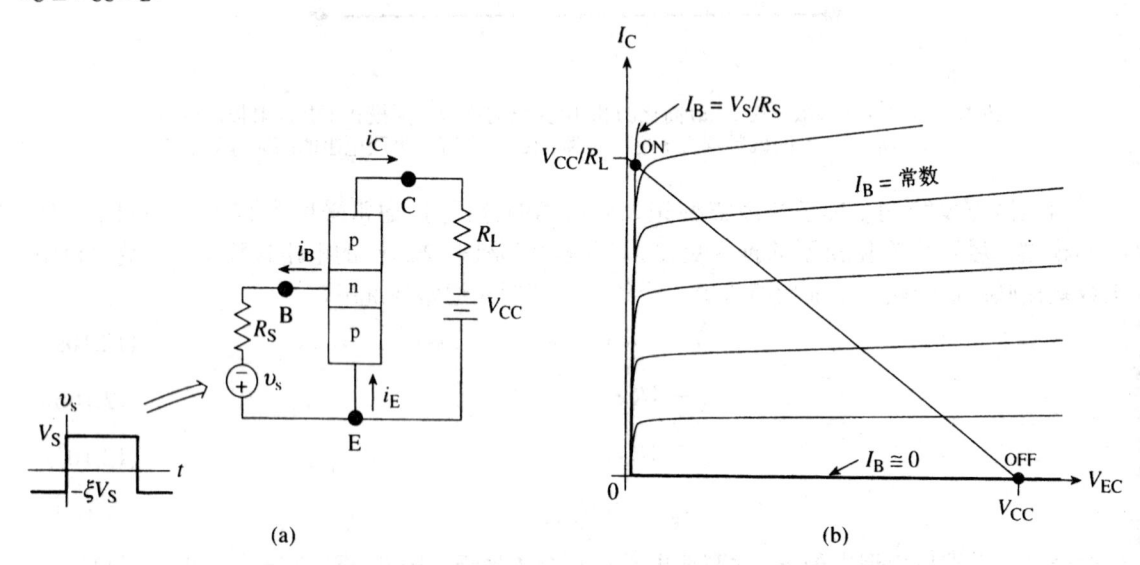

图 12.3 BJT 开关的基本原理。(a) 理想化的开关电路；(b) 叠加在共发射极输出特性上的负载线，其中包括了"开"和"关"的稳态端点

参考图 12.4，下面研究瞬态响应过程，首先考虑 $t = 0$ 时刻 v_s 从 $-\xi V_S$ 跳变到 $+V_S$ 之后的瞬态开启过程。假定 V_S 远大于 v_{EB}，则图 12.4(b) 中的基极电流跳变到 $i_B \cong V_S/R_S$ 的位置，只要 v_s

> 0 就保持这一数值不变。对应的理想化的 i_C 响应显示在图 12.4(c) 中。在 $t = 0$ 之前，晶体管为截止偏置，在准中性基区中的少数载流子分布由图 12.4(d) 的曲线 (i) 来描述。在 $t = 0$ 时刻的开启脉冲之后，少数载流子空穴开始在基区堆积，参见图 12.4(d) 中的曲线 (ii)。随后 i_C 近似地随 $x = W$ 处的 $\Delta p_B(x, t)$ 的斜率成比例地增加。只要晶体管保持在放大模式偏置，i_C 就会随着准中性基区中少数载流子的积累而不断增加。然而，最终 $\Delta p_B(0, t) = (n_i^2/N_B)\exp(qv_{EB}/kT)$，达到了使 $v_{EB} = v_{EC}$ 或 $v_{CB} = 0$ 的那一点，随后晶体管变成饱和偏置。一旦变为饱和偏置，少数载流子积累就完成了，如图 12.4(d) 的曲线 (iii) 所示。按照该曲线的描述，在瞬态的这一过程中 i_C 仅仅轻微地增加，并最终达到它的开态值。

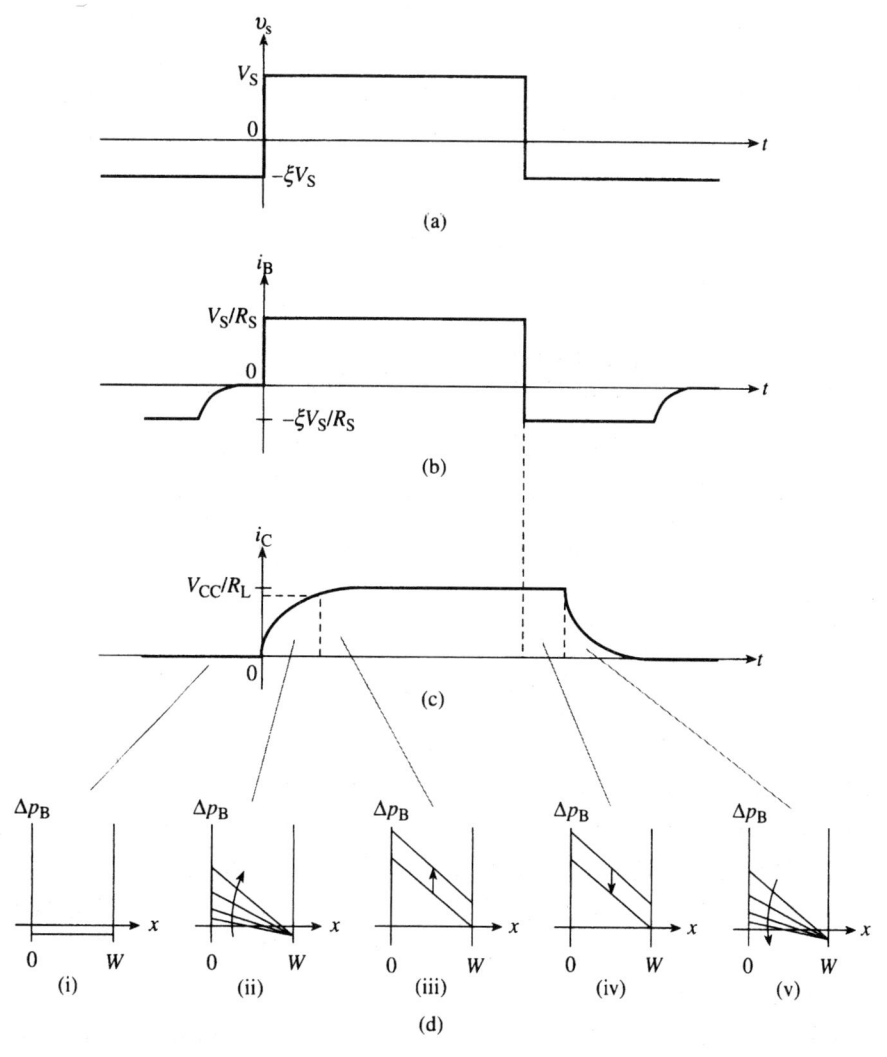

图 12.4　BJT 开关特性。(a) 输入电压；(b) 随时间变化的输入电流 (i_B)；(c) 随时间变化的输出电流 (i_C)；(d) 在瞬态响应期间内不同时间段准中性基区中少数载流子的近似分布

与瞬态开启类似，i_C 的瞬态关断也展示出两种不同的状态。在这两种状态中，晶体管基区内的情况可以分别由图 12.4(d) 中的曲线 (iv) 和 (v) 来近似说明。第一个状态在 v_s 从 $+V_S$ 跳变到 $-\xi V_S$ 之后的瞬间开始，这一期间的特点是，在饱和偏置所积累的存贮电荷从准中性基区移走的同时，i_C 近似保持为常数。显然，这里的时间延迟实际上类似于在 pn 结分析中定义的

存贮延迟时间。第二个关断状态开始于当移走的存贮电荷足够多以使晶体管变成放大模式偏置时。一旦处于放大模式偏置，i_C 就会随准中性基区中剩余存贮电荷的减少而成比例地单调下降。最终少数载流子电荷全部消耗完，并导致截止偏置和关态。有趣的是，从图 12.4(b) 中可以看出，在关断过程中的 i_B 响应与 pn 结二极管的 i-t 瞬态关断过程是一样的，即当 v_S 从 $+V_S$ 跳变到 $-\xi V_S$ 之后，基区电流突然反向，并在 $i_B = -\xi V_S/R_S$ 处保持为常数，直到 BJT 进入截止模式。随着 E-B 结上反向偏压的增加，i_B 随之降低到接近为零。

12.2.2 电荷控制关系式

为了完成 BJT 瞬态响应的定量分析，需要使用电荷控制方法。在着手分析之前，有必要先建立适用于 BJT 的具体的电荷控制关系式。

只需做一些小的改动，就可以把 6.3.1 节建立的 pn 结电荷控制结果直接应用到 BJT 的准中性基区中。以 pnp BJT 为例，对符号进行相应的改动，并考虑准中性基区宽度是有限的 ($0 \leq x \leq W$)，推导出

$$\frac{dQ_B}{dt} = -A \int_{J_P(0)}^{J_P(W)} dJ_P - \frac{Q_B}{\tau_B} \tag{12.11}$$

其中

$$Q_B = \begin{pmatrix} \text{准中性基区中} \\ \text{的过剩空穴电荷} \end{pmatrix} = qA \int_0^W \Delta p_B(x,t) dx \tag{12.12}$$

如果 $i_E \cong AJ_P(0)$，$i_C \cong AJ_P(W)$，即相当于假定流过 E-B 结和 C-B 结的空穴扩散电流分别在发射极和集电极电流中占优势，得出结论：

$$-A \int_{J_P(0)}^{J_P(W)} dJ_P = A[J_P(0) - J_P(W)] \cong i_E - i_C = i_B \tag{12.13}$$

和

$$\boxed{\frac{dQ_B}{dt} = i_B - \frac{Q_B}{\tau_B}} \tag{12.14}$$

如果在稳态条件下应用式 (12.14)，则 $dQ_B/dt = 0$ 且 $i_B \to I_B = Q_B/\tau_B$。这一结果可以这样理解：在准中性基区中存在总量为 Q_B/q 的过剩少数载流子，过剩少数载流子的平均寿命为 τ_B，因此经过 τ_B 时间后过剩存贮电荷 Q_B 要通过复合而消耗。在稳态条件下，一个等于每秒消耗电荷数的电流，即 $I_B = Q_B/\tau_B$，必须流进基区以代替消耗的载流子。只要准中性基区中的复合电流在 I_B 中占优势，上述结果就是准确的；也就是说，在式 (12.14) 的推导中隐含着假定从基区到发射区的载流子注入和其他基区电流成分可以忽略。

为了继续推导电荷控制关系式，下面分析集电极电流。根据前面的近似，可以写出

$$i_C \cong AJ_P(W) = -qAD_B \left.\frac{\partial \Delta p_B(x,t)}{\partial x}\right|_{x=W} \tag{12.15}$$

如果假定在稳态条件下 $\Delta p_B(x,t)$ 具有与 $\Delta p_B(x)$ 相同的函数形式，那么在 $W \ll L_B$ 的极限条件下，

$$\Delta p_B(x,t) = \Delta p_B(0,t) + [\Delta p_B(W,t) - \Delta p_B(0,t)]\frac{x}{W} \tag{12.16}$$

其中在放大模式偏置下可简化为

$$\Delta p_B(x,t) \cong \Delta p_B(0,t)\left(1 - \frac{x}{W}\right) \tag{12.17}$$

因此，令 BJT 处于放大模式偏置可得到

$$\left.\frac{\partial \Delta p_B(x,t)}{\partial x}\right|_{x=W} \cong -\frac{\Delta p_B(0,t)}{W} \tag{12.18}$$

$$Q_B = qA \int_0^W \Delta p_B(x,t)\,dx \cong \frac{qAW}{2}\Delta p_B(0,t) \tag{12.19}$$

和

$$i_C \cong -qAD_B \left.\frac{\partial \Delta p_B}{\partial x}\right|_{x=W} \cong \frac{qAD_B}{W}\Delta p_B(0,t) = \frac{Q_B}{(W^2/2D_B)} \tag{12.20}$$

或

$$\boxed{i_C \cong \frac{Q_B}{\tau_t}} \quad (\text{放大模式}) \tag{12.21}$$

其中

$$\boxed{\tau_t \equiv \frac{W^2}{2D_B}} \tag{12.22}$$

假定通过求解式(12.14)能确定 $Q_B(t)$，那么式(12.21)就提供了一个简单的推导瞬时集电极电流的方法。τ_t 参数在近似分析中得到了广泛的使用，称为基区渡越时间，它可以理解为少数载流子通过扩散穿过准中性基区所用的平均时间。根据式(12.21)，可以把集电极电流看成准中性基区的存贮电荷在 τ_t 时间内进入集电区的结果。此外，注意到 $\beta_{dc} \equiv I_C/I_B = \tau_B/\tau_t$。

12.2.3 定量分析

瞬态开启特性

在瞬态开启过程中，$i_B \cong V_S/R_S \equiv I_{BB} =$ 常数，因此

$$\frac{dQ_B}{dt} = I_{BB} - \frac{Q_B}{\tau_B} \tag{12.23}$$

微分方程(12.23)的通解是

$$Q_B(t) = I_{BB}\tau_B + Ae^{-t/\tau_B} \tag{12.24}$$

其中 A 是任意的常数。取 $Q_B(0) = 0$，因为晶体管在瞬态的开始时处于截止偏置，所以这一近似是准确的。在 $t = 0$ 时将 $Q_B(0) = 0$ 代入式(12.24)中求解 A，得出 $A = -I_{BB}\tau_B$。因此

$$Q_B(t) = I_{BB}\tau_B(1 - e^{-t/\tau_B}) \quad \cdots t \geq 0 \tag{12.25}$$

和

$$i_C(t) = \begin{cases} \dfrac{Q_B(t)}{\tau_t} = \dfrac{I_{BB}\tau_B}{\tau_t}(1 - e^{-t/\tau_B}) & \cdots 0 \leq t \leq t_r \\ \dfrac{V_{CC}}{R_L} \equiv I_{CC} & \cdots t \geq t_r \end{cases} \tag{12.26a} \tag{12.26b}$$

上面引入的上升时间 t_r 可理解为 BJT 处于放大模式偏置的时间。

图 12.5 左边的曲线对开启过程的解给予了形象的说明。图中显示出指数形式的依赖关系，即 $Q_B(t)$ 平滑地从零指数增加到它的最大值 $Q_B(\infty) = I_{BB}\tau_B$。$i_C(t)$ 紧随 $Q_B(t)$ 而变化，直到 BJT 在 $t = t_r$ 时变为饱和偏置。接下来假定 $i_C(t)$ 在 $i_C(t_r) \cong V_{CC}/R_L \equiv I_{CC}$ 处保持为常数，这与定性的观察结果相一致。在式(12.26a)中通过令 $i_C(t_r) = I_{CC}$ 能求解出 t_r，得到

$$t_r = \tau_B \ln\left[\frac{1}{1 - \frac{I_{CC}\tau_t}{I_{BB}\tau_B}}\right] \tag{12.27}$$

与直觉判断结果一致，从方程中可以看出，增加 I_{BB}（更快的存贮电荷积累）或降低 I_{CC}（更少的放大模式存贮电荷）使 t_r 降低。注意到把式(12.27)的 t_r 表达式代入式(12.25)中，得到 $Q_B(t_r) = I_{CC}\tau_t$。这一在放大模式/饱和模式转变点的存贮电荷数值画在图 12.5(a)中 $Q_B(t)$ 轴的适当位置上，在分析瞬态关断时会用到它。

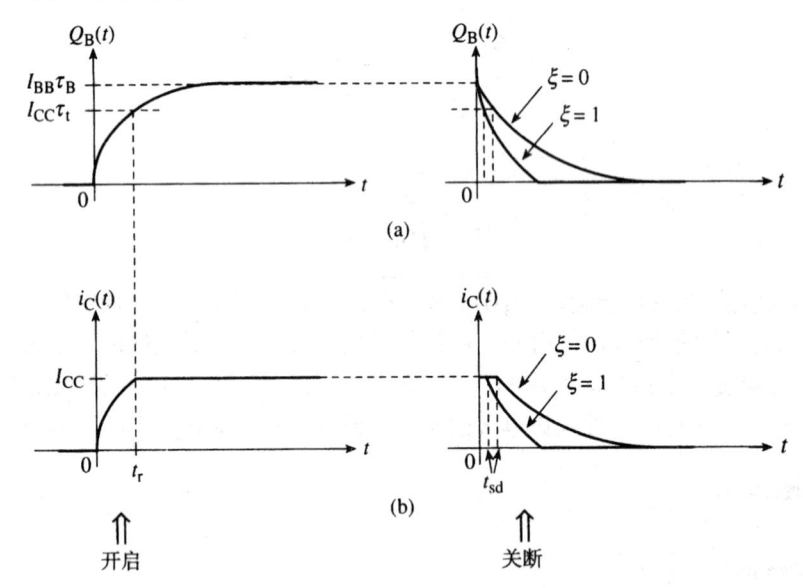

图 12.5 瞬态响应的解。(a)在准中性基区内的存贮电荷随时间的变化及(b)集电极电流随时间的变化。左图显示了瞬态开启特性，右图显示了瞬态关断特性。在瞬态关断特性中，$\xi=0$ 和 $\xi=1$ 分别对应于 $i_B \cong 0$ 和 $i_B = -I_{BB}$ 的关态的解

瞬态关断特性

在瞬态关断过程的饱和模式和放大模式中，$i_B \cong -\xi V_S/R_S = -\xi I_{BB} = $ 常数，因此在准中性基区的电荷存贮遵从电荷控制关系式：

$$\frac{dQ_B}{dt} = -\xi I_{BB} - \frac{Q_B}{\tau_B} \tag{12.28}$$

它具有通解：

$$Q_B(t) = -\xi I_{BB}\tau_B + Ae^{-t/\tau_B} \tag{12.29}$$

其中 A 是任意常数。重新设定 $t = 0$ 为瞬态关断的开始时刻。因为在瞬态关断过程开始时刻的净存贮电荷恰好等于瞬态开启过程末端的存贮电荷，所以 $Q_B(0)|_{\text{turn-off}} = Q_B(\infty)|_{\text{turn-on}} = I_{BB}\tau_B$。在 $t = 0$ 时将 $Q_B(0) = I_{BB}\tau_B$ 代入式(12.29)中，求解 A，得出 $A = (1 + \xi)I_{BB}\tau_B$。因此得出结论：

$$Q_B(t) = I_{BB}\tau_B[(1+\xi)e^{-t/\tau_B} - \xi] \quad \cdots t \geq 0 \qquad (12.30)$$

和

$$i_C(t) = \begin{cases} I_{CC} & \cdots 0 \leq t \leq t_{sd} \qquad (12.31a) \\ \dfrac{Q_B(t)}{\tau_t} = \dfrac{I_{BB}\tau_B}{\tau_t}[(1+\xi)e^{-t/\tau_B} - \xi] & \cdots t \geq t_{sd} \qquad (12.31b) \end{cases}$$

上面的存贮延迟时间 t_{sd} 可理解为 BJT 处于饱和模式偏置的时间阶段。

图 12.5 中右边 $\xi=0$ 和 $\xi=1$ 的曲线对关断过程的解给予了说明。在瞬态关断过程中，$\xi=0$ 对应于 $v_s=0$ 和 $i_B \cong 0$，$\xi=1$ 对应于 $v_s=-V_S$ 和 $i_B \cong -I_{BB}$。从图 12.5 中很容易看出，当 $\xi>0$ 时，i_C 瞬态的常数部分(饱和模式)和下降部分(放大模式)的时间都减少了。因为当 $i_B<0$ 时，相当于帮助存贮电荷从准中性基区中抽走。在饱和模式/放大模式转变点有 $t=t_{sd}$ 和 $Q_B(t_{sd})|_{\text{turn-off}} = Q_B(t_r)|_{\text{turn-on}} = I_{CC}\tau_t$。将转变点数值代入式(12.31b)并求解 t_{sd}，得到

$$t_{sd} = \tau_B \ln\left[\dfrac{1+\xi}{\dfrac{I_{CC}\tau_t}{I_{BB}\tau_B} + \xi}\right] \qquad (12.32)$$

因为 $I_{CC}\tau_t/I_{BB}\tau_B < 1$，式(12.32)证实了前面的讨论，即当 $\xi>0$ 时 t_{sd} 下降。一般来说，降低 τ_B(更快的复合)、降低 I_{BB}(更少的净存贮电荷)和增加 I_{CC}(相对更少的饱和模式电荷)也都能使 t_{sd} 下降。

12.2.4 实际的瞬态过程

前面的分析结果非常简化，为的是提供物理上的理解和获得普遍正确的解的形式，而不必被过多的数学问题所束缚。对更精确的解感兴趣的读者，可以查看本书第二部分末尾提供的参考资料。一个更实际的 i_C 瞬态响应示意图如图 12.6 所示，除了在转变点附近的"圆滑"现象，图 12.6 和前面的 i_C 曲线之间唯一的显著差别是在瞬态的开始增加了一个时间延迟 t_d，这源于在从截止到放大模式转变时对 E-B 结电容的充电。图 12.6 也显示了基于测量结果的上升时间(t_r)、存贮延迟时间(t_{sd})和下降时间(t_f)的定义，这些参数经常出现在器件特性表中。为了便于参考，图中给出了输入电压的波形。

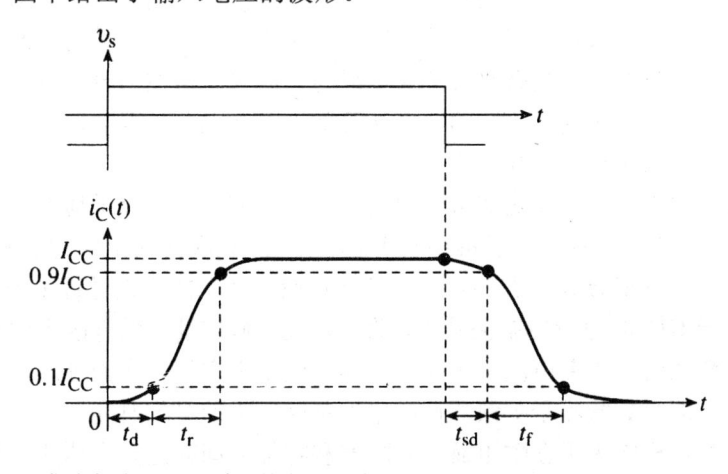

图 12.6 集电极电流开关瞬态的实际形式和基于测量结果的 t_d、t_r、t_{sd} 和 t_f 的定义

为了加快瞬态开启和瞬态关断过程，人们已经提出了许多不同的方法。加快瞬态开启的通常方法是在输入电路中增加一个电容，例如在图12.3(a)中输入的 R_S 两端并联一个电容器。在 $v_s \rightarrow V_S$ 后电容器放电，因此提供了一个瞬时的电流脉冲，加速了晶体管基区存贮电荷的积累，从而减少了达到饱和的时间。

通过在 BJT 基区中增加复合-产生(R-G)中心，也能够加快瞬态关断过程。增加 R-G 中心，例如在硅中加入金，降低了 τ_B 并因此增加了载流子从基区移出的速率。另一种加快瞬态关断的方法是把一个肖特基二极管连接在集电极和基极之间，如图12.7所示。这种接法称为肖特基二极管钳制。肖特基二极管是由整流型的金属-半导体接触形成的器件(参见第14章)，它可以在远低于 pn 结开启电压的正向偏置下导通。当晶体管进入饱和模式时，肖特基二极管开始导通并在相对低的正电压下"钳制"住 C-B 结电压，这大大降低了饱和模式下存贮电荷的积累。此外，在肖特基二极管中有非常小的少数载流子存贮电荷。总之，由于需要移出 BJT 的电荷变得更少，而且在肖特基二极管中的存贮电荷非常少，因此瞬态关断时间显著地减少。

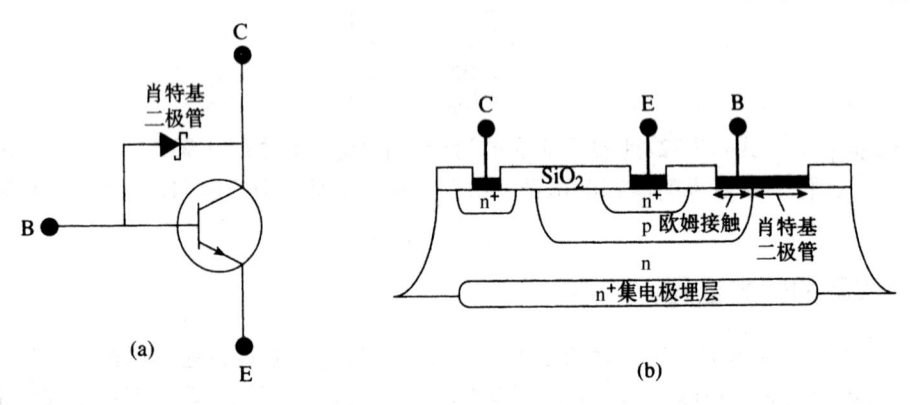

图 12.7 肖特基二极管钳制的 npn 晶体管。(a) 电路示意图；(b) 实际的结构

12.3 小结

在这一章中首先研究了小信号响应，然后分析了双极结型晶体管的瞬态或开关响应。通过使用纯数学方法建立了共发射极连接的 BJT 小信号等效电路，即适用于低频的常规双端口模型。对这一模型本身的扩展具有重要意义，因为只需对它稍做修改，就能应用到其他任何三端器件中。接着，本章引入了流行的混合 π 等效电路并把它与双端口模型联系起来。本章分析了混合 π 电路的简化模型和高频模型。

因为在许多应用中开关速度是非常重要的，所以我们详细研究了瞬态响应。首先定性地描述了瞬态响应过程，集中分析了准中性基区中过剩少数载流子的积累和消除。类似于 pn 结二极管，存贮电荷必须在关态(截止)和开态(饱和)之间的转换过程中增加或移走。本章建立了具体适用于 BJT 的电荷控制关系式，为了简化，假定准中性基区内的复合电流和准中性基区两边的少数载流子扩散电流分别在三个端电流中占主导。在推导的过程中引入了基区渡越时间的概念，即少数载流子扩散通过准中性基区所需的平均时间。本章还推导了瞬态开启过程和瞬态关断过程中关于存贮电荷、i_C 瞬态和特征时间的定量表达式。最后提到了实际的瞬态过程，并介绍了已经使用的加快瞬态响应的一些方法。

习题

第 12 章 习题信息表				
习 题	在以下小节后完成	难度水平	建议分值	简短描述
12.1	12.3	1	10（每问 1 分）	快速测验
12.2	12.1.1	2~3	8	推导共基极电路
12.3	12.1.2	1	5	求出 g_m、r_π
12.4	〃	3	8	证明式(12.10)
●12.5	〃	4	20	计算混合 π 参数
●12.6	〃	4	20(a-14, b-6)	推导并计算 f_T
12.7	12.2.2	3~4	10	E-B 扩散电容
12.8	12.2.3	2	5	估算 $I_{CC}\tau_t/I_{BB}\tau_B$
●12.9	〃	2	8（每问 4 分）	t_r 和 t_{sd} 曲线
●12.10	12.2.4	3	10(a-6, b-4)	t_f 的推导和曲线

12.1 快速测验。尽可能简洁地回答下面的问题：
(a) 用语言表达什么是准静态假定？在通用的双端口模型的推导中是如何使用这一假定的？
(b) 为什么要分别定义 npn 和 pnp 中的电导 g_{ij}？
(c) 名称"混合 π"是怎么来的？
(d) 说出以下混合 π 参数的名称：g_m、r_o、r_π 和 r_μ。
(e) 为什么在低频混合 π 模型中增加电容能获得高频模型？
(f) 请描述在瞬态开启过程中一旦晶体管进入到饱和模式，准中性基区中的 i_B、i_C 和少数载流子浓度发生了什么变化。
(g) 给出"基区渡越时间"在文字上和数学上的定义。
(h) τ_B 和 τ_t 与 β_{dc} 有什么关系？
(i) 为什么在瞬态关断过程中 $i_B < 0$ ($\xi > 0$) 会导致存贮延迟时间和下降时间都减少？
(j) 什么是肖特基二极管钳制？它有什么作用？

12.2 建立类似于图 12.1(b) 的用于共基极接法的小信号等效电路。类似于式(12.5)，概括给出参数的定义。

12.3 2N2605 pnp BJT 的共发射极输出特性如图 11.5(d) 所示。用简化的混合 π 等效电路来模拟这一晶体管的低频交流响应，假定直流工作点为 $I_B = 5\ \mu A$ 和 $V_{EC} = 10\ V$。确定在混合 π 模型中使用的 g_m 和 r_π 的数值。

12.4 用适当的电路分析和数学处理证明式(12.10)。

●12.5 通过 MATLAB 程序 BJTplus 能获得练习 11.10 的解，即可以在考虑和不考虑基区宽度调制下分别计算 $I_B = I_B(V_{EB}, V_{EC})$ 和 $I_C = I_C(V_{EC}, I_B)$。通过去除或借用 BJTplus 程序指令和辅助程序的指令，编写能自动计算混合 π 模型[参见图 12.2(b)]的参数值的 MATLAB 程序，并且能提供考虑和不考虑基区宽度调制的二选一的计算结果。为简便起见，令输入变量为 V_{EB} 和 V_{EC}，并使用与子程序 BJT0 中相同的器件和材料参数。（BJT0 和 BJTplus 的 MATLAB 程序都列在附录 F 中。）

在 $V_{EC} = 10$ V 和选择 V_{EB} 使 $I_C \cong 1$ mA 的条件下运行你的程序,在考虑基区宽度调制和不考虑基区宽度调制两种条件下显示 g_m、r_o、r_π 和 r_μ 的计算结果。同时,用式(12.9)计算 g_m 和 r_π。讨论你的结果。

12.6 在评价 BJT 的高频响应时,通常把电流放大系数为 1 的频率 f_T 作为表征器件特性的品质因素。根据定义,f_T 是当 BJT 共发射极输出为交流短路($v_{ce}=0$)时,使 $|i_c/i_b|=1$ 的信号频率。用于 RF 和微波领域的 Si BJT 的 $f_T = 10$ GHz,而"一般用途"的 Si 晶体管的 f_T 大小为 100 MHz 的数量级。

(a) 利用高频混合 π 模型推导当 $v_{ce}=0$ 时 i_c/i_b 的一般表达式。

● (b) 2N3906 是一般用途的 Si 晶体管,求出当直流偏置为 $V_{EB} = 0.68$ V、$V_{EC} = 10$ V、$I_B = 5.57$ μA 及 $I_C = 1.00$ mA 时 2N3906 pnp BJT 的 f_T。在这一直流工作点下,2N3906 的高频混合 π 参数如下表所示。

参数	数值	参数	数值
g_m	3.86×10^{-2} S	C_{cb}	2.32 pF
r_o	2.00×10^4 Ω	r_b	10 Ω
r_π	4.65×10^3 Ω	r_c	2.8 Ω
r_μ	3.59×10^6 Ω	r_e	0
C_{eb}	23.6 pF		

12.7 证明处于放大模式偏置下的 pnp BJT 中 C_{eb} 的扩散成分由下式给出:

$$C_{eb|diff} = \frac{2}{3}\left(\frac{\tau_t}{kT/q}\right)\left(qA\frac{D_B}{W}\frac{n_i^2}{N_B}\right)e^{qV_{EB}/kT} \cong \frac{2}{3}\left(\frac{\tau_t}{kT/q}\right)I_E \cong \frac{2}{3}g_m\tau_t$$

提示:$C_{eb|diff}$ 与窄基区二极管中的扩散电容 C_D 相同。注意流进窄基区二极管的 I_{DIFF} 由式(6.68)/式(6.69)给出,然后修改 7.3.2 节中扩散导纳的推导就可以获得窄基区二极管的 C_D。修改中需要使用级数展开:如果 $\xi \ll 1$,有 ctnh$(\xi) = \cosh(\xi)/\sinh(\xi) \cong (1/\xi)(1+\xi^2/3)$。使用适当的符号标明 BJT 器件中 C_{eb} 扩散成分的表达式,以区分 C_D 的表达式。

12.8 参考图 12.3(b) 的输出特性,假定 $V_{CC}/R_L = 5$ mA,$V_S/R_S = 30$ μA,I_B 以 5 μA 的增量阶跃变化,从而形成 $I_B = $ 常数的曲线。估算完成图中"关断"和"开启"之间切换的 $I_{CC}\tau_t/I_{BB}\tau_B$ 值。

● 12.9 上升时间和存贮延迟时间。

(a) 令 $x = I_{CC}\tau_t/I_{BB}\tau_B$。使用式(12.27)绘出 t_r/τ_B 与 x 的关系曲线,其中 $0 \leqslant x \leqslant 1$。

(b) 使用式(12.32),画出 t_{sd}/τ_B 与 x 的关系曲线,同时展示出对应于 $\xi=0$ 和 $\xi=1$ 的曲线。

12.10 下降时间。

(a) 使用图 12.6 提供的基于测量的定义及式(12.31b) 中 i_C 与 t 的关系式,推导下降时间 t_f 的表达式。

● (b) 当 $\xi=0$ 和 $\xi=1$ 时,画出 t_f/τ_B 与 $x \equiv I_{CC}\tau_t/I_{BB}\tau_B$ 的关系曲线,注意 $0 \leqslant x \leqslant 1$。讨论你的结果。

第 13 章　PNPN 器件[①]

在前面的章节中分析了两区、单结二极管和三区、双结晶体管。包含四个交替掺杂的区域(相邻区域掺杂类型不同)和三个相互联系的 pn 结的器件为 PNPN 器件,或者称为晶闸管,其中增加了另一个结的组合,同时也增加了一个电极端。晶闸管通常是封装在金属支柱内的大面积器件,这样可以获得最佳的散热。作为高功率整流器和电子开关,晶闸管获得了广泛的应用。尽管一般器件的电流、电压额定值相当低,但晶闸管却能提供超过 5 kA 的额定电流值和超过 10 kV 的额定电压值。在这里主要集中介绍 PNPN 器件家族中占主导的成员,即可控硅整流器(SCR)。13.1 节介绍器件的物理特性和有趣的"负阻"或双稳态开关特性。13.2 节我们将研究产生这些开关特性的器件内部工作原理。开启和关断的实际情况将在 13.3 节进行详细研究。最后,本章简短地介绍了 PNPN 器件家族的其他成员。

13.1　可控硅整流器(SCR)

可控硅整流器(SCR)的结构如图 13.1(a)所示。SCR 包含了四个交替掺杂的区域,在图中用 P1 至 N4 标记。J_{12}、J_{23} 和 J_{34} 分别用来标记 P1-N2 结、N2-P3 结和 P3-N4 结。外侧的 P 区和与这一区连接的部分共同称为阳极(A);外侧的 N 区和与这一区连接的部分共同称为阴极(K)。内部的 N 区和 P 区称为基区。器件的第三端为栅(G),与 P3 基区相连。顺便说一下,没有栅电极的两端 PNPN 器件结构称为 PNPN 二极管或肖克利(Shockley)二极管。注意 V_{AK} 是加在阳极和阴极之间的电压,I_{AK} 是流进阳极的电流,I_G 是流进栅极的电流。

SCR 的制作工艺一般从生产适当减薄的轻掺杂 n 型硅片(N_D 约为 $5×10^{13}/cm^3$)开始,其内部最终成为 N2 基区。下一步,p 型杂质扩散到硅片的两侧,产生了几乎相同的 J_{12} 结和 J_{23} 结。最后,n 型杂质通过扩散进入硅片的一侧,以形成重掺杂的阴极 N4。最终的掺杂横截面如图 13.1(b)所示。从制作工艺的描述中可以推断出,N2 和 P3 基区具有中等的电学宽度,图 13.1(b)也强调了这一点。不同于假定 P 区和 N 区的宽度远大于少数载流子扩散长度的宽基区二极管,或者是基区宽度按常规远小于少数载流子扩散长度的 BJT,SCR 的基区宽度必须大致上与扩散长度可比拟,这一点是 SCR 正常工作的关键。

图 13.2 显示了 SCR 特性的一般形式。特性中 $V_{AK} < 0$ 的部分是不依赖于 I_G 的,而且非常类似于反偏 pn 结二极管的特性,直到在 $V_{AK} = -V_{BR}$ 器件击穿时才开始有电流流通。SCR 工作时的 V_{BR} 称为反偏维持或阻塞电压。另一方面,正偏特性是相当不同的。如果 $I_G = 0$,V_{AK} 从零开始增加,那么直到 V_{AK} 超过最大的正偏阻塞电压 V_{BF} 时才有电流流过器件。然而一旦超出 V_{BF},器件就从高阻抗的阻塞模式切换到低阻抗的导通模式,然后在 $V_{AK} = 0$ 附近工作,这类似于正偏二极管的特性。如果施加一个 $I_G > 0$ 的电流,就会降低正偏阻塞电压,使

[①] 选读章节。

得器件能在更低的外加电压 V_{AK} 下进入导通模式。注意 V_{BR} 和 V_{BF} 能达到数百甚至数千伏特，而在导通模式下的压降通常约为 1 V。

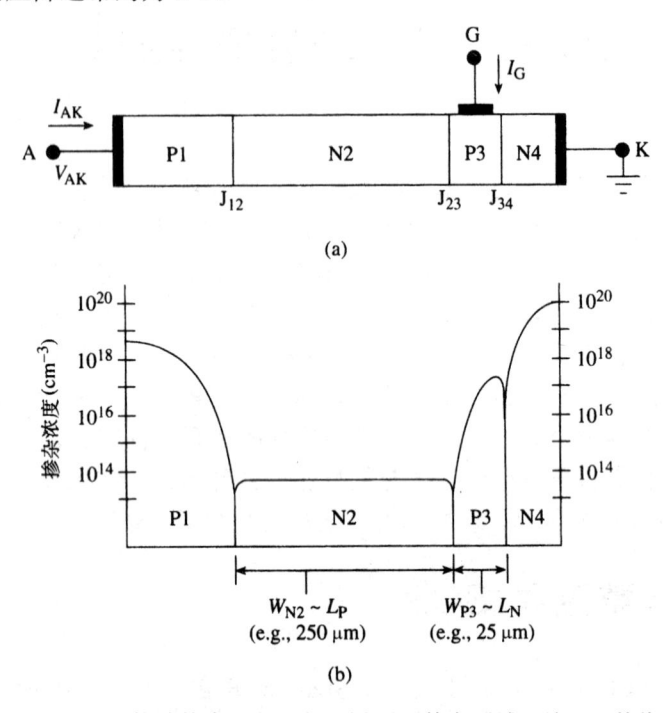

图 13.1　可控硅整流器（SCR）。(a) 显示掺杂区域、结、器件终端、电流与电压变量的示意图；(b) 典型的掺杂分布

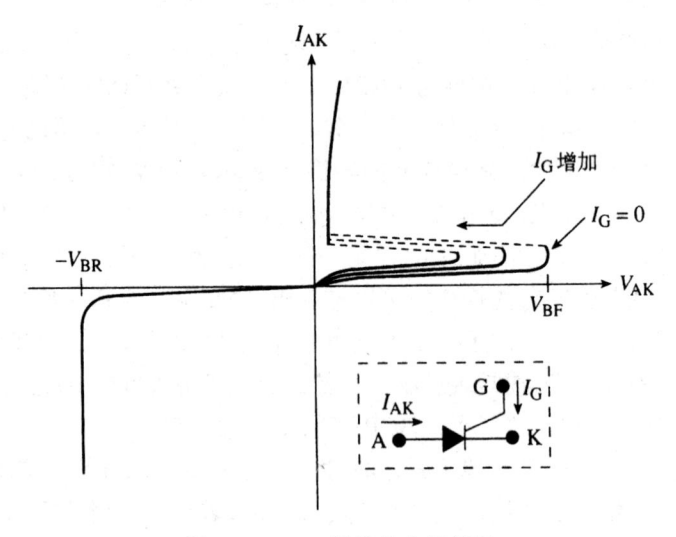

图 13.2　SCR 特性及电路符号

13.2　SCR 工作原理

下面对观察到的 SCR 特性给予解释。为使问题简化，令 $I_G = 0$，在 $I_G = 0$ 时 SCR 的工作方式相当于 PNPN 二极管。

那么，应该如何开始分析过程呢？一个合理的方法是从最简单的模型开始，然后考虑更完善的模型，使理论与观察到的特性相一致。最简单合理的 SCR 模型是三个串联在一起的 pn 结二极管，如图 13.3(a)所示。

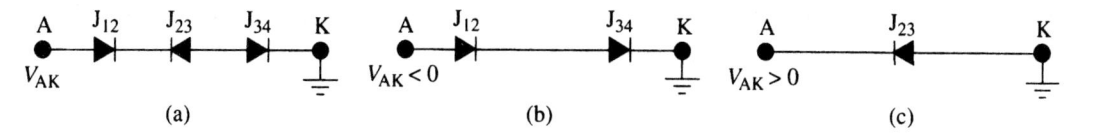

图 13.3　二极管模型。(a)任意的 V_{AK}；(b) $V_{AK} < 0$；(c) $V_{AK} > 0$

在分析这一二极管模型时，注意如果 $V_{AK} < 0$，中间的二极管就变成正偏，可以用短路代替，这一简化模型如图 13.3(b)所示。从图中可以观察到 J_{34} 结轻掺杂一侧的掺杂浓度大约为 $10^{17}/cm^3$，而在 J_{12} 结的轻掺杂一侧的掺杂浓度为 $\lesssim 10^{14}/cm^3$。这样，J_{34} 结在相对较小的 V_{AK}（$V_{AK} < 0$）电压下就击穿了，所以 SCR 反偏特性基本上与 J_{12} pn 结的反偏特性相同。继续用类似的方式讨论，如果 $V_{AK} > 0$，J_{12} 和 J_{34} 二极管变成正偏，可以用短路代替，这一简化模型如图 13.3(c)所示。这样，可预计正偏 SCR 特性基本上与 J_{23} 二极管的反偏特性相同。总之，在 $V_{AK} < 0$ 时二极管 J_{12} 主导了器件特性，在 $V_{AK} > 0$ 时二极管 J_{23} 主导了器件特性，因为两个结具有几乎相同的掺杂横截面，所以这两个特性是相同的。换句话说，可以推断基于二极管模型的 SCR 特性几乎关于 $V_{AK} = 0$ 对称，它具有如图 13.4 所示的形式。

尽管二极管模型有助于理解器件的工作原理，而且它给出了关于反偏和正偏阻塞特性的一般形式，但这一模型却不能预计正偏开关特性。此外，根据二极管模型，V_{BF} 近似等于 V_{BR}，相应地也近似等于 J_{12}（或 J_{23}）结的击穿电压。J_{12} 结的击穿电压可理解为在雪崩击穿电压和使轻掺杂 N2 区完全耗尽的穿通电压之间更小的那个电压。然而事实是，由二极管模型所预测的阻塞电压为上限，观察到的阻塞电压总是稍小一些。

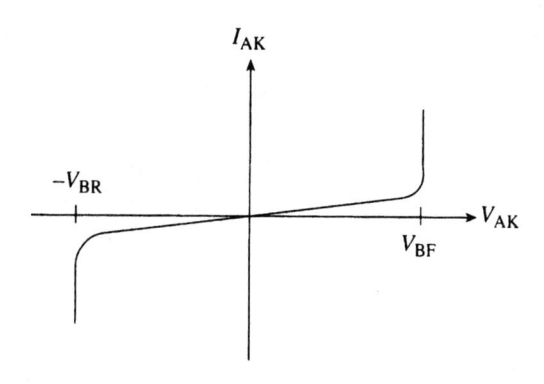

图 13.4　根据二极管模型所预测的 SCR 特性

二极管模型中的关键缺陷是它没有考虑三个结之间的相互作用。因为 N2 和 P3 基区的宽度与各自的少数载流子扩散长度可比拟，所以它们之间的相互作用必然存在。为弥补这一不足，在双晶体管模型中考虑了结之间的相互作用。在图 13.5 显示的双晶体管模型中，SCR 在概念上可细分成两个互相联系的晶体管，P1-N2-P3 区域形成一个 pnp 晶体管，而 N2-P3-N4 区域形成另一个 npn 晶体管。P1 区等同于 pnp 晶体管的发射区，N4 区可作为 npn 晶体管的发射区。图中的短线连接了两个晶体管所共有的区域。注意在模型中的 BJT 实质上是低增益晶体管，这是因为基区宽度与扩散长度可比拟，所以在正常工作条件下输运系数及因此导致的增益比 1 小许多，这一点在后面的理论分析中要用到。

现在用双晶体管模型解释 SCR 如何完成从高阻抗的阻塞模式到低阻抗的导通模式的切换。我们引入图 13.6 以帮助讨论。假定 SCR 处于 $I_G = 0$ 和 $V_{AK} > 0$ 的阻塞模式，在 $V_{AK} > 0$ 下两个晶体管都处于放大模式偏置，P1 和 N4 发射区中的多数载流子注入邻近的晶体管基区中(参见图 13.6 中的 ①)。一部分注入载流子成功地扩散通过基区 ②,并进入另一个晶体管的基区中。这种来自其他晶体管的载流子变成了过剩的多数载流子,由于它不能分流到外部终端,因此造成了基区内多数载流子向发射区注入的增加,相应地导致发射区内多数载流子向基区注入的增加 ④。这些增加的发射区注入载流子沿着与开始注入的载流子相同的路径流动,造成了更多的注入,显然这是一个自反馈过程或者再生过程[①]。在低的外加电压 V_{AK} 下这一过程是稳定的,而且在 J_{23} 结附近的载流子积累可以忽略。然而随着 V_{AK} 的增大,载流子积累显著增加,从而降低了反偏并最终使 J_{23} 结正偏。(记住,如果少数载流子浓度超出存在于耗尽区边界的载流子的平衡值,则 pn 结就是正偏的。)按照双晶体管模型,晶体管变成饱和偏置状态。当所有三个结都变成正偏时,SCR 进入低阻抗的导通模式。

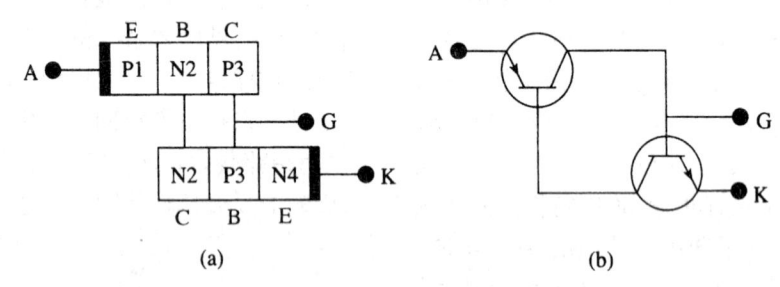

图 13.5 双晶体管模型。(a)图示和(b)等效电路

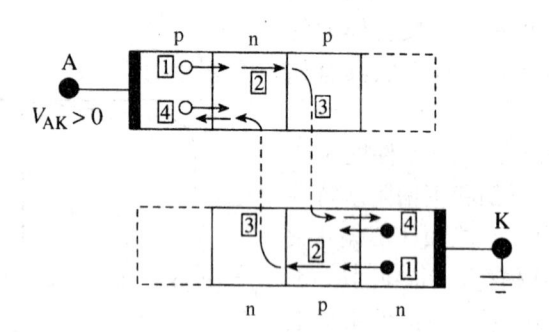

图13.6 用双晶体管模型描述导致开关转换的再生过程。①初始的载流子注入;②扩散穿过准中性基区;③进入另一个晶体管的基区中的注入载流子;④由基区内过剩的多数载流子引起的额外注入

  前面定性地讨论了 SCR 的开关过程,概述了它的内部机制,但是它在确定临界的开关电压时是相当不明确的。实际上,有必要使用双晶体管模型进行定量的研究,以给出开关所需的准确条件。下面再假定 SCR 处于 $I_G = 0$ 和 $V_{AK} > 0$ 的阻塞模式,在假定的条件下晶体管处于放大模式偏置,在双晶体管模型中的晶体管可以近似地用大信号等效电路表示,请参见图 13.7(a)和图 13.7(b)。这些电路是从图 11.3 的埃伯斯-莫尔等效电路中得出的。当处于放大模式偏置时,在埃伯斯-莫尔等效电路中的电流源 $\alpha_R I_R$ 可以忽略,所以 $I_F \cong I_E$ 及 $I_R \cong -I_{R0}$。如果图 13.7(a)和图 13.7(b)的等效电路按照图 13.5 的布局连接,就得到了图 13.7(c)的结果。在图 13.7(c)中下标 1 表示 pnp 晶体管的参数,下标 2 表示 npn 晶体管的参数。使图 13.7(c)中流进和流出节点 E2 的电流相等,得出

[①] 除了进入基区中的多数载流子的来源不同,这里描述的过程与 11.2.4 节介绍的造成 BJT 中 V_{CE0} 比 V_{CB0} 低的再生过程是一样的。

$$I_{AK} = \alpha_1 I_{AK} + I_{R01} + \alpha_2 I_{AK} + I_{R02} \tag{13.1}$$

或

$$I_{AK} = \frac{I_{R01} + I_{R02}}{1 - (\alpha_1 + \alpha_2)} \tag{13.2}$$

从式(13.2)推导出当 $\boxed{\alpha_1 + \alpha_2 \Rightarrow 1}$ 时达到临界的开关电压。如同前面强调的，在这一模型中的 BJT 实质上是低增益晶体管，也就是说，SCR 的制作使得在小的 $V_{AK} > 0$ 时 $\alpha_1 + \alpha_2 < 1$。由于后面要详述的种种机制，$\alpha_1 + \alpha_2$ 逐渐地随 V_{AK} 的增加而增加，因此最终 $\alpha_1 + \alpha_2$ 接近 1，此时 SCR 切换进入导通模式。

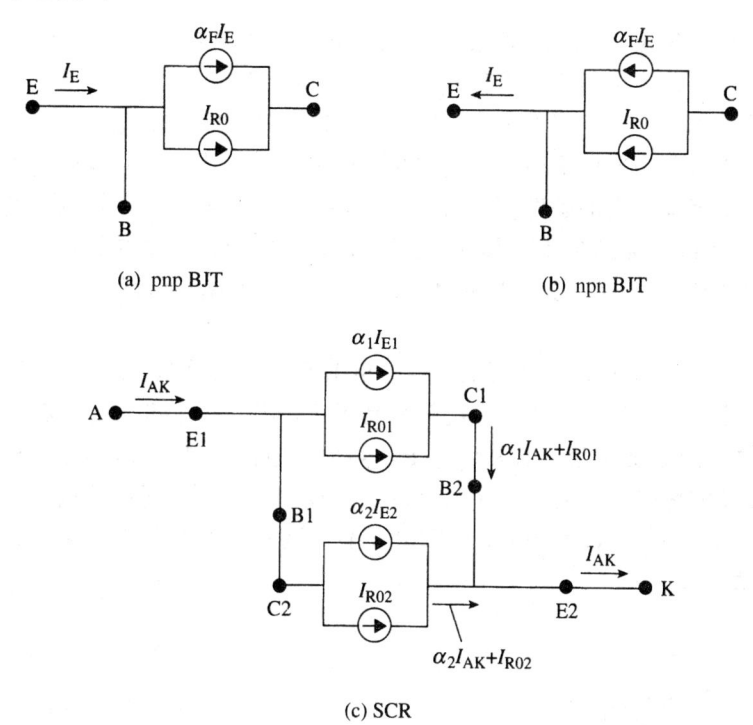

图 13.7 (a) 放大模式偏置的 pnp 晶体管的简化大信号等效电路; (b) 放大模式偏置的 npn 晶体管的简化大信号等效电路; (c) 处于 $I_G = 0$ 和 $V_{AK} > 0$ 的阻塞模式的 SCR 的简化大信号等效电路

导致 $\alpha_1 + \alpha_2$ 随 V_{AK} 的增加而增加的机制都在 BJT 的讨论中给予了描述。其中包括基区宽度调制、发射效率的增加及 C-B 结中的载流子倍增。总之，可以写出

$$\alpha_{dc} = M\gamma\alpha_T \tag{13.3}$$

其中，参考前面的定义，α_T 是基区输运系数，γ 是发射效率，M 是载流子倍增因子。当 $V_{AK} > 0$ 和 SCR 处于阻塞模式时，J_{23} 结为反偏。J_{23} 结附近的大部分耗尽区扩展进入 pnp 晶体管轻掺杂的 N2 基区中，因此增加 V_{AK} 会导致显著的基区宽度调制效应，并相应地使 α_T 增加。此外，在 11.2.8 节讨论 BJT "品质因素"时指出，在小注入下复合-产生电流降低了 BJT 发射效率，因此增加 SCR 中的注入水平及增加 V_{AK} 也会提高注入效率。最后，如果 α_T 和 γ 的增加不足以导致 $\alpha_1 + \alpha_2$ 接近 1，那么在反偏 J_{23} 结中的载流子倍增最终也将触发 SCR。显而易见，如同前面所指出的，J_{23} 结的击穿电压为正偏阻塞电压的上限。

唯一需要解释的实验现象是正偏阻塞电压随 $I_G > 0$ 的增加而降低。借助前面的讨论，读者可以发现电压降低的原因是显而易见的，一个正的栅电流流进 P3 区，导致多数载流子增加到 N2-P3-N4 晶体管的基区中，因此发射区 N4 的注入相应地增强，造成反馈触发过程在更低的 V_{AK} 下就变得不稳定了。一般来说，仅仅几个毫安的栅电流就可以开启好几安培的阳极电流。

13.3 实际的开/关研究

13.3.1 电路工作

为了提供完整的 SCR 工作图，需要从外部或电路的观点来分析开启和关断过程。考虑如图 13.8 所示的器件偏置接法和叠加了负载线的 $V_{AK} > 0$ 特性。假定一开始 SCR 偏置在图 13.8(a) "关断"点处的阻塞模式中。把器件切换到开启状态的一个办法是增加外加电压 V_{AA}，这导致负载线沿 V_{AK} 增加的方向平行移动。当负载线不再和阻塞模式特性曲线相交时，SCR 就开启了。换句话说，在 V_{AA} 确定的条件下，I_G 从零开始增加，直到使 $I_G \neq 0$ 曲线的高阻抗部分不再与负载线相交[例如增加到图 13.8(a) 中的 I_{G2}]。由于没有高阻抗交叉点，因此器件随后切换到图中所示的"开"点。注意一旦 SCR "锁定开启"，栅电流可以关闭，SCR 将一直保持在导通模式。

如果工作在图 13.8(a) 所示的"开启"点，SCR 可以通过降低 V_{AA} 而实现关断。一旦 I_{AK} 降低到 I_H 以下，低阻抗的导通模式就不能再保持下去，随之器件翻转到阻塞模式。理论上讲，使 $I_G < 0$ 或者抽取栅电流也能用来关断 SCR。然而，电荷从 P3 栅区抽取的速率必须要快于电荷进入这一区域的速率。这需要一个特殊的器件设计来控制相对高的栅电流。例如，一般需要使 $I_G \approx -10\,A$ 来关断 $I_{AK} = 100\,A$ 的 SCR 器件。这种提供 I_G 控制关断的特殊设计的器件称为 GTO（栅关断）SCR。

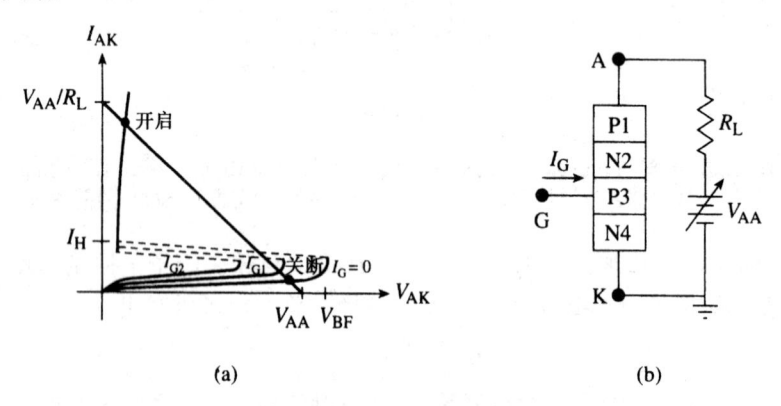

图 13.8　(a) $V_{AK} > 0$ 的 SCR 特性和叠加的负载线；(b) 器件的偏置接法

13.3.2 附加触发机制

到目前为止，我们已经描述了由多数载流子电学注入 SCR 基区所导致的触发。其实，所需的载流子注入也能通过在器件表面照射足够强的 $h\nu > E_G$ 光脉冲而实现。当然，器件的制作必须要保证光能够透入基区，通常是器件的 P3 区。光触发的最大好处是它使器件的输入电路可以实现完全的电学隔离。为接收光输入而特殊设计制作的 SCR 称为光转换 SCR（LASCR）或光转换开关（LAS）。

SCR 也能通过增加器件的工作温度而实现开启。由于正向阻塞电压随温度升高而降低，因此增加工作温度具有同外加 $I_G > 0$ 的栅电流一样的效果。SCR 对温度的依赖相当强烈，其最大的极限工作温度在 125℃～150℃ 的范围内。

因为 SCR 具有极高的增益，即 I_{AK}（导通）/I_G（开启）为 10^4～10^6，所以它容易因栅电路的噪声脉冲而在无意中切换。这一点可以通过采用 13.3.3 节中描述的短路阴极结构来得到改善，这种方法是以牺牲触发灵敏度为代价的。此外，器件温度意想不到的升高同样能造成无意中的开关动作，把大功率器件封装在金属支柱中可以使散热优化，并使温度涨落减少到最小。

13.3.3 短路阴极结构

如果像 13.2 节描述的那样制作器件，那么 $\alpha_1+\alpha_2 \to 1$，因而 V_{BF} 和正向偏置特性通常对于基区的掺杂和宽度极为敏感，这些参数仅仅发生轻微的变化就会导致器件特性变化显著。在历史上，因为开启电压不能控制在可接受的容限内，第一个设法制作和出售 PNPN 二极管的商业冒险最终失败。随后便引入了图 13.9 所示的目前标准的短路阴极结构，以获得可重复的开关特性。

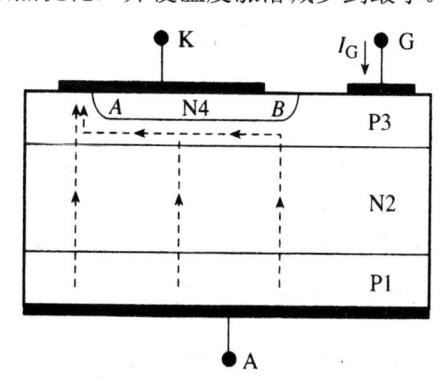

图 13.9 SCR 的短路阴极结构

短路阴极结构的关键特征是阴极金属化延伸到 P3 区，从而在远离栅的位置与 P3 区之间增加了一个欧姆接触。在低的 I_{AK} 电流水平下，P3/N4 短接实际上消耗了来自 N4 区的注入，因此 N2-P3-N4 晶体管的增益实际上为零。然而，在更高的电流水平下，在 N4 区下面横向流动的电流会产生从 P3 到 N4 正偏的压降，这一压降从图 13.9 中的 A 点到 B 点逐渐增加。当在 B 点的电势达到临界值约 0.7 V 左右时，就会在 B 点附近发生从 N4 到 P3 的显著注入。紧接着，I_{AK} 电流增加，N4 的注入区域从 B 点朝 A 点逐渐变宽，同时 N2-P3-N4 晶体管的增益急剧升高。随后不久，穿过 N4 平面区域的注入在各处达到一致，$\alpha_1+\alpha_2 \to 1$，SCR 切换进入导通模式。通过简单地控制阴极下面 P3 区的电阻，短路阴极结构就能获得可重复的开关特性。

13.3.4 di/dt 和 dv/dt 效应

一个大的短周期 I_G 脉冲往往用来使开启 SCR 所需的时间减至最小。然而，如果在短路阴极 SCR 中栅电流增加得太快，那么穿过 P3-N4 结的注入电流在阴极下面还未达到均匀一致，它在栅附近就可能已经增加到过大的水平。在栅边缘的电流集中会导致局部过热，相应地会造成器件的热失效，这种失效机制称为 di/dt 烧毁。显而易见，必须小心地限制开启脉冲的 di/dt。

施加阳极至阴极的脉冲电压也能造成显著的瞬态效应，具体地讲，会使 SCR 过早地导通。如果阳极外加一个频率高的电压，则正偏阻塞电压会变小。事实上，已经观察到降低外加电压脉冲的上升时间会造成 SCR 开启电压的下降。所以，在高频交流工作下或者当器件受到高压噪声脉冲尖峰的影响时会过早地导通，这一现象称为 dv/dt 效应。

dv/dt 效应与 J$_{23}$ 结电容的充电直接相关。当阳极-阴极间的电压正向增加时，J$_{23}$ 结附近的耗尽区宽度变宽。相关的多数载流子电流引起了从 P1 和 N4 发射区附加的注入，并因此增加了组合晶体管的增益。增加的增益是造成过早导通的原因，dv/dt 越大，增加的增益就越大，阻塞电压的降低也就越多。

13.3.5 触发时间

对于 PNPN 器件，要完成从阻塞模式到导通模式的切换，首先载流子必须要从阳极和阴极通过注入穿过邻近的基区。少数载流子扩散穿过准中性基区所花费的平均时间如第 12 章所提到的为 $W^2/2D_B$。如果 W_2 和 W_3 分别是 N2 和 P3 基区的准中性宽度，那么穿过这两个区域相应的渡越时间分别为 $t_1 = W_2^2/2D_P$ 和 $t_2 = W_3^2/2D_N$。采用一阶近似，触发时间可以理解为两个渡越时间的几何平均值：

$$t_{ON} \approx \sqrt{t_1 t_2} = \frac{W_2 W_3}{2\sqrt{D_P D_N}} \tag{13.4}$$

从 t_{ON} 结果中得出的重要结论是，对于快速开关来说基区宽度应该较小。然而，基区宽度越小，组合晶体管的增益就越大，穿通电压也就越小。因此更小的基区宽度会降低阻塞电压和降低器件的电力控制能力。毫无疑问，在高的电力控制能力和快速开关之间存在着折中。

13.3.6 开关的优点/缺点

SCR 和 BJT 都能起到电子开关的作用，SCR 和大功率型的 BJT 都能应用于电力控制领域。在前面讨论的基础上，加上 Navon[16] 的著作中的一些结果，可以把 SCR 的优缺点的对比概括如下。

优点

(1) SCR 只需非常小的栅电流就可以开启非常大的阳极至阴极电流。
(2) SCR 能阻断交流信号的两个极性。
(3) SCR 具有非常高的阻塞电压能力；而另一方面，在导通模式下压降又很小。
(4) 与 BJT 不同，当工作在稳态条件下的导通模式时，SCR 不会出现电流集边。

缺点

(1) 切断基区电流可关断 BJT，但 SCR 却不能通过设置 $I_G = 0$ 而关断。
(2) SCR 不能在高频下工作。
(3) SCR 容易被噪声电压尖峰开启。
(4) SCR 的工作温度范围受到一定的限制。

13.4 其他的 PNPN 器件

除了已经提到的那些器件，还有许多市场上出售的其他的 PNPN 器件。下面简要地介绍四种常见的结构。

第一种如图 13.10 所示，为一双栅 SCR 或可控硅开关（SCS）。SCS 能通过两个栅中的任何一个触发，因此给电路设计者提供了更大的灵活性。接下来是两种随外加电压正、负变化而对称响应的器件，称为"双向击穿"。一种为双向击穿二极管或 DIAC(二极管交流开关)，它的理想横截面和特性如图 13.11 所示。另一种"双向击穿"器件参见图 13.12，其中显示了双向击穿 SCR 或 TRIAC(三极管交流开关)的横截面和特性。

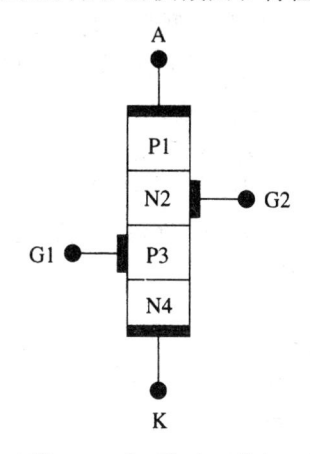

图 13.10　双栅 SCR 或可控硅开关(SCS)的示意图

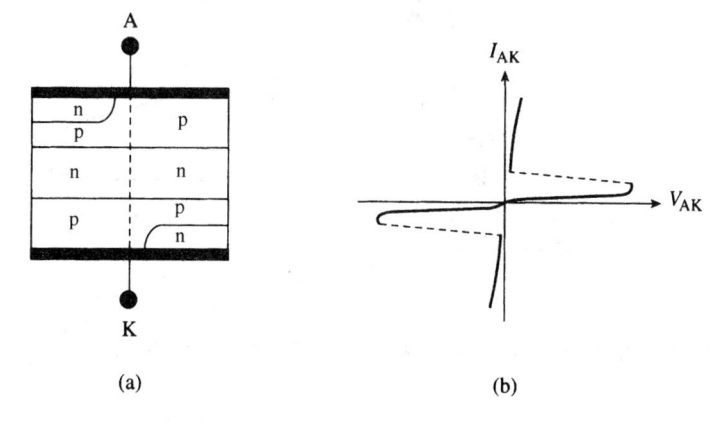

图 13.11　DIAC(二极管交流开关)。(a)理想横截面和(b)器件特性的一般形式

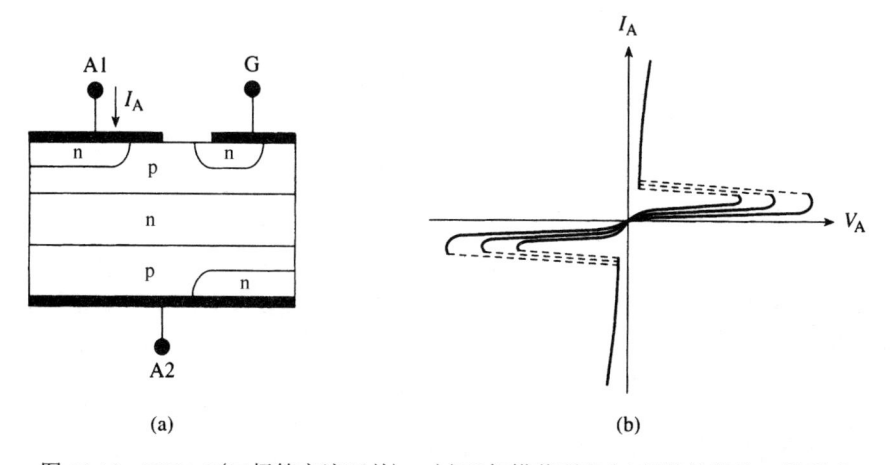

图 13.12　TRIAC(三极管交流开关)。(a)理想横截面和(b)器件特性的一般形式

正如从它的横截面可明显看出的那样，DIAC 恰好是两个方向相反的 PNPN 二极管平行连接形成的集成结构。同样，TRIAC 起到的作用与两个方向相反的 SCR 平行连接的作用相同。双通器件特别适用于交流电力控制应用中。

最后，还有一种通常所说的可编程单结型晶体管(PUT)。与它的名称相反，PUT 并不是单结晶体管。单结晶体管(UJT)是在条形电阻区末端具有两个欧姆接触的三引线器件，第三个引线连接到条形电阻一侧的 pn 结上。UJT 展示了大体上类似于 SCR 的开关特性。而 PUT 实际上是一个阳极控制 PNPN 器件，如图 13.13(a)所示。与传统的 SCR 不同，PUT 中的栅接触位于 N2 基区而不是 P3 基区。当采用图 13.13(b)的方法连接时，PUT 在功能上等效于一个 UJT，产生的特性如图 13.13(c)所示。这些特性可以通过仅仅改变外部的 R_1 和 R_2 电阻而发生变化，因此产生结构上的"可编程性"。

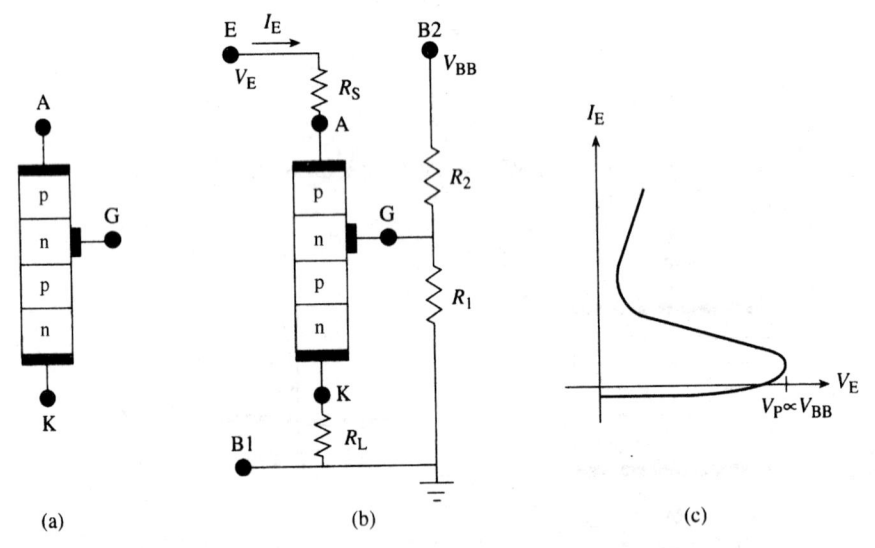

图 13.13 可编程单结型晶体管(PUT)。(a)结构；(b)用于 UJT 特性模拟的电路；(c)PUT 的 I-V 特性

第 14 章　MS 接触和肖特基二极管

金属-半导体(MS)接触在所有的固态器件中都起着非常重要的作用。处于非整流(或者说欧姆接触)形式的金属-半导体接触是半导体和外界连接的关键，而整流 MS 接触(或称为肖特基二极管、MS 二极管)在许多器件结构中都有应用，并且它自身就是一个重要的器件。从物理上和功能上来看，MS 二极管和非对称的突变结二极管(p^+-n 或 n^+-p)非常相似。实际上，只需稍做修改，pn 结二极管分析中的大部分内容就能直接用于 MS 二极管。

14.1 节通过建立一个理想接触的平衡能带图来展开 MS 分析。在能带图的辅助下，可以很容易地区分出整流接触和欧姆接触；14.2 节讨论肖特基二极管的静电特性、I-V 特性、交流响应和瞬态响应；14.3 节介绍了 MS 接触的一些实际应用。

14.1　理想的 MS 接触

理想的 MS 接触具有以下特点：(1)假定金属和半导体在原子尺度上紧密地接触，在两者之间不存在任何类型的夹层(例如氧化物)；(2)金属和半导体之间不存在互扩散或混合；(3)在 MS 界面没有吸附的杂质或表面电荷。

首先建立平衡条件下理想的 MS 接触的能带图。图 14.1 分别给出了包含表面且电绝缘的金属和半导体两部分的能带图，假定平带(零电场)条件存在于整个半导体中。此外，位于两个图中能带终止处的垂直线表示表面，图中斜线阴影部分表示几乎全部为电子填满的所允许的电子态。

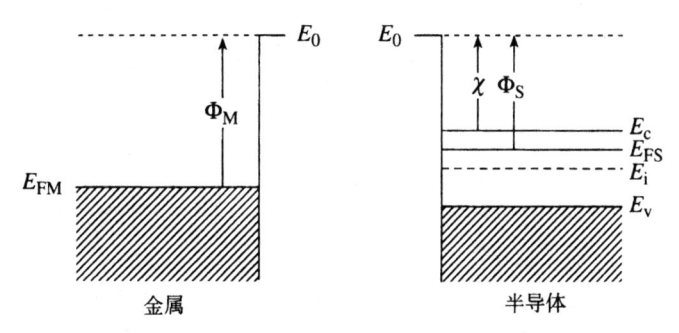

图 14.1　金属(左边)和 n 型半导体(右边)包含表面的能带图

由图 14.1 可以引入几个关键的能量和能量差。垂直线的顶部代表电子完全脱离材料本身所必须具有的最小能量，称之为真空能级 E_0。真空能级和费米能级之间的能量差称为材料的功函数(Φ)。金属功函数 Φ_M 对于特定的金属来说是一个不变的基本参数。Φ_M 的数值范围可以从 3.66 eV (镁)到 5.15 eV (镍)。而半导体功函数 Φ_S 则由两个不同的部分组成，它们是

$$\Phi_S = \chi + (E_c - E_F)_{FB} \tag{14.1}$$

电子亲和势 $\chi \equiv (E_0 - E_c)|_{\text{surface}}$，对于特定的半导体材料来说，$\chi$ 是一个恒定的基本参数。Ge、

Si 和 GaAs 的电子亲和势分别是 χ = 4.0 eV、4.03 eV 和 4.07 eV。相反，$(E_c - E_F)_{FB}$ 是在平带或零电场条件下 E_c 和 E_F 之间的能量差，它是半导体掺杂的函数，是可计算的。

现在假设图 14.1 中 $\Phi_M > \Phi_S$ 的金属和 n 型半导体组合在一起，形成理想的 MS 接触。假定接触形成几乎是瞬时的，在接触过程中两种材料之间的电子转移可以忽略。如果是这种情况，那么在接触形成之后的瞬间，相应的能带图如图 14.2(a) 所示，图中各自独立的两个部分的能带图以公共的 E_0 参考能级为基准而垂直地对齐，并简单地在界面处对接。应该强调的是，Φ_M 和 χ 是材料的常数，在接触形成过程中保持不变。

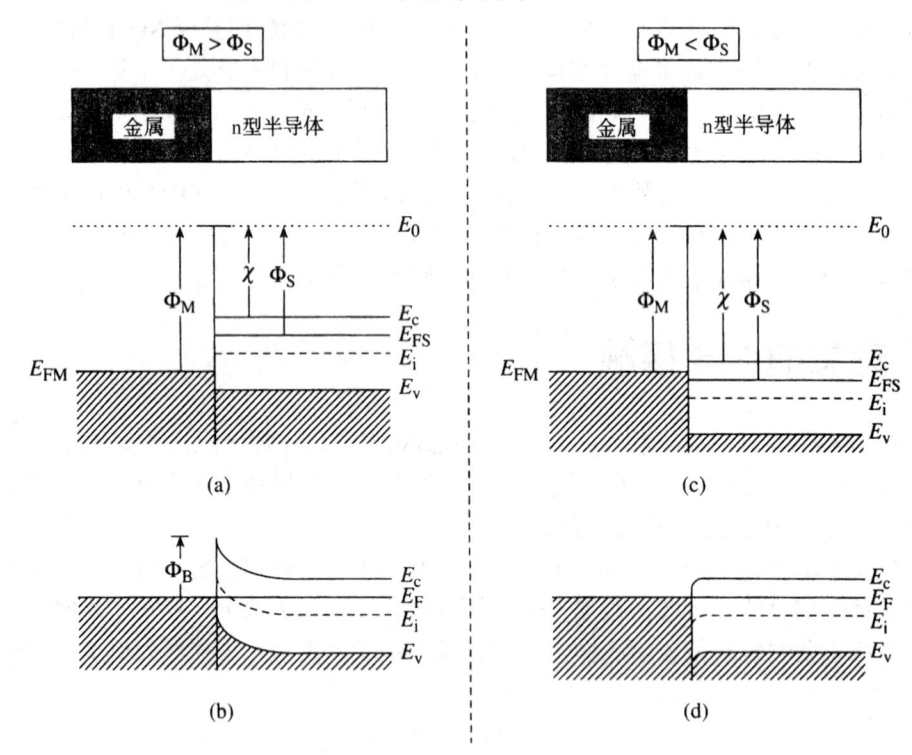

图 14.2　金属和 n 型半导体之间理想的 MS 接触能带图：$\Phi_M > \Phi_S$ 系统(a)在接触形成后的瞬间和(b)处于平衡条件下；$\Phi_M < \Phi_S$ 系统(c)在接触形成后的瞬间和(d)处于平衡条件下

由于 $E_{FS} \neq E_{FM}$，图 14.2(a) 显示的 MS 接触特性明显处于非平衡态。在平衡条件下，一个材料中或一组紧密接触的材料中的费米能级必须是一致的，不随位置变化而改变(参见 3.2.4 节)。因此在接触形成后不久，根据图 14.2(a) 所示的情况，电子开始从半导体向金属内转移。半导体中的电子净损失会导致表面耗尽区和电子势垒增加，阻止电子从半导体向金属的转移，一直持续到通过界面的转移速率在两个方向上都相同，而且 E_F 在整个结构中都一样。最后，理想的 $\Phi_M > \Phi_S$ 的金属与 n 型半导体接触的平衡态能带图如图 14.2(b)所示。在图中除去了不重要的线，例如去掉了 E_0 参考水平线和垂直于表面且高出 E_c 的线。由图中可以注意到

$$\Phi_B = \Phi_M - \chi \qquad \cdots 理想 MS（n 型）接触 \tag{14.2}$$

其中 Φ_B 是在金属中具有 $E = E_F$ 能量的电子遇到的表面势垒。如果对 $\Phi_M < \Phi_S$ 的金属和 n 型半导体接触重复上述分析，则可以获得图 14.2(d) 所示的平衡态能带图。

下面定性地研究外加偏置后对图 14.2 两种 MS 结构的影响。如图 14.3(a)所示，半导体接地而 V_A 加在金属上，把从金属流向半导体的电流 I 定义为正向。

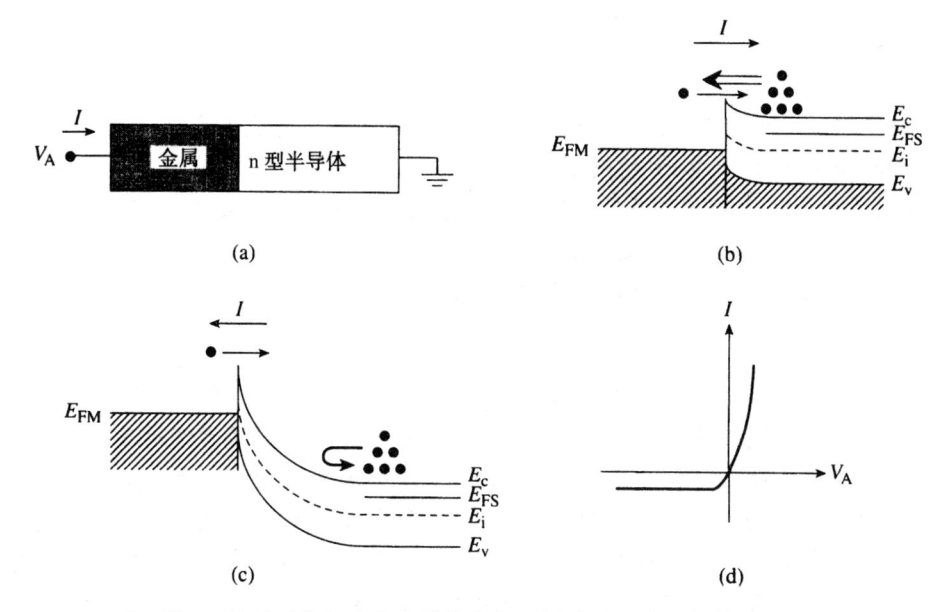

图 14.3 $\Phi_M > \Phi_S$(n 型) MS 接触对外加直流偏置的响应。(a)电流和电压极性的定义；(b)当 $V_A > 0$ 时的能带图和载流子运动情况；(c)当 $V_A < 0$ 时的能带图和载流子运动情况；(d)I-V 特性的一般形式

首先考虑 $\Phi_M > \Phi_S$ 的 MS 接触。如图 14.3(b)所示，外加 $V_A > 0$ 的电压使 E_{FM} 降低到 E_{FS} 之下，在半导体中从电子角度来看势垒降低了，因此有一个净电子电流可以从半导体流向金属。V_A 增加会导致正向偏置电流快速上升，这是因为半导体中能够越过表面势垒的电子数量呈指数形式增加。另一方面，外加 $V_A < 0$ 的电压使 E_{FM} 升高到 E_{FS} 以上，如图 14.3(c)所示。这会阻止电子从半导体向金属的流动，金属中的一些电子能够越过Φ_B势垒，但这一反向偏置电流相对较小。此外，因为理想情况下对于任意的反偏电压，势垒 Φ_B 基本都是相同的，所以在反偏电压超过几个 kT/q 后反偏电流基本保持不变。很显然前面描述的 MS 接触的整流特性类似于 pn 结二极管。理想的 $\Phi_M > \Phi_S$ 的 n 型半导体-金属接触可看成 MS 二极管。

$\Phi_M < \Phi_S$ 的 MS 接触与外加偏置的关系则完全不同。在图 14.2(d)所示的结构中，电子从半导体流向金属而没有遇到任何势垒，因此甚至一个很小的 $V_A(V_A > 0)$ 就会造成一个很大的正偏电流。在反向偏置下，从金属流向半导体的电子会遇到一个较小的势垒。但是实际上，如果反偏电压超过零点几个伏特时，势垒就会基本变为零。在相对较小的反偏电压下，会有很大的反偏电流，而且反偏电流不会饱和。这种情况下的行为显然是非整流型的或者说是欧姆接触。

因此，对于金属和 n 型半导体形成的理想的 MS 接触，可以得出以下结论：如果 $\Phi_M > \Phi_S$，表现为整流接触；如果 $\Phi_M < \Phi_S$，则为欧姆接触。类似的讨论可以应用在金属和 p 型半导体形成的理想的 MS 接触中。最终的结论是：如果 $\Phi_M < \Phi_S$，表现为整流接触；如果 $\Phi_M > \Phi_S$，则为欧姆接触。这些结论总结在表 14.1 中。应该强调的是，本节所有的结果和结论都是针对理想的 MS 接触给出的，在 14.3 节中将讨论实际 MS 接触的非理想特性及所需的相应修正。

表 14.1 理想的 MS 接触的电学特性

	n 型半导体	p 型半导体
$\Phi_M > \Phi_S$	整流	欧姆
$\Phi_M < \Phi_S$	欧姆	整流

练习 14.1

问：

(a) 画出理想的 $\Phi_M < \Phi_S$ 的 p 型半导体和金属接触的平衡态能带图。

(b) 当 $\Phi_M > \Phi_S$ 时，重复(a)的问题。

(c) 证明对于由金属和 p 型半导体形成的理想的 MS 接触，如果 $\Phi_M < \Phi_S$，则具有整流性；如果 $\Phi_M > \Phi_S$，则是欧姆型的。

(d) 建立整流 p 型接触势垒高度的表达式 $\Phi_B \equiv E_{FM} - E_{v|\text{interface}}$。

答：

(a)/(b) 书中建立的绘制平衡态能带图的方法可总结如下：(i) 画出包括表面在内的各个部分的能带图。(ii) 使图沿垂直方向与公共的 E_0 参考线对齐，并通过公共的界面把图连接起来。(iii) 不改变半导体界面能带的位置，向上或向下移动零场下的半导体体内部分的能带(远离界面的区域)，直到 E_F 在各处的值都相等。(iv) 恰当地把界面处的能带 E_c、E_i、E_v 和半导体中零场部分的能带 E_c、E_i 和 E_v 连接在一起。(v) 去除不重要的线。

根据所给出的方法获得了下面的平衡态能带图。

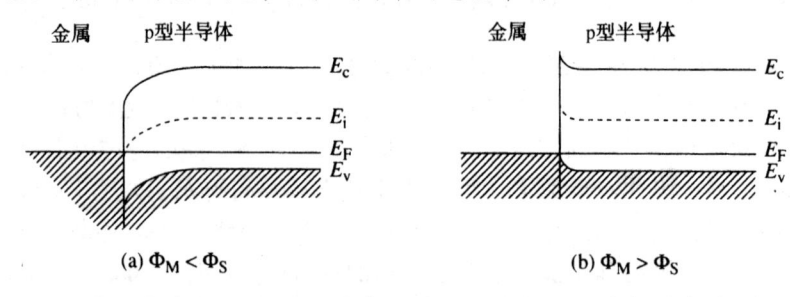

(c) 首先，必须要研究在所加偏置下的空穴流动，确定 MS 接触是整流型的还是欧姆型的。为了讨论方便，在金属中空的电子态可设想为空穴，它随低于费米能级的能量的增加呈指数形式下降。对于 $\Phi_M < \Phi_S$ 的接触，平衡条件下显然在两个方向都存在空穴流动的势垒。相对于 E_{FS} 向上移动 E_{FM}，可以降低从半导体流向金属的空穴势垒，由此产生的 S→M 的空穴电流将随 E_{FM} 和 E_{FS} 之间差别的增大而呈指数形式增加。反向偏置则会阻止空穴从半导体流向金属，只剩下从金属到半导体的饱和空穴电流。显然 $\Phi_M < \Phi_S$ 接触是整流型的。对于 $\Phi_M > \Phi_S$ 的接触，空穴从半导体流向金属而不会遇到势垒。此外，如果相对 E_{FS} 来说 E_{FM} 仅仅稍向下移动一些，那么空穴从金属流到半导体遇到的小的势垒就会消失。因此 $\Phi_M > \Phi_S$ 的接触可推断为欧姆接触。至此，完成所需的证明。

(d) 因为

$$E_{c|\text{界面}} - E_{FM} = \Phi_M - \chi$$

由此得出

$$\Phi_B = E_{FM} - E_{v|\text{界面}} = (E_c - E_v) - (E_{c|\text{界面}} - E_{FM})$$

或者

$$\Phi_B = E_G + \chi - \Phi_M \quad \cdots \text{理想的 MS（p 型）接触}$$

14.2 肖特基二极管

在了解了整流 MS 接触的基本特性后,下面对肖特基(MS)二极管进行更为定量化的分析。按照通常的分析方法,在讨论了器件的静电特性之后,接着研究其直流、交流和瞬态特性。由于肖特基二极管与 pn 结二极管十分相似,相关介绍可以相对简短。在下述讨论过程中假设半导体为 n 型并且均匀掺杂。假定电流和外加电压的极性如图 14.3(a)所示。

14.2.1 静电特性

内建电势

如同在 pn 结二极管中一样,在平衡条件下,MS 二极管内存在压降或内建电势。参考图 14.4(a),可以很容易地推导出内建电势(V_{bi})为

$$V_{bi} = \frac{1}{q}\left[\Phi_B - (E_c - E_F)_{FB}\right] \tag{14.3}$$

和前面的讨论一样,对于理想的 MS(n 型)接触有 $\Phi_B = \Phi_M - \chi$。

ρ、$\mathscr{E}$ 和 V

仔细分析图 14.4(a)可以发现,在紧邻 MS 界面的半导体中存在一个电子耗尽区。与 pn 结二极管类似,在 n 型半导体中耗尽区的宽度为 x_n,该耗尽区中具有施主离子产生的净正电荷。然而与 pn 结不同的是,没有 p 型一侧的负的受主电荷来平衡 n 型一侧的正的施主电荷。在 MS 接触中,负电荷(过剩电子)以类似 δ 函数的形式在直接紧邻界面的金属中堆积。因此,可推断在此结构中的电荷密度近似为图 14.4(b)所示的情况。引入耗尽近似,可以得到

$$\rho \cong \begin{cases} qN_D & \cdots 0 \leq x \leq W \\ 0 & \cdots x > W \end{cases} \tag{14.4a}$$
$$\tag{14.4b}$$

注意,因为耗尽区全部在半导体内,所以 x_n 等于耗尽区宽度 W。

假设在界面的金属一侧的电荷满足 δ 函数的性质,可以得到在金属中 $\mathscr{E} = 0$、V 为常数。因此,对于金属不需再做深入的讨论。

在 MS 接触的半导体一侧,电场和电荷密度通过泊松方程[参见式(5.2)]联系起来,即

$$\frac{d\mathscr{E}}{dx} = \frac{\rho}{K_S\varepsilon_0} \cong \frac{qN_D}{K_S\varepsilon_0} \quad \cdots 0 \leq x \leq W \tag{14.5}$$

分离变量并从耗尽区中任意一点 x 到 $x = W$(即 $\mathscr{E} = 0$ 处)对式(14.5)积分,可得

$$\int_{\mathscr{E}(x)}^{0} d\mathscr{E}' = \int_{x}^{W} \frac{qN_D}{K_S\varepsilon_0} dx' \tag{14.6}$$

或者

$$\mathscr{E}(x) = -\frac{qN_D}{K_S\varepsilon_0}(W - x) \quad \cdots 0 \leq x \leq W \tag{14.7}$$

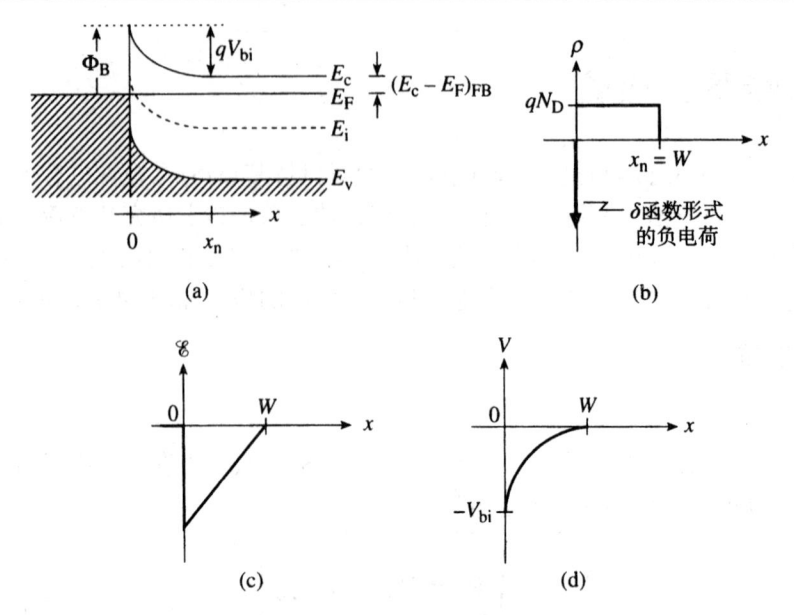

图 14.4 处于平衡条件下 MS(n 型)二极管中的静电特性。(a)平衡态能带图；(b)～(d)电荷密度、电场和静电势随位置的变化

式(14.7)的结果画在图 14.4(c)中，如果 x_n 等于 W，则它与式(5.21)关于 p^+-n 突变结 n 型一侧的电场 $\mathscr{E}$ 的解是相同的。

为获得半导体中静电势的解，由

$$\frac{dV}{dx} = -\mathscr{E} = \frac{qN_D}{K_S\varepsilon_0}(W-x) \quad \cdots 0 \leq x \leq W \tag{14.8}$$

再次采用分离变量，并从耗尽区内任意一点 x 到电势设为零(可任意设置)的 $x = W$ 处积分，得到

$$\int_{V(x)}^{0} dV' = \int_{x}^{W} \frac{qN_D}{K_S\varepsilon_0}(W-x')dx' \tag{14.9}$$

或者

$$\boxed{V(x) = -\frac{qN_D}{2K_S\varepsilon_0}(W-x)^2 \quad \cdots 0 \leq x \leq W} \tag{14.10}$$

初看 $V(x)$ 的解与在 pn 结分析中的结果不一样，而实际上这两个解是完全等同的。当处理 pn 结时，是在 p 型一侧远离结的位置把电势设为零；如果在 MS 接触中把金属设为 $V = 0$ 的参考点，那么 MS 二极管的解的形式就与 pn 结的解完全相同。但是在 MS 二极管中，由于相关分析仅集中在半导体区域，最好将电势参考点选在半导体的表面。

在平衡条件下耗尽区的电势降是 V_{bi}，在 $x = 0$ 处 $V = -V_{bi}$，$V(x)$ 与 x 的关系如图 14.4(d)所示。如果 $V_A \neq 0$，那么 V_{bi} 变为$(V_{bi} - V_A)$，在 $x = 0$ 处 $V = -(V_{bi} - V_A)$。在这里简单地用$(V_{bi} - V_A)$替代 V_{bi}，是因为假定了二极管的背面接触为欧姆接触，而且假设在半导体中的 IR 电势降是可以忽略的。

耗尽区宽度

因为 $V(0) = -(V_{bi} - V_A)$，在 $x = 0$ 处计算式(14.10)，可得

$$-(V_{bi} - V_A) = -\frac{qN_D}{2K_S\varepsilon_0}W^2 \tag{14.11}$$

因此，与在 p^+-n 突变结中的情况一样，

$$\boxed{W = \left[\frac{2K_S\varepsilon_0}{qN_D}(V_{bi} - V_A)\right]^{1/2}} \tag{14.12}$$

练习 14.2

问：铜淀积在一个特别准备的 n 型硅衬底上，形成理想的肖特基二极管。已知 $\Phi_M \cong 4.65$ eV，$\chi = 4.03$ eV，$N_D = 10^{16}/cm^3$，以及 $T = 300$ K。计算

(a) Φ_B；
(b) V_{bi}；
(c) 如果 $V_A = 0$，计算 W；
(d) 如果 $V_A = 0$，计算 $|\mathscr{E}|_{max}$。

答：

(a) $\Phi_B = \Phi_M - \chi = \mathbf{0.62\ eV}$

(b) $(E_c - E_F)_{FB} \cong \frac{E_G}{2} - kT\ln\left(\frac{N_D}{n_i}\right) = 0.56 - (0.0259)\ln\left(\frac{10^{16}}{10^{10}}\right) \cong 0.20\ eV$

$V_{bi} = \frac{1}{q}[\Phi_B - (E_c - E_F)_{FB}] = \mathbf{0.42\ V}$

(c) $W = \left[\frac{2K_S\varepsilon_0}{qN_D}(V_{bi} - V_A)\right]^{1/2} = \left[\frac{(2)(11.8)(8.85 \times 10^{-14})}{(1.6 \times 10^{-19})(10^{16})}(0.42)\right]^{1/2}$

$= \mathbf{0.234\ \mu m}$

(d) $|\mathscr{E}|_{max} = |\mathscr{E}|_{x=0}| = \frac{qN_D}{K_S\varepsilon_0}W = \frac{(1.6 \times 10^{-19})(10^{16})(2.34 \times 10^{-5})}{(11.8)(8.85 \times 10^{-14})}$

$= \mathbf{3.59 \times 10^4\ V/cm}$

14.2.2 I-V 特性

尽管 MS 二极管的静电特性和 MS 二极管的 I-V 特性的一般形式与 pn 结二极管中的情况非常类似，但其直流电流的具体成分显然是不同的。在 p^+-n 结二极管中，如图 14.5(a)所示，在小的正向偏置下，电流中的主要成分通常来自耗尽区的复合；在更大的正向偏置下，电流则主要来自从二极管的 p^+ 型一侧到 n 型一侧的空穴注入，而从轻掺杂的 n 型一侧到 p^+ 型一侧的电子注入通常是可以忽略的。在 MS(n 型)二极管中，如图 14.5(b)所示，复合和空穴注入电流仍然存在。然而，由于对于半导体中的电子来说势垒相对较低，观察到的电流主要来自从半导体进入金属中的电子注入。换句话说，在复合和扩散(空穴注入)电流变得显著之前，电子注入已经导致了一个非常大的正向电流。在反向偏置条件下，情况也类似，如图 14.3(c)所示，观察到的电流主要是由从金属流向半导体的电子流引起的。反偏空穴扩散电流及与耗尽区中的载流子产生相关的 R-G 电流一般可以忽略。由于半导体中的少数载流子一般在确定

MS 二极管的 *I-V* 特性和其他特性中影响不大,因此 MS 二极管通常称为"多数载流子器件"。

在 MS 二极管中,多数载流子电子或空穴越过势垒进行注入所引起的电流可看作热电子发射电流。为了建立热电子发射电流的定量表达式,考虑一个 n 型器件,并先重点讨论从半导体到金属的电子注入。假定 x 坐标垂直于 MS 界面并指向半导体方向,如图 14.5(b) 所示。

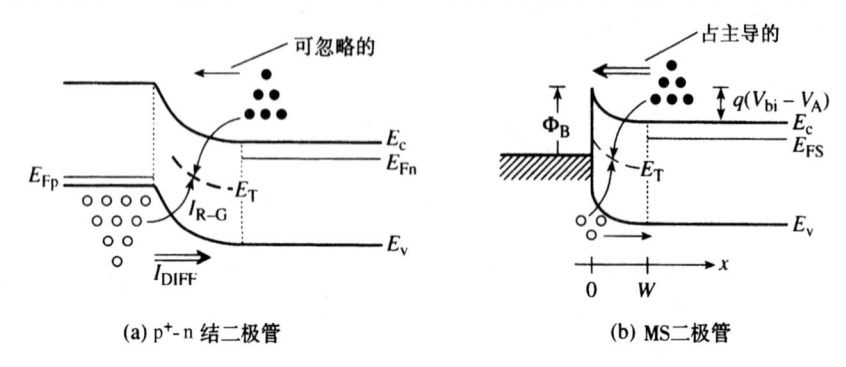

图 14.5 在正偏的 (a) p⁺-n 结二极管及 (b) MS 二极管中可忽略的和占主导的电流成分

考虑一个电子从半导体体内进入耗尽区,如果该电子具有指向界面方向的速度 v_x,并且 v_x 满足

$$\text{KE}_x = \frac{1}{2} m_n^* v_x^2 \geq q(V_{bi} - V_A) \tag{14.13}$$

或者

$$|v_x| \geq v_{\min} \equiv \left[\frac{2q}{m_n^*}(V_{bi} - V_A)\right]^{1/2} \tag{14.14}$$

这一电子就能够越过表面势垒并进入金属。假定在半导体体内每立方厘米有 $n(v_x)$ 个电子具有负方向的速度 v_x,并且它们都可以越过势垒。类似于 3.1.2 节中漂移电流的推导,与这些电子相关的电流为

$$I_{S\bullet \to M, v_x} = -qAv_x n(v_x) \tag{14.15}$$

对导带中具有 v_x 速度且能够越过势垒的所有电子求和,可以得到

$$I_{S\bullet \to M} = -qA \int_{-\infty}^{-v_{\min}} v_x n(v_x) dv_x \tag{14.16}$$

对于非简并半导体,可以证明[17]

$$n(v_x) = \left(\frac{4\pi k T m_n^{*2}}{h^3}\right) e^{(E_F - E_c)/kT} e^{-(m_n^* /2kT) v_x^2} \tag{14.17}$$

把式 (14.17) 代入式 (14.16) 中,积分并化简结果,可以得出

$$I_{S\bullet \to M} = A\mathscr{A}^* T^2 e^{-\Phi_B/kT} e^{qV_A/kT} \tag{14.18}$$

其中

$$\mathscr{A}^* \equiv \left(\frac{m_n^*}{m_0}\right)\mathscr{A} \tag{14.19}$$

和

$$\mathscr{A} \equiv \frac{4\pi q m_0 k^2}{h^3} = 120 \text{ A}/(\text{cm}^2 - \text{K}^2) \tag{14.20}$$

常数 $\mathscr{A}$ 是在金属电子发射的相关分析中引入的，称为理查森(Richardson)常数。

电子在从金属进入半导体这一相反方向上穿过界面时遇到的势垒高度 Φ_B 始终不变，因此，

$$I_{M\bullet\to S}(V_A) = I_{M\bullet\to S}(V_A = 0) \tag{14.21}$$

此外，在平衡条件下穿过势垒的 M●→S 及 S●→M 电流必须相等，有

$$I_{M\bullet\to S}(V_A = 0) = -I_{S\bullet\to M}(V_A = 0) = -A\mathscr{A}^* T^2 e^{-\Phi_B/kT} \tag{14.22}$$

因此，在任意的电压 V_A 下，总的电流显然可由下式给出：

$$I = I_{S\bullet\to M} + I_{M\bullet\to S} = I_{S\bullet\to M} + I_{M\bullet\to S}(V_A = 0) \tag{14.23}$$

联立式(14.18)和式(14.22)，可以得到

$$\boxed{I = I_s(e^{qV_A/kT} - 1)} \tag{14.24}$$
$$\boxed{I_s \equiv A\mathscr{A}^* T^2 e^{-\Phi_B/kT}} \tag{14.25}$$

式(14.24)/式(14.25)的结果显然是理想 MS 二极管的方程。当正偏电压大于几个 kT/q 时，式(14.24)中的指数项占主导地位，$I \to I_s \exp(qV_A/kT)$。当反偏电压大于几个 kT/q 时，指数项可以忽略，电流将在 $I = -I_s$ 处达到饱和。从公式中可以看到，该理论分析隐含了在无限大的反偏电压下 I 将在 $-I_s$ 处保持常数。

图 14.6 给出了由 MBR040 MS 二极管得到的具有代表性的实验 I-V 特性。当正偏电压 $V_A \leq 0.35$ V 时，实验[参见图 14.6(a)中的实线]和理论结果吻合得很好。在 $0.1 \text{ V} \leq V_A \leq 0.35 \text{ V}$ 的范围内，正偏半对数曲线的斜率非常接近 q/kT。类似于 pn 结二极管中的情况，在更大的正偏电压下，斜率会降低，这一般是由体串联电阻上相当大的压降造成的。

接下来分析图 14.6(b)中的反向偏置特性，注意到有两个与理想情况的显著偏差。首先，类似于 pn 结二极管，由于有击穿现象，会限制反偏电压的最大数值。在不考虑边缘效应的情况下，可以预计在 MS 二极管中由于雪崩造成的 V_{BR} 实际上等于同等掺杂的 p$^+$-n 或 n$^+$-p 二极管的击穿电压。其次，反偏电流并不饱和。不同于 pn 结二极管，这里观察到的特性不是由复合-产生电流造成的，反偏电流系统地增加主要是由肖特基势垒降低这一现象引起的。Φ_B 不再像理想理论中假定的那样是一个与偏置无关的常数，而是随反偏电压的增加而略微下降。具体地讲，存在以下关系：

$$\Phi_B = \Phi_{B0} - \Delta\Phi_B \tag{14.26}$$

其中，Φ_{B0} 是在 MS 界面处 $\mathscr{E} = 0$ 时的势垒高度，并且

$$\Delta\Phi_B = q\left[\frac{q|\mathscr{E}_s|}{4\pi K_s \varepsilon_0}\right]^{1/2} \tag{14.27}$$

其中 $\mathscr{E}_s$ 为半导体表面电场，可以使用前面建立的静电关系式来计算。由于 I_s 按 $\exp(-\Phi_B/kT)$ 关系随 Φ_B 变化，因此，即使 Φ_B 下降很小，也会造成反偏电流显著地增加。应该指出的是，在反偏电压接近 $-V_{BR}$ 时，雪崩倍增会在电流的增加中起一定的作用。

最后，有必要说明一下图 14.6(a)中用 I_{DIFF} 和 I_{R-G} 标记的虚线部分，它们是给定的二极

管中扩散电流和复合-产生电流的理论估算值。如前所述，与观察到的热电子发射电流相比，I_{DIFF} 和 $I_{\text{R-G}}$ 成分完全是可以忽略的。

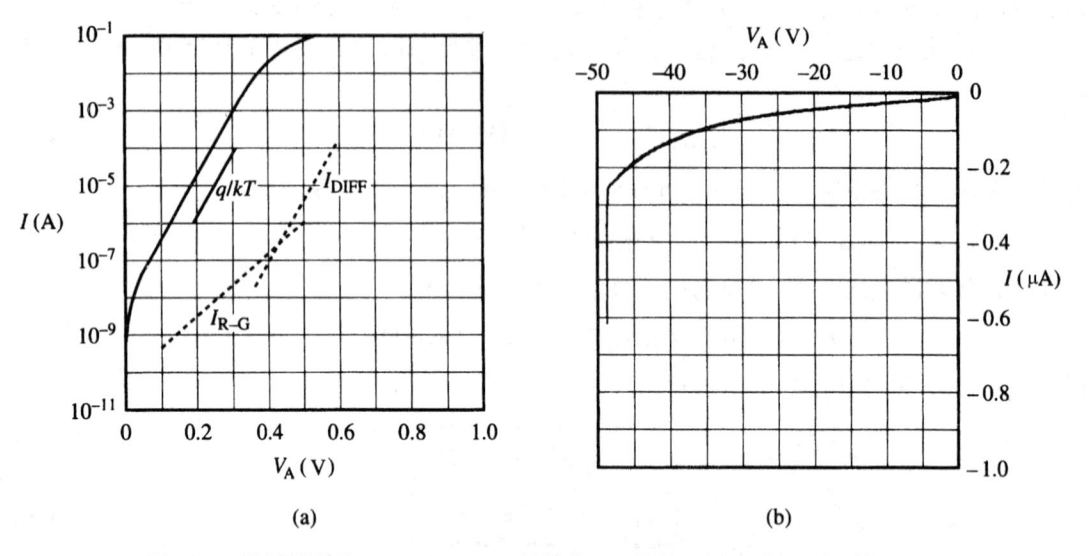

图 14.6 测量得到的 MBR040 MS 二极管的 *I-V* 特性。(a)正偏；(b)反偏。(a)中的虚线是二极管中的扩散电流(I_{DIFF})和复合-产生电流($I_{\text{R-G}}$)的理论估算值。实验数据通过使用 HP4145B 半导体参数分析仪而获得

(C) 练习 14.3

问：假定在图 14.6(a)中正偏特性的 $0.1\text{ V} \leqslant V_A \leqslant 0.35\text{ V}$ 部分可以用下面的方程来描述：

$$I = I_s e^{qV_A/n_1 kT}$$

其中 I_s 和 n_1 是常数。根据式(14.24)，"理想因子" n_1 应该等于1，但测定的值通常比1稍大一些。逐一地采用下表中提供的数据进行最小二乘法拟合，以确定与给定 MS 二极管特性吻合最好的 I_s 和 n_1 值。

V_A(V)	I(A)	V_A(V)	I(A)
0.10	4.047×10^{-7}	0.25	1.263×10^{-4}
0.15	2.792×10^{-6}	0.30	8.084×10^{-4}
0.20	1.890×10^{-5}	0.35	4.487×10^{-3}

答：把上面的拟合方程两端取对数，变为

$$\ln(I) = \ln(I_s) + \frac{q}{n_1 kT} V_A$$

把 V_A 当作 x，并把 $\ln(I)$ 当作 y，使用 MATLAB 的 polyfit 函数，可以完成实验数据的最小二乘法拟合。由下面程序计算出的最佳拟合值为 $\boxed{n_1 = 1.03}$ 和 $\boxed{I_s = 1.02 \times 10^{-8}\text{ A}}$。

MATLAB 程序清单...

```
%Least-Squares fit to MS diode I-V data
%ln(I)=ln(Is)+qVA/n1kT
```

```
I=[4.047e-7 2.792e-6 1.890e-5 1.263e-4 8.084e-4 4.487e-3];
VA=[0.1 0.15 0.2 0.25 0.3 0.35];
y=log(I);
c=polyfit(VA,y,1);       %least squares fit function; c(1)=slope, c(2)=ln(Is)
slope=c(1);
format compact
n1=1/(0.0259*slope)      %kT/q=0.0259V
Is=exp(c(2))
```

14.2.3 交流响应

把一个小的交流信号叠加在一个直流反偏电压上会造成二极管内部电荷波动变化,如图 14.7 所示。在 MS 界面处 δ 函数电荷发生波动,表现为多数载流子从半导体中快速地移进移出。为了平衡这一变化,半导体内部的相关电荷也发生了改变,使耗尽区宽度在它的平衡值附近相应地波动。电荷在间距为 W 的两个平面上发生波动,这种交流情况在物理上等同于平板电容器内部的情况,因此能类似地写出

$$C = \frac{K_S \varepsilon_0 A}{W} \tag{14.28}$$

或者,利用式(14.12),对于均匀掺杂的 n 型半导体有

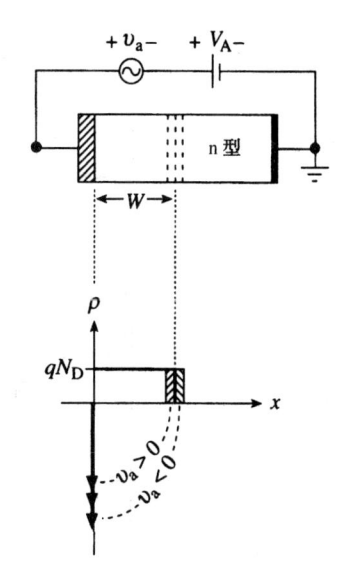

$$C = \frac{K_S \varepsilon_0 A}{\left[\dfrac{2K_S \varepsilon_0}{qN_D}(V_{bi} - V_A)\right]^{1/2}} \tag{14.29}$$

图 14.7 在 MS(n 型)二极管中电荷涨落对外加的交流信号的响应。$|v_a| \ll V_{bi} - V_A$

为了便于以后参考,将式(14.29)的两边都取倒数后再取平方,得到

$$\frac{1}{C^2} = \frac{2}{qN_D K_S \varepsilon_0 A^2}(V_{bi} - V_A) \tag{14.30}$$

图 14.8(a)给出了一个商用 MBR040 MS 二极管的反偏 C-V 数据。数据是使用 7.2.3 节描述的测试装置获取的(如图 7.6 所示)。可见,电容随外加直流偏置的变化基本如所预料的那样。与得到的 $1/\sqrt{V_{bi} - V_A}$ 依赖关系一致,当反偏电压增加时,电容值以越来越慢的速率不断地下降。图 14.8(b)提供了更为详细的对该理论的验证,由实验数据得到的 $1/C^2$ 与 V_A 的关系曲线几乎为直线,这与式(14.30)吻合得很好。根据式(14.30),可以通过与实验数据点拟合的直线的斜率求出半导体掺杂,而 V_{bi} 就是将直线外推至 $1/C^2 = 0$ 所获得的 V_A 上的截距。此外,一旦半导体掺杂和 V_{bi} 都已知,就能通过式(14.3)计算出 Φ_B。

尽管反偏行为实质上与不对称掺杂的 pn 结二极管的情况相同,但 MS 二极管的正偏交流响应却显著不同。在 MS 二极管中,电流的扩散成分一般是可以忽略的,因此在半导体内几乎没有什么少数载流子的注入和存贮。因为有存贮的少数载流子才造成扩散导纳,所以 MS 二极管不存在扩散电容或扩散电导。当然,MS 二极管中存在正偏耗尽区电容,以及可能较大的并联电导 $G = dI/dV_A$,在某些情况下必须还要包括体串联电阻(R_S)。然而,即使在交流频率接近或进入 GHz 范围,C 和 G 也仍然与频率关系不大。

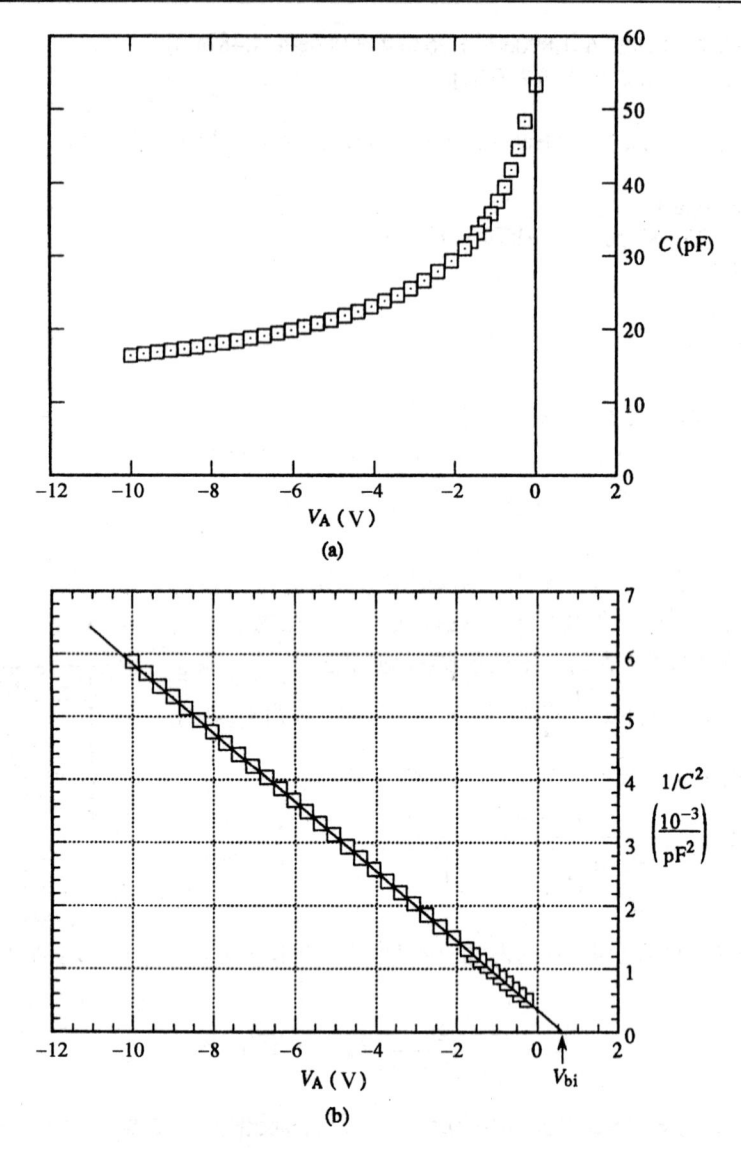

图 14.8 (a) 由 MBR040 MS 二极管样品得到的 C-V 数据；(b) 根据实验的 C-V 数据画出的 $1/C^2$ 与 V_A 的关系曲线 [注意：为了修正与封装相关的并联在 MS 二极管两端的附加电容，在绘制 (b) 图的曲线之前所有的测量电容值都要减去 3.4 pF]

练习 14.4

问：直接研究图 14.8(b) 的曲线数据，估算 MS 二极管中的势垒高度 (Φ_B)。假定为 n 型器件，$A = 1.5 \times 10^{-3}$ cm^2，在室温下工作。

答：把根据数据点所画的直线外推至 $1/C^2 = 0$ 处，从而获得 V_A 上的截距，可近似估计出

$$V_{bi} \cong 0.6 \text{ V}$$

直线斜率可计算为

$$\text{斜率} = -\frac{6 \times 10^{-3}/\text{pF}^2}{10.3 + 0.6} = -5.5 \times 10^{20}/(\text{F}^2 \cdot \text{V})$$

因此

$$N_D = \frac{2}{qK_S\varepsilon_0 A^2|\text{斜率}|}$$

$$\cong \frac{2}{(1.6\times10^{-19})(11.8)(8.85\times10^{-14})(1.5\times10^{-3})^2(5.5\times10^{20})}$$

$$= 9.7\times10^{15}/\text{cm}^3$$

注意

$$(E_c - E_F)_{FB} \cong \frac{E_G}{2} - kT\ln\left(\frac{N_D}{n_i}\right) = 0.56 - 0.0259\ln\left(\frac{9.7\times10^{15}}{10^{10}}\right)$$

$$= 0.20 \text{ eV}$$

利用式(14.3)，得出结论：

$$\Phi_B = qV_{bi} + (E_c - E_F)_{FB} \cong 0.6 + 0.2 = \mathbf{0.8 \text{ eV}}$$

14.2.4 瞬态响应

MS 二极管最与众不同的特性是它具有非常快的瞬态响应。在 pn 结器件中，存贮于半导体准中性区域的过剩少数载流子必须移走，才能使器件从正偏的开态转换到反偏的关态。而在 MS 二极管中，由于电流的扩散成分一般可以忽略，所以在半导体中几乎没有少数载流子注入和存贮。商用 MS 二极管的反向恢复时间一般只有几个纳秒。事实上 MS 二极管的响应时间并不受限于存贮电荷，而受限于与结电容和体串联电阻相关的内部 RC 延迟时间常数。商用制备的小面积器件，有时称为热载流子二极管，其所具有的最大电容仅为 $C \leqslant 1$ pF，并且具有亚纳秒的响应时间。

如同在第 12 章有关 BJT 瞬态响应的讨论中首先提到的，MS 二极管可用来加速 BJT 的瞬态关断过程。和图 12.7(a)一样，图 14.9 也给出了这种连接方法，它是一种把 MS(肖特基)二极管连接在 BJT 的基区和集电区之间的方法，称为肖特基二极管钳制。当晶体管在开启瞬态进入饱和模式时($v_{BE} > 0$ 和 $v_{BC} > 0$)，MS 二极管开始导通，并把 C-B 结"钳制"到相对低的正偏电压上。换句话说，这种方法利用了 MS 二极管能在比 pn 结导通电压更低的正偏电压下导通的这一特点。这样，C-B 结可以维持在一个相对较低的电压上，在 BJT 中可以有最少的电荷存贮。由于只有很少的电荷需要从 BJT 中移走，而且在肖特基二极管中几乎没有存贮电荷，所以关断的时间显著减少。

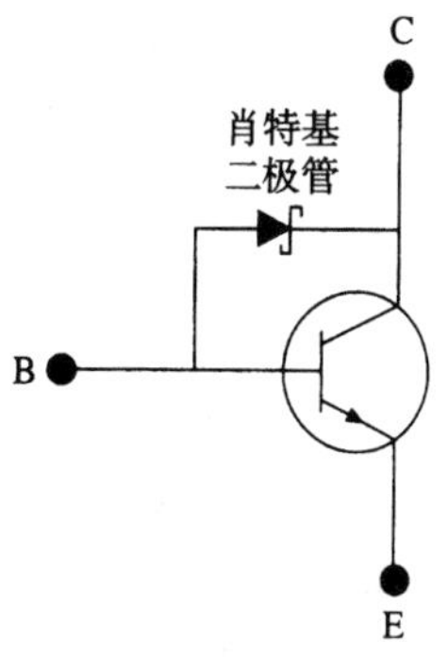

14.3 实际的 MS 接触

图 14.9 肖特基二极管钳制 npn BJT 的电路示意图

14.3.1 整流接触

本章开头提到了如果金属和半导体在原子尺度上紧密接触，没有组分混合，并且在 MS 界面没有吸收的杂质或者表面电荷，那么就认为这一 MS 接触是理想的。遗憾的是，尽管近年来在获得理想的 MS 接触这一方向上已经取得了很大的进步，但实际制作出的 MS 结构总是非理想的。例如硅器件，多半会在金属和半导体之间包含一个薄的(5~25 Å)氧化层，当硅暴露在大气中时，几乎立刻就会形成一层自然氧化层，而在 GaAs 表面会有砷的析出。此外，实际上几乎所有的半导体表面都存在导致充电和放电的电子态。在极端情况下，前面所提到的非理想情况会导致 MS 二极管的功能很差或失去功能，而在把非理想化减至最小的现代先进的器件结构中，非理想因素主要影响的是表征接触的势垒高度 Φ_B。

与式 (14.2) 相反，在大多数实际的 n 型二极管中，$\Phi_B \neq \Phi_M - \chi$。类似的结论也适用于 p 型二极管。在 Si、GaAs 和大多数其他半导体中，表面电荷倾向于把平衡态费米能级固定或"钉扎"在表面禁带中的某一能级上。因为这一钉扎效应，所观察到的势垒高度通常随用来制作二极管的金属的不同仅发生轻微的变化。例如，无论在形成 GaAs MS 二极管中使用什么金属，对于 n 型器件总有 $\Phi_B \cong 2E_G/3 = 0.95$ eV，对于 p 型器件总有 $\Phi_B \cong E_G/3 = 0.47$ eV。因为 Φ_B 不能从前面关于 Φ_M 和 χ 的知识中预测出来，所以必须要进行测量，以精确确定某一 MS 系统和某种制作工艺步骤下的 Φ_B。类似于在练习 14.4 中采用的基于 C-V 的方法是目前较为流行的测量方法之一。应该强调的是，前面推导的公式还是适用的，只要在所有相关的表达式中使用测量的 Φ_B 值即可。

14.3.2 欧姆接触

与偏置极性无关的低阻抗的金属-半导体接触几乎是每一个现代器件结构中不可缺少的部分。尽管在理想情况下 $\Phi_M < \Phi_S$(n 型)和 $\Phi_M > \Phi_S$(p 型)的金属-半导体组合可以产生欧姆接触，但是从前面对势垒高度的讨论中可以推断，这两种金属-半导体组合在实际中只能产生整流接触。举个具体例子，在 GaAs 中因为表面费米能级倾向于钉扎在 E_c-$2E_G/3$ 处，所以在 n 型 GaAs 表面生长的任何金属都会形成一个势垒型接触。那么自然就会提出这样的问题："在实际应用中如何实现欧姆接触？"

在实际中，一般通过对接触区正下方的半导体表面区域实施重掺杂来形成欧姆接触，例如在 Si 工艺中，如图 14.10(a) 所示，需要在淀积金属之前在 n 区上方形成 n$^+$ 层。这一步骤会导致一个低阻抗的接触，其原因可以通过图 14.10(b) 进行解释。在一阶近似下，半导体掺杂浓度的增加不会影响平衡态势垒高度。但是，耗尽宽度，继而势垒的宽度会随半导体掺杂的增加而下降。当半导体掺杂超过 10^{17}/cm^3 时，在势垒薄的上部会发生显著的隧穿。当掺杂超出 10^{19}/cm^3 时，整个势垒变得非常窄，甚至连低能量的多数载流子也能轻易地在半导体和金属之间通过隧穿过程来转移。换句话说，当在重掺杂的半导体上形成接触时，尽管势垒仍然存在，但对于载流子来说它实际上已经变成"透明"的了。

尽管对接触下方的半导体进行重掺杂是欧姆接触形成中的关键步骤，但这并不是问题求解的全部，还必须对器件结构进行退火或加热，以使接触电阻降至最小。在分立硅器件的制备中，铝是最广泛使用的接触金属。在氮气氛中加热至大约 475℃，几分钟后会使铝穿过自然氧化层到达硅表面，有利于形成一定的、有益的 Al-Si 互扩散。然而，当在浅 p$^+$-n 或 n$^+$-p 结上形成接触时，在接触面上方不均匀的互扩散会导致铝穿通结和结的短路。铝不均匀地穿入硅中称为尖楔(spiking)的地方，如图 14.11(a) 所示。通常把少量的硅加入淀积的铝膜中以抑制硅在衬底的扩散和造成的尖楔。

另一个需要考虑的问题是在后面的工艺过程中欧姆接触的稳定性。由于在复杂的集成电路中当接触形成后必须完成超过 500℃ 的其他工艺步骤，因此在这里铝不是一个可接受的接触材料。但是，通过使用硅与难熔金属家族(Mo, Ta, Ti, W)成员形成的类金属的硅的化合物(硅化物)，可以达到很高的温度稳定性。硅化钛(TiSi$_2$)是现在普遍使用的接触材料，首先在 Si 接触区表面生长 Ti 膜，然后放在惰性气氛中加热，会使它转变为 TiSi$_2$。因为在这一过程中是消耗硅的，所以硅化物/硅界面会向硅内移动一小段距离，从而消耗了表面缺陷并使沾污减至最少。最终结果是获得一个干净的、平整的、热稳定性好的欧姆接触。图 14.11(b)说明了在现代 IC 中使用的具有代表性的 TiSi$_2$ 接触和互连金属化。

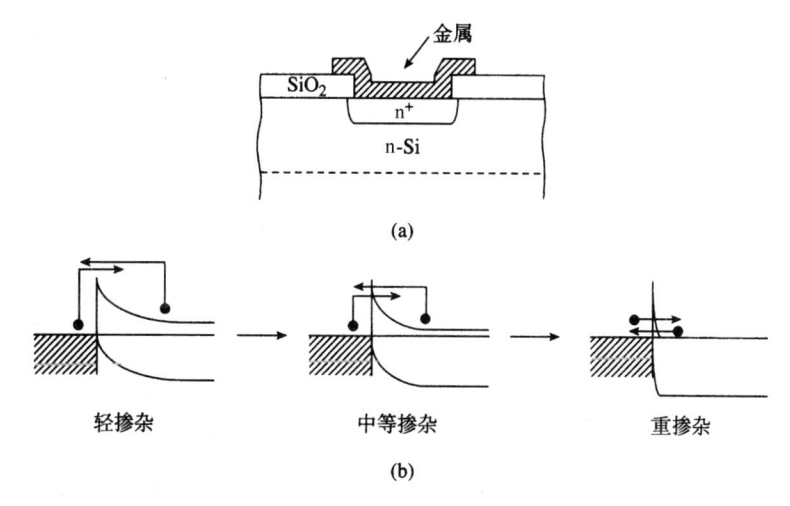

图 14.10 欧姆接触的形成。(a)在 MS 接触下方半导体的重掺杂有助于欧姆接触的形成；(b)穿过势垒型接触的发射电流随掺杂的变化。图中显示了发射形式从轻掺杂半导体中的热电子发射到重掺杂半导体中占优势的场发射(隧穿通过势垒)的变化过程

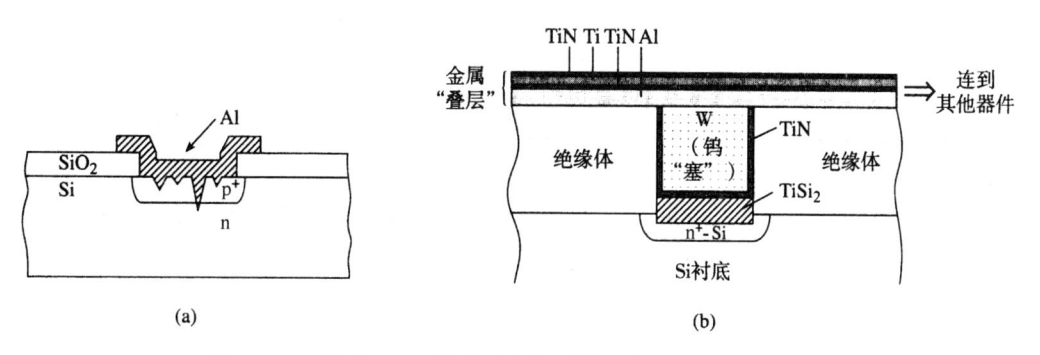

图 14.11 (a)在 Al-Si 接触下方的尖楔示意图；(b)在现代 IC 中出现的具有代表性的接触和互连金属化示意图

14.4 小结

本章详细说明了理想的 MS 接触的物理性质，并给出了表征金属-半导体系统的能带图的绘制方法。采用不同的 Φ_M 和 Φ_S 功函数组合的能带图研究了 MS 接触的基本性质，并得出结论：在理想情况下，Φ_S(p 型) > Φ_M > Φ_S(n 型) 及 Φ_S(p 型) < Φ_M < Φ_S(n 型)组合分别形成整流接触和欧姆接触。接下来我们详细研究了在作为器件使用时，被称为肖特基二极管或 MS 二极管的整流接触的工作机制。结果表明 MS 二极管的静电特性和反偏情况下的交流响应与同等掺杂的 p$^+$-n 或 n$^+$-p 结二极管的情况几乎相同。与 pn 结二极管所不同的是，由多数载流子

越过表面势垒注入而导致的热电子发射电流是主要的直流电流成分。由于扩散电流与其相比一般都很小，因此相关的少数载流子注入和存贮同样都很少。因此，MS 二极管中不存在显著的扩散导纳，并且能以极快的速度在开态和关态之间进行转换。在实际 MS 接触的研究中发现，尽管对器件工作原理的基本描述没有改变，但是在实际的肖特基二极管中的势垒高度 Φ_B 很少等于理想器件的数值。此外，实际情况的 MS 接触的欧姆特性或整流特性与理想情况下所预计的不同。在实际中，通常是通过对接触正下方的半导体表面区域实施重掺杂来形成欧姆接触的。

习题

第 14 章　习题信息表				
习　题	在以下小节后完成	难度水平	建议分值	简短描述
14.1	14.4	1	10（每问 1 分）	快速测验
14.2	14.1	2	10（每问 5 分）/组合	画出并使用能带图
14.3	14.2.1	2	8（每问 2 分）	参数计算
●14.4	″	2	8	W 与 N_D 的关系曲线
●14.5	″	4	30（a-18,b-8, c-4）	自动画出能带图
14.6	14.2.2	2	8	证明式（14.18）
14.7	″	2～3	15（a-4,b-5, c-4, d-2）	MS 光电二极管
●14.8	″	1	8	R_S 对 I-V 的影响
14.9	″	2	8	注入比
●14.10	″	3	15（a-10, b-4, c-1）	肖特基势垒下降
●14.11	14.2.3	2	12	C-V 数据分析
14.12	″	4	20（a-12, b-6, c-2）	线性缓变 MS 二极管

14.1　快速测验。

(a) MS 二极管、肖特基二极管和热载流子二极管之间有什么区别？

(b) 理想的 MS 接触在金属和 $\Phi_M = \chi$ 的半导体之间形成。在什么条件下这种接触是欧姆型的？在什么条件下这种接触是整流型的？

(c) 在 p^+-n 或 n^+-p 结二极管中轻掺杂一侧的静电特性 ρ、$\mathscr{E}$ 和 V 的解与同等掺杂的 MS 二极管中半导体内的静电特性的解几乎是一样的。它们在静电公式中有显著的不同之处吗？

(d) 请说出 MS 二极管中主要的电流成分。

(e) 由于某种原因在求解 MS（n 型）二极管中电流的 $I_{M \bullet \to S}$ 电流成分时没有采用电子从金属注入半导体的详细数学分析。这是如何完成的？

(f) 请解释为什么 MS 二极管不存在扩散电容或扩散电导。

(g) 请解释为什么 MS 二极管从正偏开态向反偏关态的转换非常快。

(h) 什么是"肖特基二极管钳制"？

(i) 描述在形成实际的欧姆接触时通常所采用的工艺步骤。

(j) 什么是"尖楔"？

14.2　在室温下的 Ge、Si 和 GaAs 衬底之上形成一些理想的 MS 接触。对于下面列出的

各种 MS 参数组合，

(a) 画出表征理想的 MS 接触的平衡态能带图。

(b) 使用类似于图 14.3 总结出的理由来说明接触的欧姆性质或整流性质。

组合 A：$\Phi_M = 4.75$ eV，$\chi(\text{Ge}) = 4.00$ eV，$N_D = 10^{16}/\text{cm}^3$。

组合 B：$\Phi_M = 4.75$ eV，$\chi(\text{Ge}) = 4.00$ eV，$N_A = 10^{15}/\text{cm}^3$。

组合 C：$\Phi_M = 4.00$ eV，$\chi(\text{Si}) = 4.03$ eV，$N_D = 10^{15}/\text{cm}^3$。

组合 D：$\Phi_M = 4.25$ eV，$\chi(\text{Si}) = 4.03$ eV，$N_A = 10^{16}/\text{cm}^3$。

组合 E：$\Phi_M = 4.75$ eV，$\chi(\text{GaAs}) = 4.07$ eV，$N_D = 10^{16}/\text{cm}^3$。

组合 F：$\Phi_M = 4.75$ eV，$\chi(\text{GaAs}) = 4.07$ eV，$N_A = 10^{17}/\text{cm}^3$。

14.3 通过在掺杂为 $N_D = 10^{15}/\text{cm}^3$ 的室温下的硅衬底上生长金($\Phi_M = 5.10$ eV)，形成了理想的整流接触。计算

(a) Φ_B；

(b) V_{bi}；

(c) 处于平衡条件下的 W；

(d) 处于平衡条件下的半导体中的 $|\mathscr{E}|_{max}$。

●14.4 画出在 $T = 300$ K 下的硅 MS 二极管中平衡态耗尽区宽度与 N_D 掺杂浓度的关系曲线。N_D 在 $10^{14}/\text{cm}^3 \leq N_D \leq 10^{17}/\text{cm}^3$ 的范围内变化。画出三条分别对应于 $\Phi_B = 0.5$ eV、0.6 eV 和 0.7 eV 的关系曲线。

●14.5 (a) 类似于练习 5.4，编写 MATLAB 程序，画出室温下非简并掺杂 N_D 的硅 MS 二极管的平衡态能带图，Φ_B 和半导体的掺杂 N_D 作为输入参数，注意要排除会产生非整流接触的参数组合。

(b) 推广(a)中的程序，画出 N_A 掺杂下的硅二极管的平衡态能带图。

(c) 修改(a)/(b)中的程序，画出 GaAs MS 二极管的平衡态能带图。

14.6 补充在推导式(14.18)过程中省略的步骤。在认为式(14.16)和式(14.17)是准确的前提下，完成并写出式(14.18)的推导所采用的数学过程。

14.7 MS 光电二极管。

N_D 掺杂的硅 MS 二极管受到光的照射，在半导体内产生电子-空穴对。

(a) 如果二极管的两端短路，画出器件的能带图并描述在半导体内的 MS 界面附近产生的光生载流子发生了什么变化。如果按图 14.3(a)中给出的电流和电压极性，那么短路光电流的极性是什么？

(b) 如果二极管的两端开路，画出受光照后的器件的能带图。注意在开路条件下总的电流必须恒等于零。解释你是如何获得这一能带图的。

(c) 假定光在整个半导体中被均匀地吸收，光产生率为 G_L，即每秒每立方厘米产生 G_L 个电子-空穴对，并导致小注入水平。对于任意的外加偏置，按照 9.2.1 节描述的简化步骤，推导在 MS 光电二极管中的光电流(I_L)表达式。

(d) 画出受光照的 MS 光电二极管中的电流 $I = I_{dark} + I_L$ 与 V_A 的关系曲线。你的简图与(a)和(b)的答案一致吗？

●14.8 在肖特基二极管中半导体的准中性部分和背面欧姆接触之间引入了一个串联电阻 R_S，该电阻与 MS 整流型结串联。用画图方式来说明这一串联电阻对二极管 I-V 特性的影响。令 $I_s = 10^{-8}$ A，画出当 $R_S = 0$、0.1 Ω、1.0 Ω 和 10 Ω 时正向偏置 I-V 特

性的半对数曲线，曲线限制在 $0 \leq V_A \leq 0.6$ V 和 10^{-9} A $\leq I \leq 10^{-1}$ A 的范围内。

14.9 在表征 MS 二极管特性时，少数载流子注入比通常是主要的参数。根据定义，它指的是当器件处于正向偏置时，注入半导体中的少数载流子数目与从半导体注入金属中的多数载流子数目之比。从数学上来看，这一比率就是 I_{DIFF}/I_{TE}。I_{DIFF} 和 I_{TE} 分别是 MS 二极管中的扩散电流和热电子发射电流。请估算硅 MS 二极管中的少数载流子注入比，其中 $\mathscr{A}^* = 140$ A$/($cm$^2 \cdot$K$^2)$，$\Phi_B = 0.72$ eV，$N_D = 10^{16}/$cm^3，$\tau_p = 10^{-6}$ s，以及 $T = 300$ K。在给出的二极管中可以认为 I_{DIFF} 等于具有相同器件参数的 p$^+$-n 突变结二极管中的 I_{DIFF}。

●14.10 分析肖特基势垒下降的数值和相应的影响。采用的参数与产生图 14.6 特性的 MS 二极管的参数相同。

(a) 已知硅 MS 二极管的 $N_D = 10^{16}/$cm^3，工作在室温下，计算并画出 -50 V $\leq V_A \leq 0$ 范围内 $\Delta \Phi_B$ 与 V_A 的关系曲线。

(b) 计算并画出 -50 V $\leq V_A \leq 0$ 范围内 $I_S(V_A)/I_S(V_A = 0)$ 与 V_A 的关系曲线。

(c) 讨论你的结果。

●14.11 表 P14.11 为绘制图 14.8(b) 所使用的 $1/C^2$ 与 V_A 的关系数据。使用最小二乘法拟合所得到的数据，以确定 V_{bi}、N_D 和 Φ_B，假设 $A = 1.5 \times 10^{-3}$ cm^2。把你的结果与练习 14.4 中获得的近似值进行对比。

表 P14.11

$-V_A$(V)	$1/C^2$ ($10^{21}/$F^2)	$-V_A$(V)	$1/C^2$ ($10^{21}/$F^2)
1.09	0.953	6.04	3.673
2.08	1.494	7.03	4.217
3.07	2.035	8.02	4.763
4.06	2.579	9.01	5.320
5.05	3.125	10.00	5.890

14.12 在 MS 二极管中，半导体内部的掺杂分布为线性缓变，即 $N_D(x) = ax$。

(a) 求出半导体内部关于 ρ、$\mathscr{E}$、V 和 W 的解。

(b) 简要说明 V_{bi} 是如何确定并计算的。

(c) 建立结(耗尽区)电容的表达式。

第二部分 补充读物和复习

可选择的/补充的阅读资料列表

作 者	类 型 (A-可选择的，S-补充的)	级 别	相关章节
综合性的参考文献			
Streetman	A	本科生	5～7，11
Neamen	A	本科生	7～10
Tyagi	A/S	高年级本科生/低年级研究生	6～10，12～14，18
针对不同专题的参考文献			
Navon	A	本科生	12(PNPN)
Sah	S	本科生到研究生(不同年级)	7(BJT、HBT 和 PNPN)
Yang	A/S	本科生	3(pn 结静电特性) 6(BJT 技术) 7(MS 二极管)

(1) D. H. Navon, *Semiconductor Microdevices and Materials,* Holt, Rinehart and Winston, New York, © 1986.

(2) D. A. Neamen, *Semiconductor Physics and Devices, Basic Principles,* Irwin, Homewood, IL, © 1992.

(3) C. T. Sah, *Fundamentals of Solid-State Electronics,* World Scientific, Singapore, © 1991.

(4) B. G. Streetman, *Solid State Electronic Devices,* 4th edition, Prentice Hall, Englewood Cliffs, NJ, © 1995.

(5) M. S. Tyagi, *Introduction to Semiconductor Materials and Devices,* John Wiley & Sons, New York, © 1991.

(6) E. S. Yang, *Microelectronic Devices,* McGraw Hill, New York, © 1988.

图的出处/引用的参考文献

(1) S. M. Sze, *Physics of Semiconductor Devices,* 2nd edition, John Wiley & Sons, New York, © 1981.

(2) C. T. Sah, R. H. Noyce, and W. Shockley, "Carrier Generation and Recombination in P-N Junctions and P-N Junction Characteristics," Proceedings IRE, **45,** 1228 (Sept. 1957).

(3) D. K. Schroder, *Semiconductor Material and Device Characterization,* John Wiley and Sons, New York, © 1990.

(4) R. H. Kingston, "Switching Times in Junction Diodes and Junction Transistors," Proceedings IRE, **42,** 829–834 (1954).

(5) R. H. Dean and C. J. Neuse, "A Refined Step-Recovery Technique for Measuring Minority Carrier Lifetimes and Related Parameters in Asymmetric *p-n* Junction Diodes," IEEE Transactions on Electron Devices, **ED-18,** 151–158 (March 1971).

(6) E. S. Yang, *Microelectronic Devices,* McGraw Hill, New York, © 1988; page 383.

(7) M. A. Green, A. W. Blakers, J. Zhao, A. M. Milne, A. Wang, and X. Dai, "Characterization of 23-Percent Efficient Silicon Solar Cells," IEEE Transactions on Electron Devices, **37,** 331–336 (Feb. 1990).

(8) Photovoltaics: Program Overview Fiscal Year 1992, report produced by the National Renewable Energy Laboratory, DOE/CH10093-190 DE93000055, March 1993.

(9) M. G. Craford, "LEDs Challenge the Incandescents," IEEE Circuits and Devices, **8,** 24–29 (Sept. 1992).

(10) M. G. Craford, "Recent Developments in Light-Emitting-Diode Technology," IEEE Transactions on Electron Devices, **ED-24,** 935–943 (July 1977).

(11) S. S. Ahmed et al., "A Triple Diffused Approach for High Performance 0.8 μm BiCMOS Technology," Solid State Technology, **35,** 33 (Oct. 1992). Also see the other articles in the special series on BiCMOS Processing, edited by D. Gupta and M. T. Bohr, started in Solid State Technology, June 1992.

(12) M. Lundstrom, "III-V Heterojunction Bipolar Transistors," Chapter I in *Heterojunction Transistors and Small Size Effects in Devices,* edited by M. Willander, Studentlitteratur and Chartwell Bratt, © 1992.

(13) I. R. C. Post, P. Ashburn, and G. R. Wolstenholme, "Polysilicon Emitters for Bipolar Transistors: A Review and Re-Evaluation of Theory and Experiment," IEEE Transactions on Electron Devices, **39,** 1717 (July 1992).

(14) For information about MBE, consult the device fabrication references listed in the R1 mini-chapter.

(15) S. Tiwari and D. J. Frank, "Empirical Fit to Band Discontinuities and Barrier Heights in III-V Alloy Systems," Applied Physics Letters, **60,** 630 (Feb. 3, 1992).

(16) D. H. Navon, *Semiconductor Microdevices and Materials,* Holt, Rinehart and Winston, New York, © 1986; pp. 410, 411.

(17) See, for example, S. M. Sze, *Physics of Semiconductor Devices,* 2nd edition, John Wiley and Sons, New York, © 1981; pp. 255, 256.

术语复习一览表

用自己的语言定义下列术语，以便对第二部分的内容进行快速复习。

(1) 宽基区二极管
(2) 窄基区二极管
(3) 理想二极管
(4) pn 结定律
(5) 准中性区域
(6) 击穿
(7) 碰撞离化
(8) 雪崩
(9) 倍增因子
(10) 齐纳过程
(11) 隧穿
(12) 电导调制
(13) 穿通(在窄基区二极管中)
(14) 大注入水平
(15) 准静态
(16) 极度不连续
(17) 变容二极管
(18) 突变
(19) 分布
(20) 结电容
(21) 扩散导纳
(22) 瞬态关断
(23) 存贮延迟时间
(24) 反向恢复时间

(25) 反向注入
(26) 阶跃恢复二极管
(27) 光电探测器
(28) 太阳能电池
(29) LED(发光二极管)
(30) p-i-n 二极管
(31) 雪崩光电二极管
(32) 占空因子
(33) 阴影(在太阳能电池中)
(34) 网织结构(在太阳能电池中)
(35) 集光器太阳能电池
(36) 等电子陷阱
(37) 总内部反射
(38) BJT(双极结型晶体管)
(39) 发射极,基极,集电极
(40) 共基极
(41) 共发射极
(42) 放大模式
(43) 饱和模式
(44) 截止模式
(45) 倒置模式
(46) 埋层
(47) 准中性基区宽度
(48) 发射效率
(49) 基区输运系数
(50) 共基极直流增益
(51) 共发射极直流增益
(52) 特征参数
(53) 埃伯斯-莫尔方程,模型
(54) 正偏增益
(55) 基区宽度调制
(56) 厄利效应
(57) 穿通(在 BJT 中)
(58) 再生
(59) 光电晶体管
(60) 本征晶体管
(61) 基区串联电阻
(62) 电流集边

(63) 缓变基区(在 BJT 中)
(64) Gummel 曲线
(65) BiCMOS(双极互补场效应晶体管)
(66) 浅发射区
(67) 多晶硅发射极
(68) HBT(异质结双极晶体管)
(69) 异质结
(70) 能带调整
(71) 晶格匹配
(72) 缓变结(在 HBT 中)
(73) 混合 π 等效电路
(74) 跨导
(75) 基区渡越时间
(76) 上升、存贮延迟和下降时间
(77) 肖特基二极管钳制
(78) 晶闸管
(79) SCR(可控硅整流器)
(80) 阳极,阴极,栅
(81) 阻塞电压
(82) 双晶体管模型
(83) GTO SCR(栅关断型可控硅整流器)
(84) LAS(光敏开关)
(85) di/dt 烧毁
(86) dv/dt 效应
(87) DIAC(二极管 AC),TRIAC(三极管 AC)
(88) PUT(可编程单结型晶体管)
(89) 肖特基二极管
(90) 真空能级
(91) 金属功函数
(92) 电子亲和势
(93) 热电子发射
(94) 理查森常数
(95) 肖特基势垒下降
(96) 热载流子二极管
(97) 费米能级钉扎
(98) 场发射
(99) Al 尖楔
(100) 硅化物

第二部分复习题和答案

下列几套试卷是依据第二部分第 5 章～第 11 章的主要内容而设计的，这组试卷可以作为复习参考，也可以测验读者对这部分内容的掌握情况。试卷 A 适合于一个小时的"开卷"考试，试卷 B 和试卷 C 是从"闭卷"考试的问题中选择几个部分组合在一起而形成的。试卷 A 和试卷 B 的答案在这部分的最后给出。试卷 C 是关于 pn 结二极管综合知识的练习，将其留作课后作业(不提供试卷 C 的答案)。

试卷 A

问题 A1

pn 结二极管的掺杂分布如下图所示。在整个问题中，假定在二极管的 $0 \leq x \leq x_i$ 区域中载流子浓度可以忽略($n = 0$, $p = 0$)。

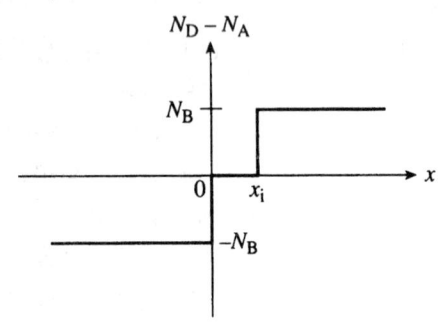

(a) pn 结中内建电势的表达式是什么？证明你的答案。
(b) 采用耗尽近似，画出二极管内部电荷密度草图。标出关键的 ρ 和 x 值。
(c) 在耗尽区 ($-x_p \leq x \leq x_n$) 内求出电场 $\mathscr{E}(x)$ 的解析解。把全部的结果都展示出来，并画出 $\mathscr{E}(x)$ 与 x 的关系曲线。
(d) 在标准的 pn 突变结中 $N_A x_p = N_D x_n$。这里的 x_n 和 x_p 之间有什么关系？
(e) 画出平衡条件下二极管的能带图。在你的图上清楚地标出 $x = 0$ 和 $x = x_i$ 的点。并指出你的图与简单的 $N_A = N_D = N_B$ 的 pn 突变结能带图有什么不同。

问题 A2

保持在 300 K 下的两个 Si p^+-n 突变结二极管除 n 型一侧的掺杂浓度外，它们是完全相同的。在二极管#1 中，$N_D = 10^{14}/\text{cm}^3$；在二极管#2 中，$N_D = 10^{16}/\text{cm}^3$。通过回答下面的问题比较两个二极管的工作情况。

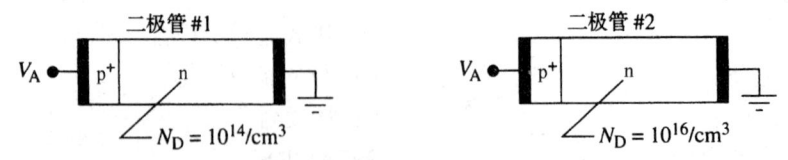

(a) 哪一个二极管具有更大的内建电势(V_{bi})？请解释。
(b) 哪一个二极管具有更大的击穿电压(V_{BR})？请解释。
(c) 在反偏电压 $|V_A| \gg V_{bi}$ 时哪一个二极管具有更大的结电容(C_J)？请解释。

(d) 如果假定二极管是理想的,并且反偏电压$|V_A|$ > 几个伏特,哪一个二极管能维持更大的$|I|$?请解释。
(e) 如果认为二极管不是理想的,并且反偏电压$|V_A|$ > 几个伏特,哪一个二极管能维持更大的$|I|$?请解释。
(f) 在外加正向偏置和频率已知的条件下,哪一个二极管具有更大的扩散电容(C_D)?假定工作在正偏的"理想"区域。请解释。
(g) 如果I_F/I_R比率相同,在瞬态条件下哪一个二极管具有更大的存贮延迟时间(t_s)?请解释。

问题 A3

(a) 下图给出了处于放大模式偏置下的 pnp BJT 中多数载流子的活动情况。绘制类似的图,画出处于倒置模式偏置下在相同的 pnp BJT 中多数载流子的活动。(为防止对你的图产生误解,需要加上解释。)
(b) 所画的 BJT 无意中反向连接在一起,使得集电极起到发射极的作用而发射极起到集电极的作用。在 $V_{CB} > 0$ 和 $V_{EB} < 0$ 的条件下,这一反向连接中的器件展示出更低的增益和对基区宽度调制更大的敏感性。(i) 解释为什么反向连接会导致更低的增益;(ii) 解释为什么反向连接会导致对基区宽度调制更加敏感。

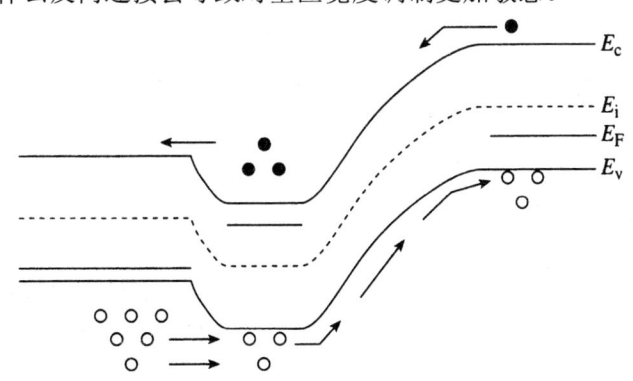

试卷 B

问题 B1

pn 结二极管具有如下图所示的掺杂分布。数学上满足 $N_D - N_A = N_0[\exp(\alpha_x)-1]$,其中 N_0 和 α 都是常数。

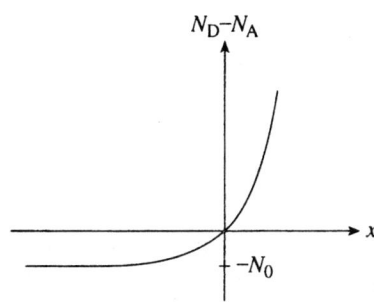

(a) 给出对耗尽近似的简明陈述。

(b) 援引耗尽近似，画出二极管中电荷密度的示意图。
(c) 建立耗尽区中电场 $\mathscr{E}(x)$ 的表达式。
(d) 说明如何完成静电推导以最终获得耗尽区宽度 W 的表达式。关于需求解的方程和边界条件的使用要尽可能明确，但不要把时间浪费在完成数学运算上。可以分步列出过程。

问题 B2

下面给出了保持在室温下的 Si 突变结二极管的能带图。注意到 $E_v(-\infty) = E_c(+\infty)$，并且 $x_n + x_p = 2\times10^{-4}$ cm，$A = 10^{-3}$ cm^2，$\tau_n = \tau_p = \tau_0 = 10^{-6}$ s，μ_n(p 型一侧) = 1352 cm^2/(V·s)，μ_p(n 型一侧) = 459 cm^2/(V·s)，$K_S = 11.8$，以及 $\varepsilon_0 = 8.85\times10^{-14}$ F/cm。

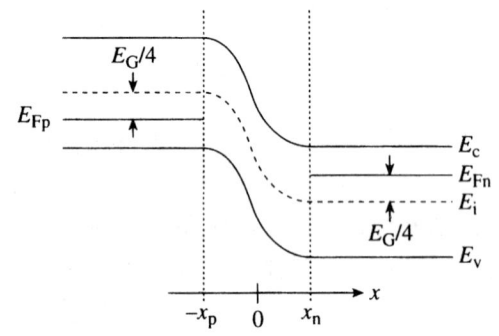

(a) 外加在二极管上的反偏电压 (V_A) 的大小是多少？请解释。
(b) 确定内建电势 V_{bi}。
(c) 计算在图中的偏置点下二极管的复合-产生电流。
(d) 计算在图中的偏置点下二极管的扩散电流。
(e) 在图中的偏置点下二极管的结电容 (C_J) 是多少？
(f) 按线性比例画出在二极管的 $x \leq -x_p$ 和 $x \geq x_n$ 区段少数载流子浓度与位置的关系曲线。
(g) 在这一偏置点下，器件会具有显著的扩散电容 (C_D) 吗？请解释。
(h) 如果在 $t = 0$ 时刻二极管从图中的偏置点跳变到更大的反偏电压处，是否会观察到一个具有存贮延迟时间 t_s 的电流瞬态？请解释。

问题 B3

两个 Si pnp 晶体管，BJT#1 和 BJT#2，除 $W_{B1} > W_{B2}$ 外其他参数都是一样的。两个晶体管中都有 $N_E \gg N_B > N_C$ 及 $W \ll L_B$。在同样的放大模式偏置条件下，哪一个晶体管会展示出

(a) 更大的发射效率？请解释。
(b) 更大的基区输运系数？请解释。
(c) 更大的 β_{dc}？请解释。
(d) 对基区宽度调制更大的灵敏度？请解释。
(e) 更大的穿通电压？请解释。

如果假定最大的输出电压受限于载流子倍增和雪崩，哪一个晶体管具有

(f) 更大的 V_{CB0}？请解释。
(g) 更大的 V_{CE0}？请解释。

试卷 C

问题 C1

(a) 在推导理想二极管方程中,下面哪一个假设没有使用?
  (i) 在耗尽区中没有复合-产生。
  (ii) 小注入水平。
  (iii) 窄基区二极管,即 n 和 p 的准中性宽度远小于各自的少数载流子扩散长度。
  (iv) 不存在"其他"过程;也就是没有光子产生,没有雪崩也没有隧穿,等等。

(b) 在反向偏置和小的正向偏置下,保持在室温下的大多数 Si pn 结二极管中主要的电流成分是哪一项?
  (i) 扩散电流。
  (ii) R-G 电流。
  (iii) 理想二极管电流。
  (iv) 漂移电流。

(c) 下面哪一种说法是不正确的?
  (i) pn 结击穿是一个可逆的过程。
  (ii) 如果要在 pn 结二极管中发生齐纳过程,则要求耗尽区宽度必须非常窄($\leqslant 10^{-6}$ cm)。
  (iii) 雪崩击穿电压近似地随 p^+-n 结和 n^+-p 结中轻掺杂一侧的掺杂浓度成反比变化。
  (iv) 在保持于室温下的 Si 二极管中,如果 $V_{BR} \leqslant 4.5$ V,那么雪崩是造成击穿的主要原因。

(d) 下面关于结电容(C_J)的说法哪一个是正确的?
  (i) C_J 总是与 $1/\sqrt{V_{bi} - V_A}$ 成正比变化。
  (ii) 可观察的最小的结电容 C_J 出现在 V_{BR} 处。
  (iii) 在正向偏置下 C_J 消失。
  (iv) 从物理角度来看,C_J 是由于耗尽区边界少数载流子浓度的涨落而产生的。

问题 C2

少数载流子浓度与位置的关系曲线通常用来描述半导体器件的内部情况。下图给出了室温下两个理想 p^+-n 突变结二极管 n 型一侧少数载流子浓度的线性坐标图。在两个二极管中,n 型一侧的掺杂浓度(N_D)和横截面积(A)都是相同的。假定小注入条件占优势。

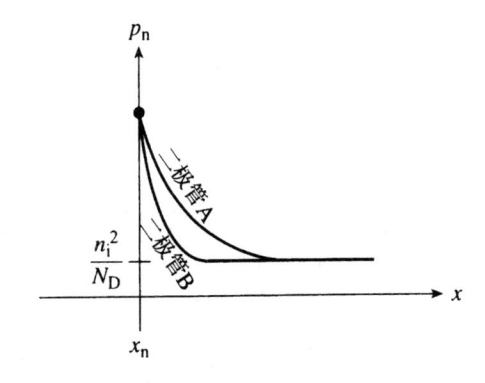

(a) 二极管处于——(i) 正偏,(ii) 零偏,(iii) 反偏。

(b) 加在二极管 B 上的偏置值—(i) 大于，(ii) 等于，(iii) 小于加在二极管 A 上的偏置值。

(c) 流过二极管 B 的直流电流 $|I|$ 的数值—(i) 明显大于，(ii) 近似等于，(iii) 明显小于流过二极管 A 的直流电流。

(d) 二极管 B 的击穿电压 (V_{BR})—(i) 明显大于，(ii) 近似等于，(iii) 明显小于二极管 A 的击穿电压。

(e) 二极管 A 和 B 在同样的开关电路下进行测试。对于两个二极管，I_F/I_R 是相同的。哪一个二极管会展示出更大的存贮延迟时间 (更大的 t_s)？(i) 二极管 A，(ii) 二极管 B，(iii) 对于两个二极管，t_s 实质上相同。

问题 C3

保持在室温的 pn 结二极管内部的稳态载流子浓度如下图所示。

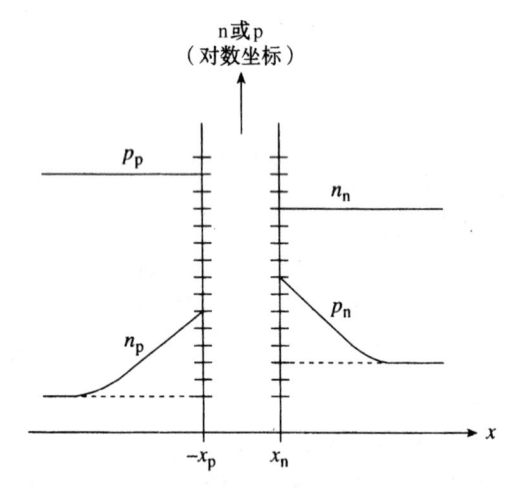

(a) 二极管是正偏的还是反偏的？请解释。

(b) 在二极管中小注入条件占优势吗？请解释。

(c) 定性说明在耗尽区边界少数载流子的积累或存贮与扩散电容 (C_D) 之间有什么物理上的联系。

(d) 定性说明在耗尽区边界少数载流子的积累或存贮与在瞬态关断过程中观察到的存贮延迟时间 (t_s) 之间有什么物理上的联系。

问题 C4

保持在室温下的 Si p$^+$-n 突变结二极管的反偏电流-电压 (I-V_A)、结电容 (C_J-V_A) 和瞬态关断 (i-t) 特性显示在下图中。复制此图，共得到 (a)~(f) 六条曲线。回答下面的问题，在图上用虚线表示变化后的特性曲线。注意可能存在虚线与所给出的特性曲线相同的情况，如果这样就写没变化。

(a)~(c) 近似指出如果 n 型一侧的掺杂浓度 (N_D) 增加两倍，I-V_A、C_J-V_A 和 i-t 特性会如何变化？所有的其他参数保持不变。

(d)~(f) 近似指出如果 n 型一侧的少数载流子寿命 (τ_p) 和有效的耗尽区产生寿命 (τ_0) 增加两倍，I-V_A、C_J-V_A 和 i-t 特性会如何变化？所有的其他参数保持不变。

第二部分补充读物和复习

(a)

(b)

(c)

(d)

(e)

(f)

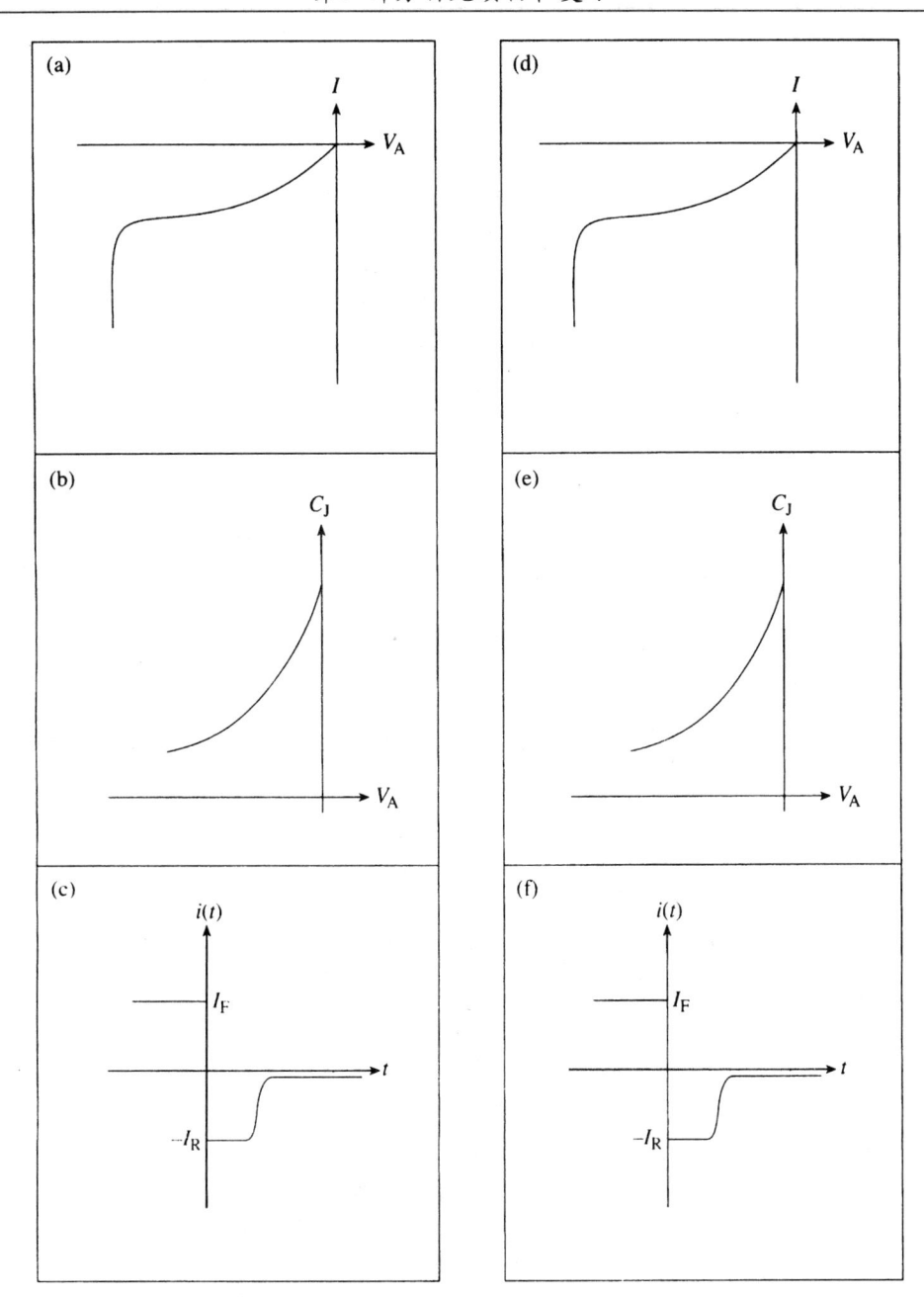

答案—试卷 A

问题 A1

(a) 类似于 5.1.4 节的推导，可以写出 $V_{bi} = (kT/q)\ln[n(x_n)/n(-x_p)]$，其中 $n(x_n) = n(\infty) = N_B$ 及 $n(-x_p) = n(-\infty) = n_i^2/N_B$。因此

$$V_{bi} = \frac{kT}{q}\ln\left(\frac{N_B^2}{n_i^2}\right) = \frac{2kT}{q}\ln\left(\frac{N_B}{n_i}\right)$$

(b)

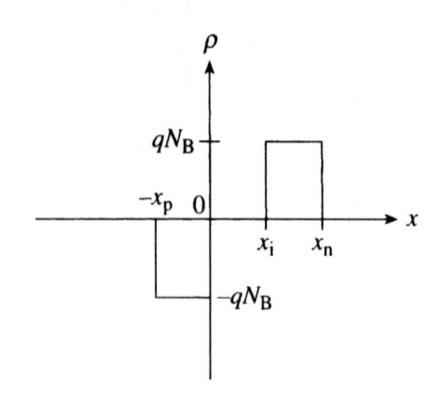

(c)

$$\frac{d\mathscr{E}}{dx} = \frac{\rho}{K_S \varepsilon_0} \cong \begin{cases} \dfrac{-qN_B}{K_S \varepsilon_0} & \cdots -x_p \leq x \leq 0 \\ 0 & \cdots 0 \leq x \leq x_i \\ \dfrac{qN_B}{K_S \varepsilon_0} & \cdots x_i \leq x \leq x_n \end{cases}$$

$$\int_0^{\mathscr{E}(x)} d\mathscr{E}' = -\int_{-x_p}^x \frac{qN_B}{K_S \varepsilon_0} dx' \Rightarrow \mathscr{E}(x) = -\frac{qN_B}{K_S \varepsilon_0}(x + x_p) \quad \cdots -x_p \leq x \leq 0$$

$$\mathscr{E}(x) = 常数 = \mathscr{E}(0) = -\frac{qN_B}{K_S \varepsilon_0} x_p \quad \cdots 0 \leq x \leq x_i$$

$$\int_{\mathscr{E}(x)}^{\mathscr{E}(x_n)=0} d\mathscr{E}' = \int_x^{x_n} \frac{qN_B}{K_S \varepsilon_0} dx' \Rightarrow \mathscr{E}(x) = -\frac{qN_B}{K_S \varepsilon_0}(x_n - x) \quad \cdots x_i \leq x \leq x_n$$

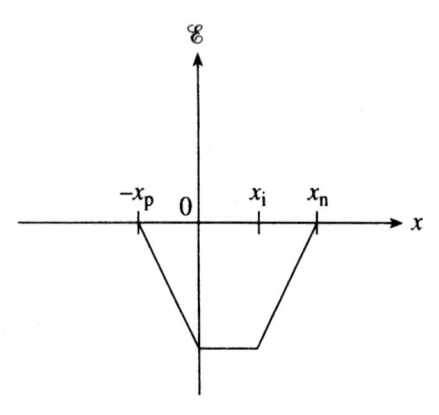

(d) 在(b)中 ρ 曲线的(+)和(−)电荷面积必然相等,即

$$(-qN_B)(-x_p) = qN_B(x_n - x_i) \Rightarrow \boxed{x_p = x_n - x_i}$$

或者根据电场 $\mathscr{E}$ 在 $x = x_i$ 点必须是连续的,给出

$$-\frac{qN_B}{K_S \varepsilon_0} x_p = -\frac{qN_B}{K_S \varepsilon_0}(x_n - x_i) \Rightarrow x_p = x_n - x_i$$

(e)

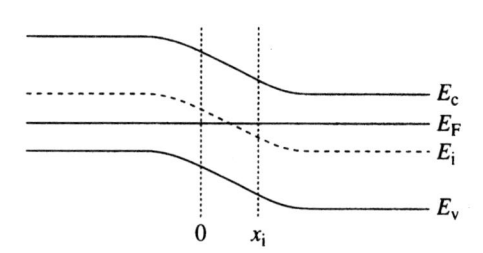

唯一的不同之处是在 $0 \leq x \leq x_i$ 区域，能带倾斜的斜率为常数或能带为直线。注意，因为 $N_A = N_D = N_B$，所以 $(E_i - E_F)|_{\text{p-side}} = (E_F - E_i)|_{\text{n-side}}$。

问题 A2

(a) 二极管#2

根据 $V_{bi} = (1/q)[(E_i - E_F)|_{\text{p-side}} + (E_F - E_i)|_{\text{n-side}}]$ 得出答案。首先，两个二极管的 $(E_i - E_F)|_{\text{p-side}}$ 是相同的。其次，n 型一侧掺杂浓度更高的二极管 $(E_F - E_i)|_{\text{n-side}} = kT\ln(N_D/n_i)$ 更大，因此 $V_{bi2} > V_{bi1}$。注意 p^+ 意味着简并或非常重的掺杂，因此标准的关系式 $V_{bi} = (kT/q)\ln(N_A N_D / n_i^2)$ 不能用来计算 V_{bi}。

(b) 二极管#1

在 p^+-n 突变结二极管中，V_{BR} 近似与 $1/N_D$ 成正比。图 6.11 显示出，如果 $N_D = 10^{14}/\text{cm}^3$，则 $V_{BR} > 1000\text{ V}$，而如果 $N_D = 10^{16}/\text{cm}^3$，则 $V_{BR} \cong 60\text{ V}$。

(c) 二极管#2

$$C_J = \frac{K_S \varepsilon_0 A}{W}$$

对于 p^+-n 突变结：

$$W = \left[\frac{2K_S\varepsilon_0}{qN_D}(V_{bi} - V_A)\right]^{1/2} \cong \left[\frac{2K_S\varepsilon_0}{qN_D}(-V_A)\right]^{1/2}$$

其中 W 方程的第二种表达形式是根据 $|V_A| \gg V_{bi}$ 这一事实得出的。因此 $W_1 > W_2$ 且 $C_{J2} > C_{J1}$。

(d) 二极管#1

理想 p^+-n 突变结二极管反偏到 $|V_A| >$ 几个伏特时，有

$$I \cong -I_0 \cong -qA\frac{D_P}{L_P}\frac{n_i^2}{N_D}$$

可以得出 $1/N_{D1} > 1/N_{D2}$。此外，

$$\frac{D_P}{L_P} = \frac{D_P}{\sqrt{D_P \tau_p}} = \sqrt{\frac{D_P}{\tau_p}} = \sqrt{\frac{kT}{q}\frac{\mu_p}{\tau_p}}$$

因为 μ_p 随 N_D 的增加而下降，所以 $D_{P1}/L_{P1} > D_{P2}/L_{P2}$。再根据前面得出的 $1/N_{D1} > 1/N_{D2}$，最后得出 $I_{01} > I_{02}$。

(e) 二极管#1

保持在 300 K 下的实际 Si 二极管中的反偏电流一般主要由复合-产生电流成分组成。

$$I_{R-G} = -qA\frac{n_i}{2\tau_0}W \quad \cdots \text{已知} -V_A > \text{几个伏特}$$

从式(6.44) τ_0 的定义推出 $\tau_0 \propto 1/N_T$ (τ_n 和 τ_p 都与 $1/N_T$ 成正比)。在两个二极管中只有掺杂浓度不同,而 N_T 是相同的,因此 τ_0 对于两个二极管都是相同的。从(c)中已经得出 $W_1 > W_2$,因此 $|I_{R-G1}| > |I_{R-G2}|$。

(f) 二极管#1

假定二极管正偏到工作中的理想区域,$C_D \propto G_0 \propto (I + I_0) \propto I_0$。$G_0$ 是二极管的低频电导。从(d)中得出 $I_{01} > I_{02}$,因此 $C_{D1} > C_{D2}$。

(g) 两个二极管的 t_s 相同

分析 t_s 的近似解[参见式(8.8)]或更精确的解[参见式(8.9)],可推断如果两个二极管的 I_F/I_R 比率和 $\tau_p \propto 1/N_T$ 都相同,那么 $t_{s1} = t_{s2}$。首先,在问题中已说明 I_F/I_R 比率是相同的。此外,因为只有 N_D 是不同的,所以在两个二极管中 N_T 相同,从而也可推出 τ_p 是相同的,最终得到 $t_{s1} = t_{s2}$。

问题 A3

(a)

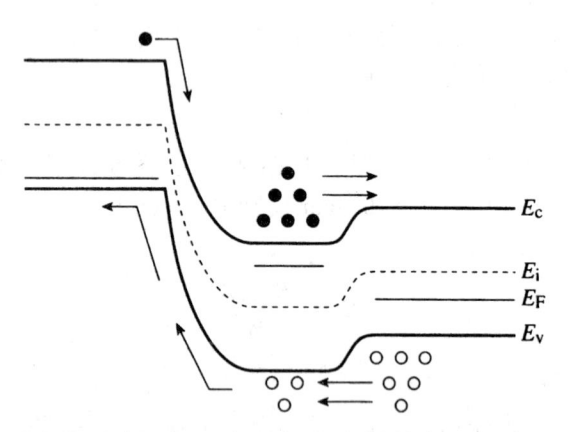

(b)(i) 由于集电极的发射效率远低于发射极的发射效率,因此 $\alpha_{dc} = \gamma \alpha_T$ 将下降。具体来说,因为 E-B 结中 $N_E \gg N_B$,在放大模式偏置下使注入基区的空穴远多于从基区注入发射区的电子。而当"反接"(倒置)工作时,由于 $N_C < N_B$,因此会有明显的电子从基区注入集电区。

(ii) 当用作放大器时,反向偏置结会使耗尽区变大。在放大模式下 C-B 结反偏时,因为 $N_B > N_C$,所以大部分耗尽区扩展进入集电区中。然而,当 E-B 结反偏时,如同"反接"的情况,因为 $N_E \gg N_B$,所以大部分 E-B 耗尽区扩展进入基区中,造成在反接时对于相同的偏置条件会有 W 的更大变化,即对基区宽度调制更加敏感了。

答案—试卷 B

问题 B1

(a) 在耗尽区近似中使用了下面的简化假定:(i) 在冶金结附近的 $-x_p \leq x \leq x_n$ 区域,p 和 n 远小于 $|N_D - N_A|$。(ii) 在其他地方 $\rho = 0$。

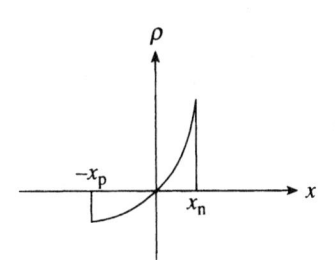

(b)

(c)
$$\frac{d\mathscr{E}}{dx} = \frac{\rho}{K_S\varepsilon_0} \cong \frac{qN_0}{K_S\varepsilon_0}(e^{\alpha x} - 1) \quad \cdots -x_p \leq x \leq x_n$$

$$\int_0^{\mathscr{E}(x)} d\mathscr{E}' = \frac{qN_0}{K_S\varepsilon_0}\int_{-x_p}^x (e^{\alpha x'} - 1)\,dx' = \frac{qN_0}{K_S\varepsilon_0}[e^{\alpha x'}/\alpha - x']\big|_{-x_p}^x$$

$$\boxed{\mathscr{E}(x) = \frac{qN_0}{K_S\varepsilon_0}\left[\frac{1}{\alpha}(e^{\alpha x} - e^{-\alpha x_p}) - (x + x_p)\right]}$$

(d) 第1步：在 $-x_p \leq x \leq x_n$ 耗尽区内求解 $V(x)$。
$$\frac{dV}{dx} = -\mathscr{E}(x);\quad 在 V = 0 处 x = -x_p$$

第2步：利用边界条件 $\mathscr{E}(x_n) = 0$ 和 $V(x_n) = V_{bi} - V_A$，获得含有未知数 x_n、x_p 和 V_{bi} 的两个方程。一旦知道了 V_{bi}，在 V_A 已知的情况下由这两个方程可求解出 x_n、x_p 及 $W = x_n + x_p$。在这一特殊问题中，将不得不通过数值方法获得解。

第3步：V_{bi} 可通过类似于5.2.5节的线性缓变分析过程来获得。

问题 B2

(a) $V_A = -\frac{1}{q}(E_{Fp} - E_{Fn}) = -\frac{E_G}{2q} = \mathbf{-0.56\ V}$

(b) $V_{bi} = \frac{1}{q}[(E_i - E_F)|_{\text{p-side}} + (E_F - E_i)|_{\text{n-side}}] = \frac{E_G}{2q} = \mathbf{0.56\ V}$

(c) $I_{R-G} = -qA\frac{n_i}{2\tau_0}W = -(1.6 \times 10^{-19})(10^{-3})\left(\frac{10^{10}}{2 \times 10^{-6}}\right)(2 \times 10^{-4})$

$\quad\quad = \mathbf{-1.6 \times 10^{-10}\ A}$

$D_N = \frac{kT}{q}\mu_n = (0.0259)(1352) = 35.02\ \text{cm}^2/\text{s}$

$L_N = \sqrt{D_N\tau_n} = [(35.02)(10^{-6})]^{1/2} = 5.92 \times 10^{-3}\ \text{cm}$

(d) $D_P = \frac{kT}{q}\mu_p = (0.0259)(459) = 11.89\ \text{cm}^2/\text{s}$

$L_P = \sqrt{D_P\tau_p} = [(11.89)(10^{-6})]^{1/2} = 3.45 \times 10^{-3}\ \text{cm}$

$N_A = N_D = n_i e^{E_G/4kT} = (10^{10})(e^{1.12/[4(0.0259)]}) = 4.96 \times 10^{14}/\text{cm}^3$

$I_{\text{Diff}} \cong -I_0 = -qA\left(\frac{D_N}{L_N}\frac{n_i^2}{N_A} + \frac{D_P}{L_P}\frac{n_i^2}{N_D}\right)$

$$= -(1.6 \times 10^{-19})(10^{-3})\left[\left(\frac{35.02}{5.92 \times 10^{-3}}\right)\left(\frac{10^{20}}{4.96 \times 10^{14}}\right)\right.$$
$$\left.+ \left(\frac{11.89}{3.45 \times 10^{-3}}\right)\left(\frac{10^{20}}{4.96 \times 10^{14}}\right)\right]$$
$$= -3.02 \times 10^{-13} \text{ A}$$

(e) $C_J = \dfrac{K_S \varepsilon_0 A}{W} = \dfrac{K_S \varepsilon_0 A}{x_n + x_p} = \dfrac{(11.8)(8.85 \times 10^{-14})(10^{-3})}{2 \times 10^{-4}} =$ **5.22 pF**

(f)

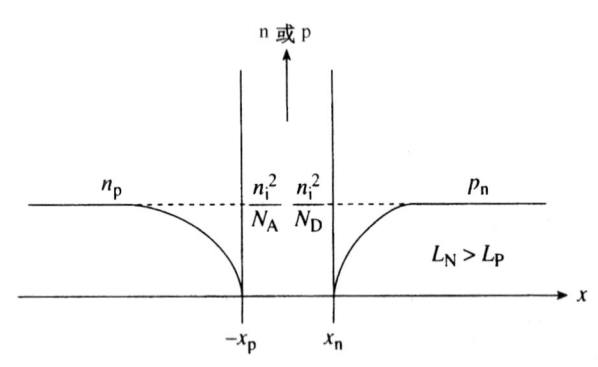

```
              n 或 p
                ↑
                |
   n_p          |          p_n
   ──────╲      |     ╱──────
          ╲ n_i²/N_A | n_i²/N_D
           ╲    |   ╱
            ╲___|__╱           L_N > L_P
                |                      → x
              -x_p   x_n
```

(g) 不会。在紧邻耗尽区没有少数载流子的存贮。

(h) 不会。与上一问相同，即在紧邻耗尽区处没有少数载流子的存贮。(在外加电压脉冲之前，器件已经反向偏置。)

问题 B3

(a) BJT#2 如果 $W_{B1} > W_{B2}$，那么在相同偏置条件下 $W_1 > W_2$，所以
$$\gamma_1 = \frac{1}{1 + \dfrac{D_E}{D_B}\dfrac{N_B}{N_E}\dfrac{W_1}{L_E}} < \gamma_2 = \frac{1}{1 + \dfrac{D_E}{D_B}\dfrac{N_B}{N_E}\dfrac{W_2}{L_E}}$$

(b) BJT#2
$$\alpha_{T1} = \frac{1}{1 + \dfrac{1}{2}\left(\dfrac{W_1}{L_B}\right)^2} < \alpha_{T2} = \frac{1}{1 + \dfrac{1}{2}\left(\dfrac{W_2}{L_B}\right)^2}$$

从物理性质来看，在穿过更窄的基区时，因复合而损失的载流子会更少。

(c) BJT#2 由于 $\gamma_1 < \gamma_2$ 和 $\alpha_{T1} < \alpha_{T2}$，根据 $\alpha_{dc} = \gamma \alpha_T$，因此 $\alpha_{dc1} < \alpha_{dc2}$。注意 $\beta_{dc} = \alpha_{dc}/(1-\alpha_{dc})$，得出 $\beta_{dc2} > \beta_{dc1}$。

(d) BJT#2 偏置改变后两个晶体管中的 ΔW 相同。然而 $W_1 > W_2$，$\Delta W/W_2 > \Delta W/W_1$，使得 BJT#2 对基区宽度的调制更加敏感。

(e) BJT#1 因为 $W_{B1} > W_{B2}$，而且偏置改变后两个 BJT 的 ΔW 相同，显然在放大模式偏置下需要更大的外加电压 V_{CB}，以完全耗尽更宽的 BJT#1 基区。

(f) #1 和#2 的 V_{CB0} 相同 V_{CB0} 与 C-B 结中的 V_{BR} 相等。C-B 结的雪崩击穿电压对于两个晶体管来说是相同的，因为它们结的掺杂是一样的。

(g) BJT#1 根据式(11.54)，$V_{CE0} = V_{CB0}/(\beta_{dc} + 1)^{1/m}$，其中 $3 \leq m \leq 6$。答案(c)已经给出 $\beta_{dc1} < \beta_{dc2}$，因此 $V_{CE01} > V_{CE02}$。

第三部分

场 效 应 器 件

第 15 章　场效应导言——　J-FET 和 MESFET
第 16 章　MOS 结构基础
第 17 章　MOSFET 器件基础
第 18 章　非理想 MOS
第 19 章　现代 FET 结构

第15章 场效应导言——J-FET 和 MESFET

15.1 引言

从历史上来看,场效应现象是人们提出的第一种固态晶体管的基础。场效应晶体管(FET)的提出早于双极晶体管大约20年。根据20世纪20年代和30年代一系列专利文件的记载,美国的 J. E. Lilienfeld 和在德国工作的 O. Heil 都独立提出了这种晶体管结构的设想,如图15.1所示。该器件的工作原理为通过加在金属平板上的电压来调节其下的半导体的电导,从而调制欧姆接触 A 和 B 之间流过的电流。这种通过加在半导体表面上的垂直电场来调制半导体的电导率的现象称为场效应。

当然,早期提出的场效应晶体管有点超前于其所在的时代。当时还无法制备出现代半导体材料,而且相关技术也不成熟,这在以后的许多年中阻碍了场效应结构的发展。一直等到研制出其他的固态器件,特别是20世纪40年代后期和50年代出现的早期双极晶体管,才出现了一种实际可行的场效应结构。在1952年,W. Shockley[1]提出了第一个现代场效应器件,即结型场效应晶体管(J-FET),并对其进行了分析。随后在1953年 Dacey 和 Ross[2]制造出实际可工作的 J-FET。在图15.2中(摘自 Dacey 和 Ross 早期发表的文献[3]),pn 结代替了 Lilienfeld 结构中的金属平板,A 和 B 接触电极变为源和漏,场效应电极被称为栅。在 J-FET 中,通过 pn 结的耗尽区来调制源和漏接触电极之间半导体的电导率。

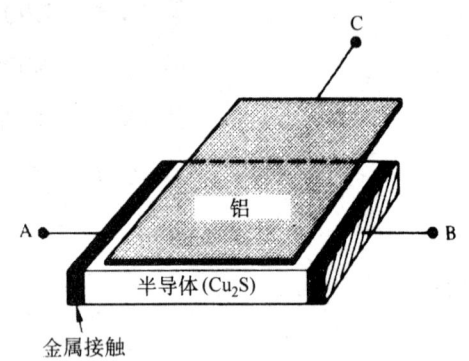

图 15.1 理想化的 Lilienfeld 晶体管

微电子学的一个关键器件,即金属-氧化层-半导体场效应晶体管(MOSFET),在20世纪60年代早期已进入实用阶段。Kahng 和 Atalla[4]在1960年首次提出了这种结构,即人们目前所熟知的平面结构器件。如图15.3所示,该结构具有热生长成的 SiO_2 绝缘层栅、表面反型沟道,以及与衬底掺杂类型相反的源、漏区。在大量研究和开发工作的基础上,Fairchild Semiconductor 和 RCA 在1964年底制造出商用的 MOSFET。图15.3最早出现在1964年《应用报告》的封面上,描述了早期的 Fairchild MOSFET[5]。

20世纪60年代后期所取得的主要进展是 Dennard[6]发明的用于随机存储器中的单晶体管动态存储单元(DRAM)。DRAM 单元(参见图15.4)将电荷存储元件(一个电容或 pn 结)和一个作为开关的晶体管集成起来。一些综述文章[8]高度评价了该发明的重要性及其影响意义,在这里引用其中的一句话:"在地球上,现在最多的人造事物就是单管(1-T)DRAM 单元。"

在20世纪70年代早期,出现了另外一个重要的场效应结构——电荷耦合器件(CCD)。从物理性质上来说,可以将 CCD 看作具有分段栅的 MOSFET。如图15.5所示,在 CCD 栅上依

第 15 章　场效应导言——J-FET 和 MESFET

次施加偏压，可以导致存储电荷沿表面沟道整体地移动或传输，一直传输到器件的输出端。在一个便携式摄像机中，图像感应单元就是包含一个二维栅阵列的 CCD。其中产生的存储电荷正比于入射到二维栅阵列上的光图像强度。随后将光图像的电学等价物（产生的存储电荷）输出并将其转换为电信号。

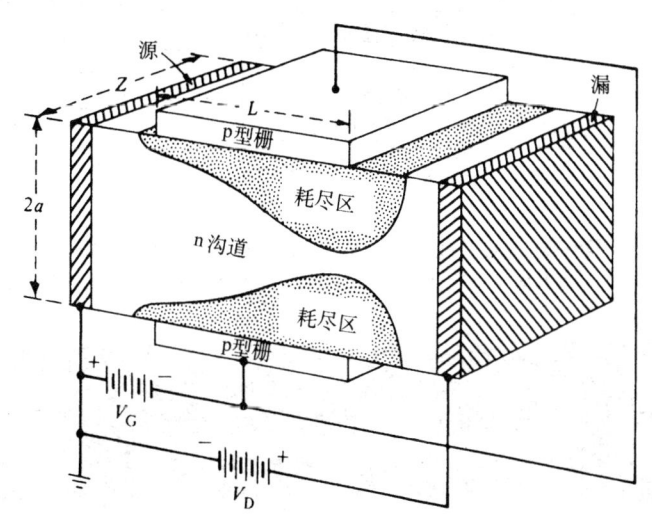

图 15.2　结型场效应晶体管示意图（引自 Dacey and Ross[3]，© 1955 AT&T）

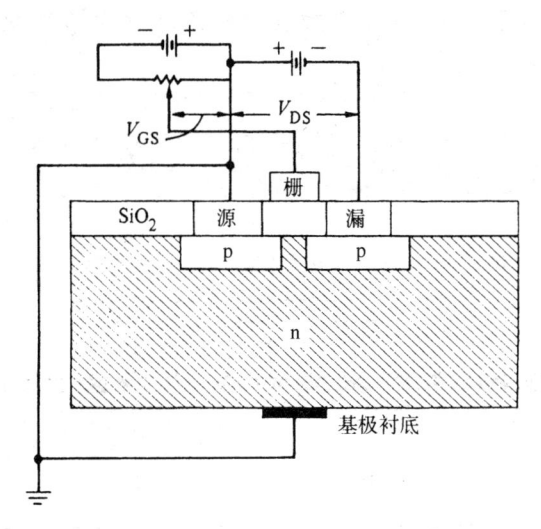

图 15.3　常规偏置条件下的晶体管横截面图（引自 MacDougall[5]）

场效应器件的发明、发展和变革一直持续到现在。特别是经过 20 世纪 80 年代的发展，互补 MOS 或称 CMOS 已成为广泛应用的集成电路技术。图 15.6 显示了 CMOS 电路中的一个基本模块——CMOS 反相器的横截面图。术语"互补"表明如下事实：与其他 MOS 电路技术不同，n 沟道（电子电流）MOSFET 和 p 沟道（空穴电流）MOSFET 是制作在同一个芯片上的。虽然在 20 世纪 80 年代，由于 CMOS 具有低功耗和其他电路方面的优点而逐渐得到人们的关注，但 CMOS 并不是一个新出现的电路技术，CMOS 最初是由 Wanlass[10]在 20 世纪 60 年代早期设想出来的，在 1972 年大规模生产的 LED 表电路的一部分就采用了 CMOS 技术。

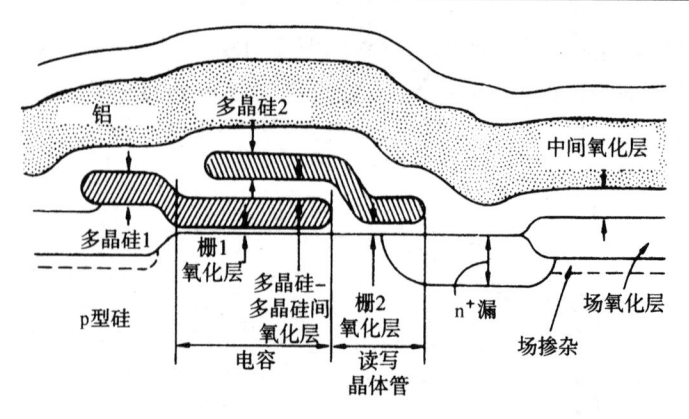

图 15.4　DRAM 单元横截面图。显示的这种平面、单电容单元用于 16 ～ 256 KB 存储器中（引自 Wyns and Anderson[7]，©1989 IEEE）

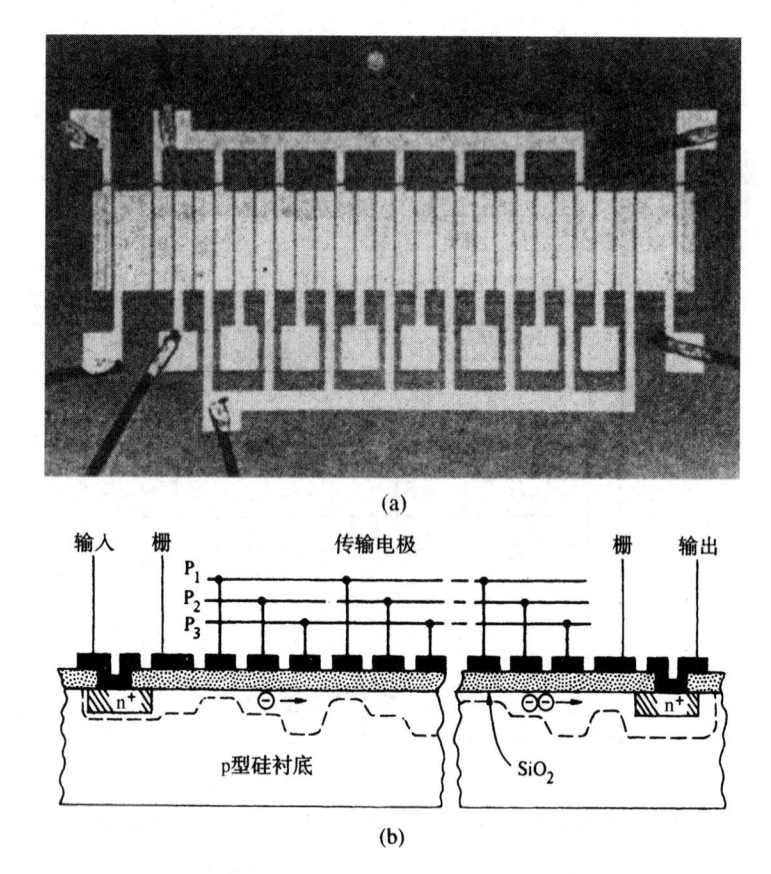

图 15.5　首个电荷耦合器件，包含八个三相元件及输入-输出栅和二极管，分别显示为(a)平面图和(b)横截面图（引自 Tompsett et al.[9]，授权使用）

在 CMOS 技术不断进步的同时，人们也在不断地研制出其他的场效应器件。调制掺杂场效应晶体管(MODFET)就是一个很好的例子(如图 15.7 所示)。虽然 GaAs 的电子输运特性优于硅，但是 GaAs 技术缺少一个与 SiO_2 可比拟的同质(包含 Ga 或 As 的)绝缘层。而且通过在 GaAs 上淀积其他绝缘体，也一直无法得到电学特性较好的器件。然而随着先进的淀积技术的出现，例如分子束外延(MBE)，使得在半导体上可以生长出不同性质且晶格匹配的其他半导体层。

图 15.7 显示的合金半导体 AlGaAs 比 GaAs 具有更大的禁带宽度,它在 MODFET 结构中实际上相当于"绝缘层"。由于开关速度快,MODFET 在高频领域正得到广泛的应用。

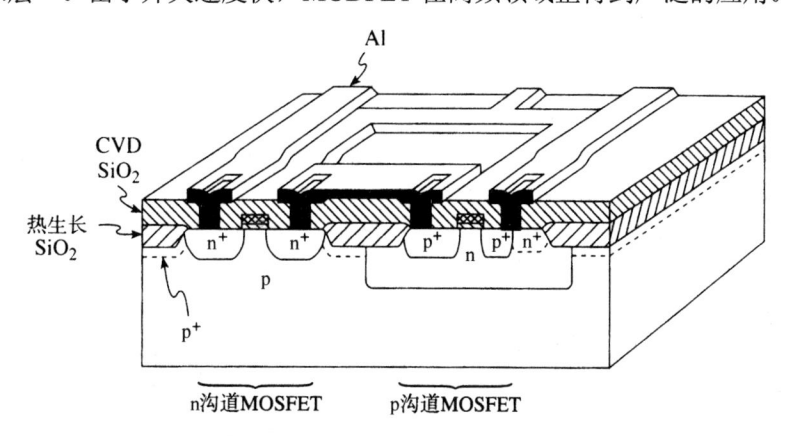

图 15.6 CMOS 反相器的横截面图(引自 Fonstad[11],McGraw-Hill 公司授权使用,©1994)

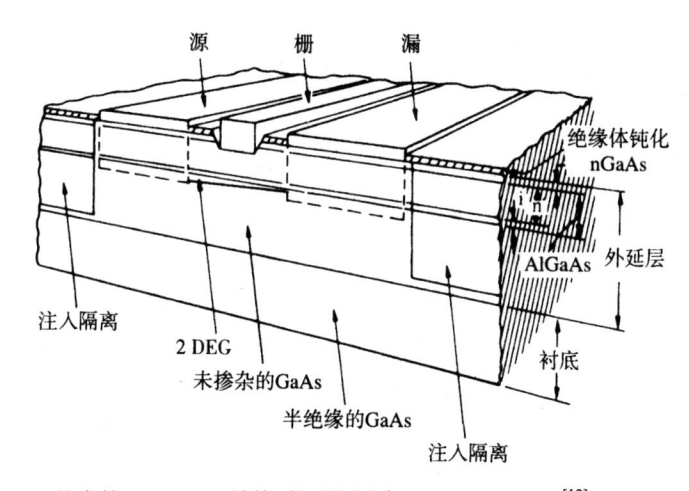

图 15.7 基本的 MODFET 结构透视图(引自 Drummond et al.[12],©1986 IEEE)

本书第三部分包含了 5 章,概括描述了场效应器件及其工作原理,详细地分析了场效应家族中的核心成员,并将相关术语、概念、模型和分析过程介绍给读者。本章其余部分的讨论主要集中在 J-FET 及与结型器件紧密相关的 MESFET(金属-半导体场效应晶体管),可以将这些器件看成第二部分和第三部分考虑的"纯"场效应器件之间的桥梁或纽带。另外,有关 J-FET/MESFET 的介绍会首次提到一些术语、分析过程等内容,这使得以后的讨论更易于理解。不过,以后各章都是自成体系的,范围都覆盖了这些基本内容,因此无须再参考这里对 J-FET/MESFET 的描述。第 16 章和第 17 章基本覆盖了 MOS 的结构和器件的基本原理。两端 MOS-电容(或称 MOS-C)是所有 MOS 器件的核心结构。第 16 章定义了一个理想的 MOS-电容结构,也给出了静态情况下该结构的定性和定量描述,并且分析了该结构的电容-电压特性。第 17 章给出了基本的晶体管——长沟道增强型 MOSFET 的工作原理和相关分析。最后,第 18 章和第 19 章涉及 MOSFET 实际工作条件下需要考虑的问题,其中第 18 章讨论了实验与理想特性出现偏差的原因和影响,而第 19 章(选读章节)对 MOSFET 的小尺寸效应进行了初步讨论,并简要总结了有关 FET 结构的一些改进和发展。

15.2 J-FET

15.2.1 简介

正如引言中提到的，1952 年 W. Shockley 首次提出并分析了结型场效应晶体管(J-FET)。基本器件结构的横截面如图 15.8 所示。在 J-FET 中，所加的栅电压改变了 pn 结的耗尽层宽度和相应的垂直于半导体表面的电场。耗尽层宽度的改变，反过来会调节源、漏欧姆接触电极之间的电导。

最初将 J-FET 命名为单极晶体管，以便与双极晶体管相区别，并强调在该新器件的工作过程中只涉及一种载流子。具体来说，针对图 15.8 所示的结构，晶体管的正常工作可以描述为电子从源流过 n 区到达漏的过程。源(S)端的命名是因为组成电流的载流子在该电极处从外部电路流入半导体。载流子在漏(D)电极处离开半导体，或者说从半导体中被"排出"。

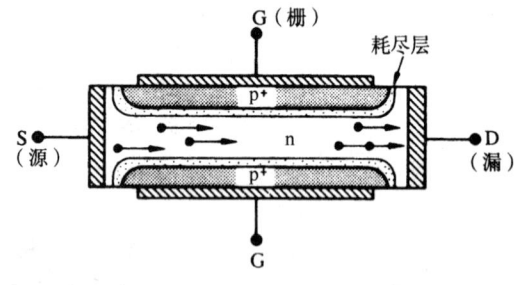

图 15.8 基本 J-FET 结构的横截面

栅的命名是因为其起到控制或者开关的作用。图 15.9 显示了一个现代的 J-FET，虽然在物理外观上有些不同，但功能上等效于最初的肖克利结构。

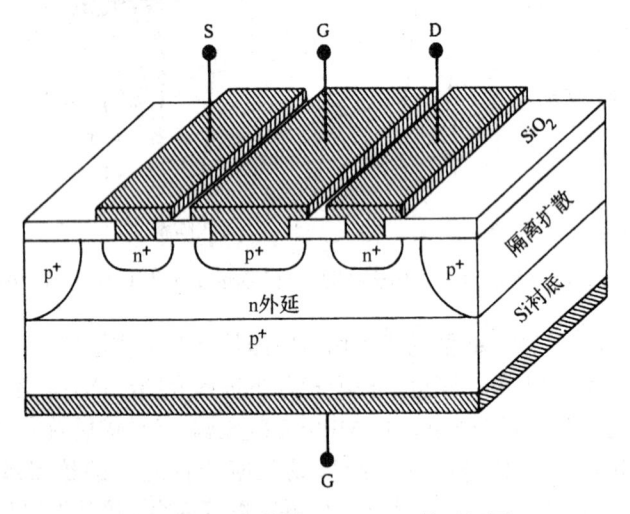

图 15.9 现代的外延层 J-FET 的透视图

15.2.2 器件工作的定性理论

为了分析 J-FET 的基本工作原理，首先设定一个标准的偏置条件，并针对图 15.8 中形状对称、理想化的肖克利结构进行讨论。假设源和漏之间有一个 n 区，J-FET 的标准工作条件为上下栅连接在一起，$V_G \leq 0$，$V_D \geq 0$，如图 15.10 所示。注意，当 $V_G \leq 0$ 时，pn 结总是零偏置或反向偏置，而 $V_D \geq 0$ 确保 n 区电子从源端流到漏端(与源端和漏端的命名相一致)。这里的处理方法是通过系统地改变端电压来分析器件内发生的变化。

第15章 场效应导言——J-FET 和 MESFET

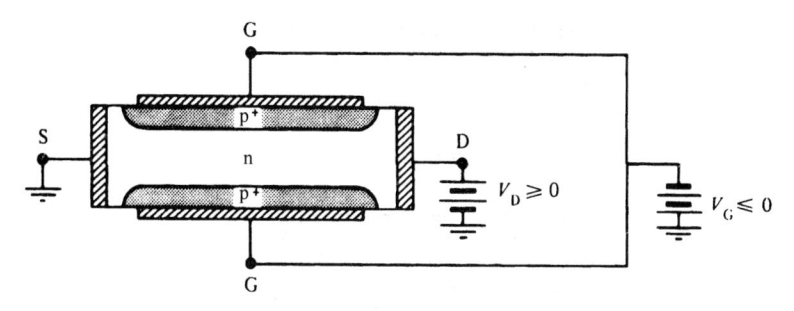

图 15.10 定性分析中假设的器件结构和偏置条件的示意图

  首先假设栅端接地，$V_G = 0$，漏电压从 $V_D = 0$ 开始以较小的步长增加。在 $V_D = 0$（注意 V_G 也为零）时，器件处于热平衡状态，而且可以注意到在器件内的顶部、底部 p^+-n 结中存在着很小的耗尽区[参见图 15.11(a)]。当然耗尽区主要扩展到处于器件中心位置的轻掺杂 n 区。图 15.11(b) 显示了 V_D 增加到很小的正电压时的情况，这时会有电流 I_D 开始通过夹在两个 p^+-n 结之间的耗尽 n 区而流入漏区。这个非耗尽的、有电流流过的区域称为沟道。在较小的 V_D 下，沟道看起来像一个单纯的电阻，器件的 I_D 与 V_D 的变化关系是线性的[参见图 15.12(a)]。

  当 V_D 增加到零点几个伏特以上时，通常器件会进入到一个新的工作区域。为了深入了解其中的变化情况，可以参见图 15.11(c)。在图中，假设将任意选取的电压 5 V 加在漏端。由于源端接地，因此在沟道内某些位置上的电势可以为 1 V、2 V、3 V 和 4 V，而且从源到漏，电势是逐渐增大的。但是，p^+-n 结的 p^+ 一边被固定为零电位。因此，外加漏偏压会间接地导致栅结反向偏置和结耗尽层宽度的增加。而且沿着从源到漏的方向，顶部和底部的耗尽区会逐渐扩大[参见图 5.11(d)]。现在仍然可以将沟道区域（非耗尽 n 区）看作一个电阻，但它不再是一个单纯的电阻。由于电导体积的减少，源到漏的电阻会增加，并且在给定漏电压变化量的条件下 ΔI_D 也会随 V_D 增加而减小，这正是图 15.12(b)所示的情况。在更大的漏电压下，由于沟道变窄的影响，I_D-V_D 的特性曲线的斜率将会下降。

  不断增大漏电压会导致沟道变得越来越窄，特别是在漏端附近的沟道最窄，直到靠近漏端附近的顶部和底部的耗尽区最终接触到一起，如图 15.11(e)所示。沟道完全耗尽，即顶部和底部的耗尽区相接触，这是一个重要的特定条件，称为"夹断"。当器件内的沟道夹断时，I_D-V_D 特性曲线的斜率近似变为零[参见图 15.12(c)]，夹断点处的漏偏置称为 V_{Dsat}。当漏偏置大于 V_{Dsat} 时，I_D-V_D 的特性出现饱和，也就是在 I_{Dsat} 值上近似保持为常数。

  至此还没有对前面章节给出的描述做出任何解释，完全是根据实验现象得出的。当沟道夹断时，I_D-V_D 特性的确会变缓或饱和。但初看起来，这个事实好像与物理直觉相反。难道夹断没有完全消除流过沟道的电流？如何考虑如下问题，即超过 V_{Dsat} 的 V_D 电压基本上对漏电流没有影响？

  先回答第一个问题，假设夹断时的 I_D 等于零。如果 I_D 为零，那么沟道内所有地方都没有电流，则沿沟道的压降都与 $V_D = 0$ 时的情况相同，即处处为零。如果沟道电势处处为零，pn 结将为零偏置，则沟道将从源到漏完全开通，这明显与最初沟道夹断的假设相矛盾。换句话说，J-FET 内必须有电流流过，以满足和维持沟道夹断的条件。从概念上讲，关于沟道夹断经常会出现的理解难点也许是耗尽区流过大电流。那么应该注意的是，耗尽区并不是完全不存在载流子；更恰当地说，虽然载流子浓度可达 $10^{12}/cm^3$ 或更大，但与衬底杂质浓度（N_D 或 N_A）相比，载流子数目相对变得非常小。另外，在固态器件中，大电流流过耗尽层是一个普遍现象。例如，在正向偏置的二极管的耗尽层和双极晶体管的两个耗尽区内都会有大电流流过。

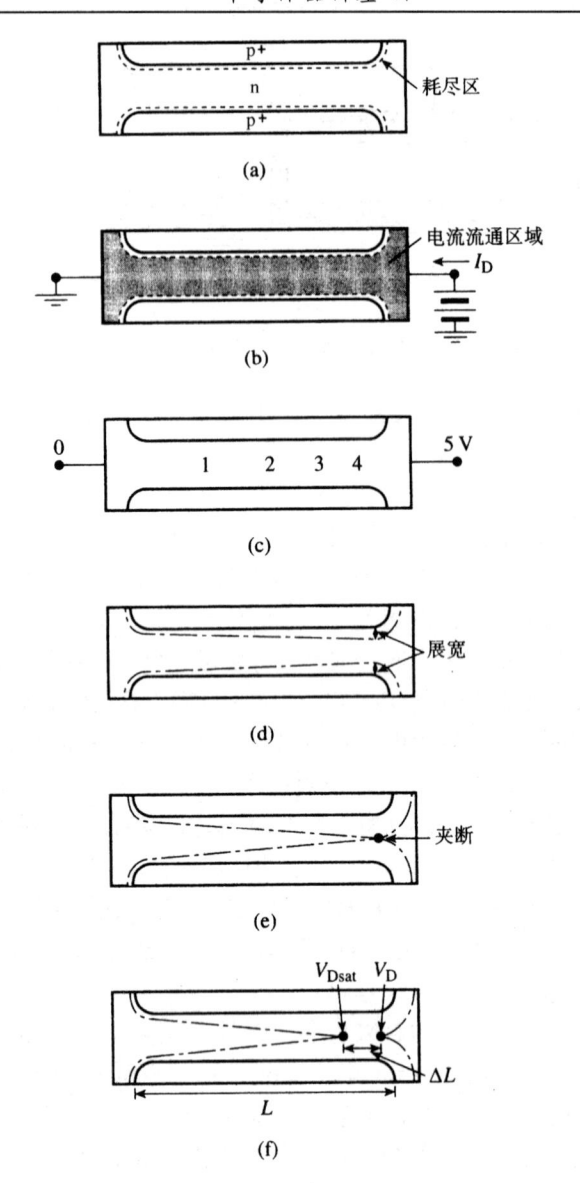

图 15.11 $V_G = 0$ 时 J-FET 的各种工作状态的示意图。(a) 热平衡 ($V_D = 0$,$V_G = 0$);(b) 较小 V_D 偏置;(c) 对任意设定的 $V_D = 5\text{ V}$,沿沟道的压降;(d) 中等 V_D 偏置下沟道变窄现象;(e) 夹断;(f) 夹断后 ($V_D > V_{Dsat}$)

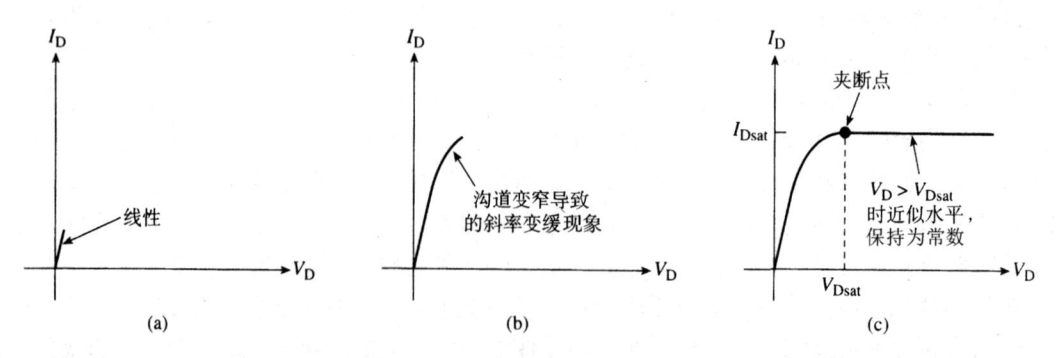

图 15.12 I_D-V_D 特性的常见形式。(a) 线性,单纯电阻,在非常小的漏电压下的变化情况;(b) 中等漏偏置下,沟道变窄导致的斜率变缓现象;(c) 漏电压超过 V_{Dsat} 时出现的夹断和饱和现象

关于漏电压大于 V_{Dsat} 时出现的 I_D 饱和现象，有一个非常简单的物理解释。当漏偏置超过 V_{Dsat} 时，沟道夹断区变宽，这里定义 ΔL 是以夹断点为起点的沟道耗尽区长度。在图 15.11(f) 中，ΔL 部分在漏端一侧的电压是 V_D，在源端一侧的电压是 V_{Dsat}。换句话说，外加电压超过 V_{Dsat} 的部分 (V_D-V_{Dsat}) 降在已耗尽的沟道部分。现在假设 $\Delta L \ll L$，通常情况下，对于器件中源端到夹断点之间的区域，饱和后与饱和开始时该区域的形状基本相同，而且有着同样的端电压 (零和 V_{Dsat})。如果这个导电区的形状和该区上的压降没有改变，那么通过该区的电流也一定保持不变，这就解释了夹断后漏电流近似保持恒定的现象。当然，如果 ΔL 与 L 可比拟，那么同样的压降 (V_{Dsat}) 将降在缩短的沟道区 ($L-\Delta L$) 上，则夹断后的 I_D 将随 V_D ($V_D > V_{Dsat}$) 增加而略微增加。这种效应在短沟道 (小 L) 器件中将会变得特别显著。

解释 I_D-V_D 饱和特性的另一种方法，即借用日常生活中的一个类似现象——瀑布。一个瀑布的水流速率不是由瀑布高度来控制的，而是由流向瀑布的急流的速率决定的。因此，假设两个瀑布具有相同的急流区域，那么即使瀑布的高度不一样，在两个瀑布的底部处水流速率也会完全一样，如图 15.13 所示。急流区域类似于 J-FET 中沟道的源端部分，瀑布则可对应于沟道漏端的夹断区段 ΔL，瀑布高度对应于 ΔL 区段上的 V_D-V_{Dsat} 电势降。

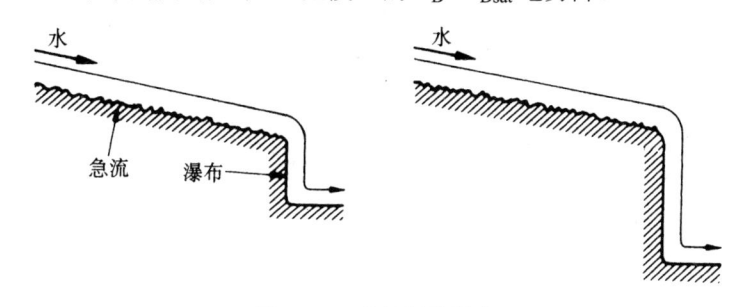

图 15.13 类比用的瀑布

到这里，我们已经建立了 $V_G=0$ 时预期的 I_D 和 V_D 的关系。为了完善讨论，需要研究当 $V_G<0$ 时 J-FET 的工作情况。以下分析将表明 $V_G<0$ 的工作过程与 $V_G=0$ 的情况非常类似，只需进行三个很小的修正。首先，如果 $V_G<0$，即使 $V_D=0$，顶部和底部的 p^+-n 结都将处于反向偏置。结上的反向偏置增加了耗尽层的宽度而缩小了沟道中 $V_D=0$ 的区域。因此，当 $V_G<0$ 时和在给定 V_D 值的情况下，沟道电阻会增加，I_D-V_D 特性中线性部分的斜率会减小 [参见图 15.14(a)]。其次，由于 $V_D=0$ 时沟道变窄，那么在较小漏偏置下沟道将会出现夹断。因此，如图 15.14(b) 所示，$V_G<0$ 时的 V_{Dsat} 和 I_{Dsat} 小于 $V_G=0$ 时的 V_{Dsat} 和 I_{Dsat}。最后需要注意的一点是，对于足够负的 V_G 偏置，即使 $V_D=0$，也有可能使整个沟道都处于耗尽状态 [参见图 15.14(c)]。V_D 为零时，将整个沟道完全耗尽的栅电压 $V_G=V_P$ 称为夹断栅电压。对 $V_G \leq V_P$，在所有漏偏置下的漏电流都等于零[①]。

15.2.3 定量的 I_D-V_D 关系

目标：漏电流随端电压变化的定量表达式，也就是 $I_D=I_D(V_D, V_G)$。

器件说明：图 15.15 标出了器件结构、尺寸和假设的坐标方向。y 轴沿着沟道从源指向漏，

---

① 如果漏偏置加得非常大，那么在漏附近的 p^+-n 结最终会发生击穿现象，导致在任何栅偏置下 I_D 随 V_D 急剧增大。这里描述的所有理论分析都忽略了这种击穿现象。

而 x 坐标方向垂直于 p^+-n 冶金结，L 是沟道长度，Z 是 p^+-n 结侧向宽度，而 $2a$ 是顶部和底部的冶金结之间的距离。注意，$y=0$ 和 $y=L$ 分别从源和漏电极接触处略微移开了一点。$V(y)$ 是电势，$W(y) = W_{top}(y) = W_{bottom}(y)$ 是位于沟道内任意一点 y 处结的耗尽层宽度。$W(y)$ 几乎全部位于 n 区，这是由 p^+-n 结的性质决定的。

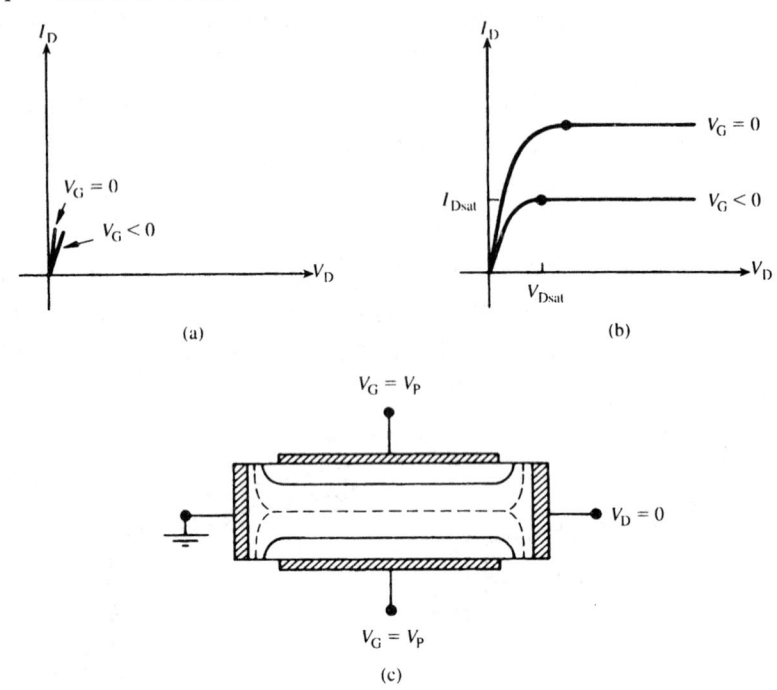

图 15.14 当 $V_G < 0$ 时 I_D-V_D 特性的修正。(a)在较小的漏电压下特性曲线线性区斜率的下降现象；(b)饱和电流和饱和电压的降低；(c)栅夹断

基本假设：(1)结是 p^+-n 突变结，n 区为均匀掺杂且杂质浓度等于 N_D。(2)器件是关于 $x=a$ 平面上下结构对称的，示于图 15.15 中，将同样的 V_G 加在顶部和底部栅上来控制器件，以保持上下对称。(3)将电流限制在 n 区的非耗尽部分且只考虑 y 方向上的分量。(4)$W(y)$ 可以增加到至少一个宽度 a 而不会导致 p^+-n 结的击穿。(在前面的定性讨论中隐含着这种假设。)(5)从源端到 $y=0$ 和从 $y=L$ 到漏端的压降可忽略不计。(6)$L \gg a$。

对于夹断前的漏电压和栅电压，$0 \leq V_D \leq V_{Dsat}$ 和 $0 \geq V_G \geq V_P$，I_D-V_D 关系式的推导过程如下。首先，一般情况下有

$$\mathbf{J}_N = q\mu_n n \mathcal{E} + qD_N \nabla n \tag{15.1}$$

导电沟道内 $n \approx N_D$，而且电流只存在于 y 方向上。此外，$n \approx N_D$ 时，扩散电流分量 ($qD_N \nabla n$) 应该相对较小。根据以上条件，式(15.1)可化简为

$$\mathbf{J}_N = J_{Ny} = q\mu_n N_D \mathcal{E}_y = -q\mu_n N_D \frac{dV}{dy} \quad \text{(在导电沟道内)} \tag{15.2}$$

由于器件内部没有载流子注入源和载流子陷入区，因此沟道内流过任何横截面的电流一定都等于 I_D。因此，在任意一点 y 处，对导电沟道横截面内的电流密度进行积分，可以得到

$$I_D = -\iint J_{Ny} \, dx \, dz = -Z \int_{W(y)}^{2a-W(y)} J_{Ny} \, dx = 2Z \int_{W(y)}^{a} q\mu_n N_D \frac{dV}{dy} \, dx \tag{15.3a}$$

$$= 2qZ\mu_n N_D a \frac{dV}{dy}\left(1 - \frac{W}{a}\right) \tag{15.3b}$$

由于定义沿-y方向的I_D为正,因此一般公式中I_D为负,同时推导过程利用了器件结构关于$x=a$平面上下对称的性质。

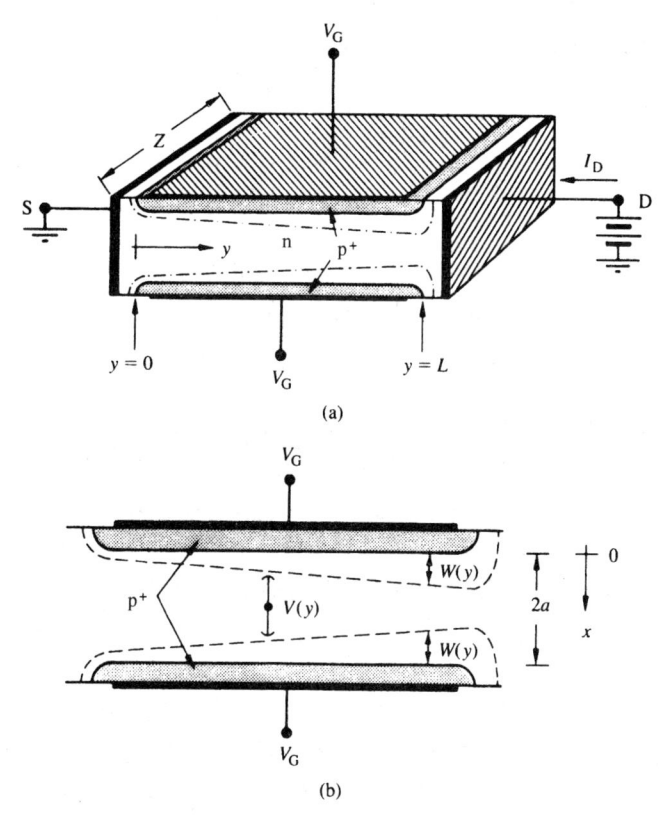

图15.15 定量分析中假设的器件结构、尺寸和坐标方向。(a)整体图;(b)沟道区的放大图

由于I_D与y无关,沿沟道长度对I_D进行积分,可以将式(15.3b)重写为一个更有用的形式。具体为

$$\int_0^L I_D \, dy = I_D L = 2qZ\mu_n N_D a \int_{V(0)\simeq 0}^{V(L)\simeq V_D}\left[1 - \frac{W(V)}{a}\right]dV \tag{15.4}$$

或

$$I_D = \frac{2qZ\mu_n N_D a}{L}\int_0^{V_D}\left[1 - \frac{W(V)}{a}\right]dV \tag{15.5}$$

为了进一步的推导,需要一个W随V变化的解析表达式。应该承认J-FET内的静电问题本质上是一个二维问题。为了获得W与V之间的精确表达式,需要求解泊松方程,而且要考虑静电变量在x和y方向上的变化情况。幸运的是,由于$L \gg a$(基本假设6),J-FET耗尽区内的静电变量(电势、电场和电荷密度)在y方向的变化关系,与静电变量在x方向的变化关系相比是一个随位置变化很缓慢的函数。因此,在这种情况下,可以引入缓变沟道近似,在以后场效应器件的分析中将会经常遇到这个近似。具体地讲,在求解泊松方程中的FET耗尽区的静电变量时,$d\mathscr{E}/dy$可忽略不计。实际上,对于沟道中的每一个y值,只需求出沿x方向上的一维解。

对于这里所考虑的问题，引入缓变沟道近似仅仅意味着能够利用式(5.38)来近似求出每个点上的 W 值，该公式是在 5.2 节建立的一维表达式。因此，对给定的 p^+-n 突变结，有

$$W(V) \cong \left[\frac{2K_S\varepsilon_0}{qN_D}(V_{bi} - V_A)\right]^{1/2} = \left[\frac{2K_S\varepsilon_0}{qN_D}(V_{bi} + V - V_G)\right]^{1/2} \quad (15.6)$$

这里，从图 15.15(b) 也可看出，$V_A = V_G - V(y)$ 是位于给定点 y 处结上的压降。考虑到当 $V_D = 0$ ($V = 0$) 和 $V_G = V_P$ 时，$W \to a$。将其代入式(15.6)，可得

$$a = \left[\frac{2K_S\varepsilon_0}{qN_D}(V_{bi} - V_P)\right]^{1/2} \quad (15.7)$$

和

$$\frac{W(V)}{a} = \left(\frac{V_{bi} + V - V_G}{V_{bi} - V_P}\right)^{1/2} \quad (15.8)$$

最后，将式(15.8)中的 $W(V)/a$ 代入式(15.5)并进行相应的积分，可以得到

$$\boxed{I_D = \frac{2qZ\mu_n N_D a}{L}\left\{V_D - \frac{2}{3}(V_{bi} - V_P)\left[\left(\frac{V_D + V_{bi} - V_G}{V_{bi} - V_P}\right)^{3/2} - \left(\frac{V_{bi} - V_G}{V_{bi} - V_P}\right)^{3/2}\right]\right\}} \quad (15.9)$$
$$0 \leq V_D \leq V_{Dsat}; \quad V_P \leq V_G \leq 0$$

通过引入 $G_0 \equiv 2qZ\mu_n N_D a/L$，式(15.9)可以得到简化；从物理意义上来讲，$G_0$ 就是在没有耗尽区时的沟道电导。在下面的讨论中，仍然保留 $2qZ\mu_n N_D a/L$ 项，以便于直接观察主要参数对电流的影响情况。

应该再次强调的是，前面的推导，特别是式(15.9)，仅适用于沟道夹断前的情况。实际上，如果误将大于 V_{Dsat} 的 V_D 值代入式(15.9)中，那么在给定 V_G 情况下计算出的 I_D-V_D 特性曲线会出现下降现象。但是实际情况下正如定性分析中指出的一样，当 V_D 超过 V_{Dsat} 时，I_D 近似为常数。采用一阶近似，可以对夹断后的特性部分进行建模，有

$$I_D|_{V_D > V_{Dsat}} = I_D|_{V_D = V_{Dsat}} \equiv I_{Dsat} \quad (15.10a)$$

或

$$I_{Dsat} = \frac{2qZ\mu_n N_D a}{L}\left\{V_{Dsat} - \frac{2}{3}(V_{bi} - V_P)\left[\left(\frac{V_{Dsat} + V_{bi} - V_G}{V_{bi} - V_P}\right)^{3/2} - \left(\frac{V_{bi} - V_G}{V_{bi} - V_P}\right)^{3/2}\right]\right\} \quad (15.10b)$$

注意沟道漏端出现的夹断意味着当 $V(L) = V_{Dsat}$ 时，$W \to a$，这样可以简化 I_{Dsat} 关系式。从式(15.6)可以得出

$$a = \left[\frac{2K_S\varepsilon_0}{qN_D}(V_{bi} + V_{Dsat} - V_G)\right]^{1/2} \quad (15.11)$$

比较式(15.7)和式(15.11)，可得

$$\boxed{V_{Dsat} = V_G - V_P} \quad (15.12)$$

和

$$\boxed{I_{Dsat} = \frac{2qZ\mu_n N_D a}{L}\left\{V_G - V_P - \frac{2}{3}(V_{bi} - V_P)\left[1 - \left(\frac{V_{bi} - V_G}{V_{bi} - V_P}\right)^{3/2}\right]\right\}} \quad (15.13)$$

图 15.16 显示了式(15.9)和式(15.13)计算出的 I_D-V_D 理论关系曲线。作为比较,我们给出了实验特性曲线,如图 15.17 所示。一般来说,为了保证理论结果与实验数据相吻合,依然需要大量的工作。在推导之初曾假设器件内有效沟道和源/漏接触电极之间区域上的压降可忽略不计,通过取消该假设,可使实验数据和理论结果之间吻合得更好(参见图 15.18)。练习 15.3 主要分析了在考虑了源和漏电阻后理论上所需的修正。最后应该指出的是,饱和区内绝大多数的特性可表示为一个简单的表达式:

$$I_{Dsat} = I_{D0}(1 - V_G/V_P)^2 \quad \text{其中} I_{D0} = I_{Dsat}|_{V_G=0} \tag{15.14}$$

虽然上式在形式上与式(15.13)完全不同,但是这个半经验的"平方律"关系式仍然给出了近似的计算结果,并且更容易将其用于电路的一阶计算中,此时可将 J-FET 看作一个"黑盒"。此外,如果希望研究 J-FET 特性与温度、沟道掺杂或一些其他的基本器件参数的依赖关系,那么式(15.13)是必不可少的。

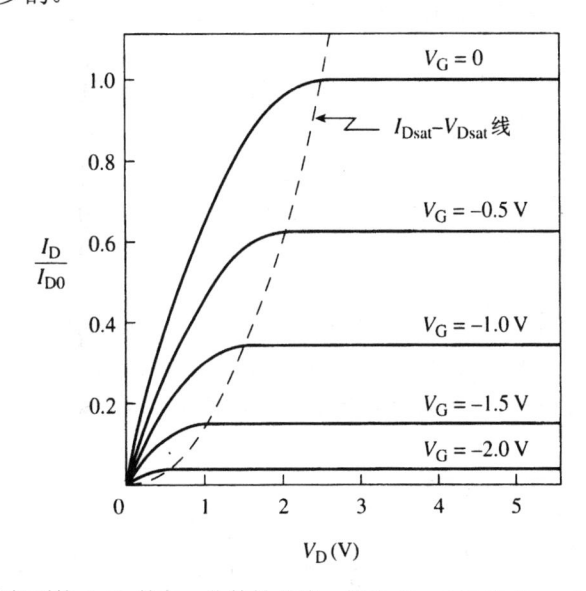

图 15.16 理论计算得到的 I_D-V_D 的归一化特性曲线,假设 V_{bi} = 1 V 和 V_P = -2.5 V, $I_{D0} = I_{Dsat}|_{V_G=0}$

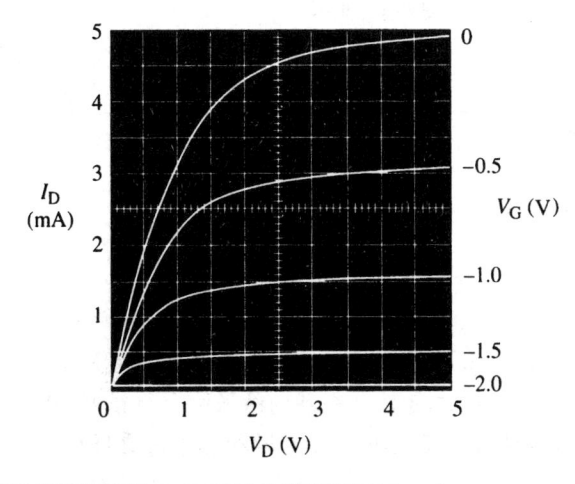

图 15.17 实验测量得到的 I_D-V_D 特性曲线(特性来自一个 TI2N3823 n 沟道 J-FET)

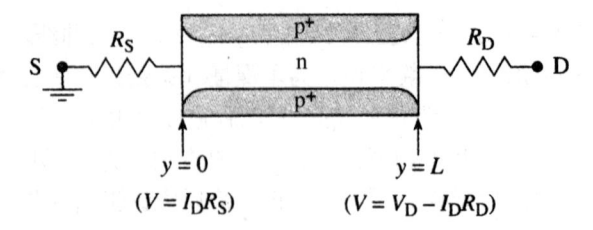

图 15.18　改进的 J-FET 模型，包括了有效沟道和源/漏之间的电阻

练习 15.1

问：构造一个 n 沟道 Si J-FET，其沟道杂质浓度 $N_D = 10^{16}/cm^3$。假定室温下工作，请确定 J-FET 中结到结的最大半宽度(a)。

答：设 W_{BR} 为 J-FET 中 pn 结上的偏压为击穿电压时的耗尽层宽度。由于 J-FET 表现出饱和特性，应该有 $a \leq W_{BR}$。从图 6.11 得出，对给定 $N_D = 10^{16}/cm^3$ 的 p^+-n 结，$V_{BR} \cong 55$ V。而且，从 5.1.4 节的练习 5.1 的图中可推断出 $V_{bi} = 0.92$ V。因此

$$a_{max} = W_{BR} = \left[\frac{2K_S\varepsilon_0}{qN_D}(V_{bi} + V_{BR})\right]^{1/2} = \left[\frac{(2)(11.8)(8.85 \times 10^{-14})}{(1.6 \times 10^{-19})(10^{16})}(0.92 + 55)\right]^{1/2}$$

或

$$\boxed{a_{max} = 2.70 \ \mu m}$$

(C) 练习 15.2

问：利用唯象关系式[参见式(15.13)]和平方律关系式[参见式(15.14)]，计算出 I_{Dsat}/I_{D0} 与 V_G/V_P 之间的关系，并画图比较。其中假设 $V_{bi} = 1$ V 和 $V_P = -2.5$ V，或者等价地设定 $V_{bi}/V_P = -0.4$。将这两种方法计算得到的结果相比较，二者的比较结果如何随 V_{bi}/V_P 比率而变化？

答：在式(15.13)中设 $V_G = 0$，有

$$I_{D0} = \frac{2qZ\mu_n N_D a}{L}\left\{-V_P - \frac{2}{3}(V_{bi} - V_P)\left[1 - \left(\frac{V_{bi}}{V_{bi} - V_P}\right)^{3/2}\right]\right\}$$

因此根据理论(经过一些数学处理)，得到

$$\frac{I_{Dsat}}{I_{D0}} = \frac{V_G/V_P - 1 - \frac{2}{3}(V_{bi}/V_P - 1)\left[1 - \left(\frac{V_{bi}/V_P - V_G/V_P}{V_{bi}/V_P - 1}\right)^{3/2}\right]}{-1 - \frac{2}{3}(V_{bi}/V_P - 1)\left[1 - \left(\frac{V_{bi}/V_P}{V_{bi}/V_P - 1}\right)^{3/2}\right]}$$

根据平方律关系式，有

$$\frac{I_{Dsat}}{I_{D0}} = \left(1 - \frac{V_G}{V_P}\right)^2$$

以下给出了两个 I_{Dsat}/I_{D0} 关系的比较图和用于生成这个图的 MATLAB 程序代码。可见，即使二者的函数形式不同，但二者计算得到的结果吻合得很好。在程序中改变 $z \equiv V_{bi}/V_P$ 的值，发现两条曲线的吻合程度随 $|V_{bi}/V_P|$ 的增加会变得更好。

MATLAB 程序清单...

%Exercise 15.2...Comparison of IDsat Relationships

%Computational parameters
```
clear
z=-0.4;              %z=Vbi/VP
x=linspace(0,1);     %x=VG/VP
```

%P-Theory (y=IDsat/ID0)
```
Num=x-1-(2/3)*(z-1)*(1-((z-x)./(z-1)).^(1.5));
Den=-1-(2/3)*(z-1)*(1-(z./(z-1)).^(1.5));
yP=Num./Den;
```

%Square-law Theory
```
yS=(1-x).^2;
```

%Plotting result
```
close
plot(x,yP,x,yS,'--');  grid
xlabel('VG/VP');  ylabel('IDsat/ID0');
text(0.38,0.4,'Square-Law')
text(0.27,0.3,'Eq.(15.13)')
text(0.8,0.83,'Vbi/VP=-0.4')
```

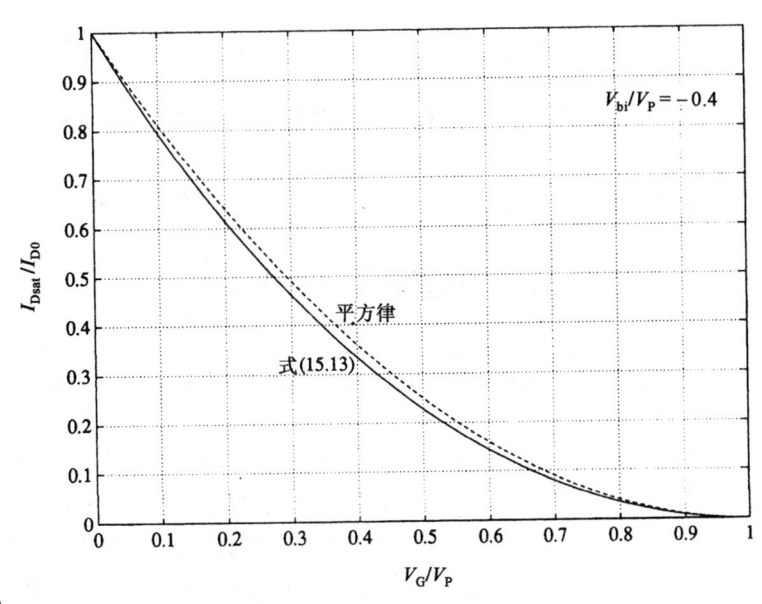

练习 15.3

问：为了考虑有效沟道两端的源和漏电阻（图 15.18 中的 R_S 和 R_D）的影响，在式(15.9)、式(15.12)和式(15.13)中，用 $V_D - I_D(R_S + R_D)$ 代替 V_D，用 $V_G - I_D R_S$ 代替 V_G，重新推导相应的公式。

答：考虑到沟道两端的压降，$y=0$ 和 $y=L$ 处的沟道电压分别为 $V(0)=I_D R_S$ 和 $V(L)=V_D - I_D R_D$。将修正的边界电压代入式(15.4)，同样修改式(15.5)，可以得出

$$I_D = \frac{2qZ\mu_n N_D a}{L} \int_{I_D R_S}^{V_D - I_D R_D} \left[1 - \frac{W(V)}{a}\right] dV \tag{15.5'}$$

由于式(15.8)中 $W(V)/a$ 的表达式保持不变,因此很容易得到式(15.5′)的积分。该积分为

$$I_\mathrm{D} = \frac{2qZ\mu_\mathrm{n}N_\mathrm{D}a}{L}\left\{V_\mathrm{D} - I_\mathrm{D}(R_\mathrm{S}+R_\mathrm{D}) \right. \\ \left. - \frac{2}{3}(V_\mathrm{bi}-V_\mathrm{P})\left[\left(\frac{V_\mathrm{D}-I_\mathrm{D}R_\mathrm{D}+V_\mathrm{bi}-V_\mathrm{G}}{V_\mathrm{bi}-V_\mathrm{P}}\right)^{3/2} \right.\right. \\ \left.\left. - \left(\frac{I_\mathrm{D}R_\mathrm{S}+V_\mathrm{bi}-V_\mathrm{G}}{V_\mathrm{bi}-V_\mathrm{P}}\right)^{3/2}\right]\right\} \tag{15.9′}$$

下面修改式(15.12),注意当 $V_\mathrm{D} = V_\mathrm{Dsat}$ 时,$W \to a$,$V(L) = V_\mathrm{Dsat} - I_\mathrm{Dsat}R_\mathrm{D}$,这样从式(15.6)可以得到

$$a = \left[\frac{2K_\mathrm{S}\varepsilon_0}{qN_\mathrm{D}}(V_\mathrm{bi}+V_\mathrm{Dsat}-I_\mathrm{Dsat}R_\mathrm{D}-V_\mathrm{G})\right]^{1/2} \tag{15.11′}$$

而

$$a = \left[\frac{2K_\mathrm{S}\varepsilon_0}{qN_\mathrm{D}}(V_\mathrm{bi}-V_\mathrm{P})\right]^{1/2} \tag{15.7}$$

这样,显然有

$$V_\mathrm{Dsat} - I_\mathrm{Dsat}R_\mathrm{D} = V_\mathrm{G} - V_\mathrm{P} \tag{15.12′}$$

最后,设式(15.9′)中 $V_\mathrm{D} = V_\mathrm{Dsat}$ 和 $I_\mathrm{D} = I_\mathrm{Dsat}$,并用式(15.12′)来简化结果,可以得到

$$I_\mathrm{Dsat} = \frac{2qZ\mu_\mathrm{n}N_\mathrm{D}a}{L}\left\{V_\mathrm{G}-V_\mathrm{P}-I_\mathrm{Dsat}R_\mathrm{S}-\frac{2}{3}(V_\mathrm{bi}-V_\mathrm{P})\times \right.\\ \left.\left[1-\left(\frac{I_\mathrm{Dsat}R_\mathrm{S}+V_\mathrm{bi}-V_\mathrm{G}}{V_\mathrm{bi}-V_\mathrm{P}}\right)^{3/2}\right]\right\} \tag{15.13′}$$

注意,如果用 $V_\mathrm{D}-I_\mathrm{D}(R_\mathrm{S}+R_\mathrm{D})$ 代替 V_D 和用 $V_\mathrm{G}-I_\mathrm{D}R_\mathrm{S}$ 代替 V_G,式(15.9)、式(15.12)和式(15.13)则分别转换为式(15.9′)、式(15.12′)和式(15.13′)。

关于以上结果,还需要说明几点。第一,很明显无法得到 I_D 或 I_Dsat 的以 V_D 和 V_G 为变量的解析函数。然而,用数值迭代的方法可以很容易计算出修正后的电流-电压特性。第二,通过以下方法也可以很快地解答出这个问题,(i)将式(15.5′)中的积分变量改为 $V' = V - I_\mathrm{D}R_\mathrm{S}$,(ii)要求原始公式和修正后的式(15.5)保持同样的形式。但是,这种变量替换方法提供的信息不多。

15.2.4 交流响应

J-FET 的交流响应一般用 J-FET 小信号等效电路的形式来表示,最方便的是考虑图 15.19(a)所示的双端口网络。首先仅考虑低频工作情况,此时电容效应可忽略不计。

首先分析器件的输入。在标准的直流偏置条件下,栅和源之间的输入端口通过一个反向偏置二极管相连,但在低频情况下该反向偏置二极管的作用类似于开路(一阶近似)。因此,标准的做法是将 J-FET 的输入表示为一个开路电路。

第 15 章 场效应导言——J-FET 和 MESFET

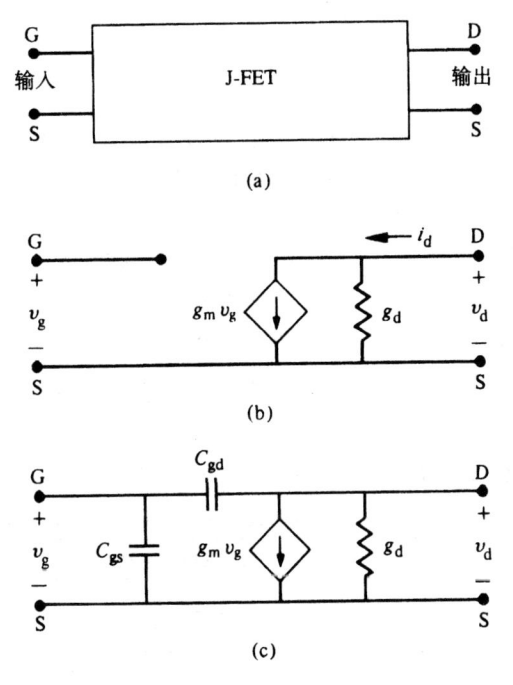

图 15.19 (a)J-FET 等效为一个双端口网络。表征 J-FET 交流响应的(b)低频和(c)高频小信号等效电路

在输出端,直流漏电流已经表示为 V_D 和 V_G 的函数,也就是 $I_D = I_D(V_D, V_G)$。当交流漏电压和栅电压(v_d 和 v_g)分别叠加在直流漏电压和栅电压(V_D 和 V_G)上时,器件中的漏电流变为 $I_D(V_D, V_G) + i_d$,其中 i_d 是漏电流的交流分量。假设器件可以准静态地跟随电压的交流变化,这也是低频工作情况下的近似,可以得到

$$i_d + I_D(V_D, V_G) = I_D(V_D + v_d, V_G + v_g) \tag{15.15a}$$

和

$$i_d = I_D(V_D + v_d, V_G + v_g) - I_D(V_D, V_G) \tag{15.15b}$$

将式(15.15b)右边第一项在直流工作点附近按泰勒级数展开,并且只保留展开式中的一阶项(高阶项可忽略不计),可以得到

$$I_D(V_D + v_d, V_G + v_g) = I_D(V_D, V_G) + \left.\frac{\partial I_D}{\partial V_D}\right|_{V_G} v_d + \left.\frac{\partial I_D}{\partial V_G}\right|_{V_D} v_g \tag{15.16}$$

将其代入式(15.15b),有

$$i_d = \left.\frac{\partial I_D}{\partial V_D}\right|_{V_G} v_d + \left.\frac{\partial I_D}{\partial V_G}\right|_{V_D} v_g \tag{15.17}$$

从量纲上来看,式(15.17)中的偏导是电导。引入

$$g_d \equiv \left.\frac{\partial I_D}{\partial V_D}\right|_{V_G = \text{constant}} \quad \cdots \text{漏或沟道电导} \tag{15.18a}$$

$$g_m \equiv \left.\frac{\partial I_D}{\partial V_G}\right|_{V_D = \text{constant}} \quad \cdots \text{跨导或互导} \tag{15.18b}$$

然后可写出

$$i_d = g_d v_d + g_m v_g \tag{15.19}$$

可以将式(15.19)看成漏端交流电流的节点方程,可以得到图 15.19(b)中电路的输出部分。正如前面曾经得到的结论,栅到源或器件的输入端可简化为开路,因此图 15.19(b)是所需的表征 J-FET 的低频交流响应的小信号等效电路。

在场效应晶体管模型中,参数 g_m 的作用类似于前面 BJT 分析中提到的增益参数(α和β)。正如其名称所示,可以将 g_d 看作器件的输出导纳或者源和漏之间沟道的交流电导。采用式(15.18)的定义,直接对式(15.9)和式(15.13)进行微分,可以得到 g_d 和 g_m 的显式表达式,如表 15.1 所示。注意表 15.1 中 $g_d = 0$ 的结果对应于在饱和条件下工作的器件,这与 $V_D \geq V_{Dsat}$ 时理论计算出的 I_D-V_D 特性曲线的斜率为零相一致。

表 15.1 J-FET 的小信号参数。表中各项是通过直接微分公式即式(15.9)和式(15.13)得到的,$G_0 \equiv 2qZ\mu_n N_D a/L$

夹断前($V_D \leq V_{Dsat}$)	夹断后($V_D \geq V_{Dsat}$)
$g_d = G_0 \left[1 - \left(\dfrac{V_D + V_{bi} - V_G}{V_{bi} - V_P} \right)^{1/2} \right]$	$g_d = 0$
$g_m = G_0 \left[\left(\dfrac{V_D + V_{bi} - V_G}{V_{bi} - V_P} \right)^{1/2} - \left(\dfrac{V_{bi} - V_G}{V_{bi} - V_P} \right)^{1/2} \right]$	$g_m = G_0 \left[1 - \left(\dfrac{V_{bi} - V_G}{V_{bi} - V_P} \right)^{1/2} \right]$

实际应用中经常会遇到更高的工作频率,因此必须修改图 15.19(b)中的电路,以便考虑栅和漏/源之间的耦合电容。J-FET 的栅结是一个 pn 结,通常可以表示为类似图 7.2 中的小信号等效电路。但是,由于 J-FET 的栅结通常是反向偏置的,因此结的导纳完全可以用耗尽区电容来表示。这个电容部分连接在栅和源之间,部分连接在栅和漏之间。图 15.19(c)给出了最终的高频等效电路。

练习 15.4

问:利用图 15.19(b)中的低频等效电路,并假设 J-FET 为饱和偏置,说明有效沟道两端的源和漏电阻会导致如下有效跨导的下降。

$$g_m' = \frac{g_m}{1 + g_m R_S}$$

答:在饱和条件下,$g_d \to 0$。g_d 处开路,将 R_S 和 R_D 加到图 15.19(b)中的合适节点处,得到图 E15.4 中的等效电路。从图 E15.4 可推导出

$$i_d = g_m v_g' = g_m(v_g - i_d R_S)$$

因此

$$i_d = \frac{g_m}{1 + g_m R_S} v_g \equiv g_m' v_g$$

其中

$$g_m' = \frac{g_m}{1 + g_m R_S}$$

值得指出的是,如果 $g_d = 0$,则 R_D 不影响跨导。另一方面,如果 $g_m R_S$ 可与 1 相比,那么 R_S 会引起 J-FET 有效跨导的下降。

图 E15.4

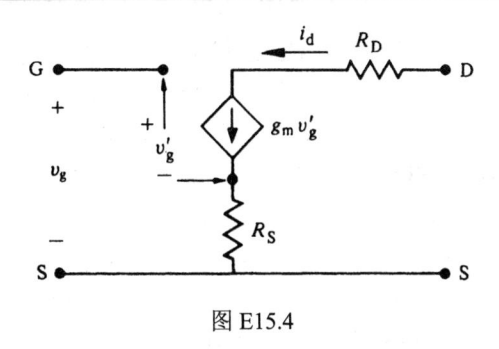

15.3 MESFET

15.3.1 基础知识

在第 14 章中曾指出 MS(肖特基)二极管和 pn 结二极管之间存在着相似之处,尤其是在整流型 MS 接触下方也存在着一个受所加电压调制的耗尽层。因此 MESFET 可以很容易地理解为用整流型金属-半导体栅构造出的一个场效应晶体管。图 15.20 给出了一个 GaAs MESFET 的简单透视图及该结构的理想横截面图。

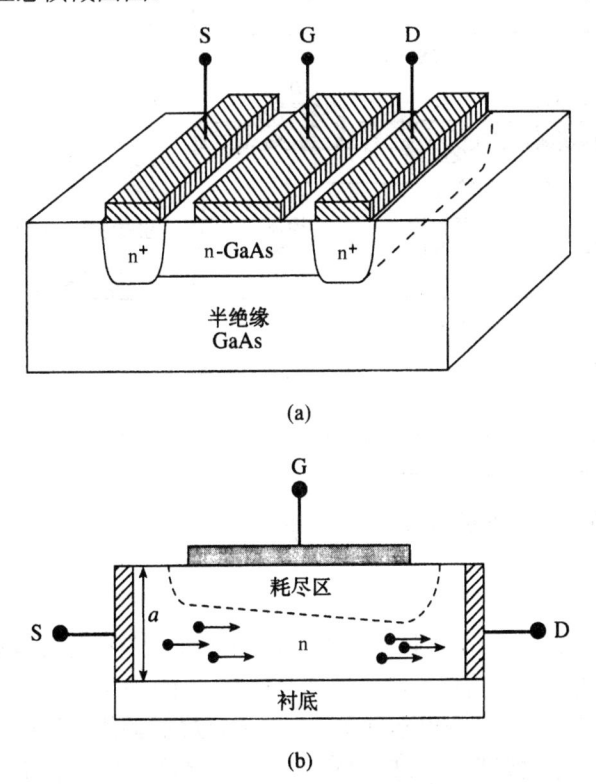

图 15.20 MESFET。(a) GaAs MESFET 的简单透视图;(b) MESFET 理想横截面图(注意到单栅结构中总的 n 区厚度定义为 a)

商用产品中的 MESFET 为基于 GaAs 的 n 沟道结构,可以从图 15.20 中看出这一点。MESFET

主要适用于高频应用，在这一应用领域中 GaAs 优于 Si，这主要是由于 GaAs 具有优越的电子输运特性。从历史上来看，在制备具有较好特性的金属-绝缘体-GaAs FET 的过程中遇到过许多困难，作为替代物，MESFET 取而代之，其制备工艺也得到了不断的发展，目前已成为最成熟的 GaAs 制备技术。GaAs MESFET 是单片微波集成电路(MMIC)的核心，也可作为分立器件出售，用于工作频率超过 5 GHz 的放大器和振荡器中。

通常有两种基本类型的 MESFET——耗尽模式 MESFET(D-MESFET) 及增强模式 MESFET(E-MESFET)。图 15.21 给出了两种 MESFET 的横截面图。与前面描述的 J-FET 相类似，加在 D-MESFET 栅上的偏置会进一步增强栅下区域的耗尽，引起沟道电导的降低。另一方面，在 E-MESFET 中，金属-半导体接触的内建电压能够将沟道完全耗尽，因此必须在 E-MESFET 栅上加一个正向偏置以减小耗尽层宽度，从而形成沟道电流。MESFET 在模拟电路(包括 MMIC)方面有较大优势，并且只能采用 D-MESFET。而对于数字逻辑电路，D-MESFET 和 E-MESFET 都可以采用。

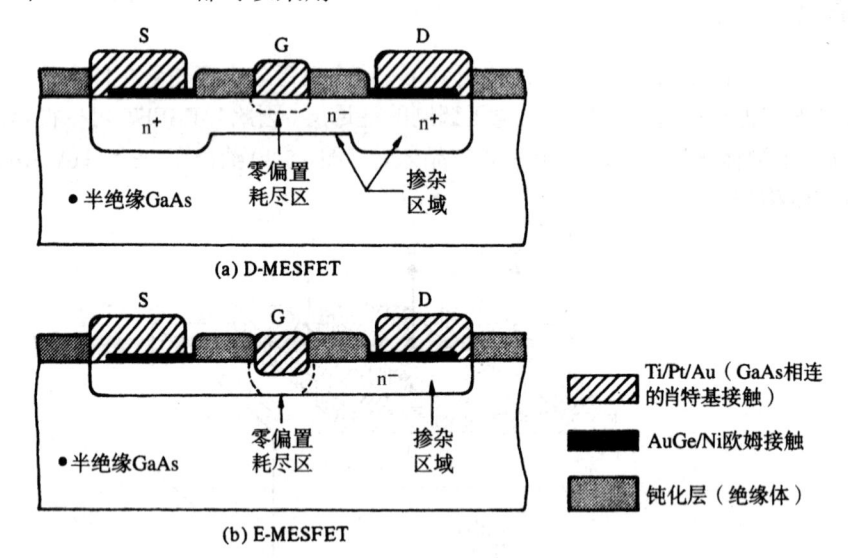

图 15.21 GaAs MESFET 器件类型。(a) D-MESFET；(b) E-MESFET

注意，对于具有较高工作频率的应用来说，需要制备出沟道长度非常短的器件。商用器件中栅或有效沟道长度通常≤1μm。举例来说，在 1993 年 Hewlett-Packard 通信元器件列表中，GaAs MESFET 分立器件标出的栅长度为 0.25 μm。

15.3.2 短沟道效应

由于 MESFET 和 J-FET 的结构非常相似，因此在满足所有推导假设条件的情况下，建立的 J-FET 的 I_D-V_D 理论只需进行一些修改就可用到 MESFET 上。但是，对于典型的短沟道 MESFET，一些推导假设在很大程度上已经变得不可靠了。首先，$L \gg a$ 的假设和相应的缓变沟道近似很明显已经不再适用了。其次，曾经假定 FET 的沟道电场足够低，因此载流子漂移速度为 $v_d = \mu_0 \mathscr{E}_y$，其中 $|\mu_0|$ 是低场迁移率。然而，如果漏电压 $V_D = 1$ V 加到长度 L 为 1 μm 的沟道上，那么沟道电场的平均大小为 $|\mathscr{E}_y| = V_D/L = 10^4$ V/cm。由于 $|\mathscr{E}_y|$ 沿着沟道从源到漏逐渐增加，因此漏端附近的电场大小会比平均值还要大。参考本书第一部分的图 3.4，发现该电场下 Si 中的电子漂移速度明显不同于由线性依赖关系外推到 10^4 V/cm 处的值。在 GaAs 中，甚至会在更低的 $|\mathscr{E}_y|$ 值处出现低

场假设失效的情况。

在以下的讨论中，针对相关器件文献中提出的对长沟道器件理论的三个修正进行了分析。每种近似的短沟道模型都有其适用的范围和特定的使用条件。

可变迁移率模型

当载流子沿着 MESFET 沟道运动时，v_d 随 $\mathscr{E}_y$ 的非线性变化关系可近似采用本书第一部分的式 (3.3)。具体来说，假设式 (3.3)($\beta = 1$) 能够很好地模拟出 v_d 与 $\mathscr{E}$ 的变化关系，就可以得到

$$v_d = \frac{\mu_0 \mathscr{E}}{1 + \dfrac{\mu_0 \mathscr{E}}{v_{sat}}} \tag{15.20}$$

和

$$\mu(\mathscr{E}) \equiv \left|\frac{v_d}{\mathscr{E}}\right| = \frac{|\mu_0|}{1 + \dfrac{\mu_0 \mathscr{E}}{v_{sat}}} \tag{15.21}$$

其中 $\mu(\mathscr{E})$ 是与电场相关的迁移率，而 v_{sat} 是饱和漂移速度。如果 $\mu(\mathscr{E})$ 关系中的 $\mu_0 = -\mu_n$，$\mathscr{E} \to \mathscr{E}_y = -dV/dy$，将其代替长沟道 J-FET 推导中式(15.1)的 μ_n，修改相关的公式，最终得到

$$I_D = \frac{I_D(\text{长沟道})}{1 + \dfrac{\mu_n V_D}{v_{sat} L}} \quad \ldots 0 \le V_D \le V_{Dsat} \tag{15.22}$$

I_D(长沟道)是由式(15.9)计算出的 I_D。夹断后，I_D(长沟道) $\to I_{Dsat}$(长沟道)且 $V_D \to V_G - V_P$。另外，如果 MESFET 是一个单栅结构，如图 15.20 所示，则长沟道电流方程中的 $2a$ 必须用 a 来代替。

下面对式(15.22)进行分析，注意到相对于长沟道情况，短沟道器件的漏电流总是减小的，由于 $\mu(\mathscr{E}) \le \mu_n$，该结论是合理的。而且，式(15.22)分母中的 V_D/L 正好是 $|\overline{\mathscr{E}_y}|$。因此可以将 $\mu_n V_D/L = \mu_n |\overline{\mathscr{E}_y}|$ 当作相应的"平均"漂移速度 $\overline{v_d}$，显然，如果 $\overline{v_d} \ll v_{sat}$，则式(15.22)可简化为长沟道器件的推导结果。

总体来说，当处理中等沟道长度的 FET 时(通常 $L \ge 10\mu m$)，可变迁移率模型大体上描述了 FET 沟道内 v_d 随 $\mathscr{E}_y$ 的非线性变化关系；而且作为长沟道理论的一阶修正，该模型已足以满足要求。但是，如果 $L \sim a$，则该模型无法解决缓变沟道近似失效的问题。因此，需要考虑其他因素以正确描述观察到的短沟道 MESFET 的特性。

饱和速度模型

长沟道器件中的电流饱和总是由夹断或漏端附近的沟道收缩引起的。在短沟道器件中，缓变沟道近似已不再适用，因此存在着另外一种可导致电流出现饱和的机制。

在 n 型短沟道器件中，假设 $|\mathscr{E}_y|$ 足够大，以至于 FET 沟道内 $y_1 < L$ 点处的 v_d 趋近于 v_{sat}。当 $v_d = v_{sat}$ 时，y_1 点处的电流为

$$I(y_1) = qv_{sat} N_D Z[a - W(y_1)] \tag{15.23}$$

沟道电流的连续性要求沟道内 $I(y)$ 处处相等，特别是 $I(y > y_1) = I(y_1)$。由于 $y = y_1$ 处 $v_d = v_{sat}$，在点 $y > y_1$ 处 v_d 不再进一步增大。因此从式(15.23)可以看出，为了满足 $I(y > y_1) = I(y_1)$ 的要求，

对于所有的点 $y_1 \leq y \leq L$，$W(y)$ 必须是一个常数，如图 15.22 所示。这完全不同于缓变沟道近似中的假设，只要栅下耗尽层中出现明显的电场 $\mathcal{E}_y$，就会出现上面描述的现象，而且一些电力线将终止于对应栅下以外区域内的电荷上，如图 15.22 所示。即使沟道只是部分地收缩，图 15.22 中器件的漏电流也将出现饱和。外加一个更大的漏偏置只会引起沟道中的 y_1 点更靠近源端。通常，当沟道夹断或当 $y = L$ 处 $v_d \to v_{sat}$ 时，都会出现漏电流饱和($I_D = I_{Dsat}$)。

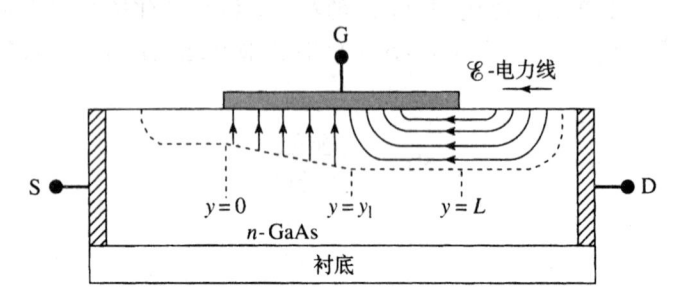

图 15.22 在一个短沟道 MESFET 中，耗尽区（虚线区）和电场的近似示意图，其中在沟道内 y_1 点处的漂移速度已经达到其最大值($v_d = v_{sat}$)

如果速度饱和出现在沟道长度只有几个微米或更小的 MESFET 中，那么在器件的 $y_1 \leq y \leq L$ 区域内，耗尽层宽度与 $y = 0$ 处的耗尽层宽度相差很小。对于所示的特殊情况，在式(15.23)中可用 $W(0)$ 代替 $W(y_1)$。这样可以有如下的近似：

$$I_{Dsat} = I(y_1) \cong q v_{sat} N_D Z [a - W(0)] \tag{15.24}$$

其中

$$W(0) = \left[\frac{2K_S \varepsilon_0}{q N_D}(V_{bi} - V_G)\right]^{1/2} = a\left(\frac{V_{bi} - V_G}{V_{bi} - V_P}\right)^{1/2} \tag{15.25}$$

假设缓变沟道近似依然适用于沟道的源端，可计算出 $W(0)$，即 $y = 0$ 处的耗尽层宽度。可以发现采用式(15.24)和式(15.25)计算出的饱和漏电流与短沟道($L \sim 1~\mu m$) GaAs MESFET 的实验结果吻合得非常好。

两区模型

饱和速度模型虽然很有用，但只能给出 I_{Dsat} 的表达式。而两区模型则可以给出完整的特性，并且也与饱和速度模型相一致。

在两区模型中，将器件分为两部分，分别对应于图 15.22 所示的两个空间区或漂移速度区。对于 $0 \leq y \leq y_1$ 区域，假设缓变沟道近似和长沟道理论成立，而且该区域内 $v_d = \mu_0 \mathcal{E}_y$。$v_d = v_{sat}$ 模型适用于沟道内 $y_1 \leq y \leq L$ 的部分。取转折点(y_1)为对应于 $\mu_0 \mathcal{E}_y = v_{sat}$ 的位置。当然，如果 $\mu_0 \mathcal{E}_{y|y=L} < v_{sat}$，长沟道理论将适用于整个沟道。

类似于长沟道理论，当 $V_D \leq V_{Dsat}$ 时可用式(15.9)或单栅的等效公式来计算 I_D-V_D 特性。同样，令 $I_{D|V_D > V_{Dsat}} = I_{D|V_D = V_{Dsat}} \equiv I_{Dsat}$。但是，一般 $V_{Dsat} \neq V_G - V_P$，则不能用式(15.13)来计算 I_{Dsat}。在两区模型中，当沟道漏端处有 $\mu_0 \mathcal{E}_y = v_{sat}$ 或 $\mathcal{E}_y = v_{sat}/\mu_0$ 时，漏电流将开始出饱和。如果求解出沟道内 $V(y)$ 的长沟道表达式(参见习题 15.3)，那么通过其对 y 的微分关系式可得到 $\mathcal{E}_y$，当 $\mathcal{E}_{y|y=L} = v_{sat}/\mu_0 = \mathcal{E}_{sat}$ 时，$V(L)$ 等于 V_{Dsat}，这样可以得出

$$\mathscr{E}_{sat}L = \frac{V_{Dsat} - \frac{2}{3}(V_{bi} - V_P)\left[\left(\frac{V_{Dsat} + V_{bi} - V_G}{V_{bi} - V_P}\right)^{3/2} - \left(\frac{V_{bi} - V_G}{V_{bi} - V_P}\right)^{3/2}\right]}{\left(\frac{V_{Dsat} + V_{bi} - V_G}{V_{bi} - V_P}\right)^{1/2} - 1} \tag{15.26}$$

通过对式(15.26)进行数值求解，可确定出给定 V_G 下的 V_{Dsat} 和一组器件参数。

图 15.23 给出了基于两区模型计算出的 I_D-V_D 理论特性，计算中假设 GaAs n 沟道 MESFET 的 $\mathscr{E}_{sat} = -5 \times 10^3$ V/cm，$L = 1$ μm。为了和长沟道情况的结果相比较，将特性归一化到采用单栅器件的式(15.13)计算出的 $I_{D0} = I_{Dsat}|_{V_G=0}$ 上。

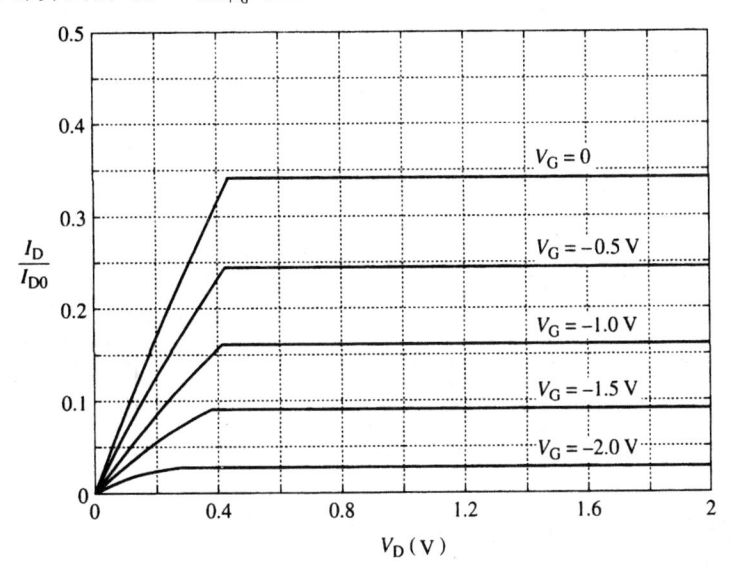

图 15.23 对于一个 n 短沟道 MESFET，基于两区模型计算出的归一化 I_D-V_D 特性。$V_{bi} = 1$ V，$V_P = -2.5$ V，$\mathscr{E}_{sat} = -5 \times 10^3$ V/cm 和 $L = 1$ μm。漏电流归一化到 $V_G = 0$ 时等效长沟道 FET 的饱和电流(I_{D0})

分析图 15.23，注意对于绝大多数的 V_G 值，该短沟道器件的 V_{Dsat} 明显比较低，而且相对于大体相当的长沟道特性(参见图 15.16)，I_D/I_{D0} 也较小。I_{Dsat} 随 V_G 的变化关系近似可用式(15.24)来描述。虽然形式上有点粗糙，而且在 $V_D = V_{Dsat}$ 处斜率明显不连续，但是由两区模型计算出的特性与观察到的短沟道特性基本吻合。然而，应该注意对短沟道特性的精确模拟在本质上需要求解静电方程和电流方程的二维数值解。

15.4 小结

已知场效应是指垂直于半导体表面的电场对该半导体的电导的调制现象。本章首先对场效应器件家族给出一个概括的历史性的介绍；其余部分着重讨论了 J-FET 和 MESFET，特别介绍了 FET 相关的专用术语和典型的分析过程，并且定性和定量地分析了稳态情况下 J-FET 的工作原理，其中的定量分析包括基于缓变沟道近似的长沟道器件 I_D-V_D 的常规推导。在 J-FET 的交流响应建模中，注意沟道电导(g_d)和跨导(g_m)是关键参数。MESFET 的讨论部分强调了短沟道效应的影响及稳态情况下对长沟道 J-FET 的分析中需要进行的修正。

习题

第 15 章 习题信息表					
习 题	在以下小节后完成	难度水平	建议分值	简短描述
15.1	15.4	1	10(每问 1 分)	快速测验
15.2	15.2.3	2	9(每问 3 分)	复合晶体管
15.3	"	3	10 (a-7, b-3)	$V(y)$ 的关系式
15.4	"	2	5	最大 I_D 对应的 V_{Dsat}
15.5	"	3	25(a-3, b-5,c-3,d-5, e-2, f-7)	$V_{GB}=0$ 时 J-FET 的工作原理
15.6	"	3	12 (a-3, b-9)	线性缓变沟道
●15.7	"	4	25	包含 R_S 和 R_D 的 I_D-V_D 关系
15.8	15.2.4	2	9 (a-6, b-3)	夹断电阻
15.9	"	3	12 (a-3, b-6, C-3)	f_{max}
*15.10	"	3	18 (a-12, b-6)	g_m 对温度的依赖关系
15.11	15.3.2	3	8	背栅 MESFET
15.12	"	2~3	8	推导式(15.22)
15.13	"	2	5	推导式(15.26)
●15.14	"	3	18 (a-14, b-2,c-2)	两段 I_D-V_D

15.1 快速测验。尽可能简洁地回答下列问题。
(a)给出"场效应"的定义。
(b)简要描述 J-FET 中"沟道"的含义?
(c)对于一个 p 沟道 J-FET(具有 n$^+$-p 栅结,源、漏之间为 p 区),在正常工作条件下,电流如何流进或流出漏端?请解释。
(d)什么是"缓变沟道近似"?
(e)"夹断"的含义是什么?
(f)漏电导的数学定义是什么?跨导呢?
(g)对于一个 J-FET,画出其低频交流响应的小信号等效电路。(假设器件的直流特性类似于图 15.16 中的结果。)
(h)MESFET、D-MESFET 和 E-MESFET 各代表什么含义?
(i)在短沟道 MESFET 的建模工作中,为什么关心沟道内的电场大小?
(j)简要说明长沟道 I_D-V_D 理论和两段短沟道 I_D-V_D 理论之间的主要区别是什么?

15.2 本题针对图 P15.2 中的器件提出各种问题。该器件是基于一个均匀掺杂的硅棒而形成的,称为复合管(复合晶体管)。硅棒的上面和下面两端为欧姆接触并通过 D 引线和 B 引线分别与外界相连。硅棒的两边形成了 p$^+$-n 突变结并通过 E 引线和 C 引线分别与外界相连。如图所示,d 是两个 p$^+$区之间的距离,L 是 p$^+$ 区的横向长度。除了回答下列问题,还需说明理由。

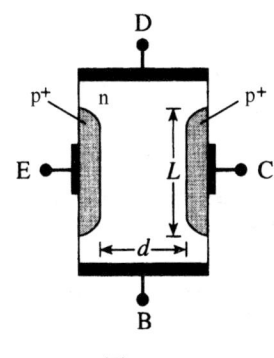

图 P15.2

(a) 已知：D-B 连在一起；$d \ll L_P$，这里 L_P 是 n 区内少数载流子的扩散长度；$V_{EB} > 0$；$V_{CB} < 0$。问题：如果 I_E 保持不同的恒定值，画出流出 C 端的电流 (I_C) 随 V_{CB} 的变化关系。

(b) 已知：E-C 连在一起；D-B 连在一起；$d \gg L_P$。问题：画出流进 E-C 电极的电流随 E-C 和 D-B 之间电压的变化关系。

(c) 已知：E-C 连在一起；$d < 2W_{BR}$，其中 W_{BR} 是复合管中 pn 结上压降为击穿电压时的耗尽层宽度；L 几乎等于 D 和 B 之间长条的总长度；$V_{DB} > 0$；$V_{EB} < 0$。问题：如果将 V_{EB} 设定为不同的恒定值，画出流进 D 端的电流 (I_D) 随 V_{DB} 的变化关系。

15.3 如图 15.11(c) 所示，沿 J-FET 沟道长度方向的电压变化通常是位置的非线性函数。

(a) 推导出一个公式，用于计算在给定沟道电压——$0 \leq V(y) \leq V_D$ 条件下对应的沟道位置（即 y/L）。提示：在式 (15.4) 中，设 $L \to y$，$V_D \to V(y)$，解出 y，计算其余的积分，然后从结果中得出 y/L 值。

(b) 假设 $V_G = 0$、$V_D = 5$ V、$V_{bi} = 1$ V 和 $V_P = -8$ V，分别计算 $V(y) = 1$ V、2 V、3 V、和 4 V 时对应的 y/L 值。将计算的 y/L 值与图 15.11(c) 所示的电压位置相比较。

15.4 如果用式 (15.9) 计算给定 V_G 条件下的 I_D 与 V_D 的关系，并且如果允许 V_D 大于 V_{Dsat}，则发现 I_D 是 V_D 的一个峰值函数，最大值出现在 V_{Dsat} 处。以上结果暗示着存在另一种方法来推导出式 (15.12) 中的 V_{Dsat} 关系式。具体来说，可以利用确定函数极值点的标准数学方法直接从式 (15.9) 推导出式 (15.12)。

15.5 假设如图 P15.5 所示，一个长沟道 J-FET 的背栅与源相连并接地。

(a) 若 V_{GT} 大到足以在 $V_D = 0$ 的情况下使沟道出现夹断，请画出 $V_{GB} = 0$ 对应的器件内耗尽区的轮廓图。

(b) 当两个栅连在一起时，栅夹断电压 $V_P = -8$ V，$V_{bi} = 1$ V，假设栅为 p$^+$-n 突变结，请确定 $V_{GB} = 0$ 和 $V_D = 0$ 时的 V_{PT}（顶部栅夹断电压）。你的答案与(a)中画出的图是否一致？请解释。

(c) 假设 $V_{PT} < V_{GT} < 0$，当漏电压增大到沟道出现夹断时，画出器件内耗尽区的轮廓图。

(d) 推导出 $V_{GB} = 0$ 的条件下，以 V_{PT}、V_{bi} 和 V_{GT} 为变量的 V_{Dsat} 的表达式。（你的答案应该只包含电压，不要试图实际解出 V_{Dsat}）。

(e) 根据(c)和(d)的答案，$V_{GB} = 0$ 工作条件下的 V_{Dsat} 是大于还是小于 $V_{GB} = V_{GT}$ 工作

条件下的 V_{Dsat}？请解释。

(f) 推导出 I_D 随 V_D 和 V_{GT} 的变化关系，类似于式(15.9)的表达式。

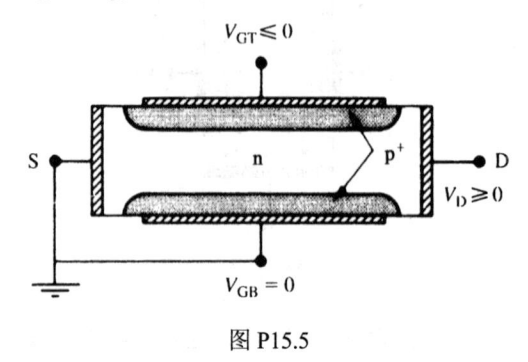

图 P15.5

15.6 图 P15.6 显示出一个 J-FET 中栅到栅的杂质分布。具体来说，假设 p^+ 区杂质浓度远大于 n 区最大的杂质浓度，另外做出其他所需的假设。

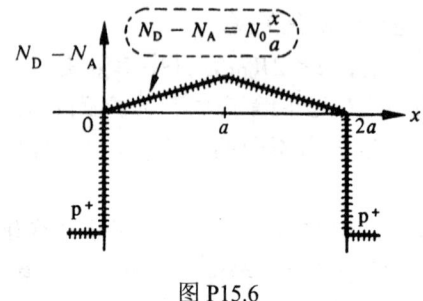

图 P15.6

(a) 建立单边线性缓变结中耗尽层宽度(W)的表达式。设 V_A 是结上的外加电压。(参考 7.2.2 节和复习 5.2.5 节中对线性缓变结的分析，这将有助于推导。)

(b) 忽略 μ_n 对杂质浓度的依赖关系，并假设左侧栅和右侧栅连在一起，适当地修改正文中 J-FET 的分析，以得出夹断前该线性缓变结的 I_D 与 V_D 的关系式。[注意：不仅仅是 $W(V)/a$ 的表达式需要修改。]

● 15.7 请用图示方法得出 R_S 和 R_D 电阻对 I_D-V_D 特性的影响规律。参考练习 15.3，写出一个 MATLAB 程序，计算和画出 R_S 和 R_D 取任意值的情况下 J-FET 的 I_D-V_D 特性。将所有 I_D 归一化到式(15.13)计算出的 $I_{D0} = I_{Dsat}|_{V_G=0}$ 上。(归一化的电流关系式应该只涉及 I_D/I_{D0} 或 I_{Dsat}/I_{D0}、V_D、V_G 与参数 V_{bi}、V_P、G_0R_S 和 G_0R_D，这里 $G_0 \equiv 2qZ\mu_n N_D a/L$)。设 $V_{bi} = 1$ V 和 $V_P = -2.5$ V；连续设定 $G_0R_S = G_0R_D = 0$，0.1 和 0.5，运行你的程序。将结果与图 15.16 相比较，并对比较结果进行讨论。

15.8 双极集成电路有时会用到夹断电阻。这个两端夹断电阻实际上是一个栅、源内部短路的 J-FET。由于该电阻与电压之间存在着非线性依赖关系，因此该器件适用于需要大电阻值但对精确性要求不高的情况。

(a) 假设正文中的推导可以采用且无须修改，建立夹断电阻的直流电导($G = 1/$电阻$= I/V$)和交流电导($g = dI/dV$)的一般表达式。

(b) 计算外加电压 $V_{Dsat}/2$ 情况下的直流和交流电阻值($R = 1/G$ 和 $r = 1/g$)。取 $Z/L = 1$，$a = 0.5$ μm，$N_D = 10^{16}/cm^3$，$V_{bi} = 1$ V，$V_P = -2$ V。

15.9 J-FET 的最大工作频率或截止频率为

$$f_{\max} = \frac{g_m}{2\pi C_G}$$

这里 C_G 是 pn 结栅电容。

(a) 通过类似于 17.3.2 节的讨论，推导出上面 $f_{\max}$ 的表达式。

(b) 请说明对一个 J-FET 可以写出

$$f_{\max} = \frac{g_m}{2\pi C_G} \leqslant \frac{q\mu_n N_D a^2}{2\pi K_S \varepsilon_0 L^2}$$

(c) 给定一个硅 J-FET，其中 $N_D = 10^{16}/\text{cm}^3$、$a = 0.5\ \mu\text{m}$ 和 $L = 5\ \mu\text{m}$，计算截止频率的极限值。

*15.10 本题中，希望研究 J-FET 跨导的温度依赖关系。

(a) 利用以前章节中参量随温度变化的信息或关系式，计算和画出归一化到 $g_m(300\ \text{K})$ 上的 $g_m(T)$ 随 $T(\text{K})$ 变化的对数-对数图，其中 $225\ \text{K} \leqslant T \leqslant 475\ \text{K}$。在极小值处，数据点间隔为 50 K。设 $V_G = 0$ 并令器件为饱和偏置 ($V_D \geqslant V_{Dsat}$)。假设有一个 n 沟道硅器件，其中 $N_D = 10^{16}/\text{cm}^3$，$N_A(\text{p}^+\ \text{区}) = 5 \times 10^{17}/\text{cm}^3$，$a = 0.6\ \mu\text{m}$。注意：由于忽略了器件尺寸随温度的微小变化，从式 (15.7) 得出的 $V_{bi} - V_P$ 与温度无关，而 V_{bi} 和 V_P 分别还是与温度相关的。

(b) 假设 $g_m(T)/g_m(300\ \text{K}) \propto T(\text{K})^{-\text{n}}$，请确定 n。并将 $\mu_n(T)/\mu_n(300\ \text{K})$ 随 T 的关系曲线在 (a) 的图中画出，而且具有相同的温度范围。简要地讨论得到的结果。

15.11 有些 n 沟道 MESFET 是在 p$^+$ 衬底上形成的，以便能够通过"背栅控制"它们；例如，上面为 MS 二极管栅，而下面为 p$^+$-n 栅。令 V_{biT} 为顶部 (MS) 栅的内建电压，V_{biB} 为底部 (pn) 栅的内建电压。V_{GT} 为顶部的栅电压，V_{GB} 为底部的栅电压，V_P 是 $V_{GB} = V_D = 0$ 下沟道夹断时对应的顶部栅的电压，$2a$ 为从顶部结到底部结的宽度，L 为由较短 MS 栅确定的沟道长度。引用两区模型，推导出饱和前 I_D 随 V_D 变化的表达式。

15.12 推导式 (15.22)。

15.13 利用习题 15.3(a) 的结果并按照正文给出的过程，推导式 (15.26)。

●15.14 (a) 编写一个 MATLAB 程序，利用两区模型计算并画出 n 沟道 FET 的 I_D-V_D 特性。将 I_D 归一化到一个等效的长沟道 FET 中 $V_G = 0$ 时的饱和电流 (I_{D0})。将 V_{bi}、V_P、$\mathscr{E}_{sat}$ 和 L 作为输入变量。采用图 15.23 生成过程中所用的参数运行并检查你的程序。

(b) 采用 $V_{bi} = 1\ \text{V}$、$V_P = -2.5\ \text{V}$、$\mathscr{E}_{sat} = -10^4\ \text{V/cm}$ (硅器件特性) 和 $L = 100\ \mu\text{m}$，运行你的程序。将程序的输出结果与图 15.16 相比较。

(c) 对 $V_{bi} = 1\ \text{V}$、$V_P = -2.5\ \text{V}$，$\mathscr{E}_{sat}L$ 为何值时长沟道理论会失效？将"失效"的标准定义为 $V_G = 0$ 下计算出的 I_{Dsat}/I_{D0} 下降到原始值的 0.95 倍。

第16章 MOS 结构基础

金属-氧化物(SiO_2)-半导体(硅)，或者说 MOS 结构毫无疑问是当今微电子技术的核心结构。从表面上看，甚至 pn 结型的器件都可以按照一些功能或物理方式结合到 MOS 结构中。正如在 15.1 节指出的那样，在 20 世纪 20 年代首次提出了准 MOS 器件，但现代历史新时代的开始一般归功于 D. Kahng 和 M. M. Atalla 两人，他们在 1960 年提出了基于 $Si-SiO_2$ 的场效应晶体管专利。需要指出的是，MOS 这个名称一般用于目前在技术中起主要作用的金属-SiO_2-Si 系统，一个更加普遍的名称——金属-绝缘层-半导体(MIS)可用于定义由绝缘层(不仅仅是 SiO_2)和半导体(不仅仅是硅)组成的类似的器件结构。

本章主要是 MOS 结构和器件基础的导论，两端 MOS 电容(或 MOS-C)是最简单的 MOS 结构，也是所有 MOS 器件的核心。我们将从理想 MOS 电容结构的精确描述开始介绍，然后建立能带图和电荷块图，用于定性描述在静态偏置条件下 MOS 电容中的电荷、电场、能带弯曲，接着建立半导体中静电变量之间的定量关系及与金属栅上所加电压之间的关系。电容是 MOS 结构可观察到的主要电特性，无论从基础理论角度还是从应用角度来看，MOS 结构的电容-电压(C-V)特性都是十分重要的，在本章的最后一节，我们用得到的 MOS 结构内部工作机制来解释和分析通常观察到的 MOS 电容的 C-V 特性曲线的形状，最后分析计算出的理想 MOS 结构的特性，并讨论所用的测量步骤及与 C-V 特性相关的其他方面的考虑。

16.1 理想 MOS 结构的定义

如图 16.1 所示，MOS 电容是一个简单的两端器件，由硅衬底和金属极板之间夹一薄层 SiO_2 层(0.01~1.0 μm)组成，最通用的极板材料是铝和重掺杂多晶硅[①]，第二层金属层一般沿半导体背面，作为硅衬底的电接触。连到极板的电极和极板本身称为栅，硅端接地且简称为背接触或衬底接触。

理想 MOS 结构具有下列明显特点：(1)金属栅足够厚，在交流和直流偏置条件下可以将其看作一个等电势区；(2)氧化层是一个完美的绝缘体，在所有静态偏置条件下没有电流流过氧化层；(3)在氧化层中或氧化层-半导体界面没有电荷中心；(4)半导体均匀掺杂；(5)半导体足够厚，不管加什么栅电压，在达到背接触之前总有一个零电场区域(即所谓硅体区)；(6)半导体与器件背面金属之间处于欧姆接触；(7)MOS 电容是一维结构，假设所有变量仅是坐标 x 的函数(参见图 16.1)；(8) $\Phi_M = \Phi_S = \chi + (E_c - E_F)_{FB}$。该公式中相关的材料参数在 14.1 节已经引入，并将在下面进行回顾。

上面给出的所有理想情况的假设可以很接近实际情况，而理想 MOS 结构也是相当接近实际情况的。例如，SiO_2 的电阻率可高达 $10^{18}\ \Omega\cdot cm$，对于典型的氧化层厚度及外加电压，通过该

[①] 重掺杂硅本质上是金属性的，在复杂的 MOS 器件结构中应用广泛的多晶硅栅一般用化学汽相淀积工艺制备，并用扩散或离子注入方法进行 n 型或 p 型重掺杂。

层的直流漏电的确可以忽略；而且即使很薄的栅极也可以将其看作等势区；背面欧姆接触在实际中也可以很容易实现。其他大部分理想特性假设与实际情况都很接近。但特别需要指出的是理想情况假设(8)，在实际情况下不满足 $\Phi_M = \Phi_S$ 的要求。事实上在第18章中删去了这一假设，在这里采用该假设主要为了避免在开始描述静电行为时不必要的复杂性。

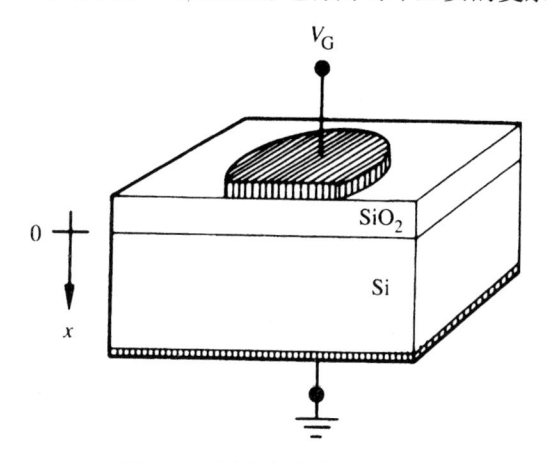

图 16.1 金属-氧化物-半导体电容

16.2 静电特性——定性描述

16.2.1 图示化辅助描述

能带图

能带图在图示化描述静电偏置条件下 MOS 结构的内部状态时是不可缺少的。下面首先要做的工作是建立平衡条件下(零偏置情况)适用于理想 MOS 结构的能带图。

图 16.2 给出了 MOS 结构中包括表面在内的各个部分的能带图，图中横向线突然终止处对应的垂直线定义为表面，在垂直线顶端突出部分是真空能级，表示一个电子从材料中完全脱离所需要具备的最小能量(E_0)。真空能级和金属费米能级之间的能量差为金属功函数 Φ_M。在半导体中表面能量势垒高度用电子亲和势 χ —— 真空能级与表面处导带边缘之差来确定。之所以用 χ 而不用 $(E_0 - E_F)$ 来表示，主要是由于后者在半导体中不是常数，随掺杂和表面能带弯曲而变化。注意 $(E_c - E_F)_{FB}$ 是 E_c 与平带情况下(FB)或者半导体中零电场部分的 E_F 之间的能量差。MOS 结构的其他部分，即绝缘层，本质上可以作为本征宽带隙半导体来考虑，其表面势垒也是用电子亲和势确定的。

由分立的能带图得到零偏置情况下 MOS 结构的能带图包括两个步骤。首先将金属和半导体放在一起直到相距距离为 x_o，这个双组分系统需要达到平衡。一旦系统进入平衡状态，金属和半导体的费米能级必须持平(参见 3.2.4 节)，而且金属和半导体的真空能级也必须对准，因为我们确定了 $\Phi_M = \Phi_S$。在前述内容中隐含了在金属-空隙-半导体系统的任何地方都没有电荷和电场，然后将厚度为 x_o 的绝缘层插入金属和半导体之间的空隙。假设在 x_o 空隙中电场为零，插入绝缘层的唯一影响是稍稍降低了金属和半导体之间的势垒，因此理想 MOS 结构的平衡能带图可概括为图 16.3。

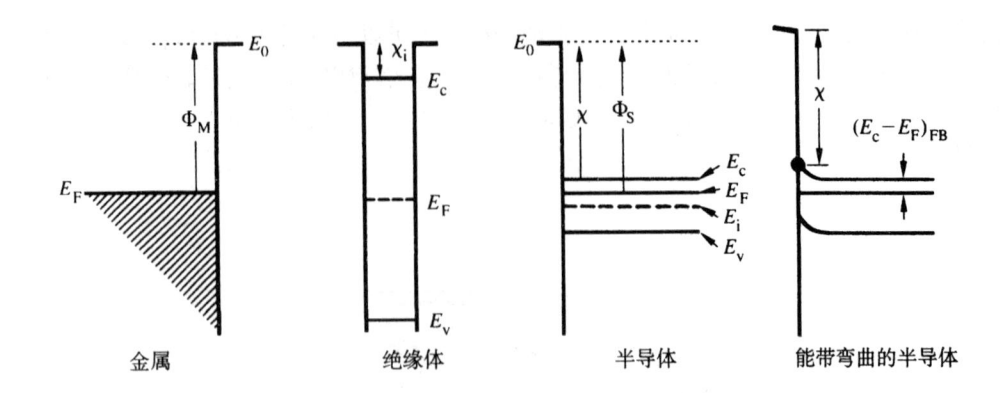

图16.2 组成MOS结构的金属、绝缘体及半导体的分立能带图。图中标有"能带弯曲的半导体"的图定义了$(E_c - E_F)_{FB}$，并且显示了χ并不随能带弯曲而变化。需要强调的是，E_c的值是由半导体表面决定的

电荷块图

电荷块图实际上是能带图的补充，其可以提供MOS结构中近似电荷分布的信息。正如刚刚在能带图讨论中所指出的，平衡条件下在理想MOS结构中任何地方都没有电荷。但是当在MOS电容上加电压后，在金属-氧化层附近的金属中及氧化层-半导体界面处会出现电荷。图16.4给出了一个示意的电荷块图。需要指出的是，这里不给出MOS电容中准确的电荷分布，而是采用方形化分布近似或块近似，因此得到的图称为电荷块图。电荷块图本质上是一种定性表示，在说明电荷的大小和耗尽区展宽时应该记住这一点。但是，由于在金属和半导体内部电场为零[参见理想情况假设(5)]，根据高斯定律，器件中的电荷总和必须为零。因此，在建立电荷块图时，代表正电荷的面积应该与代表负电荷的面积相等。

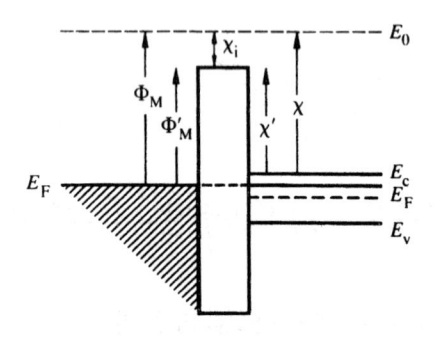

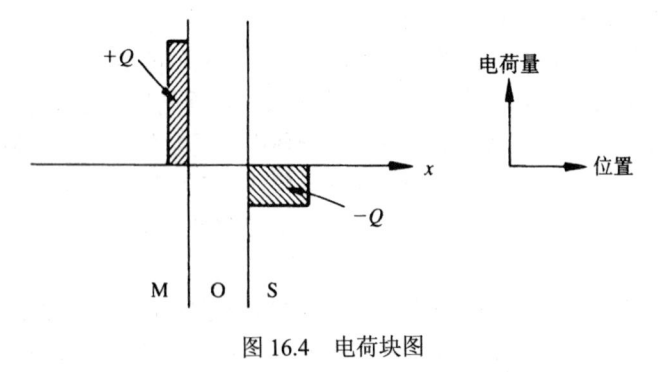

图16.3 理想MOS结构的平衡能带图

图16.4 电荷块图

16.2.2 外加偏置的影响

常规观察结果

在讨论特例之前，需要建立一般的接地标准，这样对于外加偏置的情况可以相应地改动

MOS 能带图。假设在正常工作情况下，MOS 电容背面接地，V_G 定义为加到栅上的直流偏置。

当 $V_G \neq 0$ 时，注意首先半导体中的费米能级不受偏置的影响，而且随位置变化保持不变（如能带图所示）。这是由于假设在所有静态偏置条件下没有电流流过器件导致的；其次，半导体体内始终保持平衡，与 MOS 电容栅上加电压与否无关。另外，如同 pn 结一样，所加偏置会引起器件两端费米能级分开 qV_G，即

$$E_F(\text{金属}) - E_F(\text{半导体}) = -qV_G \tag{16.1}$$

从概念上来说，可以将金属与半导体费米能级看作连到外部的"把手"。在增加一个偏置时，相当于抓着把手，重新安排费米能级相对的上下位置。由于器件的背接触接地，因此半导体一边的把手在位置上是固定的，而金属一边的把手当 $V_G > 0$ 时向下移动，当 $V_G < 0$ 时向上移动。

由于势垒高度是固定量，金属费米能级的移动显然会带来能带图的变形，类似于将橡皮娃娃弯曲得走样了。从另一个角度来看，$V_G \neq 0$ 会导致器件内部的电势差，引起 $E_c(E_v)$ 能带弯曲，由于金属是等势区，因此金属中没有能带弯曲。但是在氧化层和半导体中，当 $V_G > 0$ 时能带应向上倾斜（从栅到背接触方向电场增加），而 $V_G < 0$ 时能带会向下倾斜。而且在氧化层中利用泊松方程，并假设氧化层是一个理想绝缘体，没有载流子或电荷中心，可以得到 $d\mathcal{E}_{oxide}/dx$，$\mathcal{E}_{oxide}=$ 常数，因此在氧化层中能带倾斜的斜率是一个常数——即 E_c 和 E_v 是位置的线性函数，而在半导体中的能带弯曲在函数形式上就更为复杂，但由理想情况假设 (5)，在能带达到背接触之前，能带弯曲应该消失（即 $\mathcal{E} \to 0$）。

特殊偏置区域

在前面讨论一般情况之后，要进一步描述在不同静态偏置条件下理想 MOS 结构的内部状态就变得相对简单。假设硅衬底为 n 型，首先考虑正偏置情况，$V_G > 0$ 会使金属中的 E_F 相对半导体中的 E_F 降低，导致在绝缘体和半导体中能带有正的倾斜斜率，相应的能带图参见图 16.5(a)。由图 16.5(a) 可以推断出在半导体中的电子浓度 $n = n_i \exp[(E_F - E_i)/kT]$ 由体内向氧化层-半导体界面增加，这种在氧化层-半导体界面附近多数载流子浓度大于半导体体内浓度的情况一般称为"积累"。

从电荷的角度来看，当 $V_G > 0$ 时，MOS 电容栅上有正电荷。为了保持电荷平衡，必须将带负电的电子吸引到半导体-绝缘体界面。这样得到的结论与前面用能带图得到的一样，因此可以近似得到器件中电荷与位置的函数，如图 16.5(b) 所示。

下面考虑 MOS 电容栅上加较小的负偏置的情况，较小的 $V_G < 0$ 会使金属中的 E_F 相对半导体中的 E_F 稍有升高，在绝缘体和半导体中能带将有较小的负向倾斜，如图 16.5(c) 所示，该图清楚地说明了作为多数载流子的电子的浓度在氧化层-半导体界面附近降低，电子被耗尽。从电荷的角度考虑，也可以得到类似的结论，$V_G < 0$ 意味着在栅上加了负电荷，会将电子从氧化层-半导体界面排斥开，留下带正电的施主杂质离子。图 16.5(d) 给出了近似的电荷分布，在这种情况下，氧化层-绝缘层界面处电子和空穴浓度均小于背景掺杂浓度（N_A，N_D），显然可以称为"耗尽"情况。

最后，假设在 MOS 电容栅上加越来越大的负偏置。随着 V_G 从图 16.5(c) 所示的情况继续负向增大，在半导体表面处能带会越来越弯曲，在表面的空穴浓度（p_s）将持续地增加，从小于 n_i（对应于表面 $E_i < E_F$）到等于 n_i（对应于表面 $E_i = E_F$）直到大于 n_i（对应于表面 $E_i > E_F$），最终空穴浓度增加到图 16.5(e) 和图 16.5(f) 中所示的情况，该情况对应于

$$\boxed{E_i(\text{表面}) - E_i(\text{体内}) = 2[E_F - E_i(\text{体内})]} \tag{16.2}$$

$$p_s = n_i e^{[E_i(\text{surface}) - E_F]/kT} = n_i e^{[E_F - E_i(\text{bulk})]/kT} = \boxed{n_{\text{bulk}} = N_D} \tag{16.3}$$

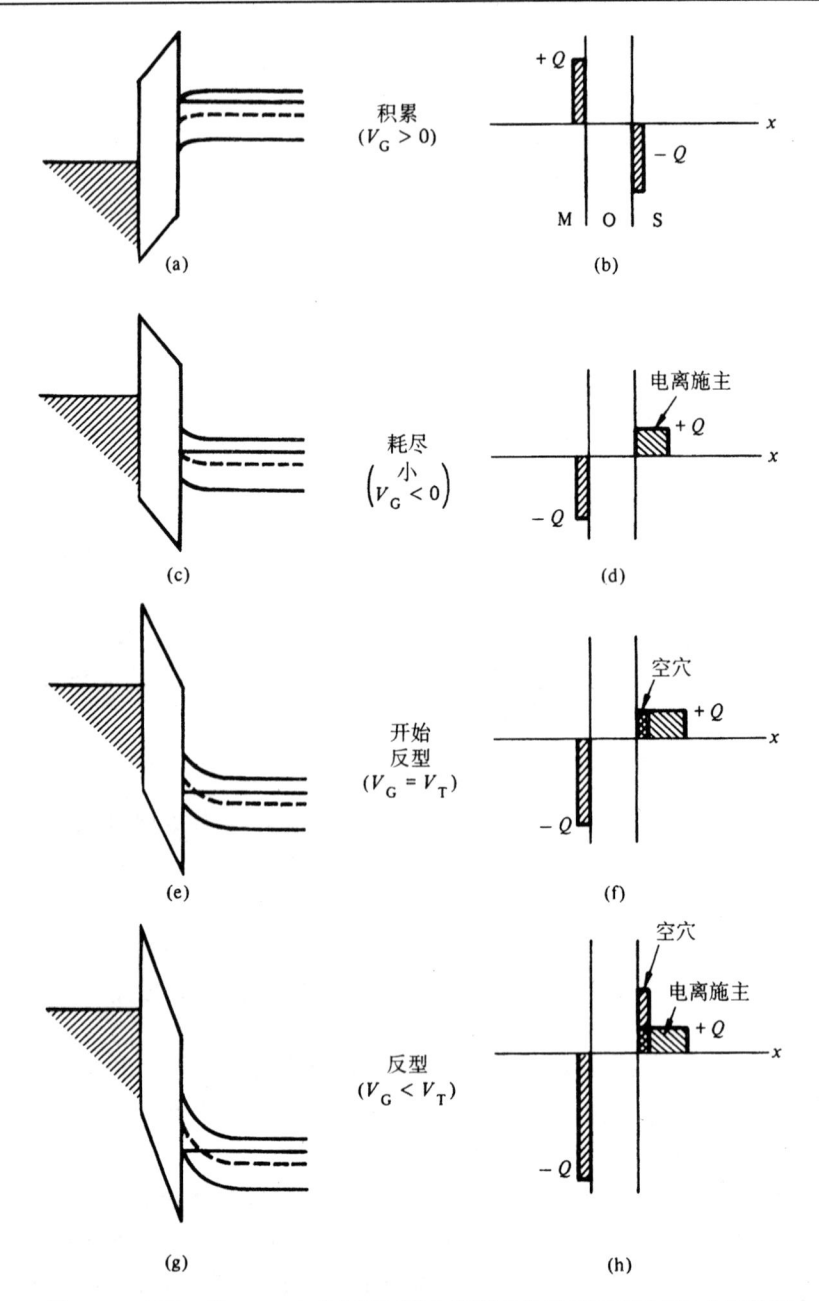

图 16.5 理想 n 型 MOS 电容在不同静态偏置下的能带图和对应的电荷块图

很明显，当 $V_G = V_T$、$p_s = N_D$ 时，表面不再耗尽，而且当进一步增加负偏置($V_G < V_T$)时，p_s 将超过 $n_{bulk} = N_D$，表面区域的性质将从 n 型变为 p 型。与所观察到的特性变化相一致，$V_G < V_T$ 的情况下，表面少数载流子浓度超过衬底多数载流子浓度，这种情况称为"反型"。图 16.5(g) 和图 16.5(h) 给出了反型情况下的能带图和电荷块图。

对理想 p 型器件所加偏置的情况可参见图 16.6。需要特别指出的是，p 型器件中的偏置区相对于 n 型器件的在极性上是相反的，即 $V_G < 0$ 对应于 p 型器件的积累情况，等等。

总之，我们现在可以区分出三个物理上截然不同的偏置区——积累、耗尽、反型。对于理想 n 型器件，$V_G > 0$，出现积累；$V_T < V_G < 0$，出现耗尽；$V_G < V_T$，出现反型。对于 p 型器件，

简单地将电压极性取反即可。当 $V_G=0$ 时，半导体中没有能带弯曲或称为"平带"，可以标为积累和耗尽之间的分界线。$V_G=V_T$ 的分界线可以简单地称为耗尽-反型过渡点。式(16.2)定量地确定了 n 型和 p 型器件反型的开始。

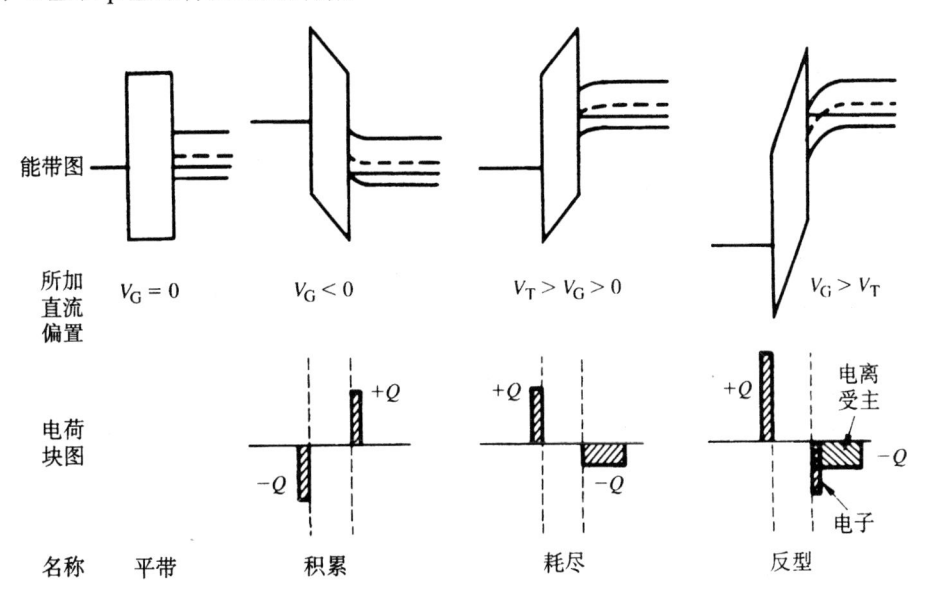

图 16.6 p 型器件在平带、积累、耗尽、反型情况下的能带图和对应的电荷块图

练习 16.1

问：画图（V_G 作为 x 轴），在图上示意地确定出理想 n 型和 p 型 MOS 器件中对应于积累、耗尽、反型的电压范围。

答：所得图如下所示，实际上这是对上面总结的那段话的图示说明，注意 ACC、DEPL、INV 分别是积累、耗尽、反型的标准缩写形式。

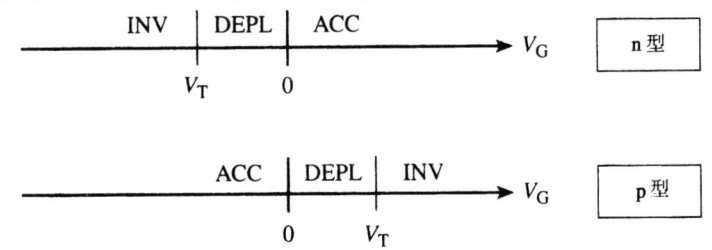

16.3 静电特性——定量公式

16.3.1 半导体静电特性的定量描述

预备知识

本节的主要目的是建立在静态偏置条件下理想 MOS 电容内部电荷密度 ρ、电场 $\mathscr{E}$、静电势的解析表达式。由于可以将金属看作等势区，因此该工作可以简化。在金属-氧化层(M-O)界面

的电荷仅分布在金属表面几个 Å 的范围内（1 Å = 10^{-8} cm），为了精确起见，金属-氧化层界面电荷可以用 δ 函数来描述。由于假设氧化层中没有电荷[理想情况假设(3)]，金属中电荷的大小可以简单地等于半导体中的电荷之和。而且如前所述，由于氧化层没有电荷，因此氧化层中的电场是恒定的，电势是位置的线性函数。换句话说，求解理想 MOS 电容中的静电变量实际上可以简化到求解 MOS 电容半导体部分中的静电变量。

可以采用泊松方程这一相对直接的方法来建立半导体中有关静电分析的定量描述形式。在下面的分析中，我们利用耗尽近似来获得一阶解析解。推导过程与第 5 章的 pn 结分析类似，但需要指出的是，对于 MOS 电容的情况是可以得到精确解的。这主要因为无论加怎样的直流偏置，假设理想 MOS 电容中的半导体总处于平衡状态。精确解的求解过程请参见附录 B。

在分析中假设 $\phi(x)$ 为半导体中 x 点处的电势，x 是以氧化层-半导体界面为起始计算的进入半导体的深度[参见图 16.7(a)]，采用符号 ϕ 而不是 V 进行 MOS 电容推导，主要为了避免可能与外部所加偏置混淆。与理想情况假设(5)一致，假设进入半导体衬底后电场（$\mathscr{E} = -d\phi/dx$）消失，根据一般约定，衬底中没有电场的区域的电势为零，对应于半导体的体区。对氧化层-半导体界面（$x=0$）的 ϕ 给定一个特殊符号 ϕ_S，称为表面电势。

图 16.7(b) 表明在能带图中 $\phi(x)$ 与能带弯曲的关系，如图所示[与式(3.12)一致]，

$$\phi(x) = \frac{1}{q}[E_i(\text{体}) - E_i(x)] \tag{16.4}$$

$$\boxed{\phi_S = \frac{1}{q}[E_i(\text{衬底}) - E_i(\text{表面})]} \tag{16.5}$$

图 16.7(b) 也引入了一个重要的材料参数，即

$$\boxed{\phi_F = \frac{1}{q}[E_i(\text{衬底}) - E_F]} \tag{16.6}$$

可见 ϕ_F 与半导体掺杂相关，ϕ_F 的符号可以反映出掺杂类型。由定义可以直接推出，如果半导体为 p 型，则 $\phi_F > 0$；如果为 n 型，则 $\phi_F < 0$。更为重要的是，ϕ_F 的大小与掺杂浓度相关，对于给定掺杂浓度的室温或接近室温下非简并的硅衬底，由第 2 章的知识可以得到

$$p_{\text{bulk}} = n_i e^{[E_i(\text{bulk}) - E_F]/kT} = N_A \quad \ldots \quad N_A \gg N_D \tag{16.7a}$$

$$n_{\text{bulk}} = n_i e^{[E_F - E_i(\text{bulk})]/kT} = N_D \quad \ldots \quad N_D \gg N_A \tag{16.7b}$$

因此，联立式(16.6)和式(16.7)，可以得到

$$\boxed{\phi_F = \begin{cases} \dfrac{kT}{q}\ln(N_A/n_i) & \cdots \text{p 型半导体} \\ -\dfrac{kT}{q}\ln(N_D/n_i) & \cdots \text{n 型半导体} \end{cases}} \tag{16.8a}$$
$$\tag{16.8b}$$

ϕ_S 和 ϕ_F 在有关 MOS 结构的讨论中被广泛使用，对于这些参数，此处主要用于定量确定半导体中的偏置状态。显然，在平带条件下 $\phi_S = 0$，而且将式(16.5)和式(16.6)代入式(16.2)，可以得到

$$\boxed{\phi_S = 2\phi_F \quad 耗尽-反型过渡点} \tag{16.9}$$

在 p 型半导体中，$\phi_F > 0$。如果半导体是积累的，则 $\phi_S < 0$；如果为耗尽，则 $0 < \phi_S < 2\phi_F$；如果为反型，则 $\phi_S > 2\phi_F$。对于 n 型半导体，仅将符号取反即可。

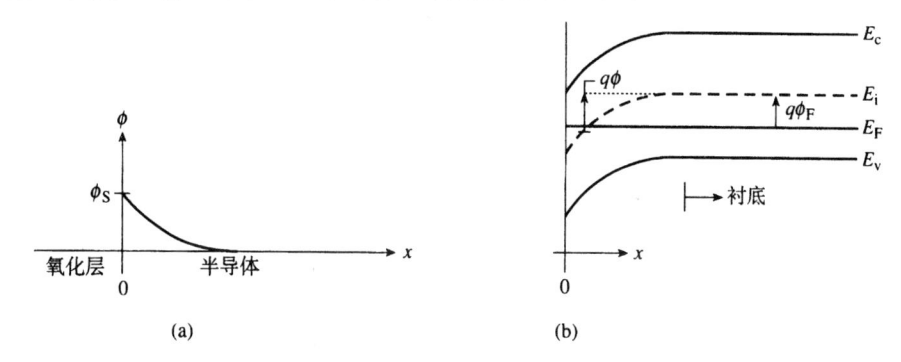

图 16.7 静电参数。(a) ϕ 和 ϕ_S 在图中的定义；(b) $\phi(x)$ 与能带弯曲的关系及 ϕ_F 在图中的定义

练习 16.2

问：

(a) 画图（ϕ_S 为 x 轴），示意地确定出理想 n 型和 p 型 MOS 器件中对应于积累、耗尽、反型的表面电势范围；

(b) 对于下列的每组 ϕ_F、ϕ_S，简要说明掺杂类型和相应的偏置条件，同时画出相应的理想 MOS 系统的静态能带图和电荷块图。

(i) $\dfrac{\phi_F}{kT/q} = 12, \dfrac{\phi_S}{kT/q} = 12$

(ii) $\dfrac{\phi_F}{kT/q} = -9, \dfrac{\phi_S}{kT/q} = 3$

(iii) $\dfrac{\phi_F}{kT/q} = -9, \dfrac{\phi_S}{kT/q} = -18$

(iv) $\dfrac{\phi_F}{kT/q} = 15, \dfrac{\phi_S}{kT/q} = 36$

(v) $\dfrac{\phi_F}{kT/q} = -15, \dfrac{\phi_S}{kT/q} = 0$

答：

(a) 将前一节最后的讨论转换为图示说明，可以得到

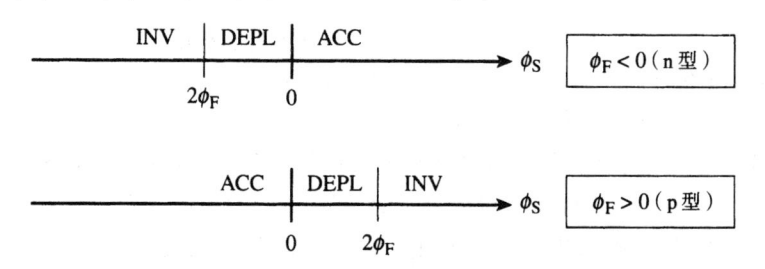

(b)

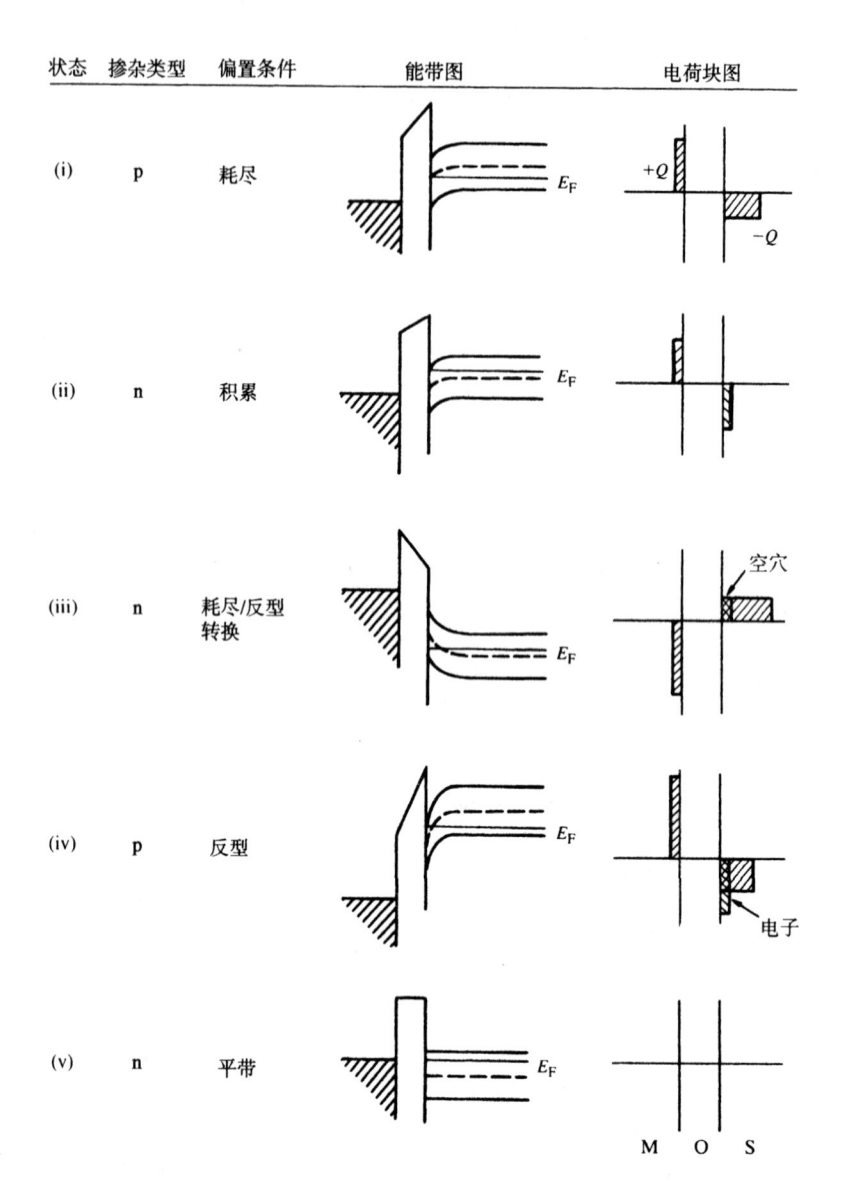

状态	掺杂类型	偏置条件	能带图	电荷块图
(i)	p	耗尽		$+Q$ / $-Q$
(ii)	n	积累		
(iii)	n	耗尽/反型转换		空穴
(iv)	p	反型		电子
(v)	n	平带		M O S

δ 耗尽近似解

基于耗尽近似,静电变量的近似解析解可以方便地分成对应于积累、耗尽、反型三种偏置区的三个部分。

首先考虑积累情况,图 16.8 给出了采用附录 B 中建立的精确解画出的电荷密度和电势图。在确定了图 16.8 和图 16.6 中 p 型半导体部分之间的关系后,注意图 16.8(a)指出了与多数载流子积累相关的电荷仅存在于半导体中十分靠近氧化层-半导体界面处很窄的一个区域。相比之下,在中度耗尽偏置下半导体耗尽部分会在半导体中扩展得较深[参见图 16.8(b)]。对于很窄的积累层,作为一阶近似,积累电荷可以用处于氧化层-半导体界面的等量电荷的 δ 函数来代替。这样,我们描述了积累情况下的 δ 耗尽近似解,由于假设在 $x=0$ 处使用电荷的 δ 函数,对于 δ 耗尽近似解,可以自然地得出积累情况下所有 $x>0$ 处的电场和静电势都为零。这显然不准确,但作为一阶近似是可接受的。

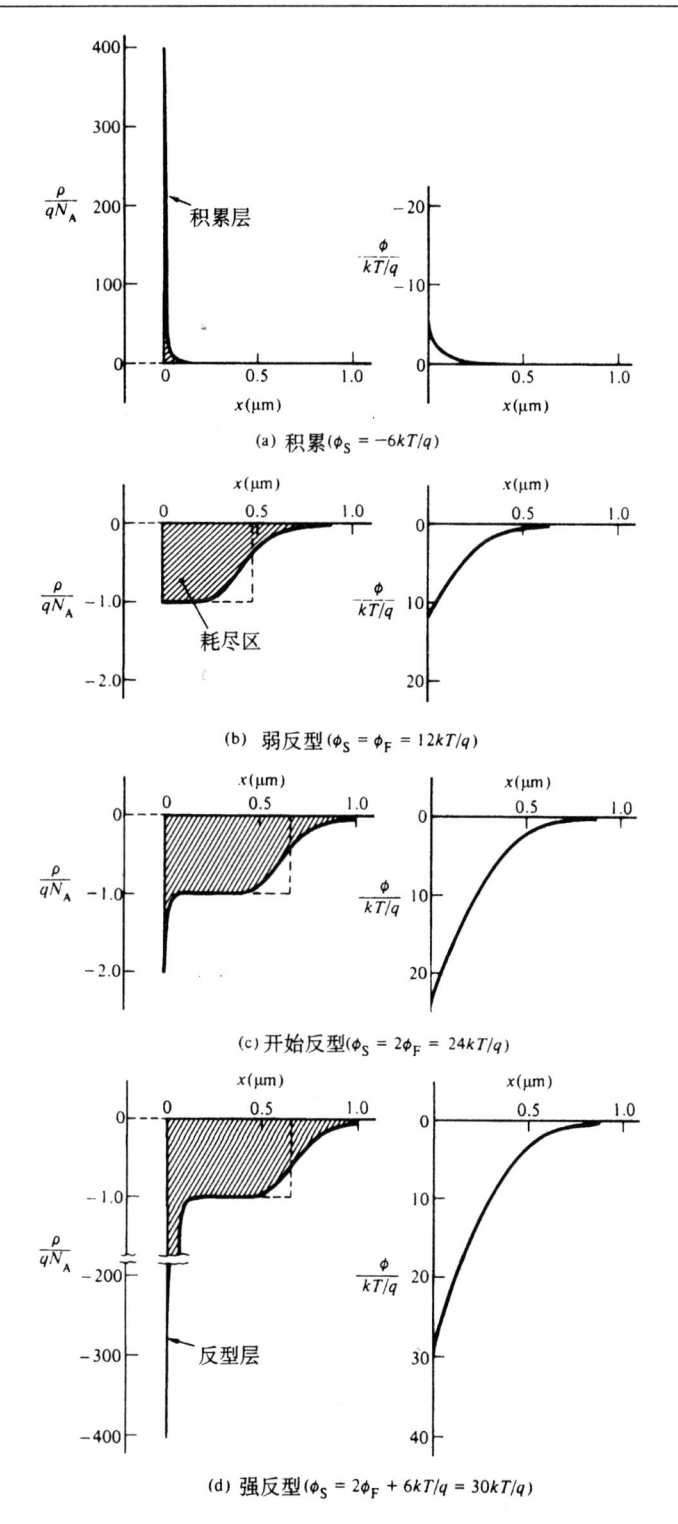

图 16.8　MOS 电容的半导体中电荷密度和电势的精确解，假设 $\phi_F = 12kT/q$，$T = 300$ K ($kT/q = 0.0259$ V)。(a) 积累情况 ($\phi_S = -6kT/q$)；(b) 中度耗尽，弱反型 ($\phi_S = \phi_F = 12kT/q$)；(c) 开始反型 ($\phi_S = 2\phi_F = 24kT/q$)；(d) 强反型 ($\phi_S = 2\phi_F + 6kT/q = 30kT/q$)。$\rho$ 图画在一个线性坐标系中，$+\phi$ 轴向下为正，用来说明本图与图 16.6 的关系。(b) 到 (d) 的 ρ 图中的虚线大致画出了电荷分布的耗尽近似解的情况

下面考虑反型情况，由图 16.8(d)可见，类似于积累层电荷，与少数载流子反型相关的电荷存在于半导体中十分靠近氧化层-半导体界面处很窄的一个区域，而且通过比较 $\phi_S = \phi_F$ 时（中度耗尽）、$\phi_S = 2\phi_F$ 时（开始反型）及 $\phi_S = 2\phi_F + 6kT/q$ 时（反型）的半导体耗尽区，可以发现耗尽区宽度随耗尽偏置增加而迅速增大，不过一旦半导体反型，增加的量将会很少。基于前面观察到的现象，实际的反型层电荷在 δ 耗尽近似解中可以使用处于氧化层-半导体界面的等量电荷的 δ 函数来近似描述。为了说明第二个观察现象，另外假设在反型中增加的电荷的 δ 函数用于精确地平衡加到 MOS 电容栅上的电荷，因此对于反型偏置的 δ 耗尽近似解，耗尽区电荷、$x > 0$ 处的电场、$x > 0$ 处的静电势将固定为 $\phi_S = 2\phi_F$ 时的区。换句话说，仅将表面电荷的 δ 函数加到耗尽偏置解中，就可以得到反型偏置下的解。

接下来需要考虑的偏置区就是耗尽区，在标准耗尽近似中，实际的耗尽电荷用终止于 $x = W$ 处的矩形分布来代替。假设 p 型半导体，采用耗尽近似，可以得到

$$\rho = q(p - n + N_D - N_A) \cong -qN_A \quad (0 \leq x \leq W) \tag{16.10}$$

这样，泊松方程可以写为

$$\frac{d\mathcal{E}}{dx} = \frac{\rho}{K_S\varepsilon_0} \cong -\frac{qN_A}{K_S\varepsilon_0} \quad (0 \leq x \leq W) \tag{16.11}$$

采用 $x = W$ 处 $\mathcal{E} = 0$ 的边界条件，对式 (16.11) 直接积分，可以得到

$$\mathcal{E}(x) = -\frac{d\phi}{dx} = \frac{qN_A}{K_S\varepsilon_0}(W - x) \quad (0 \leq x \leq W) \tag{16.12}$$

采用 $x = W$ 处 $\phi = 0$ 的边界条件，进行二次积分，可以得到

$$\phi(x) = \frac{qN_A}{2K_S\varepsilon_0}(W - x)^2 \quad (0 \leq x \leq W) \tag{16.13}$$

最后一个未知的静电关系——耗尽区宽度 W 可以由式 (16.13) 及边界条件 $x = 0$ 处 $\phi = \phi_S$ 而得到。这样

$$\phi_S = \frac{qN_A}{2K_S\varepsilon_0}W^2 \tag{16.14}$$

因此有

$$W = \left[\frac{2K_S\varepsilon_0}{qN_A}\phi_S\right]^{1/2} \tag{16.15}$$

将式 (16.10)、式 (16.12)、式 (16.13) 和式 (16.15) 联立在一起便组成了所需的耗尽偏置解。对于 n 型衬底器件，只需把在前面公式中的 N_A 换成 $-N_D$ 即可。

在总结之前，需要特别注意在耗尽-反型过渡点的耗尽区宽度 W_T，在 δ 耗尽近似解中，W_T 是最大的可达到的平衡状态下的耗尽区宽度，由于 $\phi_S = 2\phi_F$ 时 $W = W_T$，代入式 (16.15)，可得

$$\boxed{W_T = \left[\frac{2K_S\varepsilon_0}{qN_A}(2\phi_F)\right]^{1/2}} \tag{16.16}$$

图 16.9 给出了在典型的 MOS 掺杂浓度范围内 W_T 与掺杂浓度之间的关系。

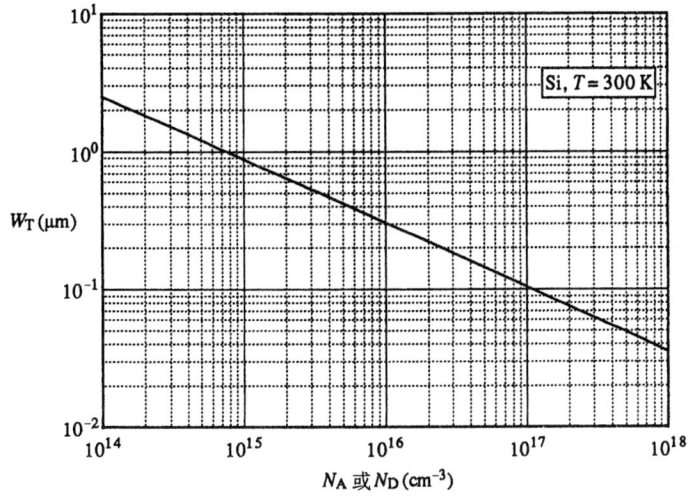

图16.9 硅器件中温度维持在300 K时,掺杂浓度对最大平衡耗尽区宽度的影响

16.3.2 栅电压关系

在16.3.1节中用半导体表面势ϕ_S描述了偏置状态,利用这种方法得到的结果仅与半导体性质有关。但是ϕ_S是内部系统的约束或者说是边界条件,易于直接控制的是外部所加的栅电压V_G。因此,如果在实际问题中采用16.3.1节中的结果,则必须建立V_G与ϕ_S的关系式,本小节主要推导这个关系式。

在理想结构中,V_G部分降落在氧化层中,部分降落在半导体中,用符号来表示,则有

$$V_G = \Delta\phi_{semi} + \Delta\phi_{ox} \tag{16.17}$$

但是,由于半导体体内$\phi=0$,半导体中的压降可以简化为

$$\Delta\phi_{semi} = \phi(x=0) = \phi_S \tag{16.18}$$

因此推导V_G与ϕ_S的关系式可以简化为用ϕ_S来表示$\Delta\phi_{ox}$的问题。

如前所述(参见16.2.2节),在理想绝缘体中没有载流子或电荷中心,即

$$\frac{d\mathscr{E}_{ox}}{dx} = 0 \tag{16.19}$$

$$\mathscr{E}_{ox} = -\frac{d\phi_{ox}}{dx} = 常数 \tag{16.20}$$

因此有

$$\Delta\phi_{ox} = \int_{-x_o}^{0} \mathscr{E}_{ox} dx = x_o \mathscr{E}_{ox} \tag{16.21}$$

其中x_o为氧化层厚度,下面的推导就是要将$\mathscr{E}_{ox}$与半导体中的电场联系起来,对垂直于两种不同材料之间界面的电场,根据大家熟知的边界条件,有

$$(D_{semi} - D_{ox})|_{\text{O-S interface}} = Q_{\text{O-S}} \tag{16.22}$$

其中$D=\varepsilon\mathscr{E}$是电位移矢量,$Q_{\text{O-S}}$是界面处单位面积电荷,由于理想结构中$Q_{\text{O-S}}=0$[理想情况假设(3)][①],有

---

① 如果采用δ耗尽公式,则在积累和反型条件下O-S界面处δ函数的载流子电荷层会感应$Q_{\text{O-S}}$。但是在δ耗尽近似解中,对于积累偏置,$\phi_S=0$,对于反型偏置,$\phi_S=2\phi_F$,因此在公式中我们推出的V_G-ϕ_S关系只能用于耗尽偏置情况下的计算。

$$D_{ox} = D_{semi}|_{x=0} \tag{16.23}$$

$$\mathscr{E}_{ox} = \frac{K_S}{K_O} \mathscr{E}_S \tag{16.24}$$

$$\Delta\phi_{ox} = \frac{K_S}{K_O} x_o \mathscr{E}_S \tag{16.25}$$

其中 K_S 是半导体介电常数，K_O 是氧化层介电常数，$\mathscr{E}_S$ 是氧化层-半导体界面处半导体中的电场[①]。最后将式(16.18)和式(16.25)代入式(16.17)，可以将 $\mathscr{E}_S$ 看作一个已知的 ϕ_S 的函数，可得

$$\boxed{V_G = \phi_S + \frac{K_S}{K_O} x_o \mathscr{E}_S} \tag{16.26}$$

如果采用 δ 耗尽近似解的结果，联立式(16.12)和式(16.15)，可得

$$\mathscr{E}_S = \left[\frac{2qN_A}{K_S\varepsilon_0}\phi_S\right]^{1/2} \tag{16.27}$$

$$V_G = \phi_S + \frac{K_S}{K_O} x_o \sqrt{\frac{2qN_A}{K_S\varepsilon_0}\phi_S} \quad (0 \le \phi_S \le 2\phi_F) \tag{16.28}$$

图16.10给出了采用一组器件参数由式(16.28)计算得到的 V_G-ϕ_S 关系，也给出了相应的准确关系。该图很好地反映了栅电压与表面电势的关系中一些重要的特征。第一，当器件处于耗尽偏置时，ϕ_S 随 V_G 变化得相当快；但是当半导体处于积累($\phi_S < 0$)或反型($\phi_S > 2\phi_F$)时，ϕ_S 的很小变化需要较大的栅电压变化。这隐含说明了在耗尽偏置下，栅电压按一定比例分配在氧化层和半导体之间。而在积累和反型偏置下，所加电压的变化基本全降落在氧化层上，注意耗尽偏置区比1 V大一些。由于从耗尽偏置区的一边到另一边半导体特性变化很大，可以预期电特性在很窄的电压范围会有很大的变化。

练习 16.3

问：一个MOS电容处于 $T = 300$ K 的情况下，其中 $x_o = 0.1\ \mu m$，硅掺杂浓度 $N_A = 10^{15}/cm^3$，计算：

(a) 以 kT/q 为单位和以 V 为单位的 ϕ_F；
(b) 当 $\phi_S = \phi_F$ 时的 W；
(c) 当 $\phi_S = \phi_F$ 时的 $\mathscr{E}_S$；
(d) 当 $\phi_S = \phi_F$ 时的 V_G。

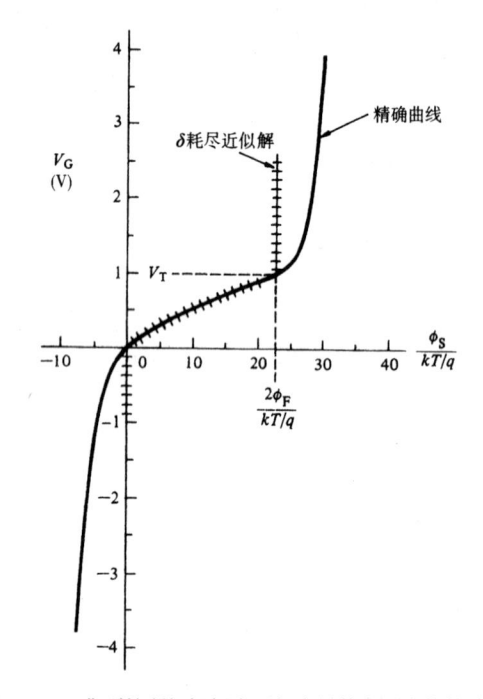

图16.10 典型的所加栅极电压与半导体表面电势的关系，图中加上垂直短线的为 δ 耗尽近似解，实线为精确解($x_o = 0.1\ \mu m$，$N_A = 10^{15}\ cm^3$，$T = 300$ K)

[①] 由于硅 $K_S = 11.8$，二氧化硅 $K_O = 3.9$，由式(16.24)可以推出Si-SiO$_2$界面没有电荷的MOS系统中 $\mathscr{E}_{ox} = 3\mathscr{E}_S$，本章中的所有能带图应与这点一致。

答:
(a)
$$\frac{\phi_F}{kT/q} = \ln(N_A/n_i) = \ln\left(\frac{10^{15}}{10^{10}}\right) = \mathbf{11.51}$$

$$\phi_F = 11.51\ (kT/q) = (11.51)(0.0259) = \mathbf{0.298\ V}$$

(b) 采用式(16.15),
$$W = \left[\frac{2K_S\varepsilon_0}{qN_A}\phi_F\right]^{1/2} = \left[\frac{2(11.8)(8.85\times10^{-14})(0.298)}{(1.6\times10^{-19})(10^{15})}\right]^{1/2} = \mathbf{0.624\ \mu m}$$

(c) 在 $x = 0$ 处计算式(16.12),可得 $\mathscr{E}_S$。因此,
$$\mathscr{E}_S = \frac{qN_A}{K_S\varepsilon_0}W = \frac{(1.6\times10^{-19})(10^{15})(6.24\times10^{-5})}{(11.8)(8.85\times10^{-14})} = \mathbf{9.56\times10^3\ V/cm}$$

(d) 代入式(16.26),可得
$$V_G = \phi_F + \frac{K_S}{K_O}x_0\mathscr{E}_S \qquad \cdots 在\phi_F处计算\mathscr{E}_S$$

$$= 0.298 + \frac{(11.8)(10^{-5})(9.56\times10^3)}{3.9} = \mathbf{0.587\ V}$$

注释: 在练习中的计算和结果是相当具有代表性的,$T = 300\ K$,以 kT/q 为单位的 $|\phi_F|$ 的典型范围在 9 到 18 之间。对于 MOS 器件的非简并掺杂情况,$|\phi_F|$ 比硅禁带的一半要小($<0.56\ V$,$T = 300\ K$),计算的 W 小于与给定掺杂相关的 W_T(参见图 16.9)。唯一可能令人惊讶的是表面电场的大小,即 $\mathscr{E}_S \sim 10^4\ V/cm$。最后,假设这个练习中器件参数与图 16.10 中一样,计算出的 V_G 与图 16.10 中的值应吻合。

16.4 电容-电压特性

由于氧化层中没有直流电流,因此 MOS 结构中主要可观察到的特性就是电容。电容随所加栅电压的变化情况及测得的电容-电压(C-V)特性具有很重要的实用价值。对于器件研究人员而言,MOS 电容的 C-V 特性就像一个窗口,该窗口可以揭示器件结构的内部性质。C-V 特性可以作为一个强有力的判断工具来确定在氧化层和半导体中与理想情况之间的偏差。而且在 MOS 器件制备中,MOS 电容的 C-V 特性检测也常常作为一种常规的工艺监测手段。

在大多数实验室和制备工厂中,C-V 特性可以由自动测试仪测得,如 7.2.3 节和图 7.6 所示。MOS 电容放置在探针台上,一般放在避光箱中以避开室内光线,用屏蔽电缆连到 C-V 测试仪。该测试仪在一个事先选择好的直流电压上叠加较小的交流信号,探测流过被测结构的交流电流,所加的交流信号一般为 15 mV rms 或更小,信号频率一般为 1 MHz。测试仪内部提供一个变化缓慢的直流电压,以获得连续(或准连续)的电容与电压之间关系的特性曲线。测试仪的输出结果一般可以显示在计算机监视器上,采用打印机或绘图仪可以获得数据的硬拷贝。图 16.11(a)给出了一种更为复杂的、结合了高频(1 MHz)和低频(准静态)C-V 测试功能的商用测试设备。

本节主要讨论对低频和高频条件下的 MOS 电容 C-V 特性进行建模的问题,这些条件的名

称最初来源于电容测试中所用的交流信号频率。虽然本章的理论分析仅限于理想结构，但在本章的最后考虑了实际测量中的一些问题。

16.4.1 理论和分析

定性理论

图 16.11(b) 给出了典型的 MOS 电容的高频和低频 C-V 数据。为了解释所观察到的 C-V 特性曲线，考虑 n 型 MOS 电容内在直流偏置情况下从积累、耗尽变化到反型过程中电荷如何随所加交流信号变化。先考虑积累情况，在这种情况下直流状态的典型特征就是在氧化层-半导体界面的多数载流子堆积，而且积累条件下系统状态可以变化很快。对于典型的半导体掺杂情况，多数载流子，也是积累器件在工作时的载流子可以在 10^{-10} 到 10^{-13} 秒量级的时间内达到平衡。因此在 1 MHz 或更低的探测频率下，假设器件可以准静态地跟上所加交流信号的变化是合理的。这个较小的交流信号相应地在氧化层两边增加或减少较小的 ΔQ。如图 16.12(a) 所示，由于交流信号仅增加或减少绝缘层边缘附近的电荷，因此 MOS 电容在积累情形下，其电荷本质上是普通平板电容器的电荷。这样，无论是低频还是高频情况均可推出

$$C(\text{acc}) \simeq C_\text{O} = \frac{K_\text{O}\varepsilon_0 A_\text{G}}{x_\text{o}} \tag{16.29}$$

其中 A_G 是 MOS 电容栅面积。

在耗尽偏置情况下，n 型 MOS 结构的直流状态的典型特征是在栅上有 $-Q$ 电荷，在半导体中有 $+Q$ 耗尽层电荷。耗尽层电荷与多数载流子被排斥直接相关，在离氧化层-半导体界面有效宽度为 W 的范围内多数载流子被排斥，因此器件工作也只与多数载流子相关，系统中的电荷状态同样可以变化很快。如图 16.12(b) 所示，当交流信号在 MOS 电容栅上附加负电荷后，半导体中的耗尽层也几乎同时增宽，即耗尽层宽度随所加的交流信号在直流值附近呈准静态涨落。如果图 16.12(b) 中的静态直流电荷可以忽略，剩下的就是较小的在两层绝缘层两边涨落的电荷。这种情况对于所有测量频率类似于两个平板电容器串联(C_O 和 C_S)，其中

$$C_\text{O} = \frac{K_\text{O}\varepsilon_0 A_\text{G}}{x_\text{o}} \quad (\text{氧化层电容}) \tag{16.30a}$$

$$C_\text{S} = \frac{K_\text{S}\varepsilon_0 A_\text{G}}{W} \quad (\text{半导体电容}) \tag{16.30b}$$

$$C(\text{depl}) = \frac{C_\text{O}C_\text{S}}{C_\text{O} + C_\text{S}} = \frac{C_\text{O}}{1 + \frac{K_\text{O}W}{K_\text{S}x_\text{o}}} \tag{16.31}$$

由式(16.31)可以看出，由于 W 随耗尽偏置增加而增大，当直流偏置从平带变化到反型时，耗尽电容 $C(\text{depl})$ 相应地会减小。

我们已经知道 MOS 结构一旦达到反型，对应于所加的直流偏置，在氧化层-半导体界面附近会堆积大量的少数载流子。直流情况下耗尽层的宽度趋向于达到最大值 W_T，但是交流电荷响应不是立刻就十分显著的。反型层电荷可能对应于交流信号有明显的涨落[如图 16.12(c) 所示]。另外一种可能就是需要平衡栅电荷变化量 ΔQ 的半导体电荷来源于耗尽层宽度的变化[如图 16.12(d) 所示]，甚至这两种极端情况的组合在逻辑上也是可能的。问题在于究竟是哪种情况描述了 MOS 电容中实际交流电荷的涨落。已经证明观察到的电荷涨落依赖于电容测量所用的交流信号频率。

第 16 章 MOS 结构基础

(a)

(b)

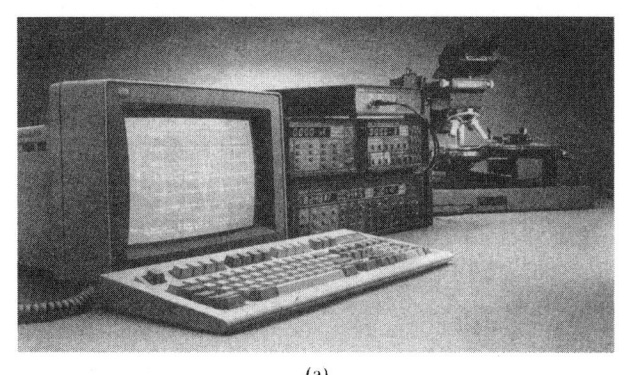

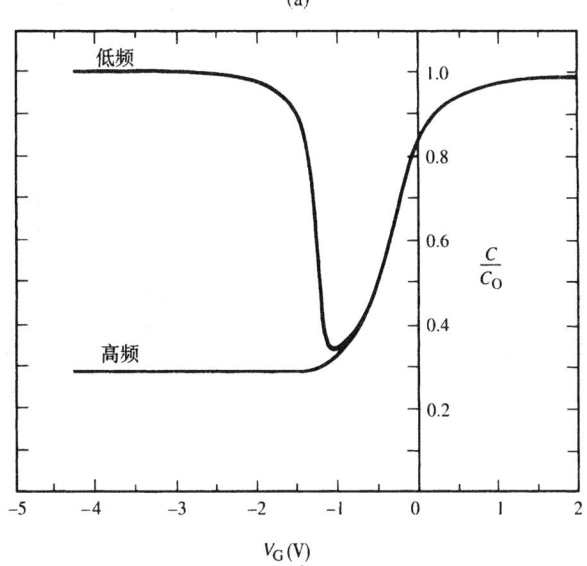

图 16.11 (a) Keithley 高、低频测量系统; (b) MOS 电容高、低频 C-V 特性实例。该器件在 (100) 硅上制备,硅掺杂浓度为 $N_D = 9.1 \times 10^{14}/\text{cm}^3$, $x_o = 0.119\ \mu\text{m}$。[(a) 图来自 1993—1994 *Test & Measurement Catalog*, Keithley Instrument 公司授权使用)]

首先,如果测量频率很低 ($\omega \to 0$),那么少数载流子的产生或消除可以跟上所加交流信号。随时间变化的交流状态本质上是直流状态的延续。如同在积累情况中,电荷在单层绝缘层的边缘增加或减少 [参见图 16.12(c)],因此可以推出

$$C(\text{inv}) \simeq C_O, \qquad \omega \to 0 \tag{16.32}$$

另一方面,如果测量频率很高 ($\omega \to \infty$),相对较慢的产生-复合过程无法跟上所加的交流信号来提供或消除少数载流子,因此反型层中的少数载流子数目固定在直流值,仅是耗尽层宽度在直流值 W_T 附近涨落。类似于耗尽偏置,这种情况等效于两个平板电容器串联 [参见图 16.12(d)],有

$$C(\text{inv}) = \frac{C_O C_S}{C_O + C_S} = \frac{C_O}{1 + \dfrac{K_O W_T}{K_S x_o}}, \qquad \omega \to \infty \tag{16.33}$$

其中 W_T 是与直流反型偏置无关的常数,对于所有反型偏置,$C(\text{inv})_{\omega \to \infty} = C(\text{depl})_{\text{minimum}} = $ 常数。最后,如果在某一测量频率下,对应于交流信号出现部分反型层电荷的产生/消除现象,则可以观察到介于高频和低频条件之间的反型电容值。

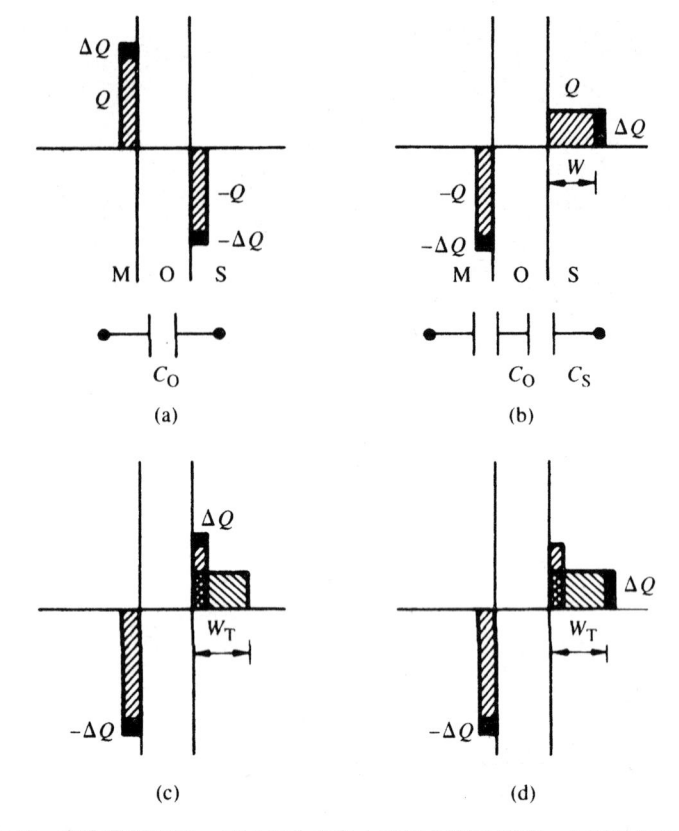

图16.12 直流偏置下的 n 型 MOS 电容中交流电荷的涨落。分别对应于(a)积累情况；(b)耗尽情况；(c)反型情况($\omega \to 0$)；(d)反型情况($\omega \to \infty$)。(a)和(b)中在电荷块图下方还给出了相应的积累和耗尽等效电路模型

现在，可以结合前述的积累、耗尽、反型情况的讨论结果，建立一个完整的理论。在积累偏置下 MOS 电容的电容值近似为 C_O 上的常数，随着直流偏置下降而变化到耗尽情况，电容下降，直流偏置达到反型偏置后电容又近似为常数。如果 $\omega \to 0$，电容约为 C_O，如果 $\omega \to \infty$，电容约为 $C(\text{depl})_{\min}$。而且对于 n 型器件，积累栅电压 ($C \simeq C_O$) 为正，反型栅电压为负，电容减小的耗尽偏置区宽度大约在 1 V 量级左右，很明显，电容-电压特性的理论与图 16.11(b) 给出的实验测得的 MOS 电容的 C-V_G 特性吻合得很好。

练习 16.4

问：采用理想结构的 C-V 特性曲线和图 E16.4 给出的电荷块图填写下表。对于表中命名的每个偏置条件，采用字母(a~g)标出相应的偏置点或理想 MOS 电容 C-V 特性曲线上的点，同样采用数字(1~5)标出与每个偏置条件相关的电荷块图。

偏置条件	电容(a~g)	电荷块图(1~5)
积累		
耗尽		
反型		
平带		
耗尽/反型过渡处		

第 16 章 MOS 结构基础

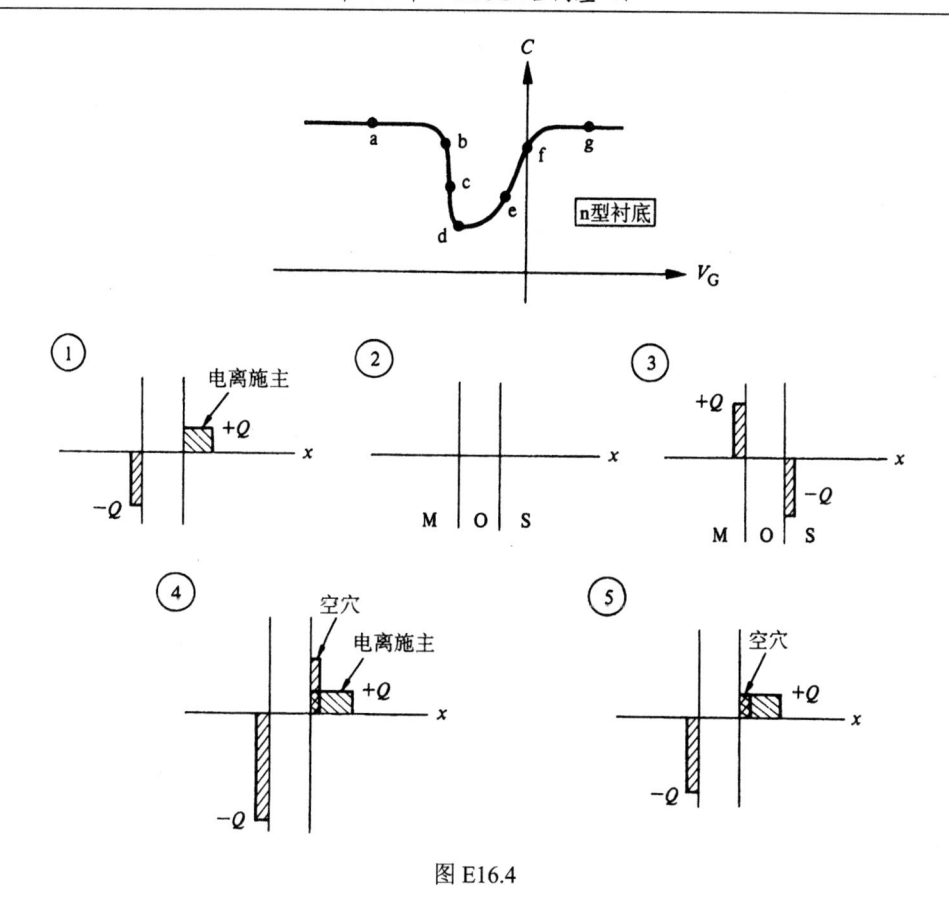

图 E16.4

答：积累——g, 3；耗尽——e, 1；反型——a/b/c, 4；平带——f, 2；耗尽/反型过渡处——d, 5。

δ耗尽近似分析

在前面推导的基础上，基于δ耗尽近似公式，可以比较容易地建立一阶定量理论，特别是在δ耗尽近似公式中。图 16.12 中代表积累层和反型层的电荷块从形式上可以用氧化层-半导体界面电荷的δ函数来代替，因此对于积累偏置及低频下的反型偏置情况，δ耗尽近似解中的C可以严格地等于C_O。另一方面，耗尽关系式和高频下的反型关系式[分别为式(16.31)和式(16.33)]可以不做修改就可以使用，图 16.12 中耗尽区电荷块在建模时与耗尽近似中假设的简化电荷分布一致，因此在δ耗尽近似公式框架中，有

$$C = \begin{cases} C_O & \text{积累} & (16.34a) \\[6pt] \dfrac{C_O}{1+\dfrac{K_O W}{K_S x_o}} & \text{耗尽} & (16.34b) \\[6pt] C_O & \text{反型}(\omega \to 0) & (16.34c) \\[6pt] \dfrac{C_O}{1+\dfrac{K_O W_T}{K_S x_o}} & \text{反型}(\omega \to \infty) & (16.34d) \end{cases}$$

给定一组器件参数，可以从前面的关系式计算 C_O 和 W_T，但是为了求出解析解，式(16.34b)中的耗尽偏置 W 必须表示成 V_G 的函数。将式(16.28)反过来可以获得 ϕ_S（或者更准确地说是 $\sqrt{\phi_S}$）与 V_G 的函数关系式，然后将结果代入式(16.15)，得到所需的公式，可以发现

$$W = \frac{K_S}{K_O} x_o \left[\sqrt{1 + \frac{V_G}{V_\delta}} - 1 \right] \tag{16.35}$$

其中

$$V_\delta \equiv \frac{q}{2} \frac{K_S x_o^2}{K_O^2 \varepsilon_0} N_A \quad \begin{array}{l} \cdots \text{p型衬底器件} \\ (\text{对于n型衬底} N_A \to -N_D) \end{array} \tag{16.36}$$

注意，如果将式(16.35)代入式(16.34b)，可以得到很简单的结果：

$$\boxed{C = \frac{C_O}{\sqrt{1 + \dfrac{V_G}{V_\delta}}} \quad （耗尽偏置）} \tag{16.37}$$

图 16.13 给出了采用 δ 耗尽近似理论得到的低频和高频 C-V 特性曲线。

16.4.2 计算和测试

严格计算

图 16.13 给出的 δ 耗尽近似特性是一个对实际情况相当粗略的表述，一阶理论给出了一定的偏置区域中对应于栅电压的一些结果，但在从积累向耗尽转换和从耗尽向反型转换的过渡区附近无法使用该理论。在实际应用中需要一个对所测量观察到的特性更为精确的模型描述，该模型一般通过对 MOS 电容中电荷分布做精确描述来建立。附录 C 给出了电荷精确分析的结果，虽然精确电荷关系式的推导超出了本章范围，但其结果是十分容易处理的，可以由此很容易地建立起相当精确的理想 MOS 结构的 C-V 特性。

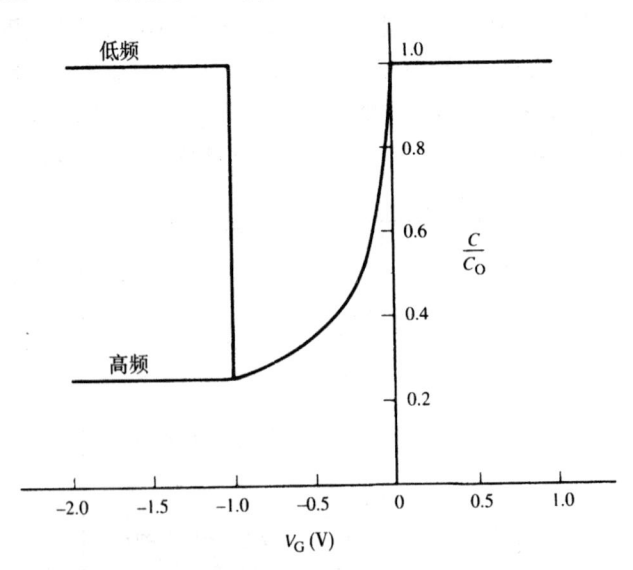

图 16.13　采用 δ 耗尽近似理论得到的低频和高频 C-V 特性曲线（$x_o = 0.1~\mu\text{m}$，$N_D = 10^{15}/\text{cm}^3$，$T = 300~\text{K}$）

图 16.14 到图 16.16 给出了一组采用精确电荷关系式计算得到的 C-V 特性，这些图分别说明了掺杂浓度(参见图 16.14)、氧化层厚度(参见图 16.15)和器件温度(参见图 16.16)的影响。尤其需要注意的是，由图 16.14 看到随着掺杂浓度的提高，高频反型电容会大大增加，耗尽偏置区将大大展宽。事实上，在很高的掺杂下(图中未给出)，电容将接近一个与偏置无关的常数，这并不是期望的结果。因为随着掺杂浓度的提高，半导体越来越像金属，MOS 电容就越来越像标准的平板电容器。如图 16.15 所示，氧化层厚度增加也会使耗尽偏置区展宽，影响高频反型电容。耗尽偏置区随着 x_o 增加而增加的原因，主要在于该结构中氧化层上的压降成比例增加。最后，图 16.16 很好地说明了反型偏置电容对温度变化有中等敏感度，耗尽偏置电容则基本上不随温度变化。

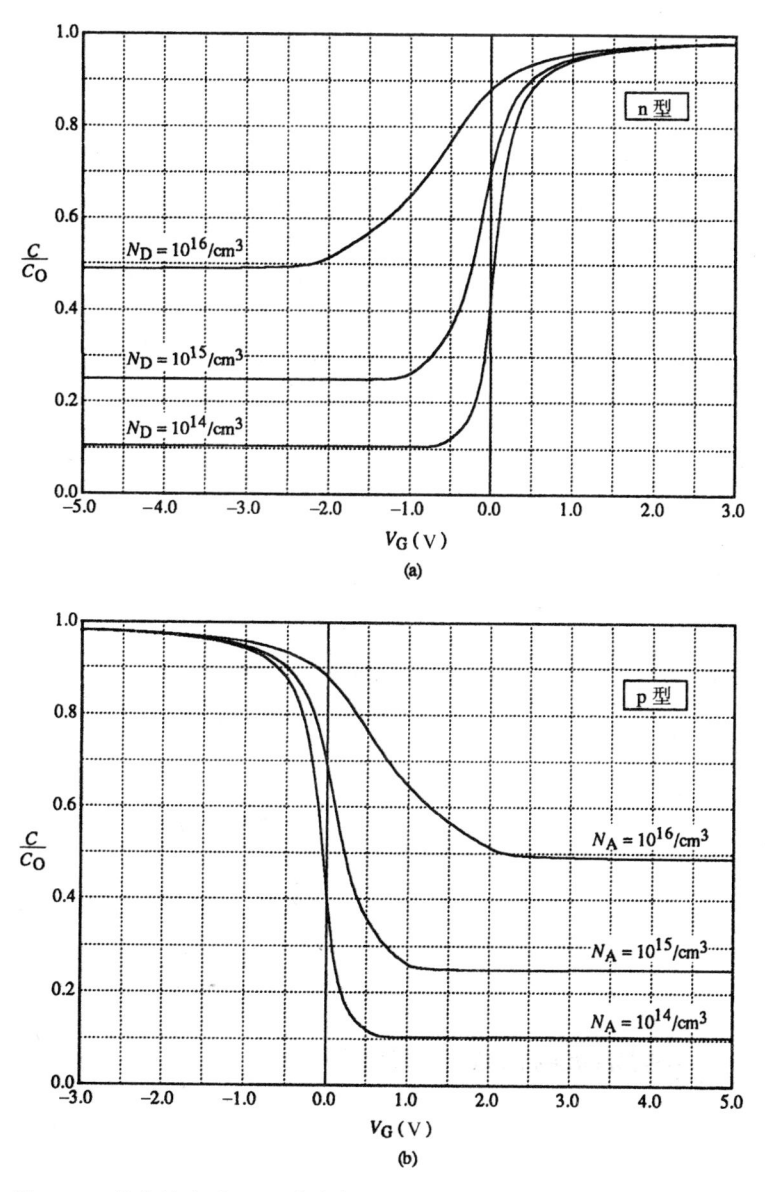

图 16.14 掺杂浓度对 MOS 电容高频 C-V_G 特性的影响。(a) n 型和 (b) p 型，特性由精确电荷理论计算得到 ($x_o=0.1\ \mu m$，$T=300\ K$)

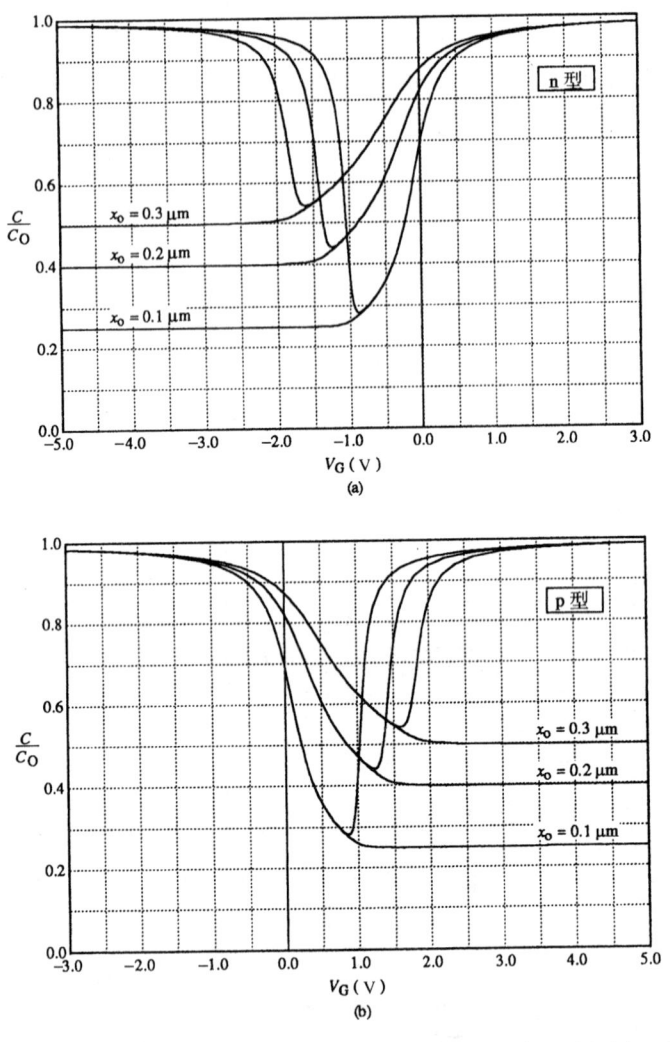

图 16.15　氧化层厚度对 MOS 电容高频特性的影响。(a) n 型和 (b) p 型，特性由精确电荷理论计算得到 [$N_A(N_D) = 10^{15}/cm^3$，$T = 300\ K$]

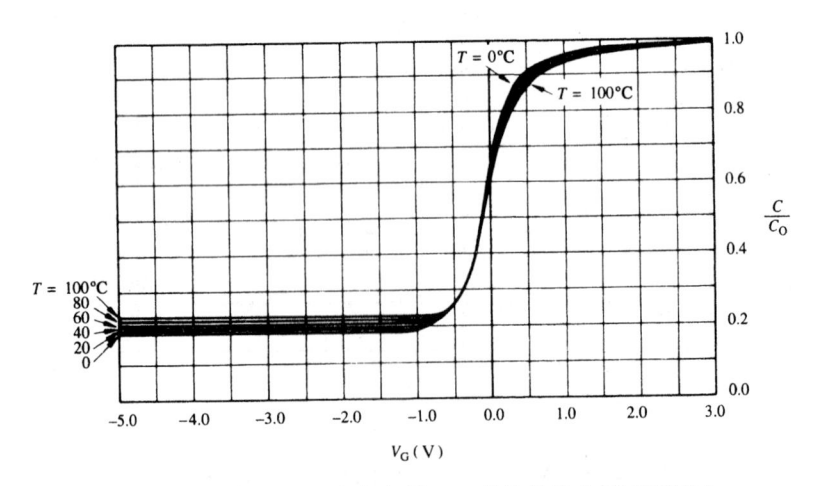

图 16.16　温度对 MOS 电容高频 C-V_G 特性的影响(基于精确电荷理论计算得到，$x_o = 0.1\ \mu m$，$N_D = 5 \times 10^{14}/cm^3$)

练习 16.5

问:

(a) 采用附录 C 中的精确电荷关系式,编写一个 MATLAB 程序用于计算和绘制低频 C/C_O 与 V_G 的特性,这个程序可以计算 C/C_O 和相应的 V_G,从 $U_S = U_F - 21$ 到 $U_F + 21$ 以 $U_S = \phi_S/(kT/q)$ 为单位作为步长或更小的增幅,其中 $U_F = \phi_F/(kT/q)$。采用 $K_S = 11.8$,$K_O = 3.9$,$T = 300$ K,只有 N_A 和 x_o 作为输入变量。设定 $N_A = 10^{15}/cm^3$,用编写的程序画出低频 C/C_O 与 V_G 的关系曲线。对于 $x_o = 0.1$ μm,0.2 μm,0.3 μm,将程序的计算结果与图 16.15 进行比较。

(b) 采用附录 C 中的精确电荷关系式,通过(a)所指出的相同的计算步骤来产生高频 C/C_O 与 V_G 的特性。设定 $x_o = 0.1$ μm,对 $N_A = 10^{14}/cm^3$,$10^{15}/cm^3$ 和 $10^{16}/cm^3$ 计算并输出高频 C/C_O 与 V_G 的关系曲线,将程序计算的结果与图 16.14 进行比较。(注意高频计算比低频计算复杂。)

答: (a)/(b) 程序的编写或用程序来产生精确电荷 C-V 特性是一个可以包含很多信息的练习,我们鼓励读者在参考附录 M 中列出的 MOS_CV MATLAB 文件之前至少完成(a)中的练习。但是,无论用读者编写的程序还是用 MOS_CV 程序产生的特性,都应与图 16.14 和图 16.15 中画出的 C-V 曲线进行比较。

实际测量结果

在讨论到实际测量时,我们已经或多或少地回避了一个问题,即就实际测量频率而言,"低频"和"高频"究竟指的是什么?比如,通过 100 Hz 交流信号是否可以得到低频 C-V 特性?你也许会惊奇地发现答案是否定的。在现代工艺水平下制备的 MOS 电容中,一般载流子寿命较长,载流子产生率较低,即使测量频率低到 10Hz(实际桥型测量方法的极限),也会得到典型的高频特性。如果要得到 MOS 电容的低频特性,必须采用如准静态技术[13]等间接方法。在准静态技术中,在 MOS 电容栅上加一个变化很慢的线性电压(10~100 mV/s),然后检测栅上流过电流随栅电压的变化情况。已经证实,流过器件的准静态位移电流直接正比于低频电容。通过适当校准,由测量电流与电压数据可以得到所需的低频 C-V 特性。

对于高频情况,实际上不可能达到 $\omega \to \infty$,但还是希望能观察到高频特性。实际测量频率很少超过 1 MHz,在较高频率下半导体的体电阻开始起作用,会降低所测电容;在更高的频率($\geqslant 1$ GHz)下需要考虑多数载流子的响应时间所带来的问题。

一般测试得到的都是高频特性,标准且几乎是通用的测量频率为 1 MHz,但这并不是说不用作一些考虑在 1 MHz 就一定能得到高频特性。例如,如本章前面内容所述,C-V 测试通过从积累区到反型区扫描直流电压而完成,可以获得连续的电容与电压特性曲线。图 16.17 说明了在不同扫描速率下测量得到的一般结果。值得注意的是,即使在最低扫描速率的情况下,也不能合理地画出高频特性的反型部分,必须在反型时停止扫描,使器件达到平衡,或者缓慢地将器件从反型区反扫到积累区来准确记录高频反型电容。

前面的讨论还有一个目的,就是要引入深耗尽这一重要内容。我们来仔细分析一下扫描测试(参见图 16.17),当扫描电压处于积累区或耗尽区时,器件工作中只包括多数载流子,在 MOS 结构中直流电荷可以快速地响应栅偏置的变化。但是当从耗尽区扫描到反型区时,需要大量的少数载流子来达到 MOS 电容中电荷分布的平衡。在电压进入反型区之前,MOS 结构中并没有少数载流子,少数载流子也不会从较远的背接触或从氧化层进入半导体中,因此必须在半导体表面附近产生。正如我们前面多次提到的，这种产生过程是相当慢的，而且很难提供 MOS 结构中电荷平衡所需的少数载流子。因此如图 16.18(a) 所示，半导体会进入非平衡状态，为了平衡 MOS 电容栅上附加的电荷，耗尽区宽度变得比 W_T 大，以补偿缺少的少数载流子。这里所描述的条件，即非平衡条件缺少少数载流子，耗尽区宽度大于平衡值，这种情况称为"深耗尽"。

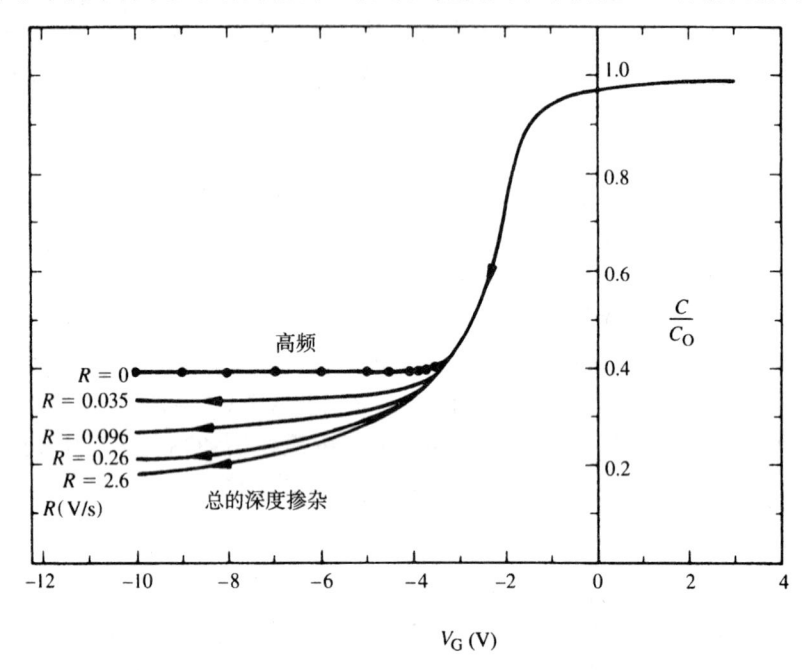

图 16.17 不同扫描速率 (R) 下测量得到的 C-V 特性，在反型时，停止扫描，使得器件平衡，就可以得到高频特性

$W > W_T$ 可以解释在扫描测试中观察到的电容降低现象，而且电容随扫描速率增加而减少，隐含了少数载流子会变得更为缺乏，耗尽区宽度变得更宽。这在逻辑上是合理的，扫描速率越高，在达到给定反型偏置之前产生的少数载流子就越少。

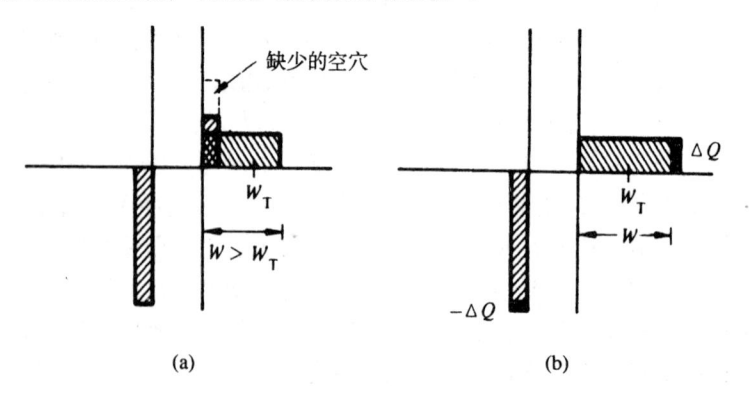

图 16.18 (a) 深耗尽情况下，n 型 MOS 电容中非平衡电荷的分布情况；(b) 半导体进入完全深耗尽时交流电荷的涨落

就深耗尽而言，当半导体完全缺乏少数载流子时，会出现一种极端情况，即完全深耗尽。除了展宽的耗尽区，图 16.18(b) 中所示的完全深耗尽情况与图 16.12(b) 中的简单耗尽情况正好一致，因此类似地基于 δ 耗尽近似公式，在深耗尽极端情况下的电容为

$$C = \frac{C_O}{\sqrt{1 + \dfrac{V_G}{V_\delta}}} \qquad \begin{array}{l}\text{完全深耗尽}\\ (V_G > V_T \text{ p型}; \quad V_G < V_T \text{ n型})\end{array} \tag{16.38}$$

式(16.38)与实验结果吻合良好,本质上与从精确电荷分析中得到的结果一致。图16.17所示的2.6 V/s扫描速率的曲线就是完全深耗尽特性曲线的一个例子。

需要指出的是,深耗尽条件是15.1节引言中提到的动态随机存储器(DRAM)和电荷耦合器件(CCD)工作的重要基础。DRAM采用深耗尽MOS电容作为存储单元;在CCD摄像头中,光产生的载流子电荷可以暂时存贮在MOS电容栅阵列下部分深耗尽势阱中。

练习 16.6

问:图E16.6中所示的实验C-V特性是在下列条件下观察到的:从点1到点2直流偏置变化很慢,在点2处V_G扫描速率迅速增加,在达到点3扫描停止,电容变化到点4,定性解释观察到的特性。

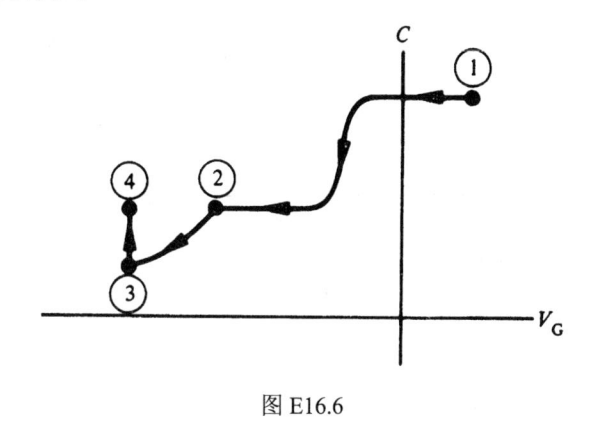

图 E16.6

答:从点1到点2的过程中,由于扫描速度很低,在每个直流偏置点中半导体都会达到平衡,因此可以观察到标准的高频C-V特性。在点2处增加的扫描速率使半导体不能再达到平衡,会进入深耗尽,W变得大于W_T,C减少到最小高频平衡值以下。当扫描停止时,电容会从点3增加到点4,在MOS器件中通过在表面附近产生少数载流子空穴来恢复器件中的平衡。当空穴产生后加到反型层中,耗尽区宽度相应减小,电容会增加而回到平衡时的高频值。

16.5 小结

本章主要介绍了MOS结构的基本术语、概念、图示化分析辅助手段、解析分析过程等。首先描述了MOS电容,并且定义了理想MOS结构的含义。理想MOS电容的讲解不仅可以作为介绍MOS基础知识的捷径,而且可以为理解和分析实际MOS结构中更为复杂的行为提供参考。在第18章中可以更清楚地看到理想结构的参考作用,其中理想情况的一些假设不再存在,并且将仔细研究由此带来的器件特性的变化。

我们采用能带图和电荷块图定性描述了在静态偏置条件下MOS电容的内部状态。通过这些图,从物理上阐述了积累、平带、耗尽、反型等概念。积累对应于多数载流子在氧化层-半导体界面的堆积；平带是指半导体中能带没有弯曲，或等效的是在半导体中没有电荷；耗尽是指多数载流子被排斥离开界面，留下没有被补偿的杂质离子电荷；反型则对应于氧化层-半导体界面少数载流子的堆积情况。

需要指出的是，在某些分析中可以方便合理地将这里定义的耗尽偏置区划分成两个区域。因此在一些 MOS 结构的相关报道中，会发现耗尽只是用于表示能带弯曲在 $\phi_S = 0$ 和 $\phi_S = \phi_F$ 之间的情况。弱反型用于描述能带弯曲在 $\phi_S = \phi_F$ 和 $\phi_S = 2\phi_F$ 之间的情况。此外，强反型(隐含比弱反型更强的反型)代替了这里定义的反型。

通过求解泊松方程，可以得到 MOS 电容中电荷密度、电场及静电势的定量公式，基于耗尽近似和载流子电荷的 δ 函数模型给出了一阶近似结果。静电变量的精确解请参见附录 B。

采用定性分析和定量分析结果，可以推出描述 MOS 电容的低频和高频 C-V 特性的模型，本章给出了一个理想 MOS 结构特性的例子，并分析了不同参数的影响。最后，阐明了"低频"和"高频"的实际含义，指出当 MOS 电容在反型偏置下不再处于平衡状态时会出现深耗尽状态。深耗尽是一个非平衡状态，由于缺乏少数载流子，耗尽区宽度将超过平衡值。

习题

习 题	在以下小节后完成	难度水平	建议分值	简短描述
16.1	16.3.1	2	10(每图 1 分)	由 ϕ_F、ϕ_S 推出相应的图
16.2	"	2	8(a-2, b-3, c-3)	分析图 16.8(c)
●16.3	"	2	8	GaAs 中 W_T 与掺杂的关系曲线
●16.4	16.3.2	2~3	16(a::d-2, e-8)	计算 ϕ_F、W、$\mathscr{E}_S$、V_G
●16.5	"	3~4	15(a-6, b-9)	精确的 V_G-ϕ_S 计算
16.6	16.4.1	2~3	10(a-4, b-6)	推导/使用式(16.35)
16.7	"	3	20(每问 2 分)	解释能带图
16.8	"	2	5(每项 1/2 分)	电容和能带与偏置的关系表
16.9	"	3	16(每问 2 分)	给定能带，推出相应信息
16.10	"	3	8(a-2, b-2, c-4)	本征 MOS 电容
16.11	16.4.2	3	15(每问 5 分)	SOS 电容
16.12	"	2	8(每问 4 分)	给出 C-V，回答问题
16.13	"	2~3	10(每问 2 分)	给出 C-V，推出相应信息
16.14	"	2~3	16(每问 2 分)	给出 MOS 电容，回答问题
16.15	"	2~3	12(每问 2 分)	给出电荷块图，推出相应信息
●16.16	"	3	10	深耗尽 C-V
16.17	"	3	10(a-2, b-3, c-5)	确定 x_o 和掺杂

第 16 章 习题信息表

在所有计算中，MOS(Si-SiO$_2$)电容在 $T = 300$ K 情况下，采用 $kT/q = 0.0259$ V，$n_i = 10^{10}/\text{cm}^3$，$K_S = 11.8$，$K_O = 3.9$。

16.1 对于以下所给的参数，先指出偏置状态情况；然后画出静态情况下的能带图及电荷块图。假设 MOS 结构是理想的。

(a) $\dfrac{\phi_F}{kT/q} = 18, \dfrac{\phi_S}{kT/q} = 9$ \quad (d) $\dfrac{\phi_F}{kT/q} = -15, \dfrac{\phi_S}{kT/q} = 3$

(b) $\dfrac{\phi_F}{kT/q} = -12, \dfrac{\phi_S}{kT/q} = 0$ \quad (e) $\dfrac{\phi_F}{kT/q} = 9, \dfrac{\phi_S}{kT/q} = 21$

(c) $\dfrac{\phi_F}{kT/q} = 12, \dfrac{\phi_S}{kT/q} = 24$

16.2 分析图 16.8，特别是图 16.8(c)。

(a) 画出理想 p 型衬底 MOS 电容在开始反型开启时偏置状态的电荷块图，以描述电荷情况。

(b) 在(a)中所画的图是否和图 16.8(c) 中的 ρ/qN_A 与 x 的图相符合？解释为什么 ρ/qN_A 图在 $x = 0$ 处有一个尖峰，并且证明在 $x = 0$ 时，$\rho/qN_A = -2$。

(c) 假设在图 16.8 中，$\phi_F/(kT/q) = 12, T = 300\,\mathrm{K}$，求 W_T。所得到的 W_T 是否和图 16.8(c) 中的近似电荷分布相吻合？

●16.3 画出一个类似图 16.9 的 GaAs 的 W_T 与掺杂浓度的关系图，假设 $T = 300\,\mathrm{K}, K_S = 12.85$。

16.4 一个处于 $T = 300\,\mathrm{K}$ 下的 MOS 电容，$x_o = 0.1\,\mathrm{\mu m}$，硅的掺杂浓度为 $N_D = 10^{15}/\mathrm{cm}^3$，试计算：

(a) ϕ_F，分别以 kT/q 为单位和以伏特为单位；

(b) 当 $\phi_S = 2\phi_F$ 时，求 W；

(c) 当 $\phi_S = 2\phi_F$ 时，求电场 $\mathscr{E}_S$；

(d) 当 $\phi_S = 2\phi_F$ 时，$V_G = V_T$。（这个结果怎样和图 16.10 相联系？）

●(e) 将 300 K 下的 MOS 电容的硅掺杂浓度 (N_A 或者 N_D)、x_o 及耗尽偏压 ϕ_S 的数值作为输入参数，编写一个计算机程序，自动计算出 ϕ_F、W、$\mathscr{E}_S$、V_G。将结果与练习 16.3 中的结果相比较。利用该程序来验证(a)～(d)中手工计算出的答案。

●16.5 (a) 利用附录 B，证明式(16.28)的等价精确解为

$$V_G = \dfrac{kT}{q}\left[U_S + \hat{U}_S \dfrac{K_S x_o}{K_O L_D} F(U_S, U_F)\right]$$

这里 $U_S \equiv \phi_S/(kT/q)$，$U_F \equiv \phi_F/(kT/q)$。L_D、$F(U_S, U_F)$ 及 $\hat{U}_S$ 的定义请依次参考附录 B 中的式(B.5)、式(B.17)、式(B.18)。

(b) 设计一个计算机程序，利用(a)中的关系，计算 V_G (作为 U_S 的一个函数)。仅以半导体的掺杂和 x_o 作为输入参数，$T = 300\,\mathrm{K}$，U_S 从 $U_S = U_F - 21$ 增加到 $U_S = U_F + 21$。假设 $x_o = 0.1\,\mathrm{\mu m}$，$N_D = 10^{15}/\mathrm{cm}^3$。运行该程序，并将你的数值结果与图 16.10 中的精确结果进行比较。

16.6 (a) 按照教材中所提示的方法，推导式(16.35)。

(b) 假设 $x_o = 0.1\,\mathrm{\mu m}$，$N_D = 10^{15}/\mathrm{cm}^3$，$T = 300\,\mathrm{K}$，计算：

(i) W_T；

(ii) C/C_O，反型 ($\omega \to \infty$)；

(iii) V_T (δ 耗尽近似理论)；

(iv) 将你得到的 C 和 V 的结果与图 16.13 进行比较并进行讨论。

16.7 $T = 300$ K 下的理想 MOS 电容，$x_o = 0.2$ μm，其能带图如图 P16.7 所示。所施加的栅极偏置使得能带弯曲，在 Si-SiO$_2$ 界面，$E_F = E_i$。利用 δ 耗尽近似，回答下列问题：

(a) 画出半导体内部的静电势 φ 作为空间位置函数的曲线。
(b) 粗略地画出半导体内部及氧化层内部的电场（$\mathscr{E}$）作为空间位置函数的曲线。
(c) 半导体中达到平衡了吗？为什么？
(d) 粗略地画出半导体内部电子浓度随位置变化的曲线。
(e) Si-SiO$_2$ 表面的电子浓度是多少？
(f) $N_D = ?$
(g) $\phi_S = ?$
(h) $V_G = ?$
(i) 氧化层上的压降 $\Delta\phi_{ox}$ 是多少？
(j) 在图中所示偏置点上 MOS 电容的归一化小信号电容 C/C_O 是多少？

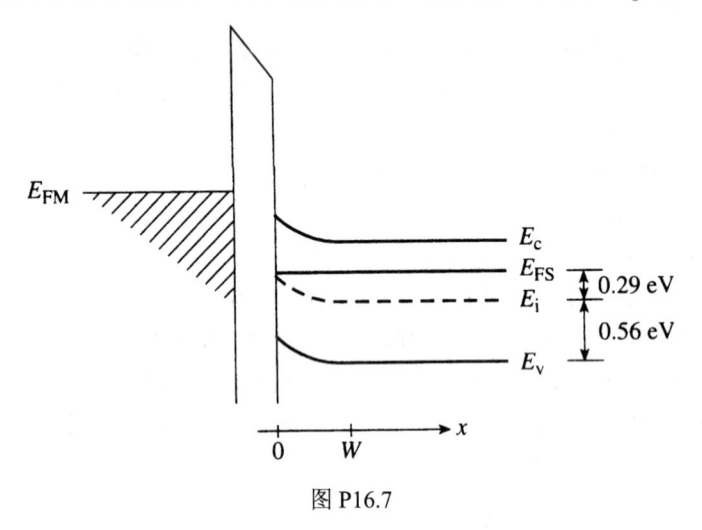

图 P16.7

16.8 利用图 P16.8 中的理想 MOS 结构的 C-V 特性曲线和能带图填充下面的表格。对于表中所列的每个偏置条件，用字母(a～e)在理想 MOS 电容 C-V 特性曲线上标出相应的偏置点；类似地，用数字(1～5)标出各个偏置条件对应的能带图。

偏置条件	电容(a～e)	能带图(1～5)
积累		
耗尽		
平带		
$V_G = V_T$		
积累		

16.9 图 P16.9 是一个工作在 $T = 300$ K、$V_G \neq 0$ 的理想 MOS 电容能带图。在硅-二氧化硅界面处，$E_F = E_i$。

图 P16.8

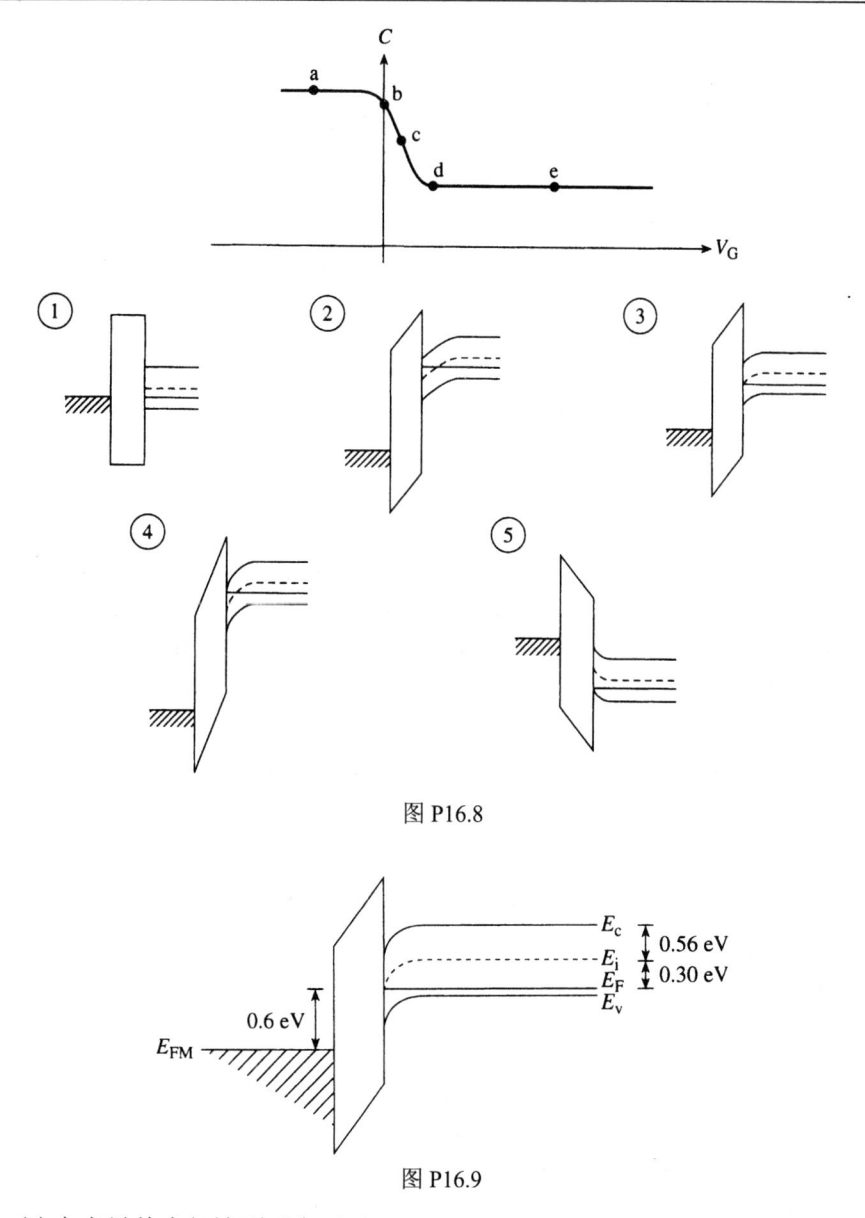

图 P16.9

(a) 在半导体内部达到平衡了吗？
(b) $\phi_F = ?$
(c) $\phi_S = ?$
(d) $V_G = ?$
(e) $x_o = ?$
(f) 画出对应于该能带图状态的电荷块图。作为参考，请在你的图上给出最大耗尽层宽度 W_T。
(g) 画出所给 MOS 电容的低频 C-V 特性曲线，在对应于习题中能带图所给状态的大致地方画一个×。
(h) 对于能带图的偏置情况，下列哪个是该结构的正确的电容表达式？并进行解释。

(i) $C = \dfrac{C_O}{1 + \dfrac{K_O W_T}{K_S x_o}}$, (ii) $C = \dfrac{C_O}{\sqrt{1 + \dfrac{V_T}{2V_\delta}}}$,

(iii) $C = \dfrac{C_O}{1 + \dfrac{K_O W_T}{\sqrt{2} K_S x_o}}$, (iv) $C = \dfrac{C_O}{\sqrt{1 + \dfrac{V_T}{V_\delta}}}$

16.10 对于本征硅上的理想 MOS 电容,
 (a) 画出该电容在平带情况下的能带图。图中要求包含 MOS 电容的三个部分,画出金属和半导体中的费米能级,并且标出能级位置。
 (b) 画出在正负栅偏下,该电容对应的电荷块图。
 (c) 利用耗尽近似,画出所给 MOS 电容的低频 C-V 特性曲线,在每个工作区证明你所画的曲线形状。

16.11 当代工艺可以制备出半导体-氧化层-半导体(SOS)电容,用半导体替代了标准 MOS 电容中的金属栅极。假设 SOS 电容由两个相同的 n 型非简并硅电极组成,结构为理想结构,所加偏置如图 P16.11 所示。试回答下列问题(为避免对图示答案的误解,请写明必要的注解)。
 (a) 画出该结构在下列情况下的能带图:(i) $V_G = 0$;(ii) $V_G > 0$,但较小;(iii) $V_G > 0$,且很大;(iv) $V_G < 0$,但较小;(v) $V_G < 0$,且很大。
 (b) 画出(a)中五种偏置情况下的电荷块图。
 (c) 画出本题中 SOS 电容的高频 C-V 特性曲线。作为参考,请在同一个坐标系中画出一个与该 SOS 电容具有相同半导体掺杂浓度和氧化层厚度的 MOS 电容的高频 C-V_G 特性曲线。

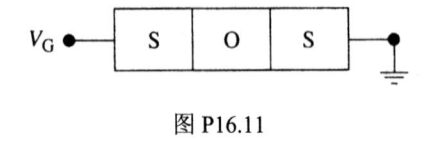

图 P16.11

16.12 (a) 考虑图 P16.12(a) 中的 C-V 特性曲线,哪条或哪些曲线反映了当 $V_G > V_T$ 时,存在平衡的反型层?请给予解释。

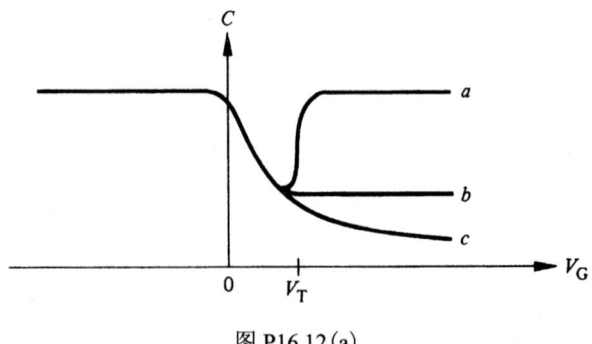

图 P16.12(a)

 (b) 图 P16.12(b) 中比较了两个栅极面积(A_G)相同的 MOS 电容的 C-V 特性曲线。曲线 b 与曲线 a 相比,其氧化层厚度(选择:更薄,相同,更厚)?其掺杂浓度有何不同(选择:更低,相同,更高)。请给予简单解释。

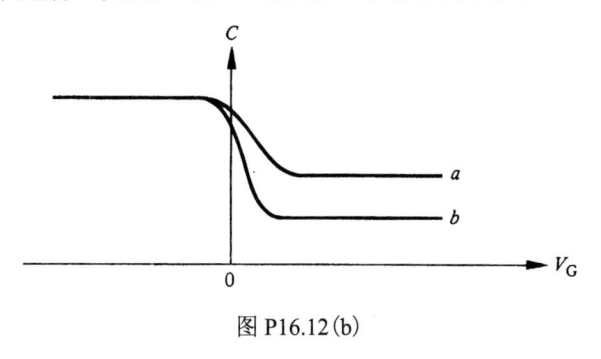

图 P16.12(b)

16.13 理想 MOS 电容,其 C-V 特性如图 P16.13 所示,
(a) 该 MOS 电容的半导体部分是 n 型掺杂的还是 p 型掺杂的,为什么?
(b) 画出对应于 C-V 特性曲线上点 2 的 MOS 电容的能带图。(要求画出 MOS 电容的三个部分,画出氧化层和半导体中正确的能带弯曲,以及金属和半导体中费米能级的正确位置。)
(c) 画出对应于 C-V 特性曲线上点 1 的电荷块图。
(d) 若该 MOS 电容的面积为 3×10^{-3} cm^2,其氧化层厚度(x_o)是多少?
(e) 利用 δ 耗尽近似,求该 MOS 电容的 W_T,以及相关的半导体掺杂浓度。

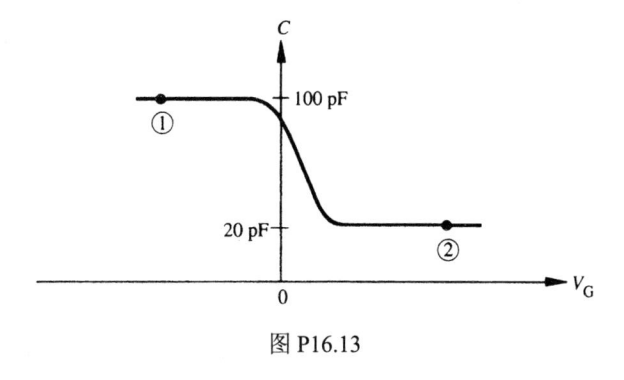

图 P16.13

16.14 一个理想 MOS 电容,工作在 T = 300 K 下。x_o = 0.1 μm,$N_D = 2 \times 10^{15}$/cm^3,$A_G = 10^{-3}$/cm^2。
(a) 画出该器件的高频 C-V 特性曲线。
(b) 定义 C_{MAX} 为最大高频电容,求 C_{MAX}。
(c) 定义 C_{MIN} 为最小高频电容,用耗尽近似求 C_{MIN}。
(d) 若 $V_G = V_T$,求 ϕ_S。(给出表达式及数值答案。)
(e) 计算 V_T。
(f) 假设栅偏置使得 $\phi_S = 3\phi_F/2$,请画出 MOS 电容对应于该栅偏置时的能带图。(要求画出 MOS 电容的所有三个部分,画出氧化层和半导体中正确的能带弯曲,以及金属和半导体中费米能级的正确位置。)
(g) 假设栅偏置使得 $\phi_S = 5\phi_F/2$,请画出对应于该栅偏置的电荷块图。
(h) 若测量该器件的 C-V 特性时,所加的直流偏置很快地从积累区扫描到反型区,请用虚线在(a)答案的同一坐标系下画出这种情况对应的 C-V 特性曲线。

16.15 图 P16.15 所示的电荷块图给出了一个理想 MOS 电容的直流状态。
(a) 本题中的半导体是 n 型的还是 p 型的？请解释。
(b) 器件处于积累、耗尽还是反型状态？请解释。
(c) 画出对应于电荷块图所示电荷状态的能带图。
(d) 修改电荷块图，说明当器件加有高频交流信号时，MOS 电容的电荷状态。
(e) 画出该结构的高频 C-V 特性曲线。在图中用符号标出与图 P16.15 中电荷块图相对应的点。
(f) 若对该器件施加如图 P16.15 所示的同样的栅偏置，MOS 电容已经完全深耗尽，请画出新的电荷块图来描述系统的新状态。

● 16.16 编写一个 MATLAB 程序，用来计算并画出完全深耗尽的 C/C_O-V_G 特性曲线。为了简化程序，设 MOS 电容为 p 型。设 V_1 为 $\phi_S = \phi_F$ 时的栅电压。按照习题 16.5 中列出的过程，用附录 C 中的低频 C-V 关系来计算 $V_G \leq V_1 (\phi_S \leq \phi_F)$ 时的特性。用式(16.38)计算 $V_G > V_1$ 时的 C/C_O-V_G 特性。在 $V_G = 5V_T$ 时终止计算。将两个电压范围的 C/C_O 值合并以组成一张图。设 $x_o = 0.2$ μm，$N_A = 7.8 \times 10^{14}/cm^3$。运行你的程序，并将结果与图 16.17

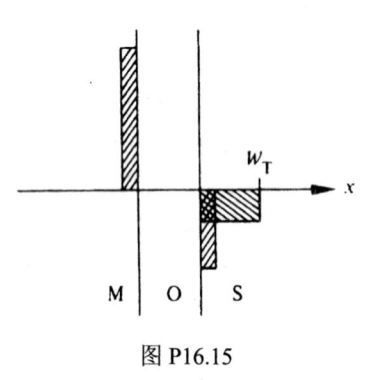

图 P16.15

中的完全深耗尽曲线进行比较。(需要将计算得到的 p 型特性曲线相对于通过 $V_G = 0$ 的直线进行镜像处理，以得到所需的 n 型特性曲线。)

16.17 建立 C-V 特性和 MOS 器件模型所需的氧化层厚度(x_o)与掺杂浓度(N_A 或 N_D) 通常是由测试得到的高频 MOS 电容 C-V 数据直接推导的。采用图 16.17 中的高频特性数据来分析这个推导过程。
(a) 采用 MOS 电容强积累时测得的电容求解氧化层厚度。图 16.17 中的 MOS 电容的最大电容(C_O)为 82 pF，栅面积为 $A_G = 4.75 \times 10^{-3}$ cm^2，由所给数据求 x_o。
(b) 采用 MOS 电容强反型时测得的高频电容求解半导体的掺杂浓度。在图 16.17 中，当器件所加偏置使其进入强反型($V_G < -4$ V)时，器件达到最小的高频电容值 C/C_O，利用附录 C 中的式(C.1)，将测量到的 C/C_O 与 W_{eff} 联系起来，用(a)中求出的 x_o 来求 W_{eff}(inv)。用 $L_D = 2.91 \times 10^{-3}$ cm 除 W_{eff}(inv)，得到 W_{eff}(inv)/L_D 的实验值。[附录 B 和附录 C 中定义了本征德拜(Debye)长度 L_D，这里引用的值为 $T = 300$ K 时的值。]
(c) 为了在 $9 \leq |U_F| \leq 18$ 的范围内得到误差低于 0.05% 的精确度，有[14]

$$\frac{W_{eff}(inv)}{L_D} \cong 2e^{-|U_F|/2}\{2|U_F|-1+\ln[1.15(|U_F|-1)]\}^{1/2}$$

这里 $U_F \equiv \phi_F/(kT/q)$。采用手工或者基于计算机程序的迭代方法，求 U_F 的值，使其满足(b)中 $W_{eff}(inv)/L_D$ 的实验值。求 U_F 至四位有效数字，并且计算相应的 N_D，假设 $T = 300$ K。注意：对应于 $W_T = W_{eff}(inv)$ 由图 16.9 推导得到的 N_D 值，将是 N_D 的很好的一阶近似，可以用它计算 U_F 的一阶近似。

第17章 MOSFET 器件基础

　　MOS 集成电路在半导体工业中已经成为主流技术。当今生产的 MOS 电路有几百种，涵盖了简单的用于数字信号处理的逻辑电路，以及在同一芯片上同时集成逻辑功能和存储功能的专用电路。MOS 产品已应用于大量电子系统中，包括现在已广泛使用的个人计算机。最开始 MOS 管的含义较多，包括金属-氧化物-半导体晶体管(MOST)、绝缘栅场效应晶体管(IGFET)及金属-氧化物-半导体场效应晶体管(MOSFET)(PIGFET 和 MISFET 有时也包含其中)。但随着时间的推移，MOSFET 成为普遍认可的器件结构。本章主要讨论 MOSFET 的工作机制及器件特性的理论建模。我们仍然假设 MOS 结构是理想的①，而且主要针对长沟道(大尺寸)增强型 MOSFET，小尺寸效应及器件结构的变化将在第 19 章给予介绍。下面，我们首先定性讨论 MOSFET 工作原理及器件直流特性，然后对器件的 I_D-V_D 直流特性进行定量分析，并介绍器件的交流响应。

17.1 工作原理的定性分析

　　图 17.1(a)和图 17.1(b)为一个基本 MOS 器件的三维示意图和横截面示意图。从物理角度来看，MOSFET 本质上是由一个 MOS 电容和靠近 MOS 栅控区域的两个 pn 结组成的。硅衬底可以为 p 型(如图中所示)或 n 型，如果是 n 型衬底，就需要用 p⁺ 源漏区。图 17.1(b)给出了标准引出端和直流电压名称，施加相应的端电压，可以得到漏电流 I_D，这是可观测到的器件的主要直流特性。在如图所示的器件引出端的情况下，电流流动一般是由载流子(在所讨论的情况中为电子)在受栅极(G)控制的情况下从源(S)向漏(D)运动而形成的。相应地，加到栅极上的电压为 V_G，漏电压为 V_D。在不做特别说明时，一般假设源及衬底接地。值得注意的是，在正常工作条件下，漏偏置一般使漏 pn 结反偏[对于图 17.1(b)器件，$V_D \geq 0$]，而且对于 p 型衬底器件，器件中电子的正常流动表现为当漏电流从外部电路流进漏端时，电流为正。

　　为了确定漏电流随端电压变化的特性，首先设 $V_D = 0$，然后讨论器件特性随栅电压变化的情况。当 V_G 为积累偏置或耗尽偏置($V_G \leq V_T$，V_T 为从耗尽到反型的转变点电压)时，源漏之间的栅控区域将出现空穴过剩或者出现空穴缺乏及很少量电子的情况。因此在上述条件下，沿两个 n⁺ 区之间的表面来看，可以认为是开路情况。当 V_G 为反型偏置($V_G > V_T$)时，在硅表面附近形成一层包含可动电子的反型层，沿两个 n⁺ 区之间的表面来看，如图 17.2(a)所示，感生出的"n 型"区(即反型层)或者称导电沟道将源区与漏区连接起来。反型偏置越大，硅表面堆积的电子越多，反型层的导电能力也越大。因此反型栅偏置可以产生源漏之间的沟道，从而确定沟道的最大电导。

　　下面在上述分析的基础上讨论漏偏置的影响。假设栅电压为反型偏置($V_G > V_T$)，漏电压从 $V_D = 0$ 开始以较小步长增加。图 17.2(a)给出了 $V_D = 0$ 时的情况，显然器件主要处于热平衡状态，

---
① 这里的"理想"是指符合 16.1 节第 2 段所规定的条件——译者注。

漏电流为零。当 V_D 增加一个小的正电压时，表面沟道类似于一个简单的电阻，漏电流与 V_D 成正比。图 17.3 中从原点到点 A 的线给出了较小 V_D 下的 I_D-V_D 特性。对于任何正的 V_D，漏 pn 结反偏，由此带来的反偏结漏电流会对 I_D 产生影响。但在制备良好的器件中，只要 V_D 小于结击穿电压，这一结漏电流与沟道电流相比可以忽略。

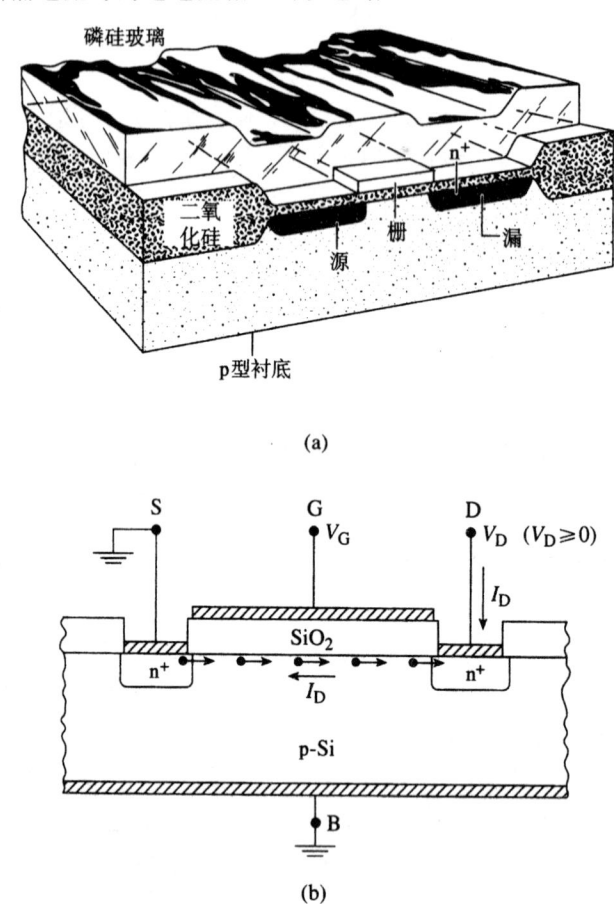

图 17.1 基本 MOSFET 结构。(a) p 型衬底(n 沟道)MOSFET 的理想三维示意图；(b) p 型衬底(n 沟道)MOSFET 的简化横截面图，标出了电极名称、载流子和电流流向，以及标准偏置条件[(a)图由 Beadle、Tsai 及 Plummer 提供[15]，AT&T 授权使用]

一旦 V_D 增加到零点几个伏特，器件便进入一个新的工作区，与沟道电流相关的从漏到源的电压将对栅的反型作用开始起负面影响。如图 17.2(b) 所示，耗尽区的增大将使沟道从源到漏逐渐变窄，反型层载流子数目相应减少，从而引起沟道电导的降低，由此反映出 I_D-V_D 特性曲线斜率的减小。进一步增加漏电压会导致沟道载流子浓度进一步降低，I_D-V_D 特性曲线斜率进一步减小(如图 17.3 所示)。沟道载流子数目在靠近漏端处降低最多，在漏端附近的反型层将最终消失(表面的电子浓度 $n|_{surface}$ 低于衬底掺杂浓度 N_A)，如图 17.2(c)所示。在沟道靠近漏端表面耗尽区的出现，或者说靠近漏端的 Si-SiO$_2$ 界面的沟道载流子浓度开始等于衬底掺杂浓度的情况可看成夹断。当器件中的沟道出现夹断时，对应于图 17.3 到达点 B，即 I_D-V_D 特性曲线斜率近似变为零。

当漏电压超过夹断电压 V_{Dsat} 时，沟道夹断部分会增宽，夹断部分从一点增大到 ΔL 的长度[如图 17.2(d) 所示]，夹断区载流子很少，电导较小，超过 V_{Dsat} 的电压部分主要降落在这里。对于长沟道器件($\Delta L \ll L$),从源到夹断区基本上形状一致,对于所有 $V_D \geq V_{Dsat}$ 的情况,该区的末端电压相同。当导电区形状和电势分布不变时,通过该区的电流也基本不变。因此,只要 $\Delta L \ll L$,当漏电压大于 V_{Dsat} 时,电流 I_D 基本保持不变。如果 ΔL 与 L 可相比拟,同样的压降 V_{Dsat} 会降在短一些的沟道 $(L-\Delta L)$ 上,夹断后的电流 I_D 随着 $V_D(>V_{Dsat})$ 的增大会有所增加,如图 17.3 所示。

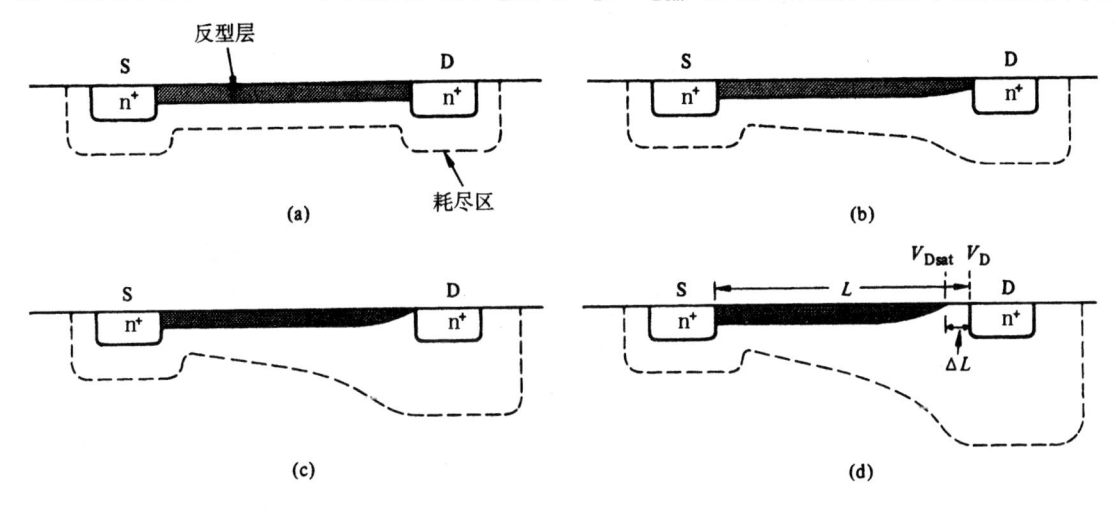

图 17.2 $V_G > V_T$ 时,MOSFET 不同工作区的示意图。(a) $V_D = 0$;(b) 沟道反型层在中等 V_D 偏置下变窄;(c) 夹断点;(d) 夹断点以后的工作情况 ($V_D > V_{Dsat}$)(注意:反型层宽度、耗尽层宽度等都未按照比例画出)

至此,我们分析了 MOSFET 分别在不同栅偏置和不同漏偏置情况下的电流响应情况。为了建立完整的 I_D-V_D 特性,需要将上述情况结合起来考虑。可以清楚地看到对于 $V_G \leq V_T$ 情况,栅偏置不产生表面沟道,对于低于结击穿电压的所有漏偏置,$I_D \approx 0$。对于所有 $V_G > V_T$ 的情况,电流特性情况如图 17.3 所示。由于沟道导电能力随 V_G 的增大而增加,I_D-V_D 特性曲线起始斜率将随 V_G 的增大而增大,而且在 $V_D = 0$ 时的反型层载流子数目越多,对应夹断的漏电压越高,因此 V_{Dsat} 随 V_G 的增大而增大。从上述讨论中可以得到图 17.4 所示的 I_D 随 V_D 和 V_G 的变化情况。

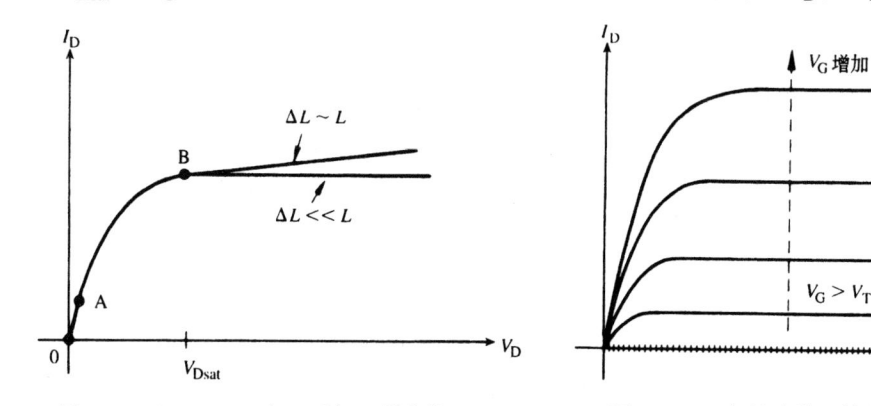

图 17.3 在 $V_G > V_T$ 时,I_D 随 V_D 的变化

图 17.4 一般长沟道器件 ($\Delta L \ll L$) 的 I_D-V_D 特性

上述的 I_D-V_D 特性反映了 MOSFET 结构作为晶体管的本质,即流入外部电路的电流 I_D 受栅上输入电压的调制。也就是说,对于一定的 V_G,$V_D > V_{Dsat}$ 对应于器件的饱和工作区,而 $V_D < V_{Dsat}$ 对应于器件的线性工作区(有时也称为三极管区)。另外,如果沟道载流子为电子,则 MOSFET 为 n 沟道器件;如果沟道载流子为空穴,则 MOSFET 为 p 沟道器件。

练习 17.1

问：假设重写上述章节，将 n 沟道器件换为 p 沟道器件，指出上面有关的图应如何修改？

答：需要做的修改总结如下：

图 17.1(a) 中 p 型衬底改为 n 型衬底；n⁺ 源/漏改为 p⁺ 源/漏。

图 17.1(b) 中沟道载流子由电子改为空穴；p 型衬底改为 n 型衬底；在漏电压极性描述中将 $V_D \geq 0$ 改为 $V_D \leq 0$；箭头反向以反映从源到漏并从漏端流出为正的 I_D 电流流向。（IEEE 惯例一般将电流流进器件端口定义为正向。严格按惯例来看，对于 p 沟道器件，在正常工作条件下 $I_D \leq 0$，以下主要针对正的漏电流进行讨论。）

图 17.2 中将源/漏掺杂改为 p⁺。

图 17.3 中在图的 x 轴上将 V_D 改为 $-V_D$，将 V_{Dsat} 改为 $-V_{Dsat}$，或者将 V_D 的图标保留，特性曲线沿负的 x 轴重画。（按照 IEEE 惯例，特性曲线有时在第三象限画出，其中 $I_D \leq 0$，$V_D \leq 0$。）

图 17.4 中将"V_G 增加"改为"$-V_G$ 增加"，V_D 改为 $-V_D$。由于 p 沟道器件的 $V_T < 0$，如果 $V_G > V_T$ 没有电流，那么 $V_G < V_T$ 才有电流。

除了指出的修改，在图 17.2 和图 17.3 的图题中的不相等的符号也要取反。

17.2 I_D-V_D 特性的定量分析

在 MOSFET 器件的发展过程中，出现过许多描述长沟道器件 I_D-V_D 特性的模型。对于模型建立而言，精度的提高将使公式的复杂性增加。这里主要介绍两类公式："平方律"理论和"体电荷"理论。前者给出了很简单的表达式，后者更符合实际情况。有趣的是，这两类公式的推导在最后是一致的。更准确的长沟道理论会在本节的最后给予介绍。

17.2.1 预备知识

阈值电压

从 MOSFET 基本工作原理的定性分析中可以清楚地看到，阈值电压对准确地确定器件特性起着重要作用。在 MOS 器件分析中，V_T 一般称为阈值电压或导通电压。晶体管在反型开始有电流流过（即导通），16.3.2 节的讨论结果可以用来推导阈值电压公式。当 $\phi_S = 2\phi_F$ 时，$V_G = V_T$。对于一个理想的 n 沟道（p 型衬底）器件，将上述定义代入式 (16.28)，可以得到

$$V_T = 2\phi_F + \frac{K_S x_o}{K_O}\sqrt{\frac{4qN_A}{K_S \varepsilon_0}\phi_F} \quad \cdots \text{理想的n沟道（p型衬底）器件} \tag{17.1a}$$

类似地，可以得到

$$V_T = 2\phi_F - \frac{K_S x_o}{K_O}\sqrt{\frac{4qN_D}{K_S \varepsilon_0}(-\phi_F)} \quad \cdots \text{理想的p沟道（n型衬底）器件} \tag{17.1b}$$

有效迁移率

在推导 MOSFET 直流特性定量公式时，会遇到一个新的电学量——"有效迁移率"。载

流子迁移率μ_n、μ_p在3.1节已经讨论过，它们是描述半导体中载流子运动难易的电学量。在半导体体内，即在远离表面处，载流子迁移率主要由材料内部晶格散射及离化杂质散射决定。在一定温度及掺杂浓度情况下，体迁移率(μ_n和μ_p)是已定义好且已广为接受的材料常数。但是对于MOSFET，载流子运动主要出现在表面反型层中，栅极引起的电场会导致载流子向表面加速。因此，反型层载流子除了受到晶格和离化杂质散射，还会与硅发生表面碰撞(如图17.5所示)。这一附加的表面散射机制会降低载流子迁移率，载流子被限制在表面附近，迁移率大大降低。由此引起的反型层平均载流子迁移率也称为有效迁移率，用符号$\bar{\mu}_n$、$\bar{\mu}_p$表示。

图17.5 Si-SiO$_2$界面的表面散射示意图

下面介绍建立有效迁移率的数学表达式，考虑n沟道器件，结构及尺寸如图17.6所示。x沿深度方向，以二氧化硅-半导体界面为起始点；y沿沟道方向，从源开始。$x_c(y)$为沟道深度，$n(x, y)$为沟道中任意一点(x, y)的电子浓度，$\mu_n(x, y)$为沟道中任意一点(x, y)的载流子迁移率。采用标准的平均化处理方法，任意一点y的载流子有效迁移率可表示为

$$\bar{\mu}_n = \frac{\int_0^{x_c(y)} \mu_n(x,y) n(x,y) \, dx}{\int_0^{x_c(y)} n(x,y) \, dx} \tag{17.2}$$

考虑到后面引用的方便，需要指出的是沟道中任意一点y的单位面积电荷可表示为

$$Q_N(y) = -q \int_0^{x_c(y)} n(x,y) \, dx \tag{17.3}$$

因此有效迁移率也可以写为

$$\bar{\mu}_n = -\frac{q}{Q_N(y)} \int_0^{x_c(y)} \mu_n(x,y) n(x,y) \, dx \tag{17.4}$$

如果漏电压较低，沟道深度和载流子电荷从源到漏比较均匀，那么有效迁移率在沟道中任意一点y基本是一样的。当漏电压增大时，x_c和Q_N随位置变化，$\bar{\mu}_n$从源到漏同样会有所变化。对于长沟道器件，迁移率与位置y的关系可以忽略，不会引起较大误差。因此本章后续假设$\bar{\mu}_n$与漏电压V_D及位置y无关。

下面分析$\bar{\mu}_n$与栅电压的关系。反型栅偏置的增加会增加x方向作用于载流子的电场。将载流子限制在氧化层-硅界面附近，因此表面散射增加，$\bar{\mu}_n$会随反型偏置的增加而降低——这一关系不能忽视。$\bar{\mu}_n$与V_G之间的精确关系因器件的不同而不同，但一

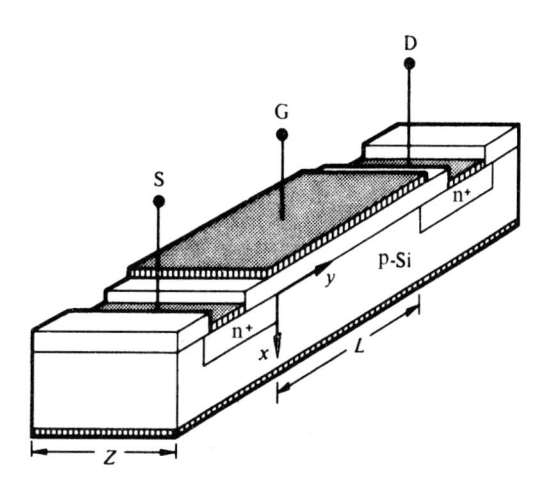

图17.6 定量分析中用到的器件结构、尺寸及坐标方向

般遵循图 17.7 给出的曲线。相应的一级近似的经验表达式为

$$\bar{\mu}_n = \frac{\mu_0}{1 + \theta(V_G - V_T)} \tag{17.5}$$

其中 μ_0 和 θ 是常数。采用最小二乘法对实验数据进行拟合，确定 μ_0 和 θ，再采用式(17.5)可以得到图 17.7 所示的实线。从图 17.7 还可以看到由于表面散射很严重，有效迁移率比体硅 μ_n 低很多。

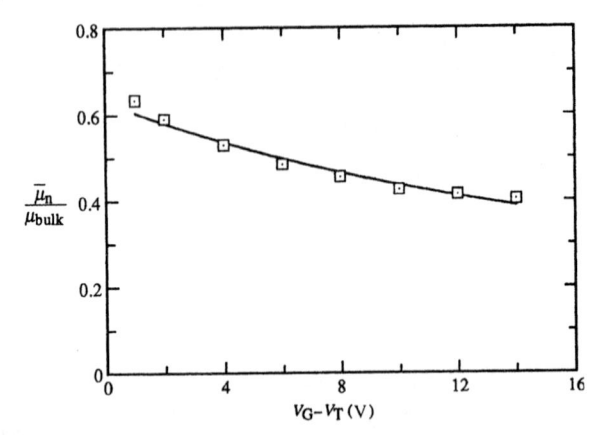

图 17.7　$\bar{\mu}_n$ 随所加栅电压的变化（$V_D \cong 0$）。方框数据点（ □ ）来自 Sun and Plummer[16]，实线是由式(17.5)得出的[$\mu_{bulk} = 1340$ cm^2/(V·s)，$\mu_0 = 847$ cm^2/(V·s)，$\theta = 0.0446$/V]

17.2.2　平方律理论

以下分析针对长沟道 MOSFET 器件，其结构、尺寸及采用的坐标如图 17.6 所示。

对于栅电压高于阈值（$V_G \geq V_T$）、漏电压低于夹断电压（$0 \leq V_D \leq V_{Dsat}$）的情况，I_D-V_D 特性的平方律理论推导如下。一般来说，电流密度 $\mathbf{J}_N$ 可以表示为

$$\mathbf{J}_N = q\mu_n n\mathscr{E} + qD_N \nabla n \tag{17.6}$$

上式假设在导电沟道中电流仅在 y 方向流动。另外，对于体内某一点载流子浓度很大的情况（多子电流情况），可以忽略电流的扩散分量。因此，基于对前面类似问题的处理方法，在式(17.6)中忽略电流的扩散分量（$qD_N \nabla n$），经简化后式(17.6)变为

$$J_N \cong J_{Ny} \cong q\mu_n n\mathscr{E}_y = -q\mu_n n \frac{d\phi}{dy} \quad （在导电沟道中） \tag{17.7}$$

式(17.7)中的所有量——μ_n、n、J_{Ny} 均与 x 和 y 有关。J_{Ny}（像 n）在 $x = 0^+$ 处很大，向体内方向迅速降低。

由于电流主要在表面沟道处流动，流过沟道横截面的电流应该都等于 I_D，即[①]

$$I_D = -\iint J_{Ny} dx\, dz = -Z \int_0^{x_c(y)} J_{Ny} dx \tag{17.8a}$$

$$= \left(-Z \frac{d\phi}{dy}\right)\left(-q \int_0^{x_c(y)} \mu_n(x,y) n(x,y) dx\right) \tag{17.8b}$$

---

① (a) 由于定义 y 方向的电流 I_D 为正，I_D 的一般表达式中有负号。
(b) 一般而言，ϕ 和 $d\phi/dy$ 是 x 的函数，但是由于反型层厚度很小，在沟道区中 ϕ 是 x 的弱函数（$\phi \approx \phi_s$）。因此，假设 $d\phi/dy$ 在沟道的厚度 x 方向为常数，可以写出式(17.8)的最终形式。

其中式(17.8b)右边的第二个括号中就是 $\bar{\mu}_n Q_N$[参见式(17.4)]，这样式(17.8b)可以简化为

$$I_D = -Z\bar{\mu}_n Q_N \frac{d\phi}{dy} \tag{17.9}$$

由于 I_D 与 y 无关，对式(17.9)沿沟道长度方向积分 I_D，可以转化成更有用的形式：

$$\int_0^L I_D dy = I_D L = -Z\int_0^{V_D} \bar{\mu}_n Q_N d\phi \tag{17.10}$$

另外，由于 $\bar{\mu}_n$ 与位置无关，可以进一步写成

$$I_D = -\frac{Z\bar{\mu}_n}{L}\int_0^{V_D} Q_N d\phi \tag{17.11}$$

因此，关键是需要推出 Q_N 与沟道任意一点 y 电势 ϕ 的关系的解析表达式。为了推导这一表达式，先回忆一下 MOS 电容中的电荷平衡关系。当 V_G 超过 V_T 时，MOS 电容栅上增加的电荷将由反型层电荷平衡，即

$$\Delta Q_{\text{gate}}\left(\frac{电荷}{\text{cm}^2}\right) = -\Delta Q_{\text{semi}}\left(\frac{电荷}{\text{cm}^2}\right) \cong -Q_N \quad \ldots V_G \geq V_T \tag{17.12}$$

由于可以立刻在邻近氧化层边缘处加上电荷，可以确定

$$\Delta Q_{\text{gate}}\left(\frac{电荷}{\text{cm}^2}\right) \cong C_o \Delta V_G = C_o(V_G - V_T) \quad \ldots V_G \geq V_T \tag{17.13}$$

因此

$$Q_N \cong -C_o(V_G - V_T) \quad \ldots V_G \geq V_T \tag{17.14}$$

其中

$$\boxed{C_o \equiv \frac{C_O}{A_G} = \frac{K_O \varepsilon_0}{x_o}} \tag{17.15}$$

是单位面积栅氧化层电容。

MOS 电容整个背面接地，而 MOSFET 背面"极板"电势则从源端的零值变化到漏端的 V_D。如图 17.8 所示，MOSFET 可比作电阻型平板电容器，在源端两极间电势差为 V_G、漏端为 $V_G - V_D$、任意一点 y 处为 $V_G - \phi$。显然 MOSFET 中任意一点 y 的电势差($V_G - \phi$)在 MOS 电容中相应为 V_G，各点均匀。应用式(17.14)，可以得到

$$Q_N(y) \cong -C_o(V_G - V_T - \phi) \tag{17.16}$$

将式(17.16)表示的 Q_N 代入式(17.11)并进行积分，可以得到 I_D-V_D 的关系表达式：

$$\boxed{I_D = \frac{Z\bar{\mu}_n C_o}{L}\left[(V_G - V_T)V_D - \frac{V_D^2}{2}\right] \quad \begin{pmatrix} 0 \leq V_D \leq V_{\text{Dsat}} \\ V_G \geq V_T \end{pmatrix}} \tag{17.17}$$

需要再次强调的是，以上推导及式(17.17)仅适于夹断发生以前的情况。事实上，对于给定的 V_G，如果将大于 V_{Dsat} 的 V_D 代入式(17.17)中，则计算出的 I_D 将随 V_D 减小。在定性讨论中曾指出，当 V_D 大于 V_{Dsat} 时 I_D 近似不变。从一阶近似出发，夹断后的特性可以简单地表示为

$$I_{D|V_D > V_{\text{Dsat}}} = I_{D|V_D = V_{\text{Dsat}}} \equiv I_{\text{Dsat}} \tag{17.18}$$

或者

$$I_{\text{Dsat}} = \frac{Z\bar{\mu}_n C_o}{L}\left[(V_G - V_T)V_{\text{Dsat}} - \frac{V_{\text{Dsat}}^2}{2}\right] \tag{17.19}$$

注意沟道靠近漏端夹断时，即 $\phi(L)=V_D \to V_{\text{Dsat}}$ 时，$Q_N(L) \to 0$，I_{Dsat} 可以简化。因此由式 (17.16)，可以得到

$$Q_N(L) = -C_o(V_G - V_T - V_{\text{Dsat}}) = 0 \tag{17.20}$$

其中

$$\boxed{V_{\text{Dsat}} = V_G - V_T} \tag{17.21}$$

有

$$\boxed{I_{\text{Dsat}} = \frac{Z\bar{\mu}_n C_o}{2L}(V_G - V_T)^2} \tag{17.22}$$

忽略 $\bar{\mu}_n$ 与 V_G 的关系，式 (17.22) 描述了导通时漏端饱和电流随栅电压的平方而改变，也就是所谓的"平方律"关系。

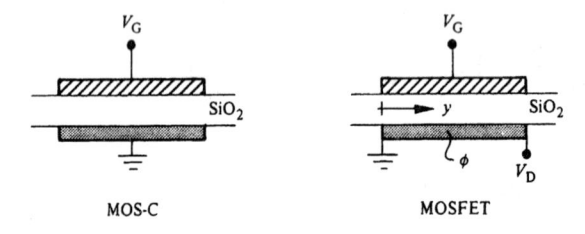

图 17.8　求解 MOSFET 沟道中电荷的类电容模型

练习 17.2

问：如果给定 $V_G - V_T$ 的值，画出平方律关系的 I_D 除以 $Z\bar{\mu}_n C_o/L$ 得到的值与 V_D 的关系，得到的归一化的特性与器件无关——对任何 Z、L、$\bar{\mu}_n$、x_o、N_A 的组合，可以得到同样的特性。构造一个这样的"普适"曲线，反映 $V_G - V_T$ = 1 V、2 V、3 V、4 V 对应的特性。

答：所得曲线如图 E17.2 所示。下面给出的 MATLAB 程序用于产生这个图。

MATLAB 程序清单…

```
% "Universal" ID-VD Characteristics /// Square-Law Theory

%Initialization
close
clear

%Let VGT = VG - VT;
for VGT=4:-1:1,

    %Primary Computation
    VD=linspace(0,VGT);
    ID=VGT.*VD-VD.*VD./2;
    IDsat=VGT*VGT/2;
    VD=[VD,9];
    ID=[ID,IDsat];
```

```
%Plotting and Labeling
if VGT==4,
plot(VD,ID); grid;
axis([0 10 0 10]);
xlabel('VD (volts)'); ylabel('ID/(ZµCo/L)');
text(8,IDsat+0.2,'VG-VT=4V');
hold on
else,
plot(VD,ID);
%The following 'if' labels VG-VT curves < 4
if VGT==3,
text(8,IDsat+0.2,'VG-VT=3V');
elseif VGT==2,
text(8,IDsat+0.2,'VG-VT=2V');
else,
text(8,IDsat+0.2,'VG-VT=1V');
end
end
end
hold off
```

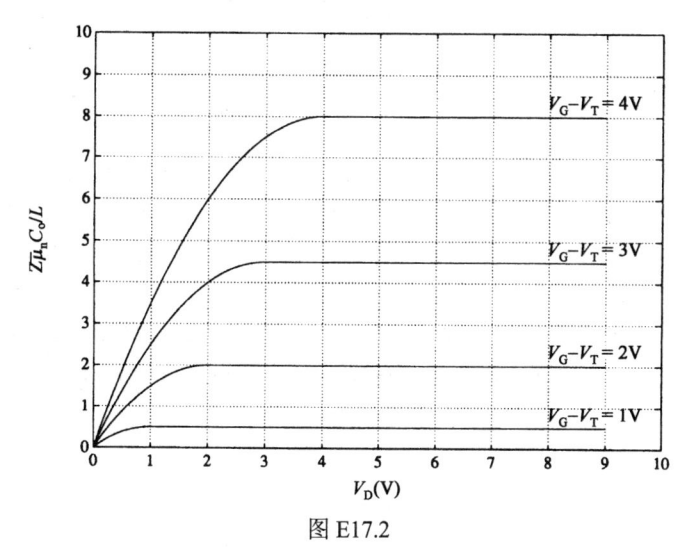

图 E17.2

17.2.3 体电荷理论

虽然平方律理论看上去比较合理，但进一步分析表明其存在一个主要问题：在平方律理论的分析中采用的类电容模型，假设栅上电荷的变化仅由 Q_N 变化来平衡，这相当于假设在从源到漏沟道中任意一点处的耗尽区宽度是不变的(都为 W_T)，即使在 $V_D \neq 0$ 的情况下也是如此。实际上，如图 17.2(b) 到图 17.2(d) 所示，当 $V_D \neq 0$ 时，从源到漏耗尽区宽度逐渐增大，每一点处的耗尽区宽度或者说"体"电荷的变化必须在电荷平衡关系中加以考虑。

当考虑耗尽区宽度 $W(y)$ 变化时，可以得到更准确的表达式：

$$Q_N(y) = -C_o(V_G - V_T - \phi) + qN_A[W(y) - W_T] \qquad (17.23)$$

采用第 16 章中 δ 耗尽近似的结果，有

$$W(y) = \left[\frac{2K_S\varepsilon_0}{qN_A}(2\phi_F + \phi)\right]^{1/2} \qquad (17.24)$$

$$W_{\mathrm{T}} = \left[\frac{2K_S\varepsilon_0}{qN_A}(2\phi_F)\right]^{1/2} \tag{17.25}$$

因此，联立式(17.23)～式(17.25)，并定义

$$V_W \equiv \frac{qN_A W_T}{C_o} \tag{17.26}$$

可以得到类似式(17.16)的体电荷理论公式，即

$$Q_N(y) = -C_o\left[V_G - V_T - \phi - V_W\left(\sqrt{1 + \frac{\phi}{2\phi_F}} - 1\right)\right] \tag{17.27}$$

基于体电荷公式，将式(17.27)代入式(17.11)并沿沟道方向积分，可以得到I_D-V_D的关系，即

$$\boxed{I_D = \frac{Z\bar{\mu}_n C_o}{L}\left\{(V_G - V_T)V_D - \frac{V_D^2}{2} - \frac{4}{3}V_W\phi_F\left[\left(1 + \frac{V_D}{2\phi_F}\right)^{3/2} - \left(1 + \frac{3V_D}{4\phi_F}\right)\right]\right\}}$$

$$0 \leqslant V_D \leqslant V_{Dsat} \text{ 和 } V_G \geqslant V_T \tag{17.28}$$

与平方律理论的分析一样，夹断后的特性通过设$V_D > V_{Dsat}$的电流与$V_D = V_{Dsat}$时的I_D相等而求出。类似地，V_{Dsat}的公式可以通过$\phi(L) = V_D \to V_{Dsat}$时在式(17.27)中令$Q_N(y)|_{y=L} \to 0$而得到，即

$$\boxed{V_{Dsat} = V_G - V_T - V_W\left\{\left[\frac{V_G - V_T}{2\phi_F} + \left(1 + \frac{V_W}{4\phi_F}\right)^2\right]^{1/2} - \left(1 + \frac{V_W}{4\phi_F}\right)\right\}} \tag{17.29}$$

到这里数学推导基本结束，下面分析得到的结果。首先，应该承认平方律理论的主要优点是它很简单，一般不增加数学处理，采用平方律理论可以建立一些基本的相互关系。另一方面，体电荷理论与长沟道 MOSFET 的实验结果吻合很好。值得注意的是，式(17.28)和式(17.29)比平方律公式要复杂很多，附加项或者说式(17.17)和式(17.21)中未出现的项常常对器件特性产生负作用，主要是在给定工作条件下会降低 I_D 和 V_{Dsat}。图 17.9 比较了两种理论，进一步肯定了上述分析，并说明了另一个熟知的特性，即平方律理论的准确性随衬底掺杂浓度降低而提高。事实上，当 $N_A(N_D) \to 0$，$x_o \to 0$ 时，体电荷理论从数学上就退化到平方律理论。

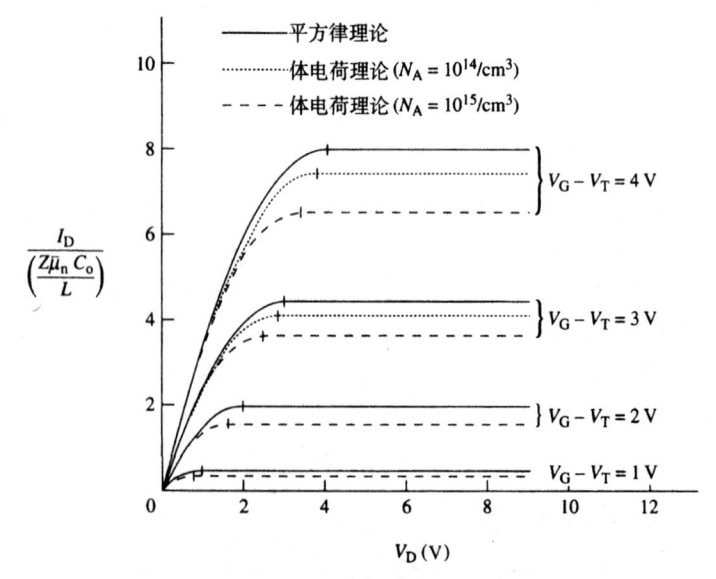

图 17.9 平方律理论与体电荷理论推导出的 I_D-V_D 特性的比较。运用体电荷理论时，假设 $x_o = 0.1\ \mu m$，$T = 300\ K$

练习 17.3

问：

假设一个理想 n 沟道 MOSFET 的栅和漏相连，如图所示，$x_o = 500$ Å，$N_A = 10^{16}/\text{cm}^3$，$Z/L = 10$，$\bar{\mu}_n = 625 \text{ cm}^2/(\text{V·s})$，$T = 300$ K，采用体电荷理论，在下列情况下求解 I_D：

(a) $V_G = V_D = 1$ V；
(b) $V_G = V_D = 3$ V。

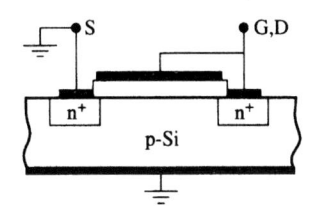

答：

(a) 这是个需要一些技巧的题目。注意

$$\phi_F = \frac{kT}{q} \ln(N_A/n_i) = 0.0259 \ln(10^{16}/10^{10}) = 0.358 \text{ V}$$

并有

$$V_T = 2\phi_F + \frac{K_S}{K_O} x_o \sqrt{\frac{4qN_A}{K_S \varepsilon_0} \phi_F}$$

$$= 0.716 + \frac{(11.8)(5 \times 10^{-6})}{(3.9)} \left[\frac{(4)(1.6 \times 10^{-19})(10^{16})}{(11.8)(8.85 \times 10^{-14})} (0.358) \right]^{1/2} = 1.42 \text{ V}$$

当 $V_G = 1$ V 时，$V_G < V_T$，因此晶体管关断，$\boxed{I_D = 0}$。

(b) 如果简单将 $V_G = V_D = 3$ V 代入式(17.28)，则会得到错误的结果。如上所述及图 17.9 所示，体电荷理论中 V_{Dsat} 比平方律理论相应的电压($V_{Dsat} = V_G - V_T$)要低，由于 $V_D = V_G$，有 $V_D = V_G > V_G - V_T > V_{Dsat}$。由于栅与漏相连，MOSFET 在所有 $V_D = V_G > V_T$ 的情况下均处于饱和工作状态。

分别采用式(17.15)、式(17.25)、式(17.26)，得到 $C_o = 6.90 \times 10^{-8}$ F/cm^2，$W_T = 3.06 \times 10^{-5}$ cm，$V_W = 0.71$ V。将这些结果代入式(17.29)，可以得到 $V_{Dsat} = 1.15$ V。将 $V_D = V_{Dsat} = 1.15$ V 代入式(17.28)求解 I_D，得到 $\boxed{I_D = 0.382 \text{ mA}}$。

17.2.4 薄层电荷和精确电荷理论

平方律理论和体电荷理论本身都存在缺陷。首先，当栅电压等于或低于阈值电压时，这两种理论都假设 MOSFET 沟道中的电荷(前面分析中的 Q_N)为零。在实际器件中，这时沟道电荷很小，但并不完全消失。因此，栅电压低于阈值电压，从源到漏仍有残余电流，该残余电流称为亚阈电流，其准确值常常受到关注。其次，采用平方律和体电荷关系的公式都无法自行饱和，需要人为地建立夹断后的特性。

薄层电荷和精确电荷理论弥补了上述缺点，这两种理论都可以用于计算亚阈电流，而且都可以实现自行饱和。由薄层电荷和精确电荷模型可以计算出 I_D-V_D 关系，具体请参见附录 D。通过计算 MOSFET 中精确的电荷分布，可以得到精确的电荷表达式，虽然十分复杂，但该表达式不包含积分。薄层电荷模型可以看成精确电荷模型的一种简化，在所有讨论的模型中，薄层电荷模型给出了精度与复杂度之间最好的折中。通过较准确的模型计算得到的 I_D-V_D 特性如图 17.10 所示，图 17.11 则给出了计算得到的和实验得到的一定 V_D 下 I_D 与 V_G 之间的亚阈值特性。

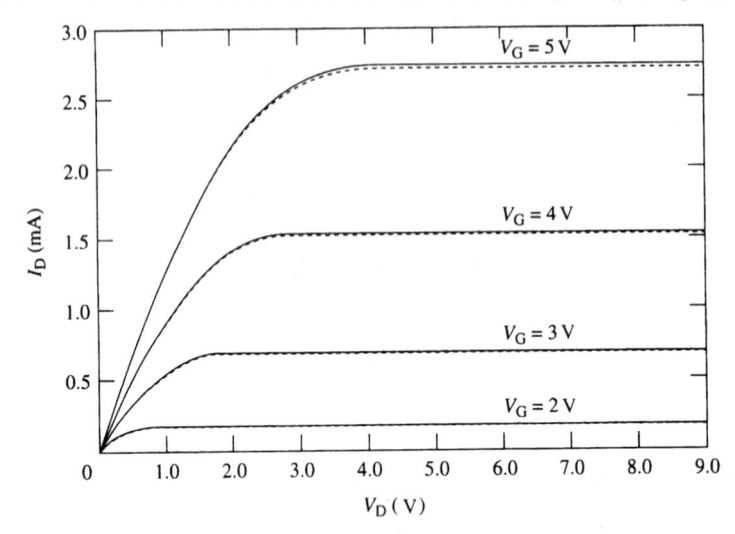

图 17.10　n 沟道 MOSFET 的理论 I_D-V_D 特性，$x_o = 0.05\ \mu m$，$N_A = 10^{15}/cm^3$，$\bar{\mu}_n = 550\ cm^2/(V·s)$，$L = 7\ \mu m$，$Z = 70\ \mu m$，$T = 23°C$。实线由精确电荷模型计算得到，虚线由薄层电荷模型计算得到（引自 Pierret and Shields[17]，Elsevier Science Ltd.授权使用，©1983）

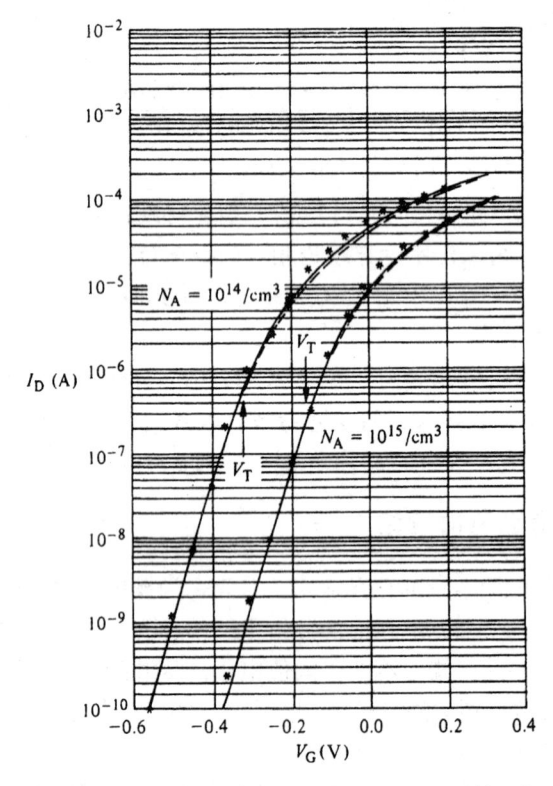

图 17.11　n 沟道 MOSFET 的亚阈值转移特性，其器件参数除了 $N_A = 10^{14}/cm^3$ 或者 $N_A = 10^{15}/cm^3$ 及 $x_o = 0.013\ \mu m$，其余都与图 17.10 中器件的相同。星号（*）是实验数据。设定 $V_D = 1\ V$，实线与虚线依次是由精确电荷理论与薄层电荷理论计算得到的（参见附录 D）。理想器件曲线沿电压轴平移，以增强与实验数据的可比性（引自 Pierret and Shields[17]，Elsevier Science Ltd.授权使用，©1983）

17.3 交流响应

17.3.1 小信号等效电路

MOSFET 的交流响应一般用小信号等效电路来表示，通过图 17.12(a)所示的双端口网络，可以很方便地得到。我们先仅考虑低频工作情况，忽略电容效应。值得注意的是，下面的推导和结果与 15.2.4 节中的 J-FET 类似。

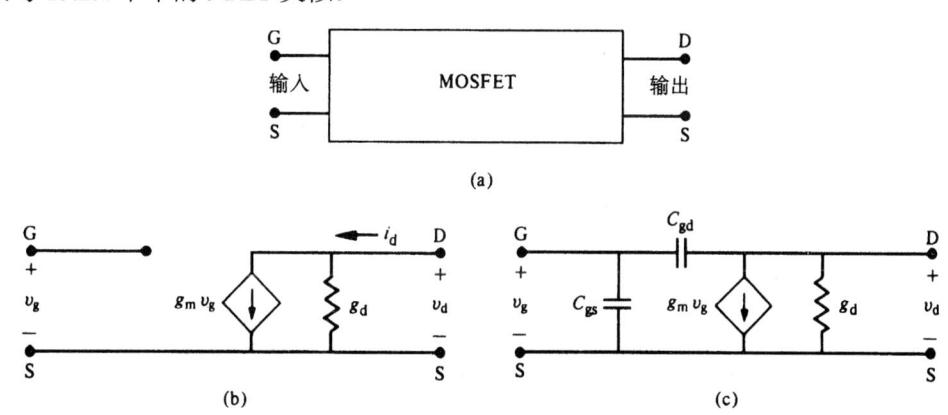

图 17.12 (a)将 MOSFET 看成一个双端口网络；描述 MOSFET 的交流特性的(b)低频与(c)高频小信号等效电路

首先研究器件输入，从栅和接地的源/衬底的输入端口来看，这相当于一个电容，但在低频下其行为类似于开路电路(一阶近似)。因此 MOSFET 低频下的输入常常模拟成开路电路。

在输出端口，已知漏端直流电流是 V_D 和 V_G 的函数，即 $I_D = I_D(V_D, V_G)$，当交流漏偏置和栅偏置(v_d 和 v_g)分别加到直流漏偏置和栅偏置上(V_D 和 V_G)时，漏电流变为 $I_D(V_D, V_G) + i_d$，其中 i_d 为漏电流的交流部分。假设器件能跟上交流电压的变化，即低频工作，则可以得到

$$i_d + I_D(V_D, V_G) = I_D(V_D + v_d, V_G + v_g) \tag{17.30a}$$

$$i_d = I_D(V_D + v_d, V_G + v_g) - I_D(V_D, V_G) \tag{17.30b}$$

将式(17.30b)右边第一项在直流工作点附近做泰勒级数展开，并仅保留展开式中的一阶项(忽略高阶项)，可以得到

$$I_D(V_D + v_d, V_G + v_g) = I_D(V_D, V_G) + \left.\frac{\partial I_D}{\partial V_D}\right|_{V_G} v_d + \left.\frac{\partial I_D}{\partial V_G}\right|_{V_D} v_g \tag{17.31}$$

上式代入式(17.30b)可以得到

$$i_d = \left.\frac{\partial I_D}{\partial V_D}\right|_{V_G} v_d + \left.\frac{\partial I_D}{\partial V_G}\right|_{V_D} v_g \tag{17.32}$$

在式(17.32)中的偏微分是电导，定义

$$g_d \equiv \left.\frac{\partial I_D}{\partial V_D}\right|_{V_G = \text{constant}} \quad \ldots \text{漏或沟道电导} \tag{17.33a}$$

$$g_m \equiv \left.\frac{\partial I_D}{\partial V_G}\right|_{V_D = \text{constant}} \quad \ldots \text{跨导或互导} \tag{17.33b}$$

这样可以得到

$$i_d = g_d v_d + g_m v_g \tag{17.34}$$

式(17.34)可以看成漏端的交流电流节点方程,并且可以进一步得到图 17.12(b)所示的电路输出部分。如前所述,栅源之间或器件输入部分可以简单处理成开路电路。图 17.12(b)可以看成分析 MOSFET 低频交流响应所需要的小信号等效电路。

对于场效应晶体管,g_m 的作用类似于双极晶体管模型中的 α、β,而 g_d 可以看成器件输出导纳或源漏之间沟道的交流电导。采用式(17.33)的定义,对式(17.17)、式(17.22)、式(17.28)直接微分,可以得到 g_d 和 g_m 的表达式,如表 17.1 所示。

表 17.1 MOSFET 小信号参数[①]

	低于夹断电压($V_D \leq V_{Dsat}$)	高于夹断电压($V_D > V_{Dsat}$)
平方律	$g_d = \dfrac{Z\bar{\mu}_n C_o}{L}(V_G - V_T - V_D)$	$g_d = 0$
体电荷	$g_d = \dfrac{Z\bar{\mu}_n C_o}{L}[V_G - V_T - V_D - V_W(\sqrt{1 + V_D/2\phi_F} - 1)]$	$g_d = 0$
平方律	$g_m = \dfrac{Z\bar{\mu}_n C_o}{L} V_D$	$g_m = \dfrac{Z\bar{\mu}_n C_o}{L}(V_G - V_T)$
体电荷	$g_m = \dfrac{Z\bar{\mu}_n C_o}{L} V_D$	$g_m = \dfrac{Z\bar{\mu}_n C_o}{L} V_{Dsat}$ [根据式(17.29)的 V_{Dsat}]

实际应用中常常遇到在较高频率下工作的情况,图 17.12(b)的电路需要加以改变,要考虑器件不同端点之间的电容耦合,所需的修改如图 17.12(c)所示。由于漏源电容一般可以忽略,图 17.12(c)中没有画出漏端与源端之间的电容。C_{gd} 会在输入和输出之间引出不希望的反馈,很大一部分与过覆盖电容有关,即由栅的过覆盖漏区部分引起的电容。通过在过覆盖漏区采用较厚氧化层或采用自对准栅工艺,可以减小过覆盖电容。通常在自对准栅制备工艺中先淀积 MOSFET 栅材料,该栅材料应该能够承受高温工艺,一般采用多晶硅。在栅形成后,通过扩散或离子注入紧临栅极区域来形成源漏区。图 17.12(c)中另一个电容 C_{gs} 主要与 MOS 栅电容有关。

17.3.2 截止频率

根据图 17.12(c)给出的小信号等效电路,可以研究 MOS 管的最大工作频率或截止频率。定义 f_{max} 为 MOSFET 在优化条件下失去放大输入信号作用时的频率,即当晶体管输出为短路时输出电流与输入电流的绝对值之比为 1 时所对应的频率。分析得出,输出短路对应的输入电流为

$$i_{in} = j\omega(C_{gs} + C_{gd})v_g \simeq j(2\pi f)C_O v_g \quad (j = \sqrt{-1}) \tag{17.35}$$

其中假设 C_{gd} 较小,$C_{gs} \simeq C_O$。同样,可以得到输出电流为

$$i_{out} \simeq g_m v_g \tag{17.36}$$

因此,令 $|i_{out}/i_{in}| = 1$,求解 f_{max},得到

$$f_{max} = \frac{g_m}{2\pi C_O} = \frac{\bar{\mu}_n V_D}{2\pi L^2} \qquad V_D \leq V_{Dsat} \tag{17.37}$$

式(17.37)中的最后一个表达式利用表 17.1 中夹断前 g_m 的表达式而得到。需要着重指出的是,在确定 f_{max} 时,沟道长度 L 是关键参数,通过减小沟道长度可以提高 MOSFET 的工作频率。

[①] 表中的各项是通过对式(17.17)、式(17.22)和式(17.28)求微分而得到的。在建立 g_m 的表达式中忽略了 $\bar{\mu}_n$ 随 V_G 的变化。

17.3.3 小信号特性

图 17.13 给出了在相关器件文献中具有代表性的小信号特性图。在 $V_D = 0$ 时 g_d 与 V_G 的关系可以用来准确地确定 V_T。通过将 g_d 与 V_G 的关系曲线的线性部分外推到 V_G 轴，截距即为 V_T，参照表 17.1 中夹断前的 g_d 的表达式，可以理解上述过程。当 $V_D = 0$，平方律和体电荷理论中的漏电导表达式可以退回到

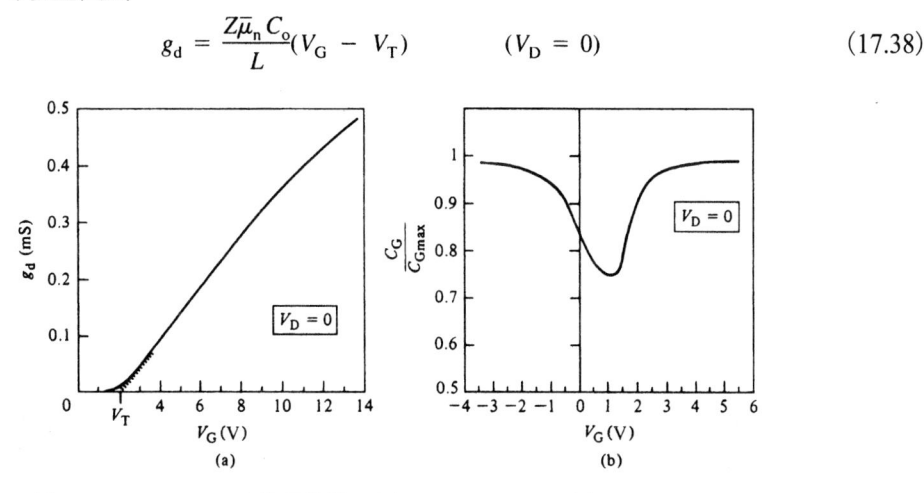

$$g_d = \frac{Z\bar{\mu}_n C_o}{L}(V_G - V_T) \qquad (V_D = 0) \tag{17.38}$$

图 17.13 MOSFET 小信号特性。(a) g_d-V_G，$V_D = 0$；(b) C_G-V_G，$V_D = 0$

对于一阶近似，g_d 可以描述为 V_G 的线性函数，当 $V_G = V_T$ 时趋向于零。由于在从耗尽到反型转换点处表面沟道中仍然存在较低的少数载流子浓度，在 $V_G = V_T$ 时实验测出的特性不完全为零，在平方律和体电荷理论中这个浓度均被忽略。通过 $V_D = 0$ 时 g_d 与 V_G 的特性，还可以推导出有效迁移率。由式(17.38)可以看出 g_d 与 $\bar{\mu}_n$ 成正比，由实验得到的 g_d 和 V_G 的关系曲线可以计算出 $\bar{\mu}_n$ 与 V_G 的关系，只要器件中的界面陷阱密度较低，这种迁移率测量方法就比较准确(参见 18.2.4 节)。中高密度的界面陷阱将展宽 g_d-V_G 曲线，导致错误的较低值。

图 17.13 给出的第二个特性是漏端接地时栅电容与 V_G 的关系。MOSFET 的 C_G-V_G 特性($V_D = 0$ 时)与 MOS 电容的 C-V_G 特性类似，可用于监测。事实上，利用低频 MOS 电容的 C-V_G 理论可以得到一阶近似的 MOSFET 特性。但是不同于 MOS 电容，当对 MOSFET 施加超过 1 MHz 的信号时，依然表现出低频特性，这主要由于当器件反型偏置时，源漏区提供了少数载流子，以使器件能跟上栅交流信号的变化。少数载流子仅通过表面沟道横向流进/流出 MOS 栅区域，以响应所加交流信号的变化。

练习 17.4

问：

(a) 在 MOSFET 的相关文献中，常常在一定 V_D 下给出跨导 g_m 与 V_G 的关系，这是另一种小信号特性。推导 g_m 与 V_G 的关系式。采用表 17.1 中平方律的公式，假设 $V_T = 2$ V，在 $V_D = 2$ V，4 V，6 V 时，画出 $g_m/(Z\bar{\mu}_n C_o/L)$ 与 V_G 的关系曲线($0 \leq V_G \leq 10$ V)，忽略随 $\bar{\mu}_n$ 的 V_G 的变化。

(b) 比较(a)得到的 g_m-V_G 理论特性与类似的实验特性，分析特性曲线形状有差别的原因。

答：

(a) 令 $\xi = Z\bar{\mu}_n C_o / L$，由表 17.1 中平方律表达式推导得到

$$\frac{g_m}{\xi} = \begin{cases} V_G - V_T & \ldots 0 \leq V_G - V_T \leq V_D \\ V_D & \ldots V_G - V_T \geq V_D \end{cases}$$

对于所有的 V_D，如果 $V_G < V_T = 2\text{ V}$，则 $g_m/\xi = 0$。对于 $V_G > V_T$，但 $V_G - V_T < V_D$，器件处于饱和状态，g_m/ξ 随 V_G 线性变化。一旦 V_G 增加到 $V_G - V_T = V_D$，器件不再工作于饱和状态，$g_m/\xi = V_D =$ 常数，因此 g_m-V_G 的特性可总结如下。

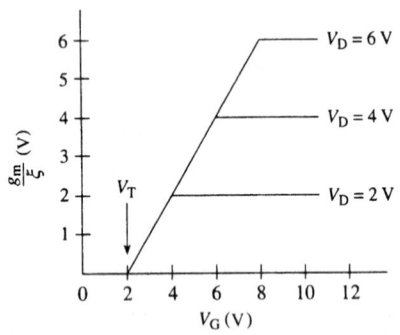

(b) n 沟道 MOSFET 得到的 g_m-V_G 实验曲线如下，数据来自第三部分的参考文献[18]，理论与实验之间最明显的差别在于 $V_G > V_D + V_T$ 时测量得到的 g_m 减小，这主要因为随 V_G 增大 $\bar{\mu}_n$ 减小，在上述理论分析中忽略了这一点。

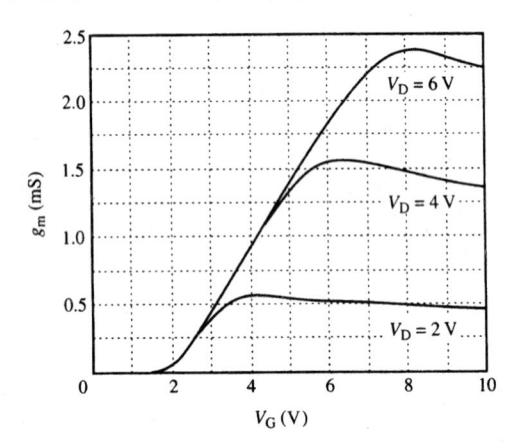

17.4　小结

本章主要介绍了 MOSFET 的相关术语、工作原理及特性分析。假设 MOS 器件是理想的，相关的分析仅限于基本的晶体管组态。本章的介绍从 MOSFET 工作原理和器件中直流电流的定性讨论开始，当处于反型偏置时，感应出的表面反型层会在源端和漏端之间形成导电通道。栅电压超过导通电压越多，在一定漏电压下内部沟道的电导越大。非零的漏电压会使源漏之间出现电流。在较低的漏电压下，电流与 V_D 成正比，随着 V_D 增大，由于沟道变窄，曲线倾斜，一旦内部沟道消失或在漏端附近夹断，电流最终将饱和。

本章随后进行了 MOSFET 直流特性的定量分析，这主要受两个因素的影响。首先，表面沟道中的载流子将与硅表面发生碰撞，这种碰撞将阻止载流子的运动，这会降低载流子迁移率，

通常引入有效迁移率的概念。其次，表面沟道中的载流子浓度和电流密度与所处的位置有很大关系，从表面向体内迅速降低。然而，MOSFET 电流-电压关系的一阶近似结果很简单。一阶近似理论的结果称为平方律理论，可以用式(17.17)、式(17.21)、式(17.22)表示。体电荷理论可以用式(17.28)、式(17.29)表示，它对器件的描述比平方律理论精确，但比较复杂。更为精确的公式在本章也简单讨论了一下，有关计算推导的细节可参考附录 D。

本章的最后主要讨论了 MOSFET 的交流响应，图 17.12(b) 和图 17.12(c) 分别给出了确定低频和高频情况下小信号响应的等效电路。通过分析图 17.12(c) 的电路，指出为了获得高频、高速应用，需要使用短沟道器件。同时指出，可以从检测到的小信号参数(g_d、g_m、C_G)与直流电压的关系中提取出有用信息。

虽然在章节安排上本章是独立的，但是本章的 MOSFET 的介绍与第 15 章的 J-FET 的介绍是很接近的。读者会发现，比较这两种器件工作原理和特性的相似和不同之处是很有用的一个练习。在第 18 章中，我们将分析非理想性对 MOSFET 工作的影响，如前所述，第 19 章将介绍小尺寸效应和一些新器件结构。

习题

习题	在以下小节后完成	难度水平	建议分值	简短描述
17.1	17.4	1	10(每问 1 分)	快速测验
17.2	〃	2	10 (a, c, f-2; b, d, e, g-1)	器件计算
17.3	17.1	2	10 (a-3, b-2, c-5)	画图
●17.4	17.2.1	2	10	对于 x_o 画出 V_T 和 N_A 的关系曲线
●17.5	〃	3	10	V_T 对温度的依赖性
17.6	17.2.2	2	5	从 I_D 最大处得出 V_{Dsat}
17.7	〃	2~3	10	在 17.2.2 节中 $n \rightarrow p$
●17.8	〃	1	5	由式(17.5)画出 I_D-V_D、$\bar{\mu}_n$
17.9	〃	3	10(每问 5 分)	$V_D = V_G - V_B$
17.10	〃	3~4	10	I_D 与 $V_G - V_T$ 的关系
17.11	〃	3~4	10 (a-8, b-2)	圆形 MOSFET
●17.12	〃	3	12 (a-2, b-10, 讨论-2)	I_D 对温度的依赖性
17.13	〃	3~4	12	在理论中包含 R_S、R_D
17.14	17.2.3	3~4	10	推导式(17.29)
●17.15	〃	3	10	画出体电荷理论的 I_D-V_D 关系
●17.16	17.24	4	25(a-10, b-15)	画图，精确的 I_D-V_D 关系
17.17	17.3.1	2	5	验证表 17.1 中的内容
17.18	〃	2	5 (a-3, b-2)	MOSFET 的 Q_N、g_d
17.19	17.3.2	3	10	由匹配推出 Z、L
17.20	〃	2~3	15 (a-3, b::g-2)	一般的 MOSFET 复习
17.21	17.3.3	3	12(每问 4 分)	小信号特性
17.22	17.4	2	12	比较场效应晶体管

17.1 快速测验。简要回答下列问题：

(a) 为什么 MOSFET 中的电流流过的电极称为"源"和"漏"?

(b) 精确阐述 MOSFET 术语中的"沟道"是什么?

(c) 当讨论 MOSFET 的 I_D-V_D 特性时,饱和区的工作原理是怎样的?

(d) 在 MOS 电容中介绍的耗尽-反型转变点电压与在 MOSFET 中介绍的阈值电压之间有什么关系?

(e) 为什么 MOSFET 中沟道表面迁移率与载流子的体迁移率不同?

(f) 为什么在 17.2.2 节中讨论的 I_D-V_D 理论公式称为平方律理论?

(g) 为什么在 17.2.3 节中讨论的 I_D-V_D 理论公式称为体电荷理论?

(h) 表述"亚阈值转移特性"时需要用到哪些变量?

(i) 漏端电导与跨导的数学定义是什么?

(j) 为什么测量得到的 MOSFET 的 C_G-V_G($V_D = 0$) 曲线一般为低频特性,即使在 1 MHz 的测量频率时仍然如此?

17.2 器件计算。

通过简单的计算求所给尺寸器件的参数。对于一个理想的 n 沟道 MOSFET,在 $T = 300$ K 下进行特性分析,器件参数为:$Z = 50$ μm,$L = 5$ μm,$x_o = 0.05$ μm,$N_A = 10^{15}$/cm³,$\bar{\mu}_n = 800$ cm²/(V·s)。求:

(a) V_T;

(b) I_{Dsat}(使用平方律理论),$V_G = 2$ V 时;

(c) I_{Dsat}(使用体电荷理论),$V_G = 2$ V 时;

(d) g_d,当 $V_G = 2$ V 并且 $V_D = 0$ 时;

(e) g_m(使用平方律理论),当 $V_G = 2$ V 且 $V_D = 2$ V 时;

(f) g_m(使用体电荷理论),当 $V_G = 2$ V 且 $V_D = 2$ V 时;

(g) f_{max},当 $V_G = 2$ V 且 $V_D = 1$ V 时。

17.3 在室温下的理想 p 沟道 MOSFET 器件:

(a) 假设 $V_D = 0$,画出器件开启时,栅极区域的 MOS 能带图。

(b) 假设 $V_D = 0$,画出器件开启时,栅极区域的 MOS 电荷块分布图。

(c) 画出沟道夹断时 MOS 器件中的反型层和耗尽区,标出器件中的各个部分。

●17.4 画出在室温下工作的 n 沟道 MOSFET 的 V_T-N_A 曲线,并在同一图上画出对应于 $x_o = 0.01$ μm、0.02 μm、0.05 μm、0.1 μm 的曲线,掺杂浓度变化范围为 10^{14}/cm³ $\leq N_A \leq 10^{18}$/cm³,将阈值电压限制在 $0 \leq V_T \leq 3$ V 的范围中。

●17.5 考察 MOSFET 阈值电压对温度的依赖性。考虑理想 n 沟道 MOSFET,设 x_o 和 N_A 为输入参数。参考练习 2.4,编写一个计算机程序,计算并且画出 V_T-T 曲线,温度的变化范围为 200 K $\leq T \leq$ 400 K。记录 $x_o = 0.1$ μm 和 $N_A = 10^{16}$/cm³ 时的输出曲线,并对 V_T 与 T 的关系进行大致描述。

17.6 若式(17.17)用于计算给定 V_G 情况下,电流 I_D 与漏电压 V_D 的关系,并且允许 V_D 超过 V_{Dsat},可以发现 I_D 电流在 $V_D = V_{Dsat}$ 时达到峰值。以上讨论给出了建立求解 V_{Dsat} 的式(17.21)的另一种方法。请用求函数极值的数学方法,由式(17.17)直接推导出式(17.21)。

17.7 假设要重写 17.2.2 节,将 MOSFET 由 n 沟道器件变为 p 沟道器件。请说明对于 p 沟道器件,原来的方程将需要如何变化?

- 17.8 本章中 $\bar{\mu}_n$ 的各个表达式可以用式(17.5)来表达，从而近似计算出 $\bar{\mu}_n$ 与所加栅电压的关系。请修改练习 17.2 中的程序，说明合并 $\bar{\mu}_n$ 与 V_G 关系的影响。引入新的归一化因子 $Z\mu_0 C_o/L$，画出分别对应于 $\theta = 0$ 和 $\theta = 0.05/V$ 时的 $I_D/(Z\mu_0 C_o/L)$ 与 V_D 的特性曲线。注意：$\theta = 0$ 对应于图 E17.2 中的特性，而 $\theta = 0.05/V$ 可以粗略地用于图 17.7 中 $\bar{\mu}_n$ 与 V_G 的数据拟合。

17.9 理想 n 沟道 MOSFET 如图 P17.9 所示，假设栅极与漏极之间所加电压 $V_B \geq 0$，请使用平方律理论：
(a) 当 $V_B = V_T/2$ 时，画出 I_D 与 V_D 的关系曲线($V_D \geq 0$)；
(b) 当 $V_B = 2V_T$ 时，画出 I_D 与 V_D 的关系曲线($V_D \geq 0$)。

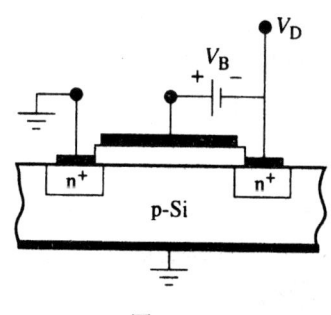

图 P17.9

17.10 最常见的 MOSFE 特性是 V_G 或者 $V_G - V_T$ 在选定常数时对应的 I_D 与 V_D 的关系曲线。而 V_D 为选定常数时对应的 I_D 与 V_D 或者 I_D 与 $(V_G - V_T)$ 的关系曲线有时也很有用。试画出理想 n 沟道 MOSFET，对应于 $V_D = 1\text{ V}, 2\text{ V}, 3\text{ V}, 4\text{ V}$ 时 I_D 与 $(V_G - V_T)$ 的关系曲线的大致形状，并解释你是如何得到相应的图的。

17.11 在本章中推导 I_D-V_D 特性时，假设器件的几何尺寸是线性的，栅极是一个长为 L、宽为 Z 的矩形。然而，MOSFET 可以制备成如图 P17.11 所示的圆形(顶视图)。

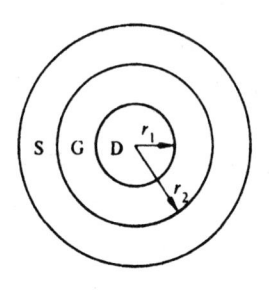

图 P17.11

(a) 若 r_1 和 r_2 为栅极区域的内外半径，试证明对于圆形 MOSFET，在夹断点之前的平方律公式为

$$I_D = \frac{2\pi}{\ln(r_2/r_1)} \bar{\mu}_n C_o \left[(V_G - V_T)V_D - \frac{V_D^2}{2} \right]$$

采用柱形坐标系，并适当地修正式(17.7)~式(17.17)，以推出上式。
(b) 设 $r_2 = r_1 + L$，$Z = 2\pi r_1$，证明当 $L/r_1 \ll 1$ 时，(a)中的式子退化到线性几何尺寸对应的结果，即式(17.17)。

- 17.12 作为习题 17.5 的延续，这里我们研究 MOSFET 饱和电流对温度的依赖性。考虑理想 n 沟道 MOSFET，$x_o = 0.1\ \mu m$，$N_A = 10^{16}/cm^3$。假设 MOSFET 沟道中的 $\bar{\mu}_n$ 和半导体中体迁移率 μ_n 与温度的关系相同。

    (a) 利用平方律理论建立 $I_{Dsat}(T)/I_{Dsat}(300\ K)$ 的表达式。

    (b) 设 $V_G = 3\ V$，计算且画出 $I_{Dsat}(T)/I_{Dsat}(300\ K)$ 与 T 的关系曲线，温度的取值范围为 $200\ K \leq T \leq 400\ K$。在同一坐标系下，画出 $\mu_n(T)/\mu_n(300\ K)$ 图。重新计算且画出相应的图 (取 $V_G = 10\ V$)，讨论得到的结果。

17.13 如图 P17.13 所示，在源/漏端与沟道之间存在电阻 R_S 和 R_D。这些电阻是由金属-硅的接触电阻及源/漏区的体电阻组成的。在一般的长沟道 MOSFET 中，R_S 和 R_D 是被忽略掉的。然而，当 MOSFET 的尺寸不断缩小，以获得更高的工作频率和集成度时，R_S 和 R_D 的影响变得越来越重要。采用平方律理论，证明若考虑源漏电阻，可以等效为在式 (17.17)、式 (17.21)、式 (17.22) 中，用 $V_D - I_D(R_S + R_D)$ 代替 V_D，用 $V_G - I_D R_S$ 代替 V_G。

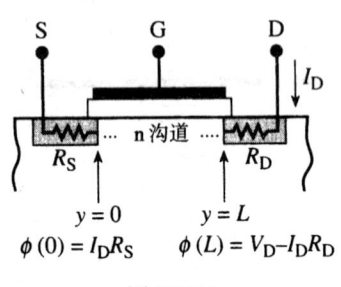

图 P17.13

17.14 请推导式 (17.29)。

- 17.15 请编写一个计算机程序，采用体电荷理论，计算且画出 $I_D/(Z\bar{\mu}_n C_o/L)$ 与 V_D 的图。用你的程序验证图 17.9 中由体电荷理论得到的特性的准确性。

- 17.16 请参考附录 D 中的关系式，分别根据 (a) 电荷薄层理论 (b) 精确电荷理论编写计算机程序，计算且画出 I_D-V_D 特性作为验证，运行你的程序，将得到的结果与图 17.10 及图 17.11 所示的特性进行比较。

17.17 通过数学处理，证明表 17.1 中由体电荷理论得到的 g_d 和 g_m 的表达式。

17.18 理想 n 沟道 MOSFET，器件参数 $Z = 70\ \mu m$，$L = 7\ \mu m$，$\bar{\mu}_n = 550\ cm^2/(V\cdot s)$，$x_o = 0.05\ \mu m$，$V_T = 1\ V$，所加偏置为 $V_G = 3\ V$ 和 $V_D = 0$。采用平方律理论。

    (a) 求沟道中点 ($y = L/2$) 处单位面积 (每平方厘米) 上的反型层电荷；

    (b) 求此偏置条件下的漏端电导 g_d。

17.19 对于理想的互补 n 沟道与 p 沟道 MOSFET，使得器件工作在 $T = 300\ K$ 时，在相同的偏置下有相同的 g_m 和 f_{max}。n 沟道器件的结构参数为 $Z = 50\ \mu m$，$L = 5\ \mu m$，$x_o = 0.05\ \mu m$，$N_A = 10^{15}/cm^3$。p 沟道器件的氧化层厚度及掺杂浓度与 n 沟道器件的相同。但由于空穴迁移率较低，两者栅极的尺寸必须不同。请求出所需要的 p 沟道器件的 Z 和 L。假设两个器件中载流子的有效迁移率都为体迁移率的一半。

17.20 MOSFET 复习。图 P17.20 给出了理想 MOSFET 的 I_D-V_D 特性，所给特性中 $I_{Dsat} = 10^{-3}\ A$，$V_{Dsat} = 5\ V$，请用平方律理论及图中所给信息回答下列问题：

(a) 画出对应图中点 1 处的 MOSFET 中的反型层与耗尽层区域,并且标出器件的各个部分;

(b) 若阈值电压 $V_T = 1$ V,为了得到图中的特性曲线,需要在栅极施加多大的电压?

(c) 设 $x_o = 0.1$ μm,当 MOSFET 偏置在图中点 2 处时,求其沟道区靠近漏端单位面积(每平方厘米)上的反型层电荷;

(d) 假设栅电压被调整到 $V_G - V_T = 3$ V,求 $V_D = 4$ V 时的 I_D;

(e) 若图中点 3 为该 MOSFET 的静态工作点,请求出 g_d;

(f) 若图中点 3 为该 MOSFET 的静态工作点,请求出 g_m;

(g) 若 $V_D = 0$(即漏极与源极及衬底短接),画出 MOSFET 大致的 C_G-V_G 特性,其中 C_G 为栅电容。

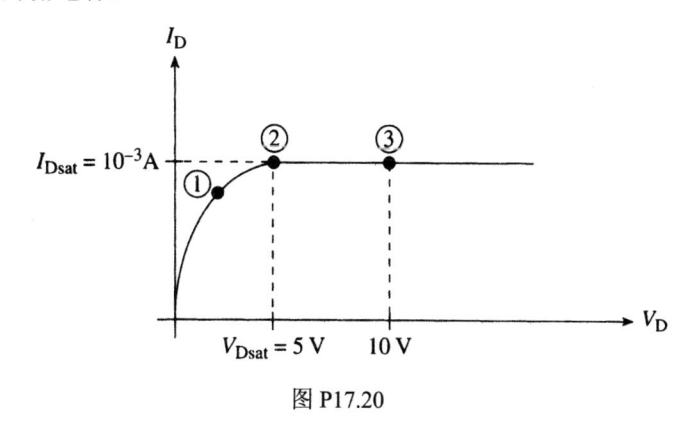

图 P17.20

17.21 运用表 17.1 中的平方律理论,忽略 $\bar{\mu}_n$ 随 V_G 的变化,画出下列曲线(每个小题都画在同一坐标系中):

(a) $g_d/(Z\bar{\mu}_n C_o/L)$ 与 $V_G(0 \leq V_G \leq 5$ V),当 $V_T = 1$ V,$V_D = 0$ V,1 V,2 V 时;

(b) $g_d/(Z\bar{\mu}_n C_o/L)$ 与 $V_D(0 \leq V_D \leq 5$ V),当 $V_G - V_T = 0$ V,1 V,2 V 时;

(c) $g_m/(Z\bar{\mu}_n C_o/L)$ 与 $V_D(0 \leq V_D \leq 5$ V),当 $V_G - V_T = 0$ V,1 V,2 V 时。

17.22 比较 MOSFET 与 J-FET,简要地描述其结构、工作原理及特性分析上的相同与不同之处。

第 18 章 非理想 MOS

理想结构为建立 MOS 器件理论提供了简便的手段。但是实际的 MOS 器件结构并不是完全理想的，本章主要分析 MOS 器件中与理想情况发生的偏差，指出器件的非理想性对器件特性的影响，并讨论关于非理想性已确定的或猜想的物理根源及减小非理想性的方法。由于 MOS 电容易于实现，工作原理简单，长期以来一直作为分析器件非理想性的测试结构，因此大多数非理想效应都是通过 MOS 电容的 C-V 数据来分析的。同样，以下的很多描述也基于理想 MOS 电容与实际 MOS 电容 C-V 特性的比较。但是，任何与理想情况的偏差都会对 MOS 器件产生较大的影响。为了强调这一点，本章有一节专门对 MOSFET 进行了分析，讨论非理想性如何影响 MOSFET 的阈值电压等参数及调整阈值电压的常用方法。

18.1 金属-半导体功函数差

图 18.1(a)给出了 Al-SiO$_2$-p 型 Si 系统中各个孤立部分的能带图，通过分析，可以看到在实际器件中费米能级与真空能级差在孤立的金属和半导体中不可能相同，即与理想情况相比，$\Phi_M \neq \Phi_S = \chi + (E_c - E_F)_{FB}$。为了正确地描述实际系统，需要对理想理论进行修正，计入金属-半导体之间的功函数差。

为了获得所需的修正，首先建立图 18.1(a)中相应平衡情况下的系统能带图（$V_G = 0$）。在金属和半导体之间假想地连一导线。两种材料在真空中连在一起直到分开 x_o 的距离。该导线促进了电荷在金属与半导体之间的传输，使系统处于平衡状态，各自的费米势拉平。由于金属与半导体的费米势一致，而 $\Phi_M \neq \chi + (E_c - E_F)_{FB}$，因此两种材料的真空能级必然不同。在系统的不同部分之间出现电场 $\mathscr{E}_{vac}$，在图 18.1(a)所示的情况下，硅的真空能级要比铝的真空能级高。而且在半导体中出现的能带弯曲 $K_S\mathscr{E}_S$ 必须等于 $\mathscr{E}_{vac}$。当系统各部分逐渐靠近时，$\mathscr{E}_{vac}$ 和半导体中的能带弯曲增大。一旦金属与半导体相距 x_o，在这两者之间空出的部分插入绝缘层，绝缘层的引入会降低有效的表面势垒（$\Phi_M \to \Phi_M - \chi_i = \Phi'_M$，$\chi \to \chi - \chi_i = \chi'$），并降低 x_o 区域的电场（$K_O > 1$），由此得到的实际 MOS 系统中典型的平衡情况下的能带图如图 18.1(b)所示。

从图 18.1(b)和前面的分析中，可以推出功函数差会改变半导体表面势和所加栅电压之间的关系。准确地说，$V_G = 0$ 并不会产生半导体中的平带状态，如同在 pn 结或金属-半导体二极管中有一个内建电势。内建电势 V_{bi} 的精确值由图 18.1(b)中所示的绝缘层两侧的费米能级到能带图顶部的能量差相等而得到，即

$$\underbrace{\Phi'_M + q\Delta\phi_{ox}}_{\text{金属一边}} = \underbrace{(E_c - E_F)_{FB} - q\phi_S + \chi'}_{\text{半导体一边}} \tag{18.1}$$

因此令金属为零电势参考点（在确定内建电势时的常用方法），可以得到

$$V_{bi} = -(\phi_S + \Delta\phi_{ox}) = \phi_{MS} \tag{18.2}$$

其中

第 18 章 非理想 MOS

$$\phi_{MS} \equiv \frac{1}{q}(\Phi_M - \Phi_S) = \frac{1}{q}[\Phi'_M - \chi' - (E_c - E_F)_{FB}] \tag{18.3}$$

上述结果已经很明显,由于 $\Phi_M \neq \Phi_S$,存在内建电势,MOS 结构不是理想的,需要考虑金属-半导体功函数差的影响。

在处理非理想情况时,主要需要考虑的是非理想性对器件特性的影响。一般而言,需要知道非理想性如何影响理想的器件特性。为了说明一般的分析方法,尤其是分析 $\phi_{MS} \neq 0$ 的影响,假设图 18.1(b) 是 MOS 电容的能带图,图 18.2 中的虚线为理想 p 型衬底 MOS 电容的高频 C-V 特性。对于理想器件,平带电压为零,从对图 18.1(b) 的粗略分析可以推出,对于非理想器件,需要加负电压来达到平带情况。事实上,需要施加栅电压 $V_G = \phi_{MS}$(对于给定器件,$\phi_{MS} < 0$)以补偿内建电势,从而达到 $\phi_S = 0$。由于两种器件在平带条件下电容相同,可以推出对于实际器件,平带点沿电压轴横向移动了 ϕ_{MS}。

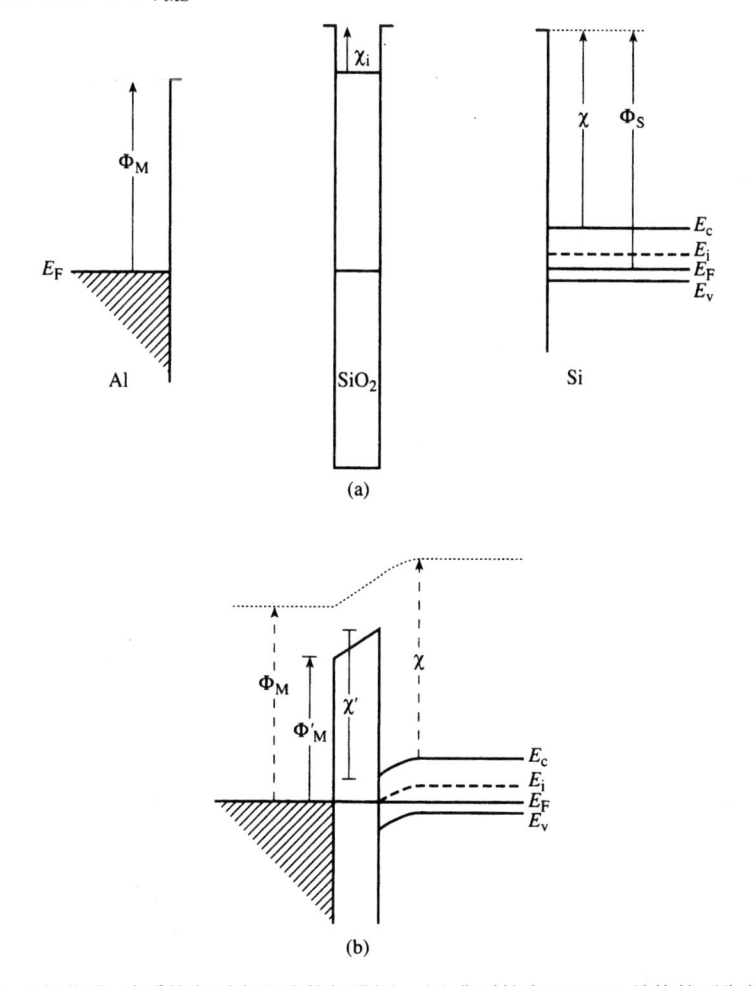

图 18.1 (a) 铝-二氧化硅-硅系统各孤立部分的能带图;(b) 典型的实际 MOS 结构的平衡能带图($V_G = 0$)

如前面指出的,先从理想器件特性中任意一点开始分析,能带弯曲或 ϕ_S 与得到的电容之间存在一一对应关系。因此对于理想器件 C-V 特性中的任意参考点,在实际器件中需要在栅上增加 ϕ_{MS} 电压,以获得同样程度的能带弯曲,从而得到相同的电容。换句话说,如图 18.2 所示,实际器件的整个 C-V 曲线将沿电压轴相对理想器件移动 ϕ_{MS} 数值。

在前面的讨论中，$\phi_{MS} \neq 0$ 这一非理想性主要用图示的方式来描述。此外，也可以推出相应的数学公式来表示在理想 C-V 与实际 C-V 曲线之间的电压漂移了 ΔV_G。如果 V'_G 为理想器件获得某一电容需要加到栅上的电压，则 V_G 为实际器件获得相同的电容需要加到栅上的电压。将上述有关 C-V 曲线的讨论简单地转换为数学形式，有

$$\Delta V_G = (V_G - V'_G)\Big|_{\substack{\text{same } \phi_S \\ \text{(or same } C\text{)}}} = \phi_{MS} \tag{18.4}$$

需要指出的是，对于理想器件，一般用 V'_G 表示栅电压。为了描述方便，本章中 V'_G 可同时用于理想和实际器件。

对于给定的 MOS 结构，$\Delta V_G = \phi_{MS}$ 的实际数值一般可以通过式 (18.3) 计算，其中 $\Phi'_M - \chi'$ 由所研究的系统确定，$(E_c - E_F)_{FB}$ 由半导体中的掺杂浓度计算。图 18.3 给出了生产中常用的 n⁺ 多晶硅栅和铝栅系统的 ϕ_{MS} 与掺杂浓度的关系 ($T = 300$ K)，表 18.1 列出了由实验确定的其他一些金属-半导体组合的 $\Phi'_M - \chi'$ 值。从图 18.3 和表 18.1 列出的 $\Phi'_M - \chi'$ 值可以看出，ϕ_{MS} 一般不是负值，尤其对于 p 型器件，而且一般较小，为 1 V 或更小。

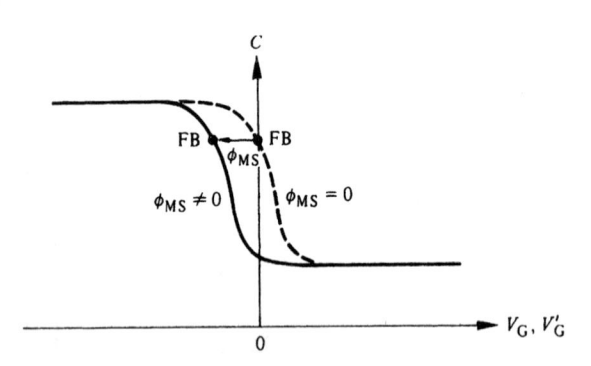

图 18.2 对 MOS 电容高频特性的影响

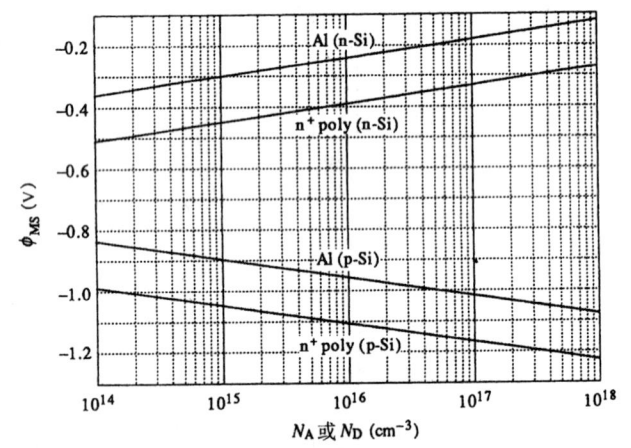

图 18.3 n⁺ 多晶硅栅-二氧化硅-硅结构与铝栅-二氧化硅-硅结构中 n 型和 p 型掺杂浓度与功函数差的关系 ($T = 300$ K，对于 n⁺ 多晶硅栅结构，$\Phi'_M - \chi' = -0.18$ eV，对于铝栅结构，$\Phi'_M - \chi' = -0.03$ eV)

表 18.1 金属-SiO₂-Si 的势垒高度差

金 属	$\Phi_M - \chi = \Phi'_M - \chi'$ (eV)
Ag	0.73
Au	0.82
Cr	−0.06
Cu	0.63
Mg	−1.05
Sn	−0.83

练习 18.1

问：通过合理选择栅材料及硅掺杂浓度，可以构造一个 $\phi_{MS} = 0$ 的 MOS 电容。将硅的掺杂浓度限制在 $N_A \geq 10^{14}/cm^3$、$N_D \leq 10^{18}/cm^3$ 的范围。假设工作在 $T = 300$ K，确定栅材料/掺杂浓度组合，使 $\phi_{MS} = 0$。采用表 18.1 所给出的 $\Phi'_M - \chi'$ 的值。

答：由于

$$(E_c - E_F)_{FB} = E_c - E_i + (E_i - E_F)_{FB}$$
$$\cong E_G/2 - kT \ln(N_D/n_i) \quad \ldots \text{n型硅}$$
$$\cong E_G/2 + kT \ln(N_A/n_i) \quad \ldots \text{p型硅}$$

$kT = 0.0259$ eV，$E_G = 1.12$ eV，$n_i = 10^{10}/cm^3$，可以得到

$$0.08 \text{ eV} \leq (E_c - E_F)_{FB} \leq 0.32 \text{ eV} \quad \ldots \text{如果 } 10^{14}/cm^3 \leq N_D \leq 10^{18}/cm^3$$
$$0.80 \text{ eV} \leq (E_c - E_F)_{FB} \leq 1.04 \text{ eV} \quad \ldots \text{如果 } 10^{14}/cm^3 \leq N_A \leq 10^{18}/cm^3$$

由于 $\phi_{MS} = (1/q)[\Phi'_M - \chi' - (E_c - E_F)_{FB}]$，为了实现 $\phi_{MS} = 0$，需要

$$0.08 \text{ eV} \leq \Phi'_M - \chi' \leq 0.32 \text{ eV} \quad \ldots \text{或} \ldots \quad 0.80 \text{ eV} \leq \Phi'_M - \chi' \leq 1.04 \text{ eV}$$

参照表 18.1，只有金（Au）可以满足这一条件，$\Phi'_M - \chi' = 0.82$ eV。

对于金-p 型硅 MOS 电容，实现 $\phi_{MS} = 0$ 所需的掺杂浓度的求解如下：

$$(E_c - E_F)_{FB} = \Phi'_M - \chi' = 0.82 \text{ eV}$$

或

$$(E_i - E_F)_{FB} = 0.26 \text{ eV}$$

和

$$N_A = n_i e^{(E_i - E_F)_{FB}/kT} = 10^{10} e^{0.26/0.0259} = 2.29 \times 10^{14}/cm^3$$

因此

> 采用金栅，$N_A = 2.29 \times 10^{14}/cm^3$ 可以使 MOS 电容实现 $\phi_{MS} = 0$。

18.2 氧化层电荷

18.2.1 引言

由 18.1 节后面的分析可以推出，$\phi_{MS} \neq 0$ 是一个相对较次要的非理想性因素。由 $\phi_{MS} \neq 0$ 引起的电压漂移较小，而且完全可以预测出，这不会带来器件的不稳定性。而氧化层电荷则会带来严重得多的影响，包括很大的电压漂移及不稳定性。通过广泛的研究，已经确定了一些明显的电荷中心处于氧化层中或在 $Si-SiO_2$ 界面，图 18.4 总结了氧化层电荷的特点和位置。

为了确定氧化层电荷的影响，先假定存在一个沿氧化层宽度方向呈任意形式变化的电荷分布 $\rho_{ox}(x)$。由图 18.5 的电荷分布可以看到，为了方便起见，在分析中取 x 坐标起点位于金属/氧化层界面。由于附加了电荷中心，16.3.2 节给出的有关 V_G-ϕ_S 关系的一部分推导不再有效，必须修正。具体来说，式(16.19)到式(16.21)将分别由以下三式来替代：

$$\frac{d\mathcal{E}_{ox}}{dx} = \frac{\rho_{ox}(x)}{K_O \varepsilon_0} \tag{18.5}$$

$$\mathcal{E}_{ox}(x) = -\frac{d\phi_{ox}}{dx} = \mathcal{E}_{ox}(x_o) - \frac{1}{K_O \varepsilon_0} \int_x^{x_o} \rho_{ox}(x') dx' \tag{18.6}$$

$$\Delta\phi_{ox} = x_o \mathcal{E}_{ox}(x_o) - \frac{1}{K_O \varepsilon_0} \int_0^{x_o} \int_x^{x_o} \rho_{ox}(x') dx' dx \tag{18.7}$$

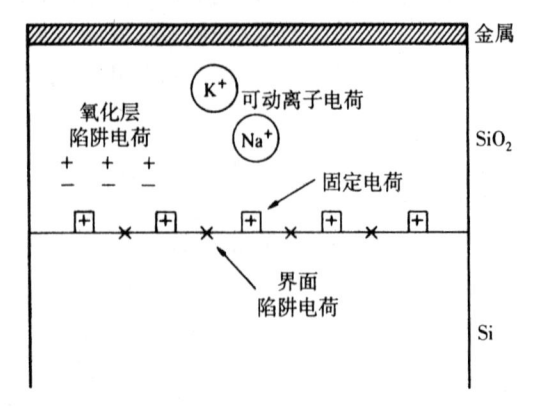

图 18.4 热生长的 SiO_2-Si 结构中电荷中心的特点及位置(引自 Deal[20], ©1980 IEEE)

式(18.7)中的双重积分通过分部积分可以降阶到单重积分。而且，如果把氧化层/半导体界面的无限薄电荷层去掉[该电荷层没有包含在 $\rho_{ox}(x_o)$ 中]，则有 $\mathcal{E}_{ox}(x_o) = K_S \mathcal{E}_S / K_O$，由上述修正可以得到

$$\Delta\phi_{ox} = \frac{K_S}{K_O} x_o \mathcal{E}_S - \frac{1}{K_O \varepsilon_0} \int_0^{x_o} x \rho_{ox}(x) dx \tag{18.8}$$

由于该结构在氧化层中存在电荷中心，不是理想结构，$V_G = \phi_S + \Delta\phi_{ox}$，可以得到

$$V_G = \phi_S + \frac{K_S}{K_O} x_o \mathcal{E}_S - \frac{1}{K_O \varepsilon_0} \int_0^{x_o} x \rho_{ox}(x) dx \tag{18.9}$$

但是，对于理想器件，

$$V'_G = \phi_S + \frac{K_S}{K_O} x_o \mathcal{E}_S \tag{18.10}$$

图 18.5 氧化层电荷的任意分布

因此有

$$\Delta V_G \binom{氧化层}{电荷} = (V_G - V'_G)|_{same\ \phi_S} = -\frac{1}{K_O \varepsilon_0} \int_0^{x_o} x \rho_{ox}(x) dx \tag{18.11}$$

对于上述推导过程需要强调的是，式(18.11)确定的电压转换对任意电荷分布形式均有效，而且可以加到表示由 ϕ_{MS} 带来的电压变换的式(18.4)中。在以下几小节中将系统地介绍不同类型电荷中心的有关内容，并分析它们对 MOS 器件特性的具体影响。

18.2.2 可动离子

在 MOS 器件发展过程中遇到的最复杂和最严重的问题可以总结如下：首先，早期制备的器件(1960 年)测得的 C-V 特性与理论计算得到的特性相比有时会负向漂移十几伏特；其次，当进行偏置-温度(BT)应力实验时，MOS 结构表现出严重的不稳定性。BT 实验是一种常用的可靠性测试方法，在一定偏置下对器件加温，以加速器件退化过程。当器件正偏置并加热到 150℃ 时，特性负向漂移会增加十几伏特，负偏置-温度应力带来的影响则相反，即在应力实验后再在室温下测得的 C-V 特性曲线会发生正向漂移，向理论曲线移动。在极端情况下，室温下加一定偏置就可能测到不稳定性。对于给定器件扫描 C-V 特性，给器件加一段时间的正向偏置，然后再重复 C-V 特性测试，会发现特性曲线向负偏置方向移动了 1 V 左右。值得注意的是，特性曲线移动的方向一般与所加栅电压极性相反，测得的曲线常常在理想曲线的相反方向，图 18.6 总结了这一特点。

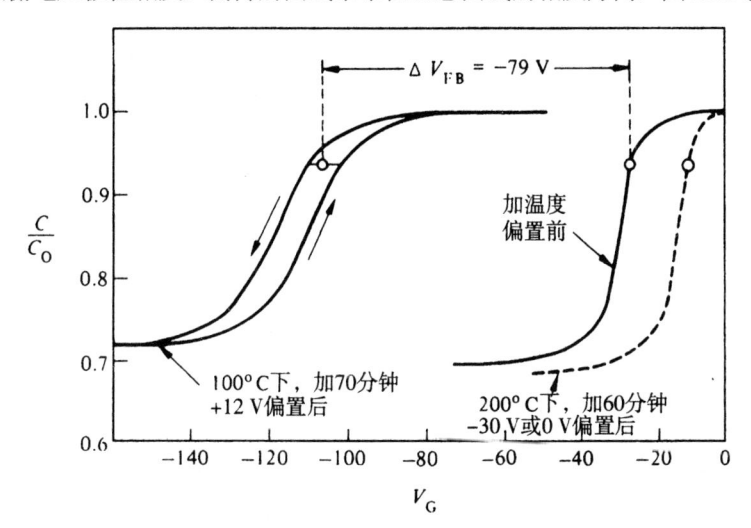

图 18.6 早期 MOS 器件观测到的曲线漂移与偏置-温度应力实验测到的不稳定性。所有的曲线都是在室温下得到的，$x_o = 0.68 \, \mu m$，靠近+BT 应力后测出的曲线的箭头表示电压扫描的方向（引自 Kerr et al.[21]，IBM 授权使用，©1964）

从实际角度出发，需要确定并消除非理想性带来的 MOS 器件特性的平移及不稳定性，如果器件的有效工作点随时间变化而无法控制，那么这个器件实际上是没有实用价值的。目前已确定制备得到的器件的电压漂移很大及其不稳定性可追溯到氧化层中的离子，主要是钠离子(Na^+)。

如果$\rho_{ion}(x)$为离子电荷分布，单位栅面积氧化层中的总离子电荷 Q_M 为

$$Q_M \equiv \int_0^{x_o} \rho_{ion}(x) dx \tag{18.12}$$

由式(18.11)可以得到

$$\Delta V_G \begin{pmatrix} 可动 \\ 离子 \end{pmatrix} = -\frac{1}{K_O \varepsilon_0} \int_0^{x_o} x \rho_{ion}(x) dx \tag{18.13}$$

由式(18.13)可以看出，氧化层中的正离子会引起 C-V 特性曲线负向漂移增大，如同实验中发现的一样；负离子则会导致正向漂移，与实验现象不吻合，因此应该不是负离子的影响。而且由于式(18.13)中的被积函数随$x\rho_{ion}(x)$变化，氧化层中离子的确切位置会影响ΔV_G。例如，如图 18.7(a)所示，如果单位面积相同的 Q_M 在(a)金属附近或(b)半导体附近，可以计算出$\Delta V_G(a) = -(0.05) Q_M/C_o$，$\Delta V_G(b) = -(0.95) Q_M/C_o$，其中 $C_o = K_O \varepsilon_0/x_o$。对于上面的例子，当离子位于氧化层/半导体界面时，电压漂移会增多 19 倍。事实上，基于前面的测量结果，可以推测 C-V 特性曲线很大的负向漂移和不稳定性都来自偏置-温度应力下正离子在氧化层中的移动及重新分布。对于+BT 应力，离子离开金属，对于-BT 应力，离子则移向金属，这与结构中其他电荷对离子的排斥/吸引作用而引起离子移动的方向是一致的，如图 18.7(b)所示。

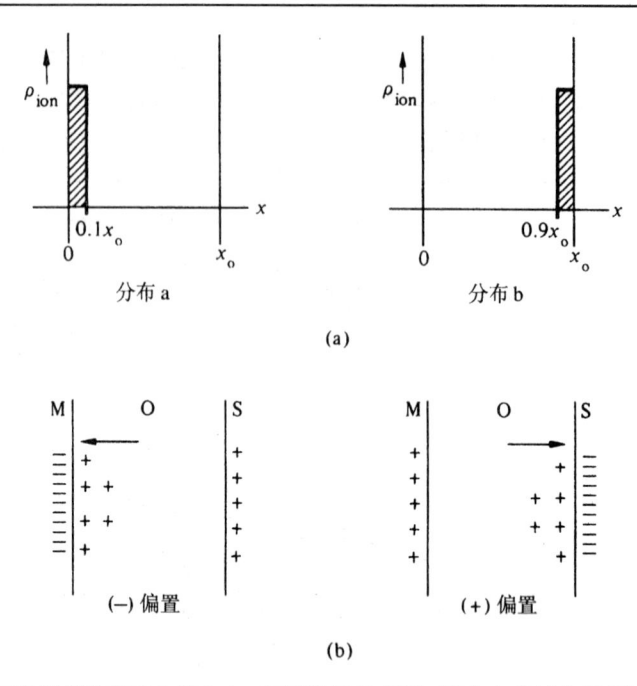

图 18.7 (a) 两种假想的离子电荷分布，相同数量的离子，聚集在靠近金属(分布 a)与靠近半导体(分布 b)的位置上；(b) 预期的氧化层中正的可动离子在正负温度应力下的运动

可动离子模型的实际验证及离子种类的确定经历了一个复杂的历史过程。由于很早获得的一些有关碱金属离子的研究结果，而且在制备过程中易于沾污碱金属离子，因此一些碱金属离子被列为重点怀疑对象。在第一个 MOS 器件被制备出之前的很长时间，可以追溯到 1888 年，研究人员发现 Na^+、Li^+、K^+ 离子可以在 250°C 以下的石英、二氧化硅中移动，而且碱金属离子，尤其是钠离子大量存在于化学试剂、玻璃仪器、实验室人员手中，以及形成金属栅时的钨蒸发舟中。随着被怀疑对象的确定，在 MOS 结构制备中特别注意了防止碱金属沾污，这样当器件在 200°C 下加正偏置或负偏置很长时间后得到的 C-V 特性基本没有变化。其他一些器件则在金属化之前用稀释的 NaCl(或 LiCl)清洗氧化过的硅片，从而有意识地引入金属沾污，这些被有意识沾污的器件在偏置-温度应力实验中呈现严重的不稳定性。此外，采用中子激活技术，可以确定钠存在于正常制备器件的氧化层中(并非有意地引入沾污)，即氧化层用足够多的中子轰击会产生放射性钠，通过放射能分析，可以直接确定氧化层中含有钠。

虽然通过在制备过程中注意消除碱金属离子沾污，可以获得稳定的 MOS 器件，但在获得或保证生产线设备所需的质量控制程度时还是遇到了很多困难。因此，除了要降低碱金属离子沾污，还需要开发特殊的制备工艺步骤，以降低剩余碱金属离子沾污的影响。目前有两种工艺被广泛应用：磷稳定化和氯中性化。

在磷稳定化工艺中，氧化过的硅片被短时间放置在磷扩散炉中，如图 18.8(a) 所示。在扩散过程中，磷进入二氧化硅薄膜外部，并混合形成了一新的薄膜层，即磷硅玻璃。在扩散温度下，钠离子可以最大程度地移动，并总是进入氧化层中的富磷区。一旦离子在磷硅玻璃中被陷住，当系统回到室温时就会保持被陷状态，这样碱金属离子就被"吸住"或被移出氧化层的主要部分，主要位于外界面(栅电极/SiO_2界面)，使 C-V 特性曲线漂移最小，并在正常工作条件下基本保持不动。注意，磷硅玻璃同时也阻止了后续栅金属化或其他后续稳定化工艺带来的沾污。

氯中性化工艺采用的是一种完全不同的方法,在生长二氧化硅层时将少量氯以含氯化合物形式引入生长炉内。如图 18.8(b)所示,氯进入氧化层并反应生成一种新的材料,即位于氧化层/Si 界面的氯硅氧烷。当钠离子迁移到氧化层/Si 界面时会被陷住中和,以实现稳定化。一旦钠离子被中和,对 MOS 器件特性就不会产生影响。

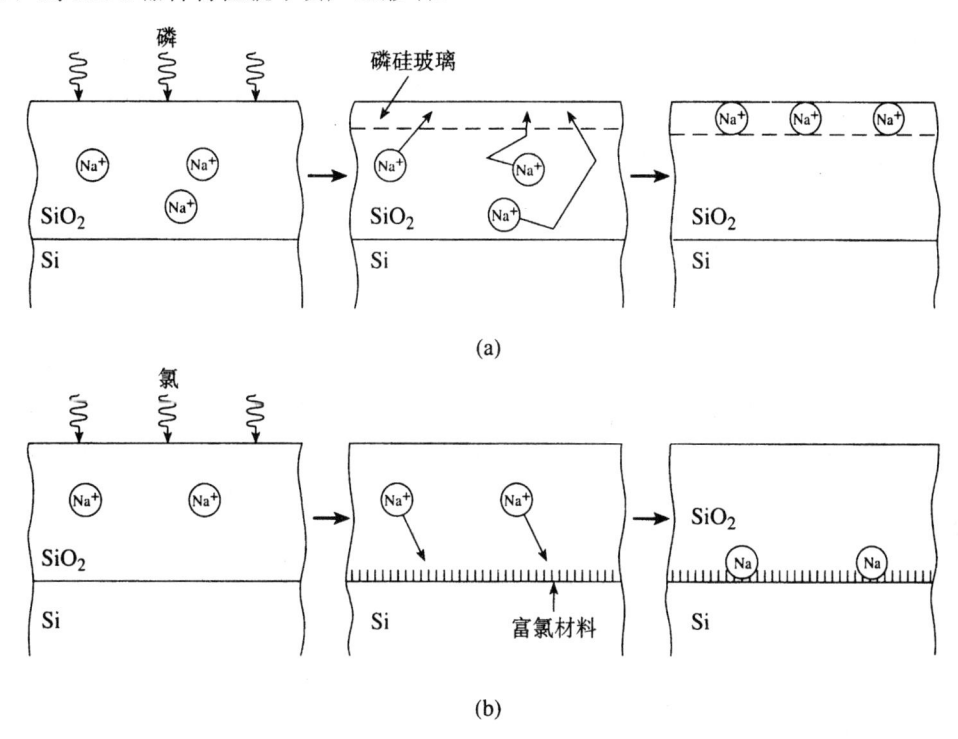

图 18.8 MOS 结构稳定化工艺过程的图示说明。(a)磷稳定化;(b)氯中性化

MOS 器件尺寸的缩小要求栅氧化层厚度降低到 100 Å 的量级,这会限制磷稳定化工艺的应用。由于潜在的极化问题,磷硅玻璃仅占氧化层厚度的一小部分。由于 x_o 约为 100 Å,很难控制"吸杂"体积。而只要仔细控制氯的浓度,避免工艺带来氧化层厚度的变化,氯中性化工艺仍可以继续采用。通过采用中性化工艺,提高制备材料(如化学试剂、气体等)的纯度及改进工艺,可以获得稳定的 MOS 器件。然而还是需要监测炉管及工艺来检测是否有离子沾污,这是通常的惯例。作为氯中性化工艺的延伸,目前氯被广泛用于氧化前炉管的清洁。此外,一般用化学汽相淀积技术来淀积磷硅玻璃层,从而在集成电路上形成保护层,这有助于减少器件制备过程之后的离子沾污。

练习 18.2

问:分别施加正偏置-温度(+BT)及负偏置-温度(-BT)应力足够长的时间,使可动离子堆积在 O-S 界面和 M-O 界面,相应的 C-V 特性曲线之间的电压漂移常常用于推出 MOS 电容中单位面积总的可动离子电荷(Q_M)。假设一个栅氧化层厚度 x_o = 0.1 μm 的 MOS 电容应力后的 C-V 特性曲线如下图所示。假设+BT 应力后可动离子全堆积在邻近 O-S 界面处,呈 δ 函数分布,在-BT 应力后可动离子全堆积在邻近 M-O 界面处,也呈 δ 函数分布,求解 Q_M/q。

答：+BT 应力后，$\rho_{\text{ion}} = Q_M \delta(x_o)$，代入式 (18.13)，有

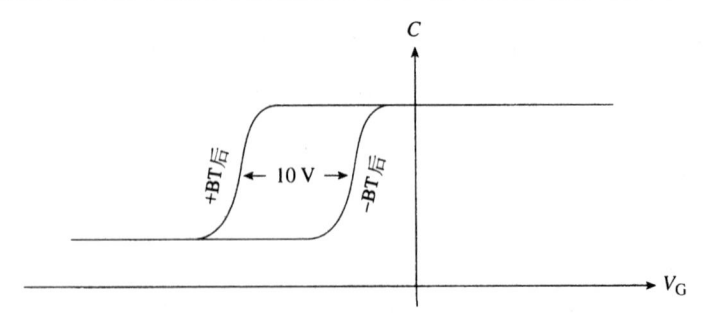

$$\Delta V_G \begin{pmatrix} +\text{BT 后的} \\ \text{可动离子} \end{pmatrix} = -\frac{1}{K_O \varepsilon_0} \int_0^{x_o} x Q_M \delta(x_o) dx = -\frac{x_o}{K_O \varepsilon_0} Q_M = -\frac{Q_M}{C_o}$$

−BT 应力后，$\rho_{\text{ion}} = Q_M \delta(0)$，有

$$\Delta V_G \begin{pmatrix} -\text{BT 后的} \\ \text{可动离子} \end{pmatrix} = -\frac{1}{K_O \varepsilon_0} \int_0^{x_o} x Q_M \delta(0) dx = 0$$

假设所有其他的非理想性不受偏置-温度应力影响，两条 C-V 特性曲线之间的电压位移仅由上述 $\Delta V_G(+\text{BT})$ 与 $\Delta V_G(-\text{BT})$ 之差引起，则有

$$\Delta V_G(+\text{BT}) - \Delta V_G(-\text{BT}) = -10 \text{ V} = -Q_M/C_o$$

因此

$$\frac{Q_M}{q} = -\frac{C_o}{q}[\Delta V_G(+\text{BT}) - \Delta V_G(-\text{BT})]$$

$$= \frac{(3.9)(8.85 \times 10^{-14})}{(1.6 \times 10^{-19})(10^{-5})}(10) = \mathbf{2.16 \times 10^{12}/cm^2}$$

18.2.3 固定电荷

氧化层中与可动离子相关的影响会掩盖其他偏离理想情况的效应。事实上，由于成功地解决了可动离子的问题，使我们有可能对器件特性进行更为准确的分析，得到的结果十分有趣。即使在没有可动离子的 MOS 结构中，在考虑 $\phi_{MS} \neq 0$ 的修正后，观察到的 C-V 特性仍然相对理论特性向负偏置方向移动了几伏特。首先排除可动离子沾污的可能性，因为器件特性在偏置-温度应力下表现稳定，而且对于给定的制备条件，完全可以重复出观察到的 ΔV_G，利用不同地点分别制备出的器件来确认数据的可靠性。然后进行测试，通过一点点腐蚀氧化层及照片测量，结果表明无法解释的 ΔV_G 漂移是由靠近氧化层-半导体界面氧化层中的电荷引起的。由于这种准界面电荷在制备中可重复地进入器件，并且在偏置-温度应力下保持位置固定，因此这种非理想性称为"内建"或"固定"电荷。

为了建立固定电荷对 C-V 特性影响的定量模型，通常假设该电荷正好位于氧化层-半导体界面处，在这一假设下有

$$\rho_{\text{ox}}(x) = Q_F \delta(x_o) \tag{18.14}$$

其中 $\delta(x_o)$ 是氧化层-半导体界面处的 δ 函数，Q_F 是单位栅面积固定氧化层电荷，将式 (18.14) 的电荷分布代入式 (18.11) 并简化可得

$$\boxed{\Delta V_G \begin{pmatrix} \text{固定} \\ \text{电荷} \end{pmatrix} = -\frac{Q_F}{C_o}} \tag{18.15}$$

第 18 章 非理想 MOS

从式(18.15)可以清楚地看出，由于实验观察到的 ΔV_G 为负，与可动离子一样，固定氧化层电荷应该为正。其他与固定氧化层电荷相关的信息可总结如下：

(1) 固定电荷与氧化层厚度、半导体掺杂浓度、半导体掺杂类型无关。

(2) 固定电荷随硅表面取向变化：{111}表面 Q_F 最大，{100}表面最小，这两种表面的固定电荷比大约为 3:1。

(3) Q_F 与氧化条件(如氧化气氛、炉温等)紧密相关。如图 18.9 所示，固定电荷随氧化温度增加近似线性降低。但是需要强调的是，只有最终的氧化条件是最重要的，例如，如果硅片首先进行 1 小时 1000°C 的水汽氧化，然后在干氧气氛中进行 1200°C 足够长时间的氧化，达到稳定情况(约 5 分钟)，Q_F 值将仅反映 1200°C 干氧工艺情况。

(4) 氧化过的硅片在氩气或氮气气氛中退火(加热)足够长的时间以获得稳定情况。可以将 Q_F 降低到 1200°C 干氧后观察到的值。换句话说，无论氧化条件，通过在惰性气体中退火，固定电荷总可以降低到最低值。

前述的实验结果都为固定电荷的物理来源提供了依据。第一，虽然掺杂杂质在高温氧化过程中会扩散到氧化层中，但固定电荷与半导体掺杂浓度及掺杂类型无关，因此可以排除氧化层中的离化杂质是 Q_F 的可能来源；第二，结合固定电荷在界面的位置，Q_F 与硅表面取向有关，以及对最终氧化条件敏感，均说明固定电荷与 Si-SiO$_2$ 界面氧化反应紧密相关。在这点上，需要说明的是在热生长 SiO$_2$ 过程中，氧通过氧化层扩散并在 Si-SiO$_2$ 界面反应，从而生成更多的 SiO$_2$。因此最后生成的氧化层，也就是最终氧化条件控制的氧化层部分处于 Si-SiO$_2$ 界面附近并包含固定氧化层电荷。从以上分析来看，可以假设固定电荷来源于过量离化硅。由于氧化过程突然中止，导致过量离化硅从晶格位置断裂，等待在 Si-SiO$_2$ 界面附近反应；而事实上邻近硅表面的氧化层已由实验确定为 SiO$_x$, $x < 2$，这与过量硅假设吻合。减少固定氧化层电荷的标准工艺，即在惰性气体中退火，可以显著地降低过量反应成分，继而降低 Q_F。

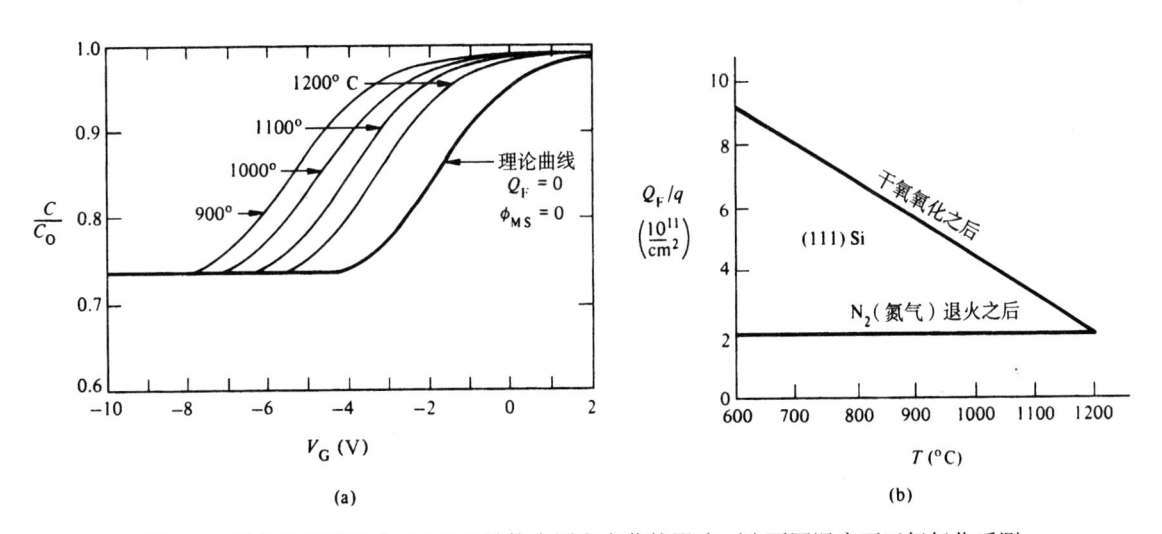

图 18.9 氧化温度和退火对 MOS 结构中固定电荷的影响。(a) 不同温度下干氧氧化后测量得到的 C-V 曲线[$x_o = 0.2$ μm，$N_D = 1.4 \times 10^{16}$/cm^3，硅表面为(111)晶向]；(b) 固定电荷浓度——所谓的"氧化三角形"，以确定干氧氧化之后及惰性气体退火之后的 Q_F/q。[(a)来源于 Deal et al.[22]，Electrochemical Society 公司授权使用]

练习 18.3

问：一个 MOS 电容可以用图 E18.3 所示的能带图进行分析。
(a) 粗略画出氧化层和半导体中的电场($\mathscr{E}$)随位置的变化；
(b) 在 SiO_2 中有离子电荷(Q_M)分布吗？请解释；
(c) 在 Si-SiO_2 界面有可能存在固定电荷吗？请解释。

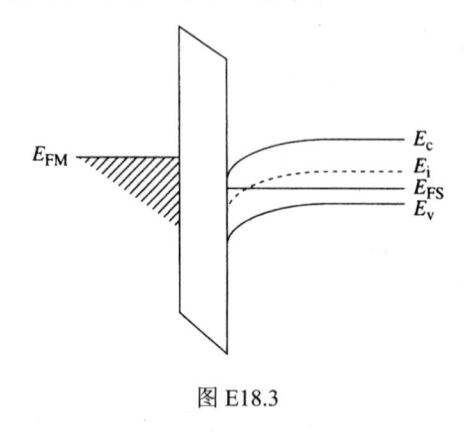

图 E18.3

答：
(a) 电场与能带斜率直接成正比，电场 $\mathscr{E}$ 与 x 的关系可以画出如下。

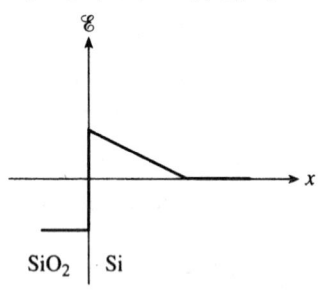

(b) 如果 $\rho_{ox} = 0$，氧化层电场 $\mathscr{E}_{ox}$ = 常数，氧化层中的能带是位置的线性函数；如果 $\rho_{ox} \neq 0$，在氧化层中有电荷分布，$\mathscr{E}_{ox}$ 变成位置的函数，氧化层中的能带将弯曲。在图 E18.3 中，由于氧化层能带是位置的线性函数，$\mathscr{E}_{ox}$ = 常数，可以得到 $\boxed{Q_M \cong 0}$。

(c) 如果在两种不同材料之间（参见 16.3.2 节）的界面没有一层电荷，则 D 电场的垂直分量（其中 $D = K\varepsilon_0\mathscr{E}$）必须连续。当存在一层电荷时，沿界面的 D 电场不连续，与沿界面的单位面积电荷相等。很明显，由于在界面氧化层一边 $D = K\varepsilon_0\mathscr{E}_{ox} < 0$，界面半导体一边 $D = K\varepsilon_0\mathscr{E}_x > 0$，对应于图 E18.3 特性的器件在 Si-SiO_2 界面必须有一层电荷，而且由于 $Q_{interface} = D_S - D_{ox} = K_S\varepsilon_0\mathscr{E}_S - K_O\varepsilon_0\mathscr{E}_{ox}$，界面电荷应该为正，在 Si-SiO_2 界面固定电荷可以近似为一层正电荷，可以猜想 $\boxed{Q_F \neq 0}$。（一般而言，在 Si-SiO_2 界面 D 电场的不连续性可来源于其他界面电荷，包括可动离子电荷在 +BT 应力下漂移到 O-S 界面及下面讨论的界面陷阱电荷。）

18.2.4 界面陷阱

由于绝缘体-半导体界面陷阱会导致较宽范围的 MIS 器件工作特性退化，因此界面陷阱应该是 MIS 结构最重要的非理想性。在 MOS 电容中，界面陷阱的一般表现就是引起 C-V 曲线的扭曲和扩展，如图 18.10 所示。图 18.10 给出了相同器件在减少 Si-SiO$_2$ 界面陷阱前后的 C-V 曲线。

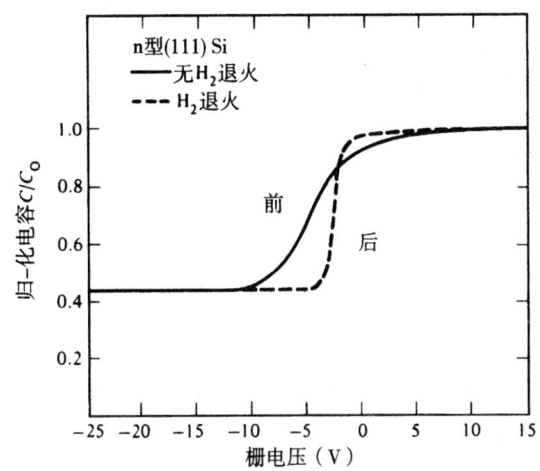

图 18.10 相同的 MOS 电容在减少 Si-SiO$_2$ 界面陷阱前(实线)后(虚线)的 C-V 曲线(引自 Razouk and Deal [23]，Electrochemical Society 公司授权使用)

从前面几章的分析中，读者已经熟悉了施主、受主、复合-产生(R-G)中心在半导体体内会引入局域电子态。界面陷阱(也称为表面态和界面态)是一种在邻近材料表面电子占据的允许能态。研究发现，所有体内的中心都会在禁带中引入附加能级，施主、受主及 R-G 中心分别在靠近 E_c、E_v 及 E_i 处引入了体能级。类似地，如图 18.11 所示，界面陷阱在 Si-SiO$_2$ 界面的禁带中引入了能级，但是值得指出的是，界面陷阱一般可以在整个禁带范围内分布，界面能级也可以比 E_c 高或者比 E_v 低，但这样的能级一般会被高浓度的导带和价带态所掩盖。

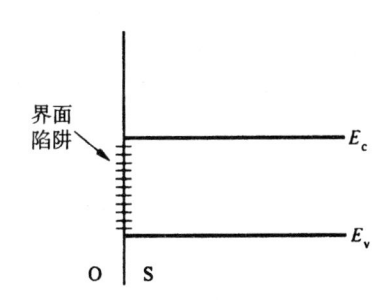

图 18.11 在氧化层-半导体界面，以允许的电子能级存在的界面陷阱的电学模型

图 18.12 说明了界面能级的行为和重要性，当 n 型衬底的 MOS 电容偏置在反型状态时[如图 18.12(a)所示]，表面的费米能级靠近 E_v。对于给定的情况，基本上所有的界面陷阱都会变为空能级。因为在一阶近似情况下，所有 E_F 以上的能级为空，E_F 以下的能级被填满。而且如果假设界面态为施主型(即能级为空时呈正电性，能级被电子占据时呈中性)，与界面陷阱相关的单位面积净电荷 Q_{IT} 为正。改变栅偏置，使表面进入耗尽状态，如图 18.12(b)所示。表面的费米能级基本在禁带中间，由于界面能级相对表面的 E_c 和 E_v 是固定的，因此耗尽偏置将电子拉到较低的界面态，Q_{IT} 反映的是增加的负电荷，而且 Q_{IT}(耗尽)< Q_{IT}(反型)。最后，当 MOS 电容偏置在积累状态[如图 18.12(c)所示]时，电子会填充大多数界面陷阱，Q_{IT} 接近最小值。关键的一点是界面陷阱随偏置变化会充放电，因此影响了器件内的电荷分布、V_G 与 ϕ_S 关系，并且器件特性比较复杂。

很容易推导出界面陷阱对 V_G 与 ϕ_S 关系的大致影响。由于 Q_{IT} 与 Q_F 一样正好位于 Si-SiO$_2$ 界面，可以采用与固定电荷类似的方法写出界面陷阱引起的电压漂移的公式：

$$\Delta V_G \left(\begin{matrix} 界面 \\ 陷阱 \end{matrix} \right) = -\frac{Q_{IT}(\phi_S)}{C_o} \qquad (18.16)$$

正如式(18.16)中已强调的，与固定电荷不同，Q_{IT} 是随 ϕ_S 变化的，而 Q_F 是一个常数，与 ϕ_S 无关。

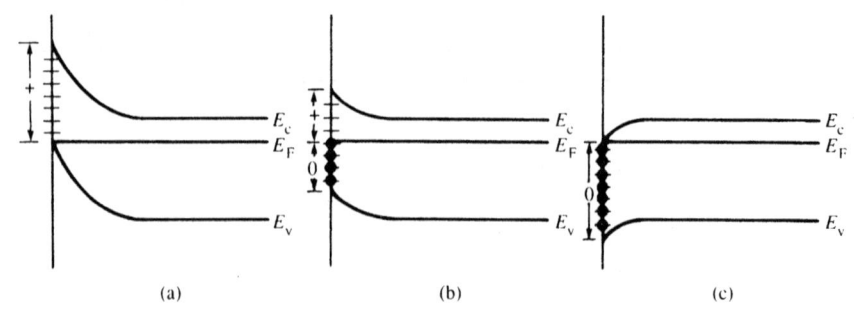

图 18.12 n 型器件，在不同偏置下，界面能级的填充情况。(a) 反型；(b) 耗尽；(c) 积累。电荷态表现为施主型陷阱（"+"为正，"0"为中性），对应于每个图的左边

式(18.16)与界面态填充情况结合起来考虑，可以解释图 18.10 给出的 C-V 曲线的形状。假设是类施主界面态，Q_{IT} 在反型条件下会有最大的正值，引起 C-V 曲线较大的负向漂移。在从耗尽向积累的过渡过程中，Q_{IT} 减少，对 C-V 曲线的影响同样降低，正如实验中观察的一样。一旦进入积累区，根据图 18.12 的模型，ΔV_G 会继续下降并仍然为负。但是另一方面，图 18.10 的数据说明了随着积累区偏置增加，特性曲线正漂移增加，这种偏差是由于类施主假设引起的。在实际的 MOS 器件中，在禁带上半部分的界面态一般为类受主型（即空时为中性，填充电子时为负）。因此在达到或接近平带时，Q_{IT} 由正通过零并开始越变越负，禁带上半部分的界面态被电子填充。完整的定量描述需要详细分析界面态密度与能量的关系及附加的一些理论上的考虑，以建立 Q_{IT} 与 ϕ_S 之间的表达式。

虽然已有模型详细描述界面陷阱的电学行为，但陷阱的物理本质还不完全清楚。实验结果表明，界面陷阱主要由于半导体表面的不完全化学键或所谓"悬挂键"引起的，当硅晶格沿给定的平面突然终止形成表面时，四个表面原子键中的一个会处于悬挂状态，如图 18.13(a) 所示。从逻辑上来说，热生长二氧化硅层可以饱和硅表面的部分悬挂键，剩余的悬挂键会变成界面陷阱[如图 18.13(b) 所示]。

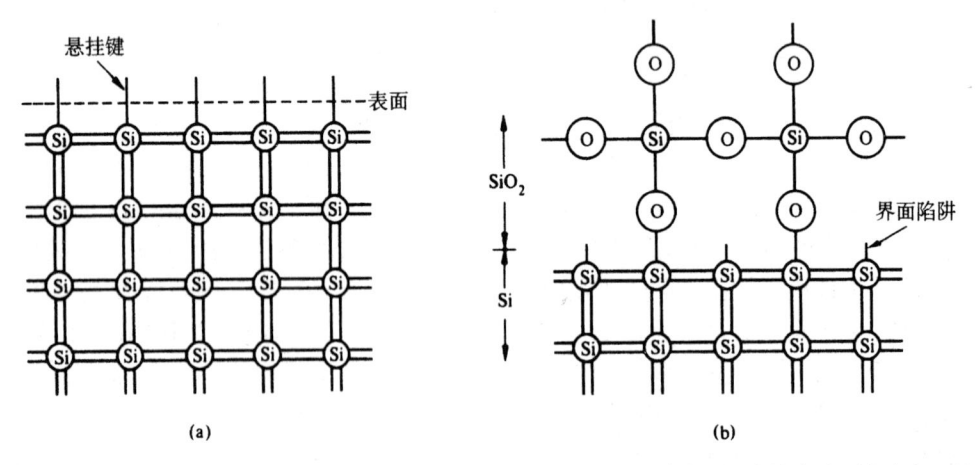

图 18.13 界面陷阱的物理模型。(a) 当硅晶格突然终止时，形成一个表面，在这个表面上会有"悬挂键"；(b) 经氧化后的悬挂键(图中夸大了相对数目)成为界面陷阱[(b) 来自 Deal[24]）]

下面进行一个简单的计算，为前面的物理模提供依据。在 (100) 晶面每平方厘米有 6.8×10^{14} 个硅原子，如果其中有 1/1000 形成界面陷阱，而且一个电荷与一个陷阱相关，则结构中将包含电荷 $Q_{IT}/q = 6.8\times10^{11}/\text{cm}^2$。选择 $x_o = 0.1~\mu\text{m}$，代入式(18.16)中，可以得到 ΔV_G（界面陷

阱)= 3.15 V。可以很清楚地看到，较少的剩余悬挂键会对器件特性产生很大的影响，而且很容易说明观察到的界面陷阱浓度情况。

界面陷阱的总浓度及分布与禁带中能量的关系[用 D_{IT} 表示，单位为界面态数目/($cm^2 \cdot eV$)]对很小的工艺细节都极为敏感，而且不同器件之间差别很大。然而研究发现，有一个一般的可重复的变化趋势，即与固定氧化层电荷一样，界面陷阱密度在{111}表面最大，在{100}表面最小，在这两个表面处于禁带中央的界面态的比例大约为3:1。在干氧气氛中氧化后，D_{IT} 相对较高，在禁带中央约为 $10^{11} \sim 10^{12}$/($cm^2 \cdot eV$)，随着氧化温度升高，界面态密度增大，固定氧化层电荷也是如此，但是在惰性气氛高温(≥600℃)下退火，D_{IT} 不降低。而如下所述，在较低温度(≤500℃)含氢气氛中退火，可以减小 D_{IT}。在理想的界面态退火后，禁带中央的 D_{IT} 的典型值 ≤10^{10}/($cm^2 \cdot eV$)。界面态分布随能量的变化关系在形式上如图 18.14 所示。该图中给出了界面陷阱密度在禁带中央的区域基本不变，在靠近禁带边缘增长很快，在靠近两个禁带边缘的界面态的一般数目相等而电特性相反，即在靠近导带和价带的界面态从本质上说应该分别为受主型和施主型界面态。

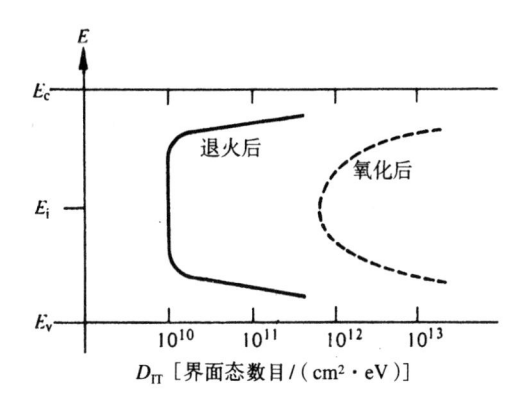

图 18.14 在禁带中的界面态能量分布。退火前后界面陷阱的一般形状和界面态密度的大致数值

减少 MOS 结构界面陷阱浓度最重要的退火方法一般有下面两种，即金属后退火或在氢气中退火。对于金属后退火工艺，需要有化学活性的栅材料，如 Al 或 Cr，金属化的结构在约450℃的氮气中放置5~10分钟。在 MOS 结构的形成过程中，很少量的水蒸气不可避免地会被吸附在二氧化硅表面。在金属后退火工艺的温度下，活性栅材料会在氧化层表面与水蒸气反应，释放出氢，而且应该是原子氢。如图 18.15 所示，氢会通过二氧化硅层迁移到 Si-SiO$_2$ 界面，并与悬挂键结合，使该键丧

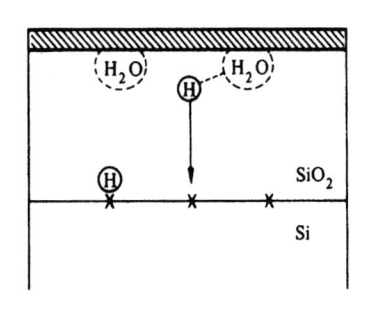

图 18.15 用来消除界面态的金属后退火过程。Ⓗ代表过程中激活的氢，×代表界面态

失电活性。氢气退火工艺与上述原理类似，只是氢直接由退火气氛提供，而不需要金属化。

虽然我们前面介绍的界面陷阱问题极为重要，但研究这个问题仍是个挑战。简单地说，如果热氧化层不能饱和大部分悬挂键，或者如果退火工艺不能将剩余的悬挂键或界面陷阱减少到一个可以接受的程度，那么 MOS 器件将仅仅是个实验室的研究课题。事实上，目前在制备绝缘层/半导体系统时已经大大抑制了高界面陷阱浓度的情况。

18.2.5 诱导的电荷

辐射效应

从 20 世纪 60 年代早期第一个通信卫星通过范艾伦(van Allen)辐照带发射开始，固态器件中的辐射损伤就一直成为空间和军事应用的主要问题。辐射会使通信卫星暂时失效，而且会使大多数固态器件和系统发生退化。以 X 射线、带能粒子、中子、重离化粒子等形式存在的辐射对 MOS 器件有着类似的影响，受到辐照后，MOS 器件的氧化层中会出现固定电荷明显增加和界面陷阱浓度增加的情况。

图 18.16 给出了辐射诱导损伤的主要过程，与离化辐射直接相关的主要作用是氧化层中电子空穴对的产生，产生的电子空穴一部分会立刻复合。氧化层中电场会使剩下的载流子发生分离，电子和空穴沿相反方向被加速。电子在二氧化硅中有较高的迁移率，会迅速离开氧化层(纳秒量级)，而空穴会在产生处附近被陷住，一段时间后空穴迁移到 Si-SiO$_2$ 界面(图 18.16 中假设 $\mathscr{E}_{ox}$ 为正)，在界面处空穴会与来自硅的电子复合或者在深能级处被陷住。一旦在界面附近被陷住，空穴就类似固定电荷，从而引起 Q_F 明显增加。导致界面态产生的过程还不是很清楚，在离化辐射后会立刻产生一些界面陷阱，其余的界面陷阱则与到达 Si-SiO$_2$ 界面的空穴数成正比地产生。有人提出，空穴在深能级被陷住所释放出的能量会打断与界面陷阱钝化相关的 Si-H 键，从而产生界面陷阱。

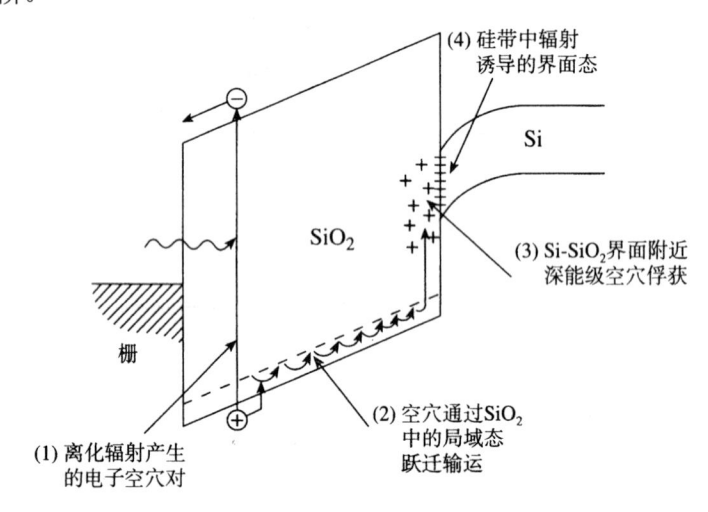

图 18.16　离化辐射的影响和引起的 MOS 结构的损伤

通过俘获从金属或硅注入氧化层中的电子，被陷住的空穴电荷经历几天到几年的时间会在室温下慢慢减少，一般通过热退火会大大加速陷入空穴电荷的消除过程。标准的界面陷阱退火工艺可以完全消除陷阱空穴和诱导的界面陷阱。但值得指出的是，一旦受到离化辐射的影响，并通过低温退火进行恢复，MOS 器件对后续的辐射会十分敏感，这主要由于除诱导电荷外氧化层中还产生了中性陷阱。研究发现，高温退火($T>600°C$)对去除中性陷阱有一定效果。

热退火可以很容易地去除工艺过程中的辐射损伤[①]，将器件周围温度增加到 100°C 左右后会

---

① 离子注入，金属电子束蒸发，在不利的等离子环境(溅射)中在二氧化硅层上淀积特殊用途的薄膜，电子束和 X 射线光刻，以及一些其他工艺会导致不同程度的辐射损伤。

加速离化辐射引起的陷阱空穴的消除。但在制备后的器件中，实际的恢复是相对有限的，因此更可取的方法是对器件进行"加固"。一般采用根据经验得到的优化生长条件(如栅氧化温度低于1000°C)来加固氧化层，使其对辐射敏感度降低。另外的一些加固方法包括铝屏蔽，这可以阻止大多数空间的带能粒子，并且会增大MOSFET的阈值电压，使辐射引起的栅电压变化ΔV_G对阈值电压的影响不大(MOSFET阈值电压调整的内容将在18.3节讨论)。比较有利的是，随着器件尺寸减小，氧化层厚度也减小，会使MOS器件的加固性能变好一些。由于固定电荷和界面陷阱引起的ΔV_G都正比于$1/C_o = x_o/K_O\varepsilon_0$，因此随着$x_o$的减小，$\Delta V_G$会自动减小。这一改善也有一部分原因是由于在薄氧化层中，较高的氧化层电场下空穴陷住的横截面变小了，甚至有人提出空穴陷住现象及相关的界面陷阱产生在氧化层厚度小于100 Å可能会消失[①]。可以想象来自金属或半导体的电子可以隧穿到超薄栅氧化层的任何部分，迅速使被陷空穴消失。

负偏置不稳定性

负偏置不稳定性对MOS器件特性会产生很大的影响，负偏置不稳定性是在高温、较大负偏置应力下出现的问题。典型的应力条件是施加的负栅电压足以产生2×10^6 V/cm氧化层电场，温度$T>250°C$。不稳定性表现为沿电压轴的很大的负漂移及MOS电容的C-V曲线畸变。类似于离化辐射，应力会导致氧化层中固定电荷及界面陷阱浓度的明显增加，在禁带中央附近出现的D_{IT}峰值可以看作不稳定性的显著特征之一。值得注意的是，和负偏置不稳定性相关的C-V曲线漂移与碱离子沾污引起的漂移相反。

引起负偏置不稳定性的准确机制还不确定，但是因为在负应力条件下氧化层附近的高空穴浓度，人们提出这种不稳定性可能来源于从硅向氧化层的空穴注入及随后空穴陷入Si-SiO$_2$界面附近的深能级。辐射引起的损伤和应力引起的损伤的机制可能相同。事实上，实验发现，如果MOS结构先被离化辐射，则负偏置不稳定性会增强；而如果在淀积栅电极之前将器件进行800°C~900°C的氢气退火，则对不稳定性的敏感度可以减小。

18.2.6 ΔV_G总结

在本章的前两节，我们介绍和总结了最容易遇到的与理想情况偏离的四种情况，即金属-半导体功函数差、氧化层中的可动离子、固定氧化层电荷及界面陷阱。同时指出了离化辐射和高温高负偏置应力会引起附加氧化层电荷的增加，包括Q_{IT}和Q_F的增加。

我们分析的非理想性对V_G-ϕ_S关系的综合影响可以描述为

$$\Delta V_G = (V_G - V_G')|_{same\,\phi_S} = \phi_{MS} - \frac{Q_F}{C_o} - \frac{Q_M\gamma_M}{C_o} - \frac{Q_{IT}(\phi_S)}{C_o} \quad (18.17)$$

其中

$$\gamma_M \equiv \frac{\int_0^{x_o} x\rho_{ion}(x)dx}{x_o\int_0^{x_o}\rho_{ion}(x)dx} \quad (18.18)$$

在写式(18.17)时，我们重写了可动离子分布[参见式(18.13)]，使得与氧化层电荷有关的三项表达式类似。γ_M是一个无单位量，代表氧化层中可动离子电荷中心相对于氧化层厚度的归一化量，

[①] 对于先进的CMOS技术，即使氧化层厚度小于100 Å，仍有界面陷阱——译者注。

如果可动离子全堆积在金属-氧化层界面，则 $\gamma_M = 0$；如果可动离子全堆积在 Si-SiO$_2$ 界面，则 $\gamma_M = 1$。一般而言，Q_M、Q_F、ϕ_{MS} 会导致 C-V 曲线相对理论曲线沿电压轴发生平行的负漂移；由于 Q_{IT} 引起的 ΔV_G 会因所加的偏置不同而或正或负，因此 Q_{IT} 会使特性曲线发生扭曲或扩展。

从非理想性的讨论中可以推断出实际的 MOS 器件本质上是不完善的，但是通过广泛的研究，人们开发出了一些减小 MOS 器件非理想性影响的工艺技术。虽然必须进行常规检测来保证质量，但是今天的生产商已经可以制备出近乎理想的器件。必须指出的是，尽管已描述的非理想性可以用于所有 MIS 结构，但是这里给出的减小非理想性的一些工艺技术仅适用于热生长的 SiO$_2$-Si 系统。

练习 18.4

问：确定下列氧化层电荷的物理来源，在电荷前面的框内写上合适的字母：

氧化层电荷	物理来源
□ 固定电荷	(a) 磷离子 (P$^+$)
□ 可动离子电荷	(b) 钠离子 (Na$^+$)
□ 界面陷阱	(c) 氮离子 (N$^+$)
□ 由于离化辐射引起的明显固定电荷	(d) Si 表面的悬挂键
	(e) 被陷电子
	(f) 未完全氧化的离化 Si
	(g) 未完全形成 SiO$_2$ 的离化氧
	(h) 被陷空穴

答：Q_F—f, Q_M—b, Q_{IT}—d, Q_F—h。

练习 18.5

问：在浓度为 10^{15}/cm^3、(100) 晶向的硅片上形成一个 Al-SiO$_2$-Si MOS 电容，在 1000°C 下干氧热氧化，然后在 N_2 中退火，以获得稳态条件。接着该结构用磷吸杂，使碱离子浓度 $Q_M/q = 2 \times 10^{11}$/cm^2，其在氧化层中的分布如图 E18.5 所示。然后对器件进行金属后退火，但仍有剩余界面陷阱密度，发现对于所有带间能量有恒定受主型界面态密度 $D_{IT} = 2 \times 10^{10}$/(cm$^2 \cdot$eV)，在 $T = 300$ K、$x_o = 0.1$ μm 时确定 MOS 电容的平带电压。

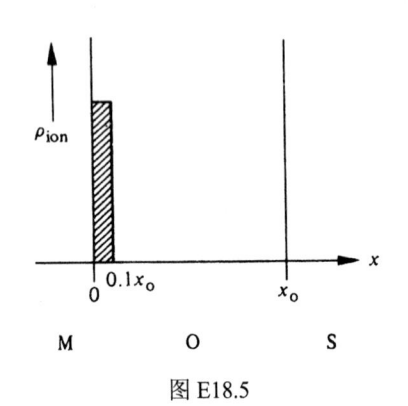

图 E18.5

答：在平带条件下，$\phi_S = 0$，$V_G' = 0$，因此由式 (18.17) 可以得到

$$V_{FB} \equiv V_G|_{\phi_S=0} = -\frac{Q_F}{C_o} - \frac{Q_M \gamma_M}{C_o} - \frac{Q_{IT}(0)}{C_o}$$

其中

$$C_o = \frac{K_O \varepsilon_0}{x_o} = \frac{(3.9)(8.85 \times 10^{-14})}{5 \times 10^{-6}} = 6.90 \times 10^{-8} \text{ F/cm}^2$$

我们必须总体估计 V_{FB} 中的每一项：

ϕ_{MS}：给定 $N_A = 10^{15}$/cm^3，Al 栅，由图 18.3 可以得到 $\phi_{MS} = -0.90$ V。

Q_F/C_o：干氧氧化后的 N_2 退火可以减小固定氧化层电荷，图 18.9(b) 表明对于 (111) 晶向 Si 衬底，$Q_F/q = 2 \times 10^{11}/\text{cm}^2$。如前所述，(100)衬底的 Q_F 大约可以降为原有的 1/3，因此对于给定器件，$Q_F/q \cong 6.67 \times 10^{10}/\text{cm}^2$，有

$$\frac{Q_F}{C_o} = \frac{q(Q_F/q)}{C_o} = \frac{(1.6 \times 10^{-19})(6.67 \times 10^{10})}{(3.45 \times 10^{-8})} = 0.31 \text{ V}$$

$Q_M\gamma_M/C_o$：如图 E18.5 所示的可动离子分布，利用式(18.18)，可以推出

$$\gamma_M = \frac{\int_0^{0.1x_o} x\rho_{\max} dx}{x_o \int_0^{0.1x_o} \rho_{\max} dx} = \frac{\left.\frac{x^2}{2}\right|_0^{0.1x_o}}{\left.x_o x\right|_0^{0.1x_o}} = 0.05$$

和

$$\frac{Q_M\gamma_M}{C_o} = \frac{q(Q_M/q)\gamma_M}{C_o} = \frac{(1.6 \times 10^{-19})(2 \times 10^{11})(0.05)}{(3.45 \times 10^{-8})} = 0.046 \text{ V}$$

$Q_{IT}(0)/C_o$：受主型中心如果填充了电子则带负电，为空则呈中性。在平衡条件下费米能级以下的界面陷阱大多数被填充，在费米能级以上大多数为空。因此在平带条件下填充及充电的界面态如下图所示。

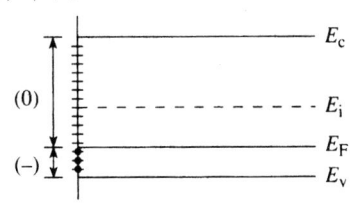

由于 D_{IT} 为常数，$Q_{IT}(0) = -qD_{IT}\Delta E$，其中 ΔE 为包含带负电界面陷阱的表面带隙中的能量范围，因此有

$$\Delta E = E_F - E_v \cong E_G/2 - (E_i - E_F) = E_G/2 - kT \ln(N_A/n_i)$$
$$= 0.56 - 0.0259 \ln(10^{15}/10^{10}) = 0.26 \text{ eV}$$

和

$$\frac{Q_{IT}}{C_o} = -\frac{qD_{IT}\Delta E}{C_o} = -\frac{(1.6 \times 10^{-19})(2 \times 10^{10})(0.26)}{(3.45 \times 10^{-8})} = -0.024 \text{ V}$$

最后，总结 V_{FB} 关系式中的每一项，可以计算出 $\boxed{V_{FB} = -1.23 \text{ V}}$。

18.3 MOSFET 的阈值设计

我们通过 MOS 电容的 C-V 曲线漂移和畸变描述了非理想性的影响。任何 ΔV_G 漂移都会直接影响在 C-V 曲线上对应于 MOSFET 的阈值电压 V_T 的点。图 18.17(a)用图示方法说明了阈值电压对 MOSFET 的 I_D-V_D 特性的影响情况，图中假设理想 p 沟道 MOSFET 的 $V_T' = -1 \text{ V}$。在图 18.17(a)中，ΔV_G 导致的特性曲线变化主要由 ϕ_{MS}、氧化层中固定电荷和/或碱金属离子引起。值得指出的是，类似 MOS 电容 C-V 曲线的平移，发生改变的 MOSFET 特性曲线形状没有变化，但需要更大的$|V_G|$来获得大小可比拟的 I_D 电流。如果界面陷阱密度比较高，栅电压等步长增加引起的电流变化会减弱，等同于器件 g_m 的降低，如图 18.17(b)所示。

在 MOSFET 的发展过程中，可动离子和界面陷阱问题被逐渐弱化，其余的非理想性主要

通过影响 V_T 来影响制备工艺、器件设计和工作模式。在这部分我们将主要讨论产生这种影响的原因及调整 MOSFET 阈值电压的方法。

18.3.1 V_T 表达式

为了讨论方便，希望建立实际情况下 MOSFET 的阈值电压公式。令 V_T' 为给定 MOSFET 理想情况下的阈值电压，分析式 (18.17)，在 $\phi_S = 2\phi_F$ 时有

$$V_T = V_T' + \phi_{MS} - \frac{Q_F}{C_o} - \frac{Q_M \gamma_M}{C_o} - \frac{Q_{IT}(2\phi_F)}{C_o} \tag{18.19}$$

虽然式 (18.19) 可以直接用于计算 V_T，但常用的方法是采用实际器件的平带电压来表示阈值电压漂移。在平带条件下 $\phi_S = 0$，$V_T' = 0$，由式 (18.17) 可得

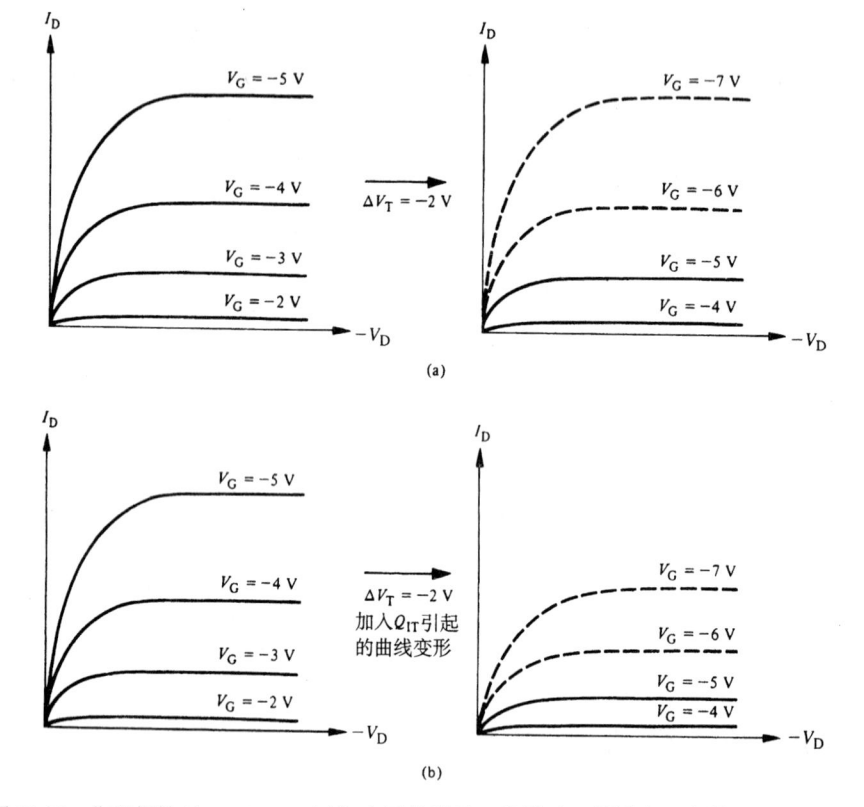

$$\boxed{V_{FB} \equiv V_{G|\phi_S} = 0 = \phi_{MS} - \frac{Q_F}{C_o} - \frac{Q_M \gamma_M}{C_o} - \frac{Q_{IT}(0)}{C_o}} \tag{18.20}$$

图 18.17 非理想性对 MOSFET 电流-电压特性的一般影响。假设为 p 沟道 MOSFET，理想特性的 $V_T' = -1$ V，左边为其理想特性，右边为非理想时的特性。(a) $\phi_{MS} \neq 0$，固定电荷和/或可动离子引起的阈值电压漂移的影响；(b) 界面陷阱引起的 g_m 退化

如果 Q_{IT} 在 $\phi_S = 0$ 到 $\phi_S = 2\phi_F$ 时变化很小，这在制备良好的器件中是较合理的近似，那么在式 (18.19) 中的非理想项可以用 V_{FB} 代替，有

$$\boxed{V_T = V_T' + V_{FB}} \tag{18.21}$$

其中重写了式 (17.1)，

$$V'_T = 2\phi_F \pm \frac{K_S}{K_O} x_o \sqrt{\frac{4qN_B}{K_S\varepsilon_0}(\pm\phi_F)}$$

（+）对应于n沟道器件
（-）对应于p沟道器件   (18.22)
N_B = 适当的 N_A 或 N_D

18.3.2 阈值、术语和工艺

为了讨论方便，我们先采用前面建立的关系式，以完成简单的阈值电压计算。假设栅极材料为铝，硅表面取向为(111)，T = 300 K，x_o = 0.1 μm，N_A = 10^{15}/cm^3，Q_F/q = 2 ×10^{11}/cm^2，Q_M = 0，Q_{IT} = 0。对于给定的n沟道器件，计算出ϕ_{MS} = −0.90 V，$-Q_F/C_o$ = −0.93 V，V_{FB} = −1.83 V，V'_T = 1.00 V，V_T = −0.83 V，当V'_T为正时，实际的非理想性会引起V_T为负。由于$V_G > V_T$时n沟道器件导通，因此这个器件在零栅电压时已经导通，必须加负偏置来耗尽表面，关断器件。对于相同参数的p沟道器件(除了用N_D掺杂衬底)，可以得到V'_T = −1.00 V，V_{FB} = −1.23 V，V_T = −2.23 V。对于p沟道情况，非理想性仅增加了需要达到导通的负电压。

如图 18.18 所示，V_G = 0 时器件关断，这种器件称为增强型 MOSFET；V_G = 0 时器件导通，这种器件称为耗尽型 MOSFET。常规制备的标准结构的 p 沟道 MOSFET 在理想情况和实际情况下都是增强型器件，n 沟道 MOSFET 在理想情况下也是增强型器件。但是由于非理想性会使阈值电压向负偏置方向漂移。早期的 n 沟道器件一般是耗尽型器件，这种特性方面的差别导致相比于 NMOS 技术，PMOS 技术占主导地位，即 p 沟道 MOSFET 组成的集成电路主导了整个市场，这种情况一直持续到 1977 年前后。随后由于阈值调整技术的出现，在 20 世纪 70 年代末被广泛应用的技术革新推动了 NMOS 的发展，由于电子比空穴有更高的迁移率，NMOS 更有优势，目前已经为大多数新设计的集成电路所采用。

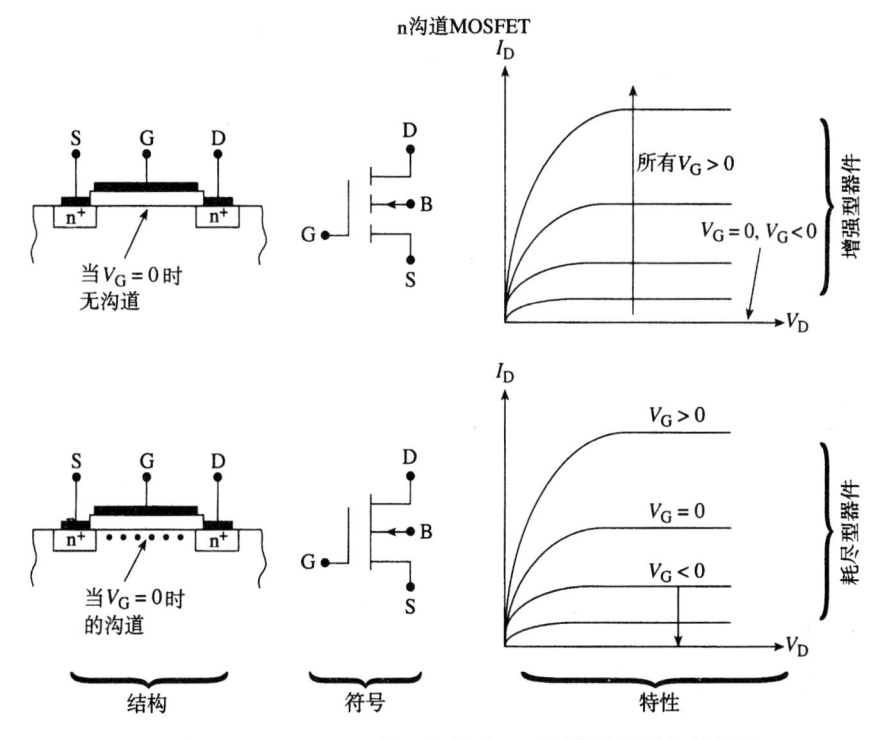

图18.18 MOSFET 的工作模式。n 沟道增强型和耗尽型 MOSFET 在V_G=0的沟道状态、电路符号及I_D-V_D特性

当讨论实际器件的阈值电压时,相应地需要注意邻近器件有源区的其他区域反型的影响。例如,考虑如图 18.19(a)所示的两个 n 沟道 MOS 晶体管之间的未金属化区域。假设在未金属化外层氧化层表面电势为零(一般是很合理的假设),如果 n 沟道器件阈值电压为负,那么在两个晶体管之间的中间区域将反型;换句话说,在晶体管之间将出现一个导通通道,即伪沟道。在早期的 NMOS 技术中,非理想性会在不加栅电压的情况下使半导体表面反型,因此上述不希望的情况是另一个问题。除非采取特殊的措施,提供栅和漏偏置的金属线上所加的电势使得在 n 沟道和 p 沟道集成电路中的晶体管之间都会出现不希望有的伪沟道。为了避免这一问题,集成电路中没有栅控的部分上的氧化层(也就是场氧化层)一般要比器件有源区的栅氧化层要厚得多[参见图 18.19(b)]。采用厚氧化层的原因可以从式(18.20)和式(18.22)得到,V_{FB} 和 V_T' 都包含与 x_o 成正比的项,因此采用 x_o(场氧化层)$\gg x_o$(栅氧化层)。相比于 PMOS(和目前的 NMOS)器件的栅控区,场氧化层的 $|V_T|$ 会增加,因此,需要避免在集成电路通常需要的偏置情况下场氧化层发生反型。

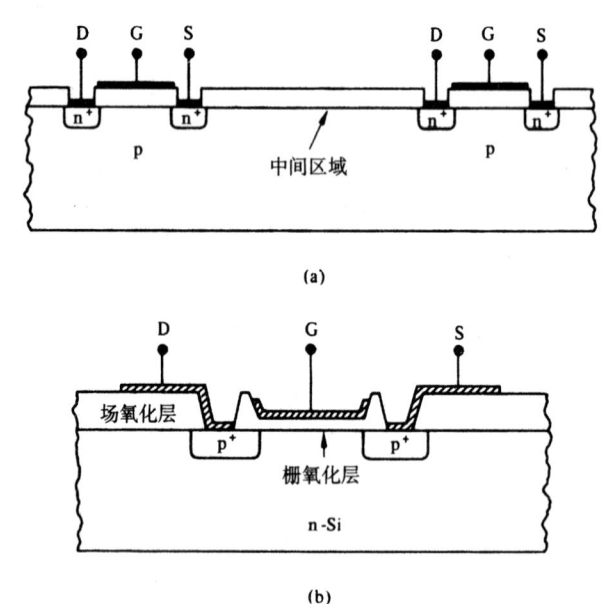

图 18.19 (a)两个 MOSFET 中间区域的示意图;(b)实际 MOSFET 结构中的栅氧化层和场氧化层

18.3.3 阈值调整

一些影响阈值电压的物理因素,可以用来改变给定 MOSFET 的 V_T。其实前面已经提到可以通过改变氧化层厚度来调整 V_T。很清楚,也可以通过改变衬底掺杂浓度来增加或降低阈值电压。虽然栅氧化层厚度和衬底掺杂浓度可以大大影响 V_T 值,但是在很大程度上会由其他设计约束事先确定这两个参量。

其他一些在确定 V_T 时起重要作用的因素包括衬底表面取向和形成 MOS 栅所用的材料,如 18.2.3 节所述。(100)晶面上 MOS 器件的 Q_F 大约比(111)晶面的低三倍,因此采用(100)衬底可以降低与固定氧化层电荷有关的 ΔV_G。另一方面,采用多晶硅而不是铝栅可以改变 ϕ_{MS}。对于多晶硅栅,有效"金属"功函数为

$$"\Phi_M" = \chi_{Si} + (E_c - E_F)_{poly\text{-}Si} \tag{18.23}$$

和

$$\phi_{MS} = \frac{1}{q}[(E_c - E_F)_{poly-Si} - (E_c - E_F)_{FB,crystalline-Si}] \tag{18.24}$$

假设为(100)晶面($Q_F/q = 2/3 \times 10^{11}/cm^2$)、p型多晶硅栅($E_F = E_v$)，如果相应地将18.3.2节的计算进行修改，可得ϕ_{MS} = +0.26 V，V_{FB} = -0.05 V，V_T = +0.95 V，因此用(100)衬底、p型多晶硅栅NMOS管可能得到正的阈值电压。

虽然前面的计算表明正的阈值电压是可能的，但是实际器件的V_T可能只是名义上为正，而且前面所提的器件不符合实际情况——在形成n沟道MOSFET时，一般对多晶硅进行n型掺杂，与漏和源区一样，而不是前面假设的p型。另外，可能需要一个较大的阈值电压，或者需要改变PMOS管的阈值电压，或者需要在同一集成电路芯片上对n沟道和p沟道器件均进行阈值电压调整。由于这一系列原因，需要有灵活的阈值调整工艺，使V_T可以基本按要求进行控制，在现代器件工艺中，采用离子注入技术可以实现这一要求。

一般的离子注入工艺在第4章已经进行了介绍，为了调整阈值电压，在半导体近表面处注入精确控制的相对较少的硼或磷离子。当MOS器件处于耗尽或反型偏置时，注入的杂质会叠加到氧化层-半导体界面附近离化的杂质离子电荷上，从而改变V_T。硼注入会导致阈值电压的正漂移，磷注入会导致负漂移。对于浅注入，可以粗略地认为该工艺在氧化层-半导体界面引入了附加的固定电荷，如果N_I是注入离子数/cm²，$Q_I = \pm qN_I$是在氧化层-半导体界面与注入相关的单位面积(/cm²)的施主(+)或受主(-)电荷，类似固定电荷的分析，可以得到

$$\Delta V_G \binom{\text{注入}}{\text{离子}} = -\frac{Q_I}{C_o} \tag{18.25}$$

例如，假设$N_I = 5 \times 10^{11}$硼离子/cm²，$x_o = 0.1\ \mu m$，可以算出阈值调整为+2.32 V。

18.3.4 背偏置效应

将MOS管的背接触或体相对源加反向偏置是另一种调整阈值电压的方法。这种电学调整方法在离子注入技术之前出现，利用了所谓的体效应或衬偏效应。

为了解释这一效应，我们考虑图18.20(a)所示的n沟道MOSFET。如果背源电势差(V_{BS})为零，则当半导体中压降(ϕ_S)等于$2\phi_F$时出现反型，如图18.20(b)所示。如果$V_{BS} < 0$，仍然希望半导体在ϕ_S等于$2\phi_F$时出现反型。但是由于$V_{BS} < 0$，体区处于更低的电势，出现在半导体表面的反型层载流子横向迁移到源和漏区，如图18.20(c)所示，直到$\phi_S = 2\phi_F - V_{BS}$，开始出现表面反型和正常晶体管作用。从本质上来说，背偏置将半导体的反型点从$2\phi_F$变到$2\phi_F - V_{BS}$，因此由式(18.22)给出的理想器件的阈值电压需要改为

$$V'_{GB|at\ threshold} = 2\phi_F - V_{BS} \pm \frac{K_S}{K_O} x_o \sqrt{\frac{2qN_B}{K_S\varepsilon_0}(\pm 2\phi_F \mp V_{BS})} \tag{18.26}$$

$$(+),\ V_{BS} < 0,\ \text{n沟道器件}$$
$$(-),\ V_{BS} > 0,\ \text{p沟道器件}$$

或者，由于$V'_{GB|at\ threshold} = V'_{GS|at\ threshold} - V_{BS}$，有

$$V'_{GS|at\ threshold} = 2\phi_F \pm \frac{K_S}{K_O} x_o \sqrt{\frac{2qN_B}{K_S\varepsilon_0}(\pm 2\phi_F \mp V_{BS})} \tag{18.27}$$

最后引入 $\Delta V'_T \equiv (V'_{GS|\text{at threshold}} - V'_T)$，可得

$$\Delta V'_T = (V'_T - 2\phi_F)\left[\sqrt{1 - \frac{V_{BS}}{2\phi_F}} - 1\right] \quad \begin{matrix} \phi_F > 0, V_{BS} < 0, \text{n 沟道器件} \\ \phi_F < 0, V_{BS} > 0, \text{p 沟道器件} \end{matrix} \quad (18.28)$$

在建立式(18.28)的基础上，可以观察到以下与背偏置或体效应有关的几点现象：(1)背偏置会增加理想器件阈值电压的大小，因此会使实际 p 沟道器件的阈值电压更负，n 沟道器件的阈值电压更正，不能用于降低 p 沟道 MOSFET 的负阈值电压；(2)在 $V_{BS} \neq 0$ 时，$2\phi_F \rightarrow 2\phi_F - V_{BS}$，$V_G \rightarrow V_{GS}$，$V_D \rightarrow V_{DS}$，$V_T$ 即 $V_{DS|\text{at threshold}}$，第 17 章所建立的电流-电压关系仍然有效；(3)在描述背偏置器件时需要特别注意，使用双下标电压变量来适当地确定电压差。

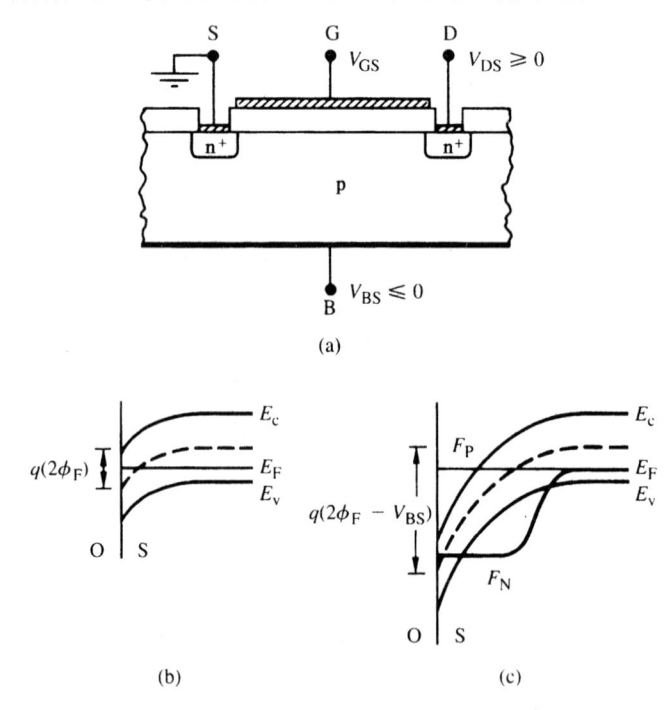

图 18.20 背偏置的 MOSFET。(a)分析中用到的双下标电压变量的横截面图；对应于不同 V_{BS} 的能带图：(b) $V_{BS} = 0$ 和 (c) $V_{BS} < 0$

18.3.5 阈值总结

所有非理想性会使阈值电压漂移，界面陷阱还会降低器件的低频 g_m。在计算实际 MOSFET 的阈值电压时有两个步骤，首先从已知的有关器件非理想性的信息中推出平带电压，再将 V_{FB} 加到给定 MOSFET 理想情况下的阈值电压上。在 $V_G = 0$ 时正常关断的器件为增强型器件，在 $V_G = 0$ 时导通的器件为耗尽型器件。可以用离子注入来完成 n 沟道增强型 MOSFET 的制备及一般的阈值调整，在背接触处相对源加偏置也可以用于调整阈值电压。

练习 18.6

问：由 n 沟道 MOSFET 得出的 C_G-V_G 曲线 ($V_D = 0$) 如图 E18.6 所示，
(a) 器件的阈值电压是多少？请解释你的求解过程。
(b) 该 MOSFET 是耗尽型还是增强型器件？请解释。

(c) 画出器件的 I_D-V_D 曲线的形式，指出对应于 $V_G = -2\,\text{V}$，$-1\,\text{V}$，$0\,\text{V}$，$1\,\text{V}$，$2\,\text{V}$ 的特性曲线。

(d) 给定 $\phi_{MS} = -1\,\text{V}$、$Q_{IT} = 0$，在温度-偏置实验中器件稳定，如何解释观察到的平带电压为 $-2.2\,\text{V}$？

(e) 如果 MOSFET 是掺杂的，$\phi_F = 0.3\,\text{V}$，那么必须加多大的衬底偏置 (V_{BS}) 才能获得 $V_{GS|\text{at threshold}} = 1\,\text{V}$。

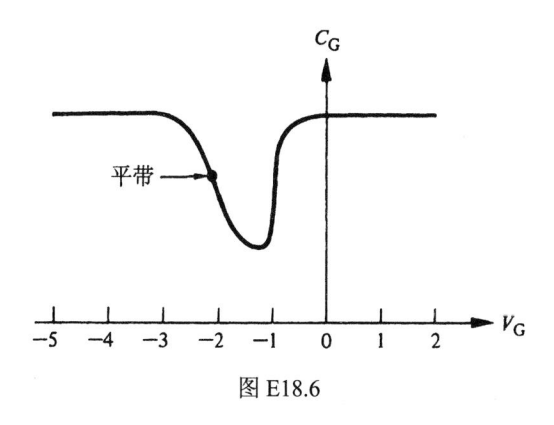

图 E18.6

答：

(a) $\boxed{V_T = -1\,\text{V}}$。C-V 曲线在向正方向扩展时大约在反型-耗尽转换点处增加到 $C = C_O$，反型-耗尽转换点对应的 V_G 即为 MOSFET 的阈值电压。

(b) $\boxed{\text{耗尽型器件}}$，由于 $V_T = -1\,\text{V}$，可以清楚地看到器件在 $V_G = 0$ 处已经导通。

(c) 器件的 I_D-V_D 曲线的一般形式如下图所示。

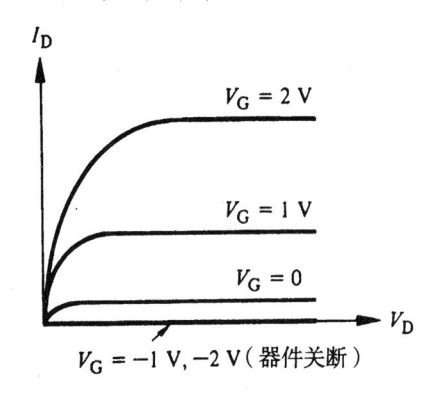

(d) 由于器件在温度-偏置实验中保持稳定，可以推出 $Q_M = 0$；由于 $Q_M = 0$，$Q_{IT} = 0$，$\phi_{MS} = -1\,\text{V}$，不能说明所有的平带漂移为 $-2.2\,\text{V}$，剩余的漂移只能归因于 $\boxed{\text{固定电荷}}$。

(e) 为了求 V_{BS}，求解式 (18.28)，可得

$$V_{BS} = 2\phi_F \left[1 - \left(1 + \frac{\Delta V_T'}{V_T' - 2\phi_F}\right)^2\right]$$

注意

$$V_{GS|\text{at threshold}} - V_T = V_{GS|\text{at threshold}}' - V_T' = \Delta V_T' = 2\,\text{V}$$

和

$$V'_T = V_T - V_{FB} = -1.0 \text{ V} + 2.2 \text{ V} = 1.2 \text{ V}$$

将上面的式子代入 V_{BS} 表达式，可得

$$V_{BS} = 0.6\left[1 - \left(1 + \frac{2}{1.2 - 0.6}\right)^2\right] = -10.7 \text{ V}$$

习题

\\ 第 18 章 习题信息表 \\ \\ \\				
习 题	在以下小节后完成	难度水平	建议分值	简短描述
18.1	18.3.5	1	10(每问 1 分)	快速测验
18.2	18.1	2	6(每问 2 分)	多晶硅栅 MOS 电容
●18.3	″	2	10	ϕ_{MS} 与掺杂的关系图
18.4	18.2.2	2	8(每问 4 分)	可动离子计算
18.5	18.2.3	3	10 (a-1, b-6, c-3)	固定电荷计算
18.6	″	2	10(每问 5 分)	由 V_{FB}-x_0 关系图得到 ϕ_{MS}、Q_F
18.7	18.2.4	2	8(每问 4 分)	从 E 能带推出 Q 信息
18.8	″	3~4	14 (a-2, b-6, c-6)	从 C-V 数据推出 Q_F
18.9	″	3	10	画出退火前的 C-V 图
18.10	″	2~3	8	悬挂键计算
18.11	″	3	10 (a-3, b-2, c-3, d-2)	单能级界面陷阱
18.12	18.2.5	3	10	半辐射 MOS 电容
18.13	18.3.1	2	6 (a-2, b-4)	BT 应力实验 MOSFET
18.14	18.3.3	2~3	10(每问 2 分)	V_T 调整
18.15	″	2	8 (a-4, b-3, c-1)	计算 MOSFET 的 V_{FB}、V_T
18.16	″	2	8	计算所需的 N_I

18.1 快速测验。简要回答下列问题：

(a) $\Phi_M - \chi$ 与 $\Phi'_M - \chi'$ 有什么不同？

(b) 对于 MOS 电容或 MOSFET 加上温度偏置应力以后，会出现什么现象？

(c) 在 MOS 结构中，氧化层固定电荷的物理来源是什么？

(d) 界面陷阱浓度 D_{IT} 依赖于硅的表面晶向，请描述晶向对 D_{IT} 的具体影响。

(e) 离化辐射对 MOS 结构有什么影响？

(f) 进行温度偏置应力实验时，如何分辨负偏置的不稳定与由碱离子引起的电压不稳定？

(g) 在何种情况下 $V_T \neq V'_T + V_{FB}$？

(h) 请解释"耗尽型"晶体管的含义。

(i) MOSFET 中的场氧化层与栅氧化层有什么区别？

(j) 简述何谓"体效应"。

18.2 多晶硅栅 MOS 电容，栅进行了重掺杂，其 $E_F - E_c = 0.2$ eV，硅衬底进行了非简并掺杂，其 $E_F - E_c = -0.2$ eV。假设为理想结构(除了 $\phi_{MS} \neq 0$)且多晶硅与单晶硅的 χ' 相等。

第 18 章 非理想 MOS

(a) 画出多晶硅栅 MOS 电容在平带情况下的能带图。
(b) 在题中所给的多晶栅 MOS 电容中，金属与半导体之间的功函数差是什么？
(c) 当 $V_G = 0$ 时，题中所给的多晶栅 MOS 电容将处于积累、耗尽还是反型状态？

● 18.3 用 MOS 系统的 $\Phi'_M - \chi'$ 作为一个输入参数，编写计算机程序，输出类似图 18.3 的图。用你的程序验证图 18.3 中的铝及 n^+ 多晶硅栅的曲线。另外，输出 p^+ 多晶硅栅 MOS 电容对应的曲线，该 n^+ 多晶硅栅通过注入掺杂，其 $E_F = E_v$。

18.4 (a) 在一个 MOS 电容的氧化层中发现有均匀分布的钠离子，即在氧化层中，对于任何 x，$\rho_{ion}(x) = \rho_0 = $ 常数，若 $\rho_0/q = 10^{18}/\text{cm}^3$ 且 $x_o = 0.1\ \mu\text{m}$，试计算由该钠离子分布引起的电压漂移 ΔV_G。
(b) 施加正偏置-温度应力 (+BT) 以后，(a) 中的钠离子将会立刻堆积到氧化层与半导体的交界处，请计算施加 +BT 应力以后的电压漂移 ΔV_G。

18.5 在推导固定电荷影响的定量模型时，通常假设电荷是十分邻近氧化层与半导体界面的。假设电荷实际上分布在硅与二氧化硅界面处的小范围内。
(a) 写出固定电荷引起的电压漂移 ΔV_G 的一般表达式，作为参考。
(b) 若相同数量的电荷 Q_F，其分布在距离硅-二氧化硅界面 Δx 处为零，然后线性增加直到界面处的密度为 $2Q_F/\Delta x$，求此时的电压漂移 ΔV_G。
(c) 假设 $\Delta x = 10\ \text{Å} = 10^{-7}\ \text{cm}$，以及 $x_o = 0.1\ \mu\text{m} = 10^{-5}\ \text{cm}$，计算 (b) 中 ΔV_G 与 (a) 中 ΔV_G 的比值。$x_o = 0.01\ \mu\text{m} = 10^{-6}\ \text{cm}$ 时重复以上计算，并且讨论你的结果。

18.6 对于一个给定的工艺过程和金属-二氧化硅-硅系统，可以通过制备一组不同氧化层厚度的 MOS 电容来确定 ϕ_{MS} 和 Q_F。测量每个器件的平带电压 V_{FB}，V_{FB} 与 x_o 的关系通过画图表示出来。假设该工艺过程制备出的是理想器件，除 $\phi_{MS} \neq 0$ 及 $Q_F \neq 0$ 外，其他理想性假设成立。
(a) 说明如何从 $V_{FB} \sim x_o$ 图中推出 ϕ_{MS} 和 Q_F。
(b) V_{FB} 与 x_o 的数据如下表所示，求出 ϕ_{MS} 和 Q_F/q。

x_o (μm)	V_{FB} (V)
0.1	−0.91
0.15	−1.04
0.2	−1.2
0.25	−1.33
0.3	−1.52

18.7 图 P18.7 为一个 MOS 电容的能带图，假设该结构的界面陷阱可以忽略。
(a) 在氧化层中，$Q_M = 0$ 还是 $Q_M \neq 0$？为什么？
(b) 在硅与二氧化硅界面处，$Q_F = 0$ 还是 $Q_F \neq 0$？为什么？

18.8 图 P18.8 是 $T = 300$ K 下的 Al-SiO$_2$-Si 电容的 C-V 曲线。图中 $C_{MAX} = 200$ pF，$C_{MIN} = 67$ pF，平带电压 $V_{FB} = -0.71$ V，在氧化层中没有可动电荷，即 $Q_M = 0$。界面陷阱可以忽略，即 $Q_{IT} = 0$，并且 $A_G = 2.9 \times 10^{-3}$ cm^2。
(a) 用虚线画出所给 MOS 电容的理想 C-V 曲线，并标出平带电压的位置；
(b) 求硅的掺杂浓度（用 δ 耗尽近似的 C-V 公式来近似求解）；
(c) 求所给器件单位面积（每平方厘米）上的固定电荷 Q_F。

图 P18.7　　　　　　　　　　图 P18.8

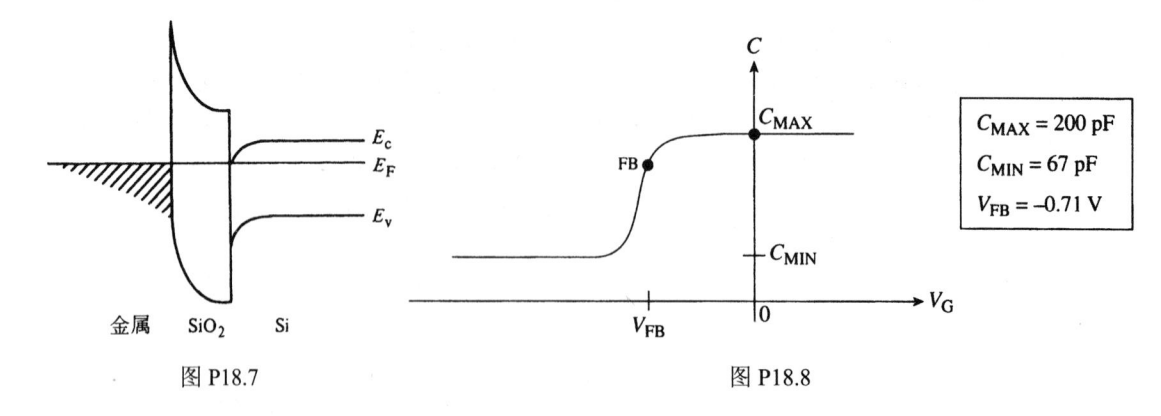

$C_{MAX} = 200$ pF
$C_{MIN} = 67$ pF
$V_{FB} = -0.71$ V

18.9 分别在消除界面陷阱的金属化退火前后对一个 MOS 电容测量了其 C-V 特性。退火后的 C-V 曲线如图 P18.9 所示。假设界面陷阱为受主型，请在同一坐标系下画出器件退火前的 C-V 曲线，并解释你的画图过程。

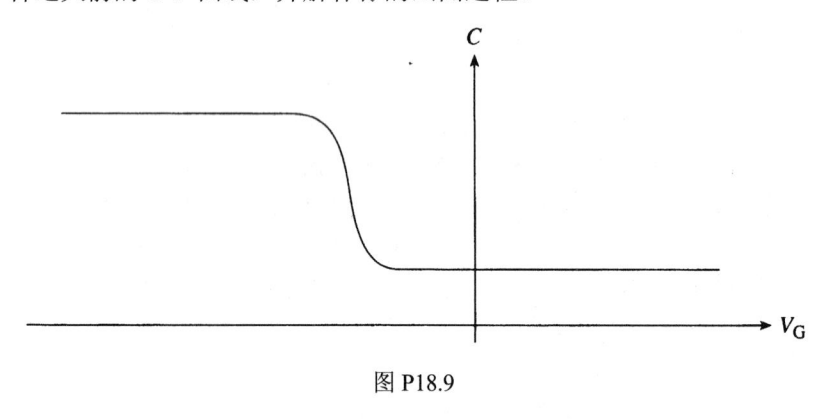

图 P18.9

18.10 若界面陷阱与硅表面残留的"悬挂键"有关，并且假设残留"悬挂键"的数目与硅表面的原子数目是成比例的，则硅的(100)与(110)晶面的哪一个会引起更高密度的界面陷阱？请写出你的推导过程。

18.11 一个非常规的 n 型体硅 MOS 电容，其界面陷阱只有一个能级 E_{IT} 且正处于禁带中央(参见图 P18.11)。假设该电容是其他方面都符合理想性假设的理想 MOS 电容，测量其高频 C-V 特性。请回答下列问题，并且为防止对所画出的图有误解，请简单解释你的推导过程。

图 P18.11

(a) 若处于界面态的 E_{IT} 为施主型，请画出该电容的 C-V 曲线(假设界面态的数量足够大，能够改变理想器件的特性)。

(b) 若界面态为受主型，重复(a)的过程。

(c) 重复(a)的过程，假设界面态是施主型的，但是其能级十分靠近导带($E_c - E_{IT} = 0.001$ eV)。

第 18 章 非理想 MOS

(d) 重复(a)的过程，假设界面态是施主型，但是其能级十分靠近价带($E_{IT} - E_v = 0.001$ eV)。

18.12 图 P18.12 是一个制备得到的 MOS 电容的 C-V 曲线。制备完成后，栅极正好有一半面积暴露在离子辐射下，暴露的那一半的固定电荷 Q_F 明显增加，假设辐射引起的界面陷阱可以忽略。请在与辐射前 C-V 特性相同的坐标系中画出辐射后的 C-V 特性，并且解释你的画图过程。提示：将 MOS 电容看作单独的两个电容。

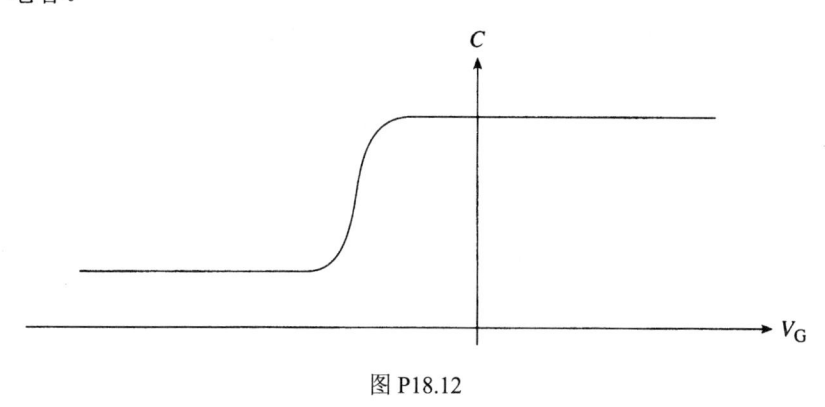

图 P18.12

18.13 图 P18.13(a)为一个 MOSFET 在施加 BT 应力之前的 I_D-V_D 曲线，图 P18.13(b)为该器件用正偏置施加 BT 应力前后的 g_d-V_G($V_D = 0$) 曲线。
(a) 施加 BT 应力后，引起 g_d-V_G 曲线平移的原因是什么？
(b) 请画出施加 BT 应力后，器件的 I_D-V_D 曲线($V_G = -2$ V，-3 V，-4 V)。说明你的理由。

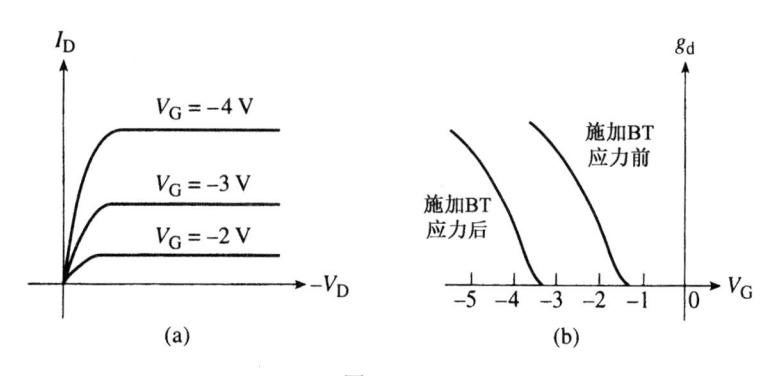

图 P18.13

18.14 对于理想 n 沟道(p 型衬底)MOSFET(除了 $\phi_{MS} \neq 0$)，说明以下对结构的改变将分别对阈值电压 V_T 产生什么影响？请简单进行解释。
(a) 进行离化辐射，导致明显的 $Q_F \neq 0$；
(b) 将栅材料由 Al 改为 Cu；
(c) 提高衬底的掺杂浓度；
(d) 减薄氧化层厚度；
(e) 在硅表面附近注入硼离子。

18.15 一个 MOSFET，其器件参数为 $\phi_{MS} = -0.46$ V，$Q_F/q = 2 \times 10^{11}/\text{cm}^2$，$Q_M = 0$，$Q_{IT} = 0$，$Q_I/q = -4 \times 10^{11}/\text{cm}^2$，$x_o = 0.05\ \mu\text{m}$，$A_G = 10^{-3}\ \text{cm}^2$ 及 $N_D = 10^{15}/\text{cm}^3$。$Q_I$ 为注入很靠近硅-二氧化硅界面的离子电荷。

(a) 求 V_{FB}；

(b) 求 V_T；

(c) 所给的 MOSFET 是增强型器件还是耗尽型器件？请解释。

18.16 一个 Al-SiO$_2$-Si MOSFET，$T = 300$ K，硅衬底掺杂浓度为 $N_A = 10^{17}/\text{cm}^3$，$x_o = 100$ Å，$Q_F/q = 10^{11}/\text{cm}^2$，没有界面陷阱，氧化层中也没有移动电荷。求出要使得 $V_T = 0.5$ V，所需注入的硼离子注入剂量 (N_I)。(假设注入的离子在硅-二氧化硅界面处形成负电荷。)

第19章 现代FET结构[①]

为了获得更高的工作速度及集成度,场效应晶体管(FET)器件结构不断地向微型化发展,FET器件尺寸的减小会导致器件特性产生很大的变化。小尺寸效应,也称为短沟道效应,包括阈值电压漂移和亚阈电流增加等。器件特性的变化在实际应用中会产生十分重要的影响,尤其是需要精确预测阈值电压来确定逻辑电平、噪声容限、速度、节点电压;而亚阈电流会影响关态功耗、动态逻辑的时钟速度及存储器的刷新时间。本章大部分将主要描述和讨论小尺寸效应,我们应该知道小尺寸效应一般是希望抑制的,在实用器件结构中可以通过对器件尺寸合理地按比例缩小或者改变器件设计来减小或避免小尺寸效应。与改变器件设计相关,本章最后简短介绍了目前使用的一些FET结构。

19.1 小尺寸效应

19.1.1 引言

1965年最小的MOSFET沟道长度L约为1 mil,即25 μm,到1990年,工业界标准的MOS器件结构已经达到了亚微米尺度。FET向小尺寸方向的发展情况示意性地画在图19.1中,表19.1总结了近期的发展趋势。

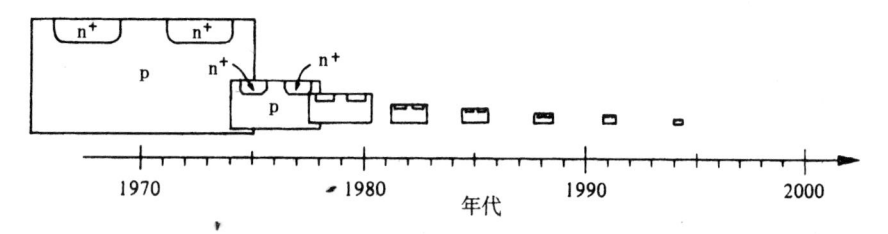

图19.1 MOSFET的"缩小"。图中MOSFET沟道长度的相对缩小粗略说明了生产线中 MOS DRAM 的最小特征尺寸的缩小情况

随着器件尺寸的减小,与长沟道器件特性之间的偏差可以很好地用I_D-V_D特性来描述,短沟道效应的出现可以用I_D-V_D曲线在夹断区部分有很大的向上倾斜来表明。严重的短沟道效应会导致如图19.2所示的特性曲线形状,不仅I_D-V_D曲线不再饱和,而且在栅电压达到阈值之前观察到$I_D \propto V_D^2$的关系曲线(图19.2的器件在$V_G > 0$ V应该是关断的)。短沟道效应的另外一个明显特征可以从亚阈转移特性中体现,图17.11给出了一个长沟道器件的亚阈转移特性,在长沟道MOSFET中亚阈漏电流与V_G呈指数关系变化,只要V_D大于几个kT/q,电流就与漏电压V_D无关。而在短沟道器件中,亚阈漏电流整体增加,并且随V_D的增大而显著增加。小尺寸效应的第三个被广泛采用的特征就是阈值电压的漂移,根据在18.3.1节中讨论的V_T的关系式,长

[①] 选读章节。

沟道 MOSFET 的阈值电压与栅长和栅宽无关；但在短沟道器件中，V_T 是栅尺寸和所加偏置的函数（参见图 19.3）。

表 19.1 硅集成电路的发展[26]（DRAM 指动态随机访问存储器，I/O 指输入/输出，互连层数指的是集成电路中器件连接的金属层数）

时间		1995	1998	2001	2004	2007	2010
最小特征尺寸(um)		0.35	0.25	0.18	0.13	0.10	0.07
芯片尺寸(mm^2)	● 微处理器	250	300	360	430	520	620
	● DRAM	190	280	420	640	960	1400
DRAM 中每个芯片的位数		64M	256M	1G	4G	16G	64G
硅片直径(mm)		200	200	300	300	400	400
互连层数(片上逻辑最大数)		4-5	5	5-6	6	6-7	7-8
每个芯片的 IO 引脚数(高性能)		900	1350	2000	2600	3600	4800
电源电压(V)	● 笔记本电脑	3.3	2.5	1.8	1.5	1.2	0.9
	● 便携式产品	2.5	1.8-2.5	0.9-1.8	0.9	0.9	0.9
芯片频率(MHz)(高性能)	● 片上	300	450	600	800	1000	1100
	● 芯片到电路板	150	200	250	300	375	475

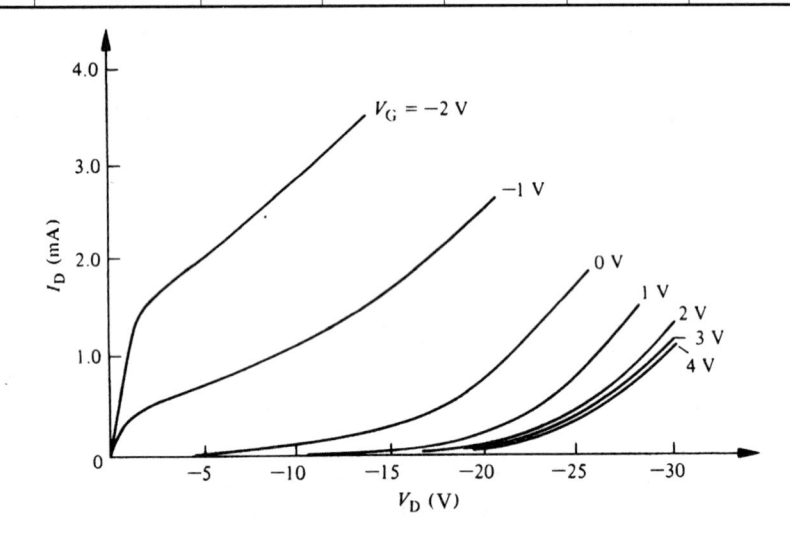

图 19.2 表现出严重短沟道效应的 MOSFET 的 I_D-V_D 特性（引自 Bateman et al.[27]，Elsevier Science Ltd 授权使用，©1974）

MOSFET 中大部分小尺寸效应与沟道长度 L 的减小有关，因此可以合理引入并确定一个最小沟道长度 L_{min}，在该长度以下会出现严重的短沟道效应。粗略地说，L_{min} 必须比源结和漏结的耗尽区宽度之和要大，一般在 0.1 μm 到 1 μm 之间，通过计算机模拟结果预测和实验结果确定，可以用经验公式来更精确地估计 L_{min}[29]：

$$L_{min} = 0.4[r_j x_o (W_S + W_D)^2]^{1/3} \quad \ldots x_o\text{的单位为Å}; L_{min}、r_j、W_S、W_D\text{的单位为μm} \tag{19.1}$$

r_j 为源/漏结深，x_o 为氧化层厚度，W_S 为源结的耗尽区宽度，W_D 为漏结的耗尽区宽度。从式(19.1)可以看出，通过减小源/漏区深度、氧化层厚度和/或增加衬底掺杂浓度（可以减小 W_S、W_D），可

以减小 L_{min}。事实上，上述的所有方法都已经采用，以保证 MOSFET 按比例缩小后依然保持长沟道特性。

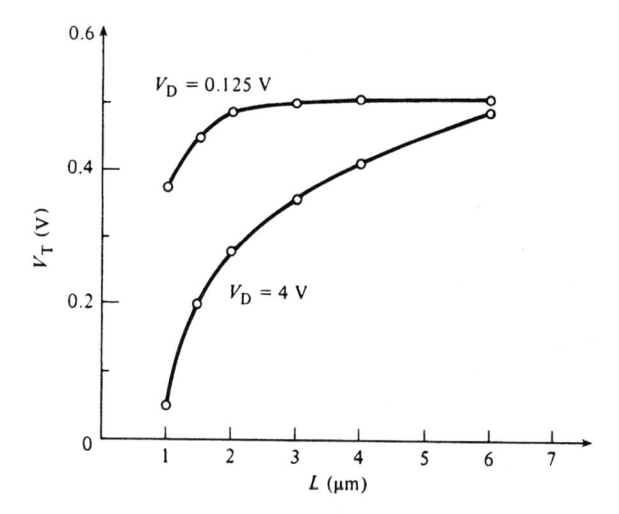

图 19.3 在短沟道 MOSFET 中，测量到的阈值电压随沟道长度及所加偏置的变化而变化。$N_A = 8 \times 10^{15}/cm^3$，$x_o = 0.028\ \mu m$，$r_j = 1\ \mu m$（引自 Fichtner and Potzl[28]）

与长沟道特性的偏差一般来源于下列三类情况：其一，长沟道分析中的假设引起实验结果与长沟道理论的偏差；其二，器件尺寸减小会自动导致某些效应增强，这些效应在长沟道器件中可以忽略，但会出现在短沟道器件中；其三，一些与长沟道器件特性的偏差完全来源于新现象。所有这三类情况均在下面对特殊效应的考虑中予以说明。

19.1.2 阈值电压改变

短沟道效应

在增强型短沟道器件中，发现 $|V_T|$ 随沟道长度 L 的减小而单调降低，阈值电压的降低可以定性地解释如下：在栅下形成反型层或沟道之前，栅下区域必须首先耗尽（$W \rightarrow W_T$）。在短沟道器件中，源和漏会辅助栅下区域耗尽，即栅下耗尽区电荷的很大一部分被源和漏 pn 结电荷平衡，因此只需要较少的栅电荷就可以达到反型，使 $|V_T|$ 降低。L 越小，被源和漏 pn 结平衡的电荷部分越大，$|V_T|$ 的减少更显著。

直接采用几何方法，可以建立与短沟道效应相关的 ΔV_T 的一阶定量表达式。虽然这种方法很简单，但由于阐明的是一般的分析方法，给出的推导将提供很多的信息，推导过程也说明了源/漏结深等参数将如何影响短沟道效应。

正如前面已建立的模型，对于理想 MOS 器件，有

$$V_G = \phi_S + \frac{K_S}{K_O} x_o \mathscr{E}_S \tag{19.2}$$

Q_S 为半导体中每平方厘米的总电荷，采用高斯定律，可以得到

$$Q_S = -K_S \varepsilon_0 \mathscr{E}_S \tag{19.3}$$

联立式(19.2)和式(19.3)，可以得到

$$V_G = \phi_S - \frac{x_o Q_S}{K_O \varepsilon_0} = \phi_S - \frac{Q_S}{C_o} \tag{19.4}$$

当 $V_G = V_T$、$\phi_S = 2\phi_F$、$Q_S = Q_B$ 时,其中 Q_B 为单位栅面积体或耗尽区电荷,对于特殊的阈值点,式(19.4)变为

$$V_T = 2\phi_F - \frac{Q_B}{C_o} \tag{19.5}$$

然后引入

$$\Delta V_T \equiv V_T(\text{短沟道}) - V_T(\text{长沟道}) \tag{19.6}$$

令 Q_{BL}、Q_{BS} 分别为长沟道和短沟道器件的每平方厘米耗尽区电荷,利用式(19.5),可得

$$\Delta V_T = -\frac{1}{C_o}(Q_{BS} - Q_{BL}) = \frac{Q_{BL}}{C_o}\left(1 - \frac{Q_{BS}}{Q_{BL}}\right) \tag{19.7}$$

为了得到 ΔV_T,需要建立与器件参数相关的 Q_{BL} 和 Q_{BS} 的表达式,因此考虑图 19.4 所示的 n 短沟道 MOSFET。为了简化分析,认为 V_D 很小或为零,因此在栅中间部分下方的所有点上,$W \cong W_T$。图中阴影区域为假设被源和漏 pn 结控制的栅下区域部分,在长沟道器件中,边长为 L 的整个长方形区域中的电荷由栅上电荷平衡,有

$$Q_{BL} = -\frac{qN_A(ZLW_T)}{ZL} = -qN_AW_T \tag{19.8}$$

ZLW_T 是耗尽区体积,ZL 为栅面积。在短沟道器件中,由栅控制的耗尽区电荷被限制在上下底长为 L 和 L' 的梯形区域中,因此有

$$Q_{BS} = -\frac{qN_A\left[\frac{1}{2}(L+L')ZW_T\right]}{ZL} = -qN_AW_T\frac{L+L'}{2L} \tag{19.9}$$

将 Q_{BL} 和 Q_{BS} 表达式代入式(19.7),可得

$$\Delta V_T = -\frac{qN_AW_T}{C_o}\left(1 - \frac{L+L'}{2L}\right) \tag{19.10}$$

分析图 19.4 中的源区,并假设 $W_S \cong W_T$,由几何推导可以得到

$$(r_j + W_T)^2 = \left(r_j + \frac{L-L'}{2}\right)^2 + W_T^2 \tag{19.11}$$

由此可以得到

$$L' = L - 2r_j\left[\sqrt{1 + \frac{2W_T}{r_j}} - 1\right] \tag{19.12}$$

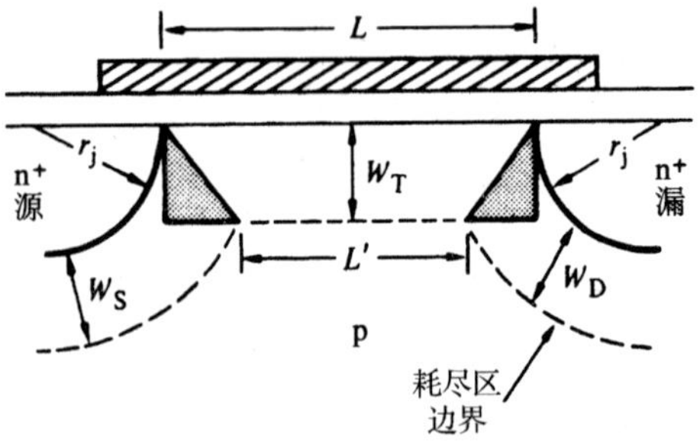

图 19.4 MOSFET 的横截面图,给出了进行短沟道分析时所用到的 MOSFET 参数。栅极下的阴影部分假设由源和漏 pn 结控制,并且假设 $V_D \cong 0$

第 19 章 现代 FET 结构

最后，用式(19.12)消去式(19.10)中的 L'，可得

$$\Delta V_\mathrm{T}(短沟道) = -\frac{qN_\mathrm{A}W_\mathrm{T}}{C_\mathrm{o}}\frac{r_\mathrm{j}}{L}\left(\sqrt{1+\frac{2W_\mathrm{T}}{r_\mathrm{j}}}-1\right) \tag{19.13}$$

虽然式(19.13)给出的 ΔV_T 是一阶分析结果，但表现出的参数影响与刚开始的 L_min 的分析相同。$\Delta V_\mathrm{T}/V_\mathrm{T}$(长沟道)是衡量短沟道效应影响重要性的相对量，分析 $\Delta V_\mathrm{T}/V_\mathrm{T}$(长沟道)可以再一次发现通过减小 x_o、r_j 并增加 N_A，能够减小短沟道效应。

窄沟道效应

当 MOSFET 的横向宽度 Z 与沟道耗尽区宽度 W_T 可比拟时，阈值电压也会受影响。在增强型窄沟道器件中，$|V_\mathrm{T}|$ 随沟道宽度 Z 减小而单调增加。注意阈值电压漂移与 Z 的关系和其与 L 的关系是相反的，但是窄沟道效应常常用与短沟道效应相同的方式去解释。如图 19.5 中 MOSFET 的侧视图所示，栅控耗尽区扩展到边缘，即栅的 Z 宽度以外的部分。在较宽器件中，横向区域的栅控电荷可以完全忽略，但在窄沟道器件中，横向电荷与栅的 Z 宽度下面的电荷可比拟，即需要栅电荷来平衡的每单位面积的有效电荷会增加。因此，需要增加栅电荷来实现反型，并且 $|V_\mathrm{T}|$ 增加。

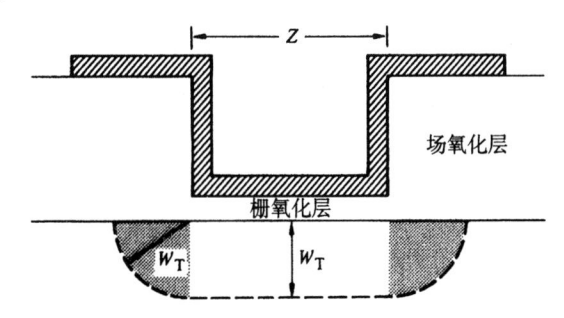

图 19.5 MOSFET 的侧视图，用来解释及分析窄沟道效应

与短沟道情况的推导类似，很容易建立与窄沟道效应相关的 ΔV_T 的定量公式。如果假定横向区域是一个半径为 W_T 的四分之一圆柱，由栅控制的横向体积为 $(\pi/2)W_\mathrm{T}^2 L$，并有

$$Q_\mathrm{B}(窄沟道) = -\frac{qN_\mathrm{A}\left(ZLW_\mathrm{T}+\frac{\pi}{2}W_\mathrm{T}^2 L\right)}{ZL} = -qN_\mathrm{A}W_\mathrm{T}\left(1+\frac{\pi}{2}\frac{W_\mathrm{T}}{Z}\right) \tag{19.14}$$

将式(19.7)中的 Q_BS 替换为窄沟道的 Q_B，可以得到

$$\Delta V_\mathrm{T}(窄沟道) = \frac{qN_\mathrm{A}W_\mathrm{T}}{C_\mathrm{o}}\frac{\pi W_\mathrm{T}}{2Z} \tag{19.15}$$

该结果肯定了我们的初始结论，即当 Z 与 W_T 可比拟时，窄沟道效应变得十分重要。

作为结论，需要注意的是，对于一个同时具有短沟道和窄沟道的 MOSFET，需要建立考虑混合效应的 ΔV_T，短沟道和窄沟道的 ΔV_T 不是简单的叠加。考虑混合效应的 ΔV_T 公式和考虑独立效应的更精确的 ΔV_T 公式可以参见相关文献[30]。

19.1.3 寄生 BJT 效应

在源漏之间包含了一个相反掺杂的区域，MOSFET 与横向双极结型晶体管(BJT)在物理上有很大的相似之处。因此，随着现代 MOSFET 中源漏之间的距离缩小到与双极管中基区宽度可比拟的程度，就会观察到与 BJT 作用相关的现象。

现象之一就是源漏穿通，当源漏之间相距几个微米或更小时，源和漏 pn 结的耗尽区可能会碰上，导致穿通，如图 19.6 所示。当出现穿通时，MOSFET 的工作会出现很大变化，除了邻近 Si-SiO$_2$ 界面的很小一部分区域，栅将失去对栅下区域的控制。源漏电流不再局限于表面沟道区，而是通过碰上的耗尽区在表面下方区域开始出现电流。类似于 BJT 中的穿通电流，这种表面下方的"空间电荷"电流随源漏之间电压的平方的变化而变化。图 19.2 所示的 $V_G > 0$ 的特性就是由源漏穿通引起 $I_D \propto V_D^2$ 的例子。

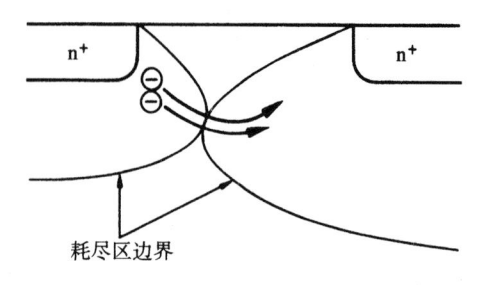

图 19.6 短沟道 MOSFET 中的穿通和空间电荷电流

实际上，一般通过增加栅下区域的掺杂，继而减小源漏耗尽区宽度来抑制小尺寸 MOSFET 的穿通，这可以通过增加衬底掺杂来完成。但是增加衬底掺杂会带来寄生电容增加的负面影响，因此，通常采用深离子注入方法来选择性地增加栅下区域的浓度。

寄生 BJT 效应还包括载流子倍增和再生反馈，产生第二个对 MOSFET 特性潜在的很大影响。在所有 MOSFET 中，漏端附近高电场耗尽区中总存在一定数量的载流子倍增。在长沟道器件中，这种倍增可以忽略，但在短沟道器件中，载流子倍增与再生反馈会导致漏电流急剧上升，最大工作电压 V_D 下降，在极端情况甚至会出现永久失效。

在小尺寸 MOSFET 中，倍增和反馈机制与 BJT 中和 $V_{(BR)CB0}$ 相关的 $V_{(BR)CE0}$ 的下降类似（参见11.2.4节）。该基本机制可以用图 19.7 来很好地描述。沟道电流进入漏附近的高场区，一小部分沟道载流子在高场区被加速，并获得足够的能量，通过碰撞离化产生电子-空穴对。对于 n 沟道器件，新增的电子漂移到漏端，新增的空穴被扫到准中性体区。由于一定的体区电阻，碰撞电离引起的空穴电流会导致耗尽区

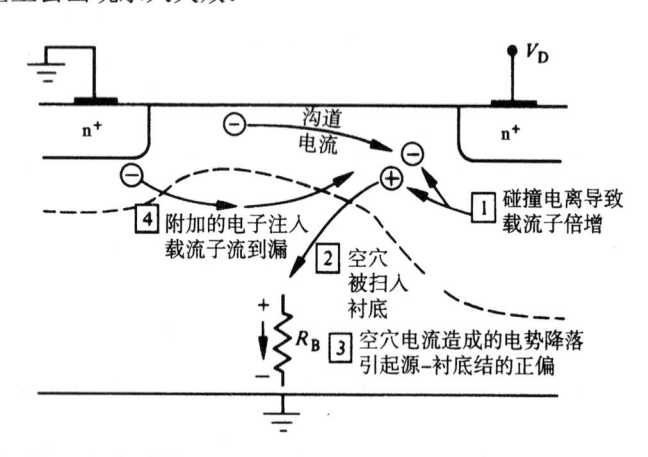

图 19.7 短沟道 MOSFET 中载流子的倍增及反馈引起电流增大

边界和背接触之间的电势差增大。该电势差具有的极性使得源端 pn 结正向偏置，而这种正向偏置会引起电子从源端 pn 结注入准中性体中。该附加电子流到漏端，又会增加载流子倍增作用，一旦漏电流增加的部分或倍增因子小于 $1/\alpha$，这一过程就会稳定下来，其中 α 是寄生 BJT 的共基极电流增益。在电流很高的情况下，有可能会有过量电流流过器件，导致器件失效。

19.1.4 热载流子效应

氧化层充电

在所有 MOSFET 中会出现氧化层充电，或者说氧化层中的电荷注入及陷入。在正常工作条件下，漏端附近的沟道载流子及从衬底进入漏耗尽区的载流子会周期性地获得足够能量以越过 Si-SiO$_2$ 表面势垒，进入氧化层。氧化层中的中性中心会陷住一部分注入电荷，导致氧化层中的电荷积累。在长沟道器件中氧化层充电是所谓"walk-out"现象出现的原因，"walk-out"是指在高 V_D 偏置工作的 MOSFET 的漏端击穿电压持续增加。但是短沟道器件中氧化层充电的影响会更严重，因为在小尺寸器件中栅控区域的很大一部分会受到影响，特别是由于氧化层充电现象会引起 V_T 和 g_m 很大的变化。而且由于氧化层充电随时间累积，这个现象会限制器件的使用寿命，因此必须减少氧化层充电。在 19.2.1 节介绍了一种常用的减小这种热载流子效应的方法，即采用轻掺杂漏区(LDD)。

速度饱和

在传统的长沟道 MOSFET 的分析中，对表面沟道中的载流子速度没有理论限制，也就是隐含假设了载流子速度可以随需要而增加，以维持计算的电流。事实上，$T = 300$ K 下，加速电场对于电子超过约 3×10^4 V/cm、对于空穴超过约 10^5 V/cm 时，硅中载流子漂移速度将达到最大值 $v_{sat} \cong 10^7$ cm/s (参见第一部分的图 3.4)。例如，如果 $V_D = 2$ V，$L = 0.5$ μm，MOSFET 表面沟道中显然存在加速电场大于或等于 4×10^4 V/cm 的点。因此在短沟道器件中，有可能由于速度饱和而限制沟道电流。

速度饱和对观察到的特性有两个主要影响，第一，I_{Dsat} 会大大降低，修正的 I_{Dsat} 可以近似表示为

$$I_{Dsat} \cong ZC_o(V_G - V_T)v_{sat} \tag{19.16}$$

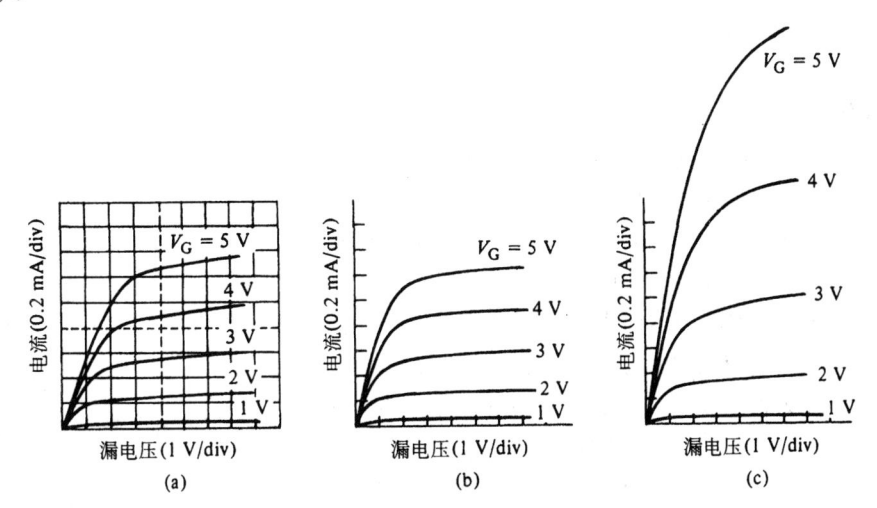

第二，由式(19.16)可以推断出与传统平方律关系相反，饱和电流与 $V_G - V_T$ 几乎呈线性关系(参见图 19.8)。

图 19.8 速度饱和效应对 MOSFET I_D-V_D 特性的影响。(a) 短沟 MOSFET 的实验特性，$L = 2.7$ μm，$x_o = 0.05$ μm，$r_j = 0.4$ μm，N_A(衬底)$\cong 10^{15}$/cm^3。与之比较的计算的理论特性：(b) 考虑了速度饱和；(c) 忽略了速度饱和(引自 Yamaguchi[31]，© 1979 IEEE)

速度过冲/弹道输运

在第 17 章的 MOSFET 的表面沟道的载流子漂移模型中,隐含假设了在源漏之间载流子输运过程中经历了大量的散射事件。这相当于假设沟道长度 L 比散射事件之间的平均距离 l 大很多。显然,如果 MOSFET 沟道长度缩小到与 l 可比拟的数值,则解析公式需要进行修改。更为重要的是,如果可以得到更小尺寸的结构($L<l$),则大部分载流子可能不用经过一次散射事件就可以从源运动到漏,这种载流子的发射式运动称为弹道输运。

当 $L\leq 0.3~\mu m$ 时,理论上是可能在 GaAs 中观察到弹道效应的,在硅器件中需要更短一些的沟道长度。现在已经可以在实验室中制备出沟道长度约为 $0.1~\mu m$ 的硅和 GaAs 器件。因此,利用现在的工艺可以获得 $L\leq l$ 的 FET 结构,而且预期这样的结构在不远的未来会变得比较通用(参见表 19.1)。

从实际应用角度来看,由于可以得到超高速器件,弹道输运引起了人们很大的兴趣。随着散射减少,载流子平均速度可以超过 v_{sat},即所谓的速度过冲。在 $L=0.12~\mu m$ 的 MOSFET 中,已经观察到平均速度比饱和速度高 35%[32]。当然,无可否认还有其他一些需要考虑的问题,如载流子注入源会限制弹道器件的性能等。但是已经观察到了弹道效应,而且其有可能在未来场效晶体应管中发挥作用。

19.2 精选的器件结构概况

在讨论 MOSFET 的工作原理时,我们采用的是基本的增强型器件结构。采用这种基本结构可以使读者主要关注概念的建立和相关现象的理解。对于成熟的 MOSFET 技术而言,存在大量明显不同的器件结构,通过对基本结构的种种改进,可以解决一些特定的问题或者用来提高特定器件的性能。应该承认,采用 GaAs 和其他化合物半导体制备的相关 FET 器件与用硅制备的相应器件总有一些不同。本节将介绍精选的 MOSFET 及与 MOSFET 类似结构的概况,使读者对器件结构变化及这些主要变化的本质有一些感性认识。需要强调的是,这里所介绍的器件结构仅是其中的一小部分,主要是相关的 FET 文献中的一些结构。

19.2.1 MOSFET 结构

LDD 晶体管

如前面所述,小尺寸器件更易受到热载流子效应的影响,场助注入及随后在漏附近栅氧化层中载流子的陷入会引起器件严重退化。由于一般采用的偏置电压不随器件尺寸缩小而按比例缩小,这种退化就进一步恶化。图 19.9 中给出的轻掺杂漏(LDD)结构有助于减小热载流子效应,其主要特点是在沟道末端和原有漏区之间引入了轻掺杂漏区(参见图 19.9 中的 n⁻区)。从沟道到原有漏区掺杂梯度降低,减小了漏附近的电场强度,并且将电场峰值位置移向沟道末端,从而可以减少载流子注入氧化层,相应的氧化层充电可以减小。

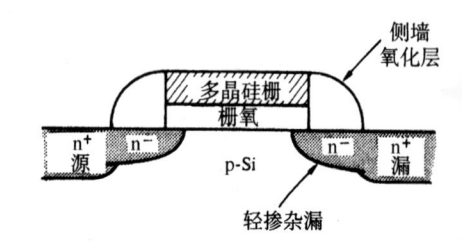

图 19.9 轻掺杂漏(LDD)结构的横截面图

DMOS

图 19.10 给出了双扩散(double-diffused)MOSFET(DMOS)的结构示意图,该结构的主要特点是通过两种杂质分布在横向的差别来形成沟道区,并定义出沟道长度。采用同一块对氧化层开孔的掩膜版引入 p 型杂质(如硼)、n 型杂质(如磷),并进行扩散。首先引入的 p 型杂质比 n 型杂质扩散要深一些,离边缘远一些。图 19.10(b)的放大横截面图清楚地描述了源区和沟道区可以同时形成。DMOS 最重要的物理特性在于较短沟道长度(~1 μm)可以不用小尺寸光刻版而得到。因此 DMOS 结构适于高频工作,而且有较高的漏击穿电压。DMOS 已经用于高频模拟应用及高压/大功率电路。虽然 DMOS 最早诞生于 20 世纪 70 年代,但是 DMOS 结构的变形,特别是功率 DMOS 结构却一直在不断发展。

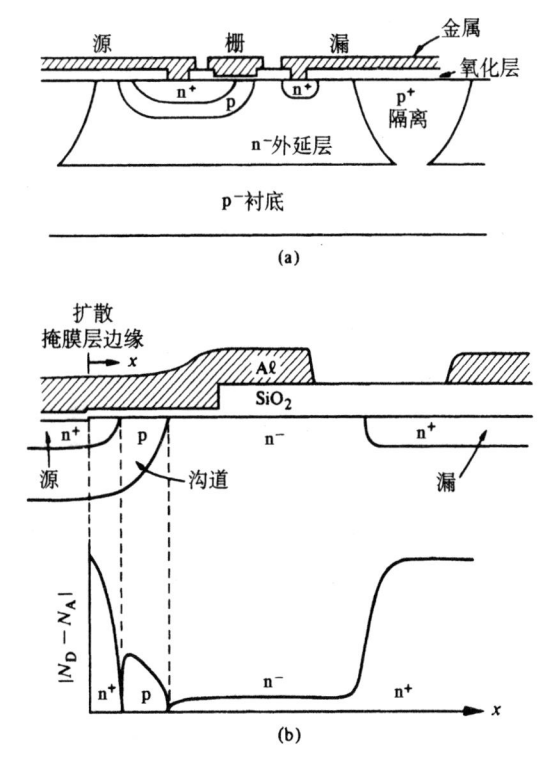

图 19.10 (a)DMOS 结构的横截面图;(b)放大的沟道区横截面图及侧面的掺杂分布图(引自 Pocha et al.[33],©1974 IEEE)

埋沟 MOSFET

图 19.11 给出了埋沟 MOSFET 的横截面图及器件中栅下方近似的掺杂分布图。该结构的主要特点是通过离子注入,使得在栅下表面层的掺杂与源/漏区的相同。由于 pn 结底栅和 MOS 顶栅的作用,埋沟 MOSFET 从物理上、功能上可以看成 J-FET/MOSFET 混合结构。因表面层厚度和掺杂不同,可以将器件设计成耗尽型或增强型器件,由于沟道可以远离氧化层/硅界面,埋沟 MOSFET 因此而得名。这样可以提高载流子迁移率,降低界面陷阱相互作用,以及降低对热载流子效应的敏感度。

SiGe 器件

随着超高真空化学气相淀积(ultrahigh-vacuum chemical-vapor-deposition,UHV/CVD)工艺

的开发[35]，基于一般生产线就有可能淀积高质量的 $Si_{1-x}Ge_x$ 合金薄膜。该工艺允许对薄膜厚度进行原子级控制，对薄膜成分进行精确控制，并降低沾污，而且可以很容易地淀积得到 Ge 含量从 0 到 100% 的薄膜。

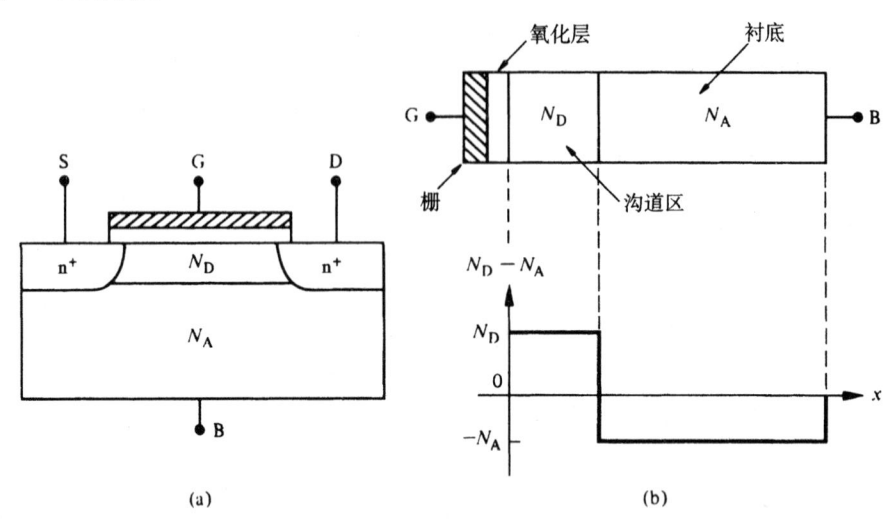

图 19.11　(a) 埋沟 MOSFET 的横截面图；(b) 栅下方近似的掺杂分布图(引自 Van der Tol and Chamberlain[34], © 1989 IEEE)

由于 Ge 的晶格常数 $a = 5.65$ Å，而硅的晶格常数较小，其 $a = 5.43$ Å，因此 SiGe 合金的晶格常数会比硅的大一些。但是，如果淀积在硅衬底上的 SiGe 合金薄膜足够薄（典型值 ≤1000 Å），那么其本质上是赝晶，其原子组成可适应下面硅衬底的晶格组成。用赝晶 SiGe 基区来制备的硅异质结双极晶体管(HBT)可以获得所有硅双极晶体管中最高的工作频率。

由于晶格空间受限，赝晶薄膜中会受到大量内部应力。如果 SiGe 合金薄膜的厚度超过临界厚度，会引起缺陷自然成核，缺陷产生可以释放应力，并允许薄膜弛豫到优选的晶格常数。由于可以采用弛豫 SiGe 薄膜来制备"高迁移率"MOSFET(如图 19.12 所示)，相关研究备受重视。

在制备图 19.12 所示的器件时，硅衬底上依次生长组分渐变的 SiGe 缓冲层、弛豫 $Si_{0.7}Ge_{0.3}$ 层及薄的赝晶 Si 薄膜。由于释放应力的缺陷主要局限于缓冲层中，弛豫 $Si_{0.7}Ge_{0.3}$ 层可以有效地作为赝晶层的高质量衬底。为了适应 $Si_{0.7}Ge_{0.3}$ 的大晶格常数，赝晶硅膜中会出现拉应力，硅层中的应力会使载流子散射进一步减少，而且使平行 $Si-SiO_2$ 界面的电子有效质量减小，从而导致硅表面沟道

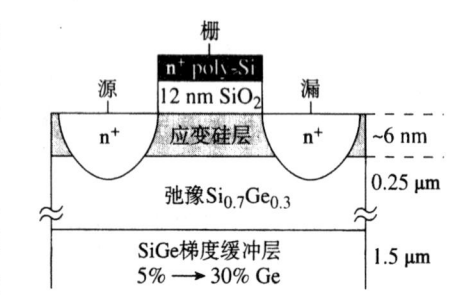

图 19.12　SiGe 高迁移率型 MOSFET，图中 n 沟道 MOSFET 为应力硅表面沟道(引自 Welser et al.[36], © 1994 IEEE)

载流子迁移率增大。例如，图中器件可以获得比标准 MOSFET 高约 2 倍的低场迁移率，迁移率的提高会增大高场下的电流驱动能力，可以扩展目前 MOS 技术的性能极限。

SOI 结构

"绝缘层上的硅"(SOI)这一术语用来描述器件制备在绝缘膜或绝缘衬底上形成的单晶硅层上。SOI 结构第一次是通过在合适取向的蓝宝石衬底(SOS)上淀积单晶薄膜而实现的，后来

采用激光退火技术来结晶淀积在绝缘层(如 SiO$_2$、Si$_3$N$_4$)上的非晶硅膜。这两种方法中的硅膜质量都不高，因此阻碍了它们的广泛应用。一个更新一些的方法——外延层过生长技术(ELO)可以解决硅膜质量问题。在这种方法中，首先在绝缘层中开洞，使下面的一小部分单晶硅衬底暴露出来，该暴露衬底作为籽晶，外延硅可以通过打开的洞生长并向侧面延伸到绝缘层上。但是 ELO 不能作为一种生产线工艺，在所有 SOI 技术中只有 SIMOX 和 BESOI 目前被认为是生产线可用的技术，可以获得质量良好的硅膜，SIMOX 和 BESOI 硅片已经进入了商用领域。

在 BESOI(BondEd SOI，键合 SOI)技术中，作为绝缘层的二氧化硅层热生长在第一个硅片上，然后第二个硅片键合到第一个硅片上并进行退火，最后对上层的硅片进行磨片、抛光、化学腐蚀，直至得到所需的表面层厚度。在 SIMOX(Separation by IMplantation of OXygen，注氧隔离)技术中，通过在体硅片的表面下生成 SiO$_2$ 层来获得 SOI 结构(参见图 19.13)。首先将氧离子注入硅表面下，氧注入一般采用的加速能量为 150~200 keV，总剂量为 $1\sim2\times10^{18}$/cm^2，然后在高温下进行退火(一般是 1300°C，约 6 小时)。可以使注入氧与硅发生反应，形成埋氧化层(BOX)，这一退火过程也减少了表层硅中的缺陷。有时可以用标准外延技术再淀积另外一层硅，以增加硅表面层的最终厚度。对于 CMOS 应用所需硅膜厚度为 500 Å 到 2000 Å，对于厚膜双极应用为 0.3 μm 到 10 μm。

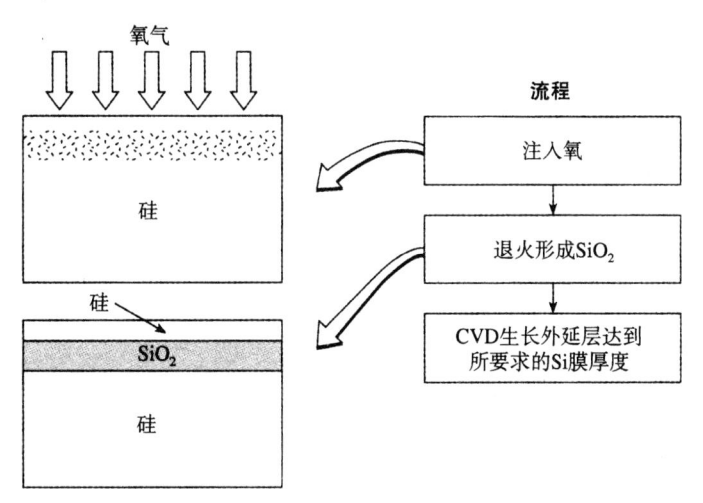

图 19.13 制备 SIMOX 硅片的基本步骤(引自 Hostack et al.[37]，授权使用)

基于 SOI 的集成电路，尤其是 MOS 集成电路具有许多优势，因此人们投入了大量的研究力量来开发各种不同的 SOI 技术。采用 SOI 结构，不同电路单元之间可以用介质隔离，这降低了寄生电容，因此可以提高工作速度，而且可以完全消除闩锁效应①。基于 SOI 的 MOSFET 功耗较低，可工作于较高温度，并且抗辐照能力增强，短沟道效应降低；而且从设计角度来看，SOI 允许更高的集成密度，易于缩小到更细的线宽，从制备角度来看由于减少了光刻步骤，SOI 工艺更为简化。也许最重要的一点是，由 SIMOX 和 BESOI 得到的硅片完全与生产线设备和工艺兼容。至今 SOI 最广泛的应用是用于军事领域的抗辐照 SRAM 的生产，预期可扩展到的应用领域包括超高速大规模 CMOS 集成电路、低压低功耗器件及 DRAM 等[38]。

---

① 闩锁效应是数字 CMOS 电路中的主要问题之一，主要指在特定逻辑态电路被锁住。简单来说，闩锁效应主要是由与寄生 PNPN 类似的作用相关的内部反馈机制引起的。

19.2.2 MODFET(HEMT)

场效应晶体管家族中最后一个需要讨论的是调制掺杂场效应晶体管(MODFET)。虽然 MODFET 是器件结构首选的只取首字母的缩写词，但也常常采用高电子迁移率晶体管(HEMT)来表示这种器件。该结构刚刚引入时也称为选择掺杂异质结晶体管(SDHT)或二维电子气场效应晶体管(TEGFET)。作为场效应晶体管家族中的一员，图 15.7 给出了 AlGaAs/GaAs MODFET 的透视图，图 19.14(a)给出了该结构简化的横截面图。

如果将 AlGaAs 看作绝缘层，由图 19.14(a)可以清楚看到 MODFET 和 MOSFET 在结构上的相似性。但 MODFET 与 MOSFET 不同，"绝缘层" AlGaAs 是掺杂的，GaAs 外延层一般是不掺杂的。"调制掺杂"这一术语来源于杂质源调制，在顺序淀积 GaAs 层和 AlGaAs 层中仅有选择地掺杂 AlGaAs 层。AlGaAs 层掺杂有助于在 AlGaAs/GaAs 界面附近出现表面沟道。由于维持电流的 GaAs 层是不掺杂的，散射最小，因此仅有 GaAs 表面沟道中剩余杂质(不是有意引入的)的散射，在室温下可以观察到很高的电子迁移率，在液氮温度下类似 MESFET 的掺杂沟道器件中可以有更高的迁移率增强。这就是为什么这种结构也被认为是高电子迁移率晶体管[①]。

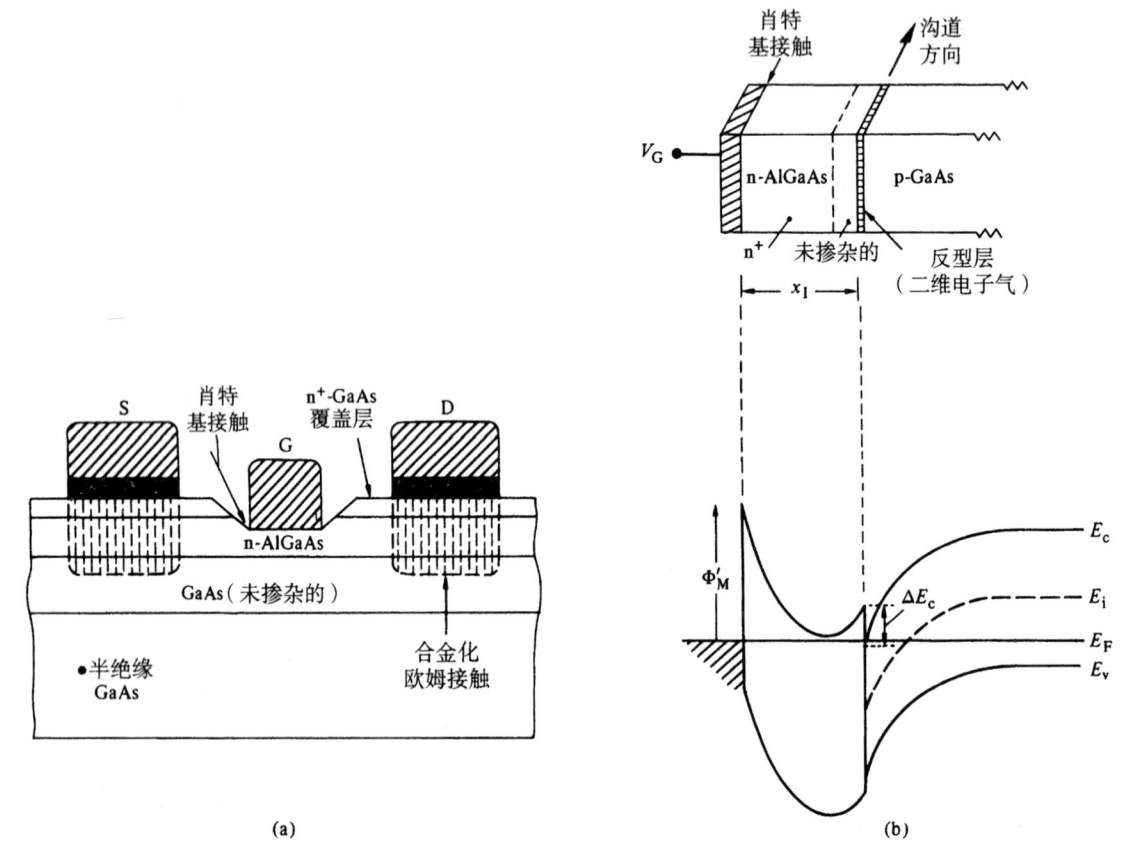

图 19.14 基本 MODFET 或 HEMT 结构。(a)简化横截面图；(b)晶体管栅下横截面图及对应的能带图[(b)部分引自 Pierret and Lundstrom[39]，© 1984 IEEE]

[①] 虽然只取首字母的缩写词 HEMT 一直在使用，但目前认为低场迁移率不是确定器件在正常工作条件下特性的关键参数，类似于 MESFET 的情况(如 15.3 节所述)，高场速度成为场效应晶体管沿沟道方向出现高电场时需要考虑的关键参数。

图 19.14(b)给出了 MODFET 中栅控区域和静电状态下的细节情况，AlGaAs 比 GaAs 有更宽的带隙，如图 11.19(a)所示，在 AlGaAs/GaAs 界面会出现能带偏差，在 MODFET 中导带偏差(ΔE_c)成为电子限制势垒。如前面指出的那样，掺杂 AlGaAs 可以在 GaAs 表面诱导出电子反型层或积累层。（在 MODFET 文献中导电电子层常常指二维电子气。）AlGaAs 层一般也需要足够薄，使平衡条件下与肖特基栅接触相关的内建电势可以完全耗尽 AlGaAs 层，AlGaAs 层中剩余的未被补偿的杂质离子会提升能带，与氧化层中带碱金属离子分布的 MOSFET 类似[可以比较图 19.14(b)和 18.7 节的相关内容]。值得指出的是，由于 AlGaAs/GaAs 是晶格匹配系统，因此两种材料之间的界面基本上没有固定电荷和界面陷阱，这是器件正常工作的先决条件。

虽然在低电流量级下，AlGaAs/GaAs MODFET 可获得类似于其他场效应晶体管的可接受的电特性，但是 AlGaAs/GaAs MODFET 的材料性质会导致中高电流量级器件性能的退化。尤其是当高于某一载流子浓度时，在 AlGaAs/GaAs 界面相对小的导带不连续会使得沟道电荷溢出而进入 AlGaAs，因此沟道中载流子浓度相对于栅电压趋于饱和，器件性能发生退化。在寻找这一问题的解决方法的过程中开发了两种第二代 MODFET 结构。在其中一种结构中，在 AlGaAs 和 GaAs 之间加入一层赝晶 $In_xGa_{1-x}As$ 层，将 In 加入 GaAs 可以减小半导体带隙，增加 ΔE_c 限制势垒，ΔE_c 越大，允许在 InGaAs 表面沟道中被诱导的载流子浓度越高。图 19.15 给出了 Hewlett-Packard 商用的赝晶 MODFET 或 PHEMT 的横截面图。另一种第二代 MODFET 结构的主要特点在于使用了另一种晶格匹配系统——即 $Al_{0.48}In_{0.52}As/In_{0.53}Ga_{0.47}As/InP$ 系统，其中 InP 是衬底材料，在 AlInAs/InGaAs 界面的 ΔE_c 大约是 AlGaAs/GaAs 系统导带不连续值的两倍，虽然 AlInAs/InGaAs MODFET 技术还相对不成熟，但它已经具有大于 250 GHz 的最高电流增益截止频率。

与高频工作相关，注意到图 19.15 中蘑菇状或 T 形栅，在 MODFET 中的常规亚微米栅长情况下，寄生电阻的影响常常会掩盖本征器件性能。在维持较小底部尺寸的同时，栅电极的 T 形形状可以增加横截面积，并降低电阻。

在很多需要超高性能的商用或军事系统中，MODFET 已逐渐代替了 GaAs MESFET。在微波和毫米波频率的低噪声放大等应用中，MODFET 是一个理想的选择，虽然化合物半导体 MODFET 最初被构想成超高速数字逻辑器件，但目前认为它还是不能代替硅器件。

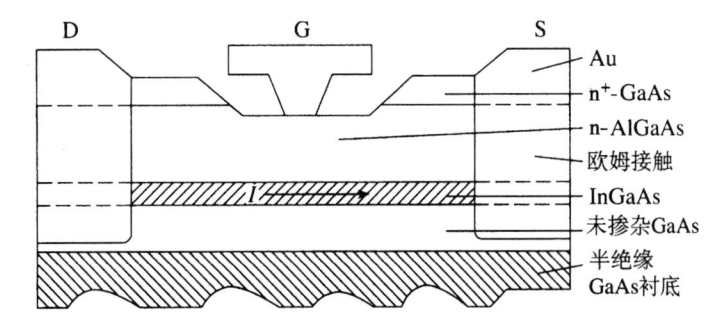

图 19.15 商用的赝晶 MODFET 或 PHEMT 的横截面图(引自 1993 Hewlett-Packard 的通信元件目录[40]，Hewlett-Packard Co., Components Group 授权使用)

习题

第 19 章 习题信息表

习 题	在以下小节后完成	难度水平	建议分值	简短描述
19.1	19.2.2	1	15（每问 1 分）	快速测验
19.2	19.2.2	1	5（每问 1/2 分）	缩写词和缩略语
19.3	19.1.2	2~3	12 (a-5, b-5, c-2)	L_{min}、ΔV_T 的计算
19.4	19.2.1	1	10（每问 2 分）	确认独特特性
19.5	19.2.2	2~3	30（每问 5 分）	期刊文章总结

19.1 快速测验。简要回答下列问题：

(a) 小尺寸效应是不希望有的，通过将器件的尺寸适当地按比例缩小或者改变器件结构可以减小或避免实用 MOS 结构中的小尺寸效应。以上说法是否正确？

(b) 请说出三种最常见的短沟道效应。

(c) 短沟道效应与窄沟道效应在对阈值电压的影响上有什么不同，它们在什么方面是相同的？

(d) 对于一个固定的沟道长度和宽度，说出另外两个 MOSFET 参数，能够通过调整这两个参数来减少小尺寸效应。另外，请说明如何调整这些参数来减少小尺寸效应。

(e) 说出短沟道 MOSFET 中两种与双极晶体管相关的现象。

(f) 描述 MOSFET 中由于热载流子引起的氧化层充电现象。

(g) 为什么在短沟道器件中，由热载流子效应引起的氧化层充电更加重要？

(h) 速度饱和是否会影响 MOSFET 的 I_D-V_D 特性？

(i) 说明什么是"弹道输运"。

(j) 说明什么是"速度过冲"。

(k) 描述一个常用的减小氧化层充电问题的途径。

(l) 什么是赝晶薄膜？

(m) 给出两个器件结构中的赝晶薄膜的例子。

(n) 简单归纳 SIMOX 工艺过程。

(o) MODFET 与 HEMT 有什么不同？

19.2 缩写与简称。说明下列缩写与简称所代表的意思：LDD, DMOS, SOI, SOS, ELO, SIMOX, BESOI, BOX, MODFET, 以及 PHEMT。

19.3 (a) 利用图 19.3 图题中的参数计算 L_{min}，$V_D = 0.125$ V，假设 n^+-p 漏和源为突变结，并且源与体都接地。讨论你的计算结果。

(b) 利用式 (19.13)，计算当 $L = 1$ μm、$V_D = 0.125$ V 时的 ΔV_T。

(c) 式 (19.13) 是否能够用来计算 $V_D = 4$ V 时的 ΔV_T，为什么？

19.4 简要说明下列晶体管结构的物理特点：

(a) LDD 晶体管

(b) DMOS

(c) 埋沟 MOSFET

(d) 高迁移率(应力硅) MOSFET

(e) SOI 结构

19.5 阅读以下文献,并对每一篇做一个小结。

(a) J.J. Sanchez, K.K. Hsueh, and T.A. DeMassa, "Drain-Engineered Hot-Electron Resistant Device Structures: A Review," IEEE Trans. on Electron Devices, **36**, 1125 (June 1989).

(b) M.J. Van der Tol and S.G. Chamberlain, "Potential and Electron Distribution Model for the Buried-Channel MOSFET," IEEE Trans. on Electron Devices, **36**, 670 (April 1989).

(c) B.S. Meyerson, "UHV/CVD Growth of Si and Si:Ge Alloys: Chemistry, Physics, and Device Applications," Proc. IEEE, **80**, 1592 (Oct. 1992).

(d) B.S. Meyerson, "Ultrahigh-Vacuum CVD Process Makes SiGe Devices," Solid State Technology, **37**, 53 (Feb. 1994).

(e) L. Peters, "SOI Takes Over Where Silicon Leaves Off," Semiconductor International, **16**, 48 (March 1993).

(f) L.D. Nguyen, L.E. Larson, and U.K. Mishra, "Ultra-High-Speed Modulation-Doped Field-Effect Transistors: A Tutorial Review," Proc. IEEE, **80**, 494 (April 1992).

第三部分 补充读物和复习

可选择的/补充的阅读资料列表

作 者	类 型(A=可选择的，S=补充的)	级 别	相 关 章
综合性的参考文献			
Neamen	A	本科生	11~13
Singh	A	本科生	8,9
Yang	A/S	本科生	8~13
针对不同专题的参考文献			
Ladbrooke	S	高年级本科生到专业人员	5,6(MESFET) 7(MODFET)
Pulfrey and Tarr	A/S	本科生	7(MOSFET)
Sah	S	本科生/研究生	6(MOSFET)
Schroder	S	研究生	3,4(CCD) 6(现代场效应晶体管)

(1) P. H. Ladbrooke, *MMIC Design: GaAs FETs and HEMTs,* Artech House, Boston, © 1989.

(2) D. A. Neamen, *Semiconductor Physics and Devices, Basic Principles,* Irwin, Homewood, IL, © 1992.

(3) D. L. Pulfrey and N. G. Tarr, *Introduction to Microelectronic Devices,* Prentice Hall, Englewood Cliffs, NJ, © 1989.

(4) C. T. Sah, *Fundamentals of Solid-State Electronics,* World Scientific, Singapore, © 1991.

(5) D. K. Schroder, *Advanced MOS Devices,* Volume VII in the Modular Series on Solid State Devices, edited by G. W. Neudeck and R. F. Pierret, Addison-Wesley, Reading, MA, © 1987.

(6) J. Singh, *Semiconductor Devices, an Introduction,* McGraw-Hill, New York, © 1994.

(7) E. S. Yang, *Microelectronic Devices,* McGraw Hill, New York, © 1988.

图的出处/引用的参考文献

(1) W. Shockley, "A Unipolar Field-Effect Transistor," Proceedings IRE, **40,** 1365 (Nov. 1952).

(2) G. C. Dacey and I. M. Ross, "Unipolar Field-Effect Transistor," Proceedings IRE, **41,** 970 (Aug. 1953).

(3) G. C. Dacey and I. M. Ross, "The Field-Effect Transistor," Bell System Technical Journal, **34,** 1149 (Nov. 1955).

(4) D. Kahng and M. M. Atalla, "Silicon-Silicon Dioxide Field Induced Surface Devices," presented at the IRE-AIEE Solid-State Device Research Conference, Carnegie Institute of Technology, Pittsburgh, PA, 1960.

(5) J. S. MacDougall, "Applications of the Silicon Planar II MOSFET," Application Bulletin, Fairchild Semiconductor, Nov. 1964.

(6) R. H. Dennard, "Field-Effect Transistor Memory," U.S. Patent 3 387 286, application filed July 14, 1967, granted June 4, 1968.

(7) P. Wyns and R. L. Anderson, "Low-Temperature Operation of Silicon Dynamic Random-Access Memories," IEEE Transactions on Electron Devices, **36,** 1423 (August 1989).

(8) C. T. Sah, "Evolution of the MOS Transistor—From Conception to VLSI," Proceedings IEEE, **76,** 1280 (Oct. 1988).

(9) M. F. Tompsett, G. F. Amelio, and G. E. Smith, "Charge Coupled 8-Bit Shift Register," Applied Physics Letters, **17,** 111 (1970). C. H. Sequin and M. F. Tompsett, *Charge Transfer Devices,* Advances in Electronics and Electron Physics, Supplement **8,** Academic Press, New York, © 1975.

(10) F. M. Wanlass and C. T. Sah, "Nanowatt Logic Using Field-Effect Metal-Oxide-Semiconductor Triodes," in Technical Digest of IEEE 1963 Int. Solid-State Circuit Conf., pp. 32–33, Feb. 20, 1963. F. M. Wanlass, "Low Stand-By Power Complementary Field-Effect Circuitry," U.S. Patent 3 356 858 filed June 18, 1963, issued Dec. 5, 1967.

(11) C. G. Fonstad, *Microelectronic Devices and Circuits,* McGraw-Hill, New York, © 1994.

(12) T. J. Drummond, W. T. Masselink, and H. Morkoç, "Modulation-Doped GaAs/(Al,Ga)As Heterojunction Field-Effect Transistors: MODFETs," Proceedings IEEE, **74,** 773 (June 1986).

(13) M. Kuhn, "A Quasi-Static Technique for MOS C–V and Surface State Measurements," Solid-State Electronics, **13,** 873 (1970).

(14) A. Berman and D. R. Kerr, "Inversion Charge Redistribution Model of High-Frequency MOS Capacitance," Solid-State Electronics, **17,** 735 (July 1974).

(15) W. E. Beadle, J. C. C. Tsai, and R. D. Plummer, *Quick Reference Manual for Silicon Integrated Circuit Technology,* Wiley, New York, © 1985.

(16) S. C. Sun and J. D. Plummer, "Electron Mobility in Inversion and Accumulation Layers on Thermally Oxidized Silicon Surfaces," IEEE Transactions on Electron Devices, **ED-27,** 1497 (August 1980).

(17) R. F. Pierret and J. A. Shields, "Simplified Long-Channel MOSFET Theory," Solid-State Electronics, **26,** 143 (1983).

(18) "Practical Applications of the 4145A Semiconductor Parameter Analyzer: DC Parameter Analysis of Semiconductor Devices," Hewlett-Packard Application Note 315, March 1982.

(19) S. Kar, "Determination of Si-Metal Work Function Differences by MOS Capacitance Technique," Solid-State Electronics, **18,** 169 (1975).

(20) B. E. Deal, "Standardized Terminology for Oxide Charges Associated with Thermally Oxidized Silicon," IEEE Transactions on Electron Devices, **ED-27,** 606 (March 1980).

(21) D. R. Kerr, J. S. Logan, P. J. Burkhardt, and W. A. Pliskin, "Stabilization of SiO_2 Passivation Layers with P_2O_5," IBM Journal of Research & Development, **8,** 376 (1964).

(22) B. E. Deal, M. Sklar, A. S. Grove, and E. H. Snow, "Characteristics of the Surface-State Charge (Q_{SS}) of Thermally Oxidized Silicon," Journal of the Electrochemical Society, **114,** 266 (1967).

(23) R. R. Razouk and B. E. Deal, "Dependence of Interface State Density on Silicon Thermal Oxidation Process Variables," Journal of the Electrochemical Society, **126,** 1573 (1979).

(24) B. E. Deal, "The Current Understanding of Charges in the Thermally Oxidized Silicon Structure," Journal of the Electrochemical Society, **121,** 198C (1974).

(25) J. R. Srour and J. M. McGarrity, "Radiation Effects on Microelectronics in Space," Proceedings IEEE, **76,** 1443 (1988).

(26) (a) P. Singer, "1995: Looking Down the Road to Quarter-Micron Production," Semiconductor International, **18,** 46 (Jan. 1995). (b) "Processes of the Future: Updated Roadmap Identifies Technical Strategic Challenges," Solid State Technology, **38,** 42 (Feb. 1995).

(27) I. M. Bateman, G. A. Armstrong, and J. A. Magowan, "Drain Voltage Limitations of MOS Transistors," Solid-State Electronics, **17,** 539 (June 1974).

(28) W. Fichtner and H. W. Potzl, "MOS Modelling by Analytical Approximations. I. Subthreshold Current and Threshold Voltage," International Journal of Electronics, **46,** 33 (1979).

(29) J. R. Brews, W. Fichtner, E. H. Nicollian, and S. M. Sze, "Generalized Guide for MOSFET Minimization," IEEE Electron Device Letters, **EDL-1,** 2 (1980).

(30) T. A. DeMassa and H. S. Chien, "Threshold Voltage of Small-Geometry Si MOSFETs," Solid-State Electronics, **29,** 409 (1986).

(31) K. Yamaguchi, "Field-Dependent Mobility Model for Two-Dimensional Numerical Analysis of MOSFET's," IEEE Transactions on Electron Devices, **ED-26,** 1068 (July 1979).

(32) F. Assaderaghi, P. K. Ko, and C. Hu, "Observation of Velocity Overshoot in Silicon Inversion Layers," IEEE Electron Device Letters, **14,** 484 (Oct. 1993).

(33) M. D. Pocha, A. G. Gonzalez, and R. W. Dutton, "Threshold Voltage Controllability in Double-Diffused-MOS Transistors," IEEE Transactions on Electron Devices, **ED-21,** 778 (1974).

(34) M. J. Van der Tol and S. G. Chamberlain, "Potential and Electron Distribution Model for the Buried-Channel MOSFET," IEEE Transactions on Electron Devices, **36,** 670 (April 1989).

(35) B. S. Meyerson, "UHV/CVD Growth of Si and Si:Ge Alloys: Chemistry, Physics, and Device Applications," Proceedings IEEE, **80,** 1592 (Oct. 1992).

(36) J. Welser, J. L. Hoyt, and J. F. Gibbons, "Electron Mobility Enhancement in Strained-Si N-Type Metal-Oxide-Semiconductor Field-Effect Transistors," IEEE Electron Device Letters, **15,** 100 (March 1994).

(37) H. H. Hosack, T. W. Houston, and G. P. Pollack, "SIMOX Silicon-on-Insulator: Materials and Devices," Solid State Technology, **33,** 61 (Dec. 1990).

(38) L. Peters, "SOI Takes Over Where Silicon Leaves Off," Semiconductor International, **16,** 48 (March 1993).

(39) R. F. Pierret and M. S. Lundstrom, "Correspondence Between MOS and Modulation-Doped Structures," IEEE Transactions on Electron Devices, **ED-31,** 383 (March 1984).

(40) Hewlett-Packard Communications Components, GaAs and Silicon Products Designer's Catalog, © 1993.

术语复习一览表

用自己的语言定义下列术语，以便对第三部分的内容进行快速复习。

(1) 场效应晶体管
(2) 结型场效应晶体管，J-FET
(3) DRAM
(4) CCD
(5) MOSFET
(6) CMOS
(7) MODFET
(8) MESFET
(9) MOS 电容
(10) 源
(11) 漏
(12) 栅
(13) 沟道
(14) 夹断
(15) I_D-V_D 曲线饱和
(16) 缓变沟道近似
(17) 平方律关系
(18) 漏电导
(19) 跨导
(20) MMIC
(21) D-MESFET
(22) E-MESFET
(23) 长沟道
(24) 短沟道
(25) MIS
(26) 体
(27) 块电荷图
(28) 积累
(29) 平带 (MOS)
(30) 耗尽 (MOS)
(31) 反型
(32) 弱反型
(33) 强反型
(34) 表面势
(35) δ 耗尽近似
(36) 氧化层电容
(37) 半导体电容
(38) 准静态技术
(39) 深耗尽
(40) 完全深耗尽
(41) n 沟道，p 沟道
(42) 饱和 (MOSFET 的 I_D-V_D 曲线)
(43) 线性 (三极管) 区
(44) 阈值电压
(45) 有效迁移率
(46) 体电荷
(47) 亚阈值转移特性
(48) 过覆盖电容
(49) 自对准栅
(50) 平带电压
(51) 可动电荷
(52) 固定电荷
(53) 界面陷阱
(54) 陷入电荷
(55) 偏置-温度 (BT) 实验
(56) 磷稳定化

(57) 氯中性化
(58) 氧化三角分布
(59) 施主型陷阱
(60) 受主型陷阱
(61) 悬挂键
(62) 金属化后退火
(63) 氢气氛退火
(64) 辐照加固的氧化层
(65) 负偏置非稳定性
(66) 增强型 MOSFET
(67) 耗尽型 MOSFET
(68) 栅氧化层
(69) 场氧化层
(70) 体效应(衬偏效应)
(71) 氧化层充电
(72) 弹道输运
(73) 速度过冲
(74) LDD
(75) DMOS
(76) 赝晶
(77) SOI
(78) SIMOX
(79) 调制掺杂
(80) PHEMT

第三部分复习题和答案

下列几套试卷是依据第三部分第 16 章～第 18 章的主要内容而设计的,这组试卷可以作为复习参考,也可以测验读者对这部分内容的掌握情况。试卷 A 适合一个小时的"开卷"考试,试卷 B 适合一个小时的"闭卷"考试。在题目最后给出了答案。

试卷 A

问题 A1

p-Si/SiO$_2$/n-Si(SOS)电容在平带条件下的能带图如下。为了获得图示状态,必须在 SOS 电容的栅极上加非零的电压。假设除了有非零功函数差,SOS 电容是理想电容。$T = 300$ K,N_A(p 型一侧) $= 10^{15}$/cm^3,N_D(n 型一侧) $= 10^{15}$/cm^3,$n_i = 10^{10}$/cm^3,$x_o = 5 \times 10^{-6}$ cm,$A_G = 10^{-3}$ cm^2。

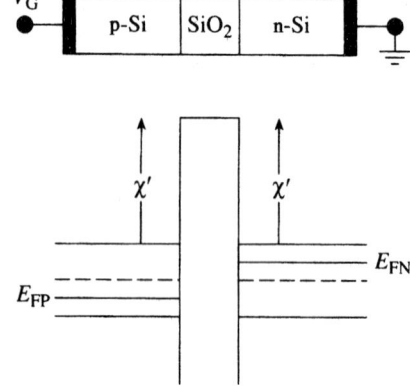

(a) 为了获得图示的平带状态,在 p-Si/SiO$_2$/n-Si(SOS)电容上应该加什么电压?给出电压 V_G 的大小和极性。

(b) 当很大的正栅电压(例如,$V_G > 5$ V)加到器件上时,画出电容中的能带图和相关的块电荷图。对画出的图给出适当的说明。

(c) 当很大的负栅电压加到器件上时,画出电容的能带图和相关的块电荷图。

(d) 画出该题中 SOS 电容的高频 C-V_G 特性，解释你是如何画出这个图的。
(e) 采用 δ 耗尽近似，确定该器件的最小电容值。同时给出符号推导和数值计算结果。

问题 A2

参考 17.2.4 节中的图 17.10，在本题中认为该图中给出的特性是测量 MOSFET 得到的实验特性。

(a) 完成下图，在偏置电压 $V_G = V_D = 5$ V 的情况下仔细画出 MOSFET 中的反型层和耗尽层，同时标出源/漏区的掺杂类型。

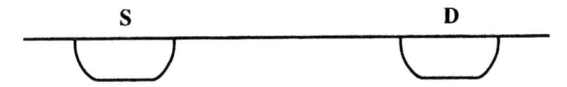

(b) 采用平方律关系，并利用该图中的特性曲线（忽略图题的内容），粗略地确定 MOSFET 的阈值电压（V_T），并解释你是如何得到答案的。

(c) 仅给出图题中的参数值（忽略图中的特性曲线本身），MOSFET 预期的阈值电压（V_T）是多少？

(d) 采用图中的特性曲线，如果 MOSFET 的静态工作点为 $V_G = 5$ V，$V_D = 0$，计算 g_d，并写出推导计算过程。

(e) 如果 MOSFET 的静态工作点为 $V_G = V_D = 5$ V，计算 g_m，并写出推导计算过程。

问题 A3

本题中的三个小题是类似的。假设一对 MOS 电容除一种物理参数不同外其余都相同。该物理参数的不同导致 C-V 特性曲线上电压的漂移，如下图所示。定义 $\delta V_G = V_{FB1} - V_{FB2}$，其中 V_{FB1}、V_{FB2} 分别是器件 1 和器件 2 的平带电压，在以下情况下确定 δV_G。

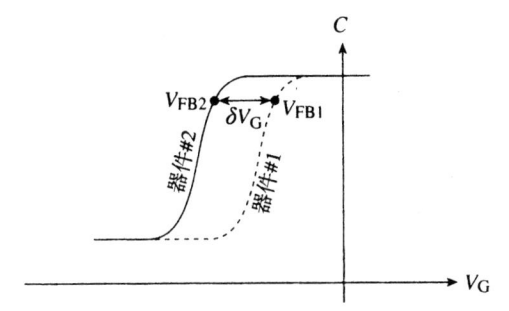

(a) 两个 MOS 电容除了器件 1 是铝栅，器件 2 是金栅，其他各参数都相同。确定 δV_G 值，并写出相应的计算过程。

(b) 两个 MOS 电容除了器件 1 制备在 (100) 晶向 Si 上，器件 2 制备在 (111) 晶向 Si 上，其他各参数都相同，两种器件中的界面陷阱电荷都可以忽略（$Q_{IT} = 0$），同时两种器件也都在干氧氧化后进行 N_2 退火，以降低固定电荷。假设 $C_o = 3 \times 10^{-8}$ F/cm^2，近似确定 δV_G 的值，并写出相应的计算过程。

(c) 两个 MOS 电容除了器件 1 中 Na$^+$ 离子堆积在金属-氧化层界面处，器件 2 中 Na$^+$ 离子堆积在氧化层-半导体界面处，其他各参数都相同。假设 $C_o = 3 \times 10^{-8}$ F/cm^2，$Q_M/q = 5 \times 10^{11}$/cm^2，确定 δV_G 值，并写出相应的计算过程。注意：在解这道题时假设离子分布呈 δ 函数形式。

试卷 B

1. MOS 基础知识

下图给出了一个在实验室中制备出的 M "O" S 电容的能带图，其中 "O" 实际上是 ZnSe，半导体是 GaAs，$T = 300$ K，$kT/q = 0.0259$ V，$n_i = 2.25 \times 10^6/\text{cm}^3$，$K_S = 12.85$，$K_O = 9.0$，$x_o = 0.1$ μm，已经确定 $Q_M = 0$，$Q_F = 0$，$Q_{IT} = 0$，采用给出的能带图和相关信息，回答问题 1～10。

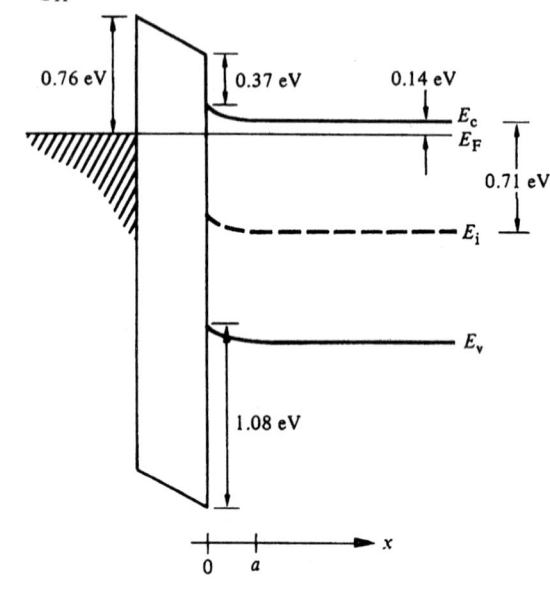

(1) 画出半导体中的静电势 ϕ 与位置的关系（半导体体内 $\phi = 0$）。

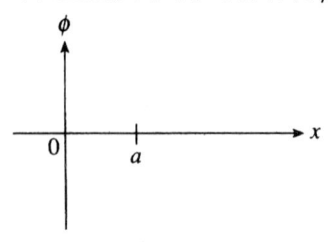

(2) 粗略地画出半导体中的电场 $\mathscr{E}$ 与位置的关系。

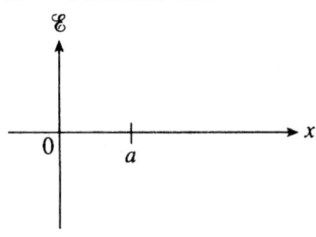

(3) 在半导体中达到平衡了吗？
   (a) 是
   (b) 不是
   (c) 无法确定

(4) $N_D = $?
   (a) $4.03 \times 10^{20}/\text{cm}^3$

(b) $8.13 \times 10^{15}/cm^3$
(c) $1.00 \times 10^{15}/cm^3$
(d) $5.01 \times 10^{8}/cm^3$

(5) $V_G = ?$
(a) -0.57 V
(b) -0.39 V
(c) 0 V
(d) 0.39 V
(e) 0.57 V

(6) 对于如图所示的条件，M"O"S 电容处于
(a) 积累状态
(b) 耗尽状态
(c) 反型状态
(d) 耗尽-反型转换点处

(7) 金属-半导体功函数差 ϕ_{MS} 是多少？
(a) -0.39 V
(b) -0.25 V
(c) 0 V
(d) 0.25 V
(e) 0.39 V

(8) 为了达到平带状态，栅上要加多大的电压？
(a) -0.39 V
(b) -0.25 V
(c) 0 V
(d) 0.25 V
(e) 0.39 V

(9) 采用 δ 耗尽近似，在如图所示的偏置点上确定归一化低频小信号电容 C/C_O。
(a) 0.25
(b) 0.41
(c) 0.56
(d) 0.83

(10) 如能带图所示，a 是从"氧化层"-半导体界面到准中性半导体体内的距离，在如图所示的偏置点下确定 a 的长度。
(a) 0.112 μm
(b) 0.205 μm
(c) 0.428 μm
(d) 0.813 μm

2. MOSFET

制备出一个标准 MOSFET，相关参数为 $\phi_{MS} = -0.89$ V，$Q_M = 0$，$Q_{IT} = 0$，$Q_F/q = 5 \times 10^{10}/cm^2$，

$x_o = 500$ Å,$A_G = 10^{-3}$ cm^2,$N_A = 10^{15}$/cm^3,假设 $T = 300$ K。

(11) 确定平带电压 V_{FB}。
  (a) -2.05 V
  (b) -1.01 V
  (c) -0.89 V
  (d) 0 V

(12) 确定反型开始对应的栅电压 V_T。
  (a) -1.01 V
  (b) -0.21 V
  (c) 0.80 V
  (d) 1.81 V

(13) 给定的 MOSFET 是
  (a) 增强型 MOSFET
  (b) 耗尽型 MOSFET
  (c) 内建沟道型 MOSFET

(14) 如果 MOSFET 中的内部状态如下左图所示,在右图所示的 I_D-V_D 特性曲线上确定相应的工作点。

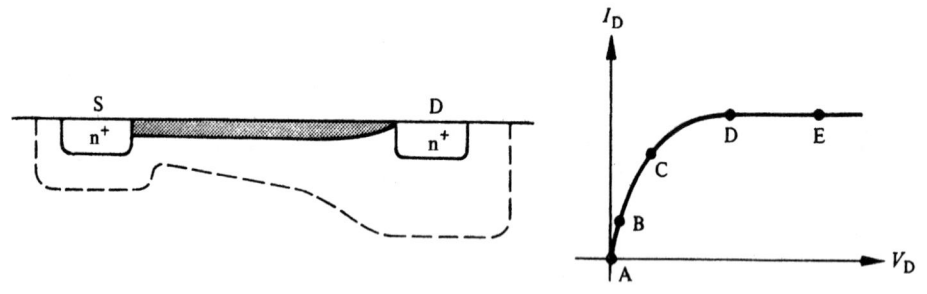

(15) 在 $V_G - V_T = 3$ V、$V_D = 1$ V 情况下,MOSFET 的漏电流 $I_D = 2.5 \times 10^{-4}$ A,采用平方律关系,在 $V_G - V_T = 3$ V、$V_D = 4$ V 的情况下的漏电流为
  (a) 3.5×10^{-4} A
  (b) 4.0×10^{-4} A
  (c) 4.5×10^{-4} A
  (d) 1.0×10^{-3} A

3. 对错题

(16) "场效应"是指载流子被平行于半导体表面的电场加速的现象。
  (a) 对
  (b) 错

(17) 半导体的电子亲和势 χ 是真空能级和半导体表面的 E_c 之差。
  (a) 对
  (b) 错

(18) 在测量 MOS 电容低频 C-V 特性时采用"准静态技术"。

(a) 对
(b) 错

(19) 当出现少数载流子缺乏、耗尽层宽度超过平衡值时的非平衡状态称为"深耗尽"。
(a) 对
(b) 错

(20) 由于氧化层中可动离子引起的电压漂移在离子处于栅和半导体之间距离的一半时最小。
(a) 对
(b) 错

(21) 界面陷阱电荷(Q_{IT})是施加栅电压的函数。
(a) 对
(b) 错

(22) 描述 MOSFET 的直流特性的"体电荷"理论的名称主要来源于这种理论合理地考虑了"体"的变化或 MOSFET 的沟道下方耗尽区电荷的变化。
(a) 对
(b) 错

(23) 令 g_d 为 MOSFET 的漏或沟道电导,其定义为低频下 $g_d = \partial I_D/\partial V_G|_{V_D=\text{constant}}$。
(a) 对
(b) 错

(24) 由于与耗尽区电荷相关的附加散射,表面反型层或沟道中载流子的迁移率比相同载流子的体迁移率小。
(a) 对
(b) 错

(25) 现代 MOS 器件中的 M 一般用重掺杂多晶硅。
(a) 对
(b) 错

答案——试卷 A

问题 A1

(a) $V_G = \dfrac{1}{q}(E_{FN} - E_{FP}) = \dfrac{1}{q}[(E_{FN} - E_i) + (E_i - E_{FP})] = \dfrac{kT}{q}[\ln(N_D/n_i) + \ln(N_A/n_i)]$

$= 2(0.0259)\ln(10^{15}/10^{10}) = \mathbf{0.596\ V}$

(b)

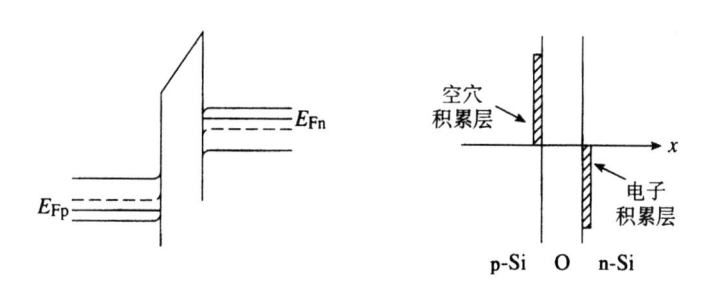

(c)

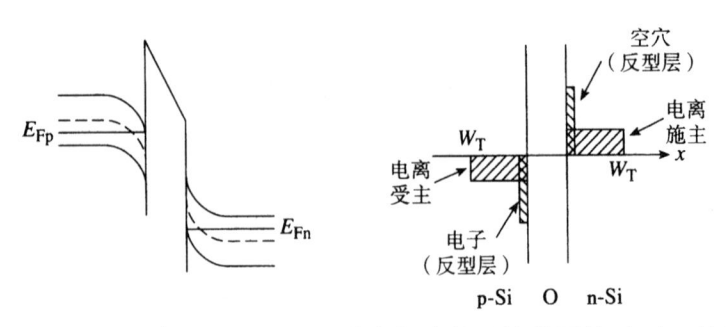

(d) 当 $V_G > 0$ 时，半导体中出现积累。因此在很大的正栅偏置情况下 C 接近 C_O；当 $V_G < 0$ 时，n 型硅和 p 型硅会出现耗尽，进而反型。由于 N_A(p 型一侧)= N_D(n 型一侧)，SOS 电容的两边加同样电压时出现反型，因此在很大的负偏置下高频电容减小到 C_{min}。如下图所示，推导出的特性应该看起来与标准 n 型衬底的高频 C-V 曲线很类似。

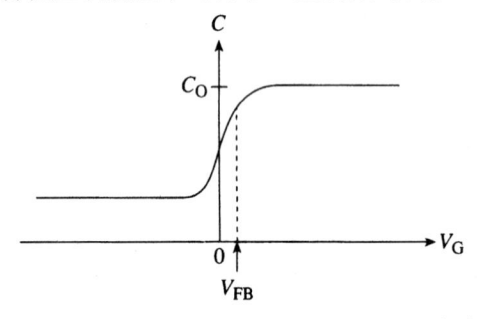

(e) 由以上的回答，尤其是(c)的回答，在建模时可以将 SOS 电容看成三个电容的串联。SOS 电容的等效电路如下图所示，C_{Sp} 和 C_{Sn} 分别为 p 型一侧和 n 型一侧的半导体电容。

由于 N_A(p 型一侧)= N_D(n 型一侧)，$C_{Sp} = C_{Sn} = C_S$，

$$\frac{1}{C} = \frac{1}{C_O} + \frac{1}{C_{Sp}} + \frac{1}{C_{Sn}} = \frac{1}{C_O} + \frac{2}{C_S}$$

或者

$$C = \frac{C_O C_S}{C_S + 2C_O} = \frac{C_O}{1 + \frac{2C_O}{C_S}} = \frac{C_O}{1 + \frac{2K_O W}{K_S x_o}}$$

最小电容出现在反型偏置和 $W = W_T$ 时。进行相应计算，得到

$$\phi_F = \frac{kT}{q} \ln(N_A/n_i) = (0.0259) \ln(10^{15}/10^{10}) = 0.298 \text{ V}$$

$$W_T = \left[\frac{2K_S \varepsilon_0}{qN_A}(2\phi_F)\right]^{1/2} = \left[\frac{2(11.8)(8.85 \times 10^{-14})(0.596)}{(1.6 \times 10^{-19})(10^{15})}\right]^{1/2} = 8.82 \times 10^{-5} \text{ cm}$$

$$C_O = \frac{K_O \varepsilon_0 A_G}{x_o} = \frac{(3.9)(8.85 \times 10^{-14})(10^{-3})}{(5 \times 10^{-6})} = 69.0 \text{ pF}$$

$$C_{\min} = \frac{C_O}{1 + \dfrac{2K_O W_T}{K_S x_o}} = \frac{69.0}{1 + \dfrac{2(3.9)(8.82 \times 10^{-5})}{(11.8)(5 \times 10^{-6})}} = \mathbf{5.45\ pF}$$

问题 A2

(a) 当 $V_G = V_D = 5\ \text{V}$ 时，MOSFET 处于夹断后工作区域。

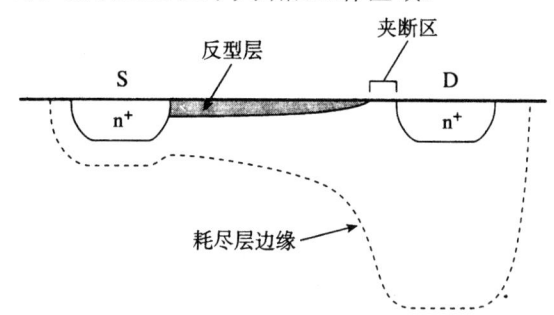

(b) 在平方律理论中，$V_{\text{Dsat}} = V_G - V_T$ 或者 $V_T = V_G - V_{\text{Dsat}}$。分析图 17.10 中给出的 $V_G = 5\ \text{V}$ 的特性，可以得到 $V_{\text{Dsat}} \cong 4\ \text{V}$，因此 $V_T = 5 - 4 \cong \mathbf{1\ V}$。

(c) 由于给出的器件的 $V_T = V_T'$（产生的特性是基于理想性假设），

$$\phi_F = \frac{kT}{q} \ln(N_A/n_i) = (0.0259) \ln(10^{15}/10^{10}) = 0.298\ \text{V}$$

$$V_T = 2\phi_F + \frac{K_S x_o}{K_O} \sqrt{\frac{4qN_A}{K_S \varepsilon_0} \phi_F}$$

$$= 2(0.298) + \frac{(11.8)(5 \times 10^{-6})}{(3.9)} \sqrt{\frac{(4)(1.6 \times 10^{-19})(10^{15})}{(11.8)(8.85 \times 10^{-14})} (0.298)} = \mathbf{0.80\ V}$$

(d) 由于 $g_d = \partial I_D / \partial V_G|_{V_G}$，可以通过 V_G 为常数对应的 I_D-V_D 曲线在 V_D 工作点的斜率推出 g_d。由图 17.10 给出的 $V_G = 5\ \text{V}$ 的特性，求其在 $V_D = 0$ 处的斜率，得到

$$g_d \cong (3.0 \times 10^{-3}\ \text{A})/(2.3\ \text{V}) = \mathbf{1.30 \times 10^{-3}\ S}$$

(e) 通过分析器件特性，发现当 $V_G = V_D = 5\ \text{V}$ 时，MOSFET 处于饱和偏置状态。当偏置在夹断以后，由表 17.1 中平方律理论或体电荷理论，有 $g_m = (Z \bar{\mu}_n C_o/L) V_{\text{Dsat}}$，如 (b) 中答案得到的 $V_G = 5\ \text{V}$ 时，$V_{\text{Dsat}} \cong 4\ \text{V}$，也有

$$C_o = \frac{K_O \varepsilon_0}{x_o} = \frac{(3.9)(8.85 \times 10^{-14})}{5 \times 10^{-6}} = 6.90 \times 10^{-8}\ \text{F/cm}^2$$

因此有

$$g_m = \frac{Z \bar{\mu}_n C_o}{L} V_{\text{Dsat}} \cong \frac{(70)(550)(6.9 \times 10^{-8})(4)}{7} = \mathbf{1.52 \times 10^{-3}\ S}$$

问题 A3

从式 (18.17) 可以推出，或者式 (18.20) 清楚表明：

$$V_{FB} = \phi_{MS} - \frac{Q_F}{C_o} - \frac{Q_M \gamma_M}{C_o} - \frac{Q_{IT}(0)}{C_o}$$

这一基本的关系式在本题的三小题中都要用到。

(a) 形成栅的材料仅影响 ϕ_{MS}，因此

$$\delta V_G = V_{FB1} - V_{FB2} = \phi_{MS}|_{Al} - \phi_{MS}|_{Au}$$

或者，由于 $(E_c - E_F)_{FB}$ 对于两个器件是相同的，有

$$\delta V_G = \frac{1}{q}[(\Phi'_M - \chi')_{Al} - (\Phi'_M - \chi')_{Au}]$$
$$= -0.03 \text{ V} - 0.82 \text{ V} = -\mathbf{0.85 \text{ V}}$$

铝的 $\Phi'_M - \chi'$ 可以在图18.3的图题中找到，而金的 $\Phi'_M - \chi'$ 列在表18.1中。

(b) 一般硅表面取向会影响 Q_F 和 Q_{IT}，但是本题中 $Q_{IT} = 0$，因此这里有

$$\delta V_G = V_{FB1} - V_{FB2} = -\frac{Q_F}{C_o}\bigg|_{(100)} + \frac{Q_F}{C_o}\bigg|_{(111)}$$

由图18.9(b)中可见，制备在(111)Si表面的MOS电容中剩余的 $Q_F/q = 2\times 10^{11}/\text{cm}^2$，而且在教材中的讨论指出(111)Si 的 Q_F 大约为(100)的三分之一(练习18.5中也得到了类似结果)，因此可以有

$$\delta V_G \cong \frac{2}{3}\frac{Q_F}{C_o}\bigg|_{(111)} = \frac{(2)(1.6 \times 10^{-19})(2 \times 10^{11})}{(3)(3 \times 10^{-8})} = \mathbf{0.71 \text{ V}}$$

(c) 除了钠离子分布，两个MOS电容的其余参数都是一致的，两个电容的平带电压漂移为

$$\delta V_G = V_{FB1} - V_{FB2} = -\frac{Q_M \gamma_M}{C_o}\bigg|_{\#1} + \frac{Q_M \gamma_M}{C_o}\bigg|_{\#2}$$

如18.2.6节讨论中指出的那样，如果离子堆积在金属-氧化层界面附近，则 $\gamma_M = 0$；如果离子堆积在氧化层-硅界面附近，则 $\gamma_M = 1$。由于 $\gamma_{M1} = 0$，$\gamma_{M2} = 1$，有

$$\delta V_G = \frac{Q_M}{C_o} = \frac{(1.6 \times 10^{-19})(5 \times 10^{11})}{(3 \times 10^{-8})} = \mathbf{2.67 \text{ V}}$$

答案——试卷B

(1) ϕ 的分布形状与能带的"边缘下降"形状一致。

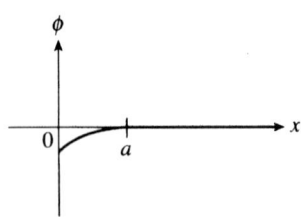

(2) $\mathscr{E}$ 与能带的斜率成正比。

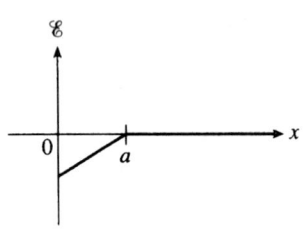

(3) a 器件是零偏置，因此硅衬底必须处于平衡状态，在硅衬底中 E_F 各处一致。

(4) b $N_D = n_i e^{(E_F - E_i)/kT} = (2.25 \times 10^6)e^{0.57/0.0259} = 8.13 \times 10^{15}/\text{cm}^3$。

第三部分补充读物和复习　　493

(5) c　由式(16.1)，$V_G = -(1/q)[E_F(金属) - E_F(半导体)] = 0$。

(6) b

(7) d　$\phi_{MS} = (1/q)[\Phi'_M - \chi' - (E_c - E_F)_{FB}] = 0.76 - 0.37 - 0.14 = 0.25$ V。

(8) d　由于 $Q_M = Q_F = Q_{IT} = 0$，$\Delta V_G = (V_G - V'_G)|_{same\ \phi_s} = \phi_{MS}$，在平带条件下，$V'_G = 0$，$V_G = V_{FB} = \phi_{MS} = 0.25$ V。

(9) c　式(16.37)由 δ 耗尽近似，可得

$$\frac{C}{C_O} = \frac{1}{\sqrt{1 + V'_G/V_\delta}}$$

值得指出的是，在文中式(16.37)一般用的是 V_G，不是 V'_G，但是第16章主要针对理想器件进行讨论（第16章中所有的 V_G 其实是 V'_G）。由问题 8 得到的答案，有 $\Delta V_G = (V_G - V'_G)|_{same\ \phi_s} = \phi_{MS}$。对于图示的偏置点，$V_G = 0$，相应的 $V'_G = -\phi_{MS}$。

$$V_\delta = -\frac{q}{2}\frac{K_S x_0^2}{K_O^2 \varepsilon_0} N_D = -\frac{(1.6 \times 10^{-19})(12.85)(10^{-5})^2(8.13 \times 10^{15})}{(2)(9)^2(8.85 \times 10^{-14})} = -0.117 \text{ V}$$

$$\frac{C}{C_O} = \frac{1}{\sqrt{1 + \frac{0.25}{0.117}}} = 0.56$$

(10) a　a 的量就是耗尽区宽度 W。C/C_O 由问题 9 确定，W 可以采用式(16.34b)计算。

$$\frac{C}{C_O} = \frac{1}{1 + \left(\frac{K_O W}{K_S x_o}\right)}$$

$$W = \frac{K_S}{K_O} x_o \left(\frac{C_O}{C} - 1\right) = \frac{(12.85)(10^{-5})}{(9)}\left(\frac{1}{0.56} - 1\right) = 0.112 \text{ μm}$$

(11)　b　$V_{FB} = \phi_{MS} - \frac{Q_F}{C_O} = \phi_{MS} - q\frac{x_o}{K_O \varepsilon_0}\frac{Q_F}{q}$

$$= -0.89 - \frac{(1.6 \times 10^{-19})(5 \times 10^{-6})(5 \times 10^{10})}{(3.9)(8.85 \times 10^{-14})}$$

$$= -1.01 \text{ V}$$

(12)　b　$V_T = V'_T + V_{FB}$

$$V'_T = 2\phi_F + \frac{K_S}{K_O} x_o \sqrt{\frac{4qN_A}{K_S \varepsilon_0}\phi_F}$$

$$\phi_F = \frac{kT}{q} \ln\left(\frac{N_A}{n_i}\right) = 0.0259 \ln\left(\frac{10^{15}}{10^{10}}\right) = 0.298 \text{ V}$$

$$V'_T = 2(0.298) + \frac{(11.8)(5 \times 10^{-6})}{(3.9)}\left[\frac{(4)(1.6 \times 10^{-19})(10^{15})(0.298)}{(11.8)(8.85 \times 10^{-14})}\right]^{1/2}$$

$$= 0.80 \text{ V}$$

$$V_T = 0.80 - 1.01 = -0.21 \text{ V}$$

(13) b　由于 $V_G > V_T$，MOSFET 开始导电，在 $V_G = 0$ 时器件导通，因此是耗尽型 MOSFET。

(14) D　可见 MOSFET 沟道被夹断，对应于饱和开始的点为点 D。

(15) c　如果 $V_G - V_T = 3\text{ V}$，$V_D = 1\text{ V}$，MOSFET 工作在夹断前的情况，由平方律公式，有

$$I_D = \frac{Z\bar{\mu}_n C_o}{L}\left[(V_G - V_T)V_D - \frac{V_D^2}{2}\right]$$

或

$$\frac{Z\bar{\mu}_n C_o}{L} = \frac{I_D}{(V_G - V_T)V_D - V_D^2/2} = \frac{2.5 \times 10^{-4}}{3 - 0.5} = 10^{-4}\text{ A/V}^2$$

当 $V_G - V_T = 3\text{ V}$、$V_D = 4\text{ V}$ 时，器件进入饱和状态，有

$$I_D = I_{Dsat} = \frac{Z\bar{\mu}_n C_o}{2L}(V_G - V_T)^2 = \frac{(10^{-4})(3)^2}{2}$$

$$= 4.5 \times 10^{-4}\text{ A}$$

(16) b　(17) a　(18) a　(19) b　(20) b

(21) a　(22) a　(23) b　(24) b　(25) a

附 录

附录 A　量子力学基础

附录 B　MOS 半导体静电特性——精确解

附录 C　MOS C-V 补充

附录 D　MOS I-V 补充

附录 E　符号表

附录 F　MATLAB 程序源代码

附录 A　量子力学基础

在对晶体内的载流子建模之前，必须描述孤立半导体原子内电子的状态。但遗憾的是，用著名的经典力学(牛顿力学)理论去描述半导体原子内的电子或更为普遍的任何原子尺度的系统时，会产生错误的结果。因而处理原子尺度的系统必须使用量子力学。在经典力学极限情况下，量子力学能够对大量粒子质量和能量本质加以精确的描述。

本附录的 A.1 主要分析和讨论了一些重要现象，以及这些现象对量子力学发展所起的作用；并对量子力学的基本形式进行了介绍。最后，对晶体中载流子模型原子内部电子状态的量子力学解进行了总结。

A.1　量子化的概念

A.1.1　黑体辐射

当物体受热温度达到很高时，物体会发光。事实上，物体总是通过辐射光(热)与其周围的物体保持平衡。当物体的温度小于或等于室温时，因为观察不到红外光线的存在，所以红外光线的辐射是可以忽略不计的。理想的辐射体被称为黑体，热辐射与光谱或波长的关系如图 A.1 所示。

19 世纪中后期，物理学家通过各种努力来解释所观测到的黑体辐射光谱。在所有这些基于经典力学的解释里，最为成功的是瑞利(J. W. Rayleigh)和金斯(J. H. Jeans)提出的论点。即物体吸收热量是由于固体内部原子的振动所引起的。振动原子的模型是以相同频率模式振动的谐振子，频率为 $v = \omega/2\pi$，统计物理学的观点认为，此时的能量是连续分布的。发射辐射在本质上与固体内部能量分布的形式是相同的。在图 A.1 中虚线所示为瑞利-金斯定律的结果。图 A.1 中可明显地看出经典理论在长波波长段与实验观察的结果相吻合。但在超短波波长段，实验和理论却总是不一致的。对整个波长进行求和在理论上预言了辐射能量是无限大的量，这一结果就是所谓的"紫外区灾难"。

在 1901 年，普朗克(M. Planck)提供了一个详细的且理论上与所观察到的黑体辐射光谱相符合的经验公式。普朗克提出了一个令人吃惊的假设：材料中振动原子只能以不连续的单元辐射或吸收能量。对于给定振动频率为 v 的原子振子，普朗克假定振子的能量仅限于量子化的数值，即

$$E_n = nh\nu = n\hbar\omega \qquad n = 0, 1, 2, \cdots \tag{A.1}$$

h 的值为 6.63×10^{-34} J·s($\hbar = h/2\pi$)，是通过实验与理论比较计算得出的，这就是后来著名的普朗克常数。

对于原子尺度的系统，经典理论认为能量总是连续的，但从黑体辐射的讨论所表明的观点来看，这显然是不正确的，量子力学的显著特征是能量以很小间隔分立或能量量子化。

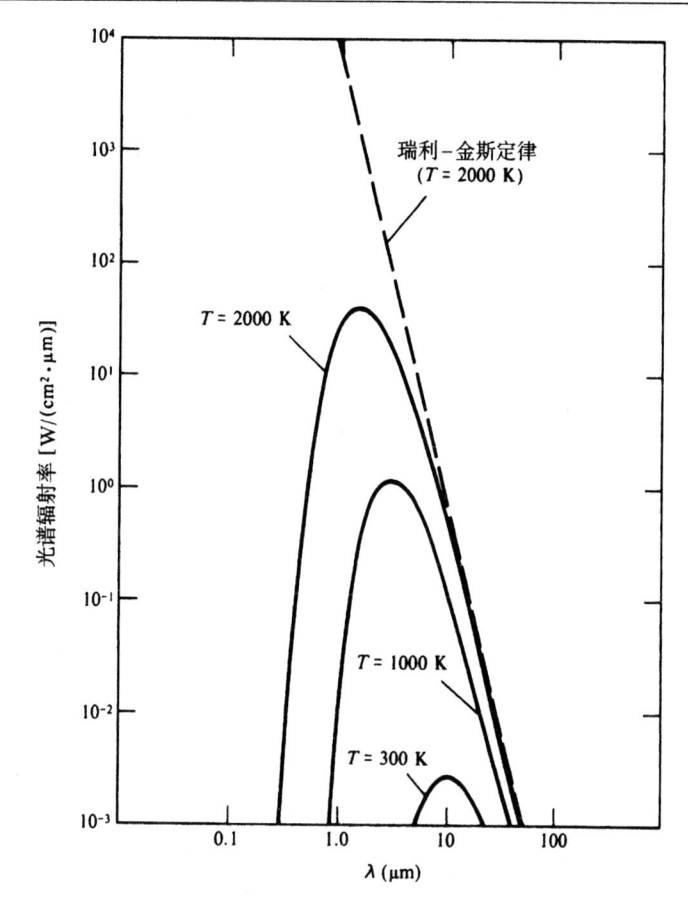

图 A.1 黑体温度分别为 300 K、1000 K 和 2000 K 时，波长与辐射率的关系。注意可见光的波长范围为 0.4 μm≤λ≤0.7 μm。虚线是温度为 2000 K 时，由经典理论所预言的波长与辐射率的结果

A.1.2 玻尔原子

受热的气体所发出的谱线是不连续的，这一实验的观测结果给19世纪的科学家提出了一个非常大的难题。1910年卢瑟福(E. Rutherford)提出了新的原子核模型，这对于解决谱线不连续的难题迈出了成功的一步。原子由质量很大且带有$+Zq$正电的原子核和围绕它旋转的、质量m_0很小且带有负电$-q$的电子组成，Z为围绕原子核旋转的电子数的总和。当电子从较高能量的轨道跃迁到较低能量的轨道时，电子能量的损失使得热电子发生光辐射。但经典理论却假定电子的能量是连续的，而且输出光谱应该同样是连续的，并不是明显的不连续谱线。原子核模型本身也产生了某些问题，如依照经典理论，当一个带电粒子被加速时，粒子将会辐射出能量。基于这一观点，原子中带有倾角的加速电子，应该在相对短的周期内连续地失去能量，并且呈螺旋状地进入原子核。

1913年，玻尔(N. Bohr)提出了一个模型，这既解决了卢瑟福原子模型存在的问题，又解释了受热气体所发出光谱不连续的特征。根据普朗克的假设，玻尔提出原子中的电子被约束在某一明确的轨道上或与之等效的轨道上，并且假定绕轨道运动的电子具有唯一确定的量子化角动量(L)的数值。

对于简单的氢原子 $Z=1$，并且电子的运动轨道为圆，玻尔假设的数学表达式如下：

$$L_n = m_0 v r_n = n\hbar \qquad n = 1, 2, 3, \cdots \tag{A.2}$$

式中 m_0 是电子的静止质量，v 是电子的线速度，r_n 是第 n 个能级圆轨道的半径。因为假设电子轨道是稳定的，所以电子所受的向心力 ($m_0 v^2/r_n$) 一定等于原子核与电子之间的库仑引力 ($q^2/4\pi\varepsilon_0 r_n^2$)，使用国际单位制可表示为

$$\frac{m_0 v^2}{r_n} = \frac{q^2}{4\pi\varepsilon_0 r_n^2} \tag{A.3}$$

式中 ε_0 是真空介电常数。由式(A.2)和式(A.3)可求得

$$r_n = \frac{4\pi\varepsilon_0 (n\hbar)^2}{m_0 q^2} \tag{A.4}$$

另一方面，在不同轨道中总的电子能量(E_n)是由动能(K.E.)和势能(P.E.)组成，因此有

$$\text{K.E.} = \frac{1}{2} m_0 v^2 = \frac{1}{2}(q^2/4\pi\varepsilon_0 r_n) \tag{A.5a}$$

和

$$\text{P.E.} = -q^2/4\pi\varepsilon_0 r_n \quad \text{（势能零点在无限远处）} \tag{A.5b}$$

由此可得

$$E_n = \text{K.E.} + \text{P.E.} = -\frac{1}{2}(q^2/4\pi\varepsilon_0 r_n) \tag{A.6}$$

将式(A.4)代入得

$$\boxed{E_n = -\frac{m_0 q^4}{2(4\pi\varepsilon_0 n\hbar)^2} = -\frac{13.6}{n^2}\,\text{eV}} \tag{A.7}$$

式(A.7)中使用的单位电子伏(eV)不是国际单位(MKS)。在 MKS 制中一个电子伏等于 1.6×10^{-19} J。

式(A.7)表明氢原子中电子的能量为有限的值，受热原子所产生的光能量的不连续性等于 $E_{n'} - E_n$，$n' > n$。如图 A.2 所示，式(A.7)所允许的能量间跃迁与观察到的光子能量完全吻合。

虽然玻尔模型非常成功地解释了氢原子光谱，但当玻尔对更为复杂的原子如氦进行分析时，发现试图将这种"半经典"理论推广到复杂原子的努力是徒劳的。但玻尔的假设促进了量子力学体系的成功发展。其研究强调了能量量子化的概念，并对原子尺度上经典力学理论失败的原因进行了研究。玻尔模型中的角动量量子化清楚地阐明了量子化的概念，并建议在原子尺度范围内通常应使用量子化概念。

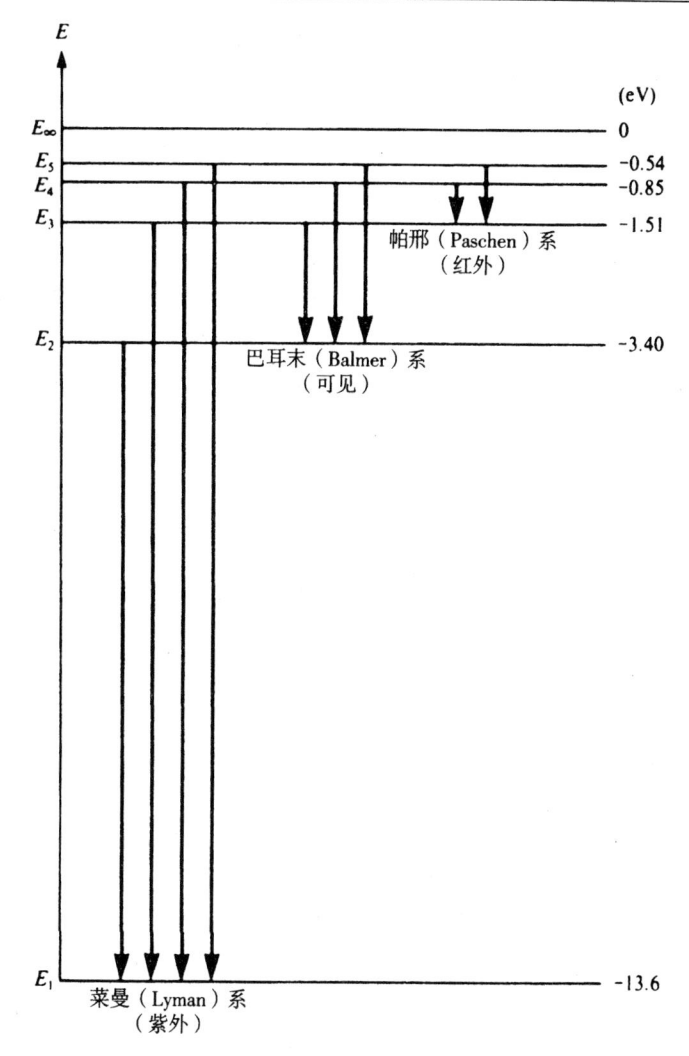

图 A.2 由玻尔理论推算出的氢原子能级及所对应跃迁能级和实验所观测到的光谱线

A.1.3 波粒二象性

关于光与物质的相互作用，在讨论黑体辐射和玻尔原子时已经很清楚了。但这并不妨碍用经典理论来论述电磁辐射(光、X 射线等)的波动性质和物质(原子、电子)的粒子性质。在光电效应的研究中出现了不同的情形，光电效应是当材料的表面被光照射时会发射电子。如何解释光电效应，爱因斯坦(A. Einstein)在 1905 年认为碰撞的光必须是由能量为 $E = h\nu$ 的像粒子的量子(光子)组成的。电磁辐射的类粒子性质被后来的康普顿(Compton)效应得到证实。X 射线的部分光束因受到固体中电子散射而产生了频率变化。所观测到的频率变化正好可以使用"碰撞球"的撞击模型来说明，在固体中 X 射线光量子球与电子之间的碰撞，其能量和动量是守恒的。能量 $E = h\nu = mc^2$，式中 m 是光子的质量，c 是光速，光子的动量为 $p = mc = h\nu/c = h/\lambda$，$\lambda$ 为电磁辐射的波长。

在 20 世纪 20 年代中期，电磁辐射的波粒二象性已是确定的事实。1925 年，德布罗意(L. de Broglie)注意到这一事实，注意到它与普通物理定律的可逆性，并提出了颇有价值的猜想。他提议电磁辐射具有粒子的特性，而粒子应该具有波动的特性。德布罗意还进一步假设光量子动量的计算公式，若已知粒子的动量为 p，它与波长的特性关系式可由下式计算[①]：

$$\boxed{p = h/\lambda} \quad \cdots \text{德布罗意假设} \tag{A.8}$$

虽然这在当时纯粹是猜想，但德布罗意的假设很快被实验所证实。1927 年，戴维孙(C. J. Davisson)和革末(L. H. Germer)通过实验首先获得了物质波动性的证据。在他们的实验中，低能电子束垂直地对准镍晶体的表面，选择电子能量大小时，考虑由德布罗意关系式算出的电子波长可与镍原子之间的最近邻原子间距相比拟。如果电子的行为表现如单粒子，那么电子将会从镍晶体的表面随机地向各个方向散射(粗略地假定在原子尺度上)。实际观察到的角分布与由光线通过光栅衍射产生的衍射图样非常相似。事实上，电子强度最大值和最小值的角坐标可以由德布罗意波长和假设由镍晶体内原子表面产生的波反射精确地推算出来。其后，另外一些研究人员同样用实验确认了重粒子(如质子和中子)所固有的波动性。

实验证明，前面所讨论的黑体辐射、玻尔原子和波粒二象性，在原子尺度的范围内粒子间的相互作用是不能用经典力学来描述的。实验还表明量子化的量(能量、角动量等)是可观测的，并且所有的物质都具有波动性。

A.2 基本形式

20 世纪早期的经典物理定律强调需要使用力学公式进行验证，但有些实验数据的收集与物理上的解释存在着矛盾。在 1926 年，薛定谔(E. Schrödinger)不仅提供了所需的实验验证，而且建立了描述微观和宏观体系的有效统一方法。这种形式称为波动力学，波动力学吸收并发展了普朗克的量子化概念和德布罗意的物质波动性假设。有必要提及的是，几乎与薛定谔建立波动力学的同时，海森堡(Heisenberg)提出了另一种可供选择的矩阵力学形式。虽然它们的数学出发点存在着很大的差异，但最后可以看到这两种形式正好相等，并可归结到量子力学的一般形式之下。在此，我们只介绍薛定谔的波动力学，其中包括一些简单的计算和与之相关的特殊物理问题。下面将概要地介绍波动力学的五个基本假设，随后讨论这些基本原理并给出相应的公式。

对于一个单粒子系统，波动力学的五个基本假设如下：

(1) 系统的动力学特征和所有需求的系统变量都可以通过波函数 $\Psi = \Psi(x, y, z, t)$ 来确定。对于系统来说，Ψ 被称为"描述函数"。在数学上，Ψ 是复数(有实部和虚部)，在一般情况下它是空间坐标 (x, y, z) 和时间 t 的函数。

(2) 对于已知系统和系统的约束条件，波函数 Ψ 由下列方程的解来确定，

$$-\frac{\hbar^2}{2m}\nabla^2\Psi + U(x, y, z)\Psi = -\frac{\hbar}{\mathrm{i}}\frac{\partial\Psi}{\partial t} \tag{A.9}$$

式中 m 为粒子的质量，U 为系统的势能，$\mathrm{i} = \sqrt{-1}$。式(A.9)称为含时薛定谔方程，或简称波动方程。

(3) 对于所有的 x、y、z 和 t 的值，Ψ 和 $\nabla\Psi$ 必须是有限、连续和单值的。

[①] 仅在附录中使用符号 p 表示粒子的动量，从本书的 2.3.3 节开始将符号 p 定义为空穴浓度。

(4) 若Ψ*是Ψ的共轭复数，Ψ*ΨdV=|Ψ|² dV 定义为在dV体积元空间出现粒子的概率。因此有以下结果：

$$\int_V \Psi^* \Psi d\mathcal{V} = 1 \tag{A.10}$$

式中 $\int_V$ 表示整个空间的积分。

(5) 动力学系统中的每个变量如位置或动量之间的联系能够通过特殊的数学算符来计算。对于已知系统变量的值，更确切地说为期望值，可以通过对波函数的"变换"来获得。例如，α_{op} 是某系统的变量，与之相关的数学算符为 $\langle \alpha \rangle$，所要求得的期望值可由下式计算：

$$\langle \alpha \rangle = \int_V \Psi^* \alpha_{op} \Psi d\mathcal{V} \tag{A.11}$$

在此已经建立了已知系统变量与特殊数学算符的关系。在质量大／能量高的极限上，波动力学的期待值与经典力学得出的数值相对应。动力学变量与相关算符的关系简略地归纳于表 A.1 中。

表 A.1　动力学变量与数学算符的关系

动力学变量(α)	数学算符(α_{op})	期望值$\langle \alpha \rangle$
x, y, z ↔	x, y, z	$\cdots$　$\langle x \rangle = \int_V \Psi^* x \Psi d\mathcal{V}$
$f(x, y, z)$ ↔	$f(x, y, z)$	
p_x, p_y, p_z ↔	$\dfrac{\hbar}{i}\dfrac{\partial}{\partial x}, \dfrac{\hbar}{i}\dfrac{\partial}{\partial y}, \dfrac{\hbar}{i}\dfrac{\partial}{\partial z}$	$\cdots$　$\langle p_x \rangle = \int_V \Psi^* \dfrac{\hbar}{i} \dfrac{\partial \Psi}{\partial x} d\mathcal{V}$
E ↔	$-\dfrac{\hbar}{i}\dfrac{\partial}{\partial t}$	

原则上使用波动力学的方法解决问题是非常简单的。这种方法包括了利用基本假设(3)和(4)及问题本身的约束(边界条件)，对系统波函数Ψ求解薛定谔方程。一旦Ψ已知，感兴趣的系统变量可以从式(A.11)和基本假设(5)推导出来。对于简单的问题，可以使用不同的近似方法。除了一些理想状态的简单问题和很少的经过挑选的具体问题，通常不可能获得薛定谔方程的精确解。但可以利用约束条件来推导系统变量，特别是系统能量的一些信息，而不必实际地去解系统的波函数。另外，通常的近似方法是利用波函数的展开、近似解或解的极限情况推导一些所需的信息。

最后，说明一下有关薛定谔方程的"导出过程"和其他基本假设的由来。虽然优秀的理论可以由方程的形式导出，但是薛定谔方程却是以实验为基础的。如同牛顿定律，薛定谔方程和量子力学的其他基本假设是建立在来自特定实验观测数据的推论和物理界普遍使用的数学描述法上。只有在问题被实验验证时，公式才是正确的，即由量子力学公式所预测的情况与在实验测不准的极限范围之内所发现的观测值是一致的。只不过在许多情况下观测值是非常小的。

A.3　原子中的电子状态

这里应用量子力学公式，简要地介绍一下氢原子及其他多电子原子解的结果。附录中给出的孤立半导体原子内电子状态的有关信息，与书中前面部分介绍的半导体晶体中载流子的最后建模是相同的。因为氢原子的电子只有一个是最简单的模型，其结果能够与半经典的玻尔模型的解进行比较，所以氢原子在逻辑上可以用量子力学进行分析。虽然通过对氢原子的分析可以得到完全精确的解，但其处理和求解过程却很烦琐。所以我们只简要地说明求解过程和一些重要的结果。对于多电子原子中电子状态的相关信息，可由氢原子的结果推出。

A.3.1 氢原子

氢原子由带有正电荷+q 的相当巨大的原子核及围绕它运动、带有负电荷-q 的电子组成。可以近似地认为，原子核在空间中是固定不动的，对于单粒子系统（电子）的问题，可简化为系统总能量 E 是固定的。换句话说，氢原子在空间中是孤立的体系，在系统受到微扰时，系统的总能量保持不变。

对于有固定总能量 E 的任意单粒子系统，位置和时间坐标的关系可由下式一般解分离变量得到：

$$\Psi(x, y, z, t) = \psi(x, y, z)e^{-iEt/\hbar} \tag{A.12}$$

直接将式(A.12)代入式(A.9)并简化，对结果加以整理可得

$$\nabla^2\psi + \frac{2m}{\hbar^2}[E - U(x, y, z)]\psi = 0 \tag{A.13}$$

解式(A.13)能够得到$\psi(x, y, z)$，这是著名的不含时薛定谔方程，又称定态薛定谔方程。

在氢原子中，$m = m_0$，电量为-q 的电子受到带正电荷+q 的原子核的吸引，坐标原点在原子核之处。与玻尔的分析相同，静电吸引的相互作用势能为

$$U = -\frac{q^2}{4\pi\varepsilon_0 r} \tag{A.14}$$

式中 $r = \sqrt{x^2 + y^2 + z^2}$ 是距原子核的距离。将式(A.14)代入式(A.13)可得方程的特殊形式：

$$\nabla^2\psi + \frac{2m_0}{\hbar^2}\left(E + \frac{q^2}{4\pi\varepsilon_0 r}\right)\psi = 0 \tag{A.15}$$

原则上使用笛卡儿(x, y, z)坐标可以找出式(A.15)的解。然而，势能的性质是球对称的，所以使用球坐标(r, θ, ϕ)是非常方便的。在球坐标中，所求波函数变为$\psi(r, \theta, \phi)$并可得到下式：

$$\nabla^2\psi = \frac{1}{r^2}\frac{\partial}{\partial r}\left(r^2\frac{\partial\psi}{\partial r}\right) + \frac{1}{r^2\sin\theta}\frac{\partial}{\partial\theta}\left(\sin\theta\frac{\partial\psi}{\partial\theta}\right) + \frac{1}{r^2\sin^2\theta}\frac{\partial^2\psi}{\partial\phi^2} \tag{A.16}$$

若波函数可以写成(r, θ, ϕ)三个独立的分离函数，则式(A.15)可以使用分离变量的方法来求解。在一组有序的束缚状态下($E < 0$)可以得到波函数的解。与每个解相关的分离常数产生了独特的三组量子数。表示的标准符号、允许数值和参数的名称如下：

n = 1, 2, 3 ⋯	⋯ 主量子数
l = 0, 1, 2, ⋯ **n** − 1	⋯ 角量子数
m = −l ⋯ l	⋯ 磁量子数

对应 **n** = 1 和 **n** = 2 解的波函数 $\psi_{n,l,m}(r, \theta, \phi)$ 在表 A.2 中列出，供读者参考。解中的 a_0 是玻尔半径，其数值等于基态的玻尔轨道，即由式(A.4)可得 $a_0 = 4\pi\varepsilon_0\hbar^2/m_0 q^2$。

下面对结果进行验证和说明。首先假设波函数的解为 $\psi_{1,0,0}$ 并代入式(A.15)，可解得能量 E 的表达式为

$$E_{1,0,0} = -\frac{\hbar^2}{2m_0}\frac{1}{a_0^2} = -\frac{m_0 q^4}{2(4\pi\varepsilon_0\hbar)^2} \tag{A.17}$$

注意 $E_{1,0,0}$ 与玻尔分析的 E_1 是相同的。同理，如果将表 A.2 中 **n** = 2 的波函数代入式(A.15)，可以得到能量 E 的表达式：

$$E_{2,0,0} = E_{2,1,-1} = E_{2,1,0} = E_{2,1,1} = -\frac{1}{4}\left[\frac{m_0 q^4}{2(4\pi\varepsilon_0\hbar)^2}\right] \tag{A.18}$$

表 A.2 **n** = 1 和 **n** = 2 所对应的氢原子波函数 $\psi_{n,l,m}$ 的解。$a_0 = 4\pi\varepsilon_0\hbar^2/m_0 q^2 =$ 玻尔半径(J. L. Powell and B. Crasemann, *Quantum Mechanics*, Addison-Wesley Publishing Co., Reading, MA, ©1961)

$$\psi_{1,0,0} = \frac{1}{\sqrt{\pi}\,a_0^{3/2}}\,e^{-r/a_0}$$

$$\psi_{2,0,0} = \frac{1 - r/2a_0}{2\sqrt{2\pi}\,a_0^{3/2}}\,e^{-r/2a_0}$$

$$\psi_{2,1,-1} = \frac{r/2a_0}{4\sqrt{\pi}\,a_0^{3/2}}\,e^{-r/2a_0}\,e^{-i\phi}\sin\theta$$

$$\psi_{2,1,0} = \frac{r/2a_0}{2\sqrt{2\pi}\,a_0^{3/2}}\,e^{-r/2a_0}\cos\theta$$

$$\psi_{2,1,1} = -\frac{r/2a_0}{4\sqrt{\pi}\,a_0^{3/2}}\,e^{-r/2a_0}\,e^{i\phi}\sin\theta$$

对于 **n** = 2 的各种状态，能量是相等的，这个能量和玻尔理论的能量 E_2 相同。一般量子力学的分析与玻尔理论是一致的。它们都认为对应于相同的 **n**，具有一个相同的能级。而且，主量子数 **n** 完整地描述了在特殊状态中电子的总能量。很明显，$\psi_{1,0,0}$ 对应于基态，而较大的 **n** 值对应于激发态的波函数。

一个能量对应于一个以上的多个允许态时，这种状态称为简并。如果氢原子受到磁场的微扰作用，那么简并状态的 *l* 和 *m* 开始起作用。由于波函数在空间分布的不同与磁场的相互作用会产生能级的分裂且不再处于简并状态。

应该指出的是，在讨论简并状态问题时，第四量子数完全可以描述这种量子状态。更进一步的分析发现，电子和其他亚原子粒子可显示出称为自旋的性质，自旋在粒子与粒子之间的相互作用变得很重要。设想当电子围绕一中心轴沿顺时针或逆时针方向旋转时，有两种自旋的状态，即自旋向上和向下。相关的量子数为 **s**，它的值可表示为 **s** = +1/2 和 **s** = -1/2。自旋会引起二重简并，其相关的状态在表 A.3 中列出。

有关允许态的空间分布，应注意本节的基本公式，$\Psi^*\Psi d\mathcal{V}$ 表示粒子在空间体积元 $d\mathcal{V}$ 上出现的概率。电子的基态是一个很好的例子，从原子核出发在 r 和 $r + dr$ 之间电子出现的概率等于 $4\pi r^2|\psi_{1,0,0}|^2 dr$。$4\pi r^2|\psi_{1,0,0}|^2$ 与 r/a_0 的关系曲线如图 A.3(a)所示。不过，基态电子出现的概率在玻尔半径处增加到最大值，在以原子核为原点的范围内可以找到电子的有效概率，概率的峰值随 **n** 的增大逐渐向 r 增大的方向移动。从整体的比较来看，在玻尔模型中，假设电子围绕原子核以半径为 r (r 等于常数)的轨道运动。事实上，电子有时被认为是电子云分布与电子在空间的出现概率$|\psi|^2 d\mathcal{V}$成比例，如图 A.3(b)所示。波函数 $\psi_{1,0,0}$ 使用图 A.3(b)表示时是球对称的。在 $l \neq 0$ 时，波函数所表示的电子云是角度的函数。

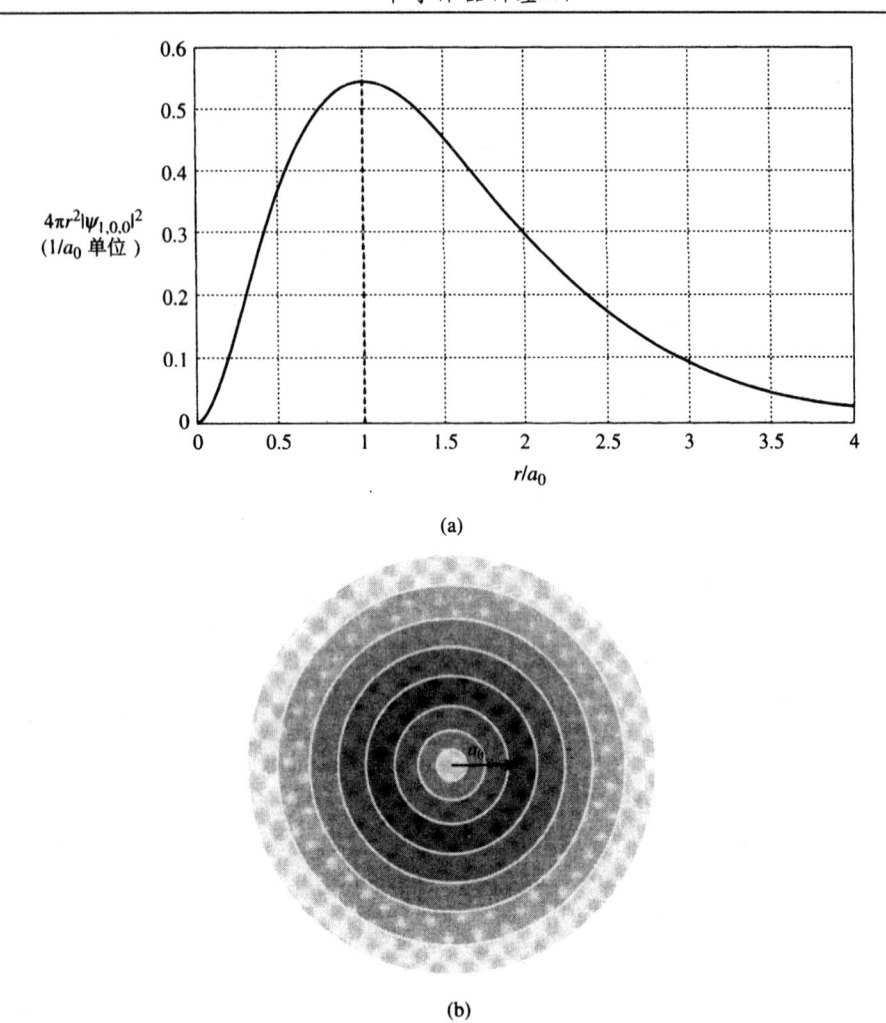

图 A.3　氢原子的基态波函数 $\psi_{1,0,0}$。(a)距原子核 r 处的电子出现的概率；(b)电子云示意图

A.3.2　多电子原子

氢原子波函数的解、能级和概率分布只限于特定的氢原子，不能应用于真实的较为复杂的原子。在多电子原子中，电子的允许态同样是由在分析氢原子时介绍的 4 个量子数(**n**, ***l***, **m**, **s**)来描述的。这里有相同的能量顺序：**n** = 1 表示最低能级，**n** = 2 表示次最低能级，等等。如前所述，对于有附加约束条件的多电子系统，在没有求得真正的电子波函数的情况下，也可以推测出较为复杂的原子的电子结构的有关信息。

约束之一是泡利(Pauli)不相容原理。泡利不相容原理规定在一个系统中不能有两个电子具有一组相同的量子数。例如，在多电子原子中，只有一个电子具有 **n** = 1，***l*** = 0，**m** = 0，**s** = 1/2 的状态。第二个隐含的约束是电子的组态，如能量，多电子原子在基态时的系统能量最小。一般的电子填充规律即电子尽可能地填充到 **n** 值最小的状态。

表 A.3 中列出了元素周期表前 14 个元素(硅之前)中电子状态的相关信息。表 A.3 的上部列出了与最低能量状态相关的 4 个量子数的集合。底部的状态项对应于量子数集合的状态，是用光谱符号来表示的。此栏中的数字表示 **n** 的值，其后的字母表示 ***l*** 的值，表示方法为

$$l = 0, \quad 1, \quad 2, \quad 3 \quad (4, 5 \cdots)$$
$$\uparrow \quad \uparrow \quad \uparrow \quad \uparrow$$
$$s \quad p \quad d \quad f \quad (g, h \cdots)$$

l 值的前四个字母来自早期的光谱分析工作,它们分别对应于状态之间跃迁的谱线系名称,即锐线系(s)、主线系(p)、漫线系(d)和基线系(f)。一般而言,在多电子原子中 s 态与 p 态相比能量略低一些,所以在状态项目表中先是 s 态。对于相同的 n 值,所有 p 态的能量是相同的。在表 A.3 的底部列出了硅之前元素的基态电子组态。读者可以验证这些组态与先前引证的事实和假设是一致的。最右边的栏中列出了电子组态的光谱简化符号。简化符号字母的上标表示相同的 nl 组合的电子数。

表 A.3 基态时,原子序数为 1~14 的元素的能态和电子组态

量子数	n	1	1	2	2	2	2	2	2	2	2	3	3	3	3	3	3	3	3
	l	0	0	0	0	1	1	1	1	1	1	0	0	1	1	1	1	1	1
	m	0	0	0	0	-1	-1	0	0	1	1	0	0	-1	-1	0	0	1	1
	s	$\frac{1}{2}$	$-\frac{1}{2}$	$\frac{1}{2}$	$-\frac{1}{2}$	$\frac{1}{2}$	$-\frac{1}{2}$	$\frac{1}{2}$	$-\frac{1}{2}$	$\frac{1}{2}$	$-\frac{1}{2}$	$\frac{1}{2}$	$-\frac{1}{2}$	$\frac{1}{2}$	$-\frac{1}{2}$	$\frac{1}{2}$	$-\frac{1}{2}$	$\frac{1}{2}$	$-\frac{1}{2}$
状态		$1s$	$1s$	$2s$	$2s$	$2p$	$2p$	$2p$	$2p$	$2p$	$2p$	$3s$	$3s$	$3p$	$3p$	$3p$	$3p$	$3p$	$3p$

原子序数	元素名	填充态	电子组态
1	H	$1s$	$1s$
2	He	$1s$ $1s$	$1s^2$
3	Li	$1s$ $1s$ $2s$	$1s^22s$
4	Be	$1s$ $1s$ $2s$ $2s$	$1s^22s^2$
5	B	$1s$ $1s$ $2s$ $2s$ $2p$	$1s^22s^22p$
6	C	$1s$ $1s$ $2s$ $2s$ $2p$ $2p$	$1s^22s^22p^2$
7	N	$1s$ $1s$ $2s$ $2s$ $2p$ $2p$ $2p$	$1s^22s^22p^3$
8	O	$1s$ $1s$ $2s$ $2s$ $2p$ $2p$ $2p$ $2p$	$1s^22s^22p^4$
9	F	$1s$ $1s$ $2s$ $2s$ $2p$ $2p$ $2p$ $2p$ $2p$	$1s^22s^22p^5$
10	Ne	$1s$ $1s$ $2s$ $2s$ $2p$ $2p$ $2p$ $2p$ $2p$ $2p$	$1s^22s^22p^6$
11	Na	$1s$ $1s$ $2s$ $2s$ $2p$ $2p$ $2p$ $2p$ $2p$ $2p$ $3s$	$1s^22s^22p^63s$
12	Mg	$1s$ $1s$ $2s$ $2s$ $2p$ $2p$ $2p$ $2p$ $2p$ $2p$ $3s$ $3s$	$1s^22s^22p^63s^2$
13	Al	$1s$ $1s$ $2s$ $2s$ $2p$ $2p$ $2p$ $2p$ $2p$ $2p$ $3s$ $3s$ $3p$	$1s^22s^22p^63s^23p$
14	Si	$1s$ $1s$ $2s$ $2s$ $2p$ $2p$ $2p$ $2p$ $2p$ $2p$ $3s$ $3s$ $3p$ $3p$	$1s^22s^22p^63s^23p^2$

表 A.3 给出的推断孤立硅原子中电子组态的主要特征是非常有用的。因为到目前为止，硅是优秀的半导体材料，有必要对其加以特别关注。从表中可以看出，对于已给 n 值被填满时，所有允许态的电子组态非常稳定且结合得很牢固，如惰性气体氦和氖。对于图 A.4 所示的情况，即硅的电子组态在 n = 1 时填充两个电子、在 n = 2 时填充 8 个电子是可以理解的，这些深层能级电子与原子核牢固地结合。这种束缚是很强的束缚，如同在化学反应或正常原子与原子间的相互作用，这 10 个电子始终保持稳定的状态，并与原子核一起构成原子实。剩余的 4 个电子是稳定氖组态上的附加电子，原子实对这些电子的束缚较弱，它们参与化学反应和原子之间作用的能力却很强。所以，这 4 个电子称为价电子。表 A.3 中给出的信息如图 A.4 所强调的，4 个价电子的两个占据 3s 态，另外两个占据 3p 态中 6 个允许态的两个态。对于有 32 个电子的锗原子中的电子组态(锗是另一种元素半导体)，本质上它与硅原子的电子组态是相同的，只是锗的原子核有 28 个电子。

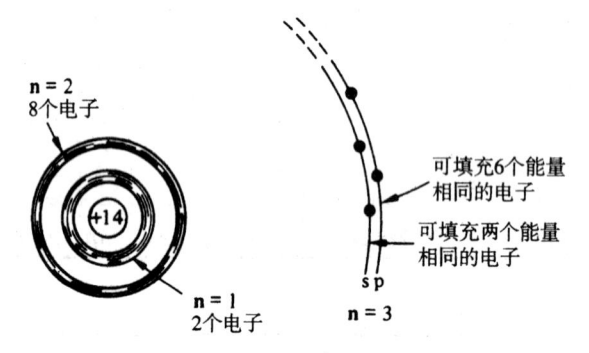

图 A.4　无微扰、孤立硅原子的电子组态示意图

附录 B MOS 半导体静电特性——精确解

参数定义

为了简化和便于数学描述,通常在精确公式中引入归一化电势:

$$U(x) = \frac{\phi(x)}{kT/q} = \frac{E_i(\text{体}) - E_i(x)}{kT} \tag{B.1}$$

$$U_S = \frac{\phi_S}{kT/q} = \frac{E_i(\text{体}) - E_i(\text{表面})}{kT} \tag{B.2}$$

和

$$U_F = \frac{\phi_F}{kT/q} = \frac{E_i(\text{体}) - E_F}{kT} \tag{B.3}$$

其中 $\phi(x)$、ϕ_S 和 ϕ_F 在第 16 章中有正式的定义(也可以参见图 16.7)。显然 $U(x)$ 是静电势归一化到 kT/q 上的值,并且通常比较明确地是指"电势"。同样,将 $U_S = U(x=0)$ 称为"表面电势",U_F 简称为杂质参数,这里 x 是从氧化层-半导体界面处进入半导体的深度。因为假定电场在半导体体内变为零(16.1 节中第 5 个理想化假设),所以允许将半导体厚度看成从 $x = 0$ 到 $x = \infty$。注意 $U(x \to \infty) = 0$ 等价于半导体体内 $\phi = 0$。

除了归一化电势,半导体内的能带弯曲量的定量表达式通常可以表示为一个特殊长度参数的函数,称该参数为本征德拜(Debye)长度。德拜长度最早是在等离子体研究中引入的一个表征长度。(等离子体是高度离子化的气体且包含了相同数目的气化正粒子和负电子。)当有电荷放入和靠近时,一个等离子体会被干扰,可移动粒子总会重新排列,以屏蔽干扰电荷对等离子体的影响。德拜长度正是这个屏蔽距离,或者是指干扰电荷的电场衰减到 $1/e$ 时的长度。在半导体体内,或者平带条件下的任意位置处,都可将半导体看作一个等离子体,具有与等离子体数目相同的离化杂质和可移动电子或空穴。在半导体旁放置电荷,如放在 MOS 电容栅上,会引起半导体内可移动电荷的重新排列,以便屏蔽掉干扰电荷对半导体的影响。该屏蔽距离或能带弯曲长度与德拜长度存在着相同的数量级,即体或非本征德拜长度 L_B,其中

$$L_B = \left[\frac{K_S \varepsilon_0 kT}{q^2(n_{\text{bulk}} + p_{\text{bulk}})}\right]^{1/2} \tag{B.4}$$

虽然体德拜长度的标准计算方法只适用于略微偏离平带的情况,但是通过采用本征材料的德拜长度作为理论计算中的归一化因子可以方便计算。本征德拜长度 L_D 可从更一般的 L_B 表达式中得出,其中设 $n_{\text{bulk}} = p_{\text{bulk}} = n_i$,也就是

$$L_D = \left[\frac{K_S \varepsilon_0 kT}{2q^2 n_i}\right]^{1/2} \tag{B.5}$$

精确解

通过求解半导体内的泊松方程,可以得到随位置变化的电荷密度、电场和电势的表达式。

由于假定 MOS 电容为一维结构(16.1 节中的第 7 个理想化假设)，泊松方程可化简为

$$\frac{d\mathscr{E}}{dx} = \frac{\rho}{K_S\varepsilon_0} = \frac{q}{K_S\varepsilon_0}(p - n + N_D - N_A) \tag{B.6}$$

通过移位并将方程重写为更容易求解的形式，有

$$\mathscr{E} = \frac{1}{q}\frac{dE_i(x)}{dx} = -\frac{kT}{q}\frac{dU}{dx} \tag{B.7}$$

式(B.7)中的第一个等式是第一部分式(3.15)的另一种形式。第二个等式是根据式(B.1)定义的 U 和 $dE_i(\text{体})/dx = 0$ 得出来的。同样，可以写出

$$p = n_i e^{[E_i(x) - E_F]/kT} = n_i e^{U_F - U(x)} \tag{B.8a}$$

$$n = n_i e^{[E_F - E_i(x)]/kT} = n_i e^{U(x) - U_F} \tag{B.8b}$$

而且，由于半导体内 $\rho = 0$ 和 $U = 0$，有

$$0 = p_{\text{bulk}} - n_{\text{bulk}} + N_D - N_A = n_i e^{U_F} - n_i e^{-U_F} + N_D - N_A \tag{B.9}$$

或

$$N_D - N_A = n_i(e^{-U_F} - e^{U_F}) \tag{B.10}$$

将前面的 $\mathscr{E}$、p、n 和 $N_D - N_A$ 的表达式代入式(B.6)中，得

$$\boxed{\rho = qn_i(e^{U_F - U} - e^{U - U_F} + e^{-U_F} - e^{U_F})} \tag{B.11}$$

和

$$\frac{d^2U}{dx^2} = \left(\frac{q^2 n_i}{K_S\varepsilon_0 kT}\right)(e^{U - U_F} - e^{U_F - U} + e^{U_F} - e^{-U_F}) \tag{B.12}$$

或者，以本征德拜长度来表示，有

$$\frac{d^2U}{dx^2} = \frac{1}{2L_D^2}(e^{U - U_F} - e^{U_F - U} + e^{U_F} - e^{-U_F}) \tag{B.13}$$

下面着手主要的任务。先确定出泊松方程[参见式(B.13)]所需的边界条件：

$$\mathscr{E} = 0 \quad \text{或} \quad \frac{dU}{dx} = 0, \quad x = \infty \tag{B.14a}$$

和

$$U = U_S, \quad x = 0 \tag{B.14b}$$

式(B.13)两边同乘以 dU/dx，再从 $x = \infty$ 到任意一点 x 进行积分，并且利用式(B.14a)的边界条件，很快得出

$$\mathscr{E}^2 = \left(\frac{kT/q}{L_D}\right)^2 [e^{U_F}(e^{-U} + U - 1) + e^{-U_F}(e^U - U - 1)] \tag{B.15}$$

式(B.15)具有 $y^2 = a^2$ 的形式，会有两个根，$y = a$ 和 $y = -a$。通过能带图的分析可得出，一定有 $U > 0$ 时 $\mathscr{E} > 0$ 和 $U < 0$ 时 $\mathscr{E} < 0$。由于式(B.15)右边总为正 ($a \geq 0$)，则获得的电场极性当 $U > 0$ 时为正而当 $U < 0$ 时为负。因此可以写出

$$\boxed{\mathscr{E} = -\frac{kT}{q}\frac{dU}{dx} = \hat{U}_S \frac{kT}{q}\frac{F(U, U_F)}{L_D}} \tag{B.16}$$

其中
$$F(U, U_F) \equiv [e^{U_F}(e^{-U} + U - 1) + e^{-U_F}(e^U - U - 1)]^{1/2} \tag{B.17}$$

和
$$\hat{U}_S = \begin{cases} +1, & U_S > 0 \\ -1, & U_S < 0 \end{cases} \tag{B.18}$$

为了得到完整的解，分离式(B.16)中的变量 U 和 x，利用式(B.14b)中的边界条件，再从 $x = 0$ 到任意一点 x 进行积分。最终得到式(B.19)：

$$\hat{U}_S \int_U^{U_S} \frac{dU'}{F(U', U_F)} = \frac{x}{L_D} \tag{B.19}$$

虽然式(B.11)、式(B.16)和式(B.19)总体上还不是一个完全显式解的形式，但是共同组成了一个求解静电变量的精确方法。对于一个给定的 U_S，利用数值方法从式(B.19)中解出 U 与 x 的函数关系。一旦建立了 U 与 x 的函数关系，可直接代入式(B.11)和式(B.16)，则得出 ρ 和 $\mathscr{E}$ 随 x 的函数关系。以上过程得出的 $U = \phi/(kT/q)$ 与 x 及 ρ 与 x 的关系可以参见图16.8。

附录 C MOS C-V 补充

分析一个理想 MOS-C 内部电荷的精确分布,可得到下列的电容-电压关系式[①]:

$$C = \frac{C_O}{1 + \left(\dfrac{K_O W_{eff}}{K_S x_o}\right)} \tag{C.1}$$

$$W_{eff} = \begin{cases} \hat{U}_S L_D \left[\dfrac{2F(U_S, U_F)}{e^{U_F}(1 - e^{-U_S}) + e^{-U_F}(e^{U_S} - 1)}\right] & \ldots \text{积累} & (C.2a) \\[2ex] \dfrac{\sqrt{2} L_D}{(e^{U_F} + e^{-U_F})^{1/2}} & \ldots \text{平带} & (C.2b) \\[2ex] \hat{U}_S L_D \left[\dfrac{2F(U_S, U_F)}{e^{U_F}(1 - e^{-U_S}) + e^{-U_F}(e^{U_S} - 1)/(1 + \Delta)}\right] & \ldots \text{耗尽/反型} & (C.2c) \end{cases}$$

其中

$$\Delta = \begin{cases} 0 & \ldots \text{低频极限} & (C.3a) \\[2ex] \dfrac{(e^{U_S} - U_S - 1)/F(U_S, U_F)}{\displaystyle\int_{0^+}^{U_S} \dfrac{e^{U_F}(1 - e^{-U})(e^U - U - 1)}{2F^3(U, U_F)} dU} & \ldots \begin{array}{l}\text{高频极限}\\(\text{p型MOS-C})\end{array} & (C.3b) \end{cases}$$

$$F(U, U_F) = [e^{U_F}(e^{-U} + U - 1) + e^{-U_F}(e^U - U - 1)]^{1/2} \tag{C.4}$$

$$F(U_S, U_F) = F(U = U_S, U_F) \tag{C.5}$$

$$L_D = \left[\frac{K_S \varepsilon_0 kT}{2q^2 n_i}\right]^{1/2} \tag{C.6}$$

$$U_F = \frac{\phi_F}{kT/q} \tag{C.7}$$

$$U_S = \frac{\phi_S}{kT/q} \tag{C.8}$$

$$\hat{U}_S = \begin{cases} +1, & U_S > 0 \\ -1, & U_S < 0 \end{cases} \tag{C.9}$$

和

[①] 除了式(C.2c)和式(C.2b),关系式对 n 型或 p 型器件都成立。正文中给出了 n 型器件所需的修正。对低频关系式的推导,参见 A. S. Grove, B. E. Deal, E. H. Snow, and C. T. Sah,"Investigation of Thermally Oxidised Silicon Surfaces Using Metal-Oxide-Semiconductor Structures,"*Solid-State Electronics*, **8**, 145(1965)。高频结果,包括所谓的位移电容或指反型载流子移动导致的电容,参见 J. R. Brews,"An Improved High-Frequency MOS Capacitance Formula," *J. Appl. Phys.*, **45**, 1276 (1974)。

$$V_G = \frac{kT}{q}\left[U_S + \hat{U}_S \frac{K_S x_o}{K_O L_D} F(U_S, U_F)\right] \tag{C.10}$$

应该注意到 $F(U, U_F)$、L_D、U_F、U_S 和 $\hat{U}_S$ 是精确的半导体静电解。对这些引用变量的附加信息，请参见附录 B。

不像 δ 耗尽对应的结果，在精确的电荷公式中，C 不存在以 V_G 为变量的显式函数。但是两个变量都与 U_S 相关，并且给定栅电压下该结构的电容可用数值方法解出。低频计算是非常简单的，可用计算器来完成。通常且有效的方法是先给定 U_S 值，再计算出对应的 C 和 V_G。一般情况下，如果 U_S 在正常工作范围内（室温下 $U_F - 21 \leq U_S \leq U_F + 21$）以整数（-5,-4,…）步进，会有足够多的点 (C, V_G) 可构造出 C-V_G 特性。应该记住如果将 $U_S = 0$ 作为一个计算点，则必须非常小心地进行计算。在 $U_S = 0$ 处，必须采用式(C.2b)中 W_{eff} 的表达式；如果 U_S 等于零，将无法确定积累和耗尽/反型的表达式（出现 0/0 的情况）。而且，式(C.2c)和式(C.3b)只对 p 型器件成立。对于 n 型器件，式(C.2c)中 $\exp(U_F)[1-\exp(-U_S)] \to \exp(-U_F)[1-\exp(U_S)]$ 和 $\exp(-U_F)[\exp(U_S)-1] \to \exp(U_F)[\exp(-U_S)-1]$，同时式(C.3b)中 $[\exp(U_S)-U_S-1] \to [\exp(-U_S)+U_S-1]$ 和 $\exp(U_F)\{[1-\exp(-U)]\cdot[\exp(U)-U-1]\} \to \exp(-U_F)\{[\exp(U)-1][\exp(-U)+U-1]\}$。另一种方法是，为了得到 n 型特性，通过对一个同等掺杂的 p 型器件进行简单的计算，然后将所有计算结果中 V_G 值的符号改变，就可得到所需的结果。由于理想 n 型和 p 型器件之间所加的电压互相对称，因此后一种处理方法通常非常有效。

附录 D MOS I-V 补充

在分析一个理想 n 沟(p 体) MOSFET 内的精确电荷分布的基础上,可得到下列的电流-电压关系式[①]:

$$I_\mathrm{D}\begin{pmatrix}精确\\电荷\end{pmatrix} = \frac{Z\bar{\mu}_\mathrm{n}C_\mathrm{o}}{L}\left[V_\mathrm{G}(V_\mathrm{SL} - V_\mathrm{S0}) - \frac{1}{2}(V_\mathrm{SL}^2 - V_\mathrm{S0}^2)\right] \\ + \frac{Z\bar{\mu}_\mathrm{n}C_\mathrm{o}}{L}\frac{K_\mathrm{S}x_\mathrm{o}}{K_\mathrm{O}L_\mathrm{D}}\left(\frac{kT}{q}\right)^2\left[\int_0^{U_\mathrm{S0}}F(U,U_\mathrm{F},0)\mathrm{d}U - \int_0^{U_\mathrm{SL}}F(U,U_\mathrm{F},U_\mathrm{D})\mathrm{d}U\right] \tag{D.1}$$

其中

$$F(U, U_\mathrm{F}, \xi) \equiv [e^{U_\mathrm{F}}(e^{-U} + U - 1) + e^{-U_\mathrm{F}}(e^{U-\xi} - U - e^{-\xi})]^{1/2} \tag{D.2}$$

相应的薄层电荷关系式为

$$I_\mathrm{D}\begin{pmatrix}薄层\\电荷\end{pmatrix} = \frac{Z\bar{\mu}_\mathrm{n}C_\mathrm{o}}{L}\left\{\left(V_\mathrm{G} + \frac{kT}{q}\right)(V_\mathrm{SL} - V_\mathrm{S0}) - \frac{1}{2}(V_\mathrm{SL}^2 - V_\mathrm{S0}^2)\right. \\ \left. + V_\mathrm{B}^2\left[\sqrt{U_\mathrm{SL} - 1} - \sqrt{U_\mathrm{S0} - 1} - \frac{2}{3}(U_\mathrm{SL} - 1)^{3/2} + \frac{2}{3}(U_\mathrm{S0} - 1)^{3/2}\right]\right\} \tag{D.3}$$

其中

$$V_\mathrm{B}^2 \equiv \left(\frac{kT}{q}\right)^2\frac{K_\mathrm{S}x_\mathrm{o}}{K_\mathrm{O}L_\mathrm{D}}\sqrt{\frac{N_\mathrm{A}}{n_\mathrm{i}}} \tag{D.4}$$

在两种理论中

$$\phi_\mathrm{F} = \frac{kT}{q}U_\mathrm{F} \tag{D.5}$$

$$V_\mathrm{S0} = \frac{kT}{q}U_\mathrm{S0} \tag{D.6}$$

$$V_\mathrm{SL} = \frac{kT}{q}U_\mathrm{SL} \tag{D.7}$$

和

$$V_\mathrm{D} = \frac{kT}{q}U_\mathrm{D} \tag{D.8}$$

最后,源和漏处的归一化表面电势(U_S0 和 U_SL)可分别通过以下公式得出:

$$V_\mathrm{G} = \frac{kT}{q}\left[U_\mathrm{S0} + \frac{K_\mathrm{S}x_\mathrm{o}}{K_\mathrm{O}L_\mathrm{D}}F(U_\mathrm{S0}, U_\mathrm{F}, 0)\right] \quad \ldots(U_\mathrm{S0} > 0) \tag{D.9a}$$

[①] 注意:这里写出的关系式选自 R. F. Pierret and J. A. Shields, "Simplified Long-Channel MOSFET Theory," *Solid-State Electronics*, **26**, 143 (1983)。参见 H. C. Pao and C. T. Sah, *Solid-State Electronics*, **9**, 927 (1966)中原始的精确电荷分析,以及 J. R. Brews, *Solid-State Electronics*, **21**, 345 (1978)中原始的薄层电荷分析。

和

$$V_G = \frac{kT}{q}\left[U_{SL} + \frac{K_S x_o}{K_O L_D} F(U_{SL}, U_F, U_D)\right] \quad \ldots (U_{SL} > 0) \tag{D.9b}$$

为了生成一组 I_D-V_D 特性,在预期的工作范围内扫描 V_G 和 V_D。对于每种 V_G 和 V_D 的组合,反复迭代计算式(D.9a)和式(D.9b),以确定指定工作点处的 U_{S0} 和 U_{SL}。一旦已知 U_{S0} 和 U_{SL},则利用式(D.1)或式(D.3)计算出 I_D。对于每个 V_G 和 V_D 的组合,重复以上过程。p 沟道器件的特性可以通过一个同等掺杂和偏置的 n 沟道器件的计算而得到。自然,在画出 p 沟道器件特性的时候,偏置电压极性的符号必须反向。关于精确电荷公式的附加信息,可参考附录 B 和附录 C。

附录 E 符 号 表

A	阳极
A	面积;任意常数
a	晶格常数;缓变系数;J-FET 中沟道区的半宽度;MESFET 沟道区的宽度
a_0	玻尔半径
$\mathscr{A}$	理查森常数[120 A/(cm²·K²)]
$\mathscr{A}^*$	修正理查森常数(参见图 14.19)
A_G	栅面积
B	基极
C	电容
C	集电极
c	光速
C_{cb}	高频混合 π 模型中集电极到基极的电容
C_D	扩散电容
C_{eb}	高频混合 π 模型中发射极到基极的电容
C_G	MOSFET 栅电容
C_{gd}	J-FET 和 MOSFET 的高频、小信号等效电路中的栅到漏电容
C_{gs}	J-FET 和 MOSFET 的高频、小信号等效电路中的栅到源电容
C_J	结或耗尽层电容
c_n	电子俘获系数
C_O	氧化层电容(pF)
C_o	单位面积氧化层电容(pF/cm²)
c_p	空穴俘获系数
C_S	半导体电容
D	漏
D_B	BJT 基极的少数载流子扩散系数
D_C	BJT 集电极的少数载流子扩散系数
D_E	BJT 发射极的少数载流子扩散系数
D_{IT}	界面陷阱密度[状态数/(cm²·eV)]
D_N	电子扩散系数(cm²/s)
D_{ox}	氧化层中的电介质位移
D_P	空穴扩散系数(cm²/s)

D_{semi}	半导体中的电介质位移
E	发射极
E	能量
$\mathscr{E}, \mathcal{E}$	电场
$\mathscr{E}_{ox}$	氧化层电场
$\mathscr{E}_S$	表面电场,氧化层-半导体界面电场
$\mathscr{E}_y$	y 方向电场分量
E_0	真空能级,电子完全离开材料所需的最小能量
E_A	受主能级
E_B	杂质(施主,受主)位置处的束缚能量
E_c	导带底能量
E_D	杂质能级
E_F	费米能量或能级
E_{FM}	金属费米能级
E_{Fn}	pn 结 n 型一侧费米能级
E_{Fp}	pn 结 p 型一侧费米能级
E_{FS}	半导体费米能级
E_G	禁带宽度或禁带能量
E_H	氢原子内的电子束缚能
E_i	本征费米能级
E_n	量子数 n 对应的能量
E_{ph}	声子能量($h\nu$)
E_T	陷阱或复合-产生(R-G)中心的能级
E_v	价带顶能级
F	力
f	频率(Hz)
$f(E)$	费米函数
$F(U, U_F)$	电场函数[参见式(B.17)]
$F_{1/2}$	费米-狄拉克 1/2 阶积分
FF	占空因子
f_{max}	J-FET 或 MOSFET 的最大工作频率,截止频率
F_N	电子的准费米能级(或能量)
F_P	空穴的准费米能级(或能量)
f_T	BJT 中 β 为 1 对应的频率
G	电导
G	栅

G_0	pn 结二极管低频电导；J-FET 内无耗尽区情况对应的沟道电导
$g_c(E)$	导带的态密度
G_D	扩散电导
g_d	漏或沟道电导
G_L	光产生率，每 cm³·s 产生的电子-空穴对
g_m	跨导
$g_v(E)$	价带的态密度
h	普朗克常数
$\hbar$	$h/2\pi$
I	电流；光强度
i	交流电流；附录 A 中的 $i=\sqrt{-1}$
I_0	理想二极管的饱和电流；$x=0$ 处的光强度
I_{AK}	阳极到阴极的电流
I_B	直流基极电流
i_B	总(交流+直流)基极电流
i_b	交流基极电流
I_C	直流集电极电流
i_C	总(交流+直流)集电极电流
i_c	交流集电极电流
I_{CB0}	$I_E=0$ 时集电极到基极的电流
I_{CE0}	$I_B=0$ 时集电极到发射极的电流
I_{Cn}	直流集电极电子电流
I_{Cp}	直流集电极空穴电流
I_D	场效应晶体管内的直流漏电流
i_d	小信号漏电流
I_{D0}	J-FET 中 $V_G=0$ 时的饱和漏电流
I_{dark}	暗电流
I_{DIFF}	扩散电流(等同于理想二极管电流)
i_{diff}	扩散电流的交流分量
I_{Dsat}	饱和漏电流
I_E	直流发射极电流
I_{En}	直流发射极电子电流
I_{Ep}	直流发射极空穴电流
I_F	稳态正向偏置电流
I_{F0}	有效二极管正向饱和电流(埃伯斯-莫尔模型)
I_G	SCR 的栅电流

I_L	光生电流
$I_{M\bullet\to S}$	MS(n 型)二极管内从金属到半导体的电子漂移电流
I_P	空穴电流
$I_{P|drift}$	空穴漂移电流
I_R	稳态反向偏置电流
I_{R-G}	复合-产生电流
I_{R0}	有效二极管反向偏置电流(埃伯斯-莫尔模型)
I_s	MS 二极管内反向偏置饱和电流
I_{sc}	太阳能电池的短路电流
$I_{S\bullet\to M}$	MS(n 型)二极管内从半导体到金属的电子漂移电流
j	$\sqrt{-1}$
J, J	电流密度(A/cm^2)
J$_{drift}$	总漂移电流密度
J$_N$, J_N	电子电流密度
J_{Nx}, J_{Ny}, J_{Nz}	电子电流密度在 x、y 和 z 方向上的分量
J$_{N|diff}$	电子扩散电流密度
J$_{N|drift}$	电子漂移电流密度
J$_P$, J_P	空穴电流密度
J_{Px}, J_{Py}, J_{Pz}	空穴电流密度在 x、y 和 z 方向上的分量
J$_{P|diff}$	空穴扩散电流密度
J$_{P|drift}$	空穴漂移电流密度
K	阴极
k	玻尔兹曼常数(8.617×10^{-5} eV/K)
k	波矢(正比于电子晶格动量)
K.E.	动能
K_O	氧化层介电常数
K_S	半导体(通常指 Si)介电常数
L	J-FET 或 MOSFET 沟道长度
l	角量子数
L'	缩短的沟道长度,定义于图 19.4 中
L_B	BJT 基区少数载流子扩散长度;非本征德拜长度
L_C	BJT 集电区少数载流子扩散长度
L_D	本征德拜长度
L_E	BJT 发射区少数载流子扩散长度
L_{min}	保持 MOSFET 长沟道特性所需的最小沟道长度
L_N	电子少数载流子扩散长度

L_n	量子数 n 对应的角动量
L_P	空穴少数载流子扩散长度
M	载流子倍增系数
m	粒子质量
m	磁量子数
m_0	电子静止质量
m_n^*	电子有效质量
m_p^*	空穴有效质量
n	主量子数
n	电子载流子浓度(电子个数/cm^3)
n^+	重掺杂 n 型材料
n_0	热平衡电子浓度
n_1	定义的电子浓度[参见式(3.36a)]
N_A	受主原子总数/cm^3
N_A^-	电离(负电)受主杂质数/cm^3
N_B	半导体衬底的杂质浓度(如 N_A 或 N_D);BJT 基区内杂质浓度
n_{bulk}	半导体衬底电子浓度
N_C	导带的有效态密度;BJT 集电区内杂质浓度
n_{C0}	pnp BJT 集电区内热平衡电子浓度
N_D	施主原子总数/cm^3
N_D^+	电离(正电)施主杂质数/cm^3
N_E	BJT 发射区内杂质浓度
n_{E0}	pnp BJT 发射区内热平衡电子浓度
N_I	注入离子数/cm^2
n_i	本征载流子浓度
N_T	R-G 中心的个数/cm^3
N_V	价带的有效态密度
p	空穴浓度(空穴个数/cm^3);附录 A 中的动量
p^+	重掺杂 p 型材料
P.E	势能
p_0	热平衡空穴浓度
p_1	已定义的空穴浓度[参见式(3.36b)]
p_{B0}	pnp BJT 基区内的热平衡空穴浓度
p_{bulk}	半导体衬底空穴浓度
p_s	半导体表面的空穴浓度(个数/cm^3)
Q	电荷的常用符号

q	电子电量值(1.60×10^{-19}库仑)
Q_B	准中性基区内剩余少数载流子电荷;MOSFET 栅的单位面积体电荷或耗尽层电荷
Q_{BL}	长沟道 MOSFET 内的 Q_B
Q_{BS}	短沟道 MOSFET 内的 Q_B
Q_F	氧化层-半导体界面处的单位面积固定氧化层电荷
Q_I	氧化层-半导体界面处的注入电荷/cm^2
Q_{IT}	界面陷阱的单位面积净电荷
Q_M	单位 MOS 栅面积的氧化层可动离子总电荷
Q_N	MOSFET 沟道内的电子总电荷(n 沟道器件)
Q_{O-S}	氧化层-半导体界面处的单位面积电荷
Q_P	剩余空穴电荷
Q_S	单位栅面积的半导体内的总电荷
R	扫描率(参见图 16.17)
r_B, r_b	基极电阻
r_C, r_c	集电极电阻
R_D	J-FET 或 MOSFET 中沟道与漏端之间的电阻
r_E, r_e	发射极电阻
r_j	MOSFET 源和漏的结深
R_L	负载电阻
r_n	量子数 n 对应的玻尔轨道半径
r_o	BJT 混合π模型的输出电阻
R_P	离子注入中的入射范围
R_S	串联电阻;取样电阻;J-FET 或 MOSFET 中沟道与源端之间的电阻
r_μ	BJT 混合π模型的反馈电阻
r_π	BJT 混合π模型的输入电阻
S	源
s	四点探针测量中探针的间距
s	自旋量子数
T	温度
t	时间
t_{ON}	SCR 中的触发时间
TR	调制率
t_r	恢复时间(pn 二极管);上升时间(BJT)
t_{rr}	反向恢复时间(pn 二极管)
t_s	存贮延迟时间(pn 二极管)
t_{sd}	存贮延迟时间(BJT)

U	附录 A 中的势能；附录 B～附录 D 中归一化到 kT/q 上的静电势
U_D	归一化到 kT/q 上的漏电压
U_F	半导体杂质参数
U_S	归一化的表面电势，位于氧化层-半导体界面处
$\hat{U}_S$	U_S 的符号($\pm$)
U_{S0}	MOSFET 中 $x=0$ 处的归一化表面电势
U_{SL}	MOSFET 中 $x=L$ 处的归一化表面电势
V	电压，静电势
$\mathcal{V}$	体积
v	速度
V_A	外加直流电压
v_a	外加交流电压
V_{AK}	阳极到阴极的电压
V_B	已定义的电压[参见式(D.4)]
v_{be}	基极到发射极的交流电压
V_{BF}	PNPN 器件中正向偏置阻塞电压
V_{bi}	"内建"结电压
V_{BR}	反向偏置 pn 结击穿电压；PNPN 器件中反向偏置阻塞电压
V_{BS}	衬底到源的电压
V_{CB}	集电极到基极的直流电压
V_{CB0}	$I_E=0$ 时集电极到基极的击穿电压
v_{ce}	集电极到发射极的交流电压
V_{CE0}	$I_B=0$ 时集电极到发射极的击穿电压
V_D	直流漏电压
$\vec{v}_d$	漂移速度矢量
v_d	漂移速度；交流漏电压
V_{DS}	漏源电压
V_{Dsat}	饱和漏电压
v_{sat}	饱和漂移速度
V_{EB}	发射极到基极直流电压
V_{EC}	发射极到集电极直流电压
V_{FB}	平带电压
V_G	直流栅电压
v_g	交流栅电压
V'_G	理想器件的外加直流栅电压
V'_{GB}	理想器件的外加栅衬电压

V_{GS}	栅到源电压
V'_{GS}	理想器件的外加栅到源电压
V_J	结电压
V_{oc}	太阳能电池的开路电压
V_P	J-FET 的夹断电压
V_S	直流源电压
v_s	脉冲源电压
V_{S0}	MOSFET 中 $x=0$ 处的表面电势
V_{SL}	MOSFET 中 $x=L$ 处的表面电势
V_T	反型-耗尽转折点对应的栅电压，MOSFET 阈值或开启电压
V'_T	理想器件的反型-耗尽转折点对应的栅电压
V_W	已定义电压[参见式(17.24)]
V_δ	已定义电压[参见式(16.36)]
W	耗尽区宽度；BJT 基区准中性宽度
W_2	SCR 中 N2 基区的准中性宽度
W_3	SCR 中 P3 基区的准中性宽度
W_B	BJT 基区的总宽度
W_D	MOSFET 漏端 pn 结耗尽区宽度
W_{eff}	MOSFET 中有效的耗尽区宽度(参见附录 C)
W_{N2}	SCR 中的 N2 基区宽度
W_{P3}	SCR 中的 P3 基区宽度
W_S	MOSFET 源端 pn 结耗尽区宽度
W_T	半导体偏置在反型-耗尽转折点处的 MOS 耗尽区宽度
x_c	窄基区 pn 结二极管中的基区宽度；MOSFET 沟道厚度
x_n	pn 结耗尽区 n 型一侧宽度
x_o	氧化层厚度
x_p	pn 结耗尽区 p 型一侧宽度
Y	导纳
Y_D	扩散导纳
Z	J-FET 或 MOSFET 沟道宽度
α	吸收系数
α_{dc}	共基极直流电流增益
α_F	$\alpha_F = \alpha_{dc}$，正偏增益(埃伯斯-莫尔模型)
α_R	反偏增益(埃伯斯-莫尔模型)
α_T	基区输运系数
β_{dc}	共发射极直流电流增益

χ	半导体电子的亲和势
χ'	$\chi' = \chi - \chi_i$,MOS 结构中有效的半导体电子亲和势
χ_i	绝缘体(氧化层)电子亲和势
χ_{Si}	硅的电子亲和势
Δ	精确电荷 C-V 理论中的频率参数[参见式(C.3)]
ΔE_c	异质结中导带底的能量差
ΔE_v	异质结中价带顶的能量差
$\Delta \phi_{ox}$	氧化层上的压降
$\Delta \phi_{semi}$	半导体上的压降
ΔL	夹断后减少的沟道长度
Δn	$\Delta n = n - n_0$,电子浓度与其热平衡值的偏差
Δn_C	pnp BJT 中集电区内的过剩电子浓度
Δn_E	pnp BJT 中发射区内的过剩电子浓度
Δn_p	p 型材料的 Δn
Δp	$\Delta p = p - p_0$,空穴浓度与其热平衡值的偏差
Δp_B	pnp BJT 中基区内的过剩空穴浓度
Δp_n	n 型材料的 Δp
ΔQ	电荷变化量的一般符号
ΔQ_{gate}	栅电荷变化量/cm^2
ΔQ_{semi}	半导体内的电荷变化量/cm^2
ΔR_p	离子注入中的发散度
ΔV_G	给定半导体表面电势,实际器件和理想器件栅电压之间的差值
ΔV_T	小尺寸效应导致的阈值电压改变量
$\Delta V_T'$	衬底偏置导致的阈值电压改变量(具体指理想器件)
$\Delta \Phi_B$	肖特基势垒降低导致的 MS 势垒高度变化量
ε	介电常数
ε_0	真空中的介电常数(8.85×10^{-14} F/cm)
ϕ	MOS 器件中半导体内的静电势
Φ_B	MS 二极管内表面势能的势垒高度
Φ_{B0}	MS 界面处 $\mathscr{E} = 0$ 时的势垒高度 Φ_B
ϕ_F	半导体杂质浓度的参考电压
Φ_M	金属功函数
Φ_M'	$\Phi_M' = \Phi_M - \chi_i$,MOS 结构中有效的金属功函数
Φ_{MS}	金属-半导体功函数差,单位为伏特
Φ_{ox}	氧化层上的电压
Φ_S	半导体功函数

ϕ_S	半导体表面电势
Γ	四点探针修正因子
γ	发射效率
γ_M	氧化层内可动离子电荷的归一化矩心
η	$\eta=(E-E_c)/kT$；太阳能电池的能量转换系数；LED 的发射(external)效率
η_c	$\eta_c=(E_F-E_c)/kT$
η_v	$\eta_v=(E_v-E_F)/kT$
λ	光的波长
λ_G	半导体禁带宽度对应的光波长
μ_0	电子或空穴的低场迁移率；迁移率拟合参数
μ_{bulk}	半导体体内载流子的迁移率
μ_n	电子迁移率
μ_p	空穴迁移率
$\bar{\mu}_n$	有效电子迁移率
$\bar{\mu}_p$	有效空穴迁移率
ν	光的频率
ρ	电阻率($\Omega\cdot cm$)；电荷密度(C/cm^3)
ρ_{ion}	氧化层中的离子电荷密度
ρ_{ox}	氧化层中的电荷密度
σ	电导率
τ_0	已定义的载流子寿命[参见式(6.44)]
τ_B	BJT 基区少数载流子寿命
τ_C	BJT 集电区少数载流子寿命
τ_E	BJT 发射区少数载流子寿命
τ_n	电子少数载流子寿命
τ_p	空穴少数载流子寿命
τ_t	基区渡越时间
Ψ	时间相关的波函数
ψ	时间无关的波函数
ω	角频率(弧度)

附录 F MATLAB 程序源代码

练习 10.2（BJT_Eband）

```matlab
% BJT Equilibrium Energy Band Diagram Generator
% This program plots out the BJT equilibrium energy band diagram

% Original version authored by Aaron Luft as a course project for Prof. Gerry Neudeck
% Major revisions by R. F. Pierret

DOPING=[1e18 -1e16 1e15]; % E, B, and C type and doping concentrations (- = n-type)
WB=1.0e-4; %Total base width in cm; 1.0e-4cm=1micrometer
close

%Constants
T=300;            % Temperature in Kelvin
k=8.617e-5;       % Boltzmann constant eV/K
e0=8.85e-14;      % permittivity of free space (f/cm)
q=1.602e-19;      % charge on an electron (coul)
KS=11.8;          % Dielectric constant of Si at 300K
ni=1.0e10;        % intrinsic conc. of Silicon at 300K
EG=1.12;          % Silicon band gap (eV)
%end constants

%General Computations and Manipulations
NE = DOPING (1);          % Emitter doping and type
NB = DOPING (2);          % Base doping and type
NC = DOPING (3);          % Collector doping and type

sE = sign (NE);
sB = sign (NB);
sC = sign (NC);

NE = abs(NE);             % Emitter doping
NB = abs(NB);             % Base doping
NC = abs(NC);             % Collector doping

Ei_emitter = [ (sE * k * T * log (NE / ni) ) ...
            (-sB * k * T * log ( NB / ni ) ) ];

Ei_collector = [ (sB * k * T * log ( NB / ni ) ) ...
            (-sC * k * T * log ( NC / ni ) ) ];

Vbi  = [ (sum (Ei_emitter)) (sum (Ei_collector)) ];
svbi = sign (Vbi);
Vbi  = abs (Vbi);

            % Depletion width on emitter side of EB junction
xE = sqrt(2*KS*e0/q*NB*Vbi(1)/(NE*(NB+NE)));
            % Depletion width on base side of EB junction
xBeb = sqrt(2*KS*e0/q*NE*Vbi(1)/(NB*(NE+NB)));
```

```
                            % Depletion width on base side of CB junction
xBcb = sqrt(2*KS*e0/q*NC*Vbi(2)/(NB*(NC+NB)));
                            % Depletion width on collector side of EB junction
xC = sqrt(2*KS*e0/q*NB*Vbi(2)/(NC*(NB+NC)));

W = WB-xBeb-xBcb;

if W < 0
error('For the given DOPING and WB, the base is totally depleted.')
end

if ( xC > xE )              % Adjust the x-axis for optimum looking plot
HIGH_X = 1.5;
LOW_X = xC/xE;
else
HIGH_X = xE/xC;
LOW_X = 1.5;
end

VMAX = 3;                   % Maximum Plot Voltage
plot ( [-LOW_X*xE HIGH_X*xC+WB ] , [ 0 VMAX ] , 'i');
hold on;

% EB JUNCTION
xlft = -LOW_X*xE;           % Leftmost x position
xrght = xBeb + W/2;         % Rightmost x position

x = linspace(xlft, xrght, 200);
sVx = -svbi(1) * sE * sB;

Vx1=sVx * (Vbi(1)-q*NB.*(xBeb-x).^2/(2*KS*e0).*(x<=xBeb)).*(x>=0);
Vx2=sVx * 0.5*q*NE.*(xE+x).^2/(KS*e0).*( x>=-xE & x<0 );
Vx=Vx1+Vx2;                              % V as a function of x

EF=Vx(1)+VMAX/2-sE*k*T*log(NE/ni);       % Fermi level

Ec = -Vx+EG/2+VMAX/2;
Ev = -Vx-EG/2+VMAX/2;
Ei = -Vx+VMAX/2;
LEc = Ec (1);
LEv = Ev (1);
LEi = Ei (1);

% Plot V vs x
plot ( x, Ec );                   % Ec
plot ( x, Ev );                   % Ev
plot ( x, Ei, 'w:');              % Ei
plot ( [xlft 0], [ EF EF ], 'w' );        % EF on left
plot ( [ 0 0 ], [ 0.15 VMAX-0.15 ], 'w--' );   % Junction center

% CB JUNCTION
xlft = -xBcb-W/2;           % Leftmost x position
xrght = HIGH_X*xC;          % Rightmost x position

x = linspace(xlft, xrght, 200);
sVx = -svbi(2) * sC * sB;
```

```
Vx1=sVx * ( Vbi(2)-q*NC.*(xC-x).^2/(2*KS*e0).*(x<=xC)).*(x>=0);
Vx2=sVx * 0.5*q*NB.*(xBcb+x).^2/(KS*e0).*( x>=-xBcb & x<0 );
Vx=Vx1+Vx2;     % V as a function of x

OFFSET = (Ec(200))-(-Vx(1)+EG/2+VMAX/2);
Ec = (-Vx+EG/2+VMAX/2) + OFFSET;
Ev = (-Vx-EG/2+VMAX/2) + OFFSET;
Ei = (-Vx+VMAX/2) + OFFSET;

x = x + WB;

% Plot V vs x
plot ( x, Ec );                   % Ec
plot ( x, Ev );                   % Ev
plot ( x, Ei, 'w:');              % Ei
plot ([0 xrght+ WB], [EF EF], 'w');            % EF on right
plot ( [ WB WB ], [ 0.15 VMAX-0.15 ], 'w--' ); % Junction center
if ( sC == -1 )
    RIGHT = 'N';
else
    RIGHT = 'P';
end
if ( sB == -1 )
    MIDL = 'N';
else
    MIDL = 'P';
end
if ( sE == -1 )
    LEFT = 'N';
else
    LEFT = 'P';
end
A = -LOW_X*xE/2;
B = WB + ((HIGH_X*xC+WB)-WB)/2;

text ( A, 2.5, LEFT );
text ( WB/2, 2.5, MIDL );
text ( B, 2.5, RIGHT);

text ( x(200), Ec (200), 'Ec' );
text ( x(200), Ei (200), 'Ei' );
text ( x(200), Ev (200), 'Ev' );
text ( x(200), EF, 'EF' );

REG = [ LEFT(1) MIDL(1) RIGHT(1) ];
TITLE = [ ('Energy band diagram for the ') (REG) (' device') ];
title (TITLE);
```

练习 11.7(BJT) 和练习 11.10(BJT plus)

注解: 以下 BJT/BJTplus 程序中,斜体字可与 BJT 程序一起组成 BJTplus 程序。BJT 和 BJTplus 的运行都需要子程序 BJT0;子程序 BJTmod 对 BJTplus 的运行是必需的。子程序 BJT0 给定或

计算了一些常数、材料参数和 $W=W_B$ 埃伯斯-莫尔参数。子程序 BJTmod 执行了与基区宽度调制相关的计算。

BJT/BJTplus
```
%BJT Common Base/Emitter Input/Output Characteristics
%Modified version of BJT including Base-Width Modulation and
    %Carrier Multiplication

%Input Ebers-Moll Parameters
BJT0

%Limiting Voltages used in Calculation
VbiE=kT*log(NE*NB/ni^2);
VbiC=kT*log(NC*NB/ni^2);
VCB0=50; VCE0=50;
VCB0= 60*(NC/1.0e16)^(-3/4);
m=6; VCE0=VCB0*(1-aF)^(1/m);

%Choice of Characteristic and Special Calculations
format compact
echo on
%THIS PROGRAM COMPUTES BJT INPUT AND OUTPUT CHARACTERISTICS
% Subprograms BJT0 and BJTmod are run-time requirements.
% Modify entries in BJT0 to change device/material parameters.
% Modify axis commands to change plot min/max values.
echo off
close
c=menu('Specify the desired characteristic','Common Base Input',...
    'Common Base Output','Common Emitter Input','Common Emitter Output');
j=input('Specify number of curves per plot...');
if c~=2,
   bw=input('Include base-width modulation? 1-Yes, 2-No...');
   else
   end
ii=2;
if c==4 & bw==1,
   ii=input('Include impact ionization? 1-Yes, 2-No...');
   else
   end

%Calculation Proper
for i=1:j,

   %Common-Base Input Characteristics
   if c==1,
   VCB=-(i-1)*10;
   VEB=0:0.005:VbiE;
   jj=length(VEB);
   if bw==1,
   BJTmod   %Base-Width Modulation subprogram
   else
   end
```

```
IE=(IF0.*(exp(VEB/kT)-1) - aR.*IR0.*(exp(VCB/kT)-1))*1.0e3;
%1.0e3 in the preceeding equation changes IE units to mA
if i==1,
plot(VEB,IE); axis ([0.35 0.85 0 5]);
grid; xlabel('VEB(volts)'); ylabel('IE(mA)');
else plot(VEB,IE);
end

%Common-Base Output Characteristics
elseif c==2,
IE=(j-i)*1.0e-3;
VCB1=2:-0.01:0;
VCB2=0:-VCB0/200:-VCB0;
VCB=[VCB1,VCB2];
 jj=length(VCB);
 IC=(aF*IE-(1-aF*aR)*IR0*(exp(VCB/kT)-1))*(1.0e3);
 if i==1,
plot(-VCB,IC); axis([-VCB0/10 VCB0 0 1.3e3*IE]);
grid; xlabel('-VCB(volts)'); ylabel('IC(mA)');
text(5,1.1e3*IE,'IEstep=1mA');
else plot(-VCB,IC);
end

else
end

%Common-Emitter Input Characteristics
if c==3,
VEC=(i-1)*5;
VEB=0:0.005:VbiE;
jj=length(VEB);
  if bw==1,
  VCB=VEB-VEC;
  BJTmod
  else
  end
IB0=(1-aF).*IF0+(1-aR).*IR0;
IB1=(1-aF).*IF0+(1-aR).*IR0.*exp(-VEC/kT);
IB=(IB1.*exp(VEB/kT)-IB0)*(1.0e6);
if i==1,
plot(VEB,IB); axis([.35 .85 -5 20]);
grid; xlabel('VEB(volts)'); ylabel ('IB(μA)');
else plot(VEB,IB);
end

%Common-Emitter Output Characteristics
elseif c==4,
IB=(j-i)*2.5e-6;
VECA=0:0.01:VCE0/50;
VECB=VCE0/50:VCE0/200:VCE0;
VEC=[VECA,VECB];
jj=length(VEC);
```

```
  if bw==1,
  VEB=0; %Neglect xnEB variation with bias
  VCB=VEB-VEC;
  BJTmod
  else
  end
  if ii==1,
  M=1.0./(1-(-VCB/VCB0).^m);
  aF=M.*aF;
  else
  end
  IB0=(1-aF).*IF0+(1-aR).*IR0;
  IB1=(1-aF).*IF0+(1-aR).*IR0.*exp(-VEC/kT);
  IC=((aF.*IF0-IR0.*exp(-VEC/kT)).*(IB+IB0)./IB1+IR0-aF.*IR0)*(1.0e3);
  if i==1,
  jA=length(VECA);
  plot(VEC,IC); axis([0 VCE0 0 2.5*IC(jA)]);
  grid; xlabel('VEC(volts)'); ylabel('IC(mA)');
  text(5,2*IC(jA),'IBstep=2.5µA');
  else plot(VEC,IC);
  end

  else
  end
hold on
end
hold off
```

BJT0
%BJT Constants and Ebers-Moll Parameters (subprogram BJT0)

%Universal Constants
q=1.602e-19;
k=8.617e-5;
e0=8.85e-14;

%Device/Miscellaneous Parameters
A=1.0e-4;   %A in cm2
WB=2.5e-4;   %WB in cm
T=300; kT=k*T;

%Material Parameters
ni=1.0e10;
KS=11.8;
NE=1.0e18;
NB=1.5e16;
NC=1.5e15;
  %Mobility Fit Parameters
  NDref=1.3e17; NAref=2.35e17;
  µnmin=92; µpmin=54.3;
  µn0=1268; µp0=406.9;
  an=0.91; ap=0.88;

```
μE=μnmin+μn0./(1+(NE/NDref).^an);
μB=μpmin+μp0./(1+(NB/NAref).^ap);
μC=μnmin+μn0./(1+(NC/NDref).^an);
TauE=1.0e-7;
TauB=1.0e-6;
TauC=1.0e-6;
DE=kT*μE;
DB=kT*μB;
DC=kT*μC;
LE=sqrt(DE*TauE);
LB=sqrt(DB*TauB);
LC=sqrt(DC*TauC);
nE0=ni^2/NE;
pB0=ni^2/NB;
nC0=ni^2/NC;

%Ebers-Moll Parameter Computation (W = WB)
W=WB;
fB=(DB/LB)*pB0*(cosh(W/LB)/sinh(W/LB));
IF0=q*A*((DE/LE)*nE0+fB);
IR0=q*A*((DC/LC)*nC0+fB);
aF=q*A*(DB/LB)*(pB0/sinh(W/LB))/IF0;
aR=q*A*(DB/LB)*(pB0/sinh(W/LB))/IR0;
```

BJTmod

```
%Base-width modulation-included calculation of Ebers-Moll parameters
%Subprogram BJTmod

xnEB=sqrt((2*KS*e0/q)*(NE/(NB*(NE+NB)))*(VbiE-VEB));
xnCB=sqrt((2*KS*e0/q)*(NC/(NB*(NC+NB)))*(VbiC-VCB));
W=WB-xnEB-xnCB;
fB=(DB/LB)*pB0*(cosh(W/LB)./sinh(W/LB));
IF0=q*A.*((DE/LE)*nE0+fB);
IR0=q*A.*((DC/LC)*nC0+fB);
aF=q*A*(DB/LB)*(pB0./sinh(W/LB))./IF0;
aR=q*A*(DB/LB)*(pB0./sinh(W/LB))./IR0;
```

练习 16.5 (MOS_CV)

```
%LOW and/or HIGH-frequency p-type MOS-C C-V CHARACTERISTICS
%Subprogram CVintgrd is a run-time requirement.

%Initialization and Input
format compact
close
clear
s=menu('Choose the desired plot','Low-f C-V','High-f C-V','Both');
NA=input('Please input the bulk doping in /cm3, NA=');
xo=input('Please input the oxide thickness in cm, xo=');
xmin=input('Specify VGmin(volts), VGmin=');
xmax=input('Specify VGmax(volts), VGmax=');
global UF
```

```matlab
%Constants and Parameters
e0=8.85e-14;
q=1.6e-19;
k=8.617e-5;
KS=11.8;
KO=3.9;
ni=1.0e10;
T=300;
kT=k*T;

%Computed Constants
UF=log(NA/ni);
LD=sqrt((kT*KS*e0)/(2*q*ni));

%Gate Voltage Computation
US=UF-21:0.5:UF+21;
F=sqrt(exp(UF).*(exp(-US)+US-1)+exp(-UF).*(exp(US)-US-1));
VG=kT*(US+(US./abs(US)).*(KS*xo)/(KO*LD).*F);

%Low-frequency Capacitance Computation
DENOML=exp(UF).*(1-exp(-US))+exp(-UF).*(exp(US)-1);
WL=(US./abs(US)).*LD.*(2*F)./DENOML;
cL=1.0./(1+(KO*WL)./(KS*xo));

%High-frequency Capacitance Computation
if s~=1,
   jj=length(US);
   nn=0;
   for ii=1:jj,
      if US(ii) < 3,
         elseif nn==0,
         INTG=QUAD('CVintgrd',3,US(ii),0.001);
         nn=1;
         else
         INTG=INTG+QUAD('CVintgrd',US(ii-1),US(ii),0.001);
         end
      if US(ii) < 3,
         cH(ii)=cL(ii);
         else
         d=(exp(US(ii))-US(ii)-1)./(F(ii).*exp(UF).*INTG);
         DENOMH=exp(UF).*(1-exp(-US(ii)))+exp(-UF).*((exp(US(ii))-1)./(1+d));
         WH=LD.*(2*F(ii))./DENOMH;
         cH(ii)=1.0./(1+(KO*WH)./(KS*xo));
         end
   end
else
end

%Plotting the Result
if s==1,
plot(VG,cL);
elseif s==2,
plot(VG,cH);
```

```
else
  plot(VG,cL,'--',VG,cH);
  text(0.8*xmin,.17,'---Low-f','color',[1,1,0]);
  text(0.8*xmin,.12,'__ High-f','color',[1,0,1]);
end
axis([xmin,xmax,0,1]);
text(0.8*xmin,.27,['NA=',num2str(NA),'/cm3']);
text(0.8*xmin,.22,['xo=',num2str(xo),'cm']);
xlabel('VG (volts)'); ylabel('C/CO'); grid
```

CVintgrd
```
function [y] = cvintegrand(U)
global UF
F=sqrt(exp(UF).*(exp(-U)+U-1)+exp(-UF).*(exp(U)-U-1));
y=(1-exp(-U)).*(exp(U)-U-1)./(2*F.^3);
```

物理常数与换算关系

物理常数

符 号	名 称	值
q	电荷(磁)	1.60×10^{-19} C
ε_0	真空介电常数	8.85×10^{-14} F/cm
k	玻尔兹曼常数	8.617×10^{-5} eV/K
h	普朗克常数	6.63×10^{-34} J·S
m_0	电子静止质量	9.11×10^{-31} kg
kT	热能	0.0259 eV ($T = 300$ K)
kT/q	热电压	0.0259 V ($T = 300$ K)

换算关系

$1\text{Å} = 10^{-8}$ cm $= 10^{-10}$ m

$1\ \mu\text{m} = 10^{-4}$ cm $= 10^{-6}$ m

$1\ \text{eV} = 1.60 \times 10^{-19}$ J

Pearson

尊敬的老师:

您好!

为了确保您及时有效地申请培生整体教学资源,请您务必完整填写如下表格,加盖学院的公章后传真给我们,我们将会在 2~3 个工作日内为您处理。

请填写所需教辅的开课信息:

采用教材			□中文版 □英文版 □双语版
作 者		出版社	
版 次		**ISBN**	
课程时间	始于 年 月 日	学生人数	
	止于 年 月 日	学生年级	□专 科 □本科 **1/2** 年级 □研究生 □本科 **3/4** 年级

请填写您的个人信息:

学 校	
院系/专业	
姓 名		职 称	□助教 □讲师 □副教授 □教授
通信地址/邮编	
手 机		电 话	
传 真	
official email(必填) (eg:XXX@ruc.edu.cn)		email (eg:XXX@163.com)	

是否愿意接收我们定期的新书讯息通知:　□是　□否

系 / 院主任:_____(签字)

(系 / 院办公室章)

___年___月___日

源介绍:

教材、常规教辅(**PPT**、教师手册、题库等)资源。

(免费)

MyLabs/Mastering 系列在线平台:适合老师和学生共同使用;访问需要 Access Code。

(付费)

0013　北京市东城区北三环东路 36 号环球贸易中心 D 座 1208 室

话:(8610)57355003　　传真:(8610)58257961

Please send this form to: